세상이 변해도
배움의 즐거움은
변함없도록

시대는 빠르게 변해도
배움의 즐거움은
변함없어야 하기에

어제의 비상은
남다른 교재부터
결이 다른 콘텐츠
전에 없던 교육 플랫폼까지

변함없는 혁신으로
교육 문화 환경의 새로운 전형을
실현해왔습니다.

비상은 오늘, 다시 한번
새로운 교육 문화 환경을 실현하기 위한
또 하나의 혁신을 시작합니다.

오늘의 내가 어제의 나를 초월하고
오늘의 교육이 어제의 교육을 초월하여
배움의 즐거움을 지속하는 혁신,

바로, 메타인지 기반 완전 학습을.

상상을 실현하는 교육 문화 기업 비상

메타인지 기반 완전 학습
초월을 뜻하는 meta와 생각을 뜻하는 인지가 결합한 메타인지는
자신이 알고 모르는 것을 스스로 구분하고 학습계획을 세우도록 하는
궁극의 학습 능력입니다. 비상의 메타인지 기반 완전 학습 시스템은
잠들어 있는 메타인지를 깨워 공부를 100% 내 것으로 만들도록 합니다.

오투

통합과학

통합과학의 구성과 특징

완벽한 개념 정리 | 5종 교과서를 완벽하게 비교 분석하여 중요한 개념들을 이해하기 쉽게 정리해 놓았습니다.

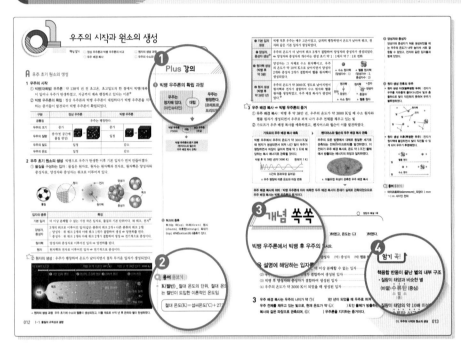

❶ PLUS 강의 내용과 관련된 보충 자료나 그림 자료를 함께 학습할 수 있습니다.

❷ 용어 돋보기 어려운 용어는 한자 풀이, 영어 풀이로 제시하여 용어의 의미를 쉽게 이해할 수 있도록 하였습니다.

❸ 개념 쏙쏙 개념 정리에서 학습한 기본 개념을 점검하여 완벽한 학습이 가능하도록 하였습니다.

❹ 암기 꼭! 꼭 암기해야 하는 개념 또는 암기 팁을 제시하여 학습의 이해를 도왔습니다.

탐구 | 실험 과정과 결과를 생생하게 수록

5종 교과서의 중요 탐구만을 선별하여 과정과 결과를 생생한 사진 자료와 함께 제시하였습니다. 또한 탐구를 확실하게 이해했는지 확인 문제를 통해 점검할 수 있습니다.

여기서 잠깐 | 개념 이해를 위한 보너스

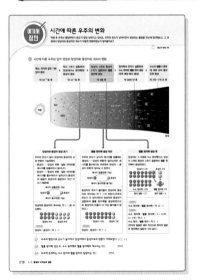

개념 정리만으로 이해하기 어려운 내용을 쉽고 자세하게 풀어 설명하였습니다.

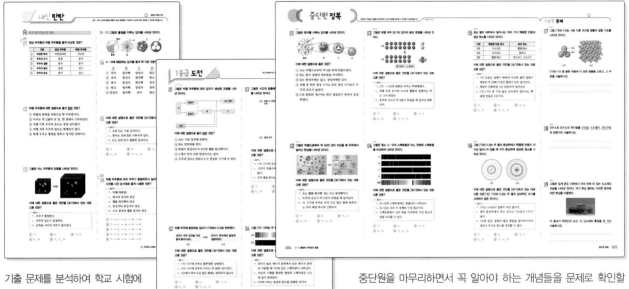

기출 문제를 분석하여 학교 시험에 출제율이 높은 문제로 구성하였습니다.

내신 1등급 도전을 위한 난이도 中上의 문제와 신유형 문제로 구성하였습니다.

중단원을 마무리하면서 꼭 알아야 하는 개념들을 문제로 확인할 수 있습니다. 또한 서술형 문제들만 따로 모아놓아 학교 서술형 시험에 대비할 수 있습니다.

학교 시험 3일 전에는 시험 대비 교재 4단 코스

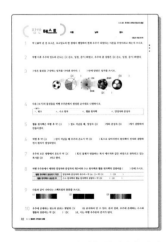

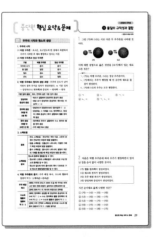

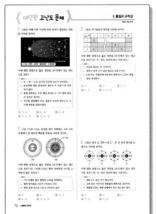

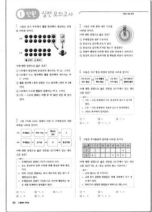

잠깐 테스트로 개념을 확실하게 기억하고, 쪽지 시험까지 대비할 수 있습니다.

필요한 개념만 알아보기 쉽게 표로 정리한 후 문제를 통해 기본적인 개념을 확인할 수 있습니다.

대단원별로 난이도 上의 고난도 문제를 모아 1등급 문제에 대비할 수 있습니다.

대단원별로 학교 시험 문제와 매우 유사한 형태의 예상 문제를 제시하여 완벽하게 시험을 대비할 수 있습니다.

통합과학의 핵심 질문과 단원 구성

통합과학의 학습 목표는 다음 네 가지 핵심 질문(Q1~Q4)에 대한 답을 찾는 것이다.

따라서 통합과학을 공부하면 단순 지식만으로 해결할 수 없는 통합적인 문제를 해결할 수 있는 능력을 기를 수 있다. 즉, 물리학, 화학, 생명과학, 지구과학 등 영역별로 필요한 핵심 개념을 학습한 후 각각의 핵심 개념 속 내용 요소를 익히고, 이러한 내용 요소들을 유기적으로 연관지어 설명하면 물음에 대한 답안을 얻을 수 있다.

> **Q1** 세상을 이루는 물질은 어디에서 왔으며, 이 물질은 어떤 규칙성이 있을까?

| 알아야 할 핵심 개념 |

❶ 물질의 규칙성과 결합

❷ 자연의 구성 물질

I
물질과 규칙성

> **A1** 세상의 모든 것이 빅뱅으로부터 시작되었고, 화학 결합에 의해 다양한 물질의 세계가 이루어졌다.

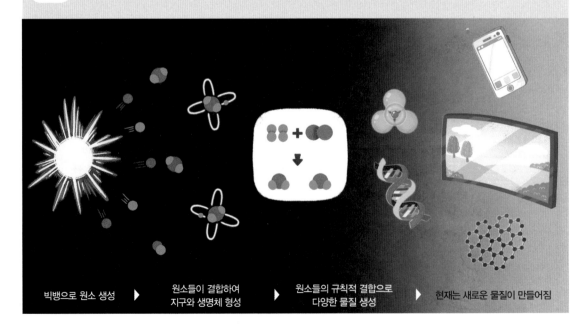

빅뱅으로 원소 생성 ▶ 원소들이 결합하여 지구와 생명체 형성 ▶ 원소들의 규칙적 결합으로 다양한 물질 생성 ▶ 현재는 새로운 물질이 만들어짐

II
시스템과
상호 작용

A2 역학적 시스템, 지구 시스템, 생명 시스템으로 구성되며, 각 시스템의 구성 요소들은 독립적으로 서로 상호 작용 하면서 지금의 세상이 형성되었고, 지구 시스템과 생명 시스템은 역학적 시스템에 의해 유지되고 있다.

우주와 지구에는 중력 및 여러 가지 힘이 작용하는 역학적 시스템을 이룸 ▶ 지구는 하나의 시스템이면서 지구상에서는 여러 가지 구성 요소들이 상호 작용 하는 시스템을 이룸 ▶ 지구를 구성하는 요소인 생명체는 여러 요소가 체계적으로 작용하는 생명 시스템을 이룸

통합과학의 핵심 질문과 단원 구성

Q3 우리가 사는 세상은 어떻게 변화하며, 다양성을 유지하는가?

| 알아야 할 핵심 개념 |

III
변화와 다양성

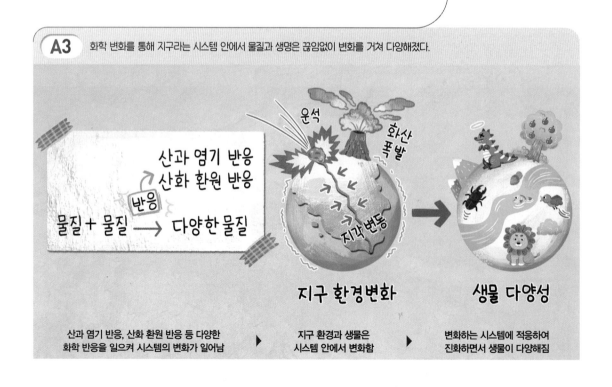

A3 화학 변화를 통해 지구라는 시스템 안에서 물질과 생명은 끊임없이 변화를 거쳐 다양해졌다.

산과 염기 반응 / 산화 환원 반응 / 반응 / 물질 + 물질 → 다양한 물질

운석 / 화산 폭발 / 지각 변동

지구 환경변화 **생물 다양성**

산과 염기 반응, 산화 환원 반응 등 다양한 화학 반응을 일으켜 시스템의 변화가 일어남 ▶ 지구 환경과 생물은 시스템 안에서 변화함 ▶ 변화하는 시스템에 적응하여 진화하면서 생물이 다양해짐

Q4 우리는 자연 환경에 어떻게 적응하며, 환경과 에너지 문제는 어떻게 해결하는가?

| 알아야 할 핵심 개념 |

IV
환경과 에너지

❶ **생태계와 환경**

❷ **발전과 신재생 에너지**

A4 인간이 지구에서 오래 살 수 있는 길은 자연 그대로를 지켜주고, 차세대 에너지를 개발하여 에너지 문제를 해결해야 하는 것이다.

다양한 생물들은 생태계 평형을 이루며 살고 있는데, 인류 문명의 발전으로 생태계 시스템이 위협을 받음 ▶ 생태계 시스템을 유지하기 위해 생태계 보전과 차세대 에너지 개발이 필요

오투와 내 교과서 비교하기

＊표를 보는 방법

내 교과서의 출판사 확인하기 ➡ 학습할 범위를 찾기

예 비상교육 교과서 13쪽~19쪽이면, 오투 12쪽~23쪽을 열심히 공부한다!

I. 물질과 규칙성

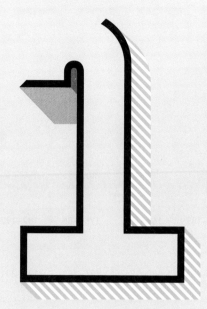

물질의 규칙성과 결합

중학교에서 **배운 내용을 확인**하고, 이 단원에서 **학습할 개념**과 **연결**지어 보자.

◉ **우주 팽창**

  (1) **외부 은하의 관측 결과** : 대부분의 외부 은하는 우리은하에서 멀어지고 있으며, 멀리 있는 은하일수록 멀어지는 속도가 빠르다. ➡ 우주는 팽창한다.

  (2) ① ☐☐☐☐ : 매우 뜨겁고 밀도가 큰 한 점이 폭발한 후 팽창하여 현재의 우주가 되었다는 이론

◉ **원소와 스펙트럼**

  (1) **원소** : 더 이상 분해되지 않는, 물질을 이루는 기본 성분 예 물을 이루는 원소 : 수소, 산소

  (2) **스펙트럼** : 빛을 분광기로 관찰할 때 볼 수 있는 여러 가지 색의 띠

연속 스펙트럼	② ☐☐☐☐
햇빛을 분광기로 관찰할 때 나타나는 연속적인 색의 띠	금속 원소의 불꽃을 분광기로 관찰할 때 스펙트럼에서 특정 부분에만 나타나는 밝은색 선 ➡ 원소의 종류에 따라 다르게 나타난다.

◉ **원자** 물질을 구성하는 기본 입자

  (1) **원자의 구조** : 원자의 중심에는 양전하를 띠는 ③ ☐☐☐ 이 존재하고, 그 주위를 음전하를 띠는 ④ ☐☐☐ 가 움직이고 있다.

  (2) **원자핵의 구조** : 양전하를 띠는 양성자와 전하를 띠지 않는 중성자로 이루어져 있다.

◉ **이온** 원자가 전자를 잃거나 얻어서 전하를 띤 입자

종류	⑤ ☐☐☐	⑥ ☐☐☐
특징	• 원자가 전자를 잃어 형성된다. • 양전하를 띤다.	• 원자가 전자를 얻어 형성된다. • 음전하를 띤다.
이온의 형성 모형	원자 → 전자를 잃음 → ⑤ ☐	원자 → 전자를 얻음 → ⑥ ☐

01 우주의 시작과 원소의 생성

핵심 짚기 ☐ 정상 우주론과 빅뱅 우주론의 비교 ☐ 원자의 생성 과정
☐ 우주 배경 복사 ☐ 우주의 수소와 헬륨의 질량비

A 우주 초기 원소의 생성

1 우주의 시작

① 빅뱅(대폭발) 우주론 : 약 138억 년 전 초고온, 초고밀도의 한 점에서 빅뱅(대폭발)이 일어나 우주가 탄생하였고, 지금까지 계속 팽창하고 있다는 이론❶

② 빅뱅 우주론의 확립 : 정상 우주론과 빅뱅 우주론이 대립하다가 빅뱅 우주론을 지지하는 증거들이 발견되어 빅뱅 우주론이 확립되었다.

구분	정상 우주론		빅뱅 우주론	
공통점	우주는 팽창한다.			
우주의 크기	증가		증가	
우주의 질량	증가(빈 공간에 물질 생성)		일정	
우주의 밀도	일정		감소	
우주의 온도	일정		감소	

2 우주 초기 원소의 생성 빅뱅으로 우주가 탄생한 이후 기본 입자가 먼저 만들어졌다.

① 물질을 구성하는 입자 : 물질은 원자로, 원자는 원자핵과 전자로, 원자핵은 양성자와 중성자로, 양성자와 중성자는 쿼크로 이루어져 있다.

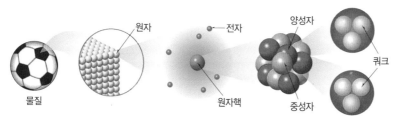

물질 / 원자 / 전자 / 원자핵 / 양성자 / 중성자 / 쿼크

입자의 종류	특징
기본 입자	더 이상 분해할 수 없는 가장 작은 입자로, 물질의 기본 단위이다. 예 쿼크, 전자❷
양성자, 중성자	3개의 쿼크로 이루어진 입자(같은 종류의 쿼크 2개＋다른 종류의 쿼크 1개) ┌양성자 : 위 쿼크 2개와 아래 쿼크 1개가 결합하여 생성 ➡ 양전하를 띤다. └중성자 : 위 쿼크 1개와 아래 쿼크 2개가 결합하여 생성 ➡ 전기적으로 중성이다.
원자핵	양성자와 중성자로 이루어진 입자 ➡ 양전하를 띤다.
원자	원자핵과 전자로 이루어진 입자 ➡ 전기적으로 중성이다.

② 원자의 생성 : 우주가 팽창하여 온도가 낮아지면서 점차 무거운 입자가 생성되었다.

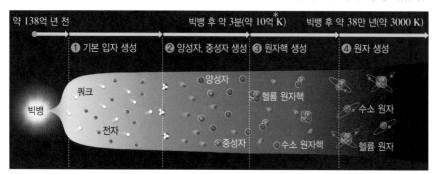

약 138억 년 전 ｜ 빅뱅 후 약 3분(약 10억 K) ｜ 빅뱅 후 약 38만 년(약 3000 K)
❶ 기본 입자 생성 ❷ 양성자, 중성자 생성 ❸ 원자핵 생성 ❹ 원자 생성
빅뱅 / 쿼크 / 전자 / 양성자 / 중성자 / 헬륨 원자핵 / 수소 원자핵 / 수소 원자 / 헬륨 원자

▲ 원자의 생성 과정 우주 초기에 수소와 헬륨이 생성되었고, 이를 재료로 수억 년 후 은하와 별이 탄생하였다.

Plus 강의

❶ 빅뱅 우주론의 확립 과정

우주는 정지해 있다. (아인슈타인)	대립	우주는 팽창한다. (르메트르, 프리드만)

⬇

우주 팽창의 증거 관측 (허블의 외부 은하 관측)

⬇

빅뱅 우주론 (가모프)	대립	정상 우주론 (호일)

⬇

빅뱅 우주론의 증거 관측 (펜지어스와 윌슨의 우주 배경 복사 관측)

❷ 쿼크의 종류
쿼크는 위(up), 아래(down), 맵시(charm), 야릇한(strange), 꼭대기(top), 바닥(bottom)의 6종류가 있다.

🔍 용어 돋보기
＊ **K(켈빈)**_절대 온도의 단위

절대 온도(K)＝ 섭씨온도(℃)＋273.15

❶ 기본 입자 생성	빅뱅 직후 우주는 매우 고온이었고, 급격히 팽창하면서 온도가 낮아져 쿼크, 전자와 같은 기본 입자가 생성되었다.		
❷ 양성자, 중성자 생성❸	우주의 온도가 더 낮아져 쿼크 3개가 결합하여 양성자와 중성자가 생성되었다. ➡ 양성자와 중성자의 개수비는 생성 초기 약 1 : 1에서 약 7 : 1로 변화		
❸ 원자핵 생성 (빅뱅 후 약 3분)	양성자는 그 자체로 수소 원자핵이고, 우주의 온도가 약 10억 K으로 낮아지면서 양성자 2개와 중성자 2개가 결합하여 헬륨 원자핵이 생성되었다.	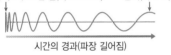▲ 수소 원자핵 (양성자수 : 1)	▲ 헬륨 원자핵 (양성자수 : 2, 중성자수 : 2)
❹ 원자 생성 (빅뱅 후 약 38만 년)	우주의 온도가 약 3000 K 정도로 낮아지면서 원자핵과 전자가 결합하여 수소 원자와 헬륨 원자를 생성하였고, 우주 배경 복사가 생성되었다.❹	▲ 수소 원자	▲ 헬륨 원자

☆3 우주 배경 복사 ➡ 빅뱅 우주론의 증거

① 우주 배경 복사 : 빅뱅 후 약 38만 년, 우주의 온도가 약 3000 K일 때 수소 원자와 헬륨 원자가 생성되면서 우주로 퍼져 나가 우주 전체를 채우고 있는 빛

② 가모프가 우주 배경 복사를 예측하였고, 펜지어스와 윌슨이 이를 발견하였다.

가모프의 우주 배경 복사 예측	▶	펜지어스와 윌슨의 우주 배경 복사 관측
빅뱅 우주에서 우주의 온도가 약 3000 K일 때 원자가 생성되면서 퍼져 나간 빛이 우주가 팽창하면서 파장이 길어져 현재 약 3 K에 해당하는 복사 에너지로 관측될 것이다. 빅뱅 후 약 38만 년(약 3000 K) 현재(약 3 K) 시간의 경과(파장 길어짐) ▲ 우주 팽창에 따른 온도와 파장 변화		우주의 모든 방향에서 대체로 동일한 세기로 관측되는 전파(마이크로파*)를 발견하였다. 이 전파가 우주 배경 복사로, 온도 약 3 K인 물체에서 방출되는 에너지의 파장과 일치하였다. ▲ 더블유맵 위성이 관측한 우주 배경 복사

우주 배경 복사의 의미 : 빅뱅 우주론에 따라 예측한 우주 배경 복사의 존재가 실제로 관측되었으므로 우주 배경 복사는 빅뱅 우주론의 증거이다.

---

❸ 양성자와 중성자

양성자와 중성자가 처음 생성되었을 때는 우주의 온도가 너무 높아서 서로 결합할 수 없었고, 전자와 같은 입자들과 함께 있었다.

❹ 원자 생성 전후의 우주

■ 원자 생성 이전(불투명한 우주) : 전자가 우주를 자유롭게 돌아다니면서 빛과 충돌하므로 빛이 직진하지 못하여 우주가 불투명하였다.

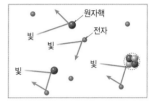

■ 원자 생성 이후(투명한 우주) : 전자가 원자핵에 붙잡히면서 빛이 직진할 수 있게 되어 우주가 투명해졌다.

🔍 **용어 돋보기**

* 마이크로파(microwave)_파장이 1 mm ~1 m 사이인 전파

개념 쏙쏙

◯ 정답과 해설 1쪽

1 빅뱅 우주론에서 빅뱅 후 우주의 밀도는 ㉠( )하였고, 온도는 ㉡( )하였다.

2 다음 설명에 해당하는 입자를 있는 대로 골라 쓰시오.

> (가) 원자   (나) 전자   (다) 쿼크   (라) 양성자   (마) 중성자   (바) 헬륨 원자핵

(1) 빅뱅 후 가장 먼저 생성되었으며, 더 이상 분해할 수 없는 입자········· ( )
(2) 우주가 팽창하면서 쿼크 3개가 결합하여 생성된 입자······················· ( )
(3) 빅뱅 후 양성자와 중성자가 결합하여 생성된 입자 ···························· ( )
(4) 우주의 온도가 약 3000 K이 되었을 때 생성된 입자····························· ( )

3 우주 배경 복사는 우주의 나이가 약 ㉠( )만 년이 되었을 때 우주로 퍼져 나가 우주 전체를 채우고 있는 빛으로, 현재 온도가 약 ㉡( ) K인 물체가 방출하는 복사와 같은 파장으로 관측되며, ㉢( ) 우주론을 지지하는 증거이다.

암기 꼭!

• 빅뱅 우주에서 원자의 생성 과정
  기본 입자(쿼크, 전자) → 양성자(수소 원자핵), 중성자 → 헬륨 원자핵 → 원자
• 우주 초기에 생성된 원소
  수소, 헬륨

01 우주의 시작과 원소의 생성

B 우주의 원소 분포

1 우주의 원소 분포

① 원소의 종류 : 우주를 구성하는 원소의 대부분은 수소와 헬륨이다.

② 원소의 질량비 : 우주 초기에 양성자 2개와 중성자 2개가 결합하여 헬륨 원자핵이 되면서 우주에 분포하는 수소와 헬륨의 질량비는 약 3 : 1이 되었다. **여기서잠깐** 18쪽

❶ 양성자와 중성자 생성 초기 : 양성자와 중성자가 서로 변환되어 양성자와 중성자의 개수는 비슷하였다.
➡ [개수비] 양성자 : 중성자 = 약 1 : 1

❷ 헬륨 원자핵 생성 직전 : 우주의 온도가 낮아지면서 중성자의 일부가 양성자로 변환되어 중성자에 비해 양성자의 개수가 많아졌다.
➡ [개수비] 양성자 : 중성자 = 약 14 : 2 = **약 7 : 1**

❸ 헬륨 원자핵 생성 후 : 양성자는 그대로 수소 원자핵이고, 양성자 2개와 중성자 2개가 결합하여 헬륨 원자핵이 생성되었다.

수소 원자핵 12개 | 헬륨 원자핵 1개
원자 질량=12 | 원자 질량=4

➡ [개수비] 수소 원자핵 : 헬륨 원자핵 = 약 12 : 1
[질량비] 수소 원자핵 1개의 질량 : 헬륨 원자핵 1개의 질량 =약 1 : 4 ❶
수소 원자핵 : 헬륨 원자핵 = 약 12 : 4 = 약 3 : 1
수소 원자 : 헬륨 원자 = 약 3 : 1 ❷

2 우주의 원소 분포를 관측하는 방법
별빛의 스펙트럼을 분석하여 우주의 원소 분포를 관측한다. **탐구A** 16쪽

① 스펙트럼 : 분광기*를 통과한 빛이 파장에 따라 나누어져 나타나는 색의 띠

② 스펙트럼의 종류 : 연속 스펙트럼, 방출 스펙트럼, 흡수 스펙트럼으로 구분한다.

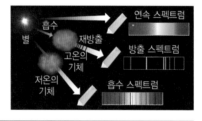

연속 스펙트럼		• 모든 파장 영역에서 연속적인 색의 띠가 나타난다. • 고온의 광원이 빛을 방출하는 경우에 생긴다. 예 백열등
선 스펙트럼	방출 스펙트럼 ❸	• 검은 바탕에 밝은색의 방출선이 나타난다. • 고온의 별 주위에서 에너지를 얻어 가열된 기체가 빛을 방출하는 경우에 생긴다. 예 고온의 기체, 기체 방전관
	흡수 스펙트럼	• 연속 스펙트럼에 검은색의 흡수선이 나타난다. • 별빛이 저온의 기체를 통과할 때 흡수되고 남은 빛에 의해 생긴다.

[선 스펙트럼이 나타나는 원리]
• 에너지 준위 : 원자핵의 주위를 돌고 있는 전자가 가지는 특정한 에너지 값으로, 이 에너지는 불연속적으로 띄엄띄엄 존재한다. ➡ 원자핵에서 멀수록 전자의 에너지 준위가 높다.
• 원자핵 주위를 돌고 있는 전자의 에너지 준위 변화에 따라 빛을 방출하거나 흡수하면서 방출 스펙트럼 또는 흡수 스펙트럼이 나타난다.

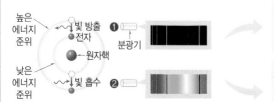

❶ 전자가 높은 에너지 준위에서 낮은 에너지 준위로 이동하면서 빛 방출 ➡ 방출 스펙트럼 생성

❷ 전자가 낮은 에너지 준위에서 높은 에너지 준위로 이동하면서 빛 흡수 ➡ 흡수 스펙트럼 생성

Plus 강의

❶ 양성자와 중성자의 질량
중성자의 질량이 양성자의 질량보다 조금 더 크지만 두 입자의 질량은 거의 같으므로 헬륨 원자핵의 질량은 수소 원자핵 질량의 약 4배이다.

❷ 원자핵과 원자의 질량
원자핵의 질량에 비해 전자의 질량이 매우 작으므로 원자의 질량은 원자핵의 질량과 거의 같다. 따라서 수소 원자와 헬륨 원자의 질량비는 수소 원자핵과 헬륨 원자핵의 질량비로 볼 수 있다.

❸ 방출 스펙트럼 용어
▶ 비상, 금성 교과서에서는 선 스펙트럼의 종류로 방출 스펙트럼과 흡수 스펙트럼이 있다고 설명한다. ➡ 스펙트럼의 종류를 연속 스펙트럼, 방출 스펙트럼, 흡수 스펙트럼으로 구분한다.
▶ 동아, 미래엔, 천재 교과서에서는 방출 스펙트럼 대신 선 스펙트럼이라고 부른다. ➡ 스펙트럼의 종류를 연속 스펙트럼, 선 스펙트럼, 흡수 스펙트럼으로 구분한다.

🔍 용어 돋보기

* 분광기(分 나누다, 光 빛, 器 도구)_빛을 파장에 따라 분리시키는 장치

③ 스펙트럼 분석을 통해 알 수 있는 것 : 원소의 종류와 함량

원소의 종류	• 동일한 원소의 흡수선과 방출선은 같은 위치(파장)에서 나타난다. • 원소의 종류에 따라 선의 위치와 굵기가 다르게 나타난다. • 별빛의 흡수 스펙트럼을 관측하여 원소의 스펙트럼과 비교하면, 별을 구성하는 원소의 종류를 알 수 있다.❹
원소의 함량	스펙트럼의 흡수선 세기는 별을 구성하는 원소의 밀도에 비례한다. ➡ 각 흡수선의 선폭을 비교하면 원소의 질량비를 알 수 있다.

3 관측된 수소와 헬륨의 질량비 약 3 : 1 ➡ 빅뱅 우주론의 증거

빅뱅 우주론에서 수소와 헬륨의 질량비를 약 3 : 1로 예측하였고, 이는 별빛의 스펙트럼을 분석하여 알아낸 실제 질량비와 일치하였다.

빅뱅 우주론에서 예측한 수소와 헬륨의 질량비	▶	다양한 별빛의 스펙트럼 분석 결과
빅뱅 우주론의 계산에 따르면, 빅뱅으로부터 약 3분 후 생성된 수소 원자핵과 헬륨 원자핵의 질량비는 약 3 : 1이다. ➡ 수소와 헬륨의 질량비=약 3 : 1		스펙트럼 분석 결과, 우주 전역에 수소와 헬륨이 존재하며 우주에서 전체 원소 중 수소가 약 74 %, 헬륨이 약 24 %를 차지한다. ➡ 수소와 헬륨의 실제 질량비=약 3 : 1

수소와 헬륨의 질량비 약 3 : 1의 의미 : 빅뱅 우주론에서 예측한 값과 별빛의 스펙트럼으로 관측한 값이 일치하므로 빅뱅 우주론을 지지하는 증거이다.

❹ 태양의 스펙트럼

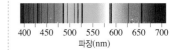

프라운호퍼는 태양의 스펙트럼에서 수백 개의 흡수선(프라운호퍼선)을 발견하여 태양의 대기가 여러 가지 원소(수소, 헬륨, 나트륨 등)로 구성되어 있음을 알아내었다.

개념 쏙쏙

정답과 해설 1쪽

4 우주의 원소 분포에 대한 설명으로 옳은 것은 ○, 옳지 <u>않은</u> 것은 ×로 표시하시오.

(1) 양성자와 중성자 생성 초기에는 양성자와 중성자의 수가 비슷했다. (   )

(2) 헬륨 원자핵이 생성되기 직전, 양성자와 중성자의 개수비는 약 3 : 1이었다. (   )

(3) 양성자 1개와 중성자 1개가 결합하여 헬륨 원자핵을 만들었다. (   )

(4) 우주에 분포하는 수소 원자와 헬륨 원자의 질량비는 약 3 : 1이 되었다. (   )

5 스펙트럼의 종류와 각 스펙트럼이 나타나는 경우를 옳게 연결하시오.

(1) 연속 스펙트럼 •   • ㉠ 별빛이 저온의 기체를 통과할 때 흡수되고 남은 빛

(2) 방출 스펙트럼 •   • ㉡ 고온의 별 주위에서 가열된 기체가 방출하는 빛

(3) 흡수 스펙트럼 •   • ㉢ 고온의 광원이 방출하는 빛

6 별빛의 스펙트럼을 분석한 결과, 우주를 구성하는 원소 중 가장 높은 비율을 차지하는 두 원소는 ㉠(   )와 ㉡(   )이다. 우주에 존재하는 두 원소의 질량비는 약 3 : 1이고, 이는 ㉢(   ) 우주론을 지지하는 증거이다.

> **암기 꼭!**
>
> • 양성자와 중성자의 개수비
> 생성 초기에 약 1 : 1에서 헬륨 원자핵 생성 직전에 약 7 : 1로 변화
> • 빅뱅 우주론의 증거
> 우주 배경 복사, 수소와 헬륨의 질량비 약 3 : 1

분광기로 스펙트럼 관찰하기

(목표) 간이 분광기로 스펙트럼을 관찰해 보고, 우주의 원소 분포를 알아내는 원리를 설명할 수 있다.

- **과정**

❶ 백열등에서 방출되는 빛을 간이 분광기로 관찰한다.

❷ 햇빛을 간이 분광기로 관찰한다.

(유의점) 햇빛을 관찰할 때는 태양을 직접 보지 말고, 햇빛이 들어오는 밝은 곳을 관찰한다.

❸ 수소, 헬륨, 네온, 나트륨, 칼슘 등의 기체가 들어 있는 *방전관을 간이 분광기로 관찰한다.

* **방전관**_관 속에 수소, 네온 등의 기체를 넣고 전극 사이에 전류를 통하게 하여 높은 전위 차에 의한 방전 현상을 유도하는 장치

(유의점) 방전관은 고전압이 발생하므로 감전되지 않도록 주의한다.
방전관의 유리가 깨지지 않도록 주의한다.
방전관은 뜨거우므로 맨손으로 만지지 않는다.

- **결과**

관찰 대상	스펙트럼 모습	특징
(가) 백열등, 햇빛		색의 띠가 연속적으로 나타난다.
(나) 수소		• 특정 파장에서 방출선이 나타난다.
(다) 헬륨		
(라) 네온		• 원소마다 방출선이 나타나는 파장이 다르다.
(마) 나트륨		
(바) 칼슘		
(사)*태양		연속 스펙트럼에 흡수선이 나타난다.
미지의 별		

* **태양의 스펙트럼**_태양은 고온의 물체이므로 연속 스펙트럼이 나타나지만, 태양 표면의 빛이 대기층을 통과하는 동안 저온의 대기 성분에 의해 특정한 파장의 빛이 흡수되므로 분광기로 이를 정밀하게 관측하면 수많은 흡수선이 나타난다.

- **해석**

1. 백열등을 관측할 때 나타나는 스펙트럼의 종류는? ➡ 연속 스펙트럼

2. (가)~(사) 중 방출 스펙트럼으로 관측되는 것은? ➡ (나), (다), (라), (마), (바)

3. 원소마다 스펙트럼이 다른 까닭은? ➡ 원자마다 에너지 준위와 그 간격이 다르기 때문이다.

4. 연속 스펙트럼에 흡수선이 나타나는 까닭은? ➡ 별빛의 일부가 대기에 흡수되었기 때문이다.

5. 원소마다 스펙트럼의 선폭이 다른 까닭은? ➡ 원소의 양(질량비)이 다르기 때문이다.

6. 태양의 대기에 포함되어 있는 원소는? ➡ (나) 수소, (다) 헬륨, (마) 나트륨

7. 미지의 별의 대기에 포함되어 있는 원소는? ➡ (나) 수소, (바) 칼슘

8. 스펙트럼을 분석하여 알 수 있는 것은? ➡ 원소의 종류와 함량을 알 수 있다.

- **정리**

- 원소마다 방출선의 위치가 다르므로 이를 통해 원소의 종류를 알아낼 수 있다.
- 다양한 별빛의 스펙트럼을 분석하여 원소의 스펙트럼과 비교하면 우주 전역에 존재하는 원소를 알 수 있다.

확인 문제

1 탐구 Ⓐ에 대한 설명으로 옳은 것은 ○, 옳지 <u>않은</u> 것은 ×로 표시하시오.

(1) 고온의 광원에서 방출된 빛의 스펙트럼은 (가)와 같이 나타난다. ····················· (   )

(2) 동일한 원소의 흡수선과 방출선이 나타나는 파장은 서로 다르다. ····················· (   )

(3) (나)와 (다)의 스펙트럼에서 관측되는 선의 파장은 같다. ····················· (   )

(4) (사) 스펙트럼의 흡수선을 분석하면 태양의 대기 성분을 알 수 있다. ············· (   )

2 (나)~(바) 중 미지의 별의 대기에 포함되어 있는 원소를 있는 대로 고른 것은?

① (나), (다)   ② (나), (바)   ③ (다), (라)

④ (라), (바)   ⑤ (마), (바)

[3~4] 그림은 가상의 원소 A~D와 어느 별빛의 스펙트럼을 나타낸 것이다.

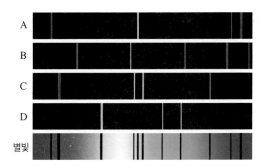

3 이에 대한 설명으로 옳은 것만을 [보기]에서 있는 대로 고른 것은?

• 보기 •

ㄱ. A~D는 서로 다른 원소의 스펙트럼이다.

ㄴ. A~D는 방출 스펙트럼이다.

ㄷ. 별빛의 흡수 스펙트럼을 관측하면 별을 구성하는 원소의 종류는 알 수 있지만, 함량
은 알 수 없다.

① ㄱ   ② ㄷ   ③ ㄱ, ㄴ

④ ㄴ, ㄷ   ⑤ ㄱ, ㄴ, ㄷ

4 A~D 중 별을 구성하는 원소를 있는 대로 고르고, 그렇게 판단한 까닭을 서술하시오.

_____

_____

시간에 따른 우주의 변화

빅뱅 후 우주는 팽창하면서 온도가 점점 낮아지고 있어요. 우주의 온도가 낮아지면서 생성되는 물질을 한눈에 정리해보고, 그 과정에서 양성자와 중성자의 개수가 어떻게 변화하였는지 알아볼까요?

정답과 해설 2쪽

◉ 시간에 따른 우주의 입자 생성과 양성자와 중성자의 개수비 변화

쿼크, 전자와 같은 기본 입자 생성	쿼크 3개가 결합하여 양성자(수소 원자핵)와 중성자 생성	양성자 2개와 중성자 2개가 결합하여 헬륨 원자핵 생성	원자핵과 전자가 결합하여 수소 원자와 헬륨 원자 생성 (우주 배경 복사 생성)	수소와 헬륨이 중력에 의해 모여 별과 은하 형성
약 10^{-35}초 후	약 10^{-6}초 후	약 3분 후	약 38만 년 후	약 4억~7억 년 후

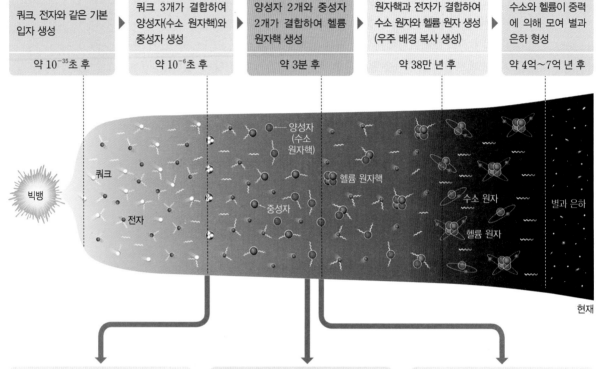

양성자와 중성자 생성 초기

우주의 온도가 높아 양성자와 중성자의 상호 변환이 가능하였다.
- 중성자 → 양성자 변환 : 질량 차이만큼 에너지를 방출하면서 일어난다.
- 양성자 → 중성자 변환 : 질량 차이만큼 에너지를 흡수하면서 일어난다.(중성자의 질량이 양성자의 질량보다 약간 더 크기 때문에)

양성자와 중성자의 개수비는 약 1 : 1로 비슷했다.

양성자 8개　　중성자 8개

개수비
양성자 : 중성자=약 1 : 1

헬륨 원자핵 생성 직전

우주의 온도가 낮아져 에너지를 방출하는 '중성자 → 양성자 변환'은 일어났지만, 에너지를 흡수하기는 어려워져 '양성자 → 중성자 변환'은 일어날 수 없었다.

중성자의 개수가 줄어들어 양성자와 중성자의 개수비는 약 7 : 1이 되었다.(우주의 온도가 더 낮아지면서 양성자와 중성자가 결합하여 헬륨 원자핵을 생성하였으므로 중성자의 비율이 더 이상 줄어들지 않았다.)

양성자 14개　　중성자 2개

개수비
양성자 : 중성자=약 7 : 1

헬륨 원자핵 생성 후

양성자는 그 자체로 수소 원자핵이고, 양성자 2개와 중성자 2개가 결합하여 헬륨 원자핵이 생성되었다.

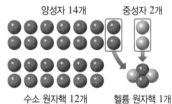

수소 원자핵 12개　　헬륨 원자핵 1개
원자 질량=12　　原子 질량=4

개수비
수소 원자핵 : 헬륨 원자핵=약 12 : 1

질량비
수소 원자핵 : 헬륨 원자핵=1×12개 : 4×1개=약 3 : 1
수소 원자 : 헬륨 원자=약 3 : 1
(전자의 질량은 매우 작으므로 원자의 질량은 원자핵의 질량과 거의 같다.)

Q1　우주의 팽창으로 온도가 높아져서 양성자에서 중성자로의 변환이 어려워졌다. (○, ×)

Q2　헬륨 원자핵 생성 후, 수소 원자핵과 헬륨 원자핵의 개수비는 약 (　　　　　)이다.

Q3　우주에 존재하는 수소 원자와 헬륨 원자의 질량비는 약 (　　　　　)이다.

A 우주 초기 원소의 생성

중요
01 정상 우주론과 빅뱅 우주론을 옳게 비교한 것은?

	구분	정상 우주론	빅뱅 우주론
①	주장한 학자	가모프	호일
②	우주의 크기	일정	증가
③	우주의 질량	증가	증가
④	우주의 밀도	일정	감소
⑤	우주의 온도	증가	감소

02 빅뱅 우주론에 대한 설명으로 옳지 <u>않은</u> 것은?

① 허블의 관측을 바탕으로 한 우주론이다.
② 우주는 약 138억 년 전, 한 점에서 시작되었다.
③ 빅뱅 이후 우주의 온도는 점점 낮아졌다.
④ 빅뱅 직후 우주의 밀도는 현재보다 컸다.
⑤ 현재 우주는 팽창을 멈추고 정지한 상태이다.

03 그림은 어느 우주론의 모형을 나타낸 것이다.

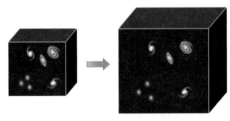

이에 대한 설명으로 옳은 것만을 [보기]에서 있는 대로 고른 것은?

┌─ 보기 ─
ㄱ. 우주가 팽창한다.
ㄴ. 우주의 밀도가 일정하다.
ㄷ. 은하들 사이의 거리가 멀어진다.
└──────

① ㄱ   ② ㄴ   ③ ㄱ, ㄷ
④ ㄴ, ㄷ   ⑤ ㄱ, ㄴ, ㄷ

[04~05] 그림은 물질을 이루는 입자를 나타낸 것이다.

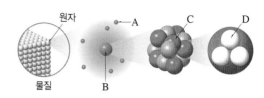

04 A~D에 해당하는 입자를 옳게 짝 지은 것은?

	A	B	C	D
①	전자	원자핵	양성자	쿼크
②	전자	중성자	원자핵	쿼크
③	쿼크	중성자	원자핵	전자
④	쿼크	원자핵	양성자	전자
⑤	양성자	원자핵	전자	쿼크

05 이에 대한 설명으로 옳은 것만을 [보기]에서 있는 대로 고른 것은?

┌─ 보기 ─
ㄱ. A와 D는 기본 입자이다.
ㄴ. 원자는 A와 B로 이루어져 있다.
ㄷ. C는 A와 D가 결합한 입자이다.
└──────

① ㄱ   ② ㄷ   ③ ㄱ, ㄴ
④ ㄴ, ㄷ   ⑤ ㄱ, ㄴ, ㄷ

중요
06 빅뱅 우주론에 따라 우주가 팽창하면서 일어난 [보기]의 사건을 시간 순서대로 옳게 나열한 것은?

┌─ 보기 ─
ㄱ. 빅뱅(대폭발)
ㄴ. 쿼크와 전자의 생성
ㄷ. 헬륨 원자핵의 생성
ㄹ. 양성자와 중성자의 생성
ㅁ. 수소 원자와 헬륨 원자의 생성
└──────

① ㄱ → ㄴ → ㄷ → ㅁ → ㄹ
② ㄱ → ㄴ → ㄹ → ㄷ → ㅁ
③ ㄱ → ㄷ → ㄴ → ㄹ → ㅁ
④ ㄱ → ㄷ → ㄹ → ㄴ → ㅁ
⑤ ㄱ → ㄹ → ㄴ → ㅁ → ㄷ

07 다음은 빅뱅 우주에서 생성된 입자를 나타낸 것이다.

> A. 중성자 B. 양성자 C. 쿼크 D. 전자

이에 대한 설명으로 옳은 것만을 [보기]에서 있는 대로 고른 것은?

┌─ 보기 ─────────────────────────────
│ ㄱ. 가장 먼저 생성된 입자는 A이다.
│ ㄴ. C 3개가 결합하여 B가 생성되었다.
│ ㄷ. B 1개와 D 1개가 결합하여 수소 원자가 생성
│   되었다.
│ ㄹ. 우주의 온도는 A의 생성 시기보다 C의 생성 시
│   기에 더 높았다.
└──────────────────────────────────

① ㄱ, ㄷ   ② ㄱ, ㄹ   ③ ㄴ, ㄷ
④ ㄱ, ㄴ, ㄹ   ⑤ ㄴ, ㄷ, ㄹ

중요
09 그림은 빅뱅 이후 A와 B 시기를 나타낸 것이다.

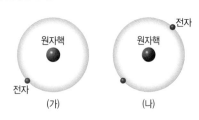

이에 대한 설명으로 옳지 <u>않은</u> 것은?

① 우주의 크기는 A 시기가 B 시기보다 작았다.
② A 시기에 헬륨 원자핵이 생성되었다.
③ B 시기에 원자핵과 전자가 결합하였다.
④ B 시기에 우주의 온도는 약 10억 K이었다.
⑤ B 시기에 수소와 헬륨 원자가 생성되었다.

10 펜지어스와 윌슨이 발견하였으며, 빅뱅 우주론의 결정적인 증거가 된 것은?

① 기본 입자   ② 스펙트럼
③ 태양 복사   ④ 우주 배경 복사
⑤ 새로운 물질의 생성

08 그림 (가)와 (나)는 빅뱅 우주에서 생성된 서로 다른 원자를 나타낸 것이다.

[그림: (가)와 (나) 원자 모형, 원자핵과 전자 표시]
(가)   (나)

(1) (가)와 (나)의 원자핵을 이루는 양성자수를 각각 쓰시오.

(2) (가)와 (나) 원자의 종류를 각각 쓰시오.

중요
11 우주 배경 복사에 대한 설명으로 옳은 것만을 [보기]에서 있는 대로 고른 것은?

┌─ 보기 ─────────────────────────────
│ ㄱ. 우주의 모든 방향에서 관측된다.
│ ㄴ. 원자핵이 생성되면서 우주로 퍼져 나간 빛이다.
│ ㄷ. 우주가 팽창하는 동안 새로운 물질이 계속 생성
│   되었다는 우주론의 증거이다.
└──────────────────────────────────

① ㄱ   ② ㄴ   ③ ㄱ, ㄷ
④ ㄴ, ㄷ   ⑤ ㄱ, ㄴ, ㄷ

12 그림 (가)와 (나)는 빅뱅 우주에서 서로 다른 시기에 빛이 진행하는 모습을 나타낸 것이다.

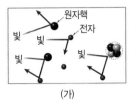 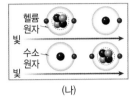

(가)　　　　　　　　　　　(나)

이에 대한 설명으로 옳은 것만을 [보기]에서 있는 대로 고른 것은?

> ┌─ 보기 ─
> ㄱ. (가) 시기에 우주의 온도는 약 3000 K이었다.
> ㄴ. (나)는 빅뱅 후 약 3분이 지난 시기이다.
> ㄷ. 우주의 온도는 (가) 시기가 (나)보다 높았다.

① ㄱ   ② ㄷ   ③ ㄱ, ㄴ
④ ㄴ, ㄷ   ⑤ ㄱ, ㄴ, ㄷ

B 우주의 원소 분포

13 다음은 빅뱅 우주에서 양성자와 중성자의 개수비 변화를 나타낸 것이다.

(가)　　　　　　　　　　　(나)

이에 대한 설명으로 옳은 것만을 [보기]에서 있는 대로 고른 것은?

> ┌─ 보기 ─
> ㄱ. (가) 시기에는 양성자와 중성자의 상호 변환이 자유롭게 일어났다.
> ㄴ. (나) 시기에는 양성자에서 중성자로의 변환만 일어났다.
> ㄷ. (가) → (나)는 우주가 팽창하였기 때문에 일어난 변화이다.

① ㄱ   ② ㄴ   ③ ㄱ, ㄷ
④ ㄴ, ㄷ   ⑤ ㄱ, ㄴ, ㄷ

서술형
14 헬륨 원자핵 생성 직전, 양성자와 중성자의 개수비는 약 7 : 1이었다. 양성자 2개와 중성자 2개가 결합하여 헬륨 원자핵이 생성될 때 수소 원자핵과 헬륨 원자핵의 질량비를 풀이 과정과 함께 서술하시오. (단, 양성자와 중성자의 질량은 같다고 가정한다.)

중요
15 그림은 우주 탄생 이후 어느 시기에 양성자와 중성자의 개수비를 나타낸 것이다.

이로부터 헬륨 원자핵이 생성된 시기에 대한 설명으로 옳은 것만을 [보기]에서 있는 대로 고른 것은?

> ┌─ 보기 ─
> ㄱ. 빅뱅 후 약 3분이 되었을 때이다.
> ㄴ. 수소 원자핵과 헬륨 원자핵의 개수비는 약 3 : 1이다.
> ㄷ. 수소 원자핵과 헬륨 원자핵의 질량비는 약 7 : 1이다.

① ㄱ   ② ㄷ   ③ ㄱ, ㄴ
④ ㄴ, ㄷ   ⑤ ㄱ, ㄴ, ㄷ

16 스펙트럼에 대한 설명으로 옳은 것은?

① 연속 스펙트럼은 색의 띠가 불연속적으로 나타난다.
② 별빛의 스펙트럼을 분석하여 우주 배경 복사를 발견하였다.
③ 고온의 광원이 방출하는 빛은 흡수 스펙트럼으로 나타난다.
④ 원소의 종류가 달라도 스펙트럼에 나타나는 선의 위치는 모두 같다.
⑤ 우주 전역에서 수소 스펙트럼이 많이 관측되는 것은 우주에 수소가 많이 존재하기 때문이다.

17 그림은 여러 종류의 스펙트럼이 형성되는 경우를 나타낸 것이다.

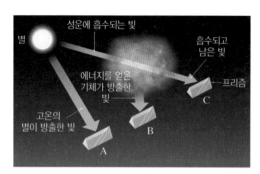

이에 대한 설명으로 옳은 것만을 [보기]에서 있는 대로 고른 것은?

보기
- ㄱ. A에서는 연속 스펙트럼이 나타난다.
- ㄴ. 백열등을 분광기로 관찰하면 B와 같은 종류의 스펙트럼이 나타난다.
- ㄷ. C는 별빛이 저온의 기체를 통과한 후에 관측한 스펙트럼이다.

① ㄱ　　　② ㄴ　　　③ ㄱ, ㄷ
④ ㄴ, ㄷ　　　⑤ ㄱ, ㄴ, ㄷ

18 그림 (가)와 (나)는 전자가 이동하는 모습을 나타낸 것이다.

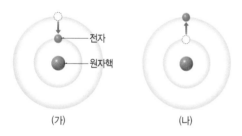

이에 대한 설명으로 옳은 것만을 [보기]에서 있는 대로 고른 것은?

보기
- ㄱ. 원자핵에서 멀수록 전자의 에너지 준위가 낮다.
- ㄴ. 전자가 (가)와 같이 이동할 때 빛을 방출한다.
- ㄷ. 전자가 (나)와 같이 이동할 때 흡수 스펙트럼이 나타난다.

① ㄱ　　　② ㄷ　　　③ ㄱ, ㄴ
④ ㄴ, ㄷ　　　⑤ ㄱ, ㄴ, ㄷ

19 별빛의 스펙트럼을 분석하여 알 수 있는 것 두 가지를 쓰시오.

20 그림 (가)와 (나)는 서로 다른 종류의 스펙트럼이다.

이에 대한 설명으로 옳은 것만을 [보기]에서 있는 대로 고른 것은?

보기
- ㄱ. (가)는 방출 스펙트럼이다.
- ㄴ. (가)와 (나)는 동일한 원소를 관측한 것이다.
- ㄷ. (가)와 (나)는 전자가 빛을 흡수하거나 방출하여 생긴다.

① ㄱ　　　② ㄷ　　　③ ㄱ, ㄴ
④ ㄴ, ㄷ　　　⑤ ㄱ, ㄴ, ㄷ

21 그림은 태양의 스펙트럼을 나타낸 것이다.

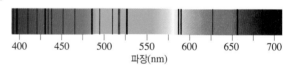

이에 대한 설명으로 옳은 것만을 [보기]에서 있는 대로 고른 것은?

보기
- ㄱ. 프라운호퍼가 수백 개의 흡수선을 발견하였다.
- ㄴ. 태양의 대기를 이루는 원소를 알 수 있다.
- ㄷ. 태양의 대기는 한 종류의 원소로 이루어져 있음을 알 수 있다.

① ㄱ　　　② ㄷ　　　③ ㄱ, ㄴ
④ ㄴ, ㄷ　　　⑤ ㄱ, ㄴ, ㄷ

서술형
22 (가)우주의 원소 분포를 알 수 있는 방법을 쓰고, (나)우주 전역에서 관측한 수소와 헬륨의 질량비가 약 3 : 1이라는 사실이 빅뱅 우주론을 지지하는 증거가 되는 까닭을 서술하시오.

01 그림은 빅뱅 우주론에 따라 입자가 생성된 과정을 나타낸 것이다.

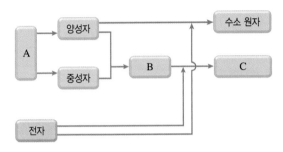

이에 대한 설명으로 옳지 <u>않은</u> 것은?

① A는 기본 입자에 속한다.

② B는 양전하를 띤다.

③ B에서 양성자수가 2이면 헬륨 원자핵이다.

④ C에서 전자 수와 양성자수는 같다.

⑤ 우주의 밀도는 B보다 C가 생성된 시기에 더 컸다.

02 빅뱅 우주에 분포하는 입자가 (가)에서 (나)로 변하였다.

이에 대한 설명으로 옳은 것만을 [보기]에서 있는 대로 고른 것은?

┌─ 보기 ─────────────────────────┐
ㄱ. (가) 시기에 우주는 불투명한 상태였다.
ㄴ. (나) 시기에 우주의 나이는 약 38만 년이었다.
ㄷ. (나)에서 퍼져 나간 빛은 현재는 관측되지 않는다.
└─────────────────────────────┘

① ㄱ   ② ㄷ   ③ ㄱ, ㄴ

④ ㄴ, ㄷ   ⑤ ㄱ, ㄴ, ㄷ

03 그림은 시간의 흐름에 따라 우주 배경 복사의 파장 변화를 나타낸 것이다.

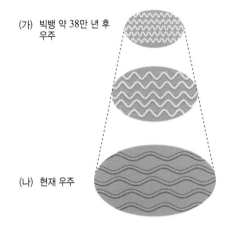

(가) 빅뱅 약 38만 년 후 우주

(나) 현재 우주

이에 대한 설명으로 옳은 것만을 [보기]에서 있는 대로 고른 것은?

┌─ 보기 ─────────────────────────┐
ㄱ. (가) 시기의 온도는 약 3 K이었다.
ㄴ. 시간이 흐를수록 우주 배경 복사의 파장은 길어졌다.
ㄷ. 우주 배경 복사는 우리은하의 중심 방향에서 온다.
└─────────────────────────────┘

① ㄱ   ② ㄴ   ③ ㄱ, ㄷ

④ ㄴ, ㄷ   ⑤ ㄱ, ㄴ, ㄷ

04 그림 (가)~(라)는 두 원소의 스펙트럼을 나타낸 것이다.

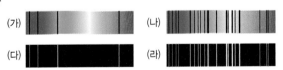

(가)   (나)

(다)   (라)

이에 대한 설명으로 옳은 것만을 [보기]에서 있는 대로 고른 것은?

┌─ 보기 ─────────────────────────┐
ㄱ. 전자가 높은 에너지 준위에서 낮은 에너지 준위로 이동할 때 (가)와 같은 스펙트럼이 나타난다.
ㄴ. 저온의 기체를 통과한 별빛의 스펙트럼은 (나)와 같이 관측된다.
ㄷ. (다)와 (라)는 동일한 원소를 관찰한 것이다.
└─────────────────────────────┘

① ㄱ   ② ㄴ   ③ ㄱ, ㄷ

④ ㄴ, ㄷ   ⑤ ㄱ, ㄴ, ㄷ

02 지구와 생명체를 이루는 원소의 생성

핵심 짚기
☐ 지구와 생명체의 구성 원소 비교
☐ 별의 탄생과 원소의 생성
☐ 별의 진화와 원소의 생성
☐ 태양계와 지구의 형성 과정

A 지구와 생명체를 구성하는 원소

1 우주의 주요 원소 수소와 헬륨이 전체 원소의 약 98 %를 차지 ➡ 빅뱅 초기에 생성

2 지구와 생명체의 주요 원소 수소와 헬륨에 비해 무거운 원소가 많은 비율을 차지
➡ 빅뱅 후 수억 년 정도 지났을 때, 별이 탄생하고 진화하는 과정에서 생성

구분	우주	지구	사람
구성 원소 (질량비)	헬륨 24 % 기타 2 % 수소 74 %	니켈 2.4 % 기타 4.6 % 마그네슘 13 % 규소 15 % 철 35 % 산소 30 %	질소 3.3 % 기타 3.7 % 수소 9.5 % 탄소 18.5 % 산소 65.0 %
주요 구성 원소	수소>헬륨>…	철>산소>규소>마그네슘>니켈>…❶	산소>탄소>수소>질소>…❷

B 지구와 생명체를 구성하는 원소의 생성

1 별의 탄생과 원소의 생성

① 별 : *핵융합 반응으로 스스로 빛을 내는 천체
② 별의 탄생 과정 : 성간 물질이 뭉쳐지면서 원시별이 형성되고, 별이 탄생한다.

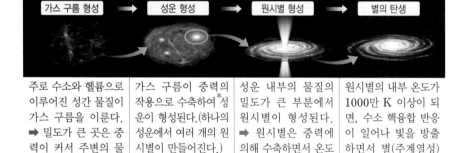

가스 구름 형성	성운 형성	원시별 형성	별의 탄생
주로 수소와 헬륨으로 이루어진 성간 물질이 가스 구름을 이룬다. ➡ 밀도가 큰 곳은 중력이 커서 주변의 물질을 끌어 모은다.	가스 구름이 중력의 작용으로 수축하여 *성운이 형성된다.(하나의 성운에서 여러 개의 원시별이 만들어진다.)	성운 내부의 물질의 밀도가 큰 부분에서 원시별이 형성된다. ➡ 원시별은 중력에 의해 수축하면서 온도와 압력이 높아진다.❸	원시별의 내부 온도가 1000만 K 이상이 되면, 수소 핵융합 반응이 일어나 빛을 방출하면서 별(주계열성)이 된다.

③ 주계열성 : 수소 핵융합 반응으로 에너지를 방출하는 별로, 별의 크기가 일정하게 유지된다. ➡ 별은 일생의 대부분을 주계열성으로 보낸다.❹❺

수소 핵융합 반응	별의 크기
• 온도가 1000만 K 이상인 별의 중심부에서 수소 핵융합 반응이 일어나 헬륨이 생성된다. • 4개의 수소 원자핵이 결합하여 1개의 헬륨 원자핵이 되는 과정에서 감소한 질량이 에너지로 전환된다. • 에너지는 빛의 형태로 우주 공간으로 방출된다.	• 중력 : 중심 방향으로 작용한다. • 내부 압력 : 수소 핵융합 반응으로 발생하여 바깥쪽으로 작용한다. • 별의 중력과 내부 압력이 평형을 이루어 별의 크기가 일정하게 유지된다.
수소 원자핵 → 에너지 발생 → 헬륨 원자핵 (양성자, 중성자)	내부 압력, 중력

Plus 강의

❶ 지구의 주요 원소
지각에는 산소와 규소가 많지만 핵에는 철과 니켈이 많으며, 지구 전체로 볼 때는 철이 가장 많다.

❷ 사람의 주요 원소
사람의 몸은 대부분 물(H_2O)로 구성되어 있기 때문에 산소와 수소가 풍부하고, 탄소, 질소, 칼슘 등이 뼈나 근육을 이룬다.

❸ 중력 수축 에너지
성간 물질이나 원시별 등이 중력에 의해 수축하면 물체가 위치에 따라 갖는 에너지가 감소하면서 열이 발생하므로 온도가 높아진다.

❹ 별이 일생의 대부분을 주계열성으로 보내는 까닭
수소는 별에서 가장 풍부한 원소이므로 수소 핵융합 반응이 긴 시간 동안 일어나기 때문이다.

❺ 태양의 진화 단계
현재 태양은 주계열성으로, 약 100억 년 동안 수소 핵융합 반응을 하며 에너지를 방출한다. 현재 태양의 나이가 약 50억 년이므로 앞으로 50억 년은 더 수소 핵융합 반응을 할 것이다.

🔍 용어 돋보기
* 핵융합(核 씨, 融 녹다, 合 합하다)_가벼운 원자핵이 고온 고압의 환경에서 결합하여 무거운 원자핵으로 되는 과정
* 성운(星 별, 雲 구름)_성간 물질이 밀집되어 있어 구름 모양으로 보이는 천체

2 별의 진화와 원소의 생성 별은 질량에 따라 다르게 진화하며, 질량이 클수록 중심부의 온도가 높아져 더 무거운 원소를 만드는 핵융합 반응이 일어난다.

① 질량이 태양과 비슷한 별 ⬤ 주계열성 → ⬤ 적색 거성 → ⬤ 행성상 성운 , ◦백색 왜성

진화	핵융합 반응	생성 원소
적색 거성	• 주계열성의 중심부에서 수소가 고갈되어 핵융합 반응이 멈추면, 중심부가 수축하면서 열이 발생하여 중심부 바깥의 수소층이 가열된다. 수소층에서 수소 핵융합 반응이 일어나면 내부 압력이 커지므로 별이 팽창하여 표면 온도가 낮아져 *적색 거성이 된다. • 적색 거성 중심부가 수축하여 밀도가 커지고 온도가 높아지면 헬륨 핵융합 반응이 일어나 탄소, 산소가 생성된다. 수소 / 수소 핵융합 → 헬륨핵 / 수소 핵융합 / 수소 / 헬륨 / 탄소, 산소 ▲ 주계열성　▲ 적색 거성 형성　▲ 별의 내부 구조	헬륨, 탄소, 산소 철보다 가벼운 원소
행성상 성운, 백색 왜성	별 중심부의 헬륨이 고갈되어 헬륨 핵융합 반응이 멈추면, 바깥층은 팽창하여 행성상 성운이 되고, 중심부는 수축하여 *백색 왜성이 된다.❼	

② 질량이 태양의 약 10배 이상인 별 ⬤ 주계열성 → ⬤ 초거성 → ✳ 초신성 ⟨ ◯ 중성자별 / ◯ 블랙홀

진화	핵융합 반응	생성 원소
초거성	• 주계열성 이후 별이 매우 팽창하여 *초거성이 된다. 초거성의 중심부에서 온도가 계속 높아져 헬륨, 탄소, 산소, 규소 핵융합 반응이 일어나면서 철까지 생성된다. • 철까지만 생성되는 까닭 : 철 원자핵이 매우 안정하기 때문 수소 / 헬륨 / 탄소, 산소 / 산소, 네온, 마그네슘 / 규소, 황 / 철 ▲ 별의 내부 구조	헬륨, 탄소, 산소~철 철보다 가벼운 원소, 철
초신성	별의 중심부에서 철이 만들어지고 핵융합 반응이 멈추면, 별이 급격하게 수축하다가 폭발하여 초신성이 된다. 이때 엄청난 양의 에너지가 발생하여 철보다 무거운 원소가 만들어진다.❼	금, 우라늄 등 철보다 무거운 원소
중성자별, 블랙홀	초신성으로 폭발하고 남은 중심부는 밀도가 큰 *중성자별이 된다. 남은 중심부의 질량이 매우 클 경우에는 빛조차도 탈출하지 못하는 블랙홀이 된다.	

❻ **질량이 태양과 비슷한 별에서 헬륨 핵융합 반응까지만 일어나는 까닭**
질량이 태양과 비슷한 별에서는 탄소 핵융합 반응이 일어나는 온도까지 중심부의 온도가 높아지지 못하기 때문이다.

❼ **원소의 방출과 새로운 별의 생성**

▲ 행성상 성운 (헬릭스성운)

▲ 초신성 잔해 (게성운)

• **행성상 성운** : 별의 바깥층을 이루는 기체가 우주 공간으로 방출되어 행성상 성운을 이룬다.
• **초신성 잔해** : 초신성으로 폭발하면서 원소들이 우주 공간으로 방출되어 성운과 같은 초신성 잔해를 이룬다.
• **새로운 별의 생성** : 별에서 생성된 원소들은 우주로 방출되어 새로운 별의 재료가 된다.

🔍 **용어 돋보기**

＊ **적색 거성**(赤 붉다, 色 빛, 巨 크다, 星 별)_주계열성이 팽창하여 크고, 표면 온도가 낮아져 붉은색을 띠는 별
＊ **행성상 성운**(행성, 狀 모양, 星 별, 雲 구름)_적색 거성이 팽창하여 형성된 행성 모양의 성운
＊ **백색 왜성**(白 희다, 色 빛, 矮 작다, 星 별)_작고 밀도가 큰 청백색 별, 핵융합 반응이 일어나지 않음
＊ **초거성**(超 뛰어넘다, 巨 크다, 星 별)_적색 거성보다 훨씬 크고 밝은 별
＊ **중성자별**_중성자로 이루어진 별

개념 쏙쏙

정답과 해설 4쪽

1 원소에 대한 설명으로 옳은 것은 ○, 옳지 <u>않은</u> 것은 ×로 표시하시오.

(1) 우주에서 가장 많은 질량을 차지하는 원소는 수소이다. ⋯⋯⋯⋯⋯ (　　　)
(2) 지구와 사람에는 공통적으로 산소가 가장 많다. ⋯⋯⋯⋯⋯⋯⋯⋯ (　　　)
(3) 지구와 사람을 이루는 주요 원소는 별의 진화 과정에서 생성되었다. (　　　)

2 별의 탄생과 진화, 원소의 생성에 대한 설명이다. (　　　) 안에 알맞은 말을 쓰시오.

(1) 원시별은 중력에 의해 수축하면서 온도와 압력이 (　　　)진다.
(2) 주계열성 중심부에서는 ㉠(　　　) 핵융합 반응으로 ㉡(　　　)이 생성된다.
(3) 별의 내부에서 핵융합에 의해 생성될 수 있는 가장 무거운 원소는 ㉠(　　　)이고, 이보다 무거운 원소는 ㉡(　　　) 폭발 때 생성된다.

📌 **암기 꼭!**

핵융합 반응이 끝난 별의 내부 구조
• 질량이 태양과 비슷한 별
(바깥) **수류탄** (중심)
　　　소 헬 소
　　　　 (륨)
• 질량이 태양의 약 10배 이상인 별
(바깥) **수류탄 산규철** (중심)
　　　소 헬 소 　소 소
　　　　 (륨)

02. 지구와 생명체를 이루는 원소의 생성　**025**

지구와 생명체를 이루는 원소의 생성

C 태양계와 지구의 형성

☆1 태양계의 형성 태양계는 초신성 폭발로 만들어진 거대한 성운에서 약 50억 년 전에 형성되었다.❶

| 태양계 성운의 형성 | 우리은하의 나선팔에 있던 성운 주변에서 초신성 폭발이 일어나 태양계 성운이 형성되었다. ➡ 안정한 상태였던 성운 내부의 물질이 초신성 폭발로 흔들려 밀도가 불균일해졌기 때문 |

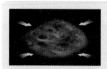

| 성운의 수축 | 태양계 성운은 중력에 의해 수축하면서 서서히 회전하기 시작하였다. |

| 원시 태양과 원시 원반의 형성 | • 성운이 수축하면서 중심부에는 온도가 높아지고 밀도가 커져 원시 태양이 형성되었다.
• 원시 태양의 바깥쪽에는 회전이 점차 빨라지면서 납작한 원반 모양의 원시 원반이 형성되었다. |

| 미행성체의 형성 | • 원시 태양의 중심부는 중력 수축으로 온도가 높아졌다.
• 원시 원반은 회전하는 동안 여러 개의 큰 고리가 형성되었고, 각 고리에서는 가스와 먼지가 뭉쳐 수많은*미행성체가 형성되었다. |

| 원시 행성과 태양계의 형성 | • 원시 태양은 중심부에서 수소 핵융합 반응이 일어나면서 태양이 되었다.
• 미행성체가 서로 충돌하여 원시 행성이 되었고, 성장하여 행성이 되었다. 남은 가스와 먼지는*태양풍에 의해 태양계 바깥으로 보내져 현재의 태양계가 형성되었다.❷ |

☆2 태양계와 지구의 고체 물질 형성 태양계가 형성되는 과정에서 태양으로부터 거리에 따라 성운의 원반을 이루는 물질이 달라졌다.
➡ 태양과 가까운 곳에서는 지구형 행성, 태양에서 먼 곳에서는 목성형 행성이 형성되었다.

▲ 태양계 성운의 원반을 이루는 물질

지구형 행성	구분	목성형 행성
🌞태양 ▶ 가까움	태양으로부터 거리	멀어짐 ▶
태양으로부터 거리가 가까워 온도가 높은 곳에서 형성되었다.	온도	태양으로부터 거리가 멀어 온도가 낮은 곳에서 형성되었다.
메테인 같은 가벼운 물질은 증발하고, 철, 니켈, 규소와 같이 녹는점이 높고 무거운 물질이 남아 응축되어 미행성체를 형성하였다.	고체 물질 형성	녹는점이 낮은 물, 메테인, 암모니아의 얼음이나 얼음으로 둘러싸인 금속, 암석 티끌 등 다양한 물질이 응축되어 미행성체를 형성하였다.
원시 행성이 무거운 물질을 끌어들여 암석 성분의 지구형 행성이 되었다.❸ ➡ 주로 암석 성분	행성의 주요 성분	원시 행성이 수소나 헬륨 등 가벼운 기체를 끌어들여 기체 성분의 거대한 목성형 행성이 되었다. ➡ 주로 기체 성분
무거운 원소로 주로 구성되어 평균 밀도가 크다.	평균 밀도	지구형 행성보다 상대적으로 가벼운 원소로 구성되어 평균 밀도가 작다.
수성, 금성, 지구, 화성	행성	목성, 토성, 천왕성, 해왕성

---

3 지구의 형성 지구는 태양과 가까운 곳에서 형성되어 암석 성분의 행성을 이루었고, 행성을 이룬 물질을 재료로 하여 생명체가 탄생하였다.

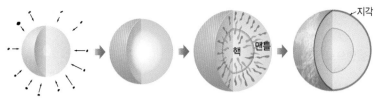

미행성체 충돌　　마그마 바다의 형성　　핵과 맨틀의 분리　　원시 지각 형성

원시 지구의 형성	태양계 성운에서 원시 행성이 형성되는 과정에서 원시 지구도 형성되었다.
미행성체 충돌	원시 지구에 미행성체들이 충돌하여 합쳐지면서 지구의 크기와 질량이 증가하였다.
마그마 바다의 형성	미행성체의 충돌열에 의해 지구의 온도가 상승하였고, 지구 전체가 거의 녹아 마그마 바다를 형성하였다. ❹
핵과 맨틀의 분리	마그마 바다에서 철, 니켈 등의 무거운 물질은 지구 중심부로 가라앉아 핵을 형성하였고, 규소, 산소 등의 가벼운 물질은 위로 떠올라 맨틀을 형성하였다.
원시 지각과 원시 바다의 형성	미행성체의 충돌이 줄어들면서 지구의 표면이 식어 원시 지각이 형성되었고, 대기 중의 수증기가 응결하여 비로 내리면서 원시 지각에 빗물이 모여 원시 바다가 형성되었다. ❺
생명체의 출현	바다에서 최초의 생명체가 탄생하였다.

❹ **지구 온도 상승의 원인**
미행성체의 충돌열, 충돌한 미행성체에서 증발한 수증기의 온실 효과, 지구를 구성하는 일부 방사성 원소가 붕괴하며 방출하는 에너지 등

❺ **원시 대기 성분의 변화**
지구 탄생 초기에 화산 활동으로 수소, 이산화 탄소, 질소, 수증기 등이 분출되었다. 수소와 같이 가벼운 기체는 우주로 날아가고 질소와 같이 무거운 기체가 남아 대기를 이루었다.

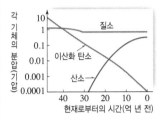

▶ **이산화 탄소** : 원시 바다에 녹아 석회암을 형성하여 대기 중의 양 감소
▶ **산소** : 바다에 광합성 생물이 등장한 이후 대기 중의 양 증가

개념 쏙쏙

정답과 해설 4쪽

3 태양계의 형성에 대한 설명으로 옳은 것은 ○, 옳지 않은 것은 ×로 표시하시오.

(1) 태양계 성운은 회전하면서 물질이 퍼져 나가 크기가 점차 커졌다. ⋯⋯ (　　　)
(2) 태양계 성운의 중심부에서 원시 태양이 형성되었다. ⋯⋯⋯⋯⋯⋯⋯⋯⋯ (　　　)
(3) 미행성체들이 충돌하고 결합하는 과정에서 원시 행성이 형성되었다. (　　　)

4 지구형 행성에 해당하는 설명은 '지', 목성형 행성에 해당하는 설명은 '목'으로 쓰시오.

(1) 태양으로부터 거리가 가까워 높은 온도 환경에서 형성되었다. ⋯⋯⋯⋯ (　　　)
(2) 수소, 헬륨 등을 끌어들여 기체 성분의 행성이 되었다. ⋯⋯⋯⋯⋯⋯⋯ (　　　)
(3) 철, 니켈, 규소 등 녹는점이 높고 무거운 물질로 이루어져 있다. ⋯⋯⋯ (　　　)
(4) 토성, 천왕성 등이 속한다. ⋯⋯⋯⋯⋯⋯⋯⋯⋯⋯⋯⋯⋯⋯⋯⋯⋯⋯⋯ (　　　)

암기 꼭!

지구형 행성과 목성형 행성 비교

•온도 높은 곳	•온도 낮은 곳
•녹는점이 높은 무거운 물질	•녹는점이 낮은 가벼운 물질
➡ 주로 암석	➡ 주로 기체
•크기 작음	•크기 큼
•밀도 큼	•밀도 작음

5 다음 지구의 형성 과정에서 일어난 현상들을 시간 순서대로 나열하시오.

(가) 원시 지각 형성　　　(나) 마그마 바다 형성　　　(다) 핵과 맨틀의 분리

A 지구와 생명체를 구성하는 원소

중요
01 지구와 생명체를 구성하는 원소에 대한 설명으로 옳은 것만을 [보기]에서 있는 대로 고른 것은?

┌─ 보기 ─────────────────────
ㄱ. 지구에는 수소와 헬륨이 풍부하다.
ㄴ. 사람의 몸에 가장 많은 원소는 산소이다.
ㄷ. 지구와 사람을 이루는 대부분의 원소는 우주의 나이가 약 38만 년이 되었을 때 만들어졌다.
└────────────────────────────

① ㄱ   ② ㄴ   ③ ㄱ, ㄷ
④ ㄴ, ㄷ   ⑤ ㄱ, ㄴ, ㄷ

02 그림 (가)는 지구, (나)는 사람을 이루는 원소의 비율(질량비)을 나타낸 것이다.

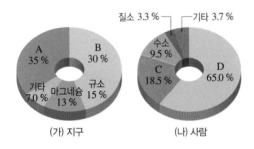

(가) 지구   (나) 사람

A~D에 해당하는 원소를 옳게 짝 지은 것은?

	A	B	C	D
①	철	산소	탄소	산소
②	철	산소	탄소	철
③	산소	철	산소	철
④	산소	철	철	탄소
⑤	탄소	철	탄소	산소

B 지구와 생명체를 구성하는 원소의 생성

03 별의 탄생에 대한 설명으로 옳지 않은 것은?
① 별은 성운 내부의 밀도가 큰 곳에서 형성된다.
② 하나의 성운 내에서 여러 개의 원시별이 형성된다.
③ 성간 물질이 수축하여 온도와 압력이 높아지면 원시별이 된다.
④ 원시별의 중심부 온도가 1000 K으로 높아지면 주계열성이 된다.
⑤ 별은 핵융합 반응에 의해 에너지를 빛의 형태로 방출한다.

중요
04 그림은 어느 별의 중심부에서 일어나는 핵융합 반응을 나타낸 것이다.

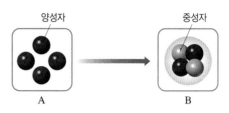

이에 대한 설명으로 옳지 않은 것은?
① 주계열성에서 일어난다.
② 질량은 A보다 B가 크다.
③ A와 B의 질량 차이만큼 에너지로 전환된다.
④ 별의 중심부 온도가 1000만 K 이상일 때 일어난다.
⑤ 태양의 내부에서도 이와 같은 핵융합 반응이 일어난다.

05 그림은 주계열성의 내부에서 작용하는 중력과 내부 압력을 나타낸 것이다.

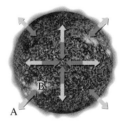

이에 대한 설명으로 옳은 것만을 [보기]에서 있는 대로 고른 것은?

┌─ 보기 ─────────────────────
ㄱ. A는 중력이다.
ㄴ. B는 수소 핵융합 반응에 의해 생기는 압력이다.
ㄷ. 주계열성에서는 A와 B가 평형을 이룬다.
└────────────────────────────

① ㄱ   ② ㄷ   ③ ㄱ, ㄴ
④ ㄴ, ㄷ   ⑤ ㄱ, ㄴ, ㄷ

06 다음은 별이 진화하는 과정에서 형성되는 천체들을 순서 없이 나타낸 것이다.

> (가) 초거성　　　　　(나) 주계열성
> (다) 적색 거성　　　　(라) 초신성과 블랙홀
> (마) 행성상 성운과 백색 왜성

질량이 태양과 비슷한 별의 진화 과정에서 형성되는 천체를 골라 진화하는 순서대로 옳게 나열한 것은?

① (가) → (나) → (라)　　② (나) → (가) → (라)
③ (나) → (다) → (마)　　④ (나) → (마) → (라)
⑤ (다) → (나) → (마)

중요
07 다음은 어느 별의 진화 과정을 나타낸 것이다.

이에 대한 설명으로 옳은 것은?

① A는 초신성이다.
② (가) 과정에서 별의 표면 온도는 낮아진다.
③ (나) 과정에서 별의 중심부 밀도는 작아진다.
④ 질량이 태양보다 매우 큰 별의 진화 과정이다.
⑤ A의 중심부에서 최종적으로 만들어지는 원소는 철이다.

08 그림은 질량이 태양과 비슷한 별이 행성상 성운으로 되기 직전의 내부 구조를 나타낸 것이다.
A에 해당하는 원소를 쓰시오.

09 그림은 어느 별의 진화 과정을 나타낸 것이다.

이에 대한 설명으로 옳은 것만을 [보기]에서 있는 대로 고른 것은?

> ·보기·
> ㄱ. (가)의 중심부에서 수소 핵융합 반응이 일어난다.
> ㄴ. (나)에서 탄소보다 무거운 원소가 생성된다.
> ㄷ. (다)에서 철보다 무거운 원소가 생성된다.
> ㄹ. (라)는 별의 중심부가 팽창하여 형성된다.

① ㄱ, ㄷ　　　② ㄱ, ㄹ　　　③ ㄴ, ㄹ
④ ㄱ, ㄴ, ㄷ　　⑤ ㄴ, ㄷ, ㄹ

중요
10 그림은 어느 별의 내부 구조를 나타낸 것이다.
이에 대한 설명으로 옳지 <u>않은</u> 것은?

① A는 철이다.
② 중심부로 갈수록 무거운 원소가 분포한다.
③ A보다 무거운 원소는 핵분열에 의해 생성된다.
④ 마지막 단계에서 중성자별이나 블랙홀이 될 것이다.
⑤ 이 별이 만든 원소는 초신성 폭발로 방출될 것이다.

서술형
11 별 내부에서 철까지만 생성되는 까닭을 서술하고, 지구에 존재하는 철보다 무거운 원소들은 어떤 과정으로 생성된 것인지 서술하시오.

중요
12 그림 (가)와 (나)는 질량이 다른 두 별의 진화 과정 중 어느 단계를 나타낸 것이다.

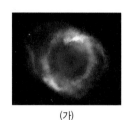
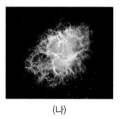

(가)   (나)

이에 대한 설명으로 옳은 것만을 [보기]에서 있는 대로 고른 것은?

• 보기 •
ㄱ. (가)의 중심부에서 백색 왜성이 형성될 수 있다.
ㄴ. (가)의 중심부에서 형성된 천체에서는 철을 생성하는 핵융합 반응이 일어난다.
ㄷ. (나)가 되는 과정에서 별을 만드는 물질이 방출된다.
ㄹ. 주계열성일 때의 질량은 (가)가 (나)보다 컸다.

① ㄱ, ㄷ   ② ㄴ, ㄷ   ③ ㄴ, ㄹ
④ ㄱ, ㄴ, ㄹ   ⑤ ㄱ, ㄷ, ㄹ

C 태양계와 지구의 형성

13 다음 태양계 형성 과정에서 일어난 현상들을 시간 순서대로 나열하시오.

(가) 원시 원반 형성   (나) 원시 행성 형성
(다) 미행성체의 형성   (라) 태양계 성운의 형성

중요
14 태양계의 형성 과정에 대한 설명으로 옳지 <u>않은</u> 것은?
① 성운이 수축하여 중심부에 원시 태양이 형성되었다.
② 성운이 회전하여 납작한 원시 원반이 형성되었다.
③ 성운이 수축하는 과정에서 회전은 점차 느려졌다.
④ 미행성체가 서로 충돌하여 원시 행성이 되었다.
⑤ 원시 행성이 형성되는 과정에서 원시 지구도 형성되었다.

서술형
15 다음은 태양계가 형성되는 과정 중 서로 다른 단계에서 일어난 현상들을 설명한 것이다.

(가) 성운을 이루는 물질이 퍼져 나가 납작한 원반 모양이 되었다.
(나) 성운 중심부에 형성된 원시 태양의 압력과 온도가 점차 상승하였다.

(가)와 (나) 현상이 일어난 원인을 각각 서술하시오.

_____

_____

중요
16 그림은 원시 태양으로부터 거리와 물리적 특성에 따라 원시 행성의 궤도를 A와 B로 구분하여 나타낸 것이다.

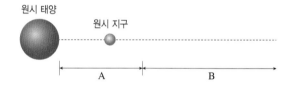

이에 대한 설명으로 옳은 것만을 [보기]에서 있는 대로 고른 것은?

• 보기 •
ㄱ. A에는 지구형 행성, B에는 목성형 행성이 형성되었다.
ㄴ. 원시 행성을 형성한 미행성체를 이루는 구성 물질의 녹는점은 A보다 B에서 낮았다.
ㄷ. A보다 B에서 형성된 행성의 평균 밀도가 작다.

① ㄱ   ② ㄴ   ③ ㄱ, ㄷ
④ ㄴ, ㄷ   ⑤ ㄱ, ㄴ, ㄷ

17 다음은 지구의 형성 과정을 나타낸 것이다.

(가)	(나)	(다)	(라)
미행성체 충돌	마그마 바다 형성	원시 지각 형성	생명체 출현

이에 대한 설명으로 옳은 것은?
① (가) → (나)에서 지표는 점차 냉각되었다.
② 지구 중심부의 밀도는 (가)보다 (다)에서 컸다.
③ 원시 바다는 (나) → (다)에서 형성되었다.
④ (라)의 생명체는 육지에서 출현하였다.
⑤ (가) → (나)에서 지구의 질량은 거의 일정하게 유지되었다.

01 그림 (가)~(다)는 우주, 지구, 사람을 이루는 원소의 질량비를 나타낸 것이다.

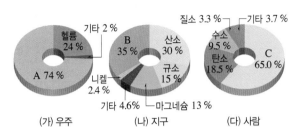

(가) 우주　　　(나) 지구　　　(다) 사람

이에 대한 설명으로 옳은 것만을 [보기]에서 있는 대로 고른 것은?

보기
ㄱ. A는 우주 초기의 진화 과정에서 생성되었다.
ㄴ. B는 대부분 초신성 폭발이 일어날 때 생성되었다.
ㄷ. C는 지구의 대기와 해수에도 풍부한 원소이다.

① ㄱ　　　　② ㄴ　　　　③ ㄱ, ㄷ
④ ㄴ, ㄷ　　　⑤ ㄱ, ㄴ, ㄷ

신유형 N

02 그림 (가)와 (나)는 어느 원시별과 이로부터 형성된 주계열성에서 중력과 내부 압력을 나타낸 것이다.

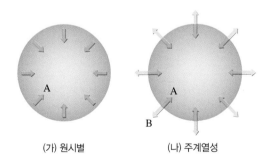

(가) 원시별　　　(나) 주계열성

이에 대한 설명으로 옳은 것만을 [보기]에서 있는 대로 고른 것은?

보기
ㄱ. (가)에서 A는 원시별을 수축시키는 힘이다.
ㄴ. (나)에서 B는 수소 핵융합 반응에 의해 생긴다.
ㄷ. (나)에서 A와 B는 평형을 이룬다.

① ㄱ　　　　② ㄷ　　　　③ ㄱ, ㄴ
④ ㄴ, ㄷ　　　⑤ ㄱ, ㄴ, ㄷ

03 그림은 진화 과정 중에 있는 두 별 (가), (나)의 내부 구조를 나타낸 것이다.

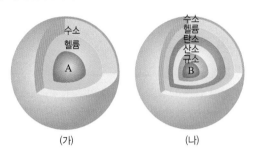

(가)　　　(나)

이에 대한 설명으로 옳은 것만을 [보기]에서 있는 대로 고른 것은?

보기
ㄱ. A는 헬륨 핵융합에 의해 생성된다.
ㄴ. 별의 질량은 (나)가 (가)보다 크다.
ㄷ. (나)는 급격히 팽창하다가 폭발하여 초신성이 된다.
ㄹ. 태양은 (나)와 같은 형태로 진화할 것이다.

① ㄱ, ㄴ　　　② ㄱ, ㄷ　　　③ ㄷ, ㄹ
④ ㄱ, ㄴ, ㄹ　　⑤ ㄴ, ㄷ, ㄹ

04 지구의 형성 과정에 대한 설명으로 옳은 것만을 [보기]에서 있는 대로 고른 것은?

보기
ㄱ. 철, 니켈 등의 물질이 맨틀을 형성하였다.
ㄴ. 지구 탄생 초기에는 화산 활동으로 많은 기체가 분출되어 산소, 질소가 대기의 주성분이었다.
ㄷ. 원시 바다가 형성된 이후 대기 중의 이산화 탄소량이 감소하였다.

① ㄱ　　　　② ㄷ　　　　③ ㄱ, ㄴ
④ ㄴ, ㄷ　　　⑤ ㄱ, ㄴ, ㄷ

03 원소들의 주기성

핵심 짚기
- ☐ 현대 주기율표의 특징
- ☐ 여러 가지 원자의 전자 배치
- ☐ 알칼리 금속과 할로젠의 특성

A 원소와 주기율표

1 원소[1] 물질을 이루는 기본 성분

① 더 이상 다른 물질로 분해되지 않는다.

② 현재까지 알려진 원소는 약 110종류이다.

③ 한 종류의 원소만으로 물질을 구성하기도 하지만, 다른 종류의 원소들끼리 화학 결합을 하여 물질을 구성하기도 한다. ➡ 원소의 종류는 물질의 종류에 비해 매우 적다.

2 주기율의 발견

① 주기율 : 성질이 비슷한 원소가 주기적으로 나타나는 현상

② 주기율표 : 성질이 비슷한 원소가 주기적으로 나타나도록 원소들을 배열한 표

③ 주기율의 발견 과정

되베라이너(1817년)	멘델레예프(1869년)	모즐리(1913년)
성질이 비슷한 세 쌍의 원소가 존재하며, 이 원소들의 *원자량 사이에 일정한 관계가 있다는 것을 알아내었다.	당시에 알려진 63종의 원소들을 원자량 순으로 배열하면 성질이 비슷한 원소가 주기적으로 나타나는 것을 발견하여 주기율표를 만들었다. ➡ 몇몇 원소들의 성질이 주기성을 벗어나는 문제점이 있었다.[2]	원소들의 주기적인 성질이 원자량이 아니라 원자를 이루는 양성자수, 즉 원자 번호와 관계가 있음을 알아내었다.[3]

3 현대의 주기율표 원소들을 원자 번호 순으로 나열하되, 화학적 성질이 비슷한 원소가 같은 세로줄에 오도록 배열한 것이다.

① 족 : 주기율표의 세로줄로, 1족~18족까지 있다.

② 주기 : 주기율표의 가로줄로, 1주기~7주기까지 있다.

③ 주기율표의 왼쪽 부분과 가운데 부분에는 주로 금속 원소가 위치하고, 주기율표의 오른쪽 부분에는 주로 비금속 원소가 위치한다.

Plus 강의

❶ 원소와 원자
원소는 물질을 구성하는 가장 기본적인 '성분'을 뜻하고, 원자는 물질을 구성하는 가장 기본적인 '입자'를 뜻한다.

❷ 새로운 원소를 예측한 멘델레예프
멘델레예프는 주기율표에 맞는 원소가 없는 경우 원소의 자리를 비워두고, 그 원소의 존재와 성질을 예측하였다. 이후 멘델레예프가 존재를 예측한 원소들과 성질이 일치하는 새로운 원소들이 발견되었다.

❸ 양성자수와 원자 번호
모즐리는 원자의 양성자수에 따라 원자마다 번호를 붙이고, 이를 원자 번호라고 이름 붙였다.

용어 돋보기
* 원자량(atomic weight)_원자의 상대적인 질량
* 실온(室 방, 溫 따뜻하다)_실내의 평균 온도. 20±5 °C 범위

족 주기	1	2											13	14	15	16	17	18
1	1 H 수소																	2 He 헬륨
2	3 Li 리튬	4 Be 베릴륨											5 B 붕소	6 C 탄소	7 N 질소	8 O 산소	9 F 플루오린	10 Ne 네온
3	11 Na 나트륨	12 Mg 마그네슘	3	4	5	6	7	8	9	10	11	12	13 Al 알루미늄	14 Si 규소	15 P 인	16 S 황	17 Cl 염소	18 Ar 아르곤
4	19 K 칼륨	20 Ca 칼슘	21 Sc 스칸듐	22 Ti 타이타늄	23 V 바나듐	24 Cr 크로뮴	25 Mn 망가니즈	26 Fe 철	27 Co 코발트	28 Ni 니켈	29 Cu 구리	30 Zn 아연	31 Ga 갈륨	32 Ge 저마늄	33 As 비소	34 Se 셀레늄	35 Br 브로민	36 Kr 크립톤
5	37 Rb 루비듐	38 Sr 스트론튬	39 Y 이트륨	40 Zr 지르코늄	41 Nb 나이오븀	42 Mo 몰리브데넘	43 Tc 테크네튬	44 Ru 루테늄	45 Rh 로듐	46 Pd 팔라듐	47 Ag 은	48 Cd 카드뮴	49 In 인듐	50 Sn 주석	51 Sb 안티모니	52 Te 텔루륨	53 I 아이오딘	54 Xe 제논
6	55 Cs 세슘	56 Ba 바륨	57~71 *란타넘족	72 Hf 하프늄	73 Ta 탄탈럼	74 W 텅스텐	75 Re 레늄	76 Os 오스뮴	77 Ir 이리듐	78 Pt 백금	79 Au 금	80 Hg 수은	81 Tl 탈륨	82 Pb 납	83 Bi 비스무트	84 Po 폴로늄	85 At 아스타틴	86 Rn 라돈
7	87 Fr 프랑슘	88 Ra 라듐	89~103 **악티늄족	104 Rf 러더포듐	105 Db 더브늄	106 Sg 시보귬	107 Bh 보륨	108 Hs 하슘	109 Mt 마이트너륨	110 Ds 다름슈타튬	111 Rg 뢴트게늄	112 Cn 코페르니슘	113 Nh 니호늄	114 Fl 플레로븀	115 Mc 모스코븀	116 Lv 리버모륨	117 Ts 테네신	118 Og 오가네손

범례: 금속 / 준금속 / 비금속
원자 번호 / 원소 기호 / 원소 이름 (예: 11 Na 나트륨)
*실온에서 상태: 고체 액체 기체

*란타넘족	57 La 란타넘	58 Ce 세륨	59 Pr 프라세오디뮴	60 Nd 네오디뮴	61 Pm 프로메튬	62 Sm 사마륨	63 Eu 유로퓸	64 Gd 가돌리늄	65 Tb 터븀	66 Dy 디스프로슘	67 Ho 홀뮴	68 Er 어븀	69 Tm 툴륨	70 Yb 이터븀	71 Lu 루테튬
**악티늄족	89 Ac 악티늄	90 Th 토륨	91 Pa 프로트악티늄	92 U 우라늄	93 Np 넵투늄	94 Pu 플루토늄	95 Am 아메리슘	96 Cm 퀴륨	97 Bk 버클륨	98 Cf 캘리포늄	99 Es 아인슈타이늄	100 Fm 페르뮴	101 Md 멘델레븀	102 No 노벨륨	103 Lr 로렌슘

▲ **현대의 주기율표** 원자 번호가 113, 115, 117, 118인 원소는 아직 원소의 성질이 많이 밝혀지지 않아 금속인지 비금속인지 알지 못한다.

4 금속 원소와 비금속 원소❹

구분	금속 원소	비금속 원소
주기율표에서의 위치	왼쪽과 가운데	오른쪽(단, 수소는 예외)
실온에서의 상태	고체(단, 수은은 액체)	기체 또는 고체(단, 브로민은 액체)
특징	• 대부분 특유의 광택이 있다. • 열과 전기가 잘 통한다. • 외부에서 힘을 가하면 부서지지 않고 길게 늘어나거나 얇게 펴진다.	• 금속과 달리 광택이 없다. • 열과 전기가 잘 통하지 않는다. (단, 흑연은 예외)❺
이온의 형성	양이온이 되기 쉽다.	음이온이 되기 쉽다. (단, 18족은 예외)
이용의 예	알루미늄(Al) 구리(Cu) 철(Fe) 알루미늄박 / 전선 / 각종 자재	질소(N) 산소(O) 인(P) 식품 포장용 충전 기체 / 생명체의 호흡 / 성냥

❹ **준금속 원소**
준금속 원소는 금속 원소와 비금속 원소의 중간 성질이 있거나, 금속 원소와 비금속 원소의 성질이 모두 있는 원소이다. 준금속 원소는 주기율표에서 금속 원소와 비금속 원소의 경계에 위치한다. 예 붕소(B), 규소(Si), 저마늄(Ge), 비소(As) 등

❺ **흑연의 전기 전도성**
흑연은 비금속 원소인 탄소로 이루어져 있지만, 자유롭게 움직일 수 있는 전자가 있어 전기 전도성이 있다.

개념 쏙쏙

정답과 해설 6쪽

1 물질을 이루는 기본 성분으로, 더 이상 다른 물질로 분해되지 않는 것을 무엇이라고 하는지 쓰시오.

2 주기율의 발견과 관련된 과학자와 그들이 원소를 배열한 기준을 옳게 연결하시오.

  (1) 되베라이너 •

  (2) 멘델레예프 •   • ㉠ 원자량

  (3) 모즐리 •   • ㉡ 원자 번호

3 현대의 주기율표에 대한 설명으로 옳은 것은 ○, 옳지 않은 것은 ×로 표시하시오.

  (1) 원소들이 원자 번호 순으로 배열되어 있다. ······················· (   )

  (2) 18개의 주기와 7개의 족으로 이루어져 있다. ··················· (   )

  (3) 화학적 성질이 비슷한 원소가 같은 세로줄에 있다. ············· (   )

4 (   ) 안에서 알맞은 말을 고르시오.

구분	금속 원소	비금속 원소
주기율표에서의 위치	왼쪽과 가운데	대부분 ㉠(왼쪽, 가운데, 오른쪽)
실온에서의 상태	대부분 ㉡(고체, 액체, 기체)	대부분 기체 또는 고체
광택	대부분 ㉢(있다, 없다).	㉣(있다, 없다).
열과 전기 전도성	㉤(크다, 작다).	대부분 ㉥(크다, 작다).
이온의 형성	㉦(양이온, 음이온)이 되기 쉽다.	18족을 제외하고 ㉧(양이온, 음이온)이 되기 쉽다.

암기 꼭!

원자 번호 20까지의 원소 외우기

흐헤리베 (H - He - Li - Be)

비키니 (B - C - N)

오프너 (O - F - Ne)

나만알지 (Na - Mg - Al - Si)

펩시콜라 (P - S - Cl - Ar)

크~카~ (K - Ca)

B 알칼리 금속과 할로젠

☆ **1 알칼리 금속[1]** 주기율표의 1족에 속하는 금속 원소 〔탐구 Ⓐ〕 36쪽

예 리튬(Li), 나트륨(Na), 칼륨(K), 루비듐(Rb) 등

① 실온에서 모두 고체 상태이고, 은백색 광택을 띤다.

② 다른 금속에 비해 밀도가 작고, 칼로 쉽게 잘릴 정도로 무르다.

③ 반응성이 매우 커서 산소, 물과 잘 반응한다.[2]

• 공기 중의 산소와 반응하여 광택을 잃는다.

• 물과 반응하여 수소 기체를 발생시키고, 이때 생성된 수용액은 염기성을 띤다.

• 반응성 : 원자 번호가 클수록 반응성이 크다. ➡ $Li < Na < K < Rb$

알칼리 금속	리튬(Li)	나트륨(Na)	칼륨(K)
칼로 단면을 잘랐을 때	광택이 서서히 사라짐	광택이 금방 사라짐	광택이 빠르게 사라짐
물에 넣었을 때	잘 반응함	격렬하게 반응함	매우 격렬하게 반응함

☆ **2 할로젠[3]** 주기율표의 17족에 속하는 비금속 원소

예 플루오린(F), 염소(Cl), 브로민(Br), 아이오딘(I) 등

① 실온에서 할로젠 원자 2개가 결합한 분자(이원자 분자)로 존재하고, 특유의 색을 띤다.

② 반응성이 매우 커서 금속, 수소와 잘 반응한다.

• 나트륨과 반응하여 화합물을 생성한다.

• 수소와 반응하여 할로젠화 수소(예 HF, HCl, HBr 등)를 생성하고, 할로젠화 수소를 물에 녹이면 산성을 띤다.

• 반응성 : 원자 번호가 작을수록 반응성이 크다. ➡ $F_2 > Cl_2 > Br_2 > I_2$

염소 아이오딘
브로민
▲ 여러 가지 할로젠

할로젠	플루오린(F_2)	염소(Cl_2)	브로민(Br_2)	아이오딘(I_2)
실온에서의 상태	기체	기체	액체	고체
색	옅은 노란색	노란색	적갈색	보라색
나트륨과의 반응	매우 격렬하게 반응함	격렬하게 반응함	잘 반응함	반응함
수소와의 반응	매우 빠르게 반응함	빠르게 반응함	잘 반응함	반응함

C 원자의 전자 배치

1 원자의 구조 원자는 원자핵과 전자로, 원자핵은 양성자와 중성자로 이루어져 있다.

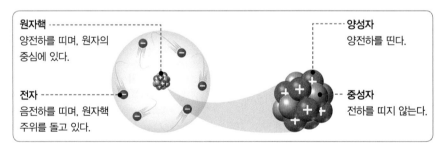

원자핵
양전하를 띠며, 원자의 중심에 있다.

양성자
양전하를 띤다.

전자
음전하를 띠며, 원자핵 주위를 돌고 있다.

중성자
전하를 띠지 않는다.

① 한 원자를 구성하는 양성자수와 전자 수는 같다. ➡ 원자는 전기적으로 중성이다.

② 양성자수는 원자마다 다르다. ➡ 양성자수로 원자 번호를 정한다.

> 원자 번호＝양성자수＝전자 수

2 원자의 전자 배치 〔여기서잠깐〕 38쪽

① 에너지 준위[4] : 원자핵 주위를 돌고 있는 전자가 갖는 특정한 에너지 값

② 전자 껍질 : 원자핵 주위의 전자가 돌고 있는 특정한 에너지 준위의 궤도

③ 원자가 전자 : 원자의 전자 배치에서 가장 바깥 전자 껍질에 들어 있는 전자로, 화학 반응에 참여하므로 원소의 화학적 성질을 결정한다.

④ 전자 배치의 원리

• 전자는 원자핵에 가까운 전자 껍질부터 차례로 배치된다.

• 각 전자 껍질에 최대로 배치될 수 있는 전자는 정해져 있다. ➡ 첫 번째 전자 껍질에는 최대 2개, 두 번째 전자 껍질에는 최대 8개가 배치된다.

- 원자핵의 전하 : 8+ ➡ 양성자수 : 8
- 첫 번째 전자 껍질
- 두 번째 전자 껍질
- 원자가 전자 수 : 6

▲ 산소의 전자 배치

☆ ⑤ 원자 번호 1~18까지 원자의 전자 배치

같은 족 원소들의 공통점 원자가 전자 수가 같다. ➡ 같은 족 원소들(동족 원소)은 화학적 성질이 비슷하다. (단, 수소 및 3족~12족 원소는 예외)●·····

족 \ 주기	1	2	13	14	15	16	17	18
1	1+ H		전자 껍질→ 1+ ←전자					2+ He
2	3+ Li	4+ Be	5+ B	6+ C	7+ N	8+ O	9+ F	10+ Ne
3	11+ Na	12+ Mg	13+ Al	14+ Si	15+ P	16+ S	17+ Cl	18+ Ar
원자가 전자 수	1	2	3	4	5	6	7	0

• 같은 주기 원소들의 공통점 전자가 들어 있는 전자 껍질 수가 같다. ➡ 전자가 들어 있는 전자 껍질 수는 주기 번호와 같다.

18족 원소는 화학 반응에 참여하는 전자가 없으므로 원자가 전자 수가 0이다.

3 원소들의 주기성이 나타나는 까닭
원자 번호가 증가함에 따라 원소의 화학적 성질을 결정하는 원자가 전자 수가 주기적으로 변하기 때문이다.

④ 에너지 준위

전자의 에너지 준위는 원자핵에서 가까울수록 낮고 원자핵에서 멀수록 높다.

- 수소의 원자핵
- 에너지
- 전자 껍질 사이에는 전자가 존재하지 않음

▲ 수소 원자의 전자 배치와 에너지 준위

용어 돋보기

* 동족(同 같다, 族 무리) 원소_같은 족에 속하며 비슷한 성질을 갖는 원소

개념 쏙쏙

정답과 해설 6쪽

5 알칼리 금속에만 해당하는 설명에는 '알칼리', 할로젠에만 해당하는 설명에는 '할로젠', 알칼리 금속과 할로젠에 모두 해당하는 설명에는 '공통'을 쓰시오.

(1) 주기율표의 1족에 속하는 금속 원소이다. ·············· (   )

(2) 반응성이 매우 커서 다른 물질과 잘 반응한다. ·········· (   )

(3) 실온에서 분자로 존재한다. ····························· (   )

(4) 칼로 쉽게 잘릴 정도로 무른 고체이다. ················· (   )

(5) 원자가 전자 수가 7이다. ··························· (   )

6 그림은 나트륨의 전자 배치를 모형으로 나타낸 것이다. (   ) 안에 알맞은 숫자를 쓰시오.

(1) 원자 번호는 (   )이다.

(2) 전자가 들어 있는 전자 껍질 수는 (   )이다.

(3) 원자가 전자 수는 (   )이다.

암기 꼭!

주기와 전자 껍질, 족과 원자가 전자의 관계

• 주기가 같으면 전자 껍질 수가 같다.
➡ 주전자!

• 족이 같으면 원자가 전자 수가 같다.
➡ 발(족)로 원자 까!

알칼리 금속의 성질

목표 알칼리 금속의 성질을 알아보고, 같은 족 원소는 비슷한 성질이 있다는 것을 확인할 수 있다.

• 과정

❶ 물기 없는 유리판 위에 리튬을 올려놓고 칼로 자르면서 단단한 정도와 단면의 변화를 관찰한다.

❷ 비커에 물을 $\frac{1}{3}$ 정도 넣고 페놀프탈레인 용액을 1방울~2방울 떨어뜨린다.

❸ 좁쌀 크기의 리튬 조각을 ❷의 비커에 넣고 리튬이 반응하는 모습과 수용액의 색 변화를 관찰한다.

▶ **단면의 변화를 확인하는 까닭** : 알칼리 금속과 공기 중 산소의 반응을 확인하기 위해

▶ **페놀프탈레인 용액을 넣는 까닭** : 색 변화로 알칼리 금속과 물의 반응을 확인하기 위해

▶ **리튬을 좁쌀 크기로 반응시키는 까닭** : 알칼리 금속은 반응성이 매우 커서 많은 양을 물과 반응시키면 위험하기 때문

* **페놀프탈레인 용액**_용액의 액성을 구분하는 지시약으로, 산성과 중성 용액에서는 무색이고 염기성 용액에서는 붉은색을 띤다.

❹ 나트륨과 칼륨을 사용하여 과정 ❶~❸을 반복한다.

• 결과

알칼리 금속		리튬(Li)			나트륨(Na)	칼륨(K)
칼로 단면을 잘랐을 때	단단한 정도	쉽게 잘라짐	자른 직후	시간이 지난 후	쉽게 잘라짐	쉽게 잘라짐
	단면의 변화	광택이 서서히 사라짐			광택이 금방 사라짐	광택이 빠르게 사라짐
(물+페놀프탈레인 용액)에 넣었을 때	반응하는 모습	잘 반응하여 기체가 발생함	리튬 조각		격렬하게 반응하여 기체가 발생함	매우 격렬하게 반응하여 기체가 발생함
	수용액의 색 변화	무색 → 붉은색			무색 → 붉은색	무색 → 붉은색

• 해석

1. 알칼리 금속이 칼로 쉽게 잘라지는 까닭은? ➡ 알칼리 금속은 모두 무르기 때문이다.

2. 알칼리 금속을 자른 단면에서 광택이 사라지는 까닭은? ➡ 알칼리 금속이 공기 중의 산소와 반응하기 때문이다.

3. 알칼리 금속과 물의 반응에서 발생한 기체는? ➡ 모두 수소 기체이다.

4. 알칼리 금속과 물의 반응에서 수용액이 붉은색으로 변한 까닭은? ➡ 알칼리 금속이 물과 반응하여 생성된 수용액이 염기성을 띠기 때문이다.

5. 알칼리 금속의 반응성은? ➡ 리튬<나트륨<칼륨 순이다. ➡ 광택이 사라지는 속도와 물과의 반응 정도를 통해 알 수 있다.

• 정리

• 알칼리 금속은 무르고, 공기 중의 산소와 반응한다.
• 알칼리 금속은 물과 반응하여 수소 기체를 발생시키고, 이때 생성된 수용액은 염기성을 띤다.
• 알칼리 금속은 원자 번호가 클수록 반응성이 크다. ➡ 리튬<나트륨<칼륨

memo

확인 문제

1 탐구 **A** 에 대한 설명으로 옳은 것은 ○, 옳지 않은 것은 ×로 표시하시오.

(1) 칼륨은 리튬에 비해 물과 더 격렬하게 반응한다. ·················· ( )

(2) 알칼리 금속은 원자 번호가 작을수록 반응성이 크다. ·················· ( )

(3) 알칼리 금속이 물과 반응하여 생성된 수용액은 염기성을 띤다. ·················· ( )

(4) 알칼리 금속이 공기 중에서 광택을 잃는 것은 수소와 반응하기 때문이다. ····· ( )

2 리튬이나 나트륨과 같은 알칼리 금속을 그림과 같이 칼로 자르면 금속의 단면이 드러나게 되어 둘 다 은백색 광택이 나타나지만, 시간이 지나면 공기 중의 산소와 반응하여 광택이 사라진다.

리튬과 나트륨 중 광택이 더 빠르게 사라지는 알칼리 금속을 쓰시오.

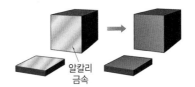

알칼리
금속

3 다음은 알칼리 금속의 성질을 알아보는 실험 과정과 결과이다.

[과정]

(가) 시험관 3개를 준비하여 각각의 시험관에 물을 $\frac{1}{3}$ 정도 넣고 페놀프탈레인 용액을 1방울~2방울 떨어뜨린다.

(나) 칼륨, 나트륨, 리튬 조각을 준비하여 시험관에 각각 넣은 후 변화를 관찰한다.

칼륨 나트륨 리튬

물+페놀프탈레인 용액

[결과]

알칼리 금속	칼륨	나트륨	리튬
물과의 반응	매우 격렬하게 반응하여 기체가 발생함	격렬하게 반응하여 기체가 발생함	잘 반응하여 기체가 발생함
수용액의 색 변화	㉠	㉡	무색 → 붉은색

이에 대한 설명으로 옳은 것만을 [보기]에서 있는 대로 고른 것은?

• 보기 •

ㄱ. 반응성은 칼륨＞나트륨＞리튬 순이다.

ㄴ. ㉠과 ㉡은 '변화 없음'이 적절하다.

ㄷ. 물과 반응할 때 발생하는 기체는 모두 수소 기체이다.

① ㄱ   ② ㄴ   ③ ㄱ, ㄷ

④ ㄴ, ㄷ   ⑤ ㄱ, ㄴ, ㄷ

원자의 전자 배치와 원자가 전자

탄소의 전자 배치를 예로 들어 전자 배치의 원리를 살펴보고, 원자 모형에 직접 전자를 배치해 보아요. 또, 주기율표에서 원자가 전자 수의 변화도 알아볼까요?

정답과 해설 7쪽

1 원자의 전자 배치

원자 번호가 6인 탄소를 예로 들어 원자 모형에 전자를 배치해 보고 원자 모형을 해석해 보자.

1 원자 번호를 토대로 원자의 전자 수를 파악한다.

원자 번호 = 양성자수 = 전자 수

➡ 탄소는 원자 번호가 6이므로 양성자수와 전자 수가 각각 6이다.

2 각 전자 껍질에 전자를 배치한다.

• 첫 번째 전자 껍질 : 최대 2개   • 두 번째 전자 껍질 : 최대 8개

➡ 탄소의 첫 번째 전자 껍질에는 전자 2개가, 두 번째 전자 껍질에는 전자 4개가 배치된다.

3 탄소의 원자 모형을 해석한다.

전자가 들어 있는 전자 껍질 수는 주기 번호와 같은데, 탄소에서 전자가 들어 있는 전자 껍질 수는 2이다. ➡ 2주기

탄소에서 가장 바깥 전자 껍질에 들어 있는 전자는 4개이다. ➡ 원자가 전자 수 : 4

Q1 표의 원자 모형에 직접 전자를 배치해 보고, 원자 모형을 해석하여 빈칸을 채워 보자.

원소	수소	산소	네온	마그네슘	염소
원자 번호	1	8	10	12	17
양성자수					
전자 수					
원자 모형	1+	8+	10+	12+	17+
주기					
원자가 전자 수					

2 원자가 전자

원자가 전자는 원자를 구성하는 전자 중 가장 바깥 전자 껍질에 있으면서 화학 반응에 참여하는 전자를 말한다.

❶ 같은 족에 속하는 원소들은 원자가 전자 수가 같다.

❷ 같은 주기에서 원자가 전자 수는 원자 번호가 증가함에 따라 점차 커지다가 18족 원소에서 0이 된다.

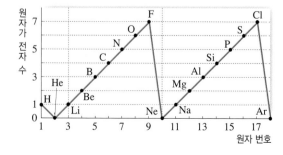

A 원소와 주기율표

01 원소에 대한 설명으로 옳지 <u>않은</u> 것은?

① 물질을 이루는 기본 성분이다.
② 현재까지 약 110종류가 발견되었다.
③ 더 이상 다른 물질로 분해되지 않는다.
④ 원소의 종류는 물질의 종류에 비해 적다.
⑤ 종류가 서로 다른 원소들의 화학 결합을 통해서만 물질을 구성할 수 있다.

02 주기율의 발견과 관련된 과학자에 대한 설명으로 옳은 것만을 [보기]에서 있는 대로 고른 것은?

┌─ 보기 ─────────────────────────┐
ㄱ. 되베라이너는 성질이 비슷한 세 쌍의 원소 사이의 관계를 알아내었다.
ㄴ. 멘델레예프는 63종의 원소들을 원자 번호 순으로 배열하였다.
ㄷ. 모즐리는 원소들의 주기적 성질이 원자 번호와 관련 있다는 사실을 알아내었다.
└──────────────────────────────┘

① ㄱ   ② ㄴ   ③ ㄱ, ㄷ
④ ㄴ, ㄷ   ⑤ ㄱ, ㄴ, ㄷ

중요
03 현대의 주기율표에 대한 설명으로 옳은 것만을 [보기]에서 있는 대로 고른 것은?

┌─ 보기 ─────────────────────────┐
ㄱ. 가로줄을 족이라 하고, 세로줄을 주기라고 한다.
ㄴ. 같은 족 원소들은 화학적 성질이 비슷하다.
ㄷ. 원자 번호가 증가하는 순으로 원소가 배열되어 있다.
└──────────────────────────────┘

① ㄱ   ② ㄷ   ③ ㄱ, ㄴ
④ ㄴ, ㄷ   ⑤ ㄱ, ㄴ, ㄷ

04 다음은 몇 가지 원소를 나열한 것이다.

┌──────────────────────────────┐
H   Li   O   Al   Mg   Na
└──────────────────────────────┘

금속 원소와 비금속 원소로 옳게 구분한 것은?

	금속 원소	비금속 원소
①	H, Li, O	Al, Mg, Na
②	Li, O, Al	H, Mg, Na
③	Li, Al, Mg	H, O, Na
④	Al, Mg, Na	H, Li, O
⑤	Li, Al, Mg, Na	H, O

05 금속 원소와 비금속 원소에 대한 설명으로 옳지 <u>않은</u> 것은?

① 금속 원소는 열과 전기가 잘 통한다.
② 금속 원소는 대부분 특유의 광택이 있다.
③ 금속 원소는 주기율표에서 주로 왼쪽과 가운데에 위치한다.
④ 비금속 원소는 전자를 잃고 양이온이 되기 쉽다.
⑤ 비금속 원소는 주기율표에서 주로 오른쪽에 위치한다.

06 다음 설명에 해당하는 원소가 <u>아닌</u> 것은?

┌──────────────────────────────┐
• 광택이 없다.
• 열과 전기가 잘 통하지 않는다.
• 주기율표의 오른쪽에 위치한다.
└──────────────────────────────┘

① 철   ② 황   ③ 질소
④ 헬륨   ⑤ 염소

07 그림은 주기율표의 일부를 2개 영역으로 나눈 것이다.

|1족|2족|13족|14족|15족|16족|17족|18족|

Ⅱ

Ⅰ

Ⅲ

이에 대한 설명으로 옳은 것만을 [보기]에서 있는 대로 고른 것은?

┌─ 보기 ─
ㄱ. 수소는 영역 Ⅰ에 속한다.
ㄴ. 영역 Ⅰ에 속하는 원소는 실온에서 대부분 고체 상태이다.
ㄷ. 영역 Ⅱ에 속하는 원소는 대부분 열과 전기가 잘 통한다.
└─

① ㄱ   ② ㄴ   ③ ㄱ, ㄷ
④ ㄴ, ㄷ   ⑤ ㄱ, ㄴ, ㄷ

08 표는 몇 가지 원소들의 열과 전기 전도성에 대한 자료이다.

원소	구리	산소	황	철
열 전도성	있음	없음	없음	있음
전기 전도성	있음	없음	없음	있음

이에 대한 설명으로 옳은 것만을 [보기]에서 있는 대로 고른 것은?

┌─ 보기 ─
ㄱ. 금속 원소는 한 가지이다.
ㄴ. 산소와 황은 비금속 원소이다.
ㄷ. 구리는 전선에 이용된다.
└─

① ㄱ   ② ㄷ   ③ ㄱ, ㄴ
④ ㄴ, ㄷ   ⑤ ㄱ, ㄴ, ㄷ

B 알칼리 금속과 할로젠

09 다음은 몇 가지 원소를 나열한 것이다.

| Li   Na   K   Rb |

이 원소들의 공통점으로 옳지 <u>않은</u> 것은?

① 할로젠이다.
② 주기율표의 1족 원소이다.
③ 실온에서 고체 상태로 존재한다.
④ 석유나 액체 파라핀 속에 넣어 보관한다.
⑤ 반응성이 매우 커서 물, 산소와 잘 반응한다.

★중요
10 다음은 알칼리 금속의 성질을 알아보는 실험 과정이다.

(가) 물기 없는 유리판 위에 리튬, 나트륨, 칼륨을 각각 올려놓고 칼로 자른 후 단면의 색 변화를 관찰한다.
(나) 물이 담긴 시험관에 페놀프탈레인 용액을 1방울~2방울 떨어뜨린 다음 좁쌀 크기의 리튬, 나트륨, 칼륨 조각을 각각 넣어 관찰한다.

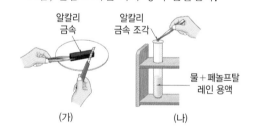

알칼리 금속
알칼리 금속 조각
물+페놀프탈레인 용액
(가)　　　　(나)

이에 대한 설명으로 옳은 것만을 [보기]에서 있는 대로 고른 것은?

┌─ 보기 ─
ㄱ. (가)에서 칼로 자른 리튬, 나트륨, 칼륨의 단면은 모두 공기 중의 산소와 반응한다.
ㄴ. (나)에서 리튬, 나트륨, 칼륨 조각을 각각 넣었을 때 시험관 속 용액은 모두 붉은색으로 변한다.
ㄷ. (나)에서 리튬>나트륨>칼륨 순으로 물과 격렬하게 반응한다.
└─

① ㄱ   ② ㄷ   ③ ㄱ, ㄴ
④ ㄴ, ㄷ   ⑤ ㄱ, ㄴ, ㄷ

11 표는 할로젠과 알칼리 금속이 생활 속에서 이용되는 예를 나타낸 것이다.

원소	(가)	(나)	(다)
이용 예	물의 소독	상처 소독약	도로, 터널의 조명

이에 대한 설명으로 옳은 것만을 [보기]에서 있는 대로 고른 것은?

┌─ 보기 ─────────────────────────┐
ㄱ. (가)와 (나)는 실온에서 분자로 존재한다.
ㄴ. (나)와 (다)는 같은 족 원소이다.
ㄷ. (가)는 (다)와 반응하여 화합물을 생성한다.
└────────────────────────────────┘

① ㄱ   ② ㄴ   ③ ㄱ, ㄷ
④ ㄴ, ㄷ   ⑤ ㄱ, ㄴ, ㄷ

[12~13] 그림은 주기율표의 일부를 나타낸 것이다. (단, A~E는 임의의 원소 기호이다.)

주기＼족	1	2	13	14	15	16	17	18
1								
2							A	
3	B						C	
4	D						E	

12 A~E 중 다음과 같은 특성이 있는 원소를 쓰시오.

┌──────────────────────────────┐
• 비금속 원소로 금속과 잘 반응한다.
• 충치 예방용 치약에 이용된다.
└──────────────────────────────┘

13 이에 대한 설명으로 옳은 것만을 [보기]에서 있는 대로 고른 것은?

┌─ 보기 ─────────────────────────┐
ㄱ. A는 C보다 수소와의 반응성이 크다.
ㄴ. B와 D는 공기 중의 산소와 잘 반응한다.
ㄷ. E는 수소와 반응하여 할로젠화 수소를 생성한다.
└────────────────────────────────┘

① ㄱ   ② ㄷ   ③ ㄱ, ㄴ
④ ㄴ, ㄷ   ⑤ ㄱ, ㄴ, ㄷ

중요 14 표는 몇 가지 할로젠의 성질을 나타낸 것이다.

할로젠	플루오린(F_2)	염소(Cl_2)	브로민(Br_2)
금속과의 반응	매우 격렬하게 반응함	격렬하게 반응함	잘 반응함
수소와의 반응	(가)	빠르게 반응함	잘 반응함

이에 대한 설명으로 옳은 것만을 [보기]에서 있는 대로 고른 것은?

┌─ 보기 ─────────────────────────┐
ㄱ. (가)에서는 Cl_2에서보다 반응이 더 빠르게 일어난다.
ㄴ. H_2와 F_2이 반응하여 생성된 화합물의 화학식은 HF_2이다.
ㄷ. 아이오딘도 금속, 수소와 반응할 것이다.
└────────────────────────────────┘

① ㄱ   ② ㄴ   ③ ㄱ, ㄷ
④ ㄴ, ㄷ   ⑤ ㄱ, ㄴ, ㄷ

C 원자의 전자 배치

15 원자 구조와 전자 배치에 대한 설명으로 옳지 <u>않은</u> 것은?

① 원자를 구성하는 양성자수와 전자 수는 같다.
② 원자에서 전자는 특정한 에너지 준위의 궤도에 존재한다.
③ 같은 족 원소는 같은 수의 원자가 전자를 갖고 있다.
④ 같은 주기 원소는 전자가 들어 있는 전자 껍질 수가 같다.
⑤ 전자 껍질에 배치될 수 있는 최대 전자 수는 항상 8이다.

16 그림은 산소 원자의 전자 배치를 모형으로 나타낸 것이다.

이에 대한 설명으로 옳은 것만을 [보기]에서 있는 대로 고른 것은?

• 보기 •
ㄱ. 2주기 16족 원소이다.
ㄴ. 원자가 전자 수는 8이다.
ㄷ. 전자의 에너지 준위는 a가 b보다 높다.

① ㄱ   ② ㄷ   ③ ㄱ, ㄴ
④ ㄴ, ㄷ   ⑤ ㄱ, ㄴ, ㄷ

중요
17 그림은 두 가지 원자 A와 B의 전자 배치를 모형으로 나타낸 것이다.

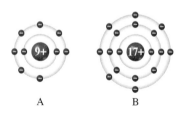

이에 대한 설명으로 옳은 것만을 [보기]에서 있는 대로 고른 것은? (단, A와 B는 임의의 원소 기호이다.)

• 보기 •
ㄱ. A와 B는 모두 양이온이 되기 쉽다.
ㄴ. A와 B의 원자가 전자 수는 같다.
ㄷ. A는 2주기 원소이고, B는 3주기 원소이다.

① ㄱ   ② ㄴ   ③ ㄱ, ㄷ
④ ㄴ, ㄷ   ⑤ ㄱ, ㄴ, ㄷ

18 그림은 세 가지 원자 A~C의 전자 배치를 모형으로 나타낸 것이다.

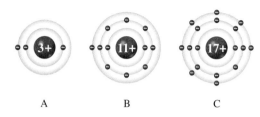

이에 대한 설명으로 옳은 것만을 [보기]에서 있는 대로 고른 것은? (단, A~C는 임의의 원소 기호이다.)

• 보기 •
ㄱ. A와 B는 화학적 성질이 비슷하다.
ㄴ. B와 C는 같은 주기 원소이다.
ㄷ. 원자가 전자가 가장 많은 원소는 C이다.

① ㄱ   ② ㄴ   ③ ㄱ, ㄷ
④ ㄴ, ㄷ   ⑤ ㄱ, ㄴ, ㄷ

중요
19 그림은 주기율표의 일부를 나타낸 것이다.

주기＼족	1	2	13	14	15	16	17	18
1								A
2	B					C	D	
3	E						F	

이에 대한 설명으로 옳지 <u>않은</u> 것은? (단, A~F는 임의의 원소 기호이다.)

① A는 첫 번째 전자 껍질에 전자가 최대로 배치되어 있다.
② B, C, D는 화학적 성질이 비슷하다.
③ D와 F는 원자가 전자 수가 같다.
④ E와 F는 전자가 들어 있는 전자 껍질 수가 같다.
⑤ 원자 번호가 가장 큰 원소는 F이다.

서술형
20 원소들의 주기성이 나타나는 까닭을 원자가 전자 수를 언급하여 서술하시오.

_____
_____

신유형 N

01 그림은 삼각 플라스크 2개에 페놀프탈레인 용액을 1방울 ~2방울 떨어뜨린 물과 석유 에테르가 층을 이루어 담겨 있는 모습이고, 표는 여러 가지 물질의 밀도를 나타낸 것이다.

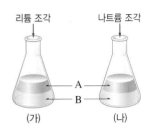

리튬 조각   나트륨 조각

(가)   (나)

물질	물	석유 에테르	리튬	나트륨
밀도(g/mL)	1	0.65	0.53	0.97

삼각 플라스크 (가)에 리튬 조각을 넣고 삼각 플라스크 (나)에 나트륨 조각을 넣었을 때에 대한 설명으로 옳지 <u>않은</u> 것은? (단, A와 B는 물과 석유 에테르 중 하나이고, 리튬과 나트륨은 석유 에테르와 반응하지 않는다.)

① (가)에서 리튬 조각은 A 위에 떠 있다.
② (나)에서 나트륨 조각은 A와 B 사이에 위치한다.
③ (나)에서는 격렬한 반응이 일어난다.
④ (가)와 (나)에서 B는 모두 붉은색으로 변한다.
⑤ 수소 기체가 발생하는 삼각 플라스크는 (나)이다.

02 표는 몇 가지 할로젠의 성질을 나타낸 것이다.

할로젠	녹는점(℃)	끓는점(℃)	수소와의 반응
플루오린	−219.7	−188.1	매우 빠르게 반응함
염소	−101.5	−34.0	빠르게 반응함
브로민	−7.2	58.8	잘 반응함
아이오딘	113.7	184.3	반응함

이에 대한 설명으로 옳은 것만을 [보기]에서 있는 대로 고른 것은?

┌─ 보기 ─
ㄱ. 반응성은 플루오린이 가장 크다.
ㄴ. 할로젠이 수소와 반응하여 생성된 물질은 물에 녹아 염기성을 띤다.
ㄷ. 실온에서 액체 상태로 존재하는 원소는 두 가지이다.
└─

① ㄱ   ② ㄴ   ③ ㄱ, ㄷ
④ ㄴ, ㄷ   ⑤ ㄱ, ㄴ, ㄷ

03 그림은 수소 원자의 전자 배치 모형과 각 전자 껍질의 에너지 준위를 나타낸 것이다.

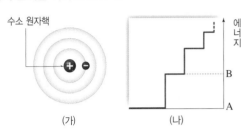

수소 원자핵

에너지

B

A

(가)   (나)

이에 대한 설명으로 옳은 것만을 [보기]에서 있는 대로 고른 것은?

┌─ 보기 ─
ㄱ. (가)에서 원자핵에 가까운 전자 껍질일수록 에너지 준위가 낮다.
ㄴ. 가장 안정한 수소 원자의 전자는 (나)에서 A의 에너지를 가진다.
ㄷ. 수소 원자의 전자는 (나)에서 A와 B 사이의 에너지를 가질 수 없다.
└─

① ㄱ   ② ㄷ   ③ ㄱ, ㄴ
④ ㄴ, ㄷ   ⑤ ㄱ, ㄴ, ㄷ

04 다음은 주기율표의 ▨▨ 부분에 해당하는 원소에 대한 자료이다.

┌─
• A와 B는 같은 족 원소이다.
• 원자 번호는 C가 D보다 크다.
• B와 D는 전자가 들어 있는 전자 껍질 수가 다르다.
└─

주기 \ 족	1	2	13	14	15	16	17	18
2	▨						▨	
3			▨					

이에 대한 설명으로 옳은 것만을 [보기]에서 있는 대로 고른 것은? (단, A~D는 임의의 원소 기호이다.)

┌─ 보기 ─
ㄱ. 원자 번호는 A가 가장 크다.
ㄴ. B와 C는 같은 주기 원소이다.
ㄷ. A와 D는 화학적 성질이 비슷하다.
└─

① ㄱ   ② ㄴ   ③ ㄱ, ㄷ
④ ㄴ, ㄷ   ⑤ ㄱ, ㄴ, ㄷ

04 원소들의 화학 결합과 물질의 생성

핵심 짚기
○ 원소가 화학 결합을 형성하는 까닭
○ 이온 결합 물질과 공유 결합 물질의 화학 결합 모형, 성질

A 화학 결합의 원리

1 *비활성 기체의 전자 배치

① 비활성 기체 : 주기율표의 18족에 속하는 원소❶
   예 헬륨(He), 네온(Ne), 아르곤(Ar), 크립톤(Kr) 등
② 전자 배치 : 가장 바깥 전자 껍질에 전자 8개가 채워진 안정한 전자 배치를 이룬다.
   (단, 헬륨은 2개) ➡ 반응성이 매우 작아 다른 원소와 결합하지 않으므로 원자 상태로 존재한다.

헬륨(He)   네온(Ne)   아르곤(Ar)

> 비활성 기체는 화학 결합을 형성하지 않으며, 원자가 전자 수가 0이다.

2 화학 결합이 형성되는 까닭
물질을 구성하는 원소들은 화학 결합을 통해 비활성 기체와 같은 전자 배치를 이루어 안정해진다.❷

[옥텟 규칙]
원소들이 전자를 잃거나 얻어서 비활성 기체와 같이 가장 바깥 전자 껍질에 전자 8개를 채워 안정해지려는 경향을 옥텟 규칙이라고 한다.

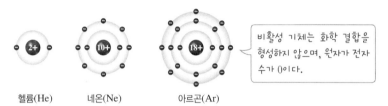

족 \ 주기	1	2	13	14	15	16	17	18
2	Li	Be			N	O	F	Ne
3	Na	Mg	Al		P	S	Cl	Ar

- 1족 원소는 원자가 전자 1개를, 2족 원소는 원자가 전자 2개를, 13족 원소인 알루미늄은 원자가 전자 3개를 잃어 옥텟 규칙을 만족한다.
- 15족 원소는 전자 3개를, 16족 원소는 전자 2개를, 17족 원소는 전자 1개를 얻거나 다른 원자와 공유하여 옥텟 규칙을 만족한다.

B 화학 결합의 종류 여기서잠깐 48쪽

1 이온 결합
양이온과 음이온 사이의 *정전기적 인력으로 형성되는 화학 결합

① 이온의 생성

구분	양이온	음이온
생성 원리	금속 원소는 가장 바깥 전자 껍질의 전자(원자가 전자)를 잃고 양이온이 되기 쉽다.	비금속 원소는 가장 바깥 전자 껍질에 전자를 얻어 음이온이 되기 쉽다.
예	전자 2개를 잃는다. 마그네슘 원자 → 마그네슘 이온	전자 2개를 얻는다. 산소 원자 → 산화 이온

Plus 강의

❶ 비활성 기체의 이용

헬륨	네온	아르곤
광고용 기구	광고판	형광등의 충전 기체

❷ 화학 결합과 지구·생명 시스템
화학 결합으로 생성된 물질은 지구 시스템과 생명 시스템을 구성하고, 생명체에서 일어나는 여러 가지 생명 현상에도 관여한다.

용어 돋보기

* 비활성(非 아니다, 活 생기가 있다, 性 성질)_반응성이 매우 작아 다른 원소와 쉽게 화학 반응을 하지 않는 성질
* 정전기적 인력(引 끌어당기다, 力 힘)_전기적으로 서로 반대의 전하를 띠는 입자 사이에 끌어당기는 힘

② 이온 결합의 형성 : 금속 원소의 원자와 비금속 원소의 원자가 서로 전자를 주고받아 각각 비활성 기체와 같은 전자 배치를 이루는 양이온과 음이온을 생성하고, 이 이온들 사이의 정전기적 인력으로 결합이 형성된다.

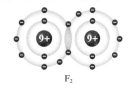

▶ 단일 결합 : 두 원자 사이에 전자쌍 1개를 공유하는 결합 예 H_2, F_2, HCl 등

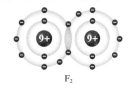

F_2

[염화 나트륨의 이온 결합 모형]

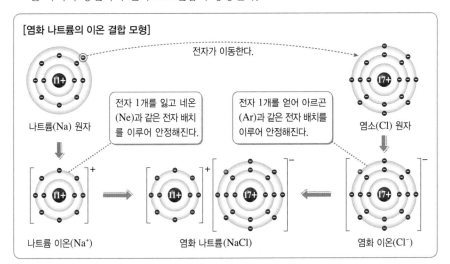

전자가 이동한다.

나트륨(Na) 원자

전자 1개를 잃고 네온(Ne)과 같은 전자 배치를 이루어 안정해진다.

전자 1개를 얻어 아르곤(Ar)과 같은 전자 배치를 이루어 안정해진다.

염소(Cl) 원자

나트륨 이온(Na^+)   염화 나트륨(NaCl)   염화 이온(Cl^-)

▶ 2중 결합 : 두 원자 사이에 전자쌍 2개를 공유하는 결합 예 O_2, CO_2 등

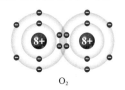

O_2

☆2 **공유 결합** 비금속 원소의 원자들이 *전자쌍을 공유하여 형성되는 화학 결합

① 공유 전자쌍 : 두 원자에 서로 공유되어 결합에 참여하는 전자쌍
② 공유 결합의 형성 : 비금속 원소의 원자들이 서로 전자를 내놓아 전자쌍을 만들고, 이 전자쌍을 공유하여 결합이 형성된다. 이때 각 원자는 비활성 기체와 같은 전자 배치를 이룬다.❸

▶ 3중 결합 : 두 원자 사이에 전자쌍 3개를 공유하는 결합 예 N_2 등

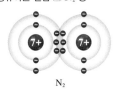

N_2

[물의 공유 결합 모형]

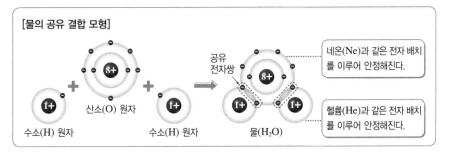

공유 전자쌍

네온(Ne)과 같은 전자 배치를 이루어 안정해진다.

수소(H) 원자   산소(O) 원자   수소(H) 원자   물(H_2O)

헬륨(He)과 같은 전자 배치를 이루어 안정해진다.

🔍 **용어 돋보기**

＊ 전자쌍(electron pair)_전자 2개가 짝을 이룬 것

 개념 **쏙쏙**

⭕ 정답과 해설 9쪽

1 ( ) 안에 알맞은 말이나 숫자를 쓰시오.

(1) ( )는 주기율표의 18족에 속하는 원소로, 안정한 전자 배치를 이룬다.
(2) 네온과 아르곤의 가장 바깥 전자 껍질에 들어 있는 전자 수는 ( )이다.
(3) 원소들은 화학 결합을 통해 ( )와 같은 전자 배치를 이루어 안정해진다.

2 화학 결합에 대한 설명으로 옳은 것은 ○, 옳지 않은 것은 ×로 표시하시오.

(1) 이온 결합은 금속 원소의 음이온과 비금속 원소의 양이온 사이에 형성되는 결합이다. ·· ( )
(2) 주기율표의 1족 원소인 나트륨과 17족 원소인 염소는 이온 결합을 형성한다. ·· ( )
(3) 공유 결합은 비금속 원소의 원자들 사이에 형성되는 결합이다. ········· ( )

암기 꼭!

• 이온 결합은 전자를 주고받기~

내걸 줄게!

• 공유 결합은 전자를 함께 갖기!

내 거, 네 거 모두 우리 거~

04 원소들의 화학 결합과 물질의 생성

C 우리 주변의 다양한 물질

1 이온 결합 물질 이온 결합으로 생성된 물질

① 수많은 양이온과 음이온이 연속적으로 결합하여 *결정을 이룬다.

② 양이온의 양전하의 합과 음이온의 음전하의 합이 같아 전기적으로 중성이다.❶

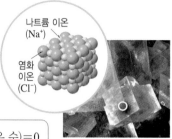

나트륨 이온(Na^+)
염화 이온(Cl^-)

> (양이온의 전하×양이온 수)+(음이온의 전하×음이온 수)=0

▲ 염화 나트륨의 결정 모형

➡ 이온의 종류에 따라 결합하는 이온의 개수비가 달라진다.

예 염화 나트륨(NaCl) ➡ $Na^+ : Cl^- = 1 : 1$, 염화 칼슘($CaCl_2$) ➡ $Ca^{2+} : Cl^- = 1 : 2$

③ 우리 주변의 이온 결합 물질

물질	이용	물질	이용
염화 나트륨(NaCl)	소금의 주성분	수산화 마그네슘($Mg(OH)_2$)	*제산제의 주성분
수산화 나트륨(NaOH)	비누의 제조	염화 칼슘($CaCl_2$)❷	습기 제거제, 제설제
탄산 칼슘($CaCO_3$)	산개초, 조개껍데기, 달걀 껍데기의 주성분	탄산수소 나트륨($NaHCO_3$)	베이킹파우더의 주성분

④ 이온 결합 물질의 성질

녹는점과 끓는점	녹는점과 끓는점이 비교적 높아 실온에서 고체 상태이다. ➡ 양이온과 음이온이 강한 정전기적 인력으로 결합을 형성하고 있기 때문
물에 대한 용해성	대부분 물에 잘 녹고, 물에 녹으면 양이온과 음이온으로 나누어져 자유롭게 이동할 수 있다.❸
결정의 변형	비교적 단단하지만, 외부에서 힘을 가하면 쉽게 쪼개지거나 부스러진다. ➡ 이온 층이 밀리면서 같은 전하를 띠는 이온들이 만나 반발력이 작용하기 때문 외부 힘 / 결정이 쪼개진다. ▲ 이온 결합 물질의 쪼개짐
전기 전도성	• 고체 상태 : 이온들이 강하게 결합하여 이동할 수 없으므로 전기 전도성이 없다. • 액체 및 수용액 상태 : 이온들이 자유롭게 이동할 수 있으므로 전기 전도성이 있다. 염화 이온(Cl^-) / 나트륨 이온(Na^+) / (−)극 (+)극 물에 녹인다. / 전원을 연결한다. / 양이온은 (−)극 쪽으로, 음이온은 (+)극 쪽으로 이동하여 전류가 흐른다. 염화 나트륨 / 염화 나트륨 수용액 / 염화 나트륨 수용액 ▲ 염화 나트륨 수용액의 전기 전도성

2 공유 결합 물질 공유 결합으로 생성된 물질

① 일반적으로 일정한 수의 원자들이 전자쌍을 공유하여 분자를 이룬다.

② 우리 주변의 공유 결합 물질

물질	이용	물질	이용
에탄올(C_2H_6O)	소독용 알코올, 술	설탕($C_{12}H_{22}O_{11}$)	음식의 조미료
뷰테인(C_4H_{10})	휴대용 버너의 연료	아스피린($C_9H_8O_4$)	의약품

Plus 강의

❶ **이온 결합 물질의 화학식**

X^{a+}과 Y^{b-}이 결합하여 생성되는 물질의 화학식은 다음과 같이 나타낸다.

$$X^{a+} + Y^{b-}$$
$$X_b Y_a$$

이때 a와 b는 가장 간단한 정수비로 나타내고, 1인 경우 생략한다.

❷ **제설제로 사용되는 염화 칼슘**

염화 칼슘은 눈을 녹여 도로가 얼지 않게 하는 제설제로 사용된다. 그런데 염화 칼슘은 눈에 녹아 자동차와 도로를 부식시키고, 가로수에 피해를 입히거나 하천을 오염시키는 등의 환경 문제를 일으키기도 한다. 따라서 염화 칼슘을 대체할 친환경 제설제가 필요하다.

❸ **이온 결합 물질의 용해**

이온 결합 물질을 물에 녹이면 양이온과 음이온이 각각 물 분자에 둘러싸여 쉽게 나누어진다.

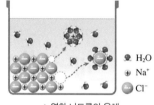

● H_2O
⊕ Na^+
● Cl^-

▲ 염화 나트륨의 용해

🔍 **용어 돋보기**

* **결정**(結 맺다, 晶 결정)_원자나 이온들이 규칙적으로 배열되어 있는 고체 상태의 물질

* **제산제**(制 억제하다, 酸 산, 劑 약)_위산을 중화하여 속쓰림을 완화하는 약

③ 공유 결합 물질의 성질

녹는점과 끓는점	녹는점과 끓는점이 비교적 낮아 실온에서 대부분 액체나 기체 상태이다. ➡ 분자 사이의 인력이 약하기 때문
물에 대한 용해성	대부분 물에 잘 녹지 않지만, 설탕, 염화 수소, 암모니아 등과 같은 물질은 물에 녹는다.
전기 전도성	대부분 전기 전도성이 없다. ➡ 대부분 전하를 띠는 입자가 존재하지 않고, 물에 녹아도 전하를 띠는 입자인 이온이 아닌 전기적으로 중성인 분자로 존재하기 때문 ❹

(−)극   (+)극

설탕 분자 → 물에 녹인다. → 설탕 수용액 → 전원을 연결한다. → 설탕 수용액

설탕   설탕 수용액   설탕 수용액

전하를 띠는 입자인 이온이 생성되지 않으므로 전류가 흐르지 않는다.

▲ 설탕 수용액의 전기 전도성

3 지구 시스템과 생명 시스템을 구성하는 물질 우리 주변의 수많은 이온 결합 물질과 공유 결합 물질은 우리가 살고 있는 지구 시스템과 생명 시스템을 유지하게 한다.

물질	특징	물질	특징
규산염 광물❺	• 규산 이온(SiO_4^{4-})이 양이온과 결합하거나 다른 규산 이온과 산소를 공유하여 결합한 물질 • 지각을 구성	물(H_2O)	• 사람 몸의 약 70 %를 구성 • 생명체에서 다양한 화학 반응이 일어나도록 돕는 역할을 함
산소(O_2)	• 광합성으로 생성되고, 생명체의 호흡에 이용 • 대기의 약 21 %를 구성	이산화 탄소(CO_2)	• 생명체의 호흡으로 생성되고, 광합성에 이용
		질소(N_2)	• 대기의 약 78 %를 구성

❹ **공유 결합 물질의 전기 전도성**
흑연은 고체 상태에서 자유롭게 이동할 수 있는 전자가 있어 전기 전도성이 있다. 또, 염화 수소, 암모니아 등과 같이 물에 녹아 이온을 생성하는 물질은 수용액 상태에서 전기 전도성이 있다.

❺ **규산염 광물**
규산염 광물 중 하나인 감람석은 마그네슘 이온, 철 이온이 규산 이온과 결합하여 생성된 물질이고, 석영은 규산 이온들이 서로의 산소를 공유하여 생성된 물질이다.

▲ 감람석

▲ 석영

개념 쏙쏙

○ 정답과 해설 9쪽

3 이온 결합 물질은 양이온과 음이온이 연속적으로 결합한 ㉠( )으로 존재하고, 공유 결합 물질은 일반적으로 일정한 수의 원자들이 결합한 ㉡( )로 존재한다.

4 다음 물질들을 (가)이온 결합 물질과 (나)공유 결합 물질로 구분하시오.

물(H_2O)   염화 칼슘($CaCl_2$)   에탄올(C_2H_6O)   염화 나트륨($NaCl$)

5 지구 시스템과 생명 시스템을 구성하는 물질에 대한 설명으로 옳은 것은 ○, 옳지 않은 것은 ×로 표시하시오.

(1) 지각을 구성하는 규산염 광물은 규산 이온이 양이온과 결합하거나 다른 규산 이온과 산소를 공유하여 결합한 물질이다. ···················· ( )

(2) 지구의 대기는 거의 공유 결합 물질로 이루어져 있다. ················· ( )

(3) 사람 몸의 약 70 %는 이온 결합 물질로 이루어져 있다. ··············· ( )

암기 꼭!

이온 결합 물질과 공유 결합 물질의 상태에 따른 전기 전도성

상태	고체	액체 및 수용액
이온 결합 물질	없음	있음
공유 결합 물질	없음	없음

➡ 이온 결합 물질과 공유 결합 물질은 액체나 수용액 상태에서의 전기 전도성으로 구분할 수 있다.

원자의 전자 배치와 화학 결합의 형성

금속 원소와 비금속 원소 원자들의 전자 배치 모형을 보고, 형성되는 이온 결합과 공유 결합의 전자 배치 모형을 직접 그려 보며 이온 결합과 공유 결합의 형성 원리를 파악해 보아요.

정답과 해설 10쪽

- **금속 원소** : 원자가 전자 수만큼 전자를 잃고 비활성 기체와 같은 안정한 전자 배치를 이루려고 한다.
- **비금속 원소** : (8−원자가 전자 수)만큼 전자를 얻거나 공유하여 비활성 기체와 같은 안정한 전자 배치를 이루려고 한다.
  (단, 수소의 경우 (2−원자가 전자 수)만큼 전자를 공유한다.)

1 이온 결합의 형성

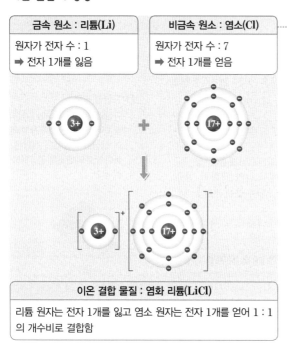

금속 원소 : 리튬(Li)	비금속 원소 : 염소(Cl)
원자가 전자 수 : 1	원자가 전자 수 : 7
➡ 전자 1개를 잃음	➡ 전자 1개를 얻음

이온 결합 물질 : 염화 리튬(LiCl)

리튬 원자는 전자 1개를 잃고 염소 원자는 전자 1개를 얻어 1 : 1의 개수비로 결합함

Q1 마그네슘 원자와 염소 원자의 전자 배치를 이용하여 염화 마그네슘의 전자 배치를 그려 보자.

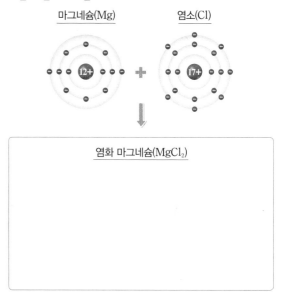

염화 마그네슘(MgCl₂)

2 공유 결합의 형성

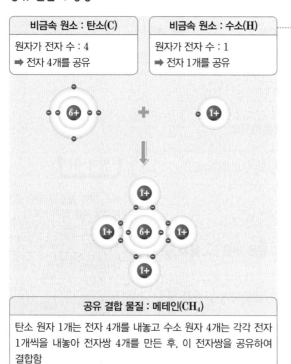

비금속 원소 : 탄소(C)	비금속 원소 : 수소(H)
원자가 전자 수 : 4	원자가 전자 수 : 1
➡ 전자 4개를 공유	➡ 전자 1개를 공유

공유 결합 물질 : 메테인(CH₄)

탄소 원자 1개는 전자 4개를 내놓고 수소 원자 4개는 각각 전자 1개씩을 내놓아 전자쌍 4개를 만든 후, 이 전자쌍을 공유하여 결합함

Q2 질소 원자와 수소 원자의 전자 배치를 이용하여 암모니아의 전자 배치를 그려 보자.

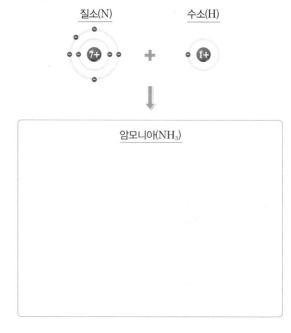

암모니아(NH₃)

A 화학 결합의 원리 **B** 화학 결합의 종류

01 다음 원소들의 공통점으로 옳지 <u>않은</u> 것은?

> 헬륨   네온   아르곤

① 비활성 기체이다.
② 반응성이 매우 작다.
③ 주기율표에서 같은 족에 속한다.
④ 다른 원소와 화학 결합을 형성하지 않는다.
⑤ 가장 바깥 전자 껍질에 채워진 전자 수가 같다.

중요
02 그림은 주기율표의 일부를 나타낸 것이다.

주기 \ 족	1	2	13	14	15	16	17	18
1								A
2	B							C
3						D	E	F

이에 대한 설명으로 옳은 것만을 [보기]에서 있는 대로 고른 것은? (단, A~F는 임의의 원소 기호이다.)

> • 보기 •
> ㄱ. A와 C는 비활성 기체이다.
> ㄴ. B가 안정한 이온이 되면 C와 같은 전자 배치를 이룬다.
> ㄷ. D와 E가 가장 안정한 이온이 되면 F와 같은 전자 배치를 이룬다.

① ㄱ   ② ㄴ   ③ ㄱ, ㄷ
④ ㄴ, ㄷ   ⑤ ㄱ, ㄴ, ㄷ

서술형
03 비활성 기체가 안정한 까닭을 가장 바깥 전자 껍질의 전자 배치와 관련하여 서술하시오.

_____

_____

중요
04 그림은 네 가지 원자 A~D의 전자 배치를 모형으로 나타낸 것이다.

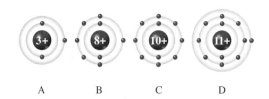

A   B   C   D

이에 대한 설명으로 옳은 것만을 [보기]에서 있는 대로 고른 것은? (단, A~D는 임의의 원소 기호이다.)

> • 보기 •
> ㄱ. A는 안정한 이온이 될 때 전자를 1개 얻는다.
> ㄴ. B와 D가 가장 안정한 이온이 되면 C와 같은 전자 배치를 이룬다.
> ㄷ. C는 다른 원소와 결합을 형성하지 않는다.

① ㄱ   ② ㄷ   ③ ㄱ, ㄴ
④ ㄴ, ㄷ   ⑤ ㄱ, ㄴ, ㄷ

05 서로 결합을 형성할 때 이온 결합을 하는 원소들과 공유 결합을 하는 원소들이 각각 옳게 짝 지어진 것은?

	이온 결합	공유 결합
①	헬륨, 철	수소, 산소
②	산소, 황	리튬, 브로민
③	수소, 탄소	칼륨, 아이오딘
④	염소, 나트륨	산소, 칼륨
⑤	산소, 마그네슘	수소, 질소

06 그림은 두 가지 원자 A와 B의 전자 배치를 모형으로 나타낸 것이다.

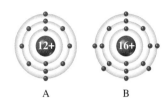

A B

A와 B가 가장 안정한 이온이 되었을 때에 대한 설명으로 옳은 것만을 [보기]에서 있는 대로 고른 것은? (단, A와 B는 임의의 원소 기호이다.)

┌─ 보기 ─
ㄱ. A의 이온과 B의 이온은 이온 결합을 형성한다.
ㄴ. 전자가 들어 있는 전자 껍질 수는 A의 이온이 B의 이온보다 크다.
ㄷ. A의 이온과 B의 이온의 가장 바깥 전자 껍질에 들어 있는 전자 수는 같다.
└─

① ㄱ   ② ㄴ   ③ ㄱ, ㄷ
④ ㄴ, ㄷ   ⑤ ㄱ, ㄴ, ㄷ

08 그림은 원자 A와 B가 반응하여 BA_2를 생성하는 화학 결합 모형을 나타낸 것이다.

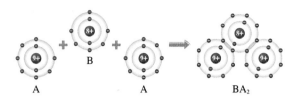

A A BA_2

이에 대한 설명으로 옳은 것만을 [보기]에서 있는 대로 고른 것은? (단, A와 B는 임의의 원소 기호이다.)

┌─ 보기 ─
ㄱ. A와 B는 같은 주기 원소이다.
ㄴ. A와 B는 공유 결합을 통해 네온과 같은 전자 배치를 이룬다.
ㄷ. BA_2에서 공유 전자쌍 수는 2이다.
└─

① ㄱ   ② ㄷ   ③ ㄱ, ㄴ
④ ㄴ, ㄷ   ⑤ ㄱ, ㄴ, ㄷ

★중요
07 그림은 나트륨 원자와 염소 원자가 반응하여 염화 나트륨을 생성하는 화학 결합 모형을 나타낸 것이다.

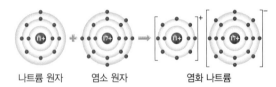

나트륨 원자   염소 원자   염화 나트륨

이에 대한 설명으로 옳은 것만을 [보기]에서 있는 대로 고른 것은?

┌─ 보기 ─
ㄱ. 나트륨과 염소는 같은 주기 원소이다.
ㄴ. 나트륨과 염소가 이온이 될 때에는 모두 전자가 들어 있는 전자 껍질 수가 달라진다.
ㄷ. 염화 나트륨에서 나트륨 이온과 염화 이온은 아르곤과 같은 전자 배치를 이룬다.
└─

① ㄱ   ② ㄷ   ③ ㄱ, ㄴ
④ ㄴ, ㄷ   ⑤ ㄱ, ㄴ, ㄷ

★중요
09 그림은 분자 ABC의 화학 결합 모형을 나타낸 것이다.

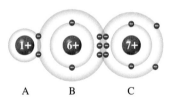

A B C

이에 대한 설명으로 옳은 것만을 [보기]에서 있는 대로 고른 것은? (단, A~C는 임의의 원소 기호이다.)

┌─ 보기 ─
ㄱ. B의 원자가 전자 수는 4이다.
ㄴ. 분자 ABC에는 3중 결합만 존재한다.
ㄷ. 분자 ABC에서 A, B, C는 모두 비활성 기체와 같은 전자 배치를 이룬다.
└─

① ㄱ   ② ㄴ   ③ ㄱ, ㄷ
④ ㄴ, ㄷ   ⑤ ㄱ, ㄴ, ㄷ

10 이온 결합 물질로만 옳게 짝 지어진 것은?

① KCl, HI ② H_2O, N_2 ③ CH_4, NaF
④ LiCl, MgO ⑤ SO_2, $AgNO_3$

11 이온 결합 물질과 공유 결합 물질에 대한 설명으로 옳은 것만을 [보기]에서 있는 대로 고른 것은?

┌─ 보기 ─────────────────────────────┐
ㄱ. 이온 결합 물질은 비교적 단단하지만 힘을 가하면 쉽게 부서진다.
ㄴ. 분자로 이루어진 공유 결합 물질은 일반적으로 이온 결합 물질보다 녹는점이 높다.
ㄷ. 뷰테인(C_4H_{10})은 공유 결합 물질이다.
└────────────────────────────────┘

① ㄱ ② ㄴ ③ ㄱ, ㄷ
④ ㄴ, ㄷ ⑤ ㄱ, ㄴ, ㄷ

12 그림은 고체 상태의 설탕과 염화 나트륨을 모형으로 나타낸 것이다.

설탕   염화 나트륨

이에 대한 설명으로 옳은 것만을 [보기]에서 있는 대로 고른 것은?

┌─ 보기 ─────────────────────────────┐
ㄱ. 설탕은 비금속 원소의 원자들이 전자쌍을 공유하여 생성된 물질이다.
ㄴ. 설탕은 수용액에서 이온으로 나누어진다.
ㄷ. 염화 나트륨은 금속 원소와 비금속 원소의 결합으로 생성된다.
└────────────────────────────────┘

① ㄱ ② ㄴ ③ ㄱ, ㄷ
④ ㄴ, ㄷ ⑤ ㄱ, ㄴ, ㄷ

13 그림은 원자 번호 12인 원자 A와 원자 번호 9인 원자 B로 이루어진 어떤 화합물의 화학 결합 모형을 나타낸 것이다.

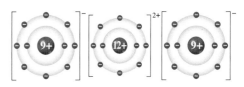

이 화합물에 대한 설명으로 옳은 것만을 [보기]에서 있는 대로 고른 것은? (단, A와 B는 임의의 원소 기호이다.)

┌─ 보기 ─────────────────────────────┐
ㄱ. 분자로 존재한다.
ㄴ. 화학식은 A_2B이다.
ㄷ. 화합물이 생성될 때 A에서 B로 전자가 이동한다.
└────────────────────────────────┘

① ㄱ ② ㄷ ③ ㄱ, ㄴ
④ ㄴ, ㄷ ⑤ ㄱ, ㄴ, ㄷ

중요
14 다음은 몇 가지 물질을 이용한 실험 과정과 결과이다.

┌─────────────────────────────────┐
[과정]
(가) 간이 전기 전도계를 이용하여 고체 상태의 염화 나트륨, 설탕, 염화 구리(Ⅱ), 녹말에서 각각 전류가 흐르는지 확인한다.
(나) 과정 (가)의 고체 물질을 모두 물에 녹인 다음 간이 전기 전도계를 이용하여 각 수용액에서 전류가 흐르는지 확인한다.
└─────────────────────────────────┘

[결과]

물질		염화 나트륨	설탕	염화 구리(Ⅱ)	녹말
전기 전도성	고체	㉠	㉡	없음	없음
	수용액	있음	없음	있음	없음

이에 대한 설명으로 옳은 것만을 [보기]에서 있는 대로 고른 것은?

┌─ 보기 ─────────────────────────────┐
ㄱ. ㉠은 '있음', ㉡은 '없음'이 적절하다.
ㄴ. 녹말 수용액에는 전하를 띠는 입자가 존재하지 않는다.
ㄷ. 이 실험만으로는 염화 나트륨, 설탕, 염화 구리(Ⅱ), 녹말을 이온 결합 물질과 공유 결합 물질로 구분할 수 없다.
└────────────────────────────────┘

① ㄱ ② ㄴ ③ ㄷ
④ ㄱ, ㄴ ⑤ ㄴ, ㄷ

15 표는 실생활에서 이용되는 몇 가지 용품과 그 주성분을 나타낸 것이다.

구분	(가)	(나)	(다)	(라)
용품	제설제	베이킹 파우더	소독용 알코올	휴대용 버너의 연료
주성분	$CaCl_2$	$NaHCO_3$	C_2H_6O	C_4H_{10}

각 용품의 주성분에 대한 설명으로 옳은 것만을 [보기] 에서 있는 대로 고른 것은?

> **보기**
> ㄱ. 물에 녹았을 때 전기 전도성이 있는 물질은 (가) 와 (나)이다.
> ㄴ. 금속 원소와 비금속 원소로 이루어진 물질은 두 가지이다.
> ㄷ. 공유 결합 물질은 세 가지이다.

① ㄱ
② ㄷ
③ ㄱ, ㄴ
④ ㄴ, ㄷ
⑤ ㄱ, ㄴ, ㄷ

[16~17] 그림 (가)는 원소 A와 C로 이루어진 화합물의 결합 모형을, (나)는 원소 B와 C로 이루어진 화합물의 결합 모형을 나타낸 것이다. (단, A~C는 임의의 원소 기호이다.)

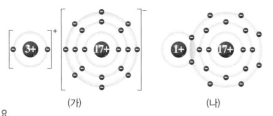

(가)   (나)

★중요
16 이에 대한 설명으로 옳은 것만을 [보기]에서 있는 대로 고른 것은?

> **보기**
> ㄱ. A와 B는 같은 족 원소이다.
> ㄴ. (가)는 이온 결합 물질이고, (나)는 공유 결합 물질이다.
> ㄷ. (가)와 (나)에서 A와 B는 헬륨과 같은 전자 배치를 이룬다.

① ㄱ
② ㄴ
③ ㄱ, ㄷ
④ ㄴ, ㄷ
⑤ ㄱ, ㄴ, ㄷ

서술형
17 (가)와 (나)의 고체와 액체 상태에서의 전기 전도성을 그 까닭과 함께 각각 서술하시오.

---

18 그림은 주기율표의 일부를 나타낸 것이다.

주기\족	1	2	13	14	15	16	17	18
1								
2	A					B		
3	C						D	E

이에 대한 설명으로 옳은 것만을 [보기]에서 있는 대로 고른 것은? (단, A~E는 임의의 원소 기호이다.)

> **보기**
> ㄱ. A와 D로 이루어진 물질에서 D의 전자 배치는 E와 같다.
> ㄴ. 공유 전자쌍 수는 B_2가 D_2의 2배이다.
> ㄷ. CD는 액체 상태에서 전기 전도성이 있다.

① ㄱ
② ㄴ
③ ㄱ, ㄷ
④ ㄴ, ㄷ
⑤ ㄱ, ㄴ, ㄷ

---

19 그림은 공기의 주성분인 기체 (가)와 (나)의 화학 결합 모형을 각각 나타낸 것이다.

(가)   (나)

이에 대한 설명으로 옳지 <u>않은</u> 것은?

① (가)는 생명체의 호흡에 이용된다.
② (나)는 대기의 약 78 %를 차지한다.
③ (가)와 (나)는 모두 이원자 분자이다.
④ 공유 전자쌍 수는 (가)가 (나)보다 크다.
⑤ 가장 바깥 전자 껍질에 들어 있는 전자 수는 (가) 와 (나)의 모든 원자가 같다.

01 그림은 주기율표의 일부를, 표는 주기율표의 원소들이 형성하는 안정한 화합물의 화학식을 나타낸 것이다.

주기 \ 족	1	2	13	14	15	16	17	18
1	A							
2			B		C			
3		D					E	

화합물	(가)	(나)	(다)	(라)
화학식	AE	BA_x	A_2C	DE_2

이에 대한 설명으로 옳은 것만을 [보기]에서 있는 대로 고른 것은? (단, A~E는 임의의 원소 기호이다.)

┌ 보기 ┐
ㄱ. 공유 결합 물질은 세 가지이다.
ㄴ. (나)에서 x는 3이다.
ㄷ. 액체 상태에서의 전기 전도성은 (다)가 (라)보다 크다.
└────┘

① ㄱ   ② ㄷ   ③ ㄱ, ㄴ
④ ㄴ, ㄷ   ⑤ ㄱ, ㄴ, ㄷ

02 그림은 몇 가지 물질을 주어진 기준에 따라 분류한 것이다.

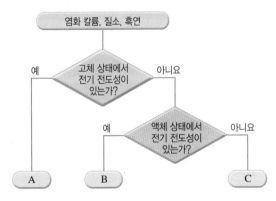

이에 대한 설명으로 옳은 것만을 [보기]에서 있는 대로 고른 것은?

┌ 보기 ┐
ㄱ. A는 화합물이다.
ㄴ. 고체 상태의 B는 외부의 충격에 쉽게 부스러진다.
ㄷ. C는 B에 비해 녹는점과 끓는점이 높다.
└────┘

① ㄱ   ② ㄴ   ③ ㄱ, ㄷ
④ ㄴ, ㄷ   ⑤ ㄱ, ㄴ, ㄷ

03 표는 물질 A~D의 몇 가지 성질을 나타낸 것이다.

물질		A	B	C	D
녹는점(°C)		802	996	−182	−77.7
끓는점(°C)		1413	1704	−164	−33.3
전기 전도성	고체	없음	없음	없음	없음
	액체	있음	있음	없음	없음

이에 대한 설명으로 옳은 것만을 [보기]에서 있는 대로 고른 것은? (단, A~D는 1주기~3주기 원소로 이루어진 화합물이고, A와 B는 물에 녹는다.)

┌ 보기 ┐
ㄱ. A와 B는 수용액 상태에서 전기 전도성이 있다.
ㄴ. C와 D는 양이온과 음이온으로 이루어진 물질이다.
ㄷ. A~D는 실온에서 모두 고체 상태이다.
└────┘

① ㄱ   ② ㄷ   ③ ㄱ, ㄴ
④ ㄴ, ㄷ   ⑤ ㄱ, ㄴ, ㄷ

04 그림은 세 가지 원자 A~C의 전자 배치를 모형으로 나타낸 것이다.

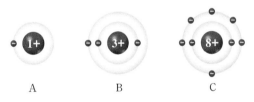

이에 대한 설명으로 옳은 것만을 [보기]에서 있는 대로 고른 것은? (단, A~C는 임의의 원소 기호이다.)

┌ 보기 ┐
ㄱ. A와 C가 결합한 구성 원자 수가 3개인 화합물의 화학식은 AC_2이다.
ㄴ. B와 C가 결합할 때 전자쌍 2개를 공유한다.
ㄷ. 실온에서 A와 C의 화합물은 분자로 존재하고, B와 C의 화합물은 결정으로 존재한다.
└────┘

① ㄱ   ② ㄴ   ③ ㄷ
④ ㄱ, ㄴ   ⑤ ㄴ, ㄷ

01 그림은 원자를 이루는 입자를 나타낸 것이다.

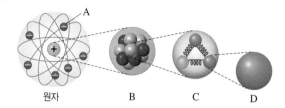

이에 대한 설명으로 옳은 것은?

① A는 빅뱅으로부터 약 3분 후에 만들어졌다.
② B는 원자 질량의 대부분을 차지한다.
③ D는 중성자에는 없고, 양성자에만 있다.
④ 빅뱅 후 B의 생성 시기는 D의 생성 시기보다 우주의 온도가 높았다.
⑤ C의 종류와 개수비는 B가 생성되기 전까지 일정하였다.

02 그림은 빅뱅으로부터 약 38만 년이 지났을 때 우주에서 일어난 현상을 나타낸 것이다.

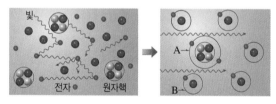

이에 대한 설명으로 옳은 것만을 [보기]에서 있는 대로 고른 것은?

┌─ 보기 ─
ㄱ. A는 헬륨 원자핵, B는 수소 원자핵이다.
ㄴ. 우주의 온도가 약 3 K이 되었을 때 일어났다.
ㄷ. 이 시기에 우주로 퍼져 나간 빛은 현재 관측되는 우주 배경 복사의 근원이다.
└─

① ㄱ   ② ㄷ   ③ ㄱ, ㄴ
④ ㄴ, ㄷ   ⑤ ㄱ, ㄴ, ㄷ

03 그림은 빅뱅 우주 초기의 입자의 분포 변화를 나타낸 것이다.

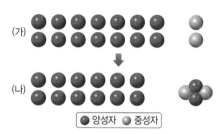

양성자 ● 중성자

이에 대한 설명으로 옳은 것만을 [보기]에서 있는 대로 고른 것은?

┌─ 보기 ─
ㄱ. (가) → (나)의 변화로 우주는 투명해졌다.
ㄴ. 빅뱅 우주 초기의 수소와 헬륨의 질량비는 약 3 : 1이 되었다.
ㄷ. 우주의 나이가 약 3분이 되었을 때 일어난 변화이다.
└─

① ㄱ   ② ㄷ   ③ ㄱ, ㄴ
④ ㄴ, ㄷ   ⑤ ㄱ, ㄴ, ㄷ

04 그림은 원소 A~D의 스펙트럼과 어느 천체의 스펙트럼을 비교하여 나타낸 것이다.

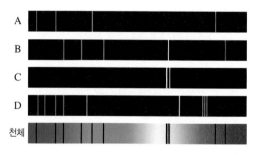

이에 대한 설명으로 옳은 것만을 [보기]에서 있는 대로 고른 것은?

┌─ 보기 ─
ㄱ. A~D의 스펙트럼에는 방출선이 나타난다.
ㄴ. A~D는 모두 이 천체의 구성 원소이다.
ㄷ. 스펙트럼에서 선의 폭을 비교하면 구성 원소의 양을 비교할 수 있다.
└─

① ㄱ   ② ㄴ   ③ ㄱ, ㄷ
④ ㄴ, ㄷ   ⑤ ㄱ, ㄴ, ㄷ

05 표는 별의 내부에서 일어나는 여러 가지 핵융합 반응과 생성 원소를 나타낸 것이다.

구분	핵융합 반응 원소	생성 원소
(가)	수소(H)	헬륨(He)
(나)	규소(Si)	철(Fe)
(다)	헬륨(He)	탄소(C), 산소(O)

이에 대한 설명으로 옳은 것만을 [보기]에서 있는 대로 고른 것은?

┌─ 보기 ─
ㄱ. (가) 반응은 질량이 태양과 비슷한 별과 질량이 태양의 약 10배 이상인 별에서 모두 일어난다.
ㄴ. 태양이 진화하면 (나) 반응까지 일어난다.
ㄷ. (가)~(다) 중 가장 높은 온도에서 일어나는 핵융합 반응은 (다)이다.
└─

① ㄱ ② ㄷ ③ ㄱ, ㄴ
④ ㄴ, ㄷ ⑤ ㄱ, ㄴ, ㄷ

06 그림 (가)와 (나)는 두 별의 중심부에서 핵융합 반응이 더 이상 일어나지 않을 때 각각 중심부에 생성된 원소를 나타낸 것이다.

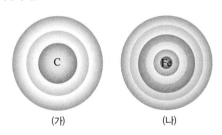

(가)   (나)

이에 대한 설명으로 옳은 것만을 [보기]에서 있는 대로 고른 것은? (단, (가)와 (나)는 두 별의 상대적인 크기를 고려하지 않은 것이다.)

┌─ 보기 ─
ㄱ. (가)는 (나)보다 질량이 작은 별이다.
ㄴ. 별의 중심부에서 최고 온도는 (나)보다 (가)가 높다.
ㄷ. (나)와 같은 질량의 별은 종말을 맞이하기까지 철보다 무거운 원소를 생성할 수 없다.
└─

① ㄱ ② ㄷ ③ ㄱ, ㄴ
④ ㄴ, ㄷ ⑤ ㄱ, ㄴ, ㄷ

07 그림은 태양계 형성 과정의 일부를 나타낸 것이다.

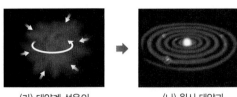

(가) 태양계 성운의 형성   (나) 원시 태양과 미행성체의 형성

(가)에서 (나)로 변하는 과정에 대한 설명으로 옳은 것만을 [보기]에서 있는 대로 고른 것은?

┌─ 보기 ─
ㄱ. 성운의 크기는 점차 작아졌다.
ㄴ. 성운의 모양이 점차 납작해졌다.
ㄷ. 성운 중심부의 밀도는 점차 증가하였다.
└─

① ㄱ ② ㄷ ③ ㄱ, ㄴ
④ ㄴ, ㄷ ⑤ ㄱ, ㄴ, ㄷ

08 그림은 지구형 행성과 목성형 행성을 물리량에 따라 A, B로 분류한 것이다.

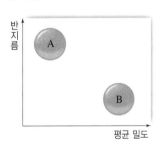

이에 대한 설명으로 옳은 것만을 [보기]에서 있는 대로 고른 것은?

┌─ 보기 ─
ㄱ. 화성은 A에 속한다.
ㄴ. B는 철과 니켈의 함량이 높다.
ㄷ. B는 A보다 녹는점이 높은 온도 환경에서 형성되었다.
└─

① ㄱ ② ㄷ ③ ㄱ, ㄴ
④ ㄴ, ㄷ ⑤ ㄱ, ㄴ, ㄷ

09 그림은 주기율표의 원소들을 특징에 따라 몇 개의 영역으로 구분하여 나타낸 것이다.

족 주기	1	2	3~12	13	14	15	16	17	18
1	(가)								
2									
3							(라)		(마)
4					(다)				
5			(나)						
6									

이에 대한 설명으로 옳은 것만을 [보기]에서 있는 대로 고른 것은?

▸ 보기 ◂
ㄱ. (가)와 (나)의 원소들은 열과 전기가 잘 통한다.
ㄴ. (다)의 원소들은 (나)와 (라)의 중간 성질이 있거나, (나)와 (라)의 성질이 모두 있다.
ㄷ. (마)의 원소들은 반응성이 매우 크다.

① ㄱ   ② ㄴ   ③ ㄱ, ㄷ
④ ㄴ, ㄷ   ⑤ ㄱ, ㄴ, ㄷ

10 다음은 칼륨의 성질을 확인하는 실험 과정이다.

(가) 물기 없는 유리판 위에 칼륨 조각을 올려놓고 칼로 쌀알 정도의 크기로 자른 후 단면을 관찰한다.
(나) 물을 반 정도 넣은 비커에 과정 (가)에서 자른 칼륨 조각을 넣고 반응을 관찰한다.
(다) 과정 (나)의 비커에 페놀프탈레인 용액을 1방울 ~2방울 떨어뜨리고 변화를 관찰한다.

이에 대한 설명으로 옳지 <u>않은</u> 것은?

① (가)에서 칼륨은 칼로 쉽게 잘라진다.
② (가)에서 칼로 자른 직후 칼륨의 단면은 은백색 광택을 띤다.
③ (나)에서 수소 기체가 발생한다.
④ (다)에서 페놀프탈레인 용액을 떨어뜨린 수용액은 색 변화가 없다.
⑤ 같은 족 원소인 나트륨으로 실험해도 비슷한 결과를 얻을 수 있다.

11 그림은 이온 X^{2-}의 전자 배치를 모형으로 나타낸 것이다.

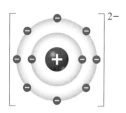

원자 X에 대한 설명으로 옳은 것만을 [보기]에서 있는 대로 고른 것은?(단, X는 임의의 원소 기호이다.)

▸ 보기 ◂
ㄱ. 할로젠이다.
ㄴ. 2주기 원소이다.
ㄷ. X_2는 공유 결합 물질이다.

① ㄱ   ② ㄷ   ③ ㄱ, ㄴ
④ ㄴ, ㄷ   ⑤ ㄱ, ㄴ, ㄷ

12 표는 중성 원자 A~D가 가장 안정한 상태일 때의 원자가 전자 수와 전자가 들어 있는 전자 껍질 수를 나타낸 것이다.

원소	원자가 전자 수	전자가 들어 있는 전자 껍질 수
A	1	3
B	1	4
C	7	2
D	0	3

이에 대한 설명으로 옳은 것만을 [보기]에서 있는 대로 고른 것은?(단, A~D는 임의의 원소 기호이다.)

▸ 보기 ◂
ㄱ. A와 B는 화학적 성질이 비슷하다.
ㄴ. C가 안정한 이온이 되면 D와 같은 전자 배치를 이룬다.
ㄷ. AC는 이온 결합 물질이다.

① ㄱ   ② ㄴ   ③ ㄱ, ㄷ
④ ㄴ, ㄷ   ⑤ ㄱ, ㄴ, ㄷ

13 그림은 세 가지 원자 A~C의 전자 배치를 모형으로 나타낸 것이다.

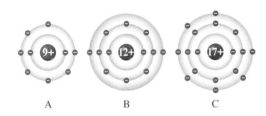

A   B   C

이에 대한 설명으로 옳은 것만을 [보기]에서 있는 대로 고른 것은? (단, A~C는 임의의 원소 기호이다.)

- 보기 -
ㄱ. A와 C는 양이온이 되기 쉽다.
ㄴ. B와 C는 화학적 성질이 비슷하다.
ㄷ. B와 C로 이루어진 화합물의 화학식은 BC_2이다.

① ㄱ   ② ㄴ   ③ ㄷ
④ ㄱ, ㄴ   ⑤ ㄴ, ㄷ

[14~15] 그림은 주기율표의 일부를 나타낸 것이다. (단, A~F는 임의의 원소 기호이다.)

족 주기	1	2	13	14	15	16	17	18
1								
2	A				B	C		D
3	E	F						

14 이에 대한 설명으로 옳은 것은?

① A는 D보다 반응성이 작다.
② 금속 원소는 A, B, C, D이다.
③ 원자가 전자 수가 가장 큰 원소는 F이다.
④ 전자가 들어 있는 전자 껍질 수가 2인 것은 한 가지이다.
⑤ C와 E는 가장 안정한 이온이 되었을 때 D와 같은 전자 배치를 이룬다.

15 A~F로 이루어진 물질 중 공유 결합으로 생성된 물질만을 [보기]에서 있는 대로 고르시오.

- 보기 -
ㄱ. A_2C ㄴ. B_2
ㄷ. BC_2 ㄹ. FC

16 그림 (가)는 원소 A와 B로 이루어진 화합물의 화학 결합 모형을, (나)는 원소 B와 C로 이루어진 화합물의 화학 결합 모형을 나타낸 것이다.

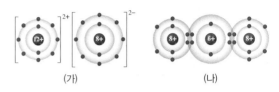

(가)   (나)

이에 대한 설명으로 옳은 것만을 [보기]에서 있는 대로 고른 것은? (단, A~C는 임의의 원소 기호이다.)

- 보기 -
ㄱ. 전자쌍을 공유하여 생성된 화합물은 (가)이다.
ㄴ. (나)의 화학식은 BC_2이다.
ㄷ. 원자 번호가 가장 큰 원소는 A이다.

① ㄱ   ② ㄷ   ③ ㄱ, ㄴ
④ ㄴ, ㄷ   ⑤ ㄱ, ㄴ, ㄷ

17 그림은 설탕과 염화 나트륨을 각각 물에 녹여 전원 장치를 연결한 모습을 순서 없이 나타낸 것이다.

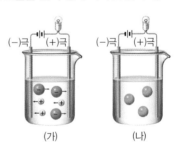

(가)   (나)

이에 대한 설명으로 옳은 것만을 [보기]에서 있는 대로 고른 것은?

- 보기 -
ㄱ. (가)는 설탕물이다.
ㄴ. (나)에 녹인 물질은 액체 상태에서 전기 전도성이 있다.
ㄷ. 염화 칼륨 수용액으로 실험하면 (가)와 같은 결과가 나타난다.

① ㄱ   ② ㄴ   ③ ㄱ, ㄴ
④ ㄴ, ㄷ   ⑤ ㄱ, ㄴ, ㄷ

서술형 문제

[18~19] 그림은 어느 우주론을 설명하는 모식도이다.

18 이 우주론에 따르면 시간이 지날수록 우주의 질량, 밀도, 온도가 어떻게 변하는지 서술하시오.

19 이 우주론을 지지하는 증거 두 가지를 쓰고, 증거가 되는 까닭을 서술하시오.

20 별의 진화 과정 중 주계열성 단계에서 별의 크기가 일정하게 유지되는 까닭을 서술하시오.

21 그림은 태양계 형성 과정에서 원시 원반이 형성된 단계를 나타낸 것이다.

A와 B에서 형성된 미행성체의 평균 밀도를 비교하고, 차이가 생긴 까닭을 서술하시오.

22 그림과 같이 알칼리 금속은 석유나 액체 파라핀 속에 넣어 보관한다.

리튬　　　나트륨

그 까닭을 알칼리 금속의 성질을 이용하여 서술하시오.

23 그림은 네 가지 원자 A~D의 전자 배치를 모형으로 나타낸 것이다.

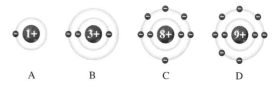

A　　　B　　　C　　　D

AD, BD, A₂C, B₂C를 이온 결합 물질과 공유 결합 물질로 분류하고, 그렇게 판단한 까닭을 서술하시오. (단, A~D는 임의의 원소 기호이다.)

24 그림은 고체 상태의 염화 나트륨을 모형으로 나타낸 것이다.

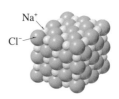

외부에서 힘을 가할 때 고체 염화 나트륨의 변화를 쓰고, 그 까닭을 서술하시오.

I-❶ 단원
용어 체크!

정답과 해설 79쪽

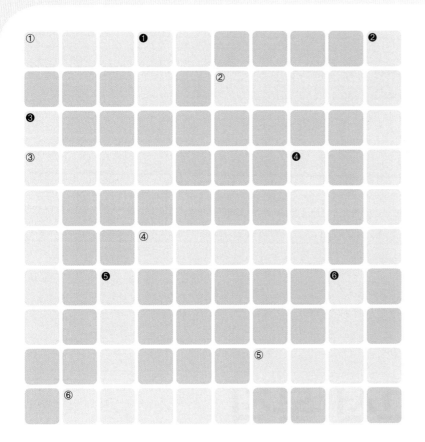

다음 설명이 뜻하는 용어를 □ 안에 가로 또는 세로로 쓰시오.

가로

① 약 138억 년 전, 초고온 초고밀도의 한 점에서 대폭발이 일어나 우주가 탄생한 후 계속 팽창하고 있다는 우주론이다.
② 주기율표의 1족에서 수소를 제외한 금속 원소이다.
③ 중심부에서 수소 핵융합 반응이 일어나 빛을 방출하는 천체이다.
④ 원자의 전자 배치에서 가장 바깥 전자 껍질에 들어 있는 전자로, 화학 반응에 참여하므로 원소의 화학적 성질을 결정한다.
⑤ 양이온과 음이온 사이의 정전기적 인력으로 형성되는 화학 결합이다.
⑥ 적색 거성 바깥층이 팽창하여 생긴 행성 모양의 성운이다.

세로

❶ 주기율표의 가로줄을 뜻한다.
❷ 고온의 광원에서 나오는 빛의 스펙트럼으로, 넓은 파장 영역에서 연속적인 색의 띠가 나타난다.
❸ 빅뱅 후 약 38만 년, 우주의 온도가 약 3000 K일 때 우주 공간으로 퍼져 나가 우주 전체를 채우고 있는 빛이다.
❹ 3개의 쿼크가 강하게 결합하여 생성된 입자로, 전기적으로 중성이다.
❺ 주계열성이 팽창하면서 표면 온도가 낮아져 붉게 보이는 별이다.
❻ 비금속 원소의 원자들이 전자쌍을 공유하여 형성되는 화학 결합이다.

재미있는 과학 이야기

비행선에 수소를 사용하지 않고 헬륨을 사용하는 까닭은?

비행선은 선체에 수소나 헬륨 등의 공기보다 가벼운 기체를 넣어 상공으로 떠오르게 한 다음 추진 장치와 조종 장치로 자유롭게 비행하는 항공기의 일종이다. 인류 최초의 비행선은 1852년 프랑스의 앙리 지파르가 제작하였고, 이후 독일의 체펠린이 초대형 비행선에 수소를 채우고 하늘을 나는 데 성공하면서 점차 발전하였다. 그러나 1937년 수소를 채운 독일의 힌덴부르크 비행선이 착륙 직전 폭발하는 사고가 일어나면서 비행선의 시대는 막을 내리게 되었다. 이처럼 초기 비행선에 사용했던 수소는 가연성이 강해 위험하므로 오늘날에는 주로 헬륨을 사용한다. 헬륨은 수소처럼 공기보다 가볍고, 비활성 기체로 반응성이 매우 작아 수소보다 안전하다. 따라서 비행선의 기체로 사용하기에 적합하다.

I. 물질과 규칙성

2 자연의 구성 물질

중학교에서 **배운 내용을 확인**하고, 이 단원에서 **학습할 개념**과 **연결**지어 보자.

배운 내용 Review

○ 지각의 구성 물질

(1) 지각의 구성 : 지각은 암석으로, 암석은 광물로, 광물은 원소로 이루어져 있다.

지각	암석	①	원소
지구의 가장 바깥층으로, 암석으로 된 부분	광물로 이루어진 딱딱한 고체	암석을 이루고 있는 기본 알갱이	물질을 이루는 기본적인 성분

(2) 조암 광물 : 암석을 이루는 주된 광물 예 장석, 석영, 휘석, 각섬석, 흑운모, 감람석

➡ 광물의 성질 : 결정형, 쪼개짐과 깨짐, 색, 조흔색, 굳기 등이 있다.

광물의 성질	장석	석영	휘석	각섬석	②	감람석
결정형	 두꺼운 판 모양	 육각기둥 모양	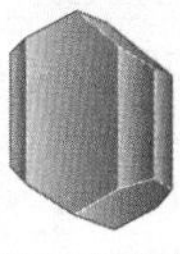 짧은 기둥 모양	 긴 기둥 모양	 육각 판 모양	 짧은 기둥 모양
쪼개짐과 깨짐	쪼개짐	③	쪼개짐	쪼개짐	쪼개짐	깨짐

(3) 지각의 8대 구성 원소 : 지각 전체 질량의 98 %를 차지하고 있는 8가지 원소

④ ____ > ⑤ ____ > 알루미늄 > 철 > 칼슘 > 나트륨 > 칼륨 > 마그네슘

○ 나노 기술 1 nm에서 수십 nm 크기의 물질을 합성하고, 그것이 나타내는 새로운 특성과 기능을 이용하여 실생활에 유용한 물건이나 재료를 만드는 기술

풀러렌	⑥	그래핀
탄소 원자 60개가 축구공 모양으로 결합된 물질 예 의약품 운반체	탄소 원자가 벌집 모양의 육각 구조를 이루면서 나선형으로 말린 물질 예 비행기의 동체	탄소 원자가 벌집 모양의 육각 구조를 이루면서 판 모양을 한 물질 예 휘어지는 투명 스크린

[정답] ① 광물 ② 흑운모
③ 깨짐 ④ 산소 ⑤ 규소
⑥ 탄소 나노 튜브

지각과 생명체 구성 물질의 결합 규칙성

핵심 짚기 □ 지각과 생명체를 구성하는 물질   □ 규산염 사면체 특징
　　　　　 □ 규산염 광물의 결합 규칙성   □ 탄소 화합물의 결합 규칙성

A 지각과 생명체를 구성하는 물질

구분	지각	생명체
구성 원소 ❶❷	칼륨 2.6, 나트륨 2.8, 마그네슘 2.1, 칼슘 3.6, 철 5.0, 기타 1.5, 알루미늄 8.1, 규소 27.7, 산소 46.6 ◀ 지각의 구성 원소의 질량비(단위 : %) 산소, 규소의 비율이 높다.	인 1.0, 칼륨 0.4, 칼슘 1.5, 황 0.3, 질소 3.3, 기타 0.5, 수소 9.5, 탄소 18.5, 산소 65.0 ◀ 사람의 구성 원소의 질량비(단위 : %) 산소, 탄소의 비율이 높다.
	지각과 생명체를 구성하는 원소 중 산소가 가장 많은 양을 차지한다. ➡ 산소는 수소, 탄소, 규소 등 다른 원소와 쉽게 결합하여 다양한 물질을 만들기 때문	
구성 물질	• 지각은 암석으로, 암석은 광물로, 광물은 원소의 화학 결합으로 이루어져 있다. • 광물은 대부분 산소와 규소를 주성분으로 하는 규산염 광물(광물의 약 92 %)이다.	• 생명체는 물과 소량의 *무기물을 제외하면 *유기물로 구성되어 있다. • 유기물은 모두 탄소를 기본 골격으로 하여 산소, 수소 등과 결합한 탄소 화합물 이다.

B 지각을 구성하는 물질의 결합 규칙성

1 규산염 광물 규소와 산소로 이루어진 규산염 사면체를 기본 구조로 하여 여러 원소들
이 화학적으로 결합하여 만들어진 광물 여기서잠깐 64쪽

규소(Si)의 전자 배치
주기율표의 14족 원소로, 원자가 전자 가 4개 ➡ 최대 4개의 원자와 결합 가능

규산염 사면체(Si-O 사면체)
규소 1개를 중심으로 산소 4개가 공유 결합한 정사면체 구조 ➡ 음전하를 띰

규산염 광물
규산염 사면체가 여러 가지 규칙에 따라 서로 결합하여 만들어진 광물

2 규산염 광물의 결합 규칙성
① 규산염 광물의 결합 : 음전하를 띠는 규산염 사면체가 양이온과 결합하거나 다른 규산염 사면체와 산소를 공유하여 결합한다. ➡ 전기적으로 중성
② 규산염 광물의 결합 구조 : 규산염 사면체들이 서로 결합하면 구조는 복잡해진다.

구분	독립형 구조	단사슬 구조	복사슬 구조	판상 구조	*망상 구조
결합 모습	 산소, 규소				
특징	규산염 사면체 하나가 독립적으로 마그네슘 이나 철 등의 양이온과 결합(독립 사면체 구조)	규산염 사면체 가 양쪽의 산소 를 공유하여 단일 사슬 모양으로 결합(한 줄의 직선형 구조)	단사슬 구조 2개 가 서로 엇갈려 이중 사슬 모양 으로 결합(두 줄 의 직선형 구조)	규산염 사면체 가 산소 3개를 공유하여 얇은 판 모양으로 결합(평면 구조)	규산염 사면체 가 산소 4개를 모두 공유하여 3차원으로 결합 (입체 구조)
예	감람석	휘석	각섬석	흑운모	석영, 장석❸❹

Plus 강의

❶ 우주, 지구, 해양, 대기의 구성 원소
● 우주 : 수소>헬륨 등
● 지구 : 철>산소>규소>마그네슘 등
● 해양 : 산소>수소>염소 등
● 대기 : 질소>산소>아르곤 등

❷ 지각과 생명체의 구성 원소의 기원

원소	원소의 기원
수소, 헬륨	빅뱅 우주 탄생 초기
헬륨~철	별 내부의 핵융합 반응
철보다 무거운 원소	초신성 폭발

❸ 규산염 광물의 결합 구조와 특성
결합 구조는 광물의 특성에 영향을 준다.
▶ 휘석, 각섬석은 규산염 사면체가 직선 으로 결합하여 기둥 모양의 결정을 이 룬다.
▶ 휘석, 각섬석, 흑운모는 쪼개짐이 발달 한다.(흑운모 : 얇게 쪼개짐)
▶ 일반적으로 규산염 사면체 사이의 결합 이 복잡해질수록 안정하여 풍화에 강해 진다. ➡ 석영, 장석은 풍화에 강하다.

❹ 석영과 장석
● 석영 : 규산염 사면체 사이의 모든 산소 를 공유하여 규소와 산소만으로 이루어 져 있다.
● 장석 : 규산염 사면체의 규소 일부를 대 신하여 알루미늄 등의 양이온이 결합하 여 이루어져 있다.

🔍 용어 돋보기

* 무기물(無 없다, 機 틀, 物 만물)_탄소 를 포함하지 않는 모든 화합물
* 유기물(有 있다, 機 틀, 物 만물)_생명 체가 만들어 내는 탄소를 기본으로 하는 화합 물질
* 망상 구조(網 그물, 狀 모양, 構造 구조) _3차원의 그물 모양으로 결합된 구조

C 생명체를 구성하는 물질의 결합 규칙성

1 탄소 화합물 탄소로 이루어진 기본 골격에 수소, 산소, 질소, 황, 인 등 여러 원소가 공유 결합하여 이루어진 물질 ➡ 탄소 화합물은 생명체를 구성하고, 에너지원으로도 사용되므로 생명 활동을 하는 데 중요하다. 예 탄수화물, 단백질, 지질, 핵산 등❺

① 탄소(C)의 전자 배치 : 탄소는 주기율표의 14족 원소로, 원자가 전자가 4개이다. ➡ 최대 4개의 원자와 결합이 가능하다.

② 탄소는 다양한 종류의 원자와 결합할 수 있고, 탄소 결합 사이로 다른 원자를 받아들일 수 있어 다양한 화합물을 만든다.

③ 탄소가 생명체에서 중요한 역할을 하는 까닭 : 탄소는 연속적으로 결합할 수 있어서 생명체를 구성하는 복잡하고 다양한 분자를 만드는 데 유리하기 때문

> **[탄소와 수소의 공유 결합]**
> 탄소(C) 원자 1개와 수소(H) 원자 4개가 공유 결합하면 메테인(CH_4) 분자가 만들어진다.❻
>
>
>
> 탄소(C) 원자   수소(H) 원자   공유 결합   메테인(CH_4) 분자

2 탄소 화합물의 결합 규칙성

① 탄소 화합물의 결합 : 탄소는 다른 탄소와 단일 결합하여 다양한 모양의 구조를 만들 수 있고, 탄소와 탄소 사이에 2중 결합이나 3중 결합을 만들기도 한다.

② 탄소 원자의 결합 방식

사슬 모양	가지 모양(가지 달린 사슬 모양)	고리 모양	2중 결합
C-C-C-C-C-C	(가지 모양 구조)	(고리 모양 구조)	C=C
			3중 결합
			C≡C

❺ **생명체를 구성하는 탄소 화합물**

탄수화물	단백질
(분자 구조)	(분자 구조)
지질	
(분자 구조)	

● 탄소 원자 ● 산소 원자 ○ 수소 원자 ● 질소 원자

❻ **탄소 화합물의 다양성**
메테인 분자의 수소 원자가 염소 원자로 바뀌면 다른 화합물이 된다.

메테인   사염화 탄소

정답과 해설 15쪽

개념 쏙쏙

1 지각과 생명체를 구성하는 원소 중 공통적으로 가장 많은 비율을 차지하는 것은?

① 규소   ② 산소   ③ 수소   ④ 탄소   ⑤ 헬륨

2 다음은 규산염 광물에 대한 설명이다. ( ) 안에 알맞은 말을 쓰시오.

(1) 규산염 광물의 구성 원소인 규소는 원자가 전자가 ( )개이다.

(2) 규산염 사면체는 규소 ㉠( )개와 산소 ㉡( )개로 이루어진다.

(3) 규산염 사면체가 다른 규산염 사면체와 결합하여 규산염 광물을 생성하는 경우에는 서로의 ( )를 공유하여 결합한다.

3 탄소 화합물에 대한 설명으로 옳은 것은 ○, 옳지 않은 것은 ×로 표시하시오.

(1) 탄소 화합물의 구성 원소인 탄소는 원자가 전자가 4개이다. ……………… ( )

(2) 탄소 화합물은 생명체를 구성하고 에너지원으로도 사용된다. ………… ( )

(3) 탄소와 탄소 사이에 단일 결합만 형성할 수 있다. ……………………………… ( )

> **암기 꼭!**
>
> 규산염 광물의 결합 구조와 예
> • **독**립형 구조 : **감**람석
> • **단**사슬 구조 : **휘**석
> • **복**사슬 구조 : **각**섬석
> • **판**상 구조 : **흑**운모
> • **망**상 구조 : **석**영, **장**석

규산염 광물의 결합 규칙성

지각을 이루는 여러 광물 중에서 많은 양을 차지하는 석영, 장석, 흑운모 등은 규소와 산소가 규칙적으로 결합한 규산염 광물이지요. 규산염 광물은 어떤 규칙성을 보이면서 결합하는지 자세히 살펴볼까요?

정답과 해설 15쪽

규소 1개와 산소 4개가 공유 결합한 정사면체 구조를 규산염 사면체라고 한다. 규산염 사면체는 양이온과 결합하거나 다른 규산염 사면체와 산소 원자를 공유하여 여러 가지 규산염 광물을 만든다.

1 규산염 사면체의 구조

❶ 규산염 사면체는 규소 1개와 산소 4개가 공유 결합을 한 구조이다.

▼

❷ 규소는 $+4$의 전하(Si^{4+})를 띠고, 산소는 -2의 전하(O^{2-})를 띤다.

▼

❸ 규소 1개에 산소 4개가 결합한 규산염 사면체의 전하는 $(+4) \times 1 + (-2) \times 4 = -4(SiO_4^{4-})$이다. ➡ 규산염 사면체는 음전하를 띤다.

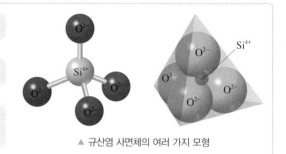

▲ 규산염 사면체의 여러 가지 모형

Q1 규소와 산소가 공유 결합하여 이루어진 규산염 사면체는 (   )를 띤다.

2 규산염 광물의 독립형 구조가 만들어지는 과정

❶ 감람석은 SiO_4^{4-}를 이루므로 전하가 $+2$인 양이온 2개와 결합하면 전기적으로 중성이 되어 안정한 광물이 될 수 있다.

▼

❷ 마그네슘 이온(Mg^{2+}) 2개 또는 철 이온(Fe^{2+}) 2개 또는 마그네슘 이온(Mg^{2+}) 1개와 철 이온(Fe^{2+}) 1개가 규산염 사면체와 결합한다.

▼

❸ 감람석은 규산염 사면체 사이에 산소를 공유하지 않으므로 독립형 구조에 해당한다.

▲ 독립형 구조가 만들어지는 과정

Q2 감람석에서 볼 수 있는 규산염 사면체의 결합 구조는?

3 규산염 사면체와 규산염 사면체가 결합하여 규산염 광물이 만들어지는 과정

❶ 휘석은 규산염 사면체와 규산염 사면체 사이에 산소 1개를 공유하여 $Si : O = 1 : 3$이 되므로 -2의 전하(SiO_3^{2-})를 띤다. 이때 Mg^{2+} 또는 Fe^{2+} 1개가 규산염 사면체와 결합한다.

▼

❷ 휘석은 규산염 사면체 사이에 산소를 공유하여 길게 결합하므로 단사슬 구조에 해당한다.

▼

❸ 이와 같은 원리로 단사슬이 서로 엇갈리면 이중 사슬 모양인 복사슬 구조, 산소 3개를 공유하여 결합하면 얇은 판 모양인 판상 구조, 산소 4개를 공유하여 결합하면 입체인 망상 구조가 된다.

규산염 사면체 사이에 산소가 공유되어 한 줄로 이어진다.

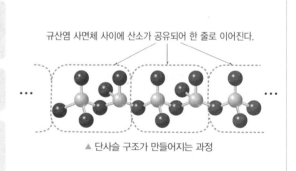

▲ 단사슬 구조가 만들어지는 과정

Q3 휘석에서 볼 수 있는 규산염 사면체의 결합 구조는?

내신 탄탄

A 지각과 생명체를 구성하는 물질

01 지각을 구성하는 물질에 대한 설명으로 옳은 것만을 [보기]에서 있는 대로 고른 것은?

┌─ 보기 ───────────────────────────┐
ㄱ. 지각은 여러 가지 암석으로 이루어져 있다.
ㄴ. 광물의 약 50 %는 규산염 광물이다.
ㄷ. 지각을 구성하는 원소는 대부분 우주 탄생 초기에 빅뱅으로 생성되었다.
└──────────────────────────────┘

① ㄱ   ② ㄷ   ③ ㄱ, ㄴ
④ ㄴ, ㄷ   ⑤ ㄱ, ㄴ, ㄷ

중요 02 그림은 사람을 구성하는 원소의 질량비를 나타낸 것이다.

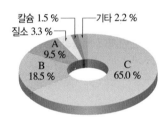

칼슘 1.5 %   기타 2.2 %
질소 3.3 %
A 9.5 %
B 18.5 %
C 65.0 %

A~C에 대한 설명으로 옳은 것은?

① A는 탄소이다.
② B를 기본으로 하여 규산염 광물이 만들어진다.
③ C는 빅뱅 우주 탄생 초기에 생성되었다.
④ A와 C는 주로 사람 몸에서 물을 구성한다.
⑤ B는 사람 몸에서 대부분 무기물로 존재한다.

B 지각을 구성하는 물질의 결합 규칙성

03 그림은 어떤 원자의 전자 배치를 모형으로 나타낸 것이다. 이에 대한 설명으로 옳지 않은 것은?

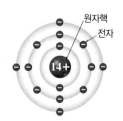

원자핵
전자
14+

① 규소의 전자 배치이다.
② 원자가 전자가 4개이다.
③ 지각에 가장 풍부한 원소이다.
④ 규산염 광물을 이루는 주요 원소이다.
⑤ 산소와 공유 결합을 하여 규산염 사면체를 이룬다.

중요 04 그림은 규산염 사면체 구조를 나타낸 것이다. 이에 대한 설명으로 옳은 것만을 [보기]에서 있는 대로 고른 것은?

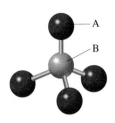

A
B

┌─ 보기 ───────────────────────────┐
ㄱ. A는 규소, B는 산소이다.
ㄴ. A는 지각을 구성하는 원소 중 가장 많다.
ㄷ. 규산염 사면체는 양전하를 띤다.
└──────────────────────────────┘

① ㄱ   ② ㄴ   ③ ㄱ, ㄷ
④ ㄴ, ㄷ   ⑤ ㄱ, ㄴ, ㄷ

05 다음에서 설명하는 광물은 무엇인가?

┌──────────────────────────────┐
• 규산염 사면체가 망상 구조를 이룬다.
• 규소와 산소만으로 이루어져 있다.
└──────────────────────────────┘

① 석영   ② 휘석   ③ 각섬석
④ 감람석   ⑤ 흑운모

중요 06 그림은 어느 광물의 결합 구조를 나타낸 것이다.

산소
규소

이에 대한 설명으로 옳은 것만을 [보기]에서 있는 대로 고른 것은?

┌─ 보기 ───────────────────────────┐
ㄱ. 단사슬 구조이다.
ㄴ. 규산염 사면체가 산소 3개를 공유하여 결합한다.
ㄷ. 대표적인 광물로는 휘석이 있다.
└──────────────────────────────┘

① ㄱ   ② ㄴ   ③ ㄱ, ㄷ
④ ㄴ, ㄷ   ⑤ ㄱ, ㄴ, ㄷ

중요
07 그림은 어느 규산염 광물의 결합 구조를 나타낸 것이다.

이에 대한 설명으로 옳은 것만을 [보기]에서 있는 대로 고른 것은?

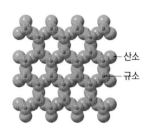

─• 보기 •─
ㄱ. 판상 구조이다.
ㄴ. 규산염 사면체가 얇은 판 모양으로 결합한다.
ㄷ. 석영에서 볼 수 있는 결합 구조이다.

① ㄱ   ② ㄷ   ③ ㄱ, ㄴ
④ ㄴ, ㄷ   ⑤ ㄱ, ㄴ, ㄷ

08 그림은 암석을 이루는 광물을 규산염 광물과 비규산염 광물로 구분하여 나타낸 것이다.

A에 속하지 <u>않는</u> 것은?

① 장석   ② 각섬석   ③ 감람석
④ 방해석   ⑤ 흑운모

C 생명체를 구성하는 물질의 결합 규칙성

09 탄소 화합물에 대한 설명으로 옳은 것만을 [보기]에서 있는 대로 고른 것은?

─• 보기 •─
ㄱ. 탄소 화합물은 탄소만으로 이루어진 화합물이다.
ㄴ. 탄수화물, 단백질, 지질, 물은 모두 탄소 화합물이다.
ㄷ. 탄소 화합물은 생명 활동을 하는 데 중요한 물질이다.

① ㄱ   ② ㄷ   ③ ㄱ, ㄴ
④ ㄴ, ㄷ   ⑤ ㄱ, ㄴ, ㄷ

10 그림은 생명체를 구성하는 어느 원자의 전자 배치를 모형으로 나타낸 것이다.

이에 대한 설명으로 옳은 것만을 [보기]에서 있는 대로 고른 것은?

─• 보기 •─
ㄱ. 원자가 전자가 4개이다.
ㄴ. 산소, 수소, 질소 등과 결합하여 유기물을 만든다.
ㄷ. 수소 원자 4개와 공유 결합하면 메테인 분자가 형성된다.

① ㄱ   ② ㄴ   ③ ㄱ, ㄷ
④ ㄴ, ㄷ   ⑤ ㄱ, ㄴ, ㄷ

서술형
11 탄소가 생명체에서 중요한 역할을 하는 까닭을 탄소의 전자 배치와 관련지어 서술하시오.

_____

_____

중요
12 그림 (가)~(다)는 서로 다른 종류의 탄소 화합물의 일부를 나타낸 것이다.

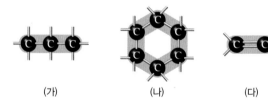

(가)   (나)   (다)

이에 대한 설명으로 옳은 것만을 [보기]에서 있는 대로 고른 것은?

─• 보기 •─
ㄱ. (가)는 고리 모양, (나)는 가지 모양이다.
ㄴ. (다)와 같이 탄소와 탄소 사이에 2중 결합을 만들기도 한다.
ㄷ. 탄소는 다양한 모양의 구조를 만들 수 있다.

① ㄴ   ② ㄷ   ③ ㄱ, ㄴ
④ ㄴ, ㄷ   ⑤ ㄱ, ㄴ, ㄷ

01 표는 지구, 지각, 사람을 구성하는 원소와 원소의 질량비 (%)를 나타낸 것이다.

지구		지각		사람	
A	35.0	B	46.6	D	65.0
산소	30.0	C	27.7	E	18.5
규소	15.0	알루미늄	8.1	수소	9.5
마그네슘	13.0	철	5.0	질소	3.3
니켈	2.4	칼슘	3.6	칼슘	1.5
황	1.9	나트륨	2.8	인	1.0
칼슘	1.1	칼륨	2.6	칼륨	0.4
알루미늄	1.1	마그네슘	2.1	황	0.3
기타	0.5	기타	1.5	기타	0.5

이에 대한 설명으로 옳은 것만을 [보기]에서 있는 대로 고른 것은?

┌─ 보기 ─────────────────────────────┐
ㄱ. A는 빅뱅 우주 탄생 초기에 생성되었다.
ㄴ. B와 D는 같은 원소이다.
ㄷ. C와 E는 원자가 전자가 4개이다.
└────────────────────────────────┘

① ㄱ   ② ㄴ   ③ ㄱ, ㄷ
④ ㄴ, ㄷ   ⑤ ㄱ, ㄴ, ㄷ

02 그림 (가)는 규산염 사면체 구조를, (나)는 어떤 원자의 전자 배치를 나타낸 것이다.

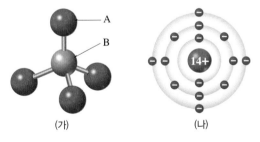

(가)   (나)

이에 대한 설명으로 옳은 것만을 [보기]에서 있는 대로 고른 것은?

┌─ 보기 ─────────────────────────────┐
ㄱ. (나)는 (가)의 A와 같은 종류의 원소이다.
ㄴ. B는 최대 4개의 원자와 결합할 수 있다.
ㄷ. (가)에 Mg^{2+} 2개가 결합하면 각섬석이 만들어진다.
└────────────────────────────────┘

① ㄱ   ② ㄴ   ③ ㄱ, ㄷ
④ ㄴ, ㄷ   ⑤ ㄱ, ㄴ, ㄷ

03 그림 (가)~(다)는 서로 다른 규산염 광물의 결합 구조를 나타낸 것이다.

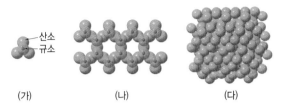

─ 산소
─ 규소

(가)   (나)   (다)

이에 대한 설명으로 옳은 것만을 [보기]에서 있는 대로 고른 것은?

┌─ 보기 ─────────────────────────────┐
ㄱ. 감람석은 (가)와 같은 결합 구조로 되어 있다.
ㄴ. (나)는 복사슬 구조, (다)는 판상 구조이다.
ㄷ. 일반적으로 (가)보다 (다)가 풍화에 강하다.
ㄹ. (가)에서 (다)로 갈수록 사면체 사이에 공유하는 산소의 수가 증가한다.
└────────────────────────────────┘

① ㄱ, ㄷ   ② ㄴ, ㄷ   ③ ㄴ, ㄹ
④ ㄱ, ㄴ, ㄹ   ⑤ ㄱ, ㄷ, ㄹ

04 신유형 N
그림 (가)는 단백질, (나)는 탄수화물의 일부를 모형으로 나타낸 것이다.

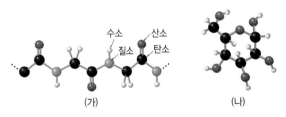

수소   산소
질소   탄소

(가)   (나)

탄소 원자의 결합 규칙에 대한 설명으로 옳은 것만을 [보기]에서 있는 대로 고른 것은?

┌─ 보기 ─────────────────────────────┐
ㄱ. 탄소 원자끼리 공유 결합을 할 수 있다.
ㄴ. 탄소 원자는 단일 결합만 할 수 있다.
ㄷ. 다양한 모양의 탄소 골격을 만들 수 있다.
ㄹ. 탄소 결합 사이로 다른 원자를 받아들일 수 없다.
└────────────────────────────────┘

① ㄱ, ㄷ   ② ㄱ, ㄹ   ③ ㄴ, ㄷ
④ ㄱ, ㄴ, ㄹ   ⑤ ㄴ, ㄷ, ㄹ

02 생명체 구성 물질의 형성

핵심 짚기　☐ 생명체를 구성하는 물질　　☐ 단백질의 형성
　　　　　　☐ 핵산의 형성　　　　　☐ DNA와 RNA 비교

A 생명체 구성 물질

생명체는 물, 무기염류, 탄수화물, 단백질, 지질, 핵산 등으로 구성되어 있으며, 이 중 탄수화물, 단백질, 지질, 핵산은 탄소 화합물이다.❶

물	• 생명체를 구성하는 물질 중 가장 많은 양을 차지한다. • 기능 : 비열이 커서 체온을 유지하는 데 도움을 준다.	무기 염류	• 기능 : 다양한 생리 작용을 조절하는 데 관여한다. • 종류 : 인(P), 칼륨(K), 칼슘(Ca), 나트륨(Na) 등
탄수 화물❷	• 구성 원소 : 탄소(C), 수소(H), 산소(O) • 기능 : 주요 에너지원이다. • 종류 : 포도당, 녹말, 셀룰로스, 글리코젠 등	단백질	• 구성 원소 : 탄소(C), 수소(H), 산소(O), 질소(N) • 기능 : 에너지원이며, 효소, 근육, 항체 등의 주성분이다. • 종류 : 헤모글로빈, 콜라겐 등
지질	• 구성 원소 : 탄소(C), 수소(H), 산소(O) • 기능 : 에너지원이며, 세포막의 주성분이다. • 종류 : 중성 지방, 인지질, 스테로이드	핵산	• 구성 원소 : 탄소(C), 수소(H), 산소(O), 질소(N), 인(P) • 기능 : 유전 정보를 저장하거나 전달한다. • 종류 : DNA, RNA

B 단백질 　여기서잠깐 70쪽

1 단백질의 *단위체 아미노산이며, 생명체에는 20종류의 아미노산이 있다.❸

☆ **2 단백질의 형성** 여러 개의 아미노산이 펩타이드 결합으로 연결되어 폴리펩타이드를 형성하고, 폴리펩타이드가 입체 구조를 형성하여 단백질이 된다.❹

① 아미노산의 종류와 개수, 결합 순서에 따라 단백질의 입체 구조가 달라지며, 단백질은 입체 구조에 따라 그 기능이 결정되어 다양한 생명 활동을 수행한다.

② 펩타이드 결합 : 2개의 아미노산이 결합할 때 두 아미노산 사이에서 물 분자 1개가 빠져나오면서 일어나는 결합이다.

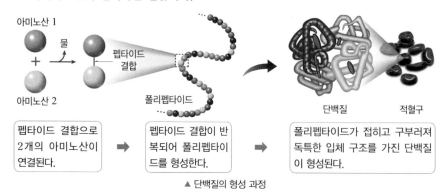

펩타이드 결합으로 2개의 아미노산이 연결된다.	펩타이드 결합이 반복되어 폴리펩타이드를 형성한다.	폴리펩타이드가 접히고 구부러져 독특한 입체 구조를 가진 단백질이 형성된다.

▲ 단백질의 형성 과정

3 단백질의 기능

① 몸의 주요 구성 물질 : 머리카락, 근육, 뼈 등을 구성한다.

② 생리 작용 조절 : 화학 반응의 속도를 조절하는 효소와 생리 작용을 조절하는 호르몬의 주성분이다.

③ 항체의 성분으로 몸을 보호하는 데 관여하며, 에너지원으로 사용된다.

Plus 강의

❶ 사람을 구성하는 물질

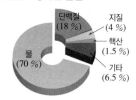

❷ 탄수화물의 구분

탄수화물은 구성하는 단위체의 개수에 따라 단당류, 이당류, 다당류로 구분한다.
- **단당류** : 더 이상 분해할 수 없는 가장 작은 단위의 당이다. 예 포도당, 과당
- **이당류** : 두 분자의 단당류가 결합한 것이다. 예 엿당(포도당+포도당), 설탕(포도당+과당)
- **다당류** : 여러 분자의 단당류가 결합한 것이며, 결합 방식에 따라 종류가 달라진다. 예 녹말, 글리코젠, 셀룰로스

❸ 아미노산의 구조
- 아미노산은 탄소를 중심으로 아미노기, 카복실기, 수소 원자, 곁사슬(R)이 결합되어 있다.
- 곁사슬의 종류에 따라 아미노산의 종류가 달라진다.

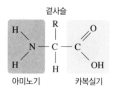

❹ 폴리펩타이드

수많은 아미노산이 펩타이드 결합으로 연결되어 긴 사슬 모양을 이룬 것이다. 단백질은 하나의 폴리펩타이드로 구성되거나 여러 개의 폴리펩타이드가 모여 기능을 나타내기도 한다.

🔍 용어 돋보기

* **단위체**(單 홑, 位 자리, 體 몸)_탄소 화합물과 같이 큰 물질을 만들 때 기본 단위가 되는 작은 물질

C 핵산 _{여기서잠깐} 70쪽

1 핵산의 단위체^⑤ 뉴클레오타이드 ➡ 인산, 당, 염기가 1 : 1 : 1로 결합되어 있으며, 염기에는 아데닌(A), 구아닌(G), 사이토신(C), 타이민(T), 유라실(U)이 있다.

☆**2 핵산의 형성** 뉴클레오타이드의 당이 다른 뉴클레오타이드의 인산과 결합하는 방식이 반복되어 긴 사슬 모양의 폴리뉴클레오타이드를 형성한다.
➡ 폴리뉴클레오타이드가 핵산을 구성한다.

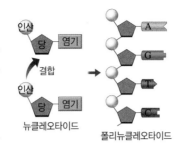

뉴클레오타이드   폴리뉴클레오타이드

▲ 폴리뉴클레오타이드의 형성

☆**3 핵산의 종류** DNA와 RNA가 있다.

DNA	구분	RNA
폴리뉴클레오타이드 두 가닥이 꼬여 있는 이중 나선 구조	분자 구조	폴리뉴클레오타이드 한 가닥으로 구성된 단일 가닥 구조
디옥시리보스	당^⑥	리보스
아데닌(A), 구아닌(G), 사이토신(C), 타이민(T)	염기	아데닌(A), 구아닌(G), 사이토신(C), 유라실(U)
유전 정보 저장	기능	유전 정보 전달, 단백질 합성에 관여

4 DNA 염기의 상보결합 하나의 DNA를 구성하는 두 가닥의 폴리뉴클레오타이드는 염기의 상보결합으로 연결된다. ➡ 아데닌(A)은 타이민(T)과만 결합하고, 구아닌(G)은 사이토신(C)과만 결합한다. _{여기서잠깐} 70쪽

5 DNA와 유전 정보 A, G, C, T의 염기를 가진 4종류의 뉴클레오타이드가 다양한 순서로 결합하여 염기 서열이 다양한 DNA가 만들어진다. ➡ 유전 정보는 DNA의 염기 서열에 저장되므로 염기 서열에 따라 서로 다른 유전 정보가 저장될 수 있다.

❺ **핵산의 발견**
핵산은 처음 발견되었을 때 핵 속에 존재하고 산성을 띠어 핵산이라고 명명하였으나, 이후에 세포질에도 있다는 것이 밝혀졌다.

❻ **DNA와 RNA를 구성하는 당**
DNA를 구성하는 당인 디옥시리보스와 RNA를 구성하는 당인 리보스는 모두 탄소를 5개 갖는 5탄당이다.

개념 쏙쏙

정답과 해설 17쪽

1 생명체를 구성하는 물질에 대한 설명으로 옳은 것은 ○, 옳지 **않은** 것은 ×로 표시하시오.
  (1) 단백질은 효소와 항체, 호르몬의 주성분이다. ···················· (   )
  (2) 탄수화물, 단백질, 지질, 핵산은 탄소 화합물이다. ·············· (   )
  (3) 물은 생명체를 구성하는 물질 중 가장 적은 양을 차지한다. ·········· (   )

2 다음은 단백질에 대한 설명이다. (   ) 안에 알맞은 말을 쓰시오.
  (1) 단백질의 단위체는 (   )이다.
  (2) 많은 단위체가 ㉠(   ) 결합으로 연결되어 긴 사슬 모양의 ㉡(   )를 형성한다.
  (3) (   )의 종류와 개수, 결합 순서에 따라 단백질의 입체 구조가 달라진다.

3 그림은 핵산을 구성하는 단위체를 나타낸 것이다.
  (1) 이 단위체의 이름을 쓰시오.
  (2) (가)의 이름을 쓰시오.

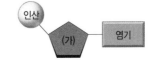

암기 꼭!

생명체를 구성하는 물질의 단위체
• **단아**하다
  (**단**백질의 단위체는 **아**미노산)

• **핵폭발급 뉴**스
  (**핵**산의 단위체는 **뉴**클레오타이드)

단백질과 핵산(DNA)의 구조적 규칙성

단백질과 핵산은 단위체가 다양하게 배열되어 다양한 구조와 기능을 갖게 되는 물질입니다. 단백질과 핵산(DNA)에서 나타나는 구조적 규칙성을 알아보고, DNA 이중 나선의 구조를 자세히 알아봅시다.

정답과 해설 17쪽

1 단백질과 핵산(DNA)의 구조적 규칙성

구분	단백질	핵산(DNA)
구조	펩타이드 결합, 아미노산, 폴리펩타이드, 단백질	A, G, C, T, 인산, 당, 염기, 뉴클레오타이드, 폴리뉴클레오타이드, 이중 나선 구조
단위체	아미노산	뉴클레오타이드
단위체의 결합 방식	아미노산과 아미노산은 펩타이드 결합으로 연결된다.	한 뉴클레오타이드의 인산이 다른 뉴클레오타이드의 당과 결합한다.
물질 형성과 기능	20종류의 아미노산이 결합하는 순서에 따라 입체 구조가 달라져 다양한 종류의 단백질이 형성된다. ➡ 몸 구성, 생리 작용 조절 등 다양한 기능을 수행한다.	4종류의 뉴클레오타이드가 결합하는 순서에 따라 다양한 염기 서열을 가진 DNA가 형성된다. ➡ 다양한 유전 정보를 저장한다.
결론	단위체가 다양한 조합으로 결합하여 구조와 기능이 서로 다른 물질을 만든다. ➡ 생명체가 복잡한 생명 현상을 나타낼 수 있다.	

Q1 단백질과 핵산은 (　　　　　)가 다양한 조합으로 결합하여 형성된 고분자 물질이다.

2 DNA 이중 나선 구조와 특징

- DNA는 두 가닥의 폴리뉴클레오타이드가 나선형으로 꼬여 있는 이중 나선 구조로, 나선의 안쪽에는 염기쌍이 규칙적으로 배열되어 있다.
➡ 마주보는 염기는 수소 결합으로 연결되어 있다.
- 염기의 상보결합 : DNA를 이루는 두 가닥의 폴리뉴클레오타이드에서 나선 안쪽을 향하고 있는 염기는 특정 염기하고만 상보적으로 결합한다. 이때 아데닌(A)은 항상 타이민(T)과만 결합하고, 구아닌(G)은 항상 사이토신(C)과만 결합한다.
- 아데닌(A)과 타이민(T)의 양이 같고(A=T), 구아닌(G)과 사이토신(C)의 양이 같다(G=C).
- 예 · 어떤 DNA에서 아데닌(A)의 비율이 30 %이면, 타이민(T)의 비율도 30 %이다.
  · 어떤 DNA에서 구아닌(G)의 비율이 20 %이면, 사이토신(C)의 비율도 20 %이다.

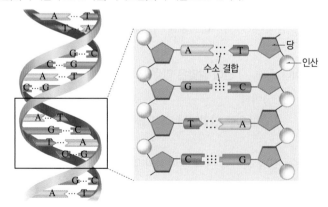

Q2 DNA 이중 나선의 안쪽에는 염기가 상보적으로 결합하는데, 이때 아데닌(A)은 ㉠(　　　　　)과만 결합하고, 구아닌(G)은 ㉡(　　　　　)과만 결합한다.

A 생명체 구성 물질

01 생명체를 구성하는 물질에 대한 설명으로 옳은 것은?

① 핵산의 단위체는 포도당이다.
② 지질은 세포막의 주성분이다.
③ 무기염류는 탄소 화합물이다.
④ 탄수화물은 생리 작용을 조절하는 데 관여한다.
⑤ 물은 생명체를 구성하는 물질 중 가장 양이 적다.

02 그림은 사람을 구성하는 물질의 비율을 나타낸 것이다.

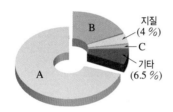

이에 대한 설명으로 옳지 <u>않은</u> 것은? (단, A~C는 각각 물, 단백질, 핵산 중 하나이다.)

① A는 비열이 커서 체온 유지에 도움을 준다.
② B는 탄소(C), 수소(H), 산소(O), 질소(N)로 구성된다.
③ B는 효소와 호르몬을 구성한다.
④ C는 유전 정보를 저장하거나 전달한다.
⑤ C의 종류에는 중성 지방, 스테로이드 등이 있다.

03 탄수화물에 대한 설명으로 옳은 것은?

① 주요 에너지원으로 사용된다.
② 근육과 머리카락의 주성분이다.
③ 인(P)을 포함한 단위체로 구성된다.
④ 단당류, 삼당류, 다당류로 구분한다.
⑤ 탄수화물에는 포도당, 글리코젠, 콜라젠 등이 있다.

B 단백질

중요
04 단백질에 대한 설명으로 옳은 것만을 [보기]에서 있는 대로 고른 것은?

• 보기 •
ㄱ. 몸을 구성하며, 항체의 성분이다.
ㄴ. 단백질에는 DNA와 RNA 두 종류가 있다.
ㄷ. 아미노산의 결합 순서에 따라 다양한 종류의 단백질이 형성된다.

① ㄱ　　　　② ㄴ　　　　③ ㄷ
④ ㄱ, ㄴ　　　⑤ ㄱ, ㄷ

중요
05 그림은 단백질 형성 과정의 일부를 나타낸 것이다.

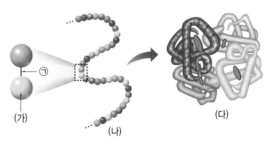

이에 대한 설명으로 옳은 것만을 [보기]에서 있는 대로 고른 것은?

• 보기 •
ㄱ. ㉠이 형성될 때 물이 한 분자 첨가된다.
ㄴ. (가)는 아미노산으로 생명체 내에 20종류가 있다.
ㄷ. (나)에서 (다)로 될 때 펩타이드 결합이 일어난다.

① ㄱ　　　　② ㄴ　　　　③ ㄱ, ㄷ
④ ㄴ, ㄷ　　　⑤ ㄱ, ㄴ, ㄷ

06 그림 (가)는 펩타이드 결합이 반복되어 형성된 어떤 물질의 일부를, (나)는 (가)를 구성하는 단위체의 구조를 나타낸 것이다.

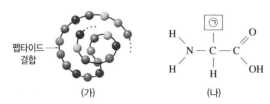

펩타이드 결합 (가)   (나)

이에 대한 설명으로 옳은 것만을 [보기]에서 있는 대로 고른 것은?

─● 보기 ●─
ㄱ. (가)는 폴리펩타이드이다.
ㄴ. ㉠에 따라 (나)의 종류가 달라진다.
ㄷ. (나)의 배열 순서에 따라 (가)가 접히고 구부러져 특정한 단백질이 된다.

① ㄴ   ② ㄷ   ③ ㄱ, ㄴ
④ ㄱ, ㄷ   ⑤ ㄱ, ㄴ, ㄷ

C 핵산

중요
07 그림은 DNA를 구성하는 단위체를 나타낸 것이다.

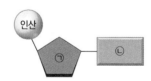

인산 ㉠ ㉡

이에 대한 설명으로 옳은 것만을 [보기]에서 있는 대로 고른 것은?

─● 보기 ●─
ㄱ. 이 단위체는 뉴클레오타이드이다.
ㄴ. ㉠은 디옥시리보스이고, ㉡은 염기이다.
ㄷ. 인산, ㉠, ㉡이 1 : 1 : 1로 결합되어 단위체를 이룬다.

① ㄱ   ② ㄷ   ③ ㄱ, ㄴ
④ ㄴ, ㄷ   ⑤ ㄱ, ㄴ, ㄷ

중요
08 그림은 두 종류의 핵산 (가), (나)의 구조를 나타낸 것이다.

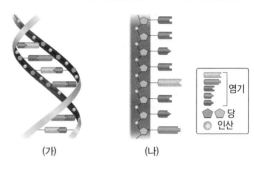

염기
당
인산

(가)   (나)

이에 대한 설명으로 옳은 것은?

① (가)는 RNA, (나)는 DNA이다.
② (가)를 구성하는 당은 리보스이다.
③ (가)를 구성하는 단위체는 5종류이다.
④ (나)를 구성하는 염기 중에 유라실(U)이 있다.
⑤ (나)는 당과 인산에 생명체의 형질을 결정하는 정보를 저장한다.

09 그림은 DNA 이중 나선 중 한쪽 가닥의 일부를 나타낸 것이다.
상보결합을 이루는 다른 한쪽 가닥의 염기를 위에서부터 순서대로 쓰시오.

A
G
T
C

서술형
10 DNA는 뉴클레오타이드가 결합하여 만들어진 탄소 화합물이다. 이처럼 간단한 단위체의 조합으로 만들어진 DNA가 다양한 유전 정보를 저장할 수 있는 원리를 서술하시오.

_____

_____

01 표는 생명체를 구성하는 물질 A~C의 특징을 나타낸 것이다.

특징＼물질	A	B	C
탄소 화합물이다.	○	○	○
에너지원으로 사용된다.	○	×	○
구성 원소에 질소(N)를 포함한다.	×	○	○

(○ : 해당함, × : 해당하지 않음)

이에 대한 설명으로 옳은 것만을 [보기]에서 있는 대로 고른 것은? (단, A~C는 각각 녹말, 단백질, DNA 중 하나이다.)

─● 보기 ●─
ㄱ. A는 여러 분자의 단당류가 결합한 것이다.
ㄴ. B는 머리카락과 뼈를 구성한다.
ㄷ. C는 단위체의 배열 순서에 따라 구조와 기능이 결정된다.

① ㄱ   ② ㄴ   ③ ㄷ
④ ㄱ, ㄴ   ⑤ ㄱ, ㄷ

02 신유형 N
그림은 생명체를 구성하는 두 가지 물질의 단위체를 나타낸 것이다.

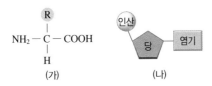

이에 대한 설명으로 옳은 것만을 [보기]에서 있는 대로 고른 것은?

─● 보기 ●─
ㄱ. 생명체 내에서 단위체의 종류는 (가)가 (나)보다 많다.
ㄴ. 두 분자의 (가)가 연결될 때에는 펩타이드 결합이 형성된다.
ㄷ. (나)의 반복적인 결합으로 만들어진 물질은 세포막의 주성분이 된다.

① ㄱ   ② ㄷ   ③ ㄱ, ㄴ
④ ㄴ, ㄷ   ⑤ ㄱ, ㄴ, ㄷ

03 그림은 생명체를 구성하는 어떤 물질의 형성 과정 중 일부를 나타낸 것이다.

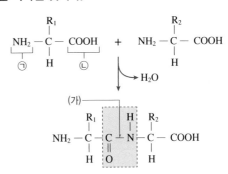

이에 대한 설명으로 옳은 것만을 [보기]에서 있는 대로 고른 것은?

─● 보기 ●─
ㄱ. ㉠은 아미노기, ㉡은 카복실기이다.
ㄴ. (가)는 펩타이드 결합이다.
ㄷ. 이와 같은 결합이 반복되어 핵산이 만들어진다.

① ㄱ   ② ㄴ   ③ ㄷ
④ ㄱ, ㄴ   ⑤ ㄴ, ㄷ

04 그림은 DNA의 일부 구조를 나타낸 것이다.

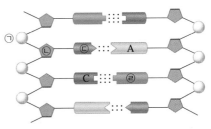

이에 대한 설명으로 옳은 것만을 [보기]에서 있는 대로 고른 것은? (단, A는 아데닌, C는 사이토신이다.)

─● 보기 ●─
ㄱ. ㉠+㉡+㉢은 DNA를 구성하는 단위체이다.
ㄴ. ㉡은 디옥시리보스이다.
ㄷ. ㉢은 타이민(T)이고, ㉣은 구아닌(G)이다.
ㄹ. 이 DNA에서 A의 비율이 15 %이면, C의 비율도 15 %일 것이다.

① ㄱ, ㄴ   ② ㄱ, ㄹ   ③ ㄷ, ㄹ
④ ㄱ, ㄴ, ㄷ   ⑤ ㄴ, ㄷ, ㄹ

03 신소재의 개발과 활용

핵심 짚기 □ 물질의 전기적 성질과 자기적 성질을 이용한 신소재의 예와 특징
□ 자연을 모방하여 만든 신소재의 예와 특징

A 문명의 발달과 신소재

1 문명의 발달 인류 문명은 인류가 사용했던 도구의 소재에 따라 발달해 왔다.

석기 시대		청동기 시대		철기 시대
돌을 깨거나 갈아서 만든 돌 칼 등을 사용했다.	▶	구리와 주석으로 만든 합금인 청동을 사용했다.	▶	철로 만든 농기구를 사용할 수 있게 되었다.

2 신소재 기존 소재를 구성하는 원소의 종류나 화학 결합의 구조를 변화시켜 단점을 보완하고, 기존의 재료에는 없는 새로운 성질을 띠게 만든 물질❶

B 신소재의 종류

☆ **1 반도체** 도체와 절연체의 중간 정도인 전기적 성질을 띠는 물질 예 규소(Si), 저마늄(Ge) 등❷

특징	순수한 규소나 저마늄에는 전류가 잘 흐르지 않지만 소량의 원소를 첨가하면 전기 전도성이 크게 증가한다.		
	다이오드, 트랜지스터, 발광 다이오드(LED), 유기 발광 다이오드(OLED), 태양 전지, 각종 감지기 등❸		
이용	다이오드	트랜지스터	발광 다이오드 / 유기 발광 다이오드
	한쪽 방향으로만 전류가 흐른다. (이용) 교류를 직류로 바꾸는 정류 작용	신호의 증폭 작용, 스위칭 작용을 한다. (이용) 전자 장치의 성능 향상과 소형화	전류가 흐를 때 빛을 방출한다. (이용) 각종 영상 표시 장치, 조명 장치 / 전류가 흐를 때 빛을 방출하는 유기물의 얇은 필름으로 만든 다이오드이다. (이용) 휘어지는 디스플레이

☆ **2 초전도체** 초전도 현상을 나타내는 물질

① 초전도 현상 : 특정 온도 이하에서 전기 저항이 0이 되는 현상
②*임계 온도 : 전기 저항이 0이 되어 초전도 현상이 나타나기 시작하는 온도 예 수은 : $4.2\,K$
③ 초전도체의 특징과 이용

▲ 전기 저항 – 온도 그래프

	❶ 전기 저항이 0이 된다.		❷ 외부 자기장을 밀어낸다.
특징	전류가 흘러도 열이 발생하지 않으므로 전력 손실이 없다.	센 전류를 흘릴 수 있으므로 강한 자기장을 만들 수 있다.	자석 위에 떠 있을 수 있다. (마이스너 효과)❹
이용	전력 손실이 없는 송전선	자기 공명 영상(MRI) 장치, 핵융합 장치, 입자 가속기	자기 부상 열차
	초전도체 / 액체 질소가 흐르는 층 / 초전도 케이블	자기 공명 영상(MRI) 장치	자기 부상 열차

Plus 강의

❶ 물질의 성질
물질의 전기적 성질과 자기적 성질은 원소의 종류, 화학 결합의 형태, 결합 구조에 따라 크게 달라진다.

❷ 전기적 성질에 따른 물질의 분류
▶ 도체 : 전기 저항이 작아 전류가 잘 흐르는 물질 예 철, 구리 등
▶ 절연체 : 전기 저항이 커서 전류가 잘 흐르지 않는 물질 예 고무, 유리 등
▶ 반도체 : 온도나 압력 등 조건에 따라 전기 저항이 변하여 도체처럼 활용할 수 있는 물질 예 규소, 저마늄 등

❸ 반도체의 전기적 성질을 이용한 예

성질	이용
압력에 따라 전기 저항이 변하는 성질	압력 감지기
전류가 흐르면 빛을 방출하는 성질	레이저의 광원
빛에너지를 전기 에너지로 바꾸는 성질	태양 전지

❹ 마이스너 효과

초전도체 / 자석

자석 위에 초전도체를 놓았을 때 초전도체에는 외부 자기장과 반대 방향의 자기장이 만들어져 초전도체가 자석 위에 뜨는 현상을 마이스너 효과라고 한다.

🔍 용어 돋보기

* 임계(臨 임하다, 界 경계)_외부와의 변화 때문에 물질의 상태나 속성이 바뀌기 시작하는 경계

3 액정 가늘고 긴 분자가 거의 일정한 방향으로 나란히 배열되어 있고, 고체와 액체의 성질을 함께 띠는 물질
  • 액정 디스플레이(LCD)❺ : 액정을 이용해 얇게 만든 영상 표시 장치로, 전압을 걸어 액정 분자의 배열을 조절하면 빛을 투과시키거나 투과시키지 않도록 할 수 있다.❻

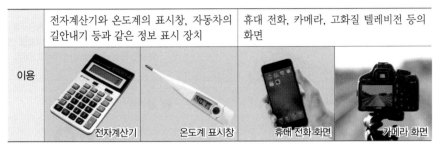

이용	전자계산기와 온도계의 표시창, 자동차의 길안내기 등과 같은 정보 표시 장치	휴대 전화, 카메라, 고화질 텔레비전 등의 화면
	전자계산기 / 온도계 표시창	휴대 전화 화면 / 카메라 화면

4 네오디뮴 자석 철 원자 사이에 네오디뮴과 붕소를 첨가하여 철 원자의 자기장 방향이 흐트러지지 않도록 만든 강한 자석
  (이용) 하드 디스크의 헤드를 움직이는 장치, 고출력 소형 스피커, 강력 모터 등

▲ 하드 디스크의 구조

❺ **OLED와 LCD**
OLED를 이용한 디스플레이는 자체에서 빛을 내므로 별도의 광원이 필요한 LCD보다 얇고 가볍게 만들 수 있다.

❻ **액정 디스플레이의 원리**
액정에 가하는 전압의 세기를 변화시켜 빛의 투과량을 조절한다. 액정에 전압을 걸면 수직으로 편광된 빛의 진동 방향이 뒤틀리지 못하여 수평 편광판을 통과할 수 없다.

▲ 전압이 걸릴 때

개념 쏙쏙

정답과 해설 18쪽

1 기존 소재를 구성하는 원소의 종류나 화학 결합의 구조를 변화시켜 새로운 성질을 띠게 만든 물질을 무엇이라 하는지 쓰시오.

2 도체와 절연체의 중간 정도인 전기적 성질을 띠는 물질로, 조건에 따라 전기 전도성이 달라지는 신소재는 무엇인지 쓰시오.

3 초전도체의 특징과 이를 이용한 예를 옳게 연결하시오.
  (1) 전력 손실이 없다.　　•　　• ㉠ 자기 공명 영상(MRI) 장치
  (2) 강한 자기장을 만든다.　•　　• ㉡ 초전도 케이블
  (3) 외부 자기장을 밀어낸다.　•　　• ㉢ 자기 부상 열차

4 다음은 액정에 대한 설명이다. (　　) 안에서 알맞은 말을 고르시오.

  > 액정은 가늘고 긴 분자가 거의 일정한 방향으로 나란히 있고, 고체와 ㉠(액체 , 기체)의 성질을 함께 띤다. 전압을 걸어 액정 분자의 배열을 조절하여 ㉡(LCD, LED)에 이용한다.

암기 꼭!

초전도체의 특징
초전도체는 임계 온도 이하에서 전기 저항이 0이고, 외부 자기장을 밀어낸다.
➡ 저 형이 자기장을 밀어내!
　항 (영)
　이

03 신소재의 개발과 활용

☆5 그래핀과 탄소*나노 튜브❶❷

구분	그래핀❸	탄소 나노 튜브
구조	탄소 원자가 육각형 벌집 모양의 구조를 이루고 있다. 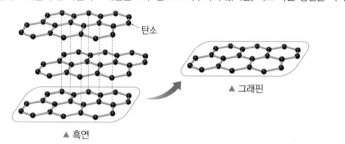	그래핀이 나선형으로 말려 있는 구조를 이루고 있다.
특징	• 전기 전도성과 열전도성이 뛰어나다. • 강철보다 강도가 강하다. • 얇고 투명하며 유연성이 있어 휘어질 수 있다.	• 전기 전도성과 열전도성이 뛰어나다.
이용	휘어지는 디스플레이, 의복형 컴퓨터, 차세대 반도체 소재, 야간 투시용 콘택트렌즈, 우주 왕복선 외장재 등	첨단 현미경의 탐침, 나노 핀셋, 금속이나 세라믹과 섞어 강도를 높인 복합 재료 등

[흑연과 그래핀의 구조]
연필의 재료인 흑연의 한 층만 떼어 내어 탄소 원자가 육각형 벌집 모양의 평면적인 구조를 이루고 있는 물질이 그래핀이다. 흑연과 그래핀은 모두 탄소로 이루어져 있지만, 서로 다른 성질을 나타낸다.

탄소

▲ 그래핀

▲ 흑연

C 자연을 모방한 신소재

1 자연을 모방한 신소재 생명체의 행동, 구조, 특성 등을 모방한 신소재

☆2 자연을 모방한 신소재의 예❹

도꼬마리 열매를 모방한 신소재		(특성) 도꼬마리 열매에는 갈고리 형태로 된 가시가 있어 털에 붙으면 잘 떨어지지 않는다. (이용) 벨크로 테이프
홍합의 족사 (접착 단백질)를 모방한 신소재		(특성) 홍합은 접착 단백질을 분비하여 바다 속의 바위와 같은 젖은 표면에 붙어 강한 파도의 충격을 이겨낸다. (이용) 수중 접착제, 의료용 생체 접착제
연잎의 표면을 모방한 신소재		(특성) 연잎의 표면에는 나노미터 크기의 돌기가 있어 물을 밀어내 연잎이 물에 젖지 않는다. (이용) 세차가 필요 없는 자동차, 유리 코팅제, 방수가 되는 옷

Plus 강의

❶ **나노 신소재**
그래핀, 탄소 나노 튜브, 풀러렌은 나노 수준으로 원자의 결합 구조나 배열을 변화시킨 물질로, 나노 신소재라고 한다.

❷ **풀러렌**

▸ **구조**: 탄소 원자가 육각형과 오각형으로 결합하여 공 모양 구조를 이루고 있다.
▸ **특징**: 내부가 비어 있고, 잘 부서지거나 변형되지 않는다.
▸ **이용**: 의약 성분의 체내 운반체 등

❸ **그래핀의 단점**
대량 생산이 어려우며, 반도체처럼 전기적 성질을 변화시키기 어렵다.

❹ **신소재를 이용한 여러 제품**
▸ **휘어져도 복원되는 안경테**: 모양을 변형해도 가열하면 원래 모양으로 돌아오는 형상 기억 합금이라는 소재로 만든다.
▸ **자연에서 분해되는 비닐**: 자연에서 분해되는 바이오 비닐이라는 소재로 만든다.
▸ **LED 조명**: 수명이 길고 소비 전력이 작은 소재로 만든다.

🔍 **용어 돋보기**
* **나노(nano)** _ 10^{-9}을 나타내는 접두어로, 1나노미터(nm)는 머리카락 굵기의 10만분의 1 정도임

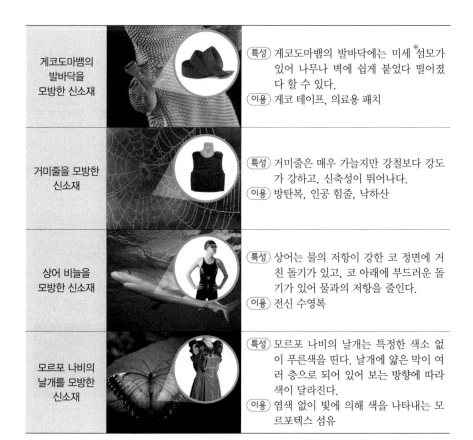

게코도마뱀의 발바닥을 모방한 신소재		(특성) 게코도마뱀의 발바닥에는 미세 *섬모가 있어 나무나 벽에 쉽게 붙었다 떨어졌다 할 수 있다. (이용) 게코 테이프, 의료용 패치
거미줄을 모방한 신소재		(특성) 거미줄은 매우 가늘지만 강철보다 강도가 강하고, 신축성이 뛰어나다. (이용) 방탄복, 인공 힘줄, 낙하산
상어 비늘을 모방한 신소재		(특성) 상어는 물의 저항이 강한 코 정면에 거친 돌기가 있고, 코 아래에 부드러운 돌기가 있어 물과의 저항을 줄인다. (이용) 전신 수영복
모르포 나비의 날개를 모방한 신소재		(특성) 모르포 나비의 날개는 특정한 색소 없이 푸른색을 띤다. 날개에 얇은 막이 여러 층으로 되어 있어 보는 방향에 따라 색이 달라진다. (이용) 염색 없이 빛에 의해 색을 나타내는 모르포텍스 섬유

🔍 **용어 돋보기**

＊ 섬모(纖 가늘다, 毛 털)_가는 털

개념 쏙쏙

◯ 정답과 해설 18쪽

5 탄소 원자가 육각형 벌집 모양의 구조를 이루고 있으며, 투명하면서 유연성이 있어 휘어지는 디스플레이에 사용하는 신소재는 무엇인지 쓰시오.

6 그림 (가)~(다)는 탄소 원자로 이루어진 세 물질의 구조를 나타낸 것이다.

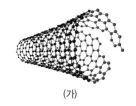　　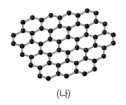　　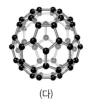

(가)　　　　　　　　(나)　　　　　　　　(다)

(1) (가)~(다) 중 그래핀의 구조로 옳은 것을 고르시오.
(2) (가)~(다) 중 탄소 나노 튜브의 구조로 옳은 것을 고르시오.

7 자연의 대상과 그 대상을 모방하여 개발한 신소재를 옳게 연결하시오.

(1) 홍합의 족사 •　　　　　• ㉠ 전신 수영복
(2) 상어 비늘 •　　　　　• ㉡ 수중 접착제
(3) 거미줄 •　　　　　• ㉢ 방탄복

📒 **암기 꼭!**

그래핀의 특징
• 전기 전도성과 열전도성이 뛰어나다.
• 강철보다 강도가 강하다.
• 얇고 투명하다.
• 유연성이 있어 휘어질 수 있다.

A 문명의 발달과 신소재

01 다음은 인류가 사용한 도구에 대한 설명이다.

> 아주 오래 전 인류는 돌을 소재로 한 도구를 만들어 사용하다가 청동을 소재로 도구를 만들어 사용하였고, 이후 철을 제련하여 철을 소재로 도구를 만들어 사용하며 농업이 발달하였다. 이처럼 인류가 사용한 도구에 따라 석기 시대, 청동기 시대, 철기 시대로 구분할 수 있다.

이에 대한 설명으로 옳은 것만을 [보기]에서 있는 대로 고른 것은?

> • 보기 •
> ㄱ. 문명의 발달은 인류가 사용한 소재와는 관계없다.
> ㄴ. 새로운 성질을 가진 소재를 개발하면서 문명이 발달해 왔다.
> ㄷ. 인류가 사용했던 소재에 따라 문명의 발달 단계를 구분할 수 있다.

① ㄱ   ② ㄷ   ③ ㄱ, ㄴ
④ ㄱ, ㄷ   ⑤ ㄴ, ㄷ

B 신소재의 종류

02 반도체에 대한 설명으로 옳은 것만을 [보기]에서 있는 대로 고른 것은?

> • 보기 •
> ㄱ. 순수한 규소에 소량의 다른 원소를 첨가하여 만든 것이다.
> ㄴ. 교류를 직류로 바꾸는 장치를 만들 수 있다.
> ㄷ. 전기 전도성을 크게 하여 전력 손실이 없는 송전선으로 이용할 수 있다.

① ㄱ   ② ㄴ   ③ ㄱ, ㄴ
④ ㄱ, ㄷ   ⑤ ㄴ, ㄷ

03 다음은 어떤 물질에 대한 설명이다.

> 온도나 압력 등 조건에 따라 전기 저항이 변하여 도체처럼 활용할 수 있는 물질이다.

이 물질을 이용하여 만들 수 있는 것으로 옳지 <u>않은</u> 것은?

① 트랜지스터   ② 다이오드

   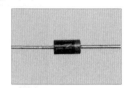

③ 발광 다이오드   ④ 자기 부상 열차

⑤ 태양 전지

04 ^{중요} 초전도체에 대한 설명으로 옳은 것은?

① 외부 자기장을 밀어내는 성질이 있다.
② 특정 온도 이상에서 전류가 잘 흐른다.
③ 전류가 흐르면 매우 많은 열이 발생한다.
④ 온도가 높아질수록 전기 전도성이 커진다.
⑤ 규소에 소량의 다른 원소를 첨가하여 만든다.

[05~06] 그림은 어떤 물질의 전기 저항을 온도에 따라 나타낸 것이다.

05 이 물질에 대한 설명으로 옳은 것만을 [보기]에서 있는 대로 고른 것은?

보기
ㄱ. 이 물질의 임계 온도는 t이다.
ㄴ. 온도 t 이하에서 자석을 잡아당긴다.
ㄷ. 온도 t 이상에서 마이스너 효과가 나타난다.

① ㄱ   ② ㄴ   ③ ㄱ, ㄴ
④ ㄱ, ㄷ   ⑤ ㄴ, ㄷ

06 이와 같은 물질을 이용하여 만들 수 있는 것으로 옳지 <u>않은</u> 것은?

① 핵융합 장치
② 입자 가속기
③ 온도계 표시창
④ 초전도 케이블
⑤ 자기 공명 영상(MRI) 장치

07 ^{서술형} 초전도체로 만든 송전선을 이용하면 전력 손실이 없는 까닭을 서술하시오.

08 액정에 대한 설명으로 옳은 것만을 [보기]에서 있는 대로 고른 것은?

보기
ㄱ. 액체와 고체의 성질을 함께 띤다.
ㄴ. 빛을 비추면 전류가 흐르는 성질이 있다.
ㄷ. 탄소 원자가 육각형 벌집 모양의 구조를 이루고 있다.

① ㄱ   ② ㄴ   ③ ㄱ, ㄴ
④ ㄱ, ㄷ   ⑤ ㄴ, ㄷ

09 액정 디스플레이를 이용한 예로 옳은 것만을 [보기]에서 있는 대로 고른 것은?

보기
ㄱ. 휴대 전화 화면   ㄴ. 태양 전지

ㄷ. 온도계 표시창   ㄹ. 하드 디스크

① ㄱ, ㄷ   ② ㄱ, ㄹ   ③ ㄴ, ㄷ
④ ㄴ, ㄹ   ⑤ ㄷ, ㄹ

10 다음과 같은 특징을 가지고 있는 물질은?

철 원자 사이에 다른 원소를 첨가하여 철 원자의 자기장 방향이 흐트러지지 않도록 만든 물질로, 고출력 소형 스피커나 강력 모터 등에 사용한다.

① 액정   ② 반도체
③ 그래핀   ④ 초전도체
⑤ 네오디뮴 자석

11 그림은 탄소 원자로 이루어진 물질 A와 이를 이용할 수 있는 예를 나타낸 것이다.

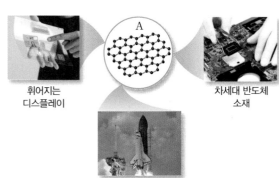

휘어지는 디스플레이

차세대 반도체 소재

우주 왕복선 외장재

이로부터 알 수 있는 물질 A의 성질로 옳은 것만을 [보기]에서 있는 대로 고른 것은?

• 보기 •

ㄱ. 유연성이 있다.

ㄴ. 전기 전도성이 작다.

ㄷ. 강도가 매우 강하고, 가볍다.

---

① ㄱ   ② ㄴ   ③ ㄱ, ㄷ

④ ㄴ, ㄷ   ⑤ ㄱ, ㄴ, ㄷ

중요
12 그림은 탄소 원자로 이루어진 나노 물질을 나타낸 것이다.

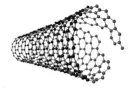

이에 대한 설명으로 옳은 것만을 [보기]에서 있는 대로 고른 것은?

• 보기 •

ㄱ. 탄소 나노 튜브이다.

ㄴ. 그래핀이 나선형으로 말려 있는 구조를 이루고 있다.

ㄷ. 열전도성이 작아 열이 잘 전달되지 않는다.

---

① ㄱ   ② ㄴ   ③ ㄷ

④ ㄱ, ㄴ   ⑤ ㄴ, ㄷ

중요
13 여러 가지 신소재에 대한 설명 중 옳지 않은 것은?

① 초전도체는 자기 부상 열차에 사용된다.

② 탄소 나노 튜브는 실온에서 전기 저항이 0이다.

③ 액정은 고체와 액체의 성질을 함께 띠는 물질이다.

④ 네오디뮴 자석은 물질의 자기적 성질을 이용한 것이다.

⑤ 그래핀은 탄소 원자가 육각형 벌집 모양의 구조를 이룬다.

C 자연을 모방한 신소재

14 그림 (가)~(다)는 자연을 모방한 신소재로 만든 것을 나타낸 것이다.

 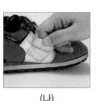 

(가)   (나)   (다)

이에 대한 설명으로 옳은 것만을 [보기]에서 있는 대로 고른 것은?

• 보기 •

ㄱ. (가)는 거미줄을 모방하여 만든 방탄복이다.

ㄴ. (나)는 게코도마뱀의 발바닥을 모방하여 만든 벨크로 테이프이다.

ㄷ. (다)는 상어의 비늘을 모방하여 만든 전신 수영복이다.

---

① ㄱ   ② ㄴ   ③ ㄱ, ㄷ

④ ㄴ, ㄷ   ⑤ ㄱ, ㄴ, ㄷ

내신 탄탄보다는 조금 수준이 높은 유형의 문제들로 구성하였습니다.
자신의 실력을 한 단계 높여 보세요.

정답과 해설 20쪽

01 그림 (가), (나)는 액정 화면의 액정에 전압이 걸린 경우와 걸리지 않은 경우를 순서 없이 나타낸 것이다.

이에 대한 설명으로 옳은 것만을 [보기]에서 있는 대로 고른 것은?

┌─ 보기 ─
ㄱ. (가)는 전압을 걸어 준 상태이다.
ㄴ. 액정 분자의 배열을 조절하여 빛의 세기를 조절한다.
ㄷ. 전자계산기나 온도계의 표시창 등과 같은 정보 표시 장치에 사용된다.
└─

① ㄱ   ② ㄷ   ③ ㄱ, ㄴ
④ ㄴ, ㄷ   ⑤ ㄱ, ㄴ, ㄷ

02 그림 (가)는 유기 발광 다이오드(OLED)를 이용한 휘어지는 디스플레이를, (나)는 자석 위에 초전도체가 떠 있는 모습을 나타낸 것이다.

(가)   (나)

이에 대한 설명으로 옳은 것만을 [보기]에서 있는 대로 고른 것은?

┌─ 보기 ─
ㄱ. (가)는 별도의 광원이 필요 없다.
ㄴ. (나)의 초전도체로 전류가 흘러도 열이 발생하지 않는 도선을 만들 수 있다.
ㄷ. (가), (나)와 같은 장치나 현상은 물질의 전기적 성질을 이용한 것이다.
└─

① ㄱ   ② ㄷ   ③ ㄱ, ㄴ
④ ㄴ, ㄷ   ⑤ ㄱ, ㄴ, ㄷ

신유형 N

03 그림은 어떤 물질의 전기 저항을 온도에 따라 나타낸 것이다.

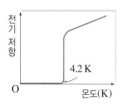

이 물질에 대한 설명으로 옳은 것만을 [보기]에서 있는 대로 고른 것은?

┌─ 보기 ─
ㄱ. 이 물질의 임계 온도는 4.2 K이다.
ㄴ. 4.2 K 이하에서 전류가 흐를 때 전력 손실이 발생한다.
ㄷ. 4.2 K 이하에서 전류가 흐를 때 강한 자기장이 발생하는 전자석을 만들 수 있다.
└─

① ㄱ   ② ㄴ   ③ ㄱ, ㄴ
④ ㄱ, ㄷ   ⑤ ㄴ, ㄷ

04 그림 (가)와 (나)는 모두 탄소 원자로 이루어진 나노 물질을 나타낸 것이다.

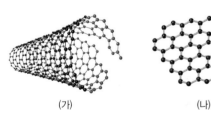

(가)   (나)

이에 대한 설명으로 옳은 것만을 [보기]에서 있는 대로 고른 것은?

┌─ 보기 ─
ㄱ. (가)는 탄소 나노 튜브이고, (나)는 그래핀이다.
ㄴ. (가)는 첨단 현미경의 탐침에 이용된다.
ㄷ. (나)는 유연성이 뛰어나지만 강철보다 강도가 약하다는 단점이 있다.
└─

① ㄱ   ② ㄴ   ③ ㄱ, ㄴ
④ ㄴ, ㄷ   ⑤ ㄱ, ㄴ, ㄷ

01 그림은 지구와 지각을 구성하는 원소와 원소의 질량비(%)를 나타낸 것이다.

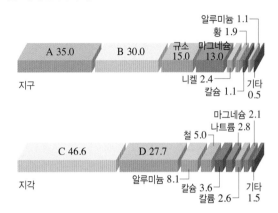

이에 대한 설명으로 옳지 <u>않은</u> 것은?

① A는 산소이다.
② B는 생명체에 가장 많은 원소이다.
③ C는 다른 원소와 결합하기 쉬운 특성이 있다.
④ C와 D가 결합하여 규산염 사면체를 이룬다.
⑤ A~D는 모두 별의 내부에서 생성되었다.

02 그림 (가)와 (나)는 서로 다른 원자의 전자 배치를 나타낸 것이다.

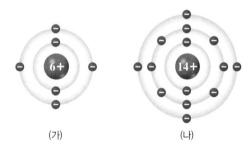

(가)   (나)

이에 대한 설명으로 옳은 것만을 [보기]에서 있는 대로 고른 것은?

> **보기**
> ㄱ. (가)는 규소의 전자 배치이다.
> ㄴ. (나)는 규산염 광물을 이루는 기본 구조를 형성한다.
> ㄷ. 원자가 전자는 (나)가 (가)보다 많다.

① ㄱ   ② ㄴ   ③ ㄱ, ㄷ
④ ㄴ, ㄷ   ⑤ ㄱ, ㄴ, ㄷ

03 그림 (가)와 (나)는 서로 다른 규산염 광물의 결합 구조를 나타낸 것이다.

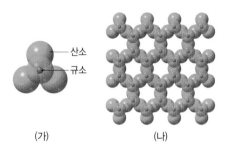

(가)   (나)

이에 대한 설명으로 옳은 것만을 [보기]에서 있는 대로 고른 것은?

> **보기**
> ㄱ. (가)는 판상 구조이다.
> ㄴ. (가)와 (나) 모두 쪼개짐이 발달한다.
> ㄷ. (나)는 (가)보다 규산염 사면체 사이에 공유하는 산소의 수가 많다.

① ㄱ   ② ㄷ   ③ ㄱ, ㄴ
④ ㄴ, ㄷ   ⑤ ㄱ, ㄴ, ㄷ

04 그림 (가)~(다)는 생명체를 구성하는 탄소 화합물을 나타낸 것이다.

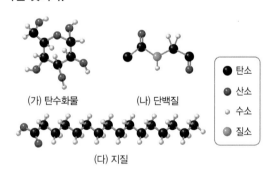

(가) 탄수화물   (나) 단백질

(다) 지질

● 탄소 ● 산소 ○ 수소 ● 질소

이에 대한 설명으로 옳은 것만을 [보기]에서 있는 대로 고른 것은?

> **보기**
> ㄱ. 탄소는 연속적으로 결합할 수 있다.
> ㄴ. 탄소는 단일 결합뿐만 아니라 2중 결합도 할 수 있다.
> ㄷ. (가)~(다) 이외에 생명체를 구성하는 탄소 화합물은 없다.

① ㄱ   ② ㄷ   ③ ㄱ, ㄴ
④ ㄴ, ㄷ   ⑤ ㄱ, ㄴ, ㄷ

05 그림은 생명체의 구성 물질을 구분하는 과정을 나타낸 것이다.

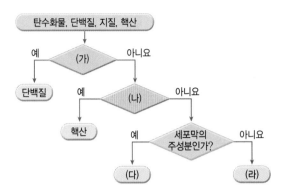

이에 대한 설명으로 옳은 것만을 [보기]에서 있는 대로 고른 것은?

• 보기 •
ㄱ. '효소와 호르몬의 주성분인가?'는 (가)에 해당한다.
ㄴ. '유전 정보를 저장하거나 전달하는가?'는 (나)에 해당한다.
ㄷ. (다)는 탄수화물, (라)는 지질이다.

① ㄱ ② ㄷ ③ ㄱ, ㄴ
④ ㄴ, ㄷ ⑤ ㄱ, ㄴ, ㄷ

06 그림은 탄수화물 (가)~(다)의 구조를 나타낸 것이다.

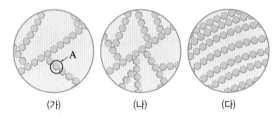

(가) (나) (다)

이에 대한 설명으로 옳은 것만을 [보기]에서 있는 대로 고른 것은? (단, (가)~(다)는 각각 글리코젠, 녹말, 셀룰로스 중 하나이다.)

• 보기 •
ㄱ. A는 포도당이다.
ㄴ. 연결되는 A의 개수에 따라 (가)~(다)의 종류가 결정된다.
ㄷ. (가)~(다)는 모두 다당류에 속한다.

① ㄱ ② ㄴ ③ ㄱ, ㄷ
④ ㄴ, ㄷ ⑤ ㄱ, ㄴ, ㄷ

07 그림 (가)~(다)는 녹말, 단백질, RNA의 구조 일부를 순서 없이 나타낸 것이다.

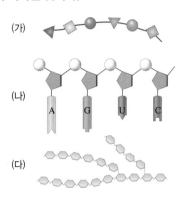

이에 대한 설명으로 옳은 것만을 [보기]에서 있는 대로 고른 것은?

• 보기 •
ㄱ. (가)는 유전 정보의 전달에 관여한다.
ㄴ. (나)를 구성하는 단위체는 4종류이다.
ㄷ. (다)는 뼈를 구성한다.

① ㄴ ② ㄷ ③ ㄱ, ㄴ
④ ㄱ, ㄷ ⑤ ㄱ, ㄴ, ㄷ

08 그림은 아미노산이 결합하는 과정을 나타낸 것이다.

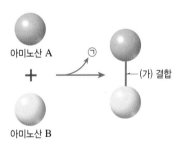

이에 대한 설명으로 옳은 것만을 [보기]에서 있는 대로 고른 것은?

• 보기 •
ㄱ. ㉠은 산소이다.
ㄴ. (가)는 펩타이드 결합이다.
ㄷ. 이 과정이 반복되어 폴리펩타이드가 만들어진다.

① ㄱ ② ㄴ ③ ㄱ, ㄷ
④ ㄴ, ㄷ ⑤ ㄱ, ㄴ, ㄷ

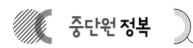
09 그림은 적혈구 속 헤모글로빈과 피부 속 콜라젠을 구성하는 단위체의 종류와 순서 일부를 나타낸 것이다.

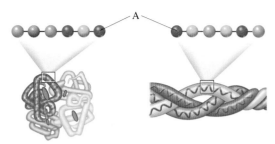

적혈구 속 헤모글로빈   피부 속 콜라젠

이에 대한 설명으로 옳은 것만을 [보기]에서 있는 대로 고른 것은?

┌─ 보기 ────────────────────────────┐
ㄱ. A는 아미노산이다.
ㄴ. 헤모글로빈과 콜라젠은 모두 단백질이다.
ㄷ. 헤모글로빈와 콜라젠은 구성하는 아미노산의 종류와 결합 순서가 다르다.
└──────────────────────────────────┘

① ㄱ   ② ㄷ   ③ ㄱ, ㄴ
④ ㄴ, ㄷ   ⑤ ㄱ, ㄴ, ㄷ

10 핵산에 대한 설명으로 옳지 <u>않은</u> 것은?

① 뉴클레오타이드라는 단위체가 결합되어 형성된다.
② 단위체는 인산, 당, 염기가 1 : 1 : 1로 결합되어 있다.
③ DNA와 RNA를 구성하는 인산과 당의 종류는 같다.
④ DNA와 RNA를 구성하는 염기의 종류는 다르다.
⑤ DNA 한쪽 가닥의 염기 서열을 알면 다른 한쪽 가닥의 염기 서열을 알 수 있다.

11 그림은 DNA의 구조를 나타낸 것이다.

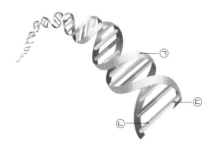

이에 대한 설명으로 옳은 것만을 [보기]에서 있는 대로 고른 것은?

┌─ 보기 ────────────────────────────┐
ㄱ. ㉠은 당과 인산의 결합으로 형성된다.
ㄴ. DNA를 구성하는 단위체는 ㉡과 ㉢으로 구성된다.
ㄷ. ㉡이 아데닌(A)이고 이 DNA에서의 비율이 30 %라면, ㉢은 구아닌(G)이고 이 DNA에서의 비율이 아데닌(A)과 같을 것이다.
└──────────────────────────────────┘

① ㄱ   ② ㄴ   ③ ㄱ, ㄷ
④ ㄴ, ㄷ   ⑤ ㄱ, ㄴ, ㄷ

12 그림은 두 종류의 핵산 (가), (나)의 구조 중 일부를 나타낸 것이다.

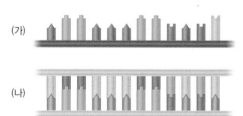

이에 대한 설명으로 옳은 것만을 [보기]에서 있는 대로 고른 것은?

┌─ 보기 ────────────────────────────┐
ㄱ. (가)를 구성하는 염기에는 유라실(U)이 있다.
ㄴ. (나)의 단위체에는 리보스와 인산이 포함된다.
ㄷ. (나)는 염기 서열에 따라 다른 유전 정보가 저장될 수 있다.
└──────────────────────────────────┘

① ㄱ   ② ㄴ   ③ ㄷ
④ ㄱ, ㄷ   ⑤ ㄴ, ㄷ

13 신소재로 만든 제품에 대한 설명으로 옳지 <u>않은</u> 것은?

① 배드민턴 라켓 줄 : 튼튼하고 탄성이 큰 소재로 만든다.

② 안경테 : 휘어져도 복원되는 형상 기억 합금을 이용하여 만든다.

③ 모르포텍스 섬유 : 색소의 염색 없이 빛에 의해 색을 내도록 만든다.

④ LED 조명 : 조명의 세기가 세도록 소비 전력을 크게 하는 소재로 만든다.

⑤ 자연 분해 비닐 : 자연적으로 분해되고, 유해 물질이 없는 소재로 만든다.

14 다음은 과학 잡지에서 신소재를 안내하는 글의 일부를 발췌한 것이다.

> 산업이 발전하면서 에너지 자원을 효율적으로 이용하거나 전기 에너지를 편리하게 사용하는 데 관심이 많아졌습니다. 이와 관련된 신소재를 소개하고자 합니다.
> ㉠(   )은/는 특정 온도 이하에서 전기 저항이 0이 되는 물질로, 핵융합 발전이나 자기 부상 열차 등에 이용됩니다. ㉡(   )은/는 가늘고 긴 분자가 일정한 방향으로 나란히 있고 액체와 고체의 성질을 함께 띠는 물질로, 텔레비전이나 소형 모니터 등에 이용됩니다. ㉢(   )은/는 나노 기술을 이용한 신소재로, 탄소 원자가 육각형 벌집 모양의 구조를 이루며, 휘어지는 디스플레이 등에 이용됩니다.

㉠, ㉡, ㉢에 해당하는 신소재를 옳게 짝 지은 것은?

	㉠	㉡	㉢
①	액정	그래핀	초전도체
②	그래핀	액정	반도체
③	초전도체	액정	그래핀
④	초전도체	반도체	탄소 나노 튜브
⑤	탄소 나노 튜브	반도체	그래핀

15 그림 (가)~(라)는 반도체를 이용한 장치를 나타낸 것이다.

(가) 압력 감지기   (나) 레이저의 광원

 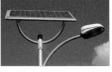

(다) 발광 다이오드(LED)   (라) 태양 전지 가로등

㉠물리적 조건에 따라 전기 저항이 변하는 성질과 ㉡빛 에너지를 전기 에너지로 바꾸는 성질을 이용한 예를 옳게 짝 지은 것은?

	㉠	㉡		㉠	㉡
①	(가)	(다)	②	(가)	(라)
③	(나)	(가)	④	(다)	(나)
⑤	(다)	(라)			

16 그림은 어떤 물질의 전기 저항을 온도에 따라 나타낸 것이다. 이 물질은 온도 T 이하에서 전기 저항이 0이 되었다.

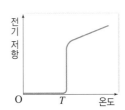

이에 대한 설명으로 옳은 것만을 [보기]에서 있는 대로 고른 것은?

> ● 보기 ●
> ㄱ. 온도 T 이하에서 마이스너 효과가 나타난다.
> ㄴ. 이 물질로 전력 손실이 없는 송전선을 만들 수 있다.
> ㄷ. 현재 이 물질을 활용한 대부분의 기술은 상용화되어 일상생활에서 널리 사용되고 있다.

① ㄱ   ② ㄷ   ③ ㄱ, ㄴ

④ ㄴ, ㄷ   ⑤ ㄱ, ㄴ, ㄷ

17 그림 (가)는 탄소 원자로 이루어진 물질을, (나)는 (가)를 첨가하여 만든 골프채를 나타낸 것이다.

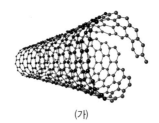 

(가)   (나)

(가)와 (나)에 대한 설명으로 옳은 것만을 [보기]에서 있는 대로 고른 것은?

- 보기 -
ㄱ. (가)는 탄소 나노 튜브이다.
ㄴ. (나)에 (가)를 소량만 첨가해도 우수한 특성을 얻을 수 있다.
ㄷ. (나)는 강도가 강하고, 열전도성이 매우 크다.

① ㄱ   ② ㄷ   ③ ㄱ, ㄴ
④ ㄴ, ㄷ   ⑤ ㄱ, ㄴ, ㄷ

18 그림과 같이 게코도마뱀의 발바닥에 나 있는 미세 섬모의 접착력은 매우 뛰어나지만 물속에서는 소용이 없다. 이를 보완하여 물속에서도 접착력이 우수한 밴드를 개발하였다.

이 밴드는 자연의 대상 중 어느 것을 모방한 것인가?

① 파리   ② 연잎   ③ 나비
④ 홍합   ⑤ 거미줄

19 그림 (가)와 (나)는 서로 다른 규산염 광물의 결합 구조를 나타낸 것이다.

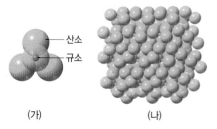

산소
규소

(가)   (나)

(가)와 (나) 중 풍화 작용에 더 강한 광물을 고르고, 그 까닭을 서술하시오.

_____

_____

20 DNA와 RNA의 차이점을 (가) 당, (나) 염기, (다) 구조와 관련지어 서술하시오.

_____

_____

21 그림은 임계 온도 이하에서 자석 위에 떠 있는 신소재의 모습을 나타낸 것이다. 자기 부상 열차는 이러한 효과에 의한 현상을 이용한다.

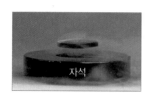

자석

이 효과가 무엇인지 쓰고, 이 신소재의 특징을 **두 가지** 서술하시오.

_____

_____

정답과 해설 79쪽

절	연	체	나	노	반	도	체	펩	신
탄	소	화	합	물	저	마	늄	타	소
단	사	슬	구	조	그	다	임	이	재
단	백	질	판	상	래	이	계	드	철
위	핵	디	스	크	핀	오	온	결	초
체	산	아	미	노	산	드	도	합	전
탄	소	나	노	튜	브	복	사	슬	도
뉴	클	레	오	타	이	드	결	정	현
도	고	지	탄	수	화	물	광	물	상
체	온	질	규	산	염	사	면	체	족

다음 설명이 뜻하는 용어를 골라 단어 전체에 ◯로 표시하시오.

① 규소 1개를 중심으로 산소 4개가 공유 결합하여 정사면체 모양을 이루는 구조이다.
② 탄소로 이루어진 기본 골격에 수소, 산소, 질소 등 여러 원소가 공유 결합하여 만들어진 물질이다.
③ 탄소 화합물과 같이 큰 물질을 만들 때 기본 단위가 되는 작은 물질이다.
④ 단백질을 구성하는 단위체로, 20종류가 있다.
⑤ 효소와 호르몬의 주성분으로 생리 기능을 조절한다.
⑥ 핵산을 구성하는 단위체로, 인산, 당, 염기가 1 : 1 : 1로 결합되어 있다.
⑦ 기존 소재의 화합물 조성이나 결합 구조를 변화시켜 새로운 성질을 띠게 만든 물질이다.
⑧ 온도나 압력 등 조건에 따라 전기 저항이 변하는 물질이다.
⑨ 특정한 온도 이하에서 전기 저항이 0이 되는 현상이다.
⑩ 초전도 현상이 나타나기 시작하는 온도이다.

재미있는 과학 이야기

그래핀 염색약으로 검은 머리를 금발로 바꾼다?

모발 손상 없이 염색이 가능한 '그래핀 염색약'이 개발됐다. 그래핀 염색약으로 염색을 하면 아름다운 색감은 물론, 머리카락이 일종의 전자기기 역할도 할 수 있다. 이를 연구한 연구팀은 그래핀을 이용해 무독성이며 모발 손상이 없고 색이 오래 유지되는 새로운 염색약을 개발했다고 국제 학술지 '켐(chem)'에 발표했다. 그래핀 염색약은 무독성 접착제를 이용해 그래핀을 모발 표면에 균일하게 감싸는 방식으로 염색하며 암모니아나 표백제 등 유독성 물질을 사용하지 않아 모발 손상이 없다. 또 30번 이상 씻어도 색이 유지되며 그래핀의 전기 전도성을 이용하여 웨어러블(Wearable) 기기에 응용할 수 있다.

1

역학적 시스템

중학교에서 **배운 내용을 확인**하고, 이 단원에서 **학습할 개념**과 **연결**지어 보자.

배운 내용 Review

● **힘** 물체 사이의 상호 작용으로, 물체의 모양, 운동 방향, 빠르기를 변하게 하는 원인
  (1) 힘의 단위 : N(뉴턴)
  (2) 힘의 표시 : 힘의 작용점, 힘의 방향, 힘의 크기를 ① _____ 로
  표시한다.

▲ 힘의 표시

● **중력**
  (1) 중력 : 지구가 물체를 당기는 힘

중력의 방향	지구 중심 방향
중력의 크기	질량이 클수록 크다.

  (2) ② _____ : 물체에 작용하는 중력의 크기 [단위 : N(뉴턴)]
  (3) ③ _____ : 장소가 달라져도 변하지 않는 물체의 고유한 양 [단위 : kg(킬로그램)]   ▲ 중력의 방향

● **여러 가지 힘**

④ _____	변형된 물체가 원래 모양으로 돌아가려는 힘
⑤ _____	물체의 운동을 방해하는 힘
⑥ _____	전기를 띤 물체 사이에 작용하는 힘

● **등속 운동** 속력과 운동 방향이 변하지 않고 일정한 운동 **예** 에스컬레이터, 무빙워크 등

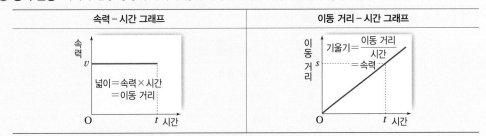

속력 – 시간 그래프	이동 거리 – 시간 그래프

01 중력과 역학적 시스템

핵심 짚기
- ☐ 자유 낙하 운동과 수평 방향으로 던진 물체의 운동 비교
- ☐ 중력이 지구 시스템과 생명 시스템에 미치는 영향

A 중력을 받는 물체의 운동

1 중력 보통 지구가 물체를 끌어당기는 힘을 의미하지만, 질량을 가진 모든 물체 사이에 상호 작용 하는 힘이다.❶

B가 A를 당기는 중력 / A가 B를 당기는 중력

- 두 물체 A와 B 사이에 작용하는 중력은 서로 크기가 같고 방향이 반대이다.
- 두 물체의 질량이 클수록, 두 물체 사이의 거리가 가까울수록 중력의 크기가 크다.

① 지구에서의 중력 : 지구가 물체를 당기는 힘으로, 물체는 지구 중심을 향하는 방향(연직* 방향)으로 중력을 받는다.

② 지구에서 중력의 크기 : 지표면 근처에서 물체에 작용하는 중력의 크기를 무게라고 하며, 질량과 중력 가속도의 곱과 같다.

▲ 중력의 방향 (지구 중심)

$$중력의 크기(N) = 질량(kg) \times 중력 가속도(m/s^2)$$

2 자유 낙하 운동 공기 저항을 무시할 때 지표면 근처에서 물체가 중력만 받아 낙하하는 운동

① 자유 낙하 하는 물체

- 물체의 운동 : 일정한 크기의 중력이 작용하므로 물체는 1초마다 9.8 m/s씩 속도가 증가하는 등가속도 운동을 한다. ➡ 운동 방향으로 중력(힘)이 작용하기 때문❷

- 물체의 운동 방향 : 지구의 중력 방향과 같은 연직 방향이다.

② 중력 가속도 : 물체에 작용하는 지구 중력에 의해 생기는 가속도로, 지표면 근처에서 운동하는 물체의 중력 가속도는 질량과 관계없이 9.8 m/s²으로 일정하다.❸❹

0초 0
1초 9.8 m/s
2초 19.6 m/s
3초 29.4 m/s
4초 39.2 m/s
5초 49.0 m/s

▲ 자유 낙하 하는 물체

3 수평 방향으로 던진 물체의 운동 공기 저항을 무시할 때 지표면 근처에서 운동 방향이 계속 변하며, 포물선 궤도를 그리며 낙하하는 운동 **탐구 A** 92쪽

① 일정한 크기의 중력이 작용하여 수평 방향으로는 속도가 일정한 등속 직선 운동을 하고, 연직 방향으로는 속도가 일정하게 증가하는 등가속도 운동을 한다. ➡ 수평 방향으로는 힘이 작용하지 않고, 연직 방향으로는 중력이 작용하기 때문

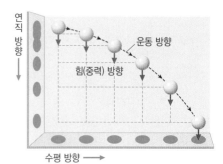

연직 방향 / 운동 방향 / 힘(중력) 방향 / 수평 방향

구분	수평 방향	연직 방향
힘	0	중력(일정)
속도	일정	일정하게 증가
가속도	0	일정 → 중력 가속도
운동	등속 직선 운동	등가속도 운동

Plus 강의

❶ 여러 가지 힘
- **전기력** : 전기를 띤 물체 사이에 작용하는 힘
- **자기력** : 자석과 자석 또는 자석과 쇠붙이 사이에 작용하는 힘
- **마찰력** : 두 물체의 접촉면에서 물체의 운동을 방해하는 힘
- **탄성력** : 변형된 물체가 원래 모양으로 되돌아가려는 힘

❷ 무게가 다른 물체의 낙하
무게가 다른 깃털과 구슬을 동시에 낙하시킬 때 진공에서는 공기 저항이 없으므로 두 물체는 동시에 바닥에 떨어진다. 그러나 공기 중에서는 공기 저항력이 작용하는데, 깃털이 구슬보다 공기 저항력의 영향을 많이 받기 때문에 구슬이 깃털보다 빨리 떨어진다.

 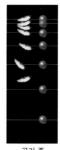

진공 / 공기 중

❸ 가속도
단위 시간 동안의 속도 변화량으로, 단위는 m/s²이다.

$$가속도(a) = \frac{속도 변화량(\Delta v)}{시간(t)}$$

❹ 가속도 법칙
물체의 가속도 a는 물체에 작용하는 힘 F에 비례하고 질량 m에 반비례한다.

$$a = \frac{F}{m}$$

🔍 용어 돋보기

* **연직(鉛 납, 直 곧다)** _ 납으로 된 추가 가리키는 방향이라는 뜻으로, 지구 중심 방향을 의미함

---

090 Ⅱ-1. 역학적 시스템

② 물체를 수평 방향으로 빠르게 던질수록 먼 곳에 떨어진다. ➡ 수평 방향으로 던지는 속도에 따라 수평 방향으로 이동하는 거리는 달라지지만, 연직 방향으로는 중력만 작용하기 때문에 처음 높이가 같으면 동시에 바닥에 도달한다.

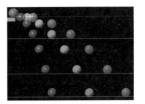
▲ 수평 방향으로 던진 물체의 운동

[뉴턴의 사고 실험]
뉴턴은 지구 주위를 원운동하는 달이 지구로 떨어지지 않는 까닭을 수평 방향으로 던진 물체의 운동을 통해 설명하였다.

▲ 지표면 근처에서 던진 물체

❶ 물체를 수평 방향으로 던질 때 속도가 클수록 더 먼 곳에 떨어진다.
❷ 물체를 어떤 특정한 속도로 던지면 물체는 중력에 의해 계속 떨어지지만, 지구가 둥글기 때문에 지구 표면에 닿지 않고 지구 주위를 계속 돌 수 있다.
➡ 특정한 속도로 빠르게 던져진 물체는 지구로 떨어지지 않고 지구 주위를 돌 수 있다.

B 중력과 역학적 시스템❺

1 중력과 자연 현상 중력은 지구 시스템과 생명 시스템에서 일어나는 여러 가지 자연 현상에도 매우 중요하게 작용한다.

☆**2 중력이 지구 시스템과 생명 시스템에 미치는 영향** [여기서잠깐] 94쪽

중력이 지구 시스템에 미치는 영향	중력이 생명 시스템에 미치는 영향
• 지표면 근처에 대기층이 형성된다. • 대류 현상이 일어나 대기와 물이 순환한다.❻ • 달과 지구 사이에 중력이 작용하여 밀물과 썰물 현상을 일으킨다.	• 식물의 뿌리가 중력을 받아 땅속으로 자란다. • 몸무게가 무거운 코끼리나 하마는 강한 근육과 단단한 골격으로 중력을 지탱한다. • 기린은 다른 동물에 비해 혈압이 높다.❼

❺ **역학적 시스템**
자연에 존재하는 여러 가지 힘이 물체들 사이에서 상호 작용을 하면서 체계적으로 일정한 운동 체계를 유지하고 있는 시스템이다.

❻ **대류**
액체나 기체가 밀도 차에 의해 위아래가 뒤바뀌면서 흐르는 현상으로, 차가운 공기는 밀도가 커서 중력에 의해 아래쪽으로 이동하고 따뜻한 공기는 밀도가 작아 위쪽으로 이동한다.

❼ **기린의 혈압**
목이 긴 기린은 중력을 이겨내고 머리까지 혈액을 공급해야 하므로 혈압이 포유류 중 가장 높다.

개념 쏙쏙

○ 정답과 해설 22쪽

1 다음은 중력을 받는 물체의 운동에 대한 설명이다. ( ) 안에 알맞은 말을 쓰시오.

(1) 자유 낙하 하는 물체에는 일정한 크기의 ㉠( )이 작용하므로 물체는 속도가 일정하게 증가하는 ㉡( ) 운동을 한다.

(2) 수평 방향으로 던진 물체는 수평 방향으로는 ㉠( ) 운동을 하고, 연직 방향으로는 ㉡( ) 운동을 한다.

2 다음은 중력과 자연 현상에 대한 설명이다. ( ) 안에 알맞은 말을 쓰시오.

중력은 지구상의 모든 물체에 끊임없이 작용하여 ㉠( ) 현상을 일으키고 생명체의 생명 활동에도 중요한 역할을 하므로 역학적 ㉡( )을 유지하는 데 필수적이다.

암기 꼭!

수평 방향으로 던진 물체의 운동

구분	수평 방향	연직 방향
힘	0	중력(일정)
속도	일정	일정하게 증가
가속도	0	일정 → 중력 가속도
운동	등속 직선 운동	등가속도 운동

중력을 받는 물체의 운동

(목표) 자유 낙하 운동과 수평 방향으로 던진 물체의 운동을 비교하여 설명할 수 있다.

• 과정 & 결과

❶ 1.5 m 정도의 높이에 쇠구슬 발사 장치를 고정한다.

❷ 쇠구슬 발사 장치를 작동시켜 쇠구슬 A, B가 바닥에 닿는 소리를 듣고 어느 쇠구슬이 먼저 바닥에 닿는지 비교한다.

➡ 두 쇠구슬이 동시에 바닥에 닿는다.

❸ 두 쇠구슬의 운동 모습을 동영상으로 촬영하여 0.1초마다 두 쇠구슬의 위치를 나타낸다.

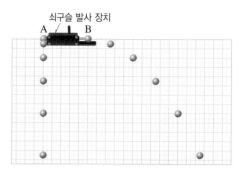

• 해석

1. 자유 낙하 하는 쇠구슬 A의 속도는? ➡ 속도가 일정하게 증가한다.

시간(s)	0~0.1	0.1~0.2	0.2~0.3	0.3~0.4	0.4~0.5
연직 방향 구간 거리(m)	0.05	0.15	0.25	0.35	0.45
*구간 평균 속도(m/s)	0.5	1.5	2.5	3.5	4.5

* 구간 평균 속도

$$= \frac{\text{구간 거리}}{\text{구간 시간}} = \frac{\text{구간 거리}}{0.1 \text{ s}}$$

2. 수평 방향으로 던진 쇠구슬 B의 속도는? ➡ 연직 방향으로는 속도가 일정하게 증가하며, 쇠구슬 A의 속도와 같게 증가한다. 수평 방향 속도는 일정하다.

	시간(s)	0~0.1	0.1~0.2	0.2~0.3	0.3~0.4	0.4~0.5
연직 방향	구간 거리(m)	0.05	0.15	0.25	0.35	0.45
	구간 평균 속도(m/s)	0.5	1.5	2.5	3.5	4.5
수평 방향	구간 거리(m)	0.25	0.25	0.25	0.25	0.25
	구간 평균 속도(m/s)	2.5	2.5	2.5	2.5	2.5

• 정리

• 자유 낙하 운동과 수평 방향으로 던진 물체의 운동 비교

구분	자유 낙하 운동(쇠구슬 A)	수평 방향으로 던진 물체의 운동(쇠구슬 B)	
		연직 방향	수평 방향
힘	중력	중력	없음
운동	등가속도 운동	등가속도 운동	등속 직선 운동
운동 그래프	속도-시간 그래프 (원점에서 직선 증가)	속도-시간 그래프 (원점에서 직선 증가)	속도-시간 그래프 (일정)

⌐ 이렇게도 실험해요! ··

• 과정

❶ 그림과 같이 자와 동전을 놓고 자의 중앙을 누른 후 화살표 방향으로 빨리 쳐서 두 동전 A, B의 운동을 관찰하며 바닥에 닿는 소리를 들어 본다.

❷ 자를 치는 속도를 다르게 하면서 과정 ❶을 반복한다.

• 결과 & 해석

1. 동전 A는 자유 낙하 운동을 하고, 동전 B는 포물선 궤도를 그리며 낙하한다.

2. 동전이 바닥에 닿는 소리가 동시에 들린다. ➡ 동전 A와 B는 동시에 바닥에 닿는다.

3. 자를 치는 속도가 다를 때 : 자를 세게 칠수록 B는 수평 방향으로 더 멀리 날아가지만, A와 B는 동시에 바닥에 닿는다.

확인 문제

1 **탐구 Ⓐ**에 대한 설명으로 옳은 것은 ○, 옳지 않은 것은 ×로 표시하시오.

(1) 쇠구슬 A에는 연직 방향으로 힘이 작용한다. ··· (   )

(2) 쇠구슬 B에는 연직 방향으로 힘이 작용하지 않는다. ························· (   )

(3) 쇠구슬 B에는 수평 방향으로 힘이 작용하지 않는다. ························· (   )

(4) 쇠구슬 B는 수평 방향으로는 등속 직선 운동을 한다. ······················ (   )

(5) 쇠구슬 A와 B는 연직 방향으로 속도가 일정하게 증가한다. ··············· (   )

2 그림은 지표면 근처에서 자유 낙하 하는 물체의 속도를 시간에 따라 나타낸 것이다.

이에 대한 설명으로 옳은 것만을 [보기]에서 있는 대로 고른 것은? (단, g는 중력 가속도이고, 공기 저항은 무시한다.)

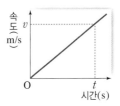

┌─ 보기 ────────────────────────────────┐
ㄱ. 물체는 등가속도 운동을 한다.
ㄴ. 그래프의 기울기는 g이다.
ㄷ. 물체에 작용하는 힘의 크기가 점점 증가한다.
└──────────────────────────────────────┘

① ㄱ   ② ㄷ   ③ ㄱ, ㄴ

④ ㄴ, ㄷ   ⑤ ㄱ, ㄴ, ㄷ

3 지면으로부터 1.5 m 정도의 높이에 그림과 같은 쇠구슬 발사 장치를 고정한 다음, 동시에 쇠구슬 A는 자유 낙하 하고, 쇠구슬 B는 수평 방향으로 운동하도록 하였다.

쇠구슬 A와 B의 운동에 대한 설명으로 옳은 것만을 [보기]에서 있는 대로 고른 것은? (단, 쇠구슬 A와 B의 질량은 같고, 공기 저항은 무시한다.)

┌─ 보기 ────────────────────────────────┐
ㄱ. 발사 후 쇠구슬 A와 B가 받는 힘의 크기는 같다.
ㄴ. 발사 후 쇠구슬 A와 B는 동시에 지면에 도달한다.
ㄷ. 다른 조건은 같게 하고 쇠구슬 B를 수평 방향으로 더 큰 속도로 발사하면 쇠구슬 B
   는 A보다 나중에 지면에 도달한다.
└──────────────────────────────────────┘

① ㄱ   ② ㄷ   ③ ㄱ, ㄴ

④ ㄴ, ㄷ   ⑤ ㄱ, ㄴ, ㄷ

여기서 잠깐

중력과 자연 현상

중력은 지구 시스템과 생명 시스템에서 일어나는 여러 가지 자연 현상에도 매우 중요하게 작용한다고 배웠어요. 중력이 지구 전체 시스템에서 어떻게 작용하고 있는지 한눈에 살펴볼까요?

정답과 해설 23쪽

중력과 지구 시스템

중력은 물체의 운동에 영향을 줄 뿐만 아니라 지구 시스템에서 일어나는 여러 가지 자연 현상에도 매우 중요하게 작용하고 있다.

중력과 생명 시스템

중력은 생명 시스템에서 일어나는 여러 가지 자연 현상에도 매우 중요하게 작용하고 있다. 생명 시스템에서는 중력에 적응하기 위한 진화의 흔적이 보인다.

대기의 구성

수소나 헬륨에 비해 무겁고 느린 산소나 질소와 같은 기체는 지구 중력의 영향을 받아 대기를 구성한다.

식물의 뿌리와 세포벽

식물의 뿌리는 중력을 받아 땅속을 향해 자라고, 세포벽은 세포의 무게를 지탱해 식물이 높이 자랄 수 있게 한다.

고도에 따른 공기의 밀도

지표면에서 높아질수록 중력이 약해져 대기가 희박해지므로 높은 산에 올라가면 산소통이 필요하다.

동물의 몸 구조

코끼리나 하마처럼 육상에서 살아가는 무거운 동물은 중력에 적응하기 위해 골격과 근육이 발달해 있다.

기상 현상

구름 속에서 성장한 물방울에 중력이 작용하여 비나 눈의 형태로 지상에 내려온다.

몸의 균형

귓속의 전정 기관에 있는 이석이라는 작은 칼슘 덩어리가 중력 방향으로 움직이며 몸의 평형을 유지한다.

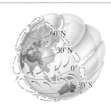

대기의 순환

따뜻한 공기와 차가운 공기의 밀도 차이에 따라 상대적으로 중력의 차이가 발생하여 대류 현상이 일어나 대기의 순환이 일어난다.

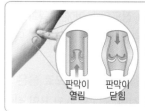

혈관의 판막

팔이나 다리 등 심장 아래쪽에 있는 정맥에는 판막이 있어, 심장으로 혈액을 보낼 때 중력으로 인해 혈액이 아래쪽으로 내려오려고 하는 역류를 방지한다.

판막이 열림 / 판막이 닫힘

밀물 / 썰물

밀물과 썰물

달과 지구 사이에 작용하는 중력은 밀물과 썰물 현상을 일으킨다. 태양도 밀물과 썰물 현상에 영향을 주지만 달에 비해 지구와의 거리가 멀어 영향력이 작다.

조류의 뼛속

조류는 뼛속이 비어 있어 중력을 덜 받아 몸이 가볍기 때문에 하늘을 날 수 있다.

빈 공간

Q1 따뜻한 공기와 차가운 공기의 밀도 차이로 (   )의 차이가 발생하여 대류 현상이 일어나 대기의 순환이 일어난다.

A 중력을 받는 물체의 운동

01 중력에 대한 설명으로 옳은 것만을 [보기]에서 있는 대로 고른 것은?

> ·보기·
> ㄱ. 질량이 있는 모든 물체 사이에 작용한다.
> ㄴ. 중력의 크기를 무게라고 하며 단위는 kg이다.
> ㄷ. 물체의 질량이 클수록 중력의 크기가 크다.

① ㄱ　　　　　② ㄴ　　　　　③ ㄱ, ㄷ
④ ㄴ, ㄷ　　　　⑤ ㄱ, ㄴ, ㄷ

02 그림과 같이 질량이 각각 m_1, m_2인 물체 A, B가 거리 r만큼 떨어져 있다. 이때 두 물체에 작용하는 중력은 각각 F_1, F_2이다.

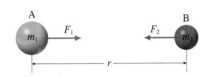

이에 대한 설명으로 옳은 것만을 [보기]에서 있는 대로 고른 것은?

> ·보기·
> ㄱ. F_1의 크기는 F_2의 크기와 같다.
> ㄴ. 질량 m_1이 커지면 F_1도 커지지만 F_2는 변함이 없다.
> ㄷ. 두 물체 사이의 거리가 r보다 가까워지면 두 물체 사이의 중력의 크기는 F_1보다 작아진다.

① ㄱ　　　　　② ㄴ　　　　　③ ㄱ, ㄷ
④ ㄴ, ㄷ　　　　⑤ ㄱ, ㄴ, ㄷ

03 그림은 자유 낙하 하는 물체를 0.1초 간격으로 나타낸 것이다.
이 물체의 가속도의 크기는?

① 2 m/s²　　　　② 3 m/s²
③ 5 m/s²　　　　④ 10 m/s²
⑤ 20 m/s²

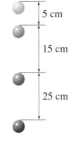

5 cm
15 cm
25 cm

[04~05] 그림은 질량이 m인 쇠구슬을 가만히 놓아 자유 낙하 시키고, 일정한 시간 간격으로 나타낸 것이다.

0초
1초
2초
3초

04 이 쇠구슬의 운동에 대한 설명으로 옳은 것만을 [보기]에서 있는 대로 고른 것은? (단, 지구에 의한 중력 가속도는 g이고, 공기 저항은 무시한다.)

> ·보기·
> ㄱ. 쇠구슬에 작용하는 힘은 일정하다.
> ㄴ. 쇠구슬의 속도는 일정하다.
> ㄷ. 질량이 $\frac{1}{2}m$인 쇠구슬을 자유 낙하 시키면 가속도는 $\frac{1}{2}g$가 된다.

① ㄱ　　　　　② ㄷ　　　　　③ ㄱ, ㄴ
④ ㄴ, ㄷ　　　　⑤ ㄱ, ㄴ, ㄷ

05 3초 때 쇠구슬의 속력은? (단, 중력 가속도의 크기는 9.8 m/s²이고, 공기 저항은 무시한다.)

① 4.9 m/s　　② 9.8 m/s　　③ 19.6 m/s
④ 29.4 m/s　　⑤ 98 m/s

서술형

06 그림은 공을 수평 방향으로 던졌을 때 공을 일정한 시간 간격으로 나타낸 것이다.
A, B, C에서 공에 작용하는 힘의 크기를 각각 F_A, F_B, F_C라고 할 때 힘의 크기를 비교하고, 그 까닭을 서술하시오. (단, 공기 저항은 무시한다.)

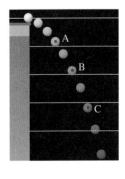

[07~08] 그림은 책상 위에 자를 올려놓고 화살표 방향으로 빨리 쳐서 동전 A와 B를 동시에 떨어지도록 하는 모습을 나타낸 것이다. (단, 모든 마찰과 공기 저항은 무시한다.)

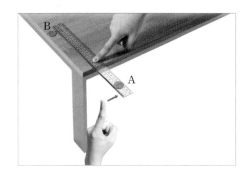

07 동전 A와 B의 운동에 대한 설명으로 옳지 <u>않은</u> 것은?

① 동전 A는 자유 낙하 운동을 한다.
② 동전 A는 속도가 일정하게 증가한다.
③ 동전 B는 포물선 운동을 한다.
④ 동전 B에는 수평 방향으로 중력이 작용한다.
⑤ 동전 B는 연직 방향으로 동전 A와 같은 운동을 한다.

서술형

08 동전 A와 동전 B가 바닥에 도달하는 시간을 비교하고, 그 까닭을 서술하시오.

_____

_____

09 그림은 지면으로부터 5 m 높이에서 수평 방향으로 3 m/s의 속도로 던진 공의 위치를 일정한 시간 간격으로 나타낸 것이다. 공은 1초 후 지면에 도달했다.

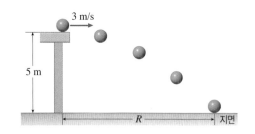

공이 지면에 도달할 때까지 수평 방향으로 이동한 거리 R는? (단, 중력 가속도는 10 m/s²이고, 공기 저항은 무시한다.)

① 1 m   ② 2 m   ③ 3 m
④ 4 m   ⑤ 5 m

중요
10 그림은 지표면 근처의 같은 높이에서 수평 방향으로 질량이 같은 대포알 A, B, C를 쏘았을 때 대포알의 운동 경로를 나타낸 것이다.

이에 대한 설명으로 옳은 것만을 [보기]에서 있는 대로 고른 것은? (단, 지구는 구형이고, 공기 저항은 무시한다.)

· 보기 ·
ㄱ. 대포알을 쏜 속도는 B가 A보다 크다.
ㄴ. 운동하는 동안 대포알에 작용하는 중력의 크기는 A가 B보다 크다.
ㄷ. 운동하는 동안 C에는 중력이 작용하지 않는다.

① ㄱ   ② ㄷ   ③ ㄱ, ㄴ
④ ㄴ, ㄷ   ⑤ ㄱ, ㄴ, ㄷ

B 중력과 역학적 시스템

중요
11 중력과 관련된 자연 현상에 대한 설명 중 옳지 <u>않은</u> 것은?

① 혈관 안의 판막이 혈액의 역류를 막는다.
② 구름 속에서 성장한 물방울이 비나 눈으로 지상으로 내려온다.
③ 지구 중력의 영향으로 공기의 대류 현상이 일어나 대기가 순환한다.
④ 밀물과 썰물을 일으키는 주된 까닭은 태양과 지구 사이의 중력 때문이다.
⑤ 고도가 낮은 곳은 고도가 높은 곳보다 산소가 상대적으로 많다.

서술형
12 코끼리나 하마와 같은 무거운 동물은 중력에 적응하기 위해 강한 근육과 단단한 골격을 갖추고 있다. 이와 같이 중력이 생명체에 미치는 영향의 예를 <u>두 가지</u> 서술하시오.

_____

01 그림은 진공 상태에서 질량이 다른 쇠구슬과 깃털을 같은 높이에서 동시에 놓았을 때의 모습을 일정한 시간 간격으로 나타낸 것이다.
쇠구슬과 깃털의 운동에 대한 설명으로 옳은 것만을 [보기]에서 있는 대로 고른 것은?

⎡• 보기 •⎤
ㄱ. 쇠구슬과 깃털은 바닥에 동시에 도달한다.
ㄴ. 쇠구슬과 깃털에 작용하는 힘의 크기는 같다.
ㄷ. 쇠구슬과 깃털의 가속도의 크기는 같다.

① ㄱ   ② ㄷ   ③ ㄱ, ㄴ
④ ㄱ, ㄷ   ⑤ ㄴ, ㄷ

02 그림과 같이 지면으로부터 같은 높이에서 질량 2 kg인 물체 A를 가만히 놓는 동시에 정지해 있던 질량 1 kg인 물체 B를 수평 방향으로 던졌다. A는 10 m/s^{2}의 가속도로 낙하하였다.

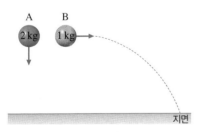

두 물체의 운동에 대한 설명으로 옳은 것만을 [보기]에서 있는 대로 고른 것은? (단, 공기 저항은 무시한다.)

⎡• 보기 •⎤
ㄱ. 지면에 닿는 순간 A의 속도는 B의 연직 방향 속도와 같다.
ㄴ. 지면에 닿을 때까지 B에 작용하는 중력의 크기는 일정하다.
ㄷ. A에 작용하는 중력의 크기와 B에 작용하는 중력의 크기는 같다.

① ㄱ   ② ㄷ   ③ ㄱ, ㄴ
④ ㄴ, ㄷ   ⑤ ㄱ, ㄴ, ㄷ

03 신유형N

그림과 같이 책상 모서리에 동전을 놓고 탄성이 좋은 플라스틱 자를 구부렸다가 놓아 동전이 수평 방향으로 튀어 나가게 하였다. 표는 동전 A와 B의 질량과 동전이 수평 방향으로 날아간 거리 d를 측정한 것이다.

구분	A	B
질량	$2m$	m
거리(d)	d_1	$2d_1$

이 실험에 대한 설명으로 옳은 것만을 [보기]에서 있는 대로 고른 것은? (단, 동전 A와 B는 모양이 같고, 공기 저항은 무시한다.)

⎡• 보기 •⎤
ㄱ. 처음에 동전이 튀어 나가는 속도는 동전 B가 동전 A의 2배이다.
ㄴ. 동전이 날아가는 동안 작용하는 중력의 크기는 동전 A가 동전 B의 2배이다.
ㄷ. 동전이 날아가는 동안 연직 방향의 가속도의 크기는 동전 A가 동전 B의 2배이다.

① ㄱ   ② ㄷ   ③ ㄱ, ㄴ
④ ㄴ, ㄷ   ⑤ ㄱ, ㄴ, ㄷ

04 그림은 질량이 다른 공 A와 B를 옥상에서 수평 방향으로 던진 뒤 지면에 도달한 모습을 나타낸 것이다.

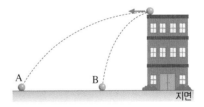

이에 대한 설명으로 옳은 것만을 [보기]에서 있는 대로 고른 것은? (단, 공기 저항은 무시한다.)

⎡• 보기 •⎤
ㄱ. 처음 공을 던진 속도는 A가 B보다 크다.
ㄴ. 두 공을 동시에 던졌다면 두 공은 지면에 동시에 도달한다.
ㄷ. 지면에 도달하는 순간 두 공의 연직 방향의 속도는 A가 B보다 크다.

① ㄱ   ② ㄴ   ③ ㄷ
④ ㄱ, ㄴ   ⑤ ㄴ, ㄷ

02 역학적 시스템과 안전

핵심 짚기 ☐ 운동량과 충격량의 정의와 표현 ☐ 운동량과 충격량의 관계
☐ 충돌 시 충돌 효과 ☐ 충돌 시 안전장치의 역할과 원리

A 관성

1 관성 물체가 원래의 운동 상태를 유지하려고 하는 성질

① **관성의 크기** : 질량이 클수록 관성이 크다. ➡ 질량이 클수록 운동 상태를 변화시키기 어렵다.

> 예 • 정지해 있는 공에 같은 크기의 힘을 줄 때 공이 무거울수록 움직이기 어렵다.
> • 움직이는 공이 무거울수록 정지시키는 데 큰 힘이 든다.

② **관성 법칙** : 물체에 힘이 작용하지 않으면 정지해 있던 물체는 계속 정지해 있고, 운동하던 물체는 계속 등속 직선 운동을 한다.

2 관성에 의한 현상❶

: 관성을 나타내는 물체

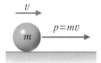

정지해 있던 물체가 계속 정지해 있으려는 성질		운동하던 물체가 계속 운동하려는 성질	
버스가 갑자기 출발하면 승객이 뒤로 넘어진다.	종이를 퉁기면 종이만 튕겨 나가고 동전은 컵 속으로 떨어진다.	버스가 갑자기 정지하면 승객이 앞으로 넘어진다.	달리던 사람이 돌부리에 걸려 앞으로 넘어진다.

B 운동량과 충격량

1 운동량(p) 운동하는 물체의 운동 효과를 나타내는 물리량으로, 물체의 질량(m)과 속도(v)의 곱으로 나타낸다.❷

$$\overset{v}{\underset{m}{\bullet}} \xrightarrow{p=mv}$$

운동량＝질량×속도, $p=mv$ [단위 : $\mathrm{kg \cdot m/s}$]

① **운동량의 크기** : 물체의 질량이 클수록, 속도가 빠를수록 운동량이 크다.

> 속도가 같을 때 질량이 클수록 운동량이 크다.

> 질량이 같을 때 속도가 빠를수록 운동량이 크다.

② **운동량의 방향** : 속도의 방향과 같다. ➡ 물체의 운동 방향과 같다.❸

2 충격량(I) 물체가 받은 충격의 정도를 나타내는 물리량으로, 물체에 작용한 힘(F)과 힘이 작용한 시간(Δt)의 곱으로 나타낸다.

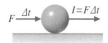

충격량＝힘×시간, $I=F\Delta t$ [단위 : $\mathrm{N \cdot s}$, $\mathrm{kg \cdot m/s}$]❹

① **충격량의 크기** : 충돌하는 동안 물체에 작용하는 힘의 크기가 클수록, 힘이 작용하는 시간이 길수록 충격량이 크다.

② **충격량의 방향** : 물체에 작용한 힘의 방향과 같다.

Plus 강의

❶ 관성에 의한 현상
▶ 이불을 막대기로 두드려 먼지를 턴다.
▶ 망치가 헐거워졌을 때 망치 자루를 아래쪽으로 내려치면 망치 머리가 단단히 박힌다.
▶ 자전거 페달을 밟지 않아도 어느 정도 계속 달린다.

❷ 운동량의 의미
운동하는 물체의 질량이 크거나 속도가 빠를수록, 즉 운동량이 클수록 물체의 운동 상태를 변화시키기 어렵다.

❸ 운동량과 충격량의 방향과 부호
운동량과 충격량은 크기와 방향을 갖는 물리량이므로 항상 물체의 운동 방향에 유의해야 한다. 한쪽 방향을 (＋)로 정하면 반대 방향은 (－)이다.

❹ 충격량의 단위
힘은 질량×가속도이므로 단위로 나타내면 $\mathrm{kg \cdot m/s^2}$이다. 시간의 단위가 s이므로 충격량의 단위는 $(\mathrm{kg \cdot m/s^2}) \cdot \mathrm{s}$ ＝$\mathrm{kg \cdot m/s}$로 운동량의 단위와 같다.

③ 힘-시간 그래프와 충격량 : 그래프 아랫부분의 넓이는 충격량을 나타낸다.

힘이 일정할 때	힘이 일정하게 증가할 때	힘이 일정하지 않을 때
힘 넓이=충격량 O　　　시간	힘 넓이 =충격량 O　　　시간	힘 넓이 =충격량 O　　　시간

☆ **3 운동량과 충격량의 관계** 물체가 일정한 시간 동안 힘을 받으면 힘을 받는 동안 속도가 변하므로 운동량도 변한다. ➡ 물체가 충격량을 받으면 운동량이 변한다.❺

① 충격량과 운동량의 변화량의 관계 : 물체가 받은 충격량은 운동량의 변화량과 같다.

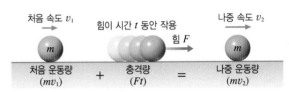

처음 속도 v_1　　　　힘이 시간 t 동안 작용　　　나중 속도 v_2

힘 F

| 처음 운동량
(mv_1) | + | 충격량
(Ft) | = | 나중 운동량
(mv_2) |

물체가 운동 방향으로 충격량을 받으면 그만큼 운동량이 증가한다. 반대로 물체가 운동 방향과 반대 방향으로 충격량을 받으면 그만큼 운동량이 감소한다.

> 충격량=운동량의 변화량=나중 운동량－처음 운동량❻

② 운동량의 변화량을 크게 하는 방법 : 힘이 작용하는 시간이 길거나 작용하는 힘이 클수록 운동량이 크게 변한다.

예 • 대포를 쏠 때 포신이 길수록 포탄을 멀리 보낼 수 있다.
　• 야구공을 큰 힘으로 쳐야 멀리 날아간다.

❺ **두 물체가 충돌할 때 충격량**
두 물체가 충돌할 때 두 물체가 서로에게 작용하는 힘은 작용과 반작용 관계이므로 크기가 같다. 따라서 두 물체가 받는 충격량의 크기는 같다.

B가
A에 작용
하는 힘　　충돌　　A가
B에 작용
하는 힘

❻ **운동량과 충격량의 관계**
질량이 m이고 처음 속도가 v_1인 물체에 시간 Δt 동안 일정한 힘 F가 작용하여 나중 속도가 v_2가 되었을 때, $F=ma=m\dfrac{v_2-v_1}{\Delta t}$ 이므로 양 변에 Δt를 곱하면 $I=F\Delta t=mv_2-mv_1$이다. 따라서 충격량은 운동량의 변화량과 같다.

개념 쏙쏙

○ 정답과 해설 24쪽

1 물체가 현재의 운동 상태를 유지하려고 하는 성질을 무엇이라고 하는지 쓰시오.

2 관성에 의한 현상과 관련 있는 것은 ○, 관련 없는 것은 ×로 표시하시오.
(1) 버스가 갑자기 정지하면 승객이 앞으로 넘어진다. ·············· (　)
(2) 달리기를 할 때 선수가 결승선에서 바로 멈추기가 어렵다. ········· (　)
(3) 대포를 쏘면 포신이 뒤로 밀린다. ···························· (　)

3 운동량과 충격량에 대한 설명으로 옳은 것은 ○, 옳지 않은 것은 ×로 표시하시오.
(1) 운동량의 방향은 속도의 방향과 같다. ······················· (　)
(2) 충격량의 방향은 물체에 작용한 힘의 방향과 같다. ·············· (　)
(3) 충격량의 단위는 속도의 단위와 같다. ······················· (　)

충격량 구하는 식

충격량 = **운**동량의 변화량
　　　　= **나**중 운동량 － **처**음 운동량

충운아! 나처럼 해봐!
충 운 나 처
격 동 중 음
량 량 운 운
　 의 동 동
　 변 량 량
　 화
　 량

02 역학적 시스템과 안전

C 충돌과 안전장치

☆ **1 물체가 충돌할 때 받는 평균 힘** 충돌하는 동안 물체가 받는 평균 힘은 단위 시간 동안 운동량의 변화량과 같다.❶

$$평균\ 힘(F) = \frac{충격량(I)}{충돌\ 시간(\Delta t)} = \frac{운동량의\ 변화량(m\Delta v)}{시간(\Delta t)}$$

① 평균 힘과 충돌 시간의 관계
- 충격량이 같을 때 충돌 시간이 짧을수록 평균 힘이 커진다.
- 충격량이 같을 때 충돌 시간이 길수록 평균 힘이 작아진다.

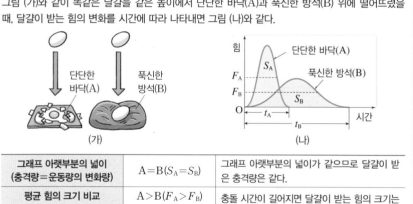

평균 힘 × 충돌 시간 = **충격량** = 평균 힘 × 충돌 시간

▲ 운동량의 변화가 짧은 시간 동안에 이루어질 때 평균 힘은 커진다.

▲ 운동량의 변화가 긴 시간 동안에 이루어질 때 평균 힘은 작아진다.

② 물체가 받는 충격 줄이기 : 충격량이 같더라도 힘을 받는 시간이 길어지면 물체가 받는 힘의 크기가 작아진다.

[평균 힘과 충돌 시간의 관계]
그림 (가)와 같이 똑같은 달걀을 같은 높이에서 단단한 바닥(A)과 푹신한 방석(B) 위에 떨어뜨렸을 때, 달걀이 받는 힘의 변화를 시간에 따라 나타내면 그림 (나)와 같다.

그래프 아랫부분의 넓이 (충격량＝운동량의 변화량)	$A=B(S_A=S_B)$	그래프 아랫부분의 넓이가 같으므로 달걀이 받은 충격량은 같다.
평균 힘의 크기 비교	$A>B(F_A>F_B)$	충돌 시간이 길어지면 달걀이 받는 힘의 크기는 작아진다.
힘을 받는 시간 비교	$A<B(t_A<t_B)$	

2 안전사고 예방과 안전장치

① 안전장치의 원리 : 안전장치는 관성에 의해 몸이 쏠리는 것을 방지하거나, 충돌이 일어났을 때 힘이 작용하는 시간을 길게 하여 사람이 받는 힘의 크기가 작아지도록 한다.

② 안전장치의 예
- 교통 수단에 사용되는 안전장치❷

| 자동차의 에어백은 충돌 시간을 길게 하여 탑승자가 받는 힘을 줄여 준다. | 자동차의 범퍼는 충돌 시간을 길게 하여 자동차가 서서히 멈추게 해 준다. | 자전거 안장에는 용수철이 부착되어 있어 충돌 시간을 길게 하여 충격을 줄여 준다. |

Plus 강의

❶ 평균 힘
실제 충돌에서는 힘이 일정하지 않은 경우가 대부분이므로 충격량을 걸린 시간으로 나누어 평균 힘을 구할 수 있다.

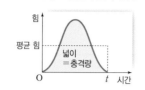

❷ 안전띠

자동차가 급제동했을 때 몸을 붙잡아 주는 역할을 하여 운전자가 관성에 의해 유리창 등에 부딪히는 것을 방지한다.

100   Ⅱ-1. 역학적 시스템

• 운동 경기에서 사용되는 안전장치

태권도나 권투 경기에서 착용하는 선수의 보호대는 몸이 받는 힘을 작게 하여 충격을 줄여 준다.	멀리뛰기 선수가 착지할 때 무릎을 살짝 구부리면 몸이 받는 힘이 작아져 충격을 줄여 준다.	야구 선수가 공을 받을 때 손을 뒤로 빼면서 받으면 손이 받는 힘이 작아져 충격을 줄여 준다.

• 일상생활에서 사용되는 안전장치 ❸

공기가 충전된 포장재는 상품이 충돌에 의해 힘을 받는 시간을 길게 하여 충격을 줄여 준다.	푹신한 재질의 보호대는 모서리 등에 몸을 부딪쳤을 때 충돌 시간을 길게 하여 충격을 줄여 준다.	놀이 매트는 바닥에 넘어졌을 때 몸이 바닥과 충돌에 의해 힘을 받는 시간을 길게 하여 충격을 줄여 준다.

❸ 여러 가지 안전장치

▶ 번지점프 : 떨어지는 동안 고무줄이 서서히 늘어나므로 사람이 받는 힘을 줄여 준다.
▶ 도로의 가드레일 : 자동차가 충돌할 때 찌그러지며 멈추는 시간을 길게 하여 탑승자가 받는 힘을 줄여 준다.
▶ 골판지 포장재 : 달걀 포장재로 사용되며, 부딪쳤을 때 충돌에 의해 힘을 받는 시간을 길게 하여 달걀이 받는 힘을 줄여 준다.
▶ 신발의 에어쿠션 : 걸을 때 바닥과 닿는 시간을 길게 하여 사람이 받는 힘을 줄여 준다.

 개념 쏙쏙

○ 정답과 해설 24쪽

4 1 m/s의 일정한 속도로 달리는 질량이 2000 kg인 자동차를 5초 만에 정지시키려고 한다. 이 자동차에 작용해야 하는 평균 힘의 크기는 몇 N인지 쓰시오.

5 그림과 같이 같은 높이에서 단단한 바닥과 푹신한 방석에 똑같은 달걀을 떨어뜨렸더니 단단한 바닥에 떨어진 달걀만 깨졌다.
이에 대한 설명으로 옳은 것은 ○, 옳지 <u>않은</u> 것은 ×로 표시하시오.

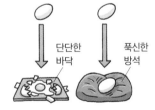

단단한 바닥   푹신한 방석

(1) 두 달걀의 운동량의 변화량의 크기는 같다. ·· (   )
(2) 두 달걀의 충격량의 크기는 같다. ··· (   )
(3) 두 달걀에 작용하는 평균 힘의 크기는 같다. ·································· (   )

6 다음은 자동차의 안전장치 중 범퍼의 원리를 설명한 것이다. (   ) 안에 알맞은 말을 쓰시오.

> 자동차의 범퍼는 자동차가 충돌하여 정지할 때까지의 ㉠(   )을 길게 하여 탑승자가 받는 ㉡(   )의 크기를 줄여 준다.

암기 꼭!

평균 힘과 충돌 시간의 관계
• 충격량이 같을 때 충돌 시간이 짧을수록 평균 힘이 커진다.
• 충격량이 같을 때 충돌 시간이 길수록 평균 힘이 작아진다.

A 관성

01 관성에 대한 설명으로 옳은 것만을 [보기]에서 있는 대로 고른 것은?

• 보기 •
ㄱ. 정지한 물체는 관성이 없다.
ㄴ. 물체의 질량이 클수록 관성이 크다.
ㄷ. 움직이는 물체에 힘이 작용하지 않으면 물체는 곧 멈춘다.

① ㄱ ② ㄴ ③ ㄱ, ㄷ
④ ㄴ, ㄷ ⑤ ㄱ, ㄴ, ㄷ

중요
02 관성과 관련 있는 현상으로 옳은 것만을 [보기]에서 있는 대로 고른 것은?

• 보기 •
ㄱ. 로켓이 가스를 분사하며 날아간다.
ㄴ. 이불을 막대기로 두드려 먼지를 턴다.
ㄷ. 뛰어가다가 발이 돌부리에 걸리면 앞으로 넘어진다.
ㄹ. 운동하던 자전거의 페달을 밟지 않아도 어느 정도 계속 달린다.

① ㄴ ② ㄱ, ㄴ ③ ㄷ, ㄹ
④ ㄱ, ㄷ, ㄹ ⑤ ㄴ, ㄷ, ㄹ

B 운동량과 충격량

중요
03 다음은 물체 A, B, C의 운동 상태를 나타낸 것이다.

• 질량 1 kg인 장난감 자동차 A가 동쪽으로 10 cm/s의 일정한 속력으로 이동하고 있다.
• 질량 2 kg인 드론 B가 서쪽으로 1 m/s의 일정한 속력으로 날고 있다.
• 질량 500 g인 축구공 C가 서쪽으로 10 cm/s의 일정한 속력으로 굴러가고 있다.

물체 A, B, C의 운동량의 크기를 옳게 비교한 것은?

① A>B>C ② A>C>B
③ B>A>C ④ B>C>A
⑤ C>A>B

04 질량이 100 g인 야구공이 50 m/s의 속도로 동쪽으로 운동하고 있다. 질량이 500 g인 축구공의 운동량의 크기를 이 야구공과 같게 하려면, 축구공의 속도의 크기는?

① 10 m/s ② 20 m/s ③ 30 m/s
④ 40 m/s ⑤ 50 m/s

05 그림은 직선상에서 2 m/s의 속도로 운동하고 있는 질량이 2 kg인 물체에 운동 방향으로 작용하는 힘의 크기를 시간에 따라 나타낸 것이다.

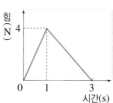

0~3초 동안 이 물체가 받은 충격량의 크기는?

① 2 N·s ② 4 N·s ③ 6 N·s
④ 8 N·s ⑤ 10 N·s

중요
06 그림과 같이 질량이 5 kg인 공이 5 m/s의 속력으로 벽에 수직으로 충돌한 후 반대 방향으로 v의 속력으로 튀어 나왔다.

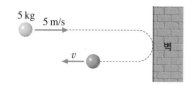

공이 벽과 충돌할 때 벽이 공에 가한 충격량의 크기가 45 N·s라면 공이 튀어 나오는 속력 v는?

① 1 m/s ② 2 m/s ③ 4 m/s
④ 8 m/s ⑤ 20 m/s

[07~08] 그림과 같이 직선상에서 질량이 같은 두 물체 A와 B가 각각 일정한 속도 v_A, v_B로 운동하다가 충돌하였다. 충돌 후 두 물체는 원래 운동하던 방향으로 운동하였다.

07 이에 대한 설명으로 옳은 것만을 [보기]에서 있는 대로 고른 것은? (단, 모든 마찰은 무시한다.)

> • 보기 •
> ㄱ. 충돌 전 A의 속도 크기는 B의 속도 크기보다 크다.
> ㄴ. 충돌 전 A의 운동 방향은 충돌할 때 A가 받은 충격량의 방향과 같다.
> ㄷ. 충돌 시 A에 작용한 충격량의 크기는 B에 작용한 충격량의 크기와 같다.

① ㄱ   ② ㄴ   ③ ㄱ, ㄷ
④ ㄴ, ㄷ   ⑤ ㄱ, ㄴ, ㄷ

서술형
08 충돌 시 B가 받은 충격량의 방향과 충돌 전 B의 운동 방향 사이의 관계를 그 까닭과 함께 서술하시오.

중요
09 그림은 마찰이 없는 수평면 위에서 직선 운동하는 물체 A, B의 운동량을 시간에 따라 나타낸 것이다. 물체 A, B의 질량은 2 kg으로 같다.
이 물체의 운동에 대한 설명으로 옳은 것만을 [보기]에서 있는 대로 고른 것은?

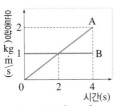

> • 보기 •
> ㄱ. 0~4초 동안 물체 A가 받은 충격량의 크기는 2 N·s이다.
> ㄴ. 4초 때 물체 A의 속력은 0.5 m/s이다.
> ㄷ. B에 작용하는 힘은 A에 작용하는 힘보다 크다.

① ㄱ   ② ㄴ   ③ ㄱ, ㄷ
④ ㄴ, ㄷ   ⑤ ㄱ, ㄴ, ㄷ

서술형
10 그림은 원주민이 긴 대롱 모양의 바람총에 작은 화살을 넣고, 화살을 넣은 쪽 대롱에 입을 대고 수평 방향으로 불어 화살을 쏘는 모습을 나타낸 것이다. 같은 크기의 힘으로 불어도 길이가 긴 바람총을 사용하면 화살은 더욱 멀리 날아간다.

바람총의 길이가 길수록 화살이 멀리 날아가는 까닭을 다음 단어를 모두 포함하여 서술하시오.

> 힘, 시간, 운동량의 변화량

[11~12] 그림과 같이 질량이 2 kg인 공이 6 m/s의 속도로 벽에 수직으로 충돌한 후 반대 방향으로 5 m/s의 속도로 튀어 나왔다.

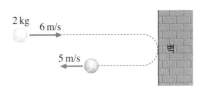

11 공이 벽과 충돌할 때 공이 벽에 가한 충격량의 크기는?

① 6 N·s   ② 12 N·s   ③ 18 N·s
④ 20 N·s   ⑤ 22 N·s

중요
12 공이 벽과 접촉한 시간이 0.01초라면, 벽이 공에 가한 평균 힘의 크기는?

① 120 N   ② 220 N   ③ 550 N
④ 1000 N   ⑤ 2200 N

13 그림은 마찰이 없는 수평면 위에 정지해 있는 질량이 2 kg인 물체에 수평면과 나란한 방향으로 작용한 힘을 시간에 따라 나타낸 것이다.
4초일 때 물체의 속력은 2초일 때의 몇 배인지 쓰시오.

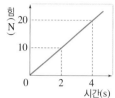

중요
14 그림은 마찰이 없는 직선상에서 운동하는 질량이 5 kg인 물체의 운동량을 시간에 따라 나타낸 것이다.
이 물체의 운동에 대한 설명으로 옳은 것만을 [보기]에서 있는 대로 고른 것은?

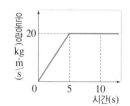

> • 보기 •
> ㄱ. 5초 후 이 물체의 속도의 크기는 4 m/s이다.
> ㄴ. 0~5초 동안 물체에 작용한 힘의 크기는 4 N이다.
> ㄷ. 0~10초 동안 물체가 받은 충격량의 크기는 20 N·s이다.

① ㄱ   ② ㄴ   ③ ㄱ, ㄷ
④ ㄴ, ㄷ   ⑤ ㄱ, ㄴ, ㄷ

C 충돌과 안전장치

서술형
15 그림과 같이 멀리뛰기 선수는 착지할 때 무릎을 살짝 구부린다.

무릎을 구부리는 까닭을 다음 단어를 포함하여 서술하시오.

> 충돌 시간, 힘

[16~17] 그림 (가)는 똑같은 유리컵 2개를 같은 높이에서 시멘트 바닥과 푹신한 방석에 떨어뜨릴 때 시멘트 바닥에 떨어진 유리컵만 깨지는 모습을, (나)는 이때 유리컵에 작용하는 힘의 크기를 시간에 따라 나타낸 것이다.

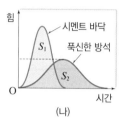

(가)   (나)

중요
16 이에 대한 설명으로 옳은 것만을 [보기]에서 있는 대로 고른 것은?

> • 보기 •
> ㄱ. (나)에서 그래프 아랫부분의 넓이 S_1과 S_2는 같다.
> ㄴ. 유리컵에 힘이 작용한 시간은 시멘트 바닥에 떨어질 때와 푹신한 방석에 떨어질 때가 같다.
> ㄷ. 유리컵에 작용하는 평균 힘의 크기는 시멘트 바닥에 떨어질 때가 푹신한 방석에 떨어질 때보다 크다.

① ㄱ   ② ㄴ   ③ ㄱ, ㄴ
④ ㄱ, ㄷ   ⑤ ㄴ, ㄷ

17 유리컵을 푹신한 방석에 떨어뜨릴 때 깨지지 않는 것과 같은 원리로 설명할 수 <u>없는</u> 것은?
① 달걀을 깰 때 딱딱한 모서리에 두드린다.
② 자동차 충돌 시 에어백이 있는 차가 좀 더 안전하다.
③ 공기가 충전된 포장재를 이용하여 물건을 보호한다.
④ 공을 받을 때 글러브 낀 손을 뒤로 빼면서 받는다.
⑤ 자전거를 탈 때 내부 패딩이 있는 안전모를 착용한다.

01 그림 (가)는 마찰이 없는 수평면 위에 정지해 있던 질량이 2 kg인 물체가 수평 방향으로 힘을 받는 모습을, (나)는 물체가 받은 힘의 크기를 시간에 따라 나타낸 것이다.

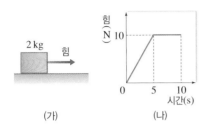

(가)   (나)

물체의 운동에 대한 설명으로 옳은 것만을 [보기]에서 있는 대로 고른 것은?

┌─ 보기 ─────────────────────────────┐
│ ㄱ. 0~10초 동안 물체가 받은 충격량의 크기는 │
│   75 N·s이다.   │
│ ㄴ. 5초일 때 물체의 운동량의 크기는 25 kg·m/s │
│   이다.   │
│ ㄷ. 10초일 때 물체의 속도의 크기는 25 m/s이다. │
└────────────────────────────────────┘

① ㄱ   ② ㄴ   ③ ㄱ, ㄴ
④ ㄱ, ㄷ   ⑤ ㄴ, ㄷ

02 그림은 마찰이 없는 수평면 위에 정지해 있는 질량이 1 kg인 물체 A와 질량이 2 kg인 물체 B에 수평면과 나란한 방향으로 작용하는 힘의 크기를 시간에 따라 나타낸 것이다.

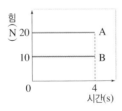

이에 대한 설명으로 옳은 것만을 [보기]에서 있는 대로 고른 것은?

┌─ 보기 ─────────────────────────────┐
│ ㄱ. A는 속도가 일정한 운동을 한다.   │
│ ㄴ. 4초일 때 B의 속도의 크기는 20 m/s이다. │
│ ㄷ. 0~4초 동안 A의 충격량은 B의 2배이다.   │
└────────────────────────────────────┘

① ㄱ   ② ㄴ   ③ ㄱ, ㄷ
④ ㄴ, ㄷ   ⑤ ㄱ, ㄴ, ㄷ

03 그림과 같이 질량이 2 kg인 공이 10 m/s의 속도로 벽에 수직으로 충돌한 후 처음 운동 방향과 반대 방향으로 5 m/s의 속도로 튀어 나왔다.

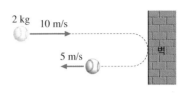

이에 대한 설명으로 옳은 것만을 [보기]에서 있는 대로 고른 것은?

┌─ 보기 ─────────────────────────────┐
│ ㄱ. 충돌 전 공의 운동량의 크기는 20 kg·m/s이다. │
│ ㄴ. 공이 받은 충격량의 크기는 10 N·s이다.   │
│ ㄷ. 공이 받은 평균 힘의 크기가 300 N이라면, 공 │
│   과 벽은 0.1초 동안 접촉해 있었다.   │
└────────────────────────────────────┘

① ㄱ   ② ㄴ   ③ ㄱ, ㄷ
④ ㄴ, ㄷ   ⑤ ㄱ, ㄴ, ㄷ

04 그림과 같이 똑같은 공 A와 B가 같은 높이에서 떨어지면서 A는 푹신한 방석과 충돌하여 정지하였고 B는 단단한 바닥과 충돌하고 나서 반대 방향으로 튀어 올랐다.

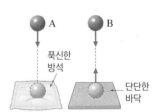

이에 대한 설명으로 옳은 것만을 [보기]에서 있는 대로 고른 것은? (단, 공기 저항은 무시한다.)

┌─ 보기 ─────────────────────────────┐
│ ㄱ. 바닥에 충돌하기 직전 공 A와 B의 운동량은 같다. │
│ ㄴ. 각각의 바닥으로부터 공 A와 B가 받은 충격량   │
│   의 크기는 같다.   │
│ ㄷ. 공 B가 바닥과 충돌한 직후 운동량의 방향은 충 │
│   돌 시 받는 힘의 방향과 같다.   │
└────────────────────────────────────┘

① ㄱ   ② ㄴ   ③ ㄱ, ㄴ
④ ㄱ, ㄷ   ⑤ ㄴ, ㄷ

01 그림과 같이 대기가 없는 위성에서 물체를 자유 낙하 시켰더니 2초, 4초일 때 물체의 속도는 각각 **4 m/s, 8 m/s**가 되었다.
이 물체의 운동에 대한 설명으로 옳은 것만을 [보기]에서 있는 대로 고른 것은?

정지

2초
4 m/s

4초
8 m/s

• 보기 •
ㄱ. 1초일 때 속도의 크기는 3 m/s이다.
ㄴ. 가속도의 크기는 $2 \ m/s^2$이다.
ㄷ. 물체는 위성 표면에 충돌할 때까지 등가속도 운동을 한다.

① ㄱ　　　② ㄷ　　　③ ㄱ, ㄴ
④ ㄴ, ㄷ　　　⑤ ㄱ, ㄴ, ㄷ

02 그림과 같이 건물 옥상에서 정지해 있던 물체를 수평 방향으로 던졌더니 잠시 후 지면에 도달하였다.
이 물체의 (가)연직 방향의 속도 – 시간 그래프와 (나)수평 방향의 속도 – 시간 그래프를 옳게 짝 지은 것은? (단, 공기 저항은 무시한다.)

지면

① 　(가)　　　(나)

②

③

④

⑤

03 그림은 직선 운동하는 자동차 A와 B의 속도를 시간에 따라 나타낸 것이다. A와 B의 질량은 같다.
이에 대한 설명으로 옳은 것만을 [보기]에서 있는 대로 고른 것은?

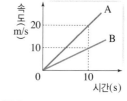

• 보기 •
ㄱ. 가속도의 크기는 A가 B보다 크다.
ㄴ. 자동차에 작용하는 힘의 크기는 A가 B보다 크다.
ㄷ. 자동차 A와 B는 등가속도 운동을 한다.

① ㄱ　　　② ㄷ　　　③ ㄱ, ㄴ
④ ㄴ, ㄷ　　　⑤ ㄱ, ㄴ, ㄷ

04 그림과 같이 같은 높이에서 질량이 2 kg인 물체 A를 1 m/s의 속도로 왼쪽 수평 방향으로 던졌다. 동시에 질량이 1 kg인 물체 B를 2 m/s의 속도로 오른쪽 수평 방향으로 던졌더니 A와 B는 각각 포물선 궤도를 그리면서 운동하였다.

1 m/s
A
2 kg

B
1 kg
2 m/s

지면

두 물체의 운동에 대한 설명으로 옳은 것만을 [보기]에서 있는 대로 고른 것은? (단, 공기 저항은 무시한다.)

• 보기 •
ㄱ. 지면에 도달하는 시간은 A가 B보다 길다.
ㄴ. 지면에 도달할 때까지 수평 방향으로 이동한 거리는 물체 B가 A의 2배이다.
ㄷ. 물체 A와 B가 날아가는 동안 중력의 크기는 A가 B의 2배이다.

① ㄱ　　　② ㄷ　　　③ ㄱ, ㄴ
④ ㄴ, ㄷ　　　⑤ ㄱ, ㄴ, ㄷ

[05~07] 그림과 같이 높이가 같은 두 탑 위에서 물체 A를 수평 방향으로 30 m/s의 속도로 던지는 동시에 물체 B를 자유 낙하 시켰더니 2초 후에 지면에 닿기 전 점 P에서 충돌하였다. (단, 중력 가속도는 10 m/s²이고, 공기 저항은 무시한다.)

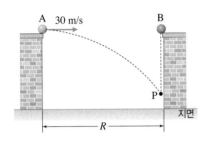

05 이에 대한 설명으로 옳은 것만을 [보기]에서 있는 대로 고른 것은?

┌─ 보기 ─────────────────────────┐
ㄱ. A에는 수평 방향으로 일정한 힘이 작용한다.
ㄴ. B는 속도가 일정하게 증가한다.
ㄷ. B에 작용하는 힘의 크기는 점점 증가한다.
└────────────────────────────┘

① ㄱ   ② ㄴ   ③ ㄱ, ㄷ

④ ㄴ, ㄷ   ⑤ ㄱ, ㄴ, ㄷ

06 점 P에 충돌하기 직전 공 A의 수평 방향 속도의 크기는?

① 10 m/s   ② 20 m/s   ③ 30 m/s

④ 40 m/s   ⑤ 50 m/s

07 두 탑 사이의 거리 R는?

① 30 m   ② 40 m   ③ 50 m

④ 60 m   ⑤ 70 m

08 지구에서 일어나는 자연 현상이나 생명 활동은 중력과 관련이 있다. 지구에 중력이 작용하여 나타나는 현상만을 [보기]에서 있는 대로 고른 것은?

┌─ 보기 ─────────────────────────┐
ㄱ. 식물의 뿌리는 땅속을 향해 자라고 줄기는 그 반대 방향으로 자란다.
ㄴ. 대기는 수소나 헬륨과 같이 가볍고 빠른 기체보다는 산소나 질소와 같은 비교적 무겁고 느린 기체로 구성되어 있다.
ㄷ. 강물이나 바닷물이 증발한다.
└────────────────────────────┘

① ㄱ   ② ㄷ   ③ ㄱ, ㄴ

④ ㄴ, ㄷ   ⑤ ㄱ, ㄴ, ㄷ

09 그림은 직선상에서 운동하는 질량이 1 kg인 물체의 운동량을 시간에 따라 나타낸 것이다.

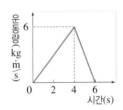

이에 대한 설명으로 옳은 것만을 [보기]에서 있는 대로 고른 것은? (단, 중력 가속도는 10 m/s²이고, 모든 마찰은 무시한다.)

┌─ 보기 ─────────────────────────┐
ㄱ. 0~4초 동안 물체가 받은 힘의 크기는 1.5 N이다.
ㄴ. 0~4초 동안 물체가 받은 충격량의 크기는 4초~6초 동안 물체가 받은 충격량의 크기와 같다.
ㄷ. 2초~4초 동안 물체가 받은 힘의 방향은 4초~6초 동안 물체가 받은 힘의 방향과 같다.
└────────────────────────────┘

① ㄱ   ② ㄷ   ③ ㄱ, ㄴ

④ ㄴ, ㄷ   ⑤ ㄱ, ㄴ, ㄷ

10 그림 (가)는 마찰이 없는 수평면 위에 정지해 있는 질량이 **5 kg**인 물체에 수평면과 나란한 방향으로 힘을 작용하는 모습을, (나)는 이 물체가 받는 힘의 크기를 시간에 따라 나타낸 것이다.

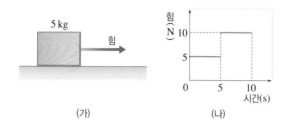

(가)   (나)

물체의 운동에 대한 설명으로 옳은 것만을 [보기]에서 있는 대로 고른 것은?

┌─ 보기 ─────────────────────────────┐
ㄱ. 5초일 때 물체의 운동량의 크기는 25 kg·m/s이다.
ㄴ. 0~10초 동안 물체의 운동량의 변화량의 크기는 75 N·s이다.
ㄷ. 5초~10초 동안 물체는 속도가 일정한 운동을 한다.
└────────────────────────────────┘

① ㄱ   ② ㄴ   ③ ㄱ, ㄴ
④ ㄱ, ㄷ   ⑤ ㄴ, ㄷ

11 그림과 같이 자동차 A와 B가 같은 속도로 달리다가 짚더미와 벽에 각각 충돌하였다. 충돌 후 자동차는 모두 정지하였으며 자동차 B가 A보다 더 크게 파손되었다. 두 자동차의 질량은 같다.

이에 대한 설명으로 옳은 것만을 [보기]에서 있는 대로 고른 것은?

┌─ 보기 ─────────────────────────────┐
ㄱ. 충돌하는 동안 자동차가 받은 충격량의 크기는 A와 B가 같다.
ㄴ. 충돌하는 동안 자동차가 받은 평균 힘의 크기는 B가 A보다 크다.
ㄷ. 자동차가 정지할 때까지 걸린 시간은 B가 A보다 길다.
└────────────────────────────────┘

① ㄱ   ② ㄷ   ③ ㄱ, ㄴ
④ ㄴ, ㄷ   ⑤ ㄱ, ㄴ, ㄷ

서술형 문제

12 그림은 질량이 각각 m_1, m_2인 물체 A, B가 거리 r만큼 떨어져 있을 때 두 물체 사이에 작용하는 힘 F_1, F_2를 나타낸 것이다.

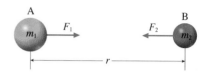

두 물체 사이에 작용하는 힘의 크기를 크게 하는 방법을 두 가지 서술하시오.

_____

_____

13 그림은 책상 끝에 있는 공을 수평 방향으로 던졌을 때 공의 위치를 일정한 시간 간격으로 나타낸 것이다.

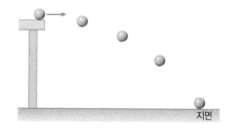

공기 저항을 무시할 때 공에 작용하는 힘과 운동을 수평 방향과 연직 방향으로 나누어 서술하시오.

_____

_____

14 그림은 똑같은 유리컵을 같은 높이에서 푹신한 방석과 시멘트 바닥에 떨어뜨렸을 때, 유리컵이 받는 힘의 크기를 시간에 따라 나타낸 것이다. 그래프 아랫부분의 넓이는 $S_1=S_2$이다.

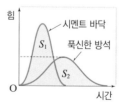

유리컵이 푹신한 방석에 떨어질 때는 깨지지 않고 시멘트 바닥에 떨어질 때는 깨지는 까닭을 서술하시오.

_____

_____

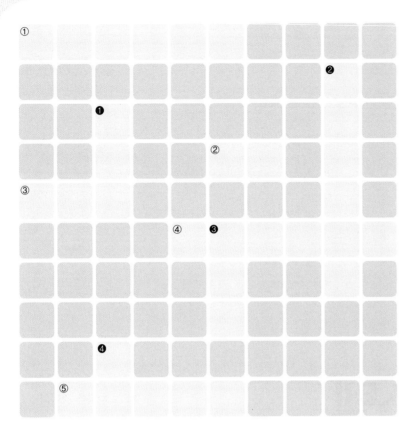

다음 설명이 뜻하는 용어를 □ 안에 가로 또는 세로로 쓰시오.

가로
① 여러 가지 힘이 물체들 사이에 상호 작용 하면서 전체적으로 일정한 운동 체계를 유지하고 있는 시스템이다.
② 물체가 현재의 운동 상태를 유지하려는 성질이다.
③ 물체가 받은 충격의 정도를 나타내는 양이다.
④ 물체의 속도가 일정하게 변하는 운동으로, 가속도가 일정한 운동이다.
⑤ 지표면 근처에서 자유 낙하 하는 물체의 가속도로, 지표면 근처에서 약 9.8 m/s^2의 값을 가진다.

세로
❶ 운동하는 물체의 운동 효과를 나타내는 양이다.
❷ 공기 저항을 무시할 때 물체가 중력만 받아 낙하하는 운동이다.
❸ 물체의 단위 시간당 속도 변화량을 의미한다.
❹ 지구와 물체 사이에 상호 작용 하는 힘으로, 일반적으로는 질량이 있는 모든 물체 사이에 상호 작용 하는 힘이다.

재미있는 과학 이야기

포수의 글러브에는 특별한 점이 있다?

포수는 야구 경기에서 투수의 공을 받는 역할을 한다. 투수가 온 힘을 다해 던진 빠른 공을 받는 순간, 포수는 손에 큰 충격을 받게 된다. 빠르게 날아오던 공을 잡으면서 공의 운동량이 손에 그대로 전달되기 때문이다.

따라서 수비를 하는 포수가 받는 충격을 줄이기 위해 포수의 글러브에 특별한 장치를 한다. 바로 '미트'라고 불리는 충격 흡수용 보호 패드를 붙이는 것이다. 포수의 손을 보호하기 위해 사용하는 미트에 의해 포수의 글러브는 다른 선수의 글러브보다 훨씬 두껍다.

미트

지구 시스템

중학교에서 **배운 내용을 확인**하고, 이 단원에서 **학습할 개념**과 **연결**지어 보자.

◯ 지구계(지구 시스템)

(1) 계(시스템) : 일정한 구성 요소들의 상호 작용으로 이루어진 집합

(2) ① [   ] : 지구를 구성하며 서로 영향을 주고받는 요소들의 집합

(3) 지구계의 구성 요소

지권	② [ ]	③ [ ]	생물권	외권
지구의 겉 부분인 지각과 지구 내부로 구성	지구를 둘러싸고 있는 대기	바다, 빙하, 강, 호수 등 지구에 있는 물	지구에 살고 있는 모든 생물	기권의 바깥 영역인 우주 공간

◯ 지구계의 물질 순환

(1) ④ [   ] : 물은 고체, 액체, 기체로 상태 변화하면서 지권, 기권, 수권, 생물권을 순환한다.

(2) 탄소의 순환 : 탄소는 지권, 기권, 수권, 생물권에 다양한 형태로 존재하며, 지구계 각 권을 순환한다.

◯ 판 구조론과 판 경계

(1) 판 구조론 : 지구의 표면은 여러 개의 판으로 이루어져 있으며, 판이 움직이면서 판 경계에서 화산 활동, 지진과 같은 지각 변동이 일어난다는 이론

(2) 판 경계 : 판과 판의 경계로, 이웃한 판의 이동 방향에 따라 구분한다.

⑤ [ ] 경계	발산형 경계	⑦ [ ] 경계
판과 판이 서로 가까워지는 경계	판과 판이 서로 ⑥ [ ] 경계	판과 판이 서로 어긋나는 경계

◯ 화산 활동과 지진

(1) ⑧ [   ] : 마그마가 지각의 약한 틈을 뚫고 지표로 빠져나오는 현상

(2) ⑨ [   ] : 지구 내부의 급격한 변동에 의해 땅이 흔들리는 현상

01 지구 시스템의 에너지와 물질 순환

핵심 짚기　○ 지구 시스템 구성 요소의 특징　○ 지구 시스템 구성 요소의 상호 작용
○ 지구 시스템의 에너지원 비교　○ 물의 순환과 탄소의 순환

A 지구 시스템의 구성 요소

1 태양계와 지구 시스템❶
① 태양계 : 태양, 행성, 위성, 소행성 등 구성 천체의 중력으로 유지되는 역학적 시스템
② 지구 시스템 : 지구를 구성하는 지권, 기권, 수권, 생물권, 외권이 서로 영향을 주고 받으며 이루어진 시스템

☆ 2 지구 시스템 구성 요소의 특징
① 지권 : 지구 표면과 지구 내부를 포함하는 깊이 약 6400 km인 영역 ➡ 층상 구조 : 지각, 맨틀, 외핵, 내핵으로 구분

지각	• 지구의 겉 부분으로, 대륙 지각과 해양 지각으로 구분한다. • 규산염 물질로 이루어져 있으며, 고체 상태이다.
맨틀	• 지권 전체 부피의 약 80 %를 차지한다. • 고체 상태이지만 유동성이 있어 대류가 일어난다.
핵 외핵	• 철과 니켈 등 무거운 물질로 이루어져 있어 밀도가 크다. • 액체 상태의 외핵과 고체 상태의 내핵으로 구분한다.
내핵	• 외핵에서 철과 니켈의 대류로 지구 자기장이 형성된다.
특징	• 생명체에게 필요한 물질을 공급하고 서식 공간을 제공한다. • 화산 활동으로 기후 변화가 발생한다. • 수륙 분포는 대기와 해수의 순환에 영향을 준다.

② 기권 : 지구를 둘러싸고 있는 대기권으로, 높이 약 1000 km인 영역❷ ➡ 층상 구조 : 높이에 따른 기온 분포를 기준으로 대류권, 성층권, 중간권, 열권으로 구분

열권	• 높이 올라갈수록 기온이 급격히 높아진다. • 공기가 희박하여 낮과 밤의 기온 차가 매우 크다. *오로라 발생
중간권	• 높이 올라갈수록 기온이 낮아진다. ➡ 불안정한 층 • 대류는 일어나지만 수증기가 거의 없기 때문에 기상 현상은 나타나지 않는다.
성층권	• 높이 올라갈수록 기온이 높아진다. ➡ 안정한 층 • 높이 20 km~30 km 구간에 오존층이 존재한다.
대류권	• 높이 올라갈수록 기온이 낮아진다. ➡ 불안정한 층 • 대류가 일어나고 기상 현상(눈, 비, 구름 등)이 나타난다.
특징	• 온실 효과로 지구를 보온한다. • 우주에서 지구로 유입되는 물질을 차단한다. • 생물의 호흡과 광합성에 필요한 산소와 이산화 탄소를 공급한다. • 오존층은 지표에 도달하는 자외선을 차단하여 지상의 생명체를 보호한다.

③ 수권 : 해수, 빙하, 지하수, 강, 호수 등 지구에 분포하는 물❸ ➡ 해수의 층상 구조 : 깊이에 따른 수온 분포를 기준으로 혼합층, 수온 약층, 심해층으로 구분

혼합층	• 태양 복사 에너지를 흡수하여 수온이 높다. • 바람의 혼합 작용으로 깊이에 따른 수온이 거의 일정하다. • 바람의 세기가 강할수록 두께가 두꺼워진다.
수온 약층	• 깊어질수록 수온이 급격하게 낮아진다. ➡ 안정한 층 • 혼합층과 심해층 사이의 물질과 에너지 교환을 차단한다. ➡ 해수의 연직 운동이 잘 일어나지 않기 때문
심해층	• 수온이 낮고 깊이에 따른 수온 변화가 거의 없다. • 위도나 계절에 관계없이 수온이 거의 일정하다.
특징	• 태양 에너지를 저장하여 지구 온도를 일정하게 유지한다. • 열에너지를 운송한다.

Plus 강의

❶ 중력의 영향
태양계와 지구 시스템은 중력의 영향을 받고 있다.
• **태양계** : 성운이 수축하여 태양 탄생, 미행성체들이 충돌하여 지구 형성, 행성이 태양으로부터 일정한 거리 유지
• **지구 시스템** : 지권의 층상 구조 형성, 지구 대기 형성, 대기 질량의 약 99 %는 높이 약 30 km 이내에 분포

❷ 지구 대기의 구성 성분(부피비)
대부분 질소와 산소로 이루어져 있다.

질소 78 %
산소 21 %
아르곤 0.93 %
이산화 탄소 0.03 %
기타 0.04 %

❸ 수권의 분포
수권의 대부분은 해수이고, 육수의 대부분은 빙하이다.

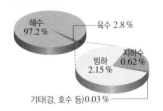

해수 97.2 %
육수 2.8 %
빙하 2.15 %
지하수 0.62 %
기타(강, 호수 등) 0.03 %

🔍 용어 돋보기
* **오로라(aurora)**_태양에서 방출된 대전 입자가 극지방의 대기로 진입하면서 공기를 이루는 분자와 충돌하여 빛을 내는 현상

④ 생물권 : 지구에 살고 있는 모든 생물 ➡ 지권, 기권, 수권에 걸쳐 분포

특징	• 풍화를 일으키고, 광합성과 호흡을 통해 기권의 성분을 변화시킨다. • 토양 속 미생물은 생물 사체나 배설물을 분해하는 과정에서 토양의 성분을 변화시킨다.

⑤ 외권 : 기권 바깥의 우주 공간 ⑩ 태양, 달, 별, 은하

특징	• 외권과 지구의 물질 교환은 거의 없다. • 태양 에너지는 지구 시스템에 많은 영향을 준다. • 지구 자기장은 우주선이나 태양풍을 차단하여 지구의 생명체를 보호한다.❺

B 지구 시스템 구성 요소의 상호 작용

1 지구 시스템의 상호 작용 지구 시스템의 각 권은 서로 영향을 주고받으면서 균형을 이룬다.
① 어느 한 권의 변화는 다른 권에도 영향을 준다.
② 상호 작용은 각 권 내에서도 일어나고, 서로 다른 권 사이에서도 일어난다.

▲ 지구 시스템 구성 요소의 상호 작용

☆2 지구 시스템 구성 요소의 상호 작용의 예❻ **여기서잠깐** 116쪽

근원＼영향	지권	기권	수권	생물권
지권	판의 운동, 대륙의 이동	화산 기체 방출, 황사❼	지진 해일 발생, 염류 공급	생물의 서식처 제공, 영양분 공급
기권	풍화·침식 작용, 버섯바위 형성	대기 대순환, 전선 형성	해류 발생, 강수 현상	호흡에 필요한 산소와 광합성에 필요한 이산화 탄소 공급
수권	물의 침식 작용, 해식 동굴 형성	태풍 발생	해수의 혼합	수중 생물의 서식처 제공
생물권	화석 연료 생성, 생물에 의한 풍화·침식❽	광합성과 호흡으로 대기 조성 변화	수권에 용해된 물질 흡수	먹이 사슬 유지

3 지구 시스템의 구성 요소가 생명 유지에 기여하는 원리❾

지권	과거에 판게아가 분리되면서 기후가 다양해져 다양한 생물 출현	기권	생물에 유해한 자외선 차단, 강수 현상으로 생물 성장, 대부분의 운석 차단
수권	원시 바다의 형성 이후 대기 중 이산화 탄소가 바다에 녹으면서 과도한 온실 효과 방지	생물권	식물의 광합성으로 대기 중에 산소 공급
		외권	태양과의 거리가 적당하여 태양 에너지를 적당히 흡수

개념 쏙쏙

정답과 해설 27쪽

1 지구 시스템의 구성 요소에 대한 설명으로 옳은 것은 ○, 옳지 않은 것은 ×로 표시하시오.
(1) 지권 중 가장 많은 부피를 차지하는 층은 맨틀이다. ·············· (   )
(2) 기권에서 산소는 질소보다 많은 양을 차지한다. ·············· (   )
(3) 해수는 염분 분포에 따라 혼합층, 수온 약층, 심해층으로 구분한다. (   )

2 다음 현상이 일어나는 과정에서 상호 작용을 하는 지구 시스템의 구성 요소를 쓰시오.
(1) 구름 발생 : (   ) ⟷ 기권   (2) 지진 해일 : (   ) ⟷ 수권

---

❺ **지구 자기장**

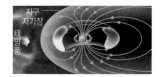

지구 자기력이 미치는 공간을 지구 자기장이라고 한다.

❻ **외권의 상호 작용의 예**
▶ 외권 ↔ 기권 : 오로라 발생, 오존층에서 자외선 흡수 및 차단
▶ 지권 ↔ 외권 : 지구 자기장 형성

❼ **황사**
황사는 중국 북부나 몽골 사막에서 바람에 날려 상공으로 올라간 미세한 모래 먼지가 상층의 편서풍을 타고 이동하면서 서서히 내려오는 현상으로, 주로 봄철에 발생한다.

❽ **화석 연료**
화석 연료는 생물의 유해가 지층 속에 묻힌 후 오랜 시간에 걸쳐 높은 열과 압력을 받아 생성된 것으로, 오늘날 연료로 이용한다. ⑩ 석탄, 석유, 천연가스 등

❾ **생명체가 존재하기 위한 조건**
▶ 행성에 안정적으로 에너지를 공급해 주는 별 존재
▶ 행성 표면에 액체 상태의 물 존재
▶ 행성에 적절한 두께의 대기 존재
▶ 행성에 자기장 분포
➡ 지구는 위 조건을 모두 만족하기 때문에 생명체가 존재할 수 있다.

01 지구 시스템의 에너지와 물질 순환

C 지구 시스템의 에너지 흐름

☆1 지구 시스템의 에너지원

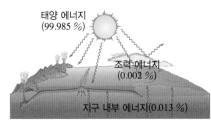

태양 에너지 (99.985 %)
조력 에너지 (0.002 %)
지구 내부 에너지(0.013 %)

- 지구 시스템의 에너지원 : 태양 에너지, 지구 내부 에너지, 조력 에너지❶
- 에너지양의 상대적 비율 : 태양 에너지가 가장 많다.

태양 에너지	• 발생 원인 : 태양의 수소 핵융합 반응 • 지구 시스템에서 자연 현상을 일으키는 근원적인 에너지 • 기상 현상과 해류를 발생시키고, 풍화와 침식 작용을 일으킨다. • 일부는 생물에 흡수되어 생명 활동에 필요한 에너지로 이용, 화석 연료의 근원
지구 내부 에너지	• 발생 원인 : 지구 내부의 방사성 원소의 붕괴열❷ • 맨틀 대류를 일으켜 지진, 화산 활동, 판의 운동을 일으킨다. • 외핵의 운동을 일으켜 지구 자기장을 형성한다.
조력 에너지	• 발생 원인 : 달과 태양의 인력 • 밀물과 썰물을 일으켜 해안 지역의 생태계와 지형 변화에 영향을 준다.

2 지구 시스템의 에너지 흐름

① 위도별 에너지 불균형 : 단위 면적의 지표면에 도달하는 태양 복사 에너지양이 다르다.❸

② 지구 전체의 에너지 평형 : 대기와 해수의 순환을 통해 저위도 지역의 남는 에너지가 고위도 지역으로 이동하여 지구는 전체적으로 에너지 평형을 이룬다.❹

③ 에너지는 지구 시스템을 이동하면서 다양한 자연 현상 및 물질의 순환을 일으킨다.

D 지구 시스템의 물질 순환

☆1 물의 순환

① 물의 순환을 일으키는 주된 에너지원 : 태양 에너지

② 물은 고체, 액체, 기체로 상태가 변하면서 지구 시스템을 순환한다. ➡ 지권, 기권, 수권, 생물권에 영향을 주고, 에너지를 지구 전체에 고르게 분산한다.

물의 이동	예시
수권 ➡ 기권	바다, 강, 호수의 물이 태양 에너지를 흡수하여 수증기가 된다.
기권 ➡ 지권	수증기 응결 → 구름 형성 → 비나 눈이 되어 지표로 이동
지권 ➡ 기권	화산 활동으로 방출된 수증기가 기권으로 이동
수권 ➡ 생물권	지표와 바다에 내린 강수의 일부는 생물에 흡수된다.
생물권 ➡ 기권	식물의 증산 작용

③ 물의 평형 : 각 권에서 물의 양은 일정하게 유지되어 평형을 이루고 있다.

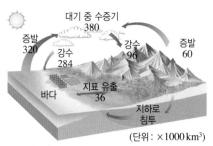

대기 중 수증기 380
증발 320
강수 284
강수 96
증발 60
지표 유출 36
바다
지하로 침투
(단위 : ×1000 km³)

구분	물을 얻은 양(유입량)	물을 잃은 양(유출량)
육지	강수(96)	증발(60)＋바다로 유출(36)＝96
바다	강수(284)＋육지로 부터 유입(36)＝320	증발(320)
대기	육지 증발(60)＋바다 증발(320)＝380	육지 강수(96)＋바다 강수(284)＝380

- 각 권에서 물을 얻은 양＝물을 잃은 양
- 총 강수량＝총 증발량

▲ 물의 순환 지구 시스템 전체의 물의 양은 일정하다.

Plus 강의

❶ 에너지원의 전환

태양 에너지, 지구 내부 에너지, 조력 에너지는 다양한 형태의 에너지(열에너지, 운동 에너지 등)로 전환되지만, 에너지원 사이에는 전환되지 않는다.

❷ 방사성 원소의 붕괴열

- 방사성 원소는 불안정한 원자핵이 스스로 붕괴하면서 방사선을 방출하는 원소이다.
- 지각이나 맨틀에서 발생하는 방사성 원소의 붕괴열은 맨틀 상부와 하부의 온도 차를 발생시켜 맨틀 대류의 원동력이 된다.
- 철이나 니켈과 같은 안정된 원소로 구성되어 있는 핵에서는 방사성 원소의 붕괴가 거의 일어나지 않는다.

❸ 위도에 따른 태양 복사 에너지양

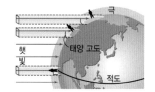

극
태양 고도
햇빛
적도

지구는 구형이기 때문에 저위도로 갈수록 태양 고도가 높아 단위 면적의 지표면이 받는 태양 복사 에너지양이 많아진다.

❹ 에너지 평형을 이루는 현상의 예-태풍

- 발생과 소멸 : 태양 에너지로 적도 부근 해수의 수온 상승 → 따뜻한 해수의 증발로 구름 발생 → 태풍으로 성장 → 육지 상륙 후 수증기 공급 감소와 육지와의 마찰로 점차 소멸
➡ 수권과 기권의 상호 작용으로 발생
- 에너지와 물질 이동 : 태풍은 저위도의 에너지를 고위도로 전달하고, 고위도로 이동하면서 많은 양의 비를 내려 저위도의 물을 이동시킨다.

🔍 용어 돋보기

＊ 증산(蒸 찌다, 散 흩뜨리다) 작용_식물의 잎에 있는 기공에서 공기 중으로 수증기를 방출하는 작용

⭐2 탄소의 순환

① 탄소의 존재 형태 : 각 권에서 다양한 형태로 존재한다.
- 지권 : 석회암(탄산염), 화석 연료
- 수권 : 탄산 이온(CO_3^{2-})
- 기권 : 이산화 탄소(CO_2), 메테인(CH_4)
- 생물권 : 탄소 화합물(유기물)

② 탄소의 순환 : 탄소는 여러 가지 형태로 지권, 기권, 수권, 생물권을 이동하여 순환하고, 이때 에너지의 흐름이 함께 일어난다. ➡ 지구 시스템 전체의 탄소의 양은 일정하다.

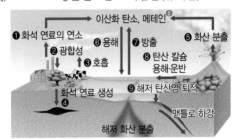

탄소의 순환▶

탄소의 이동	예시
❶ 지권 ➡ 기권	화석 연료의 연소 과정에서 이산화 탄소 배출(열에너지나 빛에너지 방출)[6]
❷ 기권 ➡ 생물권	기권의 이산화 탄소를 흡수하여 식물이 광합성을 함(화학 에너지로 저장)
❸ 생물권 ➡ 기권	생물의 호흡 과정에서 이산화 탄소를 기권으로 방출
❹ 생물권 ➡ 지권	생물의 사체가 쌓인 후 오랜 시간이 지나면 화석 연료나 석회암 형성
❺ 지권 ➡ 기권	화산 분출에 의해 이산화 탄소가 기권으로 방출(지구 내부 에너지 방출)
❻ 기권 ➡ 수권	기권의 이산화 탄소가 해수에 용해되어 탄산 이온으로 존재
❼ 수권 ➡ 기권	수온이 상승하여 수권의 탄소가 기권으로 방출(태양 에너지 흡수)
❽ 지권 ➡ 수권	강물과 지하수가 암석의 탄산 칼슘을 녹여 바다로 운반
❾ 수권 ➡ 지권	해수의 탄산 이온이 탄산염으로 해저에 퇴적되어 석회암으로 저장

3 질소의 순환 대기 중 질소는 토양 속의 세균을 통해 질산 이온으로 바뀌어 식물에게 흡수되고 동물에게 이동된다. 이러한 질소는 단백질의 구성 성분이 되며, 분해자를 통해 동식물의 배설물이나 사체가 분해되면서 질소가 기권으로 이동한다.

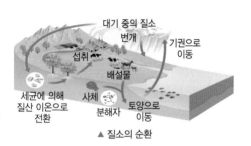

▲ 질소의 순환

---

⑤ 대기 중 탄소의 증가 요인
화석 연료의 연소(❶), 호흡(❸), 화산 분출(❺), 해수에서 방출(❼)

⑥ 지구 시스템의 균형
- 인간의 활동으로 환경 오염이 발생하여 지구 시스템의 균형이 깨지고 있다.
  예 화석 연료 사용 증가로 지구 온난화 심화, 미세 먼지 농도 증가, 산성비, 해양의 적조 현상 등
- 인위적으로 발생한 환경 문제는 인간의 합리적인 활동으로 회복될 수 있다.
  예 인간에 의해 손상된 성층권의 오존층이 오존층 파괴 물질 사용을 억제하는 등 전 인류의 노력으로 다시 원래의 모습으로 돌아가고 있다.

개념 쏙쏙

정답과 해설 27쪽

3 다음 설명에 해당하는 지구 시스템의 에너지원을 옳게 연결하시오.
(1) 지구 내부의 방사성 물질에서 나오는 에너지이다. • • ㉠ 조력 에너지
(2) 밀물과 썰물을 일으켜 해수면 높이를 변하게 한다. • • ㉡ 태양 에너지
(3) 지구 시스템의 에너지원 중 가장 많은 양을 차지한다. • • ㉢ 지구 내부 에너지

4 물의 순환을 일으키는 주된 에너지원은 ㉠(   )이고, 물이 순환하면서 각 권에서 물의 양은 ㉡(   )하게 유지되어 평형을 이루고 있다.

5 탄소의 순환에 대한 설명으로 옳은 것은 ○, 옳지 않은 것은 ×로 표시하시오.
(1) 탄소는 지권에서 주로 탄산 이온 형태로 존재한다. ·············· (   )
(2) 식물의 광합성에 의해 기권의 탄소가 생물권으로 이동한다. ·········· (   )
(3) 탄소가 순환하는 과정에서 에너지의 흐름이 일어나지 않는다. ·········· (   )

암기 꼭!

물의 평형
- 총 강수량=총 증발량
- 물을 얻은 양=물을 잃은 양
➡ 지구 시스템 전체의 물의 양 일정

지구 시스템 구성 요소의 상호 작용

지구 시스템에서 나타나는 여러 자연 현상들은 지구 시스템 구성 요소들의 상호 작용으로 발생해요. 우리 주변에서 나타나는 다양한 자연 현상들은 어떤 지구 시스템 구성 요소들의 상호 작용으로 발생하는지 알아보아요.

○ 정답과 해설 27쪽

```
        G
기권 ←——→ 외권
 ↑  ↑   ↗
A  │B  C
 │ 생물권
 ↓ ↗  ↘
지권 ←——→ 수권
      F
   D    E
```

A. 황사

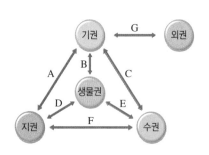

미세한 모래 먼지(지권)가 상공으로 올라가 편서풍(기권)을 타고 이동하면서 서서히 내려온다.

A. 화산 활동으로 인한 화산 기체 방출

화산 활동(지권)으로 화산재와 화산 기체가 대기로 방출되어 지구의 기온(기권)이 낮아진다.

A. 버섯바위 형성

바람(기권)에 의해 모래가 지속적으로 날려 바위의 아랫부분(지권)을 깎아 버섯바위가 형성된다.

B. 호흡과 광합성

동물과 식물(생물권)이 호흡 또는 광합성을 하면서 대기 중 산소와 이산화 탄소(기권)를 흡수 또는 방출한다.

C. 태풍 발생

적도 부근의 따뜻한 해수(수권)에서 증발한 수증기가 강한 상승 기류를 받아 응결하여 구름(기권)을 형성하면서 태풍으로 성장한다.

D. 화석 연료 생성

생물의 유해(생물권)가 지층(지권)에 퇴적되어 화석 연료가 만들어진다.

E. 물과 염류 제공

해수(수권)는 살아가는 데 필요한 물과 염류를 생물(생물권)에게 제공한다.

F. 지진 해일(쓰나미) 발생

해저에서 급격히 발생한 지각 변동(지권)에 의해 해일(수권)이 발생한다.

F. 해식 동굴 형성

바다나 호수에서 파도(수권)에 의해 암석(지권)이 깎여 해식 동굴이 형성된다.

F. 석회동굴 형성

지하수(수권)가 석회암 지대(지권)를 용해하여 석회동굴이 형성된다.

G. 오로라 발생

태양에서 방출된 대전 입자(외권)가 대기로 들어오면서 공기를 이루는 분자(기권)와 충돌하여 빛을 낸다.

Q1 버섯바위는 수권과 기권의 상호 작용으로 형성된다. (○, ×)

Q2 해식 동굴이 형성되는 과정에서 상호 작용을 하는 지구 시스템의 구성 요소는?

A 지구 시스템의 구성 요소

01 태양계와 지구 시스템에 대한 설명으로 옳지 <u>않은</u> 것은?

① 태양계는 태양, 행성, 위성, 소행성 등으로 구성되어 있다.

② 행성은 중력에 의해 태양으로부터 일정한 거리를 유지한다.

③ 지구 시스템의 구성 요소는 지권, 기권, 수권, 생물권, 외권이다.

④ 지권은 중력에 의해 여러 개의 층으로 나누어졌다.

⑤ 지구 시스템의 구성 요소들은 다른 권의 영향을 받지 않고 독립적으로 존재한다.

[02~03] 그림은 지권의 층상 구조를 나타낸 것이다.

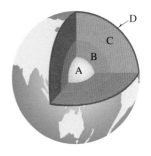

02 (중요) A~D층에 대한 설명으로 옳은 것만을 [보기]에서 있는 대로 고른 것은?

┌─ 보기 ─
ㄱ. A층과 B층은 주로 철과 니켈로 구성되어 있다.
ㄴ. D층에서 일어나는 대류로 지구 자기장이 형성된다.
ㄷ. A~D 중 가장 큰 부피를 차지하는 층은 C이다.
└─

① ㄱ   ② ㄴ   ③ ㄱ, ㄷ
④ ㄴ, ㄷ   ⑤ ㄱ, ㄴ, ㄷ

03 A~D 중 액체 상태인 층은?

① A   ② B   ③ C
④ D   ⑤ B, C

[04~05] 그림은 기온의 연직 분포를 나타낸 것이다.

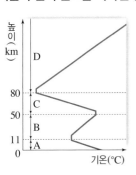

04 (중요) A~D층에 대한 설명으로 옳지 <u>않은</u> 것은?

① 기권은 높이에 따른 기온 변화를 기준으로 A~D층으로 구분한다.

② A층에서는 기상 현상이 나타난다.

③ B층에는 자외선을 흡수하는 오존층이 있다.

④ D층은 낮과 밤의 기온 차가 가장 크게 나타난다.

⑤ A층과 C층은 안정하다.

05 (서술형) A~D층의 이름을 각각 쓰고, C층에서 기상 현상이 나타나지 <u>않는</u> 까닭을 서술하시오.

_____

_____

06 그림은 수권의 분포를 나타낸 것이다.

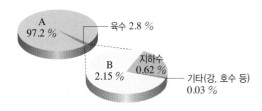

A와 B에 해당하는 수권의 구성 요소를 쓰시오.

중요
07 그림은 어느 해양에서 깊이에 따른 수온의 분포를 나타낸 것이다.

이에 대한 설명으로 옳은 것만을 [보기]에서 있는 대로 고른 것은?

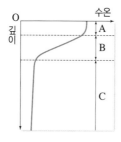

─ 보기 ─
ㄱ. A층의 두께는 바람이 강할수록 두꺼워진다.
ㄴ. B층은 연직 운동이 활발하여 A층과 C층 사이의 물질과 에너지 교환을 촉진한다.
ㄷ. C층은 계절에 관계없이 수온이 거의 일정하다.

① ㄱ ② ㄴ ③ ㄱ, ㄷ
④ ㄴ, ㄷ ⑤ ㄱ, ㄴ, ㄷ

08 생물권에 대한 설명으로 옳은 것만을 [보기]에서 있는 대로 고른 것은?

─ 보기 ─
ㄱ. 미생물을 제외한 지구상의 모든 생물을 말한다.
ㄴ. 지권, 기권, 수권에 걸쳐 분포한다.
ㄷ. 토양 속 미생물은 생물의 사체를 분해 작용하는 과정에서 토양의 성분을 변화시킨다.

① ㄱ ② ㄷ ③ ㄱ, ㄴ
④ ㄴ, ㄷ ⑤ ㄱ, ㄴ, ㄷ

09 외권에 대한 설명으로 옳은 것만을 [보기]에서 있는 대로 고른 것은?

─ 보기 ─
ㄱ. 외권과 지구 사이에 물질과 에너지 교환이 활발하다.
ㄴ. 우주선이나 태양풍은 대부분 지구 자기장을 통과하여 지표에 도달한다.
ㄷ. 외권에서 지구로 들어오는 태양 에너지는 지구 환경에 가장 중요한 에너지원이다.

① ㄱ ② ㄷ ③ ㄱ, ㄴ
④ ㄴ, ㄷ ⑤ ㄱ, ㄴ, ㄷ

B 지구 시스템 구성 요소의 상호 작용

10 그림 (가)와 (나)는 지구 시스템에서 일어나는 자연 현상을 나타낸 것이다.

(가) 황사 (나) 태풍

(가)와 (나)의 발생 과정에서 상호 작용을 하는 지구 시스템의 구성 요소를 각각 옳게 짝 지은 것은?

	(가)	(나)
①	지권과 기권	수권과 기권
②	지권과 기권	수권과 생물권
③	수권과 지권	수권과 기권
④	수권과 지권	지권과 생물권
⑤	수권과 기권	지권과 기권

중요
11 그림은 지구 시스템을 구성하는 요소들의 상호 작용을 나타낸 것이다.

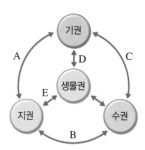

A~E에 해당하는 상호 작용의 예로 옳지 않은 것은?

① A : 화산 활동으로 방출된 화산재에 의해 기온이 낮아진다.
② B : 강물의 풍화·침식 작용으로 지형이 변한다.
③ C : 모래바람이 지속적으로 불어 버섯바위가 형성된다.
④ D : 식물이 광합성을 하여 산소를 방출한다.
⑤ E : 식물의 뿌리가 암석 틈 사이로 자라서 암석이 부서진다.

12 표는 지구 시스템 구성 요소의 상호 작용을 나타낸 것이다.

근원 \ 영향	지권	기권	수권	생물권
지권			A	
기권	B			C
수권		D		
생물권	E		F	

A~F 중 '지진 해일 발생'과 '화석 연료 생성'이 들어갈 영역을 순서대로 옳게 나열한 것은?

① A, D　　② A, E　　③ B, F
④ C, E　　⑤ D, F

13 그림은 지구 시스템 구성 요소의 상호 작용을 나타낸 것이다.
(가)~(다)에 해당하는 상호 작용을 A~G 중에서 골라 쓰시오.

(가) 오로라가 발생한다.
(나) 석회동굴이 형성된다.
(다) 열대 우림이 파괴되어 지구 온난화가 가속된다.

14 지구 시스템의 구성 요소가 생명 유지에 기여하는 원리로 옳지 <u>않은</u> 것은?

① 지권 : 판게아가 분리되면서 기후가 다양해져 다양한 생물이 출현하였다.
② 기권 : 오존층은 대부분의 자외선을 통과시켜 생명체에게 에너지를 제공한다.
③ 수권 : 원시 바다가 생성된 후 대기 중 이산화 탄소가 바다에 녹으면서 과도한 온실 효과를 방지하였다.
④ 생물권 : 식물의 광합성으로 대기 중에 산소가 공급된다.
⑤ 외권 : 태양과의 거리가 적당하여 지구는 태양 에너지를 적당히 흡수한다.

C 지구 시스템의 에너지 흐름

15 (중요) 그림은 지구 시스템의 주요 에너지원을 나타낸 것이다.

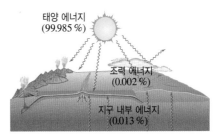

이에 대한 설명으로 옳은 것만을 [보기]에서 있는 대로 고른 것은?

• 보기 •
ㄱ. 지구 시스템의 모든 요소에 영향을 미치는 근원적인 에너지는 태양 에너지이다.
ㄴ. 지구 내부 에너지는 지구 내부의 방사성 원소의 붕괴열에 의해 발생한다.
ㄷ. 해류는 주로 조력 에너지에 의해 발생한다.

① ㄱ　　② ㄷ　　③ ㄱ, ㄴ
④ ㄴ, ㄷ　　⑤ ㄱ, ㄴ, ㄷ

16 지구 시스템의 에너지 흐름에 대한 설명으로 옳은 것만을 [보기]에서 있는 대로 고른 것은?

• 보기 •
ㄱ. 지구 어느 곳에서나 태양 복사 에너지를 흡수하는 양은 일정하다.
ㄴ. 대기와 해수의 순환을 통해 지구는 에너지 평형을 이룬다.
ㄷ. 고위도 지역의 남는 에너지가 저위도로 이동한다.
ㄹ. 태풍은 지구 시스템의 에너지 불균형을 해소한다.

① ㄱ, ㄷ　　② ㄱ, ㄹ　　③ ㄴ, ㄷ
④ ㄴ, ㄹ　　⑤ ㄷ, ㄹ

17 표는 지구 시스템의 에너지원에 의해 일어나는 현상을, 그림은 지구 시스템의 에너지원을 구분하는 과정을 나타낸 것이다.

에너지원	현상
A	밀물과 썰물
B	태풍
C	지진, 화산 활동

A, B, C

↓

지구 시스템의 에너지원 중 가장 많은 양을 차지하는가? — 예 → (가)

↓ 아니요

지권에서 발생하는 에너지인가? — 예 → (나)

↓ 아니요

(다)

이에 대한 설명으로 옳은 것만을 [보기]에서 있는 대로 고른 것은?

• 보기 •
ㄱ. (가)에 해당하는 에너지원은 A이다.
ㄴ. (나)로 인해 지구 자기장이 형성되었다.
ㄷ. (다)로 인해 맨틀의 대류가 일어난다.

① ㄱ ② ㄴ ③ ㄱ, ㄷ
④ ㄴ, ㄷ ⑤ ㄱ, ㄴ, ㄷ

D 지구 시스템의 물질 순환

중요
18 그림은 지구 시스템에서 물의 순환을 나타낸 것이다.

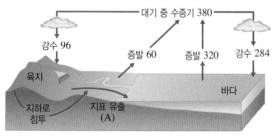

대기 중 수증기 380
강수 96
증발 60 증발 320 강수 284
육지
지하로 침투 지표 유출 (A)
바다

(단위: ×10³ km³)

이에 대한 설명으로 옳은 것만을 [보기]에서 있는 대로 고른 것은?

• 보기 •
ㄱ. 태양 에너지에 의해 물의 순환이 일어난다.
ㄴ. A는 36단위이다.
ㄷ. 육지에서는 증발량이 강수량보다 많다.
ㄹ. 증발한 물은 모두 바다로 이동한다.

① ㄱ, ㄴ ② ㄱ, ㄹ ③ ㄴ, ㄷ
④ ㄱ, ㄷ, ㄹ ⑤ ㄴ, ㄷ, ㄹ

19 그림은 지구 시스템에서 탄소의 순환을 나타낸 것이다.

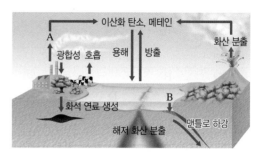

이산화 탄소, 메테인
A
광합성 호흡 용해 방출 화산 분출
화석 연료 생성 B
해저 화산 분출 맨틀로 하강

이에 대한 설명으로 옳은 것만을 [보기]에서 있는 대로 고른 것은?

• 보기 •
ㄱ. 기권에서 탄소는 주로 이산화 탄소 형태로 존재한다.
ㄴ. A 과정은 대기 중 탄소량을 증가시켜 지구 온난화를 촉진한다.
ㄷ. B 과정에서 탄소는 석회암이 된다.

① ㄱ ② ㄷ ③ ㄱ, ㄴ
④ ㄴ, ㄷ ⑤ ㄱ, ㄴ, ㄷ

20 그림은 지구 시스템에서 일어나는 탄소 순환 과정의 일부를 나타낸 것이다.

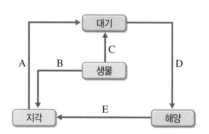

대기
A B C D
생물
지각 E 해양

A~E에 해당하는 예로 옳지 않은 것은?

① A – 화산 활동 ② B – 화석 연료 생성
③ C – 식물의 광합성 ④ D – 해수에 용해
⑤ E – 석회암 생성

서술형
21 화석 연료의 사용이 증가할 때 기권과 지구 전체에 분포하는 탄소량은 어떻게 변하는지 서술하시오.

_____

_____

01 그림 (가)는 기권의 연직 기온 분포를, (나)는 기권에서 높이에 따른 오존 농도를 나타낸 것이다.

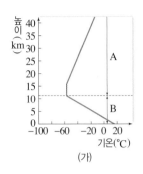
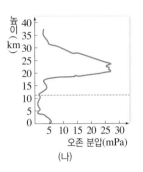

(가)　　　　(나)

이에 대한 설명으로 옳은 것만을 [보기]에서 있는 대로 고른 것은?

> **보기**
> ㄱ. 대류는 B층에서 활발하게 일어난다.
> ㄴ. 자외선의 흡수는 A층보다 B층에서 활발하다.
> ㄷ. 오존층이 파괴되면 A층의 평균 기온은 상승할 것이다.

① ㄱ 　② ㄴ 　③ ㄱ, ㄷ
④ ㄴ, ㄷ 　⑤ ㄱ, ㄴ, ㄷ

02 그림 (가)~(다)는 지구 시스템의 구성 요소와 생물권이 차지하는 공간적 분포 변화를 나타낸 것이다.

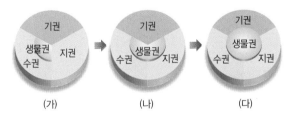

(가)　　　　(나)　　　　(다)

이에 대한 설명으로 옳은 것만을 [보기]에서 있는 대로 고른 것은?

> **보기**
> ㄱ. 생물권의 공간 범위는 점차 축소되었다.
> ㄴ. 오존층은 (가)와 (나) 사이에 형성되었다.
> ㄷ. 현재 생물권은 수권, 지권, 기권에 걸쳐 분포한다.

① ㄱ 　② ㄷ 　③ ㄱ, ㄴ
④ ㄴ, ㄷ 　⑤ ㄱ, ㄴ, ㄷ

03 그림은 지구 시스템 구성 요소의 상호 작용을 나타낸 것이고, 글은 탄소 순환 과정의 일부를 나타낸 것이다.

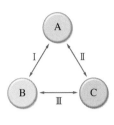

> Ⅰ. 화산이 폭발하여 이산화 탄소가 대기로 방출된다.
> Ⅱ. 대기 중 이산화 탄소는 해수에 녹아 탄산 이온이 된다.
> Ⅲ. 해수 중 탄산 이온은 칼슘 이온과 결합하여 석회암을 형성한다.

A~C에 해당하는 지구 시스템의 구성 요소를 옳게 짝지은 것은?

	A	B	C
①	수권	생물권	지권
②	수권	지권	생물권
③	기권	수권	지권
④	기권	지권	수권
⑤	기권	생물권	수권

04 그림은 질소의 순환 과정을 나타낸 것이다.

이에 대한 설명으로 옳은 것만을 [보기]에서 있는 대로 고른 것은?

> **보기**
> ㄱ. 대기 중의 질소는 토양 속 세균에 의해 식물이 흡수할 수 있는 형태로 바뀐다.
> ㄴ. 동식물의 배설물이나 사체에서 분해된 질소는 더 이상 이동하지 않는다.
> ㄷ. 질소는 생물을 구성하는 주요 성분이다.

① ㄱ 　② ㄴ 　③ ㄱ, ㄷ
④ ㄴ, ㄷ 　⑤ ㄱ, ㄴ, ㄷ

지권의 변화

핵심 짚기
☐ 화산대와 지진대
☐ 판의 구조
☐ 판 경계에서 일어나는 지각 변동
☐ 화산 활동과 지진의 영향

A 지권의 변화와 변동대

1 지각 변동 화산 활동, 지진, 습곡 산맥 형성, 대륙 이동 등
① 지각 변동을 일으키는 에너지원 : 지구 내부 에너지
② 에너지 흐름과 지각 변동 : 지구 내부 에너지가 지표로 전달되어 축적되었다가 급격히 방출될 때 화산 활동, 지진 등이 발생한다.

2 변동대 화산 활동이나 지진과 같은 지각 변동이 자주 일어나는 지역
① 화산대 : 화산 활동이 활발한 지점을 연결한 띠 모양의 지역
② 지진대 : 지진이 자주 발생하는 지점을 연결한 띠 모양의 지역
③ 화산대와 지진대는 대체로 일치한다. ➡ 화산 활동과 지진은 대부분 판 경계에서 판의 상대적인 운동에 의해 발생하기 때문

> **[화산대와 지진대의 분포]**
> • 화산대와 지진대는 주로 판 경계를 따라 좁고 긴 띠 모양으로 분포한다.
> • 화산 활동과 지진은 대륙의 중앙부에서는 거의 발생하지 않고, 환태평양 지역에서 가장 활발하다.[①]
> • 지진이 발생하는 곳에서 반드시 화산 활동이 일어나는 것은 아니다.
>
>
>
> ▲ 화산대와 지진대
>
>
>
> ▲ 판 경계

B 지권의 변화와 판 구조론

1 판 구조론 지구 표면은 여러 개의 판으로 이루어져 있고, 판이 이동하면서 판 경계 부분에서 지진이나 화산 활동과 같은 지각 변동이 일어난다는 이론

2 판의 구조
① 암석권과 연약권

암석권 (판)	• 지각과 상부 맨틀의 일부를 포함하는 두께 약 100 km의 단단한 부분 • 암석권은 여러 조각으로 나누어져 있으며, 각각의 조각을 판이라고 한다.
연약권	• 암석권 아래의 깊이가 약 100 km~400 km 구간 • 고체 상태이지만, 맨틀이 부분적으로 *용융되어 유동성이 있고, 상부와 하부의 온도 차이로 대류가 일어난다.[②] ➡ 연약권의 대류는 판 이동의 원동력이 된다. • 암석권보다 밀도가 크다.

▲ 판의 구조

② 판의 구분 : 포함하는 지각의 종류에 따라 해양판과 대륙판으로 구분한다.

구분	구성	두께	구성 물질	밀도
해양판	해양 지각＋상부 맨틀 일부	얇다	현무암질 암석	크다
대륙판	대륙 지각＋상부 맨틀 일부	두껍다	화강암질 암석	작다

Plus 강의

❶ 전 세계 주요 화산대와 지진대
▶ **알프스-히말라야 화산대와 지진대** : 인도네시아-히말라야-지중해를 따라 분포하고, 대규모 습곡 산맥이 발달해 있다.
▶ **해령 화산대와 지진대** : 태평양, 대서양, 인도양의 해령에 분포하고, 화산 활동이 활발하다.
▶ **환태평양 화산대와 지진대** : 태평양 연안을 따라 고리 모양으로 분포하며, 전 세계 화산 활동의 약 80 %가 발생하여 '불의 고리'라고도 부른다.

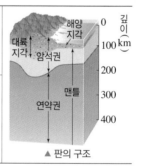

▲ 불의 고리

❷ 부분 용융 상태인 연약권
지구 내부로 들어갈수록 온도와 압력이 높아져 물질의 성질이 변한다. 맨틀에 해당하는 지하 약 100 km 이상에서 물질의 연성이 커져 지진파의 속도가 갑자기 느려지는 구간이 있는데, 이 구간은 연약권에 있다.

🔍 용어 돋보기

＊ **용융**(熔 녹이다, 融 화합하다)_고체 물질이 가열되어 액체로 변하는 현상

③ 판 이동의 원동력 : 맨틀의 대류(연약권의 대류)

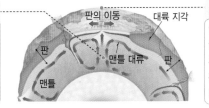

맨틀의 대류

지구 내부 에너지에 의해 깊어질수록 온도가 높아진다. 온도가 높은 부분은 밀도가 작아져서 상승하고, 점차 식으면서 이동하여 온도가 낮아지면 밀도가 커져서 하강한다.

판의 이동

연약권이 대류하면서 연약권 위에 떠 있는 판이 대류를 따라 이동한다.❸

🌟 3 판의 분포와 이동

① 지구 표면은 10여 개의 크고 작은 판으로 이루어져 있다.
② 판마다 이동 속도와 이동 방향이 다르다. ➡ 약 1 cm/년~10 cm/년의 속도로 이동
③ 이웃하는 판의 상대적인 이동 방향에 따라 발산형, 수렴형, 보존형 경계로 구분한다.

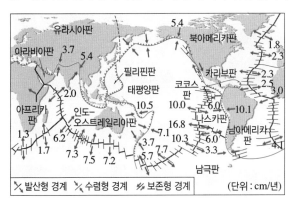

• 판과 판이 서로 멀어지는 경계 ➡ 발산형 경계
• 판과 판이 서로 모여드는 경계 ➡ 수렴형 경계
• 판과 판이 서로 어긋나는 경계 ➡ 보존형 경계

◀ 전 세계 판의 분포와 이동❹

❸ 판 이동의 원동력 실험

[과정] 우유 표면에 코코아 가루를 뿌리고 냄비 아래쪽을 가열한다.
[결과] 가열된 우유가 상승하여 대류가 일어나고, 코코아로 덮인 표면이 갈라져 여러 조각으로 나뉘어 이동한다.

실험	실제 지구
코코아 가루	판
우유	맨틀
열원	지구 내부 에너지
상승하는 우유	맨틀 상승
갈라진 경계	판 경계

❹ 우리나라의 지각 변동
▶ 우리나라 주변 판 경계 : 수렴형 경계
▶ 우리나라가 일본에 비해 화산 활동이나 지진이 적게 일어나는 까닭 : 우리나라가 일본보다 판 경계에서 상대적으로 멀리 떨어져 있기 때문이다.

개념 쏙쏙

정답과 해설 30쪽

1 지각 변동과 변동대에 대한 설명으로 옳은 것은 ○, 옳지 않은 것은 ×로 표시하시오.

(1) 지각 변동을 일으키는 주요 에너지원은 지구 내부 에너지이다. .... (   )
(2) 화산대와 지진대는 대체로 일치한다. .... (   )
(3) 지진이 발생하는 곳에서는 항상 화산 활동이 일어난다. .... (   )

2 그림은 판의 구조를 나타낸 것이다. (   ) 안에 알맞은 말을 쓰시오.

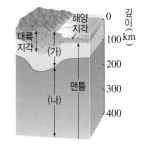

(1) (가)는 ㉠(   ), (나)는 ㉡(   )이다.
(2) 대륙판은 해양판보다 두께가 (   ).
(3) 대륙판은 해양판보다 밀도가 (   ).
(4) 판을 이동시키는 원동력은 (   )이다.

암기 꼭!

화산대와 지진대가 대체로 일치하는 까닭
화산 활동과 지진은 대부분 판 경계에서 판의 상대적인 운동에 의해 발생하기 때문

암석권과 연약권
• 암석권 : 지각＋상부 맨틀 일부
 ➡ 판에 해당
• 연약권 : 암석권 아래의 부분 용융된 구간 ➡ 맨틀 대류가 일어남

3 판의 분포와 이동에 대한 설명으로 옳은 것은 ○, 옳지 않은 것은 ×로 표시하시오.

(1) 지구의 표면은 하나의 거대한 판으로 이루어져 있다. .... (   )
(2) 판 경계는 이웃하는 판의 상대적인 이동 방향에 따라 구분한다. .... (   )

O2 지권의 변화

C 판 경계에서 일어나는 지각 변동

1 판 경계와 맨틀의 운동
① 발산형 경계 : 판과 판이 서로 멀어지는 경계 ➡ 맨틀 대류의 상승부, 새로운 판 생성
② 수렴형 경계 : 판과 판이 서로 모여드는 경계 ➡ 맨틀 대류의 하강부, 판 소멸
③ 보존형 경계 : 판과 판이 서로 어긋나는 경계 ➡ 판이 생성되거나 소멸되지 않음

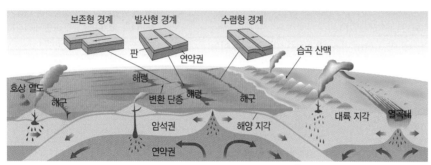

▲ 판 경계와 판 경계에서 발달하는 지형❶

☆ 2 판 경계에서 발달하는 지형 및 지각 변동 여기서잠깐 126쪽~127쪽

판 경계의 유형			지형 및 지각 변동	모식도
발산형 경계	해양판과 해양판		• 해양판과 해양판이 멀어지면서 해령 형성 예 대서양 중앙 해령, 동태평양 해령 • 해령에는 V자 모양의 열곡 발달 • 마그마가 상승하여 화산 활동 활발 • 천발 지진 발생❷	해령, 지진, 열곡, 해양판
	대륙판과 대륙판		• 대륙판과 대륙판이 멀어지면서 *열곡대 형성 예 동아프리카 열곡대❸ • 마그마가 상승하여 화산 활동 활발 • 천발 지진 발생	열곡대, 대륙판, 대륙판, 지진
수렴형 경계	섭입형	대륙판과 해양판	• 밀도가 큰 해양판이 대륙판 아래로 *섭입하여 해구, 호상 열도나 습곡 산맥 형성 예 일본 해구, 일본 열도, 안데스산맥 • 섭입대에서 마그마가 생성되므로 화산 활동 활발 : 대륙판 쪽에서 활발 • 천발~심발 지진 발생 : 섭입대를 따라 해구 쪽은 천발 지진, 대륙 쪽은 심발 지진 발생	해구, 습곡 산맥, 해양판, 대륙판, 지진
		해양판과 해양판	• 상대적으로 밀도가 큰 해양판이 밀도가 작은 해양판 아래로 섭입하여 해구와 호상 열도 형성 예 마리아나 해구 • 화산 활동 활발 : 밀도가 작은 판 쪽에서 활발 • 천발~심발 지진 발생	해구, 호상 열도, 해양판, 해양판, 지진
	충돌형	대륙판과 대륙판	• 밀도가 비슷한 두 대륙판이 충돌하여 대규모 습곡 산맥 형성 예 히말라야산맥 • 화산 활동은 거의 없음 • 천발~중발 지진 발생	습곡 산맥, 대륙판, 대륙판, 지진
보존형 경계			• 발산하는 판의 이동 속도 차이로 해령이 끊어지면서 해령과 해령 사이에 수직으로 변환 단층 발달 예 산안드레아스 단층 • 화산 활동 없음 • 천발 지진 발생❹	변환 단층, 판, 판, 지진

Plus 강의

❶ 판 경계에서 발달하는 지형

해령	대양의 해저에서 발달하는 해저 산맥
해구	깊은 해저 골짜기로, 주로 태평양의 가장자리를 따라 발달
*호상 열도	해구와 나란하게 배열되어 있는 화산섬
변환 단층	해령과 해령 사이에서 판이 어긋나면서 지층이 끊어진 지형
습곡 산맥	지층이 횡압력을 받아 휘어지면서 융기하여 형성된 산맥

❷ 지진의 구분
지진이 발생한 지점의 깊이에 따라 구분할 수 있다.

구분	지진 발생 깊이
천발 지진	70 km 이내
중발 지진	70 km~300 km
심발 지진	300 km 이상

❸ 동아프리카 열곡대
발산형 경계는 주로 해양에 발달해 있지만, 동아프리카 열곡대는 아프리카 동쪽의 대륙에 위치한 발산형 경계로, 아프리카판이 갈라지면서 멀어지고 있다. 시간이 지나면 바닷물이 들어와 홍해처럼 좁은 바다가 된 후, 점점 넓어질 것이다.

❹ 변환 단층 주변의 지각 변동

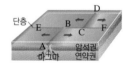

▶ A-B 구간, C-D 구간 : 해령, 발산형 경계, 지진과 화산 활동 활발
▶ B-C 구간 : 변환 단층, 보존형 경계, 지진 활발, 화산 활동이 일어나지 않음
▶ E-B 구간, C-F 구간 : 판 경계가 아님, 지진과 화산 활동이 거의 없음

🔍 용어 돋보기

* 호상 열도(弧 활, 狀 모양, 列 늘어서다, 島 섬)_ 화산 활동으로 만들어진 섬들이 해구와 나란하게 활 모양으로 길게 배열되어 있는 지형
* 열곡대(裂 찢다, 谷 골짜기, 帶 띠)_ V자 모양으로 갈라진 골짜기인 열곡이 길게 이어져 있는 지형
* 섭입(攝 당기다, 入 들어가다)_ 판과 판이 서로 수렴하여 한 판이 다른 판의 아래로 비스듬히 들어가는 현상

D 지권의 변화가 지구 시스템에 미치는 영향

1 화산 활동이나 지진이 지구 시스템에 미치는 영향
① 지형 변화(지권), 기후 변화(기권), 해일 발생(수권), 생태계 변화(생물권) 등
② 자연과 인간에 환경적, 사회적, 경제적으로 영향을 미친다.

☆2 화산 활동과 지진의 피해와 이용
① 화산 활동 : 마그마가 지각의 약한 부분을 뚫고 상승하면서 화산 분출물을 방출한다.[5]

피해	• 용암 : 농경지나 건물 등을 뒤덮고, 산불을 일으켜 인명과 재산 피해 발생 • 화산 기체 : 산성비를 내리거나 토양을 산성화하여 생태계에 피해 발생 • 화산 쇄설물 : 용암에 섞여 지표를 따라 흐르면서 산사태 발생 ➡ **지권**에 영향 ┌ 화산재가 햇빛을 가려 일시적으로 지구의 평균 기온을 낮춘다. ➡ **기권**에 영향 └ 화산재가 항공기 운항에 방해되어 물류 수송에 차질이 생기는 등 경제적 피해 발생
이용	• 무기질이 풍부한 화산재가 쌓여 토양이 비옥해진다. • 유용한 광물 자원을 얻을 수 있다. • 화산 활동으로 생성된 독특한 지형, 온천은 관광 자원으로 활용된다. • 지열은 온수 공급이나 난방, 전기 생산 등에 이용된다. 지열 발전소
대책	화산 주변에 제방을 쌓거나 분출구 주변에 댐과 수로를 건설하여 용암의 이동 경로 조절, 용암에 물을 뿌려 용암을 식히고 이로 인한 이동 속도와 이동량 감소

② 지진 : 지층에 누적된 지구 내부 에너지가 갑자기 방출되면서 진동이 일어난다.[6]

피해	• 지표면이 갈라지면서 도로, 건물, 교량 등이 붕괴된다. • 산사태가 일어나거나 낙하물에 의해 인명 및 재산 피해 발생 • 가스관 파괴로 인한 가스 누출, 전선이 끊겨 발생한 합선이나 누전으로 화재 발생 • 해저에서 발생한 지진에 의해 지진 해일(쓰나미) 발생 ➡ **수권**에 영향
이용	• 지진파를 분석하여 지구 내부 구조와 내부 물질을 연구한다. • 지진파를 이용하여 석유, 천연가스 등 지하자원이 매장된 지역을 찾을 수 있고, 지하의 구조를 파악하여 댐, 도로, 건물 등의 건설에 적합한 장소를 찾을 수 있다.
대책	인공위성을 이용한 지형 변화 관측, 지진계 설치, 내진 설계 적용, 안전 교육 시행 등

5 화산 분출물

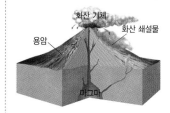

▶ **화산 기체** : 수증기, 이산화 탄소, 이산화 황 등의 기체
▶ **용암** : 마그마에서 화산 기체가 빠져나가고 남은 고온의 액체
▶ **화산 쇄설물** : 화산 활동으로 분출되는 고체 상태의 암석 부스러기(입자의 크기에 따라 구분하며, 크기가 큰 것부터 작은 것 순으로 화산암괴, 화산력, 화산재, 화산진 등으로 구분)

6 지진의 규모
지진의 크기를 비교하기 위해 지진이 방출하는 에너지를 계산하여 크기를 숫자로 나타낸 것을 규모라고 한다. 숫자가 1.0 커질 때마다 지진이 방출하는 에너지는 약 30배 커진다.

개념 쏙쏙

○ 정답과 해설 30쪽

4 판 경계와 각 경계에 해당하는 설명을 옳게 연결하시오.
(1) 발산형 경계 •
(2) 수렴형 경계 •
(3) 보존형 경계 •

• ㉠ 두 판이 서로 가까워지는 경계
• ㉡ 맨틀 물질이 상승하여 판이 생성되는 경계
• ㉢ 인접한 두 판이 서로 어긋나는 경계

5 (가)~(바) 중 다음 판 경계에서 발달하는 지형을 있는 대로 고르시오.

(가) 해령	(나) 습곡 산맥
(다) 해구	(라) 호상 열도
(마) 변환 단층	(바) 열곡대

(1) 보존형 경계
(2) 두 판이 서로 멀어지는 경계
(3) 해양판이 대륙판 아래로 섭입하는 경계

6 다음은 화산 활동의 영향을 설명한 것이다. ( ) 안에서 알맞은 말을 고르시오.

화산 활동으로 대기 중에 분출된 다량의 화산재는 햇빛을 가려 일시적으로 지구의 평균 기온을 ㉠(상승, 하강, 유지)시키며, 이는 지권이 ㉡(기권, 수권, 지권, 생물권)과 상호 작용을 하여 나타나는 현상이다.

암기 꼭!

판 경계에 따른 특징

발산형	맨틀 상승부, 판 생성, 화산 활동, 천발 지진
수렴형	맨틀 하강부, 판 소멸 • 섭입형 : 화산 활동, 천발~심발 지진 • 충돌형 : 천발~중발 지진
보존형	천발 지진

02. 지권의 변화 125

전 세계 판 경계 한눈에 보기

전 세계의 판 경계를 나타내는 그림에서 특정 지역을 표시하고 그곳에서 형성된 지형과 지각 변동을 묻는 문제가 자주 출제됩니다. 이러한 문제를 해결하기 위해서 어느 지역에 어떤 판 경계가 있는지 정확하게 알아보아요.

○ 정답과 해설 30쪽

그림은 전 세계의 판 경계를 나타낸 것이다.

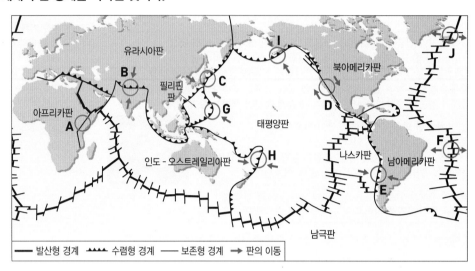

판 경계에서 형성되는 대표적인 지형

A. 동아프리카 열곡대 · 발산형 경계

발산형 경계

· 대륙판 ⟵ | ⟶ 대륙판
대륙판인 아프리카판이 갈라져 멀어지면서 지각 변동이 일어난다. 이 과정에서 열곡대가 발달하고, 화산 활동과 천발 지진이 발생한다.

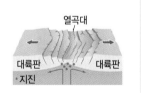

B. 히말라야산맥

수렴형 경계 - 충돌형

· 대륙판 ⟶ | ⟵ 대륙판
대륙판인 유라시아판과 대륙판인 인도-오스트레일리아판이 충돌하여 거대한 습곡 산맥이 형성되었다. 이 과정에서 천발~중발 지진이 발생한다.

C. 일본 해구

 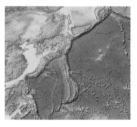

수렴형 경계 - 섭입형

· 대륙판 ⟶ | ⟵ 해양판
대륙판인 유라시아판 아래로 해양판인 태평양판이 섭입하면서 일본 해구가 형성되고, 화산 활동이 일어나 일본 열도가 형성되었다. 이 과정에서 천발~심발 지진이 발생한다.

D. 산안드레아스 단층

보존형 경계

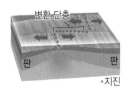

• 판 ⬆⬇ 판

판 경계를 기준으로 태평양판과 북아메리카판이 서로 어긋나면서 육지에 변환 단층이 형성되었다. 이 과정에서 천발 지진이 발생한다.

E. 안데스산맥

수렴형 경계 – 섭입형

• 해양판 ➡ ⬅ 대륙판

해양판인 나스카판이 대륙판인 남아메리카판 아래로 섭입하면서 페루–칠레 해구가 형성되고, 해구와 나란하게 거대한 습곡 산맥이 형성되었다. 이 과정에서 화산 활동과 천발~심발 지진이 발생한다.

F. 대서양 중앙 해령

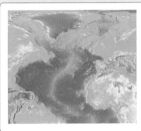

발산형 경계

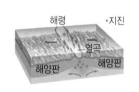

• 해양판 ⬅ ➡ 해양판

대서양 가운데의 맨틀 대류의 상승부에서 판이 양쪽으로 이동하면서 거대한 해저 산맥인 해령이 발달한다. 새로운 판이 생성되면서 화산 활동과 천발 지진이 발생한다.

Q1 A~F 중 맨틀 물질이 하강하는 곳을 있는 대로 고르면?

2 자주 나오지는 않지만, 알아두면 도움이 되는 판 경계 지형

G. 마리아나 해구

수렴형 경계 – 섭입형

필리핀판 아래로 상대적으로 밀도가 큰 태평양판이 섭입하면서 마리아나 해구가 형성되고, 화산 활동이 일어나 호상 열도인 마리아나 제도가 형성되었다. 이 과정에서 천발~심발 지진이 발생한다.

H. 통가 해구

수렴형 경계 – 섭입형

인도–오스트레일리아판 아래로 상대적으로 밀도가 큰 태평양판이 섭입하면서 통가 해구가 형성되고, 화산 활동이 일어나 피지 제도가 형성되었다. 이 과정에서 천발~심발 지진이 발생한다.

I. 알류샨 열도

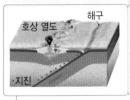

수렴형 경계 – 섭입형

북아메리카판 아래로 태평양판이 섭입하면서 화산 활동이 일어나 알류샨 열도가 형성되었다. 이 과정에서 천발~심발 지진이 발생한다.

J. 아이슬란드 열곡대

발산형 경계

발산형 경계가 육지에 드러나 있는 곳으로, 대서양 중앙 해령 위에 있다. 북아메리카판과 유라시아판이 갈라지면서 화산 활동과 지진이 발생한다.

Q2 A~J 중 판이 생성되는 곳을 있는 대로 고르면?

Q3 A~J 중 지진은 활발하게 일어나지만, 화산 활동이 거의 일어나지 않는 곳을 있는 대로 고르면?

내신 탄탄

중간·기말 고사에 출제될 확률이 높은 문항들로 구성하여, 내신에 완벽 대비할 수 있도록 하였습니다.

A 지권의 변화와 변동대

01 화산 활동과 지진에 대한 설명으로 옳지 <u>않은</u> 것은?

① 화산 활동과 지진은 지권에서 발생하는 현상이다.
② 지구 내부 에너지가 급격히 방출되어 일어난다.
③ 지진이 발생하는 곳에서 항상 화산 활동이 일어난다.
④ 지진이 자주 발생하는 지점을 연결한 띠 모양의 지역을 지진대라고 한다.
⑤ 화산 활동이나 지진과 같은 지각 변동이 자주 일어나는 지역을 변동대라고 한다.

02 그림은 전 세계 화산의 분포를 나타낸 것이다.

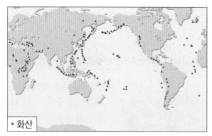

▲ 화산

이에 대한 설명으로 옳은 것만을 [보기]에서 있는 대로 고른 것은?

┌─ 보기 ─────────────────────────
ㄱ. 대륙의 중심부에서는 화산 활동이 활발하게 일어난다.
ㄴ. 화산 활동은 대서양 연안에서 가장 활발하게 일어난다.
ㄷ. 화산 활동이 활발한 곳에서는 지진도 자주 발생할 것이다.
└──────────────────────────────

① ㄱ   ② ㄷ   ③ ㄱ, ㄴ
④ ㄴ, ㄷ   ⑤ ㄱ, ㄴ, ㄷ

★ 중요 서술형
03 그림 (가)와 (나)는 각각 화산대와 지진대의 분포 및 판 경계를 나타낸 것이다.

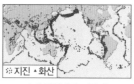 

※ 지진 ▲ 화산
(가) 화산대와 지진대   (나) 판 경계

화산대와 지진대가 판 경계와 대체로 일치하는 까닭을 서술하시오.

_____

_____

B 지권의 변화와 판 구조론

04 그림은 판의 구조를 나타낸 모식도이다.
이에 대한 설명으로 옳은 것은?

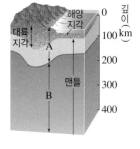

① A는 연약권이다.
② B는 액체 상태이다.
③ 판의 두께는 약 400 km 이다.
④ 대륙판은 해양판보다 두께가 두껍다.
⑤ 대륙판은 해양판보다 밀도가 크다.

05 판 구조론에 대한 설명으로 옳은 것만을 [보기]에서 있는 대로 고른 것은?

┌─ 보기 ─────────────────────────
ㄱ. 판은 지각과 상부 맨틀의 일부를 포함한다.
ㄴ. 지구 표면은 여러 개의 판으로 이루어져 있다.
ㄷ. 암석권에서 일어나는 대류로 판이 이동한다.
└──────────────────────────────

① ㄱ   ② ㄷ   ③ ㄱ, ㄴ
④ ㄴ, ㄷ   ⑤ ㄱ, ㄴ, ㄷ

정답과 해설 30쪽

C 판 경계에서 일어나는 지각 변동

06 그림은 판 경계를 모식적으로 나타낸 것이다.

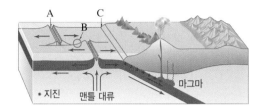

이에 대한 설명으로 옳은 것은?

① A는 수렴형 경계이다.
② B 경계에서는 해구가 발달한다.
③ C 경계에서는 새로운 해양 지각이 생성된다.
④ A~C 경계에서는 모두 지진이 자주 발생한다.
⑤ A~C 경계에서는 모두 화산 활동이 활발하게 일어난다.

07 그림은 판 경계의 종류를 알아보기 위한 흐름도이다.

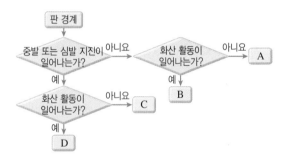

A~D 중 보존형 경계를 고르고, 그 경계에서 발달하는 지형을 쓰시오.

08 그림은 동아프리카 열곡대 주변의 판 경계와 화산 분포를 나타낸 것이다.
이 지역에 대한 설명으로 옳은 것만을 [보기]에서 있는 대로 고른 것은?

— 보기 —
ㄱ. 열곡대를 중심으로 판이 서로 가까워지고 있다.
ㄴ. 심발 지진이 발생한다.
ㄷ. 맨틀 물질이 상승한다.

① ㄱ   ② ㄷ   ③ ㄱ, ㄴ
④ ㄴ, ㄷ   ⑤ ㄱ, ㄴ, ㄷ

[09~10] 그림은 전 세계의 주요 판 분포와 판의 이동 방향을 나타낸 것이다.

09 A~D 지역에서 나타나는 지각 변동의 모식도를 [보기]에서 골라 옳게 짝 지은 것은?

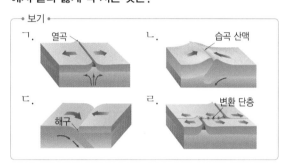

	A	B	C	D
①	ㄱ	ㄴ	ㄷ	ㄹ
②	ㄱ	ㄴ	ㄹ	ㄷ
③	ㄷ	ㄱ	ㄴ	ㄹ
④	ㄷ	ㄱ	ㄹ	ㄴ
⑤	ㄹ	ㄴ	ㄱ	ㄷ

10 A~D 지역에 대한 설명으로 옳은 것만을 [보기]에서 있는 대로 고른 것은?

— 보기 —
ㄱ. A 지역은 시간이 지나면 바다가 될 것이다.
ㄴ. B와 D 지역은 맨틀 대류의 하강부이다.
ㄷ. C 지역에서는 새로운 판이 생성된다.
ㄹ. A~D 지역은 모두 심발 지진이 자주 발생한다.

① ㄱ, ㄴ   ② ㄱ, ㄷ   ③ ㄷ, ㄹ
④ ㄱ, ㄴ, ㄹ ⑤ ㄴ, ㄷ, ㄹ

11 그림은 남아메리카 대륙의 단면에 주요 지진이 발생한 위치를 나타낸 것이다.

이에 대한 설명으로 옳은 것만을 [보기]에서 있는 대로 고른 것은?

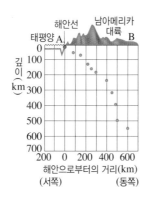

보기
ㄱ. A에서 B 쪽으로 갈수록 지진이 깊은 곳에서 발생한다.
ㄴ. A 지역은 새로운 판이 생성되는 경계에 해당한다.
ㄷ. B 지역에는 해구가 발달한다.
ㄹ. A 지역을 기준으로 태평양보다 남아메리카 대륙에서 화산 활동이 활발하게 일어난다.

① ㄱ, ㄴ　　② ㄱ, ㄹ　　③ ㄴ, ㄷ
④ ㄱ, ㄷ, ㄹ　　⑤ ㄴ, ㄷ, ㄹ

D 지권의 변화가 지구 시스템에 미치는 영향

중요
12 그림 (가)~(다)는 화산 활동으로 분출되는 여러 가지 물질을 나타낸 것이다.

　(가) 화산재　　　(나) 용암　　　(다) 화산 기체

이에 대한 설명으로 옳은 것만을 [보기]에서 있는 대로 고른 것은?

보기
ㄱ. (가)는 토양을 비옥하게 한다.
ㄴ. (나)는 도로를 파괴하고 산불이나 산사태를 일으킬 수 있다.
ㄷ. (다)는 산성비를 내려 식물의 생장을 저하시킬 수 있다.

① ㄱ　　② ㄴ　　③ ㄱ, ㄷ
④ ㄴ, ㄷ　　⑤ ㄱ, ㄴ, ㄷ

13 다음 글은 화산 활동이 주변에 미치는 영향을 설명한 것이고, 그림은 지권과 다른 권역 사이의 상호 작용을 나타낸 것이다.

화산 활동으로 방출된 다량의 화산재는 (가)일시적으로 기온을 낮추고, 화산 쇄설물은 용암에 섞여 흘러내리면서 (나)화산 주변의 생태계를 파괴한다. 한편, 해저에서 일어나는 화산 활동에 의해 (다)해일이 발생하기도 한다.

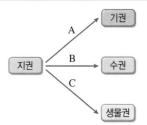

(가)~(다) 현상을 A~C의 상호 작용과 옳게 짝 지은 것은?

	(가)	(나)	(다)		(가)	(나)	(다)
①	A	B	C	②	A	C	B
③	B	A	C	④	B	C	A
⑤	C	A	B				

14 지진으로 발생하는 영향에 대한 설명으로 옳은 것만을 [보기]에서 있는 대로 고른 것은?

보기
ㄱ. 지표면이 갈라져 도로, 건물 등이 붕괴된다.
ㄴ. 지진이 발생하면 누전이나 합선에 의해 화재가 발생할 수 있다.
ㄷ. 해저에서 발생한 지진은 인간 생활에 영향을 주지 않는다.

① ㄱ　　② ㄷ　　③ ㄱ, ㄴ
④ ㄴ, ㄷ　　⑤ ㄱ, ㄴ, ㄷ

15 화산 활동이나 지진으로 발생하는 피해를 줄이기 위한 대책으로 옳지 <u>않은</u> 것은?

① 화산 주변에 제방을 쌓는다.
② 건물을 세울 때는 내진 설계를 한다.
③ 화산 분출구 주변에 댐과 수로를 건설한다.
④ 지진이 자주 발생하는 지역에 댐을 건설한다.
⑤ 지진은 단기 예측이 어려우므로 재해 관리와 복구 시스템을 구축해 놓아야 한다.

01 그림은 전 세계의 지진 분포를 나타낸 것이고, 표는 화산 A∼C의 위치를 나타낸 것이다.

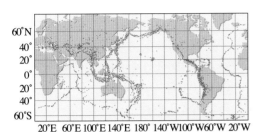

구분	화산의 위치	
A	33°N	136°E
B	16°S	78°W
C	21°N	155°W

이에 대한 설명으로 옳은 것만을 [보기]에서 있는 대로 고른 것은?

┌ 보기 ┐
ㄱ. A는 환태평양 화산대에 속한다.
ㄴ. B는 대륙판끼리 충돌하는 곳에서 생성되었다.
ㄷ. A∼C 세 화산은 모두 판의 경계 지역에 위치한다.
└────┘

① ㄱ   ② ㄴ   ③ ㄱ, ㄷ
④ ㄴ, ㄷ   ⑤ ㄱ, ㄴ, ㄷ

02 그림 (가)와 (나)는 서로 다른 두 지역에서 판의 이동 속도를 각각 나타낸 것이다.

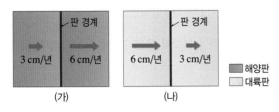

(나)보다 (가)에서 더 큰 물리량만을 [보기]에서 있는 대로 고른 것은?

┌ 보기 ┐
ㄱ. 지각의 평균 밀도
ㄴ. 암석권의 평균 두께
ㄷ. 지진 발생 지점의 평균 깊이
└────┘

① ㄱ   ② ㄴ   ③ ㄱ, ㄷ
④ ㄴ, ㄷ   ⑤ ㄱ, ㄴ, ㄷ

03 그림은 히말라야산맥의 형성 과정을 나타낸 것이다.

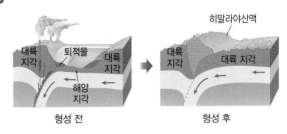

이 지역에 대한 설명으로 옳지 않은 것은?

① 새로운 해양 지각이 생성되고 있다.
② 산맥 부근에서는 지진이 자주 발생한다.
③ 대륙판과 대륙판이 가까워지고 있는 경계이다.
④ 판 경계의 양쪽에서 미는 힘이 작용하여 지형이 변한다.
⑤ 산맥의 정상부에서 해양 생물의 화석이 발견된다.

04 그림은 최근 10여 년 동안 일본 주변에서 지진이 발생한 깊이를 나타낸 것이다.

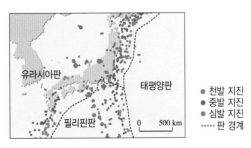

이에 대한 설명으로 옳은 것만을 [보기]에서 있는 대로 고른 것은?

┌ 보기 ┐
ㄱ. 이 지역의 판 경계는 모두 수렴형 경계이다.
ㄴ. 해구는 우리나라보다 일본에 가까운 곳에 있다.
ㄷ. 세 판 중 유라시아판의 밀도가 가장 크다.
└────┘

① ㄱ   ② ㄷ   ③ ㄱ, ㄴ
④ ㄴ, ㄷ   ⑤ ㄱ, ㄴ, ㄷ

01 그림은 지구 시스템의 구성 요소를 나타낸 것이다.

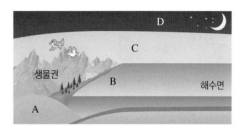

이에 대한 설명으로 옳은 것만을 [보기]에서 있는 대로 고른 것은?

┌─ 보기 ─────────────────────────────┐
ㄱ. A는 지각과 그 아래의 지구 내부를 포함한다.
ㄴ. B는 생명체가 존재하기 위해 필요한 조건 중 하나이다.
ㄷ. C는 온실 효과를 일으켜 생명체가 살기 어려운 환경을 조성한다.
ㄹ. 생물권은 A~D에 걸쳐 분포한다.
└──────────────────────────────────┘

① ㄱ, ㄴ ② ㄴ, ㄷ ③ ㄷ, ㄹ
④ ㄱ, ㄴ, ㄹ ⑤ ㄱ, ㄷ, ㄹ

03 다음은 지구 시스템 구성 요소의 상호 작용과 그 예를 나타낸 것이다.

┌───┐
• (가) – (나)의 상호 작용 :
  강한 바람과 기압의 감소로 폭풍 해일이 발생한다.

  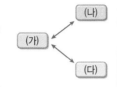

• (가) – (다)의 상호 작용 :
  화산 활동으로 태양 복사 에너지의 대기 투과율이 달라지면서 기온이 변한다.
└───┘

(가)~(다)에 해당하는 구성 요소를 옳게 짝 지은 것은?

	(가)	(나)	(다)
①	기권	수권	지권
②	기권	지권	수권
③	수권	기권	지권
④	수권	지권	기권
⑤	지권	수권	기권

02 그림 (가)와 (나)는 각각 기권과 해수의 층상 구조를 나타낸 것이다.

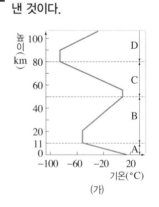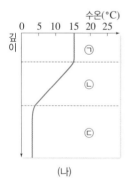

이에 대한 설명으로 옳은 것만을 [보기]에서 있는 대로 고른 것은?

┌─ 보기 ─────────────────────────────┐
ㄱ. (가)와 (나)의 온도 분포에 가장 큰 영향을 주는 에너지는 지구 내부 에너지이다.
ㄴ. (나)의 ㉠층의 두께는 (가)의 A층의 영향을 받는다.
ㄷ. (가)의 B층과 (나)의 ㉡층은 불안정하다.
└──────────────────────────────────┘

① ㄱ ② ㄴ ③ ㄱ, ㄷ
④ ㄴ, ㄷ ⑤ ㄱ, ㄴ, ㄷ

04 표는 지구 시스템에서 여러 현상을 일으키는 에너지원의 특징을 나타낸 것이다.

에너지원	특징
A	물의 순환을 일으키는 주된 에너지원이다.
B	달과 태양의 인력으로 발생한다.
C	지구 내부의 방사성 물질에서 나오는 에너지에 의해 발생한다.

이에 대한 설명으로 옳은 것만을 [보기]에서 있는 대로 고른 것은?

┌─ 보기 ─────────────────────────────┐
ㄱ. A는 지표의 풍화와 침식 작용을 일으킨다.
ㄴ. B의 양은 A보다 많다.
ㄷ. A의 일부는 B나 C로 전환될 수 있다.
└──────────────────────────────────┘

① ㄱ ② ㄷ ③ ㄱ, ㄴ
④ ㄴ, ㄷ ⑤ ㄱ, ㄴ, ㄷ

05 그림은 탄소의 연간 이동량을 나타낸 것이다.

(단위 : ×10^{12} kg)

이에 대한 설명으로 옳은 것만을 [보기]에서 있는 대로 고른 것은?

·보기·
ㄱ. 연간 기권에 쌓이는 탄소량은 2.5단위이다.
ㄴ. 수온이 상승하면 A가 증가한다.
ㄷ. 화석 연료의 사용량이 증가하면 지권의 탄소량
　이 증가한다.
ㄹ. 삼림 면적이 증가하면 B가 활발해질 것이다.

① ㄱ, ㄷ　　　② ㄱ, ㄹ　　　③ ㄴ, ㄷ
④ ㄱ, ㄴ, ㄹ　　⑤ ㄴ, ㄷ, ㄹ

06 지권의 변화에 대한 설명으로 옳지 <u>않은</u> 것은?

① 판 구조론에 따르면 판의 운동으로 지각 변동이
　일어난다.
② 화산 활동과 지진을 일으키는 주된 에너지원은
　태양 에너지이다.
③ 화산 활동이나 지진으로 분출된 에너지와 물질은
　기권, 수권, 생물권에도 영향을 미친다.
④ 화산 활동이 일어난 지역은 시간이 지나면 토양이
　비옥해진다.
⑤ 지진의 영향으로 사회적, 경제적 손실이 발생한다.

07 그림 (가)와 (나)는 전 세계의 화산대와 지진대를 나타낸 것이다.

(가) 화산대　　　　　(나) 지진대

이에 대한 설명으로 옳지 <u>않은</u> 것은?

① 화산대와 지진대는 좁고 긴 띠 모양으로 분포한다.
② 환태평양 지역에서 화산 활동이 가장 활발하다.
③ 화산 활동과 지진은 주로 판 내부에서 발생한다.
④ 대서양 연안보다 중앙부에서 지각 변동이 활발하다.
⑤ 판 경계를 추정하기 위해서는 화산대보다 지진대
　의 분포가 더 유용하다.

08 그림 (가)와 (나)는 판 경계를 모식적으로 나타낸 것이다.

(가)　　　　　(나)

이에 대한 설명으로 옳은 것은?

① (가)에서는 천발 지진, (나)에서 심발 지진이 자주
　발생한다.
② (가)에서는 해양 지각이 생성되고, (나)에서는 해
　양 지각이 소멸된다.
③ (가)에서는 변환 단층이 발달한다.
④ 거대한 습곡 산맥이 발달하는 지역은 (가)이다.
⑤ 맨틀 대류가 하강하는 곳은 (나)이다.

09 그림은 판의 운동을 모식적으로 나타낸 것이다.

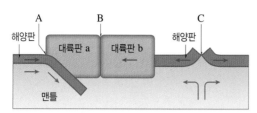

이에 대한 설명으로 옳은 것만을 [보기]에서 있는 대로 고른 것은?

• 보기 •
ㄱ. A에서는 해령이 발달한다.
ㄴ. A와 B 부근에는 습곡 산맥이 형성될 수 있다.
ㄷ. 화산 활동은 B보다 C에서 활발하게 일어난다.
ㄹ. A와 C 부근에서는 판이 생성된다.

① ㄱ, ㄷ   ② ㄱ, ㄹ   ③ ㄴ, ㄷ
④ ㄱ, ㄴ, ㄹ   ⑤ ㄴ, ㄷ, ㄹ

10 그림은 가상의 판의 분포와 이동 방향을 나타낸 것이다.

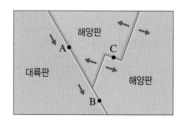

이에 대한 설명으로 옳은 것만을 [보기]에서 있는 대로 고른 것은? (단, 동일한 판은 모두 같은 방향으로 움직인다.)

• 보기 •
ㄱ. A 부근의 지각 변동은 대륙판 쪽에서 활발하게 일어난다.
ㄴ. B에서는 심발 지진이 자주 발생한다.
ㄷ. C에서는 화산 활동이 활발하게 일어난다.

① ㄱ   ② ㄴ   ③ ㄷ
④ ㄱ, ㄷ   ⑤ ㄴ, ㄷ

서술형 문제

11 다음 (가)~(다) 현상이 일어나는 과정을 서술하고, 근원이 되는 에너지원을 각각 서술하시오.

(가) 밀물과 썰물
(나) 히말라야산맥의 형성
(다) 대기와 해수의 순환

---

12 대륙판과 해양판이 수렴할 때 판의 움직임을 서술하고, 이때 만들어질 수 있는 지형을 두 가지만 쓰시오.

---

13 그림은 어떤 화산의 분출 전후에 관측한 지구의 평균 기온 변화를 나타낸 것이다.

(가)기온 변화가 나타난 원인과 (나)이 기온 변화가 지구 시스템의 어떤 구성 요소 사이의 상호 작용인지 서술하시오.

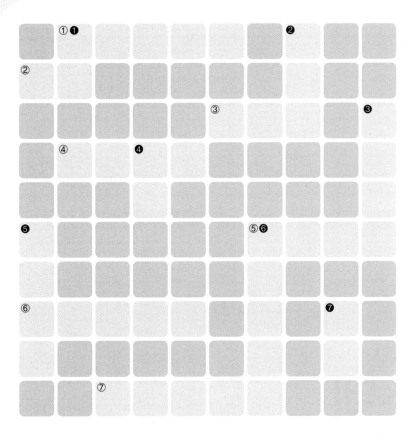

다음 설명이 뜻하는 용어를 □ 안에 가로 또는 세로로 쓰시오.

가로

① 태양계의 한 구성 요소로, 지구를 구성하는 요소들이 서로 영향을 주고받으면서 이루어진 하나의 시스템이다.

② 지구를 둘러싸고 있는 대기층으로, 높이 약 1000 km인 영역이다.

③ 암석권 아래의 깊이 약 100 km~400 km 구간이다.

④ 섬들이 해구와 나란하게 활 모양으로 길게 배열되어 있는 지형이다.

⑤ 깊이가 깊어질수록 수온이 급격히 낮아지는 층이다.

⑥ 달과 태양이 지구에 작용하는 인력에 의해 생기는 에너지이다.

⑦ 판과 판이 서로 멀어지는 경계이다. 해령, 열곡대가 발달한다.

세로

❶ 지구 표면과 지구 내부를 포함하는 깊이 약 6400 km인 영역이다.

❷ 높이 약 11 km~50 km 구간으로, 높이 올라갈수록 기온이 높아지는 층이다. 오존층이 존재한다.

❸ 해령과 해령 사이에서 판의 이동 속도 차이로 판이 어긋나면서 지층이 끊어진 지형이다.

❹ 높이 약 80 km~1000 km 구간으로, 높이 올라갈수록 기온이 높아지는 층이다. 공기가 매우 희박하다.

❺ 지구 표면은 크고 작은 여러 개의 판으로 이루어져 있으며, 판의 운동으로 판 경계에서 지각 변동이 일어난다는 이론이다.

❻ 판과 판이 서로 모여드는 경계이다. 호상 열도, 해구, 습곡 산맥이 발달한다.

❼ 지각보다 밀도가 크고, 지권 전체 부피의 약 80 %를 차지하는 층이다.

재미있는 과학 이야기

낮은 위도 지역에서도 오로라가 관측되었다?

오로라가 나타나는 극 지역보다 낮은 위도의 밤하늘에서 오로라를 닮은 보랏빛의 얇은 띠가 발견되어 최근 주목받고 있다. 이 빛은 과학자가 아닌 일반 시민들이 발견하여 이름을 붙인 '스티브'이다. 스티브는 오로라와 모양은 비슷하지만, 태양에서 방출된 전하가 지구 적도에 가까운 자기장을 따라 이동하면서 상층 대기와 충돌하여 빛을 내기 때문에 오로라보다 위도 10°~20° 더 낮은 지역에서 관측되는 것이다. 스티브는 오로라가 나타나는 고위도 지역과 그보다 낮은 위도 지역 사이의 연관성을 보여주는 단서가 될 수 있고, 이는 전 지구 시스템이 어떻게 작동하는지에 대한 정보를 제공할 수 있을 것으로 기대된다.

생명 시스템

중학교에서 **배운 내용을 확인**하고, 이 단원에서 **학습할 개념**과 **연결**지어 보자.

배운 내용 Review

⬤ 세포

(1) 세포 : 생명체를 구성하는 구조적 · 기능적 단위이다.

(2) 세포의 구조와 기능

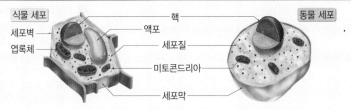

①	생명 활동을 조절하고 유전 물질이 들어 있다.
미토콘드리아	생명 활동에 필요한 ② 를 생성한다.
③	세포를 둘러싸고 있는 얇은 막으로, 세포 내부를 보호하고 물질 출입을 조절한다.
세포질	핵을 제외한 세포의 내부를 채우는 부분으로, 여러 가지 소기관을 포함한다.
액포	물, 양분, 색소, 노폐물 등 여러 물질을 저장한다.
세포벽	식물 세포를 둘러싼 단단한 벽으로, 식물 세포의 모양을 일정하게 유지해 준다.
엽록체	광합성이 일어나는 징소로, ④ 세포에만 있다.

⬤ 염색체의 구조

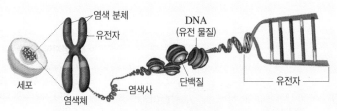

▲ 염색체의 구조

(1) 염색체는 ⑤ 와 단백질로 구성된다.

(2) 염색체가 세포 분열을 하지 않는 동안에는 염색사 형태로 있다. 염색사는 유전 물질이 실처럼 풀어져 있는 상태이다.

(3) ⑥ 는 DNA 상에 배열되어 있으며, 하나의 DNA에는 수많은 ⑥ 가 있다.

생명 시스템의 기본 단위

핵심 짚기　☐ 세포의 구조와 기능　　　☐ 세포막의 구조와 선택적 투과성
　　　　　　　☐ 세포막을 통한 물질 이동

A 생명 시스템과 세포

1 생명 시스템의 구성 단계　하나의 생물 개체는 다양한 세포가 서로 유기적으로 조직되어 상호 작용을 하는 생명 시스템이다.❶❷

세포	조직	기관	개체
생명 시스템을 구성하는 구조적·기능적 단위	모양과 기능이 비슷한 세포의 모임	여러 조직이 모여 고유한 형태와 기능을 나타내는 것	여러 기관이 모여 독립된 구조와 기능을 가지고 생명 활동을 하는 하나의 생명체

☆ 2 세포의 구조와 기능

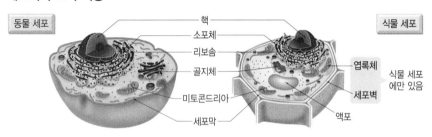

동물 세포 / 식물 세포

핵 / 소포체 / 리보솜 / 골지체 / 미토콘드리아 / 세포막 / 엽록체 / 세포벽 / 액포

식물 세포에만 있음

기관	주요 기능❸
핵	유전 정보를 저장하고 있는 DNA가 있어 세포의 생명 활동을 조절한다.
리보솜	DNA의 유전 정보에 따라 단백질이 합성되는 장소이다.
소포체	세포 내 물질의 이동 통로이다. ➡ 리보솜에서 합성된 단백질을 골지체나 세포의 다른 부위로 운반
골지체	소포체에서 전달된 단백질이나 지질 등을 막으로 싸서 세포 밖으로 분비한다.
미토콘드리아	세포 호흡이 일어나는 장소이다. ➡ 산소를 이용해 포도당을 분해하여 세포가 생명 활동을 하는 데 필요한 형태의 에너지를 생성
세포막	세포를 둘러싸는 얇은 막이다. ➡ 세포 모양 유지, 세포 안팎의 물질 출입 조절
액포	물, 색소, 노폐물 등을 저장하며, 성숙한 식물 세포에서 크게 발달한다.
엽록체	광합성이 일어나는 장소이다. ➡ 이산화 탄소와 물을 원료로 포도당을 합성
세포벽	식물 세포에서 세포막 바깥을 싸고 있는 막이다. ➡ 세포 보호, 세포 모양 유지

☆ B 세포막의 구조와 선택적 투과성

1 세포막의 주성분　*인지질과 단백질

2 세포막의 구조　인지질 2중층에 막단백질이 파묻혀 있거나 관통하고 있는 구조이다.

3 세포막의 선택적 투과성　세포막은 물질의 종류에 따라 물질을 투과시키는 정도가 다르다. ➡ 물질 출입을 조절하여 세포 내부를 생명 활동이 일어나기에 적합한 환경으로 유지한다.

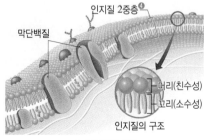

인지질 2중층❹ / 막단백질 / 머리(친수성) / 꼬리(소수성) / 인지질의 구조

▲ 세포막의 구조

Plus 강의

❶ 생명 시스템
생명체가 외부 환경 요소와 상호 작용을 하면서 다양한 생명 활동을 수행하는 시스템이다. 생명 시스템은 하나의 생물 개체일 수도 있고, 하나의 세포일 수도 있다.

❷ 동물체와 식물체의 구성 단계
▶ **동물체의 구성 단계** : 세포 → 조직 → 기관 → 기관계 → 개체
　• 기관 : 심장, 간 등
　• 기관계 : 순환계, 소화계, 호흡계 등
▶ **식물체의 구성 단계** : 세포 → 조직 → 조직계 → 기관 → 개체
　• 조직계 : 관다발 조직계, 기본 조직계 등
　• 기관 : 꽃, 줄기 등

여기서잠깐 142쪽
❸ 기능과 연관된 세포 소기관
▶ 단백질 합성과 이동에 관여하는 세포 소기관 : 핵, 리보솜, 소포체, 골지체
▶ 에너지 전환에 관여하는 세포 소기관
　• 미토콘드리아 : 세포 호흡으로 포도당의 화학 에너지를 세포 활동에 필요한 형태의 에너지로 전환한다.
　• 엽록체 : 광합성으로 빛에너지를 포도당의 화학 에너지로 전환한다.

▲ 미토콘드리아　　▲ 엽록체

❹ 인지질 2중층
▶ 인지질은 친수성인 머리 부분이 물과 접한 바깥쪽을 향하고, 소수성인 꼬리 부분이 서로 마주 보며 배열하여 2중층을 이룬다.
▶ 인지질층은 유동성이 있어 인지질의 움직임에 따라 막단백질의 위치가 바뀐다.

용어 돋보기
* **인지질(燐 인산, 脂 기름, 質 바탕)**_기름 성분인 지질에 인산이 결합되어 있는 물질

☆C 세포막을 통한 물질 이동 _(여기서잡판) 142쪽

1 확산 세포막을 경계로 *용질의 농도가 높은 쪽에서 낮은 쪽으로 이동한다. ❺

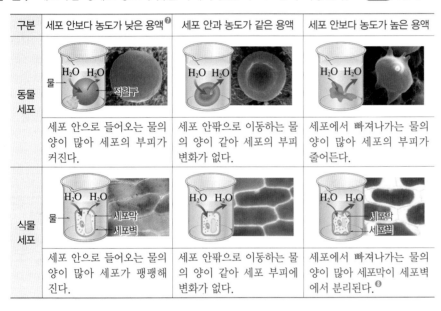

구분	인지질 2중층을 통한 확산	막단백질을 통한 확산
이동 방식	산소 (O₂) · 세포 밖 / 세포 안	포도당 · 세포 밖 / 막단백질 · 세포 안
이동 물질	크기가 매우 작은 기체 분자, 지용성 물질, 지질 입자	전하를 띤 물질(이온), 분자 크기가 비교적 큰 수용성 물질(포도당, 아미노산 등)
예	폐포와 모세 혈관 사이의 O₂와 CO₂ 교환	혈액 속의 포도당이 조직 세포로 확산

2 삼투 세포막을 경계로 농도가 낮은 쪽에서 높은 쪽으로 물이 이동한다. ❻ **탐구 A** 140쪽

구분	세포 안보다 농도가 낮은 용액 ❼	세포 안과 농도가 같은 용액	세포 안보다 농도가 높은 용액
동물 세포	물 · H₂O H₂O · 적혈구	H₂O H₂O	H₂O H₂O
	세포 안으로 들어오는 물의 양이 많아 세포의 부피가 커진다.	세포 안팎으로 이동하는 물의 양이 같아 세포의 부피 변화가 없다.	세포에서 빠져나가는 물의 양이 많아 세포의 부피가 줄어든다.
식물 세포	물 · H₂O H₂O · 세포막 세포벽	H₂O H₂O · 세포막 세포벽	H₂O H₂O · 세포막 세포벽
	세포 안으로 들어오는 물의 양이 많아 세포가 팽팽해진다.	세포 안팎으로 이동하는 물의 양이 같아 세포 부피에 변화가 없다.	세포에서 빠져나가는 물의 양이 많아 세포막이 세포벽에서 분리된다. ❻

❺ **확산과 에너지**
확산은 물질이 농도 차에 따라 스스로 퍼져 나가는 것이므로 에너지가 소모되지 않는다.

❻ **생명체에서 삼투에 의해 물이 이동하는 예**
- 식물의 뿌리털에서 토양의 물을 흡수할 때
- 콩팥 세뇨관에서 모세 혈관으로 물이 재흡수될 때

❼ **세포보다 농도가 낮은 용액에 세포를 넣었을 때 세포의 변화**
- 동물 세포(적혈구) : 삼투에 의해 세포 안으로 들어오는 물의 양이 많아 세포의 부피가 커지다가 세포막이 터질 수도 있다.
- 식물 세포 : 삼투에 의해 세포 안으로 들어오는 물의 양이 많아 세포가 팽팽해지지만, 세포벽이 있어서 일정 크기 이상 커지지 않는다.

❽ *원형질 분리
식물 세포에서 빠져나가는 물의 양이 많아 세포질의 부피가 줄어들다가 세포막이 세포벽과 분리되는 현상이다.

🔍 용어 돋보기
* 용질(溶 녹다, 質 바탕)_용액에 녹아 있는 물질
* 원형질(原 근원, 形 모양, 質 바탕)_세포에서 생명 활동과 직접적으로 관련이 있는 부분

개념 쏙쏙

○ 정답과 해설 34쪽

1 생명 시스템의 구성 단계를 작은 단계부터 큰 단계 순으로 쓰시오.

2 다음의 기능을 수행하는 세포 소기관의 이름을 쓰시오.
(1) 단백질의 합성이 일어난다. ·················· ( )
(2) 이산화 탄소와 물을 원료로 포도당이 합성된다. ·········· ( )
(3) 유전 물질이 있으며, 세포의 생명 활동을 조절한다. ·········· ( )

3 다음은 세포막의 구조와 물질 이동에 대한 설명이다. ( ) 안에 알맞은 말을 쓰시오.
(1) ( )은 인지질 2중층에 막단백질이 파묻히거나 관통하고 있는 구조이다.
(2) 세포막은 물질의 종류에 따라 투과도가 다른 ( )을 나타낸다.
(3) 산소(O₂)는 세포막의 인지질 2중층을 직접 통과하여 ( )한다.
(4) 적혈구를 진한 설탕물에 넣으면 ( )에 의해 적혈구에서 빠져나가는 물의 양이 많아진다.

암기 꼭!

· 확산 : 고농도에서 저농도로 용질이 이동한다.
확실하게 **고**로니 본 사람? **저용**
산 농도 농질 도

· 삼투 : 저농도에서 고농도로 물이 이동한다.
삼베 **저고**리 **물**들이기
투 농농 도도

세포막을 통한 물질 이동 실험

(목표) 세포막을 통한 물질 이동의 원리를 설명할 수 있다.

• 과정

 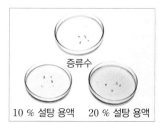 

❶ 붉은 양파의 표피에 가로, 세로 각각 5 mm 크기로 칼집을 낸 후 핀셋으로 벗긴다.

▶ 양파 표피는 한 겹의 세포 층으로 이루어져 있어 현미경으로 세포를 관찰하기에 적합하다.

❷ 양파 표피 조각을 증류수, 10 % 설탕 용액, 20 % 설탕 용액이 담긴 페트리 접시에 각각 넣고 약 10분 동안 담가 둔다.

▶ 농도가 다른 용액에 세포를 담가 두면 삼투에 의해 물이 세포 안이나 밖으로 이동한다.

❸ 각 페트리 접시에서 양파 표피 조각을 꺼내어 현미경 표본을 만든 다음, 현미경으로 관찰한다.

▶ 붉은 양파의 표피 세포는 붉은색을 띠므로 염색을 하지 않아도 현미경으로 세포를 잘 관찰할 수 있다.

• 결과

용액	증류수	10 % 설탕 용액	20 % 설탕 용액
관찰 결과	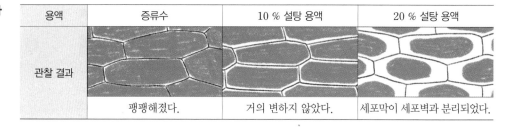		
	팽팽해졌다.	거의 변하지 않았다.	세포막이 세포벽과 분리되었다.

• 해석

1. 증류수와 농도가 다른 설탕 용액을 사용한 까닭은? ➡ 세포막을 경계로 일어나는 삼투에 의한 물의 이동을 알아보기 위해서이다.

2. 증류수에 담가 둔 양파 표피 세포가 팽팽해진 까닭은? ➡ 증류수는 양파 표피 세포보다 농도가 낮기 때문에 삼투에 의해 농도가 낮은 증류수에서 농도가 높은 세포 안으로 들어오는 물의 양이 많아졌기 때문이다.

3. 10 % 설탕 용액에 담가 둔 양파 표피 세포의 부피가 거의 변하지 않은 까닭은? ➡ 세포 안팎의 농도가 비슷해 세포 안팎으로 이동하는 물의 양이 거의 같기 때문이다.

4. 20 % 설탕 용액에 담가 둔 양파 표피 세포에서 세포막이 세포벽으로부터 분리된 까닭은? ➡ 삼투에 의해 농도가 낮은 세포 안에서 농도가 높은 설탕 용액으로 물이 많이 빠져나가 세포질의 부피가 줄어드는데 세포벽은 세포막과는 달리 단단하여 형태가 변하지 않기 때문이다.

5. 이 실험을 통해 알 수 있는 것은? ➡ 설탕과 같이 분자가 큰 물질은 세포막을 통과하지 못하고, 물은 세포막을 통과한다. 물은 세포막을 경계로 농도가 낮은 쪽에서 높은 쪽으로 이동한다.

• 정리

물은 삼투에 의해 세포막을 경계로 용질의 농도가 낮은 쪽에서 높은 쪽으로 이동한다.

- **과정**
  ❶ 비커 3개에 증류수, 10 % 설탕 용액, 20 % 설탕 용액을 100 mL씩 넣는다.
  ❷ 달걀 3개를 깬 후 노른자만 분리하여 달걀노른자의 모습을 관찰하고 지름을 잰다.
  ❸ 달걀노른자를 비커에 1개씩 넣고, 10분 후 달걀노른자를 꺼내어 달걀노른자의 모습을 관찰하고 지름을 잰다.

달걀노른자

증류수 / 10 % 설탕 용액 / 20 % 설탕 용액

- **결과 & 해석**
  1. 증류수에 넣은 달걀노른자는 처음보다 크기가 커졌다. ➡ 증류수에서 달걀노른자로 들어오는 물의 양이 많아졌기 때문이다.
  2. 10 % 설탕 용액에 넣은 달걀노른자는 처음과 크기가 거의 같았다. ➡ 달걀노른자 안팎으로 이동하는 물의 양이 거의 같았기 때문이다.
  3. 20 % 설탕 용액에 넣은 달걀노른자는 처음보다 크기가 작아졌다. ➡ 달걀노른자에서 농도가 높은 설탕 용액으로 빠져나가는 물의 양이 많아졌기 때문이다.
  4. 농도가 다른 용액에 넣었을 때 달걀노른자의 크기가 변한 것은 삼투에 의해 물이 이동하여 나타난 결과이다.

정답과 해설 34쪽

memo

확인 문제

1 **탐구 Ⓐ**에 대한 설명으로 옳은 것은 ○, 옳지 **않은** 것은 ×로 표시하시오.

(1) 이 실험에서 물이 이동하는 원리는 삼투이다. ……………………………… ( )
(2) 이 실험에서 설탕은 세포막으로 이동하지 않는다. ……………………… ( )
(3) 물은 세포막을 경계로 용질의 농도가 낮은 쪽에서 높은 쪽으로 이동한다. …… ( )
(4) 10 %의 설탕 용액에 담가 둔 양파 표피 세포의 부피 변화가 없는 것은 물의 이동이 일어나지 않았기 때문이다. ……………………………………………… ( )

2 그림은 붉은 양파 표피 세포를 설탕 용액에 넣고 **10분**이 지난 후 현미경으로 관찰한 결과이다.

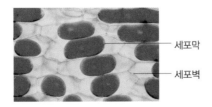

세포막
세포벽

이에 대한 설명으로 옳은 것만을 [보기]에서 있는 대로 고른 것은?

─ 보기 ─
ㄱ. 세포벽을 사이에 두고 삼투가 일어났다.
ㄴ. 실험 결과 양파 표피 세포에서 세포막이 세포벽과 분리되었다.
ㄷ. 양파 표피 세포 안으로 들어오는 물의 양보다 세포 밖으로 나가는 물의 양이 많다.

① ㄱ   ② ㄴ   ③ ㄱ, ㄴ
④ ㄱ, ㄷ   ⑤ ㄴ, ㄷ

물질의 합성과 이동

세포는 세포 소기관이 유기적으로 작용하여 생명 활동을 수행합니다. 단백질이 어디에서 합성되고 어떻게 이동되는지 알아볼까요? 또한 세포막을 통한 물질의 이동 방법에 대해서도 알아봅시다.

정답과 해설 34쪽

1 단백질의 합성과 이동

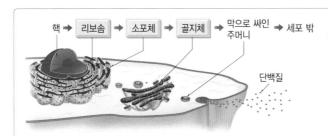

핵 속의 DNA에는 단백질 합성에 필요한 유전 정보가 들어 있다. ➡ DNA의 유전 정보가 리보솜으로 전달되고, 리보솜에서는 전달받은 유전 정보에 따라 단백질이 합성된다. ➡ 소포체는 리보솜에서 합성된 단백질을 골지체로 운반시킨다. ➡ 골지체로 운반된 단백질은 막으로 싸인 주머니에 담겨 세포막 쪽으로 이동하여 세포 밖으로 분비된다.

Q1 DNA의 유전 정보에 따라 단백질이 합성되는 세포 소기관은?

2 세포막을 통한 물질의 이동 – 확산

- 확산은 농도가 높은 쪽에서 낮은 쪽으로 용질이 이동하는 것으로 세포막을 통한 확산은 인지질 2중층과 막단백질을 통해 일어난다.
- 확산 속도는 농도 차가 클수록 빠르지만, 막단백질을 통한 확산 속도는 한계가 있다.

인지질 2중층을 통한 확산	막단백질을 통한 확산
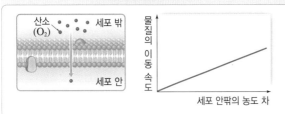	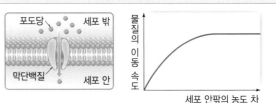
인지질 2중층을 통해 확산하는 물질은 세포막을 경계로 세포 안팎의 농도 차가 클수록 이에 비례하여 확산 속도가 빨라진다.	막단백질을 통해 확산하는 물질은 어느 정도까지는 세포 안팎의 농도 차에 비례하여 확산 속도가 빨라지지만, 일정 수준 이상이 되면 더 이상 빨라지지 않는다. ➡ 이 물질의 이동에 관여하는 막단백질이 모두 물질을 이동시키고 있기 때문이다.

Q2 혈액 속의 포도당이 조직 세포로 확산될 때 세포 안팎의 농도 차에 비례하여 확산 속도가 계속 증가한다. (○ , ×)

3 세포막을 통한 물질의 이동 - 삼투

- 세포에서는 삼투에 의해 세포막을 경계로 용질의 농도가 낮은 쪽에서 높은 쪽으로 용매(물)가 이동한다. 삼투는 물이 많은 쪽에서 적은 쪽으로 이동하는 확산의 일종으로, 세포가 에너지를 소모하지 않는다.
- **삼투가 일어날 때 물 분자의 이동 방향** : 세포막을 경계로 삼투에 의해 물이 이동할 때 물 분자는 양방향으로 이동한다. 그러나 농도가 낮은 쪽에서 높은 쪽으로 이동하는 물의 양이 반대쪽으로 이동하는 물의 양보다 많아서 세포의 부피와 모양이 변하게 된다.

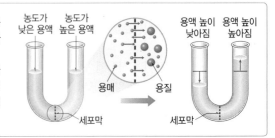

Q3 세포막을 경계로 삼투에 의해 농도가 ㉠(높은 / 낮은) 쪽에서 ㉡(높은 / 낮은) 쪽으로 물이 이동한다.

A 생명 시스템과 세포

중요
01 생명 시스템에 대한 설명으로 옳은 것만을 [보기]에서 있는 대로 고른 것은?

> • 보기 •
> ㄱ. 세포는 생명 시스템이 아니다.
> ㄴ. 생명 시스템은 세포 → 기관 → 조직 → 개체의 단계로 구성된다.
> ㄷ. 생물 개체는 다양한 세포가 서로 유기적으로 조직되어 상호 작용을 하는 생명 시스템이다.

① ㄱ　　　　② ㄴ　　　　③ ㄷ
④ ㄱ, ㄷ　　　⑤ ㄱ, ㄴ, ㄷ

02 세포에 대한 설명으로 옳은 것만을 [보기]에서 있는 대로 고른 것은?

> • 보기 •
> ㄱ. 세포는 생명 시스템을 구성하는 구조적 단위이다.
> ㄴ. 하나의 세포로 생명 활동을 유지하는 생물도 있다.
> ㄷ. 세포 소기관의 상호 작용으로 생명 활동이 일어난다.

① ㄱ　　　　② ㄴ　　　　③ ㄷ
④ ㄱ, ㄷ　　　⑤ ㄱ, ㄴ, ㄷ

03 그림은 사람 몸의 구성 단계를 나타낸 것이다.

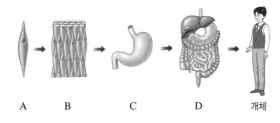

A　　　B　　　C　　　D　　　개체

이에 대한 설명으로 옳지 <u>않은</u> 것은?

① A는 생명 시스템의 기본 단위이다.
② A에는 다양한 세포 소기관이 있다.
③ B는 모양과 기능이 비슷한 세포들의 모임이다.
④ C는 한 가지 조직으로 이루어진 구성 단계이다.
⑤ D는 식물체에는 없고 동물체에만 있는 구성 단계이다.

[04~06] 그림은 식물 세포의 구조를 나타낸 것이다.

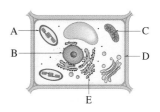

04 각 세포 소기관의 이름을 옳게 짝 지은 것은?

① A – 엽록체　　　　② B – 리보솜
③ C – 핵　　　　　　④ D – 골지체
⑤ E – 미토콘드리아

중요
05 이에 대한 설명으로 옳은 것은?

① A는 성숙한 식물 세포에서 크게 발달한다.
② B는 유전 물질이 있어 세포의 생명 활동을 조절한다.
③ C는 광합성이 일어나는 장소이다.
④ D는 단백질을 세포 밖으로 분비한다.
⑤ E는 세포 호흡이 일어나는 장소이다.

06 그림과 같은 반응이 일어나는 세포 소기관은?

아미노산　　　아미노산　　　　　　펩타이드 결합

① A　　　　② B　　　　③ C
④ D　　　　⑤ E

중요
07 표는 세포 소기관 A~C의 특징을 나타낸 것이다.

세포 소기관	특징
A	물질의 이동 통로이다.
B	빛에너지를 이용하여 포도당을 합성한다.
C	세포 안팎의 물질 출입을 조절한다.

이에 대한 설명으로 옳은 것만을 [보기]에서 있는 대로 고른 것은? (단, A~C는 각각 소포체, 세포막, 엽록체 중 하나이다.)

보기
ㄱ. A는 소포체, B는 엽록체이다.
ㄴ. B는 단백질 합성에 관여한다.
ㄷ. C는 세포를 둘러싸서 세포의 모양을 유지한다.

① ㄱ   ② ㄴ   ③ ㄷ
④ ㄱ, ㄷ   ⑤ ㄴ, ㄷ

08 그림 (가)와 (나)는 어떤 세포 소기관을 나타낸 것이다.

(가)   (나)

이에 대한 설명으로 옳은 것만을 [보기]에서 있는 대로 고른 것은?

보기
ㄱ. (가)는 엽록체, (나)는 미토콘드리아이다.
ㄴ. (가)와 (나)는 동물 세포에만 있다.
ㄷ. (가)와 (나)는 모두 에너지 전환에 관여하는 세포 소기관이다.

① ㄱ   ② ㄴ   ③ ㄷ
④ ㄱ, ㄷ   ⑤ ㄱ, ㄴ, ㄷ

09 다음은 단백질이 합성되어 세포 밖으로 분비되는 과정을 나타낸 것이다.

(가)에서 합성된 단백질은 (나)를 통해 (다)로 운반되고, (다)에서 막으로 싸인 주머니에 담겨 세포막 쪽으로 이동하여 세포 밖으로 분비된다.

(가)~(다)에 해당하는 세포 소기관을 옳게 짝 지은 것은?

	(가)	(나)	(다)
①	핵	소포체	리보솜
②	핵	리보솜	골지체
③	리보솜	소포체	골지체
④	리보솜	골지체	소포체
⑤	골지체	리보솜	소포체

중요
10 식물 세포에만 있는 세포 소기관으로 옳은 것만을 [보기]에서 있는 대로 고른 것은?

보기
ㄱ. 리보솜   ㄴ. 엽록체   ㄷ. 골지체
ㄹ. 세포벽   ㅁ. 미토콘드리아

① ㄴ   ② ㄴ, ㄹ   ③ ㄷ, ㅁ
④ ㄱ, ㄷ, ㅁ   ⑤ ㄱ, ㄹ, ㅁ

B 세포막의 구조와 선택적 투과성

11 세포막의 성분과 기능에 대한 설명으로 옳은 것만을 [보기]에서 있는 대로 고른 것은?

보기
ㄱ. 인지질과 단백질이 주성분이다.
ㄴ. 물질을 종류에 관계없이 투과시킬 수 있다.
ㄷ. 세포 내부를 생명 활동이 일어나기에 적합한 환경으로 유지한다.

① ㄱ   ② ㄴ   ③ ㄷ
④ ㄱ, ㄷ   ⑤ ㄱ, ㄴ, ㄷ

☆중요
12 그림은 세포막의 구조를 나타낸 것이다.

이에 대한 설명으로 옳은 것만을 [보기]에서 있는 대로 고른 것은?

• 보기 •
ㄱ. A는 막단백질이고, B는 인지질이다.
ㄴ. 세포막에서 B는 2중층을 이루고 있다.
ㄷ. ㉠은 소수성이고, ㉡은 친수성이다.

① ㄱ   ② ㄴ   ③ ㄷ
④ ㄱ, ㄴ   ⑤ ㄱ, ㄴ, ㄷ

C 세포막을 통한 물질 이동

13 그림은 포도당이 세포막을 통해 세포 안으로 이동하는 방식을 나타낸 것이다.

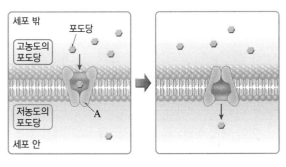

이에 대한 설명으로 옳은 것만을 [보기]에서 있는 대로 고른 것은?

• 보기 •
ㄱ. A의 위치는 바뀔 수 있다.
ㄴ. A는 포도당만 선택적으로 투과시킨다.
ㄷ. 세포막을 통한 포도당의 이동 원리는 확산이다.

① ㄱ   ② ㄴ   ③ ㄱ, ㄷ
④ ㄴ, ㄷ   ⑤ ㄱ, ㄴ, ㄷ

[14~15] 그림은 물질 A와 B가 각각 세포막을 통과하는 방식을 나타낸 것이다.

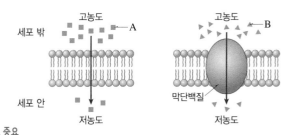

☆중요
14 이에 대한 설명으로 옳은 것만을 [보기]에서 있는 대로 고른 것은?

• 보기 •
ㄱ. A는 인지질 2중층을 직접 통과한다.
ㄴ. A가 이동하기 위해서는 에너지가 필요하다.
ㄷ. A와 B의 이동 원리는 삼투이다.

① ㄱ   ② ㄷ   ③ ㄱ, ㄴ
④ ㄴ, ㄷ   ⑤ ㄱ, ㄴ, ㄷ

15 물질 A와 B를 옳게 짝 지은 것은?

	A	B
①	산소	이산화 탄소
②	산소	칼륨 이온
③	아미노산	이산화 탄소
④	칼륨 이온	아미노산
⑤	칼륨 이온	산소

서술형
16 그림은 이산화 탄소가 모세 혈관에서 폐포로, 산소가 폐포에서 모세 혈관으로 이동하는 것을 나타낸 것이다.

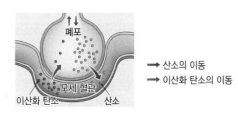

→ 산소의 이동
→ 이산화 탄소의 이동

이 과정에서 산소와 이산화 탄소가 세포막을 통해 이동하는 방식을 서술하시오.

17 그림은 적혈구를 용액 X에 넣었을 때의 변화를 나타낸 것이다.

적혈구 ── 용액 X에 넣음 →

이에 대한 설명으로 옳은 것만을 [보기]에서 있는 대로 고른 것은?

보기
ㄱ. 적혈구의 변화는 삼투에 의한 것이다.
ㄴ. 용액 X는 적혈구 안보다 농도가 높다.
ㄷ. 적혈구 안으로 들어오는 물의 양이 많아진다.

① ㄱ   ② ㄴ   ③ ㄱ, ㄷ
④ ㄴ, ㄷ   ⑤ ㄱ, ㄴ, ㄷ

중요
18 그림은 식물 세포 (가)를 농도가 다른 설탕 용액 A~C에 각각 넣고 10분이 지난 후의 모습을 나타낸 것이다.

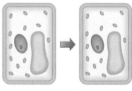

(가)   A에 넣었을 때   B에 넣었을 때   C에 넣었을 때

이에 대한 설명으로 옳은 것만을 [보기]에서 있는 대로 고른 것은?

보기
ㄱ. A에 넣었을 때 세포질의 부피 변화가 가장 크다.
ㄴ. 설탕 용액의 농도는 B가 가장 높다.
ㄷ. C에 넣었을 때는 식물 세포 안으로 들어오는 물의 양이 밖으로 빠져나가는 물의 양보다 많다.

① ㄱ   ② ㄴ   ③ ㄱ, ㄷ
④ ㄴ, ㄷ   ⑤ ㄱ, ㄴ, ㄷ

서술형
19 다음은 적혈구와 식물 세포를 이용한 실험 과정과 결과이다.

[과정]
사람의 적혈구와 식물 세포를 각각 증류수에 담가 두었다가 꺼내어 현미경으로 관찰한다.

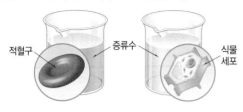

적혈구   증류수   식물 세포

[결과]
적혈구는 터져서 모습을 제대로 관찰할 수 없었지만, 식물 세포는 약간 부풀어 오른 모습으로 관찰되었다.

식물 세포의 실험 결과가 적혈구와 다르게 나타난 까닭을 세포의 구조와 관련지어 서술하시오.

---

20 다음은 용액의 농도에 따른 양파 표피 세포의 변화를 관찰하는 실험 과정과 결과이다.

[과정]
(가) 양파 표피에 가로, 세로 5 mm 크기로 칼집을 낸 후 핀셋으로 벗긴다.
(나) 벗겨 낸 양파 표피 조각을 증류수와 20 % 설탕 용액이 담긴 페트리 접시에 각각 담가 둔다.
(다) 각 페트리 접시에서 양파 표피 조각을 꺼내어 현미경 표본을 만든 후 현미경으로 관찰한다.

[결과]

 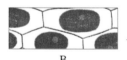

A   B

이에 대한 설명으로 옳은 것만을 [보기]에서 있는 대로 고른 것은?

보기
ㄱ. A는 20 % 설탕 용액, B는 증류수에 담가 둔 후 관찰한 결과이다.
ㄴ. B는 세포막이 세포벽으로부터 분리되었다.
ㄷ. A와 B는 삼투에 의해 설탕이 이동하여 나타나는 현상이다.

① ㄱ   ② ㄴ   ③ ㄷ
④ ㄴ, ㄷ   ⑤ ㄱ, ㄴ, ㄷ

01 그림은 동물 세포의 구조를 나타낸 것이다.

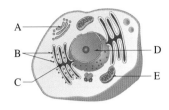

이에 대한 설명으로 옳은 것만을 [보기]에서 있는 대로 고른 것은?

┌─ 보기 ─────────────────────────────┐
ㄱ. A에서 단백질이 합성되며, C에서 단백질이 막
　 으로 싸여 세포 밖으로 분비된다.
ㄴ. B와 D는 식물 세포에도 있다.
ㄷ. E에서 생명 활동에 필요한 형태의 에너지를 생
　 성한다.
└──────────────────────────────────┘

① ㄱ　　　　　② ㄴ　　　　　③ ㄱ, ㄷ
④ ㄴ, ㄷ　　　　⑤ ㄱ, ㄴ, ㄷ

02 그림은 세포막 양쪽에 농도가 다른 설탕 용액 A, B를 같은 양씩 넣었을 때 일어나는 변화를 나타낸 것이다.

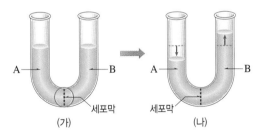

이에 대한 설명으로 옳은 것만을 [보기]에서 있는 대로 고른 것은?

┌─ 보기 ─────────────────────────────┐
ㄱ. 설탕 용액의 농도는 A가 B보다 높다.
ㄴ. (나)에서 설탕 용액의 높이 변화는 A에서 B로
　 설탕 분자가 이동하였기 때문에 나타난다.
ㄷ. 콩팥 세뇨관에서 모세 혈관으로 물이 재흡수되는
　 원리도 이와 같다.
└──────────────────────────────────┘

① ㄱ　　　　　② ㄴ　　　　　③ ㄷ
④ ㄱ, ㄷ　　　　⑤ ㄴ, ㄷ

03 그림은 사람의 적혈구를 생리 식염수와 농도가 다른 소금 용액 A, B에 넣고 일정 시간 두었을 때의 모습을 나타낸 것이다.

[생리 식염수에 넣었을 때]　[A에 넣었을 때]　[B에 넣었을 때]

이에 대한 설명으로 옳은 것만을 [보기]에서 있는 대로 고른 것은?

┌─ 보기 ─────────────────────────────┐
ㄱ. 소금 용액의 농도는 A>B이다.
ㄴ. A에서 시간이 더 지나면 적혈구의 세포막이 터
　 질 수도 있다.
ㄷ. B에서는 세포 안팎으로 이동하는 물의 양이 같다.
└──────────────────────────────────┘

① ㄱ　　　　　② ㄴ　　　　　③ ㄷ
④ ㄱ, ㄴ　　　　⑤ ㄱ, ㄴ, ㄷ

04 그림은 물질 A와 B가 세포 안팎의 농도 차에 따라 확산하는 속도를 나타낸 것이다.

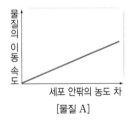　

[물질 A]　　　　[물질 B]

이에 대한 설명으로 옳은 것만을 [보기]에서 있는 대로 고른 것은?

┌─ 보기 ─────────────────────────────┐
ㄱ. 물질 A는 인지질 2중층을 직접 통과하여 확산
　 한다.
ㄴ. 물질 B의 확산에는 막단백질이 관여한다.
ㄷ. 지용성 물질은 물질 B와 동일한 방법으로 확산
　 한다.
└──────────────────────────────────┘

① ㄱ　　　　　② ㄴ　　　　　③ ㄷ
④ ㄱ, ㄴ　　　　⑤ ㄱ, ㄷ

02 생명 시스템에서의 화학 반응

핵심 짚기 □ 동화 작용과 이화 작용 구분 □ 효소와 활성화 에너지 □ 효소의 특성과 작용 원리

A 물질대사와 생체 촉매

1 물질대사 생명 활동을 유지하기 위해 생명체 내에서 일어나는 모든 화학 반응이다.
➡ 생명체는 물질대사를 통해 에너지를 얻고, 몸의 구성 물질을 합성한다.
① 물질대사는 반드시 에너지 출입이 일어나며, 생체*촉매가 관여한다. ❶
② 물질대사는 물질을 합성하는 동화 작용과 물질을 분해하는 이화 작용으로 구분된다.

동화 작용	이화 작용
• 작은 분자로 큰 분자를 합성하는 반응 • 에너지를 흡수하며 반응이 일어남 • 예 광합성, 단백질 합성	• 큰 분자를 작은 분자로 분해하는 반응 • 에너지를 방출하며 반응이 일어남 • 예 세포 호흡, 소화

2 물질대사와 생명체 밖에서 일어나는 화학 반응의 비교

물질대사(세포 호흡)	구분	생명체 밖에서 일어나는 화학 반응(연소)
체온 범위(약 37 ℃)	반응 온도	체온보다 훨씬 높음(약 400 ℃)
생체 촉매가 관여함	촉매	관여하지 않음
반응이 여러 단계에 걸쳐 진행됨	반응 단계	반응이 한 번에 진행됨
	에너지 출입	

3 생체 촉매 생명체에서 합성되어 물질대사를 촉진하는 물질이며 효소라고도 한다. ➡ 생명체에서 일어나는 다양한 물질대사에는 효소가 관여한다.

B 효소의 작용과 활용 (탐구A) 150쪽

1 효소의 기능 효소는 활성화 에너지를 낮추어 화학 반응의 반응 속도를 증가시킨다. ❷

[효소와 활성화 에너지]
• 효소가 없을 때보다 효소가 있을 때 활성화 에너지가 낮다.
➡ 효소가 있을 때 반응이 빠르게 일어난다.
• 반응열은 반응물의 에너지와 생성물의 에너지 차이로, 효소의 유무와 관계없이 일정하다.
• 생명체 내에서는 효소가 활성화 에너지를 낮추어 체온 정도의 낮은 온도에서도 반응이 빠르게 일어난다.

Plus 강의

❶ 물질대사와 에너지 출입
▶ **동화 작용** : 반응물의 에너지가 생성물의 에너지보다 작아 에너지를 흡수하며 반응이 일어나는 흡열 반응이다.
▶ **이화 작용** : 반응물의 에너지가 생성물의 에너지보다 커서 에너지를 방출하며 반응이 일어나는 발열 반응이다.

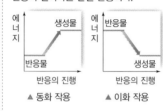

▲ 동화 작용   ▲ 이화 작용

❷ 활성화 에너지
활성화 에너지는 화학 반응이 일어나는 데 필요한 최소한의 에너지로, 반응이 일어나기 위해 넘어야 할 에너지 언덕에 비유할 수 있다. 따라서 활성화 에너지가 클수록 반응이 일어나기 어렵다.

용어 돋보기
* 촉매(觸 닿다, 媒 중매하다)_화학 반응에서 자신은 소모되거나 변하지 않으면서 활성화 에너지를 변화시켜 반응 속도를 바꾸는 물질

⭐ 2 효소의 특성

① 기질 특이성 : 한 종류의 효소는 한 종류의 반응물(기질)에만 작용한다. ❸

　예 아밀레이스는 녹말은 분해하지만, 단백질이나 지방은 분해하지 못한다.

② 효소의 재사용 : 효소는 반응 전후에 변하지 않고 재사용된다.

⭐ 3 효소의 작용 원리

효소는 특정 반응물하고만 결합한다.	반응물과 결합한 효소는 활성화 에너지를 낮춘다.	반응이 끝나면 효소는 생성물과 분리되고, 다른 반응물과 결합하여 재사용된다.

4 효소의 활용
효소는 생명체 밖에서도 작용할 수 있으므로 다양하게 활용되고 있다. ❹

일상생활	• 발효 식품 : 미생물의 효소를 이용한 김치, 치즈, 된장 등 • 생활용품 : 효소를 첨가한 치약, 세제, 화장품 등 • 천연 연육제 : 과일(키위나 파인애플 등) 속 단백질 분해 효소를 이용해 고기를 연하게 하는 것 • 식혜 : 엿기름의 효소(아밀레이스)가 밥 속의 녹말을 엿당으로 분해
의학 분야	• 의약품 : 소화제(탄수화물 분해 효소, 단백질 분해 효소, 지방 분해 효소 이용), 혈전 용해제(혈전 용해 효소 이용) • 의료 기기 : 소변 검사지(포도당 산화 효소 이용), 혈당 측정기(포도당 산화 효소 이용)
산업 분야	• 섬유, 의류, 가죽 등의 제품 생산 예 효소를 이용한 청바지 탈색
환경 분야	• 미생물로부터 얻은 효소를 이용해 생활 하수, 공장 폐수의 오염 물질을 정화 • 미생물로부터 얻은 효소를 이용해 옥수수, 사탕수수 등을 분해하여 바이오 연료를 생산 예 효소를 이용한 바이오 에탄올

❸ 기질 특이성
효소의 주성분은 단백질로, 효소마다 고유한 입체 구조를 가진다. 효소는 입체 구조에 들어맞는 기질하고만 결합하여 반응을 촉진한다. 입체 구조에 들어맞지 않는 물질은 효소와 결합할 수 없으므로 효소가 작용하지 못한다.

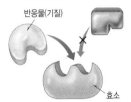

❹ 효소가 관여하는 다양한 생명 현상
▸ 출혈 시 효소의 작용으로 혈액이 응고된다.
▸ 간에서 독성 물질을 분해할 때 효소가 작용한다.
▸ 생장에 필요한 물질을 합성하는 데 효소가 관여한다.
▸ 소화 효소에 의해 영양소의 소화가 일어난다.

개념 쏙쏙
⭕ 정답과 해설 36쪽

1 물질대사에 대한 설명으로 옳은 것은 ○, 옳지 <u>않은</u> 것은 ×로 표시하시오.

(1) 생체 촉매가 관여한다. ·· (　　)

(2) 반드시 에너지 출입이 일어난다. ·· (　　)

(3) 생명체 안과 밖에서 모두 일어난다. ·· (　　)

2 그림은 효소가 있을 때와 없을 때의 화학 반응 경로에 따른 에너지 변화를 나타낸 것이다.

A~E 중 효소가 있을 때의 활성화 에너지에 해당하는 것을 쓰시오.

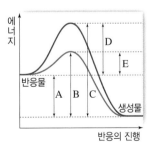

3 효소에 대한 설명으로 옳은 것은 ○, 옳지 <u>않은</u> 것은 ×로 표시하시오.

(1) 활성화 에너지를 높여 화학 반응의 반응 속도를 증가시킨다. ········· (　　)

(2) 반응이 끝나면 생성물과 분리되어 다른 반응물에 재사용된다. ········· (　　)

(3) 한 종류의 효소는 여러 종류의 반응물과 결합하여 작용할 수 있다. ·· (　　)

암기 꼭!

물질대사의 특징
• 에너지 출입이 일어난다.
• 체온 범위에서 일어난다.
• 생체 촉매가 관여한다.

효소의 특성
• 기질 특이성이 있다.
• 재사용된다.

카탈레이스를 이용한 과산화 수소 분해

목표 카탈레이스의 유무에 따른 과산화 수소 분해 반응을 통해 효소의 역할을 확인한다.

• **과정**

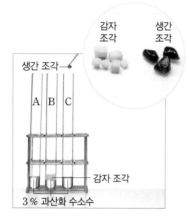

❶ 3개의 시험관 A~C에 3 % 과산화 수소수를 3 mL씩 넣는다.

▶ 과산화 수소는 물과 산소로 분해된다.
$$2H_2O_2 \longrightarrow 2H_2O + O_2$$

❷ 시험관 A는 그대로 두고, 시험관 B에는 감자 조각을 넣고, 시험관 C에는 생간 조각을 넣는다.

▶ 감자 조각과 생간 조각에 들어 있는 효소(카탈레이스)의 작용을 확인하기 위한 과정이다.
▶ 감자와 간을 생으로 넣는 까닭은 효소의 주성분이 단백질이므로 익히면 열로 인해 효소가 제 기능을 할 수 없기 때문이다.

❸ 시험관 A~C에서 기포가 발생하는지를 관찰한다.

❹ 향에 불을 붙였다 끈 후 꺼져 가는 불씨를 시험관 B, C에 각각 넣고 불씨의 변화를 관찰한다.

▶ 꺼져 가는 불씨의 변화로 기포의 성분을 알 수 있다.

❺ 시험관 B와 C에 3 % 과산화 수소수 3 mL를 추가로 넣고 변화를 관찰한다.

• **결과**

구분	시험관 A	시험관 B	시험관 C
과정 ❸	변화 없음	기포가 발생함	기포가 발생함
과정 ❹	—	불씨가 살아나 밝게 잘 탐	불씨가 살아나 밝게 잘 탐
과정 ❺	—	기포가 발생함	기포가 발생함

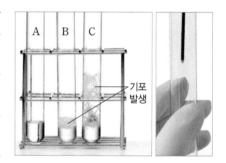

• **해석**

1. 과정 ❸ 결과 시험관 A에서 변화가 없는 까닭은? ➡ 과산화 수소는 자연적으로 분해되지만 반응 속도가 매우 느리기 때문이다.

2. 시험관 B과 C에서 꺼져 가는 불씨가 살아나 밝게 잘 타는 것으로 보아 확인할 수 있는 기포의 성분은? ➡ 산소

3. 감자와 생간 조각 속에 들어 있는 효소의 이름과 작용은? ➡ 카탈레이스, 과산화 수소를 물과 산소로 빠르게 분해한다.

4. 시험관 B와 C에 과산화 수소수를 추가로 넣으면 다시 기포가 발생하는 까닭은? ➡ 효소는 반응이 일어난 후에도 변하지 않고 재사용되기 때문이다.

5. 이 실험으로 알 수 있는 효소의 역할은? ➡ 효소는 생체 촉매로서 자연 상태에서 쉽게 일어나지 않는 반응이 쉽고 빠르게 일어날 수 있도록 돕는다.

• **정리**

• 효소는 활성화 에너지를 낮추어 쉽게 일어나지 않는 반응을 쉽고 빠르게 일어나도록 한다.
• 효소는 반응 후에도 변하지 않아 재사용된다.

- **과정** ❶ 동일한 크기의 삼각 플라스크에 5 % 과산화 수소수를 50 mL씩 넣는다.
  ❷ 삼각 플라스크 A에는 증류수 10 mL를 넣고, 삼각 플라스크 B에는 감자 즙 10 mL를 넣는다.
  ❸ 삼각 플라스크 A, B의 입구에 고무풍선을 끼운 다음 일정 시간이 지난 후 고무풍선의 변화를 관찰한다.

A
과산화 수소수
+증류수

B
과산화 수소수
+감자 즙

- **결과 & 해석** 삼각 플라스크 A는 아무런 변화가 없었으나, 삼각 플라스크 B는 거품이 발생하면서 고무풍선이 부풀어 올랐다. ➡ 감자 즙에 들어 있는 카탈레이스에 의해 과산화 수소가 분해되어 산소 기체가 발생하였기 때문이다.

정답과 해설 36쪽

확인 문제

memo

1 **탐구 A**에 대한 설명으로 옳은 것은 ○, 옳지 **않은** 것은 ×로 표시하시오.

(1) 감자와 생간 속에는 효소가 들어 있다. ··· (   )
(2) 시험관 A에서는 효소가 없어 과산화 수소가 분해되지 않는다. ······················ (   )
(3) 시험관 B와 C에서 발생한 기체는 이산화 탄소이다. ·································· (   )

2 다음은 감자에 들어 있는 카탈레이스를 이용한 과산화 수소 분해 실험이다.

> (가) 3 %의 과산화 수소수를 시험관 A~C에 3 mL씩 넣는다.
> (나) 시험관 A에는 아무것도 넣지 않고, 시험관 B에는 익힌 감자 조각 4개를, 시험관 C에는 생감자 조각 4개를 각각 넣는다.
> (다) 시험관 A와 B에서는 아무런 변화가 일어나지 않았고, 시험관 C에서는 기포가 발생하였다.

과산화 수소수 — A
과산화 수소수 — B, 익힌 감자
과산화 수소수 — C, 생감자

이에 대한 설명으로 옳은 것을 있는 대로 고르면? (2개)

① 시험관 A에서는 과산화 수소의 분해가 일어나지 않는다.
② 시험관 B에 과산화 수소수를 더 넣어 주면 기포가 발생할 것이다.
③ 시험관 C에서 발생한 기포의 성분은 꺼져 가는 불씨를 넣어 확인해 볼 수 있다.
④ 시험관 B와 C에서 실험 결과가 다르게 나타난 까닭은 시험관 B에서 감자 속 효소가 열로 인해 제 기능을 할 수 없었기 때문이다.
⑤ 생감자에는 과산화 수소 분해 반응의 활성화 에너지를 높이는 물질이 포함되어 있다.

내신 탄탄

중간·기말 고사에 출제될 확률이 높은 문항들로 구성하여, 내신에 완벽 대비할 수 있도록 하였습니다.

A 물질대사와 생체 촉매

01 물질대사에 대한 설명으로 옳지 <u>않은</u> 것은?

① 생체 촉매가 관여한다.
② 반드시 에너지 출입이 일어난다.
③ 높은 온도에서만 반응이 일어난다.
④ 동화 작용과 이화 작용으로 구분한다.
⑤ 생명체는 물질대사를 통해 에너지를 얻는다.

중요
02 그림은 세포에서 일어나는 물질대사를 구분하여 (가)와 (나)로 나타낸 것이다.

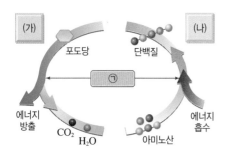

이에 대한 설명으로 옳은 것만을 [보기]에서 있는 대로 고른 것은? (단, ㉠은 생명체 내에서 합성되어 물질대사에 관여하는 물질이다.)

┌─ 보기 ─────────────────────────
ㄱ. (가)는 동화 작용이다.
ㄴ. (나)는 작은 분자로 큰 분자를 합성하는 반응이다.
ㄷ. ㉠은 생체 촉매로서 화학 반응 속도를 빠르게 한다.
└────────────────────────────────

① ㄱ   ② ㄴ   ③ ㄱ, ㄷ
④ ㄴ, ㄷ   ⑤ ㄱ, ㄴ, ㄷ

03 그림은 생명체 내에서 일어나는 어떤 화학 반응의 에너지 변화를 나타낸 것이다.

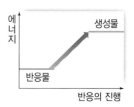

이와 같은 에너지 변화를 나타내는 반응을 [보기]에서 있는 대로 고른 것은?

┌─ 보기 ─────────────────────────
ㄱ. 포도당이 결합하여 녹말이 만들어진다.
ㄴ. 아밀레이스에 의해 녹말이 엿당으로 분해된다.
ㄷ. 포도당이 분해되어 물과 이산화 탄소가 생성된다.
└────────────────────────────────

① ㄱ   ② ㄷ   ③ ㄱ, ㄴ
④ ㄴ, ㄷ   ⑤ ㄱ, ㄴ, ㄷ

중요
04 그림은 같은 양의 포도당이 생명체 내에서 세포 호흡으로 산화될 때와 생명체 밖에서 연소될 때의 에너지 변화를 나타낸 것이다.

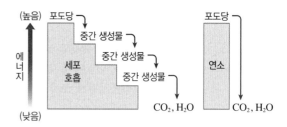

이에 대한 설명으로 옳은 것은?

① 세포 호흡은 연소보다 높은 온도에서 일어난다.
② 세포 호흡은 다량의 에너지를 한꺼번에 방출한다.
③ 세포 호흡과 연소의 결과 방출되는 에너지의 총량은 다르다.
④ 세포 호흡에는 생체 촉매가 관여하고, 연소에는 촉매가 관여하지 않는다.
⑤ 세포 호흡은 에너지를 흡수하는 반응이고, 연소는 에너지를 방출하는 반응이다.

B 효소의 작용과 활용

05 다음 A~D에 들어갈 단어를 옳게 짝 지은 것은?

- 생명 활동을 유지하기 위해 생명체 내에서 일어나는 모든 화학 반응을 (A)(이)라고 하는데, 생명체는 (A)을/를 통해 에너지를 얻고 몸의 구성 물질을 합성한다.
- 화학 반응에서 (B)를 낮추어 화학 반응의 반응 속도를 증가시키는 물질을 (C)라고 하며, 생물의 몸에서는 (D)가 이러한 역할을 한다.

	A	B	C	D
①	물질대사	열에너지	효소	촉매
②	물질대사	활성화 에너지	촉매	효소
③	물질대사	활성화 에너지	효소	촉매
④	동화 작용	열에너지	촉매	효소
⑤	이화 작용	빛에너지	효소	촉매

06 그림은 효소가 있을 때와 없을 때 화학 반응의 에너지 변화를 나타낸 것이다.

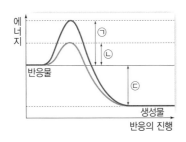

이에 대한 설명으로 옳지 <u>않은</u> 것은?

① 이 반응은 이화 작용이다.
② ㉠은 효소가 있을 때, ㉡은 효소가 없을 때의 활성화 에너지이다.
③ ㉢은 효소의 유무에 관계없이 일정하다.
④ 반응물의 에너지가 생성물의 에너지보다 크다.
⑤ 효소의 작용으로 감소하는 활성화 에너지의 크기는 ㉠-㉡이다.

07 효소에 대한 설명으로 옳은 것만을 [보기]에서 있는 대로 고른 것은?

보기
ㄱ. 모든 효소는 입체 구조가 같다.
ㄴ. 생명체 내에서 일어나는 반응에만 작용할 수 있다.
ㄷ. 활성화 에너지를 높여 반응이 빠르게 일어나게 한다.
ㄹ. 반응이 끝난 후에도 변하지 않고 그대로 남아 있다.

① ㄴ　　② ㄹ　　③ ㄱ, ㄷ
④ ㄷ, ㄹ　　⑤ ㄱ, ㄴ, ㄷ

[08~09] 그림은 어떤 화학 반응에서 효소의 작용을 나타낸 것이다.

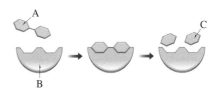

서술형

08 A~C 중 효소인 것의 기호를 쓰고, 그렇게 생각한 근거를 서술하시오.

중요
09 이에 대한 설명으로 옳은 것만을 [보기]에서 있는 대로 고른 것은?

보기
ㄱ. 이 반응은 에너지를 흡수한다.
ㄴ. B는 동화 작용에 관여한다.
ㄷ. A와 B가 결합하면 이 반응의 활성화 에너지는 낮아진다.

① ㄱ　　② ㄴ　　③ ㄷ
④ ㄱ, ㄷ　　⑤ ㄴ, ㄷ

[10~11] 그림은 어떤 효소의 작용을 나타낸 것이다.

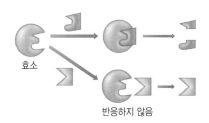

효소

반응하지 않음

10 효소의 주성분은 무엇인지 쓰시오.

서술형

11 이 자료를 통해 알 수 있는 효소의 특성을 서술하시오.

_____

_____

12 다음은 효소의 작용을 알아보는 실험 과정과 결과이다.

[과정]

(가) 시험관 A~C에 3 % 과산화 수소수를 같은 양씩 넣는다.

(나) 시험관 A에는 아무것도 넣지 않고, 시험관 B에는 감자 조각을, 시험관 C에는 생간 조각을 넣은 후 시험관 A~C에서 기포가 발생하는지 관찰한다.

(다) 꺼져 가는 불씨를 시험관 B와 C에 각각 넣고 불씨의 변화를 관찰한다.

[결과]

구분	시험관 A	시험관 B	시험관 C
(나) 결과	㉠	㉡	발생함
불씨의 변화	—	불씨가 다시 살아남	㉢

이에 대한 설명으로 옳은 것은?

① ㉠, ㉡은 '변화 없음'이다.

② ㉢은 '불씨가 다시 살아나지 않음'이다.

③ 과산화 수소는 효소가 없으면 분해되지 않는다.

④ 시험관 C에 생간 조각 대신 삶은 간 조각을 넣어도 기포가 발생한다.

⑤ 감자 조각과 생간 조각에 들어 있는 효소는 활성화 에너지를 낮춘다.

13 다음은 감자 즙을 이용한 과산화 수소 분해 실험 과정과 결과이다.

[과정]

(가) 바람을 뺀 고무풍선 2개에 각각 1 cm 간격을 두고 2개의 점을 표시한다.

(나) 삼각 플라스크 A와 B에 5 %의 과산화 수소수를 100 mL씩 넣는다.

(다) 삼각 플라스크 A에는 증류수 10 mL를, 삼각 플라스크 B에는 감자 즙 10 mL를 넣는다.

(라) 삼각 플라스크 A, B의 입구에 고무풍선을 끼우고 1분 후 각 고무풍선의 두 점 사이의 거리를 측정한다.

[결과]

삼각 플라스크 A에 끼운 고무풍선의 두 점 사이의 거리는 변화가 없었지만, 삼각 플라스크 B에 끼운 고무풍선의 두 점 사이의 거리는 멀어졌다.

이에 대한 설명으로 옳은 것만을 [보기]에서 있는 대로 고른 것은?

• 보기 •

ㄱ. 감자 즙에는 과산화 수소 분해 효소가 들어 있다.

ㄴ. 감자 즙 대신 생간 조각을 넣어도 비슷한 결과를 얻을 수 있다.

ㄷ. B에서는 과산화 수소의 분해로 산소가 발생하여 고무풍선의 두 점 사이의 거리가 멀어졌다.

① ㄱ   ② ㄴ   ③ ㄷ

④ ㄱ, ㄴ   ⑤ ㄱ, ㄴ, ㄷ

중요
14 효소의 활용 사례에 대한 설명으로 옳지 <u>않은</u> 것은?

① 김치, 된장 등은 미생물의 효소를 이용해 만든다.

② 옷의 찌든 때를 제거할 때 효소 세제를 이용한다.

③ 식혜를 만들 때 엿기름에 들어 있는 효소를 이용한다.

④ 고기에 키위를 넣으면 키위 속 탄수화물 분해 효소에 의해 고기가 연해진다.

⑤ 소변 검사지는 포도당 산화 효소를 이용해 오줌 속 포도당을 검출할 수 있다.

01 그림은 어떤 세포에서 일어나는 물질의 변화를 나타낸 것이다.

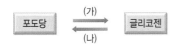

이에 대한 설명으로 옳은 것만을 [보기]에서 있는 대로 고른 것은? (단, (가)와 (나)는 동화 작용과 이화 작용 중 하나이다.)

┌─ 보기 ─
ㄱ. (가)는 에너지가 흡수되는 반응이다.
ㄴ. (나)는 반응물의 에너지가 생성물보다 작다.
ㄷ. (가)와 (나)는 모두 체온 범위의 온도에서 일어난다.
└─

① ㄱ　　　　　② ㄴ　　　　　③ ㄱ, ㄷ
④ ㄴ, ㄷ　　　　⑤ ㄱ, ㄴ, ㄷ

02 다음은 과산화 수소 분해 실험 과정과 결과이다.

[과정]
표와 같이 첨가물을 넣은 삼각 플라스크 A~C에 고무풍선을 씌우고 일정 시간이 지난 후 고무풍선의 변화를 관찰하였다.

삼각 플라스크	A	B	C
과산화 수소수	100 mL	100 mL	150 mL
감자 조각	0개	4개	4개

[결과]

5 % 과산화 수소수
감자 조각

이에 대한 설명으로 옳은 것만을 [보기]에서 있는 대로 고른 것은?

┌─ 보기 ─
ㄱ. 풍선이 부풀어 오른 것은 과산화 수소의 분해로 수소가 발생하였기 때문이다.
ㄴ. 효소의 양이 일정할 때 과산화 수소의 양이 많을수록 기포 발생량이 많다.
ㄷ. 시험관 B에 감자 조각을 더 넣어 주면 고무풍선이 더 크게 부풀어 오를 것이다.
└─

① ㄱ　　　　　② ㄴ　　　　　③ ㄷ
④ ㄱ, ㄴ　　　　⑤ ㄱ, ㄴ, ㄷ

03 그림은 어떤 화학 반응의 에너지 변화를 나타낸 것이다.

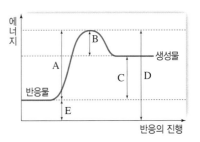

이에 대한 설명으로 옳은 것만을 [보기]에서 있는 대로 고른 것은?

┌─ 보기 ─
ㄱ. 이 반응의 활성화 에너지는 A이다.
ㄴ. 효소를 사용하면 B의 크기가 커진다.
ㄷ. 반응열은 C로 효소를 사용하더라도 에너지 크기의 변화가 없다.
ㄹ. 이 반응은 에너지가 흡수되는 흡열 반응을 나타낸 것이다.
└─

① ㄱ, ㄴ　　　② ㄱ, ㄷ　　　③ ㄴ, ㄹ
④ ㄱ, ㄷ, ㄹ　　⑤ ㄴ, ㄷ, ㄹ

04 그림 (가)와 (나)는 세포에서 일어나는 물질대사의 두 가지 유형을 효소의 작용으로 나타낸 것이다.

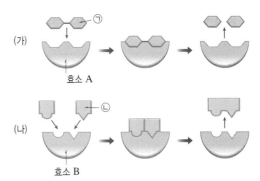

이에 대한 설명으로 옳은 것만을 [보기]에서 있는 대로 고른 것은?

┌─ 보기 ─
ㄱ. 효소 A는 ㉠과 ㉡에 모두 작용한다.
ㄴ. 효소 B는 동화 작용을 촉매한다.
ㄷ. (나)와 같은 반응에는 세포 호흡이 있다.
└─

① ㄱ　　　　　② ㄴ　　　　　③ ㄱ, ㄷ
④ ㄴ, ㄷ　　　　⑤ ㄱ, ㄴ, ㄷ

03 생명 시스템에서 정보의 흐름

핵심 짚기　□ 유전자와 단백질의 관계　　□ 생명 중심 원리
　　　　　　　□ 유전 정보의 전달과 형질 발현

A 유전자와 단백질

1 DNA와 유전자 생물의*형질을 결정하는 유전 정보는 세포 핵 속의 DNA에 저장되어 있다. ➡ 유전자는 유전 정보가 저장된 DNA의 특정 부위이다.❶

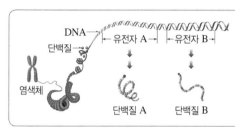

· DNA는 단백질과 결합한 상태로 핵 속에 있으며, 세포 분열이 일어날 때 응축되어 염색체로 나타난다.
· 한 분자의 DNA에는 수많은 유전자가 있다.
· 각 유전자에는 특정 단백질에 대한 정보가 저장되어 있다.

☆2 유전자와 단백질 유전자에 저장된 유전 정보에 따라 다양한 단백질이 합성되고, 이 단백질에 의해 다양한 형질이 나타난다.

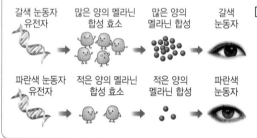

[유전자에 따라 형질이 나타나는 과정]
· 유전자에 저장된 정보에 따라 단백질(멜라닌 합성 효소)이 합성되고, 이 단백질(멜라닌 합성 효소)이 특정 기능(멜라닌 합성)을 수행하여 형질(눈동자 색)이 나타난다.
· 유전자가 다르면 합성되는 단백질에 차이가 생겨 형질이 다르게 나타난다.

3 유전자 이상과 유전 질환 유전자에 이상이 생기면 효소가 결핍되거나 세포를 구성하는 단백질이 정상적으로 만들어지지 않아 유전 질환이 나타날 수 있다.❷ [여기서잠깐] 158쪽

B 유전 정보의 흐름

☆1 생명 중심 원리 세포에서 유전 정보가 DNA에서 RNA를 거쳐 단백질로 전달된다고 설명하는 원리이다.

▲ 생명 중심 원리

전사	DNA의 유전 정보가 RNA로 전달되는 과정이며, 핵 속에서 일어난다.
번역	RNA의 유전 정보에 따라 단백질이 합성되는 과정이며, 세포질의 리보솜에서 일어난다.

2 유전 정보의 저장과 유전부호

① 유전 정보는 유전자를 이루는 DNA 염기 서열에 저장되어 있다. ➡ 염기 아데닌(A), 구아닌(G), 사이토신(C), 타이민(T)의 배열 순서에 따라 유전 정보가 달라진다.

유전부호❸	3염기 조합	DNA에서 아미노산 1개를 지정하는 연속된 3개의 염기
	코돈	RNA에서 아미노산 1개를 지정하는 연속된 3개의 염기 ➡ 코돈은 DNA에서 상보적으로 전사된 것으로, 64종류가 있다.

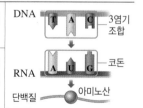

② 유전부호 체계의 공통성 : 지구상의 거의 모든 생명체는 동일한 유전부호 체계를 사용한다. ➡ 대부분의 생명체가 공통 조상으로부터 진화하였음을 의미한다.❹

Plus 강의

❶ 유전자의 정의
단백질 합성에는 관여하지 않고 RNA 합성만 일어나는 유전자가 있다는 것이 알려졌다. 그에 따라 최근에는 유전자를 'DNA 염기 서열에서 단백질이나 RNA를 만들 수 있는 단위'로 정의한다.

❷ 유전 질환
유전 질환은 유전자의 이상으로 발생하며, 유전 질환에는 낫 모양 적혈구 빈혈증, 페닐케톤뇨증, 알비노증 등이 있다.

❸ 유전부호의 조합
DNA를 구성하는 염기는 아데닌(A), 구아닌(G), 사이토신(C), 타이민(T)의 4종류이다. 4종류의 염기가 2개씩 짝을 지으면 $4^2=16$가지의 유전부호가 만들어져 20종류의 아미노산을 지정할 수 없다. 그러나 4종류의 염기가 3개씩 짝을 지으면 $4^3=64$가지의 유전부호가 만들어져 20종류의 아미노산을 모두 지정할 수 있다.

❹ 유전부호 체계의 공통성 활용
사람의 유전자를 세균에 넣으면 사람의 유전자에 저장된 정보대로 세균에서 아미노산이 결합되므로 사람의 단백질을 세균에서 대량으로 합성할 수 있다.

🔍 용어 돋보기

* 형질(形 형상, 質 바탕)_눈동자 색, 피부색, 혈액형, 털색 등과 같이 생물이 나타내는 특성
* 멜라닌(melanin)_동물의 조직에 있는 흑갈색의 색소 단백질로 멜라닌의 양에 따라 피부색 등이 결정됨

전사⑤	핵 속에 있는 DNA 이중 나선 중 한쪽 가닥의 염기에 상보적인 염기를 가진 RNA 뉴클레오타이드가 결합한다. ➡ DNA와 상보적인 염기 서열을 갖는 RNA가 합성된다.	<table><tr><td>DNA 염기</td><td>A</td><td>G</td><td>C</td><td>T</td></tr><tr><td>전사↓</td><td>↓</td><td>↓</td><td>↓</td><td>↓</td></tr><tr><td>RNA 염기</td><td>U</td><td>C</td><td>G</td><td>A</td></tr></table> ▲ 염기의 상보 관계
번역	전사된 RNA가 세포질로 나와 리보솜과 결합한 후 RNA의 코돈이 지정하는 아미노산이 펩타이드 결합에 의해 연결되어 단백질이 합성된다.	
형질 발현	합성된 단백질이 특정 기능을 수행하여 형질이 나타난다.	

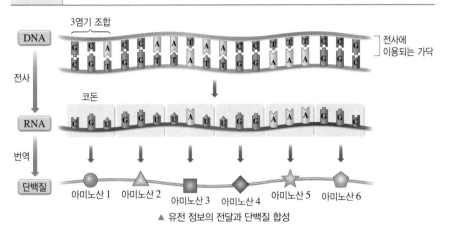

▲ 유전 정보의 전달과 단백질 합성

⑤ 전사와 번역
DNA로부터 RNA가 합성되는 과정은 DNA의 염기 서열을 RNA의 염기 서열로 옮겨 베끼는 것이므로 '전사'라고 한다. RNA로부터 단백질이 합성되는 과정은 RNA의 염기 서열을 아미노산 배열로 바꾸는 과정이므로 '번역'이라고 한다.

개념 쏙쏙

정답과 해설 38쪽

1 유전자에 대한 설명으로 옳은 것은 ○, 옳지 않은 것은 ×로 표시하시오.

(1) 한 분자의 DNA에는 하나의 유전자가 있다. ·················· (   )
(2) 유전자의 유전 정보는 DNA의 염기 서열에 저장된다. ·················· (   )
(3) 단백질은 유전자의 유전 정보에 따라 합성된다. ·················· (   )
(4) 유전자에 이상이 생기면 유전 질환이 발생할 수 있다. ·················· (   )

2 그림은 세포 내에서 일어나는 유전 정보의 흐름을 나타낸 것이다.

DNA ──A──▶ RNA ──B──▶ 단백질

(   ) 안에 알맞은 말을 쓰시오.

(1) A 과정은 ㉠(   )이고, B 과정은 ㉡(   )이다.
(2) A 과정은 ㉠(   ) 속에서, B 과정은 세포질의 ㉡(   )에서 일어난다.

3 유전 정보의 흐름에 대한 설명으로 옳은 것은 ○, 옳지 않은 것은 ×로 표시하시오.

(1) DNA의 유전자가 형질로 발현되려면 전사가 일어나야 한다. ·········· (   )
(2) RNA의 유전 정보에 따라 리보솜에서 단백질이 합성된다. ·················· (   )
(3) 사람의 유전자는 세균과 유전부호 체계가 다르므로 세균에서 형질로 발현되지 않는다. ·················· (   )

암기 꼭!

생명 중심 원리에 따른 유전 정보의 흐름
DNA ──전사──▶ RNA ──번역──▶ 단백질

유전자 이상과 유전 질환

낫 모양 적혈구 빈혈증이나 페닐케톤뇨증 같은 유전 질환의 공통적인 특징을 통해 유전자와 단백질의 관련성을 유추할 수 있습니다.
이들 유전 질환이 어떻게 발생하고, 어떤 공통점이 있는지 살펴보아요.

정답과 해설 38쪽

1 유전 질환의 특징

구분	낫 모양 적혈구 빈혈증	페닐케톤뇨증
원인	헤모글로빈 유전자 이상	페닐알라닌 분해 효소 유전자 이상
발생 원리	DNA → 유전자 이상 → 비정상 헤모글로빈 → 낫 모양 적혈구 서로 달라붙는 특징이 있는 비정상 헤모글로빈이 만들어져서 적혈구가 낫 모양으로 바뀐다.	DNA → 유전자 이상 → 효소 결핍 → 페닐알라닌 축적, 페닐케톤에 의한 뇌 조직 손상 페닐알라닌을 타이로신으로 분해하는 효소가 만들어지지 않는다.
증상	낫 모양 적혈구는 정상 적혈구에 비해 수명이 짧고 산소 운반 기능이 떨어진다. 그 결과 빈혈을 일으키거나, 모세 혈관을 막아 혈액의 흐름을 방해하여 신체의 여러 기관에 손상을 입힌다.	페닐알라닌을 분해하는 효소의 결핍으로 페닐알라닌이 몸 속에 쌓이고, 쌓인 페닐알라닌이 페닐케톤 등으로 바뀌어 뇌 조직을 손상시킨다. 그 결과 지적 장애 등의 증상이 나타난다.
공통점	• 특정 유전자의 이상으로 발생하는 질환이다. • 특정 단백질이 정상적으로 만들어지지 않는다.	

Q1 유전 질환의 공통점을 통하여 특정 유전자는 특정 (   )에 대한 유전 정보를 저장한다는 것을 알 수 있다.

2 낫 모양 적혈구 빈혈증의 발생 원리

- DNA나 RNA의 염기가 1개만 바뀌더라도 유전부호가 바뀌어 지정하는 아미노산의 종류가 달라지고 단백질이 정상적으로 만들어지지 않을 수 있다.
- 낫 모양 적혈구 빈혈증은 헤모글로빈 유전자의 DNA 염기 서열 중 염기 1개가 다른 염기로 바뀐 결과 비정상적인 헤모글로빈이 만들어져 발생한다.

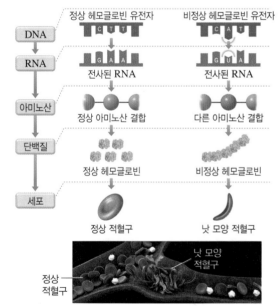

DNA의 염기 타이민(T)이 아데닌(A)으로 바뀐다.

RNA의 염기가 유라실(U)이 되어 코돈이 달라진다.

아미노산 하나가 다른 아미노산으로 바뀌어 아미노산 배열이 달라진다.

비정상 헤모글로빈이 합성된다.

적혈구가 낫 모양이 된다.

낫 모양 적혈구는 산소를 잘 운반하지 못하고, 모세 혈관을 막아 혈액의 흐름을 방해한다.

Q2 단백질에 대한 유전 정보가 저장되어 있는 DNA의 염기 서열이 바뀌면 단백질의 (   ) 배열 순서가 달라져 비정상 단백질이 만들어질 수 있다.

유전 정보의 전달과 형질 발현

유전 정보는 핵 속의 DNA에 저장되어 있고, 단백질은 세포질의 리보솜에서 합성됩니다. 세포에서 이 과정이 어떻게 이루어지는지 한눈에 살펴보아요.

정답과 해설 38쪽

1 유전 정보의 전달과 단백질 합성 과정

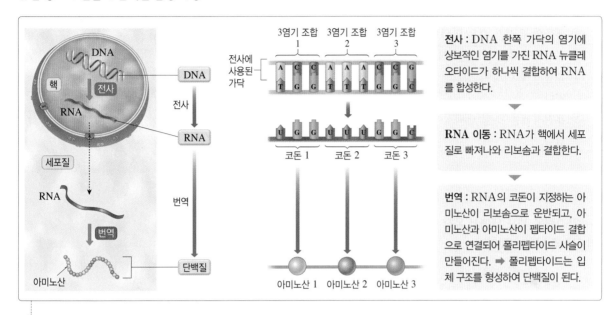

전사 : DNA 한쪽 가닥의 염기에 상보적인 염기를 가진 RNA 뉴클레오타이드가 하나씩 결합하여 RNA를 합성한다.

RNA 이동 : RNA가 핵에서 세포질로 빠져나와 리보솜과 결합한다.

번역 : RNA의 코돈이 지정하는 아미노산이 리보솜으로 운반되고, 아미노산과 아미노산이 펩타이드 결합으로 연결되어 폴리펩타이드 사슬이 만들어진다. ➡ 폴리펩타이드는 입체 구조를 형성하여 단백질이 된다.

Q1 DNA의 유전 정보가 RNA로 전달되는 ㉠(　　　　) 과정은 세포의 ㉡(　　　　) 속에서 일어난다.

2 유전부호 해독

DNA 염기 서열에는 특정 단백질의 아미노산 배열 순서에 대한 정보가 저장되어 있으며, DNA 염기 서열을 알면 그로부터 합성될 단백질의 아미노산 배열 순서를 유추할 수 있다.

[코돈 표]

UUU UUC	페닐알라닌	UCU UCC UCA UCG	세린	UAU UAC	타이로신	UGU UGC	시스테인	AUU AUC AUA	아이소류신	ACU ACC ACA ACG	트레오닌	AAU AAC	아스파라진	AGU AGC	세린
UUA UUG	류신			UAA UAG	연결 멈춤	UGA	연결 멈춤					AAA AAG	라이신	AGA AGG	아르지닌
						UGG	트립토판	AUG	메싸이오닌						
CUU CUC CUA CUG	류신	CCU CCC CCA CCG	프롤린	CAU CAC	히스티딘	CGU CGC CGA CGG	아르지닌	GUU GUC GUA GUG	발린	GCU GCC GCA GCG	알라닌	GAU GAC	아스파트산	GGU GGC GGA GGG	글리신
				CAA CAG	글루타민							GAA GAG	글루탐산		

DNA 염기 서열	A－A－A－G－C－T－C－G－G－G－A－A－C－C－A－A－G－A－A－G－A－G－G

전사 ⬇

RNA 염기 서열	

번역 ⬇

아미노산 배열 순서	

Q2 빈칸에 들어갈 RNA 염기 서열과 아미노산 배열 순서를 쓰시오. (단, RNA에서 왼쪽 첫 번째 염기부터 전사, 번역된다.)

Q3 전사 과정에서 DNA의 염기 아데닌(A)은 ㉠(　　　)과, 구아닌(G)은 ㉡(　　　)과, 사이토신(C)은 구아닌(G)과, 타이민(T)은 아데닌(A)과 상보결합을 하여 DNA 염기 서열에 상보적인 염기 서열을 가진 RNA가 합성된다.

A 유전자와 단백질

중요
01 유전자에 대한 설명으로 옳지 <u>않은</u> 것은?

① 유전자는 DNA의 특정 부위에 있다.
② 생물의 유전자 수는 염색체 수와 일치한다.
③ 유전자의 유전 정보는 DNA 염기 서열에 저장된다.
④ 유전자에 이상이 생기면 유전 질환이 나타날 수 있다.
⑤ 유전자에는 특정 단백질에 대한 정보가 저장되어 있다.

[02~03] 그림은 세포 내에서 유전 정보를 저장하고 있는 물질의 구조를 나타낸 것이다.

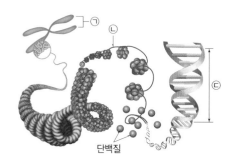

단백질

02 ㉠~㉢의 이름을 옳게 짝 지은 것은? (단, ㉢은 유전 정보가 저장되어 있는 부위이다.)

	㉠	㉡	㉢
①	염색체	DNA	유전자
②	염색체	유전자	DNA
③	유전자	DNA	염색체
④	DNA	염색체	유전자
⑤	DNA	유전자	염색체

중요
03 이에 대한 설명으로 옳지 <u>않은</u> 것은?

① ㉠은 DNA와 단백질로 구성된다.
② ㉡은 세포의 핵 속에 들어 있다.
③ 한 분자의 ㉡에는 수많은 ㉢이 있다.
④ ㉡을 구성하는 염기는 아데닌(A), 구아닌(G), 사이토신(C), 유라실(U)이다.
⑤ ㉢에는 특정 단백질에 대한 유전 정보가 저장되어 있다.

04 그림은 사람에서 눈동자 색이 나타나기까지의 과정을 나타낸 것이다.

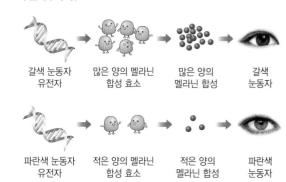

| 갈색 눈동자 유전자 | 많은 양의 멜라닌 합성 효소 | 많은 양의 멜라닌 합성 | 갈색 눈동자 |

| 파란색 눈동자 유전자 | 적은 양의 멜라닌 합성 효소 | 적은 양의 멜라닌 합성 | 파란색 눈동자 |

이에 대한 설명으로 옳은 것만을 [보기]에서 있는 대로 고른 것은?

> **보기**
> ㄱ. 유전자에는 멜라닌 합성 효소에 대한 유전 정보가 있다.
> ㄴ. 합성되는 멜라닌 합성 효소의 양에 따라 눈동자 색이 달라질 수 있다.
> ㄷ. 유전자의 유전 정보는 단백질 합성을 통해 형질로 나타난다.

① ㄱ　　　② ㄷ　　　③ ㄱ, ㄴ
④ ㄴ, ㄷ　　　⑤ ㄱ, ㄴ, ㄷ

B 유전 정보의 흐름

중요
05 그림은 어떤 세포에서 일어나는 유전 정보의 흐름을 나타낸 것이다.

DNA →(가)→ ㉠ →(나)→ 단백질

이에 대한 설명으로 옳은 것만을 [보기]에서 있는 대로 고른 것은?

> **보기**
> ㄱ. ㉠은 RNA이다.
> ㄴ. (가) 과정은 전사, (나) 과정은 번역이다.
> ㄷ. (나) 과정은 핵 속에서 일어난다.

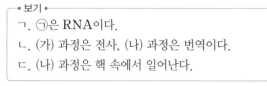

① ㄱ　　　② ㄴ　　　③ ㄱ, ㄴ
④ ㄱ, ㄷ　　　⑤ ㄴ, ㄷ

06 DNA에 유전 정보가 저장되어 있는 방식에 대한 설명으로 옳은 것만을 [보기]에서 있는 대로 고른 것은?

• 보기 •
ㄱ. 1개의 염기가 하나의 아미노산을 지정한다.
ㄴ. DNA는 염기 서열이 다르면 저장된 유전 정보도 달라질 수 있다.
ㄷ. DNA를 구성하는 염기의 비율이 같으면 저장된 유전 정보도 같다.

① ㄱ   ② ㄴ   ③ ㄷ
④ ㄱ, ㄴ   ⑤ ㄴ, ㄷ

07 코돈에 대한 설명으로 옳은 것만을 [보기]에서 있는 대로 고른 것은?

• 보기 •
ㄱ. 64종류가 있다.
ㄴ. DNA가 가지는 연속된 3개의 염기이다.
ㄷ. 한 종류의 아미노산을 지정하는 코돈은 한 종류만 있다.

① ㄱ   ② ㄴ   ③ ㄷ
④ ㄱ, ㄴ   ⑤ ㄱ, ㄷ

08 사람의 유전자를 세균에 넣으면 사람의 유전자에 저장된 정보대로 세균에서 아미노산이 결합되므로 사람의 단백질을 세균에서 합성할 수 있다. 이로부터 알 수 있는 내용을 [보기]에서 있는 대로 고른 것은?

• 보기 •
ㄱ. 유전부호 체계는 세대를 거듭하면서 달라졌다.
ㄴ. 사람과 세균은 공통 조상으로부터 진화하였다.
ㄷ. 사람과 세균은 동일한 유전부호 체계를 갖는다.

① ㄱ   ② ㄴ   ③ ㄱ, ㄴ
④ ㄱ, ㄷ   ⑤ ㄴ, ㄷ

중요
09 그림은 유전 정보의 전달과 단백질 합성 과정을 나타낸 것이다.

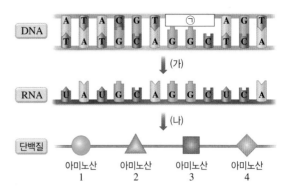

이에 대한 설명으로 옳지 <u>않은</u> 것은? (단, 왼쪽 첫 번째 염기부터 번역된다.)

① ㉠에 들어갈 염기는 CCG이다.
② 아미노산 1을 지정하는 코돈은 UAU이다.
③ (가) 과정을 통해 DNA의 유전 정보가 RNA로 전달된다.
④ (나) 과정에서 연속된 4개의 RNA 염기가 하나의 아미노산을 지정한다.
⑤ (나) 과정에는 RNA와 리보솜이 필요하다.

[10~11] 그림은 어떤 DNA 한쪽 가닥의 염기 서열 중 일부를 나타낸 것이다. (단, 왼쪽 첫 번째 염기부터 전사, 번역된다.)

10 이 DNA로부터 전사된 RNA의 염기 서열을 쓰시오.

중요
11 이에 대한 설명으로 옳은 것만을 [보기]에서 있는 대로 고른 것은?

• 보기 •
ㄱ. 최대 9개의 유전부호가 포함되어 있다.
ㄴ. 전사된 RNA에서 세 번째 아미노산을 지정하는 코돈은 GUU이다.
ㄷ. 이 DNA로부터 합성된 폴리펩타이드는 최대 4개의 아미노산으로 구성된다.

① ㄱ   ② ㄴ   ③ ㄷ
④ ㄱ, ㄴ   ⑤ ㄴ, ㄷ

서술형

12 그림은 어떤 DNA 이중 나선의 염기 서열 일부와 이로부터 전사된 RNA의 염기 서열을 나타낸 것이다.

DNA 가닥 I

DNA 가닥 II

RNA

이 RNA는 DNA 가닥 I과 II 중 어느 것으로부터 전사된 것인지 쓰고, 그렇게 판단한 까닭을 서술하시오.

_____

_____

중요

13 그림은 전사 과정의 일부를 나타낸 것이고, 표는 코돈이 지정하는 아미노산을 나타낸 것이다.

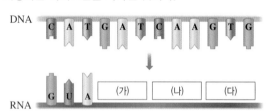

DNA

RNA

코돈	아미노산	코돈	아미노산
CUA	류신	GUA	발린
CAA	글루타민	GUU	
CAC	히스티딘	GGU	글리신

이에 대한 설명으로 옳은 것만을 [보기]에서 있는 대로 고른 것은? (단, 왼쪽 첫 번째 염기부터 전사, 번역된다.)

• 보기 •
ㄱ. 유전 정보는 DNA로부터 RNA로 전달된다.
ㄴ. (나)에 해당하는 코돈은 GUU이다.
ㄷ. (가)와 (다)가 지정하는 아미노산은 모두 류신이다.

① ㄱ   ② ㄴ   ③ ㄷ
④ ㄱ, ㄴ   ⑤ ㄴ, ㄷ

14 다음은 유전자 이상에 의해 발생하는 유전 질환 (가), (나)에 대한 설명이다.

> (가) 페닐알라닌 분해 효소가 합성되지 않아 페닐알라닌이 몸속에 쌓이고, 쌓인 페닐알라닌이 페닐케톤 등으로 바뀌어 뇌 조직을 손상시킨다.
> (나) 멜라닌 색소를 합성하는 효소가 만들어지지 않아 머리카락과 피부 등이 하얗게 나타난다.

이에 대한 설명으로 옳은 것만을 [보기]에서 있는 대로 고른 것은?

• 보기 •
ㄱ. (가)를 통해 유전자가 단백질이라는 것을 알 수 있다.
ㄴ. (나)는 효소의 생성에 관련된 유전자에 이상이 생겨서 발생한다.
ㄷ. 유전자에 이상이 생기면 단백질이 정상적으로 합성되지 않아 유전 질환이 나타날 수 있다.

① ㄱ   ② ㄴ   ③ ㄱ, ㄷ
④ ㄴ, ㄷ   ⑤ ㄱ, ㄴ, ㄷ

15 그림은 헤모글로빈 유전자를 구성하는 염기 1개가 바뀌어 낫 모양 적혈구가 생기는 과정을 나타낸 것이다.

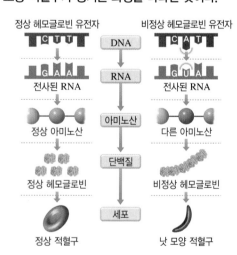

정상 헤모글로빈 유전자   비정상 헤모글로빈 유전자

이에 대한 설명으로 옳은 것만을 [보기]에서 있는 대로 고르시오.

• 보기 •
ㄱ. 코돈 GAA와 GUA는 서로 다른 아미노산을 지정한다.
ㄴ. 비정상 헤모글로빈을 구성하는 아미노산 개수는 정상 헤모글로빈과 다르다.
ㄷ. 아미노산의 종류가 달라지면 단백질이 정상적으로 형성되지 않을 수 있다.

01 그림은 어떤 곰팡이가 생장에 반드시 필요한 아르지닌을 합성하는 과정을 나타낸 것이다.

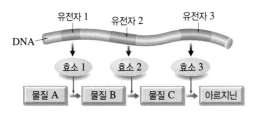

이에 대한 설명으로 옳은 것만을 [보기]에서 있는 대로 고른 것은?

┌─ 보기 ─────────────────────────────┐
ㄱ. 유전자 1~3은 각각 다른 효소의 합성에 관여한다.
ㄴ. 유전자 1의 이상으로 효소 1이 합성되지 않으면 물질 A가 B로 전환되지 않는다.
ㄷ. 유전자 2에만 이상이 생긴 곰팡이는 물질 C가 있을 때 아르지닌을 합성하지 못한다.
└────────────────────────────────┘

① ㄱ   ② ㄷ   ③ ㄱ, ㄴ
④ ㄴ, ㄷ   ⑤ ㄱ, ㄴ, ㄷ

02 그림은 동물 세포의 구조와 세포 내에서 일어나는 유전 정보의 흐름을 나타낸 것이다.

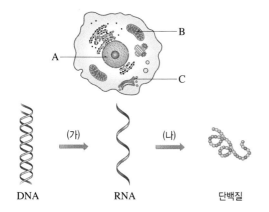

이에 대한 설명으로 옳은 것만을 [보기]에서 있는 대로 고른 것은?

┌─ 보기 ─────────────────────────────┐
ㄱ. A에서 (가) 과정이 일어난다.
ㄴ. (나) 과정에는 B에서 생성된 에너지가 필요하다.
ㄷ. C에서 (가) 과정에 필요한 효소가 합성된다.
└────────────────────────────────┘

① ㄱ   ② ㄴ   ③ ㄷ
④ ㄱ, ㄴ   ⑤ ㄴ, ㄷ

03 그림은 생명 공학 기술을 이용하여 사람의 인슐린을 대장균에서 생산하는 과정을 나타낸 것이다.

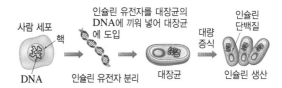

이에 대한 설명으로 옳은 것만을 [보기]에서 있는 대로 고른 것은?

┌─ 보기 ─────────────────────────────┐
ㄱ. 대장균이 증식할 때 사람의 인슐린 유전자도 복제된다.
ㄴ. 대장균에서 사람 인슐린 유전자의 전사와 번역이 일어난다.
ㄷ. 사람과 대장균은 전사와 번역 과정은 같지만 유전부호 체계가 다르다.
└────────────────────────────────┘

① ㄱ   ② ㄴ   ③ ㄷ
④ ㄱ, ㄴ   ⑤ ㄴ, ㄷ

04 그림은 DNA 가닥과 이로부터 전사된 RNA의 염기 서열 일부와 이를 바탕으로 합성된 단백질의 아미노산 배열을 나타낸 것이다.

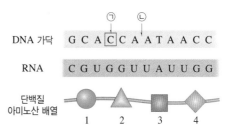

이에 대한 설명으로 옳은 것만을 [보기]에서 있는 대로 고른 것은? (단, 왼쪽 첫 번째 염기부터 번역된다.)

┌─ 보기 ─────────────────────────────┐
ㄱ. 아미노산 3을 지정하는 코돈은 UAU이다.
ㄴ. ㉠ 부분의 염기 C이 T으로 바뀌면 아미노산 3이 다른 아미노산으로 바뀐다.
ㄷ. ㉡ 부분에 염기 G이 삽입되면 아미노산 4는 코돈 UUG가 지정하는 아미노산이 된다.
└────────────────────────────────┘

① ㄱ   ② ㄴ   ③ ㄱ, ㄷ
④ ㄴ, ㄷ   ⑤ ㄱ, ㄴ, ㄷ

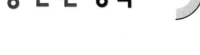
01 표는 생물 A, B에서 생명체의 구성 단계 (가)~(다)의 유무를 나타낸 것이다.

구분	생물 A	생물 B
(가)	있음	없음
(나)	있음	㉠
(다)	㉡	㉢

이에 대한 설명으로 옳은 것만을 [보기]에서 있는 대로 고른 것은? (단, 생물 A, B는 강아지, 무궁화 중 하나이고, (가)~(다)는 각각 조직, 조직계, 기관 중 하나이다.)

┌─ 보기 ────────────────────────────┐
ㄱ. ㉠~㉢은 모두 '있음'이다.
ㄴ. 생물 A는 무궁화이고, 생물 B는 강아지이다.
ㄷ. 식물의 뿌리는 (가)에 해당한다.
└──────────────────────────────────┘

① ㄱ 　　② ㄷ 　　③ ㄱ, ㄴ
④ ㄴ, ㄷ 　　⑤ ㄱ, ㄴ, ㄷ

02 그림은 동물 세포와 식물 세포의 구조를 나타낸 것이다.

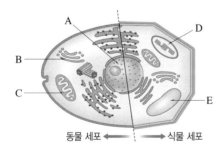

이에 대한 설명으로 옳지 않은 것은?

① A에서 RNA가 합성된다.
② B는 단백질 분비에 관여한다.
③ C에서 빛에너지가 화학 에너지로 전환된다.
④ D에서 동화 작용이 일어난다.
⑤ E는 물과 노폐물을 저장한다.

03 그림은 세포에서 단백질이 합성되어 세포 밖으로 분비되는 과정을 나타낸 것이다.

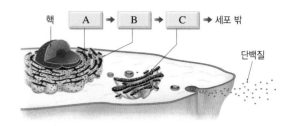

이에 대한 설명으로 옳은 것만을 [보기]에서 있는 대로 고른 것은?

┌─ 보기 ────────────────────────────┐
ㄱ. A에서 아미노산이 생성된다.
ㄴ. B는 세포 내에서 물질의 이동 통로 역할을 한다.
ㄷ. 합성된 단백질은 C로 운반된 후 세포 밖으로 분비된다.
└──────────────────────────────────┘

① ㄱ 　　② ㄴ 　　③ ㄷ
④ ㄱ, ㄷ 　　⑤ ㄴ, ㄷ

04 그림은 물질 A~C가 세포막을 통해 이동하는 방식을 나타낸 것이다.

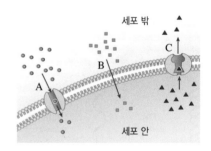

이에 대한 설명으로 옳은 것만을 [보기]에서 있는 대로 고른 것은? (단, 알갱이의 수는 물질의 농도를 나타낸다.)

┌─ 보기 ────────────────────────────┐
ㄱ. 물질 A와 C의 이동에는 막단백질이 필요하다.
ㄴ. 물질 B는 농도가 높은 쪽에서 낮은 쪽으로 이동한다.
ㄷ. 물질 C가 이동하려면 세포로부터 에너지를 공급받아야 한다.
└──────────────────────────────────┘

① ㄱ 　　② ㄷ 　　③ ㄱ, ㄴ
④ ㄴ, ㄷ 　　⑤ ㄱ, ㄴ, ㄷ

05 다음은 생명 현상의 일부를 설명한 것이다.

> 밥을 먹으면 소장에서 ⊙녹말이 포도당으로 되어 융털의 모세 혈관으로 이동한다. 폐에서는 호흡 운동으로 들어온 공기 중의 ⊙산소가 모세 혈관으로 이동한다. 산소와 포도당은 혈액에 의해 조직 세포로 운반되어 세포의 생명 활동에 필요한 에너지를 생산하는 ⓒ세포 호흡에 사용된다.

이에 대한 설명으로 옳은 것만을 [보기]에서 있는 대로 고른 것은?

> • 보기 •
> ㄱ. ⊙은 효소가 관여하는 이화 작용이다.
> ㄴ. ⊙은 세포막의 막단백질을 통해 일어난다.
> ㄷ. ⓒ은 연소보다 훨씬 낮은 온도에서 반응이 한 번에 진행된다.

① ㄱ   ② ㄴ   ③ ㄷ
④ ㄴ, ㄷ   ⑤ ㄱ, ㄴ, ㄷ

06 다음은 과산화 수소가 분해되는 반응이다.

> $$2H_2O_2 \xrightarrow{\text{카탈레이스}} 2H_2O + O_2$$

카탈레이스에 대한 설명을 옳게 짝 지은 것은?

	카탈레이스	활성화 에너지	반응 속도
①	생체 촉매	높여 준다.	빠르게 한다.
②	생체 촉매	높여 준다.	느리게 한다.
③	생체 촉매	낮춰 준다.	빠르게 한다.
④	반응물	낮춰 준다.	느리게 한다.
⑤	반응물	높여 준다.	느리게 한다.

07 그림은 어떤 효소의 작용을 나타낸 것이다.

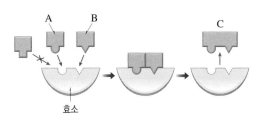

이에 대한 설명으로 옳은 것만을 [보기]에서 있는 대로 고른 것은?

> • 보기 •
> ㄱ. 이 효소는 동화 작용에 관여한다.
> ㄴ. A와 B로부터 C가 만들어지는 과정에서 에너지가 방출된다.
> ㄷ. 이러한 작용을 하는 효소의 예로는 아밀레이스가 있다.
> ㄹ. 효소는 입체 구조에 맞는 특정 반응물과만 결합하여 작용할 수 있다.

① ㄱ   ② ㄱ, ㄹ   ③ ㄴ, ㄷ
④ ㄱ, ㄴ, ㄹ   ⑤ ㄴ, ㄷ, ㄹ

08 유전자와 단백질에 대한 설명으로 옳은 것만을 [보기]에서 있는 대로 고른 것은?

> • 보기 •
> ㄱ. 유전자의 유전 정보는 DNA의 당과 염기 서열에 저장된다.
> ㄴ. 유전자에 저장된 정보에 따라 단백질이 합성되어 형질이 나타난다.
> ㄷ. 유전자에 이상이 생기면 단백질 이상으로 인한 유전 질환이 나타날 수 있다.
> ㄹ. DNA의 3염기 조합이 1개의 단백질을 지정한다.

① ㄱ, ㄴ   ② ㄱ, ㄷ   ③ ㄴ, ㄷ
④ ㄴ, ㄹ   ⑤ ㄷ, ㄹ

09 그림은 세포 내에서 일어나는 유전 정보의 흐름을 나타 낸 것이다.

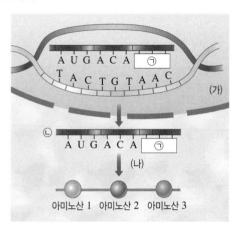

아미노산 1   아미노산 2   아미노산 3

이에 대한 설명으로 옳지 <u>않은</u> 것은? (단, RNA의 왼쪽 첫 번째 염기부터 번역된다.)

① (가)는 핵의 내부이다.
② (나) 과정은 리보솜에서 진행된다.
③ ㉠의 염기 서열은 TTG이다.
④ ㉡은 DNA로부터 전사되어 만들어진다.
⑤ 아미노산 2를 지정하는 코돈은 ACA이다.

10 다음은 정상 유전자와 이 유전자에 이상이 생긴 비정상 유전자 (가), (나)에서 전사된 RNA의 염기 서열과 이에 대응하는 아미노산 배열을 나타낸 것이다.

정상	RNA : - C C U G A A G A G -
	아미노산 : - 프롤린 - 글루탐산 - 글루탐산 -
(가)	RNA : - C C U G U A G A G -
	아미노산 : - 프롤린 - 발린 - 글루탐산 -
(나)	RNA : - C C U G A G G A G -
	아미노산 : - 프롤린 - 글루탐산 - 글루탐산 -

이에 대한 설명으로 옳은 것만을 [보기]에서 있는 대로 고른 것은? (단, 제시되어 있지 않은 나머지 염기 서열과 아미노산은 모두 정상과 같다.)

┌─ 보기 ─
ㄱ. 코돈 GAA와 GAG는 같은 아미노산을 지정 한다.
ㄴ. (가)로부터 만들어진 단백질의 아미노산 개수는 정상 단백질과 같다.
ㄷ. (나)로부터 만들어진 단백질은 유전자 이상으로 인한 유전 질환을 일으킬 수 있다.
└─

① ㄱ   ② ㄴ   ③ ㄷ
④ ㄱ, ㄴ   ⑤ ㄱ, ㄴ, ㄷ

11 그림은 우현이가 관찰한 두 개의 세포를 모식적으로 나 타낸 것이다.

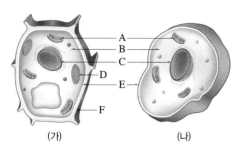

(가)   (나)

우현이는 (가)는 식물 세포, (나)는 동물 세포라고 옳은 판단을 하였다. 우현이가 (가)를 식물 세포라고 판단한 까닭을 세포 소기관의 기호와 이름을 포함하여 서술하 시오.

_____
_____

12 다음은 효소의 작용을 알아보기 위한 실험이다.

(가) 시험관 A, B에 3 % 과산화 수소수를 같은 양씩 넣고 시험관 A는 그대로 두고, 시험관 B에는 생간을 넣었더니 시험관 B에서만 기포가 발생 하였다.
(나) 기포 발생이 끝난 후 시험관 A, B에 3 % 과산 화 수소수를 첨가하였더니 시험관 B에서만 다 시 기포가 발생하였다.

(나)로부터 알 수 있는 효소의 특성을 서술하시오.

_____
_____

13 DNA의 유전자가 형질로 발현되는 과정을 서술하시오.

_____
_____

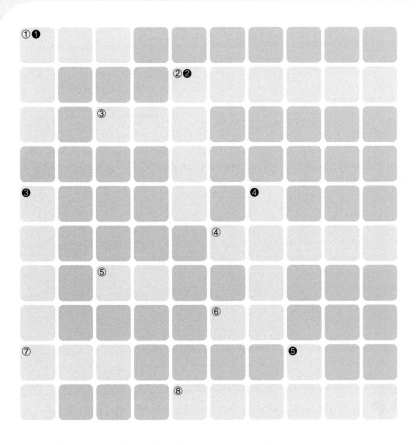

다음 설명이 뜻하는 용어를 □ 안에 가로 또는 세로로 쓰시오.

가로

① 세포 안팎으로 물질이 출입하는 것을 조절하는 세포 소기관이다.
② 세포에서 유전 정보가 DNA에서 RNA를 거쳐 단백질로 전달된다고 설명하는 원리이다.
③ 세포 구조에서 광합성이 일어나는 장소로, 이산화 탄소와 물을 원료로 포도당을 합성한다.
④ 한 종류의 효소는 한 종류의 반응물(기질)에만 작용하는 특징을 의미한다.
⑤ RNA의 유전 정보로부터 단백질이 합성되는 과정으로, 세포질의 리보솜에서 일어난다.
⑥ DNA의 유전 정보가 RNA로 전달되는 과정으로, 핵 속에서 일어난다.
⑦ 세포 구조에서 DNA의 유전 정보에 따라 단백질이 합성되는 장소이다.
⑧ 세포막이 물질의 종류에 따라 물질을 선택적으로 투과시키는 특성이다.

세로

❶ 식물 세포에서 세포막 바깥을 싸고 있는 막이다.
❷ 생명체에서 합성되어 물질대사를 촉진하는 물질로, 효소라고도 한다.
❸ 세포 구조에서 세포 호흡이 일어나는 장소로, 세포가 생명 활동을 하는 데 필요한 에너지를 생산한다.
❹ 생명체 내에서 일어나는 모든 화학 반응으로, 동화 작용과 이화 작용이 있다.
❺ 세포막을 경계로 농도가 낮은 쪽에서 높은 쪽으로 물이 이동하는 현상이다.

재미있는 과학 이야기

DNA로 『별이 빛나는 밤』을 만들었다고?

반 고흐의 『별이 빛나는 밤』을 캘리포니아공과대학교 연구팀에서 DNA를 이용해 동전 크기로 재탄생시켰다. DNA는 염기의 상보결합으로 연결되는데, 이때 아데닌(A)은 타이민(T)과만 결합하고, 구아닌(G)은 사이토신(C)과만 결합한다. 이 결합 원리를 이용하면 DNA 가닥을 다양한 형태로 접을 수 있다. 연구팀은 이 원리를 이용해 붉은색을 띠는 빛의 파장만 반사하는 구조로 DNA를 접은 후 유리판의 구역을 나누고, 컴퓨터를 이용해 어떤 부분에서 붉은빛이 나와야 그림이 완성되는지를 분석하였다. 이를 바탕으로 붉은빛을 내야 하는 부분에만 접힌 DNA를 배열하였고, 그 결과 이 그림을 만들 수 있었다.

III. 변화와 다양성

화학 변화

중학교에서 **배운 내용을 확인**하고, 이 단원에서 **학습할 개념**과 **연결**지어 보자.

배운 내용 Review

● **화학 반응** 어떤 물질이 화학적 성질이 다른 물질로 변하는 반응
  (1) 반응물 : 화학 반응에 참여하여 반응한 물질
  (2) 생성물 : 화학 반응으로 생성된 물질

● **산화 환원 반응**

구분	①	②
정의	물질이 산소를 얻는 반응	물질이 산소를 잃는 반응
예	$2CuO + C \longrightarrow 2Cu + CO_2$ 산화 구리(Ⅱ) 탄소　　구리　이산화 탄소 ┌──── 산화 ────┐ └──── 환원 ────┘	

● **산과 염기 및 중화 반응**
  (1) 산 : 물에 녹아 ③ □□□ 을 내놓는 물질
  (2) 염기 : 물에 녹아 ④ □□□ 을 내놓는 물질
  (3) 중화 반응 : 산과 염기가 만나 ⑤ □□□ 이 생성되는 반응

$$H^+ + OH^- \longrightarrow H_2O$$

예 묽은 염산(HCl)과 수산화 나트륨(NaOH) 수용액의 중화 반응 모형

묽은 염산　　수산화 나트륨 수용액　　혼합 용액

01 산화 환원 반응

□ 산화 환원 반응 실험 및 해석
□ 지구와 생명의 역사를 바꾼 화학 반응 : 광합성과 호흡, 철의 제련

A 산화 환원 반응

☆1 산화 환원 반응 [탐구 A] 172쪽

산소의 이동	산화	물질이 산소를 얻는 반응 $C + O_2 \longrightarrow CO_2$
	환원	물질이 산소를 잃는 반응 $2CuO \longrightarrow 2Cu + O_2$
전자의 이동❶	산화	물질이 전자를 잃는 반응 $Mg \longrightarrow Mg^{2+} + 2\ominus$
	환원	물질이 전자를 얻는 반응 $Cu^{2+} + 2\ominus \longrightarrow Cu$

(예)

$$2CuO + C \longrightarrow 2Cu + CO_2$$
산화 구리(Ⅱ) 탄소   구리 이산화 탄소
┌─────── 산화 ───────┐
└─────── 환원 ───────┘

(예)
$$Mg + Cu^{2+} \longrightarrow Mg^{2+} + Cu$$
마그네슘 구리 이온   마그네슘 이온 구리
┌─────── 산화 ───────┐
└─────── 환원 ───────┘

[질산 은 수용액과 구리의 반응]

질산 은 수용액에 구리줄을 넣으면 구리는 전자를 잃고 구리 이온으로 산화되고, 은 이온은 전자를 얻어 은으로 환원된다.

$$Cu + 2Ag^+ \longrightarrow Cu^{2+} + 2Ag$$
구리 은 이온   구리 이온   은
┌─────── 산화 ───────┐
└─────── 환원 ───────┘

➡ 반응이 진행될수록 구리가 구리 이온이 되어 용액에 녹아 들어가므로 용액이 푸른색으로 변하고, 은 이온은 구리줄 표면에 은으로 석출된다.

질산 은 수용액 / 구리줄

수소 기체 / 아연판 / 묽은 염산

[묽은 염산과 아연의 반응]

묽은 염산에 아연판을 넣으면 아연은 전자를 잃고 아연 이온으로 산화되고, 수소 이온은 전자를 얻어 수소로 환원된다.

$$Zn + 2H^+ \longrightarrow Zn^{2+} + H_2\uparrow$$
아연 수소 이온   아연 이온   수소
┌─────── 산화 ───────┐
└─────── 환원 ───────┘

2 산화 환원 반응의 동시성 어떤 물질이 산소를 얻거나 전자를 잃고 산화되면 다른 물질은 산소를 잃거나 전자를 얻어 환원된다. ➡ 산화와 환원은 항상 동시에 일어난다.

B 지구와 생명의 역사를 바꾼 화학 반응❷

☆1 광합성과 호흡

① 광합성과 호흡

광합성	호흡
식물의 엽록체에서 빛에너지를 이용하여 이산화 탄소와 물로 포도당과 산소를 만드는 반응	미토콘드리아에서 포도당과 산소가 반응하여 이산화 탄소와 물이 생성되고, 에너지가 발생하는 반응

$$6CO_2 + 6H_2O \xrightarrow{\text{빛에너지}} C_6H_{12}O_6 + 6O_2$$
이산화 탄소 물   포도당   산소
┌─────── 산화 ───────┐
└─────── 환원 ───────┘

$$C_6H_{12}O_6 + 6O_2 \longrightarrow 6CO_2 + 6H_2O + \text{에너지}$$
포도당   산소   이산화 탄소   물
┌─────── 산화 ───────┐
└─────── 환원 ───────┘

Plus 강의

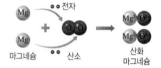

❶ **산소가 이동하는 산화 환원 반응을 전자의 이동으로 설명하기**

마그네슘과 산소의 산화 환원 반응은 전자의 이동으로 설명할 수 있다.

Mg / Mg + 전자 / O·O 산소 → Mg²⁺O²⁻ / Mg²⁺O²⁻ 산화 마그네슘
마그네슘

마그네슘은 전자를 잃고 마그네슘 이온으로 산화되고, 산소는 전자를 얻어 산화 이온으로 환원된다. 즉, 산소를 얻는 반응인 산화는 전자를 잃는 것이고, 산소를 잃는 반응인 환원은 전자를 얻는 것이다.

❷ **우리 주변의 산화 환원 반응**

▶ **사과의 갈변** : 사과를 깎아 공기 중에 두면 사과의 깎은 부분이 산화되어 갈색으로 변한다.

▶ **손난로** : 철 가루가 들어 있는 손난로를 흔들면 철이 산화되어 열이 발생한다.

▶ **염색** : 염색약에 들어 있는 과산화 수소는 머리카락의 멜라닌 색소를 산화시켜 머리카락을 탈색시킨다.

▶ **고려청자** : 고려청자의 비취색은 유약이나 흙에 포함된 철 이온이 청자를 굽는 불 속의 일산화 탄소와 반응하여 환원될 때 나타난다.

▶ **반딧불이의 불빛** : 반딧불이의 몸속에서 루시페린이라는 물질이 산화될 때 불빛이 난다.

▶ **섬유 표백** : 누렇게 변한 옷을 표백제로 세탁하면 산화 환원 반응이 일어나 옷이 하얗게 된다.

② 광합성이 지구와 생명에 미친 영향

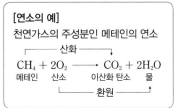

| 원시 지구에 광합성을 하는 남세균이 출현하면서 생성된 산소는 대기 조성을 변화시켰다. | 대기에 산소가 증가하면서 산소 호흡을 하는 생물이 출현하였고, 오존층이 형성되었다. | 오존층이 유해한 자외선을 차단해 주면서 육상 생물이 출현하게 되었다. |

2 화석 연료의 *연소❸

① 화석 연료의 연소 : 화석 연료가 공기 중의 산소와 반응하여 이산화 탄소와 물이 생성되고 많은 열이 방출되는 반응

② 화석 연료가 인류의 발전에 미친 영향 : 인류는 화석 연료가 연소할 때 발생하는 열을 이용하여 교통이나 산업을 발전시켜 왔다.

[연소의 예]
천연가스의 주성분인 메테인의 연소

$$\overbrace{CH_4 + 2O_2 \longrightarrow \underbrace{CO_2 + 2H_2O}}$$
메테인   산소   이산화 탄소   물
산화 ──── / 환원

☆3 철의 *제련❹

① 철의 제련 : 산화 철(Ⅲ)에서 산소를 제거하여 순수한 철을 얻는 과정

산화 철(Ⅲ)이 주성분인 철광석과 *코크스를 용광로에 함께 넣고 가열하면 순수한 철을 얻을 수 있다.

①단계 **코크스의 산화** : 코크스가 산소를 얻어 일산화 탄소로 산화된다.

$$\overbrace{2C + O_2 \longrightarrow 2CO}^{산화}$$
코크스   산소   일산화 탄소

②단계 **산화 철(Ⅲ)의 환원** : 철광석에 들어 있는 산화 철(Ⅲ)이 일산화 탄소와 반응하면 산화 철(Ⅲ)은 산소를 잃고 철로 환원되고, 일산화 탄소는 산소를 얻어 이산화 탄소로 산화된다.

$$\overbrace{Fe_2O_3 + 3CO \longrightarrow \underbrace{2Fe + 3CO_2}}$$
산화 철(Ⅲ) 일산화 탄소   철   이산화 탄소
산화 ──── / 환원

코크스 철광석
배기가스
뜨거운 공기
녹은 철
불순물
▲ 용광로

② 철의 제련이 인류의 발전에 미친 영향 : 인류는 철을 제련하여 여러 가지 도구와 무기를 만들어 사용하면서 철기 시대를 열었고, 오늘날에도 산업 전반에 철을 널리 이용하고 있다.

4 지구와 생명의 역사를 바꾼 화학 반응의 공통점
광합성, 호흡, 화석 연료의 연소, 철의 제련은 모두 산소가 관여하는 산화 환원 반응이다.

❸ 화석 연료
지질 시대 생물이 땅속에 묻혀 생성된 것으로, 탄소와 수소가 주요 성분이다.
예 석탄, 석유, 천연가스 등

❹ 철의 부식(산화) 방지
철은 공기 중의 산소, 수분과 반응하여 붉은 녹을 만든다. 따라서 철의 부식을 방지하려면 철이 공기 중의 산소, 수분과 접촉하는 것을 막아야 한다. 이러한 방법에는 철 표면에 페인트를 칠하거나 기름을 칠하는 것 등이 있다.

🔍 **용어 돋보기**

＊ 연소(燃 타다, 燒 불사르다)_물질이 빛과 열을 내면서 산소와 빠르게 결합하는 반응
＊ 제련(製 만들다, 鍊 불리다)_광석을 용광로에 넣고 녹여서 함유된 순수한 금속을 얻는 것
＊ 코크스_석탄을 높은 온도에서 오랫동안 구운 것으로 주성분은 탄소임

개념 쏙쏙

○ 정답과 해설 42쪽

1 물질이 산소를 얻거나 전자를 잃는 반응은 ㉠(   )이고, 산소를 잃거나 전자를 얻는 반응은 ㉡(   )이다.

2 다음은 지구와 생명의 역사를 바꾼 세 가지 화학 반응이다.

- 이산화 탄소 ＋ 물 $\xrightarrow{\text{빛에너지}}$ 포도당 ＋ (   )
- 포도당 ＋ (   ) ⟶ 이산화 탄소 ＋ 물 ＋ 에너지
- 화석 연료 ＋ (   ) ⟶ 이산화 탄소 ＋ 물

(   ) 안에 공통으로 들어가는 기체의 화학식을 쓰시오.

📌 **암기 꼭!**

산화 환원 반응의 정의

구분	산소	전자
산화	얻음	잃음
환원	잃음	얻음

산소의 이동과 산화 환원 반응

(목표) 산화 환원 반응을 산소의 이동으로 이해할 수 있다.

• 과정 & 결과

❶ 산화 구리(Ⅱ) 가루 6 g과 탄소 가루 1 g을 고르게 섞어 시험관에 넣는다.

❷ 그림과 같이 장치하고 시험관을 가열하면서 석회수의 변화를 관찰한다.

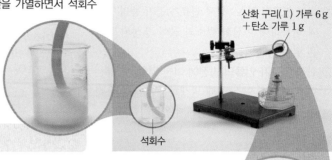

산화 구리(Ⅱ) 가루 6 g +탄소 가루 1 g

석회수

▶ **석회수를 사용하는 까닭 :** 발생하는 이산화 탄소 기체를 확인하기 위해서

➡ 석회수가 뿌옇게 흐려진다.

(유의점) 실험에서 발생하는 이산화 탄소는 공기보다 무거우므로 시험관의 입구를 아래로 기울여 준다.

❸ 알코올램프의 불을 끄고 시험관을 완전히 식힌 후 시험관 속에 생성된 물질의 색을 관찰한다.

➡ 반응 후 시험관 속에 생성된 고체 물질은 붉은색을 띤다.

• 해석

1. **석회수가 뿌옇게 흐려진 까닭은?** ➡ 시험관 속에서 이산화 탄소 기체가 생성되었기 때문이다. ➡ 탄소가 산소를 얻어 이산화 탄소로 산화되었다.

2. **시험관 속에 생성된 물질이 붉은색을 띠는 까닭은?** ➡ 구리가 생성되었기 때문이다. ➡ 검은색 산화 구리(Ⅱ)가 산소를 잃고 붉은색 구리로 환원되었다.

• 정리

산화 구리(Ⅱ)는 산소를 잃고 구리로 환원되고, 이와 동시에 탄소는 산소를 얻어 이산화 탄소로 산화된다.

$$\overbrace{2CuO + C \longrightarrow 2Cu + CO_2}^{\text{산화}}$$
산화 구리(Ⅱ) 탄소   구리 이산화 탄소
환원

이렇게도 실험해요!

• 과정

❶ 구리판을 산소가 충분한 알코올램프의 겉불꽃 속에 넣고 가열한 후 변화를 관찰한다.
❷ 과정 ❶의 구리판을 일산화 탄소가 존재하는 알코올램프의 속불꽃 속에 넣고 가열한 후 변화를 관찰한다.

겉불꽃   구리판

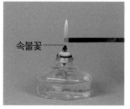

속불꽃

▶ **속불꽃 속에 일산화 탄소가 존재하는 까닭 :** 속불꽃 속에는 산소가 충분하지 않아 알코올이 불완전 연소하여 일산화 탄소가 생성되기 때문

• 결과 & 해석

1. 겉불꽃 속에 넣은 붉은색 구리판이 검게 변하였다. ➡ 붉은색 구리가 산소를 얻어 검은색 산화 구리(Ⅱ)로 산화되었기 때문이다. ($2Cu + O_2 \longrightarrow 2CuO$)

2. 속불꽃 속에 넣은 구리판의 검게 변한 부분이 다시 붉게 변하였다. ➡ 검은색 산화 구리(Ⅱ)가 산소를 잃고 붉은색 구리로 환원되었기 때문이다. ($CuO + CO \longrightarrow Cu + CO_2$)

memo

확인 문제

1 **탐구 A** 에 대한 설명으로 옳은 것은 ○, 옳지 않은 것은 ×로 표시하시오.

(1) 탄소는 환원된다. ·· (   )

(2) 산화 구리(Ⅱ)는 산소와 결합한다. ··· (   )

(3) 반응 후 시험관 속에 생성된 붉은색 고체는 구리이다. ·············· (   )

(4) 산화 구리(Ⅱ)에서 탄소로 산소가 이동한다. ·························· (   )

2 다음은 구리를 이용한 실험이다.

(가) 도가니에 구리 가루 2 g을 넣고 공기 중에서 충분히 가열하였더니 검은색으로 변하였다.

(나) (가)에서 생성된 검은색 물질을 잘 부수어 탄소 가루와 함께 시험관에 넣은 뒤 가열하면서 생성된 기체를 석회수에 통과시켰더니 석회수가 뿌옇게 흐려졌다.

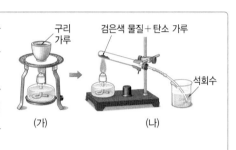

구리 가루

검은색 물질+탄소 가루

석회수

(가)   (나)

이에 대한 설명으로 옳지 않은 것은?

① (가)에서 구리는 산화된다.

② (가)에서 생성된 검은색 물질의 질량은 2 g보다 크다.

③ (나)에서 탄소는 환원된다.

④ (나)에서 생성된 기체는 이산화 탄소이다.

⑤ (나)의 시험관 속에서 산화와 환원이 동시에 일어난다.

3 다음은 구리판을 이용한 실험 과정과 결과이다.

[과정]

(가) 붉은색 구리판을 알코올램프의 겉불꽃 속에 넣고 색 변화를 관찰한다.

(나) (가)에서 구리판의 가열한 부분을 알코올램프의 속불꽃 속에 넣고 색 변화를 관찰한다.

[결과]

• (가)에서 구리판이 검게 변하였다.

• (나)에서 구리판의 검게 변한 부분이 다시 붉게 변하였다.

이에 대한 설명으로 옳은 것만을 [보기]에서 있는 대로 고른 것은?

┌─ 보기 ─

ㄱ. (가)에서 구리는 산소를 얻는다.

ㄴ. (나)에서 검은색 물질은 산소를 잃는다.

ㄷ. (가)와 (나)에서 모두 산소의 이동이 일어난다.

① ㄱ   ② ㄴ   ③ ㄱ, ㄷ

④ ㄴ, ㄷ   ⑤ ㄱ, ㄴ, ㄷ

내신 탄탄

중간·기말 고사에 출제될 확률이 높은 문항들로 구성하여, 내신에 완벽 대비할 수 있도록 하였습니다.

A 산화 환원 반응

중요 01 산화 환원 반응에 대한 설명으로 옳은 것만을 [보기]에서 있는 대로 고른 것은?

> **보기**
> ㄱ. 산화는 물질이 산소와 결합하는 반응이다.
> ㄴ. 산화와 환원은 동시에 일어날 수 없다.
> ㄷ. 물질이 전자를 얻으면 산화되었다고 한다.

① ㄱ
② ㄴ
③ ㄱ, ㄷ
④ ㄴ, ㄷ
⑤ ㄱ, ㄴ, ㄷ

02 ( ) 안에 '산화' 또는 '환원'을 알맞게 쓰시오.

$$2Mg + O_2 \longrightarrow 2MgO$$

ㄱ( )
ㄴ( )

03 다음은 세 가지 화학 반응식이다.

> (가) $Fe_2O_3 + 3CO \longrightarrow 2Fe + 3CO_2$
> (나) $Zn + Cu^{2+} \longrightarrow Zn^{2+} + Cu$
> (다) $2CuO + C \longrightarrow 2Cu + CO_2$

(가)~(다)에서 산화된 물질을 옳게 짝 지은 것은?

	(가)	(나)	(다)
①	Fe_2O_3	Cu^{2+}	CuO
②	Fe_2O_3	Cu^{2+}	C
③	CO	Cu^{2+}	CuO
④	CO	Zn	C
⑤	CO	Zn	CuO

중요 04 그림과 같이 검은색 산화 구리(Ⅱ)와 탄소 가루를 혼합하여 시험관에 넣고 가열하였다.

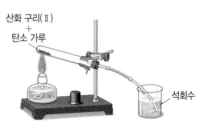

산화 구리(Ⅱ) + 탄소 가루
석회수

이에 대한 설명으로 옳은 것만을 [보기]에서 있는 대로 고른 것은?

> **보기**
> ㄱ. 시험관 속에서 산화 환원 반응이 일어난다.
> ㄴ. 시험관 속에 붉은색 물질이 생성된다.
> ㄷ. 탄소가 환원되어 이산화 탄소가 발생한다.

① ㄱ
② ㄷ
③ ㄱ, ㄴ
④ ㄴ, ㄷ
⑤ ㄱ, ㄴ, ㄷ

05 다음은 구리판을 이용한 실험이다.

> (가) 구리판을 알코올램프의 겉불꽃 속에 넣고 가열하였더니 검게 변하였다.
> (나) (가)에서 검게 변한 부분을 알코올램프의 속불꽃 속에 넣고 가열하였더니 다시 붉게 변하였다.

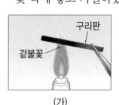

구리판
겉불꽃
속불꽃
(가)
(나)

이에 대한 설명으로 옳은 것만을 [보기]에서 있는 대로 고른 것은?

> **보기**
> ㄱ. (가)에서 생성된 검은색 물질은 산화 구리(Ⅱ)이다.
> ㄴ. (가)에서 구리는 전자를 잃는다.
> ㄷ. (나)에서 검은색 물질은 환원된다.

① ㄱ
② ㄴ
③ ㄱ, ㄷ
④ ㄴ, ㄷ
⑤ ㄱ, ㄴ, ㄷ

중요
06 그림은 질산 은 수용액에 구리줄을 넣었을 때 구리줄 표면에 은이 석출된 모습을 나타낸 것이다.

구리줄

질산 은
수용액

이에 대한 설명으로 옳은 것만을 [보기]에서 있는 대로 고른 것은?

• 보기 •
ㄱ. 은 이온은 산화된다.
ㄴ. 수용액의 은 이온 수는 감소한다.
ㄷ. 수용액이 푸른색을 띠는 것은 구리 이온 때문이다.

① ㄱ   ② ㄴ   ③ ㄱ, ㄷ
④ ㄴ, ㄷ   ⑤ ㄱ, ㄴ, ㄷ

08 그림은 묽은 염산에 아연판을 넣었을 때 일어나는 반응을 모형으로 나타낸 것이다.
이에 대한 설명으로 옳은 것만을 [보기]에서 있는 대로 고른 것은?

수소
기체
아연판
묽은
염산

• 보기 •
ㄱ. 수소 이온은 산화된다.
ㄴ. 수용액의 양이온 수는 증가한다.
ㄷ. 아연판의 질량은 감소한다.

① ㄱ   ② ㄷ   ③ ㄱ, ㄴ
④ ㄴ, ㄷ   ⑤ ㄱ, ㄴ, ㄷ

B 지구와 생명의 역사를 바꾼 화학 반응

09 지구와 생명의 역사를 바꾼 광합성에 대한 설명으로 옳은 것만을 [보기]에서 있는 대로 고른 것은?

• 보기 •
ㄱ. 광합성은 산소가 관여하는 반응이다.
ㄴ. 광합성으로 생성된 산소로 오존층이 형성되었다.
ㄷ. 광합성을 하는 생물이 출현한 이후 대기 조성은 원시 대기와 크게 달라지지 않았다.

① ㄱ   ② ㄷ   ③ ㄱ, ㄴ
④ ㄴ, ㄷ   ⑤ ㄱ, ㄴ, ㄷ

07 그림은 푸른색의 황산 구리(II) 수용액에 마그네슘판을 넣었을 때 일어나는 반응을 모형으로 나타낸 것이다.

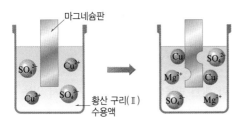

마그네슘판

황산 구리(II)
수용액

이에 대한 설명으로 옳지 <u>않은</u> 것은?

① 마그네슘은 산화된다.
② 구리 이온은 환원된다.
③ 황산 이온 수는 변하지 않는다.
④ 수용액의 푸른색은 점점 엷어진다.
⑤ 수용액의 마그네슘 이온 수는 감소한다.

중요
10 다음은 생명체에서 일어나는 두 가지 반응을 화학 반응식으로 나타낸 것이다.

(가) $6CO_2 + 6H_2O \longrightarrow C_6H_{12}O_6 + 6O_2$
(나) $C_6H_{12}O_6 + 6O_2 \longrightarrow 6CO_2 + 6H_2O$

이에 대한 설명으로 옳은 것만을 [보기]에서 있는 대로 고른 것은?

• 보기 •
ㄱ. 광합성을 나타내는 화학 반응식은 (가)이다.
ㄴ. (가)에서 이산화 탄소는 환원된다.
ㄷ. (나)에서 포도당은 산화된다.

① ㄱ   ② ㄴ   ③ ㄱ, ㄷ
④ ㄴ, ㄷ   ⑤ ㄱ, ㄴ, ㄷ

서술형

11 다음은 철과 관련된 반응을 화학 반응식으로 나타낸 것이다.

$$4Fe + 3O_2 \longrightarrow 2Fe_2O_3$$

이 반응에서 산화되는 물질을 쓰고, 그 까닭을 산소의 이동과 관련하여 서술하시오.

_____

_____

12 다음은 도시가스의 주성분인 메테인이 연소하는 반응을 화학 반응식으로 나타낸 것이다.

$$CH_4 + 2O_2 \longrightarrow CO_2 + 2H_2O$$

이에 대한 설명으로 옳은 것만을 [보기]에서 있는 대로 고른 것은?

┌─ 보기 ─────────────────┐
ㄱ. 메테인은 환원된다.
ㄴ. 빛과 열이 발생한다.
ㄷ. 메테인은 산소와 느리게 결합한다.
└────────────────────────┘

① ㄱ   ② ㄴ   ③ ㄱ, ㄷ
④ ㄴ, ㄷ   ⑤ ㄱ, ㄴ, ㄷ

13 화석 연료의 연소와 철의 제련에 대한 설명으로 옳은 것만을 [보기]에서 있는 대로 고른 것은?

┌─ 보기 ─────────────────┐
ㄱ. 화석 연료가 공기 중에서 연소할 때 화석 연료는 환원된다.
ㄴ. 인류는 화석 연료가 연소할 때 발생하는 열을 이용하여 산업을 발전시켜 왔다.
ㄷ. 인류는 철을 제련하여 여러 가지 도구를 만들어 사용하였다.
└────────────────────────┘

① ㄱ   ② ㄷ   ③ ㄱ, ㄴ
④ ㄴ, ㄷ   ⑤ ㄱ, ㄴ, ㄷ

중요

14 다음은 용광로에서 철을 제련하는 모습과 이때 일어나는 반응을 화학 반응식으로 나타낸 것이다.

철광석, 코크스 / 배기 가스 / 열풍 / 쇳물

(가) $2C + O_2 \longrightarrow 2CO$
(나) $Fe_2O_3 + 3CO$
　　　 $\longrightarrow 2Fe + 3CO_2$

이에 대한 설명으로 옳은 것만을 [보기]에서 있는 대로 고른 것은?

┌─ 보기 ─────────────────┐
ㄱ. (가)에서 코크스는 환원된다.
ㄴ. (나)에서 산화 철(Ⅲ)은 산화된다.
ㄷ. 철의 제련 과정에서 물질 사이에 산소가 이동한다.
└────────────────────────┘

① ㄱ   ② ㄷ   ③ ㄱ, ㄴ
④ ㄴ, ㄷ   ⑤ ㄱ, ㄴ, ㄷ

서술형

15 철 구조물인 에펠탑은 녹스는 것을 방지하기 위해 7년마다 페인트칠을 한다.
정기적으로 페인트칠을 하는 까닭을 철의 산화 조건과 관련하여 서술하시오.

_____

_____

16 산화 환원 반응의 사례만을 [보기]에서 있는 대로 고른 것은?

┌─ 보기 ─────────────────┐
ㄱ. 식물이 광합성을 한다.
ㄴ. 도시가스를 연소시켜 난방을 한다.
ㄷ. 깎아 놓은 사과가 갈색으로 변한다.
└────────────────────────┘

① ㄱ   ② ㄴ   ③ ㄱ, ㄷ
④ ㄴ, ㄷ   ⑤ ㄱ, ㄴ, ㄷ

01 그림은 붉은색 구리줄이 검은색으로 변하였다가 다시 붉은색으로 변하는 과정을 나타낸 것이다.

이에 대한 설명으로 옳은 것만을 [보기]에서 있는 대로 고른 것은?

보기
ㄱ. (가)에서 구리는 산화된다.
ㄴ. (나)에서 검은색 물질은 산소를 얻는다.
ㄷ. (나)에서 수소는 환원된다.

① ㄱ   ② ㄷ   ③ ㄱ, ㄴ
④ ㄴ, ㄷ   ⑤ ㄱ, ㄴ, ㄷ

신유형 N
02 다음은 나트륨과 관련된 두 가지 반응을 화학 반응식으로 나타낸 것이다.

(가) $4Na + O_2 \longrightarrow 2Na_2O$
(나) $2Na + Cl_2 \longrightarrow 2NaCl$

이에 대한 설명으로 옳은 것만을 [보기]에서 있는 대로 고른 것은?

보기
ㄱ. (가)에서 산소는 환원된다.
ㄴ. (나)에서 나트륨 원자 1개에서 염소 원자 1개로 이동하는 전자는 2개이다.
ㄷ. (가)와 (나)에서 나트륨은 모두 산화된다.

① ㄱ   ② ㄴ   ③ ㄱ, ㄷ
④ ㄴ, ㄷ   ⑤ ㄱ, ㄴ, ㄷ

03 다음은 질산 은 수용액에 철못을 넣었을 때의 모습과 이때 일어나는 반응을 화학 반응식으로 나타낸 것이다.

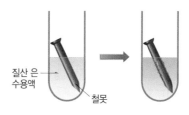

$$2Ag^+ + Fe \longrightarrow 2Ag + Fe^{2+}$$

이에 대한 설명으로 옳은 것만을 [보기]에서 있는 대로 고른 것은? (단, 원자량은 은이 철보다 크다.)

보기
ㄱ. 질산 이온은 환원된다.
ㄴ. 못의 질량은 증가한다.
ㄷ. 수용액의 전체 이온 수는 증가한다.

① ㄱ   ② ㄴ   ③ ㄱ, ㄷ
④ ㄴ, ㄷ   ⑤ ㄱ, ㄴ, ㄷ

04 다음은 지구와 생명의 역사를 바꾼 세 가지 화학 반응에 대한 설명이다.

• 메테인의 연소에서 메테인은 ⓐ 된다.
• 식물의 엽록체에서 이산화 탄소가 ⓑ 되어 포도당이 합성된다.
• 철광석에 들어 있는 산화 철(Ⅲ)을 ⓒ 시켜 순수한 철을 얻는다.

ⓐ~ⓒ에 알맞은 말을 옳게 짝 지은 것은?

	ⓐ	ⓑ	ⓒ
①	산화	산화	산화
②	산화	산화	환원
③	산화	환원	환원
④	환원	환원	산화
⑤	환원	환원	환원

02 산과 염기

☐ 산과 염기의 성질　　　☐ 산성과 염기성을 나타내는 이온의 확인
☐ 액성에 따른 지시약의 색 변화

A 산과 염기

1 산 물에 녹아 수소 이온(H^+)을 내놓는 물질❶

예 염산(HCl), 황산(H_2SO_4), 아세트산(CH_3COOH), 탄산(H_2CO_3), 질산(HNO_3) 등

① 산의 *이온화 : 산이 물에 녹아 수소 이온(H^+)과 음이온(A^-)으로 나누어지는 것

[산의 이온화 모형과 이온화식]

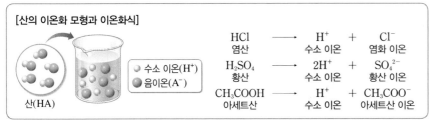

○ 수소 이온(H^+)
● 음이온(A^-)
산(HA)

$$HCl \longrightarrow H^+ + Cl^-$$
염산　　　수소 이온　염화 이온

$$H_2SO_4 \longrightarrow 2H^+ + SO_4^{2-}$$
황산　　　수소 이온　황산 이온

$$CH_3COOH \longrightarrow H^+ + CH_3COO^-$$
아세트산　　수소 이온　아세트산 이온

☆ ② 산의 공통적인 성질(산성) : 수소 이온(H^+) 때문에 나타난다.❷ **탐구 A** 182쪽
- 신맛이 나고, 물에 녹아 이온화하므로 수용액에서 전류가 흐른다.
- 금속과 반응하여 수소 기체를 발생시킨다.❸
- 달걀 껍데기(탄산 칼슘)와 반응하여 이산화 탄소 기체를 발생시킨다.
- 푸른색 리트머스 종이를 붉게 변화시킨다.
- 페놀프탈레인 용액의 색을 변화시키지 않는다.

[산성을 나타내는 이온의 확인]

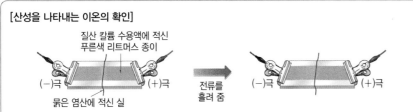

질산 칼륨 수용액에 적신
푸른색 리트머스 종이
(−)극　　　(+)극　　전류를 흘려 줌　　(−)극　　　(+)극
묽은 염산에 적신 실

- 그림과 같이 장치하고 전류를 흘려 주면 푸른색 리트머스 종이가 실에서부터 (−)극 쪽으로 붉게 변해 간다. ➡ 수소 이온(H^+)이 (−)극 쪽으로 이동하면서 푸른색 리트머스 종이의 색을 변하게 한다.
- 묽은 황산이나 아세트산 수용액으로 실험해도 같은 결과가 나타난다. ➡ 산의 공통적인 성질은 수소 이온(H^+) 때문에 나타난다.

③ 주변의 산성 물질 : 과일, 식초, 탄산음료, 김치, 유산균 음료, 해열제, 진통제 등

산성 물질	레몬	식초	탄산음료	김치	유산균 음료	해열제	진통제
포함된 산	시트르산	아세트산	탄산	젖산		아세틸 살리실산	

2 염기 물에 녹아 수산화 이온(OH^-)을 내놓는 물질❹

예 수산화 나트륨(NaOH), 수산화 칼륨(KOH), 수산화 칼슘($Ca(OH)_2$), 암모니아(NH_3) 등❺

① 염기의 이온화 : 염기가 물에 녹아 양이온(B^+)과 수산화 이온(OH^-)으로 나누어지는 것

[염기의 이온화 모형과 이온화식]

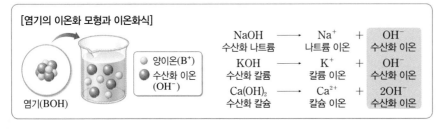

○ 양이온(B^+)
● 수산화 이온(OH^-)
염기(BOH)

$$NaOH \longrightarrow Na^+ + OH^-$$
수산화 나트륨　　나트륨 이온　수산화 이온

$$KOH \longrightarrow K^+ + OH^-$$
수산화 칼륨　　　칼륨 이온　수산화 이온

$$Ca(OH)_2 \longrightarrow Ca^{2+} + 2OH^-$$
수산화 칼슘　　　칼슘 이온　수산화 이온

Plus 강의

❶ H를 포함하는 화합물과 산
메테인(CH_4)은 분자 안에 H가 있지만 물에 녹아 H^+을 내놓지 못하므로 산이 아니다. 즉, 물에 녹아 H^+을 내놓을 수 있는 물질이 산이다.

❷ 산의 특이성
산의 종류에 따라 물에 녹았을 때 내놓는 음이온의 종류가 다르므로 산의 종류에 따라 성질이 다르다.

❸ 산과 금속의 반응
묽은 산은 마그네슘, 철 등의 금속과는 반응하지만 금이나 은 등의 금속과는 반응하지 않는다. 즉, 산이 모든 금속과 반응하는 것은 아니다.

❹ OH를 포함하는 화합물과 산
메탄올(CH_3OH)은 분자 안에 OH가 있지만 물에 녹아 OH^-을 내놓지 못하므로 염기가 아니다. 즉, 물에 녹아 OH^-을 내놓을 수 있는 물질이 염기이다.

❺ 암모니아가 염기인 까닭
암모니아(NH_3)는 분자 안에 OH가 없지만 물에 녹아 수산화 이온(OH^-)을 생성하므로 염기이다.
$$NH_3 + H_2O \longrightarrow NH_4^+ + OH^-$$

용어 돋보기

* 이온화_어떤 물질이 이온으로 나누어지는 현상

② 염기의 공통적인 성질(염기성) : 수산화 이온(OH^-) 때문에 나타난다. **탐구ⓐ** 182쪽

- 쓴맛이 나고, 물에 녹아 이온화하므로 수용액에서 전류가 흐른다.
- 금속이나 달걀 껍데기(탄산 칼슘)와 반응하지 않는다.
- 단백질을 녹이는 성질이 있어 손으로 만지면 미끈거린다.
- 붉은색 리트머스 종이를 푸르게 변화시킨다.
- 페놀프탈레인 용액을 붉게 변화시킨다.

⑥ 염기의 특이성
염기의 종류에 따라 물에 녹았을 때 내놓는 양이온의 종류가 다르므로 염기의 종류에 따라 성질이 다르다.

[염기성을 나타내는 이온의 확인]

질산 칼륨 수용액에 적신
붉은색 리트머스 종이

전류를
흘려 줌

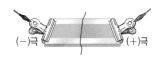

(−)극   (+)극   (−)극   (+)극
수산화 나트륨 수용액에 적신 실

- 그림과 같이 장치하고 전류를 흘려 주면 붉은색 리트머스 종이가 실에서부터 (+)극 쪽으로 푸르게 변해 간다. ➡ 수산화 이온(OH^-)이 (+)극 쪽으로 이동하면서 붉은색 리트머스 종이의 색을 변하게 한다.
- 수산화 칼륨 수용액이나 암모니아수로 실험해도 같은 결과가 나타난다. ➡ 염기의 공통적인 성질은 수산화 이온(OH^-) 때문에 나타난다.

---

③ 주변의 염기성 물질 : 비누, 하수구 세정제, 제산제, 치약, 유리 세정제, 제빵 소다 등

염기성 물질	비누	하수구 세정제	제산제	치약
포함된 염기	수산화 나트륨		수산화 마그네슘	탄산 나트륨

개념 쏙쏙

정답과 해설 44쪽

1 산과 염기에 대한 설명으로 옳은 것은 ○, 옳지 **않은** 것은 ×로 표시하시오.

(1) 산은 물에 녹아 모두 H^+을 내놓으므로 공통적인 성질을 나타낸다. ·· ( )

(2) 염기는 물에 녹아 양이온과 OH^-으로 이온화한다. ─────── ( )

(3) 염기의 음이온 때문에 염기의 특이성이 나타난다. ───────── ( )

2 산의 성질에만 해당하는 설명에는 '산성', 염기의 성질에만 해당하는 설명에는 '염기성', 산과 염기의 성질에 모두 해당하는 설명에는 '공통'을 쓰시오.

(1) 신맛이 난다. ─────────────────── ( )

(2) 붉은색 리트머스 종이를 푸르게 변화시킨다. ──────── ( )

(3) 마그네슘과 반응하여 수소 기체를 발생시킨다. ─────── ( )

(4) 달걀 껍데기와 반응하여 이산화 탄소 기체를 발생시킨다. ──── ( )

(5) 수용액에서 전류가 흐른다. ──────────────── ( )

(6) 페놀프탈레인 용액을 붉게 변화시킨다. ─────────── ( )

3 산과 염기의 이온화식을 완성하시오.

(1) $HCl \longrightarrow ($ $) + Cl^-$

(2) $H_2SO_4 \longrightarrow ($ $) + SO_4^{2-}$

(3) $CH_3COOH \longrightarrow H^+ + ($ $)$

(4) $KOH \longrightarrow ($ $) + OH^-$

(5) $Ca(OH)_2 \longrightarrow Ca^{2+} + ($ $)$

암기 꼭!

- 산과 염기의 차이점

구분	산	염기
맛	신맛	쓴맛
금속·달걀 껍데기와의 반응	기체 발생	변화 없음
리트머스 종이	푸른색 → 붉은색	붉은색 → 푸른색
페놀프탈레인 용액	무색	붉은색

- 산과 염기의 공통점 : 수용액에서 전류가 흐른다.

B 지시약과 pH

☆**1 지시약** 용액의*액성을 구별하기 위해 사용하는 물질로, 액성에 따라 색이 변한다.

① 액성에 따른 지시약의 색 변화

구분	산성	중성	염기성
리트머스 종이	푸른색 → 붉은색	–	붉은색 → 푸른색
페놀프탈레인 용액	무색	무색	붉은색
메틸 오렌지 용액	붉은색	노란색	노란색
BTB 용액	노란색	초록색	파란색

② **천연 지시약** : 자주색 양배추, 붉은색 장미꽃, 포도 껍질, 검은콩 등에서 추출한 용액은 액성에 따라 색이 변하므로 지시약으로 사용할 수 있다.❶

예 여러 가지 물질에서 자주색 양배추 지시약의 색 변화

물질	산성 물질			염기성 물질		
	묽은 염산	식초	사이다	제빵 소다 수용액	수산화 나트륨 수용액	하수구 세정제
지시약의 색 변화	붉은색	붉은색	붉은색	푸른색	노란색	노란색
	➡ 자주색 양배추 지시약은 산성에서 붉은색 계열의 색을 띤다.			➡ 자주색 양배추 지시약은 염기성에서 푸른색이나 노란색 계열의 색을 띤다.		

2 pH 수용액에 들어 있는 수소 이온(H^+)의 농도를 숫자로 나타낸 것으로, 0~14 사이의 값을 갖는다.

① pH가 작을수록 산성이 강하고, pH가 클수록 염기성이 강하다.

> pH<7 ➡ 산성   pH=7 ➡ 중성   pH>7 ➡ 염기성

② 우리 주변 물질의 pH

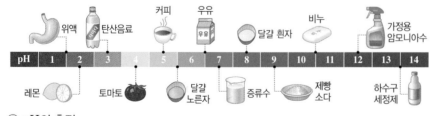

③ pH의 측정

- **pH 시험지** : 몇 가지 지시약을 혼합하여 만든 만능 지시약을 적셔 만든 종이로, 용액의 대략적인 pH를 알 수 있다.
- **pH 측정기** : 용액의 pH를 정확하게 측정할 수 있고, pH 값으로 산성이나 염기성의 정도를 비교할 수 있다.

pH 측정기

pH 시험지

Plus 강의

❶ **자주색 양배추, 붉은색 장미꽃 등에서 추출한 용액을 지시약으로 사용할 수 있는 까닭**

자주색 양배추, 붉은색 장미꽃 등에는 안토사이아닌이라는 색소가 포함되어 있는데, 안토사이아닌은 용액의 액성에 따라 색이 변한다. 따라서 자주색 양배추, 붉은색 장미꽃 등에서 추출한 용액을 지시약으로 사용할 수 있다.

🔍 **용어 돋보기**

＊ **액성(液 용액, 性 성질)**_용액의 성질로 산성, 중성, 염기성으로 구분함

C 지구 환경에 영향을 미치는 산과 염기

1 이산화 탄소와 해양 산성화 이산화 탄소는 생명체의 호흡이나 화석 연료의 연소, 화산 분출, 산불 등으로 발생하는데 바닷물에 녹아 해양을 산성화시킨다.

2 해양 산성화의 과정

1 인간의 활동으로 이산화 탄소(CO_2)가 발생한다.

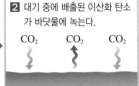

2 대기 중에 배출된 이산화 탄소가 바닷물에 녹는다.

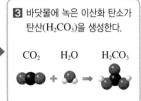

3 바닷물에 녹은 이산화 탄소가 탄산(H_2CO_3)을 생성한다.

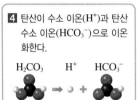

4 탄산이 수소 이온(H^+)과 탄산 수소 이온(HCO_3^-)으로 이온화한다.

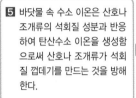

5 바닷물 속 수소 이온은 산호나 조개류의 석회질 성분과 반응하여 탄산수소 이온을 생성함으로써 산호나 조개류가 석회질 껍데기를 만드는 것을 방해한다.

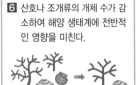

6 산호나 조개류의 개체 수가 감소하여 해양 생태계에 전반적인 영향을 미친다.

○ 정답과 해설 44쪽

4 표는 용액의 액성에 따른 지시약의 색 변화를 나타낸 것이다. ( ) 안에 알맞은 색을 쓰시오.

구분	산성	중성	염기성
리트머스 종이	푸른색 → ㉠( )	—	붉은색 → 푸른색
페놀프탈레인 용액	무색	무색	㉡( )
메틸 오렌지 용액	붉은색	노란색	㉢( )
BTB 용액	㉣( )	초록색	파란색

5 지시약과 pH에 대한 설명으로 옳은 것은 ○, 옳지 않은 것은 ×로 표시하시오.

(1) 지시약은 용액의 액성에 따라 색이 변하는 물질이다. ·················· ( )

(2) 자주색 양배추에서 추출한 용액은 지시약으로 사용할 수 있다. ········· ( )

(3) 페놀프탈레인 용액으로 산성 용액과 중성 용액을 구별할 수 있다. ···· ( )

(4) pH가 7보다 작은 용액의 액성은 염기성이다. ······················· ( )

(5) pH가 클수록 산성이 강하다. ····································· ( )

6 다음 물질에 BTB 용액을 떨어뜨렸을 때 나타나는 색을 옳게 연결하시오.

(1) 탄산음료 •　　　　　　• ㉠ 초록색

(2) 증류수 •　　　　　　• ㉡ 노란색

(3) 비눗물 •　　　　　　• ㉢ 파란색

7 생명체의 호흡이나 화석 연료의 연소 과정에서 발생하며, 바닷물에 녹아 수소 이온의 농도를 증가시켜 지구 환경에 영향을 미치는 물질이 무엇인지 쓰시오.

암기 꼭!

지시약의 색 변화

페놀프탈레인 용액	무무붉
메틸 오렌지 용액	붉노노
BTB 용액	노초파

산과 염기의 성질

목표 산의 공통적인 성질과 염기의 공통적인 성질을 확인할 수 있다.

• 과정

❶ 홈판의 세로줄에 묽은 염산, 식초, 레몬 즙, 수산화 나트륨 수용액, 비눗물, 하수구 세정제를 각각 넣는다.

유의점 시약이 피부나 옷에 묻지 않도록 주의한다.

❷ 첫 번째 가로줄의 용액에 푸른색 리트머스 종이와 붉은색 리트머스 종이를 각각 대어 보고, 색 변화를 관찰한다.

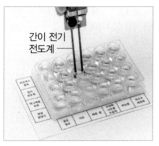
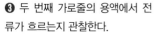

❸ 두 번째 가로줄의 용액에서 전류가 흐르는지 관찰한다.

❹ 세 번째 가로줄의 용액에 마그네슘 리본을 넣고 변화를 관찰한다.

❺ 네 번째 가로줄의 용액에 달걀 껍데기를 넣고 변화를 관찰한다.

• 결과

물질	묽은 염산	식초	레몬 즙	수산화 나트륨 수용액	비눗물	하수구 세정제
리트머스 종이를 대었을 때	푸른색 → 붉은색			붉은색 → 푸른색		
전기 전도계를 담갔을 때	전류 흐름					
마그네슘 리본을 넣었을 때	수소 기체 발생			변화 없음		
달걀 껍데기를 넣었을 때	이산화 탄소 기체 발생			변화 없음		

• 해석

1. 푸른색 리트머스 종이의 색 변화로 알 수 있는 산성 물질은? ➡ 묽은 염산, 식초, 레몬 즙이다.

2. 붉은색 리트머스 종이의 색 변화로 알 수 있는 염기성 물질은? ➡ 수산화 나트륨 수용액, 비눗물, 하수구 세정제이다.

3. **산 수용액과 염기 수용액의 전기 전도성은?** ➡ 산과 염기는 모두 물에 녹아 이온화하므로 산 수용액과 염기 수용액은 모두 전기 전도성이 있다.

4. **마그네슘 리본과의 반응은?** ➡ 산성 물질은 마그네슘 리본과 반응하여 수소 기체를 발생시키지만, 염기성 물질은 마그네슘 리본과 반응하지 않는다.

5. **달걀 껍데기와의 반응은?** ➡ 산성 물질은 달걀 껍데기와 반응하여 이산화 탄소 기체를 발생시키지만, 염기성 물질은 달걀 껍데기와 반응하지 않는다.

• 정리

산의 공통적인 성질(산성)	염기의 공통적인 성질(염기성)
• 푸른색 리트머스 종이를 붉게 변화시킨다. • 수용액에서 전류가 흐른다. • 마그네슘 리본과 반응하여 수소 기체를 발생시키고, 달걀 껍데기와 반응하여 이산화 탄소 기체를 발생시킨다.	• 붉은색 리트머스 종이를 푸르게 변화시킨다. • 수용액에서 전류가 흐른다. • 마그네슘 리본이나 달걀 껍데기와 반응하지 않는다.

확인 문제

1 **탐구Ⓐ**에 대한 설명으로 옳은 것은 ○, 옳지 않은 것은 ×로 표시하시오.

(1) 산 수용액과 염기 수용액은 모두 전류가 흐른다. ·· ( )

(2) 식초와 수산화 나트륨 수용액에 각각 붉은색 리트머스 종이를 대었을 때 나타나는 색 변화는 같다. ··· ( )

(3) 비눗물에 마그네슘 리본을 넣으면 기체가 발생한다. ································· ( )

(4) 묽은 염산과 식초에 공통으로 들어 있는 양이온의 종류는 같다. ·············· ( )

2 다음은 미지의 물질을 이용하여 실험한 결과이다.

- 전기 전도성이 있다.
- 마그네슘 리본을 넣으면 기체가 발생한다.
- 달걀 껍데기를 넣으면 기체가 발생한다.

이와 같은 결과를 나타낼 것으로 예상되는 물질만을 [보기]에서 있는 대로 고른 것은?

• 보기 •
ㄱ. 식초 ㄴ. 비눗물 ㄷ. 레몬 즙
ㄹ. 유리 세정제 ㅁ. 묽은 황산 ㅂ. 하수구 세정제

① ㄱ, ㄴ, ㅂ ② ㄱ, ㄷ, ㅁ ③ ㄴ, ㄷ, ㅁ
④ ㄴ, ㄹ, ㅁ ⑤ ㄷ, ㄹ, ㅂ

3 표는 네 가지 물질 A∼D를 이용하여 실험한 결과를 나타낸 것이다.

물질	A	B	C	D
푸른색 리트머스 종이의 색 변화	푸른색 → 붉은색	변화 없음	푸른색 → 붉은색	변화 없음
페놀프탈레인 용액의 색 변화	변화 없음	무색 → 붉은색	변화 없음	㉠
탄산 칼슘과의 반응	기체 발생	변화 없음	㉡	변화 없음

이에 대한 설명으로 옳은 것은? (단, A∼D는 각각 묽은 염산, 식초, 수산화 나트륨 수용액, 비눗물 중 하나이다.)

① A에는 OH^-이 들어 있다.

② B에 BTB 용액을 떨어뜨리면 노란색으로 변한다.

③ ㉠은 '무색 → 붉은색'이 적절하다.

④ ㉡은 '변화 없음'이 적절하다.

⑤ A∼D에 마그네슘 리본을 넣으면 모두 기체가 발생한다.

A 산과 염기 **B** 지시약과 pH

중요
01 산과 염기의 성질로 옳지 <u>않은</u> 것은?

① 염기는 쓴맛이 난다.
② 산 수용액은 아연과 반응한다.
③ 염기 수용액은 탄산 칼슘과 반응한다.
④ 산 수용액은 푸른색 리트머스 종이를 붉게 변화
시킨다.
⑤ 산 수용액과 염기 수용액은 모두 전류가 흐른다.

02 수용액에 달걀 껍데기를 넣었을 때 이산화 탄소 기체를
발생시키는 물질만을 [보기]에서 있는 대로 고른 것은?

┌─ 보기 ─────────────────────────┐
│ ㄱ. NaOH   ㄴ. HCl   ㄷ. HNO_3 │
│ ㄹ. $Ca(OH)_2$ ㅁ. H_2SO_4 ㅂ. KOH │
└────────────────────────────────┘

① ㄱ, ㄴ, ㅂ ② ㄱ, ㄷ, ㅁ ③ ㄴ, ㄷ, ㅁ
④ ㄴ, ㄹ, ㅁ ⑤ ㄷ, ㄹ, ㅂ

03 다음은 물질 X의 수용액을 이용한 실험이다.

• 수용액을 유리 막대로 찍어 붉은색 리트머스 종
이에 대었더니 푸른색으로 변하였다.
• 수용액에 페놀프탈레인 용액을 1방울~2방울 떨
어뜨렸더니 붉게 변하였다.

물질 X로 적절한 것만을 [보기]에서 있는 대로 고른 것은?

┌─ 보기 ──────────────────────┐
│ ㄱ. NH_3 ㄴ. KOH │
│ ㄷ. HCl   ㄹ. CH_3OH │
└──────────────────────────────┘

① ㄱ, ㄴ   ② ㄱ, ㄷ   ③ ㄴ, ㄷ
④ ㄱ, ㄴ, ㄹ ⑤ ㄴ, ㄷ, ㄹ

04 그림은 어떤 수용액에 들어 있는 이온을 모형으로 나타
낸 것이다.

이 수용액에 대한 설명으로 옳은 것만을 [보기]에서 있는
대로 고른 것은?

┌─ 보기 ───────────────────────────┐
│ ㄱ. 마그네슘과 반응하여 수소 기체를 발생시킨다. │
│ ㄴ. 메틸 오렌지 용액을 떨어뜨리면 노란색을 띤다. │
│ ㄷ. 전기 전도성이 있다. │
└──────────────────────────────────┘

① ㄱ   ② ㄴ   ③ ㄱ, ㄷ
④ ㄴ, ㄷ   ⑤ ㄱ, ㄴ, ㄷ

05 다음은 아세트산(CH_3COOH), 염산(HCl), 수산화 나트륨
(NaOH)의 이온화식을 나타낸 것이다.

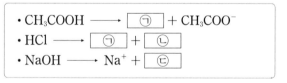

• $CH_3COOH \longrightarrow \boxed{㉠} + CH_3COO^-$
• $HCl \longrightarrow \boxed{㉠} + \boxed{㉡}$
• $NaOH \longrightarrow Na^+ + \boxed{㉢}$

이에 대한 설명으로 옳은 것만을 [보기]에서 있는 대로
고른 것은?

┌─ 보기 ───────────────────────────┐
│ ㄱ. 아세트산 수용액과 염산의 공통적인 성질은 ㉠ │
│ 때문에 나타난다. │
│ ㄴ. 염산에서 푸른색 리트머스 종이를 붉게 변화시 │
│ 키는 물질은 ㉡이다. │
│ ㄷ. 수산화 나트륨 수용액에서 페놀프탈레인 용액 │
│ 을 붉게 변화시키는 물질은 ㉢이다. │
└──────────────────────────────────┘

① ㄱ   ② ㄴ   ③ ㄷ
④ ㄱ, ㄷ   ⑤ ㄴ, ㄷ

06 다음은 묽은 염산을 이용한 실험이다.

질산 칼륨 수용액에 적신 푸른색 리트머스 종이 위에 묽은 염산에 적신 실을 올려놓고 전류를 흘려 주었더니 푸른색 리트머스 종이가 실에서부터 A극 쪽으로 붉게 변해 갔다.

이에 대한 설명으로 옳은 것만을 [보기]에서 있는 대로 고른 것은?

• 보기 •
ㄱ. 붉은색의 이동은 H^+ 때문에 나타나는 현상이다.
ㄴ. A극은 (−)극이고, B극은 (+)극이다.
ㄷ. 묽은 염산 대신 묽은 황산으로 실험해도 같은 결과가 나타난다.

① ㄱ   ② ㄴ   ③ ㄱ, ㄷ
④ ㄴ, ㄷ   ⑤ ㄱ, ㄴ, ㄷ

07 표는 몇 가지 물질을 (가)와 (나)로 분류한 것이다.

(가)	(나)
HNO_3, CH_3COOH	KOH, $Ca(OH)_2$

이에 대한 설명으로 옳지 <u>않은</u> 것은?

① (가) 수용액에 BTB 용액을 넣으면 파란색을 띤다.
② (가) 수용액에 마그네슘 조각을 넣으면 수소 기체가 발생한다.
③ (나) 수용액에는 OH^-이 존재한다.
④ (나) 수용액은 탄산 칼슘과 반응하지 않는다.
⑤ (가) 수용액과 (나) 수용액은 모두 전류가 흐른다.

08 표는 두 가지 수용액을 이용하여 실험한 결과를 나타낸 것이다.

수용액	묽은 염산	수산화 나트륨 수용액
전기 전도성	있음	㉠
마그네슘 조각을 넣었을 때	㉡	변화 없음
BTB 용액을 떨어뜨렸을 때	노란색	㉢

㉠~㉢으로 적절한 것을 옳게 짝 지은 것은?

	㉠	㉡	㉢
①	없음	기체 발생	노란색
②	없음	변화 없음	파란색
③	있음	기체 발생	노란색
④	있음	변화 없음	초록색
⑤	있음	기체 발생	파란색

09 표는 레몬 즙, 식초, 비눗물을 리트머스 종이와 마그네슘 리본으로 실험한 결과를 나타낸 것이다.

물질	레몬 즙	식초	비눗물
리트머스 종이를 대었을 때	푸른색 → 붉은색	푸른색 → 붉은색	붉은색 → 푸른색
마그네슘 리본을 넣었을 때	기체 발생	기체 발생	변화 없음

이에 대한 설명으로 옳은 것만을 [보기]에서 있는 대로 고른 것은?

• 보기 •
ㄱ. 레몬 즙과 식초는 산성 물질이다.
ㄴ. 비눗물에는 OH^-이 들어 있다.
ㄷ. 레몬 즙과 비눗물에 페놀프탈레인 용액을 떨어뜨리면 모두 붉은색으로 변한다.

① ㄱ   ② ㄷ   ③ ㄱ, ㄴ
④ ㄴ, ㄷ   ⑤ ㄱ, ㄴ, ㄷ

10 다음은 몇 가지 물질에 들어 있는 주성분의 이온화식을 나타낸 것이다.

> • 하수구 세정제 : $NaOH \longrightarrow Na^+ + OH^-$
> • 식초 : $CH_3COOH \longrightarrow H^+ + CH_3COO^-$
> • 탄산음료 : $H_2CO_3 \longrightarrow 2H^+ + CO_3^{2-}$

이에 대한 설명으로 옳은 것만을 [보기]에서 있는 대로 고른 것은?

> ┌ 보기 ┐
> ㄱ. 하수구 세정제의 pH는 7보다 작다.
> ㄴ. 식초는 전류가 흐른다.
> ㄷ. 하수구 세정제와 탄산음료는 모두 푸른색 리트 머스 종이를 붉게 변화시킨다.

① ㄱ ② ㄴ ③ ㄷ
④ ㄱ, ㄷ ⑤ ㄴ, ㄷ

중요
11 표는 물질 A와 B 수용액의 액성을 알아보기 위해 몇 가지 지시약을 이용하여 실험한 결과를 나타낸 것이다.

수용액	메틸 오렌지 용액	페놀프탈레인 용액	BTB 용액
A 수용액	㉠	무색	노란색
B 수용액	노란색	붉은색	파란색

이에 대한 설명으로 옳은 것만을 [보기]에서 있는 대로 고른 것은?

> ┌ 보기 ┐
> ㄱ. ㉠은 '노란색'이 적절하다.
> ㄴ. A 수용액의 pH는 7보다 작다.
> ㄷ. B 수용액은 푸른색 리트머스 종이를 붉은색으 로 변화시킨다.

① ㄱ ② ㄴ ③ ㄱ, ㄷ
④ ㄴ, ㄷ ⑤ ㄱ, ㄴ, ㄷ

서술형
12 자주색 양배추에서 추출한 용액을 지시약으로 사용할 수 있는 까닭을 서술하시오.

_____

_____

13 그림은 우리 주변 물질의 pH를 나타낸 것이다.

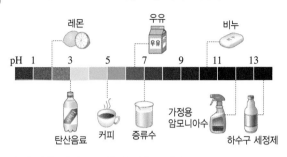

이에 대한 설명으로 옳지 **않은** 것은?

① 탄산음료에는 H^+이 들어 있다.
② 산성 물질은 세 가지이다.
③ 산성이 가장 강한 물질은 레몬이다.
④ 증류수에 메틸 오렌지 용액을 떨어뜨리면 노란색 을 띤다.
⑤ 수용액에 BTB 용액을 떨어뜨렸을 때 파란색을 띠는 물질은 세 가지이다.

C 지구 환경에 영향을 미치는 산과 염기

14 다음은 지구 환경에 영향을 미치는 물질 X에 대한 자료 이다.

> • X는 생명체가 호흡을 하거나 화석 연료가 연소 할 때 발생한다.
> • 대기 중 X는 바닷물에 녹아 ⃞㉠⃞ 농도를 증가 시킨다.
> • 바닷물 속 ⃞㉠⃞ 농도의 증가는 산호나 조개류 의 개체 수 ⃞㉡⃞를 일으킨다.

이에 대한 설명으로 옳은 것만을 [보기]에서 있는 대로 고른 것은?

> ┌ 보기 ┐
> ㄱ. X는 이산화 탄소이다.
> ㄴ. ㉠은 'OH⁻'이 적절하다.
> ㄷ. ㉡은 '증가'가 적절하다.

① ㄱ ② ㄷ ③ ㄱ, ㄴ
④ ㄴ, ㄷ ⑤ ㄱ, ㄴ, ㄷ

01 다음은 암모니아 기체를 이용한 실험이다.

물기가 없는 둥근바닥 플라스크에 암모니아 기체를 넣고 그림과 같이 장치한 다음 스포이트를 눌러 플라스크 속으로 물이 들어가게 하였더니 붉은색 분수가 생성되었다.

암모니아 기체

물이 든 스포이트

페놀프탈레인 용액을 넣은 물

이에 대한 설명으로 옳은 것만을 [보기]에서 있는 대로 고른 것은?

• 보기 •
ㄱ. 암모니아 기체가 물에 녹으면 플라스크 속의 압력이 작아진다.
ㄴ. 암모니아 기체는 물에 녹아 염기성을 나타낸다.
ㄷ. 페놀프탈레인 용액 대신 BTB 용액으로 실험하면 노란색 분수가 생성된다.

① ㄱ ② ㄷ ③ ㄱ, ㄴ
④ ㄴ, ㄷ ⑤ ㄱ, ㄴ, ㄷ

03 신유형 N

표는 세 가지 수용액에 들어 있는 음이온과 BTB 용액을 떨어뜨렸을 때의 색을 나타낸 것이다.

수용액	(가)	(나)	(다)
음이온 모형	Cl^- Cl^-	OH^- OH^-	Cl^- Cl^-
BTB 용액	노란색	파란색	초록색

이에 대한 설명으로 옳은 것만을 [보기]에서 있는 대로 고른 것은? (단, (가)~(다)는 각각 묽은 염산, 염화 나트륨 수용액, 수산화 나트륨 수용액 중 하나이다.)

• 보기 •
ㄱ. (가)에 마그네슘 조각을 넣으면 기체가 발생한다.
ㄴ. (나)와 (다)에는 같은 종류의 양이온이 들어 있다.
ㄷ. 페놀프탈레인 용액을 떨어뜨렸을 때 붉은색을 띠는 수용액은 한 가지이다.

① ㄱ ② ㄴ ③ ㄱ, ㄷ
④ ㄴ, ㄷ ⑤ ㄱ, ㄴ, ㄷ

02 그림은 묽은 염산과 수산화 나트륨 수용액에 각각 같은 크기의 마그네슘 조각을 넣은 모습을 나타낸 것이다.

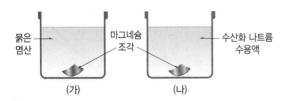

묽은 염산

마그네슘 조각

수산화 나트륨 수용액

(가) (나)

이에 대한 설명으로 옳은 것만을 [보기]에서 있는 대로 고른 것은?

• 보기 •
ㄱ. (가)에서 수소 기체가 발생한다.
ㄴ. (가)에서 음이온 수가 감소한다.
ㄷ. (나)에서 OH^- 수가 감소한다.

① ㄱ ② ㄴ ③ ㄱ, ㄷ
④ ㄴ, ㄷ ⑤ ㄱ, ㄴ, ㄷ

04 다음은 물질 X의 수용액을 이용한 실험이다.

Ⅰ. X 수용액에 푸른색 리트머스 종이를 대었더니 붉게 변하였다.
Ⅱ. X 수용액이 담긴 비커에 마그네슘 조각을 넣었더니 기체 Y가 발생하였다.
Ⅲ. X 수용액이 담긴 비커에 대리석 조각을 넣었더니 기체 Z가 발생하였다.

이에 대한 설명으로 옳은 것만을 [보기]에서 있는 대로 고른 것은?

• 보기 •
ㄱ. X 수용액에는 H^+이 들어 있다.
ㄴ. Ⅱ에서 기체가 발생하는 동안 수용액의 pH는 커진다.
ㄷ. 기체 Y와 기체 Z는 같은 물질이다.

① ㄱ ② ㄷ ③ ㄱ, ㄴ
④ ㄴ, ㄷ ⑤ ㄱ, ㄴ, ㄷ

03 중화 반응

핵심 짚기
□ 중화 반응 모형 해석 □ 중화 반응이 일어날 때 용액의 온도 변화
□ 생활 속의 중화 반응 예

A 중화 반응

1 중화 반응 산과 염기가 반응하여 물이 생성되는 반응

① 산의 수소 이온(H^+)과 염기의 수산화 이온(OH^-)이 1 : 1의 개수비로 반응하여 물(H_2O)을 생성한다.

$$H^+ + OH^- \longrightarrow H_2O$$

예 묽은 염산(HCl)과 수산화 나트륨(NaOH) 수용액의 반응[1]

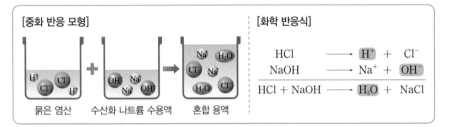

[중화 반응 모형]

묽은 염산   수산화 나트륨 수용액   혼합 용액

[화학 반응식]

$$HCl \longrightarrow H^+ + Cl^-$$
$$NaOH \longrightarrow Na^+ + OH^-$$
$$HCl + NaOH \longrightarrow H_2O + NaCl$$

② 혼합 용액의 액성 : 혼합하는 수용액 속 수소 이온(H^+)과 수산화 이온(OH^-)의 수에 따라 중화 반응 후 혼합 용액의 액성이 달라진다.

H^+ 수 > OH^- 수	H^+ 수 = OH^- 수	H^+ 수 < OH^- 수
반응 후 H^+이 남음 ➡ 산성	완전히 중화됨 ➡ 중성	반응 후 OH^-이 남음 ➡ 염기성

2 중화 반응이 일어날 때의 변화

① 중화점 : 산의 수소 이온(H^+)과 염기의 수산화 이온(OH^-)이 모두 반응하여 중화 반응이 완결된 지점

② 이온 수 변화

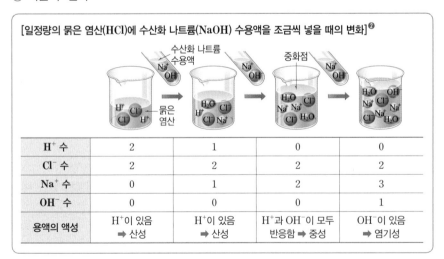

[일정량의 묽은 염산(HCl)에 수산화 나트륨(NaOH) 수용액을 조금씩 넣을 때의 변화][2]

수산화 나트륨 수용액   중화점   묽은 염산

H^+ 수	2	1	0	0
Cl^- 수	2	2	2	2
Na^+ 수	0	1	2	3
OH^- 수	0	0	0	1
용액의 액성	H^+이 있음 ➡ 산성	H^+이 있음 ➡ 산성	H^+과 OH^-이 모두 반응함 ➡ 중성	OH^-이 있음 ➡ 염기성

③ 지시약의 색 변화 : 중화점을 지나면 용액의 액성이 변하여 지시약의 색이 변한다.

예 일정량의 묽은 염산에 BTB 용액을 떨어뜨린 후 수산화 나트륨 수용액을 넣을 때

중화점에 도달하기 전
산성 ➡ 노란색

중화점에 도달
중성 ➡ 초록색

중화점에 도달한 이후
염기성 ➡ 파란색

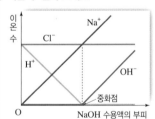

④ 용액의 온도 변화　탐구ⓐ 190쪽

- 중화열 : 중화 반응이 일어날 때 발생하는 열 ➡ 반응하는 수소 이온(H^+)과 수산화 이온(OH^-)의 수가 많을수록 중화열이 많이 발생한다.
- 일정량의 산(염기) 수용액에 온도가 같은 염기(산) 수용액을 넣을 때 용액의 온도 변화

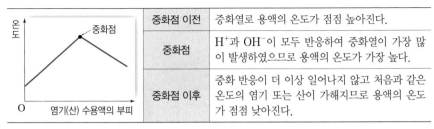

중화점 이전	중화열로 용액의 온도가 점점 높아진다.
중화점	H^+과 OH^-이 모두 반응하여 중화열이 가장 많이 발생하였으므로 용액의 온도가 가장 높다.
중화점 이후	중화 반응이 더 이상 일어나지 않고 처음과 같은 온도의 염기 또는 산이 가해지므로 용액의 온도가 점점 낮아진다.

B 생활 속의 중화 반응 ❸

예	원리
생선 비린내 제거	생선회나 생선 구이에 산성 물질인 레몬 즙을 뿌려 비린내의 원인인 염기성 물질을 중화한다.
제산제 복용	위산이 과다하게 분비되어 속이 쓰릴 때 약한 염기성 물질이 들어 있는 제산제를 먹어 위산을 중화한다.
산성화된 토양 중화 ❶	산성화된 토양에 염기성 물질인 석회 가루를 뿌린다.
	콩의 뿌리에 사는 뿌리혹박테리아는 공기 중의 질소를 이용하여 염기성을 띠는 질소 화합물을 만들어 산성화된 토양을 중화한다.
이산화 황 제거	공장에서 발생한 기체를 대기로 배출하기 전에 산성비를 유발하는 이산화 황을 염기성 물질(산화 칼슘, 석회석 등)로 중화하여 제거한다.
양치질	입안의 음식물이 분해되면 충치의 원인이 되는 산성 물질이 생기는데 이를 치약에 들어 있는 염기성 물질로 중화하여 충치를 예방한다.
벌레 물린 데 약 바르기	벌레에 물렸을 때 염기성 물질이 포함된 약이나 치약, 탄산수소 나트륨 수용액을 발라 산성을 띠는 벌레의 독으로 생긴 붓기를 가라앉힌다.

❸ 그 밖의 중화 반응
- 김치의 신맛을 줄이기 위해 염기성 물질인 소다를 넣는다.
- 물놀이 시설의 물을 염소로 소독할 경우 산성을 띠므로 염기성 물질을 넣어 pH를 조절한다.
- 하수 처리장 악취의 원인인 황화 수소를 염기성 물질인 수산화 나트륨으로 중화한다.
- 종이에 포함된 산성 물질을 염기성 물질로 중화하여 종이를 오래 보관한다.

❹ 토양의 산성화 방지
화학 비료, 산성비 등에 의해 산성화된 토양에서는 생물이 잘 자라지 못하므로 석회 가루를 뿌려 산성화된 토양을 중화한다. 이때 석회 가루의 양이 너무 적으면 그 효과가 나타나지 않고, 너무 많으면 오히려 환경에 해를 끼칠 수 있으므로 적절한 양을 뿌려야 한다.

개념 쏙쏙

정답과 해설 46쪽

1 중화 반응에 대한 설명으로 옳은 것은 ○, 옳지 않은 것은 ×로 표시하시오.
(1) 산과 염기가 반응하여 물이 생성된다. ⋯⋯⋯⋯⋯⋯⋯⋯⋯⋯ ( )
(2) 반응하는 H^+과 OH^-의 개수비는 1 : 1이다. ⋯⋯⋯⋯⋯⋯ ( )
(3) 염은 산의 양이온과 염기의 음이온이 결합한 물질이다. ⋯⋯⋯⋯ ( )
(4) 중화 반응이 일어나면 열이 발생한다. ⋯⋯⋯⋯⋯⋯⋯⋯⋯⋯ ( )

2 그림은 일정량의 묽은 염산에 온도가 같은 수산화 나트륨 수용액을 넣을 때 용액에 존재하는 입자를 모형으로 나타낸 것이다.
(가)~(다) 중 용액의 최고 온도가 가장 높은 것을 쓰시오.

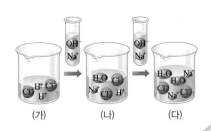

(가)　(나)　(다)

암기 꼭!

용액의 액성

산성	H^+이 있음
중성	H^+과 OH^-이 모두 반응함
염기성	OH^-이 있음

산과 염기의 중화 반응

(목표) 산과 염기의 중화 반응을 지시약의 색 변화와 온도 변화로 확인할 수 있다.

- **과정** ❶ 묽은 염산과 수산화 나트륨 수용액의 처음 온도를 각각 측정한다.

  (유의점) 같은 농도와 온도의 묽은 염산과 수산화 나트륨 수용액으로 실험한다.

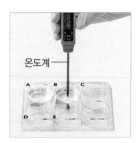 ❷ 홈판의 A~E 홈에 표와 같이 묽은 염산과 수산화 나트륨 수용액의 부피를 다르게 하여 넣고 잘 섞은 후 용액의 최고 온도를 측정하여 기록한다.

 ❸ A~E 홈에 BTB 용액을 1방울~2방울 씩 떨어뜨린 후 색 변화를 관찰하고, 용액의 액성을 확인하여 표에 기록한다.

- **결과**

혼합 용액	A	B	C	D	E
묽은 염산의 부피(mL)	2	4	6	8	10
수산화 나트륨 수용액의 부피(mL)	10	8	6	4	2
최고 온도(℃)	25	27	29	27	25
BTB 용액의 색	파란색	파란색	초록색	노란색	노란색
혼합 용액의 액성	염기성	염기성	중성	산성	산성

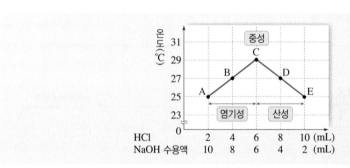

- **해석** 1. **A~E 중 혼합 용액이 완전히 중화된 것은?** ➡ 혼합 용액의 온도가 가장 높은 C에서 완전히 중화되었다.
  ➡ 같은 농도의 묽은 염산과 수산화 나트륨 수용액은 1 : 1의 부피비로 반응한다. 이는 같은 부피의 묽은 염산에 들어 있는 H^+ 수와 수산화 나트륨 수용액에 들어 있는 OH^- 수가 같기 때문이다.

  2. **A, B의 액성이 염기성인 까닭은?** ➡ 같은 농도의 묽은 염산과 수산화 나트륨 수용액은 1 : 1의 부피비로 반응하므로 A와 B에는 반응하지 않은 수산화 이온(OH^-)이 존재하기 때문이다.

  3. **D, E의 액성이 산성인 까닭은?** ➡ 같은 농도의 묽은 염산과 수산화 나트륨 수용액은 1 : 1의 부피비로 반응하므로 D와 E에는 반응하지 않은 수소 이온(H^+)이 존재하기 때문이다.

- **정리**
  - 중화 반응이 가장 많이 일어난 지점에서 혼합 용액의 온도가 가장 높다.
  - 같은 농도의 묽은 염산과 수산화 나트륨 수용액은 1 : 1의 부피비로 반응한다.

확인 문제

1 **탐구 A**에 대한 설명으로 옳은 것은 ○, 옳지 않은 것은 ×로 표시하시오.

(1) 묽은 염산과 수산화 나트륨 수용액을 반응시켰을 때 용액의 온도가 높아진 까닭은 산
의 음이온과 염기의 양이온이 반응했기 때문이다. ·································· (   )
(2) A에는 OH^-이 들어 있다. ·· (   )
(3) 중화 반응으로 생성된 물의 양은 B가 D보다 많다. ···················· (   )
(4) C에는 이온이 존재하지 않는다. ··· (   )
(5) D는 전류가 흐르지 않는다. ··· (   )
(6) E에 수산화 나트륨 수용액을 넣으면 중화 반응이 일어난다. ·············· (   )

2 그림은 온도와 농도가 같은 묽은 염산(HCl)과 수산화 나트륨($NaOH$) 수용액의 부피를 달리하
여 혼합한 후 각 용액의 최고 온도를 측정하여 나타낸 것이다.

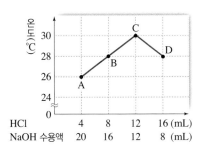

| HCl | 4 | 8 | 12 | 16 (mL) |
| NaOH 수용액 | 20 | 16 | 12 | 8 (mL) |

혼합 용액 A~D의 액성을 각각 쓰시오.

3 같은 농도의 묽은 염산과 수산화 칼륨 수용액을 표와 같이 부피를 달리하여 혼합하였다.

혼합 용액	(가)	(나)	(다)	(라)
묽은 염산의 부피(mL)	10	15	20	25
수산화 칼륨 수용액의 부피(mL)	30	25	20	15

이에 대한 설명으로 옳은 것만을 [보기]에서 있는 대로 고른 것은?

> **• 보기 •**
> ㄱ. (가)에 페놀프탈레인 용액을 떨어뜨리면 붉은색으로 변한다.
> ㄴ. (다)에 들어 있는 K^+과 Cl^-의 수는 같다.
> ㄷ. 중화 반응으로 생성된 물 분자 수는 (나)가 (라)보다 크다.

① ㄱ   ② ㄴ   ③ ㄱ, ㄴ
④ ㄱ, ㄷ   ⑤ ㄴ, ㄷ

중간·기말 고사에 출제될 확률이 높은 문항들로 구성하여, 내신에 완벽 대비할 수 있도록 하였습니다.

A 중화 반응

01 중화 반응에 대한 설명으로 옳지 <u>않은</u> 것은?

① 산과 염기가 만나 물이 생성되는 반응이다.
② H^+과 OH^-이 $1:1$의 개수비로 반응한다.
③ 반응하는 산과 염기의 종류에 관계없이 생성되는 염의 종류는 같다.
④ 중화점은 중화 반응이 완결된 지점이다.
⑤ 지시약의 색 변화로 중화점을 확인할 수 있다.

02 다음은 두 가지 화학 반응식이다.

- $2HCl + Mg(OH)_2 \longrightarrow 2\boxed{\ \ㄱ\ \ } + MgCl_2$
- $HNO_3 + NaOH \longrightarrow \boxed{\ \ㄱ\ \ } + NaNO_3$

ㄱ에 해당하는 물질의 화학식을 쓰시오.

☆중요 03 그림은 일정량의 묽은 황산과 수산화 칼륨 수용액에 들어 있는 이온을 모형으로 나타낸 것이다.

두 수용액을 혼합하였을 때 혼합 용액에 들어 있는 입자를 모형으로 옳게 나타낸 것은?

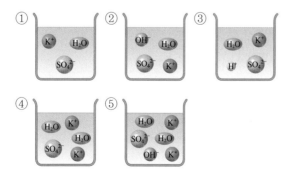

☆중요 04 그림은 일정량의 수용액 (가)와 (나)를 혼합하였을 때 혼합 용액 (다)가 생성되는 반응을 모형으로 나타낸 것이다.

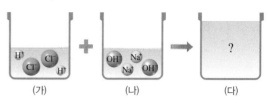

이에 대한 설명으로 옳은 것만을 [보기]에서 있는 대로 고른 것은?(단, 혼합 전 (가)와 (나)의 온도는 같다.)

┌ 보기 ┐
ㄱ. 용액의 최고 온도는 (다)가 (가)보다 높다.
ㄴ. 용액에 들어 있는 Na^+ 수는 (다)가 (나)보다 크다.
ㄷ. (다)에 메틸 오렌지 용액을 떨어뜨리면 붉은색을 띤다.

① ㄱ   ② ㄷ   ③ ㄱ, ㄴ
④ ㄴ, ㄷ   ⑤ ㄱ, ㄴ, ㄷ

[05~06] 그림은 어떤 산 수용액 10 mL와 염기 수용액 10 mL를 혼합하였을 때 혼합 용액에 들어 있는 이온을 모형으로 나타낸 것이다.

05 이 반응에서 사용한 산과 염기를 옳게 짝 지은 것은?

	산	염기
①	염산(HCl)	수산화 나트륨($NaOH$)
②	염산(HCl)	수산화 칼륨(KOH)
③	질산(HNO_3)	수산화 나트륨($NaOH$)
④	질산(HNO_3)	수산화 칼슘($Ca(OH)_2$)
⑤	황산(H_2SO_4)	수산화 나트륨($NaOH$)

06 이 반응에서 사용한 산 수용액과 염기 수용액의 같은 부피에 들어 있는 이온 수비(산 수용액 : 염기 수용액)로 옳은 것은?

① $1:1$ ② $1:2$ ③ $1:3$
④ $2:1$ ⑤ $2:3$

07 그림은 일정량의 수산화 나트륨(NaOH) 수용액이 담긴 비커에 BTB 용액을 떨어뜨린 후 묽은 염산(HCl)을 조금씩 넣을 때 용액의 색이 변하는 모습을 나타낸 것이다.

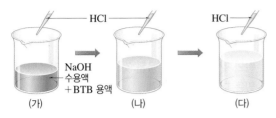

이에 대한 설명으로 옳은 것만을 [보기]에서 있는 대로 고른 것은?

• 보기 •
ㄱ. (가)에서 (다)로 진행될수록 용액의 pH는 점점 커진다.
ㄴ. (나)에 수산화 나트륨 수용액을 넣으면 파란색으로 변한다.
ㄷ. 용액에 들어 있는 Cl^- 수는 (다)가 가장 크다.

① ㄱ   ② ㄴ   ③ ㄱ, ㄷ
④ ㄴ, ㄷ   ⑤ ㄱ, ㄴ, ㄷ

중요
08 그림은 일정량의 묽은 염산에 수산화 나트륨 수용액을 조금씩 넣을 때 용액에 들어 있는 입자를 모형으로 나타낸 것이다.

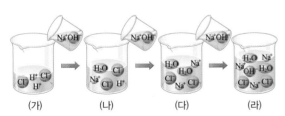

이에 대한 설명으로 옳은 것만을 [보기]에서 있는 대로 고른 것은? (단, 혼합 전 두 수용액의 온도는 같다.)

• 보기 •
ㄱ. (가)와 (나)에 BTB 용액을 넣으면 노란색을 띤다.
ㄴ. 용액의 최고 온도는 (다)가 가장 높다.
ㄷ. (나)와 (라)를 혼합하면 산성 용액이 된다.

① ㄱ   ② ㄷ   ③ ㄱ, ㄴ
④ ㄴ, ㄷ   ⑤ ㄱ, ㄴ, ㄷ

[09~10] 그림은 일정량의 묽은 염산(HCl)에 수산화 칼륨(KOH) 수용액을 조금씩 넣을 때 용액에 들어 있는 이온 수를 나타낸 것이다.(단, 혼합 전 두 수용액의 온도는 같다.)

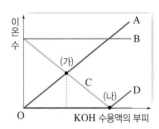

09 A~D에 해당하는 이온을 각각 쓰시오.

10 이에 대한 설명으로 옳은 것만을 [보기]에서 있는 대로 고른 것은?

• 보기 •
ㄱ. (가) 용액에 페놀프탈레인 용액을 떨어뜨리면 붉은색을 띤다.
ㄴ. 용액의 최고 온도는 (나)가 (가)보다 높다.
ㄷ. 용액에 들어 있는 Cl^- 수는 (나)가 (가)보다 크다.

① ㄱ   ② ㄴ   ③ ㄱ, ㄷ
④ ㄴ, ㄷ   ⑤ ㄱ, ㄴ, ㄷ

11 그림은 수산화 칼륨(KOH) 수용액 10 mL에 농도와 온도가 같은 질산(HNO_3)을 넣으면서 혼합 용액의 최고 온도를 측정하여 나타낸 것이다.

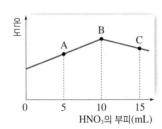

이에 대한 설명으로 옳은 것만을 [보기]에서 있는 대로 고른 것은?

• 보기 •
ㄱ. 용액의 pH는 A가 B보다 크다.
ㄴ. B에 존재하는 이온은 두 종류이다.
ㄷ. A와 C를 혼합하면 물이 생성된다.

① ㄱ   ② ㄷ   ③ ㄱ, ㄴ
④ ㄴ, ㄷ   ⑤ ㄱ, ㄴ, ㄷ

중요
12 그림은 같은 농도의 묽은 염산(HCl)과 수산화 칼륨(KOH) 수용액의 부피를 달리하여 혼합한 후 각 용액의 최고 온도를 측정하여 나타낸 것이다.

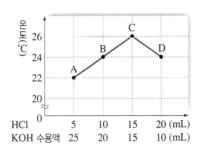

| HCl | 5 | 10 | 15 | 20 (mL) |
| KOH 수용액 | 25 | 20 | 15 | 10 (mL) |

이에 대한 설명으로 옳은 것은? (단, 혼합 전 두 수용액의 온도는 같다.)

① A의 액성은 염기성이다.
② 반응 결과 생성된 물의 양은 B가 D보다 많다.
③ C에서 중화열이 가장 적게 발생한다.
④ D에는 OH^-이 H^+보다 많다.
⑤ D에 메틸 오렌지 용액을 떨어뜨리면 노란색으로 변한다.

13 표는 같은 농도의 묽은 염산과 수산화 나트륨 수용액의 부피를 달리하여 혼합한 후 각 용액의 최고 온도를 측정하여 나타낸 것이다.

혼합 용액	(가)	(나)	(다)	(라)
묽은 염산(mL)	10	20	40	60
수산화 나트륨 수용액(mL)	70	60	40	20
최고 온도(℃)	24	25	27	㉠

이에 대한 설명으로 옳은 것만을 [보기]에서 있는 대로 고른 것은? (단, 혼합 전 두 수용액의 온도는 같다.)

┌─ 보기 ─
ㄱ. OH^-이 가장 많이 들어 있는 용액은 (가)이다.
ㄴ. ㉠은 27보다 크다.
ㄷ. (라)에 마그네슘 조각을 넣으면 기체가 발생한다.
└─

① ㄱ   ② ㄴ   ③ ㄱ, ㄷ
④ ㄴ, ㄷ   ⑤ ㄱ, ㄴ, ㄷ

B 생활 속의 중화 반응

중요
14 다음은 과학 원리가 실생활에 이용되는 예이다.

┌─────────────────────────┐
속이 쓰릴 때 제산제를 먹는다.
└─────────────────────────┘

이와 같은 원리가 적용된 것으로 옳은 것만을 [보기]에서 있는 대로 고른 것은?

┌─ 보기 ─
ㄱ. 도시가스를 연소시켜 난방을 한다.
ㄴ. 산성화된 토양에 석회 가루를 뿌린다.
ㄷ. 충치 예방을 위해 치약으로 양치질을 한다.
└─

① ㄱ   ② ㄷ   ③ ㄱ, ㄴ
④ ㄴ, ㄷ   ⑤ ㄱ, ㄴ, ㄷ

15 다음은 몇 가지 화학 반응에 대한 세 학생의 대화이다.

• 민수 : 묽은 염산에 마그네슘 조각을 넣으면 기체가 발생해.
• 은희 : 생선 비린내를 없애려고 레몬즙을 뿌려.
• 영희 : 공장 배기가스에 포함된 이산화 황을 산화 칼슘으로 제거해.

이에 대한 설명으로 옳은 것만을 [보기]에서 있는 대로 고른 것은?

┌─ 보기 ─
ㄱ. 민수가 말한 반응은 중화 반응이다.
ㄴ. 은희가 말한 반응에서 생선 비린내의 원인인 물질은 염기성 물질이다.
ㄷ. 영희가 말한 반응은 산화 환원 반응이다.
└─

① ㄱ   ② ㄴ   ③ ㄱ, ㄷ
④ ㄴ, ㄷ   ⑤ ㄱ, ㄴ, ㄷ

서술형
16 벌의 침 속에는 산성 물질이 포함되어 있다. 다음 중 벌의 침에 쏘였을 때 붓기를 가라앉히기 위해 바르기에 적당한 물질을 고르고, 그 까닭을 서술하시오.

┌─────────────────────────┐
레몬 즙   소금물   치약
└─────────────────────────┘

01 그림은 수산화 나트륨(NaOH) 수용액 10 mL에 묽은 염산(HCl)을 5 mL씩 넣을 때 각 용액에 들어 있는 이온의 종류와 이온 수비를 나타낸 것이다.

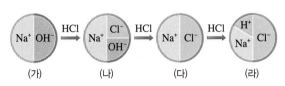

(가) (나) (다) (라)

이에 대한 설명으로 옳은 것만을 [보기]에서 있는 대로 고른 것은?

▶ 보기 ◀
ㄱ. 용액의 pH는 (나)가 (다)보다 크다.
ㄴ. 중화 반응으로 생성된 물 분자 수는 (라)가 (다)보다 크다.
ㄷ. 같은 부피의 수용액에 들어 있는 이온 수는 수산화 나트륨 수용액과 묽은 염산이 같다.

① ㄱ ② ㄴ ③ ㄱ, ㄷ
④ ㄴ, ㄷ ⑤ ㄱ, ㄴ, ㄷ

02 그림은 일정량의 묽은 질산(HNO₃)에 수산화 칼륨(KOH) 수용액을 조금씩 넣을 때 혼합 용액에 존재하는 어떤 이온 X의 수를 나타낸 것이다.

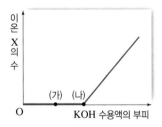

이에 대한 설명으로 옳지 <u>않은</u> 것은? (단, 혼합 전 두 수용액의 온도는 같다.)

① X는 OH⁻이다.
② (가) 용액에 달걀 껍데기를 넣으면 기체가 발생한다.
③ (나) 용액에 BTB 용액을 떨어뜨리면 초록색으로 변한다.
④ 용액의 pH는 (가)가 (나)보다 크다.
⑤ 용액의 최고 온도는 (나)가 (가)보다 높다.

03 그림은 묽은 염산(HCl) 10 mL에 수산화 칼륨(KOH) 수용액을 조금씩 넣을 때 중화 반응으로 생성된 물 분자 수를 나타낸 것이다.

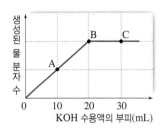

이에 대한 설명으로 옳은 것만을 [보기]에서 있는 대로 고른 것은?

▶ 보기 ◀
ㄱ. A 용액에 마그네슘 조각을 넣으면 수소 기체가 발생한다.
ㄴ. B 용액에 들어 있는 Cl⁻과 K⁺의 수는 같다.
ㄷ. C 용액은 중성 용액이다.

① ㄱ ② ㄷ ③ ㄱ, ㄴ
④ ㄴ, ㄷ ⑤ ㄱ, ㄴ, ㄷ

04 그림은 농도가 다른 묽은 염산(HCl)과 수산화 나트륨(NaOH) 수용액의 부피를 달리하여 혼합한 후 각 용액의 최고 온도를 측정하여 나타낸 것이다.

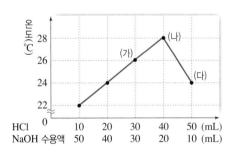

이에 대한 설명으로 옳은 것만을 [보기]에서 있는 대로 고른 것은? (단, 혼합 전 두 수용액의 온도는 같다.)

▶ 보기 ◀
ㄱ. 같은 부피의 수용액에 들어 있는 이온 수는 묽은 염산이 수산화 나트륨 수용액의 2배이다.
ㄴ. (가)에 탄산 칼슘을 넣으면 기체가 발생한다.
ㄷ. 페놀프탈레인 용액을 떨어뜨려도 (나)와 (다)는 모두 색이 변하지 않는다.

① ㄱ ② ㄷ ③ ㄱ, ㄴ
④ ㄴ, ㄷ ⑤ ㄱ, ㄴ, ㄷ

●●○
01 다음은 구리와 관련된 세 가지 반응을 화학 반응식으로 나타낸 것이다.

> (가) $CuO + H_2 \longrightarrow Cu + H_2O$
>
> (나) $2CuO + C \longrightarrow 2Cu + CO_2$
>
> (다) $Cu + 2AgNO_3 \longrightarrow Cu(NO_3)_2 + 2Ag$

이에 대한 설명으로 옳은 것만을 [보기]에서 있는 대로 고른 것은?

> ┌ 보기 ┐
> ㄱ. (가)에서 수소는 산화된다.
> ㄴ. (나)에서 산화 구리(Ⅱ)는 환원된다.
> ㄷ. (다)에서 구리 원자 1개가 반응할 때 이동하는 전자는 1개이다.

① ㄱ   ② ㄷ   ③ ㄱ, ㄴ
④ ㄴ, ㄷ   ⑤ ㄱ, ㄴ, ㄷ

●●●
02 다음은 산화 환원 반응과 관련된 실험이다.

> (가) 질산 은 수용액에 구리줄을 넣었더니 구리줄 표면에 은이 석출되었다.
> (나) 황산 구리(Ⅱ) 수용액에 아연판을 넣었더니 아연판 표면에 구리가 석출되었다.

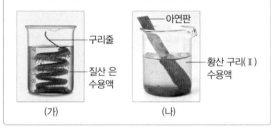

(가)   (나)

이에 대한 설명으로 옳은 것만을 [보기]에서 있는 대로 고른 것은?

> ┌ 보기 ┐
> ㄱ. (가)에서 구리는 전자를 잃는다.
> ㄴ. (나)에서 수용액의 푸른색은 점점 엷어진다.
> ㄷ. (가)와 (나)에서 수용액의 양이온 수는 모두 감소한다.

① ㄱ   ② ㄷ   ③ ㄱ, ㄴ
④ ㄴ, ㄷ   ⑤ ㄱ, ㄴ, ㄷ

●●○
03 그림은 철의 제련 과정에서 일어나는 화학 반응을 나타낸 것이다.

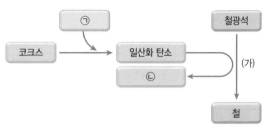

이에 대한 설명으로 옳은 것만을 [보기]에서 있는 대로 고른 것은?

> ┌ 보기 ┐
> ㄱ. ㉠은 탄소이다.
> ㄴ. 분자 1개에 들어 있는 산소 원자는 ㉡이 일산화 탄소보다 많다.
> ㄷ. (가)에서 철광석의 산화 철(Ⅲ)은 환원된다.

① ㄱ   ② ㄴ   ③ ㄱ, ㄷ
④ ㄴ, ㄷ   ⑤ ㄱ, ㄴ, ㄷ

●●○
04 다음은 지구와 생명의 역사를 바꾼 어떤 화학 반응을 화학 반응식으로 나타낸 것이다.

> $6CO_2 + 6H_2O \xrightarrow{\text{빛에너지}} C_6H_{12}O_6 + 6\boxed{\text{(가)}}$

이에 대한 설명으로 옳은 것만을 [보기]에서 있는 대로 고른 것은?

> ┌ 보기 ┐
> ㄱ. 호흡을 나타내는 화학 반응식이다.
> ㄴ. (가)는 오존층을 형성하는 데 사용된다.
> ㄷ. 이산화 탄소는 환원된다.

① ㄱ   ② ㄴ   ③ ㄱ, ㄷ
④ ㄴ, ㄷ   ⑤ ㄱ, ㄴ, ㄷ

05 다음은 세 가지 수용액 A~C를 구별하기 위한 실험이다.

> (가) A~C에 각각 페놀프탈레인 용액을 1방울~
> 2방울 떨어뜨렸더니 A와 B만 붉게 변하였다.
> (나) A~C에 각각 날숨을 불어넣었더니 A만 뿌옇
> 게 흐려졌다.

이에 대한 설명으로 옳은 것만을 [보기]에서 있는 대로
고른 것은? (단, A~C는 각각 묽은 염산, 석회수, 수산
화 나트륨 수용액 중 하나이다.)

> • 보기 •
> ㄱ. C에 달걀 껍데기를 넣으면 이산화 탄소 기체가
> 발생한다.
> ㄴ. A에는 Ca^{2+}이 들어 있다.
> ㄷ. 용액의 pH는 B가 C보다 작다.

① ㄱ   ② ㄷ   ③ ㄱ, ㄴ
④ ㄴ, ㄷ   ⑤ ㄱ, ㄴ, ㄷ

06 그림과 같이 장치한 후 A, B 중 한쪽에는 묽은 염산을,
다른 한쪽에는 수산화 나트륨 수용액을 같은 양씩 떨어
뜨렸더니 한쪽만 붉은색을 띠었다. 이 거름종이에 전류
를 흘려 주었더니 붉은색이 거름종이의 가운데로 이동하
였다.

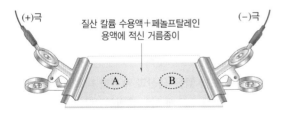

이에 대한 설명으로 옳은 것만을 [보기]에서 있는 대로
고른 것은?

> • 보기 •
> ㄱ. 붉은색을 띠게 하는 것은 OH^-이다.
> ㄴ. A에는 묽은 염산을 떨어뜨렸다.
> ㄷ. 가운데로 이동한 붉은색은 무색으로 변한다.

① ㄱ   ② ㄴ   ③ ㄱ, ㄷ
④ ㄴ, ㄷ   ⑤ ㄱ, ㄴ, ㄷ

07 표는 네 가지 수용액을 이용하여 실험한 결과를 나타낸
것이다.

수용액	A	B	C	D
페놀프탈레인 용액을 떨어뜨림	무색 → 붉은색	변화 없음	변화 없음	㉠
마그네슘 리본을 넣음	㉡	변화 없음	㉢	기체 발생

이에 대한 설명으로 옳은 것은? (단, A~D는 각각 묽은
염산, 아세트산 수용액, 수산화 나트륨 수용액, 염화 나
트륨 수용액 중 하나이고, 혼합 전 네 수용액의 온도는
같다.)

① ㉠은 '무색 → 붉은색'이 적절하다.
② ㉡은 '기체 발생'이 적절하다.
③ ㉢은 '변화 없음'이 적절하다.
④ A와 B를 혼합하면 용액의 온도가 높아진다.
⑤ C와 D에 존재하는 양이온의 종류는 같다.

08 그림은 같은 부피의 용액 (가)와 (나)에 들어 있는 이온을
모형으로 나타낸 것이다.

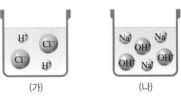

(가)   (나)

(가)와 (나)를 혼합한 용액에 대한 설명으로 옳은 것만을
[보기]에서 있는 대로 고른 것은? (단, 혼합 전 두 수용액
의 온도는 같다.)

> • 보기 •
> ㄱ. 혼합 용액의 pH는 7보다 작다.
> ㄴ. 용액의 최고 온도는 혼합 용액이 (가)보다 높다.
> ㄷ. 용액에 들어 있는 Na^+ 수는 혼합 용액이 (나)보다
> 크다.

① ㄱ   ② ㄴ   ③ ㄱ, ㄷ
④ ㄴ, ㄷ   ⑤ ㄱ, ㄴ, ㄷ

09 그림은 묽은 염산 10 mL에 수산화 나트륨 수용액을 10 mL씩 넣을 때 용액에 존재하는 이온을 모형으로 나타낸 것이다.

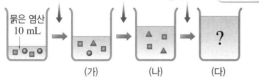

이에 대한 설명으로 옳은 것만을 [보기]에서 있는 대로 고른 것은?

> **보기**
> ㄱ. ●은 H⁺이다.
> ㄴ. 용액의 pH는 (나)가 가장 크다.
> ㄷ. (가)와 (다)를 혼합하면 염기성 용액이 된다.

① ㄱ ② ㄷ ③ ㄱ, ㄴ
④ ㄴ, ㄷ ⑤ ㄱ, ㄴ, ㄷ

10 그림은 같은 농도의 묽은 염산(HCl)과 수산화 칼륨 (KOH) 수용액의 부피를 달리하여 혼합한 후 각 용액의 최고 온도를 측정하여 나타낸 것이다.

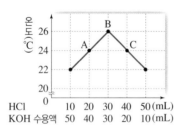

이에 대한 설명으로 옳은 것만을 [보기]에서 있는 대로 고른 것은?(단, 혼합 전 두 수용액의 온도는 같다.)

> **보기**
> ㄱ. 용액의 pH는 A가 C보다 크다.
> ㄴ. B는 전기 전도성이 없다.
> ㄷ. 용액에 들어 있는 K⁺ 수는 C가 B보다 크다.

① ㄱ ② ㄴ ③ ㄱ, ㄷ
④ ㄴ, ㄷ ⑤ ㄱ, ㄴ, ㄷ

서술형 문제

11 다음은 드라이아이스로 만든 통에 마그네슘 가루를 넣고 연소시켰을 때 산화 마그네슘 가루와 탄소 가루가 생성되는 모습과 이때 일어나는 반응을 화학 반응식으로 나타낸 것이다.

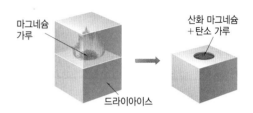

$$2Mg + CO_2 \longrightarrow 2MgO + C$$

산화되는 물질과 환원되는 물질을 각각 쓰고, 그 까닭을 서술하시오.

_____

_____

12 그림과 같이 삼각 플라스크에 묽은 염산 30 mL와 마그네슘 조각을 넣은 다음 입구에 고무풍선을 씌웠다.
잠시 후 고무풍선의 크기는 어떻게 변할지 쓰고, 그 까닭을 서술하시오.

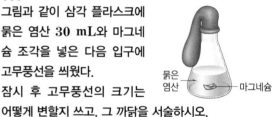

_____

_____

13 같은 농도의 묽은 염산과 수산화 나트륨 수용액을 표와 같이 부피를 다르게 하여 혼합하였다.

혼합 용액	(가)	(나)
묽은 염산(mL)	10	5
수산화 나트륨 수용액(mL)	10	15

(가)와 (나)에서 중화 반응으로 생성된 물의 양을 비교하고, 그 까닭을 서술하시오.

_____

_____

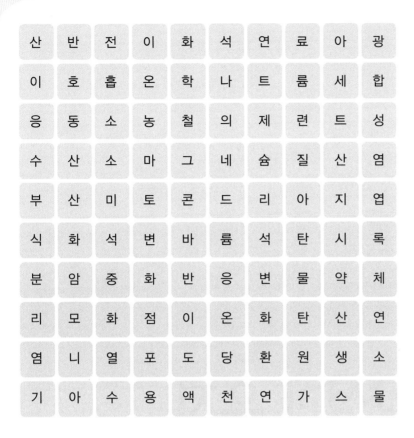

산	반	전	이	화	석	연	료	아	광
이	호	흡	온	학	나	트	륨	세	합
응	동	소	농	철	의	제	련	트	성
수	산	소	마	그	네	슘	질	산	염
부	산	미	토	콘	드	리	아	지	엽
식	화	석	변	바	륨	석	탄	시	록
분	암	중	화	반	응	변	물	약	체
리	모	화	점	이	온	화	탄	산	연
염	니	열	포	도	당	환	원	생	소
기	아	수	용	액	천	연	가	스	물

다음 설명이 뜻하는 용어를 골라 단어 전체에 ◯로 표시하시오.

① 엽록체에서 빛에너지를 이용하여 이산화 탄소와 물로 포도당과 산소를 만드는 반응이다.

② 미토콘드리아에서 포도당과 산소가 반응하여 이산화 탄소와 물이 생성되고, 에너지가 발생하는 반응이다.

③ 지질 시대 생물이 땅속에 묻혀 생성된 것으로, 석탄, 석유, 천연가스 등이 있다.

④ 산화 철(Ⅲ)(Fe_2O_3)에서 산소를 제거하여 순수한 철을 얻는 과정이다.

⑤ 물질이 빛과 열을 내면서 산소와 빠르게 결합하는 반응이다.

⑥ 물질이 산소를 얻거나 전자를 잃는 반응이다.

⑦ 물질이 산소를 잃거나 전자를 얻는 반응이다.

⑧ 물에 녹아 수산화 이온(OH^-)을 내놓는 물질이다.

⑨ 용액의 액성을 구별하기 위해 사용하는 물질로, 액성에 따라 색이 변한다.

⑩ 산과 염기가 반응하여 물이 생성되는 반응이다.

⑪ 중화 반응이 일어날 때 발생하는 열이다.

재미있는 과학 이야기

한지는 중성지라서 오래 보관할 수 있다?

'무구정광대다라니경'은 우리의 전통 한지로 제작된 것으로, 만들어진 지 1000년 이상이 지났지만 보존 상태가 우수하다. 일반 종이는 수명이 100년 정도밖에 되지 않는다고 하는데, 한지는 왜 보존성이 뛰어난 것일까? 이는 한지의 제조 과정 중 '삶기' 과정과 관련이 있다. 일반 종이는 산성을 띠지만, 한지는 '삶기' 과정에서 염기성 물질인 잿물을 첨가하기 때문에 중성을 띠게 되어 보존성이 좋다.

이처럼 종이의 수명은 종이가 산성을 띠는지, 중성을 띠는지에 따라 달라진다. 산성지는 공기 중의 물질과 반응하여 색이 변하고 부스러지기 쉽기 때문에 수명이 길지 않다. 그러나 산성지는 종이가 단단하고 가격이 싼 편이므로 신문지나 복사 용지 등 우리 생활에 많이 이용된다. 한편, 중성지는 보존성이 좋으므로 오래 보관해야 하는 문서에 주로 이용된다.

생물 다양성과 유지

중학교에서 **배운 내용을 확인**하고, 이 단원에서 **학습할 개념**과 **연결**지어 보자.

○ 생물의 진화

(1) ① [   ] : 생물이 오랫동안 환경에 적응하면서 몸의 구조나 특성이 변해가는 현상이다.

(2) 진화설

용불용설	자주 사용하는 기관은 발달하고, 사용하지 않는 기관은 퇴화하여 다음 세대에 전해지는 과정이 반복됨으로써 진화가 일어난다.
자연 선택설	환경에 적응하기 유리한 형질을 가진 개체가 생존 경쟁에서 더 많이 살아남아 자손을 남기는 과정이 반복되어 진화가 일어난다.
돌연변이설	조상에 없던 형질이 갑자기 출현하는 ② [ ]에 의해 진화가 일어난다.
격리설	지리적 격리나 생식적 격리에 의해 서로 다른 생물로 진화가 일어난다.

(3) 오늘날의 진화 이론 : 자연 선택, 돌연변이, 격리 등을 종합하여 진화의 원리를 설명하며, 진화를 한 개체의 변화가 아니라 개체가 속한 ③ [   ] 전체의 변화로 설명한다.

① 한 종의 토끼가 살고 있었다.

② 환경 변화로 토끼는 두 무리로 나뉘어졌다.

③ 두 무리에 각각 돌연변이가 나타났다.

④ 여러 개체 중 환경에 유리한 형질을 가진 개체가 자연 선택되었다.

⑤ 두 무리가 다시 합쳐졌지만 이미 서로 다른 종이 되었다.

[정답] ① 진화 ② 돌연변이
③ 집단

지질 시대의 환경과 생물

핵심 짚기
○ 지질 시대의 구분
○ 지질 시대의 환경과 생물의 변화
○ 지질 시대의 환경 해석
○ 대멸종과 생물 다양성

A 화석과 지질 시대

1 화석 지질 시대에 살았던 생물의 유해나 흔적이 지층 속에 남아 있는 것[1]
① 화석의 예 : 뼈, 알, 발자국, 배설물, 기어간 흔적, 빙하나 호박 속에 갇힌 생물 등
② 화석의 이용 : 지질 시대 구분, 지질 시대의 환경과 생물 해석(지층이 생성된 시대와 환경, 수륙 분포 변화, 육지와 바다 환경, 지층의 융기, 생물의 구조와 모습, 생물의 진화 과정 등)

2 지질 시대 약 46억 년 전 지구가 탄생한 후부터 현재까지의 기간

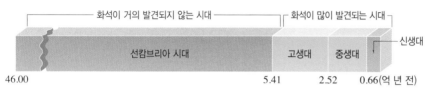

① 지질 시대의 구분 기준 : 지구 환경 변화로 인한 생물의 급격한 변화(화석의 변화)[2]
② 지질 시대의 구분 : 선캄브리아 시대, 고생대, 중생대, 신생대로 구분 ➡ 선캄브리아 시대의 화석은 거의 발견되지 않으며, 화석이 많이 발견되는 시대는 생물의 변화를 기준으로 고생대, 중생대, 신생대로 구분한다.[3]
③ 선캄브리아 시대가 지질 시대의 대부분을 차지한다.
④ 지층에서 발견된 화석으로 지질 시대 구분하기

▲ 지질 시대의 상대적 길이

지층 경계	생물계의 변화
(가)와 (나)	b 출현
(나)와 (다)	c 출현
(다)와 (라)	b, f 멸종, d, g 출현
(라)와 (마)	a, d 멸종

생물계의 변화가 가장 크게 나타나는 지층 (다)와 (라)의 경계를 기준으로 지질 시대를 구분할 수 있다.

▲ 지층 (가)~(마)에서 산출된 화석(단, 지층은 역전되지 않았다고 가정한다.)

3 화석으로 지질 시대의 환경을 알아내는 방법

① 과거 지층이 생성된 시대와 환경 : 표준 화석과 시상 화석을 이용하여 알 수 있다.

표준 화석	구분	시상 화석
지층의 생성 시대를 알려주는 화석	정의	지층의 생성 환경을 알려주는 화석
생존 기간이 짧고, 넓은 면적에 분포	조건[4]	생존 기간이 길고, 좁은 면적에 분포
고생대: 삼엽충, 갑주어, 방추충 중생대: 암모나이트, 공룡 신생대: 화폐석, 매머드	예	• 고사리 : 따뜻하고 습한 육지 • 산호 : 따뜻하고 수심이 얕은 바다 • 조개 : 얕은 바다나 갯벌 • 참나무 : 온대 또는 열대 지역 (고사리, 산호, 조개, 참나무 잎)

② 과거의 수륙 분포 변화 : 멀리 떨어져 있는 대륙에서 발견되는 화석을 비교하여 알 수 있다. ^❺

③ 과거 육지와 바다 환경 : 화석으로 발견된 생물의 서식 환경으로 알 수 있다.

• 공룡, 매머드, 고사리 화석 등 발견 ➡ 과거 육지 환경

• 삼엽충, 갑주어, 방추충, 암모나이트, 화폐석, 산호 화석 등 발견 ➡ 과거 바다 환경

④ 지층의 *융기 : 바다에 살았던 생물의 화석이 육지에서 발견되면 화석이 발견된 지층은 바다 밑에서 만들어진 이후 수면 위로 융기했다는 것을 알 수 있다.

　예 강원도 태백 산지의 고생대 지층에서 발견되는 삼엽충 화석, 히말라야산맥에서 발견되는 암모나이트 화석^❻

⑤ 지층에서 발견된 화석으로 지층이 퇴적될 당시의 환경 알아내기

지층	화석	과거의 환경
A	공룡	중생대 육지
B	고사리	따뜻하고 습한 육지
C	삼엽충	고생대 바다
D	산호	따뜻하고 얕은 바다

환경 변화 : 이 지역은 지층 C와 D가 생성될 때 바다였다가 융기하여 지층 B가 생성될 때 육지가 되었으며, 지층 A도 육지 환경에서 생성되었다.

▲ 지층 A~D에서 발견된 화석(단, 지층은 역전되지 않았다고 가정한다.)

❺ 과거 대륙이 이동한 증거

글로소프테리스 화석

식물인 글로소프테리스의 화석이 여러 대륙에서 발견된 것으로 보아 과거 하나였던 대륙이 분리되어 현재의 위치로 이동하였음을 알 수 있다.

❻ 그 밖에 화석으로 알 수 있는 것 - 생물의 진화 과정

나중에 생성된 지층일수록 진화된 생물의 화석이 발견된다.

개념 쏙쏙

정답과 해설 51쪽

1 지질 시대는 지구 환경 변화로 인한 생물의 급격한 변화, 즉 (　　　　)의 변화로 구분한다.

2 그림은 지질 시대를 상대적 길이에 따라 구분하여 나타낸 것이다. A~D에 알맞은 지질 시대를 각각 쓰시오.

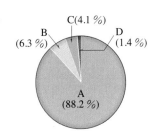

C(4.1 %)
B (6.3 %)
D (1.4 %)
A (88.2 %)

3 표준 화석으로 적합한 것은 '표', 시상 화석으로 적합한 것은 '시' 라고 쓰시오.

(1) 특정 시대를 살았던 생물의 화석 ·· (　　　)

(2) 생존 기간이 길고 분포 면적이 좁은 생물의 화석 ················ (　　　)

(3) 고사리 화석, 산호 화석, 조개 화석 ··· (　　　)

(4) 지질 시대를 구분하는 데 이용할 수 있는 화석 ··················· (　　　)

(5) 삼엽충 화석, 암모나이트 화석, 매머드 화석 ······················· (　　　)

4 과거 지층이 만들어질 당시에 육지 환경이었음을 알려주는 화석을 [보기]에서 있는 대로 고르시오.

・보기・

ㄱ. 공룡　　　　　　ㄴ. 산호　　　　　　ㄷ. 고사리

ㄹ. 매머드　　　　　ㅁ. 삼엽충　　　　　ㅂ. 암모나이트

암기 꼭!

지질 시대의 표준 화석

고3(**삼**)이 가방(**갑방**)을
생　엽　　　주　충
대　충　　　어　충
메고 다닌다.

중학생이 **암**석을 **공**부한다.
생　　　　모　　　룡
대　　　　나
　　　　　이
　　　　　트

신입생이 **화**장품 **매**장에 들어간다.
생　　　　폐　　　머
대　　　　석　　　드

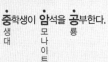

01 지질 시대의 환경과 생물

B 지질 시대의 환경과 생물

선캄브리아 시대

고생대

중생대

신생대

1 선캄브리아 시대

환경	• 기후 : 전반적으로 온난하였고, 말기에 빙하기가 있었을 것으로 추정된다. • 수륙 분포 : 지각 변동을 많이 받았고, 발견되는 화석이 매우 적어 정확히 알기 어렵다.
생물	• 화석이 드물게 발견된다. • 바다에서 최초의 생명체가 출현하였다. ➡ 생물에 유해한 자외선이 바다 속에는 닿지 않았기 때문 • 광합성을 하는 남세균(사이아노박테리아)의 출현으로 바다와 대기의 산소량 증가 • 단세포 생물과 원시 해조류 출현, 후기에 최초의 다세포 생물 출현 • 스트로마톨라이트 형성❶, 에디아카라 동물군(다세포 생물 화석군) 형성❷

2 고생대

환경	• 기후 : 대체로 온난하였고, 말기에 빙하기가 있었다. • 수륙 분포 : 말기에 모든 대륙이 모여 초대륙인 *판게아를 형성하였다.

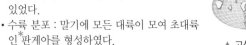
▲ 고생대 중기　　판게아　▲ 고생대 말기

생물	• 초기에 생물의 수 급격히 증가 • 육상 생물 출현 ➡ 대기 중의 산소 농도 증가로 오존층이 두꺼워져 지표에 도달하는 자외선을 차단하였기 때문❸ • 말기에 생물의 대멸종 ➡ 판게아 형성, 빙하기 등이 원인으로 추정 • 바다 : 무척추동물(삼엽충, 방추충, 완족류 등), 어류(갑주어 등) 번성 • 육지 : 양서류, 곤충류, *양치식물(고사리 등) 번성, 파충류, 겉씨식물 출현 • 양치식물이 대량으로 묻혀 석탄층 형성

3 중생대

환경	• 기후 : 빙하기 없이 전반적으로 온난하였다. ➡ 화산 활동 등으로 대기 중 온실 기체의 양이 증가했기 때문 • 수륙 분포 : 판게아가 분리되면서 대서양과 인도양이 형성되기 시작하였다. 전 세계적으로 지각 변동이 활발하였고, 로키산맥과 안데스산맥이 형성되었다.

대서양　인도　인도양　▲ 중생대 중기

생물	• 파충류의 시대 • 말기에 생물의 대멸종 ➡ 운석 충돌, 화산 폭발 등이 원인으로 추정 • 바다 : 암모나이트 번성 • 육지 : 파충류(공룡 등), 겉씨식물(소철, 은행나무, 잣나무 등) 번성, 시조새, 작은 크기의 포유류, 속씨식물 출현

4 신생대

환경	• 기후 : 전기에는 대체로 온난하였지만, 후기에 빙하기와 *간빙기가 반복되었다. • 수륙 분포 : 대서양과 인도양이 점점 넓어지고, 태평양이 좁아졌다. 알프스산맥과 히말라야산맥이 형성되었다. ➡ 현재와 비슷한 수륙 분포가 형성되었다.

유라시아　인도　대서양　인도양　▲ 신생대 말기

생물	• 포유류의 시대 • 넓은 초원이 형성되어 초식 동물이 진화 • 바다 : 화폐석 번성 • 육지 : 포유류(매머드 등), 조류, 속씨식물(단풍나무, 참나무 등) 번성❹, 최초의 인류 출현

Plus 강의

❶ 스트로마톨라이트

가장 오래된 생물의 흔적으로, 남세균이 여러 겹으로 쌓여 만들어진 퇴적 구조이다. 세계적으로 여러 곳에 나타나며, 우리나라에서도 산출된다.

❷ 에디아카라 동물군

오스트레일리아의 에디아카라 언덕에서 발견된 해파리, 해면 등 다세포 생물의 화석군이다.

❸ 지구 대기 중 산소 농도 변화와 생물 종의 수 변화

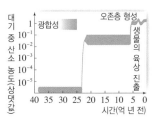

생물의 광합성으로 대기 중 산소 농도 증가 → 오존층 형성 → 생물의 육상 진출 가능 → 생물종의 수 급증

❹ 생물의 진화 과정

▶ 동물의 진화 과정

> 무척추동물 → 어류 → 양서류 → 파충류 → 조류와 포유류

▶ 식물의 진화 과정

> 해조류 → 양치식물 → 겉씨식물 → 속씨식물

🔍 용어 돋보기

* 판게아(Pangaea)_고생대 말에 대륙들이 하나로 뭉쳐 이루어진 거대한 대륙
* 양치식물(羊 양, 齒 이빨, 植物 식물)_꽃이 피지 않는 식물로, 양의 이빨을 닮아 양치식물이라고 하며, 씨가 없이 포자로 번식함
* 간빙기(間 사이, 氷期 빙하기)_빙하기와 빙하기 사이의 따뜻한 기간

C 대멸종과 생물 다양성

1 대멸종 지구상에서 많은 생물이 한꺼번에 멸종하는 것

① 대멸종의 원인 : 지구 환경의 급격한 변화 ➡ 대륙 이동에 따른 수륙 분포 및 해수면 변화,⑤* 운석 충돌에 따른 먼지 구름 확산으로 광합성 차단, 화산 폭발에 따른 온실 기체 증가와 화산재의 태양빛 차단, 대기와 해양에 산소량 급감 등 복합적으로 작용

▲ 판게아 형성

▲ 운석 충돌

▲ 화산 폭발

☆② 지질 시대 생물의 수 변화

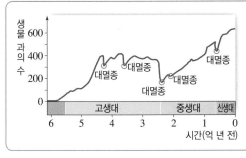

1. **생물의 수 급증 시기** : 고생대 초
2. **대멸종이 일어난 횟수** : 5회
3. **대멸종의 원인**
   - 고생대 말 : 판게아 형성, 빙하기 등의 복합적인 원인으로 추정 ➡ 삼엽충 등 멸종 (지질 시대 동안 가장 큰 규모의 멸종)
   - 중생대 말 : 운석 충돌이 주요 원인으로 추정 ➡ 공룡, 암모나이트 등 멸종

2 생물 다양성 급격하게 변한 지구 환경에 적응하지 못한 생물은 멸종하지만, 새로운 환경에 적응한 생물은 다양한 종으로 진화하여 생물 다양성이 증가하는 계기가 된다.
예 공룡이 멸종한 지구상에서 포유류가 번성하였다.

⑤ **대륙의 이동에 따른 환경 변화**

▶ **대륙이 합쳐질 때** : 해안선의 길이 감소 →대륙붕의 면적 감소로 생물의 서식지 감소, 해류의 단순화로 기후대 단순해짐 ➡ 생물종의 수 감소

▶ **대륙이 분리될 때** : 해안선의 길이 증가 → 대륙붕의 면적 증가로 생물의 서식지 증가, 해류의 복잡화로 기후대 복잡해짐 ➡ 생물종의 수 증가

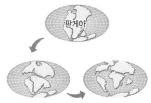
판게아

▲ 중생대 동안 대륙의 분리 과정

🔍 **용어 돋보기**

* **대륙붕** _ 대륙 가장자리에 이어지는 수심 200 m 미만의 해저 지형
* **운석(隕 떨어지다, 石 돌)** _우주 공간에서 떠돌던 유성체(혜성이나 소행성이 남긴 파편)가 지구 대기로 진입할 때 다 타지 않고 지표로 떨어진 암석

개념 쏙쏙

○ 정답과 해설 51쪽

5 그림 (가)~(다)는 서로 다른 지질 시대의 수륙 분포를 나타낸 것이다. 각 수륙 분포가 나타났던 지질 시대의 이름을 쓰고, 수륙 분포가 변화한 순서대로 나열하시오.

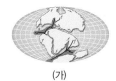
(가)

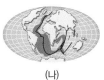
(나)

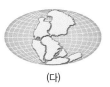
(다)

6 지질 시대와 생물의 특징을 옳게 연결하시오.

(1) 고생대 • • ㉠ 포유류, 속씨식물 번성
(2) 신생대 • • ㉡ 파충류, 겉씨식물 번성
(3) 중생대 • • ㉢ 무척추동물, 양치식물 번성
(4) 선캄브리아 시대 • • ㉣ 최초의 다세포 생물 출현

7 다음은 대멸종과 생물 다양성에 대한 설명이다. ( ) 안에서 알맞은 말을 고르시오.

(1) 지질 시대 동안 가장 큰 규모의 멸종은 (고생대, 중생대)에 일어났다.
(2) 급격하게 변한 지구 환경에 적응한 생물은 진화하여 생물 다양성이 (감소, 증가) 하는 계기가 된다.

암기 꼭!

지질 시대의 생물
- 선캄브리아 시대 : 남세균 출현
- 고생대 : 삼엽충, 양치식물 번성, 육상 생물 출현, 말기에 생물의 대멸종
- 중생대 : 공룡, 암모나이트, 겉씨식물 번성
- 신생대 : 화폐석, 매머드, 속씨식물 번성, 최초의 인류 출현

A 화석과 지질 시대

중요
01 화석과 지질 시대에 대한 설명으로 옳지 <u>않은</u> 것은?

① 호박 속에 갇힌 생물도 화석이 될 수 있다.
② 화석을 통해 과거 대륙의 이동을 알 수 있다.
③ 생명체가 처음 등장한 이후의 역사를 지질 시대라고 한다.
④ 지질 시대 중 선캄브리아 시대의 길이가 상대적으로 가장 길다.
⑤ 지층이 생성된 시대를 알려주는 화석은 표준 화석이다.

02 지질 시대를 구분하는 기준으로 가장 적절한 것은?

① 해수면의 변화
② 퇴적물 종류의 변화
③ 생물의 급격한 변화
④ 지구 대기의 성분 변화
⑤ 해양에 용해된 산소량의 변화

[03~04] 그림은 지질 시대의 상대적 길이를 나타낸 것이다.

	A	B	C	D
46.00		5.41	2.52	0.66 (억 년 전)

03 B~D에 해당하는 지질 시대를 옳게 짝 지은 것은?

	B	C	D
①	고생대	신생대	중생대
②	고생대	중생대	신생대
③	신생대	중생대	고생대
④	중생대	고생대	신생대
⑤	중생대	신생대	고생대

04 A~D 시대에 대한 설명으로 옳은 것만을 [보기]에서 있는 대로 고른 것은?

• 보기 •
ㄱ. A 시대의 화석이 가장 많이 발견된다.
ㄴ. 갑주어는 B 시대에 살았던 생물이다.
ㄷ. C 시대는 D 시대보다 지속 기간이 길다.

① ㄱ
② ㄷ
③ ㄱ, ㄴ
④ ㄴ, ㄷ
⑤ ㄱ, ㄴ, ㄷ

서술형
05 선캄브리아 시대의 화석이 거의 발견되지 않는 까닭을 세 가지만 서술하시오.

_____

_____

06 화석을 통해 알 수 있는 사실이 <u>아닌</u> 것은?

① 지층의 융기
② 수륙 분포 변화
③ 생물의 진화 과정
④ 과거의 지진 활동
⑤ 지층의 생성 환경

07 그림은 화석의 분포 면적과 생존 기간을 나타낸 것이다.

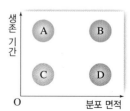

A~D 중 시상 화석과 표준 화석으로 가장 적합한 조건을 순서대로 옳게 나열한 것은?

① A, C
② A, D
③ B, C
④ C, B
⑤ D, A

08 그림 (가)~(다)는 고생물의 화석을 나타낸 것이다.

(가) 암모나이트   (나) 고사리   (다) 삼엽충

이에 대한 설명으로 옳은 것만을 [보기]에서 있는 대로 고른 것은?

• 보기 •
ㄱ. (가)는 중생대에 번성했던 생물이다.
ㄴ. (나)가 퇴적될 당시 환경은 따뜻한 바다였다.
ㄷ. (가)~(다) 모두 표준 화석으로 유용하다.

① ㄱ   ② ㄷ   ③ ㄱ, ㄴ
④ ㄴ, ㄷ   ⑤ ㄱ, ㄴ, ㄷ

09 그림은 어느 지역의 지질 단면과 산출되는 화석을 나타낸 것이다.

▨ 사암
▨ 셰일

이에 대한 설명으로 옳은 것만을 [보기]에서 있는 대로 고른 것은? (단, 지층은 역전되지 않았다.)

• 보기 •
ㄱ. 셰일층이 사암층보다 먼저 퇴적되었다.
ㄴ. 이 지역은 육지 환경에서 바다 환경으로 바뀌었다.
ㄷ. 이 지역에서는 중생대 지층이 나타나지 않는다.

① ㄱ   ② ㄴ   ③ ㄱ, ㄷ
④ ㄴ, ㄷ   ⑤ ㄱ, ㄴ, ㄷ

B 지질 시대의 환경과 생물

10 다음 설명에 해당하는 화석은?

• 가장 오래된 생물의 흔적이다.
• 남세균(사이아노박테리아)이 여러 겹으로 쌓여 만들어진 퇴적 구조이다.

① 갑주어   ② 삼엽충   ③ 화폐석
④ 암모나이트   ⑤ 스트로마톨라이트

11 다음 [보기]의 생물을 지구에 번성한 순서대로 옳게 나열한 것은?

• 보기 •
ㄱ. 양서류   ㄴ. 파충류
ㄷ. 포유류   ㄹ. 에디아카라 동물군

① ㄱ → ㄴ → ㄷ → ㄹ   ② ㄱ → ㄹ → ㄴ → ㄷ
③ ㄹ → ㄱ → ㄴ → ㄷ   ④ ㄹ → ㄴ → ㄱ → ㄷ
⑤ ㄹ → ㄷ → ㄱ → ㄴ

12 그림은 지질 시대에 따른 평균 기온과 강수량의 변화 및 생물계의 번성을 나타낸 것이다.

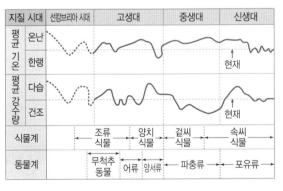

이에 대한 설명으로 옳은 것만을 [보기]에서 있는 대로 고른 것은?

• 보기 •
ㄱ. 고생대 말에 빙하기가 있었다.
ㄴ. 중생대의 기후는 대체적으로 온난 건조하였다.
ㄷ. 지질 시대의 구분은 식물계보다는 동물계의 변화를 기준으로 한다.

① ㄱ   ② ㄷ   ③ ㄱ, ㄴ
④ ㄴ, ㄷ   ⑤ ㄱ, ㄴ, ㄷ

13 그림 (가)~(다)는 서로 다른 지질 시대의 수륙 분포를 나타낸 것이다.

(가)　　　　　(나)　　　　　(다)

각 지질 시대에 번성했던 생물의 화석을 [보기]에서 골라 옳게 짝 지은 것은?

┌─ 보기 ─────────────────────┐
ㄱ. 삼엽충　　ㄴ. 암모나이트　　ㄷ. 화폐석

ㄹ. 매머드　　ㅁ. 공룡

└──────────────────────────┘

	(가)	(나)	(다)		(가)	(나)	(다)
①	ㄱ	ㄴ	ㄷ	②	ㄱ	ㄷ	ㅁ
③	ㄷ	ㅁ	ㄹ	④	ㄷ	ㄱ	ㅁ
⑤	ㅁ	ㄹ	ㄴ				

14 그림 (가)~(다)는 지질 시대의 환경과 생물을 복원한 모식도를 순서 없이 나타낸 것이다. (중요)

(가)　　　　　(나)　　　　　(다)

이에 대한 설명으로 옳은 것만을 [보기]에서 있는 대로 고른 것은?

┌─ 보기 ─────────────────────┐
ㄱ. (가) 시대에는 오존층이 없었다.
ㄴ. (나) 시대의 생물들은 바다 속에서만 살았다.
ㄷ. (다) 시대에는 파충류가 번성하였다.
ㄹ. 지질 시대의 순서는 (나) → (다) → (가)이다.
└──────────────────────────┘

① ㄱ, ㄴ　　② ㄱ, ㄹ　　③ ㄴ, ㄷ
④ ㄴ, ㄹ　　⑤ ㄷ, ㄹ

15 (서술형) 그림은 어느 영화에서 주인공이 타임머신을 타고 과거로 가서 바라본 장면이다.

위의 장면에 나타난 과학적 오류를 근거를 제시하여 서술하시오.

_____

_____

C 대멸종과 생물 다양성

[16~17] 그림은 지질 시대 생물 과의 수 변화를 나타낸 것이다.

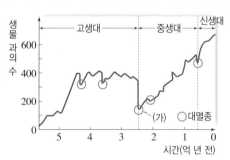

16 (가) 시기의 대멸종에 대한 설명으로 옳은 것만을 [보기]에서 있는 대로 고른 것은? (중요)

┌─ 보기 ─────────────────────┐
ㄱ. 운석 충돌이 주요 원인으로 추정된다.
ㄴ. 암모나이트와 공룡이 멸종하였다.
ㄷ. 5번의 대멸종 중 멸종의 규모가 가장 컸다.
└──────────────────────────┘

① ㄱ　　② ㄷ　　③ ㄱ, ㄴ
④ ㄴ, ㄷ　　⑤ ㄱ, ㄴ, ㄷ

17 이에 대한 설명으로 옳은 것만을 [보기]에서 있는 대로 고른 것은?

┌─ 보기 ─────────────────────┐
ㄱ. 대멸종 후 생물 과의 수는 점점 감소한다.
ㄴ. 대멸종은 생물 다양성이 증가하는 계기가 된다.
ㄷ. 생물 다양성이 가장 높은 시기는 중생대이다.
└──────────────────────────┘

① ㄴ　　② ㄷ　　③ ㄱ, ㄴ
④ ㄴ, ㄷ　　⑤ ㄱ, ㄴ, ㄷ

01 그림은 어느 지역의 지층 A~F에서 산출된 화석 a~e의 분포를 나타낸 것이다.

지층＼화석	a	b	c	d	e
F					
E					
D					
C					
B					
A					

이에 대한 설명으로 옳은 것만을 [보기]에서 있는 대로 고른 것은? (단, 지층은 역전되지 않았다.)

┌─ 보기 ─────────────────────────┐
ㄱ. 지층 A~F를 두 지질 시대로 구분한다면 경계로 가장 적당한 곳은 지층 C와 D 사이이다.
ㄴ. a~e 중 표준 화석으로 가장 적당한 것은 d이다.
ㄷ. 지층 A~F의 퇴적 시기는 시간적으로 연속적인 관계에 있다.
└────────────────────────────────┘

① ㄱ　　　　② ㄴ　　　　③ ㄷ
④ ㄱ, ㄴ　　⑤ ㄱ, ㄷ

02 그림은 지질 시대 동안 지구 대기 중 산소 농도 변화를 나타낸 것이다.

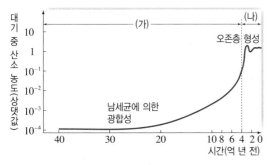

이에 대한 설명으로 옳은 것만을 [보기]에서 있는 대로 고른 것은?

┌─ 보기 ─────────────────────────┐
ㄱ. 생물의 광합성으로 대기 중 산소 농도는 점점 증가하였다.
ㄴ. 지표에 도달하는 자외선의 양은 (나) 시기보다 (가) 시기에 많았다.
ㄷ. 육상 생물은 (나) 시기에 출현하였다.
└────────────────────────────────┘

① ㄱ　　　　② ㄴ　　　　③ ㄱ, ㄷ
④ ㄴ, ㄷ　　⑤ ㄱ, ㄴ, ㄷ

03 그림은 고생대에서 신생대까지 대륙 빙하의 분포 범위와 기후 변화를 나타낸 것이다.

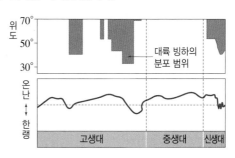

이에 대한 설명으로 옳은 것만을 [보기]에서 있는 대로 고른 것은?

┌─ 보기 ─────────────────────────┐
ㄱ. 고생대에는 빙하기가 있었다.
ㄴ. 중생대에는 기후가 온난하였다.
ㄷ. 신생대에는 중생대 후기보다 대체로 평균 해수면이 높았을 것이다.
└────────────────────────────────┘

① ㄱ　　　　② ㄷ　　　　③ ㄱ, ㄴ
④ ㄴ, ㄷ　　⑤ ㄱ, ㄴ, ㄷ

04 그림은 고생대에서 신생대까지 해양 생물 과의 수 변화와 대륙 이동의 과정을 나타낸 것이다.

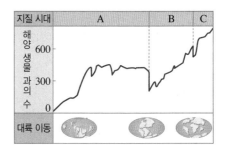

이에 대한 설명으로 옳은 것만을 [보기]에서 있는 대로 고른 것은?

┌─ 보기 ─────────────────────────┐
ㄱ. A~C 시대 동안 대멸종은 2번 일어났다.
ㄴ. B 시대 말기에 해양 생물이 급격히 감소한 주요 원인은 판게아의 형성이다.
ㄷ. B 시대 동안 대륙붕의 면적은 증가하였다.
ㄹ. C 시대에 해양 생물 과의 수가 가장 많았다.
└────────────────────────────────┘

① ㄱ, ㄴ　　② ㄱ, ㄷ　　③ ㄷ, ㄹ
④ ㄱ, ㄴ, ㄹ　⑤ ㄴ, ㄷ, ㄹ

자연 선택과 생물의 진화

핵심 짚기 ☐ 유전적 변이가 나타나는 원인   ☐ 자연 선택설
              ☐ 핀치 부리의 자연 선택   ☐ 항생제 내성 세균의 자연 선택

A 진화와 변이

1 진화 생물이 오랫동안 여러 세대를 거치면서 환경에 적응하여 변화하는 현상이다.[1]
➡ 진화에 의해 지구의 생물종이 다양해졌다.

2 변이 같은*종의 개체 사이에서 나타나는 형태, 습성 등의 형질 차이이며, 유전적 변이와
비유전적 변이로 구분한다.

① 변이의 구분

유전적 변이	• 개체가 가진 유전자의 차이로 나타난다. ➡ 형질이 자손에게 유전되며, 진화의 원동력이 된다.[2] • 일반적으로 말하는 변이는 유전적 변이이다. 예 • 앵무의 깃털 색이 다양하다. 　　• 유럽정원달팽이의 껍데기는 무늬, 색, 나선 방향 등이 다양하다.
비유전적 변이	환경의 영향으로 나타난다. ➡ 형질이 자손에게 유전되지 않는다. 예 • 훈련으로 팔 근육을 단련하여 팔이 굵어졌다. 　　• 카렌족 여인들은 어릴 때부터 목에 황동 목걸이를 걸고 생활하여 목이 길 어졌다.

② **유전적 변이의 원인** : 유전적 변이는 오랫동안 축적된 돌연변이와 생식세포의 다양
한 조합에 의해 발생한다.

돌연변이	돌연변이는 DNA의 유전 정보에 변화가 생겨 부모에게 없던 형질이 자손에게 나타나는 것이다. ➡ 돌연변이로 만들어진 새로운 유전자는 자손에게 유전된다. 예 붉은색 딱정벌레 무리의 자손 중에 초록색 딱정벌레가 나타났다.
생식세포의 다양한 조합	유성 생식 과정에서 수정이 일어날 때 생식세포의 다양한 조합으로 부모의 유전 자가 다양하게 조합되어 자손에게 전달된다. 예 흰색 털을 가진 개와 갈색 털을 가진 개가 교배하여 얼룩무늬 털을 가진 강아 지를 낳았다.

B 다윈의 자연 선택설

1 자연 선택설 다윈의 진화론으로, 다양한 변이를 가진 개체 중에서 환경에 잘 적응한
개체가 자연 선택되는 과정이 반복되어 생물이 진화한다는 학설이다.[3][4]

① 자연 선택설에 의한 진화 과정

> 과잉 생산과 변이 → 생존 경쟁 → 자연 선택 → 진화

과잉 생산과 변이	• 과잉 생산 : 생물은 먹이나 생활 공간 등 주어진 환경에서 살아남을 수 있는 것 보다 많은 수의 자손을 낳는다. • 과잉 생산된 같은 종의 개체들 사이에는 형태, 습성, 기능 등 형질이 조금씩 다 른 변이가 나타난다.
생존 경쟁	개체 사이에는 먹이, 서식지, 배우자 등을 두고 생존 경쟁이 일어난다.
자연 선택	생존 경쟁에서 환경에 적응하기 유리한 변이를 가진 개체가 더 많이 살아남아 자손을 남긴다. ➡ 생존 경쟁에서 살아남은 개체는 자신의 유전자를 자손에게 물려주게 된다.
진화	이러한 자연 선택 과정이 오랫동안 누적되어 생물의 진화가 일어난다.

Plus 강의

❶ 지구 환경의 변화와 생물의 진화
수십억 년의 지질 시대를 거치면서 지구
환경은 끊임없이 변화하였고, 생물도 환
경 변화에 적응하면서 지속적으로 변화
하였다. 그 결과 과거에 살았던 생물이
멸종하거나 과거에 없었던 새로운 생물
이 나타나기도 하면서 진화가 일어났다.

❷ 변이가 나타나는 과정
개체가 가진 유전자에 차이가 있어 합
성되는 단백질의 종류와 양이 달라지고,
그에 따라 형질의 차이인 변이가 나타
난다.

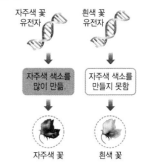

❸ 다윈(Darwin, C. R.)
영국의 생물학자로, 비글호를 타고 세계
여행을 하면서 다양한 환경에서 살아가
는 생물을 관찰하여 1859년 「종의 기원」
이라는 저서를 출간하였다. 이 책에서 다
윈은 자연 선택을 바탕으로 하는 진화론
을 발표하였다.

**❹ 진화에 관한 가설-라마르크의 용불
용설**
• **의미** : 많이 사용하는 기관은 발달하여
다음 세대에 전해지지만, 사용하지 않는
기관은 퇴화한다.
• **예시** : 기린은 높은 곳에 있는 나뭇잎을
먹기 위해 목을 계속 사용한 결과 현재와
같이 목이 길어졌다.
• **한계점** : 후천적으로 얻은 형질은 유전
되지 않는다.
• **의의** : 환경에 의해 생물이 변할 수 있다는
진화론의 핵심을 도출하였다.

Q 용어 돋보기
* **종(種 씨)**_생물학적 종은 자연적으로
교배하여 생식 능력이 있는 자손을 낳을
수 있는 집단을 말함

② 자연 선택설로 설명한 기린의 진화

많은 수의 기린이 태어났고, 기린의 목 길이는 다양하였다.

목이 짧은 기린은 생존에 불리하여 대부분 죽었고, 목이 긴 기린이 살아남았다.

살아남은 목이 긴 기린이 자손을 남겼고, 이것이 반복되어 기린의 목이 지금처럼 길어졌다.

③ 자연 선택설의 한계점 : 유전자의 역할이 밝혀지기 전이기 때문에 변이가 나타나는 원인과 부모의 형질이 자손에게 유전되는 원리를 명확하게 설명하지 못하였다.

2 자연 선택설이 과학과 사회에 준 영향

과학	• 생명 과학의 이론적 기반을 제시하였다.❺ • 유전학, 분자 생물학 등 생물을 연구하는 다른 학문이 발전하는 데 영향을 주었다.
사회	• 경쟁을 기반으로 하는 자본주의 사회의 발달에 영향을 주었다.❻ • 사회진화론이 발달하여*제국주의가 출현하고 식민 지배를 정당화하는 데 영향을 주었다. • 철학, 사회학, 정치학, 경제학 등 다양한 분야에 영향을 주었다.

❺ 생명 과학의 이론적 기반
자연 선택설이 발표되기 전까지는 생물은 변하지 않는다고 생각하였으나, 자연 선택설이 발표된 후 생물은 자연 선택 과정을 통해 진화한다고 생각하게 되었다.

❻ 자연 선택설과 자본주의
자연 선택설은 생산성을 높이는 방향으로 산업 구조를 변화시키는 데 아이디어를 제공하였으며, 경쟁을 바탕으로 하는 자본주의의 발달에 과학적 근거로 활용되었다.

🔍 용어 돋보기
* 제국(帝 임금, 國 나라)주의_특정 국가가 다른 민족이나 국가를 정치, 경제, 문화적으로 지배하려는 경향이나 정책

○ 정답과 해설 53쪽

1 다음은 진화와 변이에 대한 설명이다. ( ) 안에 알맞은 말을 쓰시오.

(1) ( )는 생물이 오랜 시간에 걸쳐 환경에 적응하여 변화하는 현상이다.

(2) 같은 종의 개체 사이에서 나타나는 형질의 차이를 ( )라고 한다.

(3) 유전적 변이는 ㉠( )와 ㉡( )의 다양한 조합에 의해 발생한다.

2 자연 선택설에 대한 설명으로 옳은 것은 ○, 옳지 않은 것은 ×로 표시하시오.

(1) 개체들 사이에는 먹이, 서식지 등을 두고 생존 경쟁이 일어난다. ……… ( )

(2) 생물은 주어진 환경에서 살아남을 수 있는 수만큼만 자손을 낳는다. ( )

(3) 같은 종의 개체들 사이에는 변이가 있어 개체마다 환경에 적응하는 능력이 다르다. ………………………………………………………………………… ( )

(4) 자연 선택설에 따르면 '과잉 생산과 변이 → 자연 선택 → 생존 경쟁'의 과정을 거쳐 진화가 일어난다. ……………………………………………… ( )

3 자연 선택설이 과학과 사회에 준 영향에 대한 설명으로 옳은 것은 ○, 옳지 않은 것은 ×로 표시하시오.

(1) 자본주의 사회의 발전을 저해하였다. ……………………………… ( )

(2) 철학, 경제학 등 인문 사회학 분야에도 영향을 주었다. ……………… ( )

(3) 유전학, 분자 생물학 등 관련 학문이 발전하는 데 영향을 주었다. …… ( )

📌 암기 꼭!

자연 선택설에 의한 진화 과정
과잉 생산과 변이 → 생존 경쟁 → 자연 선택 → 진화

O2 자연 선택과 생물의 진화

C 변이와 자연 선택에 의한 생물의 진화

1 변이와 자연 선택 다양한 변이를 가진 개체들 중에서 환경에 적응하기 유리한 변이를 가진 개체가 살아남아 자손을 남기고, 이러한 과정이 오랫동안 반복되면서 생물의 진화가 일어난다. ➡ 변이는 진화의 원동력이 된다.

① **핀치 부리의 자연 선택** : 한 종의 핀치가 갈라파고스 군도의 각 섬에 적응하여 모양과 크기가 각기 다른 부리를 갖게 되었다.

[핀치의 진화 과정]
- 남아메리카의 핀치가 갈라파고스 군도로 날아들어 각 섬에 부리의 모양이 다양한 많은 수의 핀치가 태어났다.
- 핀치는 먹이와 서식지를 두고 경쟁하였고, 각 섬의 먹이 환경에 적합한 부리를 가진 핀치가 자연 선택되었다.
- ➡ 같은 종의 핀치가 오랫동안 다른 먹이 환경에 적응하여 서로 다른 종의 핀치로 진화하였다.

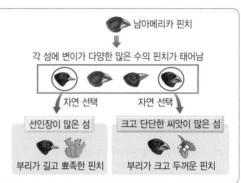

② **낫 모양 적혈구 빈혈증의 자연 선택** : 말라리아가 많이 발생하는 아프리카 일부 지역에서는 낫 모양 적혈구 빈혈증인 사람의 비율이 다른 지역보다 높게 나타난다.[●]

[낫 모양 적혈구 유전자의 빈도와 말라리아의 분포]

낫 모양 적혈구 유전자의 빈도
- 1~5 %
- 5~10 %
- 10~20 %

▲ 낫 모양 적혈구 유전자의 빈도   ▲ 말라리아 발생 지역

정상 적혈구

낫 모양 적혈구

말라리아

- 낫 모양 적혈구 빈혈증은 헤모글로빈 유전자의 돌연변이로 나타나며, 일반적으로 생존에 불리하다.
- 낫 모양 적혈구 유전자를 가진 사람은 말라리아에 저항성이 있다.
- 말라리아가 많이 발생하는 지역에서는 낫 모양 적혈구 유전자의 빈도가 높다.
- ➡ 말라리아가 유행하는 지역에서는 낫 모양 적혈구 유전자를 가진 사람이 생존에 유리하여 자연 선택된다.[❷]

③ ***항생제 *내성 세균의 자연 선택** : 항생제를 지속적으로 사용하는 환경에서는 항생제 내성 세균이 자연 선택되어 항생제 내성 세균 집단이 형성된다.[❸❹] 탐구 A 214쪽

[자연 선택에 의한 항생제 내성 세균 집단의 형성]

항생제 내성 세균

세균 → 항생제 사용 → → 시간의 경과 → → 항생제 사용 →

❶ 많은 세균 중에서 항생제 내성 세균이 일부 존재한다.

❷ 항생제를 사용하면 항생제 내성이 없는 세균은 대부분 죽고 항생제 내성 세균은 살아남는다.

❸ 살아남은 항생제 내성 세균이 자손을 남겨 항생제 내성 세균의 비율이 점점 증가한다.

❹ 항생제를 사용해도 대부분의 세균이 항생제 내성을 가지므로 세균이 줄어들지 않는다.

➡ 항생제를 지속적으로 사용하면 항생제 내성 세균이 자연 선택되어 항생제 내성 세균 집단이 형성될 수 있다.

Plus 강의

❶ 낫 모양 적혈구 빈혈증
적혈구가 낫 모양으로 변해 산소 운반에 문제가 생겨 심한 빈혈을 일으키고, 모세 혈관을 막아 혈액의 흐름을 방해하는 등의 증상이 나타나는 질병이다. 생존에 매우 불리하여 일반적으로는 드물게 발견된다.

❷ 환경에 따른 자연 선택의 방향
같은 변이라도 어떤 환경에서는 생존에 불리하게 작용하여 자연 선택되지 않지만 다른 환경에서는 생존에 유리하게 작용하여 자연 선택이 된다.

❸ 진화의 기간
자연 선택에 의한 진화는 일반적으로 오랜 기간에 걸쳐 일어나지만, 급격한 환경 변화가 일어나면 집단 내에서 특정 형질을 가진 개체가 생존에 불리해져 도태되면서 짧은 기간 내에 자연 선택이 일어나 진화가 일어나기도 한다.

❹ 환경에 따른 자연 선택의 또 다른 예 – 나방의 자연 선택
나무줄기가 밝은색의 지의류로 덮여 있을 때는 흰색 나방이 검은색 나방보다 포식자의 눈에 잘 띄지 않아 흰색 나방의 개체 수가 더 많다. 그러나 지의류가 사라져 나무줄기의 어두운 부분이 나타나면 검은색 나방이 흰색 나방보다 포식자의 눈에 잘 띄지 않아 검은색 나방의 개체 수가 많아진다.

지의류가 있을 때 / 지의류가 사라졌을 때

용어 돋보기

* 항생제(抗 대항하다, 生 살다, 劑 약제) _ 다른 미생물의 생장을 억제하거나 죽이는 물질
* 내성(耐 견디다, 性 성품) _ 세균이 항생 물질의 계속 사용에 대하여 나타내는 저항성

2 다양한 생물의 출현과 진화 환경 변화는 자연 선택의 방향에 영향을 주므로 다양한 지구 생태계에서 생물은 각 환경에 적합한 방향으로 자연 선택되었고, 이 과정이 오랫동안 반복되면서 현재와 같이 생물종이 다양해졌다.

D 지구의 생명체 출현을 설명하는 가설

생명체의 출현에 필요한 유기물이 어디에서 유래하였는지에 따라 화학 진화설, 심해 열수구설, 우주 기원설 등의 가설이 제시되었다.**❺❻**

화학 진화설	화학 반응에 의해 무기물로부터 아미노산 같은 간단한 유기물이 합성되었고, 간단한 유기물로부터 단백질, 핵산과 같은 복잡한 유기물이 합성됨으로써 생명체가 탄생하였다는 가설이다.
심해 열수구설	심해 열수구는 메테인이나 암모니아가 풍부하고 높은 온도가 유지되어 유기물 생성에 적합하기 때문에 최초의 생명체는 심해 열수구에서 출현하였다는 가설이다.
우주 기원설	우주에서 만들어진 유기물이 운석을 통해 지구로 운반되었고, 이것이 지구에 생명체가 탄생하는 데 영향을 주었을 것이라는 가설이다.

❺ 생명체의 출현 시기
지구에 살고 있는 모든 생물은 최초의 생명체로부터 진화해 왔으며, 지구에 생명체가 나타난 시기는 약 38억 년~40억 년 전으로 추정하고 있다.

❻ 원시 지구의 환경
원시 지구의 대기 성분은 대부분 수증기이고, 이외에 메테인, 암모니아, 수소 등으로 구성되었을 것으로 추정된다. 원시 지구에서는 에너지원이 풍부하여 화학 반응이 활발하게 일어났을 것으로 추정된다.

개념 **쏙쏙** ⟶ ◯ 정답과 해설 53쪽

4 다음은 갈라파고스 군도에 사는 핀치의 진화에 대한 설명이다. (　　) 안에 알맞은 말을 쓰시오.

> 같은 종이었던 핀치에는 부리 모양이 다른 ㉠(　　)가 있었다. 핀치들이 갈라파고스 군도의 여러 섬에 흩어져 살게 되면서 각 섬의 먹이 환경에 잘 적응할 수 있는 부리를 가진 개체들이 ㉡(　　)되어 서로 다른 종의 핀치로 진화하였다.

5 자연 선택과 진화에 대한 설명으로 옳은 것은 ○, 옳지 <u>않은</u> 것은 ×로 표시하시오.
(1) 환경의 변화는 자연 선택의 방향에 영향을 준다. ⋯⋯⋯⋯⋯⋯ (　　)
(2) 항생제를 사용하지 않는 집단에서는 항생제 내성 세균이 자연 선택될 것이다.
⋯⋯⋯⋯⋯⋯⋯⋯⋯⋯⋯⋯⋯⋯⋯⋯⋯⋯⋯⋯⋯⋯⋯⋯⋯⋯ (　　)
(3) 변이가 다양한 집단에서 환경에 적응하기 유리한 변이를 가진 개체가 자연 선택되어 자신의 유전자를 자손에게 물려준다. ⋯⋯⋯⋯⋯⋯⋯ (　　)

6 지구의 생명체 출현 가설과 관련 있는 내용을 옳게 연결하시오.
(1) 화학 진화설 •　　　　• ㉠ 우주에서 유기물이 생성된다.
(2) 심해 열수구설 •　　　　• ㉡ 화학 반응에 의해 유기물이 생성된다.
(3) 우주 기원설 •　　　　• ㉢ 심해 열수구에서 유기물이 생성된다.

암기 꼭!

생물 진화의 원동력
자연 선택과 변이

항생제 내성 세균의 자연 선택 모의실험

목표 항생제 내성 세균 집단의 형성 과정을 알 수 있다.

● 과정

스타이로폼 구 털실 방울

벨크로 테이프

❶ 털실 방울 36개와 스타이로폼 구 4개를 쟁반 위에 잘 섞어 놓는다.

▶ 털실 방울은 벨크로 테이프에 잘 붙으므로 항생제 내성이 없는 세균을, 스타이로폼 구는 잘 붙지 않으므로 항생제 내성 세균을 의미한다.

❷ 벨크로 테이프를 이용해 남은 털실 방울과 스타이로폼 구의 개수 합이 20개가 될 때까지 제거한다.

▶ 벨크로 테이프로 털실 방울을 제거하는 것은 항생제를 사용하였을 때 세균이 제거되는 것을 의미한다.

❸ 쟁반 위에 남은 개수만큼 털실 방울과 스타이로폼 구를 더 넣어 주고, 각 개수를 기록한다.

❹ 과정 ❷와 ❸을 2회 더 반복하여 쟁반 위에 남은 털실 방울과 스타이로폼 구의 개수 변화를 알아본다.

● 결과

구분	털실 방울의 개수	스타이로폼 구의 개수
처음	36개	4개
1회	32개 (=16개 남음+16개 추가)	8개 (=4개 남음+4개 추가)
2회	24개 (=12개 남음+12개 추가)	16개 (=8개 남음+8개 추가)
3회	8개 (=4개 남음+4개 추가)	32개 (=16개 남음+16개 추가)

● 해석

1. 벨크로 테이프를 사용 후 쟁반 위에 남은 털실 방울과 스타이로폼 구는 무엇을 의미하는가? ➡ 항생제를 사용하였을 때 살아남은 세균을 의미한다.

2. 쟁반 위에 남은 개수만큼 털실 방울과 스타이로폼 구를 더 넣어 주는 것은 무엇을 의미하는가? ➡ 살아남은 세균이 자손을 남기는 과정을 의미한다.

3. 과정 ❷와 ❸을 반복하면서 스타이로폼 구의 개수가 늘어나는 것은 무엇을 의미하는가? ➡ 항생제를 지속적으로 사용하는 환경에서는 세대를 거듭하면서 항생제 내성 세균의 비율이 증가하는 것을 의미한다.

구분	항생제 내성이 없는 세균의 개수 (털실 방울의 개수)	항생제 내성 세균의 개수 (스타이로폼 구의 개수)	항생제 내성 세균의 비율$\left(=\dfrac{\text{항생제 내성 세균 개수}}{\text{전체 세균 개수}}\times100\right)$	
처음	36개	4개	$\dfrac{4}{40}\times100=10\%$	
1회	32개	8개	$\dfrac{8}{40}\times100=20\%$	비율이 점점 증가함
2회	24개	16개	$\dfrac{16}{40}\times100=40\%$	
3회	8개	32개	$\dfrac{32}{40}\times100=80\%$	

● 정리

항생제를 지속적으로 사용하는 환경에서는 항생제 내성 세균이 자연 선택되어 항생제 내성 세균 집단이 형성될 수 있다.

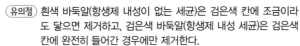

이렇게도 실험해요! ··

- **과정**
  ❶ 흰색 바둑알 25개와 검은색 바둑알 5개를 잘 섞어 항생제 배지 모형 위에 뿌린다.
  ❷ 항생제 배지 모형에서 검은색 칸은 항생제에 해당하며, 이 칸에 닿거나 들어간 바둑알을 제거한다.
    (유의점) 흰색 바둑알(항생제 내성이 없는 세균)은 검은색 칸에 조금이라도 닿으면 제거하고, 검은색 바둑알(항생제 내성 세균)은 검은색 칸에 완전히 들어간 경우에만 제거한다.

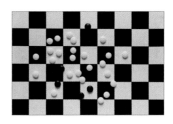

  ❸ 항생제 배지 모형 위에 남은 개수만큼 흰색 바둑알과 검은색 바둑알을 더 넣어 주고, 각 개수를 기록한다.
  ❹ 과정 ❷와 ❸을 2회 더 반복하여 항생제 배지 모형 위에 남은 바둑알의 개수 변화를 알아본다.

- **결과**

구분	처음	1회	2회	3회
흰색 바둑알의 개수	25개	24개(12개+12개)	20개(10개+10개)	8개(4개+4개)
검은색 바둑알의 개수	5개	8개(4개+4개)	16개(8개+8개)	30개(15개+15개)
항생제 내성 세균의 비율	약 16.6 %	25 %	약 44.4 %	약 78.9 %

- **해석**
  1. 흰색 바둑알은 항생제에 내성이 없는 세균을, 검은색 바둑알은 항생제 내성 세균을, 검은색 칸은 항생제를 의미한다.
  2. 세대를 거듭하면서 항생제 내성 세균(생존에 유리한 개체)이 자연 선택되어 그 비율이 증가한다.

정답과 해설 54쪽

확인 문제

memo

1 **탐구A**에 대한 설명으로 옳은 것은 ○, 옳지 않은 것은 ×로 표시하시오.

(1) 두 실험에서 털실 방울과 검은색 바둑알은 항생제 내성 세균을 의미한다. ·····(   )

(2) 쟁반 위에 남은 개수만큼 털실 방울과 스타이로폼 구를 더 넣어 주는 과정은 항생제에 의한 자연 선택에 비유할 수 있다. ···(   )

(3) 실험을 반복할수록 스타이로폼 구의 비율이 감소한다. ·······················(   )

2 다음은 항생제 내성 세균 집단의 형성 과정에 대한 설명이다.

> (가) 처음에는 모든 세균에 항생제 내성이 없었다.
> (나) ㉠어떤 원인으로 인해 일부 세균에서 항생제 내성이 나타났다.
> (다) 항생제 사용으로 인해 항생제 내성이 없는 세균은 대부분 죽고, 항생제 내성 세균은 살아남아 자손을 남겼다. 이 과정이 반복되면서 항생제 내성 세균 집단이 형성되었다.

이에 대한 설명으로 옳은 것만을 [보기]에서 있는 대로 고른 것은?

> **보기**
> ㄱ. 돌연변이는 ㉠에 해당한다.
> ㄴ. 항생제 사용을 중단하면 항생제 내성 세균은 사라진다.
> ㄷ. 항생제 내성 세균 집단은 자연 선택에 의해 형성된 것이다.

① ㄱ   ② ㄴ   ③ ㄱ, ㄴ   ④ ㄱ, ㄷ   ⑤ ㄴ, ㄷ

A 진화와 변이

중요
01 변이에 대한 설명으로 옳지 <u>않은</u> 것은?

① 같은 종의 개체 사이에서 나타난다.
② 돌연변이는 자손에게 유전되지 않는다.
③ 개체가 환경에 적응하는 능력에 영향을 준다.
④ 유전적 변이는 개체가 가진 유전자의 차이로 합성되는 단백질이 달라져서 나타난다.
⑤ 유전적 변이는 돌연변이와 유성 생식 과정에서 생식세포의 다양한 조합으로 발생한다.

02 유전적 변이의 예로 옳은 것만을 [보기]에서 있는 대로 고른 것은?

> ● 보기 ●
> ㄱ. 앵무의 깃털 색이 다양하다.
> ㄴ. 유럽정원달팽이의 껍데기는 무늬가 다양하다.
> ㄷ. 팔 운동을 많이 한 사람은 일반적인 사람에 비해 팔 근육이 발달되어 있다.

① ㄱ   ② ㄷ   ③ ㄱ, ㄴ
④ ㄴ, ㄷ   ⑤ ㄱ, ㄴ, ㄷ

B 다윈의 자연 선택설

중요
03 자연 선택설과 관련된 내용으로 옳지 <u>않은</u> 것은?

① 개체들 사이에 변이가 존재한다.
② 개체들은 먹이나 서식지를 두고 경쟁한다.
③ 생물의 진화를 변이와 자연 선택으로 설명하였다.
④ 생존에 유리한 개체들이 더 많이 살아남아 자손을 남긴다.
⑤ 부모의 형질이 자손에게 유전되는 원리에 대해 명확하게 설명하였다.

04 다음은 자연 선택설에 의한 진화 과정을 설명한 것이다.

> 생물은 주어진 환경에서 살아남을 수 있는 것보다 많은 수의 자손을 낳는다. 이때 같은 종의 개체들 사이에는 형질이 조금씩 다른 (㉠)이/가 나타나며, 먹이, 서식지 등을 두고 (㉡)이 일어난다. 환경에 적응하기 유리한 형질을 가진 개체가 더 많이 살아남아 자손을 남기는데 이것을 (㉢)(이)라고 한다. 이 과정이 오랫동안 누적되면 생물의 (㉣)이/가 일어난다.

㉠~㉣에 알맞은 말을 옳게 짝 지은 것은?

	㉠	㉡	㉢	㉣
①	변이	생존 경쟁	자연 선택	과잉 생산
②	변이	생존 경쟁	자연 선택	진화
③	변이	과잉 생산	진화	자연 선택
④	과잉 생산	자연 선택	변이	진화
⑤	과잉 생산	생존 경쟁	자연 선택	진화

서술형
05 그림은 기린이 어떻게 긴 목을 갖게 되었는지를 다윈의 자연 선택설에 따라 나타낸 것이다.

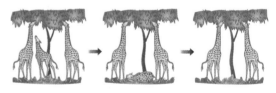

다음 단어를 모두 포함하여 기린의 목이 길어지게 된 과정을 서술하시오.

> 변이, 생존 경쟁, 자연 선택

_____

_____

06 다윈의 자연 선택설이 과학과 사회에 준 영향에 대한 설명으로 옳은 것만을 [보기]에서 있는 대로 고른 것은?

보기
ㄱ. 생명 과학에 이론적 기반을 제시하였다.
ㄴ. 식민 지배를 정당화하는 데 영향을 주었다.
ㄷ. 경쟁이 기반인 자본주의 사회의 발달에 영향을 주었다.

① ㄱ   ② ㄴ   ③ ㄱ, ㄷ
④ ㄴ, ㄷ   ⑤ ㄱ, ㄴ, ㄷ

C 변이와 자연 선택에 의한 생물의 진화

07 변이와 자연 선택에 대한 설명으로 옳은 것만을 [보기]에서 있는 대로 고른 것은?

보기
ㄱ. 환경 변화는 자연 선택의 방향에 영향을 준다.
ㄴ. 생존에 유리한 변이는 자연 선택되어 자손에게 유전된다.
ㄷ. 같은 변이를 가진 경우에는 환경이 달라져도 자연 선택의 결과가 같다.

① ㄱ   ② ㄷ   ③ ㄱ, ㄴ
④ ㄴ, ㄷ   ⑤ ㄱ, ㄴ, ㄷ

08 그림은 어떤 생물 집단의 진화 과정을 나타낸 것이다.

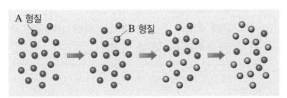

이에 대한 설명으로 옳은 것만을 [보기]에서 있는 대로 고른 것은?

보기
ㄱ. 시간이 지날수록 A 형질보다 B 형질을 가진 개체의 생존이 유리해졌다.
ㄴ. A 형질은 자손에게 유전되지 않는다.
ㄷ. B 형질을 가진 개체는 자연 선택되어 B 형질을 자손에게 전달한다.

① ㄱ   ② ㄴ   ③ ㄱ, ㄴ
④ ㄱ, ㄷ   ⑤ ㄴ, ㄷ

중요
09 그림은 같은 종이었던 핀치가 갈라파고스 군도의 여러 섬에 흩어져 살게 되면서 다른 종으로 진화한 과정 중 일부를 나타낸 것이다.

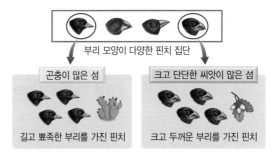

부리 모양이 다양한 핀치 집단

곤충이 많은 섬 — 길고 뾰족한 부리를 가진 핀치
크고 단단한 씨앗이 많은 섬 — 크고 두꺼운 부리를 가진 핀치

이에 대한 설명으로 옳은 것만을 [보기]에서 있는 대로 고른 것은?

보기
ㄱ. 각 섬의 환경에 적응하면서 부리 모양에 변이가 나타났다.
ㄴ. 자연 선택이 일어나는 데 먹이가 직접적인 원인으로 작용하였다.
ㄷ. 같은 종의 생물이라도 오랫동안 다른 환경에 적응하면 서로 다른 특징을 나타낼 수 있다.

① ㄱ   ② ㄴ   ③ ㄱ, ㄷ
④ ㄴ, ㄷ   ⑤ ㄱ, ㄴ, ㄷ

중요
10 그림 (가)는 말라리아 발생 지역을, (나)는 낫 모양 적혈구 빈혈증을 일으키는 유전자의 빈도를 나타낸 것이다.

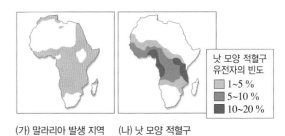

낫 모양 적혈구 유전자의 빈도
1~5 %
5~10 %
10~20 %

(가) 말라리아 발생 지역   (나) 낫 모양 적혈구 유전자의 빈도

이에 대한 설명으로 옳은 것만을 [보기]에서 있는 대로 고른 것은?

보기
ㄱ. 낫 모양 적혈구는 일반적으로 생존에 불리한 형질이다.
ㄴ. 이 자료에서 자연 선택은 생존에 불리한 방향으로 이루어진다.
ㄷ. 말라리아가 많이 발생하는 지역에서는 낫 모양 적혈구 유전자를 가진 사람이 생존에 불리하다.

① ㄱ   ② ㄴ   ③ ㄱ, ㄴ
④ ㄱ, ㄷ   ⑤ ㄴ, ㄷ

11 그림은 항생제 내성 세균 집단이 형성되는 과정을 나타낸 것이다.

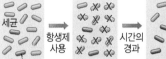

이에 대한 설명으로 옳은 것만을 [보기]에서 있는 대로 고른 것은?

─ 보기 ─
ㄱ. 항생제 내성 유전자는 자손에게 유전된다.
ㄴ. 항생제 내성 세균은 항생제 사용으로 인해 발생한 변이이다.
ㄷ. 항생제를 지속적으로 사용하면 항생제 내성 세균의 비율이 점점 증가한다.

① ㄱ ② ㄴ ③ ㄱ, ㄷ
④ ㄴ, ㄷ ⑤ ㄱ, ㄴ, ㄷ

12 그림은 어떤 숲의 밝기가 달라진 후 포식자인 새가 피식자인 곤충을 잡아먹는 모습을 나타낸 것이다.

이에 대한 설명으로 옳은 것만을 [보기]에서 있는 대로 고른 것은? (단, 숲의 밝기가 변화되기 전과 후의 새와 곤충의 종류는 같으며, 새는 숲의 밝기가 변화되기 이전에는 몸색이 밝은 곤충을 주로 잡아먹었다.)

─ 보기 ─
ㄱ. 숲의 밝기가 이전보다 어두워졌다.
ㄴ. 환경의 변화로 새의 식성이 바뀌었다.
ㄷ. 시간이 지나면 몸색이 밝은 곤충이 자연 선택될 것이다.

① ㄱ ② ㄴ ③ ㄷ
④ ㄱ, ㄴ ⑤ ㄴ, ㄷ

13 다음은 항생제 내성 세균 집단의 형성 과정을 알아보는 모의실험 과정이다.

(가) 세균 모형으로 털실 방울 36개와 스타이로폼 구 4개를 쟁반 위에 잘 섞어 놓는다.
(나) 벨크로 테이프를 이용해 털실 방울과 스타이로폼 구의 개수 합이 20개가 될 때까지 제거한다.
(다) 쟁반 위에 남은 개수만큼 털실 방울과 스타이로폼 구를 더 넣어 주고 각 개수를 기록한다.
(라) 과정 (나)와 (다)를 2회 더 반복한다.

이에 대한 설명으로 옳은 것만을 [보기]에서 있는 대로 고른 것은?

─ 보기 ─
ㄱ. 벨크로 테이프로 세균 모형을 제거하는 것은 항생제를 사용하는 것을 의미한다.
ㄴ. 이 모의실험에서는 살아남은 세균들이 생식을 통해 자손을 남기는 과정이 포함되지 않았다.
ㄷ. 모의실험 결과 털실 방울의 비율은 감소하고, 스타이로폼 구의 비율은 증가할 것이다.

① ㄱ ② ㄴ ③ ㄱ, ㄴ
④ ㄱ, ㄷ ⑤ ㄴ, ㄷ

14 생물의 진화에 대한 설명으로 옳은 것만을 [보기]에서 있는 대로 고른 것은?

─ 보기 ─
ㄱ. 단기간에 진화가 일어나야 생물종이 다양해진다.
ㄴ. 지구 생태계의 다양한 환경에서 생물은 서로 다른 방향으로 자연 선택되었다.
ㄷ. 환경 적응에 유리한 변이가 자연 선택되는 과정이 반복되어 진화가 일어난다.

① ㄱ ② ㄴ ③ ㄱ, ㄷ
④ ㄴ, ㄷ ⑤ ㄱ, ㄴ, ㄷ

D 지구의 생명체 출현을 설명하는 가설

서술형

15 심해 열수구에서 지구의 생명체가 출현하였다고 주장하는 가설의 근거를 서술하시오.

내신 탄탄보다는 조금 수준이 높은 유형의 문제들로 구성하였습니다.
자신의 실력을 한 단계 높여 보세요.

정답과 해설 56쪽

01 그림은 웰시코기의 다양한 털색을 나타낸 것이다.

이에 대한 학생들의 대화 중 옳은 것만을 [보기]에서 있는 대로 고른 것은?

⦁보기⦁
- 가영 : 웰시코기의 털색이 다양한 것은 환경의 영향 때문이야.
- 나영 : 아니야, 웰시코기의 털색이 다양한 것은 웰시코기 개체마다 가진 유전자가 다르기 때문이야.
- 다영 : 변이는 자연 선택에 영향을 주며, 자연 선택된 개체의 변이는 자손에게 전달될 수 있어.

① 가영   ② 나영   ③ 다영
④ 가영, 다영   ⑤ 나영, 다영

02 _{신유형 N}
그림은 살충제 내성이 없는 바퀴벌레가 대부분인 집단에 지속적으로 살충제를 살포하였을 때 살충제 내성이 있는 바퀴벌레 집단이 형성되는 과정을 나타낸 것이다.

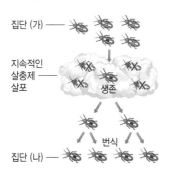

이에 대한 설명으로 옳은 것만을 [보기]에서 있는 대로 고른 것은?

⦁보기⦁
ㄱ. 살충제 살포로 바퀴벌레에서 변이가 일어났다.
ㄴ. 집단 (가)에 살충제를 살포하면 대부분의 바퀴벌레가 죽는다.
ㄷ. 집단 (나)는 살충제 내성 바퀴벌레가 대부분을 차지한다.

① ㄱ   ② ㄴ   ③ ㄱ, ㄷ
④ ㄴ, ㄷ   ⑤ ㄱ, ㄴ, ㄷ

03 그림은 어떤 달팽이 집단에서 3세대에 걸쳐 일어난 변화를 나타낸 것이다.

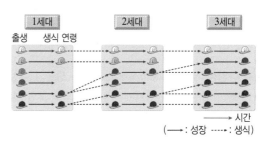

이에 대한 설명으로 옳은 것만을 [보기]에서 있는 대로 고른 것은?

⦁보기⦁
ㄱ. 껍데기 색이 옅은 형질이 진한 형질에 대해 우성이다.
ㄴ. 1세대에서 3세대에 이르는 동안 껍데기의 색이 진해지는 쪽으로 자연 선택이 일어났다.
ㄷ. 1세대에서 3세대에 이르는 동안 껍데기의 색을 진하게 하는 유전자의 비율이 증가하였다.

① ㄱ   ② ㄴ   ③ ㄷ
④ ㄱ, ㄷ   ⑤ ㄴ, ㄷ

04 다음은 항생제 내성 세균 집단의 형성 과정에 대한 모의실험 과정이다.

(가) 흰색 바둑알 25개와 검은색 바둑알 5개를 잘 섞어 검은색과 흰색 칸이 섞여 있는 항생제 배지 모형 위에 뿌린다.
(나) 항생제 배지 모형에서 검은색 칸은 항생제로, 흰색 바둑알은 검은색 칸에 조금이라도 닿으면 제거하고, 검은색 바둑알은 검은색 칸에 완전히 들어간 경우에만 제거한다.
(다) 항생제 배지 모형 위에 남은 바둑알 개수만큼 흰색 바둑알과 검은색 바둑알을 더 넣어 준다.

이에 대한 설명으로 옳은 것만을 [보기]에서 있는 대로 고른 것은?

⦁보기⦁
ㄱ. 흰색 바둑알은 항생제 내성이 없는 세균을 의미한다.
ㄴ. 이 실험에서는 흰색 바둑알이 생존에 유리하다.
ㄷ. 실험을 반복할수록 흰색 바둑알의 비율이 증가할 것이다.

① ㄱ   ② ㄴ   ③ ㄱ, ㄴ
④ ㄱ, ㄷ   ⑤ ㄴ, ㄷ

03 생물 다양성과 보전

핵심 짚기
☐ 유전적 다양성, 종 다양성, 생태계 다양성의 의미
☐ 생물 다양성의 중요성
☐ 종 다양성 비교
☐ 생물 다양성의 감소 원인

A 생물 다양성

1 생물 다양성 일정한 생태계에 존재하는 생물의 다양한 정도를 의미하며, 생물의 유전적 다양성, 종 다양성, 생태계 다양성을 모두 포함한다.❶

유전적 다양성	종 다양성	생태계 다양성

유전적 다양성	• 같은 생물종이라도 하나의 형질을 결정하는 유전자에 차이가 있어 형질이 다양하게 나타나는 것을 의미한다. ➡ 유전자 차이에 의해 변이가 나타난다.
	• 하나의 형질을 결정하는 유전자가 다양할수록, 변이가 많을수록 유전적 다양성이 높다.
	• 유전적 다양성이 높은 생물종은 변이가 다양하게 나타나므로 급격한 환경 변화에도 적응하여 살아남는 개체가 존재할 가능성이 높다.
	예 • 채프먼얼룩말은 털 줄무늬가 개체마다 다르다.
	   • 터키달팽이는 껍데기 무늬와 색이 개체마다 다르다.
	   • 아시아무당벌레는 겉날개의 색과 반점 무늬가 개체마다 다르다.
	 채프먼얼룩말  터키달팽이 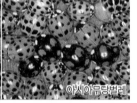 아시아무당벌레

종 다양성	• 일정한 지역에 얼마나 많은 생물종이 고르게 분포하며 살고 있는지를 의미한다. • 생물종이 많을수록, 각 생물종의 분포 비율이 균등할수록 종 다양성이 높다. **[종 다양성 비교]**

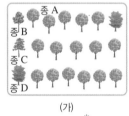 (가)   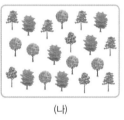 (나)

구분	개체 수	
	(가)	(나)
종 A	16	6
종 B	1	3
종 C	1	5
종 D	2	6

❶ (가)와 (나) 지역에 서식하는 식물종 수는 모두 4종이고, 총 개체 수는 20으로 같다.
❷ (가)는 종 A의 비율이 매우 높지만, (나)는 (가)에 비해 각 식물종이 고르게 분포한다.
  ➡ (나)가 (가)보다 종 다양성이 높다.

생태계 다양성	• 생물 서식지의 다양한 정도를 의미한다. • 지구의 여러 지역에는 대륙과 해양의 분포, 위도, 기온, 강수량, 계절의 영향 등 환경의 차이로 인해 다양한 생태계가 존재한다. • 생태계 다양성이 높을수록 종 다양성과 유전적 다양성이 높아진다.❷ 예 열대 우림, 갯벌, 습지, 삼림, 해양, 사막, 초원, 강, 농경지, 어항 등❸

 열대 우림    해양    농경지

Plus 강의

❶ 생물 다양성의 의미
● 무당벌레, 소나무 등의 동식물뿐만 아니라 곰팡이, 아메바, 세균에 이르기까지 모든 생물종을 포함한다.
● 각각의 생물종이 가지는 유전 정보에서 나타나는 변이의 다양함을 포함한다.
● 생태계에서 모든 생물과 환경의 상호 작용에 관한 다양함을 포함한다.

❷ 생태계와 환경의 다양성
생태계에 따라 환경이 다르므로 그 생태계의 환경과 상호 작용을 하며 서식하는 생물종과 개체 수도 다르다. 따라서 생태계가 다양할수록 종 다양성과 유전적 다양성이 높아지고, 생태계에 서식하는 생물의 활동으로 생태계가 변화하여 생태계 다양성이 높아진다.

❸ 생태계와 종 다양성
● 열대 우림은 강수량이 많고 기온이 높아 식물의 종류가 많으며, 그 식물을 이용하는 동물이나 균류도 많으므로 종 다양성이 매우 높다.
● 갯벌과 습지는 육상 생태계와 수생태계를 잇는 완충 지역으로, 각 생태계의 자원을 이용하는 생물종과 두 생태계의 자원을 모두 이용하는 생물종이 공존하므로 종 다양성이 상대적으로 높다.

🔍 용어 돋보기

＊ 서식(棲 살다, 息 숨 쉬다)_생물이 일정한 곳에 자리를 잡고 사는 것

2 생물 다양성의 구성과 기능 유전적 다양성, 종 다양
성, 생태계 다양성은 모두 생물 다양성 유지에 중요
한 역할을 한다.
① 유전적 다양성은 종 다양성을 유지하는 데 중요
한 역할을 하고, 종 다양성은 생태계 안정성을 유
지하는 데 중요한 역할을 한다.
② 유전적 다양성과 생태계 다양성은 자연 선택에
의한 진화의 원동력으로 작용하여 종 다양성을
높이는 데 중요한 역할을 한다.

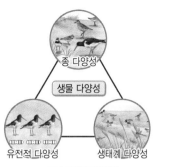

▲ 생물 다양성의 구성

개념 쏙쏙

정답과 해설 56쪽

[1~2] 그림은 생물 다양성의 세 가지 의미를 나타낸 것이다.

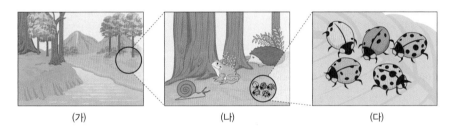

(가)   (나)   (다)

1 (가)~(다)가 나타내는 생물 다양성의 의미를 각각 쓰시오.

2 생물 다양성의 의미 (가)~(다)에 해당하는 예를 옳게 연결하시오.

(1) (가) •   • ㉠ 채프먼얼룩말은 털 줄무늬가 개체마다 다르다.

(2) (나) •   • ㉡ 갯벌에는 사막보다 더 많은 생물종이 살고 있다.

(3) (다) •   • ㉢ 생태계의 종류에는 열대 우림, 습지, 삼림 등이 있다.

3 생물 다양성에 대한 설명으로 옳은 것은 ○, 옳지 않은 것은 ×로 표시하시오.

(1) 생물 다양성은 일정한 생태계에 존재하는 생물의 다양한 정도를 의미한다. (   )

(2) 변이가 다양하게 나타나는 집단은 유전적 다양성이 낮다. ⋯⋯⋯⋯⋯⋯ (   )

(3) 변이가 다양하게 나타나는 집단은 급격한 환경 변화가 일어났을 때 적응하여 살
아남는 개체가 있을 가능성이 높다. ⋯⋯⋯⋯⋯⋯⋯⋯⋯⋯⋯⋯ (   )

(4) 종 다양성은 지구상의 모든 지역에서 동일하다. ⋯⋯⋯⋯⋯⋯⋯⋯⋯ (   )

(5) 생태계에 서식하는 생물의 다양한 정도를 생태계 다양성이라고 한다. (   )

(6) 열대 우림은 기온이 높고 강수량이 많아 종 다양성이 매우 높다. ⋯⋯ (   )

(7) 유전적 다양성, 종 다양성, 생태계 다양성은 모두 생물 다양성 유지에 중요한
역할을 한다. ⋯⋯⋯⋯⋯⋯⋯⋯⋯⋯⋯⋯⋯⋯⋯⋯⋯⋯⋯ (   )

암기 꼭!

생물 다양성
유종의 미는 **생명** 과학에서!
전 태
적 계
다 다 다
양 양 양
성 성 성

03 생물 다양성과 보전

B 생물 다양성의 중요성

☆1 생물 다양성의 중요성

유전적 다양성의 중요성	유전적 다양성이 높은 생물종은 변이가 다양하게 나타나 급격한 환경 변화 기 일어났을 때 적응하여 살아남을 수 있는 형질을 가진 개체가 존재할 가 능성이 높다.❶
종 다양성의 중요성	종 다양성이 높을수록 생태계가 안정적으로 유지된다. • 종 다양성이 낮은 생태계 : 어느 한 생물종이 사라지면 그 생물종과 먹고 먹히는 관계를 맺는 생물종이 직접 영향을 받기 때문에 생태계 평형이 쉽 게 깨진다. ➡ 생태계 평형이 깨지면 인간을 비롯한 많은 생물의 생존이 위협받는다. • 종 다양성이 높은 생태계 : 어느 한 생물종이 사라져도 대체할 수 있는 생 물종이 있어 생태계 평형이 잘 깨지지 않는다.
생태계 다양성의 중요성	생태계 다양성이 높은 지역은 서식지와 환경 요인이 다양하여 종 다양성과 유전적 다양성이 높다.

2 생물 다양성과 생물 자원
인간의 생활과 생산 활동에 이용될 가치가 있는 생물을 생물 자원이라고 하며, 생물 다양성이 높을수록 생물 자원이 풍부해진다.

생물 자원의 이용	예
의복	목화(면섬유), 누에(비단) 등은 의복의 원료로 이용된다.
식량	벼, 옥수수, 콩, 사과, 바나나 등은 식량으로 이용된다.
주택	나무, 풀 등은 주택의 재료로 이용된다.
의약품	• 주목의 열매에서 항암제의 원료를 얻는다. • 청자고둥에서 진통제의 원료를 얻는다. • 버드나무 껍질에서 아스피린의 원료를 얻는다. • 푸른곰팡이에서 항생제인 페니실린의 원료를 얻는다.
생물 유전자 자원	병충해 저항성 유전자 등을 이용하여 새로운 농작물을 개발한다.
사회적·심미적 가치	휴식 장소, 여가 활동 장소, 생태 관광 장소 등을 제공한다.

C 생물 다양성의 감소 원인과 보전

1 생물 다양성의 위기
현재 지구상의 생물 다양성은 다양한 원인으로 빠르게 감소하고 있으며, 많은 생물종이 멸종 위기에 처해 있다.

☆2 생물 다양성의 감소 원인

서식지 파괴와 단편화	생물 다양성 감소의 가장 큰 원인이다. • 서식지 파괴 : 삼림의 벌채, 습지의 매립 등으로 인해 서식지가 파괴된다. ➡ 서식지 면적이 줄어들어 생물종 수가 급격히 감소한다. • 서식지 단편화 : 도로나 댐 건설 등으로 하나의 서식지가 여러 개로 분리 된다. ➡ 서식지의 면적이 줄어들고, 생물종의 이동이 제한되어 고립되므로 생물 다양성이 감소된다.❷
야생 생물 불법*포획 및 남획*	야생 생물을 불법으로 포획하거나 남획하면 먹이 관계와 생물 간의 상호 작용에 영향을 주어 생물 다양성을 감소시킨다. 예 우리나라 삼림에 서식 하던 호랑이, 여우, 곰 등의 대형 포유류는 무분별한 사냥으로 멸종 위기에 처하거나 멸종하였다.
외래종 도입	• 일부 외래종은 천적이 없어 대량으로 번식하여 토종 생물의 서식지를 차 지하고 생존을 위협하여 생물 다양성을 감소시킨다.❸ • 우리나라의 외래종 : 가시박, 뉴트리아, 큰입배스, 블루길 등
환경 오염	대기 오염으로 산성비가 내리면 하천, 토양이 산성화되고, 담수나 바다에 유입된 중금속은 생물 농축을 일으켜 생태계 평형을 깨뜨린다.❹

Plus 강의

❶ **바나나의 멸종 위기와 유전적 다양성의 중요성**
우리 주변에서 쉽게 볼 수 있는 바나나는 씨가 있는 야생 바나나를 개량해서 만든 씨가 없는 바나나이다. 씨가 있는 야생 바나나는 유성 생식으로 번식하여 유전적 다양성이 높지만, 씨가 없는 바나나는 무성 생식으로 번식하여 유전적 다양성이 매우 낮다. 따라서 씨가 없는 바나나는 전염병 등 급격한 환경 변화가 일어났을 때 멸종될 가능성이 높다.

❷ **서식지 단편화와 생물 다양성**

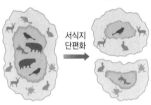

서식지 단편화

▶ 철도나 도로 등의 개발로 인해 생물의 서식지가 단편화되면 생물의 이동이 제한되어 개체군의 크기가 감소하고 멸종으로 이어질 수 있다.
▶ 서식지가 단편화되면 가장자리의 면적은 넓어지고, 중앙의 면적은 좁아진다. 그 결과 중앙에 살던 생물종의 일부가 멸종될 수 있다.

❸ **외래종**
원래의 서식지에서 벗어나 다른 지역으로 유입된 생물이다. 천적이 없는 경우 대량으로 번식하여 먹이 사슬에 변화를 일으켜 생태계 평형을 깨뜨린다.

❹ **생물 농축**
생물체 내에서 물질이 분해되지 않고 배출되지도 않아 상위 영양 단계로 갈수록 체내에 농축되는 현상이다. 생물 농축 물질에는 카드뮴(Cd), 납(Pb) 등이 있다.

🔍 용어 돋보기

* **포획(捕 사로잡다, 獲 짐승을 잡다)**_ 물고기나 동물을 잡는 행위
* **남획(濫 넘치다, 獲 짐승을 잡다)**_ 생물을 과도하게 많이 잡는 행위

3 생물 다양성 보전을 위한 노력

개인적 노력	자원과 에너지를 절약하고, 정부의 정책에 관심을 가지고 참여한다. 예 쓰레기 분리 배출 및 자원의 재활용, 저탄소 제품의 사용
사회적· 국가적 노력	• 생태 통로를 건설하여 야생 동물이 차에 치여 죽거나 서식지가 분리되는 것을 막는다. • 야생 생물 보호 및 관리에 관한 법률을 제정하여 야생 생물과 그 서식지를 보호한다. • 생물 다양성이 높은 지역은 국립 공원으로 지정하여 관리한다. • 멸종 위기에 처한 생물종을 자생지에 방사하는 복원 사업과 종자 은행을 통한 생물의 유전자 관리 등으로 희귀종과 멸종 위기종을 보호한다. • 외래종을 도입하기 전 외래종이 기존 생태계에 주는 영향을 철저하게 검증한다. ▲ 생태 통로
국제적 노력	생물 다양성에 관한 국제*협약을 체결한다. 예 생물 다양성 협약, 람사르 협약, 멸종 위기에 처한 야생 동식물의 국제 거래에 관한 협약, 이동성 야생 동물종의 보전에 관한 협약 등❺

❺ 국제 협약
● 생물 다양성 협약 : 생물종을 보전하기 위해 유엔(UN) 환경 개발 회의에서 체결하였다.
● 람사르 협약 : 물새 서식지로 중요한 습지를 보전하기 위해 체결하였다.
● 멸종 위기에 처한 야생 동물의 국제 거래에 관한 협약 : 남획 및 국제 거래로 멸종 위기에 처한 생물의 보호를 위해 체결하였다.

🔍 **용어 돋보기**
* 협약(協 화합하다, 約 맺다)_협상에 의하여 조약을 맺는 행위

개념 쏙쏙

정답과 해설 56쪽

4 생물 다양성의 중요성과 감소 원인에 대한 설명으로 옳은 것은 ○, 옳지 않은 것은 × 로 표시하시오.

(1) 생물 다양성이 높을수록 생물 자원이 풍부해진다. ············ (   )

(2) 종 다양성이 높으면 먹이 관계가 복잡하여 생태계 평형이 깨지기 쉽다. (   )

(3) 외래종을 무분별하게 도입하는 것은 생물 다양성 감소의 원인이 되기도 한다. ············ (   )

(4) 대규모의 서식지가 소규모로 분리되면 생물이 살 수 있는 서식지의 면적은 증가한다. ············ (   )

5 다음 사례들이 생물 다양성의 감소 원인 중 무엇에 해당하는지 골라 쓰시오.

(가) 환경 오염	(나) 불법 포획
(다) 외래종 도입	(라) 서식지 단편화

(1) 산을 허물어 도로를 건설하였다. ············ (   )

(2) 천연기념물인 반달가슴곰을 밀렵하였다. ············ (   )

(3) 산성비로 인해 하천과 토양이 산성화되었다. ············ (   )

(4) 북아메리카산 블루길을 들여와 하천에 방류하였다. ············ (   )

6 생물 다양성 보전을 위해 우리가 노력해야 할 일을 [보기]에서 있는 대로 고르시오.

> ┌ 보기
> ㄱ. 습지의 매립   ㄴ. 생태 통로 설치
> ㄷ. 환경 오염 방지   ㄹ. 쓰레기 분리 배출
> ㅁ. 식용으로 사용할 수 있는 외래종의 무분별한 도입

암기 꼭!

의약품과 생물 자원
• **푸르른 항구**
(푸른곰팡이는 항생제의 원료)

• **버드나무 아래**
(버드나무 껍질은 아스피린의 원료)

• **주목! 암을 치료하자.**
(주목은 항암제의 원료)

내신 탄탄

중간·기말 고사에 출제될 확률이 높은 문항들로 구성하여, 내신에 완벽 대비할 수 있도록 하였습니다.

A 생물 다양성

01 생물 다양성에 대한 설명으로 옳지 <u>않은</u> 것은?

① 식물종과 동물종만 포함한다.
② 생태계 다양성은 환경의 차이로 인해 나타난다.
③ 일정한 생태계에 존재하는 생물의 다양한 정도이다.
④ 유전적 다양성은 종 다양성 유지에 중요한 역할을 한다.
⑤ 생태계에서 일어나는 모든 생물과 환경의 다양한 상호 작용을 포함한다.

중요 02 그림은 생물 다양성의 세 가지 의미를 나타낸 것이다.

(가)　　　　(나)　　　　(다)

이에 대한 설명으로 옳은 것만을 [보기]에서 있는 대로 고른 것은?

보기
ㄱ. (가)는 유전적 다양성을 의미한다.
ㄴ. 터키달팽이의 껍데기 무늬가 개체마다 다른 것은 (나)의 예이다.
ㄷ. (다)는 일정한 지역에 존재하는 생물의 다양한 정도를 나타내는 생태계 다양성이다.

① ㄱ　　　② ㄴ　　　③ ㄱ, ㄴ
④ ㄱ, ㄷ　　⑤ ㄴ, ㄷ

중요 03 유전적 다양성에 대한 설명으로 옳은 것만을 [보기]에서 있는 대로 고른 것은?

보기
ㄱ. 한 형질에 대한 유전자의 종류가 적을수록 유전적 다양성이 높다.
ㄴ. 우수한 품종의 농작물만 재배하면 유전적 다양성을 높일 수 있다.
ㄷ. 유전적 다양성이 낮은 생물은 급격한 환경 변화가 일어났을 때 멸종될 가능성이 높다.

① ㄱ　　　② ㄷ　　　③ ㄱ, ㄴ
④ ㄴ, ㄷ　　⑤ ㄱ, ㄴ, ㄷ

중요 04 그림은 면적이 같은 서로 다른 지역 (가)와 (나)에 서식하는 식물종 A~D를 나타낸 것이다.

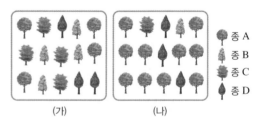

종 A
종 B
종 C
종 D

(가)　　　　(나)

이에 대한 설명으로 옳은 것만을 [보기]에서 있는 대로 고른 것은? (단, A~D 이외의 종은 고려하지 않는다.)

보기
ㄱ. (가)와 (나) 지역에 서식하는 식물종 수는 같다.
ㄴ. (가)보다 (나) 지역에서 식물종의 분포 비율이 고르다.
ㄷ. (가) 지역이 (나) 지역보다 종 다양성이 높다.

① ㄱ　　　② ㄴ　　　③ ㄷ
④ ㄱ, ㄷ　　⑤ ㄴ, ㄷ

05 다음은 생물 다양성에 대한 학생들의 대화이다.

> • 우현 : 유전적 다양성, 종 다양성, 생태계 다양성을 모두 포함해.
> • 시훈 : 종 다양성이 높을 때가 낮을 때보다 생태계가 안정적으로 유지돼.
> • 민지 : 같은 종이라도 개체들 간에 형질 차이가 나타나는 것은 유전적 다양성 때문이야.

옳게 설명한 학생만을 있는 대로 고른 것은?

① 우현　　　　　　② 시훈
③ 민지　　　　　　④ 우현, 민지
⑤ 우현, 시훈, 민지

B　생물 다양성의 중요성

중요
07 다음은 생물 다양성의 세 가지 의미에 대한 설명이다.

> (가) 같은 생물종이라도 하나의 형질을 결정하는 유전자가 개체마다 달라 형질에 차이가 나타나는 것을 의미한다.
> (나) 열대 우림, 갯벌, 습지 등 생물 서식지의 다양한 정도를 의미한다.
> (다) 일정한 지역에 얼마나 다양한 생물종이 고르게 분포하며 살고 있는지를 의미한다.

이에 대한 설명으로 옳은 것만을 [보기]에서 있는 대로 고른 것은?

> **보기**
> ㄱ. (가)가 높으면 급격한 환경 변화가 일어났을 때 적응하여 살아남을 수 있는 개체가 존재할 가능성이 높다.
> ㄴ. (나)가 높으면 종 다양성과 유전적 다양성이 낮아진다.
> ㄷ. (다)가 높으면 생태계가 안정적으로 유지된다.

① ㄱ　　　　② ㄴ　　　　③ ㄷ
④ ㄱ, ㄷ　　　⑤ ㄱ, ㄴ, ㄷ

06 그림은 생물 다양성의 세 가지 의미를 모식적으로 나타낸 것이다.

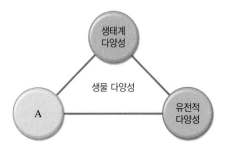

이에 대한 설명으로 옳은 것만을 [보기]에서 있는 대로 고른 것은?

> **보기**
> ㄱ. A는 종 다양성이다.
> ㄴ. 생태계 다양성이 높으면 유전적 다양성이 높아진다.
> ㄷ. 유전적 다양성은 생물 다양성을 유지하는 것과 아무런 관련이 없다.

① ㄴ　　　　② ㄷ　　　　③ ㄱ, ㄴ
④ ㄱ, ㄷ　　　⑤ ㄱ, ㄴ, ㄷ

08 그림 (가)는 씨가 있는 야생 바나나를, (나)는 씨가 없는 바나나를 나타낸 것이다.

　　(가)　　　　　　　　　　(나)

이에 대한 설명으로 옳은 것만을 [보기]에서 있는 대로 고른 것은?

> **보기**
> ㄱ. (가)는 유성 생식으로 번식한다.
> ㄴ. (가)는 (나)보다 변이가 많다.
> ㄷ. 급격한 환경 변화가 일어났을 때 (가)보다 (나)가 생존할 가능성이 더 높다.

① ㄱ　　　　② ㄴ　　　　③ ㄷ
④ ㄱ, ㄷ　　　⑤ ㄱ, ㄴ, ㄷ

09 생물 자원과 이용 방법을 옳게 연결한 것은?

① 목화 – 비단 원료
② 누에 – 면섬유 원료
③ 푸른곰팡이 – 아스피린 원료
④ 비드나무 껍질 – 페니실린 원료
⑤ 자연 휴양림 – 휴식 장소 제공

C 생물 다양성의 감소 원인과 보전

중요
10 생물 다양성을 감소시키는 원인으로 옳지 <u>않은</u> 것은?

① 남획 　　　　② 환경 오염
③ 서식지 파괴 　　④ 무분별한 외래종의 도입
⑤ 국립 공원 지정

11 다음은 몇 가지 생물 다양성 감소 사례이다.

(가) 숲을 벌목하여 경작지를 만들었다.
(나) 식용으로 도입한 큰입배스와 황소개구리로 인해 생태계의 먹이 관계가 파괴되었다.
(다) 상아를 얻기 위해 사냥이 금지되어 있는 아프리카코끼리를 몰래 잡은 결과 아프리카코끼리가 멸종 위기에 놓이게 되었다.

(가)~(다)의 사례는 생물 다양성 감소 원인 중 각각 무엇에 해당되는지 쓰시오.

12 무분별한 외래종 도입이 생태계에 주는 영향에 대한 설명으로 옳은 것만을 [보기]에서 있는 대로 고른 것은?

보기
ㄱ. 토종 생물의 멸종 원인이 되기도 한다.
ㄴ. 천적이 없는 경우에는 대량으로 번식하여 토종 생물의 서식지를 차지한다.
ㄷ. 생태계의 먹이 관계를 변화시켜 생태계의 안정성을 높인다.

① ㄴ　　　　② ㄷ　　　　③ ㄱ, ㄴ
④ ㄱ, ㄷ　　　⑤ ㄱ, ㄴ, ㄷ

13 다음은 생물 다양성 보전을 위한 몇 가지 국제 협약이다.

(가) 멸종 위기에 처한 야생 동식물의 국제 거래에 관한 협약
(나) 람사르 협약
(다) 생물 다양성 협약

이에 대한 설명으로 옳은 것만을 [보기]에서 있는 대로 고른 것은?

보기
ㄱ. (가)는 남획 및 국제 거래로 멸종 위기에 처한 생물을 보호하기 위해 체결하였다.
ㄴ. (나)는 습지를 보전하기 위해 체결하였다.
ㄷ. (다)는 생물종을 보전하기 위해 유엔(UN) 환경 개발 회의에서 체결하였다.

① ㄱ　　　　② ㄷ　　　　③ ㄱ, ㄴ
④ ㄴ, ㄷ　　　⑤ ㄱ, ㄴ, ㄷ

01 표는 면적이 같은 서로 다른 지역 (가)와 (나)에 서식하는 식물종과 그 개체 수를 나타낸 것이다.

식물종	(가)	(나)
A	75	20
B	10	18
C	2	20
D	3	20
E	10	22
총 개체 수	100	100

이에 대한 설명으로 옳은 것만을 [보기]에서 있는 대로 고른 것은?

┌─ 보기 ─
ㄱ. 식물의 종 다양성은 (가)보다 (나)에서 높다.
ㄴ. (가)와 (나)에 서식하는 식물종 수는 같다.
ㄷ. 식물종 A의 유전적 다양성은 (나)가 (가)보다 높다.
└─

① ㄱ   ② ㄴ   ③ ㄷ
④ ㄱ, ㄴ   ⑤ ㄴ, ㄷ

02 다음은 생물 다양성과 관련된 자료이다.

┌─
(가) 1800년대 아일랜드는 품종 개량을 하여 얻은 동일한 종류의 감자만을 키우고 있었다. 그런데 1847년 ㉠'감자잎마름병'이 유행하여 모든 감자가 죽었고, 그 결과 150만 명이 기아로 사망하였다.
(나) 비무장 지대(DMZ)에는 ㉡계곡, 분지, 강, 산, 습지, 해안 등이 있으며, ㉢2000여 종의 동식물이 서식하고 있다.
└─

이에 대한 설명으로 옳은 것만을 [보기]에서 있는 대로 고른 것은?

┌─ 보기 ─
ㄱ. ㉠은 당시 재배 중인 감자의 유전적 다양성이 높았기 때문에 나타난 현상이다.
ㄴ. ㉡은 생태계 다양성을 나타낸다.
ㄷ. ㉢에서 나타나는 종 다양성은 먹이 관계의 복잡성과 관련이 있다.
└─

① ㄱ   ② ㄴ   ③ ㄷ
④ ㄱ, ㄴ   ⑤ ㄴ, ㄷ

03 그림 (가)와 (나)는 서식지가 철도와 도로에 의해 분리되었을 때의 서식지 면적 변화를 나타낸 것이다.

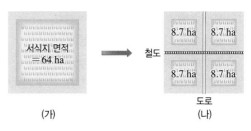

(가)   (나)

이에 대한 설명으로 옳은 것만을 [보기]에서 있는 대로 고른 것은?

┌─ 보기 ─
ㄱ. 생물 서식지의 총 면적은 (가)와 (나)에서 같다.
ㄴ. (가)보다 (나)에서 생물의 이동이 제한된다.
ㄷ. (나)는 (가)보다 생물 다양성을 유지하기에 유리하다.
└─

① ㄱ   ② ㄴ   ③ ㄱ, ㄷ
④ ㄴ, ㄷ   ⑤ ㄱ, ㄴ, ㄷ

04 생물 다양성을 보전하기 위한 노력으로 옳은 것만을 [보기]에서 있는 대로 고른 것은?

┌─ 보기 ─
ㄱ. 외래종을 들여와 종 다양성을 높인다.
ㄴ. 갯벌과 습지를 매립하여 생태 공원을 조성한다.
ㄷ. 생물 다양성을 보전하기 위해 국제 협약을 체결한다.
ㄹ. 화석 연료의 사용을 줄이고, 친환경 에너지원을 개발한다.
└─

① ㄱ, ㄴ   ② ㄱ, ㄷ   ③ ㄴ, ㄷ
④ ㄴ, ㄹ   ⑤ ㄷ, ㄹ

●●○
01 지질 시대에 대한 설명으로 옳지 <u>않은</u> 것은?

① 부정합은 지질 시대의 구분 기준이 된다.

② 고생대에 육상 생물이 출현하였다.

③ 중생대에 파충류가 번성하였다.

④ 신생대에 양치식물이 번성하였다.

⑤ 스트로마톨라이트 화석은 선캄브리아 시대에 처음 만들어졌다.

●●○
02 그림은 지질 시대의 상대적인 길이를 나타낸 것이다.

A~D 시대에 대한 설명으로 옳은 것만을 [보기]에서 있는 대로 고른 것은?

┌─ 보기 ─────────────────────
│ ㄱ. A 시대에 광합성을 하는 생물이 출현하였다.
│ ㄴ. B 시대에 최초의 인류가 출현하였다.
│ ㄷ. C 시대에 빙하기와 간빙기가 반복되었다.
│ ㄹ. D 시대에 판게아가 분리되기 시작하였다.
└──────────────────────────

① ㄱ, ㄴ   ② ㄱ, ㄹ   ③ ㄷ, ㄹ
④ ㄱ, ㄴ, ㄷ   ⑤ ㄴ, ㄷ, ㄹ

●●○
03 그림은 화석의 분포 면적과 생존 기간을 나타낸 것이다. A와 B에 해당하는 생물의 화석을 옳게 짝 지은 것은?

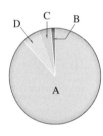

	A	B		A	B
①	조개	산호	②	고사리	방추충
③	삼엽충	고사리	④	방추충	화폐석
⑤	화폐석	조개			

●●○
04 그림 (가)는 어느 지층에서 발견된 공룡 발자국 화석이고, (나)는 산호 화석이다.

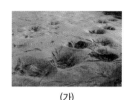 

(가)   (나)

이에 대한 설명으로 옳은 것만을 [보기]에서 있는 대로 고른 것은?

┌─ 보기 ─────────────────────
│ ㄱ. (가)가 발견된 지층에서 매머드 화석이 발견될 수 있다.
│ ㄴ. (나)가 발견된 지층은 과거에 따뜻하고 수심이 얕은 바다 환경이었다.
│ ㄷ. (가)와 (나) 중 지질 시대를 구분하는 데 더 적합한 화석은 (나)이다.
└──────────────────────────

① ㄱ   ② ㄴ   ③ ㄱ, ㄷ
④ ㄴ, ㄷ   ⑤ ㄱ, ㄴ, ㄷ

●●○
05 그림은 어느 지질 시대의 수륙 분포를 나타낸 것이다.

이 시대에 대한 설명으로 옳지 <u>않은</u> 것은?

① 기후는 전반적으로 온난하였다.

② 육지에서는 겉씨식물이 번성하였다.

③ 바다에서는 암모나이트가 번성하였다.

④ 대서양과 인도양이 형성되기 시작하였다.

⑤ 알프스산맥과 히말라야산맥이 형성되었다.

06 그림 (가)와 (나)는 서로 다른 지질 시대의 환경을 복원한 모식도를 순서 없이 나타낸 것이다.

(가)

(나)

이에 대한 설명으로 옳은 것만을 [보기]에서 있는 대로 고른 것은?

┌─── 보기 ────────────────────────────┐
│ ㄱ. (가)는 (나) 이후의 지질 시대이다.   │
│ ㄴ. (가) 시대의 수륙 분포는 현재와 비슷하였다.   │
│ ㄷ. 지구의 평균 기온은 (나) 시대가 (가) 시대보다   │
│   더 높았다.   │
└──────────────────────────────────────┘

① ㄱ   ② ㄴ   ③ ㄱ, ㄷ
④ ㄴ, ㄷ   ⑤ ㄱ, ㄴ, ㄷ

07 그림은 지질 시대 동안 생물 과의 수 변화를 나타낸 것이다.

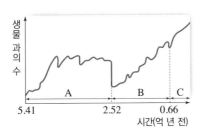

A~C 시대에 대한 설명으로 옳은 것만을 [보기]에서 있는 대로 고른 것은?

┌─── 보기 ────────────────────────────┐
│ ㄱ. A 시대 말기에 나타난 대멸종은 초대륙 형성과   │
│   관련이 있다.   │
│ ㄴ. A~C 중 공룡, 암모나이트가 멸종한 시대는 C   │
│   이다.   │
│ ㄷ. 대멸종 이후 멸종된 생물은 다시 회복하는 경향   │
│   이 있다.   │
└──────────────────────────────────────┘

① ㄱ   ② ㄷ   ③ ㄱ, ㄴ
④ ㄴ, ㄷ   ⑤ ㄱ, ㄴ, ㄷ

08 변이에 대한 설명으로 옳지 <u>않은</u> 것은?

① 같은 종의 개체 사이에서 나타나는 형질 차이이다.
② 일반적으로 말하는 변이는 유전적 변이이다.
③ 비유전적 변이는 진화의 원동력이 된다.
④ 비유전적 변이는 형질이 자손에게 유전되지 않는다.
⑤ 카렌족 여인들이 목에 황동 목걸이를 걸고 생활한 결과 목이 길어진 것은 비유전적 변이의 예이다.

09 변이가 나타나는 원인으로 옳은 것만을 [보기]에서 있는 대로 고른 것은?

┌─── 보기 ────────────────────────────┐
│ ㄱ. 돌연변이   │
│ ㄴ. 생식세포의 다양한 조합   │
│ ㄷ. 체세포 분열 과정에서 염색 분체의 배열   │
└──────────────────────────────────────┘

① ㄱ   ② ㄴ   ③ ㄷ
④ ㄱ, ㄴ   ⑤ ㄴ, ㄷ

10 다윈의 진화론과 관련된 내용으로 옳지 <u>않은</u> 것은?

① 생존 경쟁에서 살아남은 개체가 자연 선택된다.
② 개체의 형질 차이에 따라 환경 적응력이 다르다.
③ 변이가 나타나는 원인을 명확하게 설명하지 못하였다.
④ 환경에 적응하기 유리한 개체의 유전자가 자손에게 전달되는 원리를 밝혔다.
⑤ 과학뿐만 아니라 정치, 경제, 사회, 문화, 철학 등 사회 전반에 영향을 주었다.

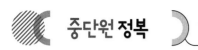

11 다음은 갈라파고스땅거북의 목 길이가 길어진 과정을 나타낸 것이다.

> (가) 갈라파고스땅거북 무리에는 목 길이가 다양한 거북이 있었다.
> (나) 목 길이가 다양한 거북이 갈라파고스 군도의 여러 섬에 흩어져 살게 되었고, 키가 큰 선인장이 자라는 섬에서는 목이 긴 거북이 생존에 유리해 더 많이 살아남았다.
> (다) 이 환경에서 목이 긴 거북이 자손을 남기게 되었고, 이 과정이 오랫동안 반복되어 거북의 목 길이가 길어졌다.

(가)   (나)   (다)

이에 대한 설명으로 옳은 것만을 [보기]에서 있는 대로 고른 것은?

> • 보기 •
> ㄱ. (가)에서 목 길이에 변이가 있었다.
> ㄴ. (나)에서 먹이에 대한 경쟁이 일어났다.
> ㄷ. (다)에서 목이 긴 거북이 목이 짧은 거북보다 번식 능력이 뛰어나 자손을 많이 남기게 되었다.

① ㄱ   ② ㄴ   ③ ㄱ, ㄴ
④ ㄱ, ㄷ   ⑤ ㄴ, ㄷ

12 다음은 변이와 자연 선택에 대한 학생들의 대화이다.

> • 민경 : 환경에 관계없이 항상 우수한 변이를 가진 개체가 자연 선택돼.
> • 성용 : 변이는 유전자의 차이로 나타나며, 돌연변이는 변이의 원인 중 하나야.
> • 소희 : 다윈은 변이와 자연 선택으로 생물의 진화를 설명하였어.

옳게 설명한 학생만을 있는 대로 고른 것은?

① 민경   ② 소희
③ 민경, 성용   ④ 성용, 소희
⑤ 민경, 성용, 소희

13 그림은 어떤 나방 집단에서 색에 따른 개체 수 비율이 달라지는 과정을 나타낸 것이다.

흰색 나방   검은색 나방

이에 대한 설명으로 옳은 것만을 [보기]에서 있는 대로 고른 것은? (단, 흰색 나방과 검은색 나방은 같은 종이며, 번식률은 같다.)

> • 보기 •
> ㄱ. (가)에서 새로운 변이가 나타났다.
> ㄴ. (나)에서는 환경 변화가 일어나 검은색 나방이 생존에 더 유리해졌다.
> ㄷ. (나)에서 흰색 나방이 자연 선택되었다.

① ㄱ   ② ㄷ   ③ ㄱ, ㄴ
④ ㄴ, ㄷ   ⑤ ㄱ, ㄴ, ㄷ

14 다음은 자연 선택에 의해 생물이 진화하는 과정을 나타낸 것이다.

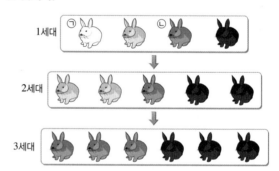

1세대
2세대
3세대

이에 대한 설명으로 옳은 것만을 [보기]에서 있는 대로 고른 것은? (단, 토끼는 모두 같은 종이다.)

> • 보기 •
> ㄱ. ㉠은 ㉡보다 생존에 유리한 형질을 가진다.
> ㄴ. 1세대에서 3세대로 갈수록 털색에 대한 유전적 다양성이 증가한다.
> ㄷ. 토끼의 천적이 밝은 털색을 선호할 때 이러한 자연 선택이 일어날 수 있다.

① ㄱ   ② ㄷ   ③ ㄱ, ㄴ
④ ㄴ, ㄷ   ⑤ ㄱ, ㄴ, ㄷ

15 지구의 생명체 출현에 대한 설명으로 옳지 <u>않은</u> 것은?

① 모든 생물은 최초의 생명체로부터 진화하였다.

② 원시 대기는 대부분 수증기로 구성되었을 것으로 추정된다.

③ 화학 진화설에 따르면 간단한 유기물에서 무기물이 합성되었다.

④ 심해 열수구에서 최초의 생명체가 출현하였을 것이라는 가설도 있다.

⑤ 우주에서 만들어진 유기물이 운석을 통해 지구로 운반되어 최초의 생명체가 출현하였을 것이라는 가설도 있다.

16 다음은 생물 다양성의 예를 설명한 것이다.

> (가) 농경지, 사막, 초원 등 생물의 서식지가 다양하다.
> (나) 채프먼얼룩말은 털 줄무늬가 개체마다 다르게 나타난다.
> (다) 습지에는 다양한 생물들이 살고 있다.

(가)~(다)에 해당하는 생물 다양성의 의미를 옳게 짝 지은 것은?

	(가)	(나)	(다)
①	생태계 다양성	유전적 다양성	종 다양성
②	생태계 다양성	종 다양성	유전적 다양성
③	유전적 다양성	종 다양성	생태계 다양성
④	종 다양성	유전적 다양성	생태계 다양성
⑤	종 다양성	생태계 다양성	유전적 다양성

17 그림은 위도에 따라 서식하고 있는 생물종 수를 나타낸 것이다.

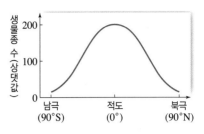

이에 대한 설명으로 옳은 것만을 [보기]에서 있는 대로 고른 것은? (단, 조사 지역의 면적은 동일하다.)

> **보기**
> ㄱ. 위도가 높아질수록 종 다양성은 감소한다.
> ㄴ. 적도와 극지방의 생물 다양성은 동일하다.
> ㄷ. 적도 지방의 생태계가 극지방의 생태계보다 안정적으로 유지된다.

① ㄱ　　　② ㄷ　　　③ ㄱ, ㄷ
④ ㄴ, ㄷ　　　⑤ ㄱ, ㄴ, ㄷ

18 다음은 생물 다양성에 대해 설명한 것이다.

> ㉠어떤 지역에 초원, 삼림, 강 등의 생태계가 다양하게 존재하면 ㉡그 지역에 서식하는 생물종의 종류도 다양해진다. ㉢같은 생물종에서도 변이가 다양하게 나타나는데, 변이가 다양할수록 생태계가 안정적으로 유지된다.

이에 대한 설명으로 옳은 것만을 [보기]에서 있는 대로 고른 것은? (단, ㉠~㉢은 서로 다른 생물 다양성의 의미를 나타낸다.)

> **보기**
> ㄱ. ㉠이 높아질수록 ㉡과 ㉢도 높아진다.
> ㄴ. ㉡은 생태계 다양성이다.
> ㄷ. 단일 품종의 바나나가 전염병에 취약한 것은 ㉢과 관련이 있다.

① ㄱ　　　② ㄷ　　　③ ㄱ, ㄴ
④ ㄱ, ㄷ　　　⑤ ㄴ, ㄷ

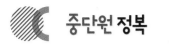
19 생물 자원을 이용하는 사례에 대한 설명으로 옳지 <u>않은</u> 것은?

① 울창한 숲은 휴식처로 이용된다.
② 옥수수, 콩, 벼 등을 재배하여 식량을 얻는다.
③ 목화, 누에고치 등을 이용하여 섬유를 만든다.
④ 주목의 열매는 항암제를 만드는 원료로 사용된다.
⑤ 버드나무 껍질에서 항생제인 페니실린을 만드는 원료를 추출한다.

20 그림 (가)~(다)는 어떤 서식지가 시간에 따라 변화하는 모습을 나타낸 것이다.

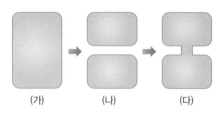

(가)　　　　(나)　　　　(다)

이에 대한 설명으로 옳은 것만을 [보기]에서 있는 대로 고른 것은?

> ─ 보기 ─
> ㄱ. (가)에서 (나)로 되는 과정에서 서식지가 단편화되었다.
> ㄴ. (나)에서 생물종의 멸종 위험은 (다)에서보다 낮다.
> ㄷ. (다)는 분리된 서식지에 생태 통로를 설치한 것이다.

① ㄱ　　　　② ㄴ　　　　③ ㄱ, ㄷ
④ ㄴ, ㄷ　　　⑤ ㄱ, ㄴ, ㄷ

21 생물 다양성 감소와 보전에 대한 설명으로 옳은 것만을 있는 대로 고르면? (2개)

① 농경지를 습지로 복원하면 생물 다양성이 감소한다.
② 생물 다양성이 높은 숲을 국립 공원으로 지정한다.
③ 외래종을 도입하기 전에 기존 생태계에 주는 영향을 철저히 검증한다.
④ 다양한 생물종이 함께 사는 하나의 서식지를 여러 개의 작은 서식지로 분리하여 관리한다.
⑤ 우수한 품종 위주로 농작물을 재배하면 기후 변화나 병충해 발생 시 식량 기근을 방지할 수 있다.

서술형 문제

22 지질 시대 중 최초로 육상 생물이 출현한 시대를 쓰고, 육상 생물이 출현하게 된 까닭을 서술하시오.

_____

_____

23 지질 시대 동안 여러 차례의 대멸종이 일어났지만, 오늘날과 같은 생물 다양성이 유지되는 까닭을 서술하시오.

_____

_____

24 항생제를 지속적으로 사용하였을 때 항생제 내성 세균 집단이 출현하는 과정을 다음 내용을 모두 포함하여 서술하시오.

> 변이, 자연 선택

_____

_____

25 그림 (가)는 어떤 숲에 서식하는 여러 생물들을, (나)는 같은 종에 속하는 무당벌레 겉날개의 다양한 무늬를 나타낸 것이다.

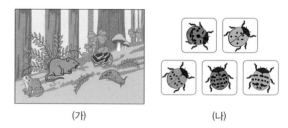

(가)　　　　　　　(나)

(1) (가)와 (나)는 생물 다양성의 세 가지 의미 중 무엇에 해당하는지 각각 쓰시오.

_____

_____

(2) (나)와 같이 무늬가 다양하게 나타나는 까닭을 서술하시오.

_____

_____

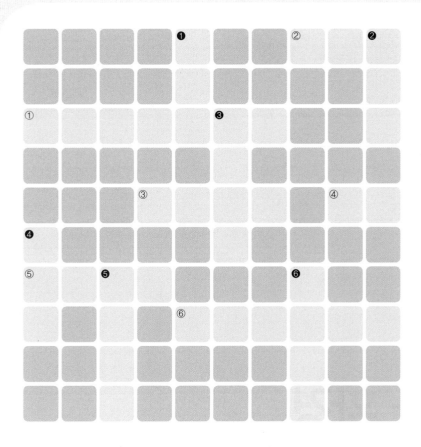

다음 설명이 뜻하는 용어를 □ 안에 가로 또는 세로로 쓰시오.

가로

① 고생대 이전의 시대로, 지질 시대 중 상대적으로 가장 길다. 대표적인 화석으로 스트로마톨라이트가 있다.

② 지질 시대에서 약 5억 4천 1백만 년 전~약 2억 5천 2백만 년 전까지의 기간이다. 무척추동물, 어류 등이 번성하였다.

③ 지층의 생성 시대를 알려주는 화석이다. 생물의 생존 기간이 짧고, 분포 면적이 넓어야 한다.

④ 같은 종에 속한 개체들 사이에서 나타나는 형태, 습성, 기능 등의 형질의 차이이다.

⑤ 인간의 생활과 생산 활동에 이용될 가치가 있는 생물이다.

⑥ 생물 다양성의 의미 중 같은 생물종이라도 하나의 형질을 결정하는 유전자가 달라 다양한 형질이 나타나는 것이다.

세로

❶ 고생대 말에 대륙들이 하나로 뭉쳐 이루어진 거대한 대륙이다.

❷ 많은 생물종이 한꺼번에 멸종하는 것이다.

❸ 지층의 생성 환경을 알려주는 화석이다. 생물의 생존 기간이 길고, 분포 면적이 좁아야 한다.

❹ 지질 시대에서 약 6천 6백만 년 전 이후의 기간으로, 포유류와 조류 등이 번성하였다.

❺ 다양한 변이를 가진 개체들 중 환경에 잘 적응한 개체가 생존 경쟁에서 더 많이 살아남아 자손을 남기는 현상이다.

❻ 일정한 지역에 얼마나 많은 생물종이 고르게 분포하여 살고 있는지를 의미한다.

재미있는 과학 이야기

시조새는 실제로 하늘을 날았을까?

흔히 시조새라고도 불리는 '아르카이옵테릭스'는 약 1억 5천만 년 전, 열대 지역의 수심이 얕은 바다와 섬에 살았고 주로 곤충을 먹었을 것으로 추정하고 있다. 아르카이옵테릭스는 깃털과 날개를 가지고 있어 새처럼 보이지만, 날개에 손가락이 있고 주둥이에 이빨이 있어 파충류의 특징도 함께 가지고 있었다.

아르카이옵테릭스가 실제로 하늘을 날 수 있었는지 분석한 결과, 아르카이옵테릭스의 뼈는 공룡보다 훨씬 얇아 아르카이옵테릭스가 공룡보다는 조류에 가깝다는 사실을 확인하였다. 연구진에 따르면 아르카이옵테릭스는 멀리 날지는 못했지만 장애물을 넘거나 천적을 피하기 위해 짧은 거리를 날기에는 충분했다고 한다.

1

생태계와 환경

중학교에서 **배운 내용을 확인**하고, 이 단원에서 **학습할 개념**과 **연결**지어 보자.

배운 내용 Review

⬤ 지구 온난화

(1) **지구의 복사 평형** : 지구는 태양 복사 에너지를 흡수한 양만큼 지구 복사 에너지를 방출하므로 복사 평형을 이루어 평균 기온이 일정하게 유지된다.

(2) ① ▢ : 지표에서 방출되는 지구 복사 에너지의 일부가 대기에 포함되어 있는 온실 기체에 흡수되었다가 지표로 다시 방출되어 지구를 보온하는 현상

(3) ② ▢ : 온실 효과가 강화되어 지구의 평균 기온이 상승하는 현상

⬤ 대기 대순환

(1) **대기 대순환** : 지구 전체 규모로 일어나는 공기의 흐름 ➡ 북반구와 남반구에서 각각 ③ ▢ 개의 순환 형성

(2) **지상에서 부는 바람** : 극동풍, 편서풍, 무역풍

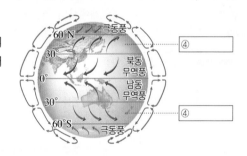

⬤ 역학적 에너지 전환과 보존

(1) **역학적 에너지** : 물체가 가진 운동 에너지와 ⑤ ▢ 에너지의 합

(2) **역학적 에너지 보존** : 마찰이나 공기 저항이 없는 경우, 물체의 역학적 에너지는 일정하게 ⑥ ▢ .

예	자유 낙하 하는 물체		던져 올린 물체(올라갈 때)	
운동	높이가 낮아지고 속도가 빨라진다.		높이가 높아지고 속도가 느려진다.	
에너지 전환	퍼텐셜 에너지 → 운동 에너지		운동 에너지 → 퍼텐셜 에너지	
역학적 에너지	일정하게 보존된다. (퍼텐셜 에너지 감소량=운동 에너지 증가량)		일정하게 보존된다. (퍼텐셜 에너지 증가량=운동 에너지 감소량)	

⬤ 에너지 보존 법칙 에너지는 전환 과정에서 새로 생기거나 없어지지 않고, 에너지의 총량은 일정하게 보존된다.

(1) **마찰이나 공기 저항이 있는 경우** : 역학적 에너지＋열에너지, 소리 에너지 등＝일정

(2) **에너지를 절약해야 하는 까닭** : 에너지의 총량은 보존되지만, 에너지 전환 과정에서 일부는 다시 사용할 수 없는 ⑦ ▢ 의 형태로 전환되어 유용하게 사용할 수 있는 에너지는 점점 줄어들기 때문이다.

01 생태계 구성 요소와 환경

핵심 짚기 □ 생태계 구성 요소   □ 생태계 구성 요소 간의 관계
         □ 빛과 생물의 관계   □ 온도와 생물의 관계

A 생태계 구성

1 생태계 생물과 환경이 서로 영향을 주고받으며 이룬 하나의 커다란 체계이다.❶

개체	개체군	군집	생태계
하나의 생명체	같은 종의 개체들이 일정한 지역에 모여 사는 무리	일정한 지역에서 여러 개체군이 서로 관계를 맺고 살아가는 집단	자연 환경과 생물이 밀접한 관계를 맺으며 서로 영향을 주고받는 체계

☆**2 생태계 구성 요소** 생태계는 비생물적*요인과 생물적 요인으로 구성된다.
  ① 비생물적 요인 : 생물을 둘러싸고 있는 환경 요인 예 빛, 온도, 물, 토양, 공기 등
  ② 생물적 요인 : 생태계에 존재하는 모든 생물로, 생태계에서의 역할에 따라 생산자, 소비자, 분해자로 구분한다.

생산자	광합성을 하여 생명 활동에 필요한 양분을 스스로 만드는 생물	예 식물, 식물 플랑크톤
소비자	스스로 양분을 만들지 못하고 다른 생물을 먹이로 하여 양분을 얻는 생물❷	예 동물 플랑크톤, 초식 동물, 육식 동물
분해자	죽은 생물이나 다른 생물의 배설물을 분해하여 양분을 얻는 생물	예 세균, 버섯, 곰팡이

☆**3 생태계 구성 요소 간의 관계** 생태계는 비생물적 요인과 생물적 요인의 상호 관계로 유지된다.

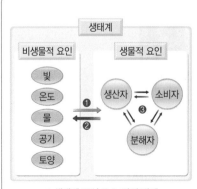

▲ 생태계 구성 요소 간의 관계

❶ 비생물적 요인이 생물에 영향을 준다.
예 · 토양에 양분이 풍부하면 식물이 잘 자란다
  · 기온이 낮아지면 은행나무의 잎이 노래진다.
❷ 생물이 비생물적 요인에 영향을 준다.
예 · 낙엽이 쌓여 분해되면 토양이 비옥해진다.
  · 지의류는 산성 물질을 분비하여 암석의 풍화를 촉진한다.
  · 식물이 광합성을 활발히 하면 공기 중의 산소 농도가 높아진다.
  · 지렁이가 토양의 통기성을 높인다.
❸ 생물들 간에 서로 영향을 주고받는다.
예 · 개구리의 개체 수가 증가하자 메뚜기의 개체 수가 감소하였다.

Plus 강의

❶ **생태계의 종류**
● 생태계는 어항과 같이 작은 생태계부터 바다와 같이 큰 생태계까지 다양하다.
● 열대 우림, 사막 등과 같이 자연적으로 형성된 생태계도 있고, 농경지, 공원, 저수지 등과 같이 인위적으로 만들어진 생태계도 있다.

❷ **소비자의 구분**
● **1차 소비자** : 생산자를 먹이로 한다. ➡ 초식 동물
● **2차, 3차 소비자** : 각각 1차 소비자와 2차 소비자를 먹이로 한다. ➡ 육식 동물

🔍 **용어 돋보기**
* 요인(要 요긴하다, 因 인하다)_조건이 되는 요소

B 생물과 환경의 관계

1 생물은 빛, 온도, 물, 토양, 공기 등 여러 환경 영향에 대해 적응하며 살아가고, 생물도 환경에 영향을 준다. ❸

⭐**2** **빛과 생물** 빛의 세기와 파장, *일조 시간 등은 생물의 형태나 생활 방식에 영향을 준다.

빛의 세기	• 숲의 위쪽에는 강한 빛에 적응한 식물이 잘 자라고, 아래쪽에는 약한 빛에 적응한 식물이 잘 자란다. • 한 식물에서도 강한 빛을 받는 잎은 울타리 조직이 발달되어 있어 잎이 두껍고, 약한 빛을 받는 잎은 빛을 효율적으로 흡수하기 위해 잎이 얇고 넓다. 강한 빛을 받는 잎 — 울타리 조직이 두껍다.　약한 빛을 받는 잎 — 울타리 조직이 얇다. ▲ 빛의 세기에 따른 잎의 두께
빛의 파장	바다의 깊이에 따라 도달하는 빛의 파장과 양이 다르기 때문에 서식하는 해조류의 종류가 다르다. ❹ ➡ 얕은 바다에는 파장이 긴 적색광을 주로 이용하는 녹조류가 많이 분포하고, 깊은 바다에는 파장이 짧은 청색광을 주로 이용하는 홍조류가 많이 분포한다. 도달하는 빛의 양(%)　0　50　100 바다의 깊이(m) 0 / 20 / 40　녹조류 / 갈조류 / 홍조류 — 적색광(660 nm) — 황색광(600 nm) — 청색광(470 nm)
일조 시간	식물의 *개화나 동물의 생식에 영향을 준다. 예 • 붓꽃은 일조 시간이 길어지는 봄과 초여름에 꽃이 피지만, 코스모스는 일조 시간이 짧아지는 가을에 꽃이 핀다. ❺ • 꾀꼬리나 종달새는 일조 시간이 길어지는 봄에 번식하지만, 송어와 사슴은 일조 시간이 짧아지는 가을에 번식한다.

❸ 적응
생물이 환경의 영향을 받아 몸의 형태, 기능, 생활 방식 등이 변하는 현상이다. 오랜 시간 적응하여 변한 형질은 자손에게 유전된다.

❹ 해조류의 종류
▶ **녹조류** : 녹색을 띠는 조류 예 파래, 청각
▶ **갈조류** : 갈색을 띠는 조류 예 미역, 다시마
▶ **홍조류** : 붉은색을 띠는 조류 예 김, 우뭇가사리

❺ 장일 식물과 단일 식물
▶ **장일 식물** : 낮의 길이가 길어지고 밤의 길이가 짧아지는 봄과 초여름에 꽃이 피는 식물 예 붓꽃, 시금치
▶ **단일 식물** : 낮의 길이가 짧아지고 밤의 길이가 길어지는 가을에 꽃이 피는 식물 예 국화, 나팔꽃, 코스모스

낮 16시간 ☀ 　밤 8시간 ☽
낮 8시간 ☀ 　밤 16시간 ☽
장일 식물　　　　단일 식물

🔍 **용어 돋보기**

＊ **일조 시간**(日 해, 照 비추다, 時 때, 間 사이)_햇빛이 지표면에 내리쬐는 시간
＊ **개화**(開 열다, 花 꽃)_꽃이 피는 현상

개념 쏙쏙

○ 정답과 해설 61쪽

1 생태계 구성에 대한 설명으로 옳은 것은 ○, 옳지 <u>않은</u> 것은 ×로 표시하시오.

(1) 일정한 지역에 사는 같은 종의 개체들의 무리를 개체군이라고 한다. (　　　)

(2) 생물과 환경이 관계를 맺고 서로 영향을 주고받는 체계를 군집이라고 한다.
.... (　　　)

(3) 빛, 온도, 물, 토양은 비생물적 요인에 해당한다. .... (　　　)

(4) 버섯, 곰팡이는 생산자에 해당한다. .... (　　　)

(5) 낙엽이 쌓여 분해되면 토양이 비옥해지는 것은 생물이 비생물적 요인에 영향을 준 것이다. .... (　　　)

2 다음 현상이 나타나는 데 영향을 준 환경 요인을 옳게 연결하시오.

(1) 바다 깊이에 따라 해조류의 분포가 다르다. 　•　　　• ㉠ 일조 시간

(2) 계절에 따라 개화하는 식물의 종류가 다르다. 　•　　　• ㉡ 빛의 파장

(3) 한 나무에서 잎의 위치에 따라 잎의 두께가 다르다. •　　• ㉢ 빛의 세기

암기 꼭!

생태계의 구성
개체 → 개체군 → 군집 → 생태계

01. 생태계 구성 요소와 환경　**237**

☆3 온도와 생물 온도는 물질대사에 영향을 주므로 생물의 생명 활동은 온도의 영향을 받는다.❶

동물의 적응	• 개구리, 곰, 박쥐 등은 추운 겨울이 오면 겨울잠을 잔다.❷ • 기러기와 같은 철새는 계절에 따라 살기 적합한 온도의 지역으로 이동한다. • 나마쿠아 카멜레온은 온도가 높을 때 몸색이 밝아져 열을 방출하고, 온도가 낮을 때 몸색이 어두워져 열을 흡수한다. • 추운 지방에 사는 정온 동물은 깃털이나 털이 발달되어 있고, 피하 지방층이 두꺼워 몸에서 열이 빠져나가는 것을 막는다. • 포유류는 서식지에 따라 몸집의 크기와 귀와 같은 몸 말단*부의 크기가 다르다. 예 북극여우는 몸집이 크고 몸의 말단부가 작아 열이 방출되는 것을 막지만, 사막여우는 몸집이 작고 몸의 말단부가 커서 열을 잘 방출한다. 「귀가 작다.」 「귀가 크다.」 ▲ 북극여우　▲ 온대여우　▲ 사막여우
식물의 적응	• 기온이 매우 낮은 툰드라에 사는 털송이풀은 잎이나 꽃에 털이 나 있어 체온이 낮아지는 것을 막는다. • 낙엽수는 기온이 낮아지면 단풍이 들고 잎을 떨어뜨리지만, 상록수는 잎의 큐티클층이 두꺼워 잎을 떨어뜨리지 않고 겨울을 난다.❸❹ ▲ 털송이풀　▲ 자작나무(낙엽수)　▲ 동백나무(상록수)

4 물과 생물 물은 생명체를 구성하는 성분 중 가장 많고 생명 유지에 반드시 필요하므로 생물은 몸속 수분을 보존하기 위해 다양한 방법으로 적응하였다.

동물의 적응	수분 증발 방지	• 파충류는 몸 표면이 비늘로 덮여 있다. • 조류와 파충류의 알은 단단한 껍데기로 싸여 있다. • 곤충은 몸 표면이 *키틴질로 되어 있으며, 키틴질의 바깥쪽에는 큐티클층도 있다.
	수분 손실 최소화	사막에 사는 포유류는 농도가 진한 오줌을 배설하여 오줌으로 나가는 수분량을 줄인다.
식물의 적응		• 대부분의 육상 식물은 뿌리, 줄기, 잎이 잘 발달하였다. 예 해바라기, 민들레 • 물에 사는 식물은 관다발이나 뿌리가 잘 발달하지 않으며, *통기 조직이 발달하였다. 예 수련, 연꽃 • 건조한 지역에 사는 식물은 *저수 조직이 발달하였고, 잎이 가시로 변해 수분 증발을 막는다. 예 알로에, 선인장

몸 표면이 비늘로 덮인 도마뱀

잎이 가시로 변한 선인장

5 토양과 생물 토양은 수많은 생물이 살아가는 터전을 제공하고, 토양의 무기염류, 공기, 수분 함량 등은 생물의 생활에 영향을 준다.

① 토양의 깊이에 따라 공기의 함량이 달라 분포하는 세균의 종류가 달라진다.❺

② 지렁이, 두더지 등의 생물은 토양을 돌아다니며 토양의 통기성을 높여, 산소가 필요한 식물과 미생물이 살기 좋은 환경을 만든다.

③ 토양 속 미생물은 동식물의 사체나 배설물을 무기물로 분해하여 다른 생물에게 양분을 제공하거나 비생물 환경으로 돌려보낸다.

Plus 강의

❶ 생물이 온도에 따라 다양한 적응 현상을 나타내는 까닭
생물의 물질대사에는 효소가 관여하는데, 효소의 작용은 체온 정도의 온도에서 잘 일어난다. 따라서 온도는 물질대사에 영향을 주므로 생물의 생명 활동은 온도의 영향을 많이 받는다.

❷ 동물의 겨울잠
개구리와 같은 양서류는 추운 겨울이 오면 물질대사가 잘 일어나지 않아 겨울잠을 자지만, 곰, 박쥐, 다람쥐와 같은 포유류는 먹이가 부족한 겨울에 에너지 소모를 줄이려고 겨울잠을 잔다.

❸ 낙엽수와 상록수
▶ 낙엽수 : 가을이나 겨울에 잎이 떨어졌다가 봄에 새잎이 나는 나무
예 느티나무, 신갈나무
▶ 상록수 : 사계절 내내 잎이 푸른 나무
예 동백나무, 사철나무

❹ 식물의 큐티클층
식물의 표피 세포 바깥쪽을 싸고 있는 얇은 막으로, 외부로부터 몸을 보호하며 식물체 안의 수분이 빠져나가는 것을 막는다.

❺ 토양 속 공기의 함량에 따른 세균의 종류
공기를 비교적 많이 포함하고 있는 토양의 표면은 산소를 이용해 유기물을 분해하여 살아가는 호기성 세균이 살기에 적합하고, 공기가 비교적 적은 토양의 깊은 곳은 산소 없이 유기물을 분해하여 살아가는 혐기성 세균이 살기에 적합하다.

🔍 용어 돋보기

* 말단(末 끝, 端 끝)부_사물의 끝 부분
* 키틴질_곤충류나 갑각류와 같은 동물의 몸을 감싸는 외골격을 이루는 물질
* 통기(通 통하다, 氣 공기) 조직_기체가 순환할 수 있는 조직으로 식물체를 물에 뜨게 함
* 저수(貯 쌓다, 水 물) 조직_물을 저장하는 식물 조직

6 공기와 생물 공기는 생물의 생활에 영향을 주며, 생물에 의해 공기의 조성이 바뀌기도 한다.

① 공기가 희박한 고산 지대에 사는 사람은 평지에 사는 사람에 비해 혈액 속에 적혈구 수가 많아 산소를 효율적으로 운반한다.❸

② 공기는 생물의 호흡과 광합성에 이용되고, 생물의 호흡과 광합성에 의해 공기의 성분이 변한다.

③ 나무는 해충과 병균으로부터 자신을 보호하는 살균 물질을 분비하는데, 그 결과 주변 공기의 성분이 변한다.

7 인간과 생태계 인간을 포함한 모든 생물은 환경과 상호 작용을 하며 살아간다. ➡ 인간도 생태계를 구성하는 구성원이므로 생태계를 보전하는 것은 인간의 생존을 위해서도 중요하다.

❻ 고산 지대
고산 지대는 일반적으로 2000 m~2500 m보다 높은 지역을 말한다. 고산 지대는 수증기의 양은 적으나 상대 습도가 높아서 안개가 자주 나타나며, 기온의 변화가 크지 않다. 고도가 높을수록 산소가 부족해져 고산 지대에서는 산소 부족으로 생기는 고산병이 나타나기도 한다.

개념 쏙쏙

정답과 해설 61쪽

3 생물과 환경에 대한 설명으로 옳은 것은 ○, 옳지 않은 것은 ×로 표시하시오.

(1) 온도는 동물의 생명 활동에는 영향을 주지만, 식물의 생명 활동에는 영향을 주지 않는다. ··· (   )

(2) 생물이 온도에 따라 다양한 적응 현상을 나타내는 것은 생물의 물질대사에 효소가 관여하기 때문이다. ······································· (   )

(3) 육상 동물은 몸속 수분을 잘 증발시키기 위한 방법으로 환경에 적응하였다. ··· (   )

(4) 토양 속 미생물은 죽은 생물을 무기물로 분해하여 다른 생물에게 양분을 제공한다. ··· (   )

(5) 공기는 생물이 살아가는 데 영향을 주지 않는다. ··············· (   )

4 생물과 환경의 관계를 나타낸 예이다. 각각의 예와 가장 관련 있는 환경 요인을 쓰시오.

(1) 철새는 계절에 따라 살기 적합한 지역으로 이동한다. ············· (   )

(2) 조류와 파충류의 알은 단단한 껍데기로 싸여 있다. ·············· (   )

(3) 고산 지대에 사는 사람은 평지에 사는 사람보다 적혈구 수가 많다. ··· (   )

(4) 지렁이, 두더지와 같은 생물이 살아가는 터전을 제공하고, 물질과 에너지를 순환하도록 한다. ····································· (   )

암기 꼭!

추운 지방에 사는 포유류의 온도 적응
몸집이 크고, 몸의 말단 부위가 작다.
➡ 몸에서 열이 빠져나가는 것을 막는다.

5 다음은 인간과 생태계에 대한 설명이다. (   ) 안에 알맞은 말을 쓰시오.

> 인간은 환경과 ㉠(   )을 하며 살아가며, 인간도 ㉡(   )의 구성 요소이므로 생태계를 보전하는 것은 인간의 생존을 위해서도 중요하다.

A 생태계 구성

01 생태계에 대한 설명으로 옳은 것만을 [보기]에서 있는 대로 고른 것은?

• 보기 •

ㄱ. 개체가 모여 개체군을 이루고, 개체군이 모여 군집을 이룬다.
ㄴ. 군집은 일정한 지역에 모여 사는 같은 종의 집단이다.
ㄷ. 생태계는 생물과 환경이 서로 영향을 주고받으며 이룬 하나의 커다란 체계이다.

① ㄱ   ② ㄴ   ③ ㄱ, ㄷ
④ ㄴ, ㄷ   ⑤ ㄱ, ㄴ, ㄷ

02 생태계를 구성하는 요소인 비생물적 요인, 생산자, 소비자, 분해자가 모두 포함된 것은?

① 풀, 나무, 참새, 뱀
② 빛, 물, 온도, 토양
③ 빛, 버섯, 세균, 개구리
④ 토양, 풀, 메뚜기, 곰팡이
⑤ 메뚜기, 개구리, 참새, 뱀

서술형

03 생태계에서의 역할에 따라 [보기]의 생물들을 세 범주로 구분하고, 각 범주에 해당하는 생물의 기호를 쓰시오.

• 보기 •

ㄱ. 사슴   ㄴ. 여우   ㄷ. 세균   ㄹ. 토끼풀
ㅁ. 곰팡이   ㅂ. 토끼   ㅅ. 매   ㅇ. 버섯

중요
04 표는 생태계의 구성 요소와 특징을 나타낸 것이다.

구성 요소	특징
A	빛에너지를 이용하여 생명 활동에 필요한 양분을 스스로 만드는 생물
B	생산자나 다른 동물을 먹이로 하는 생물
C	죽은 생물이나 다른 생물의 배설물을 분해하여 양분을 얻는 생물
D	생물을 둘러싸고 있는 환경

이에 대한 설명으로 옳지 않은 것은?

① 식물은 A에 해당한다.
② B는 영양 단계에 따라 1차, 2차, 3차 등으로 구분한다.
③ C는 분해자이다.
④ D는 생물적 요인에 속한다.
⑤ A~D는 모두 서로 영향을 주고받는다.

중요
05 그림은 생태계를 구성하는 요소들 간의 관계를 나타낸 것이다.

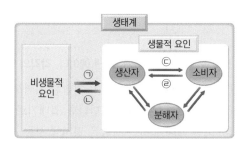

이에 대한 설명으로 옳은 것만을 [보기]에서 있는 대로 고른 것은?

• 보기 •

ㄱ. ㉠은 비생물적 요인이 생물에게 주는 영향이다.
ㄴ. 가을에 느티나무가 낙엽이 지고 단풍이 드는 것은 ㉡에 해당한다.
ㄷ. ㉢과 ㉣은 생물들 사이의 상호 작용을 나타낸 것이다.

① ㄱ   ② ㄴ   ③ ㄱ, ㄷ
④ ㄴ, ㄷ   ⑤ ㄱ, ㄴ, ㄷ

06 다음은 지의류와 지렁이에 대한 설명이다.

> • 지의류는 산성 물질을 분비하여 암석의 풍화를 촉진한다.
> • 지렁이는 흙 속을 돌아다니면서 흙 속에 구멍을 뚫어 토양의 통기성을 높인다.

이 자료에서 공통으로 나타난 생태계 구성 요소 간의 관계에 해당하는 사례로 옳은 것만을 [보기]에서 있는 대로 고른 것은?

> **• 보기 •**
> ㄱ. 식물의 증산 작용으로 숲의 온도가 낮아진다.
> ㄴ. 건조한 환경에 사는 선인장은 잎이 가시로 변하였다.
> ㄷ. 도토리가 많이 열리면 다람쥐의 개체 수가 증가한다.

① ㄱ   ② ㄷ   ③ ㄱ, ㄴ
④ ㄴ, ㄷ   ⑤ ㄱ, ㄴ, ㄷ

B 생물과 환경의 관계

[07~08] 그림은 한 나무의 다른 위치에 달린 두 잎의 단면 구조를 나타낸 것이다.

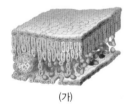 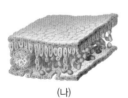

(가)   (나)

07 (가)와 (나)에서 잎의 두께 차이를 나타나게 하는 환경 요인으로 옳은 것은?

① 온도   ② 강수량   ③ 빛의 세기
④ 빛의 파장   ⑤ 대기 중 이산화 탄소의 양

08 이에 대한 설명으로 옳은 것만을 [보기]에서 있는 대로 고른 것은?

> **• 보기 •**
> ㄱ. (가)는 (나)보다 강한 빛을 받는다.
> ㄴ. (가)는 (나)보다 울타리 조직이 발달하였다.
> ㄷ. (가)는 (나)보다 주로 나무 아래쪽에 위치한다.

① ㄱ   ② ㄴ   ③ ㄷ
④ ㄱ, ㄴ   ⑤ ㄱ, ㄷ

중요
09 그림은 바다의 깊이에 따른 해조류의 분포와 바다에 도달하는 빛의 파장과 양을 나타낸 것이다.

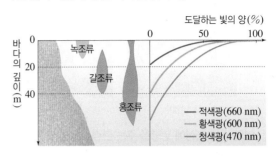

이에 대한 설명으로 옳은 것만을 [보기]에서 있는 대로 고른 것은?

> **• 보기 •**
> ㄱ. 청색광이 가장 깊은 곳까지 도달한다.
> ㄴ. 녹조류는 황색광을 주로 이용한다.
> ㄷ. 바다의 깊이에 따라 서식하는 해조류의 분포는 빛의 파장과 관련이 있다.

① ㄱ   ② ㄴ   ③ ㄱ, ㄷ
④ ㄴ, ㄷ   ⑤ ㄱ, ㄴ, ㄷ

중요
10 표는 기후가 서로 다른 지역에 서식하는 두 종류의 여우의 특징을 나타낸 것이다.

구분	(가)	(나)
몸 길이	36 cm~41 cm	50 cm~60 cm
생김새		

이에 대한 설명으로 옳은 것만을 [보기]에서 있는 대로 고른 것은?

> **• 보기 •**
> ㄱ. (가)는 (나)보다 몸집이 작아서 단위 부피당 열 손실량이 적다.
> ㄴ. (가)는 몸의 말단부가 커서 외부로 열을 방출하는 데 유리하게 적응하였다.
> ㄷ. (나)는 (가)보다 추운 지역에 산다.

① ㄱ   ② ㄴ   ③ ㄱ, ㄷ
④ ㄴ, ㄷ   ⑤ ㄱ, ㄴ, ㄷ

서술형

11 그림과 같이 낙엽수는 가을이 되면 잎을 떨어뜨리고 겨울을 나지만, 상록수는 잎을 떨어뜨리지 않고 겨울을 난다.

▲ 낙엽수

▲ 상록수

이와 같은 현상에 영향을 주는 환경 요인을 쓰고, 상록수가 잎을 떨어뜨리지 않고도 겨울을 날 수 있는 까닭을 잎의 구조와 관련지어 서술하시오.

_____

_____

12 다음은 사막에 사는 생물인 선인장과 도마뱀에 대한 학생들의 대화이다.

> • 경희 : 선인장은 수분이 증발하는 것을 막기 위해 잎이 가시로 변하였어.
> • 주호 : 맞아. 사막과 같이 건조한 곳에 사는 식물은 저수 조직도 발달하였어.
> • 향연 : 식물뿐만 아니라 동물도 환경에 적응해. 도마뱀은 몸 표면이 비늘로 덮여 있어 수분 손실을 막아 줘.
> • 민기 : 그럼 선인장의 잎이 가시로 변한 것과 도마뱀의 몸 표면이 비늘로 덮여 있는 것은 모두 생물이 온도에 적응한 현상이구나.

옳게 설명한 학생만을 있는 대로 고른 것은?
① 경희, 향연　　　　② 경희, 민기
③ 주호, 민기　　　　④ 경희, 주호, 향연
⑤ 주호, 향연, 민기

13 토양과 생물의 관계에 대한 설명으로 옳지 <u>않은</u> 것은?

① 토양은 수많은 생물들이 살아가는 터전을 제공한다.
② 지렁이는 토양의 통기성을 높여 식물이 살기 좋은 환경을 만든다.
③ 토양은 물질과 에너지를 원활히 순환하도록 한다.
④ 토양의 표면은 공기가 많이 포함되어 있어 호기성 세균이 살기에 적합하다.
⑤ 다람쥐는 추운 겨울이 오면 땅 속에 굴을 파고 겨울잠을 잔다.

14 다음은 환경에 따른 여러 생물의 적응 현상이다.

> (가) 코스모스는 가을에 꽃이 핀다.
> (나) 얕은 바다에는 녹조류가 많이 분포한다.
> (다) 나마쿠아 카멜레온은 더울 때 몸색이 변한다.
> (라) 고산 지대에 사는 사람은 평지에 사는 사람에 비해 혈액 속에 적혈구 수가 많다.

각 생물에 영향을 주는 환경 요인을 옳게 짝 지은 것은?
① (가) - 온도　　　　② (나) - 일조 시간
③ (다) - 물　　　　　④ (라) - 공기
⑤ (라) - 빛의 세기

15 인간과 생태계에 대한 설명으로 옳은 것만을 [보기]에서 있는 대로 고른 것은?

> **◦ 보기 ◦**
> ㄱ. 인간은 다른 생물들과 상호 작용을 한다.
> ㄴ. 인간은 비생물적 요인의 영향을 받지 않는다.
> ㄷ. 생태계를 보전하는 것은 인간의 생존을 위해서도 중요하다.

① ㄱ　　　　② ㄴ　　　　③ ㄱ, ㄷ
④ ㄴ, ㄷ　　　　⑤ ㄱ, ㄴ, ㄷ

01 그림은 생태계를 구성하는 요소 사이의 관계를 나타낸 것이다.

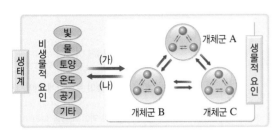

이에 대한 설명으로 옳은 것만을 [보기]에서 있는 대로 고른 것은?

• 보기 •
ㄱ. 개체군 A는 최소 두 종 이상으로 구성된다.
ㄴ. 생물적 요인은 생산자, 소비자, 분해자로 구분된다.
ㄷ. 강수량이 적어서 옥수수의 생장이 저해되는 것은 (가)에 해당한다.
ㄹ. 뿌리혹박테리아가 토양의 질소 함유량을 증가시키는 것은 (나)에 해당한다.

① ㄱ, ㄴ   ② ㄱ, ㄷ   ③ ㄷ, ㄹ
④ ㄱ, ㄴ, ㄹ   ⑤ ㄴ, ㄷ, ㄹ

02 그림은 바다의 깊이에 따른 해조류 A~C의 분포와 바다에 도달하는 빛의 파장과 양을 나타낸 것이고, 자료는 해조류의 분포에 대한 설명이다.

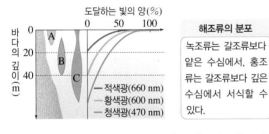

이에 대한 설명으로 옳은 것만을 [보기]에서 있는 대로 고른 것은?

• 보기 •
ㄱ. 해조류 A는 녹조류이다.
ㄴ. 적색광은 청색광보다 깊은 곳까지 도달한다.
ㄷ. 해조류 C에는 미역, 다시마가 있으며, 청색광을 주로 이용한다.

① ㄱ   ② ㄴ   ③ ㄷ
④ ㄱ, ㄴ   ⑤ ㄴ, ㄷ

03 그림은 일조 시간에 따른 식물의 개화 여부를 나타낸 것이다.

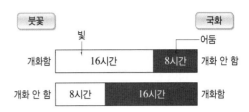

이에 대한 설명으로 옳은 것만을 [보기]에서 있는 대로 고른 것은?

• 보기 •
ㄱ. 붓꽃은 낮의 길이가 길어지고 밤의 길이가 짧아질 때 꽃이 핀다.
ㄴ. 국화와 같은 조건에서 꽃이 피는 식물에는 나팔꽃이 있다.
ㄷ. 일부 동물의 경우 일조 시간에 따라 번식 시기가 결정된다.

① ㄱ   ② ㄴ   ③ ㄱ, ㄷ
④ ㄴ, ㄷ   ⑤ ㄱ, ㄴ, ㄷ

04 다음은 잠자리의 행동에 대한 설명이다.

잠자리는 여름에 햇볕이 뜨거워지면 풀잎에 앉아 꼬리를 쳐들고 물구나무를 선다. 이 자세로 있으면 햇빛에 닿는 몸의 면적이 줄어들며, 땅에서 올라오는 열을 적게 받는다.

잠자리의 행동에 영향을 준 환경 요인과 같은 요인의 영향으로 나타나는 현상만을 [보기]에서 있는 대로 고른 것은?

• 보기 •
ㄱ. 사막에 사는 식물은 저수 조직이 발달하였다.
ㄴ. 툰드라에 사는 털송이풀은 잎이나 꽃에 털이 나 있다.
ㄷ. 바다의 깊이에 따라 서식하는 해조류가 다르다.
ㄹ. 추운 지방에 사는 펭귄은 피하 지방층이 두껍다.

① ㄱ, ㄴ   ② ㄱ, ㄷ   ③ ㄴ, ㄷ
④ ㄴ, ㄹ   ⑤ ㄷ, ㄹ

02 생태계 평형

☐ 생태계에서의 먹이 관계　　☐ 생태 피라미드
☐ 생태계 평형이 회복되는 과정　　☐ 생태계 보전을 위한 노력

A 먹이 관계와 생태 피라미드

☆1 생태계에서의 먹이 관계 [탐구A] 248쪽

① 먹이 사슬 : 생산자부터 최종 소비자까지 먹고 먹히는 관계를 사슬 모양으로 나타낸 것[1]
예 생산자(나무) → 1차 소비자(나비) → 2차 소비자(거미) → 3차 소비자(참새) →
최종 소비자(독수리)

② 먹이 그물 : 여러 개의 먹이 사슬이 복잡하게 얽혀 그물처럼 나타나는 것

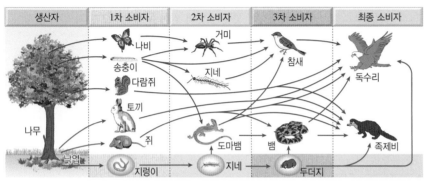

▲ 먹이 그물 생태계에서 생물들은 하나의 먹이 사슬에만 연결되지 않고, 여러 먹이 사슬에 동시에 연결된다.

2 생태계에서의 에너지 흐름[2]

① 생태계에서 에너지는 먹이 사슬을 통해 유기물의 형태로 상위*영양 단계로 이동한다.
② 유기물에 저장된 에너지는 각 영양 단계에서 생명 활동에 사용되어 열에너지로 방
출되고 남은 것이 상위 영양 단계로 이동한다. ➡ 상위 영양 단계로 갈수록 에너지
양이 감소한다.

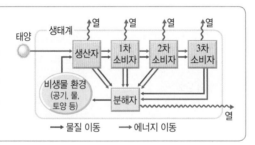

[생태계에서의 물질 순환과 에너지 흐름]
생태계에서 물질은 생물과 비생물 환경
사이를 순환하지만 에너지는 한 방향으로
흐르다가 생태계 밖으로 빠져나간다. 따
라서 생태계가 유지되려면 태양으로부터
빛에너지가 계속 공급되어야 한다.

☆3 생태 피라미드
먹이 사슬에서 각 영양 단계에 속하는 생물의 개체 수, *생물량, 에너지
양을 하위 영양 단계부터 상위 영양 단계로 쌓아올린 것이다. ➡ 안정된 생태계에서는 개
체 수, 생물량, 에너지양이 상위 영양 단계로 갈수록 감소하는 피라미드 형태를 나타
낸다.

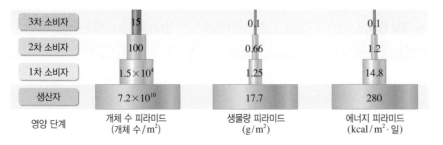

영양 단계	개체 수 피라미드 (개체 수/m²)	생물량 피라미드 (g/m²)	에너지 피라미드 (kcal/m²·일)
3차 소비자	15	0.1	0.1
2차 소비자	100	0.66	1.2
1차 소비자	1.5×10^4	1.25	14.8
생산자	7.2×10^{10}	17.7	280

---

❶ **먹이 사슬이 무한하게 이어지지 못하
는 까닭**
에너지가 먹이 사슬을 따라 이동하면서
상위 영양 단계로 전달되는 에너지양은
점차 줄어들기 때문에 먹이 사슬의 영양
단계는 일반적으로 계속 이어지지 못하
고 몇 단계로 제한된다.

❷ **생태계에서의 에너지 흐름 과정**

태양의 빛에너지가 광합성에 의해 화
학 에너지로 전환되어 유기물에 저장
된다.
▼
유기물에 저장된 화학 에너지는 먹이
사슬을 따라 소비자로 이동하고, 각
영양 단계에서 세포 호흡을 통해 생
명 활동에 사용되어 열에너지 형태로
방출되고 남은 것이 상위 영양 단계
로 이동한다.
▼
죽은 생물이나 생물의 배설물에 저장
된 화학 에너지는 분해자의 생명 활
동에 사용되어 열에너지로 방출된다.

🔍 **용어 돋보기**

* **영양 단계**_특정 생물종의 무리가 먹이
사슬에서 차지하고 있는 위치이며, 생산
자, 1차 소비자, 2차 소비자 등으로 구
분함
* **생물량**_일정한 공간에 서식하는 생물
전체의 무게

B 생태계 평형

1 생태계 평형 생태계를 구성하는 생물의 종류와 개체 수, 물질의 양, 에너지 흐름 등이 안정된 상태를 유지하는 것으로, 먹이 그물이 복잡할수록 생태계 평형이 잘 유지된다.[③]

먹이 그물이 단순한 생태계	먹이 그물이 복잡한 생태계
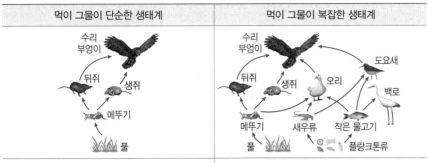	
어떤 환경 변화로 특정 생물종이 사라지면 그 생물종과 먹고 먹히는 관계의 생물종이 직접 영향을 받는다. ➡ 생태계 평형이 쉽게 깨진다.	어떤 환경 변화로 특정 생물종이 사라져도 그 역할을 대신할 수 있는 생물종이 있다. ➡ 생태계 평형이 잘 깨지지 않는다.

☆ **2 생태계 평형이 유지되는 원리** 안정된 생태계는 환경이 변해 일시적으로 평형이 깨지더라도 시간이 지나면 먹이 사슬에 의해 대부분 생태계 평형이 회복된다.

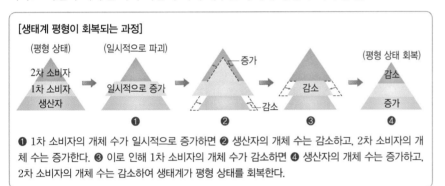

[생태계 평형이 회복되는 과정]

❶ 1차 소비자의 개체 수가 일시적으로 증가하면 ❷ 생산자의 개체 수는 감소하고, 2차 소비자의 개체 수는 증가한다. ❸ 이로 인해 1차 소비자의 개체 수가 감소하면 ❹ 생산자의 개체 수는 증가하고, 2차 소비자의 개체 수는 감소하여 생태계가 평형 상태를 회복한다.

정답과 해설 63쪽

개념 쏙쏙

1 다음 설명으로 옳은 것은 ○, 옳지 않은 것은 ×로 표시하시오.

(1) 여러 먹이 사슬이 복잡하게 얽혀 먹이 그물을 이룬다. ·················· (   )

(2) 상위 영양 단계로 갈수록 에너지양이 증가한다. ·················· (   )

(3) 안정된 생태계에서는 생물의 종류나 개체 수가 크게 변하지 않는다. (   )

(4) 먹이 그물이 단순할수록 생태계 평형이 잘 유지된다. ·················· (   )

2 그림은 어떤 안정된 생태계의 개체 수 피라미드를 나타낸 것이다.

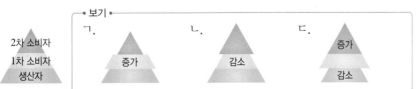

이 생태계에서 1차 소비자의 개체 수가 일시적으로 증가한 후 시간이 경과하면서 생태계 평형이 회복되는 과정을 [보기]에서 골라 기호를 순서대로 나열하시오.

---

③ 생태계 평형이 유지되는 조건

▶ 급격한 환경 변화가 일어나지 않아야 한다. ➡ 급격한 환경 변화가 일어나면 특정 영양 단계의 개체 수가 크게 감소할 수 있기 때문이다.

▶ 먹이 그물이 복잡해야 한다. ➡ 먹이 그물이 복잡하면 급격한 환경 변화로 인해 어느 한 먹이 사슬에 이상이 생겨도 다른 먹이 사슬이 정상적으로 유지될 수 있기 때문이다.

암기 꼭!

에너지양

에너지는 먹이 사슬을 통해 상위 영양 단계로 이동하는데 상위 영양 단계로 갈수록 에너지양이 감소한다.

O2 생태계 평형

C 환경 변화와 생태계

1 환경 변화와 생태계 평형 자연 상태에서 생태계 평형을 유지하는 데에는 한계가 있고, 이 한계를 넘는 환경 변화가 일어나면 생태계 평형이 깨질 수 있다.

2 생태계 평형을 깨뜨리는 환경 변화 요인

① 자연재해 : 홍수, 지진, 산불, 산사태, 화산 폭발 등으로 인해 생물의 서식지가 사라지고 먹이 그물에 변화가 생겨 생태계 평형이 깨진다.❶

산사태로 인한 숲 훼손

② 인간의 활동 : 인구의 증가와 도시화 등으로 인한 무분별한 개발이나 환경 오염은 환경을 급격하게 변화시켜 생태계 평형을 깨뜨린다.

무분별한 벌목	목재를 얻기 위한 무분별한 벌목은 숲의 생태계를 파괴하고, 삼림의 토양이 쉽게 침식되게 한다.❷
경작지 개발	인구 증가로 식량을 대량 생산하기 위해 숲이나 대평원을 *경작지로 개발하면, 생물의 서식지가 사라지고 생태계가 단순해진다.
도시화	• 도시와 도로를 건설하기 위해 숲을 훼손하여 생물의 서식지가 파괴되거나 분리된다. • 무질서하게 세워진 건물 때문에 공기가 순환하지 못해 오염 물질이 쌓이고 기온이 높아지는 열섬 현상이 나타난다.❸
대기 오염	• 자동차 배기가스는 대기를 오염시키고 호흡기 질환을 일으킨다. • 화석 연료의 과도한 사용으로 대기 중 이산화 탄소의 농도가 증가하여 지구 온난화가 심화된다. 그 결과 기후 변화가 일어나 생물의 서식 범위, 개화 및 산란 시기 등에 영향을 준다.
수질 오염	• 생활 하수, 축산 폐수 등에는 유기물이 많아 하천이나 해양에 유입되면 플랑크톤이 급격히 증식하여 물속에 녹아 있는 산소량이 적어져 생물이 집단 폐사할 수 있다. • 공장 폐수에는 강한 산성 물질이나 중금속 등이 포함되어 있어 수중 생물의 생존에 영향을 준다.

벌목이 일어난 숲

숲을 깎아 만든 경작지

도심 속 빽빽한 건물

스모그가 낀 도심

폐수에 의한 수질 오염

[인간의 활동에 의해 생태계 평형이 깨진 예]

그림은 1905년 카이바브 고원에서 사슴을 보호하기 위해 늑대 사냥을 허가한 이후 사슴과 늑대의 개체 수, 초원의 생산량 변화를 나타낸 것이다.

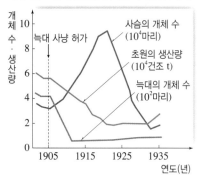

• 카이바브 고원에서의 먹이 사슬 : 초원의 풀 → 사슴 → 늑대
• 1905년 이후 사슴의 개체 수가 증가한 까닭 : 늑대 사냥이 허가되어 사슴을 잡아먹는 늑대의 개체 수가 감소하였기 때문이다.
• 1920년대에 사슴의 개체 수가 감소한 까닭 : 사슴의 개체 수가 급격하게 증가하여 사슴의 먹이가 부족해졌기(초원 생산량 감소) 때문이다.
➡ 인간의 간섭은 생태계 평형을 파괴할 수 있다.

Plus 강의

❶ 화산 폭발로 인해 생태계 평형이 깨진 사례

1883년에 인도네시아의 작은 섬 크라카타우에서 거대한 화산 폭발이 일어났다. 그 결과 섬 면적의 $\frac{2}{3}$가 사라졌고, 화산재와 40 m가 넘는 해일이 섬을 뒤덮어 대부분의 생물이 사라졌다.

❷ 토양 침식에 의한 피해

숲의 훼손으로 노출된 토양은 유기물이 줄어들어 생물이 살기 어렵고 쉽게 침식된다. 침식으로 유실된 토양은 하천으로 유입되어 하천 생태계에 피해를 줄 수 있으며, 농경지에 쌓여 작물에 피해를 주기도 한다.

❸ 열섬 현상

일반적인 다른 지역보다 도심의 기온이 높게 나타나는 현상으로, 자동차, 공장, 주택 등에서 사용하는 열기관으로부터 방출되는 열이 도심의 기온을 높이는 원인이 된다.

용어 돋보기

* 경작지(耕 밭을 갈다, 作 짓다, 地 땅)
_ 작물을 재배하는 땅

★3 생태계 보전을 위한 노력 생태계가 파괴되면 원래대로 회복하는 데 오랜 시간과 많은 노력이 필요하므로 생태계 평형을 유지하기 위해 지속적으로 노력해야 한다. ❹

① 멸종 위기에 처한 생물을 천연기념물로 지정한다.

② 도로나 댐 건설 등으로 나뉜 서식지를 연결하는 생태 통로를 설치한다.

③ 생물의 서식 환경이 훼손되어 생태적 기능을 잃은 하천을 복원하기 위해 하천 복원 사업을 실시한다. ❺

④ 도시의 열섬 현상을 완화하기 위해 옥상 정원을 가꾸고, 도시 중심부에 숲을 조성한다.

⑤ 생물 다양성이 풍부하여 생태적으로 보전 가치가 있는 장소를 국립 공원으로 지정하여 보호한다.

▲ 천연기념물로 지정된 두루미

▲ 자연형으로 복원된 하천

▲ 옥상 정원

❹ **생태계의 보전과 생물 다양성**
생태계에서 모든 생물은 유기적인 관계를 맺고 살아가므로, 생태계 평형을 유지하기 위해서는 생물 다양성을 보전해야 한다.

❺ **자연형 하천 복원**
콘크리트 제방으로 이루어진 인공 하천 주변에 나무, 풀, 돌, 흙과 같은 자연 재료를 이용하여 식물 군집을 조성하고 수질 정화 시설을 설치하여 물길을 자연스럽게 만든다. 이렇게 자정 능력을 갖춘 하천은 생물들의 서식지가 되고 인근 주민들의 휴식처 기능을 하게 된다.

개념 쏙쏙

정답과 해설 63쪽

3 환경 변화와 생태계 평형에 대한 설명으로 옳은 것은 ○, 옳지 않은 것은 ×로 표시하시오.

(1) 자연 상태에서 생태계가 평형을 유지할 수 있는 한계를 넘어서는 환경 변화가 일어나면 생태계 평형이 깨질 수 있다. ·· (   )

(2) 생태계 평형은 자연재해에 의해서도 깨질 수 있다. ····················· (   )

(3) 생태계 평형이 깨져도 인간의 노력으로 쉽게 평형 상태를 회복할 수 있다.
·· (   )

4 생태계 평형을 깨뜨리는 요인 중 인간의 활동에 의한 것으로 옳은 것만을 [보기]에서 있는 대로 고르시오.

┌─ 보기 ─────────────────────────────────────┐
ㄱ. 홍수   ㄴ. 도시화
ㄷ. 환경 오염   ㄹ. 화산 폭발
ㅁ. 무분별한 벌목   ㅂ. 옥상 정원 조성
└───┘

5 생태계 보전을 위한 노력에 대한 설명으로 옳은 것은 ○, 옳지 않은 것은 ×로 표시하시오.

(1) 옥상 정원을 가꾸고 도시에 숲을 조성하면 도시의 온도를 높일 수 있다. (   )

(2) 인공 하천을 자연형 하천으로 복원하면 생물 다양성을 높일 수 있다. (   )

(3) 산을 깎아 도로를 건설한 곳에 생태 통로를 설치하면 서식지 단절을 막을 수 있다. ·· (   )

암기 꼭!

생태계 평형이 깨지는 요인
• **자연재해** : 홍수, 산불, 산사태 등
• **인간의 활동** : 무분별한 벌목, 경작지 개발, 도시화, 환경 오염 등

멸치로 알 수 있는 해양 생태계의 먹이 관계

(목표) 멸치 위 속에 들어 있는 먹이를 관찰하여 생태계의 먹이 관계를 유추할 수 있다.

• 과정

❶ 비커에 뜨거운 물을 담고 마른 멸치를 넣어 5분~10분 정도 불린 후 꺼낸다.

▶ 멸치의 위를 쉽게 분리하고, 플랑크톤이 더 잘 보이도록 하기 위한 과정이다.

❷ 해부칼로 멸치의 몸통을 가로로 길게 나누고, 식도와 연결된 위를 찾아 분리한다.

▶ 멸치의 위를 분리하는 과정으로, 검은색을 띠는 내장 기관을 걷어 내면 타원형의 위를 찾을 수 있다.

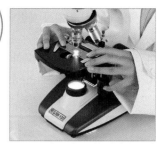

❸ 위를 반으로 잘라 위 속의 내용물을 꺼내 받침 유리에 올려 놓고 스포이트로 물을 한 방울 떨어뜨리고 덮개 유리를 덮어 현미경으로 관찰한다.

▶ 위 속에 들어 있는 먹이를 확인하기 위한 과정이다.

• 결과 멸치의 위 속에서 플랑크톤이 관찰되었다.

• 해석

1. **마른 멸치를 뜨거운 물에 불리는 까닭은?** ➡ 마른 멸치를 뜨거운 물에 불리면 위가 쉽게 분리되고, 위 속에 들어 있는 내용물을 좀 더 자세하게 관찰할 수 있기 때문이다.

2. **멸치의 영양 단계는?** ➡ 멸치는 멸치의 위 속에서 발견된 생물(플랑크톤류)보다 상위 영양 단계의 생물이다.

3. **해양 생태계의 먹이 관계는?** ➡ 해양 생태계의 먹이 관계는 다음과 같다.

• 식물 플랑크톤 → 멸치 → 상어
• 식물 플랑크톤 → 멸치 → 고등어 → 상어
• 식물 플랑크톤 → 멸치 → 오징어 → 상어
• 식물 플랑크톤 → 동물 플랑크톤 → 멸치 → 상어
• 식물 플랑크톤 → 동물 플랑크톤 → 멸치 → 고등어 → 상어
• 식물 플랑크톤 → 동물 플랑크톤 → 멸치 → 오징어 → 상어

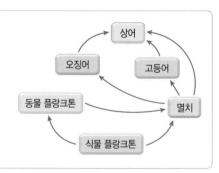

• 정리

• 멸치가 플랑크톤류를 잡아먹는 것을 통해 해양 생태계의 먹이 관계를 유추할 수 있다.
• 멸치는 멸치의 위 속에서 발견된 생물보다 상위 영양 단계의 생물이다.

확인 문제

1 **탐구 ⓐ**에 대한 설명으로 옳은 것은 ○, 옳지 않은 것은 ×로 표시하시오.

(1) 멸치의 위 속에서 플랑크톤을 관찰할 수 있다. ························· (   )

(2) 이 실험을 통해 멸치는 생산자임을 알 수 있다. ····················· (   )

(3) 멸치는 멸치의 위 속에서 발견되는 생물보다 상위 영양 단계의 생물이다. ····· (   )

(4) 멸치의 먹이 관계를 통해 해양 생태계의 먹이 관계를 유추할 수 있다. ·········· (   )

2 상어, 멸치, 고등어, 식물 플랑크톤이 살고 있는 어떤 안정된 생태계의 에너지 피라미드를 나타낼 때 (가)~(라)에 해당하는 생물 개체군을 쓰시오.

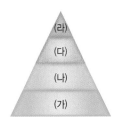

3 그림은 어떤 해양 생태계의 먹이 관계를 나타낸 것이다.

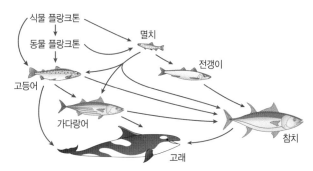

이에 대한 설명으로 옳은 것만을 [보기]에서 있는 대로 고른 것은?

┌─ 보기 ─
ㄱ. 동물 플랑크톤은 생산자이다.
ㄴ. 고래는 최상위 영양 단계의 생물이다.
ㄷ. 고등어는 1차 소비자이자 2차 소비자이다.
└─

① ㄱ   ② ㄴ   ③ ㄱ, ㄷ

④ ㄴ, ㄷ   ⑤ ㄱ, ㄴ, ㄷ

A 먹이 관계와 생태 피라미드

중요 01

그림은 어떤 생태계의 먹이 그물을 나타낸 것이다.

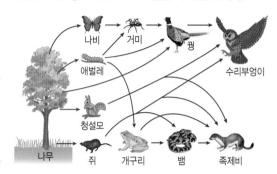

이에 대한 설명으로 옳은 것만을 [보기]에서 있는 대로 고른 것은?

• 보기 •
ㄱ. 애벌레는 생산자이다.
ㄴ. 꿩은 1차 소비자이면서 2차 소비자, 3차 소비자이다.
ㄷ. 이 생태계에서 개구리가 사라지면 뱀도 사라질 것이다.

① ㄱ   ② ㄴ   ③ ㄱ, ㄴ
④ ㄱ, ㄷ   ⑤ ㄴ, ㄷ

중요 02

그림은 어떤 해양 생태계의 먹이 관계를 나타낸 것이다.

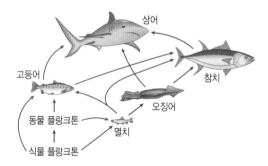

이에 대한 설명으로 옳지 않은 것은?

① 식물 플랑크톤은 생산자이다.
② 동물 플랑크톤은 1차 소비자이다.
③ 참치는 최상위 영양 단계의 생물이다.
④ 오징어는 2차 소비자이면서 3차 소비자이다.
⑤ 고등어는 플랑크톤과 멸치를 모두 먹이로 한다.

중요 03

다음은 해양 생태계의 먹이 관계를 알아보는 실험이다.

[과정]
(가) 마른 멸치를 뜨거운 물에 불려 위를 분리한다.
(나) 위를 잘라 위 속의 내용물을 꺼내 받침 유리에 올려놓고 스포이트로 물을 한 방울 떨어뜨린다.
(다) 덮개 유리를 덮어 현미경으로 관찰한다.

[결과]
동물 플랑크톤이 관찰된다.

이에 대한 설명으로 옳은 것만을 [보기]에서 있는 대로 고른 것은?

• 보기 •
ㄱ. 멸치의 위를 쉽게 분리하기 위해 마른 멸치를 물에 불린다.
ㄴ. 멸치는 생산자이다.
ㄷ. 멸치는 동물 플랑크톤보다 하위 영양 단계의 생물이다.

① ㄱ   ② ㄴ   ③ ㄷ
④ ㄱ, ㄴ   ⑤ ㄴ, ㄷ

04

그림은 어떤 안정한 생태계에서의 물질 순환과 에너지 흐름을 나타낸 것이다.

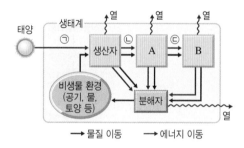

이에 대한 설명으로 옳은 것만을 [보기]에서 있는 대로 고른 것은?

• 보기 •
ㄱ. A와 B는 모두 소비자이다.
ㄴ. 이동하는 에너지양은 ㉠이 ㉡보다 적다.
ㄷ. 이 생태계가 유지되기 위해서는 빛에너지가 계속 공급되어야 한다.

① ㄱ   ② ㄴ   ③ ㄷ
④ ㄱ, ㄷ   ⑤ ㄱ, ㄴ, ㄷ

05 그림은 벼에서 사람에 이르는 먹이 사슬을 나타낸 것이다.

이에 대한 설명으로 옳은 것만을 [보기]에서 있는 대로 고른 것은?

> • 보기 •
> ㄱ. 사람은 1차 소비자이다.
> ㄴ. 벼의 에너지는 메뚜기, 오리를 거쳐 사람에게 전달된다.
> ㄷ. 벼에서 사람으로 갈수록 전달되는 에너지양이 많아진다.

① ㄱ   ② ㄴ   ③ ㄷ
④ ㄱ, ㄴ   ⑤ ㄴ, ㄷ

[06~07] 그림은 어떤 안정된 생태계에서의 생태 피라미드를 나타낸 것이다.

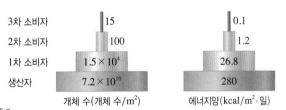

	개체 수(개체 수/m²)	에너지양(kcal/m²·일)
3차 소비자	15	0.1
2차 소비자	100	1.2
1차 소비자	1.5×10^4	26.8
생산자	7.2×10^{10}	280

중요
06 이에 대한 설명으로 옳은 것만을 [보기]에서 있는 대로 고른 것은?

> • 보기 •
> ㄱ. 개체 수는 상위 영양 단계로 갈수록 많아진다.
> ㄴ. 생태계에서 에너지는 하위 영양 단계로 이동한다.
> ㄷ. 생물량도 이와 같은 피라미드 형태를 나타낸다.

① ㄱ   ② ㄴ   ③ ㄷ
④ ㄱ, ㄴ   ⑤ ㄴ, ㄷ

서술형
07 위 그림의 에너지양 피라미드에서 에너지양은 상위 영양 단계로 갈수록 감소한다. 그 까닭을 서술하시오.

_____

_____

B 생태계 평형

08 생태계 평형에 대한 설명으로 옳은 것만을 [보기]에서 있는 대로 고른 것은?

> • 보기 •
> ㄱ. 먹이 그물이 복잡할수록 생태계 평형이 잘 유지된다.
> ㄴ. 생태계에서 생물의 개체 수, 에너지 흐름 등이 안정된 상태를 유지하는 것이다.
> ㄷ. 안정된 생태계는 환경이 변해 일시적으로 생태계 평형이 깨지더라도 시간이 지나면 대부분 생태계 평형을 회복한다.

① ㄱ   ② ㄴ   ③ ㄱ, ㄷ
④ ㄴ, ㄷ   ⑤ ㄱ, ㄴ, ㄷ

중요
09 그림은 두 생태계 (가)와 (나)의 먹이 관계를 나타낸 것이다.

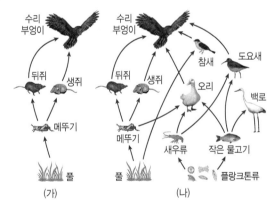

이에 대한 설명으로 옳은 것만을 [보기]에서 있는 대로 고른 것은?

> • 보기 •
> ㄱ. (가)와 (나)에서 수리부엉이는 모두 최종 소비자이다.
> ㄴ. (가)보다 (나)에서 생태계 평형이 잘 유지된다.
> ㄷ. 환경 변화로 메뚜기가 사라지면 (가)와 (나)에서 모두 수리부엉이가 사라진다.

① ㄴ   ② ㄷ   ③ ㄱ, ㄴ
④ ㄱ, ㄷ   ⑤ ㄱ, ㄴ, ㄷ

10 그림은 안정된 생태계에서 어떤 원인에 의해 1차 소비자의 개체 수가 일시적으로 증가하였을 때의 개체 수 피라미드를 나타낸 것이다.

이후에 나타나는 생산자와 2차 소비자의 개체 수 변화를 옳게 예상한 것은?

	생산자 수	2차 소비자 수
①	감소한다.	감소한다.
②	감소한다.	증가한다.
③	증가한다.	증가한다.
④	증가한다.	감소한다.
⑤	변화 없다.	증가한다.

12 그림은 어떤 지역에서 사슴을 보호하기 위해 늑대 사냥을 허가한 이후 약 30년 동안 사슴과 늑대의 개체 수 및 초원 생산량의 변화를 나타낸 것이다.

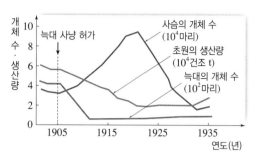

이에 대한 설명으로 옳은 것만을 [보기]에서 있는 대로 고른 것은?

• 보기
ㄱ. 이 지역은 풀 → 사슴 → 늑대로 먹이 관계가 이루어진다.
ㄴ. 초원의 생산량이 감소한 것은 늑대 사냥과 관련이 없다.
ㄷ. 1920년대 이후 사슴의 개체 수가 감소한 것은 사람들이 사슴을 사냥하였기 때문이다.

① ㄱ　　　　② ㄴ　　　　③ ㄱ, ㄷ
④ ㄴ, ㄷ　　　⑤ ㄱ, ㄴ, ㄷ

C 환경 변화와 생태계

11 생태계 평형이 깨지는 요인으로 옳지 <u>않은</u> 것은?

① 인공 하천을 자연형 하천으로 바꾼다.
② 주택 단지를 만들기 위해 숲을 벌목한다.
③ 공장 폐수를 정화하지 않고 하천으로 무단 방류한다.
④ 식량을 대량으로 생산하기 위해 대평원을 경작지로 개발한다.
⑤ 홍수, 산사태, 지진 등의 자연재해에 의해 생물의 서식지가 파괴된다.

13 생태계 보전을 위한 우리의 노력으로 옳지 <u>않은</u> 것은?

① 멸종 위기에 처한 생물을 천연기념물로 지정한다.
② 하천에 콘크리트 제방을 쌓고 물길을 직선화한다.
③ 옥상 정원을 가꾸고, 도시 중심부에 숲을 조성한다.
④ 도로 건설 등으로 분리된 서식지를 연결하는 생태 통로를 설치한다.
⑤ 생물 다양성이 풍부하여 생태적으로 보전 가치가 있는 장소를 국립 공원으로 지정한다.

01 그림 (가)는 사람이 감자를 식량으로 하였을 때, (나)는 같은 양의 감자로 돼지를 키워 돼지고기를 식량으로 하였을 때 에너지 피라미드를 나타낸 것이다.

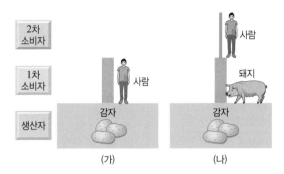

이에 대한 설명으로 옳은 것만을 [보기]에서 있는 대로 고른 것은?

> • 보기 •
> ㄱ. (가)와 (나)에서 최종 소비자는 모두 사람이다.
> ㄴ. (나)에서 돼지보다 사람이 더 많은 에너지를 얻는다.
> ㄷ. (나)보다 (가)에서 같은 양의 감자로 더 많은 사람을 부양할 수 있다.

① ㄱ   ② ㄴ   ③ ㄱ, ㄴ
④ ㄱ, ㄷ   ⑤ ㄴ, ㄷ

02 그림은 어떤 안정된 생태계의 먹이 그물을 나타낸 것이다.

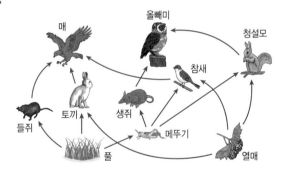

이에 대한 설명으로 옳은 것만을 [보기]에서 있는 대로 고른 것은?

> • 보기 •
> ㄱ. 풀과 열매는 1차 소비자이다.
> ㄴ. 이 생태계의 최종 소비자는 매와 올빼미이다.
> ㄷ. 생태계에서 생물들은 여러 먹이 사슬에 동시에 연결된다.
> ㄹ. 급격한 환경 변화로 메뚜기가 사라지면 두 종 이상의 생물이 사라질 것이다.

① ㄱ   ② ㄹ   ③ ㄴ, ㄷ
④ ㄱ, ㄴ, ㄷ   ⑤ ㄴ, ㄷ, ㄹ

03 그림 (가)와 (나)는 어떤 하천 생태계에 나일농어가 도입되기 전과 도입된 후의 먹이 그물을 각각 나타낸 것이다.

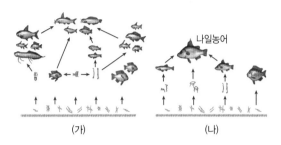

이에 대한 설명으로 옳은 것만을 [보기]에서 있는 대로 고른 것은?

> • 보기 •
> ㄱ. (가)보다 (나)에서 생태계 안정성이 높다.
> ㄴ. 하천 생태계에 나일농어가 도입된 후 생물종이 다양해졌다.
> ㄷ. 이 하천 생태계에는 나일농어의 천적이 존재하지 않는다.

① ㄱ   ② ㄴ   ③ ㄷ
④ ㄱ, ㄷ   ⑤ ㄴ, ㄷ

04 그림 (가)와 (나)는 인공 하천과 자연형 하천을 순서 없이 나타낸 것이다.

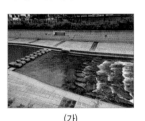 

(가)   (나)

이에 대한 설명으로 옳은 것만을 [보기]에서 있는 대로 고른 것은?

> • 보기 •
> ㄱ. (가)는 인공 하천, (나)는 자연형 하천이다.
> ㄴ. 하천의 자정 능력은 (나)보다 (가)가 뛰어나다.
> ㄷ. 하천의 형태를 (나)에서 (가)로 바꾸면 생물 다양성이 증가할 것이다.

① ㄱ   ② ㄴ   ③ ㄱ, ㄷ
④ ㄴ, ㄷ   ⑤ ㄱ, ㄴ, ㄷ

O3 지구 환경 변화와 인간 생활

핵심 짚기　□ 지구 온난화의 원인과 영향　　□ 대기 대순환과 해수의 표층 순환 관계
　　　　　□ 사막화　　　　　　　　　　□ 엘니뇨 시기 대기와 해양의 변화

A 기후 변화

1 기후 변화 일정 지역에서 오랜 기간에 걸쳐 기후가 변화하는 현상❶

① 기후 변화의 원인 : 지구 내적 원인과 지구 외적 원인으로 구분한다.

지구 내적 원인	• 화산 분출로 인한 대기 투과율 변화	• 지표면 변화로 인한 반사율 변화
	• 수륙 분포의 변화로 인한 해류 변화	• 대기 중 이산화 탄소 농도 변화
지구 외적 원인 (천문학적 원인)	• 지구 자전축 기울기 변화	• 지구 자전축 기울기 방향의 변화
	• 지구 공전 궤도 모양의 변화	• 태양 활동 변화

② 과거의 기후 변화를 연구하는 방법 **탐구 A** 258쪽

나무의 나이테 연구	기온, 강수량 등에 따라 나무의 생장 속도가 달라진다. ➡ 기온이 높고 강수량이 많으면 나무의 생장 속도가 빨라 나이테 간격이 넓다.
*빙하 코어 연구	빙하가 형성되면서 얼음 속에 공기 방울이 포함된다. ➡ 빙하 속 공기 방울에는 과거의 대기 성분이 들어 있으므로 기후를 알 수 있다.
화석 연구	해저 퇴적물이나 퇴적암 속에서 과거 생물의 화석이 발견된다. ➡ 과거에 번성하였던 생물의 종을 연구하여 기후를 알 수 있다.

2 과거의 기후 변화 지질 시대 동안 온난한 기후와 한랭한 기후가 반복되었으며, 최근에는 지구 온난화의 영향으로 기온이 크게 상승하는 추세이다.

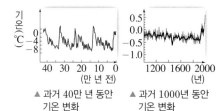

▲ 과거 40만 년 동안 기온 변화　　▲ 과거 1000년 동안 기온 변화

B 지구 온난화

1 지구 온난화 대기 중 온실 기체의 양이 증가하여 지구의 평균 기온이 상승하는 현상

① 온실 기체 : 지구 복사 에너지를 잘 흡수하여 온실 효과를 일으키는 기체❷

　⑩ 수증기, 이산화 탄소, 메테인, 오존, 일산화 이질소, 클로로플루오로탄소(CFC) 등

② 지구 온난화의 발생 원인 : 화석 연료의 사용량 증가, 지나친 삼림 벌채, 과도한 가축 사육 등으로 인한 대기 중 온실 기체의 양 증가 ➡ 주요 원인 : 화석 연료의 사용량 증가로 인한 대기 중 이산화 탄소의 농도 증가

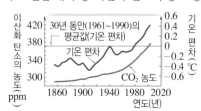

▲ 대기 중 이산화 탄소(CO₂) 농도와 기온 변화

• 대기 중 이산화 탄소의 농도는 증가하고 있다.
• 기온은 대체로 상승하고 있다. ➡ 대기 중 이산화 탄소의 농도가 증가하여 지구의 평균 기온이 상승한다.

③ 지구 온난화의 영향과 대책

영향	• 빙하의 융해와 해수의 열팽창으로 해수면 상승 → 해안 저지대 침수로 육지 면적 감소 → 생활 공간(서식지) 감소, 곡물 생산량 감소 • 강수량과 증발량의 변화에 의한 기상 이변　　• 생태계 변화에 의한 생물 다양성 감소
대책	온실 기체의 인위적인 배출을 줄이기 위해 노력해야 한다. ➡ 화석 연료 사용 억제, 신재생 에너지(⑩ 태양 에너지) 개발, 국가 간 협력(⑩ 유엔기후변화협약 준수 등)❸

Plus 강의

❶ 기상과 기후

• 기상 : 날씨와 같은 뜻으로, 어떤 지역에 매일 나타나는 기온, 강수, 바람과 같은 대기의 상태
• 기후 : 어떤 지역에 장기간에 걸쳐 나타나는 평균적인 대기의 상태

❷ 온실 효과

대기 중 온실 기체가 지구 복사 에너지를 흡수하고 재방출하여 대기가 없을 때보다 지구의 평균 기온을 높게 유지시키는 효과이다.

❸ 지구 환경 변화에 대처하기 위한 국가 간 협약

1972년	인간 환경 선언
1988년	기후 변화에 관한 정부 간 협의체(IPCC) 설립
1992년	유엔기후변화협약 (UNFCCC)
1994년	유엔 사막화 방지 협약 (UNCCD)
1997년	교토 의정서
2015년	파리 협정

🔍 용어 돋보기

* 빙하 코어(ice core)_빙하에 구멍을 뚫어 채취한 얼음 기둥

2 한반도의 지구 온난화

① **한반도의 기후 변화 경향성** : 1850년 이후 지구 전체의 평균 기온은 계속 상승하고 있으며, 우리나라의 평균 기온은 지구 전체에 비해 큰 폭으로 상승하고 있다.

➡ 급속한 산업화와 인간의 활동으로 온실 기체 배출량이 크게 증가했기 때문❹

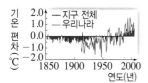 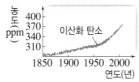 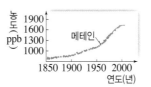

▲ 평균 기온 편차　　　▲ 대기 중 온실 기체(이산화 탄소, 메테인)의 농도 변화

② 최근과 같은 지구 온난화 경향이 지속될 경우 한반도의 환경 변화

동식물의 서식지 변화 사과, 한라봉 등의 재배지와 난류성 어종의 서식지가 북상한다.	**봄꽃 개화 시기 변화** 벚꽃이나 개나리 등 봄꽃의 개화 시기가 점점 빨라진다.

수도권의 계절 길이 변화 여름은 점점 길어지고, 겨울은 점점 짧아진다.

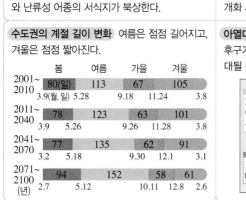

	봄	여름	가을	겨울
2001~2010	80(일) 3.9(월.일)	113 5.28	67 9.18 11.24	105 3.8
2011~2040	78 3.9	123 5.26	63 9.26 11.28	101 3.8
2041~2070	77 3.2	135 5.18	62 9.30 12.1	91 3.1
2071~2100 (년)	94 2.7	152 5.12	58 10.11 12.8	61 2.6

아열대 기후구의 확대 21세기 말에는*아열대 기후구가 산지를 제외한 남부 지방의 전역으로 확대될 것이다.

2071년~2100년 아열대 기후구 전망

1971년~2000년 아열대 기후구

---

❹ **산업화와 기후 변화**
세계적으로 1800년대부터 산업화가 본격적으로 진행되었다. 석탄, 석유와 같은 화석 연료의 사용이 급증했고, 이로 인해 대기 중으로 방출되는 온실 기체도 급증했다.

🔍 **용어 돋보기**

＊ 아열대(亞 버금, 熱帶 열대) 기후구(祇候 기후, 區 구역)＿열대와 온대의 중간에 해당하는 기후인 아열대 기후가 나타나는 지역

개념 쏙쏙

○ 정답과 해설 65쪽

1 기후 변화에 대한 설명으로 옳은 것은 ○, 옳지 않은 것은 ×로 표시하시오.

(1) 수륙 분포의 변화로 기후 변화가 일어날 수 있다. ─────────── (　　)

(2) 기온이 높을수록 나무의 나이테 간격이 좁게 나타난다. ────────── (　　)

(3) 빙하 속의 공기 방울을 연구하면 과거의 기후 변화를 알 수 있다. ──── (　　)

2 다음은 지구 온난화의 주요 원인에 대한 설명이다. (　　) 안에 알맞은 말을 쓰시오.

> 산업 혁명 이후 화석 연료의 사용량이 증가하여 대기 중 ㉠(　　　　)의 농도가 증가하면서 지구의 평균 기온이 ㉡(　　　　)하고 있다.

3 지구 온난화로 나타나는 영향이 아닌 것은?

① 기상 이변　　　② 해수면 상승　　　③ 곡물 생산량 감소

④ 생물 다양성 감소　　　⑤ 육지 면적 증가

4 다음은 한반도의 기후 변화에 대한 설명이다. (　　) 안에서 알맞은 말을 고르시오.

(1) 한반도의 평균 기온 상승 폭은 지구 전체보다 (크다, 작다).

(2) 아열대 기후구가 점차 (북쪽, 남쪽)으로 이동하고 있다.

(3) 봄꽃의 개화 시기가 점차 (빨라지고, 늦어지고) 있다.

암기 꼭!

• **지구 온난화의 원인**
대기 중 온실 기체(주로 이산화 탄소)의 양 증가

• **지구 온난화의 영향**
기온 상승 → 빙하의 융해, 해수의 열팽창→ 해수면 상승 → 육지 면적 감소

지구 환경 변화와 인간 생활

C 대기와 해수의 순환

⭐1 대기 대순환 크고 작은 여러 규모의 대기 순환 중 지구 전체 규모로 일어나는 순환
➡ 발생 원인 : 위도별 에너지 불균형과 지구의 자전 [1]

발생 과정	적도의 따뜻한 공기는 상승하여 고위도로 이동하고, 극의 찬 공기는 하강하여 저위도로 이동하여 순환하며, 지구 자전의 영향을 받아 3개의 순환 세포를 형성한다.	
모형	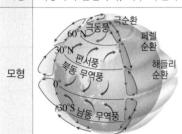	• 해들리 순환(적도~위도 30°) : 적도에서 상승한 공기가 이동하여 위도 30°에서 하강 ➡ 지상에서 무역풍 • 페렐 순환(위도 30°~60°) : 위도 30°에서 하강한 공기가 고위도로 이동하여 극에서 저위도로 이동하는 찬 공기와 위도 60°에서 만나 상승 ➡ 지상에서 편서풍 • 극순환(위도 60°~극) : 극에서 하강한 공기가 저위도로 이동하여 위도 60°에서 상승 ➡ 지상에서 극동풍 [2]
역할	저위도의 남는 에너지를 고위도로 운반한다. ➡ 에너지 불균형 해소	

2 해수의 표층 순환 표층 해류의 순환을 표층 순환이라고 한다.
➡ 발생 원인 : 해수면 위에서 지속적으로 부는 바람

발생 과정	대기 대순환의 바람에 의해 동서 방향의 표층 해류 발생 → 동서 방향으로 흐르던 표층 해류가 대륙에 막히면 남북 방향으로 흘러 표층 순환 형성
모형	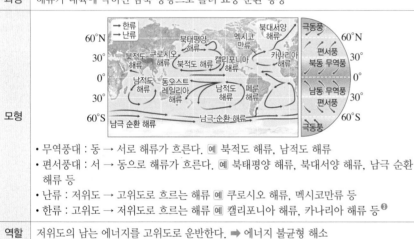 • 무역풍대 : 동 → 서로 해류가 흐른다. 예 북적도 해류, 남적도 해류 • 편서풍대 : 서 → 동으로 해류가 흐른다. 예 북태평양 해류, 북대서양 해류, 남극 순환 해류 등 • 난류 : 저위도 → 고위도로 흐르는 해류 예 쿠로시오 해류, 멕시코만류 등 • 한류 : 고위도 → 저위도로 흐르는 해류 예 캘리포니아 해류, 카나리아 해류 등 [3]
역할	저위도의 남는 에너지를 고위도로 운반한다. ➡ 에너지 불균형 해소

D 사막화와 엘니뇨

⭐1 사막화 사막 주변 지역의 토지가 황폐해져 사막이 점차 넓어지는 현상
➡ 발생 원인 ┌ 자연적 원인 : 대기 대순환의 변화(증발량이 증가하고 강수량이 감소할 때)
└ 인위적 원인 : 과잉 경작, 과잉 방목, 무분별한 삼림 벌채 등

• 사막 지역 : 주로 고압대가 형성되는 위도 30° 부근(중위도)에 분포 ➡ 하강 기류가 발달하여 강수량이 적고, 증발량이 많기 때문
• 사막화 지역 : 사막 주변에 분포하고, 건조 지역이 확대되면서 넓어진다.

피해	작물 수확량 감소로 인한 식량 부족, 황사 발생 빈도 증가, 생태계 파괴 등 [4]
대책	숲의 면적 늘리기, 삼림 벌채 최소화, 가축의 방목 줄이기, 국제 협약 준수 등

Plus 강의

[1] 위도별 에너지 불균형
지구는 구형이기 때문에 저위도 지역이 고위도 지역보다 단위 면적당 태양 복사 에너지를 더 많이 받는다.

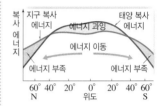

➡ 저위도 : 태양 복사 에너지 흡수량 > 지구 복사 에너지 방출량 ➡ 에너지 과잉
➡ 고위도 : 태양 복사 에너지 흡수량 < 지구 복사 에너지 방출량 ➡ 에너지 부족

[2] 대기 대순환에 따른 기후
➡ 적도 부근 : 상승 기류 발달 ➡ 저압대가 형성되어 습한 기후 ➡ 열대 우림 형성 예 인도네시아 밀림
➡ 위도 30° 부근 : 하강 기류 발달 ➡ 고압대가 형성되어 건조한 기후 ➡ 사막이 많이 분포 예 사하라 사막
➡ 위도 60° 부근 : 상승 기류 발달 ➡ 저압대(한대 전선대) 형성

[3] 아열대 순환
무역풍과 편서풍에 의해 발생한 해수의 순환으로, 적도를 기준으로 순환 방향이 대칭을 이룬다.

북태평양	북적도 해류 → 쿠로시오 해류 → 북태평양 해류 → 캘리포니아 해류(시계 방향)
북대서양	북적도 해류 → 멕시코만류 → 북대서양 해류 → 카나리아 해류(시계 방향)
남태평양	남적도 해류 → 동오스트레일리아 해류 → 남극 순환 해류 → 페루 해류(시계 반대 방향)

[4] 사막화의 원인과 영향의 예
➡ 아프리카 사하라 사막 남쪽의 사헬 지역은 초원을 개간하여 토양이 황폐해지면서 사막화가 급격히 진행되고 있다. 이로 인해 식량 부족 현상이 일어나고 있다.
➡ 고비 사막 주변의 사막화로 우리나라에 황사가 자주 발생한다.

☆2 **엘니뇨와 라니냐** 적도 부근 동태평양 해역의 표층 수온이 평년보다 높은 상태가 지속되는 현상을 엘니뇨, 평년보다 낮은 상태가 지속되는 현상을 라니냐라고 한다.

➡ **발생 원인** : 대기 대순환의 변화로 표층 해수의 흐름이 영향을 받아 발생(기권과 수권의 상호 작용)

구분	평상시	엘니뇨 발생 시	라니냐 발생 시
모식도			
대기 순환과 해수의 이동	무역풍의 영향으로 적도 부근의 따뜻한 해수가 서쪽으로 이동한다.	무역풍이 평상시보다 약화되어 적도 부근의 따뜻한 해수가 동쪽으로 이동한다.	무역풍이 평상시보다 강화되어 따뜻한 해수가 서쪽으로 강하게 이동한다.
동태평양의 기후	• 심층의 찬 해수가 표면으로 많이 올라온다. ➡ 표층 수온이 낮다. • 하강 기류가 형성되어 맑고 건조하다. • 영양분이 풍부한 심층의 찬 해수가 올라와 어획량이 풍부하다.	• 평상시보다 표층 수온이 높아진다. ➡ 상승 기류가 형성되어 강수량이 증가한다.(홍수 발생) • 찬 해수가 표면으로 올라오는 것이 약화되어 어획량이 감소한다.	• 심층의 찬 해수가 평상시보다 표면으로 더 많이 올라와 표층 수온이 낮아진다. • 하강 기류가 강해져 강수량이 감소하고 날씨가 건조해진다.(가뭄 발생)
서태평양의 기후	표층 수온이 높아 공기가 가열된다. ➡ 상승 기류가 형성되어 수증기 증발이 활발하고 비가 많이 내린다.	평상시보다 표층 수온이 낮아진다. ➡ 하강 기류가 형성되어 강수량이 감소하고 날씨가 건조해진다.(가뭄, 산불 발생)	평상시보다 표층 수온이 높아진다. ➡ 상승 기류가 강해져 강수량이 증가한다.(홍수, 폭우 발생)

개념 쏙쏙

Q 정답과 해설 65쪽

5 위도별로 대기 대순환을 이루는 순환 세포와 지상에서 부는 바람을 옳게 연결하시오.

(1) 위도 60°~극 •　　• ㉠ 페렐 순환　•　　• ⓐ 극동풍

(2) 위도 30°~60° •　　• ㉡ 해들리 순환 •　　• ⓑ 무역풍

(3) 적도~위도 30° •　　• ㉢ 극순환　•　　• ⓒ 편서풍

6 다음은 해수의 표층 순환에 대한 설명이다. (　　) 안에서 알맞은 말을 고르시오.

• 북적도 해류는 ㉠(무역풍, 편서풍)에 의해 흐르고, 북태평양 해류는 ㉡(무역풍, 편서풍)에 의해 흐른다.
• 멕시코만류는 ㉢(저위도, 고위도)에서 ㉣(저위도, 고위도)로 흐른다.

7 사막화는 사막 주변 지역의 토지가 황폐해져 사막이 점차 ㉠(좁아지는, 넓어지는) 현상이다. 인위적 원인으로 ㉡(과잉 경작, 대기 대순환의 변화) 등이 있다.

8 엘니뇨와 라니냐에 대한 설명으로 옳은 것은 ○, 옳지 않은 것은 ×로 표시하시오.

(1) 엘니뇨와 라니냐는 기권과 수권의 상호 작용으로 발생한다. ………… (　　)

(2) 엘니뇨와 라니냐의 원인이 되는 대기 대순환 바람은 편서풍이다. ……(　　)

(3) 엘니뇨가 발생하면 평상시보다 서태평양의 표층 수온이 높아진다. …(　　)

(4) 라니냐가 발생하면 동태평양에서는 가뭄이 발생한다. ………………… (　　)

암기 꼭!

위도별 지상에서 부는 바람과 순환

• 극극극 ➡ 극극극
  지동순
  역풍환

• ㅍㅍ ➡ 중편페
  위서렐
  도풍순
  지환
  역

• 저무는 해 ➡ 저무는 해
  위역들
  도풍리
  지순
  역환

과거의 기후 변화를 연구하는 방법 조사하기

목표 과거의 기후가 어떻게 변화해왔는지 알아내는 방법을 설명할 수 있다.

• 과정 & 결과

❶ 나무 나이테를 이용하여 기후 변화를 연구하는 방법을 조사한다.

• 나이테 간격을 연구하여 과거의 기온과 강수량 변화를 추정한다. ➡ 봄과 여름에는 나무의 생장 속도가 빨라 나이테 간격이 넓어지고 나무줄기의 세포벽이 성글기 때문에 나이테의 색이 옅다. 가을과 겨울에는 나무가 거의 생장하지 않아 나무줄기의 세포벽이 빽빽해져 나이테의 색이 짙다.
• 비교적 가까운 과거(수천 년 전까지)의 기후를 알아낼 수 있다.

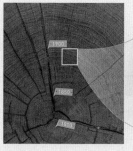
나무 나이테

❷ 빙하 코어를 이용하여 기후 변화를 연구하는 방법을 조사한다.

• 눈이 쌓여 빙하가 형성되는 과정에서 눈 결정 사이에 공기가 갇히므로 이 공기 방울을 분석하여 빙하가 형성될 당시의 대기 성분과 기온을 파악한다. ➡ 빙하 속 공기 방울을 분석하면 그 당시 대기 중 이산화 탄소의 농도 변화를 알 수 있고, 이산화 탄소의 농도가 높은 시기에 기온도 높게 나타난다.
• 수십만 년 전까지의 기후를 알아낼 수 있다.

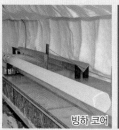
빙하 코어 공기 방울

❸ 지층에 포함된 화석을 이용하여 기후 변화를 연구하는 방법을 조사한다.

[꽃가루 화석]
• 꽃가루 화석의 종류를 분석하여 기후와 식물의 분포 등을 알 수 있다.
• 비교적 가까운 과거의 기후를 알아낼 수 있다.
[시상 화석]
• 시상 화석의 종류와 분포로부터 지층이 생성될 당시의 환경을 추정한다.
• 수억 년 단위의 기후를 알아낼 수 있다.

꽃가루

• 해석

1. 나무 나이테의 간격을 연구하여 알 수 있는 것은? ➡ 과거의 기온과 강수량 변화를 알 수 있다.

2. 빙하 속 공기 방울을 분석하여 알 수 있는 것은? ➡ 빙하가 형성될 당시의 대기 성분과 기온을 알 수 있다.

3. 지층에 포함된 꽃가루 화석을 이용하여 알 수 있는 것은? ➡ 과거의 기후와 식물의 분포를 알 수 있다.

4. 지층에 포함된 시상 화석을 이용하여 알 수 있는 것은? ➡ 지층이 생성될 당시의 환경을 알 수 있다.

• 정리

• 과거의 기후 변화를 알기 위한 방법으로는 나무 나이테 조사, 빙하 코어 분석, 꽃가루 화석 연구, 시상 화석 연구 등이 있다.
• 나무 나이테는 수천 년 단위, 빙하 코어는 수십만 년 단위, 시상 화석은 수억 년 단위로 과거의 기후를 알아낼 수 있다.

확인 문제

1 탐구 Ⓐ에 대한 설명으로 옳은 것은 ○, 옳지 않은 것은 ×로 표시하시오.

(1) 나무 나이테의 간격을 연구하면 과거의 기온과 강수량 변화를 알 수 있다. ···· (   )

(2) 빙하 코어를 이용하면 수억 년 단위까지 과거의 기후를 알아낼 수 있다. ········ (   )

(3) 꽃가루 화석의 종류를 분석하면 기후와 식물의 분포 등을 알 수 있다. ·········· (   )

(4) 화석을 이용하여 생물이 생존할 당시의 기후를 추정할 때, 시상 화석보다 표준 화석

이 유용하다. ·· (   )

2 그림 (가)와 (나)는 기후 변화 연구 방법을 나타낸 것이다.

(가) 나무 나이테   (나) 빙하 코어

이에 대한 설명으로 옳은 것만을 [보기]에서 있는 대로 고른 것은?

┌─ 보기 ──┐
ㄱ. (가)에서 나이테 간격은 기후가 온난할수록 좁아진다.
ㄴ. (나)에는 눈이 내릴 당시의 공기가 포함되어 있다.
ㄷ. 과거 대기 조성 연구에는 (가)가 (나)보다 적합하다.
└──┘

① ㄱ   ② ㄴ   ③ ㄱ, ㄷ

④ ㄴ, ㄷ   ⑤ ㄱ, ㄴ, ㄷ

3 그림은 남극 보스토크 기지에서 채취한 빙하 코어를 분석하여 알아낸 과거 약 40만 년 동안의 대기 중 이산화 탄소(CO_2) 농도 변화와 지구의 기온 편차(당시 기온−현재 기온)를 나타낸 것이다.

이에 대한 설명으로 옳은 것만을 [보기]에서 있는 대로 고른 것은?

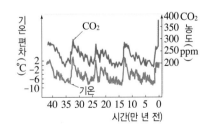

┌─ 보기 ──┐
ㄱ. 지구의 기온은 상승과 하강을 반복하였다.
ㄴ. 대기 중 이산화 탄소 농도가 높을 때 지구의 기온은 대체로 낮게 나타난다.
ㄷ. 과거 약 40만 년 동안 지구의 기온은 현재의 기온보다 대체로 높았다.
└──┘

① ㄱ   ② ㄴ   ③ ㄱ, ㄷ

④ ㄴ, ㄷ   ⑤ ㄱ, ㄴ, ㄷ

A 기후 변화

01 다음은 기후 변화의 원인을 구분하여 나타낸 것이다.

(가)와 (나)에 해당하는 예를 옳게 짝 지은 것은?

	(가)	(나)
①	지표면 변화	대규모 화산 분출
②	수륙 분포 변화	자전축 기울기 변화
③	태양 활동 변화	이산화 탄소 농도 변화
④	이산화 탄소 농도 변화	수륙 분포 변화
⑤	지구 공전 궤도 모양 변화	태양 활동 변화

02 지구 기후 변화의 원인에 대한 설명으로 옳은 것만을 [보기]에서 있는 대로 고른 것은?

┌─ 보기 ─────────────────────────
ㄱ. 수륙 분포가 변하면 기후 변화에 영향을 준다.
ㄴ. 대규모 화산 분출로 지구 기온에 변화가 생긴다.
ㄷ. 지구 자전축의 기울기 방향이 변하는 것은 기후 변화에 일시적인 영향을 준다.
└────────────────────────────────

① ㄱ   ② ㄷ   ③ ㄱ, ㄴ
④ ㄴ, ㄷ   ⑤ ㄱ, ㄴ, ㄷ

중요
03 과거의 기후 변화를 연구하는 방법으로 옳지 <u>않은</u> 것은?

① 나무의 나이테를 조사한다.
② 빙하 속의 공기 방울을 채취한다.
③ 지층 속의 꽃가루 화석을 연구한다.
④ 대나무가 번성하고 있는 지역을 조사한다.
⑤ 해저 퇴적물 속의 유공충 화석을 연구한다.

서술형
04 그림은 남극 보스토크 기지에서 채취한 빙하 코어를 분석하여 알아낸 대기 중 이산화 탄소(CO₂)의 농도와 기온 변화를 나타낸 것이다.

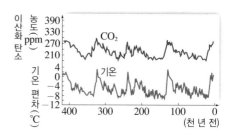

대기 중 이산화 탄소의 농도와 기온의 상관 관계를 서술하시오.

_____

_____

B 지구 온난화

05 대기 성분 중 온실 효과를 일으키는 기체가 <u>아닌</u> 것은?

① 오존   ② 질소   ③ 메테인
④ 수증기   ⑤ 이산화 탄소

중요
06 그림은 1860년부터 현재까지 측정한 지구의 기온 편차를 나타낸 것이다.

1900년대 초반과 비교한 현재의 지구 환경에 대한 설명으로 옳은 것만을 [보기]에서 있는 대로 고른 것은?

┌─ 보기 ─────────────────────────
ㄱ. 해수면이 상승하였다.
ㄴ. 빙하 면적이 감소하였다.
ㄷ. 홍수나 가뭄 등 기상 이변이 증가하였다.
└────────────────────────────────

① ㄱ   ② ㄷ   ③ ㄱ, ㄴ
④ ㄴ, ㄷ   ⑤ ㄱ, ㄴ, ㄷ

07 그림은 지구 온난화의 원인과 영향을 나타낸 것이다.

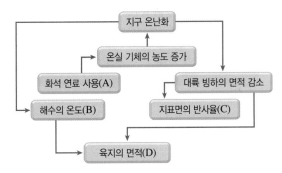

A~D 중 값이 감소하는 것만을 있는 대로 고른 것은?

① A, B   ② A, D   ③ C, D
④ A, B, C   ⑤ B, C, D

08 지구 온난화에 대한 설명으로 옳지 <u>않은</u> 것은?

① 최근 지구의 평균 기온 상승률이 감소하고 있다.
② 주요 원인은 대기 중 이산화 탄소 농도 증가이다.
③ 지구 온난화로 인해 생물 다양성이 감소할 수 있다.
④ 기후 변화를 방지하기 위해 세계 각국이 협력하여 온실 기체를 감축해야 한다.
⑤ 기후 변화에 대응하기 위해 화석 연료를 대체할 신재생 에너지를 개발해야 한다.

09 한반도의 기후와 환경 변화에 대한 설명으로 옳지 <u>않은</u> 것은?

① 아열대 기후구가 북상한다.
② 여름의 길이가 점차 길어진다.
③ 한류성 어종의 어획량이 감소한다.
④ 벚꽃의 개화 시기가 점차 늦어진다.
⑤ 지구 전체보다 기온 상승 폭이 크다.

C 대기와 해수의 순환

10 그림은 위도에 따른 태양 복사 에너지양과 지구 복사 에너지양을 나타낸 것이다.

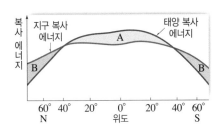

이에 대한 설명으로 옳은 것만을 [보기]에서 있는 대로 고른 것은?

보기
ㄱ. A는 남는 에너지, B는 부족한 에너지이다.
ㄴ. 지구가 구형이므로 이와 같은 분포가 나타난다.
ㄷ. 에너지 이동은 극에서 적도 쪽으로 일어난다.

① ㄱ   ② ㄷ   ③ ㄱ, ㄴ
④ ㄴ, ㄷ   ⑤ ㄱ, ㄴ, ㄷ

[11~12] 그림은 북반구에서 대기 대순환의 모형을 나타낸 것이다.

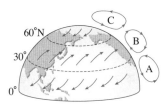

11 이에 대한 설명으로 옳은 것만을 [보기]에서 있는 대로 고른 것은?

보기
ㄱ. A는 페렐 순환, B는 해들리 순환이다.
ㄴ. B의 지상에서는 편서풍이 분다.
ㄷ. 대기 대순환이 A, B, C 순환을 형성한 것은 지구가 자전하기 때문이다.

① ㄱ   ② ㄴ   ③ ㄱ, ㄷ
④ ㄴ, ㄷ   ⑤ ㄱ, ㄴ, ㄷ

서술형

12 위도 0° 지역과 30°N 지역 중 사막이 형성되기 쉬운 곳을 쓰고, 두 지역을 비교하여 그 까닭을 서술하시오.

13 그림은 북태평양의 표층 순환을 이루는 해류 A~D를 나타낸 것이다.

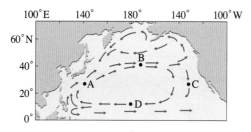

이에 대한 설명으로 옳지 <u>않은</u> 것은?

① A는 쿠로시오 해류이다.

② A는 난류이고, C는 한류이다.

③ B는 편서풍에 의해 형성된다.

④ 저위도에서 고위도로 열을 수송하는 해류는 C이다.

⑤ 남태평양의 아열대 순환 방향은 A~D 해류의 순환 방향과 반대로 나타난다.

D 사막화와 엘니뇨

14 그림은 전 세계 주요 사막의 분포와 사막화 지역을 나타낸 것이다.

이에 대한 설명으로 옳지 <u>않은</u> 것은?

① 사막은 적도보다 위도 30° 부근에 더 많이 분포한다.

② (증발량－강수량) 값이 증가하면 사막이 증가할 것이다.

③ 대기 대순환의 변화는 사막화의 원인이 된다.

④ 가축의 방목이 증가하면 사막화가 가속화된다.

⑤ 중국 내륙의 사막화는 우리나라의 황사 발생을 억제한다.

[15~16] 그림 (가)와 (나)는 엘니뇨 발생 시와 평상시에 적도 부근 태평양의 해수 흐름을 순서 없이 나타낸 것이다.

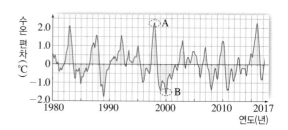

15 이에 대한 설명으로 옳은 것만을 [보기]에서 있는 대로 고른 것은?

┌─ 보기 ─────────────────────┐
ㄱ. (가)는 평상시, (나)는 엘니뇨 발생 시이다.
ㄴ. 무역풍의 평균 풍속은 (가)보다 (나)가 크다.
ㄷ. 동태평양과 서태평양의 표층 수온 차이는 (가)보다 (나)가 크다.
└────────────────────────────┘

① ㄱ   ② ㄷ   ③ ㄱ, ㄴ
④ ㄴ, ㄷ   ⑤ ㄱ, ㄴ, ㄷ

16 *서술형* (나) 시기에 동태평양과 서태평양에서 대기의 순환에 의해 일어날 수 있는 기상 이변을 각각 서술하시오.

_____

_____

17 그림은 1980년부터 2017년까지 적도 부근의 동태평양에서 관측한 해수면의 수온 편차(관측 수온－평균 수온)를 나타낸 것이다.

A와 B 시기에 대한 설명으로 옳은 것만을 [보기]에서 있는 대로 고른 것은?

┌─ 보기 ─────────────────────┐
ㄱ. A는 엘니뇨 시기이다.
ㄴ. B 시기에 동태평양에서는 가뭄이 발생할 가능성이 높다.
ㄷ. 서태평양의 평균 표층 수온은 A보다 B 시기에 높다.
└────────────────────────────┘

① ㄱ   ② ㄴ   ③ ㄱ, ㄷ
④ ㄴ, ㄷ   ⑤ ㄱ, ㄴ, ㄷ

01 그림 (가)는 우리나라 수도권의 계절 길이 전망을, (나)는 우리나라 아열대 기후구 전망을 나타낸 것이다.

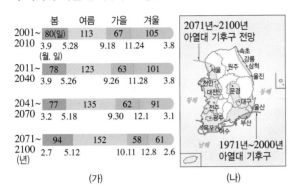

	봄	여름	가을	겨울
2001~2010	80(일) 3.9 5.28	113	67 9.18 11.24	105 3.8
				(월. 일)
2011~2040	78 3.9 5.26	123	63 9.26 11.28	101 3.8
2041~2070	77 3.2 5.18	135	62 9.30 12.1	91 3.1
2071~2100 (년)	94 2.7 5.12	152	58 10.11 12.8	61 2.6

(가)

(나)

이에 대한 설명으로 옳은 것만을 [보기]에서 있는 대로 고른 것은?

─• 보기 •─
ㄱ. (가)에서 여름의 길이는 점차 길어진다.
ㄴ. (나)의 변화로 아열대 과일 재배가 가능한 지역이 남쪽으로 확대될 것이다.
ㄷ. (가)와 (나)는 지구 온난화의 영향으로 나타나는 변화이다.

① ㄱ　　　　② ㄴ　　　　③ ㄱ, ㄷ
④ ㄴ, ㄷ　　　⑤ ㄱ, ㄴ, ㄷ

02 그림은 대기 대순환 모형의 연직 단면을 나타낸 것이다.

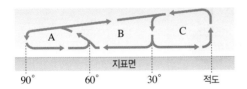

이에 대한 설명으로 옳은 것만을 [보기]에서 있는 대로 고른 것은?

─• 보기 •─
ㄱ. 적도 부근에서는 열대 우림이 잘 발달한다.
ㄴ. 사막화가 잘 일어나는 곳은 위도 60° 부근이다.
ㄷ. C 순환의 지상에서 부는 바람의 영향으로 남극 순환 해류가 서에서 동으로 이동한다.

① ㄱ　　　　② ㄷ　　　　③ ㄱ, ㄴ
④ ㄴ, ㄷ　　　⑤ ㄱ, ㄴ, ㄷ

03 그림은 북반구에서 주요 표층 해류가 흐르는 해역 A~D를 나타낸 것이다.

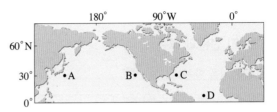

이에 대한 설명으로 옳은 것만을 [보기]에서 있는 대로 고른 것은? (단, A~C 해역의 위도는 같다.)

─• 보기 •─
ㄱ. 표층 수온은 A보다 B에서 높다.
ㄴ. 고위도로의 열수송량은 B보다 C에서 많다.
ㄷ. D에는 무역풍에 의해 북적도 해류가 흐른다.

① ㄱ　　　　② ㄷ　　　　③ ㄱ, ㄴ
④ ㄴ, ㄷ　　　⑤ ㄱ, ㄴ, ㄷ

신유형 N

04 그림 (가)와 (나)는 평상시와 엘니뇨 발생 시에 태평양의 적도 부근 해역에서 관측한 월평균 표층 수온과 무역풍의 분포를 순서 없이 나타낸 것이다.

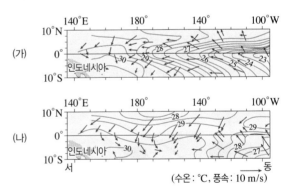

(수온 : ℃, 풍속 : 10 m/s)

이에 대한 설명으로 옳은 것만을 [보기]에서 있는 대로 고른 것은?

─• 보기 •─
ㄱ. (가)는 평상시, (나)는 엘니뇨 발생 시이다.
ㄴ. 동에서 서로의 표층 해수 이동은 (가)보다 (나) 시기에 활발하다.
ㄷ. 적도 부근 동태평양의 강수량은 (가)보다 (나) 시기에 적다.
ㄹ. 적도 부근 동태평양 해역에서 어획량은 (가)보다 (나) 시기에 적었을 것이다.

① ㄱ, ㄷ　　　② ㄱ, ㄹ　　　③ ㄴ, ㄹ
④ ㄱ, ㄴ, ㄷ　　⑤ ㄴ, ㄷ, ㄹ

04 에너지의 전환과 효율적 이용

핵심 짚기 　□ 에너지의 종류　　　　　　　　　　□ 일상생활에서 일어나는 에너지 전환 과정
　　　　　　□ 열기관에서의 열효율 계산　　　　□ 에너지의 절약과 효율적 이용 방법

A 에너지 전환과 보존

1 에너지 일을 할 수 있는 능력❶

운동 에너지	운동하는 물체가 가지는 에너지	역학적 에너지	운동 에너지와 퍼텐셜 에너지의 합
퍼텐셜 에너지	물체가 위치에 따라 가지는 에너지		
열에너지	물체를 이루는 원자의 진동이나 분자 운동에 의한 에너지로, 물체의 온도를 변화시키는 에너지		
화학 에너지	화학 결합에 의해 물질 속에 저장되어 있는 에너지		
전기 에너지	전하의 이동에 의해 발생하는 에너지		
핵에너지	원자핵이 융합(핵융합)하거나 분열(핵분열)할 때 발생하는 에너지		
파동 에너지	파도와 같은 파동이 가지는 에너지		
빛에너지	빛의 형태로 전달되는 에너지		

☆2 에너지 전환 한 형태의 에너지가 다른 형태의 에너지로 바뀌는 것

휴대 전화에서 에너지 전환 과정		전기 기구에서 에너지 전환 과정	
화면	전기 에너지 → 빛에너지	전기밥솥	전기 에너지 → 열에너지
스피커	전기 에너지 → 소리 에너지	세탁기, 선풍기	전기 에너지 → 운동 에너지
진동	전기 에너지 → 운동 에너지	전등	전기 에너지 → 빛에너지
배터리	• 충전 : 전기 에너지 → 화학 에너지 • 사용 : 화학 에너지 → 전기 에너지	텔레비전	전기 에너지 　→ 빛에너지, 소리 에너지

[여러 가지 에너지 전환 과정의 예]
에너지 전환은 자연 현상처럼 자연적으로 일어나기도 하고, 인간이 만든 도구에 의해 일어나기도 한다.

역학적 에너지　—*증기 기관→　열에너지　←원자로　　핵에너지

수력 발전　태양열 발전　전열기　복사선　태양

전기 에너지　—화력 발전→　화학 에너지　←광합성　빛에너지

충전기　반딧불이

3 에너지 보존 법칙 에너지는 여러 가지 형태로 전환될 수 있지만 새롭게 생겨나거나 소멸되지 않으며 전체 양은 항상 일정하게 보존된다.❷

B 에너지의 효율적 이용

1 에너지 효율 공급한 에너지 중에서 유용하게 사용된 에너지의 비율(%)❸

$$에너지 효율(\%) = \frac{유용하게 사용된 에너지의 양}{공급한 에너지의 양} \times 100$$

Plus 강의

❶ 에너지
과학에서 에너지는 일을 할 수 있는 능력을 의미하며, 물체가 외부에 한 일의 양만큼 물체의 에너지가 변한다.
　　일＝에너지의 변화량(단위 : J)

❷ 역학적 에너지 보존

롤러코스터가 내려갈 때는 퍼텐셜 에너지 → 운동 에너지, 올라갈 때는 운동 에너지 → 퍼텐셜 에너지로 에너지 전환이 일어나는데, 마찰이나 공기 저항이 없을 때 역학적 에너지는 항상 일정하다.

❸ 에너지 효율
에너지를 사용하는 과정에서 에너지의 전체 양은 보존되지만, 에너지가 전환될 때마다 항상 에너지의 일부는 다시 사용하기 어려운 형태의 열에너지로 전환된다. 따라서 공급한 에너지가 모두 유용하게 사용되지는 않는다.

🔍 용어 돋보기

＊ 증기 기관(蒸 찌다, 氣 기운, 機 기계, 關 기관)_물을 끓여 나온 증기(열에너지)를 이용하여 회전 운동(역학적 에너지)을 발생시키는 기계

☆2 열기관 열에너지를 일로 전환하는 장치[4]

➡ 열효율은 열기관의 효율로, 공급한 열에너지 중 열기관이 한 일의 비율로 나타낸다.

$$\text{열효율(\%)} = \frac{\text{열기관이 한 일}(W)}{\text{공급한 열에너지}(Q_1)} \times 100$$

▲ 열기관

고열원
Q_1(공급한 열에너지)

열기관 → W(한 일) $= Q_1 - Q_2$

Q_2(방출된 열에너지)

저열원

[자동차에서 에너지 효율]

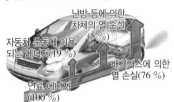

난방 등에 의한 차체의 열 손실(5 %)
자동차 운동에 이용되는 에너지(19 %)
배기가스에 의한 열 손실(76 %)
연료 에너지(100 %)

• 에너지 전환과 보존 : 연료의 에너지는 연료를 연소시켜 사용한 에너지의 총합과 같으므로 에너지의 전체 양은 보존된다.(100 % = 19 % + 5 % + 76 %)

• 에너지 효율 : 자동차 연료의 에너지 중 19 %만 운동에 이용되고, 나머지는 다시 쓸 수 없는 열에너지 등으로 바뀐다. ➡ 자동차의 에너지 효율 : 19 %

☆3 에너지 절약과 효율적 이용

① 에너지를 절약해야 하는 까닭

에너지의 총량은 일정하지만 에너지를 사용할수록 다시 사용하기 어려운 열에너지의 형태로 전환되는 양이 많아진다.

사용 가능한 에너지의 양은 점점 줄어들고, 지구 온난화 등 환경 문제가 발생한다.

에너지를 절약하고, 에너지 효율이 높은 제품을 사용해야 한다.

② 에너지를 효율적으로 이용한 예[5] **여기서잠깐** 266쪽

하이브리드 자동차	에너지 제로 하우스	LED 전구
운행 중 버려지는 에너지의 일부를 전기 에너지로 전환하여 다시 사용하므로 일반 자동차보다 에너지 효율이 높다.	단열이 잘되는 자재를 사용하여 외부로 새어 나가는 열을 차단하므로 에너지를 절약할 수 있다.	백열전구, 형광등에 비해 전기 에너지를 빛에너지로 전환하는 효율이 높아 최고 90 %까지 에너지를 절약할 수 있다.

[4] 열기관의 종류

▶ 내연 기관 : 기관의 내부에서 연료를 연소시키는 기관
예 자동차 엔진, 로켓 기관 등

▶ 외연 기관 : 기관의 외부에서 연료를 연소시키는 기관
예 증기 기관, 증기 터빈 등

[5] 에너지 절약을 유도하기 위한 대책

▶ 에너지 소비 효율 등급 표시 제도 : 가전제품별로 에너지 소비 효율을 분석하여 소비 등급을 5개로 나누어 정한 것으로, 1등급이 가장 효율이 높은 에너지 절약형 제품이다.

▲ 에너지 소비 효율 등급 표시

▶ 대기 전력 저감 프로그램 : 대기 전력을 줄인 제품에 에너지 절약 표시를 붙이는 것으로, 가전제품을 사용하지 않는 대기 상태에서 소비되는 전력을 줄인 제품이라는 것을 보여 준다.

개념 쏙쏙

정답과 해설 68쪽

1 다음은 일상생활에서 일어나는 다양한 에너지 전환 과정이다. ( ) 안에 알맞은 말을 쓰시오.

(1) 스피커 : 전기 에너지 → ( ) 에너지

(2) 반딧불이 : 화학 에너지 → ( )에너지

(3) 광합성 : 빛에너지 → ( ) 에너지

2 다음은 에너지 전환과 보존에 대한 설명이다. ( ) 안에 알맞은 말을 쓰시오.

에너지는 ㉠( ) 법칙에 따라 여러 가지 형태로 ㉡( )될 수 있지만 전체 양은 항상 일정하게 ㉢( )된다.

3 어떤 열기관에 100 J의 열에너지를 공급하였더니, 30 J의 일을 하고 나머지는 외부로 방출하였다. 이 열기관의 열효율은 몇 %인지 쓰시오.

암기 꼭!

열효율(%) 공식
열공하면 100점!
효율 급 한일 ×100
열에너지

열효율(%)
$= \dfrac{\text{열기관이 한 일}}{\text{공급한 열에너지}} \times 100$

에너지의 효율적 이용

최근에는 하이브리드 자동차, 에너지 제로 하우스 등 에너지 효율을 높이는 기술이 주목받고 있어요. 하이브리드 자동차와 에너지 제로 하우스에서 에너지 효율을 어떻게 높일 수 있는지 살펴보아요.

정답과 해설 68쪽

1 하이브리드 자동차

- **하이브리드 자동차의 특징** : 하이브리드 자동차는 엔진, 연료 탱크와 함께 배터리와 전기 모터로 구성되어 있어 운행 중에 버려지는 에너지의 일부를 전기 에너지로 전환하여 다시 사용할 수 있다. 따라서 엔진만 사용하는 일반 자동차보다 에너지 효율이 10 %~30 % 정도 높다.

- **하이브리드 자동차의 원리**

하이브리드 자동차의 구조 ▶

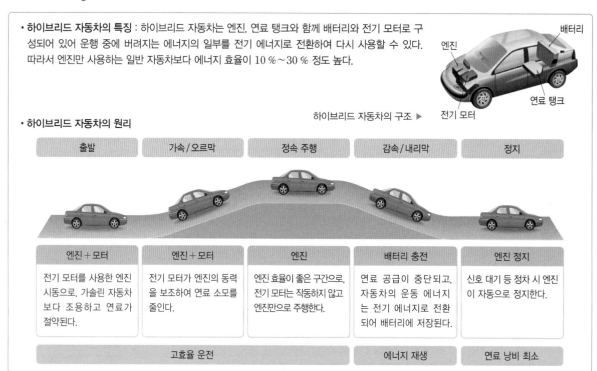

출발	가속/오르막	정속 주행	감속/내리막	정지
엔진 + 모터	엔진 + 모터	엔진	배터리 충전	엔진 정지
전기 모터를 사용한 엔진 시동으로, 가솔린 자동차보다 조용하고 연료가 절약된다.	전기 모터가 엔진의 동력을 보조하여 연료 소모를 줄인다.	엔진 효율이 좋은 구간으로, 전기 모터는 작동하지 않고 엔진만으로 주행한다.	연료 공급이 중단되고, 자동차의 운동 에너지는 전기 에너지로 전환되어 배터리에 저장된다.	신호 대기 등 정차 시 엔진이 자동으로 정지한다.
고효율 운전			에너지 재생	연료 낭비 최소

Q1 엔진과 함께 배터리와 전기 모터를 사용하여 일반 자동차보다 에너지 효율이 높은 자동차는?

2 에너지 제로 하우스

에너지 제로 하우스는 필요한 에너지를 태양, 지열, 풍력 등의 재생 에너지를 통해 얻고, 낭비되는 에너지를 줄여 외부의 에너지 공급 없이 자급할 수 있는 미래형 주택이다.

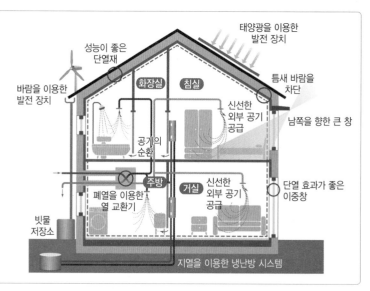

에너지 제로 하우스의 구조 ▶

Q2 낭비되는 에너지를 줄이고, 필요한 에너지를 친환경적으로 얻는 미래형 주택은?

A 에너지 전환과 보존

01 여러 가지 에너지에 대한 설명으로 옳지 <u>않은</u> 것은?

① 빛에너지는 공기의 진동으로 전달되는 에너지이다.
② 역학적 에너지는 운동 에너지와 퍼텐셜 에너지의 합이다.
③ 전기 에너지는 전하의 이동에 의해 발생하는 에너지이다.
④ 핵에너지는 원자핵이 융합하거나 분열할 때 발생하는 에너지이다.
⑤ 화학 에너지는 화학 결합에 의해 물질 속에 저장되어 있는 에너지이다.

☆중요
02 그림은 우리 생활에서 볼 수 있는 여러 가지 에너지와 에너지 전환을 나타낸 것이다.

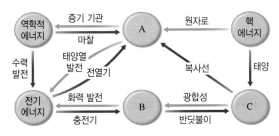

A, B, C에 들어갈 알맞은 에너지를 옳게 짝 지은 것은?

	A	B	C
①	열에너지	빛에너지	화학 에너지
②	열에너지	화학 에너지	빛에너지
③	빛에너지	화학 에너지	열에너지
④	화학 에너지	열에너지	빛에너지
⑤	운동 에너지	열에너지	화학 에너지

03 그림 (가)~(다)는 일상생활에서 이용하는 여러 가지 장치를 나타낸 것이다.

(가)   (나)   (다)

(가)~(다)에서 일어나는 에너지 전환에 대한 설명으로 옳은 것만을 [보기]에서 있는 대로 고른 것은?

┌─ 보기 ─
ㄱ. (가)는 화학 에너지가 전기 에너지로 전환된다.
ㄴ. (다)는 전기 에너지가 열에너지로 전환된다.
ㄷ. (가), (나), (다)는 모두 전기 에너지가 빛에너지로 전환된다.
└─

① ㄱ   ② ㄴ   ③ ㄱ, ㄷ
④ ㄴ, ㄷ   ⑤ ㄱ, ㄴ, ㄷ

04 다음은 무선 조종 자동차에 대한 설명이다.

이 자동차는 1개의 (가)전동기에 의해 바퀴가 회전하면서 운동을 한다. 자동차 내부에 있는 (나)배터리를 충전하면 최대 30분 동안 주행할 수 있고, 자동차 앞부분에 있는 (다)LED등을 켜면 야간에도 자동차의 위치를 확인할 수 있다.

(가)~(다)에서 일어나는 에너지 전환에 대한 설명으로 옳은 것만을 [보기]에서 있는 대로 고른 것은?

┌─ 보기 ─
ㄱ. (가)에서 전기 에너지가 운동 에너지로 전환된다.
ㄴ. (나)에서 화학 에너지가 전기 에너지로 전환된다.
ㄷ. (다)에서 운동 에너지가 빛에너지로 전환된다.
└─

① ㄱ   ② ㄷ   ③ ㄱ, ㄴ
④ ㄴ, ㄷ   ⑤ ㄱ, ㄴ, ㄷ

05 그림은 롤러코스터가 큰 소음을 내면서 레일을 따라 내려가고 있는 모습을 나타낸 것이다.

이에 대한 설명으로 옳은 것만을 [보기]에서 있는 대로 고른 것은? (단, 외부로부터 롤러코스터에 공급되는 에너지는 없다.)

> ┌ 보기 ┐
> ㄱ. 퍼텐셜 에너지가 모두 운동 에너지로 전환된다.
> ㄴ. 롤러코스터가 내려갈 때 역학적 에너지는 보존된다.
> ㄷ. 에너지 전환 과정에서 모든 에너지의 총량은 일정하다.

① ㄱ   ② ㄴ   ③ ㄷ
④ ㄱ, ㄴ   ⑤ ㄴ, ㄷ

B 에너지의 효율적 이용

06 표는 형광등 A, B의 에너지 효율을 나타낸 것이다.

형광등	A	B
에너지 효율	20 %	25 %

이에 대한 설명으로 옳은 것만을 [보기]에서 있는 대로 고른 것은?

> ┌ 보기 ┐
> ㄱ. 같은 양의 에너지를 공급하면 A가 B보다 더 많은 일을 한다.
> ㄴ. 같은 양의 일을 한다면 A가 B보다 더 많은 에너지를 공급받아야 한다.
> ㄷ. 같은 양의 에너지를 공급하면 B가 A보다 더 많은 열에너지를 방출한다.

① ㄱ   ② ㄴ   ③ ㄱ, ㄷ
④ ㄴ, ㄷ   ⑤ ㄱ, ㄴ, ㄷ

---

07 그림은 자동차의 매초당 에너지 이용과 흐름을 모식적으로 나타낸 것이다.

이에 대한 설명으로 옳은 것만을 [보기]에서 있는 대로 고른 것은?

> ┌ 보기 ┐
> ㄱ. 자동차 엔진의 에너지 효율은 20 %이다.
> ㄴ. 조명등에서 전기 에너지가 빛에너지로 전환된다.
> ㄷ. 자동차 연료의 에너지는 최종적으로 열에너지의 형태로 전환된다.

① ㄱ   ② ㄴ   ③ ㄱ, ㄷ
④ ㄴ, ㄷ   ⑤ ㄱ, ㄴ, ㄷ

---

08 그림 (가), (나)는 각각 백열전구와 LED 전구에 공급된 에너지가 다양한 형태로 전환되는 것을 나타낸 것이다.

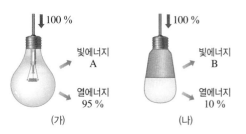

이에 대한 설명으로 옳은 것만을 [보기]에서 있는 대로 고른 것은?

> ┌ 보기 ┐
> ㄱ. A는 5 %, B는 90 %이다.
> ㄴ. 에너지 효율은 (나)가 (가)보다 높다.
> ㄷ. (가), (나)에서 전환된 열에너지는 다시 모아서 사용할 수 있다.

① ㄱ   ② ㄷ   ③ ㄱ, ㄴ
④ ㄴ, ㄷ   ⑤ ㄱ, ㄴ, ㄷ

09 에너지 효율이 높다는 의미를 가장 잘 해석한 것은?

① 에너지 전환이 잘 된다.
② 에너지의 총량이 보존된다.
③ 필요한 에너지의 양과 필요 없는 에너지의 양이 같다.
④ 필요 없는 에너지보다 필요한 에너지로의 전환이 잘 된다.
⑤ 필요한 에너지보다 필요 없는 에너지로의 전환이 잘 된다.

서술형

10 에너지 보존 법칙에 따르면 모든 에너지는 새로 생성되거나 소멸하지 않고 전환 과정에서 총량이 일정하게 보존된다. 그럼에도 불구하고 에너지를 절약해야 하는 까닭을 다음 단어를 모두 포함하여 서술하시오.

> · 에너지 전환, 열에너지

_____

_____

11 열기관에 대한 설명으로 옳지 않은 것은?

① 열에너지를 일로 전환하는 장치이다.
② 열기관의 열효율은 열기관에 공급한 열에너지를 의미한다.
③ 열효율이 높을수록 사용되지 못하고 버려지는 열에너지의 양이 적다.
④ 같은 양의 연료를 공급했을 때 열효율이 높은 자동차일수록 멀리까지 이동할 수 있다.
⑤ 열기관이 하는 일의 양은 공급한 열에너지 중에서 저열원으로 빠져나가는 열에너지를 제외한 양이다.

12 그림과 같이 열기관의 고열원에 열에너지를 공급해 주었더니 외부에 300 J의 일을 하고 200 J의 열에너지가 저열원 쪽으로 빠져나갔다.
이 열기관의 열효율은?

① 20 %   ② 30 %   ③ 40 %
④ 50 %   ⑤ 60 %

[13~14] 그림은 Q_1의 열에너지를 공급받아 W의 일을 하고 Q_2의 열에너지를 방출하는 열기관 A, B의 모습을 모식적으로 나타낸 것이다.

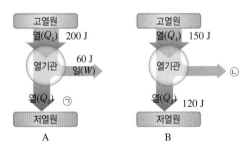

13 ㉠, ㉡에 알맞은 값을 옳게 짝 지은 것은?

	㉠	㉡		㉠	㉡
①	140 J	30 J	②	140 J	120 J
③	140 J	270 J	④	260 J	30 J
⑤	260J	270 J			

서술형

14 A, B 중 에너지 효율이 높은 열기관을 고르고, 그 까닭을 서술하시오.

_____

_____

15 그림은 온도가 높은 고열원에 1500 J의 열에너지를 공급해 주었더니 외부에 W의 일을 하고, 온도가 낮은 저열원으로 900 J의 열에너지를 방출하는 열기관을 모식적으로 나타낸 것이다.

이에 대한 설명으로 옳은 것만을 [보기]에서 있는 대로 고른 것은?

> • 보기 •
> ㄱ. W는 600 J이다.
> ㄴ. 이 열기관의 효율은 60 %이다.
> ㄷ. Q_1이 일정할 때 W가 작을수록 열기관의 효율이 높다.

① ㄱ   ② ㄷ   ③ ㄱ, ㄴ
④ ㄴ, ㄷ   ⑤ ㄱ, ㄴ, ㄷ

16 그림은 자동차의 에너지 소비 효율 등급을 나타낸 것이다.

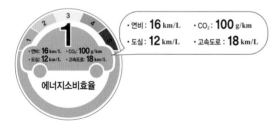

이에 대한 설명으로 옳은 것만을 [보기]에서 있는 대로 고른 것은? (단, CO_2는 자동차가 1 km 주행하는 동안 배출하는 이산화 탄소의 양을 g으로 표시한 것이다.)

> • 보기 •
> ㄱ. CO_2 항목의 숫자가 작을수록 친환경적이다.
> ㄴ. 도심에서는 5 L의 연료로 최대 80 km를 주행할 수 있다.
> ㄷ. 1등급~5등급으로 구분한 에너지 소비 효율 등급의 숫자가 클수록 에너지 효율이 높다.

① ㄱ   ② ㄴ   ③ ㄷ
④ ㄱ, ㄴ   ⑤ ㄱ, ㄷ

17 그림은 엔진과 함께 배터리와 전기 모터가 장착된 자동차를 나타낸 것이다.

이 자동차에 대한 설명으로 옳은 것만을 [보기]에서 있는 대로 고른 것은?

> • 보기 •
> ㄱ. 하이브리드 자동차이다.
> ㄴ. 운행 중 버려지는 에너지의 일부를 전기 에너지로 전환하여 배터리에 저장한다.
> ㄷ. 엔진만 사용하는 일반 자동차보다 에너지 효율이 높다.

① ㄱ   ② ㄷ   ③ ㄱ, ㄴ
④ ㄴ, ㄷ   ⑤ ㄱ, ㄴ, ㄷ

18 다음은 에너지를 효율적으로 사용하는 어떤 주택에 대한 설명이다.

> 필요한 에너지를 재생 에너지를 통해 얻고, 낭비되는 에너지를 줄여 외부의 에너지 공급 없이 자급할 수 있는 미래형 주택이다.

이에 대한 설명으로 옳은 것만을 [보기]에서 있는 대로 고른 것은?

> • 보기 •
> ㄱ. 성능이 좋은 단열재를 사용한다.
> ㄴ. 태양 전지를 설치하여 전기 에너지를 얻는다.
> ㄷ. 채광이 잘되도록 한 겹으로 된 유리창을 사용한다.

① ㄱ   ② ㄷ   ③ ㄱ, ㄴ
④ ㄴ, ㄷ   ⑤ ㄱ, ㄴ, ㄷ

01 표는 여러 가지 에너지 전환 장치의 에너지 효율을 나타낸 것이다.

에너지 전환 장치	효율(%)	에너지 전환 장치	효율(%)
수력 발전소	95	전동기	60
기름 보일러	66	가스 보일러	85
백열전구	5	형광등	25

표에 대한 해석으로 옳지 않은 것은?

① 에너지 효율이 높은 제품을 사용하는 것이 경제적이다.

② 에너지가 전환될 때 에너지 손실이 가장 적은 것은 수력 발전소이다.

③ 기름 보일러는 100 %의 화학 에너지 중 66 %만을 난방에 사용할 수 있다.

④ 같은 양의 에너지를 공급받을 때에는 백열전구보다 형광등을 사용하는 것이 효율적이다.

⑤ 에너지가 전환되는 과정에서 에너지의 일부가 역학적 에너지로 전환되므로 에너지 효율이 100 %가 될 수 없다.

02 신유형 그림은 어떤 지역에서 활용하고 있는 열병합 발전소의 에너지 흐름을 1초 동안 전달되는 에너지의 양으로 나타낸 것이다.

연료 공급
500 MW
전력 회사
전기 에너지(175 MW)
열에너지(250 MW)
열병합
발전소
보일러, 지역 난방
가정
(난방, 온수, 가전제품)

이에 대한 설명으로 옳은 것만을 [보기]에서 있는 대로 고른 것은?

┌─ 보기 ─
ㄱ. 발전소에서 전기 에너지 생산 효율은 50 %이다.
ㄴ. 발전소의 총 에너지 생산 효율은 85 %이다.
ㄷ. 발전소에 공급된 에너지의 15 %는 활용되지 못하고 버려진다.
└─

① ㄱ ② ㄴ ③ ㄷ
④ ㄴ, ㄷ ⑤ ㄱ, ㄴ, ㄷ

03 표는 LED 제품이 사용된 경우를 나타낸 것이다. 기존의 형광등이나 백열전구를 LED 제품으로 각각 교체하였더니, 에너지 소비율이 감소하였다.

구분	LED 신호등	LED 유도등	LED 전구
인증 제품			

이에 대한 설명으로 옳은 것만을 [보기]에서 있는 대로 고른 것은?

┌─ 보기 ─
ㄱ. LED 제품은 형광등이나 백열전구보다 에너지 효율이 낮다.
ㄴ. 같은 양의 에너지를 공급하면 LED 전구의 빛의 밝기는 기존 전구보다 밝다.
ㄷ. 같은 양의 에너지를 공급하면 LED 유도등은 기존의 유도등보다 더 많은 열에너지를 발생시킨다.
└─

① ㄱ ② ㄴ ③ ㄷ
④ ㄴ, ㄷ ⑤ ㄱ, ㄴ, ㄷ

04 그림은 전기 기구 A, B의 에너지 소비 효율 등급 표시의 일부를 나타낸 것이다.

A, B에 같은 양의 전기 에너지를 공급했을 때, 이에 대한 설명으로 옳은 것만을 [보기]에서 있는 대로 고른 것은?

┌─ 보기 ─
ㄱ. 하는 일의 양은 A가 B보다 많다.
ㄴ. 일을 하고 방출되는 에너지는 A가 B보다 많다.
ㄷ. A에 공급한 전기 에너지는 모두 일을 하는 데 사용된다.
└─

① ㄱ ② ㄴ ③ ㄱ, ㄴ
④ ㄱ, ㄷ ⑤ ㄴ, ㄷ

01 다음은 생태계에 대한 학생들의 대화이다.

> • 범석 : 사슴 한 마리는 개체에 해당해.
> • 지영 : 군집은 여러 개체군으로 이루어져 있어.
> • 인호 : 생물은 환경의 영향을 받지만, 환경은 생물의 영향을 받지 않아.

옳게 설명한 학생만을 있는 대로 고른 것은?

① 범석　　　　　② 지영
③ 인호　　　　　④ 범석, 지영
⑤ 지영, 인호

02 그림은 생태계 구성 요소 간의 관계를 나타낸 것이다.

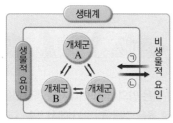

이에 대한 설명으로 옳은 것만을 [보기]에서 있는 대로 고른 것은?

> 보기
> ㄱ. 토양 속 질소 고정 세균은 비생물적 요인에 속한다.
> ㄴ. 위도에 따라 식물 군집의 분포가 달라지는 것은 ㉠의 예에 해당한다.
> ㄷ. 낙엽이 쌓여 토양이 비옥해지는 것은 ㉡의 예에 해당한다.

① ㄱ　　　　　② ㄴ　　　　　③ ㄱ, ㄷ
④ ㄴ, ㄷ　　　　⑤ ㄱ, ㄴ, ㄷ

03 다음은 생물이 환경의 영향을 받아 나타나는 현상이다.

> (가) 송어는 가을에 번식한다.
> (나) 바다의 깊이에 따라 서식하는 해조류의 종류가 다르다.
> (다) 한 식물에서도 잎이 달린 위치에 따라 잎의 두께가 다르다.

이에 대한 설명으로 옳은 것만을 [보기]에서 있는 대로 고른 것은?

> 보기
> ㄱ. (가)~(다) 모두 생물이 빛의 영향을 받아 나타난 현상이다.
> ㄴ. (나)는 빛의 파장에 의해 나타나는 현상이다.
> ㄷ. (다)에서 빛의 세기가 약할수록 잎의 울타리 조직이 발달하여 잎의 두께가 두꺼워진다.

① ㄴ　　　　　② ㄷ　　　　　③ ㄱ, ㄴ
④ ㄱ, ㄷ　　　　⑤ ㄱ, ㄴ, ㄷ

04 그림 (가)는 도마뱀을, (나)는 선인장을 나타낸 것이다.

(가)　　　　　　(나)

이에 대한 설명으로 옳은 것만을 [보기]에서 있는 대로 고른 것은?

> 보기
> ㄱ. 도마뱀은 몸 표면이 비늘로 덮여 있어 몸속 수분 증발을 막는다.
> ㄴ. 도마뱀과 선인장은 모두 건조한 환경에서 살기 유리하도록 적응하였다.
> ㄷ. 사막에 사는 다람쥐가 진한 오줌을 배출하는 것도 이와 같은 환경 요인에 영향을 받은 예이다.

① ㄱ　　　　　② ㄷ　　　　　③ ㄱ, ㄴ
④ ㄴ, ㄷ　　　　⑤ ㄱ, ㄴ, ㄷ

05 다음은 환경에 따른 생물의 적응 현상을 나타낸 것이다.

> (가) 개구리는 추운 겨울이 오면 겨울잠을 잔다.
> (나) 토양의 깊이에 따라 분포하는 세균의 종류가 달라진다.
> (다) 고산 지대에 사는 사람들은 평지에 사는 사람에 비해 혈액 속 적혈구 수가 많다.

각 생물에 영향을 준 환경 요인을 옳게 짝 지은 것은?

	(가)	(나)	(다)
①	물	온도	토양
②	온도	토양	물
③	온도	토양	공기
④	공기	빛의 세기	일조 시간
⑤	빛의 세기	물	공기

06 그림은 같은 지역에서 환경 변화에 따른 생태계 구성 요소의 변화를 나타낸 것이다.

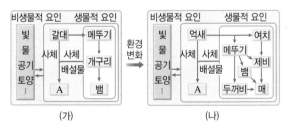

(가) / (나)

이에 대한 설명으로 옳은 것만을 [보기]에서 있는 대로 고른 것은?

> **보기**
> ㄱ. A는 분해자이다.
> ㄴ. (가)에서 각 영양 단계의 에너지양은 뱀>개구리>메뚜기>갈대 순이다.
> ㄷ. 환경 변화에 의해 생태계 안정성이 증가하였다.
> ㄹ. (나)에서 제비의 개체 수가 일시적으로 증가하면 여치의 개체 수는 감소한다.

① ㄱ, ㄷ ② ㄴ, ㄷ ③ ㄴ, ㄹ
④ ㄱ, ㄴ, ㄹ ⑤ ㄱ, ㄷ, ㄹ

07 그림 (가)는 안정된 생태계의 개체 수 피라미드를, (나)는 어떤 환경 변화 때문에 일시적으로 평형이 깨진 생태계의 개체 수 피라미드를 나타낸 것이다.

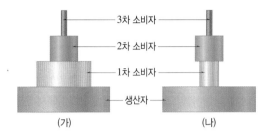

(가) / (나)

이에 대한 설명으로 옳은 것은?

① (가) 생태계에 제초제를 살포하면 (나)와 같이 변할 것이다.
② (나)에서는 1차 소비자의 개체 수가 가장 적다.
③ (나)에서는 이후에 생산자의 개체 수가 감소할 것이다.
④ (나)에서는 이후에 2차 소비자의 개체 수가 증가할 것이다.
⑤ 오랜 시간이 흐르면 (나) 생태계는 먹이 사슬에 의해 생태계 평형을 회복할 것이다.

08 그림은 어떤 안정된 생태계의 평형이 일시적으로 깨진 후 다시 생태계 평형을 회복하는 과정에서 개체 수 피라미드의 변화를 나타낸 것이다.

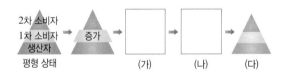

이에 대한 설명으로 옳은 것만을 [보기]에서 있는 대로 고른 것은?

> **보기**
> ㄱ. 1차 소비자의 개체 수 증가로 생태계 평형이 깨졌다.
> ㄴ. 1차 소비자의 개체 수는 (가)가 (나)보다 많다.
> ㄷ. (다)에서 각 영양 단계에 속한 생물의 개체 수는 생태계 평형이 일시적으로 깨지기 전과 같다.

① ㄴ ② ㄷ ③ ㄱ, ㄴ
④ ㄱ, ㄷ ⑤ ㄴ, ㄷ

09 그림 (가)는 옥상 정원을, (나)는 훼손된 하천을 복원한 것을 나타낸 것이다.

(가)   (나)

이에 대한 설명으로 옳은 것만을 [보기]에서 있는 대로 고른 것은?

┌─ 보기 ────────────────────────────┐
│ ㄱ. (가)는 열섬 현상을 완화하기 위한 방법이다. │
│ ㄴ. (나)는 훼손된 생물의 서식지를 복원하기 위한 │
│   방법이다. │
│ ㄷ. (가)와 (나)는 모두 자연재해로 인해 나타난 문 │
│   제를 해결하기 위한 방법이다. │
└──────────────────────────────────┘

① ㄱ   ② ㄴ   ③ ㄷ
④ ㄱ, ㄴ   ⑤ ㄱ, ㄴ, ㄷ

10 그림은 지표가 방출하는 복사 에너지의 흐름을 나타낸 것이다.

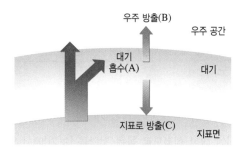

이에 대한 설명으로 옳은 것만을 [보기]에서 있는 대로 고른 것은?

┌─ 보기 ────────────────────────────┐
│ ㄱ. 온실 기체가 증가할수록 A가 증가한다. │
│ ㄴ. 지구 온난화는 B가 감소하여 생기는 현상이다. │
│ ㄷ. C가 증가할수록 지표의 온도는 높아진다. │
└──────────────────────────────────┘

① ㄱ   ② ㄴ   ③ ㄱ, ㄷ
④ ㄴ, ㄷ   ⑤ ㄱ, ㄴ, ㄷ

11 다음은 최근에 지구에서 일어나고 있는 변화이다.

┌──────────────────────────────────┐
│ • 남극 대륙의 빙하 면적이 감소하고 있다. │
│ • 고위도 지역의 연중 결빙 기간이 짧아지고 있다. │
│ • 우리나라에서 봄꽃의 개화 시기가 점점 빨라지고 │
│   있다. │
└──────────────────────────────────┘

이러한 지구 환경 변화로 인해 나타날 수 있는 현상으로 옳은 것만을 [보기]에서 있는 대로 고른 것은?

┌─ 보기 ────────────────────────────┐
│ ㄱ. 해수면 아래로 잠기는 섬이 감소한다. │
│ ㄴ. 우리나라는 겨울의 길이가 점점 짧아진다. │
│ ㄷ. 증발량과 강수량 변화로 기상 이변이 발생한다. │
└──────────────────────────────────┘

① ㄱ   ② ㄴ   ③ ㄱ, ㄷ
④ ㄴ, ㄷ   ⑤ ㄱ, ㄴ, ㄷ

12 그림은 태평양에서 해수의 표층 순환과 대기 대순환을 나타낸 것이다.

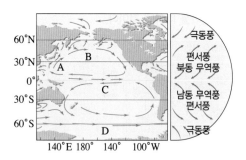

이에 대한 설명으로 옳은 것만을 [보기]에서 있는 대로 고른 것은?

┌─ 보기 ────────────────────────────┐
│ ㄱ. A는 고위도의 열을 저위도로 수송하는 역할을 │
│   한다. │
│ ㄴ. B와 D는 편서풍에 의해 형성된 해류이다. │
│ ㄷ. C는 극동풍에 의해 형성된 해류이다. │
│ ㄹ. 북반구와 남반구에서 아열대 순환의 방향은 적 │
│   도를 기준으로 대칭을 이룬다. │
└──────────────────────────────────┘

① ㄱ, ㄷ   ② ㄴ, ㄹ   ③ ㄷ, ㄹ
④ ㄱ, ㄴ, ㄷ   ⑤ ㄱ, ㄴ, ㄹ

13 그림은 평상시와 엘니뇨 발생 시의 적도 부근 태평양 해역의 대기와 해수의 변화를 나타낸 것이다.

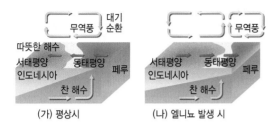

(가) 평상시　　　　(나) 엘니뇨 발생 시

이에 대한 설명으로 옳지 <u>않은</u> 것은?

① (가)일 때 페루 연안에는 좋은 어장이 형성된다.
② (나)에서 엘니뇨는 무역풍이 약해지면서 나타난다.
③ (가)보다 (나)일 때 동태평양의 표층 수온이 더 높다.
④ (가)보다 (나)일 때 페루 연안의 강수량은 더 적다.
⑤ (나)일 때 대기와 해수의 상호 작용으로 기후 변화가 발생한다.

14 에너지에 대한 설명으로 옳지 <u>않은</u> 것은?

① 에너지는 새로 생겨나거나 소멸되지 않는다.
② 에너지는 한 형태에서 다른 형태로 바뀔 수 있다.
③ 에너지는 최종적으로 모두 열에너지의 형태로 전환된다.
④ 자연에서 일어나는 모든 현상에서는 에너지 전환이 일어난다.
⑤ 물체가 외부에 일을 해도 물체는 항상 일정한 양의 에너지를 가진다.

15 그림은 전기 에너지가 여러 가지 형태의 에너지로 전환되어 이용되는 예를 나타낸 것이다.

㉠, ㉡에 해당하는 에너지를 각각 쓰시오.

16 표는 여러 가지 에너지 전환을 나타낸 것이다.

구분	처음 에너지	나중 에너지
태풍	열에너지	(가)
발전기	역학적 에너지	(나)
광합성	(다)	화학 에너지

(가)~(다)에 해당하는 에너지를 옳게 짝 지은 것은?

	(가)	(나)	(다)
①	빛에너지	전기 에너지	역학적 에너지
②	빛에너지	역학적 에너지	전기 에너지
③	전기 에너지	빛에너지	역학적 에너지
④	역학적 에너지	빛에너지	전기 에너지
⑤	역학적 에너지	전기 에너지	빛에너지

17 그림은 멀티탭에 선풍기와 다리미를 연결하여 사용하는 모습을 나타낸 것이고, 표는 각 기기에 공급된 에너지와 유용하게 사용한 에너지의 양, 효율을 나타낸 것이다.

구분	선풍기	다리미
공급한 에너지	300 J	300 J
사용한 에너지	㉠	200 J
에너지 효율	50 %	㉡

이에 대한 설명으로 옳은 것만을 [보기]에서 있는 대로 고른 것은?

> • 보기 •
> ㄱ. ㉠은 150 J이다.
> ㄴ. 에너지 효율은 다리미가 선풍기보다 높다.
> ㄷ. 유용하게 사용되지 못하고 버려지는 에너지는 다리미가 선풍기보다 많다.

① ㄱ　　　② ㄷ　　　③ ㄱ, ㄴ
④ ㄴ, ㄷ　　　⑤ ㄱ, ㄴ, ㄷ

18 에너지를 효율적으로 이용한 예로 옳은 것만을 [보기]에서 있는 대로 고른 것은?

> ─ 보기 ─
> ㄱ. 백열전구 대신 LED 전구를 사용한다.
> ㄴ. 사용하지 않는 전기 기구의 플러그는 빼 둔다.
> ㄷ. 에너지 소비 효율 등급이 5등급에 가까운 제품을 구입하여 사용한다.

① ㄱ   ② ㄷ   ③ ㄱ, ㄴ
④ ㄴ, ㄷ   ⑤ ㄱ, ㄴ, ㄷ

19 그림은 에너지 제로 하우스에서 사용하는 기술의 일부를 나타낸 것이다.

이에 대한 설명으로 옳은 것만을 [보기]에서 있는 대로 고른 것은?

> ─ 보기 ─
> ㄱ. 지열을 이용하여 난방에 활용한다.
> ㄴ. 단열재는 낭비되는 에너지를 줄이는 장치이다.
> ㄷ. 태양 전지를 이용하여 친환경적으로 전기 에너지를 생산한다.

① ㄱ   ② ㄴ   ③ ㄱ, ㄷ
④ ㄴ, ㄷ   ⑤ ㄱ, ㄴ, ㄷ

서술형 문제

20 그림 (가)와 (나)는 서로 다른 지역에 서식하는 여우를 나타낸 것이다.

      (가)   (나)

(가)와 (나) 중에서 더운 곳에 서식하는 여우의 기호를 쓰고, 그렇게 판단한 까닭을 열의 방출 및 체온 유지와 관련지어 서술하시오.

_____

_____

21 그림은 사막화의 원인을 나타낸 것이다.

A와 B에 들어갈 사막화의 인위적 원인을 서술하시오.

_____

_____

22 에너지를 효율적으로 이용한 예를 두 가지 쓰고, 에너지를 절약해야 하는 까닭을 다음 단어를 모두 포함하여 서술하시오.

> 에너지 전환, 에너지 보존 법칙

_____

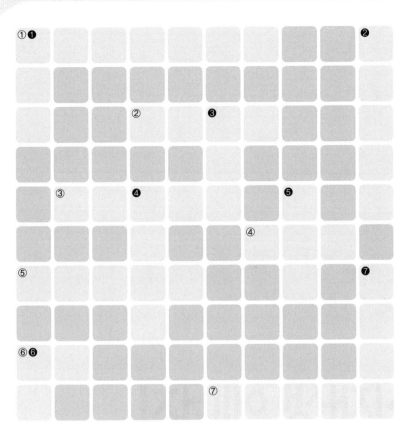

다음 설명이 뜻하는 용어를 □ 안에 가로 또는 세로로 쓰시오.

가로

① 한 에너지는 다른 형태의 에너지로 전환될 수 있지만 전체 양은 항상 일정하게 보존된다는 법칙이다.

② 생산자부터 최종 소비자까지 먹고 먹히는 관계를 사슬 모양으로 나타낸 것이다.

③ 대기 중 온실 기체의 양이 증가하여 지구의 평균 기온이 상승하는 현상이다.

④ 적도 부근 동태평양 해역의 표층 수온이 평년보다 높은 상태로 지속되는 현상이다.

⑤ 공급한 에너지 중에서 유용하게 사용된 에너지의 비율이다.

⑥ 어떤 지역에 장기간에 걸쳐 나타나는 평균적인 대기 상태이다.

⑦ 크고 작은 여러 규모의 대기 순환 중에서 지구 전체 규모로 일어나는 순환이다.

세로

❶ 일을 할 수 있는 능력이다.

❷ 생태계를 구성하는 생물의 종류와 개체 수, 물질의 양, 에너지 흐름 등이 안정된 상태를 유지하는 것이다.

❸ 사막 주변 지역의 토지가 황폐해져 사막이 점차 넓어지는 현상이다.

❹ 대기 중 온실 기체가 지구 복사 에너지를 흡수하고 재방출하여 평균 기온이 대기가 없을 때보다 높게 유지되는 효과이다.

❺ 적도 부근 동태평양 해역의 표층 수온이 평년보다 낮은 상태로 지속되는 현상이다.

❻ 어떤 지역에 매일 나타나는 기온, 강수 등의 대기 상태이다.

❼ 대기 대순환의 바람과 대륙의 영향으로 형성되는 표층 해류가 이동하여 형성되는 순환이다.

재미있는 과학 이야기

바다 생태계가 무너지면 어떻게 될까?

생물 멸종의 원인 중 하나는 과다한 이산화 탄소의 배출로 생긴 지구 온난화이다. 지구 온난화는 바다의 산성도를 크게 높여 생물들을 위협하고 있다.

미국 애들레이드대학교 연구팀은 바다의 산성화가 바다 생태계에 어떤 영향을 주는지에 대한 연구를 위해 산성도가 2100년 예측치와 비슷한 해양 생태계와 현재의 바다 생태계를 비교 분석하였다. 조사 결과 산성도가 높은 바다에서는 한두 종의 작은 물고기만 번성하였다. 특히 중간 크기의 물고기는 키가 큰 갈조류 숲에 서식하지만 바다가 산성화가 되면 이같은 갈조류들이 사라지기 때문에 중간 크기 물고기의 서식지가 사라져 개체 수가 줄어든다.

IV. 환경과 에너지

2

발전과 신재생 에너지

중학교에서 **배운 내용을 확인**하고, 이 단원에서 **학습할 개념**과 **연결**지어 보자.

배운 내용 **Review**

○ 전압, 전류, 저항 사이의 관계 전류의 세기는 전압에 ① [_____]하고, 전기 저항에 ② [_____]한다.

$$\text{전류의 세기(A)} = \frac{\text{전압(V)}}{\text{저항}(\Omega)} \Rightarrow I = \frac{V}{R},\ V = IR,\ R = \frac{V}{I}$$

○ 전류의 자기 작용

(1) 자기장에서 전류가 받는 힘의 크기

① 전류의 세기가 ③ [_____], 자기장의 세기가 ④ [_____] 크다.

② 전류와 자기장의 방향이 서로 수직일 때 가장 크고, ⑤ [_____]일 때 힘을 받지 않는다.

수직 : 힘의 크기 최대   힘의 크기 감소   평행 : 힘을 받지 않음

(2) **전동기의 원리** : 영구 자석 사이에 있는 코일에 전류가 흐를 때 코일이 힘을 받아 회전한다.

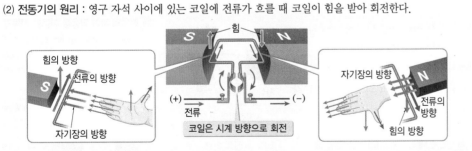

○ 전기 에너지 전류가 흐를 때 공급되는 에너지[단위 : J(줄)]

$$\text{전기 에너지(J)} = \text{전압(V)} \times \text{전류(A)} \times \text{시간(s)}$$

01 전기 에너지의 생산과 수송

핵심 짚기
- ☐ 전자기 유도
- ☐ 전력 수송 과정
- ☐ 발전기의 원리
- ☐ 손실 전력을 줄이는 방법
- ☐ 여러 발전 과정에서의 에너지 전환
- ☐ 효율적이고 안전한 전력 수송 방법

A 전자기 유도

1 전자기 유도 코일 주위에서 자석을 움직일 때나 자석 주위에서 코일을 움직일 때, 코일을 통과하는 자기장이 변하여 코일에 전류가 유도되어 흐르는 현상❶ **탐구ⓐ 284쪽**

☆2 유도 전류 전자기 유도에 의해 발생하는 전류
① 유도 전류의 방향 : 코일을 통과하는 자기장의 변화를 방해하는 방향

(⟶ : 자석에 의한 자기장, ⟶ : 유도 전류에 의한 자기장)

구분	N극을 가까이 할 때	N극을 멀리 할 때	S극을 가까이 할 때	S극을 멀리 할 때
자석의 운동 상태	N 가까이 한다.	N 멀리 한다.	S 가까이 한다.	S 멀리 한다.
코일의 자기장	코일 위쪽을 통과하는 자기장 증가 ➡ 자석을 밀어내도록 코일 위쪽에 N극 유도	코일 위쪽을 통과하는 자기장 감소 ➡ 자석을 끌어당기도록 코일 위쪽에 S극 유도	코일 위쪽을 통과하는 자기장 증가 ➡ 자석을 밀어내도록 코일 위쪽에 S극 유도	코일 위쪽을 통과하는 자기장 감소 ➡ 자석을 끌어당기도록 코일 위쪽에 N극 유도
유도 전류 방향	B→ⓖ→A	A→ⓖ→B	A→ⓖ→B	B→ⓖ→A

② 유도 전류의 세기 : 자석의 세기가 셀수록, 자석을 빠르게 움직일수록, 코일의 감은 수가 많을수록 유도 전류의 세기가 세다.❷

3 유도*기전력 전자기 유도에 의해 코일에 생기는 전압으로, 유도 기전력이 클수록 코일에 유도 전류가 많이 흐른다.

B 발전기

1 발전기 전자기 유도를 이용하여 전기 에너지를 생산하는 장치
① 발전기의 구조 : 자석 사이에 회전하는 코일이 있다.
② 발전기의 원리 : 자석 사이에서 코일을 회전시키면 코일을 통과하는 자기장이 변하여 전자기 유도에 의해 코일에 유도 전류가 흐른다.❸

▲ 발전기의 구조

0°일 때	45° 회전했을 때	90° 회전했을 때	135° 회전했을 때

0°~90° 회전 자기장이 통과하는 코일의 면적 증가	**90°~180° 회전** 자기장이 통과하는 코일의 면적 감소

③ 발전기에서의 에너지 전환 : 코일의 운동 에너지가 전기 에너지로 전환된다.

Plus 강의

❶ 일상생활에서 전자기 유도의 이용
발전기, 변압기, 도난 방지 장치, 무선 충전기, 교통카드, 인덕션 레인지 등

❷ 유도 전류의 방향
N극 쪽으로 오른손 엄지손가락을 향할 때, 네 손가락이 감긴 방향이 코일에 흐르는 전류의 방향이다.

❸ 전류의 자기 작용을 이용한 전동기
전동기는 자석 사이에 회전할 수 있는 코일이 들어 있어 발전기와 구조가 비슷하지만, 자기장 속에서 전류가 흐르는 코일이 받는 힘을 이용한다.

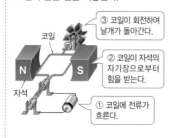

③ 코일이 회전하여 날개가 돌아간다.
② 코일이 자석의 자기장으로부터 힘을 받는다.
① 코일에 전류가 흐른다.

용어 돋보기
* **기전력(起** 일어나다, **電** 번개, **力** 힘) _ 전류를 흐르게 할 수 있는 능력

☆2 발전소에서의 전기 에너지 생산

① 발전소의 발전기 : 발전소에서는 *터빈을 회전시키면, 터빈과 연결된 자석이 함께 회전하면서 전기 에너지를 생산한다. ➡ 터빈의 운동 에너지가 전기 에너지로 전환된다.

② 발전기를 이용한 발전 방식 : 터빈을 회전시키는 에너지원에 따라 구분하며, 발전기에서 전자기 유도를 이용하여 전기 에너지를 생산한다. ❹

▲ 터빈과 발전기의 구조

구분	화력 발전	핵발전	수력 발전
에너지원	석유나 석탄과 같은 화석 연료의 화학 에너지	우라늄과 같은 핵연료의 핵에너지	높은 곳에 있는 물의 퍼텐셜 에너지
원리	화석 연료가 연소할 때 발생하는 열로 물을 끓이고, 이때 나온 증기로 터빈을 회전시킨다.	원자로에서 *핵반응을 통해 발생하는 열로 물을 끓이고, 이때 나온 증기로 터빈을 회전시킨다.	높은 곳에 있는 물이 낮은 곳으로 내려오면서 터빈을 회전시킨다.
에너지 전환	화학 에너지 → 열에너지 → 운동 에너지 → 전기 에너지	핵에너지 → 열에너지 → 운동 에너지 → 전기 에너지	퍼텐셜 에너지 → 운동 에너지 → 전기 에너지

❹ 발전기를 이용한 발전 방식

화력, 수력, 핵발전은 터빈을 회전시키는 에너지원은 서로 다르지만, 모두 발전기에서 전자기 유도를 이용하여 전기 에너지를 생산하는 공통점이 있다.

용어 돋보기

* 터빈_수많은 날개가 달린 프로펠러 모양으로, 증기나 물, 바람에 의해 회전하는 장치
* 핵반응(核 씨, 反 돌이키다, 應 응하다) _원자핵이 다른 원자핵과 충돌하여 다른 원자핵으로 변하는 반응

개념 쏙쏙

○ 정답과 해설 72쪽

1 코일 주위에서 자석을 움직이면 코일을 통과하는 자기장이 변하여 코일에 전류가 흐르는 현상을 무엇이라고 하는지 쓰시오.

2 다음은 유도 전류의 세기에 대한 설명이다. (   ) 안에서 알맞은 말을 고르시오.

> 코일 주위에서 자석을 움직일 때 코일에 흐르는 유도 전류의 세기는 자석의 세기가 ㉠(셀수록, 약할수록), 자석을 ㉡(느리게, 빠르게) 움직일수록, 코일의 감은 수가 ㉢(많을수록, 적을수록) 세다.

3 발전소에서 터빈의 운동 에너지를 전기 에너지로 바꾸어 주는 장치를 무엇이라고 하는지 쓰시오.

4 각 발전과 관계있는 것끼리 옳게 연결하시오.

(1) 핵발전 •　　　• ㉠ 핵반응을 통해 발생하는 열을 이용
(2) 화력 발전 •　　　• ㉡ 높은 곳에 있는 물의 퍼텐셜 에너지를 이용
(3) 수력 발전 •　　　• ㉢ 화석 연료가 연소할 때 발생하는 열을 이용

암기 꼭!

유도 전류의 세기를 세게 하는 방법

자석의 **세**기가 셀수록,
자석의 **빠**르기가 빠를수록,
코일의 **감**은 수가 많을수록,
유도 전류가 세다.

➡ 새**빨간** 유도 전류

세 빠 감
기 르 은
　 기 수

전기 에너지의 생산과 수송

C 전력 수송 과정

1 전력(P) 단위 시간 동안 생산 또는 사용하는 전기 에너지[1]

$$\text{전력} = \frac{\text{전기 에너지}}{\text{시간}} = \text{전압} \times \text{전류}, \quad P = \frac{E}{t} = VI \quad [\text{단위 : J/s, W(와트)}]$$

2 전력 수송 과정 발전소에서 생산한 전기 에너지는 초고압 변전소에서 전압을 높여 수송하며, 1차 변전소, 2차 변전소, 주상 변압기를 거쳐 전압을 낮춘 후 소비지로 공급된다.

발전소 | 초고압 변전소 | 1차 변전소 | 2차 변전소 | 주상 변압기 | 가정 | 소형 공장

D 손실 전력과 변압

1 송전선에서의 손실 전력 송전 과정에서 송전선의 저항에 의해 열이 발생하여 전력의 일부가 손실된다. ➡ 전기 에너지의 일부가 열에너지로 전환된다.[2]

① 손실 전력의 크기 : 저항이 R인 송전선에 전류 I가 흐를 때 손실되는 전력 $P_\text{손실}$은 송전선의 전류의 제곱에 비례하고, 저항에 비례한다. ➡ 전류의 세기가 셀수록 많은 양의 전력이 열로 손실된다.

$$\text{손실 전력} = (\text{전류})^2 \times \text{저항}, \quad P_\text{손실} = I^2 R$$

② 손실 전력을 줄이는 방법 : 전류의 세기를 작게 하거나 송전선의 저항을 작게 한다.

송전 전류의 세기를 작게 하는 방법	송전선의 저항을 작게 하는 방법
• 송전 전력이 일정할 때 송전 전압을 높인다. ➡ 일정한 전력 P를 송전할 경우 송전 전압 V를 n배 높여 송전하면 송전선에 흐르는 전류의 세기 I는 $\frac{1}{n}$배가 되어 송전선에서 손실되는 전력은 $\frac{1}{n^2}$로 감소한다.	• 전기 저항이 작은 재질의 송전선을 이용한다. ➡ 저항이 작은 재질인 은(Ag)은 가격이 비싸다. • 송전선의 굵기를 굵게 한다. ➡ 송전선의 제작 비용이 증가하고, 송전선의 무게를 지탱할 수 있도록 송전탑을 견고하게 만드는 비용이 늘어날 수도 있다.

⬇

> 손실 전력을 줄이기 위해서는 저항을 작게 하는 것보다 송전 전압을 높이는 것이 효과적이다.

☆ 2 변압기 송전 과정에서 전압을 변화시키는 장치로, 전자기 유도를 이용한다.

[변압기의 구조와 원리]

감은 수 N_1, 철심, 감은 수 N_2
V_1, 전기 기구 V_2
I_1, 1차 코일, I_2, 2차 코일

• 변압기에서 에너지 손실이 없다면 1차 코일과 2차 코일에 유도되는 전력은 같다. ➡ $P_1 = P_2$
• 전압은 코일의 감은 수에 비례하고, 전류의 세기는 코일의 감은 수에 반비례한다.[3]
➡ $\dfrac{V_1}{V_2} = \dfrac{I_2}{I_1} = \dfrac{N_1}{N_2}$

❶ 1차 코일에 세기와 방향이 변하는 전류, 즉 교류가 흐른다.	▶	❷ 1차 코일에 흐르는 전류에 의해 코일 주위의 자기장이 변한다.	▶	❸ 전자기 유도에 의해 2차 코일에 교류가 유도된다.

Plus 강의

[1] 1 W의 전력
1 W는 1초 동안 1 J의 전기 에너지를 사용할 때의 전력 또는 1 V의 전압에서 1 A의 전류가 흐를 때의 전력이다.

[2] 송전
발전소에서 생산된 전력을 소비지로 전달하는 과정을 송전이라고 한다.

[3] 변압기에서 코일의 감은 수
변압기를 이용하여 전압을 높이려면 1차 코일보다 2차 코일을 더 많이 감아야 하고, 전압을 낮추려면 1차 코일보다 2차 코일을 더 적게 감아야 한다.

용어 돋보기

＊ **교류(交 바꾸다, 流 흐르다)**_시간에 따라 세기와 방향이 주기적으로 변하는 전류

3 효율적이고 안전한 전력 수송 방법

① 효율적인 전력 수송 방법

고전압 송전❹	발전소에서는 전력 손실을 줄이기 위해 높은 전압으로 송전한 후, 가정이나 공장과 같은 소비지 근처에 와서 전압을 낮춘 후 공급한다.
거미줄 같은 송전 전력망	• 송전 선로에 이상이 발생할 경우 그 부분을 차단하고 우회하여 송전할 수 있다. • 전력을 수송하는 거리를 줄여 송전선에서 손실되는 전력을 줄인다.
지능형 전력망 (스마트그리드)	소비자의 수요량과 전력 회사의 공급량에 대한 정보를 실시간으로 주고받는 기술을 이용하여 장소와 시간에 따라 필요한 전력만 공급하고, 남는 전력을 저장하였다가 필요할 때 다시 공급하여 송전 과정에서 효율을 높일 수 있다.

전력 회사

② 안전한 전력 수송 방법

전선 지중화	고압 송전선을 지하에 묻어 도시 미관 개선, 통행 불편 해소, 자연재해나 사고의 위험으로부터 보호한다.
안전장치 설치❺	• 고압 송전선 주변에 구조물이나 안전장치를 설치하여 사람들의 접근을 막는다. • 사람 대신 로봇을 이용하여 선로를 점검하거나 수리한다.

❹ 초고압 직류 송전
전세계적으로 반도체를 이용하여 교류를 직류로 바꾸어 송전하는 초고압 직류 송전 방식이 개발되고 있다. 기존 송전 방식에 비해 전력 손실이나 전자파 발생이 적고, 비용이 적게 들어 장거리 송전, 해저 케이블에 활용할 수 있다.

❺ 여러 가지 안전장치
▶ 고압 차단 스위치를 설치한다.
▶ 송전탑을 인적이 드문 지역에 높게 설치한다.
▶ 송전탑과 송전선은 절연체인 애자로 연결한다.
▶ 변압기 아래쪽에 저전압 송전선을 설치한다.

개념 쏙쏙

정답과 해설 72쪽

5 전력에 대한 설명 중 옳은 것은 ○, 옳지 <u>않은</u> 것은 ×로 표시하시오.

(1) 단위 시간 동안 생산하거나 사용하는 전기 에너지이다. ·························· (   )

(2) 전압과 전류의 제곱의 곱과 같다. ···························· (   )

(3) 전력의 단위는 W(와트)이다. ·································· (   )

6 다음은 전력 수송 과정에 대한 설명이다. (   ) 안에 알맞은 말을 쓰거나 고르시오.

전력 수송 과정에서 송전선의 저항에 의해 열이 발생하여 전력의 일부가 손실된다. 이때 손실되는 전력을 ㉠(   )이라고 한다. 손실되는 전력을 줄이기 위해서는 발전소에서 생산한 전력의 전압을 ㉡(높여, 낮춰) 송전하는 것이 필수적이다.

7 송전 과정에서 전압을 높이거나 낮추는 장치는 무엇인지 쓰시오.

8 전력에 대한 수요량과 전력 회사의 공급량에 대한 정보를 실시간으로 주고받아 송전 과정에서 효율을 높일 수 있는 기술은 무엇인지 쓰시오.

암기 꼭!

손실 전력을 구하는 식

$P_{손실} = I^2 R$

➡ 손에서 피가 나네! 아이야!
 실   (P)   (I)(2)(R)
 전
 력

아이야

전자기 유도 현상 관찰하기

목표 자석과 코일을 이용하여 전자기 유도 현상을 관찰할 수 있다.

• 과정 & 결과

❶ 그림과 같이 코일과*검류계를 연결하고, 자석의 N극을 코일에 가까이 하거나 멀리 하면서 검류계 바늘을 관찰한다.

유의점 실험하기 전 검류계 바늘이 0에 있는지 확인한다.

➡ N극을 가까이 할 때는 오른쪽, 멀리 할 때는 왼쪽으로 움직인다.

❷ 자석의 S극을 코일에 가까이 하거나 멀리 하면서 검류계 바늘을 관찰한다.

➡ S극을 가까이 할 때는 왼쪽, 멀리 할 때는 오른쪽으로 움직인다.

❸ 자석을 빠르게 또는 느리게 움직이면서 과정 ❶, ❷를 반복한다.

➡ 자석을 빠르게 운동시킬 때 검류계 바늘이 움직이는 폭이 크다.

❹ 코일 속에 자석을 넣고 가만히 있을 때 검류계 바늘을 관찰한다.

➡ 검류계 바늘이 움직이지 않는다.

* **검류계**_약한 전류가 흐를 때 전류의 방향과 세기를 알아보는 기구

• 해석

막대 자석		검류계 바늘의 움직임		
과정 ❶ N극을 움직일 때	가까이	오른쪽으로 움직인다.	유도 전류가 서로 반대 방향	과정❶과 ❷에서 유도 전류가 서로 반대 방향
	멀리	왼쪽으로 움직인다.		
과정 ❷ S극을 움직일 때	가까이	왼쪽으로 움직인다.	유도 전류가 서로 반대 방향	
	멀리	오른쪽으로 움직인다.		
과정 ❸ 자석의 운동 빠르기가 변할 때		자석을 빠르게 운동시킬 때 검류계 바늘이 움직이는 폭이 크다. ➡ 유도 전류의 세기가 세다.		
과정 ❹ 자석이 정지해 있을 때		검류계 바늘이 움직이지 않는다. ➡ 유도 전류가 발생하지 않는다.		

• 정리

1. 유도 전류의 발생 : 코일을 통과하는 자기장이 변할 때 코일에 유도 전류가 흐른다.
2. 유도 전류의 방향 : 자석의 운동 방향을 반대로 하거나 자석의 극을 바꾸면 코일에 흐르는 유도 전류의 방향이 반대가 된다.
3. 유도 전류의 세기 : 코일 주위에서 자석을 빠르게 움직일수록 유도 전류의 세기가 세다.

[전자기 유도를 이용한 간이 발전기]
코일과 자석을 이용하면 일상생활에서도 전자기 유도를 이용할 수 있다.

악력기를 이용한 발전기	흔들이 손전등	자전거 발전기
발광 다이오드 / 코일 / 자석	코일 / 자석	전조등 / 발전기 / 코일 / 회전자 자석
악력기를 쥐거나 펼 때 발광 다이오드에 불이 켜진다.	손전등을 흔들 때 자석이 코일 속을 통과하여 불이 켜진다.	페달을 돌릴 때 자석이 코일 속을 회전하여 불이 켜진다.

확인 문제

1 탐구 A 에 대한 설명으로 옳은 것은 ○, 옳지 않은 것은 ×로 표시하시오.

(1) 코일 주변에서 자석을 움직일 때 코일을 통과하는 자기장이 변한다. ············· (   )

(2) 자석을 빠르게 움직일수록 검류계 바늘이 큰 폭으로 움직인다. ····················· (   )

(3) 자석의 N극을 가까이 할 때와 멀리 할 때 검류계 바늘이 움직이는 방향은 같다.
··· (   )

(4) 자석의 N극을 가까이 할 때와 S극을 가까이 할 때 검류계 바늘이 움직이는 방향은
반대이다. ··· (   )

2 전자기 유도가 발생하지 <u>않는</u> 경우는?

① 코일에서 자석의 S극을 멀리 할 때
② 코일에 자석의 N극을 가까이 할 때
③ 자석의 두 극 사이에서 코일을 회전시킬 때
④ 자석 근처에 있는 코일을 자석에서 멀리 할 때
⑤ 코일 속에 자석의 N극을 넣고 움직이지 않을 때

3 그림과 같이 코일과 검류계를 연결하고, 코일 주위에서 자석을
움직일 때 검류계 바늘을 관찰하였다.
유도 전류의 세기를 세게 하는 방법으로 옳은 것만을 [보기]에서
있는 대로 고른 것은?

┌─ 보기 ─────────────────────────────────────┐
ㄱ. 자석을 더 빠르게 움직인다.
ㄴ. 자석의 극을 바꾸어 움직인다.
ㄷ. 코일의 감은 방향을 반대로 한다.
└──┘

① ㄱ   ② ㄴ   ③ ㄱ, ㄴ
④ ㄱ, ㄷ   ⑤ ㄴ, ㄷ

A 전자기 유도

중요
01 그림은 코일의 왼쪽에서 자석의 N극을 멀어지게 하고 있는 모습을 나타낸 것이다.

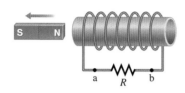

이에 대한 설명으로 옳은 것만을 [보기]에서 있는 대로 고른 것은?

┌ 보기 ┐
ㄱ. 코일을 통과하는 자기장의 세기가 증가한다.
ㄴ. 자석과 코일 사이에 밀어내는 힘이 작용한다.
ㄷ. 코일에 흐르는 유도 전류의 방향은 a→ R → b 이다.
└─────┘

① ㄱ   ② ㄷ   ③ ㄱ, ㄴ
④ ㄴ, ㄷ   ⑤ ㄱ, ㄴ, ㄷ

02 검류계에 흐르는 전류의 방향이 같은 것끼리 [보기]에서 골라 옳게 짝 지은 것은?

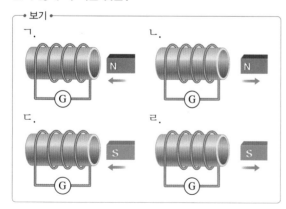

① ㄱ, ㄴ   ② ㄱ, ㄷ   ③ ㄴ, ㄷ
④ ㄴ, ㄹ   ⑤ ㄷ, ㄹ

03 그림은 고정된 원형 코일 위에서 자석으로 만들어진 진자가 진동을 시작하는 모습을 나타낸 것이다.

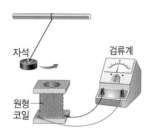

이에 대한 설명으로 옳은 것만을 [보기]에서 있는 대로 고른 것은? (단, 자석의 N극은 항상 위쪽을 향한다.)

┌ 보기 ┐
ㄱ. 센 자석을 사용하면 검류계 바늘이 움직이는 폭이 작다.
ㄴ. 단위 길이당 코일의 감은 수를 늘리면 검류계 바늘이 움직이는 폭이 작다.
ㄷ. 자석이 코일에 접근할 때와 멀어질 때 검류계 바늘이 움직이는 방향은 반대이다.
└─────┘

① ㄱ   ② ㄷ   ③ ㄱ, ㄴ
④ ㄴ, ㄷ   ⑤ ㄱ, ㄴ, ㄷ

B 발전기

중요
04 그림은 발전기를 돌려 전구에 불을 켜는 모습을 나타낸 것이다.

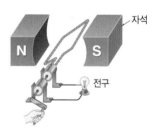

이에 대한 설명으로 옳은 것만을 [보기]에서 있는 대로 고른 것은?

┌ 보기 ┐
ㄱ. 전자기 유도를 이용하는 장치이다.
ㄴ. 자석의 세기가 셀수록 전구의 불이 밝아진다.
ㄷ. 발전기에서는 전기 에너지가 역학적 에너지로 전환된다.
└─────┘

① ㄱ   ② ㄷ   ③ ㄱ, ㄴ
④ ㄴ, ㄷ   ⑤ ㄱ, ㄴ, ㄷ

05 그림은 화력 발전소의 구조를 나타낸 것이다.

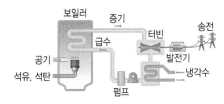

이에 대한 설명으로 옳은 것만을 [보기]에서 있는 대로 고른 것은?

• 보기 •
ㄱ. 화석 연료의 화학 에너지를 에너지원으로 한다.
ㄴ. 화석 연료가 핵반응할 때 발생한 열로 물을 끓인다.
ㄷ. 터빈과 연결된 발전기에서 터빈의 운동 에너지가 전기 에너지로 전환된다.

① ㄱ
② ㄴ
③ ㄱ, ㄷ
④ ㄴ, ㄷ
⑤ ㄱ, ㄴ, ㄷ

중요
06 그림 (가)와 (나)는 지구에 매장되어 있는 에너지를 이용하는 발전 방식을 나타낸 것이다.

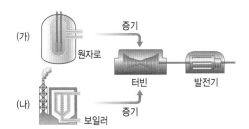

이에 대한 설명으로 옳은 것만을 [보기]에서 있는 대로 고른 것은?

• 보기 •
ㄱ. (가)는 우라늄의 핵에너지를 이용한다.
ㄴ. (나)는 높은 곳에 있는 물의 퍼텐셜 에너지를 이용한다.
ㄷ. (가)와 (나)에서 공통적인 에너지 전환 과정은 열에너지 → 운동 에너지 → 전기 에너지이다.

① ㄱ
② ㄴ
③ ㄱ, ㄴ
④ ㄱ, ㄷ
⑤ ㄴ, ㄷ

C 전력 수송 과정 **D** 손실 전력과 변압

07 그림은 다양한 발전소에서 생산한 전기 에너지를 소비지까지 수송하는 과정을 간단히 나타낸 것이다.

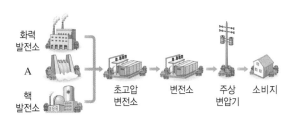

이에 대한 설명으로 옳은 것만을 [보기]에서 있는 대로 고른 것은?

• 보기 •
ㄱ. A의 에너지원은 물의 퍼텐셜 에너지이다.
ㄴ. 초고압 변전소에서는 발전소에서 생산한 전력의 전압을 낮은 전압으로 바꾼다.
ㄷ. 주상 변압기에서는 송전된 전압을 높은 전압으로 바꾼다.

① ㄱ
② ㄴ
③ ㄷ
④ ㄱ, ㄴ
⑤ ㄱ, ㄴ, ㄷ

중요
08 전력 수송 과정에서 손실되는 전력을 줄이기 위한 방법으로 옳은 것만을 [보기]에서 있는 대로 고른 것은?

• 보기 •
ㄱ. 송전 전압을 낮춘다.
ㄴ. 송전선의 굵기를 굵게 한다.
ㄷ. 저항이 작은 재질의 송전선을 이용한다.

① ㄱ
② ㄴ
③ ㄷ
④ ㄱ, ㄴ
⑤ ㄴ, ㄷ

09 송전 전압을 200 V에서 400 V로 높이면 송전선에서 손실되는 전력은 몇 배가 되는가?

① $\frac{1}{200}$배   ② $\frac{1}{4}$배   ③ $\frac{1}{2}$배

④ 2배   ⑤ 4배

10 서술형

전력 수송 과정에서 전력 손실이 일어나는 까닭을 서술하시오.

_____

_____

11 변압기에 대한 설명으로 옳은 것만을 [보기]에서 있는 대로 고른 것은? (단, 변압기에서 에너지 손실은 무시한다.)

┌─── 보기 ───
│ ㄱ. 전자기 유도를 이용하여 전압을 변화시킨다.
│ ㄴ. 1차 코일과 2차 코일의 감은 수를 조절하여 전압을 변화시킨다.
│ ㄷ. 2차 코일의 감은 수가 1차 코일보다 많을 때, 2차 코일에 유도되는 전력은 1차 코일에 공급되는 전력보다 많다.
└───────────

① ㄱ   ② ㄷ   ③ ㄱ, ㄴ

④ ㄴ, ㄷ   ⑤ ㄱ, ㄴ, ㄷ

[12~13] 그림은 변압기의 구조를 나타낸 것이다. 1차 코일과 2차 코일의 감은 수의 비는 1 : 10이다.(단, 변압기에서의 에너지 손실은 무시한다.)

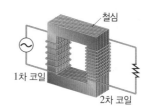

철심
1차 코일
2차 코일

12 1차 코일에 공급되는 전력의 전압이 1000 V일 때 2차 코일에서 출력되는 전력의 전압은?

① 10 V   ② 100 V   ③ 1000 V

④ 10000 V   ⑤ 100000 V

13 1차 코일에 흐르는 전류의 세기가 10 A일 때 2차 코일에 흐르는 전류의 세기는?

① 1 A   ② 2 A   ③ 5 A

④ 10 A   ⑤ 100 A

14 효율적이고 안전한 전력 수송 방법에 대한 설명으로 옳은 것만을 [보기]에서 있는 대로 고른 것은?

┌─── 보기 ───
│ ㄱ. 로봇을 이용하여 선로를 점검하거나 수리한다.
│ ㄴ. 전선을 땅 위에 설치하여 문제가 생겼을 때 수리하기 쉽도록 한다.
│ ㄷ. 송전 과정에 문제가 생겼을 때 우회할 수 있도록 거미줄 같은 전력망을 구축한다.
└───────────

① ㄱ   ② ㄴ   ③ ㄱ, ㄷ

④ ㄴ, ㄷ   ⑤ ㄱ, ㄴ, ㄷ

신유형 N

01 그림과 같이 장치하고, 단위 길이당 감은 수가 다른 2개의 코일에 자석의 속력을 다르게 하여 움직였더니, 결과가 표와 같았다.

코일	감은 수가 적은 코일			감은 수가 많은 코일		
자석의 운동	천천히 넣을 때	빠르게 넣을 때	코일 속에 정지해 있을 때	천천히 넣을 때	빠르게 넣을 때	코일 속에 정지해 있을 때
검류계 바늘	검류계	검류계	검류계	검류계	검류계	검류계

이에 대한 설명으로 옳은 것만을 [보기]에서 있는 대로 고른 것은?

— 보기 —
ㄱ. 자기장의 변화가 유도 전류를 흐르게 한다.
ㄴ. 코일의 감은 수가 많을수록 유도 전류의 세기가 세다.
ㄷ. 코일 속에서 자석을 왕복하면 검류계의 바늘이 0점을 중심으로 왕복한다.

① ㄱ   ② ㄷ   ③ ㄱ, ㄴ
④ ㄴ, ㄷ   ⑤ ㄱ, ㄴ, ㄷ

02 그림은 자전거 바퀴가 회전하는 동안 전조등에 불을 켜는 자전거 발전기의 구조를 나타낸 것이다.

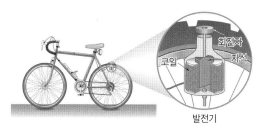

이에 대한 설명으로 옳은 것만을 [보기]에서 있는 대로 고른 것은?

— 보기 —
ㄱ. 자전거 발전기는 운동 에너지를 전기 에너지로 전환하는 장치이다.
ㄴ. 바퀴가 회전하는 속력이 클수록 전조등은 밝아진다.
ㄷ. 바퀴가 회전하면 발전기의 코일을 통과하는 자기장이 변하여 코일에 전류가 흐른다.

① ㄱ   ② ㄴ   ③ ㄷ
④ ㄴ, ㄷ   ⑤ ㄱ, ㄴ, ㄷ

03 그림은 발전소에서 생산된 전력 P_0을 변전소 A에서 변전소 B로 V_0의 전압으로 송전하는 모습을 나타낸 것이다. 이때 송전선에서 손실되는 전력은 P였다.

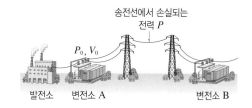

변전소 A에서 $2P_0$의 전력을 V_0의 전압으로 송전할 때, 송전선에서 손실되는 전력은?

① $\dfrac{P}{4}$ ② $\dfrac{P}{2}$ ③ P

④ $2P$ ⑤ $4P$

04 그림은 1차 코일과 2차 코일을 이용하여 전압을 변화시키는 변압기의 구조를 간단하게 나타낸 것이고, 표는 각 코일의 감은 수와 전압을 정리한 것이다.

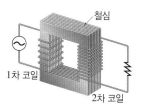

코일	감은 수	전압
1차	N_1	V_1
2차	N_2	V_2

이에 대한 설명으로 옳은 것만을 [보기]에서 있는 대로 고른 것은? (단, 변압기에서의 에너지 손실은 무시한다.)

— 보기 —
ㄱ. $V_2 = N_1 N_2 V_1$이다.
ㄴ. 2차 코일에 교류가 흐른다.
ㄷ. 1차 코일의 전류의 세기와 2차 코일의 전류의 세기는 항상 같다.

① ㄱ   ② ㄴ   ③ ㄱ, ㄷ
④ ㄴ, ㄷ   ⑤ ㄱ, ㄴ, ㄷ

태양 에너지 생성과 전환

핵심 짚기 □ 태양 에너지의 생성 원리   □ 지구에서 태양 에너지의 순환
           □ 태양 에너지의 전환과 이용

A 태양 에너지의 생성

1 태양 대부분 수소와 헬륨으로 구성되어 있으며, 태양 중심부는 약 1500만 K인 초고온으로, 수소와 헬륨이 원자핵과 전자로 분리된 *플라스마 상태로 존재한다. ❶

☆2 태양 에너지의 생성 태양 에너지는 태양 중심부에서 일어나는 수소 핵융합 반응을 통해 생성된다. ➡ 수소 원자핵 4개가 융합하여 헬륨 원자핵 1개로 변하는 수소 핵융합 반응이 일어날 때 질량이 감소하는데, 이 감소한 질량에 해당하는 에너지가 태양 에너지이다. ❷❸

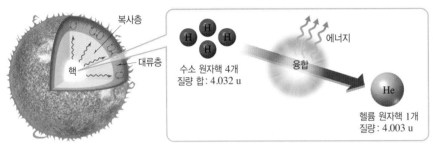

수소 원자핵 4개
질량 합: 4.032 u

융합

에너지

헬륨 원자핵 1개
질량: 4.003 u

▲ 태양 중심부에서 일어나는 수소 핵융합 반응

B 태양 에너지의 전환과 순환

1 태양 에너지 태양 에너지는 지구에서 직접 다른 에너지로 전환되기도 하고, 전환되어 축적된 후 다른 에너지로 전환되기도 한다. 이 과정에서 여러 가지 에너지의 순환을 일으키는데, 태양 에너지는 지구에서 일어나는 에너지 순환의 근원이 된다. ❹

☆2 지구에서 태양 에너지의 순환

① 지구에 도달하는 태양 에너지의 양 : 태양이 우주 공간으로 방출하는 전체 에너지 중 $\dfrac{1}{20억}$ 정도만 지구에 도달한다.

② 지구에서의 에너지 순환

대기와 해수의 순환	탄소의 순환
• 지구는 위도별로 입사하는 태양 복사 에너지와 방출하는 지구 복사 에너지에 차이가 있어 에너지 불균형이 생긴다. • 저위도의 남는 에너지를 대기와 해수의 순환을 통해 고위도로 이동하여 에너지 평형을 이루며, 이 과정에서 바람이 불고 파도가 친다. ❺	• 태양 에너지는 탄소를 매개로 하는 순환 과정을 거친다. • 대기 중의 이산화 탄소는 식물의 광합성에 의해 태양 에너지와 함께 식물에 양분으로 저장된다. ➡ 생명체의 유해가 석탄, 석유, 천연가스와 같은 화석 연료가 된다. ➡ 화석 연료를 연소할 때 이산화 탄소가 발생한다.

Plus 강의

❶ 태양의 구조

태양은 중심에서부터 핵, 복사층, 대류층으로 구분된다.
▸ 핵 : 태양 중심부로, 태양 에너지가 생성된다.
▸ 복사층 : 핵에서 생성된 에너지가 복사에 의해 대류층으로 전달된다.
▸ 대류층 : 대류가 일어나 열이 태양 표면으로 전달된다.

❷ 핵융합 반응

두 개 이상의 가벼운 원자핵이 융합하여 무거운 원자핵이 되면서 에너지를 방출하는 반응이다.

❸ 감소한 질량과 에너지의 관계

질량과 에너지는 서로 변환될 수 있는 물리량으로, 핵반응이 일어날 때 질량의 일부가 에너지로 전환되어 감소한다. 이때 질량 차이를 질량 결손이라고 한다. 핵반응 과정에서 감소한 질량이 Δm이면 방출되는 에너지 E는 다음과 같다.

$$E = \Delta mc^2 \ (c : \text{빛의 속력})$$

❹ 태양 에너지가 근원이 아닌 에너지

▸ 핵에너지 : 우라늄과 같은 핵연료의 에너지로, 양성자와 중성자가 결합하고 있는 힘에 의한 에너지이다.
▸ 지구 내부 에너지 : 지진의 원인이 되는 에너지로, 지구 내부에 있는 방사성 원소가 핵분열할 때 발생한다.

❺ 지구에서의 에너지 평형

위도별로 불균등하게 흡수된 태양 에너지는 대기와 해수에 의해 저위도 지역에서 고위도 지역으로 이동해 에너지 평형을 유지한다. ➡ 생명체의 생존에 적당한 기온이 일정하게 유지된다.

Q 용어 돋보기

＊ 플라스마(plasma)_ 원자가 원자핵과 전자로 분리되어 활발하게 운동하는 상태

3 태양 에너지의 전환과 이용 태양 에너지는 여러 가지 다른 형태로 전환되며, 모든 생명체의 생명 활동을 유지시키고 지표면에서 자연 현상의 대부분을 일으킨다.

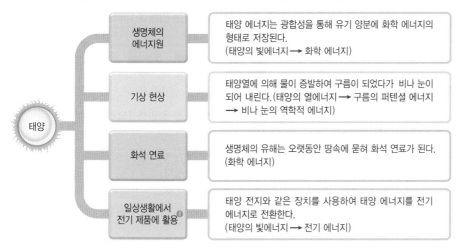

생명체의 에너지원	태양 에너지는 광합성을 통해 유기 양분에 화학 에너지의 형태로 저장된다. (태양의 빛에너지 → 화학 에너지)
기상 현상	태양열에 의해 물이 증발하여 구름이 되었다가 비나 눈이 되어 내린다.(태양의 열에너지 → 구름의 퍼텐셜 에너지 → 비나 눈의 역학적 에너지)
화석 연료	생명체의 유해는 오랫동안 땅속에 묻혀 화석 연료가 된다. (화학 에너지)
일상생활에서 전기 제품에 활용	태양 전지와 같은 장치를 사용하여 태양 에너지를 전기 에너지로 전환한다. (태양의 빛에너지 → 전기 에너지)

❻ 여러 가지 발전 방식과 에너지 전환
다양한 발전 방식의 에너지원은 태양 에너지가 근원이다.

풍력 발전	바람의 운동 에너지 → 전기 에너지
수력 발전	물의 퍼텐셜 에너지 → 전기 에너지
태양광 발전	태양의 빛에너지 → 전기 에너지
화력 발전	화석 연료의 화학 에너지 → 전기 에너지

개념 쏙쏙

○ 정답과 해설 74쪽

1 다음은 태양에 대한 설명이다. ( ) 안에 알맞은 말을 쓰시오.

> 태양은 수소와 ㉠( )으로 구성되어 있으며, 태양 중심부는 약 1500만 K인 초고온으로, 수소와 ㉠( )이 ㉡( ) 상태로 존재한다. 태양 에너지는 태양 중심부에서 일어나는 ㉢( ) 반응에 의해 생성된다.

2 태양 에너지에 대한 설명으로 옳은 것은 ○, 옳지 <u>않은</u> 것은 ×로 표시하시오.
(1) 태양에서 방출된 에너지는 모두 지구에 도달한다. ┄┄┄┄┄┄┄ ( )
(2) 태양 에너지는 4개의 수소 원자핵이 모여 1개의 헬륨 원자핵으로 변하는 반응에서 생성된다. ┄┄┄┄┄┄┄ ( )
(3) 태양 중심부에서는 가벼운 원자핵이 융합하여 무거운 원자핵이 되는 핵반응이 일어난다. ┄┄┄┄┄┄┄ ( )

3 자연 현상에서 태양 에너지가 어떤 에너지로 전환되는지 옳게 연결하시오.
(1) 바람 •
(2) 광합성 •
(3) 비, 눈 •

• ㉠ 화학 에너지
• ㉡ 역학적 에너지

암기 꼭!

태양 에너지의 전환과 이용
• 생명체의 에너지원
• 비, 눈 등의 기상 현상
• 화석 연료
• 일상생활에서 전기 제품에 활용

A 태양 에너지의 생성

01 그림은 태양의 내부 구조를 나타낸 것이다.

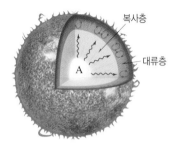

이에 대한 설명으로 옳은 것만을 [보기]에서 있는 대로 고른 것은?

┌─ 보기 ─────────────────────────┐
ㄱ. A의 온도는 약 1500만 K이다.
ㄴ. A에서 핵분열 반응이 일어난다.
ㄷ. A에서 수소와 헬륨이 플라스마 상태로 존재한다.
└────────────────────────────┘

① ㄱ   ② ㄴ   ③ ㄱ, ㄷ
④ ㄴ, ㄷ   ⑤ ㄱ, ㄴ, ㄷ

중요
02 그림은 태양 에너지에 대한 수업 내용을 나타낸 것이다.

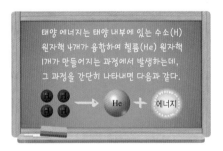

이에 대해 옳게 말한 사람만을 [보기]에서 있는 대로 고른 것은?

┌─ 보기 ─────────────────────────┐
• 철수 : 태양 에너지는 핵융합 과정에서 발생해.
• 영희 : 태양 내부에서 수소 원자핵의 양은 일정하게 유지되지.
• 민수 : 수소 원자핵 4개의 질량 합은 헬륨 원자핵 1개의 질량과 같아.
└────────────────────────────┘

① 철수   ② 영희   ③ 철수, 민수
④ 영희, 민수   ⑤ 철수, 영희, 민수

중요
03 그림은 태양에서 일어나는 반응을 나타낸 것이다.

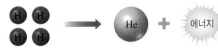

수소 원자핵 4개   헬륨 원자핵

이에 대한 설명으로 옳은 것만을 [보기]에서 있는 대로 고른 것은?

┌─ 보기 ─────────────────────────┐
ㄱ. 수소 핵융합 반응이다.
ㄴ. 태양의 표면에서 일어나는 반응이다.
ㄷ. 태양에서 에너지가 생성되는 반응이다.
└────────────────────────────┘

① ㄱ   ② ㄴ   ③ ㄱ, ㄴ
④ ㄱ, ㄷ   ⑤ ㄴ, ㄷ

서술형
04 태양에서 에너지를 방출할 때 일어나는 반응 전과 후의 질량을 비교하고, 그 까닭을 서술하시오.

_____

_____

05 수소 핵융합 반응에서 에너지가 발생하는 원리에 대한 설명으로 옳은 것만을 [보기]에서 있는 대로 고른 것은? (단, c는 빛의 속력이다.)

┌─ 보기 ─────────────────────────┐
ㄱ. 질량과 에너지는 서로 변환될 수 있는 물리량이다.
ㄴ. 핵반응 후 질량이 증가한 만큼 에너지가 발생한다.
ㄷ. 반응 과정에서 질량이 Δm만큼 변했을 때 방출되는 에너지는 Δmc이다.
└────────────────────────────┘

① ㄱ   ② ㄴ   ③ ㄱ, ㄴ
④ ㄱ, ㄷ   ⑤ ㄴ, ㄷ

06 다음은 어느 신문에 게재된 기사의 일부이다.

> ○ ○ 신 문
>
> 인공 태양의 가장 중요한 역할은 ㉠핵융합 반응이 일어날 수 있도록 ㉡플라스마 상태를 만들어 이를 강력한 자기장으로 가둔 채 핵융합 반응을 일으키는 것이다. … (중략) … 핵융합 에너지는 ㉢연료가 거의 무한한 대용량 에너지원이다.

이에 대한 설명으로 옳은 것만을 [보기]에서 있는 대로 고른 것은?

> ─ 보기 ─
> ㄱ. ㉠은 지상에서 반응이 가능하므로 실온에서도 가능하다.
> ㄴ. ㉡은 원자가 원자핵과 전자로 분리되어 활발하게 움직이는 상태이다.
> ㄷ. ㉢의 예로 석유, 석탄, 천연가스와 같은 화석 연료가 있다.

① ㄴ   ② ㄷ   ③ ㄱ, ㄴ
④ ㄱ, ㄷ   ⑤ ㄱ, ㄴ, ㄷ

B 태양 에너지의 전환과 순환

07 태양 에너지에 대한 설명으로 옳지 않은 것은?

① 지구 생명체의 생명 활동을 유지시키는 에너지이다.
② 지구에서 탄소의 순환과 같은 물질 순환을 일으킨다.
③ 위도에 따라 흡수되는 태양 복사 에너지의 양이 다르다.
④ 지구에서 대기와 해수의 순환과 같은 에너지 순환을 일으킨다.
⑤ 지구에 도달하는 태양 에너지는 태양에서 방출하는 에너지의 약 $\frac{1}{10}$ 이다.

중요
08 그림은 지표면에서의 태양 복사 에너지 흡수량과 지구 복사 에너지 방출량을 나타낸 것이다.

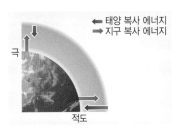

이에 대한 설명으로 옳은 것만을 [보기]에서 있는 대로 고른 것은? (단, 화살표의 길이는 복사 에너지의 양을 나타낸다.)

> ─ 보기 ─
> ㄱ. 극에서는 에너지가 남고, 적도에서는 에너지가 부족하다.
> ㄴ. 태양 복사 에너지 흡수량은 적도에서 극으로 갈수록 증가한다.
> ㄷ. 위도에 따른 에너지 불균형은 대기와 해수의 순환으로 해소된다.

① ㄱ   ② ㄴ   ③ ㄷ
④ ㄱ, ㄴ   ⑤ ㄴ, ㄷ

중요
09 그림은 탄소 순환 과정의 일부를 나타낸 것이다.

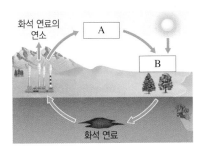

이에 대한 설명으로 옳은 것만을 [보기]에서 있는 대로 고른 것은?

> ─ 보기 ─
> ㄱ. A는 대기 중의 이산화 탄소로, 화석 연료의 연소 과정에서 배출된다.
> ㄴ. B는 광합성이다.
> ㄷ. 화석 연료는 생명체의 유해가 땅속에서 오랫동안 열과 압력을 받아 생성된다.

① ㄱ   ② ㄴ   ③ ㄱ, ㄷ
④ ㄴ, ㄷ   ⑤ ㄱ, ㄴ, ㄷ

10 태양 에너지의 이용과 에너지 전환 과정으로 옳은 것만을 [보기]에서 있는 대로 고른 것은?

• 보기 •
ㄱ. 광합성 과정에서 태양 에너지가 운동 에너지로 전환된다.
ㄴ. 구름이 형성될 때 태양 에너지가 구름의 퍼텐셜 에너지로 전환된다.
ㄷ. 화력 발전 과정에서 화석 연료의 화학 에너지가 전기 에너지로 전환된다.

① ㄱ   ② ㄷ   ③ ㄱ, ㄴ
④ ㄴ, ㄷ   ⑤ ㄱ, ㄴ, ㄷ

12 지구에 도달한 태양 에너지가 전환되면서 나타나는 현상으로 옳지 **않은** 것은?

① 눈이 내린다.
② 지진이 발생한다.
③ 강가에 바람이 분다.
④ 물이 증발하여 구름이 형성된다.
⑤ 식물의 잎에서 광합성이 일어난다.

13 그림은 태양 에너지를 받아 일어나는 기상 현상을 나타낸 것이다.

이와 같은 기상 현상이 생기는 과정에서 태양 에너지의 전환에 의해 형성되는 에너지가 <u>아닌</u> 것은?

① 열에너지   ② 운동 에너지
③ 화학 에너지   ④ 퍼텐셜 에너지
⑤ 역학적 에너지

☆ 중요
11 그림 (가)는 식물의 광합성을, (나)는 바람이 부는 모습을 나타낸 것이다.

(가) 광합성   (나) 바람

이에 대한 설명으로 옳은 것만을 [보기]에서 있는 대로 고른 것은?

• 보기 •
ㄱ. (가)에서 빛에너지가 화학 에너지로 전환된다.
ㄴ. (나)에서 태양 에너지는 역학적 에너지로 전환된다.
ㄷ. (가), (나)의 근원 에너지는 모두 태양 에너지이다.

① ㄱ   ② ㄴ   ③ ㄱ, ㄷ
④ ㄴ, ㄷ   ⑤ ㄱ, ㄴ, ㄷ

14 태양 에너지를 이용한 발전 방식 중 태양 에너지를 직접 전기 에너지로 전환하는 발전 방식은?

① 핵발전   ② 화력 발전
③ 수력 발전   ④ 풍력 발전
⑤ 태양광 발전

01 그림은 태양에서 일어나는 반응을 나타낸 것이다.

수소 원자핵 4개   헬륨 원자핵

이에 대한 설명으로 옳은 것만을 [보기]에서 있는 대로 고른 것은?

┌─ 보기 ────────────────────────┐
ㄱ. 핵분열 반응 과정이다.
ㄴ. 약 $6000\,K$에서 일어나는 반응이다.
ㄷ. 에너지가 발생하는 것은 반응 과정에서 질량이 감소하기 때문이다.
└──────────────────────────────┘

① ㄱ   ② ㄷ   ③ ㄱ, ㄴ
④ ㄴ, ㄷ   ⑤ ㄱ, ㄴ, ㄷ

02 다음은 태양 에너지에 대한 설명이다.

┌──────────────────────────────┐
태양은 대부분 ㉠수소와 헬륨으로 구성된 항성으로, 태양 중심부에는 수소 원자핵이 헬륨 원자핵으로 변환되는 ㉡핵융합 반응이 일어난다. 핵반응이 일어나는 과정에서 ㉢질량의 일부가 에너지로 전환된다.
└──────────────────────────────┘

이에 대한 설명으로 옳은 것만을 [보기]에서 있는 대로 고른 것은?

┌─ 보기 ────────────────────────┐
ㄱ. ㉠은 태양 표면에서 플라스마 상태로 존재한다.
ㄴ. ㉡은 실온의 기체에서 일어난다.
ㄷ. ㉢에서 감소한 질량만큼 에너지가 방출된다.
└──────────────────────────────┘

① ㄱ   ② ㄷ   ③ ㄱ, ㄴ
④ ㄴ, ㄷ   ⑤ ㄱ, ㄴ, ㄷ

03 다음은 기상 현상이 나타나는 과정을 설명한 것이다.

┌──────────────────────────────┐
바닷물이 태양 에너지를 흡수하여 가열되고, 이때 만들어진 수증기가 대기로 상승한다. 대기로 상승한 수증기는 냉각되어 구름이 되었다가 눈과 비가 되어 지표로 내려온다.
└──────────────────────────────┘

이에 대한 설명으로 옳은 것만을 [보기]에서 있는 대로 고른 것은?

┌─ 보기 ────────────────────────┐
ㄱ. 태양 에너지가 일으키는 에너지 순환 과정이다.
ㄴ. 바닷물이 증발하여 구름이 형성되는 과정에서 태양의 열에너지가 화학 에너지로 전환된다.
ㄷ. 비가 내릴 때 구름의 퍼텐셜 에너지가 비의 운동 에너지로 전환된다.
└──────────────────────────────┘

① ㄱ   ② ㄴ   ③ ㄱ, ㄷ
④ ㄴ, ㄷ   ⑤ ㄱ, ㄴ, ㄷ

신유형 N

04 그림은 지구에서 태양 에너지가 다양한 형태의 에너지로 전환되어 이용되는 과정을 나타낸 것으로, ㉠~㉣은 에너지의 종류이다.

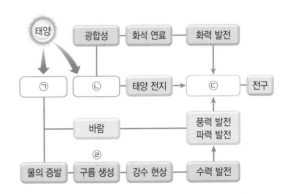

이에 대한 설명으로 옳은 것만을 [보기]에서 있는 대로 고른 것은?

┌─ 보기 ────────────────────────┐
ㄱ. ㉠은 열에너지, ㉡은 빛에너지이다.
ㄴ. ㉢은 운동 에너지이다.
ㄷ. 발전기에서는 터빈의 운동 에너지가 ㉣로 전환된다.
└──────────────────────────────┘

① ㄱ   ② ㄷ   ③ ㄱ, ㄴ
④ ㄴ, ㄷ   ⑤ ㄱ, ㄴ, ㄷ

03 미래를 위한 에너지

핵심 짚기
□ 화석 연료 사용의 문제점
□ 조력, 파력 발전의 장단점
□ 핵, 태양광, 풍력 발전의 장단점
□ 수소 연료 전지의 원리

A 화석 연료와 에너지 문제

1 화석 연료 생명체의 유해가 땅속에 묻힌 후 오랫동안 열과 압력을 받아 만들어진 에너지 자원 예 석탄, 석유, 천연가스 등[1]

| 지질 시대의 식물이 매몰된다. | → | 그 위에 점토 등이 섞여 퇴적된다. | → | 오랫동안 열과 압력을 받는다. | → | 고체 상태의 석탄이 만들어진다. |
| 바다나 호수 속의 플랑크톤이나 미생물이 가라앉는다. | | | | | | • 액체 상태의 석유가 만들어진다.
• 기체 상태의 천연가스가 만들어진다. |

▲ 화석 연료의 생성 과정

☆2 화석 연료 사용의 문제점과 해결 방안

① 화석 연료 사용의 문제점
- 매장량이 한정되어 언젠가는 고갈될 에너지 자원이다.
- 지구 온난화와 대기 오염 등 환경 문제를 일으킨다.
- 매장 지역이 편중되어 있어 가격과 공급이 불안정하며, 국가 간 갈등의 원인이 된다.

② 해결 방안 : 고갈될 염려가 없고, 지구 온난화와 환경 오염의 위험이 없는 새로운 에너지 자원을 개발해야 한다.

B 화석 연료를 대체하고 있는 발전 방식

1 핵발전 우라늄 원자핵이 *핵분열할 때 발생하는 에너지를 이용하여 전기 에너지를 생산하는 발전 방식

① 원리 : *원자로에서 우라늄 235 원자핵이 핵분열할 때 발생하는 에너지를 이용하여 터빈을 돌리면, 터빈과 연결된 발전기에서 전기 에너지를 생산한다.[2]

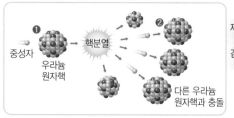

❶ 원자로 안에서 우라늄 원자핵에 느린 중성자를 충돌시킴 ➡ 에너지와 함께 2개~3개의 중성자 방출

❷ 중성자들이 다른 우라늄 원자핵에 충돌하는 *연쇄 반응이 일어남 ➡ 질량 결손에 의해 많은 양의 에너지가 방출

❸ 핵분열 과정에서 발생한 열에너지로 물을 끓임 ➡ 증기를 이용하여 터빈을 돌려 전기 에너지 생산

② 장점과 단점

장점	• 이산화 탄소를 거의 배출하지 않으므로 화력 발전을 대체할 수 있다. • 연료비가 저렴하고, 에너지 효율이 높아 대용량 발전이 가능하다.
단점	• 자원 매장량에 한계가 있다. • 방사능이 유출될 경우 막대한 피해가 발생한다. • 핵발전 과정에서 발생하는 방사성 폐기물 처리가 어렵다.

Plus 강의

❶ 천연가스
단독으로 매장되어 있기도 하지만, 대부분 석유와 함께 생성되어 매장되어 있다. 천연가스는 기체 상태이므로 안전하게 운반하기 위해 LNG로 액화시킨다.

❷ 우라늄 235
자연에 존재하는 우라늄에는 우라늄 235, 우라늄 238 등이 있다. 이 중 우라늄 235는 중성자 1개를 흡수하면 핵분열하여 중성자 2개~3개를 방출하므로 핵발전에 이용된다.

❸ 감속재와 제어봉
- 감속재 : 중성자의 속력을 느리게 하여 연쇄 반응이 잘 일어나도록 한다.
- 제어봉 : 연쇄 반응에서 기하급수적으로 증가하는 중성자를 흡수하여 연쇄 반응 속도를 조절한다.

🔍 용어 돋보기

* 핵분열(核 씨, 分 나누다, 裂 찢다)_ 하나의 원자핵이 쪼개지면서 두 개 이상의 새로운 원자핵이 생겨나는 반응
* 원자로(原 언덕, 子 아들, 爐 화로)_ 지속적으로 핵분열을 발생시키거나 이를 제어할 수 있도록 만든 장치
* 연쇄 반응(連 잇달다, 鎖 쇠사슬, 反 복하다, 應 응하다)_ 생성 물질의 하나가 다시 반응물로 작용하여 생성, 소멸을 계속하는 반응

2 태양광 발전 반도체로 만든 태양 전지를 이용하여 태양광을 직접 전기 에너지로 전환하는 발전 방식

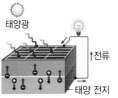
▲ 태양 전지의 원리

① 원리 : 태양 전지에 빛을 비추면 태양 전지 내부에 전자가 생긴다. 이 전자가 한쪽 전극으로 이동하여 기전력을 발생시켜 전류가 흐른다.

② 장점과 단점

장점	• 태양 에너지는 자연에서 쉽게 얻을 수 있어 자원 고갈의 염려가 없다. • 유지와 보수가 간편하다.
단점	• 계절과 일조량의 영향을 받아 발전 시간이 제한적이다. • 화력 발전에 비해 설치 공간이 넓고, 초기 설치 비용이 많이 든다. • 태양 전지에서 반사되는 빛이 인가나 축사에 피해를 주기도 한다.

3 풍력 발전 바람을 이용하여 전기 에너지를 생산하는 발전 방식

① 원리 : 바람의 운동 에너지를 이용하여 날개를 회전시키면 날개에 연결된 발전기에서 전기 에너지를 생산한다.

② 장점과 단점

장점	• 전력 생산 단가가 저렴하다. • 설비가 비교적 간단하고, 설치 기간이 짧다. • 국토를 효율적으로 이용할 수 있다.❹
단점	• 바람의 방향과 세기가 일정하지 않아 발전량을 예측하기 어렵다. • 소음이 발생하고, 새들이 풍력 발전기 날개에 충돌하는 문제가 발생한다. • 설치 과정에서 삼림이나 자연 경관을 훼손하기도 한다.

❹ **풍력 발전소의 설치 장소**
풍력 발전소는 주로 바람이 많이 부는 지역에 설치해야 하지만, 다른 발전소에 비해 넓은 공간을 필요로 하지 않으므로 산간이나 해안가와 같은 부지를 활용하여 국토를 효율적으로 이용할 수 있다.

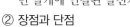

개념 쏙쏙

○ 정답과 해설 75쪽

1 화석 연료에 대한 설명으로 옳은 것은 ○, 옳지 않은 것은 ×로 표시하시오.

(1) 화석 연료는 전 세계에 걸쳐 골고루 분포되어 있다. ·············· (　　　)

(2) 화석 연료는 매장량이 한정되어 있어 언젠가는 고갈될 자원이다. ····· (　　　)

(3) 화석 연료가 만들어지기 위해서는 생명체가 땅속에 묻힌 후 오랫동안 열과 압력을 받아야 한다. ··································· (　　　)

2 다음은 핵발전에 대한 설명이다. (　　　) 안에 공통으로 들어갈 말을 쓰시오.

> 핵발전은 우라늄 원자핵에 속도가 느린 (　　　)를 충돌시키면 원자핵이 둘로 쪼개지는 핵분열이 일어나면서 2개~3개의 (　　　)와 함께 에너지가 방출되는 반응이 연쇄적으로 일어나는 것을 이용한다.

3 각각의 설명에 해당하는 발전 방식을 쓰시오.

(1) 태양의 빛에너지를 직접 전기 에너지로 전환한다.

(2) 바람의 운동 에너지를 이용하여 전기 에너지를 생산한다.

(3) 무거운 원자핵이 2개 이상의 가벼운 원자핵으로 쪼개질 때 발생하는 열에너지를 이용하여 전기 에너지를 생산한다.

암기 꼭!

핵, 태양광, 풍력 발전의 에너지원

• **핵**발전 : 우라늄의 **핵**에너지
• **태양광** 발전 : **태양**의 **빛**에너지
• **풍력** 발전 : **바람**의 운동 에너지

03 미래를 위한 에너지

C 미래를 위한 지속 가능한 발전 방식

1 신재생 에너지 신에너지와 재생 에너지의 합성어로, 기존의 화석 연료를 변환시켜 이용하거나 햇빛, 물, 지열, 강수, 생물 유기체 등을 포함하여 재생 가능한 에너지를 변환시켜 이용하는 에너지 ➡ 지속적인 에너지 공급이 가능

	신에너지	재생 에너지
	기존에 사용하지 않았던 새로운 에너지 예 연료 전지, 석탄의*액화 및 가스화, 수소 에너지❶	계속해서 다시 사용할 수 있는 에너지 예 태양열, 태양광, 풍력, 수력, 해양, 폐기물, 바이오, 지열 에너지❷
장점	• 화석 연료와 같은 자원 고갈의 염려가 없다. • 지속적인 에너지 공급이 가능하여 지속 가능한 발전을 할 수 있다. • 이산화 탄소와 같은 온실 기체 배출로 인한 기후 변화나 환경 오염 문제가 거의 없다.	
단점	기존의 에너지원에 비해 초기 투자 비용이 많이 든다.	

2 해양 에너지를 이용한 발전 방식

구분	조력 발전	파력 발전
원리	밀물과 썰물 때 해수면의 높이 차이를 이용하여 전기 에너지를 생산한다. 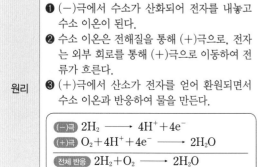 방조제를 쌓아 밀물 때 바닷물을 받아들여 터빈을 돌려 발전기에서 전기 에너지를 생산한다. 썰물 때 수문을 열어 물을 흘려 보낸다.	파도가 칠 때 해수면 변화로 생긴 공기의 흐름을 이용하여 전기 에너지를 생산한다. 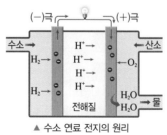 파도와 함께 해수면이 움직여 구조물 안의 공기가 압축될 때 공기의 흐름이 터빈을 돌려 발전기에서 전기 에너지를 생산한다.
장점	• 발전에 드는 비용이 비교적 저렴하다. • 밀물과 썰물이 매일 일어나므로 발전량을 예측할 수 있다. • 건설되면 오랫동안 이용할 수 있다.	• 연료비가 들지 않는다. • 소규모의 발전이 가능하다. • 발전 방식에 따라 방파제로 활용할 수 있어 실용성이 크다.
단점	• 건설비가 많이 들며, 설치 장소가 제한적이다. • 갯벌이 파괴되어 해양 생태계에 혼란을 줄 수 있다.	• 관리가 어렵다. • 파도에 노출되므로 내구성이 약하다. • 기후나 파도의 상황에 따라 발전량에 차이가 있다.

3 연료 전지 수소, 메탄올, 천연 가스와 같은 연료의 화학 에너지를 직접 전기 에너지로 전환하는 장치❸ (탐구A) 300쪽

원리	❶ (−)극에서 수소가 산화되어 전자를 내놓고 수소 이온이 된다. ❷ 수소 이온은 전해질을 통해 (+)극으로, 전자는 외부 회로를 통해 (+)극으로 이동하여 전류가 흐른다. ❸ (+)극에서 산소가 전자를 얻어 환원되면서 수소 이온과 반응하여 물을 만든다. (−)극 $2H_2 \longrightarrow 4H^+ + 4e^-$ (+)극 $O_2 + 4H^+ + 4e^- \longrightarrow 2H_2O$ 전체 반응 $2H_2 + O_2 \longrightarrow 2H_2O$

▲ 수소 연료 전지의 원리

Plus 강의

❶ 석탄의 액화 및 가스화
석탄은 석유에 비해 매장량에 여유가 있어 석탄을 액체나 가스 형태로 전환하여 이용한다.

❷ 여러 가지 재생 에너지
▶ 태양열 에너지 : 태양의 열에너지를 이용하여 난방을 하거나 전기 에너지를 생산한다.
▶ 지열 에너지 : 땅속의 열로 물을 끓여 생긴 증기로 전기 에너지를 생산한다.
▶ 폐기물 에너지 : 폐기물 매립장에서 발생하는 가스를 이용하거나 소각 과정에서 발생하는 열을 이용한다.
▶ 바이오 에너지 : 농작물, 나무, 음식물 쓰레기 등을 태우거나 가스, 고체 연료 등의 형태로 얻는다.

❸ 일반 전지와 수소 연료 전지의 비교
▶ 공통점 : 산화 환원 반응을 이용하여 전기 에너지를 생산하며, 전극을 이용한다.
▶ 차이점 : 일반 전지는 사용 후 재충전 하거나 폐기하지만, 수소 연료 전지는 수소와 산소를 외부에서 지속적으로 공급해 주어야 하고, 생성 물질이 배출된다.

Q 용어 돋보기
* 액화(液 진, 化 되다)_기체 상태에 있는 물질이 에너지를 방출하고 응축되어 액체로 변하는 현상

장점	• 화학 반응을 통해 전기 에너지를 직접 생산하므로 화력 발전보다 효율이 높다. • 물이 유일한 생성물이므로 환경 오염 문제가 없다.
단점	• 수소를 생산하는 비용과 발전소를 건설하는 비용이 많이 든다. • 수소의 생산, 저장, 운송 등이 어렵다. • 수소는 폭발의 위험이 크다.
이용	가전 기기용 전원, 휴대용 전원, 가정용 예비 전원, 수소 연료 전지 자동차, 대규모의 발전 등

D 지속 가능한 발전을 위한 노력❶ 여기서잠깐 302쪽

1 친환경 에너지 도시 지역 환경에 맞는 신재생 에너지를 활용하여 에너지 문제와 환경 문제를 해결할 수 있는 도시이다.

2 적정 기술 기술이 사용되는 사회의 필요 및 환경 조건을 고려하여 삶의 질을 향상시키기 위해 적용되는 기술이다.

적정 기술의 조건	• 현지 자원을 활용해야 한다. • 현지 문화나 환경에 적합해야 한다. • 유지 비용이 적거나 없어야 한다.	• 친환경적이어야 한다. • 단순하면서 효용이 커야 한다. • 전기 에너지를 사용하지 않아야 한다.
예	생명 빨대, 큐 드럼, 페트병 전구, 항아리 냉장고, 페달 세탁기, 와카 워터 탑 등	

❹ **에너지 수확 기술**
에너지 사용 과정에서 버려지는 적은 양의 에너지를 모아 전기 에너지로 전환하는 기술로, 운동할 때 몸에서 발생하는 열이나 진동, 체온을 이용하여 전기 에너지로 전환한다.

개념 쏙쏙

○ 정답과 해설 75쪽

4 ( ) 안에 알맞은 말을 쓰시오.

(1) ( )에너지 : 기존에 사용하지 않았던 새로운 에너지

(2) ( ) 에너지 : 계속해서 다시 사용할 수 있는 에너지

(3) 신재생 에너지는 기존의 ㉠( )를 변환시켜 이용하거나 햇빛, 물, 지열, 강수 등 ㉡( ) 가능한 에너지를 변환시켜 이용하는 에너지이다.

5 다음 설명에 해당하는 발전 방식을 쓰시오.

(1) 밀물과 썰물 때 해수면의 높이 차이를 이용하여 전기 에너지를 생산하는 방식

(2) 파도가 칠 때 해수면이 상승하거나 하강하여 생기는 공기의 흐름으로 전기 에너지를 생산하는 방식

6 수소 연료 전지에 대한 설명으로 옳은 것은 ○, 옳지 않은 것은 ×로 표시하시오.

(1) 연료의 화학 에너지가 전기 에너지로 전환된다. ⋯⋯⋯⋯⋯⋯ ( )

(2) 최종 생성물은 물이다. ⋯⋯⋯⋯⋯⋯⋯⋯⋯⋯⋯⋯⋯⋯⋯⋯⋯⋯ ( )

(3) 연료 고갈의 문제가 있다. ⋯⋯⋯⋯⋯⋯⋯⋯⋯⋯⋯⋯⋯⋯⋯⋯ ( )

암기 꼭!

연료 전지에서 일어나는 반응

수소 + 산소 ⟶ 물 + 전기 에너지

물의 전기 분해와 연료 전지 실험

목표) 물을 전기 분해하여 얻은 수소를 이용하여 수소 연료 전지를 만들고, 연료 전지의 원리를 설명할 수 있다.

• 과정 & 결과

❶ 백탄 2개의 위쪽을 알루미늄박으로 감싼다.

▶ **알루미늄박으로 감싸는 까닭**
: 백탄이 전극의 역할을 하여 전지에 연결되었을 때 전류가 흐르기 때문

❷ 수산화 나트륨 수용액에 백탄을 담근 후 건전지에 연결하여 물을 전기 분해한다.

➡ 기포가 발생한다.

▶ **수산화 나트륨 수용액을 넣은 까닭** : 순수한 물은 전류가 흐르지 않기 때문에 수용액을 사용한다.

❸ 10분 정도 지난 후 건전지를 떼어 내고 발광 다이오드를 연결하여 불이 켜지는지 관찰한다.

➡ 불이 켜진다.

▶ 발광 다이오드를 연결할 때 다리가 긴 쪽을 (+)극에, 다리가 짧은 쪽을 (−)극에 연결한다.

• 해석

1. 건전지의 역할은? ➡ 물을 수소와 산소로 전기 분해하는 데 필요한 에너지를 공급한다.

2. 물을 전기 분해할 때 발생한 기포는? ➡ (+)극에서는 산소 기체가, (−)극에서는 수소 기체가 발생한다.

3. 발광 다이오드에 불이 들어오는 까닭은? ➡ 수소와 산소의 화학 반응을 통해 전기 에너지가 생성된다. ➡ (−)극에 공급된 수소가 산화되어 전자를 내놓으면 이 전자가 (+)극으로 이동하며 도선에 전류가 흐른다.

4. 연료 전지에서 에너지 전환 과정은? ➡ 수소와 산소의 화학 에너지가 전기 에너지로 전환된다.

• 정리

1. 물의 전기 분해
• (−)극에서 수소 기체가 발생한다.
• (+)극에서 산소 기체가 발생한다.

2. 연료 전지
• (−)극에서 수소가 산화되어 수소 이온과 전자로 분리된다.
• 전자는 도선을 통해, 수소 이온은 전해질을 통해 (+)극으로 이동한다.
• (+)극에서 산소, 수소 이온, 전자가 반응하여 물과 전기 에너지가 생성된다.

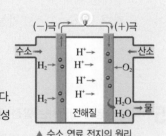

▲ 수소 연료 전지의 원리

⌒이렇게도 실험해요! ···

• 과정 ❶ 황산 나트륨 수용액이 담긴 통에 연필심 2개를 서로 닿지 않게 넣고, 건전지의 (+)극과 (−)극에 연결하여 물을 전기 분해한다.
❷ 10분 정도 지난 후 건전지를 떼어 내고 연필심과 연결된 집게 달린 전선을 발광 다이오드에 연결하여 불이 켜지는지 관찰한다.

• 결과 & 해석 1. 물을 전기 분해할 때 연필심에서 기체가 발생한다. ➡ 물을 전기 분해하면 (−)극에서는 수소 기체, (+)극에서는 산소 기체가 발생한다.
2. 발광 다이오드를 연결했을 때 불이 켜진다. ➡ 수소와 산소의 화학 반응을 통해 전기 에너지가 생성된다.

확인 문제

1 **탐구 A**에 대한 설명으로 옳은 것은 ○, 옳지 않은 것은 ×로 표시하시오.

(1) 과정 ❷에서 (+)극에서는 산소 기체가 발생한다. ·································· (   )

(2) 과정 ❷에서 (−)극에서는 수소 기체가 발생한다. ·································· (   )

(3) 과정 ❸에서 (−)극에 연결된 백탄 부분에서 기포가 발생한다. ················· (   )

(4) 과정 ❸에서 발광 다이오드에 불이 켜지는 것은 화학 에너지가 전기 에너지로 전환된 것이다. ··· (   )

2 다음은 연료 전지에서 전기 에너지가 발생하는 원리를 설명한 것이다.

> 수소가 공급되어 산화되는 전극은 ㉠(   )극이다. ㉡(   )은/는 전해질을 통해 이동하고, ㉢(   )는 도선을 통해 이동하여 전류를 흐르게 한다. 반대 전극에서 ㉢ (   )는 산소, 수소 이온과 반응하여 물을 생성한다.

㉠~㉢에 들어갈 알맞은 말을 옳게 짝 지은 것은?

	㉠	㉡	㉢
①	(−)	전자	탄소
②	(−)	수소 이온	전자
③	(+)	전자	전자
④	(+)	전자	탄소
⑤	(+)	수소 이온	전자

3 연료 전지에서 일어나는 반응에 대한 설명으로 옳은 것만을 [보기]에서 있는 대로 고른 것은?

> **보기**
> ㄱ. (−)극에서 수소의 산화 반응이 일어난다.
> ㄴ. (+)극에서 물과 함께 이산화 탄소가 생성된다.
> ㄷ. 수소와 산소의 화학 반응을 통해 전기 에너지가 생성된다.

① ㄱ   ② ㄴ   ③ ㄱ, ㄴ

④ ㄱ, ㄷ   ⑤ ㄴ, ㄷ

에너지 문제 해결하기

여러 나라에서는 에너지 문제를 해결하기 위해 화석 연료 외에 다른 에너지원을 활용하여 환경과 에너지 문제에 대처하고 있답니다. 자, 그럼 내가 가진 교과서에서는 어떤 방법으로 에너지 문제 해결 방법을 소개하고 있는지 한눈에 살펴볼까요?

1 친환경 에너지 도시

친환경 에너지 도시는 태양광 발전, 재활용 시설 등 다양한 신재생 에너지 설비를 갖추고 그로부터 얻는 이익을 주민에게 되돌려 주자는 취지로 설계된 도시이다.

영국의 베드제드

에너지 공급	• 모든 주택의 지붕에 태양 전지판을 설치하여 친환경적으로 전기 에너지를 생산한다. • 열병합 발전소에서 산업 폐기물을 태워 에너지를 생산한다.
건물 관리	• 빗물을 저장하여 옥상 정원 관리에 활용한다. • 오수를 정화하여 화장실에 사용한다. • 주거용 공간은 남쪽으로 배치한다. • 열 교환기가 부착된 환풍기를 설치하여 바깥의 찬공기와 실내의 더운 공기가 섞이도록 하여 실내 온도를 조절한다. • 건물 외벽에 고효율 단열재를 사용하여 열손실을 줄인다. • 채광이 잘되는 넓은 3중 유리창을 사용한다.
교통 정책	• 모든 도로는 보행자, 자전거 통행자에게 우선권을 준다. • 자동차의 이산화 탄소 배출을 줄인다. • 태양 에너지로 전기 자동차를 충전하는 충전소를 설치한다.

2 적정 기술

적정 기술은 그 기술이 사용되는 사회의 필요 및 환경 조건을 고려하여 해당 지역에서 지속적인 생산과 소비를 할 수 있는 기술이다. 따라서 대규모 사회 기반 시설이 필요하지 않고 친환경적이다.

생명 빨대	항아리 냉장고	큐 드럼
빨대로 물을 빨아들이면 빨대 속 정수 장치를 통해 오염된 물이 정화된다.	물의 증발을 이용하여 항아리 속의 농작물을 신선하게 보관할 수 있다.	멀리 떨어진 곳에서 물을 담아올 때 바닥에서 굴리면서 옮길 수 있도록 물통이 바퀴 형태로 되어 있다.
페달 세탁기	와카 워터 탑	페트병 전구
뚜껑 부분에 있는 의자에 앉아 페달을 밟으면 내부의 통이 움직이며 빨랫감이 세탁된다.	공기 중의 수증기가 와카 워터 탑의 그물에 닿으면 액화되어 물방울이 생기는데 이 물방울을 모아 식수로 이용한다.	지붕에 설치하여 전기 없이도 빛의 산란을 이용하여 어둠을 밝히는 장치이다.

A 화석 연료와 에너지 문제

01 화석 연료에 대한 설명으로 옳은 것만을 [보기]에서 있는 대로 고른 것은?

• 보기 •
ㄱ. 천연가스는 대부분 석유와 함께 매장되어 있다.
ㄴ. 두꺼운 퇴적층에 의해 오랫동안 열과 압력을 받아 만들어진다.
ㄷ. 석탄은 식물이 매몰되어 액체로 변화된 것이다.

① ㄱ   ② ㄷ   ③ ㄱ, ㄴ
④ ㄴ, ㄷ   ⑤ ㄱ, ㄴ, ㄷ

중요
02 그림 (가), (나)는 두 가지 에너지 자원을 나타낸 것이다.

(가) 석탄   (나) 천연가스

(가), (나)와 같은 에너지 자원의 문제점에 대한 설명으로 옳은 것만을 [보기]에서 있는 대로 고른 것은?

• 보기 •
ㄱ. 일부 지역에서만 생성되므로 국가 간 갈등의 원인이 된다.
ㄴ. 땅속에서 계속 만들어지고 있으므로 매장량이 무한하다.
ㄷ. 사용할 때 발생하는 이산화 탄소는 지구 온난화와 같은 환경 문제를 일으킨다.

① ㄱ   ② ㄴ   ③ ㄷ
④ ㄱ, ㄷ   ⑤ ㄱ, ㄴ, ㄷ

B 화석 연료를 대체하고 있는 발전 방식

[03~04] 그림은 핵발전소의 구조를 모식적으로 나타낸 것이다.

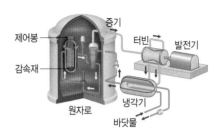

03 이에 대한 설명으로 옳은 것만을 [보기]에서 있는 대로 고른 것은?

• 보기 •
ㄱ. 핵발전소에서는 핵에너지가 전기 에너지로 전환된다.
ㄴ. 원자로에서는 무거운 원자핵이 두 개의 가벼운 원자핵으로 분열한다.
ㄷ. 우라늄이 융합할 때 방출되는 에너지로 물을 끓여 터빈을 돌린다.

① ㄱ   ② ㄷ   ③ ㄱ, ㄴ
④ ㄴ, ㄷ   ⑤ ㄱ, ㄴ, ㄷ

서술형
04 핵발전소에서 연쇄 반응이 일어나는 과정을 간단하게 서술하시오.

_____

_____

중요
05 핵발전의 특징에 대한 설명으로 옳은 것만을 [보기]에서 있는 대로 고른 것은?

• 보기 •
ㄱ. 방사능이 유출될 위험이 있다.
ㄴ. 핵발전에 사용되는 연료는 고갈의 염려가 없다.
ㄷ. 이산화 탄소를 거의 배출하지 않으므로 화력 발전을 대체할 수 있다.

① ㄱ   ② ㄴ   ③ ㄱ, ㄷ
④ ㄴ, ㄷ   ⑤ ㄱ, ㄴ, ㄷ

06 그림은 원자로 안에서 우라늄 235 원자핵의 핵분열 반응을 나타낸 것이다.

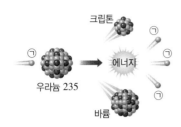

크립톤

㉠

에너지

㉠

우라늄 235

㉠

바륨

이에 대한 설명으로 옳은 것만을 [보기]에서 있는 대로 고른 것은?

---보기---
ㄱ. ㉠은 중성자이다.
ㄴ. ㉠이 빠르게 운동할수록 우라늄과 충돌이 잘 일어난다.
ㄷ. 반응이 시작되면 연쇄적으로 핵분열이 일어나 막대한 양의 에너지가 발생한다.

① ㄱ   ② ㄴ   ③ ㄱ, ㄷ
④ ㄴ, ㄷ   ⑤ ㄱ, ㄴ, ㄷ

중요
07 그림은 태양 전지의 원리를 나타낸 것이다.

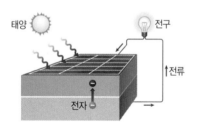

태양   전구

전류

전자

이에 대한 설명으로 옳은 것만을 [보기]에서 있는 대로 고른 것은?

---보기---
ㄱ. 태양 전지는 태양열 발전에 이용된다.
ㄴ. 빛을 받으면 전류가 흘러 전구에 불이 켜진다.
ㄷ. 태양 에너지를 직접 전기 에너지로 전환하는 장치이다.

① ㄱ   ② ㄷ   ③ ㄱ, ㄴ
④ ㄴ, ㄷ   ⑤ ㄱ, ㄴ, ㄷ

08 태양광 발전의 특징에 대한 설명으로 옳은 것만을 [보기]에서 있는 대로 고른 것은?

---보기---
ㄱ. 태양광 발전은 자원 고갈의 염려가 없다.
ㄴ. 대규모 발전을 위해서는 태양 전지를 넓은 공간에 설치해야 한다.
ㄷ. 태양빛을 이용하므로 항상 일정한 양의 전기 에너지를 생산할 수 있다.

① ㄱ   ② ㄴ   ③ ㄷ
④ ㄱ, ㄴ   ⑤ ㄱ, ㄷ

중요
09 그림은 어떤 에너지를 이용한 발전 방식을 나타낸 것이다.
이 발전 방식에 대한 설명으로 옳은 것만을 [보기]에서 있는 대로 고른 것은?

---보기---
ㄱ. 설치 장소에 제한이 없다.
ㄴ. 환경 오염 물질이 발생하지 않는다.
ㄷ. 발전 시설 주변에 소음이 발생할 수 있다.

① ㄱ   ② ㄷ   ③ ㄱ, ㄴ
④ ㄱ, ㄷ   ⑤ ㄴ, ㄷ

10 그림은 풍력 발전으로 얻은 에너지로 다리미를 작동하여 사용하는 모습을 나타낸 것이다.
아래 에너지 전환 과정에서 A~C에 알맞은 말을 쓰시오.

바람의 (A) 에너지 → (B) 에너지 → 다리미의 (C)에너지

C 미래를 위한 지속 가능한 발전 방식

11 신재생 에너지에 대한 설명으로 옳은 것만을 [보기]에서 있는 대로 고른 것은?

> ┌─ 보기 ─
> ㄱ. 기존의 에너지원에 비해 초기 투자 비용이 적게 든다.
> ㄴ. 해양 에너지는 조력 발전, 파력 발전 등에 이용된다.
> ㄷ. 이산화 탄소 배출로 인한 환경 오염 문제가 거의 발생하지 않는다.

① ㄱ   ② ㄴ   ③ ㄷ
④ ㄱ, ㄴ   ⑤ ㄴ, ㄷ

중요
12 그림은 우리나라 서해안 지역에 설치되어 있는 조력 발전의 원리를 간단하게 나타낸 것이다.

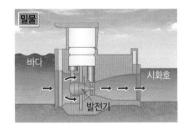

이에 대한 설명으로 옳은 것만을 [보기]에서 있는 대로 고른 것은?

> ┌─ 보기 ─
> ㄱ. 물의 역학적 에너지를 이용한다.
> ㄴ. 화력 발전에 비해 자원 고갈의 염려가 크다.
> ㄷ. 전자기 유도에 의해 전기 에너지를 생산한다.

① ㄱ   ② ㄴ   ③ ㄷ
④ ㄱ, ㄷ   ⑤ ㄴ, ㄷ

중요
13 그림은 파도로 인해 해수면의 높이가 변하는 것을 이용하여 전기 에너지를 생산하는 발전의 원리를 간단하게 나타낸 것이다.

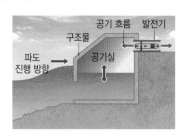

이 발전 방식에 대한 설명으로 옳은 것만을 [보기]에서 있는 대로 고른 것은?

> ┌─ 보기 ─
> ㄱ. 근본 에너지는 태양 에너지이다.
> ㄴ. 설치할 수 있는 장소가 제한적이다.
> ㄷ. 공기실을 구성하는 구조물은 공기를 잘 밀어낼 수 있도록 부드러운 재질로 만들어야 한다.

① ㄱ   ② ㄷ   ③ ㄱ, ㄴ
④ ㄴ, ㄷ   ⑤ ㄱ, ㄴ, ㄷ

14 그림은 세 가지 발전 방식을 나타낸 것이다.

태양광 발전   조력 발전   풍력 발전

이에 대한 설명으로 옳은 것만을 [보기]에서 있는 대로 고른 것은?

> ┌─ 보기 ─
> ㄱ. 태양광 발전은 태양의 빛에너지를 이용한다.
> ㄴ. 조력 발전과 풍력 발전은 발전 과정에서 전자기 유도를 이용한다.
> ㄷ. 세 발전 방식 모두 화력 발전을 대체할 수 있다.

① ㄱ   ② ㄴ   ③ ㄷ
④ ㄱ, ㄷ   ⑤ ㄱ, ㄴ, ㄷ

중요
15 그림은 수소 연료 전지의 구조와 원리를 모식적으로 나타낸 것이다.

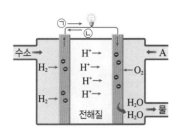

이에 대한 설명으로 옳은 것만을 [보기]에서 있는 대로 고른 것은?

> • 보기
> ㄱ. 수소는 전자를 내놓고 수소 이온이 된다.
> ㄴ. 전자는 ㉡ 방향으로 이동한다.
> ㄷ. A는 산소이다.

① ㄱ   ② ㄴ   ③ ㄷ
④ ㄱ, ㄷ   ⑤ ㄱ, ㄴ, ㄷ

16 그림은 최근에 많이 연구되고 있는 수소 연료 전지를 사용한 수소 연료 전지 버스를 나타낸 것이다.

수소 연료 전지에 대한 설명으로 옳지 <u>않은</u> 것은?

① 에너지 효율이 낮다.
② 열이 거의 발생하지 않는다.
③ 환경 오염 물질이 배출되지 않는다.
④ 발전소와 같은 대규모 발전까지 가능하다.
⑤ 재충전을 하지 않아도 수소와 산소만 공급되면 계속 전기 에너지를 만들 수 있다.

D 지속 가능한 발전을 위한 노력

17 그림은 멀리 떨어진 곳에서 물을 담아올 때, 많은 양의 물을 작은 힘으로 옮길 수 있도록 바퀴 형태로 만든 큐 드럼을 나타낸 것이다.

이와 같은 장치를 만들 때 고려해야 할 점으로 옳은 것만을 [보기]에서 있는 대로 고른 것은?

> • 보기
> ㄱ. 현지 자원을 활용할 수 있어야 한다.
> ㄴ. 전기 에너지가 공급되는 곳에서 사용해야 한다.
> ㄷ. 단순하지만 효용이 커서 삶의 질을 높일 수 있어야 한다.

① ㄱ   ② ㄴ   ③ ㄱ, ㄷ
④ ㄴ, ㄷ   ⑤ ㄱ, ㄴ, ㄷ

18 친환경 에너지 도시를 설계할 때 사용할 수 있는 방법으로 옳지 <u>않은</u> 것은?

① 3중 유리창을 설치하여 열손실을 줄인다.
② 천연가스를 연료로 이용하여 환경 문제를 일으키지 않는다.
③ 열 교환기를 부착하여 난방 기구 없이 실내 온도를 유지한다.
④ 빗물을 저장하고, 오수를 정화하여 옥상 정원 관리나 화장실에 사용한다.
⑤ 주택의 지붕에 태양 전지판을 설치하여 친환경적으로 전기 에너지를 생산한다.

01 그림 (가)는 핵발전에 사용되는 원자로를, (나)는 원자로에서 일어나는 반응을 나타낸 것이다.

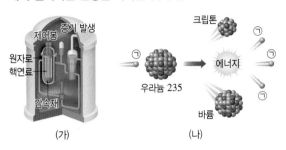

(가)   (나)

이에 대한 설명으로 옳은 것만을 [보기]에서 있는 대로 고른 것은?

> • 보기 •
> ㄱ. (가)에서 핵융합 반응으로 전기 에너지를 생산한다.
> ㄴ. (나)에서 제어봉으로 ㉠의 속력을 조절한다.
> ㄷ. (나)에서 입자들의 질량의 합은 반응 전이 반응 후보다 크다.

① ㄱ   ② ㄴ   ③ ㄷ
④ ㄴ, ㄷ   ⑤ ㄱ, ㄴ, ㄷ

02 그림 (가)와 (나)는 태양광 발전소와 조력 발전소의 모습을 나타낸 것이다.

(가) 태양광 발전소   (나) 조력 발전소

이에 대한 설명으로 옳은 것만을 [보기]에서 있는 대로 고른 것은?

> • 보기 •
> ㄱ. (가)는 태양열을 이용한다.
> ㄴ. (나)는 건설 비용에 비해 전기 에너지 생산 효율이 매우 높다.
> ㄷ. (가)와 (나) 모두 재생 에너지를 이용한다.

① ㄱ   ② ㄷ   ③ ㄱ, ㄴ
④ ㄴ, ㄷ   ⑤ ㄱ, ㄴ, ㄷ

03 그림 (가)와 (나)는 해양 에너지를 이용하는 발전 방식을 나타낸 것이다.

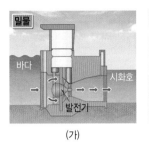 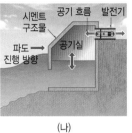

(가)   (나)

이에 대한 설명으로 옳은 것만을 [보기]에서 있는 대로 고른 것은?

> • 보기 •
> ㄱ. (가)는 소규모의 발전이 가능하다.
> ㄴ. (나)는 (가)보다 건설비가 많이 들고, 장소 선정의 제한이 있다.
> ㄷ. (가)와 (나) 모두 자원 고갈의 염려가 없다.

① ㄱ   ② ㄴ   ③ ㄷ
④ ㄴ, ㄷ   ⑤ ㄱ, ㄴ, ㄷ

04 그림은 연료 전지에서 전기 에너지를 생산하는 과정에 대해 철수, 영희, 민수가 대화하는 모습을 나타낸 것이다.

옳게 말한 사람만을 있는 대로 고른 것은?

① 철수   ② 영희   ③ 민수
④ 철수, 영희   ⑤ 철수, 영희, 민수

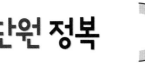
01 그림 (가)~(다)와 같이 동일한 자석의 N극을 조건을 다르게 하여 코일에 가까이 하였더니 검류계의 바늘이 움직였다.

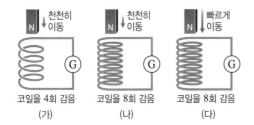

코일을 4회 감음 (가)

코일을 8회 감음 (나)

코일을 8회 감음 (다)

검류계 바늘이 회전하는 정도를 옳게 비교한 것은?

① (가) > (나) > (다)

② (나) > (가) > (다)

③ (나) > (다) > (가)

④ (다) > (가) > (나)

⑤ (다) > (나) > (가)

02 그림은 발전기의 구조를 나타낸 것이다.

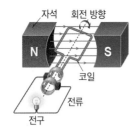

이에 대한 설명으로 옳지 않은 것은?

① 전자기 유도를 이용한다.

② 전기 에너지를 운동 에너지로 전환한다.

③ 코일에 흐르는 전류의 방향은 계속 바뀐다.

④ 코일을 빠르게 회전시킬수록 전구의 밝기가 밝아진다.

⑤ 자석의 세기가 센 자석을 사용하면 전구의 밝기가 밝아진다.

03 화력 발전과 핵발전의 공통점으로 옳은 것만을 [보기]에서 있는 대로 고른 것은?

보기

ㄱ. 화석 연료를 사용한다.

ㄴ. 발전 과정에서 전자기 유도를 이용한다.

ㄷ. 연료로 물을 끓이고, 이때 발생한 수증기로 터빈을 돌린다.

① ㄱ   ② ㄴ   ③ ㄱ, ㄷ

④ ㄴ, ㄷ   ⑤ ㄱ, ㄴ, ㄷ

04 그림은 발전소에서 생산한 전기 에너지를 가정까지 송전하는 과정을 모식적으로 나타낸 것이다.

발전소   변전소 내 변압기   변전소 내 변압기   주상 변압기   가정

이에 대한 설명으로 옳지 않은 것은?

① 발전소에서 생산된 전기는 교류로 송전된다.

② A에서는 전압을 높이고, B에서는 전압을 낮춘다.

③ A에서 송전 전압을 높이는 것은 송전선에서 전력 손실을 줄이기 위해서이다.

④ A에서 송전 전압을 높이면 송전선에 흐르는 송전 전류가 증가한다.

⑤ B에서는 1차 코일보다 2차 코일의 감은 수를 적게 한다.

05 표는 두 지역 A, B로 각각 전력을 송전할 때, 송전 전력, 송전선의 저항, 송전선에서의 손실 전력을 나타낸 것이다.

지역	송전 전력	송전선의 저항	손실 전력
A	P_0	R	P'
B	$10P_0$	R	$4P'$

A, B의 송전 전압을 각각 V_A, V_B라고 할 때, $V_A : V_B$는?

① 1 : 1   ② 1 : 5   ③ 2 : 3

④ 3 : 2   ⑤ 5 : 1

06 그림은 발전소에서 생산된 전기 에너지가 송전선을 통해 가정으로 공급되는 모습을 모식적으로 나타낸 것이고, 표는 그림의 발전소에서 가정으로 보내는 송전 전력이 일정할 때 송전 전압을 정리한 것으로, A, B는 가정으로 전기 에너지가 공급되는 각각의 상황이다.

구분	송전 전력	송전 전압
A	P_0	V_0
B	P_0	$2V_0$

A, B 상황에서 송전선에서의 손실 전력을 각각 P_A, P_B 라고 할 때, $P_A : P_B$는?

① 1 : 1　　② 1 : 2　　③ 1 : 4
④ 2 : 1　　⑤ 4 : 1

07 그림은 감은 수가 각각 N_1, N_2인 1차 코일과 2차 코일을 이용하여 220 V의 전압을 110 V로 변화시키는 변압기의 구조를 나타낸 것이다.

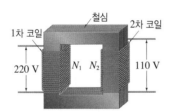

이에 대한 설명으로 옳은 것만을 [보기]에서 있는 대로 고른 것은?(단, 변압기에서의 에너지 손실은 무시한다.)

┌─ 보기 ─
ㄱ. 1차 코일의 감은 수와 2차 코일의 감은 수의 비는 1 : 2이다.
ㄴ. 1차 코일에서의 전력과 2차 코일에서의 전력은 같다.
ㄷ. 1차 코일에 흐르는 전류의 세기와 2차 코일에 흐르는 전류의 세기의 비는 1 : 2이다.
└─────

① ㄱ　　② ㄷ　　③ ㄱ, ㄴ
④ ㄴ, ㄷ　　⑤ ㄱ, ㄴ, ㄷ

08 그림 (가)는 태양의 모습을, (나)는 태양에서 일어나는 핵 반응을 나타낸 것이다.

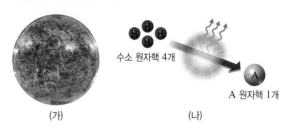

수소 원자핵 4개　　A 원자핵 1개

(가)　　　　(나)

이에 대한 설명으로 옳은 것만을 [보기]에서 있는 대로 고른 것은?

┌─ 보기 ─
ㄱ. (가)에서는 핵분열 반응이 일어나 에너지가 생성된다.
ㄴ. (나)에서 A는 헬륨이다.
ㄷ. (나)의 반응은 초고온 상태인 (가)의 중심에서 일어난다.
└─────

① ㄱ　　② ㄴ　　③ ㄱ, ㄷ
④ ㄴ, ㄷ　　⑤ ㄱ, ㄴ, ㄷ

09 그림은 지구에서 일어나는 탄소 순환 과정의 일부를 나타낸 것이다.

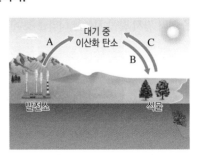

이에 대한 설명으로 옳은 것만을 [보기]에서 있는 대로 고른 것은?

┌─ 보기 ─
ㄱ. A와 C가 증가하면 대기 중 탄소량이 증가한다.
ㄴ. B를 통해 탄소는 식물의 포도당으로 이동한다.
ㄷ. 탄소 순환 과정을 거치면서 지구 전체의 탄소 총량은 감소한다.
└─────

① ㄱ　　② ㄷ　　③ ㄱ, ㄴ
④ ㄴ, ㄷ　　⑤ ㄱ, ㄴ, ㄷ

10 그림 (가)와 (나)는 자연에서 일어나는 현상을 나타낸 것이다.

(가) 광합성　　　　　(나) 기상 현상

이에 대한 설명으로 옳은 것만을 [보기]에서 있는 대로 고른 것은?

> • 보기 •
> ㄱ. (가)에서 빛에너지는 화학 에너지로 전환된다.
> ㄴ. (나)에서 구름의 퍼텐셜 에너지는 역학적 에너지로 전환된다.
> ㄷ. (가), (나)의 근원이 되는 에너지는 태양 에너지이다.

① ㄱ　　　　② ㄷ　　　　③ ㄱ, ㄴ
④ ㄴ, ㄷ　　　⑤ ㄱ, ㄴ, ㄷ

11 그림은 여러 가지 발전 시설을 나타낸 것이다.

화력 발전　　　풍력 발전　　　수력 발전

이에 대한 설명으로 옳은 것만을 [보기]에서 있는 대로 고른 것은?

> • 보기 •
> ㄱ. 화력 발전은 지구 온난화 등 지구 환경 문제를 일으킨다.
> ㄴ. 수력 발전은 물을 분해할 때 나오는 에너지를 활용하여 전기 에너지를 생산한다.
> ㄷ. 풍력 발전과 수력 발전은 모두 자원이 고갈될 염려가 있다.

① ㄱ　　　　② ㄴ　　　　③ ㄷ
④ ㄱ, ㄷ　　　⑤ ㄴ, ㄷ

12 그림은 발전기의 회전축에 바람개비와 전구를 연결한 다음, 바람을 불어 바람개비를 회전시키고 있는 것을 나타낸 것이다. 바람개비가 회전할 때 전구에는 불이 켜졌다.

이에 대한 설명으로 옳은 것만을 [보기]에서 있는 대로 고른 것은?

> • 보기 •
> ㄱ. 발전기에 연결된 바람개비가 회전할 때 전구에 불이 켜지는 원리는 풍력 발전기와 같다.
> ㄴ. 바람의 세기가 셀수록 전구의 밝기가 어두워진다.
> ㄷ. 바람개비 날개의 길이를 짧게 하면 발전기에서 전력 생산량이 감소한다.

① ㄱ　　　　② ㄴ　　　　③ ㄱ, ㄷ
④ ㄴ, ㄷ　　　⑤ ㄱ, ㄴ, ㄷ

13 그림 (가)와 (나)는 신재생 에너지를 이용한 발전 방식을 나타낸 것이다.

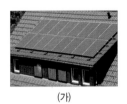 

(가)　　　　　　　(나)

이에 대한 설명으로 옳은 것만을 [보기]에서 있는 대로 고른 것은?

> • 보기 •
> ㄱ. (가)는 터빈을 이용하여 전기 에너지를 생산한다.
> ㄴ. (나)의 근원 에너지는 태양 에너지이다.
> ㄷ. (가)와 (나)는 날씨와 계절에 관계없이 발전량이 일정하다.

① ㄱ　　　　② ㄴ　　　　③ ㄷ
④ ㄱ, ㄷ　　　⑤ ㄴ, ㄷ

14 그림은 신재생 에너지를 이용한 발전 방식을 분류한 것이다.

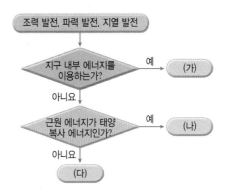

(가)~(다)에 해당하는 발전 방식을 옳게 짝 지은 것은?

	(가)	(나)	(다)
①	지열 발전	파력 발전	조력 발전
②	지열 발전	조력 발전	파력 발전
③	조력 발전	지열 발전	파력 발전
④	조력 발전	파력 발전	지열 발전
⑤	파력 발전	조력 발전	지열 발전

15 그림은 수소 연료 전지의 구조를 모식적으로 나타낸 것이다.

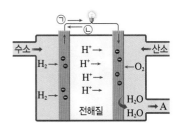

이에 대한 설명으로 옳은 것만을 [보기]에서 있는 대로 고른 것은?

┌ 보기 ┐
ㄱ. 도선에 흐르는 전류의 방향은 ㉡이다.
ㄴ. A는 산소이다.
ㄷ. 환경 오염 물질을 배출하지 않는다.

① ㄱ　　　　② ㄴ　　　　③ ㄷ
④ ㄱ, ㄷ　　　⑤ ㄴ, ㄷ

서술형 문제

16 태양 에너지가 만들어지는 반응이 무엇인지 쓰고, 그 과정에서 에너지가 어떻게 생성되는지 질량과 관련지어 서술하시오.

_____

_____

17 그림과 같이 태양의 고도에 따라 지구 표면에 들어오는 태양 복사 에너지의 양이 달라져 고위도와 저위도의 에너지 불균형이 나타난다.

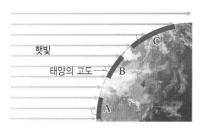

A, B, C 지역에 입사되는 에너지양이 다름에도 지구 전체적으로 에너지 평형이 이루어지는 까닭을 서술하시오. (단, 지구는 복사 평형이 이루어지고 있다.)

_____

_____

18 그림은 수소 연료 전지의 원리를 알아보기 위한 실험을 나타낸 것이다.

발광 다이오드에 불이 켜지는 과정을 다음 단어를 모두 포함하여 서술하시오.

┌─────────────────────┐
│　　　수소, 전자, 이온　　　│
└─────────────────────┘

_____

_____

핵	융	합	파	력	전	자	기	유	도
송	전	친	환	경	선	코	재	도	제
연	료	전	지	수	전	력	생	전	어
적	정	기	술	조	일	절	전	류	봉
플	도	태	양	광	발	전	감	속	신
라	체	화	력	핵	연	료	전	계	재
스	생	변	발	연	발	전	기	항	생
마	명	압	전	감	속	재	제	어	에
상	빨	기	수	질	량	결	손	하	너
태	대	패	러	데	이	법	칙	미	지

정답과 해설 79쪽

다음 설명이 뜻하는 용어를 골라 단어 전체에 ◯로 표시하시오.

① 코일 근처에서 자석을 움직이거나 자석 근처에서 코일을 움직일 때 코일에 전류가 흐르는 현상이다.

② 전자기 유도에 의해 코일에 흐르는 전류이다.

③ 전자기 유도를 이용하여 전기 에너지를 생산하는 장치이다.

④ 단위 시간당 생산 또는 사용하는 전기 에너지이다.

⑤ 송전 과정에서 전압을 변화시키는 장치로, 1차 코일과 2차 코일의 감은 수를 조절하여 전압을 변화시킨다.

⑥ 수소 핵융합 반응과 같이 핵반응 후 질량의 합이 핵반응 전보다 줄어드는데 이때 질량 차이를 말한다.

⑦ 태양 중심부와 같은 초고온 상태에서 원자가 원자핵과 전자로 분리되어 활발하게 움직이는 상태이다.

⑧ 가벼운 원자핵이 뭉쳐 무거운 원자핵이 되는 것이다.

⑨ 기존의 화석 연료를 변환하여 이용하거나 햇빛, 바다, 바람 등의 재생 가능한 에너지를 변환하여 이용하는 에너지이다.

⑩ 태양 전지를 이용하여 태양 에너지를 직접 전기 에너지로 전환하는 발전 방식이다.

⑪ 연료의 화학 반응을 통해 화학 에너지를 전기 에너지로 전환하는 장치이다. 도심형 발전소, 수소 연료 전지 자동차, 휴대용 전자 제품 등에 이용된다.

재미있는 과학 이야기

전기 기타는 자기장이 변해야 소리를 낸다?

기타는 줄을 퉁겨 생기는 소리로 음악을 연주하는 악기이다. 통기타는 줄이 퉁겨지는 뒷부분에 울림통을 달아 줄에서 나는 소리를 더 크고 오래 들리게 한다. 전기 기타는 울림통이 없고 대신 픽업 장치가 붙어 있다. 픽업 장치는 작은 자석에 코일을 감은 구조로 되어 있어 금속으로 된 기타 줄을 퉁기면 픽업 장치의 코일에 유도 전류가 흐르게 된다. 이 유도 전류는 전선을 따라 스피커로 들어가 스피커에서 소리를 내게 된다. 즉, 전기 기타는 직접 공기를 진동시켜 소리를 발생시키는 것이 아니라 전자기 유도를 이용하여 전기 신호를 발생시킨다.

과학은 역시 오투!!

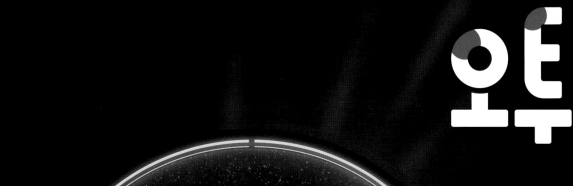

오투

정답과 해설

통합
과학

우리는 남다른 상상과 혁신으로
교육 문화의 새로운 전형을 만들어
모든 이의 행복한 경험과 성장에 기여한다

ABOVE IMAGINATION

우리는 남다른 상상과 혁신으로
교육 문화의 새로운 전형을 만들어
모든 이의 행복한 경험과 성장에 기여한다

물질과 규칙성

1 물질의 규칙성과 결합

01 우주의 시작과 원소의 생성

개념 쏙쏙

진도교재 ➡ 13쪽, 15쪽

1 ㉠ 감소, ㉡ 감소　　**2** (1) (나), (다) (2) (라), (마) (3) (바)
(4) (가)　**3** ㉠ 38, ㉡ 3, ㉢ 빅뱅　**4** (1) ◯ (2) × (3) ×
(4) ◯　**5** (1) ㉢ (2) ㉡ (3) ㉠　**6** ㉠ 수소, ㉡ 헬륨, ㉢ 빅뱅

1 빅뱅 우주론에서 빅뱅 이후 우주의 크기는 증가하였고, 질량은 일정하므로 우주의 밀도와 온도는 감소하였다.

2 빅뱅 이후 가벼운 입자가 먼저 생성되었고 점차 무거운 입자가 생성되었다.
(1) 빅뱅 후 가장 먼저 생성되었으며 더 이상 분해할 수 없는 입자는 기본 입자로, 전자와 쿼크 등이 있다.
(2) 쿼크 3개가 결합하여 양성자와 중성자가 생성되었다.
(3) 빅뱅으로부터 약 3분 후, 양성자 2개와 중성자 2개가 결합하여 헬륨 원자핵이 생성되었다.
(4) 빅뱅으로부터 약 38만 년 후, 우주의 온도가 약 3000 K으로 낮아지면서 원자핵과 전자가 결합하여 원자가 생성되었다.

3 빅뱅 우주론에 따르면, 빅뱅으로부터 약 38만 년 후 우주의 온도가 약 3000 K일 때 원자가 생성되면서 우주로 퍼져 나간 빛은 우주가 팽창하면서 온도가 낮아져 파장이 길어질 것으로 예측되었다. 실제로 온도 약 3 K인 물체가 방출하는 것과 같은 파장의 복사가 우주 전역에서 관측되었다. 이 복사가 바로 우주 배경 복사이며, 이는 빅뱅 우주론의 결정적인 증거가 된다.

4 (1) 양성자와 중성자가 생성된 초기에는 양성자와 중성자의 개수비가 약 1 : 1이었다.
(2) 헬륨 원자핵이 생성되기 직전, 우주의 온도가 낮아지면서 중성자의 일부가 양성자로 변환되어 양성자와 중성자의 개수비는 약 7 : 1이었다.
(3) 양성자 2개와 중성자 2개가 결합하여 헬륨 원자핵이 생성되었다.
(4) 헬륨 원자핵이 생성되기 직전, 양성자와 중성자의 개수비는 약 7 : 1(14 : 2)이었다. 양성자 1개는 그대로 수소 원자핵이고, 양성자 2개와 중성자 2개가 결합하여 헬륨 원자핵이 생성된 후 수소 원자핵과 헬륨 원자핵의 개수비는 약 12 : 1이 되었다. 헬륨 원자핵의 질량은 수소 원자핵 질량의 약 4배이므로 수소 원자핵과 헬륨 원자핵의 질량비는 약 3 : 1이 되고, 전자의 질량은 원자핵의 질량에 비해 매우 작으므로 수소 원자와 헬륨 원자의 질량비도 약 3 : 1이 된다.

5 (1) 고온의 광원이 방출하는 빛을 분광기에 통과시키면 모든 파장 영역에 걸쳐 연속적으로 나누어진 색의 띠, 즉 연속 스펙트럼이 나타난다.

(2) 고온의 별 주위에서 에너지를 얻어 가열된 기체가 방출한 빛을 분광기에 통과시키면 방출 스펙트럼이 나타난다.
(3) 별빛이 저온의 기체를 통과하면 특정 파장의 빛이 기체에 흡수되기 때문에 연속 스펙트럼에서 특정 파장만 검은색 선으로 나타나는 흡수 스펙트럼이 나타난다.

6 ㉠, ㉡ 우주의 약 98 %는 수소와 헬륨으로 이루어져 있다.
㉢ 우주에 분포하는 수소와 헬륨의 질량비 약 3 : 1이라는 값은 빅뱅 우주론에서 예측한 값과 실제로 관측하여 얻은 값이 비슷하므로 빅뱅 우주론의 증거가 된다.

탐구 Ⓐ

진도교재 ➡ 17쪽

확인 문제 **1** (1) ◯ (2) × (3) × (4) ◯　　**2** ②　　**3** ③
4 해설 참조

1 (1) 고온의 광원에서 방출된 빛은 (가)와 같이 연속 스펙트럼으로 나타난다.
(2) 동일한 원소의 흡수선과 방출선이 나타나는 파장은 같으므로 별빛의 스펙트럼에 나타나는 흡수선을 원소의 방출선과 비교하여 별의 대기를 구성하는 원소의 종류를 알아낸다.
(3) 원소마다 스펙트럼에 나타나는 선의 위치(파장)가 다르게 나타난다. 따라서 원소의 종류가 다르면 방출 스펙트럼에서 관측되는 선의 파장이 다르다.
(4) (사) 스펙트럼에서 흡수선을 분석하면 태양의 대기를 구성하는 원소를 알 수 있다.

2 미지의 별의 스펙트럼에 나타나는 흡수선의 위치와 (나) 수소, (바) 칼슘의 스펙트럼에 나타나는 방출선의 위치가 일치하므로 미지의 별의 대기에 포함되어 있는 원소는 (나), (바)이다.

3 ㄱ. A~D의 스펙트럼에 나타나는 방출선의 위치가 모두 다르므로 서로 다른 원소의 스펙트럼이다.
ㄴ. A~D는 검은 바탕에 밝은색 선(방출선)이 나타나므로 방출 스펙트럼이다. 별빛의 스펙트럼은 연속 스펙트럼에 검은색 선(흡수선)이 나타나므로 흡수 스펙트럼이다.
바로알기 ㄷ. 별빛의 흡수 스펙트럼을 관측하여 원소의 스펙트럼과 비교하면, 별을 구성하는 원소의 종류를 알 수 있고, 각 흡수선의 선폭을 비교하면 원소의 함량(질량비)을 알 수 있다.

4 **모범 답안** A, C, D, 별빛의 스펙트럼에 나타나는 흡수선의 위치와 원소 A, C, D의 스펙트럼에 나타나는 방출선의 위치가 일치하므로 별을 구성하는 원소는 A, C, D이다.

채점 기준	배점
별을 구성하는 원소를 옳게 고르고, 까닭을 옳게 서술한 경우	100 %
별을 구성하는 원소만 옳게 고른 경우	40 %

진도교재 ⇨ 18쪽

여기서 잠깐

Q1 ×　　**Q2** 12 : 1　　**Q3** 3 : 1

[Q1] 우주의 팽창으로 온도가 낮아지면서 에너지를 흡수하여 일어나는 양성자에서 중성자로의 변환이 어려워졌다.

[Q2] 헬륨 원자핵 생성 직전, 양성자와 중성자의 개수비는 약 7 : 1(14 : 2)이었다. 양성자는 그대로 수소 원자핵이고, 양성자 2개와 중성자 2개가 결합하여 헬륨 원자핵이 생성되었다. 따라서 수소 원자핵과 헬륨 원자핵의 개수비는 약 12 : 1이 된다.

[Q3] 헬륨 원자핵 1개의 질량은 수소 원자핵 1개 질량의 약 4배이다. 헬륨 원자핵 생성 후 수소 원자핵과 헬륨 원자핵의 개수비는 약 12 : 1이므로 헬륨 원자핵과 수소 원자핵의 질량비는 1×12개 : 4×1개=약 3 : 1이다. 원자핵의 질량은 전자의 질량보다 매우 크므로 원자의 질량은 원자핵의 질량과 거의 같다. 따라서 헬륨 원자와 수소 원자의 질량비는 약 3 : 1이다.

내신 탄탄

진도교재 ⇨ 19쪽~22쪽

01 ④　　**02** ⑤　　**03** ③　　**04** ①　　**05** ③　　**06** ②
07 ⑤　　**08** (1) (가) 1 (나) 2 (2) (가) 수소 (나) 헬륨　　**09** ④
10 ④　　**11** ①　　**12** ②　　**13** ③　　**14** 해설 참조
15 ①　　**16** ⑤　　**17** ③　　**18** ④　　**19** 원소의 종류와 함량
(질량비)　　**20** ④　　**21** ③　　**22** 해설 참조

01 정상 우주론은 호일 등의 과학자(①)가 주장한 이론으로, 우주가 팽창(②)하면서 생기는 빈 공간에서 물질이 계속 생성되어 우주의 질량이 증가(③)하고, 밀도와 온도가 일정(④, ⑤)하다. 빅뱅 우주론은 가모프 등의 과학자(①)가 주장한 이론으로, 우주가 팽창(②)하면서 우주의 질량은 일정(③)하고 밀도와 온도가 감소(④, ⑤)한다.

02 ① 허블은 외부 은하를 관측하여 우주가 팽창하고 있음을 밝혀내었고, 빅뱅 우주론은 우주가 팽창한다는 것을 바탕으로 한다.
② 빅뱅 우주론은 약 138억 년 전 초고온, 초고밀도의 한 점에서 대폭발이 일어나 우주가 팽창한다는 이론이다.
③, ④ 빅뱅 직후 우주는 초고온, 초고밀도 상태였고, 우주가 팽창함에 따라 우주의 온도와 밀도는 점점 감소하였다.
바로알기 ⑤ 빅뱅 우주론에 따르면 현재 우주는 팽창하고 있다.

03 ㄱ, ㄷ. 그림은 우주가 팽창하면서 은하 사이의 거리가 멀어지고 있는 빅뱅 우주론의 모형이다.
바로알기 ㄴ. 우주의 질량은 일정한데 우주가 팽창하므로 우주의 밀도는 점차 감소한다.

04 물질은 원자로, 원자는 원자핵과 전자로, 원자핵은 양성자와 중성자로, 양성자와 중성자는 쿼크로 이루어져 있다. 따라서 A는 전자, B는 원자핵, C는 양성자나 중성자, D는 쿼크이다.

05 ㄱ. 전자(A)와 쿼크(D)는 물질을 이루는 기본 입자이다.
ㄴ. 원자는 양전하를 띠는 원자핵(B)과 음전하를 띠는 전자(A)로 이루어진 입자로, 전기적으로 중성이다.
바로알기 ㄷ. 양성자나 중성자(C)는 3개의 쿼크(D)가 결합하여 생성된 입자이다.

06 빅뱅 우주론에 따르면, 빅뱅 이후 가벼운 입자가 먼저 생성되었고 점차 무거운 입자가 생성되었다.
ㄱ. 약 138억 년 전 빅뱅(대폭발)이 일어남 → ㄴ. 빅뱅으로부터 약 10^{-35}초 후 기본 입자인 쿼크와 전자의 생성 → ㄹ. 빅뱅으로부터 약 10^{-6}초 후 양성자와 중성자의 생성 → ㄷ. 빅뱅으로부터 약 3분 후 헬륨 원자핵의 생성 → ㅁ. 빅뱅으로부터 약 38만 년 후 수소 원자와 헬륨 원자의 생성

07 ㄴ. 쿼크(C) 3개가 결합하여 중성자(A)나 양성자(B)가 생성되었다.
ㄷ. 양성자(B)는 그 자체로 수소 원자핵이고, 수소 원자핵 1개와 전자(D) 1개가 결합하여 수소 원자가 생성되었다.
ㄹ. 중성자는 쿼크보다 나중에 생성되었다. 우주의 온도는 시간이 지날수록 점점 낮아졌으므로 중성자(A)가 생성된 시기보다 쿼크(C)가 생성된 시기에 우주의 온도가 더 높았다.
바로알기 ㄱ. 빅뱅 우주에서 가장 먼저 생성된 입자는 더 이상 쪼개지지 않는 쿼크(C)와 전자(D)이고, 이를 기본 입자라고 한다.

08 (1) 한 원자를 구성하는 양성자수와 전자 수는 같다. 따라서 (가) 원자의 양성자수는 1, (나) 원자의 양성자수는 2이다.
(2) 원소의 종류는 양성자수에 따라 다르다. 양성자수가 1이면 수소, 양성자수가 2이면 헬륨이다. 양성자 1개는 수소 원자핵이고, 양성자 2개는 중성자 2개와 결합하여 헬륨 원자핵을 이룬다. 따라서 (가)는 수소 원자, (나)는 헬륨 원자이다.

09 ① 빅뱅 후 우주는 점점 팽창하였으므로 우주의 크기는 A 시기가 B 시기보다 작았다.
② A 시기에 양성자 2개와 중성자 2개가 결합하여 헬륨 원자핵이 생성되었다.
③ B 시기에 원자핵과 전자가 결합하여 원자가 생성되었다.
⑤ B 시기에 우주를 이루는 주요 원소인 수소 원자와 헬륨 원자가 생성되었다.
바로알기 ④ A 시기에 우주의 온도는 약 10억 K이었고, B 시기에 우주의 온도는 약 3000 K이었다. 초고온, 초고밀도의 한 점에서 대폭발이 일어나 팽창하면서 우주의 온도가 낮아졌다.

10 가모프는 우주의 온도가 약 3000 K일 때 원자가 생성되면서 우주 전역으로 퍼져 나간 빛이 현재는 수 K으로 온도가 낮아진 상태로 발견될 것이라고 우주 배경 복사의 존재를 예측하였다. 펜지어스와 윌슨은 지상의 전파 망원경으로 우주 배경 복사를 실제로 관측하여 빅뱅 우주론의 결정적인 증거가 되었다.

11 ㄱ. 우주 배경 복사는 우주의 모든 방향에서 대체로 고르게 관측된다.
바로알기 ㄴ. 우주 배경 복사는 전자가 원자핵에 붙잡혀 원자가 생성되면서 우주로 퍼져 나간 빛이다. 원자 생성 이전에는 빛이 전자의 방해로 직진할 수 없었다.

ㄷ. 우주가 팽창하는 동안 새로운 물질이 계속 생성되어 우주의 밀도가 일정하게 유지된다는 우주론은 정상 우주론이다. 우주 배경 복사는 빅뱅 우주론의 증거이고, 빅뱅 우주론은 우주가 팽창하는 동안 질량이 일정하여 밀도가 감소한다는 우주론이다.

12 (가)는 원자가 생성되기 이전이고, (나)는 원자가 생성된 시기이다. (가)일 때 빛은 전자와 충돌하여 산란되므로 직진하지 못하여 우주가 불투명했다. (나) 시기 이후 빛은 직진할 수 있게 되어 우주 전역으로 퍼져 나갔다.

ㄷ. (가)에서 (나) 시기로 가면서 우주의 온도가 점차 낮아져 전자가 원자핵에 붙잡힐 수 있었다.

바로알기 ㄱ. (가) 시기에 우주의 온도는 3000 K보다 높았다.

ㄴ. 원자는 빅뱅으로부터 약 38만 년 후 우주의 온도가 약 3000 K으로 낮아졌을 때 생성되었다.

13 (가) 시기는 양성자와 중성자가 생성된 초기이고, (나) 시기는 헬륨 원자핵이 생성되기 직전이다.

ㄱ. (가) 시기에는 우주의 온도가 높아 양성자와 중성자의 상호 변환이 자유롭게 일어났다.

ㄷ. (가) → (나)는 우주가 팽창하여 우주의 온도가 낮아졌기 때문에 일어난 변화이다.

바로알기 ㄴ. 우주의 온도가 낮아지면서 양성자가 에너지를 흡수하기 어려워 중성자로 변환될 수 없었으므로 (나) 시기에는 (가) 시기보다 양성자의 개수가 많아졌다.

14 **모범 답안** 양성자는 그대로 수소 원자핵이고, 양성자 2개와 중성자 2개가 결합하여 헬륨 원자핵이 생성되면서 수소 원자핵과 헬륨 원자핵의 개수비는 약 12 : 1이 되었다. 헬륨 원자핵 1개의 질량은 수소 원자핵 1개 질량의 4배이므로 수소 원자핵과 헬륨 원자핵의 질량비는 약 3 : 1이다.

채점 기준	배점
풀이 과정과 양성자와 중성자의 질량비를 옳게 서술한 경우	100 %
양성자와 중성자의 질량비만 옳게 서술한 경우	30 %

15 그림에서 양성자와 중성자의 개수비는 7 : 1이고 헬륨 원자핵 생성 직전이다. 양성자 1개는 그 자체로 수소 원자핵이고, 양성자 2개와 중성자 2개가 결합하여 헬륨 원자핵이 된다.

ㄱ. 빅뱅으로부터 약 3분 후, 우주의 온도가 약 10억 K이 되었을 때 헬륨 원자핵이 생성되었다.

바로알기 ㄴ. 양성자 14개와 중성자 2개 중 양성자 2개와 중성자 2개가 결합하여 헬륨 원자핵 1개가 생성되면 수소 원자핵(양성자)은 12개가 남는다. 따라서 수소 원자핵과 헬륨 원자핵의 개수비는 12 : 1이다.

ㄷ. 중성자의 질량이 양성자의 질량보다 조금 크지만 두 입자의 질량은 거의 같다. 따라서 양성자 2개와 중성자 2개로 이루어진 헬륨 원자핵의 질량은 양성자 1개로 이루어진 수소 원자핵 질량의 약 4배이다. 수소 원자핵과 헬륨 원자핵의 개수비가 12 : 1이므로 질량비는 약 3 : 1이다.

16 ⑤ 우주의 원소 분포는 별빛의 스펙트럼을 분석하여 알 수 있다. 스펙트럼을 분석한 결과, 우주에는 수소가 약 74 %를 차지하고 있다는 것을 알아내었다.

바로알기 ① 연속 스펙트럼은 모든 파장 영역에서 연속적인 색의 띠가 나타난다.

② 별빛의 스펙트럼을 분석하여 우주에 존재하는 수소와 헬륨의 질량비가 약 3 : 1이라는 것을 알아내었다. 우주 배경 복사는 빅뱅으로부터 약 38만 년 후 우주의 온도가 약 3000 K일 때 수소 원자와 헬륨 원자가 생성되면서 우주로 퍼져 나가 우주 전체를 채우고 있는 빛으로, 전파를 관측하여 발견하였다.

③ 고온의 광원이 방출하는 빛은 연속 스펙트럼으로 나타난다. 흡수 스펙트럼은 별빛이 저온의 기체를 통과할 때 흡수되고 남은 빛에 의해 생긴다.

④ 원소의 종류가 다르면 스펙트럼에 나타나는 선의 위치가 다르다.

17 A는 연속 스펙트럼, B는 방출 스펙트럼, C는 흡수 스펙트럼이다.

ㄱ. 고온의 별이 방출한 빛을 관측하면 스펙트럼에서 연속적인 색의 띠가 나타난다.

ㄷ. 별빛이 저온의 기체를 통과하면 특정 파장의 빛이 흡수되어 연속적인 색의 띠에 검은색 흡수선(C)이 나타난다.

바로알기 ㄴ. 백열등을 분광기로 관찰하면 연속 스펙트럼(A)이 나타난다. 고온의 성운이나 기체 방전관을 관측할 때는 방출 스펙트럼(B)이 나타난다.

18 원자핵에서 멀수록 전자의 에너지 준위가 높으므로 (가)는 높은 에너지 준위에서 낮은 에너지 준위로 전자가 이동하는 모습이고, (나)는 낮은 에너지 준위에서 높은 에너지 준위로 전자가 이동하는 모습이다.

ㄴ. 전자가 높은 에너지 준위에서 낮은 에너지 준위로 이동하면서 빛을 방출하여 방출 스펙트럼이 나타난다.

ㄷ. 전자가 낮은 에너지 준위에서 높은 에너지 준위로 이동하면서 빛을 흡수하여 흡수 스펙트럼이 나타난다.

바로알기 ㄱ. 원자핵에서 멀수록 전자의 에너지 준위가 높다.

19 구성 원소의 종류에 따라 흡수선이나 방출선이 나타나는 파장이 달라지고, 원소의 함량에 따라 선폭이 달라지므로 별빛의 스펙트럼을 분석하면 원소의 종류와 함량(질량비)을 알 수 있다.

20 ㄴ. (가)에서 흡수선이 나타나는 위치(파장)와 (나)에서 방출선이 나타나는 위치(파장)가 같으므로 (가)와 (나)는 동일한 원소를 관측한 것이다.

ㄷ. 원자핵 주위를 도는 전자가 특정한 파장의 빛을 흡수하거나 방출하면 스펙트럼에 흡수선이나 방출선이 나타난다.

바로알기 ㄱ. (가)는 흡수 스펙트럼, (나)는 방출 스펙트럼이다.

21 ㄱ. 프라운호퍼는 태양의 스펙트럼을 관측하여 수백 개의 흡수선을 발견하였는데 이를 프라운호퍼선이라고 한다.

ㄴ. 흡수선은 태양 빛이 대기를 통과하면서 특정 파장의 빛이 흡수되어 나타나므로 이를 분석하여 태양의 대기 성분을 알 수 있다.

바로알기 ㄷ. 태양 스펙트럼의 흡수선을 통해 태양의 대기가 여러 종류의 원소로 이루어져 있음이 밝혀졌다.

22 빅뱅 우주론에서는 우주가 팽창하면서 우주의 온도가 점차 낮아지고, 이에 따라 원자핵과 전자가 결합하여 원자가 생성되었다. 이때 수소와 헬륨의 질량비가 약 3 : 1이 되었을 것이라고 예측하였다. 실제로 별빛의 스펙트럼을 분석한 결과, 수소와 헬륨의 질량비가 약 3 : 1로 관측되었다.

(모범 답안) (가) 별빛의 스펙트럼을 분석한다.

(나) 빅뱅 우주론에 따라 과학자들이 수소와 헬륨의 질량비를 예측하였고, 관측된 값이 빅뱅 우주론에서 예측한 값과 일치하므로 수소와 헬륨의 질량비는 빅뱅 우주론의 증거가 된다.

채점 기준	배점
(가)와 (나)를 모두 옳게 서술한 경우	100 %
(가)와 (나) 중 한 가지만 옳게 서술한 경우	50 %

1등급 도전

진도교재 ⇨ 23쪽

01 ⑤	**02** ③	**03** ②	**04** ②

01 A는 쿼크, B는 원자핵, C는 원자이다.

① 쿼크가 결합하여 양성자나 중성자가 된다. 쿼크(A)와 전자는 기본 입자에 속한다.

② 원자핵(B)은 양전하를 띠는 양성자와 전기적으로 중성인 중성자로 이루어져 있으므로 양전하를 띤다.

③ 원자핵(B)을 구성하는 양성자수가 1이면 수소, 2이면 헬륨이다.

④ 음전하를 띠는 전자는 양전하를 띠는 원자핵의 양성자와 같은 수로 결합하므로 원자(C)는 전기적으로 중성이다.

(바로알기) ⑤ 우주가 팽창하면서 우주의 밀도는 계속 감소하였다. 입자는 무거운 입자가 나중에 생성되었으므로 B보다 C가 생성된 시기에 우주의 밀도가 더 작았다.

02 (가)는 원자가 생성되기 이전이고, (나)는 원자가 생성된 시기이다.

ㄱ. (가)는 전자가 빛의 진행을 방해하여 우주가 불투명한 시기였고, (나)는 빛이 직진하여 우주가 투명한 시기였다.

ㄴ. (나)는 원자가 생성된 시기이므로 빅뱅 후 약 38만 년이 지난 시기이다.

(바로알기) ㄷ. (나)에서 우주로 퍼져 나간 빛은 현재 약 3 K에 해당하는 우주 배경 복사로 남아 우주 전역에서 관측된다.

03 ㄴ. 우주의 온도가 약 3000 K일 때 퍼져 나간 빛이 우주의 팽창으로 온도가 점점 낮아져 파장이 길어졌다.

(바로알기) ㄱ. (가) 시기는 빅뱅으로부터 약 38만 년 후의 우주 모습이므로 이때 온도는 약 3000 K이었다.

ㄷ. 우주 배경 복사는 우주의 모든 방향에서 거의 같은 세기로 관측된다.

04 (가)와 (나)는 흡수 스펙트럼, (다)와 (라)는 방출 스펙트럼이다.

ㄴ. 별빛이 저온의 기체를 통과하면 기체를 구성하는 원소에 특정 파장의 빛이 흡수되어 (가), (나)와 같은 흡수 스펙트럼이 나타난다.

(바로알기) ㄱ. 전자가 높은 에너지 준위에서 낮은 에너지 준위로 이동하면 빛이 방출되어 (다), (라)와 같은 방출 스펙트럼이 나타난다.

ㄷ. (다)와 (라)는 방출선이 나타나는 위치가 다르므로 동일한 원소의 스펙트럼이 아니다. 흡수선과 방출선의 위치가 같은 (가)와 (다), (나)와 (라)는 각각 동일한 원소의 스펙트럼이다.

O2 지구와 생명체를 이루는 원소의 생성

개념 쏙쏙

진도교재 ⇨ 25쪽, 27쪽

1 (1) ○ (2) × (3) ○   **2** (1) 높아 (2) ㉠ 수소, ㉡ 헬륨
(3) ㉠ 철, ㉡ 초신성   **3** (1) × (2) ○ (3) ○   **4** (1) 지 (2) 목
(3) 지 (4) 목   **5** (나) → (다) → (가)

1 (2) 사람에는 산소가 가장 많지만, 지구에는 철이 가장 많다.

(3) 지구와 사람은 수소나 헬륨보다 무거운 원소의 비율이 높다. 이러한 원소는 별의 진화 과정에서 만들어진다.

2 (1) 성운의 밀도가 큰 부분에서 원시별이 형성되고, 원시별은 중력에 의해 수축하면서 온도와 압력이 높아진다.

(2) 주계열성 중심부에서 4개의 수소 원자핵이 결합하여 1개의 헬륨 원자핵이 생성되는 수소 핵융합 반응이 일어난다.

3 (1) 태양계 성운은 중력에 의해 수축하면서 물질이 모여들어 크기가 점차 작아졌다.

(2) 태양계 성운이 수축하면서 중심부에는 온도가 점차 높아져 원시 태양이 형성되었다.

4 (1), (3) 지구형 행성은 태양으로부터 거리가 가까워 온도가 높은 곳에서 형성되었으므로 철, 니켈, 규소 등 녹는점이 높고 무거운 물질로 이루어져 있다. 가벼운 물질은 증발하여 태양계 가장자리로 밀려났다.

(2) 태양에서 먼 곳으로 밀려나 있던 수소, 헬륨 등의 가벼운 기체들은 얼음이나 메테인 등이 응축된 물질의 중력에 이끌려 목성형 행성을 이루었다.

(4) 수성, 금성, 지구, 화성은 지구형 행성에 속하고, 목성, 토성, 천왕성, 해왕성은 목성형 행성에 속한다.

5 (나) 원시 지구에 미행성체가 충돌하여 발생한 열로 지구의 물질이 녹아 마그마 바다가 형성되었다. (다) 마그마 바다에서 무거운 물질은 지구 중심부로 가라앉아 핵을 형성하였고, 가벼운 물질은 위로 떠올라 맨틀을 형성하였다. (가) 미행성체의 충돌이 줄어들면서 지구 표면이 식어 원시 지각이 형성되었다.

01 ㄴ. 사람의 몸은 약 70 %가 물로 이루어져 있고, 그 밖에는 탄소 화합물로 이루어져 있어 사람의 몸에는 산소가 가장 많다.

바로알기 ㄱ. 수소와 헬륨은 우주의 주요 원소이다. 지구에는 수소와 헬륨이 적고, 철이 풍부하다.

ㄷ. 빅뱅 후 약 38만 년일 때 수소 원자와 헬륨 원자가 생성되었다. 지구와 사람을 이루는 원소는 이보다 무거운 원소가 많으며 별의 진화 과정에서 만들어졌다.

02 (가) 지구에 많은 원소는 철(A)>산소(B) 순이고, (나) 사람에 많은 원소는 산소(D)>탄소(C) 순이다.

03 성간 물질이 모여 가스 구름이 되고, 가스 구름이 수축하여 성운이 형성된다. 성운 내부의 밀도가 큰 곳에서 원시별이 형성되고, 원시별이 중력에 의해 수축하여 중심부 온도가 높아지면 핵융합 반응이 일어나 빛을 방출한다.

바로알기 ④ 원시별의 중심부 온도가 1000만 K 이상으로 높아지면 수소 핵융합 반응이 시작되면서 주계열성이 된다.

04 ①, ⑤ 4개의 수소 원자핵이 결합하여 1개의 헬륨 원자핵을 만들면서 감소한 질량이 에너지로 전환되는 과정이므로 태양과 같은 주계열성에서 일어난다.

③ 감소한 질량은 에너지로 전환되며, A와 B의 질량 차이만큼 에너지가 방출된다.

④ 수소 핵융합 반응이 일어나려면 별의 중심부 온도가 1000만 K 이상이어야 한다.

바로알기 ② 수소 원자핵 4개의 질량의 합은 헬륨 원자핵 1개의 질량보다 약 0.07 % 더 크다.

05 ㄷ. 주계열성은 A와 B가 평형을 이루어 별의 크기가 일정하게 유지된다.

바로알기 ㄱ, ㄴ. A는 수소 핵융합 반응이 일어나면서 별을 팽창시키는 내부 압력이고, B는 중심 방향으로 별을 수축시키는 중력이다.

06 질량이 태양과 비슷한 주계열성은 적색 거성으로 진화하며, 중심부의 헬륨이 고갈되면 바깥층은 팽창하여 행성상 성운이 되고, 중심부는 수축하여 백색 왜성이 된다.

07 백색 왜성으로 진화하는 것으로 보아 질량이 태양과 비슷한 별의 진화 과정이다.

② (가) 과정에서 별의 바깥층이 팽창하면서 표면 온도가 낮아져 별이 붉게 보인다.

바로알기 ① A는 주계열성이 팽창하여 형성된 적색 거성이다.

③ (나) 과정에서 별의 중심부는 수축하여 밀도가 커진다.

④ 백색 왜성은 질량이 태양과 비슷한 별이 진화하여 형성된다.

⑤ 질량이 태양과 비슷한 별의 중심부에서는 철을 합성할 수 있을 만큼 온도가 높아지지 않는다.

08 중심부의 온도가 1억 K 이상이 되면 3개의 헬륨 원자핵이 결합하여 1개의 탄소를 만드는 헬륨 핵융합 반응이 일어난다.

09 그림은 초신성 폭발이 일어나는 것으로 보아 질량이 태양의 약 10배 이상인 별의 진화 과정이다.

ㄱ. (가)의 중심부에서는 수소 핵융합 반응이 일어나 헬륨이 생성된다.

ㄴ. (나)에서는 탄소를 생성한 후에도 중심부의 온도가 높아져 더 무거운 원소를 생성하는 핵융합 반응이 일어난다. 별의 질량에 따라 철까지 생성될 수 있다.

ㄷ. (다) 초신성 폭발 과정에서 엄청난 양의 에너지가 방출되므로 철보다 무거운 원소가 생성된다.

바로알기 ㄹ. (라)는 핵융합 반응이 끝난 별의 중심부가 수축하여 형성된다.

10 그림은 탄소보다 무거운 원소들이 생성되었으므로 태양보다 질량이 매우 큰 별의 내부 구조이다.

① 규소 핵융합 반응이 일어나면 철(A)이 생성되며, 철은 별의 내부에서 만들어지는 가장 무거운 원소이다.

② 별의 중심부로 갈수록 온도가 높아져 무거운 원소를 생성하는 핵융합 반응이 일어난다.

④ 초신성 폭발 후 중심부가 수축하여 질량에 따라 중성자별이나 블랙홀이 된다. 남은 중심부의 질량이 빛조차 빠져나오지 못할 정도로 매우 큰 경우에 블랙홀이 된다.

⑤ 초신성 폭발 과정에서 생성된 원소들뿐만 아니라 별 내부에서 생성된 원소들도 초신성 폭발로 우주로 방출된다.

바로알기 ③ 철(A)보다 무거운 원소는 초신성 폭발이 일어날 때 생성된다.

11 철 원자핵은 안정하기 때문에 이보다 더 무거운 원소는 초신성 폭발 과정에서 엄청난 에너지가 발생할 때 생성된다. 이렇게 생성된 원소가 재료가 되어 지구와 같은 천체를 형성한다.

모범 답안 철 원자핵이 매우 안정하기 때문에 별 내부에서 철까지 생성된다. 지구에 존재하는 철보다 무거운 원소는 초신성 폭발 과정에서 생성된 것이다.

채점 기준	배점
철까지만 생성되는 까닭과 지구에 존재하는 철보다 무거운 원소의 생성 과정을 모두 옳게 서술한 경우	100 %
둘 중 한 가지만 옳게 서술한 경우	50 %

12 ㄱ. 그림 (가)는 행성상 성운이다. (가) 단계에서는 탄소핵으로 이루어진 중심부가 남아 백색 왜성이 형성될 수 있다.

ㄷ. 그림 (나)는 초신성 폭발로 물질이 방출되어 생성된 게성운이다. 이렇게 방출된 물질은 새로운 별을 만드는 재료가 된다.

바로알기 ㄴ. 백색 왜성에서는 핵융합 반응이 일어나지 않는다.

ㄹ. (가)는 질량이 태양과 비슷한 주계열성이 진화하였고, (나)는 질량이 태양의 약 10배 이상인 주계열성이 진화하였다.

13 (라) 우리은하 나선팔에서 초신성 폭발로 태양계 성운이 형성되었고, (가) 성운이 수축하면서 회전하여 원시 태양과 원시 원반이 형성되었다. (다) 원시 원반에서 물질이 뭉쳐 미행성체가 형성되었고, (나) 미행성체가 서로 충돌하여 원시 행성이 되었다.

14 바로알기 ③ 성운이 수축하면서 회전하면 회전 속도가 빨라지면서 물질이 회전축에 수직인 방향으로 퍼져 나가 납작한 원반 모양의 원시 원반이 형성된다.

15 성운이 회전하면서 원심력이 작용하여 성운의 모양이 납작해졌고, 성운이 중력 수축하여 중심부로 물질이 모이면서 원시 태양의 압력과 온도가 상승하였다.

모범 답안 (가)는 성운이 회전하였기 때문이다. (나)는 성운이 중력에 의해 수축하였기 때문이다.

채점 기준	배점
(가)와 (나) 현상의 원인을 모두 옳게 서술한 경우	100 %
둘 중 한 가지만 옳게 서술한 경우	50 %

16 ㄱ. A에서는 무거운 물질이 남아 지구형 행성이 형성되었고, B에서는 가벼운 물질이 모여 목성형 행성을 형성하였다.
ㄴ. A는 B보다 온도가 높은 영역이다. 녹는점이 낮은 물질은 B로 밀려났으며, 녹는점이 높은 철, 니켈, 규소 등의 무거운 물질이 A에 남아 미행성체를 형성하였다.
ㄷ. A에서는 암석 성분의 행성, B에서는 기체 성분의 행성이 형성되었다. 따라서 A보다 B에서 형성된 행성의 평균 밀도가 작다.

17 ② (나) → (다)에서 무거운 물질이 지구 중심부로 가라앉아 핵과 맨틀의 분리가 일어났으므로 지구 중심부의 밀도는 (가)보다 (다)에서 컸다.
바로알기 ① (가) → (나)에서 미행성체의 충돌열로 지구의 온도가 상승하여 마그마 바다가 형성되었다.
③ 원시 바다는 원시 지각이 생성된 후, 지각의 낮은 곳에 빗물이 모여 형성되었다.
④ 최초의 생명체는 강한 자외선을 차단해 주는 바다에서 출현하였다.
⑤ 미행성체가 충돌하여 합쳐지면서 지구의 질량은 증가하였다.

1등급 도전

진도교재 ⇨ 31쪽

01 ③ **02** ⑤ **03** ① **04** ②

01 ㄱ. A(수소)는 우주의 진화 과정에서 빅뱅 우주 탄생 초기에 생성되었다.
ㄷ. C(산소)는 지구 대기에 질소 다음으로 많고, 해수를 이루는 물의 구성 원소이므로 지구의 대기와 해수에도 풍부하게 존재한다.
바로알기 ㄴ. B(철)는 질량이 매우 큰 별의 중심부에서 핵융합 반응으로 생성되었다.

02 ㄱ. (가)에서 A는 원시별을 수축시키는 중력이다.
ㄴ. (나)에서 B는 수소 핵융합 반응에 의해 에너지가 방출되면서 생기는 내부 압력이다.
ㄷ. 주계열성은 중력(A)과 내부 압력(B)이 평형을 이루어 별의 크기가 일정하게 유지된다.

03 ㄱ. A는 탄소(또는 탄소, 산소로, 헬륨 핵융합에 의해 생성된다.
ㄴ. 별의 질량이 클수록 더 무거운 원소를 생성하므로 별의 질량은 (나)가 (가)보다 크다.
바로알기 ㄷ. (나)는 질량이 태양의 약 10배 이상인 별로, 별의 중심부에서 철이 만들어지고 핵융합 반응이 멈추면, 별이 급격히 수축하다가 폭발하여 초신성이 된다.
ㄹ. 태양은 (가)와 같은 형태로 진화할 것이다.

중심으로 갈수록 온도 상승, 무거운 원소 생성

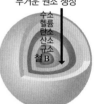

(가)　　　　　　(나)
질량이 태양과 비슷한 별　질량이 태양의 약 10배 이상인 별

04 ㄷ. 대기 중의 이산화 탄소는 바다에 녹은 후 석회암으로 침전되어 대기 중의 이산화 탄소량이 크게 감소하였다.
바로알기 ㄱ. 철, 니켈 등의 무거운 물질은 핵을 형성하였고, 산소와 규소 등의 가벼운 물질은 맨틀을 형성하였다.
ㄴ. 지구 탄생 초기의 대기 주성분은 수소, 이산화 탄소, 질소, 수증기 등이었고, 시간이 지나 점점 산소와 질소로 변하였다.

03 원소들의 주기성

개념 쏙쏙

진도교재 ⇨ 33쪽, 35쪽

1 원소　**2** (1) ㉠ (2) ㉠ (3) ㉡　**3** (1) ○ (2) × (3) ○
4 ㉠ 오른쪽, ㉡ 고체, ㉢ 있다, ㉣ 없다, ㉤ 크다, ㉥ 작다, ㉦ 양이온, ◎ 음이온　**5** (1) 알칼리 (2) 공통 (3) 할로젠 (4) 알칼리
(5) 할로젠　**6** (1) 11 (2) 3 (3) 1

1 원소는 물질을 이루는 기본 성분으로, 더 이상 다른 물질로 분해되지 않는다. 현재까지 알려진 원소는 약 110종류이다.

2 (1) 되베라이너는 성질이 비슷한 세 쌍의 원소들의 원자량 사이에 일정한 관계가 있음을 알아내었다.
(2) 멘델레예프는 당시까지 발견된 63종의 원소들을 원자량 순으로 배열하였다.
(3) 모즐리는 원소들의 주기적 성질이 원자 번호와 관련 있다는 사실을 알아내었다.

3 (1), (3) 현대의 주기율표는 원소들을 원자 번호 순으로 나열하되, 화학적 성질이 비슷한 원소가 같은 세로줄에 오도록 배열한 것이다.
(2) 현대의 주기율표는 7개의 주기와 18개의 족으로 이루어져 있다.

구분	금속 원소	비금속 원소
주기율표 에서의 위치	왼쪽과 가운데	대부분 오른쪽
실온에서의 상태	대부분 고체	대부분 기체 또는 고체
광택	대부분 있다.	없다.
열과 전기 전도성	크다.	대부분 작다.
이온의 형성	양이온이 되기 쉽다.	18족을 제외하고 음이온이 되기 쉽다.

4 (표 위의 번호)

5 (1), (4) 주기율표의 1족에 속하는 금속 원소인 알칼리 금속은 실온에서 고체 상태이고, 칼로 쉽게 잘릴 정도로 무르다.
(2) 알칼리 금속은 산소, 물과 잘 반응하고, 할로젠은 금속, 수소와 잘 반응한다. 즉, 알칼리 금속과 할로젠은 모두 반응성이 매우 크다.
(3) 주기율표의 17족에 속하는 비금속 원소인 할로젠은 실온에서 원자 2개가 결합한 분자(F_2, Cl_2, Br_2, I_2)로 존재한다.
(5) 할로젠은 가장 바깥 전자 껍질에 들어 있는 전자가 7개이므로 원자가 전자 수가 7이다.

6 (1) 원자 번호는 양성자수와 같다. 나트륨은 원자핵의 전하가 11+이므로 양성자수와 원자 번호가 모두 11이다.
(2), (3) 나트륨에서 전자가 들어 있는 전자 껍질 수는 3이고, 가장 바깥 전자 껍질에 들어 있는 전자가 1개이므로 원자가 전자 수는 1이다.

탐구 A   진도교재 ⇨ 37쪽

확인 문제 **1** (1) ○ (2) × (3) ○ (4) ×   **2** 나트륨   **3** ③

1 (1), (2) 알칼리 금속은 원자 번호가 클수록 반응성이 크다. 따라서 리튬보다 원자 번호가 큰 칼륨이 물과 더 격렬하게 반응한다.
(3) 알칼리 금속이 물과 반응하면 수소 기체가 발생하고, 이때 생성된 수용액은 염기성을 띤다.
(4) 알칼리 금속이 공기 중에서 광택을 잃는 것은 공기 중의 산소와 반응하기 때문이다.

2 알칼리 금속은 원자 번호가 클수록 반응성이 크므로 리튬보다 원자 번호가 큰 나트륨의 반응성이 더 크다. 따라서 리튬보다 나트륨이 공기 중의 산소와 빠르게 반응하여 광택이 더 빠르게 사라진다.

3 ㄱ. 물과의 반응으로 보아 알칼리 금속의 반응성은 칼륨>나트륨>리튬 순이다.
ㄷ. 칼륨, 나트륨, 리튬은 모두 알칼리 금속으로, 알칼리 금속은 물과 반응하여 수소 기체를 발생시키고, 이때 생성된 수용액은 염기성을 띤다.

바로알기 ㄴ. 알칼리 금속이 물과 반응하여 생성된 수용액은 염기성 용액이므로 페놀프탈레인 용액에 의해 붉은색을 띠게 된다. 따라서 ㉠과 ㉡은 '무색 → 붉은색'이 적절하다.

여기서 잠깐   진도교재 ⇨ 38쪽

Q1 해설 참조

[Q1] 원자 번호는 양성자수 및 전자 수와 같다. 따라서 원자 번호로 양성자수와 전자 수를 알아내어 원자 모형에 전자를 배치할 수 있다. 전자가 들어 있는 전자 껍질 수는 주기 번호와 같으므로 원자 모형에서 전자가 들어 있는 전자 껍질 수로 주기를 알 수 있다. 또, 가장 바깥 전자 껍질에 들어 있는 전자 수로 원자가 전자 수를 알 수 있다.

모범 답안

원소	수소	산소	네온	마그네슘	염소
원자 번호	1	8	10	12	17
양성자수	1	8	10	12	17
전자 수	1	8	10	12	17
원자 모형	⊕	⊕	⊕	⊕	⊕
주기	1주기	2주기	2주기	3주기	3주기
원자가 전자 수	1	6	0	2	7

내신 탄탄   진도교재 ⇨ 39쪽~42쪽

01 ⑤	02 ③	03 ④	04 ⑤	05 ④	06 ①
07 ②	08 ④	09 ①	10 ③	11 ③	12 A
13 ⑤	14 ③	15 ⑤	16 ①	17 ④	18 ⑤
19 ②	20 해설 참조				

01 원소는 물질을 이루는 기본 성분으로, 더 이상 다른 물질로 분해되지 않는다. 현재까지 알려진 원소는 약 110종류이며, 원소의 종류는 물질의 종류에 비해 매우 적다.
바로알기 ⑤ 한 종류의 원소만으로도 물질을 구성할 수 있다.

02 ㄱ. 되베라이너는 성질이 비슷한 세 쌍의 원소가 존재하며, 이 원소들의 원자량 사이에 일정한 관계가 있음을 알아내었다.
ㄷ. 모즐리는 원소들의 주기적 성질이 원자량이 아니라 원자 번호와 관계가 있음을 알아내었다.
바로알기 ㄴ. 멘델레예프는 당시에 알려진 63종의 원소들을 원자량 순으로 배열하여 주기율표를 만들었으나, 몇몇 원소들의 성질이 주기성을 벗어나는 문제점이 있었다.

03 ㄴ, ㄷ. 현대의 주기율표는 원소들을 원자 번호 순으로 나열하되, 화학적 성질이 비슷한 원소가 같은 세로줄에 오도록 배열한 것이다. 따라서 같은 족 원소들은 화학적 성질이 비슷하다.

바로알기 ㄱ. 주기율표의 가로줄을 주기라 하고, 세로줄을 족이라고 한다.

04 리튬(Li), 알루미늄(Al), 마그네슘(Mg), 나트륨(Na)은 금속 원소이고, 수소(H), 산소(O)는 비금속 원소이다.

05 ①, ② 금속 원소는 열과 전기가 잘 통하며, 대부분 특유의 광택이 있다.

③, ⑤ 주기율표의 왼쪽 부분과 가운데 부분에는 주로 금속 원소가 위치하고, 주기율표의 오른쪽 부분에는 주로 비금속 원소가 위치한다.

바로알기 ④ 비금속 원소는 전자를 얻어 음이온이 되기 쉽다. (단, 18족 원소는 예외)

06 광택이 없고, 열과 전기가 잘 통하지 않으며, 주기율표의 오른쪽에 위치하는 원소는 비금속 원소이다.

②~⑤ 황, 질소, 헬륨, 염소는 모두 비금속 원소이다.

바로알기 ① 철은 금속 원소로, 비금속 원소에 해당하는 원소가 아니다.

07 영역 Ⅰ에 속하는 원소는 금속 원소이고, 영역 Ⅱ에 속하는 원소는 비금속 원소이다.

ㄴ. 금속 원소는 실온에서 대부분 고체 상태로 존재한다.

바로알기 ㄱ. 수소는 1족 원소이지만 비금속 원소이므로 영역 Ⅱ에 속한다.

ㄷ. 비금속 원소는 대부분 열과 전기가 잘 통하지 않는다.

08 ㄴ. 구리와 철은 열과 전기 전도성이 있으므로 금속 원소이고, 산소와 황은 열과 전기 전도성이 없으므로 비금속 원소이다.

ㄷ. 구리는 전기 전도성이 커서 전선에 이용된다.

바로알기 ㄱ. 금속 원소는 두 가지(구리, 철)이다.

09 리튬(Li), 나트륨(Na), 칼륨(K), 루비듐(Rb)은 알칼리 금속이다.

② 알칼리 금속은 주기율표의 1족에서 수소를 제외한 금속 원소이다.

③ 알칼리 금속은 실온에서 모두 고체 상태이다.

④, ⑤ 알칼리 금속은 반응성이 매우 커서 물, 산소와 잘 반응하므로 석유나 액체 파라핀 속에 넣어 보관한다.

바로알기 ① 이 원소들은 모두 알칼리 금속이다.

10 ㄱ. (가)에서 칼로 자른 리튬, 나트륨, 칼륨의 단면은 모두 공기 중의 산소와 반응하여 광택을 잃는다.

ㄴ. 알칼리 금속이 물과 반응하여 생성된 용액은 염기성을 띤다. 따라서 (나)에서 리튬, 나트륨, 칼륨 조각을 각각 넣었을 때 시험관 속 용액은 페놀프탈레인 용액에 의해 모두 붉은색으로 변한다.

바로알기 ㄷ. 알칼리 금속의 반응성은 리튬<나트륨<칼륨 순이므로 (나)에서 리튬<나트륨<칼륨 순으로 물과 격렬하게 반응한다.

11 물의 소독에 이용되는 (가)는 염소, 상처 소독약에 이용되는 (나)는 아이오딘, 도로나 터널의 조명에 이용되는 (다)는 나트륨이다.

ㄱ. 염소와 아이오딘은 실온에서 원자 2개가 결합한 분자로 존재한다.

ㄷ. 염소는 나트륨과 격렬하게 반응하여 화합물(염화 나트륨)을 생성한다.

바로알기 ㄴ. 아이오딘은 17족 원소이고, 나트륨은 1족 원소이다.

12 A는 플루오린(F), B는 나트륨(Na), C는 염소(Cl), D는 칼륨(K), E는 브로민(Br)이다.

비금속 원소로 금속과 잘 반응하며, 충치 예방용 치약에 이용되는 원소는 플루오린이다.

13 ㄱ. 할로젠은 원자 번호가 작을수록 반응성이 크다. 따라서 A(F)는 C(Cl)보다 수소와의 반응성이 크다.

ㄴ. B(Na)와 D(K)는 알칼리 금속으로 공기 중의 산소와 잘 반응한다.

ㄷ. E(Br)는 수소와 반응하여 할로젠화 수소(HBr)를 생성한다.

14 ㄱ. 금속과의 반응으로 보아 할로젠의 반응성은 F_2>Cl_2>Br_2 순이다. 따라서 (가)에서는 Cl_2에서보다 반응이 더 빠르게 일어난다.

ㄷ. 표의 내용으로 보아 금속, 수소와의 반응은 할로젠의 공통적인 성질이다. 따라서 할로젠인 아이오딘은 금속, 수소와 반응할 것이다.

바로알기 ㄴ. H_2와 F_2이 반응하여 생성된 화합물의 화학식은 HF이다.

15 ① 원자를 구성하는 양성자수와 전자 수가 같아 원자는 전기적으로 중성이다.

② 원자에서 전자는 특정한 에너지 준위의 궤도인 전자 껍질에 존재한다.

③, ④ 같은 족 원소는 같은 수의 원자가 전자를 갖고 있어 화학적 성질이 비슷하고, 같은 주기 원소는 전자가 들어 있는 전자 껍질 수가 같다.

바로알기 ⑤ 전자는 첫 번째 전자 껍질에 최대 2개, 두 번째 전자 껍질에 최대 8개가 배치된다.

16 ㄱ. 전자가 들어 있는 전자 껍질 수가 2이고, 가장 바깥 전자 껍질에 들어 있는 전자가 6개이므로 원자가 전자 수는 6이다. 따라서 산소는 2주기 16족 원소이다.

바로알기 ㄴ. 원자가 전자 수는 6이다.

ㄷ. 전자의 에너지 준위는 원자핵에서 가까운 a가 b보다 낮다.

17 A는 플루오린(F)이고, B는 염소(Cl)이다.

ㄴ. A(F)와 B(Cl)는 모두 가장 바깥 전자 껍질에 전자 7개 들어 있다. 따라서 원자가 전자 수가 7로 같다.

ㄷ. A(F)는 전자가 들어 있는 전자 껍질 수가 2이므로 2주기 원소이고, B(Cl)는 전자 들어 있는 전자 껍질 수가 3이므로 3주기 원소이다.

바로알기 ㄱ. A(F)와 B(Cl)는 모두 비금속 원소이므로 음이온이 되기 쉽다.

18 A는 리튬(Li), B는 나트륨(Na), C는 염소(Cl)이다.
같은 족 원소는 원자가 전자 수가 같아 화학적 성질이 비슷하고, 같은 주기 원소는 전자가 들어 있는 전자 껍질 수가 같다.
ㄱ. A(Li)와 B(Na)는 같은 족 원소로, 원자가 전자 수가 1로 같다. 따라서 화학적 성질이 비슷하다.
ㄴ. B(Na)와 C(Cl)는 전자가 들어 있는 전자 껍질 수가 3으로 같으므로 같은 3주기 원소이다.
ㄷ. 원자가 전자는 A(Li)와 B(Na)가 각각 1개, C(Cl)가 7개이므로 C(Cl)가 가장 많다.

19 A는 헬륨(He), B는 리튬(Li), C는 산소(O), D는 플루오린(F), E는 나트륨(Na), F는 염소(Cl)이다.
① 18족 원소는 가장 바깥 전자 껍질에 전자가 최대로 배치되어 있다. A(He)는 1주기 18족 원소이므로 첫 번째 전자 껍질에 전자가 최대로 배치되어 있다.
③ D(F)와 F(Cl)는 17족 원소이므로 원자가 전자 수가 7로 같다.
④ E(Na)와 F(Cl)는 3주기 원소이므로 전자가 들어 있는 전자 껍질 수가 3으로 같다.
⑤ 원자 번호는 A(He)가 2, B(Li)가 3, C(O)가 8, D(F)가 9, E(Na)가 11, F(Cl)가 17이다. 따라서 원자 번호가 가장 큰 원소는 F(Cl)이다.
바로알기 ② 같은 족 원소는 원자가 전자 수가 같아 화학적 성질이 비슷하다. 따라서 A~F 중 B(Li)와 E(Na)의 화학적 성질이 비슷하고, D(F)와 F(Cl)의 화학적 성질이 비슷하다.

20 원자가 전자는 화학 반응에 참여하므로 원소의 화학적 성질을 결정한다.
모범 답안 원자 번호가 증가함에 따라 원소의 화학적 성질을 결정하는 원자가 전자 수가 주기적으로 변하기 때문이다.

채점 기준	배점
원자가 전자 수를 언급하여 옳게 서술한 경우	100 %
화학적 성질이 비슷한 원소가 주기적으로 나타나기 때문이라고만 서술한 경우	20 %

1등급 도전   진도교재 ➡ 43쪽

01 ④   **02** ①   **03** ⑤   **04** ②

01 A는 밀도가 작은 액체인 석유 에테르이고, B는 밀도가 큰 액체인 물이다.
(가)에서 리튬 조각은 물이나 석유 에테르보다 밀도가 작아 A 위에 떠 있으며, 물에 닿지 못하므로 물과 반응하지 않는다.
(나)에서 나트륨 조각은 물보다는 밀도가 작고, 석유 에테르보다는 밀도가 크므로 A와 B 사이에 위치하며, 물에 닿으므로 물과 격렬하게 반응하여 수소 기체를 발생시킨다.

바로알기 ④ (가)에서는 리튬 조각이 A 위에 떠 있으므로 물과 반응하지 않는 반면, (나)에서는 나트륨 조각이 A와 B 사이에 위치하므로 물과 반응하여 수용액이 염기성 용액이 된다. 따라서 (나)에서만 수용액이 붉은색으로 변한다.

02 ㄱ. 수소와의 반응으로 보아 할로젠의 반응성은 플루오린>염소>브로민>아이오딘 순이다.
바로알기 ㄴ. 할로젠이 수소와 반응하여 생성된 할로젠화 수소는 물에 녹아 산성을 띤다.
ㄷ. 실온에서 액체 상태인 원소는 브로민 한 가지이다. 실온에서 플루오린과 염소는 기체 상태이고, 아이오딘은 고체 상태이다.

03 ㄱ, ㄴ. 원자핵에 가까운 전자 껍질일수록 에너지 준위가 낮으므로 가장 안정한 수소 원자의 전자는 에너지가 가장 낮은 A의 에너지를 가진다.
ㄷ. 원자에서 전자는 특정한 에너지 준위의 궤도인 전자 껍질에 존재하므로 A와 B 사이의 에너지를 가질 수 없다.

04 ·A와 B는 같은 족 원소이다. ➡ A와 B는 17족 원소이고, C와 D는 1족 또는 13족 원소이다.
·원자 번호는 C가 D보다 크다. ➡ C는 3주기 13족 원소인 알루미늄(Al)이고, D는 2주기 1족 원소인 리튬(Li)이다.
·B와 D는 전자가 들어 있는 전자 껍질 수가 다르다. ➡ 전자가 들어 있는 전자 껍질 수는 주기 번호와 같으므로 B와 D는 다른 주기 원소이다. 따라서 B는 3주기 17족 원소인 염소(Cl)이고, A는 2주기 17족 원소인 플루오린(F)이다.

ㄴ. B(Cl)와 C(Al)는 같은 3주기 원소이다.
바로알기 ㄱ. 원자 번호는 B(Cl)가 가장 크다.
ㄷ. A~D 중 화학적 성질이 비슷한 원소는 같은 족 원소인 A(F)와 B(Cl)이다.

04 원소들의 화학 결합과 물질의 생성

개념 쏙쏙   진도교재 ➡ 45쪽, 47쪽

1 (1) 비활성 기체 (2) 8 (3) 비활성 기체   **2** (1) × (2) ○ (3) ○
3 ㉠ 결정, ㉡ 분자   **4** (가) 염화 칼슘($CaCl_2$), 염화 나트륨(NaCl) (나) 물(H_2O), 에탄올(C_2H_6O)   **5** (1) ○ (2) ○ (3) ×

1 (1) 비활성 기체는 주기율표의 18족에 속하는 원소로, 가장 바깥 전자 껍질에 전자가 모두 채워진 안정한 전자 배치를 이룬다.
(2) 네온과 아르곤은 18족 원소로, 가장 바깥 전자 껍질에 들어 있는 전자 수가 8이다.
(3) 물질을 구성하는 원소들은 화학 결합을 통해 비활성 기체와 같은 전자 배치를 이루어 안정해진다.

2 (1) 이온 결합은 금속 원소의 양이온과 비금속 원소의 음이온 사이의 정전기적 인력으로 형성되는 화학 결합이다.
(2) 나트륨은 금속 원소이고, 염소는 비금속 원소이므로 나트륨과 염소는 이온 결합을 형성한다.
(3) 공유 결합은 비금속 원소의 원자들이 전자쌍을 공유하여 형성되는 화학 결합이다.

3 이온 결합 물질은 수많은 양이온과 음이온이 연속적으로 결합한 결정으로 존재하고, 공유 결합 물질은 일반적으로 일정한 수의 원자들이 전자쌍을 공유하여 결합한 분자로 존재한다.

4 • 물(H_2O) : 비금속 원소인 수소(H)와 산소(O)가 공유 결합하여 생성된 물질이다.
• 염화 칼슘($CaCl_2$) : 금속 원소의 양이온인 칼슘 이온(Ca^{2+})과 비금속 원소의 음이온인 염화 이온(Cl^-)이 이온 결합하여 생성된 물질이다.
• 에탄올(C_2H_6O) : 비금속 원소인 탄소(C), 수소(H), 산소(O)가 공유 결합하여 생성된 물질이다.
• 염화 나트륨(NaCl) : 금속 원소의 양이온인 나트륨 이온(Na^+)과 비금속 원소의 음이온인 염화 이온(Cl^-)이 이온 결합하여 생성된 물질이다.

5 (1) 규산염 광물은 규산 이온(SiO_4^{4-})이 양이온과 결합하거나 다른 규산 이온과 산소를 공유하여 결합한 물질로, 지각을 구성한다.
(2) 지구의 대기는 거의 질소(N_2)와 산소(O_2)로 이루어져 있는데, 질소와 산소는 모두 공유 결합 물질이다.
(3) 사람 몸의 약 70 %를 이루는 물질은 공유 결합 물질인 물(H_2O)이다.

여기서 잠깐

진도교재 ⇨ 48쪽

Q1 해설 참조   **Q2** 해설 참조

[Q1] 마그네슘 원자는 전자 2개를 잃고, 염소 원자는 전자 1개를 얻어 1 : 2의 개수비로 결합한다.

모범 답안

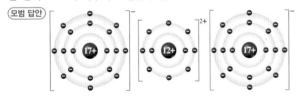

[Q2] 질소 원자 1개는 전자 3개를 내놓고 수소 원자 3개는 각각 전자 1개씩을 내놓아 전자쌍 3개를 만든 후, 이 전자쌍을 공유하여 결합한다.

모범 답안

내신 탄탄

01 ⑤	02 ③	03 해설 참조	04 ④	05 ⑤	06 ③
07 ①	08 ⑤	09 ③	10 ④	11 ③	12 ③
13 ②	14 ②	15 ③	16 ⑤	17 해설 참조	18 ⑤
19 ④					

01 헬륨, 네온, 아르곤은 비활성 기체로 주기율표의 18족에 속하는 원소이다. 비활성 기체는 반응성이 매우 작아 다른 원소와 화학 결합을 형성하지 않는다.
바로알기 ⑤ 헬륨은 가장 바깥 전자 껍질에 전자 2개가 채워져 있고, 네온과 아르곤은 가장 바깥 전자 껍질에 전자 8개가 채워져 있다.

02 A는 헬륨(He), B는 리튬(Li), C는 네온(Ne), D는 황(S), E는 염소(Cl), F는 아르곤(Ar)이다.
ㄱ. A(He)와 C(Ne)는 18족 원소이므로 비활성 기체이다.
ㄷ. D(S)와 E(Cl)가 가장 안정한 이온이 될 때 D(S)는 전자 2개를 얻고, E(Cl)는 전자 1개를 얻어 비활성 기체인 F(Ar)와 같은 전자 배치를 이룬다.
바로알기 ㄴ. B(Li)는 안정한 이온이 될 때 전자 1개를 잃고 비활성 기체인 A(He)와 같은 전자 배치를 이룬다.

03 모범 답안 비활성 기체는 가장 바깥 전자 껍질에 채워진 전자 수가 헬륨(He)은 2, 나머지 원소는 8로 가장 바깥 전자 껍질에 전자가 모두 채워진 안정한 전자 배치를 이루기 때문이다.

채점 기준	배점
전자 배치와 관련하여 옳게 서술한 경우	100 %
안정한 전자 배치를 이루기 때문이라고만 서술한 경우	20 %

04 A는 리튬(Li), B는 산소(O), C는 네온(Ne), D는 나트륨(Na)이다.
ㄴ. B(O)와 D(Na)가 가장 안정한 이온이 될 때 B(O)는 전자 2개를 얻고, D(Na)는 전자 1개를 잃어 비활성 기체인 C(Ne)와 같은 전자 배치를 이룬다.
ㄷ. C(Ne)는 비활성 기체이므로 반응성이 매우 작아 다른 원소와 결합을 형성하지 않는다.
바로알기 ㄱ. A(Li)는 안정한 이온이 될 때 전자 1개를 잃고 비활성 기체인 헬륨(He)과 같은 전자 배치를 이룬다.

05 이온 결합은 금속 원소와 비금속 원소 사이에 형성되는 결합이고, 공유 결합은 비금속 원소들 사이에 형성되는 결합이다.
⑤ 산소는 비금속 원소이고, 마그네슘은 금속 원소이므로 이온 결합을 한다. 수소와 질소는 비금속 원소이므로 공유 결합을 한다.
바로알기 ① 헬륨은 비금속 원소이지만 비활성 기체이므로 철과 결합을 형성하지 않는다. 수소와 산소는 비금속 원소이므로 공유 결합을 한다.
② 산소와 황은 비금속 원소이므로 공유 결합을 한다. 리튬은 금속 원소이고, 브로민은 비금속 원소이므로 이온 결합을 한다.
③ 수소와 탄소는 비금속 원소이므로 공유 결합을 한다. 칼륨은 금속 원소이고, 아이오딘은 비금속 원소이므로 이온 결합을 한다.

④ 염소는 비금속 원소이고, 나트륨은 금속 원소이므로 이온 결합을 한다. 산소는 비금속 원소이고, 칼륨은 금속 원소이므로 이온 결합을 한다.

06 A는 마그네슘(Mg)이고, B는 황(S)이다.

ㄱ. A(Mg)는 양이온(Mg^{2+})이 되고, B(S)는 음이온(S^{2-})이 된다. 이때 두 이온은 서로 전하의 종류가 다르므로 이온 결합을 형성한다.

ㄷ. A의 이온(Mg^{2+})은 두 번째 전자 껍질에 전자 8개가 들어 있고, B의 이온(S^{2-})은 세 번째 전자 껍질에 전자 8개가 들어 있다. 따라서 두 이온의 가장 바깥 전자 껍질에 들어 있는 전자 수는 8로 같다.

바로알기 ㄴ. 가장 안정한 이온이 되면 전자가 들어 있는 전자 껍질 수가 A는 2가 되고, B는 3 그대로이다. 따라서 전자가 들어 있는 전자 껍질 수는 A의 이온(Mg^{2+})이 B의 이온(S^{2-})보다 작다.

07 ㄱ. 나트륨(Na)과 염소(Cl)는 모두 3주기 원소이다.

바로알기 ㄴ. 염소(Cl)가 이온이 될 때에는 전자가 들어 있는 전자 껍질 수가 달라지지 않지만, 나트륨(Na)이 이온이 될 때에는 전자가 들어 있는 전자 껍질 수가 3에서 2로 달라진다.

ㄷ. 염화 나트륨(NaCl)이 생성될 때 나트륨(Na) 원자는 전자 1개를 잃고 나트륨 이온(Na^+)이 되고, 염소(Cl) 원자는 전자 1개를 얻어 염화 이온(Cl^-)이 된다. 이때 나트륨 이온(Na^+)은 네온(Ne)과 같은 전자 배치를 이루고, 염화 이온(Cl^-)은 아르곤(Ar)과 같은 전자 배치를 이룬다.

08 A는 플루오린(F)이고, B는 산소(O)이다.

ㄱ. A(F)와 B(O)는 전자가 들어 있는 전자 껍질 수가 2로 같으므로 같은 2주기 원소이다.

ㄴ. A(F) 원자는 B(O) 원자와 전자쌍 1개를 공유하여 네온(Ne)과 같은 전자 배치를 이루고, B(O) 원자는 A(F) 원자 2개와 각각 전자쌍 1개씩을 공유하여 네온(Ne)과 같은 전자 배치를 이룬다.

ㄷ. $BA_2(OF_2)$에서 B(O) 원자는 A(F) 원자 2개와 각각 전자쌍 1개씩을 공유하므로 공유 전자쌍 수는 2이다.

09 A는 수소(H), B는 탄소(C), C는 질소(N)이다.

ㄱ. B(C)의 가장 바깥 전자 껍질에는 A(H)와 공유 전자쌍을 형성하는 전자 1개와 C(N)와 공유 전자쌍을 형성하는 전자 3개가 있다. 따라서 B(C)의 원자가 전자 수는 4이다.

ㄷ. 분자 ABC(HCN)에서 A(H)는 헬륨(He)과 같은 전자 배치를 이루고, B(C)와 C(N)는 네온(Ne)과 같은 전자 배치를 이룬다. 즉, A(H), B(C), C(N)는 모두 비활성 기체와 같은 전자 배치를 이룬다.

바로알기 ㄴ. A(H)와 B(C) 사이에 단일 결합이 존재하고, B(C)와 C(N) 사이에 3중 결합이 존재하므로 분자 ABC(HCN)에는 단일 결합과 3중 결합이 존재한다.

10 KCl, NaF, LiCl, MgO, $AgNO_3$은 금속 원소의 양이온과 비금속 원소의 음이온이 결합한 물질이므로 이온 결합 물질이고, HI, H_2O, N_2, CH_4, SO_2은 비금속 원소끼리 결합한 물질이므로 공유 결합 물질이다.

11 ㄱ. 이온 결합 물질은 비교적 단단하지만 힘을 가하면 이온층이 밀리면서 같은 전하를 띠는 이온들이 만나게 되어 반발력이 작용하므로 쉽게 부스러진다.

ㄷ. 뷰테인(C_4H_{10})은 비금속 원소인 탄소(C)와 수소(H)로 이루어진 공유 결합 물질이다.

바로알기 ㄴ. 이온 결합 물질은 양이온과 음이온이 강한 정전기적 인력으로 결합을 형성하고 있어 녹는점이 비교적 높지만, 분자로 이루어진 공유 결합 물질은 분자 사이의 인력이 약해 녹는점이 비교적 낮다. 따라서 분자로 이루어진 공유 결합 물질은 일반적으로 이온 결합 물질보다 녹는점이 낮다.

12 ㄱ. 설탕($C_{12}H_{22}O_{11}$)은 비금속 원소인 탄소(C), 수소(H), 산소(O)가 전자쌍을 공유하여 생성된 공유 결합 물질이다.

ㄷ. 염화 나트륨(NaCl)은 금속 원소인 나트륨(Na)과 비금속 원소인 염소(Cl)가 결합하여 생성된 이온 결합 물질이다.

바로알기 ㄴ. 설탕은 전하를 띠지 않는 입자, 즉 분자로 이루어져 있으므로 수용액에서 이온으로 나누어지지 않는다.

13 A는 원자 번호가 12이므로 마그네슘(Mg)이고, B는 원자 번호가 9이므로 플루오린(F)이다. 따라서 이 화합물은 마그네슘 이온(Mg^{2+})과 플루오린화 이온(F^-)이 1 : 2의 개수비로 결합한 이온 결합 물질이다.

ㄷ. 화합물이 생성될 때 금속 원소인 A(Mg)는 전자를 잃고 양이온이 되고, 비금속 원소인 B(F)는 A(Mg)가 잃은 전자를 얻어 음이온이 되어 결합을 형성한다. 즉, A(Mg)에서 B(F)로 전자가 이동한다.

바로알기 ㄱ. 이 화합물은 이온 결합 물질이므로 분자로 존재하지 않고, 양이온과 음이온이 1 : 2의 개수비로 연속적으로 결합하고 있다.

ㄴ. A의 이온(Mg^{2+})과 B의 이온(F^-)이 1 : 2의 개수비로 결합하고 있으므로 이 화합물의 화학식은 $AB_2(MgF_2)$이다.

14 염화 나트륨과 염화 구리(Ⅱ)는 수용액 상태에서 전기 전도성이 있으므로 이온 결합 물질이고, 설탕과 녹말은 수용액 상태에서 전기 전도성이 없으므로 공유 결합 물질이다.

ㄴ. 공유 결합 물질인 녹말은 물에 녹아 전하를 띠는 입자를 생성하지 않는다.

바로알기 ㄱ. 이온 결합 물질인 염화 나트륨과 공유 결합 물질인 설탕은 고체 상태에서 모두 전기 전도성이 없으므로 ㉠과 ㉡은 모두 '없음'이 적절하다.

ㄷ. 이 실험으로 염화 나트륨, 설탕, 염화 구리(Ⅱ), 녹말을 이온 결합 물질과 공유 결합 물질로 구분할 수 있다.

15 (가)의 염화 칼슘($CaCl_2$)과 (나)의 탄산수소 나트륨($NaHCO_3$)은 이온 결합 물질이고, (다)의 에탄올(C_2H_6O)과 (라)의 뷰테인(C_4H_{10})은 공유 결합 물질이다.

ㄱ. 물에 녹았을 때 전기 전도성이 있는 물질은 이온 결합 물질인 (가)의 $CaCl_2$과 (나)의 $NaHCO_3$이다.

ㄴ. 금속 원소와 비금속 원소로 이루어진 물질은 이온 결합 물질인 (가)의 $CaCl_2$과 (나)의 $NaHCO_3$이다.

바로알기 ㄷ. 공유 결합 물질은 비금속 원소로 이루어진 물질인 (다)의 C_2H_6O과 (라)의 C_4H_{10}으로 두 가지이다.

16 (가)와 (나)에 공통으로 존재하는 C는 원자핵의 전하가 17+이므로 원자 번호가 17인 염소(Cl)이다. (가)에서 A는 원자핵의 전하가 3+이므로 원자 번호가 3인 리튬(Li)이다. (나)에서 B는 원자핵의 전하가 1+이므로 원자 번호가 1인 수소(H)이다.

ㄱ. A(Li)와 B(H)는 1족 원소로 같은 족 원소이다.

ㄴ. (가)는 금속 원소인 리튬과 비금속 원소인 염소가 결합하여 생성된 물질(LiCl)이므로 이온 결합 물질이고, (나)는 비금속 원소인 수소와 염소가 결합하여 생성된 물질(HCl)이므로 공유 결합 물질이다.

ㄷ. (가)와 (나)에서 A(Li)와 B(H)는 헬륨(He)과 같은 전자 배치를 이룬다.

17 (모범 답안) (가)는 액체나 수용액 상태에서만 이온의 이동이 가능하므로 고체 상태에서는 전기 전도성이 없지만, 액체 상태에서는 전기 전도성이 있다. (나)는 전하를 띠는 입자가 없으므로 고체와 액체 상태에서 모두 전기 전도성이 없다.

채점 기준	배점
(가)와 (나)의 고체, 액체 상태에서의 전기 전도성과 그 까닭을 모두 옳게 서술한 경우	100 %
(가)의 고체, 액체 상태에서의 전기 전도성과 그 까닭만 옳게 서술한 경우	60 %
(나)의 고체, 액체 상태에서의 전기 전도성과 그 까닭만 옳게 서술한 경우	
(가)와 (나)의 고체, 액체 상태에서의 전기 전도성만 옳게 서술한 경우	40 %
(가)와 (나)의 고체나 액체 상태에서의 전기 전도성 중 한 가지만 옳게 서술한 경우	20 %

18 A는 리튬(Li), B는 산소(O), C는 나트륨(Na), D는 염소(Cl), E는 아르곤(Ar)이다.

ㄱ. A(Li)는 원자가 전자 수가 1인 금속 원소이고, D(Cl)는 원자가 전자 수가 7인 비금속 원소이다. 따라서 A(Li)와 D(Cl)가 이온 결합을 형성할 때 D(Cl)는 전자 1개를 얻어 E(Ar)와 같은 전자 배치를 이룬다.

ㄴ. B(O)의 원자가 전자 수는 6으로 비활성 기체와 같은 전자 배치를 이루려면 전자 2개가 부족하다. 따라서 B(O) 원자 2개는 각각 전자 2개씩을 내놓아 전자쌍을 만든 후, 이 전자쌍을 공유하여 결합한다. 즉, $B_2(O_2)$의 공유 전자쌍 수는 2이다.
D(Cl)의 원자가 전자 수는 7로 비활성 기체와 같은 전자 배치를 이루려면 전자 1개가 부족하다. 따라서 D(Cl) 원자 2개는 각각 전자 1개씩을 내놓아 전자쌍을 만든 후, 이 전자쌍을 공유하여 결합한다. 즉, $D_2(Cl_2)$의 공유 전자쌍 수는 1이다. 그러므로 공유 전자쌍 수는 $B_2(O_2)$가 $D_2(Cl_2)$의 2배이다.

ㄷ. C(Na)는 금속 원소이고, D(Cl)는 비금속 원소이므로 CD(NaCl)는 이온 결합 물질이다. 따라서 액체 상태에서 전기 전도성이 있다.

19 (가)는 산소(O_2)이고, (나)는 질소(N_2)이다.
① 산소는 광합성으로 생성되고, 생명체의 호흡에 이용된다.
② 질소는 대기의 약 78 %를 차지한다.
③ 산소와 질소는 모두 원자 2개가 공유 결합하여 생성된 이원자 분자이다.

⑤ 산소와 질소는 같은 2주기 원소이고, 분자를 생성할 때 각각의 원자는 모두 옥텟 규칙을 만족하므로 가장 바깥 전자 껍질에 들어 있는 전자 수가 8로 같다.

(바로알기) ④ 공유 전자쌍 수는 산소가 2이고, 질소가 3이다. 따라서 공유 전자쌍 수는 (가)가 (나)보다 작다.

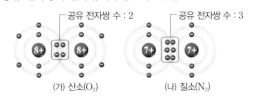

(가) 산소(O_2)　　　(나) 질소(N_2)

1등급 도전

진도교재 ➪ 53쪽

01 ①　**02** ②　**03** ①　**04** ③

01 A는 수소(H), B는 탄소(C), C는 산소(O), D는 마그네슘(Mg), E는 염소(Cl)이다.

ㄱ. 비금속 원소로 이루어진 공유 결합 물질은 (가) AE(HCl), (나) $BA_x(CH_x)$, (다) $A_2C(H_2O)$로 세 가지이다.

(바로알기) ㄴ. A(H)의 원자가 전자 수가 1이고, B(C)의 원자가 전자 수가 4이므로 B(C) 원자 1개가 A(H) 원자 4개와 각각 전자쌍 1개씩을 공유하여 화합물을 생성한다. 따라서 (나)의 화학식은 $BA_4(CH_4)$이고, x는 4이다.

ㄷ. (다) $A_2C(H_2O)$는 공유 결합 물질이고, (라) $DE_2(MgCl_2)$는 이온 결합 물질이다. 따라서 액체 상태에서의 전기 전도성은 (다)가 (라)보다 작다.

02 A는 고체 상태에서 전기 전도성이 있으므로 흑연(C)이고, B는 고체 상태에서는 전기 전도성이 없지만, 액체 상태에서는 전기 전도성이 있으므로 이온 결합 물질인 염화 칼륨(KCl)이다. C는 고체 상태와 액체 상태에서 모두 전기 전도성이 없으므로 공유 결합 물질인 질소(N_2)이다.

ㄴ. B(염화 칼륨)는 이온 결합 물질이므로 고체 상태에서 외부의 충격에 쉽게 부스러진다.

(바로알기) ㄱ. A는 흑연으로, 탄소로만 이루어져 있으므로 화합물이 아니다.

ㄷ. 공유 결합 물질인 C(질소)는 이온 결합 물질인 B(염화 칼륨)에 비해 녹는점과 끓는점이 낮다.

03 A와 B는 녹는점과 끓는점이 비교적 높고, 고체 상태에서는 전기 전도성이 없지만 액체 상태에서는 전기 전도성이 있으므로 이온 결합 물질이다. C와 D는 녹는점과 끓는점이 비교적 낮고, 고체와 액체 상태에서 모두 전기 전도성이 없으므로 공유 결합 물질이다.

ㄱ. A와 B는 물에 녹고, 액체 상태에서 전기 전도성이 있으므로 수용액 상태에서도 전기 전도성이 있다.

(바로알기) ㄴ. C와 D는 공유 결합 물질로 이온으로 이루어진 물질이 아니다.

ㄷ. 실온에서 A와 B는 고체 상태이고, C와 D는 기체 상태이다.

04 A는 수소(H), B는 리튬(Li), C는 산소(O)이다.

ㄷ. 비금속 원소인 A(H)와 C(O)의 화합물은 공유 결합 물질이므로 분자로 존재하고, 금속 원소인 B(Li)와 비금속 원소인 C(O)의 화합물은 이온 결합 물질이므로 결정으로 존재한다.

바로알기 ㄱ. A(H)의 원자가 전자 수는 1이고, C(O)의 원자가 전자 수는 6이므로 C(O) 원자 1개가 A(H) 원자 2개와 각각 전자쌍 1개씩을 공유하여 화합물을 생성한다. 따라서 A(H)와 C(O)가 결합한 화합물의 화학식은 $A_2C(H_2O)$이다.

ㄴ. B(Li)와 C(O)는 이온 결합을 형성하므로 전자를 공유하지 않는다.

중단원정복 진도교재 ⇨ 54쪽~58쪽

01 ②	02 ②	03 ④	04 ③	05 ①	06 ①
07 ⑤	08 ④	09 ②	10 ④	11 ④	12 ③
13 ③	14 ⑤	15 ㄴ, ㄷ	16 ②	17 ②	18 해설 참조
참조	19 해설 참조	20 해설 참조	21 해설 참조
22 해설 참조	23 해설 참조	24 해설 참조

01 ② 전자(A)는 질량이 매우 작은 입자이므로 원자핵(B)이 원자 질량의 대부분을 차지한다.

바로알기 ① 전자(A)는 기본 입자로, 빅뱅으로부터 약 10^{-35} 초 후에 만들어졌다.

③ 양성자나 중성자는 쿼크(D) 3개가 결합하여 생성되었다.

④ 빅뱅 후 우주의 온도가 낮아지면서 점점 더 무거운 입자가 생성되었다. 쿼크(D)가 생성된 시기보다 원자핵(B)이 생성된 시기에 우주의 온도가 낮았다.

⑤ 양성자와 중성자(C)의 개수비는 초기에 약 1 : 1이었으나 원자핵(B) 생성 직전 약 7 : 1로 변하였다.

02 ㄷ. 이 시기에 우주로 퍼져 나간 빛은 우주를 가득 채웠고, 우주가 팽창하면서 파장이 길어져 현재 약 3 K에 해당하는 우주 배경 복사로 관측되고 있다.

바로알기 ㄱ. A는 양성자 2개와 중성자 2개로 이루어진 헬륨 원자핵과 전자 2개가 결합한 헬륨 원자이다. B는 양성자(수소 원자핵) 1개와 전자 1개가 결합한 수소 원자이다.

ㄴ. 우주의 온도가 점차 낮아져 약 3000 K이 되었을 때 전자가 원자핵에 붙잡힐 수 있었다.

03 ㄴ. 양성자 1개는 그대로 수소 원자핵이고, 양성자 2개와 중성자 2개가 결합하여 헬륨 원자핵 1개가 된다. 수소 원자핵과 헬륨 원자핵의 개수비가 약 12 : 1이 되고, 헬륨 원자핵 1개의 질량이 수소 원자핵 1개 질량의 약 4배이므로 수소 원자핵과 헬륨 원자핵의 질량비는 약 3 : 1이 된다. 원자핵의 질량은 원자의 질량과 거의 같으므로 수소와 헬륨의 질량비는 약 3 : 1이다.

ㄷ. (가) → (나)는 우주의 나이가 약 3분이 되었을 때 양성자와 중성자가 결합하여 헬륨 원자핵을 만든 변화이다.

바로알기 ㄱ. 이 시기는 아직 전자가 자유롭게 돌아다니므로 빛이 전자에 막혀 우주가 불투명한 상태이다. 우주가 투명해진 시기는 원자가 생성된 빅뱅 약 38만 년 후이다.

04 ㄱ. A~D의 스펙트럼에는 방출선이 나타나고, 천체의 스펙트럼에는 흡수선이 나타난다.

ㄷ. 스펙트럼에서 구성 원소의 양이 많을수록 선의 폭이 두껍게 나타나므로 선의 폭을 비교하면 구성 원소의 양을 비교할 수 있다.

바로알기 ㄴ. 천체의 흡수선이 나타나는 위치(파장)는 원소 A~C의 방출선이 나타나는 위치(파장)와 일치하므로 이 천체를 이루는 원소에 A~C가 있다. 원소 D의 방출선은 천체의 흡수선과 일치하지 않으므로 이 천체의 구성 원소가 아니다.

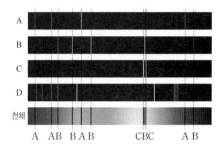

05 ㄱ. (가) 반응은 수소 핵융합 반응이다. 수소 핵융합 반응은 주계열성에서 일어나기 때문에 질량이 태양과 비슷한 별과 질량이 태양의 약 10배 이상인 별에서 모두 일어난다.

바로알기 ㄴ. 태양은 규소 핵융합 반응이 일어날 만큼 중심부 온도가 높아지지 않으므로 (나) 반응이 일어나지 않으며, (다) 헬륨 핵융합 반응까지만 일어난다. (나) 반응은 질량이 태양의 약 10배 이상인 별에서 일어난다.

ㄷ. 헬륨, 철, 탄소와 산소 중 철이 가장 무거우므로 가장 높은 온도에서 일어나는 핵융합 반응은 철이 생성되는 (나)이다.

06 ㄱ. (가)는 질량이 태양과 비슷한 별이고, (나)는 질량이 태양의 약 10배 이상인 별이다.

바로알기 ㄴ. 별 중심부 온도가 높을수록 무거운 원소의 핵융합 반응이 일어나므로 별 중심부의 최고 온도는 (가)보다 (나)가 높다.

ㄷ. 철보다 무거운 원소는 (나)와 같이 질량이 큰 별이 초신성으로 폭발할 때 생성된다.

07 ㄱ, ㄴ. 태양계 성운은 수축하면서 회전하여 크기는 점차 작아졌고, 모양은 납작해졌다.

ㄷ. 성운 중심부는 중력에 의해 수축하여 밀도가 점차 증가하였다.

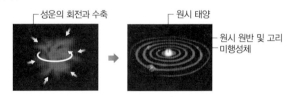

08 A는 반지름이 크고 평균 밀도가 작으므로 목성형 행성이고, B는 반지름이 작고 평균 밀도가 크므로 지구형 행성이다.

ㄴ, ㄷ. 지구형 행성(B)은 태양으로부터 거리가 가까워 온도가 높은 곳에서 형성되었다. 이로 인해 가벼운 물질은 증발하고, 철, 니켈, 규소와 같이 녹는점이 높고 무거운 물질이 남아 응축되어 미행성체를 형성하였다.

바로알기 ㄱ. 목성형 행성(A)에 속하는 행성은 목성, 토성, 천왕성, 해왕성이고, 지구형 행성(B)에 속하는 행성은 수성, 금성, 지구, 화성이다.

09 금속 원소는 주로 주기율표의 왼쪽 부분과 가운데 부분에 위치하고, 비금속 원소는 주로 주기율표의 오른쪽 부분에 위치한다. 금속 원소와 비금속 원소 사이에는 준금속 원소가 위치한다.

주기\족	1	2	3~12	13	14	15	16	17	18
1	(가) – 수소, 비금속 원소						비금속 원소		
2									
3						(라)	(마)		
4				(다) – 준금속 원소					
5			(나) – 금속 원소						
6									

ㄴ. (다)의 준금속 원소들은 금속 원소와 비금속 원소의 중간 성질이 있거나, 금속 원소와 비금속 원소의 성질이 모두 있다.

바로알기 ㄱ. (나)의 금속 원소들은 열과 전기가 잘 통하지만, (가)의 비금속 원소인 수소는 열과 전기가 잘 통하지 않는다.
ㄷ. (마)는 비활성 기체로 반응성이 거의 없다.

10 ①, ② 칼륨은 칼로 쉽게 잘릴 정도로 무르고, 칼로 자른 단면은 은백색 광택을 띤다.
③ 칼륨이 물과 반응하면 수소 기체가 발생하고, 이때 생성된 수용액은 염기성을 띤다.
⑤ 같은 족 원소인 나트륨은 칼륨과 화학적 성질이 비슷하므로 나트륨으로 실험해도 칼륨과 비슷한 결과를 얻을 수 있다.

바로알기 ④ 칼륨이 물과 반응하여 생성된 수용액은 염기성을 띠므로 페놀프탈레인 용액을 떨어뜨리면 붉은색으로 변한다.

11 ㄴ. 원자 X가 전자 2개를 얻어 X^{2-}이 된 것이므로 X의 전자가 들어 있는 전자 껍질 수는 2이고, 원자가 전자 수는 6이다. 따라서 X는 2주기 16족 원소인 산소(O)이다.
ㄷ. $X_2(O_2)$는 비금속 원소끼리 결합한 물질이므로 공유 결합 물질이다.

바로알기 ㄱ. 할로젠은 주기율표의 17족에 속하는 원소로, X(O)는 16족 원소이므로 할로젠이 아니다.

12 A는 원자가 전자 수가 1이고, 전자가 들어 있는 전자 껍질 수가 3이므로 나트륨(Na), B는 원자가 전자 수가 1이고, 전자가 들어 있는 전자 껍질 수가 4이므로 칼륨(K), C는 원자가 전자 수가 7이고, 전자가 들어 있는 전자 껍질 수가 2이므로 플루오린(F), D는 원자가 전자 수가 0이고, 전자가 들어 있는 전자 껍질 수가 3이므로 아르곤(Ar)이다.
ㄱ. A(Na)와 B(K)는 원자가 전자 수가 같으므로 화학적 성질이 비슷하다.
ㄷ. A(Na)는 금속 원소이고, C(F)는 비금속 원소이므로 A(Na)와 C(F)가 결합한 AC(NaF)는 이온 결합 물질이다.

바로알기 ㄴ. C(F)는 안정한 이온이 될 때 전자 1개를 얻어 네온(Ne)과 같은 전자 배치를 이룬다.

13 A는 플루오린(F), B는 마그네슘(Mg), C는 염소(Cl)이다.
ㄷ. B(Mg)는 금속 원소이고 원자가 전자 수가 2이며, C(Cl)는 비금속 원소이고 원자가 전자 수가 7이므로 B(Mg) 원자 1개가 C(Cl) 원자 2개에게 각각 전자 1개씩을 주어 이온 결합을 형성한다. 따라서 이 화합물의 화학식은 $BC_2(MgCl_2)$이다.

바로알기 ㄱ. A(F)와 C(Cl)는 비금속 원소이므로 전자를 얻어 음이온이 되기 쉽다.

ㄴ. 화학적 성질이 비슷한 원소는 같은 족 원소이므로 A(F)와 C(Cl)가 이에 해당한다.

14 A는 리튬(Li), B는 질소(N), C는 산소(O), D는 네온(Ne), E는 나트륨(Na), F는 마그네슘(Mg)이다.
⑤ B(N), C(O), E(Na), F(Mg)는 가장 안정한 이온이 되었을 때 D(Ne)와 같은 전자 배치를 이룬다.

바로알기 ① A(Li)는 알칼리 금속으로 반응성이 매우 크고, D(Ne)는 비활성 기체로 반응성이 매우 작다. 따라서 A(Li)는 D(Ne)보다 반응성이 크다.
② 금속 원소는 A(Li), E(Na), F(Mg)이다.
③ 원자가 전자 수가 가장 큰 원소는 18족 원소를 제외하고 족 번호의 일의 자리 수가 가장 큰 C(O)이다.
④ 전자가 들어 있는 전자 껍질 수가 2인 것은 2주기 원소이므로 A(Li), B(N), C(O), D(Ne)의 네 가지이다.

15 ㄴ, ㄷ. $B_2(N_2)$와 $BC_2(NO_2)$는 비금속 원소끼리 결합한 물질이므로 공유 결합 물질이다.

바로알기 ㄱ, ㄹ. $A_2C(Li_2O)$와 FC(MgO)는 금속 원소와 비금속 원소가 결합한 물질이므로 이온 결합 물질이다.

16 ㄷ. (가)와 (나)에 공통으로 존재하는 B는 원자핵의 전하가 8+이므로 원자 번호가 8인 산소(O)이다. (가)에서 A는 원자핵의 전하가 12+이므로 원자 번호가 12인 마그네슘(Mg)이다. (나)에서 C는 원자핵의 전하가 6+이므로 원자 번호가 6인 탄소(C)이다. 따라서 원자 번호가 가장 큰 원소는 A(Mg)이다.

바로알기 ㄱ, ㄴ. (가)는 이온 결합 물질인 AB(MgO)이고, (나)는 공유 결합 물질인 $CB_2(CO_2)$이다. 따라서 전자쌍을 공유하여 생성된 화합물은 (나)이다.

17 ㄷ. (가)는 전구에 불이 들어 왔으므로 이온 결합 물질인 염화 나트륨을 녹인 수용액이다. 이온 결합 물질인 염화 칼륨은 수용액 상태에서 전기 전도성이 있다. 따라서 염화 칼륨 수용액으로 실험하면 (가)와 같은 결과가 나타난다.

바로알기 ㄱ. (가)는 염화 나트륨 수용액이고, (나)는 설탕물이다.
ㄴ. 염화 나트륨은 고체 상태에서는 전기 전도성이 없지만, 액체와 수용액 상태에서는 전기 전도성이 있다. 설탕은 고체, 액체, 수용액 상태에서 모두 전기 전도성이 없다.

18 그림은 한 점에서 폭발한 우주가 점점 팽창하면서 은하 사이의 거리가 멀어지고 있으므로 빅뱅 우주론을 설명하는 모식도이다. 빅뱅 우주론에 따르면 우주가 팽창하면서 질량은 일정하다. 이에 따라 밀도가 작아지고, 온도가 낮아진다.

모범 답안 우주의 질량은 일정하고, 밀도가 작아지며, 온도가 낮아진다.

채점 기준	배점
우주의 질량, 밀도, 온도를 모두 옳게 서술한 경우	100 %
세 가지 중 두 가지만 옳게 서술한 경우	70 %
세 가지 중 한 가지만 옳게 서술한 경우	40 %

19 **모범 답안** 우주 배경 복사, 우주의 수소와 헬륨의 질량비 약 3 : 1, 이 두 가지는 빅뱅 우주론을 주장하는 사람들에 의해 예측되었고, 실제로 그 존재가 관측되었기 때문에 빅뱅 우주론의 증거가 된다.

채점 기준	배점
빅뱅 우주론의 증거 두 가지와 증거가 되는 까닭을 옳게 서술한 경우	100 %
빅뱅 우주론의 증거 두 가지만 옳게 서술한 경우	70 %
빅뱅 우주론의 증거 한 가지만 옳게 서술한 경우	40 %

20 중력은 중심 방향으로 작용하여 별을 수축시키려고 하고, 내부 압력은 별을 팽창시키려고 한다.

(모범 답안) 별의 중력과 내부 압력이 평형을 이루고 있기 때문에 주계열성의 크기가 일정하게 유지된다.

채점 기준	배점
중력과 내부 압력을 포함하여 옳게 서술한 경우	100 %
중력과 내부 압력을 포함하지 않고 별을 수축시키는 힘과 팽창 시키는 힘이 평형을 이루기 때문이라고 서술한 경우	70 %

21 A는 B보다 태양으로부터 거리가 가까워 온도가 높은 곳에서 형성되었다. A에서는 철, 니켈, 규소와 같은 녹는점이 높고 무거운 물질이 미행성체를 형성하였고, B에서는 물, 메테인, 암모니아의 얼음과 같은 녹는점이 낮고 가벼운 물질이 미행성체를 형성하였다.

(모범 답안) 미행성체의 평균 밀도는 A가 B보다 크다. A가 B보다 철, 니켈, 규소 등 녹는점이 높은 무거운 물질이 많기 때문이다.

채점 기준	배점
A와 B에서 형성된 미행성체의 평균 밀도를 옳게 비교하고, 녹는점을 포함하여 까닭을 옳게 서술한 경우	100 %
평균 밀도만 옳게 비교한 경우	50 %

22 (모범 답안) 알칼리 금속은 반응성이 매우 커서 공기 중의 산소, 물과 잘 반응하므로 산소, 물과의 접촉을 피하기 위해 석유나 액체 파라핀 속에 넣어 보관한다.

채점 기준	배점
산소, 물과의 반응성을 언급하여 옳게 서술한 경우	100 %
산소나 물 중 한 가지와의 반응성만 언급하여 옳게 서술한 경우	40 %

23 A는 수소(H), B는 리튬(Li), C는 산소(O), D는 플루오린(F)이다.

(모범 답안) 이온 결합 물질 : BD(LiF), $B_2C(Li_2O)$, 금속 원소와 비금속 원소 사이에 전자를 주고받아 생성되기 때문이다.
공유 결합 물질 : AD(HF), $A_2C(H_2O)$, 비금속 원소끼리 전자쌍을 공유하여 생성되기 때문이다.

채점 기준	배점
이온 결합 물질과 공유 결합 물질을 옳게 분류하고, 그 까닭을 옳게 서술한 경우	100 %
이온 결합 물질과 공유 결합 물질의 분류만 옳게 한 경우	40 %

24 (모범 답안) 고체 상태의 염화 나트륨에 힘을 가하면 쉽게 쪼개지거나 부스러진다. 이온 층이 밀리면서 같은 전하를 띠는 이온들이 만나 반발력이 작용하기 때문이다.

채점 기준	배점
염화 나트륨의 변화와 그 까닭을 모두 옳게 서술한 경우	100 %
염화 나트륨의 변화만 옳게 서술한 경우	40 %

2 자연의 구성 물질

01 지각과 생명체 구성 물질의 결합 규칙성

개념 쏙쏙 진도교재 ⇨ 63쪽

1 ② **2** (1) 4 (2) ㉠ 1, ㉡ 4 (3) 산소 **3** (1) ○ (2) ○ (3) ×

1 지각에는 산소, 규소의 비율이 높고, 생명체에는 산소, 탄소의 비율이 높다. 따라서 지각과 생명체를 구성하는 원소 중 공통적으로 가장 많은 비율을 차지하는 것은 산소이다.

2 (1) 규소는 주기율표의 14족 원소로, 원자가 전자가 4개이다.
(2) 규산염 사면체는 규소 1개를 중심으로 산소 4개가 결합하여 정사면체 모양을 이룬다.

3 (1) 탄소는 주기율표의 14족 원소로, 원자가 전자가 4개이다.
(3) 탄소는 다른 탄소와 결합할 때 단일 결합, 2중 결합, 3중 결합을 할 수 있다.

여기서 잠깐 진도교재 ⇨ 64쪽

Q1 음전하 **Q2** 독립형 구조 **Q3** 단사슬 구조

[Q1] 규산염 사면체는 규소 1개와 산소 4개가 공유 결합하여 −4의 전하(SiO_4^{4-})를 띤다.

내신 탄탄 진도교재 ⇨ 65쪽~66쪽

01 ① **02** ④ **03** ③ **04** ② **05** ① **06** ③
07 ③ **08** ④ **09** ② **10** ⑤ **11** 해설 참조 **12** ④

01 ㄱ. 지각은 여러 가지 암석으로, 암석은 여러 가지 광물로 이루어져 있다.

(바로알기) ㄴ. 규산염 광물은 광물의 약 92 %를 차지한다.
ㄷ. 지각을 구성하는 원소는 대부분 헬륨보다 무거운 원소들이고, 철보다 무거운 원소들은 비율이 낮다. 따라서 대부분의 원소는 별의 진화 과정에서 별 내부의 핵융합 반응으로 생성되었다.

02 ④ 사람 몸을 구성하는 물질 중 물이 가장 많고, 물은 수소(A)와 산소(C)로 이루어져 있다.

(바로알기) ① A는 수소, B는 탄소, C는 산소이다.
② 탄소(B)를 기본 골격으로 하여 탄소 화합물이 만들어진다. 규산염 광물은 규소와 산소를 주성분으로 하여 만들어진다.
③ 산소(C)는 별 내부의 핵융합 반응으로 생성되었다. 빅뱅 우주 탄생 초기에는 수소, 헬륨까지만 생성되었다.
⑤ 탄소(B)는 사람 몸에서 대부분 유기물로 존재한다.

03 ① 원자핵의 전하가 14＋이므로 원자 번호가 14인 규소이다.

② 가장 바깥 전자 껍질에 들어 있는 전자가 4개이므로 원자가 전자가 4개이다.

④, ⑤ 규소는 산소와 공유 결합을 하여 규산염 사면체를 이룬다. 규산염 광물은 규산염 사면체가 여러 가지 규칙에 따라 서로 결합하여 만들어진 광물이다.

(바로알기) ③ 지각에 가장 풍부한 원소는 산소이다. 규소는 산소 다음으로 지각에 풍부한 원소이다.

04 규산염 사면체는 규소(B) 1개를 중심으로 산소(A) 4개가 공유 결합한 정사면체 구조이다.

ㄴ. 지각에는 산소(A)의 비율이 가장 높다. 따라서 A는 지각을 구성하는 원소 중 가장 많다.

(바로알기) ㄱ. A는 산소, B는 규소이다.

ㄷ. 규산염 사면체는 산소(A) 4개와 규소(B) 1개가 결합하여 음전하(SiO_4^{4-})를 띤다.

05 ① 석영은 규산염 사면체가 망상 구조를 이루는 규산염 광물로, 규소와 산소만으로 이루어져 있다.

(바로알기) 휘석(②)은 단사슬 구조, 각섬석(③)은 복사슬 구조, 감람석(④)은 독립형 구조, 흑운모(⑤)는 판상 구조이다.

06 ㄱ. 그림은 단일 사슬 모양으로 결합한 단사슬 구조이다.

ㄷ. 단사슬 구조의 대표적인 광물로는 규산염 사면체가 직선으로 결합하여 기둥 모양의 결정을 이루는 휘석이 있다.

(바로알기) ㄴ. 단사슬 구조는 규산염 사면체가 양쪽의 산소를 공유한다.

인접한 규산염 사면체가 양쪽의 산소를 공유하여 단일 사슬 모양으로 결합한다.

산소
규소

07 ㄱ, ㄴ. 규산염 사면체가 산소 3개를 공유하여 얇은 판 모양으로 결합한 판상 구조이다.

(바로알기) ㄷ. 판상 구조는 흑운모에서 볼 수 있는 결합 구조이다. 석영에서 볼 수 있는 결합 구조는 망상 구조이다.

08 A는 광물의 대부분을 차지하는 규산염 광물이고, B는 비규산염 광물이다.

① 장석은 규산염 사면체가 망상 구조를 이루는 광물이다.

② 각섬석은 규산염 사면체가 복사슬 구조를 이루는 광물이다.

③ 감람석은 규산염 사면체가 독립형 구조를 이루는 광물이다.

⑤ 흑운모는 규산염 사면체가 판상 구조를 이루는 광물이다.

(바로알기) ④ 방해석은 $CaCO_3$로 이루어진 탄산염 광물이므로 비규산염 광물이다.

09 ㄷ. 탄소 화합물은 생명체를 구성하고, 에너지원으로도 사용되므로 생명 활동을 하는 데 중요하다.

(바로알기) ㄱ. 탄소 화합물은 탄소로 이루어진 기본 골격에 수소, 산소, 질소 등 여러 원소가 공유 결합하여 이루어진 물질이다.

ㄴ. 탄수화물, 단백질, 지질은 탄소 화합물이지만, 물은 탄소 화합물이 아니다.

10 원자핵의 전하가 6＋이므로 원자 번호가 6인 탄소이다.

ㄱ. 가장 바깥 전자 껍질에 들어 있는 전자가 4개이므로 원자가 전자가 4개이다.

ㄴ. 탄소는 산소, 수소, 질소 등과 결합하여 탄수화물, 단백질과 같은 유기물을 만든다.

ㄷ. 탄소 원자 1개와 수소 원자 4개가 공유 결합하면 메테인(CH_4) 분자가 형성된다.

11 (모범 답안) 탄소는 원자가 전자가 4개이므로 최대 4개의 원자와 결합을 할 수 있고, 연속적으로 결합할 수 있어서 생명체를 구성하는 복잡하고 다양한 분자를 만드는 데 유리하기 때문에 생명체에서 중요한 역할을 한다.

채점 기준	배점
원자가 전자를 언급하여 탄소가 생명체에서 중요한 역할을 하는 까닭을 옳게 서술한 경우	100 %
원자가 전자를 언급하지 않고 까닭만 옳게 서술한 경우	50 %

12 ㄴ, ㄷ. 탄소는 다른 탄소와 단일 결합하기도 하고 (다)와 같이 탄소와 탄소 사이에 2중 결합 또는 3중 결합을 하여 다양한 모양의 구조를 만들 수 있다.

(바로알기) ㄱ. (가)는 사슬 모양, (나)는 고리 모양, (다)는 2중 결합이다.

1등급 도전

진도교재 ⇨ 67쪽

01 ④   **02** ②   **03** ⑤   **04** ①

01 A는 철, B는 산소, C는 규소, D는 산소, E는 탄소이다.

ㄴ. B와 D는 산소로, 같은 원소이다.

ㄷ. 규소(C)와 탄소(E)는 원자가 전자가 4개이므로 최대 4개의 원자와 결합이 가능하다.

(바로알기) ㄱ. 철(A)은 별의 진화 과정에서 별 내부의 핵융합 반응으로 생성되었다. 빅뱅 우주 탄생 초기에 생성된 원소는 수소와 헬륨이다.

02 (가)에서 B를 중심으로 A 4개가 결합하므로 A는 산소, B는 규소이다. (나)는 원자 번호 14인 규소의 전자 배치이다.

ㄴ. (나)에서 B(규소)는 원자가 전자가 4개이므로 최대 4개의 원자와 결합을 할 수 있다.

(바로알기) ㄱ. (나)는 (가)의 B와 같은 종류의 원소(규소)이다.

ㄷ. (가) 규산염 사면체에 Mg^{2+} 2개 또는 Fe^{2+} 2개 또는 Mg^{2+} 1개와 Fe^{2+} 1개가 결합하면 감람석이 만들어진다.

03 ㄱ. 감람석은 (가) 독립형 구조의 대표적인 광물이다.

ㄷ. 규산염 사면체 사이의 결합이 복잡해질수록 풍화에 강하므로 독립형 구조인 (가)보다 망상 구조인 (다)가 풍화에 강하다.

ㄹ. (가)는 공유하는 산소가 없다. (나)는 단사슬 2개가 연결된 구조이고, (다)는 규산염 사면체가 산소 4개를 모두 공유하므로 (가)에서 (다)로 갈수록 사면체 사이에 공유하는 산소의 수가 증가한다.

(바로알기) ㄴ. (가)는 독립형 구조, (나)는 복사슬 구조, (다)는 망상 구조이다.

04 ㄱ. 탄소 원자는 다른 탄소 원자와 공유 결합하여 다양한 모양의 구조를 만들 수 있다.

ㄷ. 탄소는 고리 모양, 사슬 모양 등 다양한 모양의 구조를 만들 수 있다.

바로알기 ㄴ. 탄소 원자는 단일 결합, 2중 결합, 3중 결합을 하여 복잡한 구조의 탄소 화합물을 만들 수 있다.

ㄹ. 탄소는 다양한 종류의 원자와 결합할 수 있고, 탄소 결합 사이로 다른 원자를 받아들일 수 있다.

O2 생명체 구성 물질의 형성

1 (1) ○ (2) ○ (3) ×   **2** (1) 아미노산 (2) ㉠ 펩타이드, ㉡ 폴리펩타이드 (3) 아미노산   **3** (1) 뉴클레오타이드 (2) 당

1 (1) 단백질은 화학 반응의 속도를 조절하는 효소와 생리 기능을 조절하는 호르몬의 주성분이고, 근육, 항체 등을 구성한다.

(2) 탄수화물, 단백질, 지질, 핵산은 탄소가 기본 골격을 이루는 크고 복잡한 탄소 화합물이다.

(3) 물은 생명체에서 가장 많은 양을 차지하는 물질로, 비열이 커서 체온을 일정하게 유지하는 데 도움을 준다.

2 (1) 단백질을 구성하는 단위체는 아미노산이다.

(2) 수많은 아미노산이 펩타이드 결합으로 연결되어 긴 사슬 모양의 폴리펩타이드를 형성한다.

(3) 단백질의 입체 구조는 아미노산의 종류와 개수, 결합 순서에 따라 달라지며, 단백질의 입체 구조에 따라 그 기능이 결정되어 다양한 생명 활동을 수행한다.

3 (1) 핵산을 구성하는 단위체는 뉴클레오타이드이다.

(2) 뉴클레오타이드는 인산, 당(가), 염기가 1 : 1 : 1로 결합되어 있다.

Q1 단위체   **Q2** ㉠ 타이민(T), ㉡ 사이토신(C)

[Q1] 생명체 내에서 단백질은 20종류의 아미노산이 다양한 조합으로 결합하여 만들어지며, 아미노산의 종류와 개수, 결합 순서에 따라 다양한 단백질이 만들어진다. DNA는 4종류의 뉴클레오타이드가 결합하는 순서에 따라 염기 서열이 다양한 DNA가 만들어진다. 유전 정보는 DNA의 염기 서열에 저장되므로 염기 서열에 따라 서로 다른 유전 정보가 저장된다.

[Q2] DNA 이중 나선은 두 가닥의 폴리뉴클레오타이드의 염기가 상보결합을 하여 형성된 것이다. 이때 아데닌(A)은 타이민(T)과만 결합하고, 구아닌(G)은 사이토신(C)과만 결합한다.

01 ② 지질은 에너지원이며, 세포막의 주성분이다.

바로알기 ① 핵산의 단위체는 뉴클레오타이드이며, 포도당은 탄수화물의 단위체이다.

③ 탄수화물, 단백질, 지질, 핵산은 탄소 화합물이다.

④ 무기염류와 단백질은 생리 작용을 조절하는 데 관여한다.

⑤ 물은 생명체에서 가장 많은 양을 차지하는 물질이다.

02 ① A는 사람을 구성하는 물질 중 가장 많은 비율을 차지하므로 물이다. 물은 비열이 커서 체온을 유지하는 데 도움을 준다.

② B는 사람을 구성하는 물질 중 두 번째로 비율이 높은 단백질이다. 단백질은 탄소(C), 수소(H), 산소(O), 질소(N)로 구성된다.

③ 단백질(B)은 머리카락, 근육, 효소, 항체, 호르몬 등 몸의 주요 구성 물질이며, 몸속에서 일어나는 화학 반응의 속도를 조절하는 등 여러 생명 현상에 관여한다.

④ C는 핵산이다. 핵산은 세포에서 유전 정보를 저장하고 전달하는 역할을 한다.

바로알기 ⑤ 핵산(C)의 종류에는 DNA와 RNA가 있다. 중성지방과 스테로이드는 지질의 종류이다.

03 ① 탄수화물은 생명체의 주요 에너지원으로 사용된다.

바로알기 ② 근육과 머리카락의 주성분은 단백질이다.

③ 탄수화물은 탄소(C), 수소(H), 산소(O)로 구성된다. 인(P)은 핵산의 단위체인 뉴클레오타이드에 포함된다.

④ 탄수화물은 구성하는 단위체의 개수에 따라 단당류, 이당류, 다당류로 구분한다.

⑤ 콜라겐은 단백질의 한 종류이다.

04 ㄱ. 단백질은 머리카락, 근육 등 몸을 구성하며, 항체의 주성분으로 몸을 보호한다.

ㄷ. 20종류의 아미노산이 결합하는 순서에 따라 입체 구조가 달라져 다양한 종류의 단백질이 형성된다.

바로알기 ㄴ. 핵산의 종류에는 DNA와 RNA가 있으며, 단백질의 종류에는 헤모글로빈, 콜라겐 등이 있다.

05 ㄴ. (가)는 단백질을 구성하는 단위체인 아미노산이며, 생명체 내에 20종류가 있다.

바로알기 ㄱ. ㉠은 아미노산 사이의 펩타이드 결합이며, 이 결합이 형성될 때 물이 한 분자 빠져나온다.

ㄷ. (나)는 폴리펩타이드이고, (다)는 입체 구조를 가진 단백질이다. 폴리펩타이드에서 단백질이 될 때에는 아미노산의 배열 순서에 따라 약한 결합이 생기면서 폴리펩타이드가 접히고 구부러져 입체 구조를 이룬다.

06 ㄱ. (가)는 폴리펩타이드이며, (나)는 폴리펩타이드의 단위체인 아미노산이다.

ㄴ. 아미노산은 탄소를 중심으로 아미노기, 카복실기, 수소 원자, 곁사슬(㉠)이 결합되어 있으며, 곁사슬의 종류에 따라 아미노산의 종류가 달라진다.

ㄷ. 폴리펩타이드(가)가 아미노산(나)의 배열 순서에 따라 접히고 구부러져 독특한 입체 구조를 갖는 단백질이 되며, 단백질의 기능은 입체 구조에 따라 달라진다.

07 ㄱ, ㄴ. DNA를 구성하는 단위체인 뉴클레오타이드의 구조이며, ㉠은 디옥시리보스(당), ㉡은 염기이다.
ㄷ. 뉴클레오타이드는 인산, 당, 염기가 1 : 1 : 1로 결합되어 있다.

08 ④ RNA(나)를 구성하는 염기는 아데닌(A), 구아닌(G), 사이토신(C), 유라실(U)이다.
바로알기 ① (가)는 DNA이고, (나)는 RNA이다.
② DNA(가)를 구성하는 당은 디옥시리보스이고, RNA(나)를 구성하는 당은 리보스이다.
③ DNA(가)를 구성하는 단위체는 염기의 종류가 4가지이므로 DNA를 구성하는 단위체도 4가지이다.
⑤ 생명체의 형질을 결정하는 유전 정보는 DNA(가)의 염기 서열에 저장된다.

09 DNA를 구성하는 염기 중 아데닌(A)은 타이민(T)과만 결합하고, 구아닌(G)은 사이토신(C)과만 결합하므로 상보결합을 하는 다른 한쪽 가닥의 염기는 TCAG이다.

10 **모범 답안** 염기가 다른 4종류의 뉴클레오타이드가 다양한 순서로 결합하여 염기 서열이 다양한 DNA가 만들어지며, 그 결과 DNA의 다양한 염기 서열에 서로 다른 유전 정보를 저장할 수 있다.

채점 기준	배점
4종류의 뉴클레오타이드가 다양한 순서로 결합하여 염기 서열이 다양한 DNA가 만들어진다고 옳게 서술한 경우	100 %
염기가 다양한 순서로 결합한다라고만 서술한 경우	50 %

1등급 도전

진도교재 ⇨ 73쪽

01 ⑤ **02** ③ **03** ④ **04** ④

01 A는 녹말, B는 DNA, C는 단백질이다.
ㄱ. 탄수화물이 구성하는 단위체의 개수에 따라 단당류, 이당류, 다당류로 구분한다. 녹말(A)은 여러 분자의 단당류가 결합한 다당류이다.
ㄷ. 단백질(C)은 단위체인 아미노산의 배열 순서에 따라 입체 구조가 달라지고, 입체 구조에 따라 기능이 달라진다.
바로알기 ㄴ. 머리카락, 뼈, 근육 등을 구성하는 물질은 단백질이다.

02 ㄱ. 아미노산(가)은 생명체 내에 20종류가 있고, 뉴클레오타이드(나)는 DNA를 구성하는 4종류와 RNA를 구성하는 4종류를 모두 합쳐 8종류가 있다.
ㄴ. 아미노산(가)은 펩타이드 결합으로 연결된다.
바로알기 ㄷ. (나)는 뉴클레오타이드이다. 뉴클레오타이드의 결합으로 핵산이 형성되며, 핵산은 유전 정보를 저장하고 전달한다. 세포막의 주성분은 단백질과 인지질이다.

03 ㄱ. 아미노산의 구조에서 ㉠은 아미노기($-NH_2$)이고, ㉡은 카복실기($-COOH$)이다.
ㄴ. (가)는 두 아미노산의 카복실기와 아미노기 사이에서 물 한 분자가 빠져나오면서 형성된 펩타이드 결합이다.
바로알기 ㄷ. 수많은 아미노산이 펩타이드 결합으로 연결되어 단백질이 형성된다. 핵산은 뉴클레오타이드가 다양한 순서로 결합하여 형성된다.

04 ㄱ. ㉠은 인산, ㉡은 당, ㉢은 염기로 ㉠+㉡+㉢은 DNA를 구성하는 단위체인 뉴클레오타이드이다.
ㄴ. DNA를 구성하는 ㉡(당)은 디옥시리보스이다.
ㄷ. 아데닌(A)과 상보적으로 결합한 ㉢은 타이민(T)이고, 사이토신(C)과 상보적으로 결합한 ㉣은 구아닌(G)이다.
바로알기 ㄹ. 염기는 상보결합을 하므로 아데닌(A)의 비율이 15 %이면 타이민(T)의 비율도 15 %이다. 따라서 구아닌(G)과 사이토신(C)의 비율은 각각 35 %이다.

03 신소재의 개발과 활용

개념 쏙쏙

진도교재 ⇨ 75쪽, 77쪽

1 신소재 **2** 반도체 **3** (1) ㉡ (2) ㉠ (3) ㉢ **4** ㉠ 액체,
㉡ LCD **5** 그래핀 **6** (1) (나) (2) (가) **7** (1) ㉡ (2) ㉠
(3) ㉢

1 기존 소재를 구성하는 원소의 종류나 화학 결합의 구조를 변화시켜 결점을 보완하고, 기존의 재료에 없는 새로운 성질을 띠게 만든 물질을 신소재라고 한다.

2 반도체는 도체와 절연체의 중간 정도인 전기적 성질을 띠는 물질로, 조건에 따라 전기 전도성이 변하여 도체처럼 활용할 수 있다.

3 (1) 초전도체는 전기 저항이 없어 전력 손실이 없는 초전도 케이블에 이용된다.
(2) 초전도체는 센 전류를 흘릴 수 있어 강한 자기장을 만들 수 있다. 이를 이용한 것이 자기 공명 영상(MRI) 장치이다.
(3) 초전도체는 주변의 자기장을 밀어내어 자석 위에 떠 있을 수 있다. 이를 이용하여 자기 부상 열차를 만들 수 있다.

4 액정은 가늘고 긴 분자가 거의 일정한 방향으로 나란히 있고, 고체와 액체의 성질을 함께 띤다. 전압을 걸어 액정 분자의 배열을 조절하여 LCD에 이용한다.

5 그래핀은 탄소 원자가 육각형 벌집 모양의 구조를 이룬다.

6 (가)는 탄소 나노 튜브, (나)는 그래핀, (다)는 풀러렌이다.
(1) 그래핀은 흑연의 한 층만 떼어 내어 탄소 원자가 육각형 벌집 모양의 평면적인 구조를 이루고 있는 물질이다.
(2) 탄소 나노 튜브는 그래핀이 나선형으로 말려 있는 구조를 이루고 있는 물질이다.

7 (1) 홍합의 족사(접착 단백질)를 모방하여 물속에서도 접착성이 있는 수중 접착제를 만든다.

(2) 상어 비늘을 모방하여 물과의 저항을 줄인 전신 수영복을 만든다.

(3) 거미줄을 모방하여 강도가 강하면서도 신축성이 있는 방탄복을 만든다.

내신 탄탄

진도교재 ⇨ 78쪽~80쪽

01 ⑤	**02** ③	**03** ④	**04** ①	**05** ①	**06** ③
07 해설 참조	**08** ①	**09** ①	**10** ⑤	**11** ③	
12 ④	**13** ②	**14** ③			

01 ㄴ. 인류의 문명은 기존의 소재보다 뛰어난 새로운 성질을 가진 소재를 개발하면서 발달해 왔다.

ㄷ. 인류가 사용했던 도구의 소재에 따라 문명의 발달 단계를 석기 시대, 청동기 시대, 철기 시대로 구분할 수 있다.

바로알기 ㄱ. 인류가 사용했던 도구의 소재에 따라 문명의 발달 단계를 구분할 수 있으므로 문명의 발달은 인류가 사용한 소재와 관련이 있다.

02 ㄱ. 반도체는 순수한 규소에 소량의 다른 원소를 첨가하여 전기 전도성을 증가시킨 신소재이다.

ㄴ. 교류를 직류로 바꾸는 장치는 다이오드로, 반도체를 사용하여 만든다.

바로알기 ㄷ. 전력 손실이 없는 송전선은 전류가 흘러도 열이 발생하지 않는 초전도체를 사용하여 만들 수 있다.

03 온도나 압력 등 조건에 따라 전기 저항이 변하여 도체처럼 활용할 수 있는 물질은 반도체이다.

①, ②, ③, ⑤ 트랜지스터, 다이오드, 발광 다이오드, 태양 전지는 반도체를 이용한 예이다.

바로알기 ④ 자기 부상 열차는 초전도체가 외부 자기장을 밀어내는 성질을 이용한 예이다.

04 ① 초전도체는 임계 온도 이하에서 외부 자기장을 밀어내는 성질이 있어 자석 위에 떠 있을 수 있다.

바로알기 ②, ③ 초전도체는 특정 온도 이하에서 전기 저항이 0이므로 열이 발생하지 않아 많은 양의 전류를 흘릴 수 있다.

④ 초전도체는 온도가 낮아질수록 전기 전도성이 커지다가 특정 온도 이하에서 전기 저항이 0이 된다.

⑤ 규소에 소량의 다른 원소를 첨가하여 만든 것은 반도체이다.

05 ㄱ. 임계 온도는 전기 저항이 0이 되어 초전도 현상이 나타나기 시작하는 온도로, 그래프에서 t이다.

바로알기 ㄴ. 초전도체는 임계 온도 이하에서 자석을 밀어낸다.

ㄷ. 초전도체는 임계 온도 이하에서 자석 위에 떠 있는 마이스너 효과가 나타난다.

06 ①, ②, ④, ⑤ 핵융합 장치, 입자 가속기, 초전도 케이블, 자기 공명 영상(MRI) 장치는 초전도체를 이용한 예이다.

바로알기 ③ 온도계 표시창은 액정을 이용한 정보 표시 장치이다.

07 **모범 답안** 초전도체는 특정 온도 이하에서 전기 저항이 0이므로 송전선에 전류가 흐를 때 열이 발생하지 않기 때문이다.

채점 기준	배점
전기 저항이 0이므로 전류가 흘러도 열이 발생하지 않는다고 서술한 경우	100 %
전기 저항이 0이기 때문이라고만 서술한 경우	70 %

08 ㄱ. 액정은 액체와 고체의 성질을 함께 띠는 물질로, 전압을 걸어 액정 분자의 배열을 조절한다. 액정에 가하는 전압의 세기를 변화시키면 빛의 투과량을 조절할 수 있다.

바로알기 ㄴ. 빛을 비추면 전류가 흐르는 성질이 있는 것은 반도체를 이용한 태양 전지이다.

ㄷ. 탄소 원자가 육각형 벌집 모양의 구조를 이루고 있는 물질은 그래핀이다.

09 ㄱ, ㄷ. 휴대 전화 화면과 온도계 표시창은 액정 디스플레이를 이용한 예이다.

바로알기 ㄴ. 태양 전지는 빛을 비추면 전류가 흐르는 성질이 있는 반도체를 이용한 예이다.

ㄹ. 하드 디스크의 헤드를 움직이는 장치에는 네오디뮴 자석을 이용한다.

10 ⑤ 네오디뮴 자석은 물질의 자기적 성질을 이용한 신소재로, 철 원자 사이에 네오디뮴과 붕소를 첨가하여 철 원자의 자기장 방향이 흐트러지지 않도록 만든 강한 자석이다.

11 A는 탄소 원자가 육각형 벌집 모양의 구조를 이루고 있는 그래핀이다.

ㄱ. 그래핀은 유연성이 있어 휘어지는 디스플레이에 이용할 수 있다.

ㄷ. 그래핀은 가벼우면서 강도가 강해 우주 왕복선 외장재에 이용할 수 있다.

바로알기 ㄴ. 전기 회로를 구성하는 차세대 반도체 소재로 이용할 수 있는 것으로 보아 그래핀은 전기 전도성이 뛰어나다는 것을 알 수 있다.

12 ㄱ, ㄴ. 그래핀이 나선형으로 말려 있는 구조를 이루고 있는 물질은 탄소 나노 튜브이다.

바로알기 ㄷ. 탄소 나노 튜브는 그래핀과 마찬가지로 열전도성이 뛰어나다.

13 ① 초전도체는 물질의 자기적 성질을 이용한 것으로, 임계 온도 이하에서 자석 위에 떠 있을 수 있으므로 자기 부상 열차에 사용된다.

③ 액정은 고체와 액체의 성질을 함께 띠는 물질로, 전압을 걸어 액정 분자의 배열을 조절한다.

④ 네오디뮴 자석은 물질의 자기적 성질을 이용한 것으로, 강한 자석이 필요한 곳에 사용된다.

⑤ 그래핀은 탄소 원자가 육각형 벌집 모양의 구조를 이루는 나노 기술을 이용한 신소재이다.

바로알기 ② 탄소 나노 튜브는 나노 기술을 이용한 신소재로, 첨단 현미경의 탐침 등에 사용된다. 특정 온도 이하에서 전기 저항이 0이 되는 물질은 초전도체이다.

14 ㄱ. (가)는 거미줄을 모방하여 만든 방탄복으로, 거미줄의 가늘지만 강도가 강한 성질을 모방한 것이다.

ㄷ. (다)는 상어의 비늘을 모방하여 만든 전신 수영복이다. 상어의 코 주변의 돌기를 모방하여 물의 저항력을 최소화한다.

바로알기 ㄴ. (나)는 도꼬마리 열매를 모방하여 만든 벨크로 테이프이다. 게코도마뱀의 발바닥을 모방하여 게코 테이프나 의료용 패치 등을 만들 수 있다.

1등급 도전

진도교재 ⇨ 81쪽

01 ④	02 ③	03 ④	04 ③

01 ㄴ. 액정은 고체와 액체의 성질을 함께 띠는 물질로, 전압을 걸어 액정 분자의 배열을 조절하여 빛의 세기를 조절한다.

ㄷ. 액정 디스플레이는 전자계산기나 온도계의 표시창과 같은 정보 표시 장치에 이용된다.

바로알기 ㄱ. (가)는 전압이 걸리지 않은 상태로, 수직으로 편광된 빛이 액정을 통과하면서 진동 방향이 뒤틀려 수평 편광판을 통과할 수 있다.

02 ㄱ. (가)와 같은 유기 발광 다이오드(OLED)는 전류가 흐를 때 빛을 방출하는 유기물의 얇은 필름으로 만든 다이오드로, 이를 이용한 디스플레이는 별도의 광원이 필요한 LCD와 달리 자체에서 빛을 낸다.

ㄴ. (나)와 같은 초전도체를 도선으로 사용하면 전기 저항이 없어 열이 발생하지 않으므로 많은 전류를 흐르게 할 수 있다.

바로알기 ㄷ. (나)와 같은 초전도체는 외부 자기장의 방향과 반대 방향의 자기장이 만들어져 자석을 밀어내므로 물질의 자기적 성질을 이용한 것이다.

03 ㄱ. 임계 온도는 전기 저항이 0이 되어 초전도 현상이 나타나기 시작하는 온도로, 4.2 K이다.

ㄷ. 4.2 K 이하에서 전기 저항이 0이므로 이 물질에 센 전류를 흘릴 수 있다. 따라서 강한 자기장이 발생하는 전자석을 만들 수 있다.

바로알기 ㄴ. 4.2 K 이하에서 전기 저항이 0이므로 이 물질에 전류가 흐를 때 전기 저항에 의한 열이 발생하지 않으므로 전력 손실이 발생하지 않는다.

04 ㄱ. (가)는 육각형의 벌집 모양의 구조를 이루는 그래핀이 나선형으로 말린 탄소 나노 튜브이고, (나)는 그래핀이다.

ㄴ. 탄소 나노 튜브는 열전도성과 전기 전도성이 뛰어나므로 첨단 현미경의 탐침에 이용된다.

바로알기 ㄷ. 그래핀은 유연성이 뛰어나며 강철보다 강도가 강하다.

중단원 정복

진도교재 ⇨ 82쪽~86쪽

01 ①	02 ②	03 ②	04 ③	05 ③	06 ③	07 ①
08 ④	09 ⑤	10 ③	11 ①	12 ④	13 ④	14 ③
15 ②	16 ③	17 ⑤	18 ④	19 해설 참조	20 해설 참조	
21 해설 참조						

01 ② 생명체를 구성하는 원소 중 산소(B)가 가장 많은 비율을 차지한다.

③ 산소(C)는 수소, 탄소, 규소 등 다른 원소와 쉽게 결합하여 다양한 물질을 만들 수 있다.

④ 지각에서 규소(D) 1개를 중심으로 산소(C) 4개가 공유 결합하여 규산염 사면체를 이룬다.

⑤ 철(A), 산소(B, C), 규소(D)는 모두 별의 내부에서 핵융합 반응으로 생성되었다.

바로알기 ① 철(A)은 핵을 이루는 주요 성분이므로 지구를 구성하는 물질 중 가장 많은 비율을 차지한다.

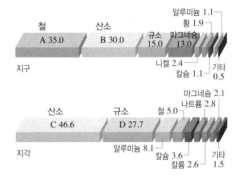

02 ㄴ. (나) 규소는 산소와 결합하여 규산염 광물을 이루는 규산염 사면체를 형성한다.

바로알기 ㄱ. (가)는 원자핵의 전하가 6+이므로 양성자수가 6이고, 원자 번호가 6인 탄소이다. (나)는 원자핵의 전하가 14+이므로 양성자수가 14이고, 원자 번호가 14인 규소이다.

ㄷ. (가)와 (나) 모두 가장 바깥 전자 껍질에 들어 있는 전자가 4개이므로 원자가 전자가 4개로 동일하다.

03 (가)는 규산염 사면체 하나가 독립적으로 있으므로 독립형 구조이고, (나)는 규산염 사면체가 산소 3개를 공유하여 평면 모양을 이루고 있으므로 판상 구조이다.

ㄷ. (가)는 공유하는 산소가 없지만, (나)는 사면체 사이에 3개의 산소를 공유하므로 (나)는 (가)보다 규산염 사면체 사이에 공유하는 산소의 수가 많다.

바로알기 ㄱ. (가)는 독립형 구조, (나)는 판상 구조이다.

ㄴ. (가)는 쪼개짐이 발달하지 않지만, (나)는 얇은 판 모양으로 쪼개짐이 발달한다.

04 ㄱ. 탄소는 연속적으로 결합할 수 있어 생명체를 구성하는 복잡하고 다양한 분자를 만드는 데 유리하다.

ㄴ. (나)와 같이 탄소는 2중 결합도 할 수 있고, 3중 결합도 할 수 있다.

바로알기 ㄷ. 탄소는 다양한 종류의 원자와 연속적으로 결합할 수 있기 때문에 다양한 화합물을 만들 수 있다. 탄소 화합물은 (가)~(다) 외에도 종류가 다양하다.

05 ㄱ. 단백질은 효소와 호르몬의 주성분이므로 '효소와 호르몬의 주성분인가?'는 (가)에 해당한다.

ㄴ. 핵산은 유전 정보를 저장하거나 전달하므로 '유전 정보를 저장하거나 전달하는가?'는 (나)에 해당한다.

바로알기 ㄷ. (다)는 세포막의 주성분인 지질, (라)는 주요 에너지원인 탄수화물이다.

06 (가)는 녹말, (나)는 글리코젠, (다)는 셀룰로스이다.

ㄱ. A는 탄수화물의 단위체인 포도당이다.

ㄷ. 녹말, 글리코젠, 셀룰로스는 탄수화물의 다당류에 속한다.

바로알기 ㄴ. 단위체의 종류와 연결되는 방식에 따라 구조와 특성 및 기능이 다른 다양한 탄소 화합물이 형성된다. 포도당(A)이 결합하는 방식에 따라 녹말, 글리코젠, 셀룰로스 등 다당류의 종류가 결정된다.

07 ㄴ. RNA(나)를 구성하는 단위체는 염기가 아데닌(A), 구아닌(G), 사이토신(C), 유라실(U)인 4종류의 뉴클레오타이드이다.

바로알기 ㄱ, ㄷ. 단백질(가)은 뼈를 구성하며, 유전 정보 전달에는 RNA(나)가 관여한다. 녹말(다)은 저장 에너지원이다.

08 ㄴ, ㄷ. 두 아미노산 사이에 일어나는 결합은 펩타이드 결합으로 1개의 물 분자가 빠져나오면서 일어난다. 수많은 아미노산이 펩타이드 결합으로 연결되어 긴 사슬 모양의 폴리펩타이드가 만들어지고, 폴리펩타이드가 구부러지고 접혀 독특한 입체 구조를 가진 단백질이 된다.

바로알기 ㄱ. 펩타이드 결합은 1개의 물 분자가 빠져나오면서 일어난다.

09 ㄱ. A는 단백질을 구성하는 단위체인 아미노산이다.

ㄴ. 적혈구 속 헤모글로빈은 산소 운반을 담당하는 단백질이고, 피부 속 콜라젠은 결합 조직을 구성하는 단백질이다.

ㄷ. 단백질은 입체 구조에 따라 기능이 달라지는데, 단백질의 입체 구조는 단백질을 이루는 아미노산의 종류와 개수, 결합 순서에 따라 달라진다.

10 ①, ② 핵산의 단위체는 인산, 당, 염기가 1 : 1 : 1로 결합한 뉴클레오타이드이다.

④ DNA를 구성하는 염기에는 아데닌(A), 구아닌(G), 사이토신(C), 타이민(T)이 있고, RNA를 구성하는 염기에는 아데닌(A), 구아닌(G), 사이토신(C), 유라실(U)이 있다.

⑤ DNA 이중 나선에서 염기 아데닌(A)은 타이민(T)과만, 구아닌(G)은 사이토신(C)과만 결합하는 상보결합을 한다. 따라서 DNA 한쪽 가닥의 염기 서열을 알면 다른 한쪽 가닥의 염기 서열도 알 수 있다.

바로알기 ③ DNA와 RNA를 구성하는 인산은 서로 같지만, DNA를 이루는 당은 디옥시리보스이고, RNA를 이루는 당은 리보스이다.

11 ㄱ. DNA 이중 나선의 바깥쪽 골격인 ㉠은 당과 인산의 결합으로 형성된다.

바로알기 ㄴ. DNA를 구성하는 단위체인 뉴클레오타이드는 인산, 당, 염기로 구성된다.

ㄷ. DNA 이중 나선에서 ㉡과 ㉢은 안쪽에 배열된 염기로, 상보적으로 결합한다. 아데닌(A)은 항상 타이민(T)과만 결합하므로, ㉡이 아데닌(A)이라면, ㉢은 타이민(T)이고, 아데닌(A)의 비율이 30 %라면 타이민(T)의 비율도 30 %이므로 구아닌(G)의 비율은 20 %이다.

12 (가)는 단일 가닥이므로 RNA이고, (나)는 두 가닥으로 구성되므로 DNA이다.

ㄱ. RNA(가)를 구성하는 염기는 아데닌(A), 구아닌(G), 사이토신(C), 유라실(U)이 있다.

ㄷ. DNA(나)를 이루는 뉴클레오타이드의 결합 순서에 따라 염기 서열이 달라진다. 생물의 형질을 결정하는 유전 정보는 염기 서열에 저장되므로 염기 서열에 따라 서로 다른 유전 정보가 저장될 수 있다.

바로알기 ㄴ. DNA(나)와 RNA(가)를 구성하는 단위체에는 인산이 공통적으로 포함된다. DNA(나)를 구성하는 뉴클레오타이드의 당은 디옥시리보스이고, RNA(가)를 구성하는 뉴클레오타이드의 당은 리보스이다.

13 ① 배드민턴 라켓 줄은 튼튼하고 탄성이 큰 소재로 만들어 배드민턴 공이 잘 날아가도록 한다.

② 안경테는 휘어져도 복원되는 형상 기억 합금을 이용하여 만들어 변형 없이 사용한다.

③ 모르포텍스 섬유는 얇은 막이 여러 겹으로 되어 있어 색소의 염색 없이 빛에 의해 색을 낼 수 있다.

⑤ 자연 분해 비닐은 자연적으로 분해되고 유해 물질이 없는 소재로 만들어 생활을 편리하게 하고 환경을 보호한다.

바로알기 ④ LED 조명은 소비 전력이 작고, 수명이 긴 소재를 이용하여 만든다.

14 ㉠은 초전도체로, 특정 온도 이하에서 전기 저항이 0이 되는 초전도 현상이 나타나는 물질이다.

㉡은 액정으로, 가늘고 긴 분자가 거의 일정한 방향으로 나란히 있고, 고체와 액체의 성질을 함께 띠는 물질이다.

㉢은 그래핀으로, 나노 단위 수준으로 원자의 결합 구조나 배열을 변화시킨 물질이다. 그래핀은 탄소 원자가 육각형 벌집 모양의 구조를 이룬다.

15 (가) 압력 감지기는 압력에 따라 전기 저항이 변하는 성질을 이용한다.

(라) 태양 전지는 빛을 비추면 전류가 흐르므로 빛에너지를 전기 에너지로 바꾸는 성질을 이용한다.

바로알기 (나) 레이저의 광원은 전류가 흐를 때 빛을 방출하는 성질을 이용한다.

(다) 발광 다이오드(LED)는 전류가 흐를 때 빛을 방출하는 성질을 이용한다.

16 이 물질은 온도 T 이하에서 전기 저항이 0이 되는 초전도체를 나타낸 것이다.

ㄱ. 초전도 현상이 나타나기 시작하는 온도, 즉 전기 저항이 0이 되는 온도를 임계 온도라고 한다. 초전도체는 임계 온도 이하에서 자석 위에 떠 있는 마이스너 효과가 나타난다.

ㄴ. 초전도체는 전기 저항이 없어 저항에 의한 열이 발생하지 않는다. 따라서 전력 손실이 없는 송전선을 만들 수 있다.

바로알기 ㄷ. 초전도 현상이 나타나는 아주 낮은 온도를 유지하기 위해서는 비용이 많이 들기 때문에 초전도체는 아직까지 일상생활에서 널리 사용되지 못하고 있다.

17 ㄱ. (가)는 그래핀이 나선형으로 말려 있는 탄소 나노 튜브로, 전기 전도성과 열전도성이 뛰어나다.
ㄴ, ㄷ. 탄소 나노 튜브와 같은 나노 물질은 기존의 복합 재료보다 소량만 첨가해도 강도와 열전도성이 우수한 특성을 얻을 수 있다.

18 게코도마뱀은 발바닥에 있는 미세한 섬모의 접착력으로 천장이나 벽을 자유롭게 오르내릴 수 있다. 이러한 성질을 이용하여 게코 테이프나 의료용 패치를 만들었지만 물속에서는 접착력을 잃는 단점이 있다. 과학자들은 게코도마뱀을 모방한 패치에 홍합의 접착 물질을 코팅하여 방수 밴드를 만들었으며, 이 밴드를 이용하여 물속에서 상처를 통한 감염을 예방할 수 있다.

19 (나)는 규산염 사면체가 산소 4개를 모두 공유하여 결합한다. 따라서 이 결합을 끊고 풍화 작용이 일어나기 위해서는 (가)보다 많은 에너지가 필요하다.
모범 답안 (나), (가)는 규산염 사면체와 규산염 사면체 사이의 결합이 없지만, (나)는 규산염 사면체가 산소 4개를 모두 공유하면서 결합하여 안정한 형태를 띠기 때문이다.

채점 기준	배점
(나)를 고르고, 산소의 공유 수와 결합을 언급하여 까닭을 옳게 서술한 경우	100 %
(나)만 고른 경우	30 %

20 핵산의 종류에는 DNA와 RNA가 있다. DNA와 RNA는 당, 염기, 구조에서 차이점이 있다.
모범 답안 (가) DNA의 당은 디옥시리보스이고, RNA의 당은 리보스이다.
(나) DNA를 구성하는 염기는 아데닌(A), 구아닌(G), 사이토신(C), 타이민(T)이고, RNA를 구성하는 염기는 아데닌(A), 구아닌(G), 사이토신(C), 유라실(U)이다.
(다) DNA는 이중 나선 구조이고, RNA는 단일 가닥 구조이다.

채점 기준	배점
DNA와 RNA의 차이점을 당, 염기, 구조와 관련지어 모두 옳게 서술한 경우	100 %
DNA와 RNA의 차이점을 당, 염기, 구조 중 두 가지만 옳게 서술한 경우	60 %
DNA와 RNA의 차이점을 당, 염기, 구조 중 한 가지만 옳게 서술한 경우	30 %

21 **모범 답안** 마이스너 효과, 초전도체는 임계 온도 이하에서 전기 저항이 0이고, 외부 자기장을 밀어낸다.

채점 기준	배점
마이스너 효과를 쓰고, 초전도체의 특징을 두 가지 모두 옳게 서술한 경우	100 %
마이스너 효과를 쓰고, 초전도체의 특징을 한 가지만 옳게 서술한 경우	70 %
마이스너 효과만 쓴 경우	30 %

시스템과 상호 작용

1 역학적 시스템

01 중력과 역학적 시스템

개념 쏙쏙

진도교재 ⇨ 91쪽

1 (1) ㉠ 중력, ㉡ 등가속도 (2) ㉠ 등속 직선, ㉡ 등가속도
2 ㉠ 자연, ㉡ 시스템

1 (1) 자유 낙하 하는 물체에는 일정한 크기의 ㉠ 중력이 작용하므로 물체는 속도가 일정하게 증가하는 ㉡ 등가속도 운동을 한다.
(2) 수평 방향으로 던진 물체는 수평 방향으로는 속도가 일정한 ㉠ 등속 직선 운동을 하고, 연직 방향으로는 속도가 일정하게 증가하는 ㉡ 등가속도 운동을 한다.

2 중력은 지구의 모든 물체에 끊임없이 작용하여 ㉠ 자연 현상에 영향을 주며, 지구상의 생명체 또한 중력에 적응하여 살아가고 있다. 따라서 중력은 역학적 ㉡ 시스템을 유지하는 데 필수적인 힘이다.

탐구 A

진도교재 ⇨ 93쪽

확인 문제 **1** (1) ○ (2) × (3) ○ (4) ○ (5) ○ **2** ③ **3** ③

1 (1) 자유 낙하 운동을 하는 쇠구슬 A에는 연직 방향으로 중력이 작용한다.
(3), (4) 쇠구슬 B에는 수평 방향으로 힘이 작용하지 않으므로 수평 방향으로는 속도가 일정한 등속 직선 운동을 한다.
(5) 쇠구슬 A, B는 모두 연직 방향으로 중력이 작용하므로 속도가 일정하게 증가하는 등가속도 운동을 한다.
바로알기 (2) 쇠구슬 B에는 연직 방향으로는 중력이 작용하고, 수평 방향으로는 힘이 작용하지 않는다.

2 ㄱ. 자유 낙하 하는 물체의 속도가 시간에 따라 일정하게 증가하므로 물체는 등가속도 운동을 한다.
ㄴ. 그래프의 기울기 $=\dfrac{\text{속도 변화량}}{\text{시간}}$ 이므로 가속도를 나타낸다.
자유 낙하 운동 하는 물체의 가속도는 중력 가속도이므로 그래프의 기울기는 g이다.
바로알기 ㄷ. 자유 낙하 하는 물체에 작용하는 힘은 중력뿐이므로 물체에 작용하는 힘의 크기는 일정하다.

3 ㄱ. 쇠구슬 A와 B의 질량이 같고, 발사 후 쇠구슬 A와 B에는 중력만 작용하므로 쇠구슬 A와 B가 받는 힘의 크기는 같다.

ㄴ. 발사 후 쇠구슬 A와 B의 이동 경로는 다르지만 같은 높이에서 동시에 낙하하고, 가속도가 중력 가속도로 같으므로 지면에 동시에 도달한다.

(바로알기) ㄷ. 쇠구슬 B를 수평 방향으로 더 큰 속도로 발사하면 수평 방향으로 이동하는 거리는 길어지지만 연직 방향으로는 자유 낙하 운동을 하므로 쇠구슬 A와 B는 동시에 지면에 도달한다.

여기서 잠깐

진도교재 ⇨ 94쪽

Q1 중력

[Q1] 대기의 순환은 따뜻한 공기와 차가운 공기의 밀도 차이에 따라 상대적으로 중력의 차이가 발생하여 일어난다.

내신 탄탄

진도교재 ⇨ 95쪽~96쪽

| 01 ③ | 02 ① | 03 ④ | 04 ① | 05 ④ | 06 해설 참조 |
| 07 ④ | 08 해설 참조 | 09 ③ | 10 ① | 11 ④ | 12 해설 참조 |

01 ㄱ. 중력은 질량이 있는 모든 물체 사이에 상호 작용 하는 힘이다.

ㄷ. 중력의 크기는 물체의 질량이 클수록, 두 물체 사이의 거리가 가까울수록 크다.

(바로알기) ㄴ. 중력의 크기를 무게라고 하며, 단위는 N(뉴턴)을 사용한다. kg(킬로그램)은 질량의 단위이다.

02 ㄱ. 두 물체 사이에 작용하는 중력 F_1과 F_2는 크기가 같고 방향이 반대이다.

(바로알기) ㄴ. 질량을 가진 두 물체 사이에 작용하는 중력은 크기가 같으므로 두 물체 중 한 물체의 질량이 커지면 F_1과 F_2 모두 커진다.

ㄷ. 두 물체 사이의 거리가 가까워지면 두 물체 사이에 작용하는 중력의 크기는 커진다.

03 구간 거리와 구간 평균 속도는 다음과 같이 구할 수 있다.

시간(s)	0~0.1	0.1~0.2	0.2~0.3
구간 거리(m)	0.05	0.15	0.25
구간 평균 속도(m/s)	0.5	1.5	2.5

구간 평균 속도는 $\dfrac{구간\ 거리}{구간\ 시간}$에서 $0.5\left(=\dfrac{0.05}{0.1}\right)$ m/s, 1.5 m/s, 2.5 m/s이므로 0.1초마다 평균 속도가 1 m/s씩 일정하게 증가하였다. 따라서 가속도는 $\dfrac{속도\ 변화량}{시간}$에서 $\dfrac{1\ \text{m/s}}{0.1\ \text{s}}=10\ \text{m/s}^2$이다.

04 ㄱ. 쇠구슬에 작용하는 힘은 중력으로, 크기가 일정하다.

(바로알기) ㄴ. 쇠구슬의 속도는 시간에 따라 일정하게 증가한다.

ㄷ. 자유 낙하 하는 물체의 가속도는 질량에 관계없이 일정하므로 질량이 $\dfrac{1}{2}m$인 쇠구슬을 자유 낙하 시키더라도 가속도는 중력 가속도 g이다.

05 중력 가속도의 크기가 9.8 m/s²일 때 자유 낙하 하는 물체의 속력은 1초마다 9.8 m/s씩 일정하게 증가하므로 3초 때 쇠구슬의 속력은 9.8 m/s×3=29.4 m/s이다.

06 수평 방향으로 던진 물체는 운동하는 동안 일정한 크기의 중력이 계속 작용한다.

(모범 답안) $F_A=F_B=F_C$, 공에는 지구에 의한 중력만 작용하기 때문이다.

채점 기준	배점
힘의 크기를 비교하고, 까닭을 옳게 서술한 경우	100 %
힘의 크기만 옳게 비교한 경우	50 %

07 ①, ② 동전 A는 중력만을 받아 낙하하므로 속도가 일정하게 증가하는 자유 낙하 운동을 한다.

③ 동전 B는 수평 방향으로 던진 물체와 같은 포물선 운동을 한다.

⑤ 동전 B에는 연직 방향으로 중력이 작용하여 속도가 일정하게 증가하므로, 동전 A와 같은 등가속도 운동을 한다.

(바로알기) ④ 동전 B에는 연직 방향으로는 중력이 작용하고, 수평 방향으로는 힘이 작용하지 않는다.

08 (모범 답안) 동시에 도달한다. 동전 A와 B의 낙하 높이가 같고, 연직 방향으로는 중력이 작용하여 속도가 일정하게 증가하는 등가속도 운동을 하기 때문이다.

채점 기준	배점
동시에 도달한다고 쓰고, 까닭을 옳게 서술한 경우	100 %
동시에 도달한다고만 서술한 경우	50 %

09 수평 방향으로 던진 물체는 연직 방향으로는 등가속도 운동을 하고 수평 방향으로는 등속 직선 운동을 한다. 공은 수평 방향으로 1초 동안 3 m/s의 속도로 등속 직선 운동을 하였으므로 공이 이동한 거리는 3 m/s×1 s=3 m이다.

10 ㄱ. 대포알을 더 빠른 속도로 쏘면 더 멀리 가서 떨어지므로 처음 속도는 B가 A보다 크다.

(바로알기) ㄴ. 대포알의 질량은 모두 같으므로 운동하는 동안 대포알에 작용하는 중력의 크기는 모두 같다.

ㄷ. 질량이 있는 물체에는 중력이 작용하므로 C에도 중력이 작용한다.

11 ① 심장 아래쪽에 있는 정맥에는 판막이 있어 심장으로 혈액을 보낼 때 중력으로 인해 혈액이 아래쪽으로 내려오려고 하는 역류를 방지한다.

② 구름 속에서 성장한 물방울이 중력의 영향으로 비나 눈의 형태로 지상으로 내려온다.

③ 차가운 공기와 따뜻한 공기의 밀도 차이로 중력의 차이가 발생하여 대류 현상이 일어나 대기의 순환이 일어난다.

⑤ 지표면에 가까울수록 중력이 크다. 고도가 낮은 곳은 중력의 영향을 받아 고도가 높은 곳보다 산소가 상대적으로 많다.

(바로알기) ④ 밀물과 썰물을 일으키는 주된 까닭은 달과 지구 사이의 중력 때문이다. 태양도 영향을 주지만 달에 비해 지구와의 거리가 멀어 영향력이 작다.

12 (모범 답안) 식물의 뿌리는 땅속을 향해 자란다. 귓속의 전정 기관이 중력을 감지하여 몸의 균형을 잡는다. 조류는 뼛속이 비어 있다. 등

채점 기준	배점
예를 두 가지 모두 옳게 서술한 경우	100 %
예를 한 가지만 옳게 서술한 경우	50 %

1등급 도전

진도교재 ⇨ 97쪽

01 ④ **02** ③ **03** ③ **04** ④

01 ㄱ. 진공에서 쇠구슬과 깃털은 공기 저항이 없이 중력만 받아 자유 낙하 한다. 일정한 크기의 중력만 작용하므로 가속도도 일정하다. 따라서 쇠구슬과 깃털은 바닥에 동시에 도달한다.
ㄷ. 공기 저항을 무시할 때 자유 낙하 하는 물체의 가속도는 질량과 관계없이 9.8 m/s^2으로 일정하다.
(바로알기) ㄴ. 쇠구슬과 깃털의 질량이 다르므로 작용하는 중력의 크기도 다르다.

02 ㄱ. 두 물체는 같은 높이에서 낙하하였으므로 B의 연직 방향 속도 변화는 자유 낙하 하는 물체의 속도 변화와 같다. 따라서 지면에 닿는 순간 A의 속도는 B의 연직 방향 속도와 같다.
ㄴ. 지면에 닿을 때까지 B에 작용하는 지구에 의한 중력은 크기가 일정하다.
(바로알기) ㄷ. 중력의 크기는 질량에 비례하므로 A에 작용하는 중력의 크기는 B의 2배이다.

03 ㄱ. 수평 방향으로 날아간 동전은 수평 방향으로는 힘이 작용하지 않으므로 등속 직선 운동을 하며, 수평 이동 거리 d는 처음 속도에 비례한다. 동전 B가 수평 방향으로 날아간 거리는 동전 A가 날아간 거리의 2배이므로 처음에 동전이 튀어 나가는 속도는 동전 B가 동전 A의 2배이다.
ㄴ. 날아가는 동안 작용한 힘은 두 동전 모두 지구에 의한 중력이다. 동전 A의 질량이 동전 B의 질량의 2배이므로 중력의 크기도 2배이다.
(바로알기) ㄷ. 날아가는 동안 두 동전 모두 연직 방향으로는 중력 가속도로 등가속도 운동을 하므로 가속도의 크기는 같다.

04 ㄱ. 공 A, B는 수평 방향으로 등속 직선 운동을 한다. 공 A가 더 멀리 가서 떨어졌으므로 A의 수평 방향 속도가 더 크다. 따라서 처음 공을 던진 속도는 A가 B보다 크다.
ㄴ. 두 공을 동시에 던졌다면 연직 방향으로는 중력만을 받아 자유 낙하 운동을 하므로 바닥에 동시에 떨어진다.
(바로알기) ㄷ. 공 A, B는 연직 방향으로 중력만을 받아 등가속도 운동을 하므로 가속도의 크기는 같다. 따라서 지면에 도달하는 순간 두 공의 연직 방향의 속도는 A와 B가 같다.

02 역학적 시스템과 안전

개념 쏙쏙

진도교재 ⇨ 99쪽, 101쪽

1 관성   **2** (1) ○ (2) ○ (3) ×   **3** (1) ○ (2) ○ (3) ×
4 400 N   **5** (1) ○ (2) ○ (3) ×   **6** ㉠ 시간, ㉡ 힘

1 물체에 힘이 작용하지 않으면 정지해 있던 물체는 계속 정지해 있고, 운동하던 물체는 등속 직선 운동을 한다. 이처럼 물체가 현재의 운동 상태를 계속 유지하려고 하는 성질을 관성이라고 한다.

2 (1) 버스가 갑자기 정지하면 승객은 계속 나아가려고 하므로 앞으로 넘어진다.
(2) 달리기를 하는 선수는 계속 운동하려고 하므로 결승선에서 바로 멈추기가 어렵다.
(3) 대포를 쏠 때 포신이 뒤로 밀리는 것은 작용 반작용에 의한 현상이다.

3 (1) 운동량은 질량과 속도의 곱인데, 속도만 방향을 가지므로 운동량의 방향은 속도의 방향과 같다.
(2) 충격량은 힘과 시간의 곱인데 힘만 방향을 가지므로, 충격량의 방향은 물체에 작용한 힘의 방향과 같다.
(3) 충격량의 단위는 $N \cdot s = (kg \cdot m/s^2) \cdot s = kg \cdot m/s$이므로 운동량의 단위와 같다. 속도의 단위는 m/s이다.

4 충격량=운동량의 변화량=나중 운동량−처음 운동량=힘×시간이므로 $2000 \text{ kg} \times (0-1 \text{ m/s})$=평균 힘×5 s에서 평균 힘=−400 N이다. 따라서 평균 힘의 크기는 400 N이다.

5 (1) 같은 높이에서 질량이 같은 달걀을 떨어뜨려 정지했으므로 두 달걀의 운동량의 변화량의 크기는 같다.
(2) 운동량의 변화량은 물체가 받은 충격량과 같으므로 두 달걀의 충격량의 크기는 같다.
(3) 두 달걀에 작용하는 평균 힘의 크기는 단단한 바닥에 충돌할 때가 푹신한 방석에 충돌할 때보다 크다.

6 자동차 범퍼와 같은 안전장치는 충격량이 일정할 때 충돌하여 정지할 때까지의 ㉠ 시간을 길게 하여 탑승자가 받는 ㉡ 힘의 크기를 줄이는 원리를 이용한다.

내신 탄탄

진도교재 ⇨ 102쪽~104쪽

01 ②   **02** ⑤   **03** ③   **04** ①   **05** ③   **06** ③   **07** ③
08 해설 참조   **09** ①   **10** 해설 참조   **11** ⑤   **12** ⑤
13 4배   **14** ⑤   **15** 해설 참조   **16** ④   **17** ①

01 ㄴ. 관성은 물체의 질량이 클수록 크다.

바로알기 ㄱ. 정지한 물체는 계속 정지해 있으려는 관성이 있다.

ㄷ. 움직이는 물체에 힘이 작용하지 않으면 물체는 계속 등속 직선 운동을 한다.

02 ㄴ. 이불을 막대기로 두드리면 먼지는 계속 정지해 있으려고 하기 때문에 이불과 먼지가 분리된다.

ㄷ. 뛰어가다가 발이 돌부리에 걸리면 몸은 계속 앞으로 운동하려고 하는 관성 때문에 앞으로 넘어진다.

ㄹ. 운동하던 자전거는 페달을 밟지 않아도 계속 운동하려는 관성 때문에 어느 정도 더 달릴 수 있다.

바로알기 ㄱ. 로켓은 가스를 아래 방향으로 뿜어내는 힘에 대한 반작용으로 위로 올라간다.

03 운동량은 질량과 속도의 곱으로, 크기는 다음과 같다.

A : $1 \text{ kg} \times 0.1 \text{ m/s} = 0.1 \text{ kg·m/s}$

B : $2 \text{ kg} \times 1 \text{ m/s} = 2 \text{ kg·m/s}$

C : $0.5 \text{ kg} \times 0.1 \text{ m/s} = 0.05 \text{ kg·m/s}$

04 야구공의 운동량은 $0.1 \text{ kg} \times 50 \text{ m/s} = 5 \text{ kg·m/s}$이다. 축구공의 운동량이 야구공의 운동량과 같으려면 축구공의 속도를 v라 할 때 $5 \text{ kg·m/s} = 0.5 \text{ kg} \times v$에서 $v = 10 \text{ m/s}$이다.

05 힘-시간 그래프 아랫부분의 넓이는 충격량을 의미하므로 0~3초 동안 충격량의 크기는 $\frac{1}{2} \times 3 \times 4 = 6(\text{N·s})$이다.

06 충격량=운동량의 변화량=나중 운동량-처음 운동량이다. 오른쪽 방향을 (+), 왼쪽 방향을 (−)라고 하면 벽이 공에 가한 충격량의 방향은 왼쪽이므로 $-45 \text{ kg·m/s} = 5 \text{ kg} \times (-v) - 5 \text{ kg} \times 5 \text{ m/s}$에서 속력 $v = 4 \text{ m/s}$이다.

07 ㄱ. A의 속도가 B보다 작으면 A는 B보다 항상 뒤에 있으므로 충돌이 일어나려면 A의 속도가 B의 속도보다 커야 한다.

ㄷ. A와 B가 충돌할 때 두 물체에 작용하는 힘은 크기가 같고 방향이 반대이다. 두 물체가 충돌하는 시간은 두 물체의 충돌에 의한 접촉 시간이므로 같다. 충격량은 힘과 충돌 시간의 곱이므로 충돌 시 A에 작용한 충격량의 크기는 B에 작용한 충격량의 크기와 같다.

바로알기 ㄴ. 충돌 전 A의 속도 방향은 오른쪽이지만 A는 B와 충돌할 때 왼쪽으로 힘을 받는다. 충격량의 방향은 충돌할 때 받은 힘의 방향과 같으므로 A가 받은 충격량의 방향은 왼쪽이다. 따라서 충돌 전 A의 운동 방향은 충돌할 때 A가 받은 충격량의 방향과 반대이다.

08 **모범 답안** 충돌 시 B가 받은 힘의 방향은 오른쪽이므로 충격량의 방향도 오른쪽이다. 충돌 전 B의 운동 방향도 오른쪽이므로 충격량과 같은 방향이다.

채점 기준	배점
방향 사이의 관계와 그 까닭을 옳게 서술한 경우	100 %
방향 사이의 관계만 옳게 쓴 경우	40 %

09 ㄱ. 0~4초 동안 물체 A가 받은 충격량의 크기는 운동량의 변화량과 같으므로 충격량=$2 \text{ kg·m/s} - 0 = 2 \text{ N·s}$이다.

바로알기 ㄴ. 4초일 때 물체 A의 운동량의 크기는 2 kg·m/s이다. A의 속력을 v라고 하면 $2 \text{ kg·m/s} = 2 \text{ kg} \times v$에서 $v = 1 \text{ m/s}$이다.

ㄷ. B는 운동량이 일정하므로 속도가 일정하다. 따라서 B에 작용하는 힘은 0이다.

10 **모범 답안** 바람총의 길이가 길수록 화살에 힘이 작용하는 시간이 길어져 운동량의 변화량이 커지기 때문이다.

채점 기준	배점
세 단어를 모두 사용하여 옳게 서술한 경우	100 %
두 단어만 사용하여 서술한 경우	50 %

11 공이 벽에 가한 충격량과 공이 벽으로부터 받은 충격량의 크기는 같고 방향이 반대이다. 오른쪽 방향을 (+), 왼쪽 방향을 (−)라고 하면 공이 벽으로부터 받은 충격량은 운동량의 변화량이므로 $-10 \text{ kg·m/s} - 12 \text{ kg·m/s} = -22 \text{ kg·m/s}$이다. 그러므로 공이 벽에 가한 충격량의 크기는 22 N·s이다.

12 공이 벽으로부터 받은 충격량의 크기는 22 N·s이므로 $22 \text{ N·s} =$ 평균 힘$\times 0.01 \text{ s}$에서 평균 힘의 크기는 2200 N이다.

13 힘-시간 그래프 아랫부분의 넓이는 충격량이다. $10 \text{ kg·m/s} = 2 \text{ kg} \times v$에서 2초일 때의 속력 $v = 5 \text{ m/s}$이고, $40 \text{ kg·m/s} = 2 \text{ kg} \times v'$에서 4초일 때 물체의 속력 $v' = 20 \text{ m/s}$이다. 따라서 4초일 때 물체의 속력은 2초일 때의 4배이다.

14 ㄱ. 운동량은 질량과 속도의 곱이므로 $20 \text{ kg·m/s} = 5 \text{ kg} \times v$에서 5초 후 물체의 속도 $v = 4 \text{ m/s}$이다.

ㄴ. 0~5초 동안 운동량의 변화량=충격량=힘×시간이므로 $20 \text{ N·s} =$ 힘$\times 5 \text{ s}$에서 힘=4 N이다.

ㄷ. 5초~10초 동안 물체의 운동량은 일정하므로 운동량의 변화량은 0이다. 따라서 0~10초 동안 물체가 받은 충격량은 0~5초 동안 물체가 받은 충격량과 같은 20 N·s이다.

15 **모범 답안** 바닥과의 충돌 시간을 길게 하여 멀리뛰기 선수가 받는 힘의 크기를 줄이기 위해서이다.

채점 기준	배점
두 단어를 모두 사용하여 옳게 서술한 경우	100 %
한 단어만 사용하여 서술한 경우	50 %

16 ㄱ. 같은 높이에서 유리컵이 떨어졌으므로 시멘트 바닥과 푹신한 방석에서 충돌 직전의 속도는 같다. 또한 두 유리컵이 충돌 직후 정지하였으므로 충돌 직후 속도도 같아 두 경우 운동량의 변화량이 같다. 따라서 그래프 아랫부분의 넓이 S_1과 S_2는 같다.

ㄷ. 두 경우 운동량의 변화량, 즉 충격량은 같은데 시멘트 바닥에 떨어질 때가 힘이 작용한 시간이 짧으므로 평균 힘은 푹신한 방석에 떨어질 때보다 크다.

바로알기 ㄴ. 유리컵이 충돌할 때 힘이 작용하는 시간은 시멘트 바닥일 때가 푹신한 방석일 때보다 짧다.

17 ②, ③, ④, ⑤ 충돌 시간을 길게 하여 받는 힘의 크기를 줄이는 경우이다.

바로알기 ① 충돌 시간을 짧게 하여 힘의 크기를 크게 하는 경우이다.

1등급 도전

진도교재 ⇨ 105쪽

01 ③　　**02** ④　　**03** ③　　**04** ④

01 ㄱ. 0~10초 동안 물체가 받은 충격량의 크기는 힘 - 시간 그래프 아랫부분의 넓이에 해당하므로 75 N·s이다.

ㄴ. 0~5초 동안 물체가 받은 충격량은 25 N·s이므로, 운동량의 변화량은 25 kg·m/s이다. 이 물체는 0초일 때 정지해 있었으므로 5초일 때 운동량의 크기는 25 kg·m/s이다.

바로알기 ㄷ. 10초일 때 이 물체의 운동량은 75 kg·m/s이므로 75 kg·m/s=2 kg×v에서 속도 v=37.5 m/s이다.

02 ㄴ. 0~4초 동안 B가 받은 충격량은 그래프 아랫부분의 넓이에 해당하므로 40 N·s이다. B는 처음에 정지해 있었으므로 4초일 때 운동량은 40 kg·m/s이며 운동량=질량×속도이므로 40 kg·m/s=2 kg×v에서 속도 v=20 m/s이다.

ㄷ. 0~4초 동안 그래프 아랫부분의 넓이는 A가 B의 2배이므로 A의 충격량은 B의 2배이다.

바로알기 ㄱ. 물체 A에 작용하는 힘의 크기는 일정하므로 물체는 속도가 일정하게 증가하는 등가속도 운동을 한다.

03 ㄱ. 운동량=질량×속도=2 kg×10 m/s=20 kg·m/s이다.

ㄷ. 30 N·s=300 N×시간에서 공이 벽에 접촉해 있던 시간은 0.1초이다.

바로알기 ㄴ. 충격량은 운동량의 변화량이다. 오른쪽 방향을 (+), 왼쪽 방향을 (−)라고 하면 충격량=−10 kg·m/s−20 kg·m/s=−30 N·s이므로 충격량의 크기는 30 N·s이다.

04 ㄱ. 질량이 같은 두 공이 같은 높이에서 떨어졌으므로 바닥에 충돌 직전 공 A와 B의 속도가 같다. 따라서 운동량이 같다.

ㄷ. 공 B의 충돌 직후 속도의 방향은 위(+)이고 운동량의 방향과 같다. 이때의 속도를 +v라고 하고 충돌 직전 속도를 −v_0, 공 B의 질량을 m이라고 하면 충격량은 $m(v-(-v_0))$으로 (+) 방향이다. 그러므로 충돌 시 받는 힘의 방향도 (+)방향이 되므로 공 B의 바닥과 충돌 직후 운동량의 방향은 충돌할 때 받는 힘의 방향과 같다.

바로알기 ㄴ. 공 A는 정지하고 공 B는 반대 방향으로 튀어 올랐으므로 공 A의 속도 변화량보다 공 B의 속도 변화량의 크기가 더 크다. 따라서 공 B의 운동량의 변화량이 공 A의 운동량의 변화량보다 크기가 크므로 충격량의 크기는 공 B가 공 A보다 크다.

중단원 정복

진도교재 ⇨ 106쪽~108쪽

01 ④　　**02** ③　　**03** ⑤　　**04** ④　　**05** ②　　**06** ③
07 ④　　**08** ③　　**09** ③　　**10** ③　　**11** ③　　**12** 해설 참조
13 해설 참조　　**14** 해설 참조

01 ㄴ. 2초 동안 속도가 4 m/s에서 8 m/s로 변했으므로 가속도는 다음과 같다.

$$가속도=\frac{속도\ 변화량}{시간}=\frac{8\ m/s-4\ m/s}{2\ s}=2\ m/s^2$$

ㄷ. 중력에 의해 물체는 속도가 일정하게 증가하는 등가속도 운동을 한다.

바로알기 ㄱ. 2초일 때 속도는 4 m/s, 4초일 때 속도는 8 m/s이므로 물체는 매초 속도가 2 m/s씩 빨라진다. 따라서 1초일 때 속도의 크기는 2 m/s이다.

02 수평 방향으로 던진 물체는 연직 방향으로는 속도가 일정하게 증가하는 등가속도 운동을 하고, 수평 방향으로는 속도가 일정한 등속 직선 운동을 한다.

구분	연직 방향	수평 방향
그래프		
운동	속도가 일정하게 증가 → 등가속도 운동	속도가 일정 → 등속 직선 운동

03 ㄱ. 가속도는 단위 시간당 속도 변화량이므로, 속도−시간 그래프의 기울기와 같다. 따라서 기울기가 큰 A의 가속도가 B보다 크다.

ㄴ. 질량이 같을 때 가속도의 크기는 작용한 힘의 크기에 비례하므로 힘의 크기는 A가 B보다 크다.

ㄷ. 자동차 A와 B는 모두 속도가 일정하게 증가하는 등가속도 운동을 한다.

04 ㄴ. 물체 A와 B는 수평 방향으로는 등속 직선 운동을 한다. 수평 방향으로 던진 속도는 B가 A의 2배이므로 지면에 도달할 때까지 수평 방향으로 이동한 거리는 B가 A의 2배이다.

ㄷ. 물체 A의 질량은 물체 B의 2배이므로 중력의 크기는 A가 B의 2배이다.

바로알기 ㄱ. 물체 A와 B는 연직 방향으로는 같은 높이에서 자유 낙하 하는 물체와 같은 운동을 하므로 두 물체가 지면에 도달하는 시간은 같다.

05 ㄴ. B에는 일정한 크기의 중력이 작용하여, 속도가 일정하게 증가하는 운동을 한다.

바로알기 ㄱ. A에는 연직 방향으로는 중력이 작용하고, 수평 방향으로는 힘이 작용하지 않는다.

ㄷ. B에는 일정한 크기의 중력이 작용하여 자유 낙하 운동을 하므로 B에 작용하는 힘의 크기는 일정하다.

06 공 A에는 수평 방향으로는 힘이 작용하지 않으므로 속도가 일정한 운동을 한다. 따라서 충돌 직전 A의 수평 방향 속도의 크기는 30 m/s이다.

07 두 탑 사이의 거리는 공 A가 2초 동안 수평 방향으로 30 m/s의 속도로 등속 직선 운동하여 도달하는 거리이므로 30 m/s×2 s=60 m이다.

08 ㄱ. 중력이 존재하지 않는다면 뿌리와 줄기가 자라는 방향이 일정하지 않을 것이다.

ㄴ. 중력의 영향으로 가볍고 빠른 기체는 우주로 날아가고 무겁고 느린 산소와 질소가 대기의 대부분을 차지한다.

(바로알기) ㄷ. 강물이나 바닷물이 증발하는 것은 중력의 영향이 아니라 태양 에너지의 영향이다.

09 ㄱ. 0~4초 동안 운동량의 변화량은 충격량과 같으므로 $6 \ kg \cdot m/s =$ 힘 $\times 4 \ s$에서 힘 $= 1.5 \ N$이다.

ㄴ. 0~4초 동안과 4초~6초 동안 운동량의 변화량의 크기는 $6 \ kg \cdot m/s$로 같으므로 충격량의 크기도 같다.

(바로알기) ㄷ. 2초~4초 동안 충격량 $= 6 \ kg \cdot m/s - 3 \ kg \cdot m/s = 3 \ N \cdot s$이고 4초~6초 동안 충격량 $= 0 - 6 \ kg \cdot m/s = -6 \ N \cdot s$이므로 방향이 반대이다. 따라서 힘의 방향은 반대이다.

10 ㄱ. 0~5초 동안 물체가 받은 충격량은 $25 \ N \cdot s$이므로, 운동량의 변화량은 $25 \ kg \cdot m/s$이다. 물체는 0초일 때 정지해 있었으므로 5초일 때 운동량의 크기는 $25 \ kg \cdot m/s$이다.

ㄴ. 0~10초 동안 물체의 운동량의 변화량의 크기는 물체가 받은 충격량이므로 힘 – 시간 그래프 아랫부분의 넓이이다. 따라서 $25 \ N \cdot s + 50 \ N \cdot s = 75 \ N \cdot s$이다.

(바로알기) ㄷ. 5초~10초 동안 힘이 일정하므로 물체는 속도가 일정하게 증가하는 등가속도 운동을 한다.

11 ㄱ. 같은 속도로 달리다가 정지하였으므로 운동량의 변화량의 크기가 같다. 따라서 A와 B가 받은 충격량의 크기는 같다.

ㄴ. 충격량은 물체에 작용한 힘과 시간의 곱이므로 충격량의 크기가 같을 때 충돌 시간이 짧은 B가 받은 평균 힘의 크기가 A보다 크다.

(바로알기) ㄷ. A는 짚더미, B는 벽에 충돌하므로 정지할 때까지 걸린 시간은 A가 더 길다.

12 두 물체 사이에 작용하는 중력의 크기는 질량이 클수록, 두 물체 사이의 거리가 가까울수록 크다.

(모범 답안) 두 물체의 질량을 크게 하거나, 두 물체 사이의 거리를 가깝게 한다.

채점 기준	배점
힘의 크기를 크게 하는 방법을 두 가지 모두 옳게 서술한 경우	100 %
힘의 크기를 크게 하는 방법을 한 가지만 옳게 서술한 경우	50 %

13 (모범 답안) 수평 방향으로는 힘이 작용하지 않으므로 등속 직선 운동을 하고, 연직 방향으로는 중력이 작용하므로 등가속도 운동을 한다.

채점 기준	배점
공에 작용하는 힘과 운동을 모두 옳게 서술한 경우	100 %
공에 작용하는 힘이나 운동 중 한 가지만 옳게 서술한 경우	50 %

14 (모범 답안) 유리컵이 받는 충격량은 같지만 시멘트 바닥에 떨어질 때는 충돌 시간이 짧아서 유리컵이 받는 힘이 더 크기 때문이다.

채점 기준	배점
충격량과 충돌 시간, 힘의 관계를 옳게 서술한 경우	100 %
시멘트 바닥에 떨어질 때 평균 힘이 크다고만 서술한 경우	70 %

---

2 지구 시스템

01 지구 시스템의 에너지와 물질 순환

진도교재 ⇨ 113쪽, 115쪽

개념 쏙쏙

1 (1) ○ (2) × (3) × **2** (1) 수권 (2) 지권 **3** (1) ㉢ (2) ㉠ (3) ㉡ **4** ㉠ 태양 에너지, ㉡ 일정 **5** (1) × (2) ○ (3) ×

1 (1) 지권은 지각, 맨틀, 외핵, 내핵의 층상 구조를 이루고 있는데, 그중 맨틀은 지권 전체 부피의 약 80 %를 차지한다.

(2) 기권에서 질소가 가장 많은 양을 차지하고, 산소가 두 번째로 많은 양을 차지한다.

(3) 해수는 깊이에 따른 수온 분포를 기준으로 혼합층, 수온 약층, 심해층으로 구분한다.

2 (2) 지진 해일은 지권의 에너지가 분출하면서 수권에 영향을 미치는 경우이므로 지권과 수권의 상호 작용이다.

3 (2) 조력 에너지는 달과 태양의 인력에 의해 발생하여 밀물과 썰물을 일으킨다.

4 물이 각 권과 상호 작용을 하며 순환하는 과정에서 각 권에서의 물의 양은 일정하게 유지되어 평형을 이루고 있다.

5 (1) 탄소는 지권에서 석회암(탄산염) 또는 화석 연료 형태로 존재하고, 수권에서 탄산 이온(CO_3^{2-}) 형태로 존재한다.

(2) 식물의 광합성을 통해 대기 중 이산화 탄소는 생물권으로 이동하여 유기물이 된다.

(3) 탄소가 순환하는 과정에서 에너지의 흐름이 함께 일어나 지구 시스템의 균형을 이루고 있다.

여기서 잠깐

진도교재 ⇨ 116쪽

Q1 × **Q2** 수권과 지권

[Q1] 버섯바위는 바람(기권)에 의해 모래가 지속적으로 날려 바위의 아랫부분(지권)을 깎아 형성된다. 따라서 버섯바위는 기권과 지권의 상호 작용으로 형성된다.

[Q2] 해식 동굴은 바다나 호수에서 파도(수권)에 의해 암석(지권)이 깎여 형성된다. 따라서 해식 동굴은 수권과 지권의 상호 작용으로 형성된다.

내신 탄탄

진도교재 ⇨ 117쪽~120쪽

01 ⑤	**02** ③	**03** ②	**04** ⑤	**05** 해설 참조
06 A : 해수, B : 빙하		**07** ③	**08** ④	**09** ②	**10** ①
11 ③	**12** ②	**13** (가) A (나) D (다) E	**14** ②	**15** ③
16 ④	**17** ②	**18** ①	**19** ⑤	**20** ③	**21** 해설 참조

01 ①, ② 태양계를 구성하는 여러 천체(행성, 위성, 소행성 등)는 태양의 중력의 영향을 받아 일정한 궤도를 따라 태양 주위를 공전하면서 서로 영향을 주고받는 거대한 역학적 시스템을 이룬다.
④ 원시 지구가 형성된 후 중력에 의해 상대적으로 무거운 물질은 지구 중심부로 가라앉아 핵을 형성하였고, 가벼운 물질은 위로 떠올라 맨틀을 형성하였다. 따라서 지권은 중력의 영향으로 여러 개의 층으로 나누어졌다.
바로알기 ⑤ 지구 시스템은 지구를 구성하는 요소들(지권, 기권, 수권, 생물권, 외권)이 서로 영향을 주고받으며 이루어진 시스템이다.

02 A는 내핵, B는 외핵, C는 맨틀, D는 지각이다.
ㄱ. A층(내핵)과 B층(외핵)은 철과 니켈 등 무거운 물질로 구성되어 있다.
ㄷ. C층(맨틀)은 지권 전체 부피의 약 80 %를 차지한다.
바로알기 ㄴ. 지구 자기장은 B층(외핵)에서 철과 니켈의 대류로 형성된다.

03 핵은 외핵과 내핵으로 구분하는데, 외핵(B)은 액체 상태이고, 내핵(A)은 고체 상태이다. 맨틀(C)은 고체 상태이지만 유동성이 있어 대류가 일어난다.

04

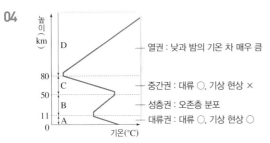

① 기권은 높이에 따른 기온 변화를 기준으로 4개의 층(대류권, 성층권, 중간권, 열권)으로 구분한다.
② A층(대류권)에는 수증기가 있고, 대류가 잘 일어나기 때문에 눈, 비, 구름 등의 기상 현상이 나타난다.
③ B층(성층권)에는 오존층이 있어서 생명체에 유해한 자외선을 흡수하여 지상의 생명체를 보호한다.
④ D층(열권)은 공기가 매우 희박하여 낮과 밤의 기온 차가 가장 크게 나타난다.
바로알기 ⑤ A층(대류권)과 C층(중간권)은 높이 올라갈수록 기온이 낮아지므로 대류가 잘 일어나 불안정하다.

05 **모범 답안** A층은 대류권, B층은 성층권, C층은 중간권, D층은 열권이다. C층인 중간권에는 수증기가 거의 없기 때문에 기상 현상이 나타나지 않는다.

채점 기준	배점
각 층의 이름을 모두 옳게 쓰고, 중간권에서 기상 현상이 나타나지 않는 까닭을 옳게 서술한 경우	100 %
중간권에서 기상 현상이 나타나지 않는 까닭만 옳게 서술한 경우	60 %
각 층의 이름만 모두 옳게 쓴 경우	40 %

06 수권의 대부분은 해수가 차지하고, 육수의 대부분은 빙하가 차지한다.

07 A는 혼합층, B는 수온 약층, C는 심해층이다.
ㄱ. A층(혼합층)은 바람의 혼합 작용으로 깊이에 관계없이 수온이 거의 일정하다. A층의 두께는 바람이 강할수록 두꺼워진다.
ㄷ. C층(심해층)은 태양 복사 에너지가 도달하지 않으므로 수온이 낮고, 위도나 계절에 관계없이 수온이 거의 일정하다.
바로알기 ㄴ. B층(수온 약층)은 깊어질수록 수온이 급격히 낮아지므로 안정한 층이다. 따라서 해수의 연직 운동이 잘 일어나지 않아 A층(혼합층)과 C층(심해층) 사이의 물질과 에너지 교환을 차단한다.

08 ㄴ. 수권인 바다에서 최초의 생명체가 탄생한 후 지권, 기권으로 생물권의 공간 범위가 확대되었다.
ㄷ. 토양 속 미생물은 생물 사체나 배설물을 분해하는 과정에서 토양의 성분을 변화시킨다.
바로알기 ㄱ. 생물권은 미생물을 포함하여 지구에 살고 있는 모든 생물을 말한다.

09 ㄷ. 외권에서 지구로 들어오는 태양 에너지는 기상 현상과 해류를 발생시키는 등 지구의 환경에 많은 영향을 준다.
바로알기 ㄱ. 외권과 지구 사이에 에너지 교환은 활발하지만, 물질 교환은 거의 없다.
ㄴ. 지구 자기장은 생명체에 유해한 우주선이나 태양풍을 차단하여 지구의 생명체를 보호한다.

10 (가) 황사는 미세한 모래 먼지(지권)가 상공으로 올라가 편서풍(기권)을 타고 이동하면서 서서히 내려오는 현상으로, 지권과 기권의 상호 작용으로 발생한다.
(나) 태풍은 적도 부근의 따뜻한 해수(수권)에서 증발한 수증기가 강한 상승 기류를 받아 응결하여 구름(기권)을 형성하면서 태풍으로 성장하므로 수권과 기권의 상호 작용이다.

11 ① 화산 활동(지권)으로 대기 중으로 화산재가 방출되어 기온(기권)이 낮아지는 것은 A에 해당한다.
② 강물(수권)이 흐르면서 암석(지권)이 풍화·침식을 받아 지형이 변하는 것은 B에 해당한다.
④ 식물(생물권)이 광합성을 하여 대기 중의 이산화 탄소를 흡수하고 산소를 방출(기권)하는 것은 D에 해당한다.
⑤ 식물(생물권)의 뿌리가 암석의 틈 사이로 자라서 암석(지권)이 부서지는 현상은 E에 해당한다.
바로알기 ③ 버섯바위는 바람(기권)에 의해 모래가 지속적으로 날려 바위의 아랫부분(지권)을 깎아 형성되므로 A에 해당한다.

12 • 지진 해일은 해저에서 급격히 발생한 지각 변동(지권)에 의해 해일(수권)이 발생하는 현상이다. ➡ A
• 화석 연료는 생물의 유해(생물권)가 지층(지권)에 퇴적된 후 오랫동안 높은 열과 압력을 받아 생성된다. ➡ E

13 (가) 오로라는 태양에서 방출된 대전 입자가 대기로 들어오면서 공기를 이루는 분자와 충돌하여 나타나므로 기권과 외권의 상호 작용으로 발생한다. ➡ A
(나) 석회동굴은 지하수가 석회암 지대를 용해하여 형성되므로 수권과 지권의 상호 작용에 해당한다. ➡ D
(다) 아마존의 열대 우림이 파괴되어 지구 온난화가 가속되는 것은 생물권이 기권에 영향을 미치는 경우이다. ➡ E

14 (바로알기) ② 오존층은 생명체에게 유해한 자외선을 차단하여 지상의 생명체를 보호한다.

15 ㄱ. 지구 시스템의 에너지원 중 가장 많은 양을 차지하는 태양 에너지(약 99.985 %)는 지구 시스템에서 자연 현상을 일으키는 근원적인 에너지이다.

ㄴ. 지구 내부의 방사성 원소의 붕괴열에 의해 발생하는 지구 내부 에너지는 맨틀 대류를 일으켜 지진, 화산 활동, 판의 운동을 일으킨다.

(바로알기) ㄷ. 해류는 태양 에너지에 의해 발생한다.

16 ㄴ. 대기와 해수의 순환을 통해 저위도 지역의 남는 에너지가 고위도 지역으로 이동하여 지구는 전체적으로 에너지 평형을 이룬다.

ㄹ. 태풍은 저위도의 남는 에너지를 고위도로 전달하고, 고위도로 이동하면서 많은 양의 비를 내려 저위도의 물을 이동시킨다.

(바로알기) ㄱ. 지구는 구형이기 때문에 고위도로 갈수록 단위 면적의 지표면이 받는 태양 복사 에너지양이 적어진다.

ㄷ. 저위도로 갈수록 태양 고도가 높아 단위 면적의 지표면이 받는 태양 복사 에너지양이 많아진다. 따라서 저위도 지역의 에너지가 남아 대기와 해수의 순환을 통해 고위도로 이동한다.

17 A는 조력 에너지, B는 태양 에너지, C는 지구 내부 에너지이다. (가)에 해당하는 에너지는 B(태양 에너지), (나)에 해당하는 에너지는 C(지구 내부 에너지), (다)에 해당하는 에너지는 A(조력 에너지)이다.

ㄴ. (나)는 지구 내부 에너지(C)이다. 지구 내부 에너지로 인해 외핵의 운동이 일어나 지구 자기장이 형성되었다.

(바로알기) ㄱ. 지구 시스템의 에너지원 중 가장 많은 양을 차지하는 것은 태양 에너지(B)이다.

ㄷ. (다)는 조력 에너지(A)이다. 맨틀의 대류를 일으키는 에너지는 (나) 지구 내부 에너지(C)이다.

18 ㄱ. 태양 에너지에 의해 물의 순환이 일어나 기상 현상, 해류 발생, 풍화와 침식 작용 등이 일어난다.

ㄴ. 육지로 내린 강수량 96단위 중 60단위는 대기로 증발하였으므로 나머지는 지표 유출량인 A이다. 96=60+A이므로 A는 36단위이다.

(바로알기) ㄷ. 육지에서 강수로 물을 얻은 양은 96단위이고, 증발로 물을 잃은 양은 60단위이다. 따라서 육지에서는 강수량이 증발량보다 많다.

ㄹ. 증발한 물은 강수에 의해 육지와 바다로 이동한다.

19 ㄱ. 탄소는 기권에서 주로 이산화 탄소 형태로 존재한다. 지권에서는 석회암(탄산염) 또는 화석 연료로, 수권에서는 탄산 이온으로, 생물권에서는 탄소 화합물 형태로 존재한다.

ㄴ. A 과정은 화석 연료의 연소 과정으로, 지권의 탄소가 기권으로 이동한다. 따라서 A 과정은 대기 중 탄소량을 증가시켜 지구 온난화를 촉진한다.

ㄷ. B 과정은 수권에서 지권으로 탄소가 이동하는 과정이다. 해수에 존재하는 탄산 이온이 탄산염으로 해저에 퇴적되어 석회암으로 저장된다.

20 ① A는 탄소가 지권에서 기권으로 이동하는 것이다. 화산 활동이 일어나면 화산 기체 성분인 이산화 탄소가 기권으로 이동한다.

② B는 탄소가 생물권에서 지권으로 이동하는 것이다. 화석 연료는 생물의 유해가 지권에 매몰되어 만들어진다.

④ D는 탄소가 기권에서 수권으로 이동하는 것이다. 대기 중의 이산화 탄소가 해수에 용해되어 탄산 이온이 된다.

⑤ E는 탄소가 수권에서 지권으로 이동하는 것이다. 석회암은 해수 중의 탄산 이온이 해저에 퇴적되어 만들어진다.

(바로알기) ③ C는 탄소가 생물권에서 기권으로 이동하는 것으로, 호흡에 해당한다. 식물은 이산화 탄소를 흡수하여 광합성을 하므로 식물의 광합성에 의해 탄소는 기권에서 생물권으로 이동한다.

21 화석 연료의 사용이 증가하면 대기 중으로 방출되는 이산화 탄소의 증가로 기권의 탄소량은 증가한다. 하지만 지구 전체의 탄소량은 변하지 않는다.

(모범 답안) 기권의 탄소량은 증가하지만, 지구 전체의 탄소량은 일정하다.

채점 기준	배점
기권과 지구 전체의 탄소량 변화를 옳게 서술한 경우	100 %
기권과 지구 전체의 탄소량 변화 중 한 가지만 옳게 서술한 경우	50 %

1등급 도전

진도교재 ⇨ 121쪽

01 ① **02** ④ **03** ④ **04** ③

01 A층은 성층권, B층은 대류권이다.

ㄱ. 대류는 높이 올라갈수록 기온이 낮아지는 대류권(B)에서 활발하게 일어난다.

(바로알기) ㄴ. 자외선은 대류권(B)보다 오존의 농도가 높은 성층권(A)에서 잘 흡수된다.

ㄷ. 성층권(A)은 오존층에서 자외선을 흡수하여 높이 올라갈수록 기온이 상승하는데, 오존층이 파괴되면 성층권의 평균 기온은 하강할 것이다.

02 ㄴ. (가)와 (나) 사이에 육지에 생명체가 출현하였으므로 생명체에게 유해한 자외선을 흡수하는 오존층은 (가)와 (나) 사이에 형성되었다.

ㄷ. 생물권은 수권에서 최초의 생명체가 출현하여 수권 → 수권, 지권 → 수권, 지권, 기권으로 확대되어 현재는 수권, 지권, 기권에 걸쳐 분포한다.

(바로알기) ㄱ. 생물권의 공간 범위는 수권에서 지권과 기권으로 점차 확대되었다.

03 Ⅰ : 화산이 폭발하여 이산화 탄소가 대기로 방출된 것은 지권에서 기권으로 탄소가 이동한 것이다.

Ⅱ : 대기 중 이산화 탄소가 해수에 녹아 탄산 이온이 된 것은 기권에서 수권으로 탄소가 이동한 것이다.

Ⅲ : 해수 중 탄산 이온이 칼슘 이온과 결합하여 석회암을 형성한 것은 수권에서 지권으로 탄소가 이동한 것이다.

따라서 A는 기권, B는 지권, C는 수권에 해당한다.

04 ㄱ. 대기 중의 질소는 토양 속의 세균을 통해 질산 이온으로 전환되어 식물에게 흡수된다.

ㄷ. 질소는 생물을 구성하는 주요 성분인 단백질의 구성 성분이 된다.

바로알기 ㄴ. 동식물의 배설물이나 사체가 분해자를 통해 분해되면 질소가 다시 기권으로 이동한다.

여기서 잠깐 진도교재 ⇨ 127쪽

Q1 B, C, E **Q2** A, F, J **Q3** B, D

[Q1] 맨틀 물질이 하강하는 곳은 수렴형 경계이다. 따라서 B. 히말라야산맥, C. 일본 해구, E. 안데스산맥이 이에 해당한다.

[Q2] 판이 생성되는 곳은 발산형 경계이다. 따라서 A. 동아프리카 열곡대, F. 대서양 중앙 해령, J. 아이슬란드 열곡대가 이에 해당한다.

[Q3] 지진은 활발하게 일어나지만, 화산 활동이 거의 일어나지 않는 곳은 대륙판과 대륙판이 충돌하는 수렴형 경계(충돌형)와 보존형 경계이다. 따라서 B. 히말라야산맥과 D. 산안드레아스 단층이 이에 해당한다.

02 지권의 변화

개념 쏙쏙 진도교재 ⇨ 123쪽, 125쪽

1 (1) ○ (2) ○ (3) × **2** (1) ㉠ 암석권, ㉡ 연약권 (2) 두껍다
(3) 작다 (4) 맨틀의 대류(연약권의 대류) **3** (1) × (2) ○
4 (1) ㉡ (2) ㉠ (3) ㉢ **5** (1) (마) (2) (가), (바) (3) (나), (다), (라)
6 ㉠ 하강, ㉡ 기권

1 (1) 화산 활동, 지진과 같은 지각 변동을 일으키는 주요 에너지원은 지구 내부 에너지이다.

(2) 화산 활동과 지진은 대부분 판 경계에서 발생하기 때문에 화산대와 지진대는 대체로 일치한다.

(3) 화산대와 지진대는 대체로 일치하지만, 지진이 발생하는 곳에서 항상 화산 활동이 일어나는 것은 아니다.

2 (1) (가)는 지각과 상부 맨틀의 일부를 포함한 단단한 부분이므로 암석권이고, 그 아래로 (나) 연약권이 분포한다.

(2), (3) 대륙 지각은 해양 지각보다 두께가 두껍고 밀도가 작다. 대륙판은 대륙 지각을 포함하고, 해양판은 해양 지각을 포함하므로 대륙판은 해양판보다 두께가 두껍고 밀도가 작다.

3 (1) 지구 표면은 10여 개의 크고 작은 판으로 이루어져 있다.

4 (1) 발산형 경계에서는 맨틀 물질이 상승하여 새로운 판이 생성되면서 양쪽으로 판이 멀어진다.

(3) 두 판이 서로 어긋나는 경계는 판이 생성되거나 소멸되지 않으므로 보존형 경계이다.

5 (2) 두 판이 서로 멀어지는 경계는 발산형 경계 (가), (바)이다.

6 화산 활동은 지권에서 일어나는 현상이므로 화산 활동으로 분출된 화산재에 의해 기후가 변하는 현상은 지권과 기권이 상호 작용을 한 예이다.

내신 탄탄 진도교재 ⇨ 128쪽~130쪽

01 ③ **02** ② **03** 해설 참조 **04** ④ **05** ③ **06** ④
07 A, 변환 단층 **08** ② **09** ② **10** ① **11** ②
12 ⑤ **13** ② **14** ③ **15** ④

01 **바로알기** ③ 화산 활동이 일어나는 곳에서는 대부분 지진이 발생하지만, 지진이 발생하는 곳에서 항상 화산 활동이 일어나는 것은 아니다.

02 ㄷ. 지진은 단층이 생성될 때나 화산 활동이 일어날 때 발생하므로 화산 활동이 활발한 곳에서는 지진도 자주 발생한다.

바로알기 ㄱ. 대륙과 해양의 경계 부근에서는 화산 활동과 지진이 비교적 활발하게 일어나지만, 대륙의 중심부에서는 화산 활동과 지진이 드물게 발생한다.

ㄴ. 태평양 연안에서는 화산 활동이 활발하게 일어난다. 그 까닭은 태평양 연안을 따라 해양판과 대륙판의 수렴형 경계인 해구가 분포하기 때문이다. 하지만 대서양 연안에는 해구가 분포하지 않기 때문에 화산 활동이 거의 일어나지 않는다.

03 판 구조론에 의하면 지구 표면은 크고 작은 여러 개의 판으로 이루어져 있고, 이 판들이 맨틀 대류로 인해 서로 다른 방향과 속도로 움직이며 상호 작용을 하므로 판 경계 부분에서 화산 활동이나 지진 같은 지각 변동이 활발하게 일어난다.

모범 답안 화산 활동이나 지진과 같은 지각 변동은 대부분 판 경계에서 판의 상대적인 운동에 의해 발생하기 때문에 화산대와 지진대는 판 경계와 대체로 일치한다.

채점 기준	배점
지각 변동이 판 경계에서 판의 상대적인 운동에 의해 발생한다는 내용을 포함하여 옳게 서술한 경우	100 %
지각 변동이 판 경계에서 일어나기 때문이라고만 서술한 경우	70 %

04 ④ 대륙 지각은 해양 지각보다 두께가 두껍다. 대륙판은 대륙 지각을 포함하고, 해양판은 해양 지각을 포함하므로 대륙판은 해양판보다 두께가 두껍다.

바로알기 ① A는 지각과 상부 맨틀의 일부를 포함하고 있으므로 암석권, B는 A 아래에 있으므로 연약권이다.

② 연약권(B)은 고체 상태이지만 부분적으로 용융되어 있어 유동성이 있다.

③ 판의 두께는 약 100 km이다.

⑤ 대륙 지각이 해양 지각보다 밀도가 작으므로 대륙판이 해양판보다 밀도가 작다.

05 ㄱ. 지각과 상부 맨틀의 일부를 포함한 두께 약 100 km의 단단한 부분을 암석권이라고 하며, 암석권의 조각을 판이라고 한다.

ㄴ. 지구의 표면은 10여 개의 크고 작은 판으로 이루어져 있으며, 판의 이동 방향과 이동 속도는 다양하다.

바로알기 ㄷ. 암석권 아래에 있는 연약권은 부분 용융 상태여서 유동성이 있으며, 연약권의 대류로 그 위에 있는 판이 이동한다.

06

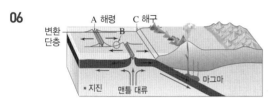

④ A와 B 경계에서는 천발 지진, C 경계에서는 천발~심발 지진이 자주 발생한다.

바로알기 ① A는 발산형 경계, B는 보존형 경계, C는 수렴형 경계이다.

② A 경계에서는 해령, B 경계에서는 변환 단층, C 경계에서는 해구가 발달한다.

③ 발산형 경계인 A에서는 새로운 해양 지각이 생성되면서 판이 생성되고, 수렴형 경계인 C에서는 판이 섭입하면서 해양 지각이 소멸한다.

⑤ A 경계에서는 마그마가 상승하여 화산 활동이 활발하고, C 경계에서는 섭입대에서 생성된 마그마가 분출하여 화산 활동이 활발하다. 판이 어긋나는 B 경계에서는 화산 활동이 일어나지 않는다.

07 보존형 경계는 중발·심발 지진이 일어나지 않고 천발 지진이 일어나지만, 화산 활동은 일어나지 않으므로 A이다. 보존형 경계에서는 해령과 해령 사이에서 수직으로 끊어진 변환 단층이 발달한다.

B는 천발 지진은 일어나지만 중발·심발 지진은 일어나지 않고 화산 활동이 일어나는 곳이므로 발산형 경계이다.

C는 충돌형 수렴 경계, D는 섭입형 수렴 경계이다.

08 ㄷ. 동아프리카 열곡대는 맨틀 대류가 상승하는 곳에서 대륙판이 갈라져 양쪽으로 멀어지는 발산형 경계에 해당한다.

바로알기 ㄱ. 열곡대는 판과 판이 멀어지면서 지각이 갈라져 생긴 V자 모양의 골짜기가 길게 발달한 지형이다.

ㄴ. 발산형 경계에서는 심발 지진은 발생하지 않고 천발 지진이 주로 발생한다.

09 • A : 동아프리카 열곡대 – 대륙판이 양쪽으로 갈라지는 발산형 경계(ㄱ), 판이 멀어지면서 V자 모양의 골짜기인 열곡이 길게 발달하여 열곡대가 형성된다.

• B : 히말라야산맥 – 밀도가 비슷한 두 대륙판이 충돌하는 수렴형 경계(ㄴ), 거대한 습곡 산맥이 발달한다.

• C : 산안드레아스 단층 – 두 판이 서로 어긋나는 보존형 경계(ㄹ), 해령과 해령 사이에서 두 판이 어긋나면서 변환 단층이 발달한다.

• D : 페루 – 칠레 해구 – 밀도가 큰 해양판이 밀도가 작은 대륙판 아래로 섭입하는 수렴형 경계(ㄷ), 판 경계에서는 해구가 발달하고, 습곡 산맥인 안데스산맥이 발달한다.

10 ㄱ. A는 대륙판과 대륙판의 발산형 경계로, 열곡대가 발달해 있으며, 시간이 지나면 바닷물이 들어와 홍해처럼 좁은 바다가 된 후 점점 넓어질 것이다.

ㄴ. B는 대륙판과 대륙판의 수렴형 경계로 습곡 산맥이 형성된 곳이며, D는 해양판과 대륙판의 수렴형 경계로 해구와 습곡 산맥이 형성된 곳이다. 두 지역 모두 수렴형 경계이므로 맨틀 대류의 하강부이다.

바로알기 ㄷ. C는 보존형 경계로, 판이 생성되거나 소멸되지 않는다.

ㄹ. A~D 지역에서 모두 공통으로 발생하는 지진은 천발 지진이다. 섭입형 수렴 경계에서는 밀도가 큰 판이 밀도가 작은 판 아래로 비스듬히 섭입하면서 천발~심발 지진이 발생한다.

11 ㄱ. 이 지역은 해양판인 태평양판이 대륙판인 남아메리카판 아래로 섭입하는 수렴형 경계이다. 해양판이 대륙판 아래로 섭입함에 따라 A에서 B 쪽으로 갈수록 지진이 발생하는 깊이가 깊어진다.

ㄹ. 섭입대에서 마그마가 생성되므로 A 지역을 기준으로 태평양보다 남아메리카 대륙에서 화산 활동이 활발하게 일어난다.

바로알기 ㄴ. A 지역은 해양판이 대륙판 아래로 섭입하여 소멸되는 경계에 해당한다. 새로운 판이 생성되는 경계는 발산형 경계에 해당한다.

ㄷ. 해구는 판이 섭입하면서 생기는 깊은 골짜기이므로 A 지역에 발달한다.

12 ㄱ. 화산재에는 칼륨, 나트륨, 인 등 무기질이 풍부하게 함유되어 있기 때문에 화산재가 쌓이면 토양이 비옥해진다.

ㄴ. 화산 활동 시 분출되는 용암이나 용암에 섞여 흐르는 화산 쇄설물은 도로를 파괴하고 산불이나 산사태를 일으켜 인명이나 재산 피해를 줄 수 있다.

ㄷ. 화산 기체에 포함된 이산화 황 등의 성분이 빗물에 섞이면 산성을 띠며, 산성비가 내리면 생태계에 피해를 준다.

13 (가) 대기로 방출된 화산재에 의해 햇빛이 차단되어 기온이 낮아지는 것은 지권이 기권에 미치는 영향(A)이다.

(나) 화산 쇄설물이 용암에 섞여 흘러내리면서 화산 주변의 생태계가 일시적으로 파괴되는 것은 지권이 생물권에 미치는 영향(C)이다.

(다) 해저 화산 활동에 의해 해수에 파동이 생겨 해일이 발생하는 것은 지권이 수권에 미치는 영향(B)이다.

14 ㄱ, ㄴ. 지진이 발생하면 지표면이 갈라지면서 도로, 건물, 교량 등이 붕괴되고, 전선이 끊겨 발생한 합선이나 누전으로 화재가 발생할 수 있다.

바로알기 ㄷ. 해저에서 지진이 발생하면 그 진동으로 지진 해일(쓰나미)이 발생하여 해안 지역을 덮쳐 큰 인명 및 재산 피해가 발생할 수 있다.

15 **바로알기** ④ 지진이 자주 발생하면 건물이나 도로에 균열이 생길 수 있으므로 댐이나 수로 건설은 피한다.

1등급 도전

진도교재 ⇨ 131쪽

01 ①　**02** ①　**03** ①　**04** ③

01

ㄱ. A는 환태평양 화산대에 속하는 일본 열도 부근에서 형성된 화산이다.

바로알기 ㄴ. B는 페루 – 칠레 해구 부근에서 형성된 화산으로, 이 지역에서는 해양판인 나스카판이 대륙판인 남아메리카판의 아래로 섭입되어 화산 활동이 일어난다.

ㄷ. A와 B는 판의 수렴형 경계 지역에 있지만, C는 판의 내부에 있는 하와이이다.

02 (가)는 두 판이 3 cm/년의 속도로 점점 멀어지므로 발산형 경계 지역이고, (나)는 두 판이 3 cm/년의 속도로 점점 가까워지므로 수렴형 경계 지역이다.

ㄱ. 지각의 평균 밀도는 해양 지각으로 이루어진 (가) 지역이 대륙 지각으로 이루어진 (나)보다 크다.

바로알기 ㄴ. 암석권의 평균 두께는 대륙판인 (나) 지역이 해양판인 (가) 지역보다 두껍다.

ㄷ. 지진 발생 지점의 평균 깊이는 수렴형 경계 지역인 (나)가 발산형 경계 지역인 (가)보다 깊다. (가)에서는 천발 지진, (나)에서는 천발~심발 지진이 발생한다.

03 ② 지각이 충돌하는 곳에서는 지진이 활발하게 발생한다.

③ 대륙 지각을 포함하는 대륙판이 서로 가까워지고 있다.

④ 판이 가까워지고 있으므로 판 경계의 양쪽에서 미는 힘(횡압력)이 작용하여 지층이 융기하여 습곡 산맥이 형성된다.

⑤ 히말라야산맥은 해양 퇴적물이 횡압력을 받아 높이 솟아오르면서 형성되었으므로 산맥의 정상부에서 해양 생물의 화석이 발견된다.

바로알기 ① 히말라야산맥은 과거에 두 대륙 지각 사이에 있던 해양 지각이 소멸한 후, 대륙 지각과 대륙 지각이 충돌하여 형성된 습곡 산맥이다.

---

04 수렴형(섭입형) 경계에서 섭입되는 판 쪽으로 갈수록 지진이 깊은 곳에서 발생하므로 판 경계를 기준으로 두 판의 상대적인 밀도를 비교하면 다음과 같다.

ㄱ, ㄴ. 태평양판 – 필리핀판, 태평양판 – 유라시아판, 필리핀판 – 유라시아판의 경계는 모두 수렴형 경계로, 해구가 존재하며, 해구 부근에서 지각 변동이 활발하게 일어나고 있다. 우리나라보다 일본에서 지각 변동이 더 활발하게 일어나므로 해구는 우리나라보다 일본에 더 가깝다.

바로알기 ㄷ. 태평양판이 유라시아판과 필리핀판 아래로 섭입하는 것으로 보아 태평양판의 밀도가 가장 크다.

중단원 정복

진도교재 ⇨ 132쪽~134쪽

01 ①　**02** ②　**03** ①　**04** ①　**05** ④　**06** ②
07 ③　**08** ④　**09** ③　**10** ①　**11** 해설 참조　**12** 해설 참조　**13** 해설 참조

01

ㄱ. 지권(A)은 지구 표면인 지각과 그 아래 지구 내부를 포함하는 깊이 약 6400 km인 영역이다.

ㄴ. 수권(B)에 해당하는 행성 표면에 존재하는 액체 상태의 물은 생명체가 존재하기 위한 조건 중의 하나이다.

바로알기 ㄷ. 기권(C)은 온실 효과를 일으켜 생명체가 살기 적합한 온도를 유지한다.

ㄹ. 생물권은 지권(A), 수권(B), 기권(C)에 걸쳐 분포한다.

02 (가)에서 A는 대류권, B는 성층권, C는 중간권, D는 열권이다. (나)에서 ㉠은 혼합층, ㉡은 수온 약층, ㉢은 심해층이다.

ㄴ. (나)의 ㉠층의 두께는 바람이 강할수록 두꺼워진다. (가)에서 바람이 불며 혼합층과 맞닿아 있는 층은 A층이다.

바로알기 ㄱ. (가)와 (나)의 온도 분포에 가장 큰 영향을 주는 에너지는 태양 에너지이다. 지구 내부 에너지는 지진, 화산 활동 등을 일으킨다.

ㄷ. 위층의 온도가 높고 아래층의 온도가 낮으면 대류가 잘 일어나지 않아 안정하다. (가)의 B층은 위로 올라갈수록 기온이 높고, (나)의 ㉡층은 깊어질수록 수온이 낮으므로 안정하다.

03 • 강한 바람과 기압의 감소(기권)에 의해 폭풍 해일(수권)이 발생하는 것은 기권과 수권의 상호 작용이다.

• 화산 활동(지권)으로 태양 복사 에너지의 대기 투과율이 달라지면서 기온이 변하는 것(기권)은 지권과 기권의 상호 작용이다. 두 현상의 공통된 지구 시스템의 구성 요소는 기권이므로 (가)는 기권, (나)는 수권, (다)는 지권에 해당한다.

04 A는 태양 에너지, B는 조력 에너지, C는 지구 내부 에너지이다.

ㄱ. 태양 에너지(A)는 대기와 물을 순환시켜 풍화와 침식 작용을 일으킨다.

바로알기 ㄴ. 태양 에너지(A)의 양이 조력 에너지(B)보다 많다.

ㄷ. 지구 시스템의 에너지원인 태양 에너지(A), 조력 에너지(B), 지구 내부 에너지(C)는 독립적인 에너지원으로, 서로 전환되지 않는다.

05 ㄱ. 수권, 지권, 생물권에서 기권으로 연간 이동하는 탄소의 양은 $90+60+5.5+60=215.5$(단위)이다. 기권에서 수권, 생물권으로 연간 이동하는 탄소의 양은 $92+121=213$(단위)이다. 따라서 기권으로 이동하는 탄소의 양이 2.5단위 더 많다.

ㄴ. 수온이 높을수록 기체의 용해도가 감소하므로 수온이 상승하면 수권에서 기권으로 이동하는 탄소량(A)이 증가한다.

ㄹ. 삼림 면적이 증가하면 광합성량이 증가하므로 B가 활발해진다.

바로알기 ㄷ. 화석 연료의 사용량이 증가하면 지권에서 기권으로 이동하는 탄소량이 증가하여 지권의 탄소량이 감소한다.

06 ① 판이 이동하면서 판 경계에서 지각 변동이 일어난다.

③ 화산 활동이나 지진으로 분출된 에너지와 물질은 지형과 기후를 변화시키고 지진 해일 등을 일으키며, 생명체에도 영향을 주어 생태계가 변화한다.

④ 화산 활동으로 방출된 화산재는 무기질이 풍부하므로 토양에 쌓인 후 시간이 지나면 토양이 비옥해진다.

⑤ 지진이 발생하면 건물이나 도로가 파괴되므로 사회적, 경제적 피해가 발생한다.

바로알기 ② 화산 활동과 지진은 지구 내부 에너지가 급격히 방출되면서 발생한다.

07 ① 화산 활동과 지진은 주로 판 경계를 따라 발생하므로 화산대와 지진대는 좁고 긴 띠 모양으로 분포한다.

② 환태평양 지역에 섭입대가 많이 분포하여 화산 활동이 가장 활발하게 나타난다.

④ 대서양 중앙부에 판 경계가 위치하여 지각 변동이 활발하다.

⑤ 지진은 모든 판 경계에서 발생하지만, 화산 활동은 일부 판 경계에서는 일어나지 않는다. 따라서 판 경계를 추정하기 위해서는 화산대보다 지진대의 분포가 더 유용하다.

바로알기 ③ 화산 활동과 지진은 주로 판 경계에서 발생한다.

08 (가)는 수렴형 경계(섭입형), (나)는 발산형 경계이다.

④ (가)에서는 해구, 호상 열도나 습곡 산맥이 발달하고, (나)에서는 해령이 발달한다.

바로알기 ① (가)에서는 천발~심발 지진, (나)에서는 천발 지진이 발생한다.

② (가)에서는 해양 지각이 대륙 지각 아래로 섭입하여 소멸되고, (나)에서는 맨틀 대류의 상승에 따른 마그마의 발생으로 화산 활동이 일어나 새로운 해양 지각이 생성된다.

③ 변환 단층은 보존형 경계에서 발달한다.

⑤ 맨틀 대류가 하강하는 곳은 수렴형 경계인 (가)이고, (나)의 발산형 경계에서는 맨틀 대류가 상승한다.

09 A는 수렴형 경계(섭입형), B는 수렴형 경계(충돌형), C는 발산형 경계이다.

ㄴ. A와 B는 모두 수렴형 경계이므로 A와 B 부근에는 횡압력에 의한 습곡 산맥이 형성될 수 있다.

ㄷ. B는 대륙판끼리 충돌하는 수렴형 경계이므로 화산 활동이 거의 일어나지 않으며, C는 판이 확장되는 발산형 경계이므로 화산 활동이 활발하게 일어난다.

바로알기 ㄱ. A는 섭입형 수렴 경계이므로 해구가 발달한다.

ㄹ. A는 해양판이 대륙판 아래로 섭입하여 판이 소멸되지만, C에서는 마그마가 상승하여 분출되므로 새로운 판이 생성된다.

10 A는 판이 서로 가까워지고 있으므로 수렴형 경계이고, B는 판이 서로 멀어지고 있으므로 발산형 경계이며, C는 판이 서로 어긋나고 있으므로 보존형 경계이다.

ㄱ. A와 같은 수렴형 경계(섭입형) 부근에서는 지진과 화산 활동이 밀도가 작은 대륙판 쪽에서 주로 발생한다.

바로알기 ㄴ. B는 발산형 경계이므로 심발 지진은 발생하지 않고, 천발 지진이 자주 발생한다.

ㄷ. C는 보존형 경계이므로 화산 활동이 일어나지 않는다.

11 모범 답안 (가)는 태양과 달의 인력으로 나타나는 현상으로, 근원 에너지는 조력 에너지이다. (나)는 맨틀 대류에 의해 형성된 습곡 산맥으로, 근원 에너지는 지구 내부 에너지이다. (다)는 위도에 따른 태양 복사 에너지양의 불균형 때문에 일어나는 현상으로, 근원 에너지는 태양 에너지이다.

채점 기준	배점
(가)~(다) 현상이 일어나는 과정과 근원 에너지를 모두 옳게 서술한 경우	100 %
(가)~(다) 현상이 일어나는 과정만 옳게 서술한 경우	50 %
(가)~(다) 현상의 근원 에너지만 옳게 서술한 경우	50 %

12 해양판이 대륙판보다 밀도가 더 크므로 두 판이 수렴할 경우 해양판이 대륙판 아래로 섭입된다.

모범 답안 해양판이 대륙판 아래로 섭입되면서 해구와 함께 습곡 산맥이나 호상 열도가 형성된다.

채점 기준	배점
판의 움직임과 지형 두 가지를 모두 옳게 서술한 경우	100 %
판의 움직임과 지형 중 한 가지만 옳게 서술한 경우	70 %
판의 움직임만 옳게 서술한 경우	30 %

13 모범 답안 (가) 화산 활동으로 분출한 화산재가 대기 중에 머물면서 햇빛을 차단하여 기온이 하강하였다.

(나) 지권과 기권 사이의 상호 작용으로 나타나는 현상이다.

채점 기준	배점
(가)와 (나)를 모두 옳게 서술한 경우	100 %
(가)와 (나) 중 한 가지만 옳게 서술한 경우	50 %

3 생명 시스템

01 생명 시스템의 기본 단위

개념 쏙쏙
진도교재 ⇨ 139쪽

1 세포 → 조직 → 기관 → 개체　　**2** (1) 리보솜 (2) 엽록체
(3) 핵　**3** (1) 세포막 (2) 선택적 투과성 (3) 확산 (4) 삼투

1 생명 시스템에서는 모양과 기능이 비슷한 세포가 모여 조직을 이루고, 여러 조직이 모여 고유한 형태와 기능을 가진 기관을 이룬다. 그리고 여러 기관이 모여 독립적으로 생명 활동을 할 수 있는 개체가 된다.

2 (1) 리보솜에서는 핵으로부터 전달된 유전 정보에 따라 단백질이 합성된다.
(2) 엽록체에서는 물과 이산화 탄소를 원료로 포도당을 합성하는 광합성이 일어난다.
(3) 핵 속에는 유전 물질인 DNA가 들어 있어 세포의 구조와 기능을 결정하고, 세포의 생명 활동을 조절한다.

3 (1) 세포막은 인지질 2중층에 막단백질이 파묻히거나 관통하고 있는 구조이다.
(2) 선택적 투과성이란 물질의 종류에 따라 어떤 물질은 잘 투과시키고, 어떤 물질은 잘 투과시키지 않는 성질을 말한다. 세포막은 물질의 종류에 따라 물질을 투과시키는 정도가 다른 선택적 투과성을 나타낸다.
(3) 산소(O_2)와 같이 크기가 매우 작은 기체 분자는 세포막의 인지질 2중층을 직접 통과하여 확산한다.
(4) 적혈구를 진한 설탕물에 넣으면 삼투가 일어나 적혈구에서 빠져나가는 물이 양이 많아진다.

탐구 Ⓐ
진도교재 ⇨ 141쪽

확인 문제 **1** (1) ○ (2) ○ (3) ○ (4) ✕　**2** ⑤

1 (1), (3) 이 실험을 통해 삼투에 의해 세포막을 경계로 농도가 낮은 쪽에서 농도가 높은 쪽으로 물이 이동한다는 것을 알 수 있다. 따라서 물은 세포막을 통해 농도가 낮은 쪽에서 높은 쪽으로 이동한다.
(2) 설탕은 분자의 크기가 커서 세포막으로 이동하지 않는다. 따라서 세포막을 통해 물이 이동한다.
(4) 10 % 설탕 용액에서는 세포 안팎으로 이동하는 물의 양이 거의 같아서 세포의 부피 변화가 거의 나타나지 않는다.

2 ㄴ, ㄷ. 설탕 용액의 농도가 양파 표피 세포보다 높아 양파 표피 세포에서 설탕 용액으로 물이 빠져나가 세포질의 부피가 줄어들다가 세포막이 세포벽과 분리되었다. 즉, 양파 표피 세포 안으로 들어오는 물의 양보다 세포 밖으로 빠져나가는 물의 양이 많아 세포질이 수축하여 세포막이 세포벽과 분리된다.
바로알기 ㄱ. 양파 표피 세포에서는 세포막을 경계로 농도가 낮은 쪽에서 농도가 높은 쪽으로 물이 이동하는 삼투가 일어났다.

여기서 잠깐
진도교재 ⇨ 142쪽

Q1 리보솜　　**Q2** ✕　　**Q3** ㉠ 낮은, ㉡ 높은

[Q1] 리보솜은 전달받은 DNA의 유전 정보에 따라 단백질을 합성하는 장소이다.

[Q2] 포도당은 막단백질을 통해 확산하므로 어느 정도까지는 세포 안팎의 농도 차에 비례하여 확산 속도가 빨라지지만, 세포 안팎의 농도 차가 일정 수준에 이르면 막단백질이 모두 물질을 이동시키고 있기 때문에 확산 속도가 더 이상 빨라지지 않고 일정해진다.

[Q3] 세포막을 경계로 두 용액의 농도가 다를 때 농도가 낮은 쪽에서 높은 쪽으로 물이 이동하는 삼투가 일어난다.

내신 탄탄
진도교재 ⇨ 143쪽~146쪽

01 ③	**02** ⑤	**03** ④	**04** ①	**05** ②	**06** ⑤
07 ④	**08** ④	**09** ③	**10** ②	**11** ④	**12** ④
13 ⑤	**14** ①	**15** ②	**16** 해설 참조	**17** ③	**18** ④
19 해설 참조	**20** ②				

01 ㄷ. 하나의 생물 개체는 다양한 세포가 서로 유기적으로 조직되어 상호 작용을 하는 생명 시스템이다.
바로알기 ㄱ. 생물을 구성하는 기본 단위인 세포는 여러 세포 소기관이 상호 작용을 하는 생명 시스템이다.
ㄴ. 생명 시스템의 구성 단계는 세포 → 조직 → 기관 → 개체이다.

02 ㄱ. 세포는 생명 시스템을 구성하는 구조적·기능적 단위이다.
ㄴ. 아메바, 짚신벌레와 같은 단세포 생물은 하나의 세포로 생명 활동을 유지한다.
ㄷ. 여러 세포 소기관이 상호 작용을 하여 생명 활동이 일어나 생명 시스템을 유지한다.

03 ① A는 생명 시스템의 기본 단위인 세포이다.
② 세포(A)에는 핵, 리보솜, 소포체, 골지체, 미토콘드리아 등 다양한 세포 소기관이 있다.
③ B는 모양과 기능이 비슷한 세포들의 모임인 조직이다.
⑤ D는 기관계로, 식물체에는 없는 구성 단계이다.
바로알기 ④ 기관(C)은 여러 조직이 모여 특정한 형태와 기능을 나타내는 구성 단계이다.

04 A는 엽록체, B는 핵, C는 미토콘드리아, D는 세포막, E는 리보솜이다.

05 ② B는 핵으로, 핵에는 유전 물질인 DNA가 들어 있어 세포의 생명 활동을 조절한다.
바로알기 ① 성숙한 식물 세포일수록 크게 발달하는 세포 소기관은 액포이다.
③ 광합성으로 유기물의 합성이 일어나는 세포 소기관은 엽록체(A)이다. C는 미토콘드리아이다.
④ D는 세포막으로 세포 안팎의 물질 출입을 조절한다. 단백질을 세포 밖으로 분비하는 세포 소기관은 골지체이다.
⑤ E는 리보솜이며, 단백질의 합성이 일어나는 장소이다. 세포 호흡이 일어나는 장소는 미토콘드리아(C)이다.

06 ⑤ 여러 개의 아미노산이 펩타이드 결합으로 연결되어 단백질이 합성되는 세포 소기관은 리보솜(E)이다.

07 ㄱ. A는 소포체, B는 엽록체, C는 세포막이다.
ㄷ. 세포막(C)은 세포를 둘러싸는 얇은 막으로, 세포 모양을 유지하고 세포 안팎으로의 물질 출입을 조절한다.
바로알기 ㄴ. B는 엽록체이다. 엽록체에서는 빛에너지를 이용해 포도당을 합성하는 광합성이 일어난다. 단백질이 합성되는 장소는 리보솜이다.

08 ㄱ. (가)는 광합성이 일어나는 장소인 엽록체이고, (나)는 세포 호흡이 일어나는 장소인 미토콘드리아이다.
ㄷ. 엽록체(가)는 광합성으로 빛에너지를 포도당의 화학 에너지로 전환하는 세포 소기관이고, 미토콘드리아(나)는 세포 호흡으로 포도당의 화학 에너지를 세포 활동에 필요한 형태의 에너지로 전환하는 세포 소기관이다.
바로알기 ㄴ. 엽록체(가)는 식물 세포에만 있으며, 미토콘드리아(나)는 동물 세포와 식물 세포에 모두 있다.

09 ③ DNA에서 전달받은 유전 정보에 따라 리보솜(가)에서 단백질을 합성하고, 합성된 단백질은 소포체(나)를 통해 골지체(다)로 이동한 후 세포 밖으로 분비된다.

10 ② 엽록체와 세포벽은 식물 세포에만 있다. 리보솜, 골지체, 미토콘드리아는 동물 세포와 식물 세포에 모두 있다.

11 ㄱ. 세포막의 주성분은 인지질과 단백질이다.
ㄷ. 세포막은 물질 출입을 조절하여 세포 내부를 생명 활동이 일어나기에 적합한 환경으로 유지한다.
바로알기 ㄴ. 세포막은 물질의 종류에 따라 물질을 투과시키는 정도가 달라 세포 안팎으로의 물질 출입을 조절한다.

12 ㄱ, ㄴ. A는 막단백질이며, B는 인지질이다. 세포막에서 인지질(B)은 소수성 부분인 꼬리끼리 안쪽으로 마주 보고, 친수성 부분인 머리 부분이 바깥쪽으로 배열되어 2중층을 이루고 있다.
바로알기 ㄷ. 인지질의 ㉠은 친수성인 머리 부분이고, ㉡은 소수성인 꼬리 부분이다.

13 ㄱ. 인지질층은 유동성이 있어 인지질의 위치에 따라 막단백질(A)의 위치가 바뀐다.
ㄴ. 포도당을 이동시키는 막단백질(A)은 포도당만을 선택적으로 이동시킨다.
ㄷ. 포도당은 막단백질에 의해 고농도에서 저농도로 확산한다.

14 ㄱ. A는 인지질 2중층을 직접 통과하여 확산하는 물질로, 크기가 매우 작은 기체 분자나 지용성 물질이 이에 해당한다.
바로알기 ㄴ. 확산이 일어날 때에는 에너지가 소모되지 않는다.
ㄷ. A와 B는 세포막을 경계로 고농도에서 저농도로 용질이 확산한다.

15 ② 크기가 매우 작은 기체 분자인 산소, 이산화 탄소는 A와 같이 인지질 2중층을 직접 통과하여 확산하며, 전하를 띠는 칼륨 이온, 크기가 비교적 크고 물에 잘 녹는 아미노산은 막단백질을 통해 확산한다.

16 모범 답안 산소나 이산화 탄소와 같은 기체 분자는 세포막의 인지질 2중층을 직접 통과하여 농도가 높은 쪽에서 낮은 쪽으로 확산한다.

채점 기준	배점
이동 방식과 이동 원리를 모두 옳게 서술한 경우	100 %
이동 방향과 이동 원리 중 한 가지만 옳게 서술한 경우	50 %

17 ㄱ, ㄷ. 농도가 낮은 용액 X에서 농도가 높은 적혈구 안으로 들어오는 물의 양이 많아 부피가 증가하는 것은 삼투에 의한 것이다.
바로알기 ㄴ. 삼투에 의해 용액 X에서 적혈구 안으로 들어오는 물의 양이 많아져 적혈구의 부피가 증가한 상태이다. 이를 통해 용액 X는 적혈구 안보다 농도가 낮음을 알 수 있다.

18 ㄴ. 식물 세포 (가)를 B에 넣었을 때 식물 세포에서 빠져나가는 물의 양이 많아 세포막이 세포벽과 분리되었으므로 설탕 용액의 농도는 B가 가장 높다.
ㄷ. 식물 세포 (가)를 C에 넣었을 때 식물 세포가 팽팽해졌으므로 C에서는 식물 세포 안으로 들어오는 물의 양이 밖으로 빠져나가는 물의 양보다 많다.
바로알기 ㄱ. 식물 세포 (가)를 A에 넣었을 때 식물 세포에 큰 변화가 없으므로 세포질의 부피 변화가 가장 작다.

19 모범 답안 식물 세포는 동물 세포와 달리 세포막 바깥쪽에 단단한 세포벽이 있기 때문에 삼투에 의해 물이 세포 안으로 들어와 세포질의 부피가 커져도 일정 크기 이상 커지지 않는다.

채점 기준	배점
식물 세포에는 동물 세포와 달리 세포벽이 있기 때문에 일정 크기 이상 커지지 않는다고 서술한 경우	100 %
식물 세포에 세포벽이 있기 때문이라고만 서술한 경우	70 %

20 ㄴ. B는 세포에서 빠져나가는 물의 양이 많아 세포질의 부피가 줄어들다가 세포막이 세포벽과 분리되었다.

바로알기 ㄱ. 증류수에 양파 표피 세포를 담가 두면 증류수가 세포보다 농도가 낮기 때문에 삼투에 의해 증류수에서 세포 안으로 들어오는 물의 양이 많아 세포가 팽팽해진다. 따라서 A는 증류수에 담가 둔 후 관찰한 결과이다. 20 % 설탕 용액에 양파 표피 세포를 담가 두면 세포에서 빠져나가는 물의 양이 많아 세포막이 세포벽에서 분리된다. 따라서 B는 20 % 설탕 용액에 담가 둔 후 관찰한 결과이다.

ㄷ. A와 B는 삼투에 의해 물이 이동하여 나타난 현상이다.

1등급 도전

01 ④	02 ③	03 ②	04 ④

01 ㄴ. 리보솜(B)과 핵(D)은 식물 세포에도 있다.

ㄷ. 미토콘드리아(E)에서는 세포 호흡이 일어나 세포가 생명 활동을 하는 데 필요한 형태의 에너지를 생성한다.

바로알기 ㄱ. 골지체(A)는 단백질의 분비에 관여하고, 소포체(C)는 단백질을 운반하는 통로 역할을 한다. 단백질의 합성은 리보솜(B)에서 일어난다.

02 ㄷ. 콩팥 세뇨관에서 모세 혈관으로 물이 재흡수되는 원리도 삼투이다.

바로알기 ㄱ. 세포막을 경계로 농도가 낮은 용액에서 높은 용액으로 물이 이동하는 현상을 삼투라고 한다. A에서 B로 물이 이동하였기 때문에 용액 속 설탕의 농도는 A가 B보다 낮다.

ㄴ. (나)에서 설탕 용액의 높이 변화가 나타난 까닭은 A에서 B로 물이 이동하였기 때문이다. 설탕 분자는 입자가 커서 세포막을 통과하지 못한다.

03 ㄴ. A에 넣었을 때 적혈구의 부피가 증가한 것은 적혈구 안으로 들어오는 물의 양이 많아졌기 때문이다. 따라서 물이 계속 적혈구 안으로 들어오면 적혈구가 터질 수도 있다.

바로알기 ㄱ. 물은 세포막을 경계로 농도가 낮은 쪽에서 높은 쪽으로 이동하므로 적혈구의 부피를 줄어들게 한 소금 용액 B가 적혈구의 부피를 증가하게 한 소금 용액 A보다 농도가 높다.

ㄷ. B에서는 적혈구에서 빠져나가는 물의 양이 많아 적혈구의 부피가 줄어든 것이다.

04 ㄱ. 물질 A는 세포막을 경계로 세포 안팎의 농도 차가 클수록 이에 비례하여 확산 속도가 빨라지는 것으로 보아 인지질 2중층을 직접 통과하여 확산한다.

ㄴ. 물질 B는 막단백질을 통해 확산하는 물질로 세포 안팎의 농도 차에 비례하여 확산 속도가 빨라지지만, 일정 농도 차 이상에서는 이 물질의 이동에 관여하는 막단백질이 모두 물질을 이동시키고 있기 때문에 일정 수준 이상으로 빨라지지 않는다.

바로알기 ㄷ. 지용성 물질은 인지질 2중층을 직접 통과하여 확산한다. 따라서 물질 A와 동일한 방법으로 확산한다.

02 생명 시스템에서의 화학 반응

개념 쏙쏙

1 (1) ○ (2) ○ (3) × **2** E **3** (1) × (2) ○ (3) ×

1 (1), (2) 물질대사가 일어날 때는 생체 촉매(효소)가 관여하고, 반드시 에너지 출입이 일어난다.

(3) 물질대사는 생명 활동을 유지하기 위해 생명체 안에서 일어나는 모든 화학 반응을 말한다.

2 활성화 에너지는 화학 반응이 일어나는 데 필요한 최소한의 에너지이며, 효소는 활성화 에너지를 낮추어 반응이 빠르게 일어나도록 하는 물질이다. 따라서 D는 효소가 없을 때의 활성화 에너지이고, E는 효소가 있을 때의 활성화 에너지이다. A는 반응물과 생성물의 에너지 차이인 반응열이다.

3 (1) 효소는 활성화 에너지를 낮추어 반응 속도를 증가시킨다.

(2) 효소는 반응이 끝나면 생성물과 분리된 후 새로운 반응물과 결합하여 다시 반응을 촉매한다.

(3) 한 종류의 효소는 한 종류의 반응물에만 작용한다.

탐구 A

확인 문제 **1** (1) ○ (2) × (3) × **2** ③, ④

1 (1) 감자와 생간 속에는 카탈레이스라는 효소가 들어 있다.

(2) 과산화 수소는 효소 없이 자연적으로 분해되지만, 반응 속도가 매우 느리다.

(3) 시험관 B와 C에서 꺼져가는 불씨가 살아나 밝게 잘 타는 것으로 보아 시험관 B와 C에서 발생한 기체는 산소이다.

2 ③ 시험관 C에 꺼져 가는 불씨를 넣었을 때 불씨가 다시 타오르는 것을 확인할 수 있다.

④ 감자를 익히면 감자에 들어 있는 단백질 성분의 카탈레이스가 효소의 기능을 잃는다.

바로알기 ① 과산화 수소는 자연적으로도 분해가 된다. 다만, 반응 속도가 매우 느려서 기포 발생이 관찰되지 않는다.

② 시험관 B에서는 효소가 제 기능을 하지 못하므로 과산화 수소수를 더 넣어 주어도 기포는 발생하지 않는다.

⑤ 생감자에는 카탈레이스라는 효소가 들어 있고, 이 효소는 과산화 수소 분해 반응의 활성화 에너지를 낮추어 반응이 빠르게 일어나도록 한다.

내신 탄탄

01 ③	02 ④	03 ①	04 ④	05 ②	06 ②
07 ②	08 해설 참조	09 ③	10 단백질	11 해설 참조	
12 ⑤	13 ⑤	14 ④			

01 ① 물질대사에는 생체 촉매인 효소가 관여한다.
② 물질대사가 일어날 때는 반드시 에너지 출입이 함께 일어나기 때문에 물질대사를 에너지 대사라고도 한다.
④ 생명체 내에서 일어나는 모든 화학 반응을 물질대사라고 하며, 물질대사는 동화 작용과 이화 작용으로 구분한다.
⑤ 생명체는 물질대사를 통해 에너지를 얻고, 몸을 구성하거나 생리 작용을 조절하는 물질 등을 합성한다.
바로알기 ③ 물질대사는 생체 촉매가 관여하기 때문에 체온 정도(약 37 ℃)의 비교적 낮은 온도에서 반응이 일어난다.

02 ㄴ. (나)는 아미노산으로부터 단백질을 합성하는 반응으로, 작은 분자로 큰 분자를 합성하는 동화 작용이다.
ㄷ. ㉠은 물질대사에 관여하는 생체 촉매이다. 생체 촉매는 활성화 에너지를 낮추어 반응 속도를 빠르게 한다.
바로알기 ㄱ. (가)는 포도당이 더 작은 분자인 이산화 탄소와 물로 분해되는 이화 작용이다.

03 반응물의 에너지보다 생성물의 에너지가 큰 흡열 반응 시의 에너지 변화를 나타낸 것이다.
ㄱ. 녹말이 합성되는 반응은 동화 작용으로 에너지가 흡수된다.
바로알기 ㄴ, ㄷ. 녹말이 엿당으로 분해되는 반응과 포도당이 분해되어 물과 이산화 탄소가 생성되는 반응은 이화 작용이며, 이 과정에서는 에너지가 방출된다.

04 ④ 세포 호흡은 생체 촉매인 효소가 관여하지만, 연소는 촉매가 관여하지 않는다.
바로알기 ① 세포 호흡은 생체 촉매가 관여하기 때문에 연소보다 낮은 온도에서 반응이 일어난다.
② 세포 호흡은 여러 단계에 걸쳐 에너지를 방출하지만, 연소는 다량의 에너지를 한꺼번에 방출한다.
③ 세포 호흡과 연소에서 반응물과 생성물이 같으므로 같은 양의 포도당으로부터 방출되는 에너지의 총량은 같다.
⑤ 세포 호흡과 연소는 모두 에너지를 방출하는 발열 반응이다.

05 • 생명 활동을 유지하기 위해 생명체 내에서 일어나는 모든 화학 반응을 물질대사(A)라고 하는데, 생명체는 물질대사를 통해 에너지를 얻고 몸의 구성 물질을 합성한다.
• 화학 반응에서 활성화 에너지(B)를 낮추어 화학 반응의 반응 속도를 증가시키는 물질을 촉매(C)라고 하며, 생물의 몸에서는 효소(D)가 이러한 역할을 한다.

06 ①, ④ 반응물의 에너지가 생성물의 에너지보다 크므로, 이 반응은 이화 작용이다.
③ 반응열(㉢)은 반응물의 에너지와 생성물의 에너지 차이로 효소의 유무에 관계없이 일정하다.
⑤ 효소의 작용으로 감소하는 활성화 에너지의 크기는 효소가 없을 때의 활성화 에너지(㉠)에서 효소가 있을 때의 활성화 에너지(㉡)를 뺀 것이다.
바로알기 ② ㉠은 효소가 없을 때의 활성화 에너지이고, ㉡은 효소가 있을 때의 활성화 에너지이다.

07 ㄹ. 효소는 촉매로서 반응 전후에 변하지 않으며, 반응물과 결합한 상태에서 활성화 에너지를 낮춘다.
바로알기 ㄱ. 효소는 효소마다 고유한 입체 구조를 가진다.

ㄴ. 효소는 생명체 밖에서도 작용할 수 있어 다양한 분야에서 활용된다.
ㄷ. 효소는 활성화 에너지를 낮추어 화학 반응의 반응 속도를 증가시킨다.

08 모범 답안 B, 효소는 생체 촉매로서 반응 후에도 변하지 않기 때문이다.

채점 기준	배점
효소의 기호를 쓰고, 근거를 옳게 서술한 경우	100 %
효소의 기호만 옳게 쓴 경우	50 %

09 ㄷ. 효소는 반응물과 결합하여 촉매 작용을 하므로, A가 B와 결합하면 이 반응의 활성화 에너지는 낮아진다.
바로알기 ㄱ, ㄴ. A가 두 분자의 C로 분해되었으므로 효소 B는 이화 작용에 관여한다. 이화 작용은 반응물의 에너지가 생성물의 에너지보다 커서 에너지를 방출하며 반응이 일어나는 발열 반응이다.

10 효소는 반응물과 결합하여 반응을 촉매하며, 효소의 주성분은 단백질이다.

11 모범 답안 효소는 입체 구조에 들어맞는 특정 반응물(기질)에만 작용한다.

채점 기준	배점
효소는 입체 구조에 맞는 반응물에만 결합한다고 옳게 서술한 경우	100 %
입체 구조를 언급하지 않고 옳게 서술한 경우	50 %

12 ⑤ 감자 조각과 생간 조각에는 카탈레이스라는 효소가 들어 있으며, 효소는 화학 반응에서 활성화 에너지를 낮추어 반응이 빠르게 일어나도록 한다.
바로알기 ①, ③ 과산화 수소는 효소가 없는 자연 상태에서도 분해 되지만, 반응 속도가 매우 느리다. 따라서 ㉠은 기포가 '발생하지 않음'이고, ㉡은 기포가 '발생함'이다.
② 과산화 수소가 분해되면 물과 산소가 생성되므로 발생한 기포는 산소이다. 산소에 꺼져 가는 불씨를 가져가면 불씨는 다시 타오르게 된다. 따라서 ㉢은 '불씨가 다시 살아남'이다.
④ 효소의 주성분은 단백질로, 고온에서는 단백질의 입체 구조가 변해 효소가 기능을 잃게 된다. 따라서 생간 조각 대신 삶은 간 조각을 넣으면 효소가 기능을 잃어 기포가 발생하지 않는다.

13 ㄱ. 감자 즙에는 카탈레이스라는 과산화 수소 분해 효소가 들어 있다.
ㄴ. 생간 조각도 카탈레이스가 포함되어 있어 비슷한 결과를 얻을 수 있다.
ㄷ. 삼각 플라스크 B에서는 감자 즙에 들어 있는 카탈레이스에 의해 과산화 수소가 분해되어 산소 기체가 발생하므로 고무풍선이 부풀어 올라 두 점 사이의 거리가 더 멀게 측정된다.

14 ① 김치, 된장, 치즈 등의 발효 식품은 곰팡이, 효모 등과 같은 미생물의 효소를 이용해 만든다.
② 효소 세제는 옷의 찌든 때의 주성분인 단백질과 지방을 분해하는 효소가 들어 있어 일반 세제보다 세척력이 강하다.

③ 식혜를 만들 때 엿기름에 들어 있는 아밀레이스라는 효소가 밥 속의 녹말을 엿당으로 분해한다.
⑤ 소변 검사지에는 포도당 산화 효소가 들어 있어 소변 검사지의 색깔 변화로 오줌 속의 포도당을 검출할 수 있다.
바로알기 ④ 키위나 파인애플 등의 과일 속에는 단백질 분해 효소가 들어 있어 고기를 잴 때 넣으면 고기가 연해진다.

1등급 도전
진도교재 ⇨ 155쪽

01 ③ **02** ② **03** ④ **04** ②

01 ㄱ. (가)는 작은 분자로 큰 분자를 합성하는 반응인 동화 작용이고, (나)는 큰 분자를 작은 분자로 분해하는 반응인 이화 작용이다. 동화 작용(가)은 에너지를 흡수하며 일어나는 흡열 반응으로 반응물의 에너지가 생성물의 에너지보다 작다.
ㄷ. 물질대사는 체온 범위의 낮은 온도에서 일어난다.
바로알기 ㄴ. 이화 작용(나)은 에너지를 방출하며 일어나는 발열 반응으로, 반응물의 에너지가 생성물의 에너지보다 크다.

02 ㄴ. 삼각 플라스크 B와 C의 결과를 비교하면 감자 조각의 양은 같은데, 과산화 수소의 양이 더 많은 C가 B보다 고무풍선이 많이 부풀었다. 이것은 효소의 양이 일정할 때, 반응물인 과산화 수소의 양이 많을수록 생성물인 기포 발생량이 많아지기 때문이다.
바로알기 ㄱ. 감자에는 카탈레이스라는 효소가 들어 있어 과산화 수소의 분해를 촉진한다. 과산화 수소는 분해되면 물과 산소가 발생한다.
ㄷ. 발생하는 기포의 총량은 반응물인 과산화 수소의 양에 비례한다. 감자 조각을 많이 넣으면 효소가 많아져 반응 속도가 빨라지므로 짧은 시간에 기포가 많이 발생하지만, 발생한 기포의 총량은 일정하다.

03 ㄱ. 활성화 에너지는 화학 반응을 일으키기 위해 필요한 최소한의 에너지이다. 따라서 A가 활성화 에너지이다.
ㄷ. 반응열(C)은 반응물의 에너지와 생성물의 에너지 차이로 효소의 유무에 관계없이 일정하다.
ㄹ. 반응물의 에너지보다 생성물의 에너지가 더 큰 것으로 보아 에너지가 흡수되며 반응이 일어나는 흡열 반응을 나타낸 것이다.
바로알기 ㄴ. 효소를 사용하면 활성화 에너지인 A(B+C)의 크기가 작아진다. 이때 C의 크기는 변함이 없으므로 B의 크기가 작아진다.

04 ㄴ. 효소 B는 작은 분자로 큰 분자를 합성하는 반응인 동화 작용을 촉매한다.
바로알기 ㄱ. 효소는 입체 구조에 들어맞는 반응물과만 결합하여 반응을 촉진한다. 따라서 효소 A는 ㉠에만 작용한다.
ㄷ. (가)는 큰 분자를 작은 분자로 분해하는 반응인 이화 작용이고, (나)는 작은 분자를 큰 분자로 합성하는 반응인 동화 작용이다. 세포 호흡은 이화 작용(가)의 예이다.

03 생명 시스템에서 정보의 흐름

개념 쏙쏙
진도교재 ⇨ 157쪽

1 (1) × (2) ○ (3) ○ (4) ○ **2** (1) ㉠ 전사, ㉡ 번역
(2) ㉠ 핵, ㉡ 리보솜 **3** (1) ○ (2) ○ (3) ×

1 (1) 한 분자의 DNA에는 수많은 유전자가 있다.
(2) 유전 정보는 유전자를 이루는 DNA의 염기 서열에 저장되어 있다.
(3) 유전자의 유전 정보에 따라 아미노산이 순서대로 결합하여 단백질이 합성된다.
(4) 유전자에 이상이 생기면 효소가 결핍되거나 세포를 구성하는 단백질이 정상적으로 합성되지 않아 그로 인한 유전 질환이 발생할 수 있다.

2 DNA의 유전 정보가 RNA로 전달되는 전사(A) 과정은 핵 속에서 일어난다. RNA로 전달된 유전 정보에 따라 단백질이 합성되는 번역(B) 과정은 세포질의 리보솜에서 일어난다.

3 (1) DNA의 유전자가 형질로 발현되는 첫 단계는 DNA의 유전 정보가 RNA로 전달되는 전사이다.
(2) 핵 속에 있는 DNA의 유전 정보가 RNA로 전달되면 RNA의 유전 정보에 따라 리보솜에서 아미노산이 펩타이드 결합으로 연결되어 단백질이 합성된다.
(3) 사람과 세균은 동일한 유전부호 체계를 사용하므로 사람의 유전자는 세균에서 형질로 발현될 수 있다.

여기서 잠깐
진도교재 ⇨ 158쪽

Q1 단백질 **Q2** 아미노산

[Q1] 특정 유전자에 이상이 생기면 특정 단백질이 정상적으로 합성되지 않아 유전 질환이 발생하는 것을 통해 유전자는 단백질에 대한 유전 정보를 저장한다는 것을 알 수 있다.

[Q2] 유전자에 저장된 유전 정보에 따라 아미노산이 결합하여 단백질이 합성되므로, 유전자를 이루는 DNA의 염기 서열이 바뀌면 단백질의 아미노산 배열 순서가 달라질 수 있다.

여기서 잠깐
진도교재 ⇨ 159쪽

Q1 ㉠ 전사, ㉡ 핵 **Q2** • RNA 염기 서열 : U-U-U-C-G-A-G-C-C-C-U-U-G-G-U-U-C-U-U-C-U-C-C-C • 아미노산 배열 순서 : 페닐알라닌 - 아르지닌 - 알라닌 - 류신 - 글리신 - 세린 - 세린 - 프롤린
Q3 ㉠ 유라실(U), ㉡ 사이토신(C)

[Q1] DNA의 유전 정보는 세포의 핵 속에서 전사 과정을 거쳐 RNA로 전달된다.

[Q2~Q3] 전사 과정에서 DNA의 염기 아데닌(A)은 유라실(U)과, 구아닌(G)은 사이토신(C)과, 사이토신(C)은 구아닌(G)과, 타이민(T)은 아데닌(A)과 상보결합을 하여 DNA의 염기 서열에 상보적인 염기 서열을 가진 RNA가 합성된다.

내신 탄탄　　　　진도교재 ⇨ 160쪽~162쪽

01 ②	02 ①	03 ④	04 ⑤	05 ③	06 ②
07 ①	08 ⑤	09 ④	10 ACGUUUGGCUCA		11 ③
12 해설 참조	13 ④	14 ④	15 ㄱ, ㄷ		

---

01 ① 유전자는 유전 정보가 저장되어 있는 DNA의 특정 부위이다.
③ DNA 염기 서열에 유전 정보가 저장되어 있다.
④ 유전자에는 단백질에 대한 유전 정보가 저장되어 있어 유전자에 이상이 생기면 단백질 이상에 의한 유전 질환이 나타날 수 있다.
⑤ 각 유전자에는 특정 단백질에 대한 유전 정보가 저장되어 있어 유전자에 저장된 정보에 따라 단백질이 합성된다.
〈바로알기〉② 하나의 염색체를 구성하는 DNA에는 수많은 유전자가 있다. 따라서 유전자의 수는 염색체의 수보다 훨씬 많다.

02 ① ㉠은 DNA와 단백질로 구성된 염색체이고, ㉡은 DNA이며, ㉢은 DNA에서 유전 정보가 저장되어 있는 특정 부분인 유전자이다.

03 ① 염색체(㉠)는 DNA와 단백질이 결합하여 응축된 것이다.
② DNA(㉡)는 단백질과 결합한 상태로 핵 속에 들어 있다.
③, ⑤ DNA(㉡)에서 단백질에 대한 정보가 저장된 특정 부분이 유전자(㉢)이며, 한 분자의 DNA(㉡)에는 수많은 유전자(㉢)가 있다.
〈바로알기〉④ ㉡은 DNA이다. DNA를 구성하는 염기는 아데닌(A), 구아닌(G), 사이토신(C), 타이민(T)이고, RNA를 구성하는 염기는 아데닌(A), 구아닌(G), 사이토신(C), 유라실(U)이다.

04 ㄱ. 유전자의 발현으로 멜라닌 효소가 합성되었으므로 유전자에는 멜라닌 합성 효소에 관한 유전 정보가 들어 있다.
ㄴ. 멜라닌 합성 효소가 많이 만들어지면 갈색 눈동자, 적게 만들어지면 파란색 눈동자가 된다.
ㄷ. 갈색 눈동자 유전자에 저장된 유전 정보에 따라 많은 양의 멜라닌 합성 효소(단백질)가 만들어지면, 멜라닌 합성 효소가 멜라닌을 합성하여 갈색 눈동자가 나타나게 된다.

05 ㄱ, ㄴ. DNA의 유전 정보는 RNA를 거쳐 단백질로 전달되므로 ㉠은 RNA이다. DNA의 유전 정보가 RNA로 전달되는 과정 (가)는 전사이고, RNA의 유전 정보에 따라 단백질이 합성되는 과정 (나)는 번역이다.

〈바로알기〉ㄷ. 전사(가)는 핵 속에서 일어나고, 번역(나)은 세포질의 리보솜에서 일어난다.

06 ㄴ. DNA 염기 서열에 유전 정보가 저장되어 있으므로, 염기 서열이 다르면 저장된 유전 정보도 달라질 수 있다.
〈바로알기〉ㄱ. 연속된 3개의 염기가 하나의 아미노산을 지정한다.
ㄷ. DNA를 구성하는 염기의 비율이 같더라도 염기 서열이 다르면 저장된 유전 정보가 달라질 수 있다.

07 ㄱ. RNA의 염기가 4종류이므로 연속된 3개의 염기인 코돈은 $4^3 = 64$종류이다.
〈바로알기〉ㄴ. 코돈은 RNA에서 하나의 아미노산을 지정하는 연속된 3개의 염기이다.
ㄷ. 코돈은 64종류이고 아미노산은 20종류이므로 한 종류의 아미노산을 지정하는 코돈은 여러 종류일 수 있다.

08 ㄴ, ㄷ. 사람의 유전자를 세균에 넣었을 때 사람의 유전자에 저장된 정보대로 세균에서 사람의 단백질이 합성되므로 사람과 세균은 동일한 유전부호 체계를 가지고 있다. 따라서 사람과 세균은 공통 조상으로부터 진화하였음을 알 수 있다.
〈바로알기〉ㄱ. 사람과 세균에서 동일한 유전부호 체계를 사용하므로 사람과 세균의 유전부호 체계는 오래전부터 보존되어 왔다.

09 ① ㉠은 GGC와 상보적인 염기이므로 CCG이다.
② 왼쪽 첫 번째 염기부터 번역된다고 하였고 코돈은 RNA의 유전부호이므로 아미노산 1을 지정하는 코돈은 UAU이다.
③ (가)는 전사, (나)는 번역 과정이다. DNA의 유전 정보는 전사를 통해 RNA로 전달된다.
⑤ DNA의 유전 정보를 전달받은 RNA가 세포질로 이동하여 리보솜과 결합하면, 리보솜에서 유전 정보에 따라 아미노산이 차례로 결합하여 단백질이 합성된다.
〈바로알기〉④ 번역(나) 과정에서는 연속된 3개의 RNA 염기가 하나의 아미노산을 지정한다.

10 DNA의 염기 아데닌(A), 구아닌(G), 사이토신(C), 타이민(T)은 각각 RNA의 염기 유라실(U), 사이토신(C), 구아닌(G), 아데닌(A)과 상보결합을 한다. 따라서 이 DNA로부터 전사된 RNA의 염기 서열은 ACGUUUGGCUCA이다.

11 ㄷ. 이 DNA는 총 12개의 염기로 구성되어 있으므로 첫 번째 염기부터 전사와 번역을 거치면 최대 4개의 아미노산이 지정된다.
〈바로알기〉ㄱ. DNA가 12개의 염기로 구성되어 있으므로 유전부호는 최대 4개가 있다.
ㄴ. 세 번째 아미노산을 지정하는 코돈은 GGC이다.

12 전사가 일어날 때에는 DNA 가닥의 염기에 대해 상보적인 염기를 가진 RNA 뉴클레오타이드가 결합하여 RNA가 합성된다. DNA로부터 RNA로 전사되는 과정에서 염기는 A(아데닌) → U(유라실), G(구아닌) → C(사이토신), C(사이토신) → G(구아닌), T(타이민) → A(아데닌)으로 대응되며, RNA 염기 서열과 이러한 상보 관계가 맞는 염기 서열을 가진 DNA 가닥은 Ⅱ이다.

모범 답안 DNA 가닥 Ⅱ, 전사 과정에서 DNA 염기에 상보적인 염기를 가진 RNA 뉴클레오타이드가 결합하므로 제시된 RNA 의 염기 서열에 상보적인 염기 서열을 가진 DNA 가닥 Ⅱ가 전사되었음을 알 수 있다.

채점 기준	배점
전사된 DNA 가닥을 옳게 쓰고, 염기의 상보 관계를 근거로 까닭을 옳게 서술한 경우	100 %
전사된 DNA 가닥만 옳게 쓴 경우	50 %

13 ㄱ. 유전 정보는 전사 과정을 통해 DNA로부터 RNA로 전달된다.
ㄴ. (가)는 CUA, (나)는 GUU, (다)는 CAC이다.
바로알기 ㄷ. CUA(가)가 지정하는 아미노산은 류신이고, CAC(다)가 지정하는 아미노산은 히스티딘이다.

14 ㄴ. (나)에서 효소가 정상적으로 만들어지지 않았으므로 멜라닌 색소 합성과 관련된 효소의 유전자에 이상이 생겨 유전 질환이 발생한 것이다.
ㄷ. 유전자에는 단백질 합성에 대한 유전 정보가 저장되어 있으므로 유전자 이상은 헤모글로빈이나 효소와 같은 단백질의 이상을 유발할 수 있다.
바로알기 ㄱ. 유전자는 DNA에서 유전 정보가 저장되어 있는 특정 부위이다.

15 ㄱ. 코돈 GUA는 GAA와 다른 아미노산을 지정해 비정상 헤모글로빈이 합성된 것이다. GAA는 글루탐산을, GUA는 발린을 지정한다.
ㄷ. 아미노산 1개가 다른 것으로 바뀌어 비정상 헤모글로빈이 합성되었으므로 단백질을 구성하는 아미노산의 종류가 달라지면 단백질이 정상적으로 형성되지 않을 수 있다는 것을 알 수 있다.
바로알기 ㄴ. 정상 헤모글로빈 유전자에서 1개의 염기가 바뀌고, 그에 따라 결합하는 아미노산의 종류가 정상과 달라졌다. 그러나 염기의 개수가 바뀐 것은 아니므로 헤모글로빈을 구성하는 아미노산의 개수는 정상과 같다.

1등급 도전

진도교재 ⇨ 163쪽

01 ③ **02** ④ **03** ④ **04** ③

01 ㄱ. 유전자 1~3은 각각 특정 효소 1~3의 합성에 관여한다.
ㄴ. 유전자 1에 이상이 생기면 효소 1이 합성되지 않아 물질 A가 B로 전환되지 않는다.
바로알기 ㄷ. 유전자 2에 이상이 생기면 효소 2가 합성되지 않아 물질 B가 C로 전환되지 못한다. 그러나 효소 3은 정상적으로 합성되므로 물질 C를 아르지닌으로 전환할 수 있다.

02 ㄱ. (가)는 전사이며, 이 과정은 핵(A) 속에서 일어난다.
ㄴ. (나)는 아미노산을 결합하여 단백질을 합성하는 번역이다. 물질이 합성될 때에는 미토콘드리아(B)에서 생성된 에너지가 사용된다.
바로알기 ㄷ. 골지체(C)는 단백질이나 지질을 세포 밖으로 분비하는 역할을 한다. (가)는 전사이며, 이 과정에 필요한 효소는 리보솜에서 합성된다.

03 ㄱ. 대장균이 증식할 때 사람의 인슐린 유전자도 복제되므로 새로 생성된 대장균에도 사람의 인슐린 유전자가 들어 있다.
ㄴ. 사람과 대장균은 유전부호 체계가 동일하다. 따라서 사람의 인슐린 유전자가 대장균에서 전사 및 번역 과정을 거칠 수 있어 대장균에서 사람의 인슐린을 생산할 수 있다.
바로알기 ㄷ. 유전부호 체계가 다르면 사람의 인슐린 유전자를 끼워 넣더라도 인슐린이 아닌 다른 단백질이 합성되거나 단백질이 합성되지 않을 수 있다. 사람과 대장균의 유전부호 체계가 같아 사람의 단백질을 대장균에서 생산할 수 있다.

04 ㄱ. 코돈은 RNA에서 하나의 아미노산을 지정하는 연속된 3개의 염기로 이루어진 유전부호이다. 따라서 코돈은 CGU GGU UAU UGG로, 아미노산 3을 지정하는 코돈은 UAU 이다.
ㄷ. ⓛ에 G이 삽입되면 RNA의 염기 서열은 CGU GGU CUA UUG G로 아미노산 4는 코돈 UUG가 지정하는 아미노산이 된다.
바로알기 ㄴ. ㉠ 부분의 염기 C이 T으로 바뀌면 아미노산 2의 코돈이 바뀐다. 그러나 염기의 개수에는 변화가 없으므로 아미노산 3과 4는 원래대로 지정된다.

중단원 정복

진도교재 ⇨ 164쪽~166쪽

01 ③ **02** ③ **03** ⑤ **04** ③ **05** ① **06** ③
07 ② **08** ③ **09** ③ **10** ④ **11** 해설 참조 **12** 해설 참조 **13** 해설 참조

01 ㄱ, ㄴ. 조직과 기관은 동물과 식물에 모두 있지만, 조직계는 식물에만 있다. 따라서 구성 단계 (가)는 조직계이고, 생물 A는 무궁화, 생물 B는 강아지이다.
바로알기 ㄷ. (나)와 (다)는 각각 조직과 기관 중 하나이다. 식물의 뿌리는 기관에 해당하므로 (나) 또는 (다)에 해당한다.

02 A는 핵, B는 골지체, C는 미토콘드리아, D는 엽록체, E는 액포이다.
① 핵(A)에서는 DNA로부터 RNA가 합성되는 전사가 일어난다.

② 골지체(B)는 세포에서 합성된 단백질을 막으로 싸서 세포 밖으로 분비한다.

④ 엽록체(D)에서는 빛에너지를 흡수하여 물과 이산화 탄소를 원료로 포도당을 합성하는 광합성(동화 작용)이 일어난다.

⑤ 액포(E)는 물, 색소, 노폐물 등을 저장하며, 성숙한 식물 세포에서 크게 발달한다.

바로알기 ③ 미토콘드리아(C)에서는 포도당이 이산화 탄소와 물로 분해되면서 화학 에너지가 생명 활동에 필요한 형태의 에너지로 전환된다.

03 A는 리보솜, B는 소포체, C는 골지체이다.

ㄴ, ㄷ. 소포체(B)는 리보솜(A)에서 합성된 단백질을 골지체(C)나 세포의 다른 부위로 운반하는 물질의 이동 통로 역할을 하며, 골지체(C)는 소포체(B)에서 전달된 단백질이나 지질 등을 세포 밖으로 분비하는 역할을 한다.

바로알기 ㄱ. 리보솜(A)에서는 세포질에서 운반해 온 아미노산을 펩타이드 결합으로 연결하여 단백질을 합성한다.

04 ㄱ. 물질 A와 C는 막단백질을 통해 확산한다.

ㄴ. 물질 B는 농도가 높은 세포 바깥쪽에서 농도가 낮은 세포 안쪽으로 인지질 2중층을 직접 통과하여 확산한다.

바로알기 ㄷ. 물질 C는 농도가 높은 세포 안쪽에서 농도가 낮은 세포 바깥쪽으로 막단백질을 통해 확산한다. 확산은 물질이 농도 차에 따라 스스로 퍼져 나가므로 세포에서 에너지를 공급하지 않더라도 일어난다.

05 ㄱ. 큰 분자인 녹말을 작은 분자인 포도당으로 분해하는 소화는 이화 작용이며, 소화에는 여러 가지 소화 효소가 관여한다.

바로알기 ㄴ. 산소는 세포막의 인지질 2중층을 직접 통과하여 모세 혈관으로 확산한다.

ㄷ. 세포 호흡은 효소의 작용으로 체온 정도의 온도에서 여러 단계에 걸쳐 일어난다.

06 ③ 카탈레이스는 과산화 수소를 분해하는 생체 촉매로, 활성화 에너지를 낮추어 반응이 빠르게 일어나도록 한다.

07 ㄱ. 작은 분자인 A와 B가 결합하여 큰 분자인 C가 되므로 이 반응은 동화 작용이다.

ㄹ. 효소는 입체 구조에 맞는 특정 반응물과만 결합하는 기질 특이성이 있다.

바로알기 ㄴ. 동화 작용이 일어날 때에는 에너지가 흡수된다.

ㄷ. 아밀레이스는 녹말을 엿당으로 분해하므로 이화 작용에 관여하는 효소이다.

08 ㄴ. 유전자에 저장된 유전 정보에 따라 다양한 단백질이 합성되고, 이 단백질에 의해 다양한 형질이 나타난다.

ㄷ. 유전자에 이상이 생기면 효소가 결핍되거나 세포를 구성하는 단백질이 정상적으로 만들어지지 않아 유전 질환이 나타날 수 있다.

바로알기 ㄱ. 유전자의 유전 정보는 DNA 염기 서열에 저장된다.

ㄹ. DNA에서 아미노산 1개를 지정하는 연속된 3개의 염기를 3염기 조합이라고 한다.

09 ① (가)는 전사가 일어나는 장소이므로 핵이다.

② 번역(나) 과정은 세포질의 리보솜에서 일어난다.

④ ㉠은 DNA의 유전 정보가 전사되어 만들어진 RNA이다.

⑤ 코돈은 RNA에서 아미노산을 지정하는 연속된 3개의 염기이므로 아미노산 2를 지정하는 코돈은 ACA이다.

바로알기 ③ 전사 과정에서 DNA의 염기에 상보적인 염기를 가진 RNA 뉴클레오타이드가 결합하는데, 이때 DNA의 염기 아데닌(A)에는 유라실(U)이, 사이토신(C)에는 구아닌(G)이 대응된다. 따라서 ㉠은 AAC에 상보적인 염기 서열인 UUG이다.

10 ㄱ. 코돈 GAA와 GAG는 모두 글루탐산을 지정한다.

ㄴ. (가)로부터 만들어진 단백질은 글루탐산이 발린으로 바뀌었을 뿐 전체 아미노산 개수는 정상 단백질과 같다.

바로알기 ㄷ. 유전자에 저장된 유전 정보는 단백질을 통해 형질로 발현된다. (나)는 유전자의 염기 서열이 변하였지만, 변한 염기 서열이 이전과 동일한 아미노산을 지정하여 정상 단백질이 만들어진다. 따라서 유전 질환은 나타나지 않는다.

11 (가)는 식물 세포, (나)는 동물 세포이며, A는 미토콘드리아, B는 세포질, C는 핵, D는 엽록체, E는 세포막, F는 세포벽이다.

모범 답안 (가)는 (나)와 달리 엽록체인 D와 세포벽인 F가 있기 때문이다.

채점 기준	배점
식물 세포는 동물 세포와는 다르게 엽록체와 세포벽이 있다고 기호와 함께 서술한 경우	100 %
식물 세포는 동물 세포와는 다르게 엽록체와 세포벽이 있다고 기호 없이 서술한 경우	50 %
엽록체와 세포벽 중 하나만 쓴 경우	20 %

12 (가)에서 생간 속의 카탈레이스에 의해 과산화 수소가 물과 산소로 분해되는 과정이 촉진된다는 것을 알 수 있고, (나)에서 과산화 수소수를 더 첨가하였을 때 다시 기포가 발생하였으므로 카탈레이스가 재사용된다는 것을 알 수 있다.

모범 답안 효소는 반응 전후에 변하지 않아 다시 사용될 수 있다.

채점 기준	배점
효소는 반응 전후에 변하지 않아 다시 사용될 수 있다고 서술한 경우	100 %
효소는 반응 전후에 변하지 않는다고만 서술한 경우	50 %

13 DNA의 유전 정보는 RNA를 거쳐 단백질 합성으로 연결되고, 합성된 단백질에 의해 형질이 나타난다.

모범 답안 DNA 염기 서열에 저장된 유전 정보가 RNA로 전사되고, 이 RNA의 유전 정보에 따라 아미노산이 순서대로 결합하여 단백질이 합성된다. 이 단백질이 특정한 기능을 하여 형질로 나타난다.

채점 기준	배점
DNA의 유전 정보가 RNA를 거쳐 단백질로 합성되어 형질로 발현되는 과정을 옳게 서술한 경우	100 %
DNA의 유전 정보에 따라 단백질이 합성되어 형질이 발현된다고만 서술한 경우	50 %
DNA의 유전 정보가 RNA로 전달되어 형질이 발현된다고만 서술한 경우	

Ⅲ 변화와 다양성

1 화학 변화

01 산화 환원 반응

개념 쏙쏙

진도교재 ⇨ 171쪽

1 ㉠ 산화, ㉡ 환원　**2** O_2

1 물질이 산소를 얻거나 전자를 잃는 반응은 산화이고, 산소를 잃거나 전자를 얻는 반응은 환원이다. 산화 환원 반응이 일어날 때 산화와 환원은 항상 동시에 일어난다.

2 광합성, 호흡, 화석 연료의 연소는 모두 산소(O_2)가 관여하는 산화 환원 반응이다.

탐구 Ⓐ

진도교재 ⇨ 173쪽

확인 문제　**1** (1) × (2) × (3) ○ (4) ○　**2** ③　**3** ⑤

1 (1), (2) 탄소(C)는 산소를 얻어 이산화 탄소(CO_2)로 산화되고, 산화 구리(Ⅱ)(CuO)는 산소를 잃고 구리(Cu)로 환원된다.
(3) 반응 후 시험관 속에 생성된 붉은색 고체는 검은색 산화 구리(Ⅱ)(CuO)가 환원되어 생성된 구리(Cu)이다.
(4) 반응이 일어날 때 산소는 산화 구리(Ⅱ)(CuO)에서 탄소(C)로 이동한다.

2 (가)와 (나)에서 일어나는 반응을 화학 반응식으로 나타내면 다음과 같다.

(가) $\overset{\overbrace{\qquad 산화 \qquad}}{2Cu + O_2 \longrightarrow 2CuO}$

(나) $\overset{\overbrace{\qquad 산화 \qquad}}{2CuO + C \longrightarrow 2Cu + CO_2}$ 환원

① (가)에서 구리(Cu)는 산소를 얻어 검은색 물질인 산화 구리(Ⅱ)(CuO)로 산화된다.
② (가)에서 생성된 산화 구리(Ⅱ)(CuO)는 구리(Cu)에 산소가 결합한 물질이므로 산화 구리(Ⅱ)(CuO)의 질량은 구리(Cu)의 질량인 2 g보다 크다.
④ (나)에서 생성된 기체는 석회수를 뿌옇게 흐려지게 하는 것으로 보아 이산화 탄소(CO_2)이다.
⑤ (나)의 시험관 속에서 탄소(C)는 산소를 얻어 이산화 탄소(CO_2)로 산화되고, 산화 구리(Ⅱ)(CuO)는 산소를 잃고 구리(Cu)로 환원되는 반응이 동시에 일어난다.
바로알기 ③ (나)에서 탄소(C)는 산소를 얻어 이산화 탄소(CO_2)로 산화된다.

3 ㄱ. 알코올램프의 겉불꽃 속에는 산소가 충분하므로 (가)에서 구리(Cu)는 산소를 얻어 산화 구리(Ⅱ)(CuO)로 산화된다.

$\overset{\overbrace{\qquad 산화 \qquad}}{2Cu + O_2 \longrightarrow 2CuO}$

ㄴ. (가)에서 생성된 검은색 물질은 산화 구리(Ⅱ)(CuO)이며, (나)에서 산화 구리(Ⅱ)(CuO)는 일산화 탄소(CO)가 존재하는 속불꽃 속에서 산소를 잃고 구리(Cu)로 환원된다.

$\overset{\overbrace{\qquad 산화 \qquad}}{CuO + CO \longrightarrow Cu + CO_2}$ 환원

ㄷ. (가)와 (나)는 모두 산소의 이동이 일어나는 산화 환원 반응이다.

내신 탄탄

진도교재 ⇨ 174쪽~176쪽

01 ①	02 ㉠ 산화, ㉡ 환원	03 ④	04 ③	05 ⑤
06 ④	07 ⑤	08 ②	09 ③	10 ⑤	11 해설 참조
12 ②	13 ④	14 ②	15 해설 참조	16 ⑤

01 **바로알기** ㄴ. 어떤 물질이 산소를 얻거나 전자를 잃고 산화되면 다른 물질은 산소를 잃거나 전자를 얻어 환원되므로 산화와 환원은 항상 동시에 일어난다.
ㄷ. 물질이 전자를 잃는 것은 산화, 전자를 얻는 것은 환원이다.

02 마그네슘(Mg)이 산소(O_2)와 반응하여 산화 마그네슘(MgO)을 생성할 때 마그네슘(Mg)은 전자를 잃고 마그네슘 이온(Mg^{2+})으로 산화되고, 산소(O)는 전자를 얻어 산화 이온(O^{2-})으로 환원된다.

03 (가)에서 일산화 탄소(CO)는 산소를 얻어 이산화 탄소(CO_2)로 산화되고, (나)에서 아연(Zn)은 전자를 잃고 아연 이온(Zn^{2+})으로 산화된다. 또, (다)에서 탄소(C)는 산소를 얻어 이산화 탄소(CO_2)로 산화된다.

04 산화 구리(Ⅱ)와 탄소 가루를 혼합하여 가열하면 다음과 같은 반응이 일어난다.

$\overset{\overbrace{\qquad 산화 \qquad}}{2CuO + C \longrightarrow 2Cu + CO_2}$ 환원

ㄱ. 시험관 속에서 산소가 이동하는 산화 환원 반응이 일어난다.
ㄴ. 검은색 산화 구리(Ⅱ)(CuO)가 산소를 잃고 환원되어 붉은색 구리(Cu)가 생성된다.
바로알기 ㄷ. 탄소(C)는 산소를 얻어 이산화 탄소(CO_2)로 산화된다.

05 (가)와 (나)에서 일어나는 반응을 화학 반응식으로 나타내면 다음과 같다.

(가) $\overset{\overbrace{\qquad 산화 \qquad}}{2Cu + O_2 \longrightarrow 2CuO(2Cu^{2+} + 2O^{2-})}$ 환원

(나) $\overset{\overbrace{\qquad 산화 \qquad}}{CuO + CO \longrightarrow Cu + CO_2}$ 환원

ㄱ. 붉은색 구리판을 산소가 충분한 알코올램프의 겉불꽃 속에 넣고 가열하면 구리(Cu)와 산소가 결합하여 검은색 산화 구리(Ⅱ)(CuO)가 생성된다.

ㄴ. (가)에서 구리(Cu)는 전자를 잃고 구리 이온(Cu^{2+})으로 산화되고, 산소(O)는 전자를 얻어 산화 이온(O^{2-})으로 환원된다.

ㄷ. (나)에서 검은색 산화 구리(Ⅱ)(CuO)는 산소를 잃고 붉은색 구리(Cu)로 환원된다.

06 질산 은 수용액에 구리줄을 넣으면 다음과 같은 반응이 일어난다.

$$\overset{\overbrace{\qquad\text{산화}\qquad}}{Cu + 2Ag^+ \longrightarrow Cu^{2+} + 2Ag}$$
$$\underset{\underbrace{\qquad\text{환원}\qquad}}{}$$

ㄴ. 은 이온(Ag^+)은 전자를 얻어 은(Ag)으로 환원되어 석출된다. 따라서 수용액의 은 이온(Ag^+) 수는 감소한다.

ㄷ. 구리(Cu)가 구리 이온(Cu^{2+})으로 산화되어 수용액에 녹아 들어가므로 수용액이 푸른색을 띤다.

(바로알기) ㄱ. 은 이온(Ag^+)은 은(Ag)으로 환원된다.

07 황산 구리(Ⅱ) 수용액에 마그네슘판을 넣으면 다음과 같은 반응이 일어난다.

$$\overset{\overbrace{\qquad\text{산화}\qquad}}{Mg + Cu^{2+} \longrightarrow Mg^{2+} + Cu}$$
$$\underset{\underbrace{\qquad\text{환원}\qquad}}{}$$

①, ② 마그네슘(Mg)은 전자를 잃고 마그네슘 이온(Mg^{2+})으로 산화되고, 구리 이온(Cu^{2+})은 전자를 얻어 구리(Cu)로 환원된다.

③ 황산 이온(SO_4^{2-})은 산화 환원 반응에 참여하지 않으므로 반응 전후 이온 수의 변화가 없다.

④ 구리 이온(Cu^{2+})이 구리(Cu)로 환원되어 석출되므로 수용액의 구리 이온(Cu^{2+}) 수는 감소한다. 따라서 수용액의 푸른색은 점점 엷어진다.

(바로알기) ⑤ 마그네슘(Mg)이 마그네슘 이온(Mg^{2+})으로 산화되어 수용액에 녹아 들어가므로 수용액의 마그네슘 이온(Mg^{2+}) 수는 증가한다.

08 묽은 염산에 아연판을 넣으면 다음과 같은 반응이 일어난다.

$$\overset{\overbrace{\qquad\text{산화}\qquad}}{Zn + 2H^+ \longrightarrow Zn^{2+} + H_2\uparrow}$$
$$\underset{\underbrace{\qquad\text{환원}\qquad}}{}$$

ㄷ. 아연(Zn)이 전자를 잃고 아연 이온(Zn^{2+})으로 산화되어 수용액에 녹아 들어가므로 아연판의 질량은 감소한다.

(바로알기) ㄱ. 수소 이온(H^+)은 전자를 얻어 수소(H_2)로 환원된다.

ㄴ. 수소 이온(H^+) 2개가 감소할 때 아연 이온(Zn^{2+}) 1개가 생성되므로 수용액의 양이온 수는 감소한다.

09 ㄱ. 광합성은 식물의 엽록체에서 빛에너지를 이용하여 이산화 탄소와 물로 포도당과 산소를 만드는 반응으로 산소가 관여하는 산화 환원 반응이다.

ㄴ. 광합성으로 생성된 산소가 대기에 축적되면서 오존층이 형성되었다.

(바로알기) ㄷ. 광합성을 하는 생물(남세균)이 출현하면서 생성된 산소로 대기 조성이 변하였다.

10 ㄱ. (가)는 식물의 엽록체에서 빛에너지를 이용하여 이산화 탄소(CO_2)와 물(H_2O)로 포도당($C_6H_{12}O_6$)과 산소(O_2)를 만드는 광합성이고, (나)는 미토콘드리아에서 포도당($C_6H_{12}O_6$)과 산소(O_2)가 반응하여 이산화 탄소(CO_2)와 물(H_2O)이 생성되는 호흡이다.

ㄴ. (가)에서 이산화 탄소(CO_2)는 포도당($C_6H_{12}O_6$)으로 환원된다.

ㄷ. (나)에서 포도당($C_6H_{12}O_6$)은 이산화 탄소(CO_2)로 산화된다.

11 (모범 답안) 철(Fe), 철(Fe)이 산소를 얻어 산화 철(Ⅲ)(Fe_2O_3)로 산화되기 때문이다.

채점 기준	배점
산화되는 물질을 옳게 쓰고, 그 까닭을 옳게 서술한 경우	100 %
산화되는 물질만 옳게 쓴 경우	30 %

12 ㄴ. 메테인(CH_4)이 연소하면 빛과 열이 발생한다.

(바로알기) ㄱ. 메테인(CH_4)의 연소에서 메테인(CH_4)은 이산화 탄소(CO_2)로 산화된다.

ㄷ. 연소는 물질이 산소와 빠르게 결합하는 반응이다.

13 ㄴ, ㄷ. 인류는 화석 연료가 연소할 때 발생하는 열을 이용하여 교통이나 산업을 발전시켜 왔고, 철을 제련하여 여러 가지 도구와 무기를 만들어 사용하였다.

(바로알기) ㄱ. 화석 연료가 공기 중에서 연소할 때 화석 연료는 이산화 탄소로 산화된다.

14 ㄷ. 철의 제련 과정에서 일어나는 반응은 산소가 이동하는 산화 환원 반응이다.

(바로알기) ㄱ. (가)에서 코크스(C)는 산소를 얻어 일산화 탄소(CO)로 산화된다.

ㄴ. (나)에서 산화 철(Ⅲ)(Fe_2O_3)은 산소를 잃고 철(Fe)로 환원된다.

15 (모범 답안) 철은 공기 중의 산소, 수분과 반응하여 붉은 녹을 만든다. 따라서 철에 페인트칠을 하여 철이 공기 중의 산소, 수분과 접촉하는 것을 막아 철이 산화되는 것을 방지한다.

채점 기준	배점
철의 산화 조건과 관련하여 옳게 서술한 경우	100 %
페인트칠이 철의 산화를 막아 주기 때문이라고만 서술한 경우	20 %

16 광합성, 도시가스의 연소, 사과의 갈변 현상은 모두 산화 환원 반응의 예이다.

1등급 도전   진도교재 ⇨ 177쪽

01 ①   **02** ③   **03** ②   **04** ③

01 (가)와 (나)에서 일어나는 반응을 화학 반응식으로 나타내면 다음과 같다.

(가) $\overset{\text{— 산화 —}}{2Cu + O_2 \longrightarrow 2CuO}$

(나) $\overset{\text{— 산화 —}}{CuO + H_2 \longrightarrow Cu + H_2O}$
$\underset{\text{— 환원 —}}{}$

ㄱ. (가)에서 구리(Cu)는 산소를 얻어 산화 구리(Ⅱ)(CuO)로 산화된다.

바로알기 ㄴ, ㄷ. (가)에서 생성된 검은색 물질은 산화 구리(Ⅱ) (CuO)이다. (나)에서 산화 구리(Ⅱ)(CuO)는 산소를 잃고 구리 (Cu)로 환원되고, 수소(H_2)는 산소를 얻어 물(H_2O)로 산화된다.

02 ㄱ. 나트륨(Na)과 산소(O_2)가 반응할 때 산소(O)는 전자를 얻어 산화 이온(O^{2-})으로 환원된다.

ㄷ. (가)와 (나)에서 나트륨(Na)은 모두 전자를 잃고 나트륨 이온 (Na^+)으로 산화된다.

바로알기 ㄴ. 나트륨(Na) 원자가 전자 1개를 잃고 나트륨 이온 (Na^+)이 되고, 염소(Cl) 원자가 전자 1개를 얻어 염화 이온 (Cl^-)이 되므로 염화 나트륨($NaCl$)이 생성될 때 나트륨(Na) 원자 1개에서 염소(Cl) 원자 1개로 이동하는 전자는 1개이다.

03 질산 은 수용액에 철못을 넣으면 다음과 같은 반응이 일어난다.

$\overset{\text{— 산화 —}}{2Ag^+ + Fe \longrightarrow 2Ag + Fe^{2+}}$
$\underset{\text{— 환원 —}}{}$

ㄴ. 철(Fe) 원자 1개가 철 이온(Fe^{2+})으로 산화되어 수용액에 녹아 들어갈 때 은 이온(Ag^+) 2개가 은(Ag) 원자 2개로 환원되어 석출된다. 이때 은의 원자량이 철의 원자량보다 크므로 못의 질량은 증가한다.

바로알기 ㄱ. 질산 이온(NO_3^-)은 산화되거나 환원되지 않는다.

ㄷ. 은 이온(Ag^+) 2개가 감소할 때 철 이온(Fe^{2+}) 1개가 생성되고, 질산 이온(NO_3^-)은 반응에 참여하지 않으므로 수용액의 전체 이온 수는 감소한다.

04 메테인의 연소에서 메테인은 이산화 탄소로 산화되고, 광합성에서 이산화 탄소는 포도당으로 환원된다. 또, 철의 제련에서 철광석의 주성분인 산화 철(Ⅲ)은 산소를 잃고 철로 환원된다.

○2 산과 염기

개념 쏙쏙
진도교재 ⇨ 179쪽, 181쪽

1 (1) ○ (2) ○ (3) × **2** (1) 산성 (2) 염기성 (3) 산성 (4) 산성
(5) 공통 (6) 염기성 **3** (1) H^+ (2) $2H^+$ (3) CH_3COO^- (4) K^+
(5) $2OH^-$ **4** ㉠ 붉은색, ㉡ 붉은색, ㉢ 노란색, ㉣ 노란색
5 (1) ○ (2) ○ (3) × (4) × (5) × **6** (1) ㉡ (2) ㉠ (3) ㉢
7 이산화 탄소(CO_2)

---

1 (1) 산의 공통적인 성질(산성)은 H^+ 때문에 나타난다.

(2), (3) 염기는 물에 녹아 양이온과 OH^-으로 이온화하고, 염기의 특이성이 나타나는 것은 염기의 종류에 따라 양이온이 각각 다르기 때문이다.

2 (1), (3), (4) 신맛이 나고, 마그네슘과 반응하여 수소 기체를 발생시키며, 달걀 껍데기와 반응하여 이산화 탄소 기체를 발생시키는 것은 산의 공통적인 성질이다.

(2), (6) 붉은색 리트머스 종이를 푸르게 변화시키고, 페놀프탈레인 용액을 붉게 변화시키는 것은 염기의 공통적인 성질이다.

(5) 수용액에서 전류가 흐르는 것은 산과 염기의 공통된 성질이다.

3 (1) $HCl \longrightarrow H^+ + Cl^-$

(2) $H_2SO_4 \longrightarrow 2H^+ + SO_4^{2-}$

(3) $CH_3COOH \longrightarrow H^+ + CH_3COO^-$

(4) $KOH \longrightarrow K^+ + OH^-$

(5) $Ca(OH)_2 \longrightarrow Ca^{2+} + 2OH^-$

4

구분	산성	중성	염기성
리트머스 종이	푸른색 → 붉은색	—	붉은색 → 푸른색
페놀프탈레인 용액	무색	무색	붉은색
메틸 오렌지 용액	붉은색	노란색	노란색
BTB 용액	노란색	초록색	파란색

5 (1), (2) 지시약은 용액의 액성에 따라 색이 변하는 물질로, 자주색 양배추에서 추출한 용액은 액성에 따라 색이 변하므로 지시약으로 사용할 수 있다.

(3) 페놀프탈레인 용액은 산성 용액과 중성 용액에서 모두 색 변화가 없으므로 페놀프탈레인 용액으로 산성 용액과 중성 용액을 구별할 수 없다.

(4) pH가 7보다 작은 용액의 액성은 산성이다.

(5) pH가 작을수록 산성이 강하고, pH가 클수록 염기성이 강하다.

6 탄산음료는 산성 용액이므로 BTB 용액을 떨어뜨리면 노란색을 띤다. 증류수는 중성 용액이므로 BTB 용액을 떨어뜨리면 초록색을 띤다. 비눗물은 염기성 용액이므로 BTB 용액을 떨어뜨리면 파란색을 띤다.

7 이산화 탄소는 생명체의 호흡이나 화석 연료의 연소 과정에서 발생하며 바닷물에 녹아 H^+ 농도를 증가시킨다. H^+은 산호나 조개류가 석회질 껍데기를 만드는 것을 방해하여 개체 수 감소를 일으키고, 해양 생태계에 전반적인 영향을 미친다.

탐구 Ⓐ
진도교재 ⇨ 183쪽

확인 문제 **1** (1) ○ (2) × (3) × (4) ○ **2** ② **3** ③

1 (1) 산과 염기는 모두 물에 녹아 이온화하므로 산 수용액과 염기 수용액은 모두 전류가 흐른다.
(2) 식초는 산성 물질, 수산화 나트륨 수용액은 염기성 물질이므로 식초에 붉은색 리트머스 종이를 대면 색 변화가 없고, 수산화 나트륨 수용액에 붉은색 리트머스 종이를 대면 푸르게 변한다.
(3) 염기성 물질인 비눗물은 마그네슘 리본과 반응하지 않는다.
(4) 묽은 염산과 식초에 공통으로 들어 있는 양이온은 H^+으로 같다.

2 전기 전도성이 있고, 마그네슘 리본이나 달걀 껍데기를 넣으면 기체가 발생하는 것으로 보아 미지의 물질은 산성 물질이다.
ㄱ, ㄷ, ㅁ. 식초, 레몬 즙, 묽은 황산은 산성 물질이다.
바로알기 ㄴ, ㄹ, ㅂ. 비눗물, 유리 세정제, 하수구 세정제는 염기성 물질이다.

3 푸른색 리트머스 종이를 붉은색으로 변화시키는 A와 C는 산성 물질이고, 탄산 칼슘을 넣었을 때 변화가 없는 B와 D는 염기성 물질이다.
③ D는 염기성 물질이므로 페놀프탈레인 용액을 붉은색으로 변화시킨다. 따라서 ㉠은 '무색 → 붉은색'이 적절하다.
바로알기 ① A는 산성 물질이므로 H^+이 들어 있다.
② B는 염기성 물질이므로 BTB 용액을 떨어뜨리면 파란색으로 변한다.
④ C는 산성 물질이므로 탄산 칼슘과 반응하여 이산화 탄소 기체를 발생시킨다. 따라서 ㉡은 '기체 발생'이 적절하다.
⑤ A와 C는 산성 물질이므로 마그네슘 리본과 반응하여 수소 기체를 발생시키지만, B와 D는 염기성 물질이므로 마그네슘 리본과 반응하지 않는다.

내신 탄탄

진도교재 ⇨ 184쪽~186쪽

01 ③	02 ③	03 ①	04 ③	05 ④	06 ⑤
07 ①	08 ⑤	09 ③	10 ②	11 ②	12 해설 참조
13 ②	14 ①				

01 산 수용액은 아연과 반응하여 수소 기체를 발생시키고, 푸른색 리트머스 종이를 붉게 변화시킨다. 염기는 쓴맛이 나고, 산 수용액과 염기 수용액은 모두 전류가 흐른다.
바로알기 ③ 염기 수용액은 탄산 칼슘과 반응하지 않는다.

02 ㄴ, ㄷ, ㅁ. 염산(HCl), 질산(HNO_3), 황산(H_2SO_4)은 산성 용액이므로 달걀 껍데기와 반응하여 이산화 탄소 기체를 발생시킨다.
바로알기 ㄱ, ㄹ, ㅂ. 수산화 나트륨(NaOH) 수용액, 수산화 칼슘($Ca(OH)_2$) 수용액, 수산화 칼륨(KOH) 수용액은 염기성 용액이므로 달걀 껍데기와 반응하지 않는다.

03 ㄱ, ㄴ. 붉은색 리트머스 종이를 푸른색으로 변화시키고, 페놀프탈레인 용액을 붉게 변화시키는 물질은 물에 녹아 OH^-을 내놓는 염기이다. 주어진 물질 중 염기는 암모니아(NH_3), 수산화 칼륨(KOH)이다.

바로알기 ㄷ. 염산(HCl)은 산이다.
ㄹ. 메탄올(CH_3OH)은 분자 안에 OH가 있지만 물에 녹아 OH^-을 내놓지 못하므로 염기가 아니다.

04 주어진 수용액은 H^+이 들어 있으므로 산 수용액이다.
ㄱ, ㄷ. 산 수용액은 마그네슘과 반응하여 수소 기체를 발생시키고, 용액 속에 이온이 존재하므로 전기 전도성이 있다.
바로알기 ㄴ. 산 수용액에 메틸 오렌지 용액을 떨어뜨리면 붉은색을 띤다.

05 ㉠은 H^+, ㉡은 Cl^-, ㉢은 OH^-이다.
ㄱ. 아세트산 수용액과 염산의 공통적인 성질(산성)은 H^+ 때문에 나타난다.
ㄷ. 수산화 나트륨 수용액에서 페놀프탈레인 용액을 붉게 변화시키는 물질은 OH^-이다.
바로알기 ㄴ. 염산에서 푸른색 리트머스 종이를 붉게 변화시키는 물질은 H^+이다.

06 ㄱ, ㄴ. 푸른색 리트머스 종이를 붉게 변화시키는 이온은 H^+으로, 전류를 흘려 주면 (−)극 쪽으로 이동한다. 따라서 A극은 (−)극이고, B극은 (+)극이다.
ㄷ. 묽은 황산에도 H^+이 들어 있으므로 묽은 염산 대신 묽은 황산으로 실험해도 같은 결과가 나타난다.

07 (가)는 산이고, (나)는 염기이다.
② (가) 수용액은 산성 용액이므로 마그네슘 조각을 넣으면 수소 기체가 발생한다.
③, ④ 염기는 물에 녹아 OH^-을 내놓는 물질이므로 (나) 수용액에는 OH^-이 존재하고, 탄산 칼슘과 반응하지 않는다.
⑤ 산과 염기는 물에 녹아 이온화하므로 (가) 수용액과 (나) 수용액은 모두 전류가 흐른다.
바로알기 ① (가) 수용액은 산성 용액이므로 BTB 용액을 넣으면 노란색을 띤다.

08 묽은 염산은 산성 용액이고, 수산화 나트륨 수용액은 염기성 용액이다. 두 수용액에는 모두 이온이 들어 있으므로 전기 전도성이 있다. 따라서 ㉠은 '있음'이 적절하다. 산성 용액은 마그네슘 조각과 반응하여 수소 기체를 발생시키므로 ㉡은 '기체 발생'이 적절하다. 염기성 용액에 BTB 용액을 떨어뜨리면 파란색을 띠므로 ㉢은 '파란색'이 적절하다.

09 ㄱ. 레몬 즙과 식초는 푸른색 리트머스 종이를 붉은색으로 변화시키고, 마그네슘 리본을 넣었을 때 기체를 발생시키므로 산성 물질이다.
ㄴ. 비눗물은 붉은색 리트머스 종이를 푸른색으로 변화시키고, 마그네슘 리본을 넣을 때 변화가 없으므로 염기성 물질이다. 따라서 비눗물에는 OH^-이 들어 있다.
바로알기 ㄷ. 레몬 즙은 산성 물질이므로 페놀프탈레인 용액을 떨어뜨려도 색이 변하지 않지만, 비눗물은 염기성 물질이므로 페놀프탈레인 용액을 떨어뜨리면 붉은색으로 변한다.

10 하수구 세정제의 주성분은 이온화하여 OH^-을 내놓으므로 염기이고, 식초와 탄산음료의 주성분은 이온화하여 H^+을 내놓으므로 산이다.

ㄴ. 식초의 주성분인 아세트산(CH_3COOH)은 물에 녹아 이온으로 존재한다. 따라서 식초는 전류가 흐른다.

바로알기 ㄱ. 하수구 세정제는 염기성 물질이므로 pH가 7보다 크다.

ㄷ. 탄산음료는 산성 물질이므로 푸른색 리트머스 종이를 붉게 변화시키지만, 하수구 세정제는 염기성 물질이므로 푸른색 리트머스 종이의 색을 변화시키지 않는다.

11 A 수용액은 페놀프탈레인 용액의 색을 변화시키지 않고, BTB 용액을 노란색으로 변화시키므로 산성 용액이다. B 수용액은 메틸 오렌지 용액을 노란색, 페놀프탈레인 용액을 붉은색, BTB 용액을 파란색으로 변화시키므로 염기성 용액이다.

ㄴ. A 수용액은 산성 용액이므로 pH가 7보다 작다.

바로알기 ㄱ. A 수용액은 산성 용액이므로 메틸 오렌지 용액을 붉은색으로 변화시킨다. 따라서 ㉠은 '붉은색'이 적절하다.

ㄷ. B 수용액은 염기성 용액이므로 붉은색 리트머스 종이를 푸른색으로 변화시킨다.

12 **모범 답안** 자주색 양배추에서 추출한 용액은 액성에 따라 색이 변하므로 용액의 액성을 구별하는 지시약으로 사용할 수 있다.

채점 기준	배점
용액의 액성에 따라 색이 변하기 때문이라고 서술한 경우	100 %
단순히 색이 변하기 때문이라고만 서술한 경우	10 %

13 pH가 7보다 작은 레몬, 탄산음료, 커피, 우유는 산성 물질, pH가 7인 증류수는 중성 물질, pH가 7보다 큰 비누, 가정용 암모니아수, 하수구 세정제는 염기성 물질이다.

① 탄산음료는 산성 물질이므로 H^+이 들어 있다.

③ 산성이 가장 강한 물질은 pH가 가장 작은 레몬이다.

④ 증류수는 중성 물질이므로 메틸 오렌지 용액을 떨어뜨리면 노란색을 띤다.

⑤ 수용액에 BTB 용액을 떨어뜨렸을 때 파란색을 띠는 물질은 염기성 물질이다. 따라서 비누, 가정용 암모니아수, 하수구 세정제로 세 가지이다.

바로알기 ② 산성 물질은 레몬, 탄산음료, 커피, 우유로 네 가지이다.

14 ㄱ. 생명체가 호흡을 하거나 화석 연료가 연소할 때 발생하는 물질 중 지구 환경에 영향을 미치는 물질은 이산화 탄소이다. 따라서 X는 이산화 탄소이다.

바로알기 ㄴ, ㄷ. 이산화 탄소는 바닷물에 녹아 H^+ 농도를 증가시키고, 바닷물의 H^+은 산호나 조개류가 석회질 껍데기를 만드는 것을 방해하여 개체 수 감소를 일으킨다.

1등급 도전 진도교재 ⇨ 187쪽

01 ③ **02** ① **03** ⑤ **04** ③

01 ㄱ. 비커에 있는 물이 플라스크 속으로 들어가 분수가 생성된 것으로 보아 암모니아 기체가 물에 녹으면 플라스크 속의 압력이 작아진다는 것을 알 수 있다.

ㄴ. 페놀프탈레인 용액을 넣은 물이 플라스크 속으로 들어가 붉은색 분수를 생성한 것으로 보아 암모니아 기체는 물에 녹아 염기성을 나타낸다는 것을 알 수 있다.

바로알기 ㄷ. BTB 용액은 염기성에서 파란색을 띠므로 BTB 용액으로 실험하면 파란색 분수가 생성된다.

02 ㄱ. (가)에서 묽은 염산은 마그네슘 조각과 반응하여 수소 기체를 발생시킨다.

$$Mg + 2HCl \longrightarrow MgCl_2 + H_2\uparrow$$

바로알기 ㄴ. (가)에서 음이온인 Cl^-은 반응에 참여하지 않으므로 그 수가 일정하게 유지된다.

ㄷ. (나)에서 수산화 나트륨 수용액은 마그네슘 조각과 반응하지 않는다. 따라서 OH^- 수는 일정하게 유지된다.

03 (가)는 Cl^-이 존재하고 BTB 용액을 떨어뜨렸을 때 노란색을 띠므로 산성 용액인 묽은 염산이고, (나)는 OH^-이 존재하고 BTB 용액을 떨어뜨렸을 때 파란색을 띠므로 염기성 용액인 수산화 나트륨 수용액이다. 또, (다)는 Cl^-이 존재하고 BTB 용액을 떨어뜨렸을 때 초록색을 띠므로 중성 용액인 염화 나트륨 수용액이다.

ㄱ. (가)는 묽은 염산이므로 마그네슘 조각을 넣으면 수소 기체가 발생한다.

ㄴ. (나)와 (다)에 들어 있는 양이온은 Na^+으로 같다.

ㄷ. 페놀프탈레인 용액을 떨어뜨렸을 때 붉은색을 띠는 수용액은 염기성 용액인 (나) 한 가지이다. (가)는 산성 용액이고, (다)는 중성 용액이므로 페놀프탈레인 용액을 떨어뜨려도 색이 변하지 않는다.

04 ㄱ. 푸른색 리트머스 종이를 붉게 변화시킨 것으로 보아 X 수용액은 H^+이 들어 있는 산성 용액이다.

ㄴ. X 수용액에 마그네슘 조각을 넣으면 마그네슘 조각과 H^+이 반응하여 수소 기체가 발생하므로 수용액의 H^+ 농도가 감소하고, 산성이 약해진다. 따라서 수용액의 pH는 커진다.

바로알기 ㄷ. Ⅱ에서 산 수용액과 마그네슘 조각이 반응하여 발생한 기체 Y는 수소이고, Ⅲ에서 산 수용액과 탄산 칼슘이 주성분인 대리석 조각이 반응하여 발생한 기체 Z는 이산화 탄소이다. 따라서 기체 Y와 기체 Z는 서로 다른 물질이다.

03 중화 반응

개념 쏙쏙 진도교재 ⇨ 189쪽

1 (1) ◯ (2) ◯ (3) × (4) ◯ **2** (다)

1 (1), (2) 중화 반응은 산의 H^+과 염기의 OH^-이 1 : 1의 개수비로 반응하여 물을 생성하는 반응이다.

(3) 염은 산의 음이온과 염기의 양이온이 결합하여 생성된 물질이다.
(4) 중화 반응이 일어나면 중화열이 발생한다.

2 (가)에 들어 있는 H^+ 2개가 모두 반응하여 중화 반응이 완결된 용액은 (다)이다. 따라서 (다)의 최고 온도가 가장 높다.

탐구 Ⓐ

진도교재 ⇨ 191쪽

확인 문제 **1** (1) × (2) ○ (3) × (4) × (5) × (6) ○　**2** A : 염기성, B : 염기성, C : 중성, D : 산성　**3** ③

1 (1) 묽은 염산과 수산화 나트륨 수용액을 반응시켰을 때 용액의 온도가 높아진 까닭은 산의 양이온인 H^+과 염기의 음이온인 OH^-이 반응하여 중화열이 발생했기 때문이다.
(2) BTB 용액을 떨어뜨렸을 때 파란색을 띠므로 A는 염기성 용액이다. 따라서 A에는 OH^-이 들어 있다.
(3) 묽은 염산과 수산화 나트륨 수용액은 1 : 1의 부피비로 반응하므로 B에서 묽은 염산과 수산화 나트륨 수용액이 각각 4 mL씩 반응하여 물을 생성하고, D에서도 묽은 염산과 수산화 나트륨 수용액이 각각 4 mL씩 반응하여 물을 생성한다. 따라서 중화 반응으로 생성된 물의 양은 B와 D가 같다.
(4) C에는 중화 반응에 참여하지 않은 Na^+과 Cl^-이 존재한다.
(5) D에는 묽은 염산과 수산화 나트륨 수용액이 1 : 1의 부피비로 반응하고 남아 있는 H^+과 중화 반응에 참여하지 않은 Na^+, Cl^-이 존재하므로 전류가 흐른다.
(6) E는 산성 용액이므로 수산화 나트륨 수용액을 넣으면 중화 반응이 일어난다.

2

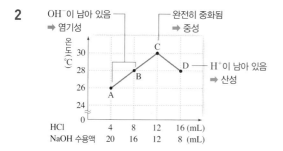

C에서 혼합 용액의 최고 온도가 가장 높으므로 완전히 중화되었고, 묽은 염산과 수산화 나트륨 수용액은 1 : 1의 부피비로 반응함을 알 수 있다.
A에서는 묽은 염산 4 mL와 수산화 나트륨 수용액 4 mL가 반응하고, 반응하지 않은 OH^-이 남아 있다. 따라서 A의 액성은 염기성이다.
B에서는 묽은 염산 8 mL와 수산화 나트륨 수용액 8 mL가 반응하고, 반응하지 않은 OH^-이 남아 있다. 따라서 B의 액성은 염기성이다.
C에서는 묽은 염산 12 mL와 수산화 나트륨 수용액 12 mL가 모두 반응하였다. 따라서 C의 액성은 중성이다.
D에서는 묽은 염산 8 mL와 수산화 나트륨 수용액 8 mL가 반응하고, 반응하지 않은 H^+이 남아 있다. 따라서 D의 액성은 산성이다.

---

3 묽은 염산과 수산화 칼륨 수용액의 농도가 같으므로 같은 부피의 수용액에 들어 있는 이온 수가 같다. 따라서 묽은 염산과 수산화 칼륨 수용액은 1 : 1의 부피비로 반응한다.
ㄱ. (가)(묽은 염산 10 mL＋수산화 칼륨 수용액 30 mL)에서는 묽은 염산 10 mL와 수산화 칼륨 수용액 10 mL가 반응하고, 반응하지 않은 OH^-이 남아 있다. 따라서 (가)의 액성은 염기성이고, 페놀프탈레인 용액을 떨어뜨리면 붉은색으로 변한다.
ㄴ. (다)(묽은 염산 20 mL＋수산화 칼륨 수용액 20 mL)는 묽은 염산 20 mL와 수산화 칼륨 수용액 20 mL가 모두 반응하여 중화 반응이 완전히 일어난 용액이다. 따라서 (다)에는 K^+과 Cl^-만 존재한다. 수용액은 전기적으로 중성이므로 수용액에서 이온 전하의 전체 합은 0이 되어야 한다. 그러므로 (다)에 들어 있는 K^+과 Cl^-의 수는 같다.

바로알기 ㄷ. (나)(묽은 염산 15 mL＋수산화 칼륨 수용액 25 mL)와 (라)(묽은 염산 25 mL＋수산화 칼륨 수용액 15 mL)에서 모두 묽은 염산 15 mL와 수산화 칼륨 수용액 15 mL가 반응하여 물을 생성하므로 생성된 물 분자 수는 (나)와 (라)가 같다.

내신 탄탄

진도교재 ⇨ 192쪽~194쪽

01 ③　**02** H_2O　**03** ④　**04** ①　**05** ③　**06** ④
07 ④　**08** ③　**09** A : 칼륨 이온(K^+), B : 염화 이온(Cl^-), C : 수소 이온(H^+), D : 수산화 이온(OH^-)　**10** ②
11 ⑤　**12** ①　**13** ③　**14** ④　**15** ②　**16** 해설 참조

01 ④ 산의 H^+과 염기의 OH^-이 모두 반응하여 중화 반응이 완결된 지점을 중화점이라고 한다.
⑤ 용액의 액성이 변할 때 지시약의 색이 변하므로 지시약의 색 변화로 중화점을 확인할 수 있다.

바로알기 ③ 반응하는 산과 염기의 종류에 따라 생성되는 염의 종류가 다르다.

02 중화 반응에서 공통으로 생성되는 물질은 물(H_2O)이다.

03 묽은 황산(H_2SO_4)과 수산화 칼륨(KOH) 수용액을 혼합하면 H^+과 OH^-이 1 : 1의 개수비로 반응하여 물(H_2O) 분자 2개가 생성되고, SO_4^{2-} 1개와 K^+ 2개는 중화 반응에 참여하지 않으므로 용액에 그대로 남는다.

04 (가) 묽은 염산과 (나) 수산화 나트륨 수용액을 혼합하면 물 분자 2개가 생성되고, Cl^- 2개와 Na^+ 2개는 용액에 그대로 남는다.
ㄱ. (가)와 (나)를 혼합하면 중화 반응이 일어나 중화열이 발생하므로 용액의 최고 온도는 (다)가 (가)보다 높다.

바로알기 ㄴ. Na^+은 중화 반응에 참여하지 않으므로 (나)와 (다)에 들어 있는 Na^+ 수는 2로 같다.
ㄷ. (다)는 (가)의 H^+ 2개와 (나)의 OH^- 2개가 모두 반응하여 중화 반응이 완전히 일어난 중성 용액이므로 메틸 오렌지 용액을 떨어뜨리면 노란색을 띤다.

05 산과 염기의 중화 반응으로 생성된 혼합 용액에서 OH^-을 제외한 음이온은 산의 음이온이고, H^+을 제외한 양이온은 염기의 양이온이다. 즉, NO_3^-은 산의 음이온이고, Na^+은 염기의 양이온이다. 따라서 이 반응에서 사용한 산은 질산(HNO_3)이고, 염기는 수산화 나트륨($NaOH$)이다.

06 혼합 용액에 H^+ 1개, NO_3^- 2개, Na^+ 1개가 들어 있으므로, 질산 10 mL에 들어 있는 H^+과 NO_3^-은 각각 2개이고, 수산화 나트륨 수용액 10 mL에 들어 있는 Na^+과 OH^-은 각각 1개이다. 따라서 질산과 수산화 나트륨 수용액의 같은 부피에 들어 있는 이온 수비는 2 : 1이다.

07 BTB 용액은 염기성에서 파란색, 중성에서 초록색, 산성에서 노란색을 띠므로 (가)의 액성은 염기성, (나)의 액성은 중성, (다)의 액성은 산성이다.
ㄴ. (나)는 중성 용액이므로 (나)에 수산화 나트륨 수용액을 넣으면 염기성 용액이 되어 용액의 색이 파란색으로 변한다.
ㄷ. Cl^-은 중화 반응에 참여하지 않으므로 묽은 염산을 넣는 대로 그 수가 증가한다. 따라서 용액에 들어 있는 Cl^- 수는 (다)가 가장 크다.
바로알기 ㄱ. (가)에서 (다)로 진행될 때 용액의 액성이 염기성 → 중성 → 산성으로 바뀌므로 용액의 pH는 점점 작아진다.

08 ㄱ. (가)와 (나)에는 H^+이 존재하므로 (가)와 (나)의 액성은 산성이고, BTB 용액을 넣으면 노란색을 띤다.
ㄴ. (다)에서 완전히 중화되어 중화열이 가장 많이 발생하므로 용액의 최고 온도가 가장 높다. (다) → (라)에서는 중화 반응이 더 이상 일어나지 않고 (다)보다 온도가 낮은 수산화 나트륨 수용액을 더 넣어 주므로 (라)의 최고 온도는 (다)보다 낮다.
바로알기 ㄷ. (나)에 H^+ 1개, (라)에 OH^- 1개가 존재하므로 (나)와 (라)를 혼합한 용액의 액성은 중성이다.

09 A는 수산화 칼륨 수용액을 넣는 대로 그 수가 증가하므로 반응에 참여하지 않는 K^+이다. B는 넣어 준 수산화 칼륨 수용액의 부피와 관계없이 그 수가 일정하므로 반응에 참여하지 않는 Cl^-이다. C는 수산화 칼륨 수용액을 넣을수록 점차 감소하다가 중화점 이후에는 존재하지 않으므로 H^+이다. D는 처음에는 존재하지 않다가 중화점 이후부터 증가하므로 OH^-이다.

10 (가) 용액은 중화점 이전 용액으로 반응하지 않은 H^+이 남아 있는 용액이고, (나) 용액은 중화점에 도달한 용액이다.
ㄴ. 용액의 최고 온도는 중화점에 도달한 (나)가 중화점에 도달하지 않은 (가)보다 높다.
바로알기 ㄱ. (가) 용액은 산성 용액이므로 페놀프탈레인 용액을 떨어뜨려도 색이 변하지 않는다.
ㄷ. Cl^-은 반응에 참여하지 않으므로 용액 (가)와 (나)에 들어 있는 Cl^- 수는 같다.

11 혼합 용액의 온도가 가장 높은 B에서 수산화 칼륨 수용액과 질산이 완전히 중화되었다. 즉, B에서 중화점에 도달하였고, B는 중성 용액이다. A는 중화점에 도달하기 이전이므로 염기성 용액이다. C는 중화점 이후 질산을 더 넣어 준 용액이므로 산성 용액이다.

ㄱ. A는 염기성 용액이고, B는 중성 용액이므로 용액의 pH는 A가 B보다 크다.
ㄴ. B는 중화 반응이 완결된 중성 용액이므로 B에 존재하는 이온은 K^+, NO_3^-으로 두 종류이다.
ㄷ. A는 염기성 용액이고, C는 산성 용액이므로 A와 C를 혼합하면 중화 반응이 일어나 물이 생성된다.

12

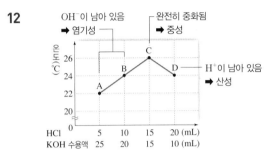

C에서 혼합 용액의 최고 온도가 가장 높으므로 완전히 중화되었고, 묽은 염산과 수산화 칼륨 수용액은 1 : 1의 부피비로 반응함을 알 수 있다.
① 묽은 염산과 수산화 칼륨 수용액이 1 : 1의 부피비로 반응하므로 A에서는 묽은 염산 5 mL와 수산화 칼륨 수용액 5 mL가 반응하고, 반응하지 않은 OH^-이 남아 있다. 따라서 A의 액성은 염기성이다.
바로알기 ② B에서는 묽은 염산과 수산화 칼륨 수용액이 각각 10 mL씩 반응하여 물을 생성하고, D에서도 묽은 염산과 수산화 칼륨 수용액이 각각 10 mL씩 반응하여 물을 생성하므로 반응 결과 생성된 물의 양은 B와 D가 같다.
③ C에서 완전히 중화되었으므로 중화열이 가장 많이 발생한다.
④, ⑤ D에서 묽은 염산 10 mL와 수산화 칼륨 수용액 10 mL가 반응하므로 D에는 OH^-은 존재하지 않고, 반응하지 않은 H^+이 남아 있다. 따라서 D에 메틸 오렌지 용액을 떨어뜨리면 붉은색으로 변한다.

13 ㄱ. 같은 농도의 묽은 염산과 수산화 나트륨 수용액은 1 : 1의 부피비로 반응하므로 혼합 후 남아 있는 OH^-이 가장 많은 용액은 혼합 전 수산화 나트륨 수용액의 양이 가장 많고, 묽은 염산의 양이 가장 적은 (가)이다.
ㄷ. (라)(묽은 염산 60 mL + 수산화 나트륨 수용액 20 mL)에서는 묽은 염산 20 mL와 수산화 나트륨 수용액 20 mL가 반응하고, 반응하지 않은 H^+이 남아 있다. 따라서 (라)의 액성은 산성이고, 마그네슘 조각을 넣으면 수소 기체가 발생한다.
바로알기 ㄴ. (다)(묽은 염산 40 mL + 수산화 나트륨 수용액 40 mL)에서 반응한 묽은 염산과 수산화 나트륨 수용액의 부피는 각각 40 mL이고, (라)에서 반응한 묽은 염산과 수산화 나트륨 수용액의 부피는 각각 20 mL이다. 반응하는 H^+과 OH^-의 수가 많을수록 중화열이 많이 발생하므로 (라)의 최고 온도는 27 ℃보다 낮다.

14 속이 쓰릴 때 제산제를 먹는 것은 중화 반응을 이용한 예이다.
ㄴ, ㄷ. 산성화된 토양에 석회 가루를 뿌리거나, 충치 예방을 위해 치약으로 양치질을 하는 것은 중화 반응을 이용하는 예이다.
바로알기 ㄱ. 도시가스를 연소시켜 난방을 하는 것은 산화 환원 반응을 이용하는 예이다.

15 ㄴ. 은희가 말한 반응에서 생선 비린내의 원인인 물질은 염기성 물질로, 산성 물질인 레몬 즙으로 중화하여 제거한다.

(바로알기) ㄱ. 묽은 염산에 마그네슘 조각을 넣으면 마그네슘은 전자를 잃고 마그네슘 이온으로 산화되고, 수소 이온은 전자를 얻어 수소로 환원된다. 따라서 민수가 말한 반응은 산화 환원 반응이다.

ㄷ. 공장 배기가스에 포함된 이산화 황은 산성 물질로, 염기성 물질인 산화 칼슘으로 중화하여 제거한다. 따라서 영희가 말한 반응은 중화 반응이다.

16 (모범 답안) 치약, 치약은 염기성 물질을 포함하고 있으므로 벌의 침에 쏘인 부위에 치약을 바르면 중화 반응이 일어나 벌의 독으로 생긴 붓기를 가라앉힐 수 있다.

채점 기준	배점
벌의 침에 쏘였을 때 바르기에 적당한 물질을 옳게 고르고, 그 까닭을 옳게 서술한 경우	100 %
벌의 침에 쏘였을 때 바르기에 적당한 물질만 옳게 고른 경우	30 %

1등급 도전

진도교재 ⇨ 195쪽

01 ③ **02** ④ **03** ③ **04** ②

01 ㄱ. (나)에는 OH^-이 있으므로 (나)는 염기성 용액이고, (다)는 중화 반응이 완결된 용액이므로 중성 용액이다. 따라서 용액의 pH는 (나)가 (다)보다 크다.

ㄷ. 수산화 나트륨 수용액 10 mL에 묽은 염산 10 mL를 넣었을 때 중화 반응이 완결되었으므로 수산화 나트륨 수용액과 묽은 염산의 농도는 같다. 따라서 같은 부피의 수용액에 들어 있는 이온 수는 수산화 나트륨 수용액과 묽은 염산이 같다.

(바로알기) ㄴ. (다)(중화점) 이후에는 중화 반응이 일어나지 않는다. 따라서 중화 반응으로 생성된 물 분자 수는 (다)와 (라)가 같다.

02 ① X는 처음에는 존재하지 않다가 중화 반응이 완결된 (나)(중화점) 이후부터 증가하므로 OH^-이다.

② (가)는 중화점 이전이므로 (가) 용액에는 반응하지 않은 H^+이 남아 있다. 따라서 (가) 용액의 액성은 산성이고, 달걀 껍데기를 넣으면 이산화 탄소 기체가 발생한다.

③ (나)는 중화점이므로 (나) 용액의 액성은 중성이다. 따라서 BTB 용액을 떨어뜨리면 초록색으로 변한다.

⑤ 중화점에서 중화열이 가장 많이 발생하므로 용액의 최고 온도는 (나)가 (가)보다 높다.

(바로알기) ④ (가) 용액의 액성은 산성이고, (나) 용액의 액성은 중성이므로 용액의 pH는 (가)가 (나)보다 작다.

03 일정량의 묽은 염산에 수산화 칼륨 수용액을 넣을 때 중화 반응으로 생성된 물 분자 수는 중화점에서 최대가 되고, 그 이후에는 중화 반응이 일어나지 않으므로 일정하게 유지된다. 따라서 A는 중화점 이전이고, B는 중화점, C는 중화점 이후이다.

ㄱ. A는 중화점 이전이므로 A 용액에는 반응하지 않은 H^+이 남아 있다. 따라서 A 용액에 마그네슘 조각을 넣으면 수소 기체가 발생한다.

ㄴ. B 용액은 중화 반응이 완전히 일어난 중성 용액이므로 B 용액에 들어 있는 Cl^-과 K^+의 수는 같다.

(바로알기) ㄷ. C 용액은 중화점 이후 수산화 칼륨 수용액을 더 넣어 준 용액이므로 염기성 용액이다.

04
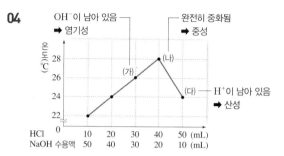

(나)에서 혼합 용액의 최고 온도가 가장 높으므로 완전히 중화되었고, 묽은 염산과 수산화 나트륨 수용액은 2 : 1의 부피비로 반응함을 알 수 있다.

ㄷ. (나)에서는 묽은 염산 40 mL와 수산화 나트륨 수용액 20 mL가 반응하고, (다)에서는 묽은 염산 20 mL와 수산화 나트륨 수용액 10 mL가 반응한다. 따라서 (나)의 액성은 중성이고, (다)에는 반응하지 않은 H^+이 남아 있으므로 (다)의 액성은 산성이다. 그러므로 페놀프탈레인 용액을 떨어뜨려도 (나)와 (다)는 모두 색이 변하지 않는다.

(바로알기) ㄱ. 묽은 염산과 수산화 나트륨 수용액이 2 : 1의 부피비로 반응하므로 묽은 염산과 수산화 나트륨 수용액의 농도비는 1 : 2이다. 따라서 같은 부피의 수용액에 들어 있는 이온 수는 묽은 염산이 수산화 나트륨 수용액의 $\frac{1}{2}$이다.

ㄴ. (가)에서는 묽은 염산 30 mL와 수산화 나트륨 수용액 15 mL가 반응하고, 반응하지 않은 OH^-이 남아 있다. 따라서 (가)의 액성은 염기성이고, 탄산 칼슘을 넣어도 반응이 일어나지 않는다.

중단원 정복

진도교재 ⇨ 196쪽~198쪽

01 ③ **02** ③ **03** ④ **04** ④ **05** ③ **06** ⑤
07 ⑤ **08** ② **09** ① **10** ① **11** 해설 참조 **12** 해설 참조 **13** 해설 참조

01 ㄱ. (가)에서 수소(H_2)는 산소를 얻어 물(H_2O)로 산화된다.

ㄴ. (나)에서 산화 구리(Ⅱ)(CuO)는 산소를 잃고 구리(Cu)로 환원된다.

(바로알기) ㄷ. (다)에서 구리(Cu) 원자 1개가 전자 2개를 잃고 구리 이온(Cu^{2+}) 1개를 생성하므로 구리(Cu) 원자 1개가 반응할 때 이동하는 전자는 2개이다.

02 (가)와 (나)에서 일어나는 반응을 화학 반응식으로 나타내면 다음과 같다.

(가) $Cu + 2Ag^+ \longrightarrow Cu^{2+} + 2Ag$
$\overbrace{\qquad}^{\text{산화}}$ $\underbrace{\qquad}_{\text{환원}}$

(나) $Zn + Cu^{2+} \longrightarrow Zn^{2+} + Cu$
$\overbrace{\qquad}^{\text{산화}}$ $\underbrace{\qquad}_{\text{환원}}$

ㄱ. (가)에서 구리(Cu)는 전자를 잃고 구리 이온(Cu^{2+})으로 산화된다.

ㄴ. (나)에서 수용액 속 구리 이온(Cu^{2+})은 전자를 얻어 구리(Cu)로 환원되므로 수용액의 푸른색은 점점 엷어진다.

바로알기 ㄷ. (가)에서는 은 이온(Ag^+) 2개가 감소할 때 구리 이온(Cu^{2+}) 1개가 생성되므로 수용액의 양이온 수는 감소한다. (나)에서는 구리 이온(Cu^{2+}) 1개가 감소할 때 아연 이온(Zn^{2+}) 1개가 생성되므로 수용액의 양이온 수 변화는 없다.

03 ㄴ. ⓛ은 일산화 탄소(CO)가 철광석의 주성분인 산화 철 (Ⅲ)(Fe_2O_3)로부터 산소를 빼앗아 생성된 이산화 탄소(CO_2)이므로 일산화 탄소(CO)보다 분자 1개에 들어 있는 산소 원자가 많다.

ㄷ. (가)에서 철광석의 주성분인 산화 철(Ⅲ)(Fe_2O_3)은 산소를 잃고 철(Fe)로 환원된다.

바로알기 ㄱ. 코크스(C)가 일산화 탄소(CO)로 될 때 반응하는 ⓛ은 산소(O_2)이다.

04 빛에너지를 이용하여 이산화 탄소(CO_2)와 물(H_2O)로 포도당 ($C_6H_{12}O_6$)과 산소(O_2)를 만드는 반응은 광합성이고, (가)는 산소 (O_2)이다.

ㄴ. 광합성으로 생성된 산소(O_2)는 오존층을 형성하는 데 사용된다.

ㄷ. 광합성에서 이산화 탄소(CO_2)는 포도당($C_6H_{12}O_6$)으로 환원된다.

바로알기 ㄱ. 광합성을 나타내는 화학 반응식이다.

05 세 가지 수용액 중 페놀프탈레인 용액을 떨어뜨렸을 때 붉게 변하는 수용액은 염기성 용액인 석회수와 수산화 나트륨 수용액이므로 색 변화가 없는 C는 산성 용액인 묽은 염산이다. 날숨에는 이산화 탄소 기체가 들어 있으므로 날숨을 불어넣었을 때 뿌옇게 흐려지는 A는 석회수이고, B는 수산화 나트륨 수용액이다.

ㄱ. C는 묽은 염산이므로 C에 달걀 껍데기를 넣으면 이산화 탄소 기체가 발생한다.

ㄴ. A는 석회수($Ca(OH)_2$ 수용액)이므로 A에는 Ca^{2+}이 들어 있다.

바로알기 ㄷ. B는 수산화 나트륨 수용액이고, C는 묽은 염산이므로 용액의 pH는 B가 C보다 크다.

06 전류를 흘려 주면 묽은 염산의 H^+은 (−)극 쪽으로 이동하고, 수산화 나트륨 수용액의 OH^-은 (+)극 쪽으로 이동한다.

ㄱ. 페놀프탈레인 용액을 붉게 변화시키는 이온은 OH^-이다.

ㄴ. 전류를 흘려 주었을 때 붉은색이 거름종이의 가운데로 이동하였으므로 수산화 나트륨 수용액을 떨어뜨린 곳은 B이고, 묽은 염산을 떨어뜨린 곳은 A이다.

ㄷ. 묽은 염산의 H^+과 수산화 나트륨 수용액의 OH^-이 거름종이 중간에서 만나 중화 반응이 일어나므로 가운데로 이동한 붉은색은 무색으로 변한다.

07 네 가지 수용액 중 페놀프탈레인 용액을 떨어뜨렸을 때 붉은색으로 변하는 물질은 수산화 나트륨 수용액뿐이므로 A는 수산화 나트륨 수용액이고, 페놀프탈레인 용액과 마그네슘 리본을 넣었을 때 변화가 없는 B는 염화 나트륨 수용액이다. 따라서 C와 D는 묽은 염산 또는 아세트산 수용액이다.

⑤ C와 D는 묽은 염산 또는 아세트산 수용액이므로 C와 D에 존재하는 양이온은 H^+으로 같다.

바로알기 ① D는 묽은 염산 또는 아세트산 수용액이므로 페놀프탈레인 용액을 떨어뜨려도 색이 변하지 않는다. 따라서 ⓛ은 '변화 없음'이 적절하다.

② A는 수산화 나트륨 수용액이므로 마그네슘 리본을 넣어도 반응이 일어나지 않는다. 따라서 ⓛ은 '변화 없음'이 적절하다.

③ C는 묽은 염산 또는 아세트산 수용액이므로 마그네슘 리본을 넣으면 수소 기체가 발생한다. 따라서 ⓛ은 '기체 발생'이 적절하다.

④ A는 수산화 나트륨 수용액이고, B는 염화 나트륨 수용액이므로 혼합하여도 용액의 온도가 변하지 않는다.

08 ㄴ. (가)와 (나)를 혼합하면 중화 반응이 일어나 중화열이 발생하므로 용액의 최고 온도는 혼합 용액이 (가) 또는 (나)보다 높다.

바로알기 ㄱ. 중화 반응에서 산의 H^+과 염기의 OH^-이 1 : 1의 개수비로 반응하므로 (가)와 (나)를 혼합한 용액에는 반응하지 않은 OH^-이 남아 있다. 따라서 혼합 용액의 액성은 염기성이고, pH는 7보다 크다.

ㄷ. Na^+은 반응에 참여하지 않는 이온이므로 그 수가 변하지 않는다. 따라서 용액에 들어 있는 Na^+ 수는 혼합 용액과 (나)가 같다.

09

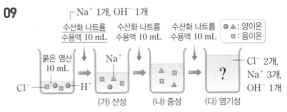

ㄱ. 주어진 모형에서 중화 반응이 진행될수록 이온 수가 감소하는 ●은 OH^-과 반응하는 H^+이고, 이온 수 변화가 없는 ■은 중화 반응에 참여하지 않는 Cl^-이다. 넣어 준 수산화 나트륨 수용액이 증가함에 따라 이온 수가 증가하는 ▲은 중화 반응에 참여하지 않는 Na^+이다.

바로알기 ㄴ. H^+이 존재하는 (가)의 액성은 산성, H^+과 OH^-이 모두 반응한 (나)의 액성은 중성이다. 수산화 나트륨 수용액 10 mL에는 Na^+ 1개와 OH^- 1개가 존재하므로 (다)에는 Cl^- 2개, Na^+ 3개, OH^- 1개가 들어 있고, (다)의 액성은 염기성이다. 따라서 용액의 pH는 (다)가 가장 크다.

ㄷ. (가)에 H^+ 1개, (다)에 OH^- 1개가 존재하므로 (가)와 (다)를 혼합하면 중성 용액이 된다.

10

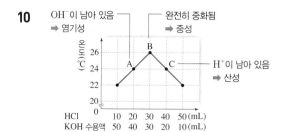

OH⁻이 남아 있음 ➡ 염기성

완전히 중화됨 ➡ 중성

H⁺이 남아 있음 ➡ 산성

B에서 혼합 용액의 최고 온도가 가장 높으므로 완전히 중화되었고, 묽은 염산과 수산화 칼륨 수용액은 1 : 1의 부피비로 반응함을 알 수 있다.

ㄱ. A에서는 묽은 염산 20 mL와 수산화 칼륨 수용액 20 mL가 반응하고, 반응하지 않은 OH^-이 남아 있다. 따라서 A의 액성은 염기성이다. C에서는 묽은 염산 20 mL와 수산화 칼륨 수용액 20 mL가 반응하고, 반응하지 않은 H^+이 남아 있다. 따라서 C의 액성은 산성이다. 그러므로 용액의 pH는 A가 C보다 크다.

바로알기 ㄴ. B에는 중화 반응에 참여하지 않은 Cl^-과 K^+이 존재한다. 따라서 B는 전기 전도성이 있다.

ㄷ. K^+은 중화 반응에 참여하지 않으므로 넣어 준 수산화 칼륨 수용액이 많을수록 혼합 용액에 많이 존재한다. B에서 넣어 준 수산화 칼륨 수용액은 30 mL이고, C에서 넣어 준 수산화 칼륨 수용액은 20 mL이므로 용액에 들어 있는 K^+ 수는 C가 B보다 작다.

11 모범 답안 산화되는 물질 : Mg, 환원되는 물질 : CO_2, 마그네슘(Mg)은 산소를 얻어 산화 마그네슘(MgO)으로 산화되고, 이산화 탄소(CO_2)는 산소를 잃고 탄소(C)로 환원되기 때문이다.

채점 기준	배점
산화되는 물질과 환원되는 물질을 옳게 쓰고, 그 까닭을 옳게 서술한 경우	100 %
산화되는 물질과 환원되는 물질만 옳게 쓴 경우	30 %

12 모범 답안 고무풍선의 크기가 커진다. 묽은 염산과 마그네슘 조각이 반응하면 수소 기체가 발생하기 때문이다.

채점 기준	배점
고무풍선의 크기 변화를 옳게 쓰고, 그 까닭을 옳게 서술한 경우	100 %
고무풍선의 크기 변화만 옳게 쓴 경우	30 %

13 (가)(묽은 염산 10 mL＋수산화 나트륨 수용액 10 mL)에서 반응한 묽은 염산과 수산화 나트륨 수용액의 부피는 각각 10 mL이고, (나)(묽은 염산 5 mL＋수산화 나트륨 수용액 15 mL)에서 반응한 묽은 염산과 수산화 나트륨 수용액의 부피는 각각 5 mL이다. 즉, 반응한 묽은 염산과 수산화 나트륨 수용액의 부피는 (가)가 (나)의 2배이다.

모범 답안 중화 반응으로 생성된 물의 양은 (가)가 (나)의 2배이다. 같은 농도의 묽은 염산과 수산화 나트륨 수용액은 1 : 1의 부피비로 반응하므로 반응한 묽은 염산과 수산화 나트륨 수용액의 부피는 (가)가 (나)의 2배이다. 따라서 중화 반응으로 생성된 물의 양도 (가)가 (나)의 2배이다.

채점 기준	배점
생성된 물의 양을 옳게 비교하고, 그 까닭을 반응한 묽은 염산과 수산화 나트륨 수용액의 부피와 관련하여 옳게 서술한 경우	100 %
생성된 물의 양만 옳게 비교하여 쓴 경우	30 %

❷ 생물 다양성과 유지

01 지질 시대의 환경과 생물

개념 쏙쏙

진도교재 ⇨ 203쪽, 205쪽

1 화석 **2** A : 선캄브리아 시대, B : 고생대, C : 중생대, D : 신생대 **3** (1) 표 (2) 시 (3) 시 (4) 표 (5) 표 **4** ㄱ, ㄷ, ㄹ **5** (가) 중생대 (나) 신생대 (다) 고생대, (다) → (가) → (나) **6** (1) ㉢ (2) ㉠ (3) ㉡ (4) ㉣ **7** (1) 고생대 (2) 증가

1 지질 시대는 지구 환경 변화로 인한 생물의 급격한 변화를 기준으로 구분하므로 화석의 변화를 기준으로 구분한다.

2 지질 시대에서 선캄브리아 시대(A)가 대부분(약 88.2 %)을 차지하고, 고생대(B)는 약 6.3 %, 중생대(C)는 약 4.1 %, 신생대(D)는 약 1.4 %를 차지한다.

3 • 표준 화석은 지층의 생성 시대를 알려주는 화석으로, 생존 기간이 짧고, 넓은 면적에 분포했던 생물의 화석이다. 대표적인 예로 삼엽충 화석, 암모나이트 화석, 매머드 화석 등이 있다.
• 시상 화석은 지층의 생성 환경을 알려주는 화석으로, 생존 기간이 길고, 좁은 면적에 분포했던 생물의 화석이다. 대표적인 예로 고사리 화석, 산호 화석, 조개 화석 등이 있다.

4 공룡(ㄱ), 고사리(ㄷ), 매머드(ㄹ)는 육지에서 살았던 생물이므로 이와 같은 화석이 발견되는 지층은 과거 육지 환경이었다. 산호(ㄴ), 삼엽충(ㅁ), 암모나이트(ㅂ)는 바다에서 살았던 생물이므로 이와 같은 화석이 발견되는 지층은 과거 바다 환경이었다.

5

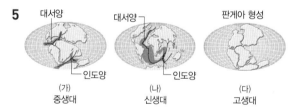

(가) 중생대   (나) 신생대   (다) 고생대

(가)는 대서양과 인도양이 형성되기 시작했으므로 중생대의 수륙 분포이고, (나)는 대서양과 인도양이 넓어지고 있으며 현재의 수륙 분포와 비슷하므로 신생대의 수륙 분포이며, (다)는 판게아가 형성되었으므로 고생대의 수륙 분포이다.

6 (1) 고생대에는 삼엽충과 같은 무척추동물, 고사리와 같은 양치식물이 번성하였다.
(2) 신생대에는 매머드와 같은 포유류, 참나무와 같은 속씨식물이 번성하였다.
(3) 중생대에는 공룡과 같은 파충류, 은행나무와 같은 겉씨식물이 번성하였다.
(4) 선캄브리아 시대에는 단세포 생물과 원시 해조류가 출현하였고, 말기에 최초의 다세포 생물이 출현하였다.

7 (2) 급격하게 변한 지구 환경에 적응하지 못한 생물은 멸종하지만, 새로운 환경에 적응한 생물은 다양한 종으로 진화하여 생물 다양성이 증가하는 계기가 된다.

내신탄탄　　　　진도교재 ⇨ 206쪽~208쪽

01 ③	02 ③	03 ②	04 ④	05 해설 참조	06 ④
07 ②	08 ①	09 ③	10 ⑤	11 ③	12 ⑤
13 ②	14 ⑤	15 해설 참조	16 ②	17 ①	

01 ① 화석에는 생물의 뼈, 알, 발자국, 배설물, 기어간 흔적, 빙하나 호박 속에 갇힌 생물 등이 있다.
② 멀리 떨어져 있는 대륙에서 발견되는 화석을 비교하여 과거 대륙의 이동을 알 수 있다.
④ 선캄브리아 시대는 지질 시대 중 약 88.2 %를 차지하여 선캄브리아 시대의 길이가 상대적으로 가장 길다.
⑤ 표준 화석은 생존 기간이 짧고, 넓은 면적에 분포한 생물의 화석으로, 지층이 생성된 시대를 알려준다.
바로알기 ③ 약 46억 년 전 지구가 탄생한 후부터 현재까지의 기간을 지질 시대라고 한다.

02 ③ 지구 환경 변화로 인한 생물의 급격한 변화(화석의 변화)가 지질 시대의 구분 기준이 된다.

03 지질 시대 중 상대적으로 길이가 가장 긴 A는 선캄브리아 시대, 그 다음으로 긴 B는 고생대, C는 중생대, D는 신생대이다.

04 ㄴ. 갑주어는 고생대(B)에 바다에서 살았던 생물이다.
ㄷ. 중생대(C)는 약 2억 5천 2백만 년 전부터 약 6천 6백만 년 전까지이고, 신생대(D)는 약 6천 6백만 년 전부터이므로 C 시대가 D 시대보다 지속 기간이 길다.
바로알기 ㄱ. 선캄브리아 시대의 화석은 드물게 발견된다.

05 **모범 답안** 선캄브리아 시대에는 생물의 개체 수가 적었고, 생물에 대부분 단단한 골격이 없었으며, 화석이 되더라도 지각 변동과 풍화 작용을 많이 받았기 때문에 화석이 거의 발견되지 않는다.

채점 기준	배점
화석이 거의 발견되지 않는 까닭을 세 가지 모두 옳게 서술한 경우	100 %
두 가지만 옳게 서술한 경우	70 %
한 가지만 옳게 서술한 경우	40 %

06 ① 바다에 살았던 생물의 화석이 육지에서 발견된 경우, 이 지층은 바다 밑에서 만들어진 이후 융기했다는 것을 알 수 있다.
② 멀리 떨어진 대륙에서 발견되는 화석을 비교하여 과거 수륙 분포 변화를 알 수 있다. **예** 글로소프테리스 화석
③ 화석을 시대 순으로 나열하면 생물의 진화 과정을 알 수 있다.
⑤ 시상 화석을 이용하여 지층의 생성 환경을 알 수 있다.
바로알기 ④ 과거의 지진 활동은 화석으로 알아내기 어렵다.

07 시상 화석은 생존 기간이 길고 분포 면적이 좁은 A가, 표준 화석은 생존 기간이 짧고 분포 면적이 넓은 D가 적합하다.

08 ㄱ. (가) 암모나이트는 중생대에 바다에서 번성했던 생물이다.
바로알기 ㄴ. 현재 고사리는 따뜻하고 습한 육지에서 서식하므로 (나) 고사리 화석이 퇴적될 당시의 환경도 따뜻하고 습한 육지였다.

ㄷ. (가) 암모나이트는 중생대, (다) 삼엽충은 고생대에 번성하여 지층이 생성된 시대를 알려주는 표준 화석으로 유용하다. (나) 고사리는 고생대부터 현재까지도 생존하고 있으며, 따뜻하고 습한 육지 환경에서 서식하므로 과거 지층의 생성 환경을 알려주는 시상 화석으로 유용하다.

09 ㄱ. 삼엽충 화석이 산출된 셰일층의 퇴적 시기는 고생대이고, 매머드 화석이 산출된 사암층의 퇴적 시기는 신생대이므로 셰일층이 사암층보다 먼저 퇴적되었다.
ㄷ. 이 지역에서 발견되는 지층과 암석은 삼엽충 화석을 포함하는 셰일층(고생대 지층)과 매머드 화석을 포함하는 사암층(신생대 지층)으로 구성되어 있다. 따라서 이 지역에서는 중생대 지층이 나타나지 않는다.
바로알기 ㄴ. 삼엽충은 바다에 살았던 생물이므로 셰일층이 생성될 당시에 이 지역은 바다 환경이었다. 이후 사암층에서 육지에 살았던 매머드의 화석이 산출되었으므로 이 지역은 바다 환경에서 육지 환경으로 바뀌었다.

10 선캄브리아 시대에 광합성을 하는 남세균(사이아노박테리아)이 등장하였고, 이 생물이 여러 겹으로 쌓여 만들어진 화석이 스트로마톨라이트이다.

11 양서류(ㄱ)는 고생대, 파충류(ㄴ)는 중생대, 포유류(ㄷ)는 신생대, 에디아카라 동물군(ㄹ)은 선캄브리아 시대에 번성하였다. 지질 시대는 선캄브리아 시대 → 고생대 → 중생대 → 신생대 순이므로 생물이 번성한 순서는 ㄹ → ㄱ → ㄴ → ㄷ이다.

12 ㄱ. 고생대 말에 평균 기온이 급격히 낮아진 시기가 있었다.
ㄴ. 중생대의 평균 기온은 현재 기온보다 높았다. 중생대 대부분 기간의 평균 강수량은 현재보다 적었다. 따라서 중생대의 기후는 대체적으로 온난 건조하였다.
ㄷ. 지질 시대는 생물계에 큰 변화가 일어난 시점을 기준으로 구분한다. 그림에서 식물계의 변화보다 동물계의 변화가 각 지질 시대의 경계와 잘 들어맞는 것으로 보아 식물계보다는 동물계의 변화를 기준으로 지질 시대를 구분한다는 것을 알 수 있다.

13 (가)는 판게아가 형성되었으므로 고생대, (나)는 대서양과 인도양이 넓어졌으며 현재 수륙 분포와 비슷하므로 신생대, (다)는 판게아가 분리되기 시작했으므로 중생대의 수륙 분포이다. (가) 고생대에 번성했던 생물은 삼엽충(ㄱ), (나) 신생대에 번성했던 생물은 화폐석(ㄷ)과 매머드(ㄹ), (다) 중생대에 번성했던 생물은 암모나이트(ㄴ)와 공룡(ㅁ)이다.

14 (가)는 매머드가 번성했던 신생대, (나)는 양서류와 삼엽충이 번성했던 고생대, (다)는 공룡이 번성했던 중생대이다.
ㄷ. (다) 중생대에는 파충류의 시대라고 불릴 만큼 파충류가 번성하였다.
ㄹ. 지질 시대를 오래된 시대부터 나열하면 고생대 → 중생대 → 신생대이므로 (나) → (다) → (가)이다.
바로알기 ㄱ. 신생대에는 육상 생물이 존재하므로 오존층이 형성되어 있었다.
ㄴ. (나) 고생대에는 오존층이 두꺼워져 지표에 도달하는 자외선이 차단되었기 때문에 최초의 육상 생물이 출현하였다.

15 그림은 공룡과 원시인이 싸우고 있는 장면이다. 공룡은 중생대에 번성하다가 멸종하였고, 최초의 인류가 출현한 것은 신생대이므로 원시인이 공룡과 맞서 싸우는 것은 불가능한 일이다.

(모범 답안) 공룡은 중생대에 번성하다가 멸종했던 생물이고, 최초의 인류는 신생대에 출현했으므로 공룡과 원시인이 지구상에 함께 존재하고 있는 것이 과학적 오류이다.

채점 기준	배점
공룡의 생존 시기 및 인류의 출현 시기를 포함하여 과학적 오류를 옳게 서술한 경우	100 %
공룡과 원시인이 함께 존재할 수 없다고만 서술한 경우	50 %

16 (가)는 고생대 말에 일어난 대멸종이다.

ㄷ. 지질 시대에는 크게 5번의 대멸종이 있었다. 그중 고생대 말에 일어난 대멸종 때 생물 과의 수가 가장 많이 감소하였다. 따라서 (가)는 5번의 대멸종 중 멸종의 규모가 가장 컸다.

(바로알기) ㄱ. 운석 충돌이 주요 원인이 되어 대멸종이 일어났다고 추정되는 시기는 중생대 말이다. 고생대 말에는 판게아 형성, 빙하기 등 복합적인 원인으로 대멸종이 일어났다고 추정된다.

ㄴ. 암모나이트와 공룡이 멸종한 것은 중생대 말이며, 고생대 말에는 삼엽충 등이 멸종하였다.

17 ㄴ. 급격하게 변한 지구 환경에 적응하지 못한 생물은 멸종하지만, 대멸종 후 새로운 환경에 적응한 생물은 다양한 종으로 진화하여 생물 다양성이 증가하는 계기가 된다.

(바로알기) ㄱ. 대멸종 후 생물 과의 수는 일시적으로 감소하지만, 새로운 환경에 적응한 생물이 다양한 종으로 진화하여 생물 과의 수는 점점 증가한다.

ㄷ. 신생대에 생물 과의 수가 가장 많으므로 생물 다양성이 가장 높은 시기는 신생대이다.

ㄷ. 오존층은 지표에 도달하는 자외선을 차단하기 때문에 오존층이 형성된 이후인 (나) 시기에 육상 생물이 출현하였다.

03 ㄱ. 고생대의 대륙 빙하 분포와 기후 변화를 분석하면, 초기에는 온난하였으나 후기에는 기온이 급격히 하강하였고 빙하 분포 범위가 확장되어 빙하기가 나타났다.

ㄴ. 중생대에는 대륙 빙하가 분포하지 않았으며, 온난한 기후가 지속되었다.

(바로알기) ㄷ. 신생대는 중생대 후기보다 대체로 기후가 한랭하였으며, 대륙 빙하가 분포하였으므로 평균 해수면이 낮았을 것이다.

04

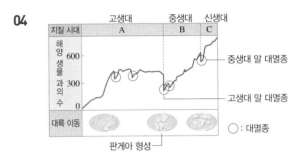

ㄷ. 고생대(A) 말기에 형성된 판게아가 중생대(B) 때 분리되면서 해안선의 길이가 증가하여 B 시대 동안 대륙붕의 면적이 증가하였고, 이로 인해 해양 생물의 수가 증가하였다.

ㄹ. 지질 시대 동안 생물 다양성이 대체로 증가하였다. 따라서 C 시대에 해양 생물 과의 수가 가장 많다.

(바로알기) ㄱ. A~C 시대 동안 생물의 대멸종은 5번 일어났다.

ㄴ. 판게아는 고생대(A) 말기에 형성되었고, 중생대에 분리되어 이동하기 시작하였다. 중생대(B) 말기에 해양 생물이 급격히 감소한 주요 원인은 운석 충돌로 추정된다.

1등급 도전

진도교재 ▷ 209쪽

01 ① **02** ⑤ **03** ③ **04** ③

01 ㄱ. 지질 시대는 생물계의 큰 변화가 나타난 지점을 경계로 구분한다. 따라서 화석 b, e의 산출이 중단되고 화석 a, c가 새로 산출되기 시작한 지층 C와 D 사이를 경계로 지질 시대를 구분하는 것이 가장 적당하다.

(바로알기) ㄴ. 표준 화석으로 이용하려면 생존 기간이 짧아야 한다. 따라서 표준 화석으로 가장 적당한 것은 a이다. d는 생존 기간이 길기 때문에 시상 화석으로 적당하다.

ㄷ. 지층을 경계로 생물계의 변화가 큰 것으로 보아 지층 A~F의 퇴적 시기는 시간적으로 불연속적인 관계에 있다고 할 수 있다.

02 ㄱ. 광합성을 하는 남세균에 의해 대기 중 산소 농도는 점점 증가하였다.

ㄴ. 오존층은 지표에 도달하는 자외선을 차단하므로 지표에 도달하는 자외선의 양은 오존층이 형성되기 전인 (가) 시기가 (나) 시기보다 많았다.

02 자연 선택과 생물의 진화

개념 쏙쏙

진도교재 ▷ 211쪽, 213쪽

1 (1) 진화 (2) 변이 (3) ㉠ 돌연변이, ㉡ 생식세포　　**2** (1) ◯
(2) × (3) ◯ (4) ×　　**3** (1) × (2) ◯ (3) ◯　　**4** ㉠ 변이, ㉡ 자연 선택　　**5** (1) ◯ (2) × (3) ◯　　**6** (1) ㉡ (2) ㉢ (3) ㉠

1 (1) 진화는 생물이 오랫동안 여러 세대를 거치면서 환경에 적응하여 변화하는 현상으로, 진화에 의해 지구에 서식하는 생물종이 다양해졌다.

(2) 변이는 같은 종의 개체 사이에서 나타나는 형태, 습성 등의 형질 차이이다.

(3) 유전적 변이는 오랫동안 축적된 돌연변이와 유성 생식 과정에서 생식세포의 다양한 조합으로 발생한다.

2 (1), (2) 다윈의 자연 선택설에 의하면 생물은 먹이나 서식지 등 주어진 환경에서 살아남을 수 있는 것보다 많은 수의 자손을 낳는다. 이로 인해 개체들 사이에는 먹이나 서식지, 배우자를 두고 생존 경쟁이 일어나고, 생존에 유리한 개체가 자연 선택된다.
(3) 같은 종의 개체 사이에도 몸색, 털색 등의 형질 차이(변이)가 나타나기 때문에 개체마다 환경에 적응하는 능력이 다르다.
(4) 자연 선택설에 따르면 '과잉 생산과 변이 → 생존 경쟁 → 자연 선택'의 과정을 거쳐 진화가 일어난다.

3 (1) 다윈의 자연 선택설은 경쟁을 기반으로 하는 자본주의 사회의 발달에 영향을 주었다.
(2) 다윈의 자연 선택설은 과학뿐만 아니라 사회, 철학 등 인문 사회학 분야에도 영향을 주었다.
(3) 다윈의 자연 선택설은 유전학, 분자 생물학 등 생물을 연구하는 다른 학문이 발전하는 데도 영향을 주었다.

4 같은 종에서 나타나는 형질의 차이를 변이라고 하며, 주어진 환경에 적응하기 유리한 개체가 살아남아 자손을 남기는 것을 자연 선택이라고 한다.

5 (1) 같은 변이라도 어떤 환경에서는 생존에 유리하게 작용하지만, 다른 환경에서는 생존에 불리하게 작용한다. 따라서 환경의 변화는 자연 선택의 방향에 영향을 준다.
(2) 항생제 내성 세균은 항생제를 지속적으로 사용하는 환경에서 살아남기에 유리하여 자연 선택된다.
(3) 주어진 환경에 적응하기 유리한 변이를 가진 개체가 살아남아 자손을 남기는 과정에서 자신의 유전자를 자손에게 물려주므로 자손도 살아남기에 유리한 형질의 유전자를 가지게 된다.

6 (1) 화학 진화설은 화학 반응에 의해 무기물로부터 유기물이 합성되어 생명체가 탄생하였다는 가설이다.
(2) 심해 열수구설은 메테인과 암모니아가 풍부하고 높은 온도가 유지되어 유기물 생성에 적합한 심해 열수구에서 최초의 생명체가 출현하였다는 가설이다.
(3) 우주 기원설은 우주에서 만들어진 유기물이 운석을 통해 지구로 운반되어 이것이 지구에 생명체가 탄생하는 데 영향을 주었다는 가설이다.

탐구 Ⓐ

진도교재 ⇨ 215쪽

확인 문제 **1** (1) × (2) ○ (3) × **2** ④

1 (1) 두 실험에서 스타이로폼 구와 검은색 바둑알은 항생제 내성 세균을 의미한다. 털실 방울과 흰색 바둑알은 항생제 내성이 없는 세균을 의미한다.
(2) 벨크로 테이프로 제거되지 않은 털실 방울과 스타이로폼 구는 항생제를 사용하였을 때 살아남은 세균에 해당하고, 쟁반에 남은 수만큼 털실 방울과 스타이로폼 구를 더 넣어 주는 것은 이들 세균이 자손을 남기는 과정에 해당한다. 따라서 이 과정은 항생제에 의한 자연 선택에 비유할 수 있다.

(3) 실험을 반복할수록 항생제 내성 세균을 의미하는 스타이로폼 구의 비율이 점점 증가한다.

2 ㄱ. 항생제 내성이 없는 세균 집단에서 돌연변이 등이 일어나 항생제 내성 세균이 나타났다.
ㄷ. 항생제를 지속적으로 사용하는 환경에서는 항생제 내성 세균이 자연 선택되어 항생제 내성 세균 집단이 형성된다.
바로알기 ㄴ. 항생제 사용을 중단하더라도 항생제 내성 세균은 살아남아 증식하므로 사라지지 않는다.

내신 탄탄

진도교재 ⇨ 216쪽~218쪽

01 ②	**02** ③	**03** ⑤	**04** ②	**05** 해설 참조	**06** ⑤
07 ③	**08** ④	**09** ④	**10** ①	**11** ②	**12** ③
13 ④	**14** ④	**15** 해설 참조			

01 ① 변이는 같은 종의 개체 사이에서 나타나는 형태, 습성 등의 형질 차이를 말한다.
③, ④ 일반적으로 말하는 변이는 유전적 변이이다. 유전적 변이는 개체가 가진 유전자의 차이로 합성되는 단백질의 종류와 양이 달라져 나타나며, 개체들이 환경에 적응하는 능력에 영향을 준다.
⑤ 유전적 변이는 오랫동안 축적된 돌연변이와 유성 생식 과정에서 생식세포의 다양한 조합으로 발생한다.
바로알기 ② 돌연변이는 DNA의 유전 정보에 변화가 생겨 부모에게 없던 형질이 자손에게 나타나는 것으로 자손에게 유전된다.

02 ㄱ, ㄴ. 앵무의 깃털 색과 유럽정원 달팽이의 껍데기 무늬가 다양한 것은 유전적 변이의 예이다.
바로알기 ㄷ. 운동으로 단련된 사람이 일반적인 사람에 비해 근육이 발달한 것은 환경의 영향으로 변이가 일어난 것이므로 비유전적 변이의 예이다.

03 ①, ④ 같은 종의 개체 사이에는 변이가 나타나는데, 변이에 따라 개체가 환경에 적응하는 능력이 다르다. 환경 적응에 유리한 변이를 가진 개체가 살아남아 자손을 더 많이 남긴다.
② 생물은 일반적으로 자연 상태에서 살아갈 수 있는 것보다 더 많은 수의 자손을 낳기 때문에 먹이나 서식지를 두고 경쟁한다고 다윈이 주장하였다.
③ 다윈의 자연 선택설에 의하면 다양한 변이를 가진 개체 중 환경 적응에 유리한 형질을 가진 개체가 살아남아 자손을 남기는 자연 선택 과정이 반복되어 진화가 일어난다. 따라서 다윈의 자연 선택설은 생물의 진화를 변이와 자연 선택으로 설명하였다.
바로알기 ⑤ 다윈은 변이가 발생하고 부모의 형질이 자손에게 전달되는 원리를 구체적으로 설명하지 못하였다.

04 생물은 주어진 환경에서 살아남을 수 있는 것보다 많은 수의 자손을 낳으며, 이때 같은 종의 개체들 사이에는 형질이 조금씩 다른 변이(㉠)가 나타난다. 이로 인해 생물은 먹이와 서식지 등을 두고 경쟁(㉡)하며, 환경 적응에 유리한 형질을 가진 개체는 더 많이 살아남아 자손을 남기는 자연 선택(㉢)이 일어난다. 이 과정이 오랜 시간 누적되면 생물의 진화(㉣)가 일어난다.

05 다양한 변이를 가진 개체들 사이에서 생존 경쟁이 일어난다. 이때 환경 적응에 적합한 개체가 자연 선택되어 더 많은 자손을 남김으로써 진화가 일어난다.

[모범 답안] 초기 기린의 목 길이에는 다양한 변이가 존재하였다. 먹이에 대한 생존 경쟁에서 목이 긴 기린이 살아남아 자손을 남기는 자연 선택이 오랫동안 반복되어 긴 목을 가진 기린으로 진화하였다.

채점 기준	배점
세 가지 단어를 모두 포함하여 옳게 서술한 경우	100 %
두 가지 단어만 포함하여 옳게 서술한 경우	50 %
한 가지 단어만 포함하여 옳게 서술한 경우	30 %

06 ㄱ. 자연 선택설이 발표되기 전까지는 생물은 변하지 않는다고 생각하였으나, 자연 선택설이 발표된 후 생물은 자연 선택 과정을 통해 진화한다고 생각하게 되었다. 다윈의 자연 선택설은 생명 과학에 이론적 기반을 제시하였다.
ㄴ, ㄷ. 사회나 국가 사이에도 생존 경쟁이 일어나고 가장 적합한 것이 살아남게 되므로 인간 또는 국가 간의 불평등은 자연스러운 일이라는 의식이 퍼져 자본주의의 발달, 식민 지배의 정당화에 영향을 주었다.

07 ㄱ. 자연 선택은 정해진 방향성이 없고, 환경 변화에 따라 자연 선택의 방향이 달라진다.
ㄴ. 생존에 유리한 변이를 가진 개체가 자연 선택되고, 그 형질은 자손에게 유전된다.
[바로알기] ㄷ. 같은 변이라도 어떤 환경에서는 생존에 유리하게 작용하지만, 다른 환경에서는 생존에 불리하게 작용하여 자연 선택의 결과가 달라질 수 있다.

08 ㄱ, ㄷ. 처음에는 A 형질을 가진 개체 수가 많았지만, 시간이 지나면서 A 형질을 가진 개체 수는 줄어들고, B 형질을 가진 개체 수가 점점 많아졌다. 따라서 처음에는 A 형질이 생존에 유리한 환경이었지만, 시간이 지날수록 B 형질이 생존에 유리한 환경으로 변하였음을 알 수 있다.
[바로알기] ㄴ. A 형질은 자연 선택되지 않았지만, A 형질도 자손에게 유전된다.

09 ㄴ. 각 섬의 먹이 종류에 따라 가장 적합한 모양과 크기의 부리를 가진 핀치가 자연 선택되었으므로, 자연 선택에 먹이가 직접적인 원인으로 작용하였다.
ㄷ. 갈라파고스 군도의 핀치와 같이 같은 종의 생물이라도 오랫동안 다른 환경에 적응하면 서로 다른 특징을 나타낼 수 있다.
[바로알기] ㄱ. 진화가 일어나기 전 이미 부리 모양에 다양한 변이가 존재하였고 그 중 각 환경에 적응하기 유리한 것이 자연 선택되었다.

10 ㄱ. 낫 모양 적혈구 빈혈증은 헤모글로빈 유전자의 돌연변이로 나타나며, 심한 빈혈을 유발하기 때문에 생존에 불리하여 일반적으로는 드물게 나타난다.
[바로알기] ㄴ. 낫 모양 적혈구 유전자는 일반적으로 생존에 불리하지만 이 환경에서는 생존에 유리하게 작용하여 자연 선택되었다.
ㄷ. 말라리아가 많이 발생하는 지역에서 정상 적혈구를 가진 사람은 말라리아에 의해 사망할 확률이 높지만, 낫 모양 적혈구를 가진 사람은 말라리아에 저항성을 나타내 생존할 확률이 높다. 따라서 말라리아가 많이 발생하는 지역에서는 낫 모양 적혈구 유전자를 가진 사람이 정상 적혈구 유전자를 가진 사람에 비해 생존에 유리하다.

11 ㄱ. 항생제를 지속적으로 사용하면 항생제 내성 세균이 살아남아 증식하므로 항생제 내성 유전자가 자손에게 유전된다.
ㄷ. 항생제를 지속적으로 사용하면 항생제에 내성이 없는 세균은 대부분 제거되고, 항생제 내성 세균은 살아남아 증식하므로 항생제 내성 세균의 비율이 점점 증가한다.
[바로알기] ㄴ. 항생제 내성 세균은 항생제 사용으로 인해 발생한 것이 아니라, 항생제 사용 전에 돌연변이 등으로 발생한 것으로 이미 집단 내에 존재하고 있었다.

12 ㄷ. 포식자가 몸색이 어두운 곤충을 계속 잡아먹으면 몸색이 밝은 곤충이 더 많이 살아남게 되고 시간이 지나면 곤충의 몸색은 밝은 색으로 진화하게 될 것이다.
[바로알기] ㄱ. 포식자인 새가 몸색이 어두운 곤충을 잡아먹고 있으므로, 숲의 밝기가 이전보다 밝아져 몸색이 어두운 곤충이 새의 눈에 더 잘 띄었음을 알 수 있다.
ㄴ. 곤충의 종류가 같으므로 새의 식성이 바뀐 것은 아니다.

13 ㄱ. 벨크로 테이프로 세균 모형을 제거하므로 벨크로 테이프는 항생제를 의미한다.
ㄷ. 털실 방울(항생제 내성이 없는 세균)은 벨크로 테이프에 잘 붙지만, 스타이로폼 구(항생제 내성 세균)는 벨크로 테이프에 잘 붙지 않는다. 따라서 모의실험 결과 털실 방울의 비율은 감소하고, 스타이로폼 구의 비율은 증가할 것이다.
[바로알기] ㄴ. 과정 (다)에서 쟁반 위에 남은 개수만큼 털실 방울과 스타이로폼 구를 더 넣어 주는 것은 살아남은 개체가 자손을 남기는 과정을 나타낸 것이다.

14 ㄴ. 환경 변화는 자연 선택의 방향에 영향을 주므로 계속 변화하는 지구 생태계의 다양한 환경에서 생물은 서로 다른 방향으로 자연 선택되었다.
ㄷ. 다양한 변이를 가진 개체들 중에서 환경에 적응하는 데 유리한 형질을 가진 개체가 살아남아 자손을 남기는 자연 선택 과정이 오랫동안 반복되면서 생물의 진화가 일어난다.
[바로알기] ㄱ. 진화는 일반적으로 오랫동안 여러 세대를 거치면서 환경에 적응하여 변화하는 현상이다. 이를 통해 생물종이 다양해진다.

15 생명체가 탄생하기 위해서는 유기물이 생성되기 적합한 환경이어야 한다.

(모범 답안) 심해 열수구는 주변에 메테인이나 암모니아 등이 풍부하게 존재하고 높은 온도가 유지되어 유기물이 생성되기 적합하기 때문이다.

채점 기준	배점
주변에 메테인이나 암모니아 등이 풍부하게 존재하고 온도가 높게 유지되어 유기물이 생성되기에 적합한 환경이었다고 서술한 경우	100 %
유기물이 생성되기 적합한 환경이었다고만 서술한 경우	50 %

1등급 도전

진도교재 ⇨ 219쪽

01 ⑤ **02** ④ **03** ⑤ **04** ①

01 • 나영 : 웰시코기의 털색이 다양한 것은 웰시코기 개체마다 가진 유전자가 다르기 때문이다.

• 다영 : 개체 사이의 유전자 차이는 오랫동안 축적된 돌연변이와 유성 생식 과정에서 생식세포의 조합으로 발생한다. 이러한 변이는 자연 선택에 영향을 주며, 자연 선택된 개체의 변이는 자손에게 전달될 수 있다.

(바로알기) • 가영 : 웰시코기의 털색이 다양한 것은 환경의 영향 때문이 아니라 웰시코기 개체마다 가진 유전자가 다르기 때문이다.

02 ㄴ. 집단 (가)의 바퀴벌레는 대부분 살충제 내성이 없어 살충제를 살포하면 대부분 죽는다.

ㄷ. 지속적으로 살충제를 살포하면 살충제 내성 바퀴벌레가 살아남아 증식하게 되어 살충제 내성 바퀴벌레가 대부분을 차지한다.

(바로알기) ㄱ. 살충제 살포 후 살아남은 바퀴벌레는 대부분 살충제 내성 개체들인데, 이러한 변이는 살충제 살포 이전에 이미 존재하고 있었다.

03 ㄴ. 껍데기의 색이 진한 개체는 색이 흐린 개체보다 더 많은 자손을 남겨서 3세대에는 대부분 껍데기의 색이 진한 개체였다. 따라서 껍데기의 색이 진한 개체가 자연 선택되었다.

ㄷ. 1세대에 비해 3세대에서는 껍데기의 색이 진한 개체의 비율이 높으므로 1세대에서 3세대에 이르는 동안 껍데기의 색을 진하게 하는 유전자의 비율이 증가하였다고 볼 수 있다.

(바로알기) ㄱ. 세대를 거듭하면서 어떤 형질을 가진 개체들의 비율이 높아졌는지는 알 수 있지만, 서로 다른 형질을 나타내는 개체들의 교배 결과를 나타내는 것은 아니므로 어떤 형질이 우성인지는 알 수 없다.

04 ㄱ. 흰색 바둑알은 항생제 내성이 없는 세균을, 검은색 바둑알은 항생제 내성 세균을 의미한다.

(바로알기) ㄴ, ㄷ. 흰색 바둑알은 항생제에 해당하는 검은색 칸에 조금이라도 닿으면 제거하고, 검은색 바둑알은 검은색 칸에 완전히 들어간 경우에만 제거하기 때문에 검은색 바둑알이 생존에 유리하다. 그러므로 실험을 반복할수록 흰색 바둑알의 비율은 감소할 것이다.

03 생물 다양성과 보전

개념 쏙쏙

진도교재 ⇨ 221쪽, 223쪽

1 (가) 생태계 다양성 (나) 종 다양성 (다) 유전적 다양성 **2** (1) ⓒ (2) ⓛ (3) ㉠ **3** (1) ○ (2) × (3) ○ (4) × (5) × (6) ○ (7) ○ **4** (1) ○ (2) × (3) ○ (4) × **5** (1) (라) (2) (나) (3) (가) (4) (다) **6** ㄴ, ㄷ, ㄹ

1 (가)는 생물 서식지의 다양한 정도를 의미하는 생태계 다양성, (나)는 삼림 생태계의 종 다양성, (다)는 무당벌레의 유전적 다양성을 나타낸다.

2 ㉠ 채프먼얼룩말의 털 줄무늬가 개체마다 다른 것은 채프먼얼룩말 개체마다 털 줄무늬를 결정하는 유전자를 다르게 가지고 있기 때문이다. ➡ (다)

ⓛ 갯벌과 사막에서의 생물종 수가 다른 것은 종 다양성이 다른 것을 의미한다. ➡ (나)

ⓒ 열대 우림, 습지, 삼림 등과 같이 생태계가 다양한 것은 생태계 다양성이다. ➡ (가)

3 (1) 생물 다양성은 일정한 생태계에 존재하는 생물의 다양한 정도를 의미하며, 유전적 다양성, 종 다양성, 생태계 다양성을 모두 포함한다.

(2), (3) 유전적 다양성이 높은 집단은 변이가 다양하여 환경이 급격하게 변하였을 때 살아남는 개체가 있을 가능성이 높다.

(4) 지역마다 환경의 차이가 있기 때문에 종 다양성은 지역마다 다르게 나타난다.

(5) 생태계 다양성은 생물 서식지의 다양한 정도를 의미한다.

(6) 열대 우림은 기온이 높고 강수량이 많아 식물의 종류가 많으며, 그 식물을 이용하는 동물이나 균류의 종류도 많다. 그 결과 열대 우림은 종 다양성이 매우 높다.

(7) 유전적 다양성은 종 다양성을 유지하는 데 중요한 역할을 하고, 종 다양성은 생태계 평형을 유지하는 데 중요한 역할을 한다. 생태계 다양성은 생물에게 다양한 서식지와 환경 요인을 제공함으로써 종 다양성과 유전적 다양성을 높인다. 따라서 유전적 다양성, 종 다양성, 생태계 다양성은 모두 생물 다양성 유지에 중요한 역할을 한다.

4 (1) 생물 자원은 인간의 생활과 생산 활동에 이용될 가치가 있는 모든 생물을 의미하는 것으로, 생물 다양성이 높을수록 생물 자원이 풍부해진다.

(2) 종 다양성이 높으면 먹이 관계가 복잡하여 생태계 평형이 잘 깨지지 않는다.

(3) 일부 외래종은 천적이 없어 토종 생물의 서식지를 차지하여 생물 다양성을 감소시키기도 한다.

(4) 도로나 댐 건설 등으로 하나의 서식지가 여러 개로 분리되면 서식지의 면적이 감소한다.

5 (1) 산을 허물어 도로를 건설하면 생물의 서식지가 분리되어 서식지 면적이 감소한다.

(2) 천연기념물인 반달가슴곰을 사냥하는 것은 불법 포획이다.

(3) 환경 오염으로 산성비가 내리면 하천과 토양이 산성화된다.

(4) 외래종인 북아메리카산 블루길은 어린 토종 물고기와 알을 잡아먹어 생물 다양성을 감소시킨다.

6 ㄴ, ㄷ, ㄹ. 생물 다양성을 보전하기 위해 개인적으로는 쓰레기를 분리 배출하여 자원을 재활용해야 하고, 사회적·국가적으로는 생태 통로를 설치하여 야생 동물이 차에 치여 죽거나 서식지가 분리되는 것을 막아야 한다. 또한, 환경이 오염되면 생물의 서식지가 훼손되기 때문에 환경 오염 방지에도 힘써야 한다.
바로알기 ㄱ. 습지는 육지 생태계와 수생태계를 잇는 완충 지역으로 종 다양성이 풍부하기 때문에 습지를 매립하면 생물 다양성이 감소한다.
ㅁ. 천적이 없는 일부 외래종은 생태계 평형을 깨뜨려 생물 다양성을 감소시킬 수 있다.

내신 탄탄   진도교재 ⇨ 224쪽~226쪽

01 ①	**02** ①	**03** ②	**04** ④	**05** ⑤	**06** ③
07 ④	**08** ④	**09** ⑤	**10** ⑤	**11** (가) 서식지 파괴	
(나) 외래종 도입 (다) 불법 포획		**12** ③	**13** ⑤		

01 ② 대륙과 해양의 분포, 위도, 기온, 강수량 등 환경의 차이로 인해 다양한 생태계가 나타난다.
③ 생태계에서는 다양한 생물이 상호 작용을 하며 살아가는데, 일정한 생태계에 존재하는 생물의 다양한 정도를 생물 다양성이라고 한다.
④ 유전적 다양성이 높은 생물종은 급격한 환경 변화에도 살아남는 개체가 있을 가능성이 높기 때문에 유전적 다양성은 종 다양성을 유지하는 데 중요한 역할을 한다.
⑤ 생태계에 따라 환경이 다르고, 그 생태계의 환경과 상호 작용을 하며 서식하는 생물종도 다르다. 따라서 생물 다양성은 모든 생물과 환경의 상호 작용에 관한 다양함을 포함한다.
바로알기 ① 생물 다양성은 동물과 식물뿐만 아니라 곰팡이, 세균, 아메바 등에 이르기까지 모든 생물종을 포함한다.

02 ㄱ. (가)는 유전적 다양성, (나)는 종 다양성, (다)는 생태계 다양성을 나타낸 것이다.
바로알기 ㄴ. 종 다양성(나)은 일정한 지역에 얼마나 많은 생물종이 고르게 분포하고 있는지를 의미한다. 터키달팽이의 껍데기 무늬가 개체마다 다른 것은 유전적 다양성(가)의 예이다.
ㄷ. 생태계 다양성(다)은 생물 서식지의 다양한 정도를 의미한다. 일정한 지역에 존재하는 생물의 다양한 정도를 나타내는 것은 종 다양성(나)이다.

03 ㄷ. 유전적 다양성이 낮은 생물은 급격한 환경 변화가 일어났을 때 살아남는 개체가 있을 확률이 낮아 멸종될 가능성이 높다.
바로알기 ㄱ. 유전적 다양성은 한 형질에 대한 유전자의 다양한 정도를 의미하므로 유전자의 종류가 다양할수록 유전적 다양성은 높아진다.
ㄴ. 우수한 품종이라고해도 한 가지 품종만 재배하면 유전적 다양성은 낮아진다.

04 ㄱ. (가), (나) 지역에 서식하는 식물종 수는 4종으로 같다.
ㄷ. 종 다양성은 생물종이 많을수록, 각 생물종이 고르게 분포할수록 높다. (가) 지역에서는 종 A가 4개체, 종 B가 4개체, 종 C가 4개체, 종 D가 3개체로 비교적 종 A~D가 고르게 분포해 있지만, (나) 지역에서는 종 A가 10개체로 다른 종보다 상대적으로 많이 분포해 있다. 따라서 (가) 지역이 (나) 지역보다 종 다양성이 높다.
바로알기 ㄴ. (가) 지역에서는 4종의 식물이 고르게 분포하지만, (나) 지역에서는 종 A의 분포 비율이 다른 식물종에 비해 매우 높다. 따라서 (가) 지역이 (나) 지역보다 식물종의 분포 비율이 고르다.

05 • 우현 : 생물 다양성은 일정한 생태계에 존재하는 생물의 다양한 정도를 의미하며, 유전적 다양성, 종 다양성, 생태계 다양성을 모두 포함한다.
• 시훈 : 생태계의 종 다양성이 높을수록 생태계가 안정적으로 유지된다.
• 민지 : 같은 생물종이라도 한 형질에 대해 서로 다른 유전자를 가지고 있으면 다양한 형질이 나타난다. 이는 유전적 다양성에 해당한다.

06 ㄱ. 생물 다양성은 유전적 다양성, 종 다양성, 생태계 다양성을 포함한다. 따라서 A는 종 다양성이다.
ㄴ. 생태계 다양성이 높을수록 종 다양성과 유전적 다양성이 높아진다.
바로알기 ㄷ. 유전적 다양성은 종 다양성을 유지하는 데 중요한 역할을 하고, 종 다양성은 생태계 평형을 유지하는 데 중요한 역할을 한다. 생태계 다양성은 생물에게 다양한 서식지와 환경 요인을 제공함으로써 종 다양성과 유전적 다양성을 높인다.

07 (가)는 유전적 다양성, (나)는 생태계 다양성, (다)는 종 다양성이다.
ㄱ. 유전적 다양성(가)이 높으면 변이가 다양하게 나타난다. 따라서 급격한 환경 변화가 일어났을 때 적응하여 살아남을 수 있는 형질을 가진 개체가 존재할 가능성이 높다.
ㄷ. 종 다양성(다)이 높은 생태계는 먹이 관계가 복잡하여 어떤 생물종이 사라져도 대체할 수 있는 생물종이 있어 생태계 평형이 잘 깨지지 않는다.
바로알기 ㄴ. 생태계 다양성(나)이 높으면 다양한 서식지와 다양한 환경 요인이 존재하여 종 다양성과 유전적 다양성이 높아진다.

08 ㄱ, ㄴ. 씨가 있는 야생 바나나(가)는 암수 생식세포를 만들고, 그 생식세포가 수정을 하여 새로운 개체가 되는 유성 생식으로 번식한다. 그 결과 유전적 다양성이 높아 변이가 많다.
바로알기 ㄷ. 전염병 등 급격한 환경 변화가 일어났을 때 씨가 있는 야생 바나나(가)는 씨가 없는 바나나(나)보다 변이가 많아 살아남는 개체가 있을 가능성이 높다.

09 ⑤ 다양한 생태계(자연 휴양림 등)는 사람들에게 여가 활동 장소 등을 제공한다.
바로알기 ①, ② 목화는 면섬유의 원료이며, 누에는 비단의 원료이다.
③, ④ 푸른곰팡이에서 항생제인 페니실린의 원료를 얻으며, 버드나무 껍질에서 아스피린의 원료를 얻는다.

10 ① 남획은 생물을 과도하게 많이 잡는 행위로 생태계에서 생물 간의 상호 작용과 먹이 관계에 영향을 주어 생물 다양성을 감소시킨다.

② 환경이 오염되면 생물 다양성이 감소하고 생태계 평형이 깨진다.

③ 서식지는 생물이 생존에 필요한 먹이를 얻는 공간이므로 서식지가 파괴되면 생물 다양성이 크게 감소한다.

④ 천적이 없는 일부 외래종은 대량으로 번식하여 토종 생물이 살 수 없도록 서식지를 차지하거나 토종 생물을 잡아먹어 생물 다양성을 감소시킨다.

바로알기 ⑤ 국립 공원을 지정하는 것은 생물 다양성 보전을 위한 것이다.

11 생물 다양성이 감소하는 주요 원인에는 서식지 파괴 및 단편화, 야생 생물의 불법 포획 및 남획, 외래종 도입 등이 있다.

12 ㄱ, ㄴ. 외래종 도입 시 천적이 없는 경우에는 대량으로 번식하여 토종 생물의 서식지를 차지해 생존을 위협하여 토종 생물의 멸종 원인이 되기도 한다.

바로알기 ㄷ. 외래종의 도입은 생태계의 먹이 관계를 변화시켜 생태계 평형을 깨뜨리기도 한다.

13 ㄱ. 멸종 위기에 처한 야생 동식물의 국제 거래에 관한 협약(가)은 남획 및 국제 거래로 멸종 위기에 처한 생물의 보호를 위해 체결하였다.

ㄴ. 람사르 협약(나)은 물새 서식지로 중요한 습지를 보전하기 위해 체결하였다.

ㄷ. 생물 다양성 협약(다)은 생물종을 보전하기 위해 유엔(UN) 환경 개발 회의에서 체결하였다.

1등급 도전

진도교재 ⇨ 227쪽

01 ④	02 ⑤	03 ②	04 ⑤

01 ㄱ. 종 다양성은 생물종 수가 많고 각 종이 고르게 분포할수록 높다. (가)와 (나)에서 식물종 수가 같으므로 종 다양성은 식물종이 고르게 분포되어 있는 (나)가 (가)보다 높다.

ㄴ. (가)와 (나)에 서식하는 식물종 수는 5종으로 같다.

바로알기 ㄷ. 제시된 자료만으로는 어느 지역에서 식물종 A의 유전적 다양성이 높은지 알 수 없다.

02 ㄴ. 계곡, 분지, 강, 산, 습지, 해안 등과 같이 생물 서식지의 다양한 정도는 생태계 다양성이다.

ㄷ. 생물종이 다양한 생태계는 먹이 관계가 복잡하고, 생물종이 적은 생태계는 먹이 관계가 단조롭다. 따라서 종 다양성은 먹이 관계의 복잡성과 관련이 있다.

바로알기 ㄱ. 감자잎마름병의 유행으로 당시 재배하던 감자가 모두 죽게 된 것은 품종 개량으로 얻은 단일 품종만을 집중 재배하여 유전적 다양성이 낮아 나타난 결과이다.

---

03 ㄴ. 서식지가 분리되면 생물의 이동이 제한되어 생물종이 고립된다.

바로알기 ㄱ. 서식지가 분리되기 전(가)의 면적은 64 ha이고, 서식지가 철도와 도로에 의해 분리된 후(나)의 면적은 8.7 ha×4 =34.8 ha이다. 따라서 (가)의 서식지 면적이 (나)보다 더 넓다.

ㄷ. (나)에서는 철도와 도로로 인해 서식지 간의 생물 이동이 원활하지 않아 생물 다양성이 낮아진다.

04 ㄷ. 생물 다양성을 보전하는 것은 한 국가만의 일이 아니기 때문에 국제 협약을 체결하여 생물 다양성을 보전한다.

ㄹ. 화석 연료의 사용은 환경 오염을 유발하기 때문에 친환경 에너지원을 개발하는 것은 생물 다양성을 보전하는 데 도움을 준다.

바로알기 ㄱ. 일부 외래종은 천적이 없어 대량으로 번식할 수 있다. 그 결과 토종 생물의 서식지를 차지하고 먹이 관계를 변화시켜 생태계 평형을 깨뜨려 종 다양성을 감소시킨다.

ㄴ. 종 다양성이 높은 갯벌이나 습지를 매립하면 생물 다양성이 크게 감소한다.

중단원 정복

진도교재 ⇨ 228쪽~232쪽

01 ④	02 ①	03 ②	04 ②	05 ⑤	06 ⑤
07 ①	08 ③	09 ④	10 ④	11 ③	12 ④
13 ③	14 ②	15 ③	16 ①	17 ③	18 ④
19 ⑤	20 ③	21 ②, ③	22 해설 참조		23 해설 참조
참조	24 해설 참조	25 해설 참조			

01 ① 부정합면을 기준으로 위층과 아래층은 오랜 시간의 단절이 있기 때문에 부정합은 지질 시대를 구분하는 기준이 된다.

② 고생대에 대기 중의 산소 농도 증가로 오존층이 두꺼워져 지표에 도달하는 자외선이 차단되었기 때문에 생물의 육상 진출이 가능하였다.

③ 중생대에는 공룡과 같은 파충류, 소철과 같은 겉씨식물이 번성하였다.

⑤ 스트로마톨라이트 화석은 선캄브리아 시대에 출현한 남세균에 의해 처음 만들어졌다.

바로알기 ④ 신생대에는 단풍나무, 참나무와 같은 속씨식물이 번성하였다. 양치식물이 번성한 시대는 고생대이다.

02 A는 선캄브리아 시대, B는 신생대, C는 중생대, D는 고생대이다.

ㄱ. 선캄브리아 시대(A)에 광합성을 하는 남세균이 출현하여 바다와 대기의 산소 농도가 증가하였다.

ㄴ. 신생대(B)에 매머드와 같은 포유류가 번성하였고, 후기에 최초의 인류가 출현하였다.

바로알기 ㄷ. 중생대(C)에는 화산 활동 등으로 대기 중 온실 기체의 양이 증가했기 때문에 전반적으로 온난하였다.

ㄹ. 고생대(D) 말기에 대륙이 하나로 모여 판게아가 형성되었다. 판게아는 중생대에 분리되기 시작하였다.

03 • A는 생존 기간이 길고 분포 면적이 좁은 시상 화석으로, 고사리 화석, 산호 화석, 조개 화석 등이 이에 해당한다.

• B는 생존 기간이 짧고 분포 면적이 넓은 표준 화석으로, 삼엽 충 화석, 방추충 화석, 화폐석 화석 등이 이에 해당한다.

04 ㄴ. 현재 산호는 따뜻하고 수심이 얕은 바다에서 서식하므로 (나) 산호 화석이 발견된 지층은 과거에 따뜻하고 수심이 얕은 바다 환경이었다.

바로알기 ㄱ. 공룡은 중생대에 번성했던 생물이고, 매머드는 신생대에 번성했던 생물이다. 따라서 (가) 공룡 발자국 화석이 발견된 지층에서 매머드 화석이 발견될 수 없다.

ㄷ. (가) 공룡 발자국 화석은 표준 화석으로 적합하고, (나) 산호 화석은 시상 화석으로 적합하다. 따라서 지질 시대를 구분하는 데 더 적합한 화석은 표준 화석인 (가)이다.

05 그림은 중생대의 수륙 분포이다.
① 중생대에는 빙하기 없이 전반적으로 온난하였다.
②, ③ 중생대의 육지에서는 소철, 은행나무와 같은 겉씨식물이, 바다에서는 암모나이트가 번성하였다.
④ 고생대 말에 형성된 판게아가 중생대에 분리되면서 대서양과 인도양이 형성되기 시작하였다.

바로알기 ⑤ 알프스산맥과 히말라야산맥은 신생대에 형성되었다. 중생대에는 로키산맥과 안데스산맥이 형성되었다.

06 ㄱ. (가)는 매머드가 번성한 신생대, (나)는 공룡이 번성한 중생대의 모습이므로 (가)는 (나) 이후의 지질 시대이다.

ㄴ. (가) 신생대에 대서양과 인도양이 점점 넓어지고, 태평양이 좁아지는 등 현재와 비슷한 수륙 분포가 형성되었다.

ㄷ. (가) 신생대 전기에는 대체로 온난하였지만, 후기에는 빙하기와 간빙기가 여러 차례 반복되었다. 따라서 빙하기 없이 전반적으로 온난하였던 (나) 중생대에 지구의 평균 기온이 더 높았다.

07 ㄱ. 고생대(A) 말기에 판게아가 형성되어 수륙 분포와 해류 등의 환경이 급격하게 변화하여 생물의 대멸종이 일어났다.

바로알기 ㄴ. 중생대(B) 말기에 운석 충돌이 주요 원인이 되어 공룡, 암모나이트 등이 멸종하였다.

ㄷ. 멸종된 생물은 다시 회복하기 어렵고, 새로운 환경에 적응한 생물이 다양한 종으로 진화하여 생물 다양성이 증가한다.

08 ①, ② 변이는 같은 종의 개체 사이에서 나타나는 형질 차이이며, 유전적 변이와 비유전적 변이로 구분한다. 일반적으로 말하는 변이는 유전적 변이이다.
④ 비유전적 변이는 환경의 영향으로 나타나므로 형질이 자손에게 유전되지 않는다.
⑤ 카렌족 여인들이 어릴 적부터 목에 황동 목걸이를 걸고 생활한 결과 목이 길어진 것은 비유전적 변이의 예이다.

바로알기 ③ 유전적 변이는 형질이 자손에게 유전되며, 진화의 원동력이 된다.

09 ㄱ, ㄴ. 개체 사이의 유전자 차이는 오랫동안 축적된 돌연변이와 유성 생식 과정에서 생식세포의 다양한 조합으로 발생한다.

바로알기 ㄷ. 체세포 분열 과정에서는 염색체가 배열되었다가 염색 분체로 분리되더라도 동일한 유전자 구성을 가진 세포가 만들어진다.

10 ①, ② 다윈의 자연 선택설에 의하면 과잉 생산된 개체 사이에는 변이가 나타나며, 환경에 유리한 변이를 가진 개체가 환경 적응력이 높아 더 많이 살아남아 자손을 남긴다.

③ 다윈이 자연 선택설을 주장하던 당시에는 유전의 원리가 밝혀지지 않았기 때문에 변이가 어떻게 나타나고 유전되는지 명확하게 설명하지 못하였다.
⑤ 다윈의 자연 선택설은 정치, 경제, 사회, 문학, 철학 등 사회 전반에 영향을 주었다.

바로알기 ④ 다윈은 부모의 형질이 자손에게 전달되는 원리를 명확하게 밝히지 못하였다.

11 ㄱ. (가)에서 목 길이가 다양한 거북이 있었던 것으로 보아 갈라파고스땅거북 무리에는 목 길이가 다른 변이가 있었다.

ㄴ. 목이 긴 거북이 키가 큰 선인장을 먹기에 유리하여 더 많이 살아남았으므로 먹이를 두고 생존 경쟁이 일어났음을 알 수 있다.

바로알기 ㄷ. 목이 긴 거북은 생식 능력의 차이가 아니라 먹이 환경에 유리한 형질을 가져 더 많이 살아남은 결과 목이 짧은 거북보다 자손을 많이 남긴 것이다.

12 • 성용 : 변이는 유전자의 차이로 나타나며, 유전자의 차이는 오랫동안 축적된 돌연변이와 유성 생식 과정에서 생식세포의 다양한 조합으로 나타난다.

• 소희 : 다윈은 개체들 사이에 형태나 기능이 조금씩 다른 변이가 있으며, 환경에 적응하기 유리한 변이를 가진 개체가 더 많이 살아남아 자손을 남긴다는 자연 선택으로 진화를 설명하였다.

바로알기 • 민경 : 낫 모양 적혈구 빈혈증의 사례처럼 환경이 달라지면 생존에 유리한 변이가 달라져 자연 선택의 결과도 달라진다.

13 ㄱ. (가)에서 돌연변이 등의 원인으로 새로운 변이를 가진 검은색 나방이 나타났다.

ㄴ. (나) 이전에는 흰색 나방의 비율이 높았지만, (나) 이후에는 검은색 나방의 비율이 높다. 이를 통해 (나)에서 검은색 나방의 생존이 유리한 방향으로 환경이 변화하였음을 알 수 있다.

바로알기 ㄷ. (나)에서 검은색 나방의 개체 수 비율이 높아졌으므로 검은색 나방이 자연 선택되었다.

14 ㄷ. 1세대에서 3세대로 갈수록 털색이 어두운 토끼의 비율이 점점 높아지므로 토끼의 천적이 밝은 털색을 선호할 때 이러한 자연 선택이 일어날 수 있다.

바로알기 ㄱ. 자연 선택은 해당 환경에 잘 적응한 개체가 많이 살아남아 자손을 남기는 것이므로 자손을 남기지 못한 ㉠이 자손을 남긴 ㉡보다 생존에 불리하다고 볼 수 있다.

ㄴ. 1세대 토끼는 4가지, 2세대 토끼는 3가지, 3세대 토끼는 2가지의 털색을 나타내므로 1세대에서 3세대로 갈수록 털색에 대한 유전적 다양성이 감소한다.

15 ① 지구에 살고 있는 모든 생물은 최초의 생명체로부터 진화하였다.
② 원시 지구의 대기 성분은 현재와는 달리 대부분 수증기이고, 이외에 메테인, 암모니아, 수소 등으로 구성되었을 것으로 추정된다.
④ 심해 열수구설은 메테인이나 암모니아가 풍부하고 높은 온도가 유지되어 유기물 생성에 적합한 심해 열수구에서 최초의 생명체가 출현하였을 것이라는 가설이다.

⑤ 우주 기원설은 우주에서 만들어진 유기물이 운석을 통해 지구로 운반되었고, 이것이 지구에 생명체가 탄생하는 데 영향을 주었을 것이라는 가설이다.

(바로알기) ③ 화학 진화설은 화학 반응에 의해 무기물로부터 아미노산과 같은 간단한 유기물이 합성되었고, 간단한 유기물로부터 단백질과 같은 복잡한 유기물이 합성되어 최초의 생명체가 출현하였을 것이라는 가설이다.

16 (가) 농경지, 사막, 초원 등과 같이 생물의 서식지가 다양한 정도는 생태계 다양성에 해당한다.

(나) 같은 종이라도 서로 다른 유전자를 가지고 있어 개체마다 다양한 형질이 나타나는 것은 유전적 다양성에 해당한다.

(다) 습지에 다양한 생물들이 살고 있는 것은 한 생태계 내에 생물종이 다양한 것을 의미하는 것으로, 종 다양성에 해당한다.

17 ㄱ. 적도 지방의 생물종 수가 많고, 극지방으로 갈수록 점점 줄어들므로 위도가 높아질수록 종 다양성이 감소한다는 것을 알 수 있다.

ㄷ. 생물 다양성이 높을수록 생태계가 안정적으로 유지되므로 적도 지방의 생태계가 극지방의 생태계보다 안정적으로 유지된다.

(바로알기) ㄴ. 적도 지방은 극지방에 비해 생물종 수가 많으므로 생물 다양성도 적도 지방이 극지방보다 높다.

18 ㉠은 생태계 다양성, ㉡은 종 다양성, ㉢은 유전적 다양성이다.

ㄱ. 생태계에 따라 환경이 다르기 때문에 그 생태계의 환경과 상호 작용을 하며 살아가는 생물종과 개체 수도 다르다. 따라서 생태계 다양성(㉠)이 높을수록 종 다양성(㉡)과 유전적 다양성(㉢)이 높아진다.

ㄷ. 단일 품종의 바나나는 유전적 다양성이 낮아 전염병이 유행할 경우 멸종 위기에 처할 수 있다.

(바로알기) ㄴ. 일정한 지역에 서식하는 생물종의 다양한 정도는 종 다양성에 해당한다.

19 ① 울창한 숲은 사람들에게 휴식 장소나 여가 활동, 생태 관광을 할 수 있는 장소를 제공한다.

② 옥수수, 콩, 벼 등의 생물 자원은 식량으로 이용된다.

③ 목화를 이용하여 면섬유를 만들고, 누에고치를 이용하여 비단을 만든다.

④ 생물 자원은 질병을 치료하는 의약품의 원료로도 이용된다. 주목의 열매는 항암제를 만드는 원료로 이용된다.

(바로알기) ⑤ 버드나무 껍질에서 추출한 살리실산은 아스피린을 만드는 원료로 사용된다. 항생제인 페니실린의 주성분은 푸른곰팡이로부터 얻는다.

20 ㄱ, ㄷ. (가)에서 (나)로 되는 과정에서 서식지가 단편화되었고, (나) 지역에 생태 통로를 설치하여 (다)와 같이 되었다.

(바로알기) ㄴ. 서식지가 분리되면 서식지의 면적이 감소하고, 생물종의 이동이 제한되어 고립되므로 멸종 위험이 높아진다.

21 ② 생물 다양성이 높은 지역을 국립 공원으로 지정하여 사람들의 무분별한 출입을 제한하면 생물 다양성의 감소를 막을 수 있다.

③ 외래종 중에는 토종 생물의 서식지를 차지하여 생물 다양성을 감소시키는 경우가 많으므로 외래종을 도입할 때에는 기존 생태계에 주는 영향을 철저히 검증해야 한다.

(바로알기) ① 농경지를 습지로 복원하면 훼손된 환경을 되살려 생물 다양성을 증가시키는 데 도움을 준다.

④ 서식지가 소규모로 분리되면 서식지의 면적 감소로 생물 다양성이 감소한다.

⑤ 우수한 농작물이라도 단일 품종만 재배하면 유전적 다양성이 낮아져 환경 변화가 발생하였을 때 멸종될 가능성이 커진다.

22 선캄브리아 시대 초기에는 오존층이 형성되어 있지 않아 생물들이 자외선으로부터 보호받을 수 있는 바다 속에서만 살 수 있었다. 고생대에 오존층이 두꺼워지면서 지표에 도달하는 자외선을 차단하여 육지에서도 생물이 출현할 수 있었다.

(모범 답안) 고생대, 대기 중 산소 농도가 증가하면서 오존층이 두꺼워져 지표에 도달하는 자외선을 차단하였기 때문에 육상 생물이 출현할 수 있었다.

채점 기준	배점
고생대를 쓰고, 육상 생물이 출현한 까닭을 오존층이 자외선을 차단하기 때문이라고 옳게 서술한 경우	100 %
육상 생물이 출현한 까닭만 옳게 서술한 경우	60 %
고생대만 쓴 경우	40 %

23 (모범 답안) 대멸종 이후 새로운 지구 환경에 적응한 생물은 다양한 종으로 진화하여 오늘날과 같은 생물 다양성을 갖추게 되었다.

채점 기준	배점
생물의 적응과 진화를 포함하여 옳게 서술한 경우	100 %
적응과 진화 중 한 가지만 포함하여 서술한 경우	50 %

24 다양한 변이가 있는 개체 중에서 환경에 잘 적응한 개체가 살아남아 자손을 남기게 된다.

(모범 답안) 항생제를 사용하기 전에는 항생제 내성이 없는 세균이 대부분이었고, 돌연변이 등으로 나타난 항생제 내성 세균이 일부 포함되어 있었다. 이 집단에 항생제를 지속적으로 사용하면 항생제 내성이 없는 세균은 대부분 죽고, 항생제 내성 세균이 살아남아 자손을 남기는 자연 선택 과정을 반복하면서 항생제 내성 세균 집단이 형성된다.

채점 기준	배점
변이와 자연 선택의 내용을 모두 포함하여 옳게 서술한 경우	100 %
변이와 자연 선택의 내용 중 한 가지만 포함하여 옳게 서술한 경우	50 %

25 생물 다양성은 유전적 다양성, 종 다양성, 생태계 다양성을 모두 포함하는 개념이다.

(모범 답안) (1) (가) 종 다양성 (나) 유전적 다양성

(2) 같은 생물종이라도 개체가 가지고 있는 유전자가 다르기 때문이다.

	채점 기준	배점
(1)	종 다양성과 유전적 다양성을 모두 옳게 쓴 경우	50 %
	종 다양성과 유전적 다양성 중 하나만 옳게 쓴 경우	25 %
(2)	개체가 가지고 있는 유전자가 다르기 때문이라고 옳게 서술한 경우	50 %

환경과 에너지

1 생태계와 환경

01 생태계 구성 요소와 환경

개념 쏙쏙

진도교재 ⇨ 237쪽, 239쪽

1 (1) ◯ (2) ✕ (3) ◯ (4) ✕ (5) ◯ **2** (1) ㉡ (2) ㉠ (3) ㉢
3 (1) ✕ (2) ◯ (3) ✕ (4) ◯ (5) ✕ **4** (1) 온도 (2) 물 (3) 공기
(4) 토양 **5** ㉠ 상호 작용, ㉡ 생태계

1 (1) 개체군은 일정한 지역에서 같은 종의 개체들이 무리를 이루어 사는 것이다.
(2) 생물과 환경이 관계를 맺으며 서로 영향을 주고받는 체계는 생태계이다.
(3) 비생물적 요인은 생물을 둘러싸고 있는 환경 요인이며, 빛, 온도, 물, 토양, 공기 등이 있다.
(4) 버섯과 곰팡이는 죽은 생물이나 다른 생물의 배설물을 분해하여 양분을 얻는 분해자에 해당한다.
(5) 낙엽이 쌓여 분해되면 토양이 비옥해지는 것은 생물(낙엽)이 비생물적 요인(토양)에 영향을 준 것이다.

2 (1) 바다 깊이에 따라 도달하는 빛의 파장과 양이 다르기 때문에 서식하는 해조류가 다르다.
(2) 계절에 따라 일조 시간이 다르며, 일조 시간은 식물의 개화나 동물의 생식에 영향을 준다.
(3) 한 나무에서도 위쪽에 달린 잎이 아래쪽에 달린 잎보다 강한 빛을 받아 잎의 두께가 두껍다.

3 (1) 생물은 주변 온도의 영향을 받아 다양한 적응 현상을 나타낸다. 식물도 생물이므로 온도의 영향을 받는다.
(2) 생물체에서 일어나는 화학 반응인 물질대사에는 효소가 관여하고, 효소의 작용은 온도의 영향을 받으므로 생물은 주변 온도에 따른 적응 현상이 다양하게 나타난다.
(3) 육상 동물은 몸속 수분을 보존하기 위한 방법으로 환경에 적응하였다.
(4) 토양 속 미생물은 죽은 생물이나 배설물 속의 유기물을 무기물로 분해하여 다른 생물에게 양분을 제공하거나 비생물 환경으로 돌려보낸다.
(5) 공기가 희박한 고산 지대에 사는 사람의 혈액에는 산소를 충분히 얻기 위해 평지에 사는 사람들에 비해 혈액에 적혈구 수가 많은 것처럼 공기는 생물이 살아가는 데 영향을 준다.

4 (1) 기러기와 같은 철새는 계절에 따라 살기 적합한 온도의 지역으로 이동한다.
(2) 조류와 파충류의 알은 단단한 껍데기로 싸여 있어 수분 손실을 막는다.
(3) 공기가 희박한 고산 지대에 사는 사람은 평지에 사는 사람에 비해 적혈구 수가 많아 산소를 효율적으로 운반한다.

(4) 토양은 수많은 생물이 살아가는 터전을 제공하고, 물질과 에너지를 순환하게 한다.

5 인간을 포함한 생물은 주위 환경과 상호 작용을 하며 살아가고 있다. 따라서 생태계를 보전하는 것은 생태계의 구성 요소인 인간을 포함한 모든 생물의 생존에 매우 중요하다.

내신 탄탄

진도교재 ⇨ 240쪽~242쪽

01 ③	02 ④	03 해설 참조	04 ④	05 ③	06 ①
07 ③	08 ④	09 ③	10 ④	11 해설 참조	12 ④
13 ⑤	14 ④	15 ③			

01 ㄱ, ㄷ. 같은 종의 개체가 모여 개체군을 형성하고, 여러 개체군이 모여 군집을 형성하며, 여러 군집과 비생물적 요인이 서로 영향을 주고받으며 생태계를 이룬다.
바로알기 ㄴ. 군집은 일정한 지역에서 서로 관계를 맺고 살아가는 여러 개체군 집단이므로 다양한 종으로 이루어져 있다.

02 빛, 물, 온도, 토양은 비생물적 요인이고, 풀, 나무는 생산자이며, 참새, 뱀, 개구리, 메뚜기는 소비자이고, 버섯, 세균, 곰팡이는 분해자이다.
④ 토양은 비생물적 요인이고, 풀은 생산자, 메뚜기는 소비자, 곰팡이는 분해자이다.

03 광합성을 하여 스스로 양분을 만드는 생물은 생산자이며, 스스로 양분을 만들지 못하고 다른 생물을 먹이로 하여 양분을 얻는 생물은 소비자이다. 죽은 생물이나 다른 생물의 배설물을 분해하여 양분을 얻는 생물은 분해자이다.
모범 답안 생산자, 소비자, 분해자로 구분하고, 생산자에는 ㄹ, 소비자에는 ㄱ, ㄴ, ㅂ, ㅅ, 분해자에는 ㄷ, ㅁ, ㅇ이 해당한다.

채점 기준	배점
생태계에서의 역할에 따라 세 범주로 구분하고, 각 범주에 해당하는 생물의 기호를 옳게 쓴 경우	100 %
세 범주로 옳게 구분만 한 경우	50 %

04 ①, ②, ③ A는 생산자, B는 소비자, C는 분해자, D는 비생물적 요인이다. 식물은 생산자(A)에 해당하며, 소비자(B)는 영양 단계에 따라 1차 소비자, 2차 소비자, 3차 소비자 등으로 구분한다.
⑤ 생태계는 생물적 요인과 비생물적 요인의 상호 관계로 유지된다.
바로알기 ④ 생물을 둘러싸고 있는 환경에는 빛, 공기, 물, 토양 등이 있으며, 이를 비생물적 요인이라고 한다.

05 ㄱ, ㄷ. ㉠은 빛, 온도, 물, 공기, 토양 등과 같은 비생물적 요인이 생물에게 주는 영향이고, ㉡은 생물이 비생물적 요인에게 주는 영향이며, ㉢과 ㉣은 생물인 생산자와 소비자 사이의 상호 작용을 나타낸 것이다.
바로알기 ㄴ. 가을에 낙엽이 지고 단풍이 드는 것은 비생물적 요인(온도)이 생물(느티나무)에 영향을 준 것으로 ㉠에 해당한다.

06 지의류가 암석의 풍화를 촉진하는 것과 지렁이에 의해 토양의 통기성이 높아지는 것은 모두 생물이 비생물적 요인에 영향을 준 것이다.
ㄱ. 식물의 증산 작용으로 숲의 온도가 낮아지는 것은 생물(식물)이 비생물적 요인(온도)에 영향을 준 것이다.
바로알기 ㄴ. 건조한 환경에 사는 선인장의 잎이 가시로 변한 것은 비생물적 요인(물)이 생물(선인장)에 영향을 준 것이다.
ㄷ. 도토리가 많이 열리면 다람쥐의 개체 수가 증가하는 것은 생물들 사이에 서로 영향을 주고받는 상호 작용에 해당한다.

07 (가)는 강한 빛에 적응한 잎이고, (나)는 약한 빛에 적응한 잎이다. (가)와 (나)의 잎의 두께 차이는 빛의 세기에 영향을 받아 나타난 것이다.

08 ㄱ, ㄴ. 강한 빛을 받는 잎은 광합성이 활발하게 일어나는 울타리 조직이 발달되어 있어 잎이 두껍다. (가)는 (나)보다 울타리 조직이 발달되어 있는 것으로 보아 (가)는 (나)보다 강한 빛을 받는 잎이다.
바로알기 ㄷ. (가)는 나무의 위쪽에 위치하여 강한 빛을 받는 잎이며, (나)는 나무의 아래쪽에 위치하여 약한 빛을 받는 잎이다.

09 ㄱ. 파장이 짧은 청색광은 바다 깊은 곳까지 투과된다.
ㄷ. 파장이 긴 적색광은 바다의 깊이가 얕은 곳까지만 투과되므로 바다의 깊이가 얕은 곳에는 광합성에 적색광을 주로 이용하는 녹조류가 많이 분포한다. 파장이 짧은 청색광은 바다의 깊이가 깊은 곳까지 투과되므로 바다의 깊이가 깊은 곳에는 광합성에 청색광을 주로 이용하는 홍조류가 많이 분포한다.
바로알기 ㄴ. 녹조류는 적색광이 도달하는 깊이에 많이 분포하므로 적색광을 주로 이용한다.

10 (가)는 사막여우, (나)는 북극여우이다.
ㄴ. 사막여우(가)는 북극여우(나)보다 몸집이 작고 몸의 말단부가 커서 외부로의 열 방출량이 많아 더운 지방에서 체온을 유지하는 데 효과적이다.
ㄷ. 사막여우(가)보다 북극여우(나)가 더 추운 지역에 산다.
바로알기 ㄱ. 몸집이 작을수록 단위 부피당 체표면적이 증가하여 열 손실량이 많다.

11 낙엽수는 추위를 견디기 위해 잎을 떨어뜨리지만, 상록수는 잎의 큐티클층이 두꺼워 잎을 떨어뜨리지 않고 겨울을 난다.
모범 답안 온도, 상록수는 잎의 큐티클층이 두껍기 때문에 잎을 떨어뜨리지 않고도 겨울을 날 수 있다.

채점 기준	배점
온도라고 쓰고, 잎의 큐티클층이 두껍기 때문이라고 옳게 서술한 경우	100 %
온도라고만 쓴 경우	50 %

12 • 경희 : 건조한 지역에 사는 선인장은 수분 손실을 막기 위해 잎이 가시로 변하였다.
• 주호 : 건조한 지역에 사는 식물은 물을 저장하는 저수 조직이 발달하였다.
• 향연 : 사막에 사는 도마뱀, 뱀 등의 파충류는 몸 표면이 비늘로 덮여 있어 수분의 증발을 막는다.

바로알기 • 민기 : 선인장의 잎이 가시로 변한 것과 도마뱀의 몸 표면이 비늘로 덮여 있는 것은 모두 생물이 물에 적응한 현상이다.

13 ①, ③ 토양은 물질과 에너지를 원활히 순환하게 하고, 지렁이, 두더지, 토끼 등 수많은 생물이 살아가는 터전을 제공한다.
② 일부 생물은 토양의 통기성을 높여 산소가 필요한 식물과 미생물들이 살아가기 좋은 환경을 만든다.
④ 토양의 표면은 공기를 많이 포함하고 있어 호기성 세균이 살기에 적합하고, 토양의 깊은 곳은 공기가 적어 혐기성 세균이 살기에 적합하다.
바로알기 ⑤ 생물이 추운 겨울이 오면 겨울잠을 자는 것은 온도에 영향을 받은 것이다.

14 (가)는 일조 시간, (나)는 빛의 파장, (다)는 온도, (라)는 공기가 생물에게 영향을 준 예이다.

15 ㄱ, ㄷ. 인간은 생태계의 구성원으로서 생물 및 환경과 상호 작용을 하며 살아간다. 따라서 생태계를 보전하는 것은 인간의 생존을 위해서도 중요하다.
바로알기 ㄴ. 인간은 빛, 온도, 물, 토양, 공기 등과 같은 비생물적 요인의 영향을 받는다.

1등급 도전

진도교재 ⇨ 243쪽

01 ⑤ **02** ① **03** ⑤ **04** ④

01 ㄴ. 생물적 요인은 광합성을 통해 스스로 양분을 만드는 생산자, 스스로 양분을 만들지 못하고 다른 생물을 먹이로 하여 양분을 얻는 소비자, 죽은 생물이나 다른 생물의 배설물을 분해하여 양분을 얻는 분해자로 구분한다.
ㄷ. 강수량이 적어서 옥수수의 생장이 저해되는 것은 비생물적 요인(물)이 생물(옥수수)에 영향을 준 것이므로 환경이 생물에게 영향을 주는 (가)에 해당한다.
ㄹ. 뿌리혹박테리아가 토양의 질소 함유량을 증가시키는 것은 생물(뿌리혹박테리아)이 비생물적 요인(토양)에 영향을 준 것이므로 생물이 비생물적 요인에 영향을 주는 (나)에 해당한다.
바로알기 ㄱ. 같은 종의 개체가 무리를 이루며 사는 것을 개체군이라고 한다. 따라서 개체군 A는 한 종으로 구성된다.

02 ㄱ, ㄴ. 해조류 A는 녹조류, 해조류 B는 갈조류, 해조류 C는 홍조류이다. 빛은 파장이 짧을수록 투과도가 커서 바다 깊은 곳까지 전달될 수 있다. 따라서 청색광은 적색광보다 깊은 곳까지 도달한다.
바로알기 ㄷ. 홍조류(해조류 C)에는 김, 우뭇가사리 등이 있으며, 홍조류는 청색광을 주로 이용한다.

03 ㄱ. 붓꽃은 일조 시간이 길어지는 봄과 초여름에 꽃이 핀다.
ㄴ. 국화는 일조 시간이 짧아지는 가을에 꽃이 피는 식물로, 나팔꽃도 이와 같은 일조 시간의 조건에서 꽃이 핀다.

ㄷ. 일부 조류나 포유류는 일조 시간에 영향을 받아 번식 시기가 달라지는데, 이는 일조 시간이 성호르몬의 분비량에 영향을 주기 때문이다.

04 잠자리가 여름에 꼬리를 쳐들고 물구나무를 서는 것은 햇빛에 닿는 몸의 면적을 줄이고 땅에서 올라오는 열을 적게 받음으로써 체온이 높아지는 것을 막기 위한 것이다. 이러한 잠자리의 행동은 온도의 영향을 받은 것이다.

ㄴ, ㄹ. 툰드라에 사는 털송이풀의 잎이나 꽃에 털이 나 있는 것과 추운 지방에 사는 펭귄의 피하 지방층이 두꺼운 것은 모두 체온이 낮아지는 것을 막기 위한 것으로 온도에 영향을 받은 것이다.

바로알기 ㄱ. 사막에 사는 식물은 물을 저장하는 저수 조직이 발달하였다.

ㄷ. 바다의 깊이에 따라 도달하는 빛의 파장과 양이 다르기 때문에 바다의 깊이에 따라 서식하는 해조류의 종류가 다르다.

02 생태계 평형

개념 쏙쏙

진도교재 ⇨ 245쪽, 247쪽

1 (1) ○ (2) × (3) ○ (4) × **2** ㄱ → ㄷ → ㄴ **3** (1) ○ (2) ○ (3) × **4** ㄴ, ㄷ, ㅁ **5** (1) × (2) ○ (3) ○

1 (1) 생태계에서는 일반적으로 여러 개의 먹이 사슬이 복잡하게 얽혀 먹이 그물을 이룬다.
(2) 유기물에 저장된 에너지는 각 영양 단계에 속한 생물의 생명 활동을 통해 열에너지로 방출되고 남은 것이 상위 영양 단계로 이동하므로 상위 영양 단계로 갈수록 에너지양이 감소한다.
(3) 안정된 생태계는 생태계 평형이 깨지더라도 시간이 지나면 대부분 회복되므로 생물의 종류나 개체 수가 크게 변하지 않는다.
(4) 먹이 그물이 복잡할수록 생태계 평형이 잘 유지된다.

2 안정된 생태계에서 1차 소비자의 개체 수가 일시적으로 증가하면 생산자의 개체 수는 감소하고, 2차 소비자의 개체 수는 증가한다. 이로 인해 1차 소비자의 개체 수가 감소하면 생산자의 개체 수는 증가하고, 2차 소비자의 개체 수는 감소하여 생태계 평형 상태를 회복한다.

3 (1) 자연 상태에서 생태계 평형을 유지하는 데는 한계가 있고, 이 한계를 넘는 환경 변화가 일어나면 생태계 평형은 깨질 수 있다.
(2) 생태계 평형은 홍수, 산사태, 산불 등 자연재해에 의해 깨질 수도 있지만, 무분별한 벌목, 경작지 개발, 환경 오염 등 인간의 활동에 의해 깨질 수도 있다.

(3) 생태계 평형이 깨지면 회복하는 데 많은 시간과 노력이 필요하다.

4 생태계 평형은 홍수, 화산 폭발 등의 자연재해와 도시화, 무분별한 벌목, 환경 오염 등 인간의 활동에 의해서도 깨질 수 있다.

5 (1) 도시에 옥상 정원을 가꾸고 숲을 조성하면 도시의 온도를 낮춰 열섬 현상을 완화할 수 있다.
(2) 인공 하천을 자연형 하천으로 복원하면 식물 군집이 조성되고 서식 환경이 복원되어 생물 다양성이 높아진다.
(3) 도로 건설로 단절된 서식지에 생태 통로를 설치하면 단절된 서식지 간에 생물의 이동이 가능해진다.

탐구 Ⓐ

진도교재 ⇨ 249쪽

확인 문제 **1** (1) ○ (2) × (3) ○ (4) ○ **2** (가) 식물 플랑크톤 (나) 멸치 (다) 고등어 (라) 상어 **3** ④

1 (1), (2) 멸치의 위 속에서는 플랑크톤(식물 플랑크톤, 동물 플랑크톤)을 관찰할 수 있고, 이를 통해 멸치가 소비자임을 알 수 있다. 멸치는 식물 플랑크톤을 먹이로 하는 경우에는 1차 소비자에 해당하고, 동물 플랑크톤을 먹이로 하는 경우에는 2차 소비자에 해당한다.
(3) 멸치의 위 속에서 발견되는 생물은 멸치가 먹은 생물이므로 멸치보다 하위 영양 단계의 생물이다.
(4) 멸치의 위 속에서 발견되는 생물을 통해 해양 생태계의 먹이 관계를 유추할 수 있다.

2 (가)는 생산자, (나)는 1차 소비자, (다)는 2차 소비자, (라)는 3차 소비자이다.

3 ㄴ. 이 생태계에서 고래를 잡아먹는 생물이 없으므로 고래는 최상위 영양 단계의 생물이다.
ㄷ. 고등어는 '식물 플랑크톤(생산자) → 고등어(1차 소비자) → 참치(2차 소비자) → 고래(3차 소비자)'로 먹이 관계가 이루어지는 1차 소비자이자 '식물 플랑크톤(생산자) → 동물 플랑크톤(1차 소비자) → 고등어(2차 소비자) → 참치(3차 소비자) → 고래(4차 소비자)'로 먹이 관계가 이루어지는 2차 소비자이다.
바로알기 ㄱ. 이 생태계에서 생산자는 식물 플랑크톤이며, 동물 플랑크톤은 소비자이다.

내신 탄탄

진도교재 ⇨ 250쪽~252쪽

01 ② **02** ③ **03** ① **04** ④ **05** ② **06** ③ **07** 해설 참조 **08** ⑤ **09** ③ **10** ② **11** ① **12** ① **13** ②

01 ㄴ. • 나무 → 꿩 : 1차 소비자
　　　• 나무 → 애벌레 → 꿩 : 2차 소비자
　　　• 나무 → 애벌레(나비) → 거미 → 꿩 : 3차 소비자
따라서 꿩은 1차 소비자이면서 2차 소비자, 3차 소비자가 된다.

바로알기 ㄱ. 애벌레는 나뭇잎을 먹는 1차 소비자이다.

ㄷ. 개구리가 사라지더라도 뱀은 개구리 대신 쥐를 먹고 살 수 있으므로 사라지지 않는다.

02 ① 식물 플랑크톤은 생명 활동에 필요한 양분을 스스로 만드는 생산자이다.
② 동물 플랑크톤은 식물 플랑크톤을 먹는 1차 소비자이다.
④ 오징어는 '식물 플랑크톤(생산자) → 멸치(1차 소비자) → 오징어(2차 소비자) → 상어(3차 소비자)'로 먹이 관계가 이루어지는 2차 소비자이자 '식물 플랑크톤(생산자) → 동물 플랑크톤(1차 소비자) → 멸치(2차 소비자) → 오징어(3차 소비자) → 상어(4차 소비자)'로 먹이 관계가 이루어지는 3차 소비자이다.
⑤ 고등어는 식물 플랑크톤과 동물 플랑크톤, 멸치를 먹이로 하는 소비자이다.

바로알기 ③ 참치는 상어의 먹이가 되므로 최상위 영양 단계의 생물로 볼 수 없다.

03 ㄱ. 멸치를 뜨거운 물에 불리면 위를 쉽게 분리할 수 있고, 위 속의 먹이를 관찰하기에 좋다.

바로알기 ㄴ. 멸치의 위 속에서 동물 플랑크톤이 관찰되었으므로 멸치는 소비자이다.

ㄷ. 멸치의 위 속에서 동물 플랑크톤이 관찰되었으므로 동물 플랑크톤은 멸치의 먹이이다. 따라서 멸치는 동물 플랑크톤보다 상위 영양 단계의 생물이다.

04 ㄱ. A는 생산자를 먹이로 하는 1차 소비자, B는 1차 소비자를 먹이로 하는 2차 소비자이다.

ㄷ. 에너지는 한 방향으로 흐르다가 생태계 밖으로 빠져나가므로 생태계가 유지되려면 태양으로부터 빛에너지가 계속 공급되어야 한다.

바로알기 ㄴ. 유기물에 저장된 에너지는 각 영양 단계에 속한 생물의 생명 활동을 통해 열에너지로 방출되고 남은 것이 상위 영양 단계로 이동한다. 따라서 이동하는 에너지양은 ㉠이 ㉡보다 많다.

05 ㄴ. 생태계에서 에너지는 먹이 사슬을 통해 상위 영양 단계로 이동한다. 따라서 벼의 에너지는 먹이 사슬을 통해 메뚜기, 오리를 거쳐 사람에게 전달된다.

바로알기 ㄱ. 사람은 3차 소비자이다.

ㄷ. 에너지가 각 영양 단계를 이동할 때마다 생물의 생명 활동을 통해 열에너지로 방출되고 남은 에너지가 상위 영양 단계로 이동하므로 상위 영양 단계로 갈수록 이동하는 에너지양이 감소한다.

06 ㄷ. 생물량은 일정한 공간에 서식하는 생물 전체의 무게를 의미하는 것으로, 안정된 생태계에서 생물량은 상위 영양 단계로 갈수록 감소하는 피라미드 형태를 나타낸다.

바로알기 ㄱ. 일반적으로 개체 수는 하위 영양 단계의 생물일수록 많다.

ㄴ. 생태계에서 에너지는 먹이 사슬을 통해 상위 영양 단계로 이동한다.

07 **모범 답안** 생태계에서 에너지는 각 영양 단계에서 생물의 생명 활동을 통해 열에너지로 방출되고 남은 것이 다음 영양 단계로 전달되기 때문이다.

채점 기준	배점
생명 활동에 사용되어 열에너지로 방출되고 남은 에너지만 상위 영양 단계로 이동하기 때문이라고 옳게 서술한 경우	100 %
사용하고 남은 에너지만 상위 영양 단계로 이동하기 때문이라고만 서술한 경우	50 %

08 ㄱ, ㄴ. 생태계 평형은 생태계를 구성하는 생물의 종류와 개체 수, 물질의 양, 에너지 흐름 등이 안정된 상태를 유지하는 것으로, 먹이 그물이 복잡할수록 생태계 평형이 잘 유지된다.

ㄷ. 안정된 생태계는 환경이 변해 일시적으로 생물의 개체 수가 변하더라도 시간이 지나면 먹이 사슬에 의해 대부분 생태계 평형이 회복된다.

09 ㄱ. (가)와 (나)에서 수리부엉이를 잡아먹는 생물이 없으므로, 수리부엉이는 두 생태계에서 모두 최종 소비자에 해당한다.

ㄴ. 생태계 평형은 먹이 그물이 복잡할수록 잘 유지된다. 따라서 (가)보다 (나)에서 생태계 평형이 잘 유지된다.

바로알기 ㄷ. (가)에서는 메뚜기가 사라지면 메뚜기를 먹이로 하는 뒤쥐와 생쥐가 사라지고, 뒤쥐와 생쥐가 사라지면 뒤쥐와 생쥐를 먹이로 하는 수리부엉이가 사라진다. 하지만 (나)에서는 메뚜기가 사라져 메뚜기만을 먹이로 하는 뒤쥐와 생쥐가 사라지더라도 수리부엉이는 오리, 참새, 도요새를 먹고 살 수 있으므로 사라지지 않는다.

10 ② 1차 소비자의 개체 수가 일시적으로 증가하면 1차 소비자의 먹이가 되는 생산자의 개체 수는 감소하고, 1차 소비자를 먹이로 하는 2차 소비자의 개체 수는 증가한다.

11 ②, ④ 주택 단지를 만들기 위해 숲을 벌목하는 것과 식량 생산을 위해 대평원을 경작지로 개발하는 것은 숲의 생태계가 파괴되어 생물의 서식지가 사라지고, 생태계가 단순해져 생태계 평형이 깨질 수 있다.

③ 공장 폐수, 생활 하수 등을 통해 배출되는 산성 물질, 중금속, 유기물 등은 생물의 생존을 위협하여 생태계 평형이 깨뜨릴 수 있다.

⑤ 홍수, 산사태 등의 자연재해와 인간의 활동으로 인해 생태계 평형이 깨질 수 있다.

바로알기 ① 인공 하천을 자연형 하천으로 바꾸는 것은 생태계 보전을 위한 일이다.

12 ㄱ. 이 생태계에서 초원에 있는 풀은 사슴에게 먹히고, 사슴은 늑대에게 먹힌다. 따라서 '풀 → 사슴 → 늑대'로 먹이 관계가 이루어진다.

바로알기 ㄴ. 초원의 생산량 감소는 1차 소비자인 사슴의 개체 수 증가가 원인이며, 이는 늑대 사냥으로 인해 사슴의 개체 수가 증가하였기 때문이다.

ㄷ. 1920년대 이후 사슴의 개체 수가 감소한 것은 늑대 사냥으로 인해 사슴의 개체 수가 지나치게 많아짐으로써 초원의 생산량이 감소하여 먹이가 부족해졌기 때문이다.

13 ① 멸종 위기에 처한 생물을 천연기념물로 지정하여 보호한다.
③ 도시 열섬 현상을 완화하기 위해 옥상 정원을 가꾸고, 도시 중심부에 숲을 조성한다.
④ 도로 건설 등으로 분리된 서식지를 연결하는 생태 통로를 설치하여 동물들이 자유롭게 이동할 수 있게 한다.
⑤ 생태적으로 보전 가치가 있는 장소를 국립 공원으로 지정하여 관리하면 생물 다양성을 보전할 수 있다.
(바로알기) ② 하천에 콘크리트 제방을 쌓고 물길을 직선화한 인공 하천보다 나무, 돌, 풀, 흙과 같은 자연 재료를 이용하여 자정 능력을 갖춘 자연형 하천을 만들면 생물들의 서식지를 보호하여 생태계를 보전할 수 있다.

1등급 도전

진도교재 ⇨ 253쪽

01 ④ **02** ③ **03** ③ **04** ①

01 ㄱ. (가)의 먹이 사슬은 '감자(생산자) → 사람(1차 소비자)', (나)의 먹이 사슬은 감자(생산자) → 돼지(1차 소비자) → 사람(2차 소비자)'이므로 사람은 두 생태계에서 모두 최종 소비자이다.
ㄷ. 사람은 먹이 사슬이 짧은 (가)에서 더 많은 에너지를 얻으므로 (나)보다 (가)에서 같은 양의 곡식으로 더 많은 사람을 부양할 수 있다.
(바로알기) ㄴ. 각 단계를 이동할 때마다 이동하는 에너지양은 감소하므로 사람은 돼지보다 더 적은 양의 에너지를 얻는다.

02 ㄴ. 이 생태계에서 매와 올빼미를 잡아먹는 생물이 없으므로 매와 올빼미는 최종 소비자이다.
ㄷ. 생산자부터 최종 소비자까지 먹고 먹히는 관계를 사슬 모양으로 나타낸 것을 먹이 사슬이라고 하며, 여러 개의 먹이 사슬이 복잡하게 얽혀 먹이 그물을 이룬다.
(바로알기) ㄱ. 풀과 열매는 생산자이고, 생산자를 먹는 들쥐, 토끼, 메뚜기, 참새, 청솔모는 1차 소비자이다.
ㄹ. 메뚜기가 사라지면 이 생태계에서는 생쥐만 사라질 것이다.

03 ㄷ. (나)에서 나일농어는 최상위 영양 단계에 있다. 따라서 나일농어의 천적이 존재하지 않는다.
(바로알기) ㄱ. 먹이 그물이 복잡할수록 안정된 생태계이다. 따라서 (나)보다 (가)에서 생태계 안정성이 높다.
ㄴ. 나일농어가 도입된 후 먹이 그물이 단순해진 것으로 보아 이 하천 생태계는 생물종 수가 감소하였다.

04 ㄱ. (가)는 하천의 제방을 콘크리트로 쌓아 만든 인공 하천이고, (나)는 하천의 양 옆에 식물 군집을 조성하여 다양한 생물이 살 수 있는 환경을 제공하는 자연형 하천이다.
(바로알기) ㄴ. 자연형 하천(나)은 돌, 흙 등과 같은 자연 재료로 이루어져 있기 때문에 콘크리트로 이루어진 인공 하천(가)보다 자정 능력이 뛰어나다.
ㄷ. 자연형 하천(나)을 인공 하천(가)으로 바꾸면 생물 다양성이 감소할 것이다.

03 지구 환경 변화와 인간 생활

개념 쏙쏙

진도교재 ⇨ 255쪽, 257쪽

1 (1) ◯ (2) ✕ (3) ◯　**2** ㉠ 이산화 탄소, ㉡ 상승　**3** ⑤
4 (1) 크다 (2) 북쪽 (3) 빨라지고　**5** (1) ㉢, ⓐ (2) ㉠, ⓒ
(3) ㉡, ⓑ　**6** ㉠ 무역풍, ㉡ 편서풍, ㉢ 저위도, ㉣ 고위도
7 ㉠ 넓어지는, ㉡ 과잉 경작　**8** (1) ◯ (2) ✕ (3) ✕ (4) ◯

1 (1) 수륙 분포가 변하면 주변의 해류가 변하고, 이에 따라 대기 순환도 영향을 받으므로 기후 변화가 일어날 수 있다.
(2) 기온이 높을수록 나무의 나이테 간격이 넓게 나타난다.
(3) 빙하가 형성되는 과정에서 당시의 공기가 빙하 속에 갇히므로 빙하 속의 공기 방울을 연구하면 과거의 기후를 알 수 있다.

2 산업 혁명 이후 화석 연료의 사용량이 증가하였고, 화석 연료의 연소 과정에서 온실 기체인 이산화 탄소가 배출된다.

3 ⑤ 지구 온난화가 나타나면 빙하의 융해와 해수의 열팽창이 일어나 해수면이 상승하여 육지의 면적은 감소한다.

4 한반도의 기후도 지구 온난화의 영향을 받고 있다. 아열대 기후구를 나타내는 지역이 북쪽으로 이동하고 있으며, 벚꽃, 개나리 등 봄꽃의 개화 시기가 빨라지고 있다.

5 (1) 위도 60°∼극에서는 극순환이 형성되면서 지상에서는 고위도에서 저위도로 이동하던 공기가 지구 자전에 의해 휘어져 동쪽에서 불어오는 극동풍이 형성된다.
(2) 위도 30°∼60°에서는 페렐 순환이 형성되면서 지상에서는 저위도에서 고위도로 이동하던 공기가 지구 자전에 의해 휘어져 서쪽에서 불어오는 편서풍이 형성된다.
(3) 적도∼위도 30°에서는 해들리 순환이 형성되면서 지상에서는 고위도에서 저위도로 이동하던 공기가 지구 자전에 의해 휘어져 동쪽에서 불어오는 무역풍이 형성된다.

6 북태평양에서는 무역풍에 의해 북적도 해류가 동에서 서로 흐르고, 편서풍에 의해 북태평양 해류가 서에서 동으로 흐른다. 동서 방향으로 흐르던 해류가 대륙에 막히면 남북 방향으로 흐르는데, 북대서양의 아열대 해양에서는 멕시코만류가 저위도에서 고위도로 흐른다.

7 사막화가 발생하는 자연적 원인으로는 대기 대순환의 변화가 있고, 인위적 원인으로는 과잉 경작, 과잉 방목, 무분별한 삼림 벌채 등이 있다.

8 (1), (2) 엘니뇨와 라니냐는 대기 대순환(무역풍)의 변화(기권)로 표층 해수의 흐름(수권)이 영향을 받아 발생하므로 기권과 수권의 상호 작용으로 발생한다.
(3) 엘니뇨가 발생하면 평상시보다 무역풍이 약해지므로 적도 부근의 따뜻한 해수가 동쪽으로 이동하여 평상시보다 동태평양의 표층 수온이 높아지고, 서태평양의 표층 수온은 낮아진다.
(4) 라니냐가 발생하면 평상시보다 무역풍이 강화되어 적도 부근의 따뜻한 해수가 서쪽으로 강하게 흐른다. 이로 인해 동태평양에서는 평상시보다 심층의 찬 해수가 표면으로 더 많이 올라와 하강 기류가 강해져 강수량이 감소하고 가뭄이 발생한다.

탐구 A

진도교재 ⇨ 259쪽

확인 문제 **1** (1) ◯ (2) × (3) ◯ (4) × **2** ② **3** ①

1 (2) 빙하 코어를 이용하면 수십만 년 단위까지 과거의 기후를 알아낼 수 있다.
(4) 화석을 이용하여 생물이 생존할 당시의 기후를 추정하기 위해서는 표준 화석보다 시상 화석이 유용하다. 표준 화석은 지층이 퇴적된 지질 시대를 추정하는 데 유용하다.

2 ㄴ. 눈이 쌓여 빙하가 형성되는 과정에서 공기가 갇히므로 빙하 코어에는 당시의 공기가 포함되어 있다.
바로알기 ㄱ. 기후가 온난할수록 나무의 생장 속도가 빠르므로 나이테 간격이 넓어진다.
ㄷ. 빙하가 형성될 때 과거 대기 중의 공기가 갇히므로 대기 조성을 연구하는 데는 (나)가 (가)보다 적합하다.

3 ㄱ. 과거 약 40만 년 동안 대기 중 이산화 탄소 농도는 증가와 감소를 반복하였다. 그로 인해 지구의 기온도 상승과 하강을 반복하였다.
바로알기 ㄴ. 대기 중 이산화 탄소 농도가 높을 때 지구의 기온도 대체로 높게 나타난다.
ㄷ. 과거 약 40만 년 동안 지구의 기온 편차는 대부분 (−)였으므로 과거 약 40만 년 동안 지구의 기온은 현재의 기온보다 대체로 낮았다.

내신 탄탄

진도교재 ⇨ 260쪽~262쪽

01 ②	**02** ③	**03** ④	**04** 해설 참조	**05** ②
06 ⑤	**07** ③	**08** ①	**09** ④	**10** ③	**11** ④
12 해설 참조	**13** ④	**14** ⑤	**15** ①	**16** 해설 참조
17 ⑤				

01 (가) 기후 변화의 지구 내적 원인에는 대규모 화산 분출, 지표면 변화로 인한 반사율 변화, 수륙 분포의 변화, 대기 중 이산화 탄소의 농도 변화 등이 있다.
(나) 기후 변화의 지구 외적 원인(천문학적 원인)에는 지구 자전축의 기울기 및 기울기 방향 변화, 지구 공전 궤도 모양의 변화, 태양 활동 변화 등이 있다.

02 ㄱ. 수륙 분포가 변하면 해류의 흐름이 변하여 기후 변화에 영향을 준다.
ㄴ. 대규모 화산 분출이 일어나면 화산재가 대기 중으로 방출되어 성층권에 머물면서 햇빛을 산란시켜 햇빛의 대기 투과율을 낮춘다. 따라서 대규모 화산 분출로 지구 기온에 변화가 생긴다.
바로알기 ㄷ. 지구 자전축의 기울기 방향 변화는 주기적이고 지속적인 기후 변화를 일으킨다.

03 ① 기후에 따라 나무의 생장 속도가 달라져 나이테 간격이 변한다.
② 눈이 쌓여 빙하가 형성되는 과정에서 당시의 공기가 갇힌다. 따라서 빙하 속에는 과거의 공기 방울이 갇혀 있다.
③ 지층 속의 꽃가루 화석 연구로 과거 식물 분포를 알 수 있고, 식물의 특징이나 서식 환경을 통해 기후를 알 수 있다.
⑤ 유공충과 같은 생물의 생장이나 서식 환경은 기후의 영향을 받으므로 이를 연구하여 과거의 기후를 유추할 수 있다.
바로알기 ④ 대나무가 번성하고 있는 지역을 조사하는 것은 현재의 기후 변화를 이해하는 데 도움이 된다.

04 대기 중 이산화 탄소의 농도와 지구의 기온은 비례한다.
모범 답안 대기 중 이산화 탄소의 농도가 증가하면 기온이 상승한다.

채점 기준	배점
비례 관계를 옳게 서술한 경우	100 %
비례 관계를 옳게 서술하지 못한 경우	0 %

05 **바로알기** ② 질소 산화물은 지구 복사 에너지를 흡수하여 온실 효과를 일으키지만, 질소는 온실 효과를 일으키지 않는다.

06 1900년 초반과 비교하여 현재 지구의 기온이 상승하였다. 지구 온난화의 영향으로 빙하 면적이 감소하면서 해수면이 상승하였고, 강수량과 증발량의 지역적 변화가 커져 홍수나 가뭄 등 기상 이변이 증가하였다.

07 ・A : 화석 연료의 사용량이 증가하면 온실 기체인 이산화 탄소가 많이 배출되고, 대기 중 이산화 탄소의 농도가 증가하면 온실 효과가 증대되어 지구 온난화가 나타난다.
・B : 지구 온난화가 일어나면 해수의 온도가 상승한다.
・C : 대륙 빙하의 면적이 감소하면 지표면의 반사율이 감소한다.
・D : 해수의 온도가 상승하거나 대륙 빙하의 면적이 감소하면 해수면이 상승하여 육지의 면적이 감소한다.

08 ② 지구 온난화의 주요 원인은 화석 연료의 사용량 증가에 따른 대기 중 이산화 탄소의 농도 증가이다.
③ 지구 온난화로 인해 멸종 위기 생물이 증가하여 생물 다양성이 감소할 수 있다.
④ 지구 온난화는 지구 전체적으로 나타나는 현상이므로 이를 방지하기 위해 국제적인 협력이 필요하다.
⑤ 기후 변화에 대응하기 위해 온실 기체를 배출하는 화석 연료 대신 이를 대체할 수 있는 신재생 에너지를 개발하고, 에너지 효율을 높이는 방법을 연구해야 한다.
바로알기 ① 최근 지구의 평균 기온 상승률이 증가하고 있다.

09 ① 온대 기후에서 아열대 기후로 변하는 지역이 넓어지고 있어 아열대 기후구가 북상한다.
② 여름의 길이는 점차 길어지고, 겨울의 길이는 짧아지고 있다.
③ 한류성 어종의 어획량이 감소하고, 난류성 어종의 어획량이 증가하고 있다.
⑤ 한반도의 기온 상승 폭은 지구 전체보다 더 크게 나타난다.
바로알기 ④ 봄철에 벚꽃의 개화 시기가 점차 빨라지고 있다.

10 ㄱ. A는 태양 복사 에너지 흡수량>지구 복사 에너지 방출량이므로 에너지가 남고, B는 태양 복사 에너지 흡수량<지구 복사 에너지 방출량이므로 에너지가 부족하다.

ㄴ. 지구는 구형이므로 저위도 지역이 고위도 지역보다 단위 면적당 태양 에너지를 더 많이 받아 그림과 같은 분포가 나타난다.

(바로알기) ㄷ. 대기와 해수가 순환하면서 저위도의 남는 에너지를 고위도로 이동시킨다.

11

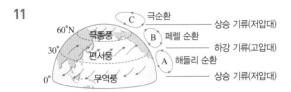

ㄴ. A의 지상에서는 무역풍, B의 지상에서는 편서풍, C의 지상에서는 극동풍이 분다.

ㄷ. 대기 대순환이 3개의 순환 세포를 형성한 것은 지구가 자전하기 때문이다.

(바로알기) ㄱ. A는 해들리 순환, B는 페렐 순환이다.

12 위도 30°N 지역은 하강 기류가 발달하여 고압대가 형성되므로 기후가 건조하여 사막이 형성되기 쉽다.

(모범 답안) 위도 30°N 지역, 위도 30°N 지역은 하강 기류(고압대)가 발달하여 건조하고, 위도 0° 지역은 상승 기류(저압대)가 발달하여 습하기 때문이다.

채점 기준	배점
위도 30°N 지역을 고르고, 30°N 지역에서 하강 기류, 0° 지역에서 상승 기류가 형성되기 때문이라고 서술한 경우	100 %
위도 30°N 지역을 고르고, 30°N 지역에서 하강 기류가 형성되기 때문이라고만 서술한 경우	70 %
위도 30°N 지역만 고른 경우	30 %

13 ① A는 쿠로시오 해류, B는 북태평양 해류, C는 캘리포니아 해류, D는 북적도 해류이다.

② A는 저위도에서 고위도로 흐르는 난류이고, C는 고위도에서 저위도로 흐르는 한류이다.

③ B는 편서풍에 의해 형성되어 서에서 동으로 흐른다.

⑤ 해수의 아열대 순환 방향은 적도를 기준으로 북반구와 남반구가 대칭을 이룬다. 북반구에서 A∼D 해류가 이루는 아열대 순환은 시계 방향으로, 남반구에서 아열대 순환은 시계 반대 방향으로 나타난다.

(바로알기) ④ 저위도에서 고위도로 열을 수송하는 해류는 A이다.

14 ① 사막은 적도보다 고압대가 형성되는 위도 30° 부근에 많이 분포한다.

② (증발량−강수량) 값이 증가하면 기후가 건조한 지역이 많이 나타나 사막이 증가할 것이다.

③ 대기 대순환의 변화로 증발량이 증가하고 강수량이 감소하면 사막화가 발생할 수 있다.

④ 가축의 방목이 증가하면 토양이 황폐해져 사막화가 급격히 진행된다.

(바로알기) ⑤ 우리나라는 편서풍의 영향을 받으므로 고비 사막 주변에서 일어나는 중국 내륙의 사막화는 우리나라의 황사 발생을 증가시킨다.

15 ㄱ. (가)는 (나)보다 적도 부근 동태평양의 표층 수온이 낮으므로 (가)는 평상시, (나)는 엘니뇨 발생 시이다.

(바로알기) ㄴ. 엘니뇨는 무역풍이 평상시보다 약해질 때 발생하므로 무역풍의 평균 풍속은 (가)보다 (나)가 작다.

ㄷ. (나)는 따뜻한 해수가 동쪽으로 이동하여 평상시보다 동태평양의 표층 수온이 높아지므로 동서 방향의 표층 수온 차이는 (가)보다 작다.

16 (나) 엘니뇨 발생 시기에는 강수 구역이 동쪽으로 이동한다.

(모범 답안) 동태평양에서는 폭우나 홍수가 발생하고, 서태평양에서는 가뭄이나 산불이 발생할 수 있다.

채점 기준	배점
동태평양과 서태평양의 기상 이변을 모두 옳게 서술한 경우	100 %
동태평양과 서태평양 중 한 곳의 기상 이변만 옳게 서술한 경우	50 %

17 ㄱ. A는 적도 부근 동태평양의 관측 수온이 평균 수온보다 높으므로 엘니뇨 시기, B는 적도 부근 동태평양의 관측 수온이 평균 수온보다 낮으므로 라니냐 시기이다.

ㄴ. 라니냐 시기(B)에 동태평양에서는 표층 수온이 평상시보다 낮아지므로 하강 기류가 강해져 강수량이 감소하고 날씨가 건조해진다. 따라서 가뭄이 발생할 가능성이 높다.

ㄷ. 라니냐가 발생하면 무역풍이 평상시보다 강해져 적도 부근의 따뜻한 해수가 서쪽으로 이동하는 흐름이 강해진다. 따라서 서태평양의 평균 표층 수온은 엘니뇨 시기(A)보다 라니냐 시기(B)에 높다.

1등급 도전 진도교재 ⇨ 263쪽

01 ③　**02** ①　**03** ④　**04** ②

01 ㄱ. (가)에서 우리나라는 지구 온난화의 영향으로 여름의 길이는 점차 길어지고, 겨울의 길이는 점차 짧아진다.

ㄷ. 지구 온난화 경향이 지속될 경우 우리나라는 (가), (나)와 같이 환경이 변화한다.

(바로알기) ㄴ. (나)에서 아열대 기후구는 2071년∼2100년이 1971년∼2000년보다 북쪽으로 확대되었으므로 아열대 과일 재배가 가능한 지역도 북쪽으로 확대될 것이다.

02 A는 극순환, B는 페렐 순환, C는 해들리 순환이다.

ㄱ. 적도 부근에서는 상승 기류가 발달하므로 구름이 잘 생성되어 강수량이 많다. 따라서 열대 우림이 잘 발달한다.

(바로알기) ㄴ. 위도 30° 부근은 하강 기류가 발달하여 고압대가 형성되므로 날씨가 맑은 날이 많다. 이에 따라 건조 기후가 발달하여 사막이 많이 분포하고 사막화가 잘 일어난다.

ㄷ. C 순환의 지상에서 부는 바람은 무역풍이고, 남극 순환 해류는 B 순환의 지상에서 부는 편서풍을 따라 서에서 동으로 이동한다.

03 A 해역에는 쿠로시오 해류, B 해역에는 캘리포니아 해류, C 해역에는 멕시코만류, D 해역에는 북적도 해류가 흐른다.

ㄴ. 고위도로의 열 수송량은 한류가 흐르는 B 해역보다 난류가 흐르는 C 해역에서 많다.

ㄷ. D 해역은 위도 0°~30°N 사이에 있으므로 무역풍을 따라 북적도 해류가 흐른다.

바로알기 ㄱ. A 해역에는 난류가 흐르고, B 해역에는 한류가 흐르므로 A 해역의 표층 수온이 B 해역의 표층 수온보다 높다.

04 ㄱ. (가)보다 (나) 시기에 무역풍이 약하고 동태평양 해역의 표층 수온이 높으므로 (가)는 평상시이고, (나)는 엘니뇨 발생 시이다.

ㄹ. (나) 시기에 동태평양 해역에서 평소보다 찬 해수가 표면으로 올라오는 흐름이 약해진다. 심층의 찬 해수에는 영양분이 풍부하므로 동태평양 해역의 어획량은 (나) 시기에 적었을 것이다.

바로알기 ㄴ. 동에서 서로의 표층 해수 이동은 (나) 시기보다 무역풍이 강한 (가) 시기에 활발하다.

ㄷ. (나) 시기에 동태평양의 표층 수온이 높아지므로 상승 기류가 형성되어 강수량이 증가한다.

04 에너지의 전환과 효율적 이용

개념 쏙쏙

진도교재 ⇨ 265쪽

1 (1) 소리 (2) 빛 (3) 화학 **2** ㉠ 에너지 보존, ㉡ 전환, ㉢ 보존
3 30 %

1 (1) 스피커는 전기 에너지가 소리 에너지로 전환된다.
(2) 반딧불이는 반딧불이 몸속의 화학 에너지가 빛에너지로 전환된다.
(3) 광합성을 통해 태양의 빛에너지가 식물의 화학 에너지로 전환된다.

2 에너지는 에너지 보존 법칙에 따라 여러 가지 형태로 전환될 수 있지만 새롭게 생겨나거나 소멸되지 않으며 전체 양은 항상 일정하게 보존된다.

3 열효율(%)$=\dfrac{\text{열기관이 한 일}}{\text{공급한 열에너지}}\times100=\dfrac{30}{100}\times100=30(\%)$

여기서 잠깐

진도교재 ⇨ 266쪽

Q1 하이브리드 자동차   **Q2** 에너지 제로 하우스

[Q1] 하이브리드 자동차는 운행 중에 버려지는 에너지의 일부를 다시 사용할 수 있어 일반 자동차보다 에너지 효율이 높다.

[Q2] 에너지 제로 하우스는 낭비되는 에너지를 줄이고 필요한 에너지를 재생 에너지를 통해 얻는 미래형 주택이다.

내신 탄탄

진도교재 ⇨ 267쪽~270쪽

01 ①	02 ②	03 ⑤	04 ①	05 ③	06 ②
07 ⑤	08 ③	09 ④	10 해설 참조		11 ②
12 ⑤	13 ①	14 해설 참조		15 ①	16 ①
17 ⑤	18 ③				

01 바로알기 ① 빛에너지는 빛이 가지고 있는 에너지로, 공기의 진동 없이도 전달된다.

02
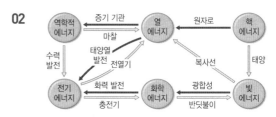

03 ㄱ. (가)에서 휴대 전화를 사용할 때 배터리의 화학 에너지를 전기 에너지로 전환하여 이용한다.

ㄴ. (다)에서 전열기는 전기 에너지가 빛에너지와 열에너지로 전환된다.

ㄷ. (나)에서 형광등은 전기 에너지가 빛에너지로 전환되므로 (가), (나), (다)는 모두 전기 에너지가 빛에너지로 전환된다.

04 ㄱ. 전동기에서는 전기 에너지가 바퀴의 운동 에너지로 전환된다.

바로알기 ㄴ. 배터리를 충전할 때는 전기 에너지가 화학 에너지로 전환된다.

ㄷ. LED등을 켤 때는 전기 에너지가 빛에너지로 전환된다.

05 ㄷ. 에너지 보존 법칙에 따라 에너지가 전환되더라도 에너지의 총량은 일정하게 보존된다. 따라서 롤러코스터의 퍼텐셜 에너지는 내려가면서 전환된 운동 에너지, 소리 에너지, 열에너지 등을 모두 합한 것과 같다.

바로알기 ㄱ, ㄴ. 레일을 따라 내려올 때 롤러코스터의 퍼텐셜 에너지가 운동 에너지, 마찰에 의한 열에너지와 소리 에너지 등으로 전환된다. 따라서 운동 에너지와 퍼텐셜 에너지의 합인 역학적 에너지는 감소한다.

06 ㄴ. 같은 양의 일을 한다면 에너지 효율이 낮은 A에 더 많은 에너지를 공급해야 한다.

바로알기 ㄱ. 같은 양의 에너지를 공급하면 에너지 효율이 높은 B가 A보다 더 많은 일을 한다.

ㄷ. 같은 양의 에너지를 공급하면 에너지 효율이 낮은 A가 B보다 더 많은 열에너지를 방출한다.

07 ㄱ. 엔진의 에너지 효율(%)$=\dfrac{14.4\text{ kJ}}{72\text{ kJ}}\times100=20\%$이다.

ㄴ. 자동차의 조명등에서 전기 에너지가 빛에너지로 전환된다.

ㄷ. 자동차 연료의 에너지는 에너지 전환 과정을 거쳐 최종적으로 다시 사용하기 어려운 형태의 열에너지로 전환된다.

08 ㄱ. 에너지의 총량은 일정하게 보존되므로 100 %＝A＋95 %에서 A는 5 %, 100 %＝B＋10 %에서 B는 90 %이다.

ㄴ. 전구에서 유용하게 사용되는 에너지는 빛에너지이므로, 에너지 효율은 (나)가 (가)보다 높다.

바로알기 ㄷ. (가), (나)의 에너지 전환 과정에서 발생하는 열에너지는 다시 모아서 사용할 수 없다.

09 ④ 에너지 효율(%)$=\dfrac{\text{유용하게 사용된 에너지의 양}}{\text{공급한 에너지의 양}}\times100$ 이므로 유용하게 사용된 에너지, 즉 필요한 에너지로 전환되는 양이 많을수록 에너지 효율이 높다.

바로알기 ①, ② 에너지 보존 법칙에 따라 에너지는 여러 가지 형태로 전환될 수 있지만 새롭게 생겨나거나 소멸되지 않으며 전체 양은 항상 일정하게 보존된다.
③, ⑤ 필요한 에너지로의 전환이 잘 될수록 에너지 효율이 높다.

10 **모범 답안** 모든 에너지는 여러 단계의 에너지 전환 과정을 거치면서 다시 사용하기 어려운 형태의 열에너지로 전환되기 때문에 에너지를 절약해야 한다.

채점 기준	배점
제시된 단어를 모두 포함하여 옳게 서술한 경우	100 %
제시된 단어 중 한 가지만 포함하여 옳게 서술한 경우	50 %

11 ① 열기관은 열에너지를 일로 전환하는 장치이다.
③ 열효율(%)$=\dfrac{\text{열기관이 한 일}}{\text{공급한 열에너지}}\times100$에서 열효율이 높을수록 열기관이 한 일의 양이 많아지므로, 버려지는 에너지의 양이 적다.
④ 같은 양의 연료를 공급했을 때 열효율이 높은 자동차일수록 엔진이 하는 일의 양이 많으므로 멀리까지 이동할 수 있다.
⑤ 에너지 보존 법칙에 따라 에너지의 전체 양은 항상 일정하게 보존된다. 따라서 열기관에서는 공급한 열에너지 중에서 일을 하고 남은 열에너지가 저열원으로 빠져나간다.
바로알기 ② 열효율은 열기관의 에너지 효율로, 공급한 열에너지 중에서 열기관이 한 일의 비율을 의미한다.

12 열효율(%)$=\dfrac{W}{Q_1}\times100=\dfrac{300\,J}{(200+300)J}\times100=60\,\%$

13 열기관에 공급한 열에너지 중 일부는 일로 전환되고 나머지는 방출된다. 즉, $Q_1=W+Q_2$로 에너지 보존 법칙이 성립한다. $200\,J=60\,J+\bigcirc$에서 $\bigcirc$은 $140\,J$이고, $150\,J=\bigcirc+120\,J$에서 $\bigcirc$은 $30\,J$이다.

14 **모범 답안** A, A의 열효율은 $\dfrac{60}{200}\times100=30(\%)$, B의 열효율은 $\dfrac{30}{150}\times100=20(\%)$이므로 A의 열효율이 B보다 높다.
따라서 에너지 효율은 A가 B보다 높다.

채점 기준	배점
A를 쓰고, 그 까닭을 옳게 서술한 경우	100 %
A만 옳게 쓴 경우	50 %

15 ㄱ. 에너지 보존 법칙에 따라 에너지의 총량은 일정하게 보존되므로 열기관이 한 일 $W=1500\,J-900\,J=600\,J$이다.
바로알기 ㄴ. 열효율(%)$=\dfrac{W}{Q_1}\times100=\dfrac{600\,J}{1500\,J}\times100=40\,\%$이다.
ㄷ. 열효율은 $\dfrac{W}{Q_1}\times100$이므로 W가 클수록 열효율이 높다.

16 ㄱ. 이산화 탄소는 지구 온난화 등 환경 문제의 원인이 되므로 CO_2 항목의 숫자가 작을수록 친환경적이다.
바로알기 ㄴ. 도심에서는 $1\,L$의 연료로 $12\,km$를 주행할 수 있으므로, $5\,L$의 연료로는 최대 $60\,km$를 주행할 수 있다.
ㄷ. 1등급~5등급으로 구분한 에너지 소비 효율 등급의 숫자가 작을수록 에너지 효율이 높다.

17 ㄱ, ㄴ. 하이브리드 자동차는 배터리와 전기 모터가 엔진과 함께 장착되어 있어 운행 중 버려지는 에너지의 일부를 전기 에너지로 전환하여 배터리에 저장하였다가 사용한다.
ㄷ. 하이브리드 자동차는 버려지는 에너지의 일부를 다시 사용하므로 엔진만 사용하는 일반 자동차보다 에너지 효율이 높다.

18 ㄱ. 에너지 제로 하우스는 성능이 좋은 단열재를 사용하여 손실되는 열을 줄인다.
ㄴ. 태양 전지를 설치하여 친환경적으로 전기 에너지를 생산한다.
바로알기 ㄷ. 채광이 잘 되도록 창을 크게 만들고, 대신 단열이 잘 되도록 이중창, 삼중창을 사용한다.

1등급 도전

진도교재 ⇨ 271쪽

01 ⑤　**02** ④　**03** ②　**04** ①

01 ① 에너지는 전환되는 과정에서 다시 사용할 수 없는 열에너지 형태로 전환되므로 에너지 효율이 높은 제품을 사용하는 것이 경제적이다.
② 에너지 효율이 높을수록 에너지 손실이 적으므로, 에너지 효율이 가장 높은 수력 발전소에서 손실되는 에너지가 가장 적다.
③ 기름 보일러의 에너지 효율은 66 %이므로, 100 %의 화학 에너지 중에서 66 %만을 난방에 사용할 수 있다.
④ 백열전구의 에너지 효율이 더 낮으므로, 같은 양의 에너지를 공급할 때 효율이 높은 형광등을 사용하는 것이 효율적이다.
바로알기 ⑤ 에너지가 전환될 때 일부가 다시 사용하기 어려운 형태의 열에너지로 전환되므로 효율이 100 %가 될 수 없다.

02 ㄴ. 열에너지 생산 효율은 $\dfrac{250}{500}\times100=50(\%)$이므로, 발전소의 총 에너지 생산 효율은 35 %+50 %=85 %이다.
ㄷ. 에너지가 전환되는 과정에서 에너지의 일부가 다시 사용할 수 없는 형태의 열에너지로 전환된다. 발전소의 총 에너지 효율은 85 %이므로 버려지는 에너지는 100 %-85 %=15 %이다.
바로알기 ㄱ. 열병합 발전소에서는 500 MW의 연료 에너지로 175 MW의 전기 에너지를 생산하였으므로 전기 에너지 생산 효율은 $\dfrac{175}{500}\times100=35(\%)$이다.

03 ㄴ. 전구에서는 전기 에너지가 빛에너지로 전환되므로, 같은 양의 에너지를 공급하면 에너지 효율이 높은 LED 전구의 빛의 밝기가 기존 전구보다 밝다.

바로알기 ㄱ. LED 제품은 기존 전구보다 에너지 효율이 높다.

ㄷ. 같은 양의 전기 에너지를 공급하면 에너지 효율이 높은 LED 유도등은 기존보다 더 적은 열에너지를 발생시킨다.

04 ㄱ. 1등급에 가까울수록 에너지 효율이 높다. 에너지 효율이 높을수록 유용하게 사용되는 일이 많으므로 하는 일의 양은 A가 B보다 많다.

바로알기 ㄴ. 에너지 효율이 높을수록 유용하게 사용되는 일의 양이 많고, 방출되는 에너지의 양이 적다. 따라서 방출되는 에너지는 A가 B보다 적다.

ㄷ. 에너지 효율이 높다는 것은 유용하게 사용된 에너지의 양이 많다는 것으로, 공급한 전기 에너지가 모두 일로 전환되는 것은 아니다.

중단원정복

진도교재 ⇨ 272쪽~276쪽

01 ④	**02** ④	**03** ③	**04** ⑤	**05** ③	**06** ⑤
07 ⑤	**08** ③	**09** ④	**10** ③	**11** ④	**12** ②
13 ④	**14** ⑤	**15** ㉠ 빛에너지, ㉡ 화학 에너지		**16** ⑤	
17 ③	**18** ③	**19** ⑤	**20** 해설 참조	**21** 해설 참조	
22 해설 참조					

01 • 범석 : 하나의 생명체를 개체라고 한다. 따라서 사슴 한 마리는 개체에 해당한다.

• 지영 : 군집은 일정한 지역에서 서로 관계를 맺고 살아가는 여러 개체군 집단이다.

바로알기 • 인호 : 생태계는 생물과 환경이 서로 영향을 주고받는 하나의 커다란 체계이다.

02 ㄴ. 위도에 따라 식물 군집의 분포가 달라지는 것은 비생물적 요인(온도)이 생물(식물)에게 영향을 준 것이므로 ㉠에 해당한다.

ㄷ. 낙엽이 쌓여 토양이 비옥해지는 것은 생물(낙엽)이 비생물적 요인(토양)에 영향을 준 것이므로 ㉡에 해당한다.

바로알기 ㄱ. 세균은 분해자로 생물적 요인에 속한다.

03 송어가 가을에 번식하는 것은 일조 시간에 의해 나타나는 현상이고, 바다의 깊이에 따라 서식하는 해조류의 종류가 다른 것은 바다의 깊이에 따라 도달하는 빛의 파장과 양이 다르기 때문에 나타나는 현상이다. 또한 한 식물에서 잎이 달린 위치에 따라 잎의 두께가 다른 것은 잎이 받는 빛의 세기가 다르기 때문이다.

ㄱ, ㄴ. (가)는 일조 시간, (나)는 빛의 파장, (다)는 빛의 세기에 영향을 받아 나타난 현상이다. 따라서 (가)~(다) 모두 생물이 빛의 영향을 받아 나타난 현상이다.

바로알기 ㄷ. 강한 빛을 받는 잎은 광합성이 활발하게 일어나는 울타리 조직이 발달되어 있어 잎이 두껍다.

04 ㄱ. 도마뱀은 건조한 환경에 적응하여 수분 증발을 막기 위해 몸 표면이 비늘로 덮여 있다.

ㄴ. 선인장은 잎이 가시로 변하여 수분 증발을 막는다. 따라서 도마뱀과 선인장은 모두 건조한 환경에서 살기 유리하도록 적응하였으며, 이는 모두 생물이 물의 영향을 받은 예이다.

ㄷ. 사막에 사는 다람쥐가 진한 오줌을 배출하는 것도 수분 손실을 최소화하기 위한 것으로 물의 영향을 받은 예이다.

05 (가) 개구리는 온도가 낮아지는 추운 겨울이 오면 물질대사가 잘 일어나지 않아 겨울잠을 잔다.

(나) 토양의 깊이에 따라 공기의 함량이 달라 분포하는 세균의 종류가 달라진다.

(다) 공기가 희박한 고산 지대에 사는 사람은 평지에 사는 사람에 비해 혈액 속 적혈구 수가 많아 산소를 효율적으로 운반한다.

06 ㄱ. A는 죽은 생물이나 배설물을 분해하는 분해자이다.

ㄷ. (나)는 (가)에 비해 복잡한 먹이 그물을 형성하고 있다. 따라서 (나)는 (가)보다 안정된 생태계이다.

ㄹ. (나)에서 제비의 개체 수가 일시적으로 증가하면 제비의 먹이인 여치의 개체 수는 감소하게 된다.

바로알기 ㄴ. 에너지양은 상위 영양 단계로 갈수록 감소하는데, (가) 생태계에서의 먹이 사슬은 갈대 → 메뚜기 → 개구리 → 뱀이다. 따라서 에너지양은 갈대＞메뚜기＞개구리＞뱀 순이다.

07 ⑤ 안정된 생태계는 일시적으로 환경이 변해 개체 수가 변하더라도 시간이 지나면 먹이 사슬에 의해 다시 생태계 평형을 회복한다.

바로알기 ① 제초제는 풀을 죽이는 약으로, 제초제를 살포하면 생산자인 식물이 죽기 때문에 생산자가 감소한 모양의 개체 수 피라미드로 변할 것이다.

② (나)에서는 3차 소비자의 개체 수가 가장 적다.

③, ④ (나)에서는 1차 소비자의 개체 수가 감소하였으므로 이후에 생산자의 개체 수는 증가하고, 2차 소비자의 개체 수는 감소할 것이다.

08 ㄱ. 평형 상태에서 일시적으로 1차 소비자의 개체 수가 증가하여 생태계 평형이 깨졌다.

ㄴ. 1차 소비자의 일시적인 증가로 (가)에서 2차 소비자의 개체 수가 증가하면 (나)에서는 2차 소비자의 먹이인 1차 소비자의 개체 수가 감소한다. 따라서 1차 소비자의 개체 수는 (가)가 (나)보다 많다.

바로알기 ㄷ. (다)에서 생태계 평형이 회복되었다는 것은 새로운 평형 상태에 도달하였다는 것이지 원래의 개체 수로 돌아갔다는 것은 아니다.

09 **바로알기** ㄷ. 옥상 정원은 도시화에 의해 나타나는 열섬 현상을 완화하기 위한 방법이고, 하천 복원 사업은 인간의 활동에 의해 훼손된 생물의 서식지를 복원하기 위한 방법이다. 따라서 (가)와 (나)는 모두 인간의 활동으로 인해 나타난 문제를 해결하기 위한 방법이다.

10 ㄱ. 지표가 방출하는 지구 복사 에너지를 흡수하는 기체는 온실 기체이므로 온실 기체가 증가하면 A가 증가한다.

ㄷ. C는 대기가 지표로 방출하는 에너지이다. 대기에서는 온실 기체가 지구 복사 에너지를 흡수하였다가 지표로 재방출하므로 C가 증가하면 온실 효과가 증가하여 지표의 온도가 높아진다.

바로알기 ㄴ. 지구는 태양으로부터 받는 만큼의 에너지를 우주 공간으로 방출하므로 지구 온난화가 일어나도 B의 양은 일정하다.

11 대륙의 빙하가 녹고 고위도 지역에서 연중 결빙 기간이 짧아지며 봄꽃의 개화 시기가 점점 빨라지고 있는 것은 지구 온난화에 의한 영향이다.

ㄴ. 우리나라는 지구 온난화의 영향으로 겨울의 길이가 점점 짧아지고, 여름의 길이가 점점 길어진다.

ㄷ. 지구 온난화가 진행되면 증발량과 강수량의 변화로 기상 이변이 발생하여 홍수가 발생하는 지역이 생기기도 하고, 사막화가 일어나는 지역이 생기기도 한다.

바로알기 ㄱ. 빙하가 녹으면 해수면이 상승하므로 해발 고도가 낮은 섬들은 해수면 아래로 잠긴다. 따라서 해수면 아래로 잠기는 섬이 증가한다.

12 A는 쿠로시오 해류, B는 북태평양 해류, C는 남적도 해류, D는 남극 순환 해류이다.

ㄴ. B와 D는 편서풍에 의해 서에서 동으로 흐르는 해류이다.

ㄹ. 무역풍대의 해류와 편서풍대의 해류로 이루어진 아열대 순환은 북반구에서 시계 방향, 남반구에서 시계 반대 방향이다.

바로알기 ㄱ. A는 난류로, 저위도의 열을 고위도로 수송한다.

ㄷ. C는 무역풍에 의해 동에서 서로 흐르는 해류이다.

13 ① (가)일 때 페루 연안에 영양분을 많이 포함하고 있는 심층의 찬 해수가 표면으로 올라와 좋은 어장이 형성된다.

②, ③ 엘니뇨는 평상시보다 무역풍이 약해져 적도 부근 동태평양의 표층 수온이 높아지는 현상이다.

⑤ (나)일 때 대기 대순환의 영향으로 해수의 표층 수온이 변화하고, 해수의 표층 수온 변화에 따라 기후 변화가 발생한다.

바로알기 ④ (나)에서 엘니뇨가 발생하면, 페루 연안의 표층 수온이 높아지므로 상승 기류가 형성되어 강수량이 증가한다.

14 ①, ②, ④ 에너지 보존 법칙에 따라 모든 에너지는 전환 과정을 거치면서 여러 가지 형태로 전환될 수 있으며 새로 생겨나거나 소멸되지 않고 전체 양은 항상 일정하게 보존된다.

③ 에너지는 전환 과정을 거치면서 최종적으로 다시 사용할 수 없는 형태의 열에너지로 전환된다.

바로알기 ⑤ 물체가 외부에 일을 하면 일을 한 만큼 물체의 에너지는 감소한다. 따라서 물체가 외부에 일을 한 만큼 물체의 에너지가 변한다.

15

16 • 태풍 : 바닷물이 태양열을 흡수(열에너지) → 수증기로 변하여 상승(열에너지＋퍼텐셜 에너지) → 구름 생성(퍼텐셜 에너지) → 비, 바람(역학적 에너지)

• 발전기 : 코일 회전(역학적 에너지) → 전기 생산(전기 에너지)
• 광합성 : 태양의 빛에너지 → 식물의 화학 에너지

17 ㄱ. 선풍기의 에너지 효율은 $\dfrac{\bigcirc}{300\ \text{J}} \times 100 = 50\ \%$에서 $\bigcirc$은 150 J이다.

ㄴ. 다리미의 에너지 효율은 $\dfrac{200\ \text{J}}{300\ \text{J}} \times 100 ≒ 66.7\ \%$이므로 에너지 효율은 다리미가 선풍기보다 높다.

바로알기 ㄷ. 유용하게 사용되지 못하고 버려지는 에너지는 선풍기에서 150 J, 다리미에서 100 J이므로 다리미가 적다.

18 ㄱ. LED 전구는 백열전구보다 에너지 효율이 높다.

ㄴ. 사용하지 않는 전기 기구의 플러그를 빼 두면 대기 전력을 절감할 수 있어 에너지를 효율적으로 이용할 수 있다.

바로알기 ㄷ. 에너지 소비 효율 등급이 1등급에 가까울수록 효율이 높다. 따라서 1등급에 가까운 제품을 구입해서 사용해야 한다.

19 ㄱ. 지열을 이용하여 난방, 온수 등에 활용한다.

ㄴ. 단열재는 밖으로 빠져나가는 열을 차단하는 장치로, 낭비되는 에너지를 줄일 수 있다.

ㄷ. 태양 전지는 태양 에너지를 전기 에너지로 전환하는 장치로, 발전 과정에서 환경 오염 물질을 배출하지 않는다. 따라서 전기 에너지를 친환경적으로 생산할 수 있다.

20 추운 지역에 사는 여우는 몸집이 크고 몸의 말단부가 작아 열이 방출되는 것을 막지만, 더운 지역에 사는 여우는 몸집이 작고 몸의 말단부가 커서 열을 잘 방출한다.

모범 답안 (나), 몸집이 작고 귀와 같은 몸의 말단부가 크게 발달되어 있기 때문에 몸속의 열을 빠르게 방출하여 더운 곳에서 체온을 유지할 수 있다.

채점 기준	배점
더운 곳에 서식하는 여우의 기호를 옳게 쓰고, 그렇게 판단한 까닭을 열의 방출과 체온 유지를 포함하여 옳게 서술한 경우	100 %
더운 곳에 서식하는 여우의 기호만 옳게 쓴 경우	50 %

21 사막화는 자연적 원인에 의해서도 일어나지만 최근의 사막화는 주로 인위적 원인에 의해 일어난다.

모범 답안 과잉 경작, 과잉 방목, 무분별한 삼림 벌채 등에 의해 사막화가 일어난다.

채점 기준	배점
사막화의 인위적 원인 중 두 가지를 옳게 서술한 경우	100 %
사막화의 인위적 원인을 한 가지만 옳게 서술한 경우	50 %

22 **모범 답안** 하이브리드 자동차, 에너지 제로 하우스, LED 전구 등, 에너지 보존 법칙에 따라 에너지의 총합은 일정하게 보존되지만, 에너지 전환 과정에서 다시 사용할 수 없는 열에너지의 형태로 전환되기 때문이다.

채점 기준	배점
에너지를 효율적으로 이용한 예와 에너지를 절약해야 하는 까닭을 모두 옳게 서술한 경우	100 %
에너지를 효율적으로 이용한 예만 옳게 서술한 경우	50 %

2 발전과 신재생 에너지

01 전기 에너지의 생산과 수송

개념 쏙쏙

진도교재 ⇨ 281쪽, 283쪽

1 전자기 유도　　　**2** ㉠ 셀수록, ㉡ 빠르게, ㉢ 많을수록
3 발전기　**4** (1) ㉠ (2) ㉢ (3) ㉡　　**5** (1) ○ (2) × (3) ○
6 ㉠ 손실 전력, ㉡ 높여　**7** 변압기　**8** 지능형 전력망
(스마트그리드)

1 코일 주위에서 자석을 움직일 때나 자석 주위에서 코일을 움직일 때 코일 내부를 지나는 자기장이 변하여 코일에 전류가 유도되어 흐르는 현상을 전자기 유도라고 한다.

2 코일에 흐르는 유도 전류의 세기는 자석의 세기가 셀수록, 자석을 빠르게 움직일수록, 코일의 감은 수가 많을수록 세다.

3 발전소에서는 터빈을 회전시키면 터빈과 연결된 발전기가 함께 회전하면서 전기 에너지를 생산한다. 이때 발전기에서는 터빈의 운동 에너지가 전기 에너지로 전환된다.

4 (1) 핵발전은 우라늄과 같은 핵연료를 이용한다.
(2) 화력 발전은 석유, 석탄과 같은 화석 연료를 이용한다.
(3) 수력 발전은 높은 곳에 있는 물의 퍼텐셜 에너지를 이용한다.

5 (1), (3) 전력은 단위 시간당 생산하거나 사용하는 전기 에너지로, 단위는 W(와트)이다.
(2) 전력은 전압과 전류의 곱과 같다.

6 전력 수송 과정에서 손실되는 전력을 손실 전력이라고 한다. 손실되는 전력을 줄이기 위해서는 송전선에 흐르는 전류의 세기를 줄여야 하므로 발전소에서 생산한 전력의 전압을 높여 송전하는 것이 필수적이다.

7 변압기는 코일의 감은 수를 조절하여 전압을 바꾸는 장치로, 송전 과정에서 전압을 높이거나 낮추는 데 이용된다.

8 지능형 전력망(스마트그리드)은 소비자의 수요량과 전력 회사의 공급량에 대한 정보를 실시간으로 주고받는 기술을 이용하여 장소와 시간에 따라 필요한 전력만 공급하고 남는 전력은 저장하였다가 필요할 때 다시 공급할 수 있어 송전 과정에서 효율을 높일 수 있다.

탐구 Ⓐ

진도교재 ⇨ 285쪽

확인 문제 **1** (1) ○ (2) ○ (3) × (4) ○　**2** ⑤　**3** ①

1 (1) 코일 주변에서 자석을 움직일 때 코일을 통과하는 자기장이 변하여 코일에 유도 전류가 흐른다.
(2) 자석을 빠르게 움직일수록 코일을 통과하는 자기장이 크게 변하므로 유도 전류가 많이 흐른다.
(3) 자석의 N극을 가까이 할 때와 멀리 할 때 검류계 바늘이 움직이는 방향은 반대이다.
(4) 자석의 N극을 가까이 할 때와 S극을 가까이 할 때 검류계 바늘이 움직이는 방향은 반대이다.

2 ①, ②, ③, ④ 전자기 유도는 코일이나 자석이 운동하여 코일을 통과하는 자기장이 변할 때만 발생한다.
바로알기 ⑤ 자석과 코일이 움직이지 않으면 코일을 통과하는 자기장이 변하지 않으므로 전자기 유도가 발생하지 않는다.

3 유도 전류의 세기는 자석의 세기가 셀수록, 자석을 빠르게 움직일수록, 코일의 감은 수가 많을수록 세다.
ㄱ. 자석을 빠르게 움직일수록 자기장이 크게 변하므로 유도 전류의 세기가 세진다.
바로알기 ㄴ, ㄷ. 자석의 극을 바꾸거나 코일의 감은 방향을 반대로 하면 유도 전류의 세기는 변하지 않고, 방향만 반대가 된다.

내신 탄탄

진도교재 ⇨ 286쪽~288쪽

01 ②　**02** ③　**03** ②　**04** ③　**05** ③　**06** ④
07 ①　**08** ⑤　**09** ②　**10** 해설 참조　**11** ③
12 ④　**13** ①　**14** ③

01 ㄷ. 자석의 N극이 코일에서 멀어지면 코일의 왼쪽에 S극이 유도된다. 오른손 엄지손가락을 코일의 N극을 향할 때 나머지 네 손가락으로 코일을 감아쥐는 방향이 유도 전류의 방향이므로 코일에 흐르는 유도 전류의 방향은 a → R → b이다.
바로알기 ㄱ. 자석의 N극이 코일에서 멀어지면 코일을 통과하는 자기장의 세기가 감소한다.
ㄴ. 자석의 N극이 코일에서 멀어지면 코일 왼쪽에 S극이 유도되므로 자석과 코일 사이에 끌어당기는 힘이 작용한다.

02 유도 전류는 코일을 통과하는 자기장의 변화를 방해하는 방향으로 흐른다.
ㄱ. N극을 밀어내도록 코일 오른쪽에 N극이 유도된다.
ㄴ. N극을 끌어당기도록 코일 오른쪽에 S극이 유도된다.
ㄷ. S극을 밀어내도록 코일 오른쪽에 S극이 유도된다.
ㄹ. S극을 끌어당기도록 코일 오른쪽에 N극이 유도된다.

03 ㄷ. 자석이 코일에 접근할 때와 멀어질 때 유도되는 전류의 방향이 반대이므로 검류계 바늘이 움직이는 방향은 반대이다.
바로알기 ㄱ, ㄴ. 유도 전류의 세기는 자석의 세기, 코일의 감은 수에 비례하므로 센 자석을 사용하거나 코일의 감은 수를 늘리면 검류계 바늘이 움직이는 폭이 크다.

04 ㄱ. 발전기는 전자기 유도를 이용하여 전기 에너지를 생산한다.

ㄴ. 센 자석을 사용하면 유도 전류의 세기가 세지므로 전구의 불이 밝아진다.

바로알기 ㄷ. 발전기에서는 코일의 운동 에너지가 전기 에너지로 전환된다.

05 ㄱ. 화력 발전은 화석 연료의 화학 에너지를 에너지원으로 하여 전기 에너지를 생산하는 발전 방식이다.

ㄷ. 발전기에서 터빈의 운동 에너지가 전기 에너지로 전환된다.

바로알기 ㄴ. 화력 발전소에서는 화석 연료가 연소할 때 발생한 열로 물을 끓이고, 이때 발생한 증기로 터빈을 돌린다.

06 ㄱ, ㄷ. (가)는 핵발전으로 우라늄의 핵에너지를, (나)는 화력 발전으로 화석 연료를 연소시킬 때 발생하는 열에너지를 이용하여 물을 끓인다. (가), (나) 모두 이때 발생한 증기로 터빈을 돌려 전기 에너지를 생산하는데, 이때 발전기에서 터빈의 운동 에너지가 전기 에너지로 전환된다.

바로알기 ㄴ. (나)는 화석 연료의 화학 에너지를 이용한다. 높은 곳에 있는 물의 퍼텐셜 에너지를 이용하는 것은 수력 발전이다.

07 ㄱ. A는 수력 발전으로, 물의 퍼텐셜 에너지를 이용한다.

바로알기 ㄴ. 송전 과정에서 전력 손실을 줄이기 위해 초고압 변전소에서는 발전소에서 생산한 전력을 높은 전압으로 바꾼다.

ㄷ. 주상 변압기에서는 높은 전압으로 송전된 전압을 소비지에서 사용할 수 있도록 낮은 전압으로 바꾼다.

08 ㄴ, ㄷ. 굵기가 굵은 송전선을 사용하거나 저항이 작은 재질의 송전선을 사용하면 전력 손실을 줄일 수 있다.

바로알기 ㄱ. 송전 전압이 높을수록 전선에 흐르는 전류의 세기가 작아지므로 손실되는 전력을 줄일 수 있다.

09 송전 전압을 n배 높이면 손실 전력이 $\dfrac{1}{n^2}$배로 줄어든다. 따라서 송전 전압을 2배 높이면 손실 전력은 $\dfrac{1}{4}$배로 줄어든다.

10 (모범 답안) 전력 수송 과정에서 송전선의 저항에 의해 전기 에너지의 일부가 열에너지로 전환되기 때문이다.

채점 기준	배점
송전선의 저항에 의해 전기 에너지의 일부가 열에너지로 전환되었기 때문이라고 서술한 경우	100 %
송전선의 저항 때문이라고만 서술한 경우	70 %

11 ㄱ, ㄴ. 변압기는 전자기 유도를 이용하여 전압을 변화시키는 장치로, 1차 코일과 2차 코일의 감은 수를 조절하여 전압을 변화시킨다.

바로알기 ㄷ. 변압기에서 에너지 손실을 무시하므로 1차 코일에 공급되는 전력과 2차 코일에 유도되는 전력은 같다.

12 코일에 걸리는 전압은 감은 수에 비례하는데, 1차 코일과 2차 코일의 감은 수의 비가 1 : 10이므로 전압의 비도 1 : 10이다. 따라서 1차 코일에 걸리는 전압이 1000 V일 때 2차 코일에 걸리는 전압은 10000 V이다.

13 변압기에서 에너지 손실은 무시하므로 1차 코일과 2차 코일의 전력은 같다. $V_1 I_1 = V_2 I_2$에서 $1000 \times 10 = 10000 \times I_2$이므로 $I_2 = 1$ A이다.

14 ㄱ. 높은 전압에 의한 감전 사고를 방지하기 위해 로봇을 이용하여 송전 선로를 점검하거나 수리한다.

ㄷ. 송전 과정에서 문제가 생겼을 때 우회할 수 있도록 거미줄 같은 복잡한 전력망을 구축한다.

바로알기 ㄴ. 전선을 땅속에 묻어 도시 미관 개선, 통행 불편 해소, 자연재해나 사고의 위험으로부터 전기 시설을 보호한다.

1등급 도전

진도교재 ⇨ 289쪽

01 ⑤ **02** ⑤ **03** ⑤ **04** ②

01 ㄱ. 정지해 있는 코일 주변에서 자석을 움직여 코일을 통과하는 자기장이 변하면 코일에 유도 전류가 흐른다.

ㄴ. 코일의 감은 수가 많을수록 검류계 눈금이 크게 변하므로 유도 전류의 세기가 세다.

ㄷ. 코일에 자석을 넣을 때와 뺄 때 유도 전류의 방향이 반대이므로 검류계의 바늘이 0점을 중심으로 왕복한다.

02 ㄱ. 자전거 발전기에서는 자전거 바퀴의 운동 에너지가 전기 에너지로 전환된다.

ㄴ. 바퀴가 회전하는 속력이 클수록 자기장의 변화가 커서 코일에 흐르는 전류의 세기가 세지므로 전조등은 밝아진다.

ㄷ. 자전거 바퀴가 회전하면 발전기의 회전자에 연결된 자석이 회전하면서 발전기의 코일을 통과하는 자기장이 변하여 코일에 전류가 흐른다.

03 송전선의 저항이 R, 송전 전력이 P_0, 송전 전압이 V_0일 때 송전선에서 손실되는 전력은 $P = I^2 R = \left(\dfrac{P_0}{V_0}\right)^2 R$이다. 따라서 $2P_0$의 전력을 V_0의 전압으로 송전할 경우 송전선에서 손실되는 전력은 $P' = \left(\dfrac{2P_0}{V_0}\right)^2 R = 4P$이다.

04 ㄴ. 변압기의 기본 원리는 1차 코일에서의 전류의 변화에 의한 자기장의 변화로 2차 코일에 유도 전류가 흐르는 것이다. 따라서 변압기의 1차 코일과 2차 코일에는 교류가 흐른다.

바로알기 ㄱ. 코일에 걸리는 전압은 코일의 감은 수에 비례하므로 $\dfrac{V_1}{V_2} = \dfrac{N_1}{N_2}$에서 $V_2 = \dfrac{N_2}{N_1} V_1$이다.

ㄷ. 코일에 흐르는 전류의 세기는 코일의 감은 수에 반비례하므로 항상 같지는 않다.

02 태양 에너지 생성과 전환

개념 쏙쏙

진도교재 ⇨ 291쪽

1 ⊙ 헬륨, ⓒ 플라스마, ⓒ 수소 핵융합 **2** (1) × (2) ○
(3) ○ **3** (1) ⓒ (2) ⊙ (3) ⓒ

1 태양은 수소와 ⊙헬륨으로 구성되어 있으며, 태양 중심부는
약 1500만 K인 초고온으로, 수소와 헬륨이 원자핵과 전자로
분리된 ⓒ플라스마 상태이다. 태양 에너지는 태양 중심부에서
수소 원자핵 4개가 모여 헬륨 원자핵 1개로 변하는 ⓒ수소 핵
융합 반응에 의해 생성된다.

2 (1) 지구에 도달하는 태양 에너지의 양은 태양이 방출하는 전
체 에너지의 약 $\frac{1}{20억}$ 이다.
(2), (3) 태양 에너지는 태양 중심부에서 4개의 수소 원자핵이 모
여 1개의 헬륨 원자핵으로 변하는 수소 핵융합 반응에서 생성된
에너지이다.

3 (1), (3) 바람, 비, 눈 : 태양 에너지 → 역학적 에너지(퍼텐셜
에너지+운동 에너지)
(2) 광합성 : 태양의 빛에너지 → 화학 에너지

내신 탄탄

진도교재 ⇨ 292쪽~294쪽

01 ③	**02** ①	**03** ④	**04** 해설 참조	**05** ①
06 ①	**07** ⑤	**08** ③	**09** ⑤	**10** ④	**11** ⑤
12 ②	**13** ③	**14** ⑤		

01 ㄱ, ㄷ. A는 태양 중심부로, 온도가 약 1500만 K인 초고온
상태이다. 이때 수소와 헬륨은 원자핵과 전자가 서로 분리되어
운동하는 플라스마 상태로 존재한다.
바로알기 ㄴ. A에서 수소 원자핵이 헬륨 원자핵으로 변하는 수
소 핵융합 반응이 일어난다.

02 • 철수 : 태양 에너지는 4개의 수소 원자핵이 융합하여 1개
의 헬륨 원자핵이 형성되는 핵융합 과정에서 발생한다.
바로알기 • 영희 : 태양에서는 핵융합 반응으로 인해 수소 원자
핵의 양이 계속 감소한다.
• 민수 : 핵융합 과정에서 질량 결손에 의해 에너지가 발생하므
로 헬륨 원자핵 1개의 질량이 더 작다.

03 ㄱ. 수소 원자핵 4개가 모여 헬륨 원자핵 1개로 변환되는 수
소 핵융합 반응이다.
ㄷ. 수소 핵융합 반응 과정에서 질량 결손에 의해 에너지가 발생
하는데, 이 에너지가 태양 에너지이다.
바로알기 ㄴ. 태양 에너지는 태양 중심부에서 일어나는 수소 핵
융합 반응으로 생성된다.

04 (모범 답안) 반응 후 생성된 헬륨 원자핵 1개의 질량은 반응에
참여한 수소 원자핵 4개의 질량의 합보다 작다. 핵반응 과정에
서 질량의 일부가 에너지로 전환되어 줄어들기 때문이다.

채점 기준	배점
핵반응 전과 후의 질량을 비교하고, 그 까닭을 옳게 서술한 경우	100 %
핵반응 전과 후의 질량만 옳게 비교한 경우	50 %

05 ㄱ. 질량과 에너지는 서로 변환될 수 있다.
바로알기 ㄴ. 핵반응 후 질량이 감소한 만큼 에너지가 발생한다.
ㄷ. $E = \Delta mc^2$이므로 질량이 Δm만큼 변했을 때 방출되는 에너
지는 Δmc^2이다.

06 ㄴ. 원자가 원자핵과 전자로 분리되어 활발하게 움직이는
상태를 플라스마 상태라고 한다.
바로알기 ㄱ. 핵융합 반응은 초고온 상태일 때 일어난다.
ㄷ. 석유, 석탄, 천연가스와 같은 화석 연료는 매장량이 한정되
어 있어 고갈될 수 있는 에너지 자원이다.

07 ① 태양 에너지는 지구상에서 거의 모든 에너지의 근원으
로, 생명체의 생명 활동을 유지시키는 에너지이다.
②, ④ 태양 에너지는 지구에서 탄소의 순환과 같은 물질 순환
과 대기와 해수의 순환과 같은 에너지 순환을 일으킨다.
③ 지구는 위도별로 입사되는 태양 에너지와 방출하는 지구 에
너지에 차이가 있다.
바로알기 ⑤ 지구에 도달하는 태양 에너지의 양은 태양에서 방
출하는 전체 에너지의 약 $\frac{1}{20억}$이다.

08 ㄷ. 저위도의 남는 에너지를 대기와 해수를 통해 고위도로
이동하며 지구는 전체적으로 에너지 평형을 이룬다.
바로알기 ㄱ. 극에서는 태양 복사 에너지 흡수량이 지구 복사 에
너지 방출량보다 적으므로 에너지가 부족하고, 적도에서는 태양
복사 에너지 흡수량이 지구 복사 에너지 방출량보다 많으므로
에너지가 남는다.
ㄴ. 태양 복사 에너지 흡수량은 적도에서 극으로 갈수록 감소한다.

09 ㄱ. A는 대기 중의 이산화 탄소로, 화석 연료의 연소로 대
기 중에 배출된다.
ㄴ. B는 광합성으로, 태양의 빛에너지를 흡수하여 화학 에너지
형태로 식물에 저장된다.
ㄷ. 생명체의 유해가 땅속에서 오랫동안 열과 압력을 받아 석탄,
석유, 천연가스 등과 같은 화석 연료가 된다.

10 ㄴ. 태양열에 의해 물이 증발하여 구름이 형성될 때 태양의
열에너지가 구름의 퍼텐셜 에너지로 전환된다.
ㄷ. 화석 연료는 생명체의 유해가 오랫동안 땅속에 묻혀 만들어
진 것으로, 태양 에너지가 근원이다.
바로알기 ㄱ. 광합성 과정에서 태양의 빛에너지가 화학 에너지로
전환된다.

11 ㄱ. (가)에서 태양의 빛에너지가 화학 에너지로 전환된다.
ㄴ. (나)에서 태양 에너지는 바람의 역학적 에너지로 전환된다.
ㄷ. (가), (나)는 모두 태양 에너지가 전환된 것이므로 근원 에너
지는 모두 태양 에너지이다.

12 ①, ③, ④, ⑤ 태양 에너지는 지구에서 순환하는 동안 기상 현상, 대기와 해수의 순환 등을 일으킨다. 또한 식물의 광합성으로 양분을 합성하여 생명 활동을 유지시키는 에너지로 사용된다.

바로알기 ② 지진은 지구 내부 에너지가 방출되는 과정에서 나타나는 현상으로, 근원은 태양 에너지가 아니라 지구 내부 에너지이다.

13 태양열에 의해 물이 증발하여 구름이 되었다가(열에너지 → 퍼텐셜 에너지) 구름 속에서 성장한 물방울이 비나 눈이 되어 내린다.(퍼텐셜 에너지 → 역학적 에너지)

14 ⑤ 태양광 발전은 태양 전지를 이용하여 빛에너지를 직접 전기 에너지로 전환하는 발전 방식이다.

바로알기 ① 핵발전은 우라늄의 핵에너지를 이용한다.
② 화력 발전은 화석 연료의 화학 에너지를 이용한다.
③ 수력 발전은 높은 곳에 있는 물의 퍼텐셜 에너지를 이용한다.
④ 풍력 발전은 바람의 운동 에너지를 이용한다.

1등급 도전
진도교재 ➡ 295쪽

01 ② **02** ② **03** ③ **04** ①

01 ㄷ. 에너지가 발생하는 것은 핵반응 과정에서 감소한 질량이 에너지로 전환되었기 때문이다.

바로알기 ㄱ. 태양 중심부에서 수소 원자핵 4개가 모여 헬륨 원자핵 1개로 변하는 수소 핵융합 반응이다.
ㄴ. 태양 표면의 온도는 약 6000 K이다. 수소 핵융합 반응은 약 1500만 K인 태양 중심부에서 일어난다.

02 ㄷ. 질량과 에너지는 서로 변환되므로 ㉢에서 감소한 질량만큼 에너지가 방출된다.

바로알기 ㄱ. 수소와 헬륨은 태양 중심부와 같이 초고온 상태에서 원자핵과 전자로 분리된 플라스마 상태로 존재한다.
ㄴ. 핵융합 반응은 태양 중심부와 같이 높은 온도에서 일어난다.

03 ㄱ. 비나 눈과 같은 기상 현상은 태양 에너지가 지구에서 순환하는 동안 일어나는 현상이다.
ㄷ. 비가 내릴 때 구름의 퍼텐셜 에너지가 비의 운동 에너지로 전환된다.

바로알기 ㄴ. 물이 증발하여 구름이 형성되는 과정에서 태양의 열에너지가 구름의 퍼텐셜 에너지로 전환된다.

04 ㄱ. ㉠은 열에너지, ㉡은 빛에너지, ㉢은 전기 에너지, ㉣은 퍼텐셜 에너지이다.

바로알기 ㄴ. 발전 과정을 거쳐 전기 에너지가 생산되므로 ㉢은 전기 에너지이다.
ㄷ. 발전기에서는 터빈의 운동 에너지가 전기 에너지로 전환된다.

---

03 미래를 위한 에너지

개념 쏙쏙
진도교재 ➡ 297쪽, 299쪽

1 (1) × (2) ○ (3) ○ **2** 중성자 **3** (1) 태양광 발전 (2) 풍력 발전 (3) 핵발전 **4** (1) 신 (2) 재생 (3) ㉠ 화석 연료, ㉡ 재생
5 (1) 조력 발전 (2) 파력 발전 **6** (1) ○ (2) ○ (3) ×

1 (1) 화석 연료는 매장 지역이 편중되어 있다.
(2) 화석 연료는 매장량이 한정되어 고갈될 위험이 있다.
(3) 화석 연료는 생명체가 땅속에 묻힌 후 오랫동안 열과 압력을 받아 만들어진 에너지 자원이다.

2 핵발전은 우라늄 원자핵에 속도가 느린 중성자를 충돌시키면 원자핵이 둘로 쪼개지는 핵분열이 일어나면서 2개~3개의 중성자와 함께 에너지가 방출되는 반응이 연쇄적으로 일어나는 것을 이용하여 전기 에너지를 생산한다.

3 (1) 태양광 발전은 태양 전지를 이용하여 태양의 빛에너지를 직접 전기 에너지로 전환한다.
(2) 풍력 발전은 바람의 운동 에너지를 이용하여 발전기와 연결된 날개를 돌림으로써 전기 에너지를 생산한다.
(3) 핵발전은 원자핵이 핵분열할 때 발생하는 열에너지를 이용하여 전기 에너지를 생산한다.

4 (1), (2), (3) 신재생 에너지는 신에너지와 재생 에너지의 합성어로, 기존의 화석 연료를 변환시켜 이용하거나 햇빛, 물, 지열, 강수 등 재생 가능한 에너지를 변환시켜 이용하는 에너지이다.

5 (1) 조력 발전은 밀물과 썰물 때 해수면의 높이 차이를 이용하여 터빈을 돌려 발전기에서 전기 에너지를 생산한다.
(2) 파력 발전은 파도가 칠 때 해수면이 상승하거나 하강하여 생기는 공기의 흐름으로 터빈을 돌려 발전기에서 전기 에너지를 생산한다.

6 (1) 수소, 산소의 화학 에너지가 전기 에너지로 전환된다.
(2) 연료 전지는 수소와 산소의 산화 환원 반응을 통해 물과 전기 에너지를 생산하므로 최종 생성물은 물이다.
(3) 수소와 산소를 연료로 이용하므로 연료 고갈의 문제가 없다.

탐구 Ⓐ
진도교재 ➡ 301쪽

확인 문제 **1** (1) ○ (2) ○ (3) × (4) ○ **2** ② **3** ④

1 (1), (2) 과정 ❷에서 물을 전기 분해할 때 (＋)극에서는 산소 기체가 발생하고, (－)극에서는 수소 기체가 발생한다.
(4) 과정 ❸에서 발광 다이오드에 불이 켜지는 것은 연료의 화학 에너지가 전기 에너지로 전환되었기 때문이다.

바로알기 (3) 과정 ❸에서 (－)극에 모인 수소가 산화되면서 내놓은 전자가 도선을 따라 (＋)극으로 이동하므로, 기포가 발생하지 않는다.

2 연료 전지의 (−)극에서 수소가 산화되어 전자를 내놓고, 수소 이온이 된다. 수소 이온은 전해질을 통해, 전자는 도선을 통해 (+)극으로 이동하여 전류를 흐르게 한다. 이때 (+)극에서 전자는 산소, 수소 이온과 반응하여 물을 생성한다.

3 ㄱ. 산화 반응은 전자를 잃는 반응으로, (−)극에서는 수소가 산화되면서 내놓은 전자가 도선을 통해 (+)극으로 이동한다.
ㄷ. 연료 전지에서는 수소와 산소의 산화 환원 반응을 통해 전기 에너지가 생성된다.
바로알기 ㄴ. (+)극에서는 산소, 수소 이온, 전자가 반응하여 물, 전기 에너지가 생성된다.

내신 탄탄

진도교재 ⇨ 303쪽~306쪽

01 ③	**02** ④	**03** ③	**04** 해설 참조	**05** ③	**06** ③
07 ④	**08** ④	**09** ⑤	**10** A : 운동, B : 전기, C : 열		
11 ⑤	**12** ④	**13** ③	**14** ⑤	**15** ④	**16** ①
17 ③	**18** ②				

01 ㄱ. 천연가스는 단독으로 매장되어 있기도 하지만, 주로 석유와 함께 매장되어 있는 기체 연료이다.
ㄴ. 생명체의 유해가 땅속에 묻힌 후 그 위에 두꺼운 퇴적층이 쌓이면서 오랫동안 열과 압력을 받아 화석 연료가 된다.
바로알기 ㄷ. 석탄은 지질 시대의 식물이 매몰된 후 오랫동안 열과 압력을 받아 고체 연료로 변화된 것이다.

02 ㄱ. 화석 연료는 매장량이 한정되어 있고, 매장 지역이 편중되어 있어 국가 간 갈등의 원인이 된다.
ㄷ. 화석 연료가 연소할 때 발생하는 이산화 탄소는 지구 온난화의 원인이 된다.
바로알기 ㄴ. 화석 연료는 매장량이 한정되어 있어 언젠가는 고갈될 것이다.

03 ㄱ. 핵발전소에서는 우라늄의 핵에너지를 이용하여 전기 에너지를 생산하므로 핵에너지가 전기 에너지로 전환된다.
ㄴ. 원자로 안에서는 무거운 원자핵이 2개~3개의 가벼운 원자핵으로 분열하는 반응이 일어난다.
바로알기 ㄷ. 핵발전소에서는 우라늄이 핵분열할 때 방출되는 에너지로 물을 끓이고, 이때 발생한 증기로 터빈을 돌린다.

04 **모범 답안** 우라늄 원자핵이 핵분열할 때 방출되는 2개~3개의 중성자가 다른 우라늄 원자핵에 계속 충돌하여 핵분열이 연쇄적으로 일어난다.

채점 기준	배점
핵분열에 의해 방출된 중성자가 다른 원자핵에 충돌하여 핵분열이 연쇄적으로 일어난다고 서술한 경우	100 %
핵분열이 연쇄적으로 일어난다고만 서술한 경우	50 %

05 ㄱ. 핵발전 과정에서 방사능이 유출될 위험이 있고, 방사능이 유출될 경우 피해가 막대하다.
ㄷ. 핵발전 과정에서 우라늄이 핵분열할 때 발생하는 에너지로 물을 끓여 터빈을 돌린다. 이 과정에서 이산화 탄소를 거의 배출하지 않으므로 화력 발전을 대체할 수 있다.
바로알기 ㄴ. 핵발전에 사용되는 연료인 우라늄은 한정된 지하자원이므로 고갈될 수 있다.

06 ㄱ, ㄷ. 우라늄 원자핵에 중성자를 충돌시키면 원자핵이 분열하면서 막대한 양의 에너지가 한꺼번에 방출된다.
바로알기 ㄴ. 우라늄의 핵분열이 일어나기 위해서는 느린 중성자를 우라늄에 충돌해야 하므로 원자로에서는 감속재를 이용한다.

07 ㄴ, ㄷ. 태양 전지는 태양 전지판에 태양빛이 흡수되면 전류가 흐르는 성질이 있다. 따라서 빛에너지를 직접 전기 에너지로 전환하는 장치이다.
바로알기 ㄱ. 태양 전지는 태양의 빛에너지를 이용하는 태양광 발전에 이용된다.

08 ㄱ. 태양광 발전은 태양빛을 이용하므로, 자원 고갈의 염려가 없다.
ㄴ. 대규모 발전을 위해서는 태양 전지판을 넓게 설치해야 하므로, 설치 공간이 넓어야 한다.
바로알기 ㄷ. 태양광 발전은 날씨의 영향을 많이 받으므로 발전량을 예측하기 어려운 단점이 있다.

09 ㄴ. 풍력 발전은 환경 오염 물질이 발생하지 않는다.
ㄷ. 풍력 발전은 주변 지역에 소음을 발생할 수 있다.
바로알기 ㄱ. 풍력 발전기는 바람의 운동 에너지를 이용하므로 바람이 세게 부는 장소에 설치해야 한다.

10 바람의 운동 에너지는 풍력 발전기에서 전기 에너지로 전환되며, 다리미에서는 전기 에너지가 열에너지로 전환된다.

11 ㄴ. 해양 에너지는 해수면의 높이 차이를 이용한 조력 발전, 파도의 힘을 이용한 파력 발전에 이용된다.
ㄷ. 신재생 에너지는 기존의 화석 연료를 변환시켜 이용하거나, 재생 가능한 에너지로, 이산화 탄소 배출로 인한 환경 오염 문제가 거의 없다.
바로알기 ㄱ. 신재생 에너지는 기존의 에너지원에 비해 초기 투자 비용이 많이 든다는 단점이 있다.

12 ㄱ. 조력 발전에서는 해수면의 높이 차이에 의한 물의 퍼텐셜 에너지가 운동 에너지로 전환된다.
ㄷ. 발전기는 전자기 유도를 이용하여 전기 에너지를 생산한다.
바로알기 ㄴ. 바닷물은 화석 연료와 달리 자원 고갈의 염려가 없다.

13 ㄱ. 파도는 주로 바다와 바람 사이의 마찰에 의해 발생한다. 이때 바람이 발생하기 위한 근본 에너지는 태양 에너지이다. 따라서 파력 발전의 근본 에너지는 태양 에너지이다.
ㄴ. 파력 발전소는 공기실에서 공기가 터빈을 돌릴 만큼 충분히 드나들게 할 수 있을 정도로 파도가 충분히 발생하면서 수심이 적당한 지역에만 설치할 수 있다.

바로알기 ㄷ. 구조물은 파도와 기압 및 수압에 잘 견딜 수 있을 정도로 단단해야 하므로, 시멘트 구조물을 이용한다.

14 ㄱ. 태양광 발전은 태양의 빛에너지를 이용한다.
ㄴ. 조력 발전과 풍력 발전에 사용하는 발전기에서는 전자기 유도를 이용하여 전기 에너지를 생산한다.
ㄷ. 모두 발전 과정에서 이산화 탄소가 배출되지 않으므로 화력 발전을 대체할 수 있다.

15 ㄱ. 수소 연료 전지에서 수소는 산화되어 전자를 내놓고 수소 이온이 된다.
ㄷ. 산소(A)가 수소 이온, 전자와 반응하여 물이 생성된다.
바로알기 ㄴ. 수소가 내놓은 전자는 외부 회로를 통해 (+)극으로 이동하므로 ㉠ 방향으로 이동한다.

16 ② 일반적인 연소 반응과 달리 열이 거의 발생하지 않는다.
③ 반응 후 물만 생성되어 환경 오염 물질이 발생하지 않는다.
④ 휴대용 전자 제품부터 대형 발전 장치에 이르기까지 넓은 영역에 이용될 수 있다.
⑤ 수소와 산소만 공급되면 에너지를 얻을 수 있다.
바로알기 ① 수소 연료 전지는 열이 거의 발생하지 않고 에너지의 대부분이 전기 에너지로 전환되어 다른 발전 방식에 비해 에너지 효율이 높다.

17 ㄱ, ㄷ. 적정 기술은 적은 비용으로 현지 자원을 활용할 수 있고, 단순하지만 효용이 커서 삶의 질을 높일 수 있어야 한다.
바로알기 ㄴ. 적정 기술을 사용한 장치는 전기 에너지 없이 사용할 수 있어야 한다.

18 ①, ③, ⑤ 친환경 에너지 도시에서는 신재생 에너지를 활용하여 친환경적으로 전기 에너지를 생산하고, 버려지는 열이 적도록 열 손실을 줄인다.
④ 빗물을 저장하여 옥상 정원 관리에 사용하고, 오수를 정화하여 화장실에 사용한다.
바로알기 ② 천연가스는 화석 연료로, 사용 과정에서 발생하는 이산화 탄소에 의해 환경 오염 문제를 일으킨다.

1등급 도전　　　　　진도교재 ⇨ 307쪽

01 ③　**02** ②　**03** ③　**04** ④

01 ㄷ. 핵반응 과정에서는 질량 결손에 의해 에너지가 방출되므로, 입자들의 질량의 합은 반응 전이 반응 후보다 크다.
바로알기 ㄱ. 핵발전에서는 원자로 안에서 일어나는 핵분열 반응으로 전기 에너지를 생산한다.
ㄴ. 감속재는 중성자의 속력을 느리게 하고, 제어봉은 중성자를 흡수하여 연쇄 반응 속도를 조절한다.

02 ㄷ. (가)는 태양 에너지, (나)는 해양 에너지를 이용한 발전 방식으로, 모두 재생 가능한 에너지를 이용한다.

바로알기 ㄱ. 태양광 발전은 태양의 빛에너지를 이용한다.
ㄴ. 조력 발전은 입지 조건이 까다로우며 건설 비용이 많이 든다. 그러나 전기 에너지의 생산 효율은 건설 비용에 비해 낮다.

03 ㄷ. (가), (나)는 모두 해양 에너지를 이용하므로 자원 고갈의 염려가 없다.
바로알기 ㄱ. (가)의 조력 발전은 방조제를 설치해야 하므로 대규모의 발전이다.
ㄴ. (나)의 파력 발전은 소규모로 건설할 수 있어 건설비가 많이 들지 않으며, 해안가의 파도가 센 곳에 설치한다.

04 철수 : 연료 전지는 수소와 산소의 화학 반응에 의해 전기 에너지를 생산하는 장치이다.
영희 : 연료 전지의 (−)극에서는 수소가 산화되어 전자를 내놓는다. (+)극에서는 전자와 결합한 산소가 수소 이온과 반응하여 물을 만든다.
바로알기 민수 : 연료 전지는 화학 반응을 통해 전기 에너지로 전환되므로 효율이 높으며, 연소 장치가 없어 이산화 탄소가 배출되지 않는다.

중단원 정복　　　　　진도교재 ⇨ 308쪽~311쪽

01 ⑤　**02** ②　**03** ④　**04** ④　**05** ②　**06** ⑤
07 ④　**08** ④　**09** ③　**10** ⑤　**11** ①　**12** ③
13 ②　**14** ①　**15** ④　**16** 해설 참조　**17** 해설 참조
18 해설 참조

01 유도 전류의 세기는 코일의 감은 수가 많을수록 세므로 (가)<(나)이고, 자석이 움직이는 속력이 빠를수록 세므로 (나)<(다)이다. 유도 전류의 세기가 셀수록 검류계 바늘의 회전 정도가 크므로 바늘이 회전하는 정도는 (다)>(나)>(가) 순이다.

02 ① 발전기는 자석 사이에서 코일이 회전할 때 코일을 통과하는 자기장이 변하여 코일에 유도 전류가 흐르는 전자기 유도를 이용한다.
③ 코일이 회전할 때 코일을 통과하는 자기장의 세기가 계속 변하므로 전류의 방향은 계속 바뀐다.
④, ⑤ 코일을 빠르게 회전시킬수록, 자석의 세기가 셀수록 자기장의 변화가 크므로 전구의 밝기가 밝아진다.
바로알기 ② 발전기는 코일의 운동 에너지를 전기 에너지로 전환하는 장치이다.

03 ㄴ. 화력 발전과 핵발전은 연료로 물을 끓여 발생한 수증기로 터빈을 돌리고, 터빈에 연결된 발전기를 돌려 전기 에너지를 생산하므로 발전 과정에서 전자기 유도를 이용한다.
ㄷ. 화력 발전은 화석 연료를 연소시킬 때 발생하는 열로 물을 끓이고, 핵발전은 우라늄이 핵분열할 때 발생하는 열로 물을 끓인다.
바로알기 ㄱ. 화력 발전은 화석 연료를, 핵발전은 우라늄을 연료로 사용한다.

04 ① 송전 과정에서는 전압을 높이거나 낮추는 단계가 필요한데, 이에 적합한 형태의 전기는 교류이다. 교류는 직류와 달리 변압기를 이용하여 전압을 쉽게 높이거나 낮출 수 있다.

② 발전소에서 생산된 전기는 손실 전력을 줄이기 위해 A에서 전압을 높여 송전한다. 가정에서는 낮은 전압을 사용하므로 B에서는 전압을 낮춘다.

③ 송전 전압을 높이면 송전선에 흐르는 전류의 세기가 작아지므로 손실 전력이 줄어든다.

⑤ B에서는 전압을 낮추므로, 1차 코일보다 2차 코일의 감은 수를 적게 해야 한다.

바로알기 ④ 송전 전력이 일정하므로 전력 $P=VI$에서 송전 전압을 높이면 송전선에 흐르는 송전 전류가 감소한다.

05 손실 전력은 전류의 제곱에 비례한다. 따라서 $P'=I_A^2 R$, $4P'=I_B^2 R$이므로 $I_B=2I_A$이다. 그리고 전력은 전압과 전류의 곱이므로 각 지역에서 송전 전압은 $V_A=\dfrac{P_0}{I_A}$, $V_B=\dfrac{10P_0}{I_B}$이다. 따라서 $V_A : V_B = 1 : 5$이다.

06 송전선에서 손실 전력은 $P_{손실}=I^2 R=\left(\dfrac{P}{V}\right)^2 R$이므로 송전 전압의 제곱에 반비례한다. A, B에서 송전 전력은 P_0으로 일정하고 송전 전압은 각각 V_0, $2V_0$이므로 $P_A : P_B = 4 : 1$이다.

07 ㄴ. 변압기에서 에너지 손실을 무시하므로 1차 코일과 2차 코일에서의 전력은 같다.

ㄷ. 1차 코일과 2차 코일의 전력이 같으므로 $\dfrac{V_1}{V_2}=\dfrac{I_2}{I_1}$에서 $I_1 : I_2 = 1 : 2$이다.

바로알기 ㄱ. 코일의 전압은 코일의 감은 수에 비례한다. 1차 코일과 2차 코일의 전압의 비가 2 : 1이므로 감은 수의 비는 2 : 1이다.

08 ㄴ. 태양에서는 수소 원자핵 4개가 뭉쳐서 헬륨 원자핵 1개로 변환되는 수소 핵융합 반응이 일어난다.

ㄷ. 핵융합 반응이 일어나는 태양 중심부는 약 1500만 K인 초고온 상태이다.

바로알기 ㄱ. 태양 에너지는 핵융합 반응에 의한 것이다.

09 ㄱ. 화석 연료의 연소(A)와 생물의 호흡(C)은 대기 중의 이산화 탄소량을 증가시킨다.

ㄴ. 광합성(B)을 통해 탄소는 대기 중에서 식물의 포도당으로 이동한다.

바로알기 ㄷ. 탄소는 순환 과정을 거치며 지구 전체의 탄소 총량은 일정하게 유지된다.

10 ㄱ. 광합성에 의해 빛에너지는 화학 에너지로 전환된다.

ㄴ. 기상 현상에서 구름의 퍼텐셜 에너지는 비의 역학적 에너지로 전환된다.

ㄷ. 지구에서 일어나는 광합성과 기상 현상은 모두 태양 에너지가 근원이다.

11 ㄱ. 화력 발전은 화석 연료가 연소할 때 발생하는 열로 물을 끓여 나온 증기로 터빈을 돌려 전기 에너지를 생산한다. 따라서 지구 온난화 등 지구 환경 오염 문제를 일으킬 수 있다.

바로알기 ㄴ. 수력 발전은 높은 곳에 있는 물이 낮은 곳으로 내려오면서 터빈을 돌려 전기 에너지를 생산한다.

ㄷ. 풍력 발전과 수력 발전 모두 자원이 고갈될 염려가 없다.

12 ㄱ. 발전기에 연결된 바람개비가 돌아가면서 전자기 유도에 의해 기전력이 발생하는데, 이는 풍력 발전의 원리와 같다.

ㄷ. 날개의 길이가 길수록 날개를 통과하는 공기의 양이 많아져 전력 생산량이 증가한다.

바로알기 ㄴ. 바람의 세기가 셀수록 바람개비 날개를 통과하는 공기의 양이 많아져 전구에 흐르는 전류의 세기가 증가한다. 따라서 전구의 밝기가 밝아진다.

13 ㄴ. 풍력 발전은 바람을 이용해 발전하는 방식으로, 근원 에너지는 태양 에너지이다.

바로알기 ㄱ. 태양광 발전은 태양 전지를 이용하여 태양의 빛에너지를 직접 전기 에너지로 바꾸는 방식이다.

ㄷ. (가)와 (나)는 날씨와 계절에 따라 발전량이 변한다.

14 (가) 지열 발전은 지구 내부 에너지를 이용하여 전기 에너지를 생산한다.

(나) 바람에 의해 발생되는 파도를 이용하는 파력 발전은 태양 복사 에너지가 근원이다.

(다) 밀물과 썰물 때 해수면의 높이 차이를 이용하는 조력 발전은 지구와 달이 서로 끌어당기는 힘인 중력이 근원이다.

15 ㄱ. 전류의 방향은 전자의 이동 방향과 반대인 ⓒ 방향이다.

ㄷ. 수소 연료 전지는 연소 장치가 없어 환경 오염의 원인이 되는 이산화 탄소가 배출되지 않는다.

바로알기 ㄴ. A는 (＋)극의 산소와 수소가 반응하여 생성된 물질로, 물이다.

16 **모범 답안** 수소 핵융합 반응, 핵반응 과정에서 핵반응 후 질량의 합이 핵반응 전 질량의 합보다 줄어든다. 이때 감소된 질량에 해당하는 에너지가 태양 에너지이다.

채점 기준	배점
수소 핵융합 반응을 쓰고, 이 과정에서 에너지가 생성되는 과정을 옳게 서술한 경우	100 %
수소 핵융합 반응만 옳게 쓴 경우	30 %

17 **모범 답안** 저위도의 남는 에너지는 대기와 해수의 순환을 통해 고위도로 운반되어 지구 전체적으로 에너지 평형을 이룬다.

채점 기준	배점
대기와 해수의 순환을 통해 저위도의 남은 에너지를 고위도로 운반하여 에너지 평형을 이룬다고 서술한 경우	100 %
대기와 해수의 순환 때문이라고만 서술한 경우	70 %

18 **모범 답안** 연료 전지의 (－)극에서 수소는 전자를 내놓고 수소 이온이 되고, 수소가 내놓은 전자가 (＋)극으로 이동하여 전류가 흐르게 되어 발광 다이오드에 불이 켜진다.

채점 기준	배점
세 가지 단어를 모두 포함하여 과정을 모두 옳게 서술한 경우	100 %
두 가지 단어를 포함하여 과정의 일부를 옳게 서술한 경우	70 %
한 가지 단어를 포함하여 과정의 일부를 옳게 서술한 경우	30 %

I-❶ 진도교재 ➡ 59쪽

①빅	뱅	우	주	론			②연	
			기		②알	칼	리	금	속
③우							스	
③주	계	열	성			④중		펙
배						성		트
경		④원	자	가	전	자		럼
복	⑤적					⑥공	
사	색					유	
	거			⑤이	온	결	합
⑥행	성	상	성	운			합

I-❷ 진도교재 ➡ 87쪽

절 연 체 나 노 ⑧반 도 체 펩 ⑨신
②탄 소 화 합 물 저 마 늄 타 소
단 사 슬 구 조 그 다 ⑩임 이 재
③단 백 질 판 상 래 이 계 드 철
위 핵 디 스 크 핀 오 온 결 ⑨초
체 산 ④아 미 노 산 드 도 합 전
탄 소 나 노 튜 브 복 사 슬 도
⑥뉴 클 레 오 타 이 드 결 정 현
도 고 지 탄 수 화 물 광 물 상
체 온 질 ①규 산 염 사 면 체 족

II-❶ 진도교재 ➡ 109쪽

①역 학 적 시 스 템
②자
①운 유
동 ②관 성 낙
③충 격 량 하
④등 ③가 속 도 운 동
속 동
도
④중
⑤중 력 가 속 도

II-❷ 진도교재 ➡ 135쪽

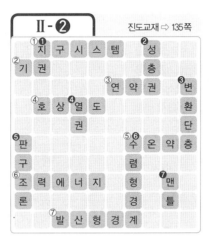

①❶지 구 시 스 템 ②성
②기 권 층
③연 약 권 ③변
④호 상 ④열 도 환
권 단
⑤판 ⑤수 ⑥온 약 층
구 렴
⑥조 력 에 너 지 형 ⑦맨
론 경 틀
⑦발 산 형 경 계

II-❸ 진도교재 ➡ 167쪽

①❶세 포 막
포 ②❷생 명 중 심 원 리
벽 ③엽 록 체
촉
③미 매 ④물
토 ④기 질 특 이 성
콘 ⑤번 역 대
드 ⑥전 사
⑦리 보 솜 ⑤삼
아 ⑧선 택 적 투 과 성

III-❶ 진도교재 ➡ 199쪽

산 반 전 이 ③화 석 연 료 아 ①광
이 ②호 흡 온 학 나 트 륨 세 합
응 동 소 농 ④철 의 제 련 트 성
수 산 소 마 그 네 슘 질 산 염
부 ⑥산 미 토 콘 드 리 아 ⑨지 엽
식 화 석 변 바 륨 석 탄 시 록
분 암 ⑩중 화 반 응 변 물 약 체
리 모 화 점 이 온 화 탄 산 ⑤연
⑧염 니 열 포 도 당 ⑦환 원 생 소
기 아 수 용 액 천 연 가 스 물

III-❷ 진도교재 ➡ 233쪽

			❶판		②고	생	❸대
			게				멸
①선	캄	브	리	아	❸시	대	종
			상			
		③표	준	화	석	④변	이
❹신			석		
⑤생	물	❺자	원		⑥종	
대		연	⑥유	전	적	다	양	성
		선				양
		택				성

IV-❶ 진도교재 ➡ 277쪽

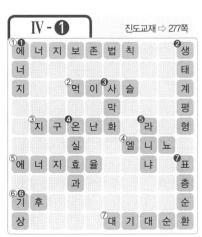

①❶에 너 지 보 존 법 칙 ②생
너 태
지 ②먹 이 ③사 슬 계
막 평
③지 구 ④온 난 화 ⑤라 형
실 ④엘 니 뇨
⑤에 너 지 효 율 냐 ⑥표
과 층
⑥❻기 후 순
상 ⑦대 기 대 순 환

IV-❷ 진도교재 ➡ 312쪽

⑧핵 융 합 파 력 ①전 자 기 유 도
송 전 친 환 경 선 코 재 도 제
⑪연 료 전 지 ④수 전 력 생 전 어
적 정 기 술 조 일 발 전 류 봉
⑦플 도 ⑩태 양 광 발 전 감 속 ⑨신
라 체 화 력 핵 연 료 전 계 재
스 생 ⑤변 발 연 발 전 기 항 생
마 명 압 전 감 속 재 제 어 에
상 빨 기 수 질 량 결 손 하 너
태 대 패 러 데 이 법 칙 미 지

잠깐 테스트

시험대비교재 ⇨ 2쪽

I-❶-01 우주의 시작과 원소의 생성

1 빅뱅 우주론 **2** ① 감소, ② 일정 **3** ① 원자, ② 중성자,
③ 쿼크 **4** ㄱ → ㄹ → ㄷ → ㄴ **5** ① 3분, ② 2, ③ 2
6 ① 38만, ② 3000 **7** ① 3, ② 우주 배경 복사 **8** ① 7,
② 1, ③ 3, ④ 1 **9** (1) 연속 스펙트럼 (2) 방출 스펙트럼
(3) 흡수 스펙트럼 **10** ① 스펙트럼, ② 3, ③ 1

시험대비교재 ⇨ 3쪽

I-❶-02 지구와 생명체를 이루는 원소의 생성

1 ① 수소, ② 철, ③ 산소 **2** ① 상승, ② 수소 핵융합
3 ① 헬륨, ② 중력, ③ 평형 **4** ① 수소 핵융합, ② 질량
5 (1) ㉠ (2) ㉢ (3) ㉡ **6** (1) (나) (2) A : 탄소(탄소, 산소),
B : 철 **7** (1) × (2) ○ (3) ○ **8** ① 나선팔, ② 원시 태양
9 ① 지구형, ② 목성형 **10** ① 핵, ② 맨틀

시험대비교재 ⇨ 4쪽

I-❶-03 원소들의 주기성

1 원소 **2** (1) ㉡ (2) ㉢ (3) ㉠ **3** ㄴ, ㄹ, ㅁ **4** 족
5 (1) × (2) × (3) × (4) ○ **6** ① 17, ② 색 **7** (1) ○
(2) × (3) × (4) ○ **8** 전자 껍질 **9** 원자가 전자 **10** (1) ○
(2) ○ (3) × (4) ×

시험대비교재 ⇨ 5쪽

I-❶-04 원소들의 화학 결합과 물질의 생성

1 ① 18, ② 비활성 기체 **2** 비활성 기체 **3** (1) ㉢ (2) ㉠
(3) ㉡ **4** 공유 전자쌍 **5** (1) × (2) ○ (3) × **6** (1) 공유
(2) 이온 (3) 공유 (4) 이온 **7** ① A, ② B **8** ① 이온,
② 결정 **9** (1) ○ (2) × (3) × **10** ① 공유, ② 기체

시험대비교재 ⇨ 6쪽

I-❷-01 지각과 생명체 구성 물질의 결합 규칙성

1 ① 규소, ② 탄소, ③ 질소, ④ 산소 **2** (1) ㉡ (2) ㉢ (3) ㉠
3 규산염 광물 **4** 탄소 화합물 **5** ① 산소, ② 규소
6 ① 독립형, ② 복사슬, ③ 판상 **7** 4 **8** (1) ○ (2) ×
(3) ○ **9** ① 가지, ② 고리, ③ 사슬 **10** ①

시험대비교재 ⇨ 7쪽

I-❷-02 생명체 구성 물질의 형성

1 ㄱ, ㄴ, ㄷ **2** ㄱ, ㄴ, ㄷ **3** ㄷ **4** (1) ○ (2) × (3) ○
(4) ○ **5** ① 탄소, ② 아미노기 **6** 뉴클레오타이드,
A : 인산, B : 당, C : 염기 **7** ① 디옥시리보스, ② 타이민
(T), ③ 이중 나선, ④ 저장, ⑤ 유라실(U), ⑥ 단백질 **8** 염기
9 …TACCGATTGCA… **10** 30 %

시험대비교재 ⇨ 8쪽

I-❷-03 신소재의 개발과 활용

1 반도체 **2** ① 전기 저항, ② 임계 온도 **3** 밀어내는
4 액정 **5** 탄소 **6** (1) ○ (2) × (3) × **7** (1) ㉢
(2) ㉡ (3) ㉠ **8** ㄷ **9** ㄱ **10** ㄴ

시험대비교재 ⇨ 9쪽

II-❶-01 중력과 역학적 시스템

1 ① 클수록, ② 가까울수록 **2** (1) ○ (2) × (3) ×
3 가속도 **4** 3 m/s^2 **5** 중력 **6** ① 0, ② 일정하게 증가
7 클수록 **8** 원운동 **9** 중력 **10** 역학적

시험대비교재 ⇨ 10쪽

II-❶-02 역학적 시스템과 안전

1 ① 정지, ② 등속 직선 **2** A, C **3** 10 kg·m/s **4** 15 N·s
5 15 kg·m/s **6** 3 m/s **7** 15 N **8** 짧을수록
9 길수록 **10** ① 길게, ② 작아

시험대비교재 ⇨ 11쪽

II-❷-01 지구 시스템의 에너지와 물질 순환

1 ① 맨틀, ② 외핵, ③ 내핵 **2** A : 대류권, B : 성층권,
C : 중간권, D : 열권 **3** B **4** A, C **5** A : 혼합층, B :
수온 약층, C : 심해층 **6** ① A, ② B **7** (1) 지권 (2) 기권
(3) 생물권 **8** (1) ㉠ (2) ㉢ (3) ㉡ **9** 태양 에너지 **10** C

시험대비교재 ⇨ 12쪽

II-❷-02 지권의 변화

1 지구 내부 에너지 **2** ① 화산대, ② 지진대, ③ 변동대
3 판 경계 **4** ① 암석권, ② 연약권 **5** ① 판,
② 판 구조론 **6** (1) 습곡 산맥 (2) 호상 열도 (3) 해령 (4) 해구
7 ① 발산형, ② 상승, ③ 생성, ④ 천발, ⑤ 일어나지 않는다
8 ①, ④, ⑤ **9** ③ **10** 화산재(화산 쇄설물)

시험대비교재 ⇨ 13쪽

II-❸-01 생명 시스템의 기본 단위

1 ① 세포, ② 기관 **2** ① 기관계, ② 조직계 **3** A : 핵,
B : 소포체, C : 골지체, D : 미토콘드리아, E : 세포막, F : 세
포벽, G : 엽록체, H : 리보솜 **4** (1) H (2) E (3) C (4) D
5 F, G **6** ① 인지질, ② 선택적 투과성 **7** 확산
8 산소 **9** Cl^- **10** ① 삼투, ② 낮은, ③ 높은, ④ 낮은,
⑤ 높은

시험대비교재 ⇨ 14쪽

II-❸-02 생명 시스템에서의 화학 반응

1 (1) ○ (2) × (3) × **2** B, ㉠, ⓐ **3** A, ㉡, ⓑ
4 (1) 물 (2) 물 (3) 화 (4) 물 **5** 생체 촉매(또는 효소)
6 활성화 에너지 **7** (1) ① A, ② E (2) C (3) D
8 (1) ○ (2) ○ (3) × (4) ○ **9** 낮추고 **10** (1) ○ (2) × (3) ○

시험대비교재 ⇨ 15쪽

Ⅱ-❸-03 생명 시스템에서 정보의 흐름

1 (1) RNA (2) DNA (3) 유전자 　**2** ① 유전자, ② 단백질
3 ① 전사, ② 번역 　**4** (가) 핵 (나) 리보솜 　**5** ① U,
② C, ③ G, ④ A 　**6** 3염기 조합 　**7** 코돈
8 CGUGGUUAUUGG 　**9** 4 　**10** 공통성

시험대비교재 ⇨ 16쪽

Ⅲ-❶-01 산화 환원 반응

1 ① 산화, ② 환원 　**2** ① 환원, ② 산화 　**3** (1) ① 산화,
② 환원 (2) ① 산화, ② 환원 　**4** (1) 환원 (2) 이산화 탄소
(CO_2) 　**5** (1) × (2) × (3) ○ 　**6** 환원 　**7** 환원 　**8** 산화
9 산소(O_2) 　**10** ㄱ, ㄴ, ㄷ

시험대비교재 ⇨ 17쪽

Ⅲ-❶-02 산과 염기

1 ① 산성, ② 수소 이온(H^+) 　**2** ① 푸른색, ② 붉은색,
③ 이산화 탄소(CO_2) 　**3** ① 염기성, ② 수산화 이온(OH^-)
4 ① 붉은색, ② 푸른색, ③ 붉은 　**5** ① (−), ② 붉은
6 ㄱ, ㄹ 　**7** ① 노란색, ② 기체 발생, ③ 변화 없음, ④ 있음
8 ① 산성, ② 중성, ③ 염기성 　**9** ① 작, ② 클 　**10** ① 수소
이온(H^+), ② 감소

시험대비교재 ⇨ 18쪽

Ⅲ-❶-03 중화 반응

1 ① 1 : 1, ② 물(H_2O) 　**2** ① 음, ② 양 　**3** 중화점
4 중화열 　**5** (1) ○ (2) × (3) ○ 　**6** 염기성 　**7** (1)
(가) 노란색 (나) 노란색 (다) 초록색 (라) 파란색 (2) (다) 　**8** C
9 염기성 　**10** ① 산성, ② 염기성

시험대비교재 ⇨ 19쪽

Ⅲ-❷-01 지질 시대의 환경과 생물

1 ① 지질 시대, ② 환경 　**2** 화석 　**3** 신생대 → 중생대 →
고생대 → 선캄브리아 시대 　**4** ① 고생대, ② 중생대,
③ 신생대, ④ 바다, ⑤ 육지 　**5** ① 온난한, ② 육지
6 (가) E (나) A 　**7** ① 중생대, ② 고생대, ③ 신생대
8 (1) ○ (2) × (3) × 　**9** (1) 선캄브리아 시대 (2) 중생대
(3) 신생대 (4) 고생대 　**10** 대멸종

시험대비교재 ⇨ 20쪽

Ⅲ-❷-02 자연 선택과 생물의 진화

1 진화 　**2** 변이 　**3** ① 돌연변이, ② 생식세포
4 (다) → (가) → (나) → (라) 　**5** (1) ○ (2) ○ (3) ×
6 자본주의 　**7** (1) ○ (2) × (3) ○ 　**8** 자연 선택
9 ① 헤모글로빈, ② 자연 선택 　**10** 화학 진화설

시험대비교재 ⇨ 21쪽

Ⅲ-❷-03 생물 다양성과 보전

1 생물 다양성 　**2** 유전적 다양성 　**3** ① 많을수록,
② 균등할수록 　**4** (1) × (2) × (3) ○ 　**5** 높을수록
6 ① 생물 자원, ② 높을 　**7** (1) ㄹ (2) ㄱ (3) ㄷ (4) ㄴ
8 생태 통로 　**9** ① 천적이 없어, ② 감소 　**10** 국제적

시험대비교재 ⇨ 22쪽

Ⅳ-❶-01 생태계 구성 요소와 환경

1 생태계 　**2** (1) 개체 (2) 개체군 (3) 군집 　**3** ① 생물적
요인, ② 비생물적 요인 　**4** (1) ㉣ (2) ㉢ (3) ㉠ (4) ㉡
5 울타리 조직 　**6** 파장 　**7** 온도 　**8** ① 호기성,
② 혐기성 　**9** 공기 　**10** (1) ㄴ (2) ㄷ (3) ㄱ

시험대비교재 ⇨ 23쪽

Ⅳ-❶-02 생태계 평형

1 풀 　**2** 사슴, 토끼, 들쥐, 메뚜기 　**3** 호랑이, 매
4 (나) 　**5** ① 열에너지, ② 감소한다 　**6** 생태 피라미드
7 ① 생태계 평형, ② 복잡할수록 　**8** ㄱ → ㄷ → ㄴ
9 열섬 　**10** 생물 다양성

시험대비교재 ⇨ 24쪽

Ⅳ-❶-03 지구 환경 변화와 인간 생활

1 지구 온난화 　**2** 이산화 탄소 　**3** ① 융해, ② 상승, ③ 감소
4 ① 과잉, ② 부족, ③ 저, ④ 고 　**5** (1) ㉡ (2) ㉢ (3) ㉠
6 ① 하강 기류, ② 고압대, ③ 건조 　**7** ① 바람, ② 시계,
③ 시계 반대 　**8** ① 무역풍, ② 편서풍 　**9** (1) 대기
대순환의 변화 (2) 과잉 경작, 과잉 방목, 무분별한 삼림 벌채
10 ① 약, ② 약, ③ 약, ④ 상승

시험대비교재 ⇨ 25쪽

Ⅳ-❶-04 에너지의 전환과 효율적 이용

1 ① 전기, ② 화학 　**2** ① 역학적 에너지, ② 핵에너지,
③ 전기 에너지 　**3** (1) ㉡ (2) ㉠ (3) ㉢ 　**4** 에너지 보존
5 열 　**6** 에너지 효율 　**7** ① 열, ② 일 　**8** 60 %
9 (1) ○ (2) × (3) × 　**10** 적다

시험대비교재 ⇨ 26쪽

Ⅳ-❷-01 전기 에너지의 생산과 수송

1 ① 자기장, ② 전자기 유도, ③ 유도 전류 　**2** (1) ○ (2) ×
3 ① 빠르게, ② 셀, ③ 많을 　**4** (1) ○ (2) × (3) ×
5 (1) ㉢ (2) ㉡ (3) ㉠ 　**6** ① 열, ② 손실 전력 　**7** ① 작게,
② 작게 　**8** $\frac{1}{4}$배 　**9** ① 높여, ② 낮춰 　**10** 변압기

시험대비교재 ⇨ 27쪽

Ⅳ-❷-02 태양 에너지 생성과 전환

1 플라스마 　**2** 핵융합 　**3** ① 4, ② 수소 핵융합
4 질량 결손 　**5** 태양 　**6** ① 빛, ② 화학 　**7** ① 태양,
② 해수 　**8** ① 이산화 탄소, ② 화석 연료, ③ 탄소
9 ㄴ, ㄷ, ㄹ 　**10** 태양 전지

시험대비교재 ⇨ 28쪽

Ⅳ-❷-03 미래를 위한 에너지

1 화석 연료 　**2** 핵분열 　**3** (1) ㉡ (2) ㉠ (3) ㉢
4 (1) ○ (2) × (3) ○ 　**5** (가) 　**6** (다) 　**7** (나) 　**8** (라)
9 ① 수소, ② 전자 　**10** 적정 기술

중단원 핵심 요약 & 문제

I-❶ 물질의 규칙성과 결합

시험대비교재 ⇨ 29쪽~30쪽

01 우주의 시작과 원소의 생성

1 ③ **2** ③ **3** ④ **4** ①

1 ㄱ. (가)는 우주가 팽창하면서 밀도가 감소하므로 빅뱅 우주론을 나타낸 모형이다. (나)는 우주가 팽창하면서 밀도가 일정하므로 정상 우주론을 나타낸 모형이다.

ㄷ. 빅뱅 우주론과 정상 우주론은 모두 우주가 팽창한다는 것을 전제로 한다.

바로알기 ㄴ. 우주가 팽창할 때 빈 공간에 새로운 물질이 생성되어 밀도가 일정한 우주론은 (나) 정상 우주론이다.

2 빅뱅 이후 시간이 흐름에 따라 (나) → (라) → (가) → (다) 순으로 무거운 입자가 생성되었다.

(나) 쿼크와 전자가 생성되었다. ➡ 기본 입자 생성

(라) 양성자와 중성자가 생성되었다. ➡ 쿼크 3개가 결합하여 양성자와 중성자 생성

(가) 헬륨 원자핵이 생성되었다. ➡ 양성자와 중성자가 결합하여 헬륨 원자핵 생성

(다) 우주 배경 복사가 생성되었다. ➡ 원자핵과 전자가 결합하여 원자가 생성되면서 빛이 직진할 수 있게 되어 우주 배경 복사 생성

3 ㄴ. 원자는 양전하를 띠는 양성자수만큼 음전하를 띠는 전자가 결합하여 전기적으로 중성이다.

ㄷ. 전자가 원자핵에 붙잡혀 원자가 생성되면서 빛은 전자의 영향을 받지 않고 직진할 수 있게 되어 우주가 투명해졌다.

바로알기 ㄱ. 우주의 온도가 약 3000 K으로 낮아졌을 때 전자가 원자핵에 붙잡혀 원자를 생성할 수 있었다.

4 ㄱ. (가)는 흡수선이 나타나므로 흡수 스펙트럼이고, (나)는 방출선이 나타나므로 방출 스펙트럼이다.

바로알기 ㄴ. 저온의 기체를 통과한 별빛은 특정한 파장의 빛이 흡수되어 검은색의 흡수선이 나타나므로 (가)와 같은 흡수 스펙트럼이 나타난다.

ㄷ. 동일한 원소를 관측하면 흡수선이나 방출선이 나타나는 파장(위치)이 같다. (가)와 (나)는 선이 나타나는 파장이 다르므로 다른 원소를 관측한 것이다.

시험대비교재 ⇨ 31쪽

02 지구와 생명체를 이루는 원소의 생성

1 ② **2** ① **3** ⑤ **4** ④ **5** ③

1 ㄴ. 주계열성은 별을 팽창시키려고 하는 내부 압력과 별을 수축시키려고 하는 중력이 평형을 이루어 별의 크기가 일정하게 유지된다.

바로알기 ㄱ. 원시별은 성운의 중력 수축에 의해 온도가 상승하면서 형성된다.

ㄷ. (가) → (나) → (다)로 가면서 계속 수축하여 내부의 온도는 상승한다.

2 ㄱ. A는 C(탄소)이고, B는 He(헬륨)이다. 헬륨이 핵융합하여 탄소가 생성되므로 탄소는 헬륨보다 무거운 원소이다.

바로알기 ㄴ. 별의 중심부 온도가 높아지면서 점차 무거운 원소의 핵융합이 일어나므로 별의 중심부에서 핵융합이 일어나는 순서는 (다) → (나) → (가)이다.

ㄷ. 질량이 태양과 비슷한 별은 적색 거성 단계에서 헬륨 핵융합 반응까지 일어난다. (가)는 질량이 태양보다 매우 큰 별의 중심부에서 일어나는 핵융합 반응이다.

3 ① 별을 이루는 주요 원소는 수소이므로 별은 일생의 대부분을 수소 핵융합 반응을 하는 주계열성으로 보낸다.

② 주계열성에서는 수소 원자핵 4개가 결합하여 헬륨 원자핵이 되는 과정에서 질량 차이만큼 에너지가 생성된다.

③ 주계열성의 중심부에서 핵융합 반응이 끝나면, 중심부는 수축하고 그에 따라 발생한 열로 바깥층에서 수소 핵융합 반응이 일어나면서 압력이 증가하여 팽창한다. 별의 크기가 커지면서 표면 온도가 낮아져 붉은색으로 보이는 적색 거성이 된다.

④ 철은 안정한 원소이므로 별의 중심부에서 핵융합 반응으로 만들어질 수 있는 가장 무거운 원소이다.

바로알기 ⑤ 금이나 우라늄 등의 철보다 무거운 원소는 초신성 폭발 과정에서 만들어진다.

4 태양에서 가까운 곳은 온도가 높고 무거운 물질이 남아 지구형 행성을 이루고, 태양에서 먼 곳은 온도가 낮고 가벼운 물질이 남아 목성형 행성을 이룬다.

ㄴ. 목성형 행성은 얼음 상태의 물질, 암석 티끌 등 다양한 물질이 응축되어 미행성체를 이루고, 행성의 크기가 커지면서 수소와 헬륨 등의 가벼운 기체가 많이 유입되어 주로 기체로 이루어진 행성이 되었다.

ㄷ. 태양에서 가까운 곳에는 무거운 물질이 남고, 먼 곳에는 가벼운 물질이 남아 행성을 이루었으므로 지구형 행성은 목성형 행성에 비해 평균 밀도가 크다.

바로알기 ㄱ. 원시 태양에 가까운 곳은 온도가 높아서 녹는점이 높은 물질들이 남았다.

5 (가) 마그마 바다 시기에는 지구가 전체적으로 균일하였으나 (나) 시기에는 핵과 맨틀이 만들어졌다. 이후 지표가 식어 원시 지각이 형성되었다.

ㄱ. 마그마 바다 상태에서 무거운 물질이 지구 중심부로 가라앉아 중심부의 밀도가 커졌다.

ㄷ. 철, 니켈 등의 무거운 물질은 지구 중심부로 가라앉아 핵을 형성하였다.

바로알기 ㄴ. 규소, 산소 등의 가벼운 물질은 위로 떠올라 맨틀을 형성하였다.

03 원소들의 주기성

1 ② **2** ② **3** ④ **4** ② **5** ④ **6** ⑤ **7** ③ **8** ①
9 ①

1 ㄷ. 멘델레예프는 당시에 발견된 63종의 원소들을 원자량 순으로 배열하면 성질이 비슷한 원소가 주기적으로 나타나는 것을 발견하여 주기율표를 만들었다.

바로알기 ㄱ. 원소들을 원자량 순으로 배열하였다.
ㄴ. 원소들을 원자량 순으로 배열하면 몇몇 원소들의 성질이 주기성에서 벗어난다.

2 금속 원소는 주로 주기율표의 왼쪽 부분과 가운데 부분에 위치하고, 비금속 원소는 주로 주기율표의 오른쪽 부분에 위치한다. A는 리튬(Li), B는 베릴륨(Be)이므로 금속 원소이고, C는 플루오린(F), D는 염소(Cl)이므로 비금속 원소이다.

3 ㄴ. A(Li)는 D(Cl)와 반응하여 염화 리튬(LiCl)을 생성한다.
ㄷ. C(F)와 D(Cl)는 같은 족 원소이므로 원자가 전자 수가 같아 화학적 성질이 비슷하다.

바로알기 ㄱ. A(Li)는 1족 원소이므로 원자가 전자 수가 1이고, B(Be)는 2족 원소이므로 원자가 전자 수가 2이다.

4 ② 수소(H), 리튬(Li), 나트륨(Na), 칼륨(K)은 모두 1족 원소이다.

바로알기 ①, ④, ⑤ H는 비금속 원소이고, Li, Na, K은 금속 원소이므로 Li, Na, K만 은백색 광택이 있고, 열과 전기가 잘 통한다.
③ H는 1주기, Li은 2주기, Na은 3주기, K은 4주기 원소이다.

5 알칼리 금속은 매우 무르고, 반응성이 커서 물, 산소와 잘 반응한다.

바로알기 ④ 알칼리 금속이 물과 반응하면 수소 기체가 발생하고, 이때 생성된 수용액은 염기성을 띤다.

6 원소들의 주기성이 나타나는 까닭은 원자 번호가 증가함에 따라 원자가 전자 수가 주기적으로 변하기 때문이다.

7 ㄱ. 원자핵의 전하가 12+이므로 원자 번호는 12이다.
ㄴ. 전자가 들어 있는 전자 껍질 수가 3이므로 3주기 원소이고, 원자가 전자 수가 2이므로 2족 원소이다.

바로알기 ㄷ. 원자 번호가 12이고, 주기율표에서 3주기 2족인 원소는 마그네슘(Mg)으로 금속 원소이다.

8 A는 질소(N), B는 산소(O), C는 인(P)이다.
ㄱ. A(N)와 B(O)는 전자가 들어 있는 전자 껍질 수가 2로 같으므로 같은 2주기 원소이다.

바로알기 ㄴ. 원자가 전자 수는 B(O)가 6, C(P)가 5이다.
ㄷ. A(N)와 C(P)는 원자가 전자 수가 5이므로 15족 원소이다.

9 A는 산소(O), B는 플루오린(F), C는 나트륨(Na), D는 마그네슘(Mg)이다.
② B(F)는 수소와 반응하여 플루오린화 수소(HF)를 생성한다.
③ C(Na)는 염소와 반응하여 염화 나트륨(NaCl)을 생성한다.

④ A(O)와 B(F)는 비금속 원소이고, C(Na)와 D(Mg)는 금속 원소이다.
⑤ 원자가 전자 수는 A(O)가 6, B(F)가 7, C(Na)가 1, D(Mg)가 2이므로 A~D의 원자가 전자 수 합은 6+7+1+2=16이다.

바로알기 ① A(O)는 원자가 전자 수가 6이므로 16족 원소이다.

04 원소들의 화학 결합과 물질의 생성

1 ③ **2** ④ **3** ② **4** ② **5** ① **6** ② **7** ④

1 ㄱ. X는 네온(Ne), Y는 아르곤(Ar)으로 18족 원소인 비활성 기체이다.
ㄴ. 비활성 기체는 가장 바깥 전자 껍질에 전자 8개가 채워진 안정한 전자 배치를 이루므로 반응성이 거의 없다.

바로알기 ㄷ. 비활성 기체는 반응성이 거의 없어 다른 원자와 결합하기 않으므로 원자 상태로 존재한다.

2 리튬 이온(Li^+)은 헬륨(He)과 같은 전자 배치를 이루고, 플루오린화 이온(F^-)과 마그네슘 이온(Mg^{2+})은 네온(Ne)과 같은 전자 배치를 이루며, 황화 이온(S^{2-})은 아르곤(Ar)과 같은 전자 배치를 이루는 안정한 이온이다. 베릴륨(Be)의 안정한 이온은 헬륨(He)과 같은 전자 배치를 이루는 Be^{2+}이다.

3 ㄴ. A는 전자를 잃고 양이온 (가)가 되고, B는 전자를 얻어 음이온 (나)가 된다. 따라서 (가)와 (나)는 정전기적 인력으로 결합한다.

바로알기 ㄱ. A는 전자를 잃고 양이온이 되므로 금속 원소이고, B는 전자를 얻어 음이온이 되므로 비금속 원소이다.
ㄷ. (가)는 3주기 금속 원소가 전자를 잃고 생성되므로 네온(Ne)과 같은 전자 배치를 이루고, (나)는 3주기 비금속 원소가 전자를 얻어 생성되므로 아르곤(Ar)과 같은 전자 배치를 이룬다.

4 A(Na)는 전자를 잃고 양이온(Na^+)이 되고, B(F)는 전자를 얻어 음이온(F^-)이 되면서 이온 결합 물질인 AB(NaF)를 생성한다. 이때 A의 이온(Na^+)과 B의 이온(F^-)은 네온(Ne)과 같은 전자 배치를 이룬다.

바로알기 ② A(Na)는 원자가 전자 1개를 잃어서 $A^+(Na^+)$이 되므로 1족 원소이고, B(F)는 전자 1개를 얻어서 가장 바깥 전자 껍질을 채워 $B^-(F^-)$이 되므로 17족 원소이다.

5 ㄴ. A_2는 질소(N_2)로, A(N)와 A(N)가 공유 결합을 형성할 때 옥텟 규칙을 만족하기 위해 각각 전자 3개씩을 내놓아 전자쌍 3개를 만든 후, 이 전자쌍을 공유하여 결합한다.

바로알기 ㄱ, ㄷ. $A_2(N_2)$는 A(N) 원자 사이의 전자쌍을 서로 공유하여 결합한 물질로, 전기 전도성이 없다.

6 ① (가)에서는 수많은 나트륨 이온과 염화 이온이 정전기적 인력으로 이온 결합하여 결정을 이루고 있다.

③ (다)에서 나트륨 이온과 염화 이온은 물 분자에 둘러싸인 상태로 존재한다.

④ 염화 나트륨은 이온 결합 물질이므로 녹는점과 끓는점이 높아 실온에서 고체 상태인 (가)로 존재한다.

⑤ 염화 나트륨은 (가)의 고체 상태에서는 전기 전도성이 없지만, (나)의 액체 상태와 (다)의 수용액 상태에서는 전기 전도성이 있다.

바로알기 ② 결정은 원자나 이온들이 규칙적으로 배열되어 있는 고체 상태의 물질이다. 따라서 결정을 이루고 있는 것은 (가)이다.

7 ④ 설탕을 물에 녹여도 설탕 분자는 전기적으로 중성인 상태로 존재한다.

바로알기 ①, ② 설탕은 비금속 원소인 탄소(C), 수소(H), 산소(O)가 공유 결합하여 생성된 물질이다.

③, ⑤ 고체 설탕이나 설탕물에는 전하를 띠는 입자가 존재하지 않으므로 설탕은 (가)와 (다)에서 모두 전기 전도성이 없다.

I-❷ 자연의 구성 물질

시험대비교재 ➡ 36쪽~37쪽

01 지각과 생명체 구성 물질의 결합 규칙성

1 ⑤ **2** ② **3** ③ **4** ② **5** ③

1 ㄱ. 규소(A)와 산소(B)는 화학적으로 결합하여 규산염 사면체를 이룬다.

ㄴ. A는 규소, B는 산소, C는 탄소, D는 산소이다.

ㄷ. C(탄소)는 수소, 산소 등과 결합하여 탄소 화합물을 만든다.

2 ㄷ. 철보다 무거운 원소는 초신성 폭발 과정에서 방출된 엄청난 양의 에너지에 의해 생성되어 우주로 방출되었다.

바로알기 ㄱ. 지각에는 산소, 규소가 많고, 생명체에는 산소, 탄소가 많다.

ㄴ. 산소는 별 내부에서 핵융합 반응으로 생성되어 우주로 방출되었다.

3 규산염 사면체는 규소 1개와 산소 4개가 결합한 것으로, A는 산소, B는 규소이다.

ㄱ. A(산소)는 지각에 가장 풍부한 원소이다.

ㄴ. B(규소)는 A(산소) 4개와 공유 결합하여 사면체를 이룬다.

바로알기 ㄷ. 규산염 사면체는 음전하를 띤다.

4 ㄷ. (가)에서는 규산염 사면체가 양쪽의 산소를 공유하고, (나)에서는 단사슬 구조 2개가 연결되어 있으므로 공유하는 산소의 수는 (나)가 (가)보다 많다.

바로알기 ㄱ. (가)는 단사슬 구조이고, (나)는 복사슬 구조이다.

ㄴ. 휘석은 (가) 단사슬 구조로 이루어져 있다. (나) 복사슬 구조의 대표적인 광물로 각섬석이 있다.

5 ㄱ. (가)~(다)는 모두 기본 골격이 탄소인 탄소 화합물이다.

ㄷ. 탄소는 다른 탄소 원자와 결합하여 사슬 모양, 가지 모양, 고리 모양 등의 결합 구조를 이루며, 이와 같은 결합을 계속 이어가는 성질이 있다. 따라서 탄소를 기본 골격으로 하여 복잡한 탄소 화합물을 만들 수 있다.

바로알기 ㄴ. 탄소는 원자가 전자가 4개로, 탄소 원자 1개는 최대 4개의 다른 원자와 결합할 수 있다. 산소는 최대 2개, 질소는 최대 3개의 다른 원자와 결합할 수 있다.

시험대비교재 ➡ 38쪽

02 생명체 구성 물질의 형성

1 ④ **2** ⑤ **3** ③ **4** ②

1 ④ 효소와 항체의 주성분은 단백질(A)이며, 생명체의 주요 에너지원은 탄수화물(B)이고, 생명체를 구성하는 물질 중 가장 많은 것은 물(C)이다.

2 ① (가)는 단백질이고, (나)는 핵산 중 DNA이다. 단백질과 핵산은 탄소 화합물이다.

② 단백질은 여러 개의 아미노산이 펩타이드 결합으로 연결되어 형성된다.

③ 핵산에는 인산이 있으므로 구성 원소에는 인(P)이 있다.

④ 뉴클레오타이드는 당 − 인산 결합으로 길게 연결되어 폴리뉴클레오타이드를 형성한다.

바로알기 ⑤ 단백질(가)의 아미노산 배열 순서에 대한 정보는 DNA(나)의 염기 서열에 저장되어 있다.

3 ㄱ. 단백질을 구성하는 단위체 A는 아미노산이다. 생명체를 구성하는 아미노산은 20종류가 있다.

ㄴ. 아미노산이 펩타이드 결합으로 연결되어 긴 사슬 모양의 폴리펩타이드가 된다.

바로알기 ㄷ. 단백질은 아미노산의 종류와 개수, 결합 순서에 따라 다양한 종류가 만들어지며, 알려진 것만 10만 종류가 넘는다.

4 ㄴ. (나)는 단일 가닥의 RNA이다. RNA를 구성하는 염기(ⓒ)에는 아데닌(A), 구아닌(G), 사이토신(C), 유라실(U)이 있다.

바로알기 ㄱ. DNA를 구성하는 당은 디옥시리보스(⊙)이다.

ㄷ. RNA(나)를 구성하는 염기 구아닌(G)과 사이토신(C)의 개수는 RNA의 종류에 따라 다양하다.

시험대비교재 ➡ 39쪽

03 신소재의 개발과 활용

1 ③ **2** ⑤

1 ㄱ, ㄴ. (가)와 같이 특정 온도 이하에서 전기 저항이 0이 되는 물질을 초전도체라고 한다. 초전도체는 특정 온도 이하에서 외부 자기장을 밀어내는 성질이 있다.

바로알기 ㄷ. (나)와 같은 현상이 나타나려면 물체의 온도는 임계 온도인 110 K 이하이어야 한다.

2 ㄱ. 이 신소재는 탄소 나노 튜브로, 탄소 나노 튜브는 열전도성이 높다.

ㄷ. 탄소 나노 튜브는 열전도성과 전기 전도성이 뛰어나므로 첨단 현미경의 탐침, 나노 핀셋, 금속이나 세라믹과 섞어 강도를 높인 복합 재료에 활용된다.

바로알기 ㄴ. 탄소 나노 튜브는 전기 전도성이 뛰어나다.

II - ❶ 역학적 시스템

시험대비교재 ⇨ 40쪽~41쪽

01 중력과 역학적 시스템

1 ① **2** ③ **3** ④ **4** ⑤

1 ㄱ. 두 물체 사이에 작용하는 중력은 크기는 같고 방향은 반대이다.

바로알기 ㄴ. 두 물체 사이의 거리가 멀어지면 두 힘 F_1, F_2 모두 크기가 작아진다.

ㄷ. 중력은 물체가 서로 접촉해 있어도 작용한다.

2 ㄱ. 공 A는 중력만을 받아 자유 낙하 운동을 하므로 속도가 일정하게 증가한다.

ㄴ. 공 B는 수평 방향으로는 등속 직선 운동을 하고, 연직 방향으로는 등가속도 운동을 한다. 따라서 연직 방향으로는 공 A와 같은 등가속도 운동을 한다.

바로알기 ㄷ. 자유 낙하 하는 물체와 수평 방향으로 던진 물체에는 일정한 크기의 중력이 작용하여 연직 방향의 가속도가 같으므로 처음 높이가 같다면 동시에 바닥에 도달한다.

3 ㄱ. 그래프에서 물체의 속도가 시간에 따라 일정하게 증가하므로 물체는 등가속도 운동을 한다.

ㄴ. 자유 낙하 하는 물체는 등가속도 운동을 하므로 속도는 일정하게 증가한다.

바로알기 ㄷ. 공기 저항을 무시할 때, 수평 방향으로 던진 물체에는 수평 방향으로는 힘이 작용하지 않으므로 등속 직선 운동을 한다.

4 ① 구름 속에서 성장한 물방울에 중력이 작용하여 비나 눈이 내린다.
② 중력이 작용하여 물이 땅속으로 스며든다.
③ 중력이 작용하여 식물이 땅속으로 뿌리를 내린다.
④ 중력의 영향으로 기체는 고도가 낮은 쪽에 모이므로, 높은 산에 올라가면 산소 부족 현상이 일어난다.
바로알기 ⑤ 수소나 헬륨에 비해 상대적으로 무거운 산소나 질소가 중력의 영향으로 지구 대기를 구성한다.

시험대비교재 ⇨ 42쪽

02 역학적 시스템과 안전

1 ⑤ **2** ② **3** ① **4** ③ **5** ⑤

1 운동량의 크기는 물체의 질량과 속도의 곱이므로 2000 kg ×20 m/s=40000 kg·m/s이다.

2 충격량은 운동량의 변화량과 같다. 따라서 오른쪽을 (+) 방향으로 하면, 공의 운동량의 변화량은 0.5 kg×(−2−4)m/s =−3 kg·m/s이므로, 공이 받은 충격량의 크기는 3 N·s이다.

3 ㄱ. 힘 − 시간 그래프 아랫부분의 넓이는 충격량을 나타내므로, 0~8초 동안 충격량=$\frac{1}{2}$×10 N×8 s=40 N·s이다.

바로알기 ㄴ. 8초일 때 운동량의 크기는 0~8초 동안 물체에 가해진 충격량과 같으므로 40 kg·m/s이다.

ㄷ. 0~4초 동안 충격량=$\frac{1}{2}$×10 N×4 s=20 N·s이므로 4초일 때 속도는 20 kg·m/s=2 kg×v에서 v=10 m/s이다.

4 자유 낙하 하는 물체는 1초 동안 속도가 10 m/s씩 빨라지므로 물체 A가 지면에 도달할 때 속도는 10 m/s, 물체 B가 지면에 도달할 때 속도는 40 m/s이다. 충격량은 운동량의 변화량과 같으므로 충격량의 비 I_A : I_B=1 kg×10 m/s : 2 kg× 40 m/s=1 : 8이다.

5 ⑤ 내부 패딩 처리가 된 안전모를 쓸 때와 쓰지 않을 때 사고로 인하여 오토바이의 충격량이 같다고 가정하면 내부 패딩 처리가 되어 있는 안전모를 쓴 경우가 충돌 시간이 길어져서 평균 힘이 줄어든다.

II - ❷ 지구 시스템

시험대비교재 ⇨ 43쪽~45쪽

01 지구 시스템의 에너지와 물질 순환

1 ⑤ **2** ③ **3** ④ **4** ⑤ **5** ② **6** ③ **7** ④ **8** ①
9 ① **10** ⑤

1 A는 지권, B는 기권, C는 수권, D는 생물권, E는 외권이다.
① 지권은 지구 표면과 지구 내부를 포함하는 영역으로, 지각, 맨틀, 핵(외핵, 내핵)으로 구분된다.
② C(수권)에서 가장 많은 부피비를 차지하는 것은 해수이고, 육수 중에서는 빙하가 가장 많은 부피비를 차지한다.
③ B(기권)와 C(수권)는 저위도의 남는 에너지를 고위도로 이동시켜 지구의 열을 고르게 분산시켜 준다.
④ 식물 뿌리의 성장에 의한 풍화 작용 등과 같이 D(생물권)에서 풍화 작용이 지속적으로 일어나면 지구 표면의 지형이 변한다.

바로알기 ⑤ E(외권)는 지구와 물질 교환은 거의 없지만, 에너지 교환은 활발하다.

2 A는 맨틀, B는 외핵, C는 내핵이다.
ㄱ. 맨틀(A)은 지권 전체 부피의 약 80 %를 차지하므로 지권에서 부피가 가장 크다.
ㄷ. 맨틀(A)은 비교적 가벼운 물질로 이루어져 있지만, 외핵(B)과 내핵(C)은 철과 니켈 등 무거운 물질로 이루어져 있다.
바로알기 ㄴ. 핵은 액체 상태인 외핵(B)과 고체 상태인 내핵(C)으로 구분된다.

3 A는 성층권, B는 대류권, C는 혼합층, D는 수온 약층이다.
ㄴ. C층(혼합층)은 태양 복사 에너지를 흡수하여 수온이 높고, 바람의 영향으로 깊이에 따른 수온이 거의 일정한 층이다.
ㄷ. A~D 중 높이 올라갈수록 기온이 높아지는 A층(성층권)과 깊이가 깊어질수록 수온이 낮아지는 D층(수온 약층)이 안정한 층이다.
바로알기 ㄱ. 태양으로부터 오는 자외선은 성층권에 있는 오존층에서 대부분 흡수하므로 대류권(B)보다 오존층이 있는 성층권(A)에서 많이 흡수된다.

4 (가) 열대 해상에서 해수의 증발(수권)로 구름(기권)이 형성되어 태풍으로 성장하는 것은 수권과 기권의 상호 작용(C)이다.
(나) 곡류(수권)에 의해 주변 지형(지권)이 변하는 것은 수권과 지권의 상호 작용(B)이다.
(다) 화산 활동(지권)으로 화산 기체가 대기(기권)로 방출되는 것은 지권과 기권의 상호 작용(A)이다.

5 그림은 오로라가 나타난 모습이다. 오로라는 태양에서 전기를 띤 입자(외권)가 공기를 이루는 분자(기권)와 충돌하여 나타나므로 외권과 기권의 상호 작용에 해당한다.

6 (가) 지진 해일은 해저에서 지구 내부 에너지에 의해 지진 등이 발생하여 일어난다.
(나) 해수에서 태양 에너지를 흡수하여 증발한 수증기가 강한 상승 기류를 받아 응결하여 구름을 형성하면서 태풍으로 성장한다.

7 ㄴ. 대기와 해수의 순환 과정에서 지표는 바람과 물에 의해 풍화 작용을 받는다.
ㄷ. 대기와 해수는 에너지를 흡수하거나 방출하면서 지구 전체를 순환한다. 이 과정에서 저위도 지역의 남는 에너지가 고위도 지역으로 운반된다.
바로알기 ㄱ. 지구는 위도에 따라 에너지 불균형이 나타나지만 전체적으로는 에너지 균형을 이루어 평균 기온이 일정하게 유지된다.

8 ㄱ. 육지에 내린 강수량은 96이고 증발량은 60이므로 지하수나 하천수의 형태로 바다로 유출되는 A는 바다에서 부족한 양(96-60=A=320-284)과 같으므로 36이다.
바로알기 ㄴ. 육지에서는 증발량(96)이 강수량(60)보다 많지만, 그 차이 A(36)만큼 바다로 유출되어 평형을 이룬다.
ㄷ. 물은 태양 에너지를 흡수하여 수증기가 되고, 수증기가 응결하여 비로 내리면서 이동하여 지구 시스템의 각 권을 순환한다.

9 ㄱ. 화산이 분출하면 지권에 있던 탄소가 이산화 탄소와 같은 화산 기체로 대기에 유입된다.
ㄴ. 화석 연료가 연소되면 탄소가 대기 중의 산소와 결합하여 이산화 탄소의 형태로 대기에 유입된다.
바로알기 ㄷ. 탄소가 해수에 용해되면 대기 중의 탄소는 감소하고, 해수의 탄소는 증가한다.
ㄹ. 식물은 광합성을 통해 이산화 탄소를 흡수하므로 식물의 광합성 증가는 대기 중의 탄소량을 감소시키는 작용이다.

10 ⑤ 지구 시스템의 지권에 존재하는 유기 탄소는 13.5 %, 탄산염은 86.41 %이므로 이 둘을 합하면 99.91 %가 된다.
바로알기 ①, ② A는 식물의 광합성에 해당하고, 화석 연료의 생성은 생물체로부터 지권으로 탄소가 이동하는 과정에 해당한다.
③ A가 활발해질수록 대기 중의 이산화 탄소 농도가 감소하므로 지구 온난화가 심해지지는 않는다.
④ 수온이 상승하면 기체의 용해도가 감소하므로 C가 활발해질 것이다.

시험대비교재 ⇨ 46쪽~47쪽

02 지권의 변화

1 ① **2** ⑤ **3** ④ **4** A : 변환 단층, B : 해령, C : 해구, D : 호상 열도 **5** ③ **6** ③ **7** ④ **8** ② **9** ⑤ **10** ③ **11** ④

1 A는 히말라야산맥, B는 일본 해구, C는 안데스산맥이다.
ㄱ. A 지역은 대륙판과 대륙판이 충돌하는 수렴형 경계이다. 인도-오스트레일리아판과 유라시아판이 충돌하면서 지진은 자주 발생하지만, 화산 활동은 거의 일어나지 않는다.
바로알기 ㄴ. B 지역은 해양판이 대륙판 아래로 섭입하는 수렴형 경계이다. 태평양판이 유라시아판 아래로 섭입하면서 천발~심발 지진이 발생하고, 마그마가 생성되어 화산 활동이 활발하게 일어난다.
ㄷ. C 지역은 해양판이 대륙판 아래로 섭입하는 수렴형 경계이다. 나스카판이 남아메리카판 아래로 섭입하면서 천발~심발 지진이 발생하고, 이 과정에서 지층이 휘어지고 융기하여 안데스산맥이 형성되었다.

2 ㄱ. 지각(A)과 상부 맨틀의 일부(B)를 포함한 암석권의 조각을 판이라고 한다.
ㄴ. 연약권(C)은 유동성이 있어 상부와 하부의 온도 차이로 맨틀 대류가 일어난다.
ㄷ. 암석권의 두께는 대륙 지각을 포함하는 곳과 해양 지각을 포함하는 곳에서 다르게 나타나지만 평균 약 100 km에 해당한다.

3 (가)는 발산형 경계, (나)는 수렴형 경계, (다)는 보존형 경계이다.

④ (가)에서는 두 판이 멀어지면서 천발 지진이 활발하게 발생하고, (나)에서는 두 판이 가까워지면서 섭입할 경우 섭입대를 따라 천발~심발 지진이 발생한다. 따라서 심발 지진은 (가)보다 (나)에서 활발하게 발생한다.

바로알기 ① (가)는 두 판이 서로 멀어지고 있는 발산형 경계이다.

② (나)의 경계는 두 판이 가까워지고 있으므로 맨틀 대류가 하강하는 곳이다.

③ (다)에서 두 판이 어긋나고 있으므로 판이 생성되거나 소멸되지 않는다. 밀도가 다른 두 판이 서로 가까워질 때 판의 섭입이 일어난다.

⑤ (가)에서는 맨틀 대류가 상승하면서 마그마가 분출하여 화산 활동이 활발하게 일어나지만, (다)에서는 맨틀 대류가 상승하거나 하강하는 곳이 아니므로 화산 활동이 일어나지 않는다.

4 A는 판이 어긋나고 있으므로 보존형 경계이다. 이곳에서는 판이 멀어지는 이동 속도의 차이로 지층이 끊어져 변환 단층이 발달한다.

B는 판이 멀어지고 있으므로 발산형 경계이며, 맨틀 대류가 상승하면서 거대한 해저 산맥인 해령이 발달한다.

C는 판이 다른 판 아래로 섭입하고 있으므로 수렴형 경계이며, 판이 섭입하면서 깊은 해저 골짜기인 해구가 발달한다.

D는 수렴형 경계에 생성된 지형으로, 섭입대에서 발생한 마그마가 분출하여 해구와 나란하게 호상 열도가 발달한다.

5 ㄴ. 해양판이 대륙판 아래로 섭입하면서 깊은 골짜기인 해구가 형성된다.

ㄹ. 판 경계 부근에서는 판이 섭입하면서 마찰에 의해 지진이 자주 발생한다.

바로알기 ㄱ. 밀도가 큰 판이 밀도가 작은 판 아래로 섭입한다. 따라서 판의 밀도는 B가 A보다 크다.

ㄷ. 화산 활동은 판이 섭입하면서 마그마가 생성되는 곳의 위쪽에서 일어나므로 판 A 쪽에서 활발하게 일어난다.

6 A-C, C-D, D-F는 판 경계에 해당하여 천발 지진이 자주 발생한다. A-C와 D-F는 발산형 경계로 화산 활동이 활발하게 일어나지만, C-D는 보존형 경계로 화산 활동은 일어나지 않는다. B-C와 D-E는 판 경계가 아니다.

7 A는 수렴형 경계(충돌형)인 히말라야산맥, B는 수렴형 경계(섭입형)인 일본 해구, C는 보존형 경계인 산안드레아스 단층, D는 발산형 경계인 동태평양 해령, E는 발산형 경계인 대서양 중앙 해령이다.

① A 지역에서는 대륙판과 대륙판이 충돌하여 습곡 산맥이 만들어진다.

② B 지역은 수렴형 경계(섭입형)로, 심발 지진이 자주 발생한다.

③ 보존형 경계인 C 지역에서는 판이 생성되거나 소멸되지 않는다.

⑤ E 지역은 대서양 중앙 해령이 지나는 곳으로, 화산 활동이 활발하게 일어난다.

바로알기 ④ D는 해양판과 해양판이 멀어지는 발산형 경계로, 해저 산맥인 해령이 발달한다.

8 • 맨틀 대류가 상승하는 곳은 발산형 경계인 D, E이다.
• 맨틀 대류가 하강하는 곳은 수렴형 경계인 A, B이다.

9 판과 판이 서로 모여드는 경계는 수렴형 경계이다.

① 일본 열도는 유라시아판 아래로 태평양판이 섭입하면서 형성된 호상 열도이다.

② 통가 해구는 수렴형 경계에서 형성된 해구이다.

③, ④ 안데스산맥은 섭입형 수렴 경계, 히말라야산맥은 충돌형 수렴 경계에서 형성된 습곡 산맥이다.

바로알기 ⑤ 동태평양 해령은 발산형 경계에서 형성된 해저 산맥이다.

10 ① 해저에서 화산 활동으로 지진이 발생하거나 다른 이유로 지진이 발생하면 지진 해일이 발생하기도 한다.

② 화산 분출물이 용암에 섞여 흐르면 산사태가 발생할 수 있고, 지진이 발생하면 산 비탈면에서 산사태가 발생할 수 있다.

④ 화산 활동으로 분출된 화산재는 항공기의 시야를 가리기도 하고 항공기 엔진의 고장을 일으키기도 한다.

⑤ 화산 활동으로 분출된 화산재가 쌓여 식물이 자라기 좋은 토양이 만들어진다.

바로알기 ③ 밀물과 썰물은 달과 태양의 인력 때문에 발생하는 조력 에너지에 의해 일어나는 현상이다.

11 ㄴ. 화산 분출구 주변에 댐을 건설하면 용암 등 화산 분출물이 흘러 발생하는 피해를 줄일 수 있다.

ㄷ. 인공위성으로 지형 변화를 관측하여 지진 발생 등을 예측한다.

바로알기 ㄱ. 활성 단층 지역은 지진이 발생하기 쉽기 때문에 이 지역을 피해 건물을 지어야 한다.

II - ❸ 생명 시스템

시험대비교재 ⇨ 48쪽~49쪽

01 생명 시스템의 기본 단위

1 ① **2** ③ **3** ④ **4** ③ **5** ④ **6** ④

1 생명 시스템은 모양과 기능이 비슷한 세포가 모여 조직을 이루고, 여러 조직이 모여 고유한 형태와 기능을 가진 기관을 이룬다. 그리고 여러 기관이 모여 독립적으로 생명 활동을 할 수 있는 개체가 된다.

2 A는 미토콘드리아, B는 엽록체, C는 소포체, D는 액포, E는 핵이다.

① 미토콘드리아(A)는 동물 세포와 식물 세포에 모두 있다.

② 엽록체(B)는 광합성을 통해 빛에너지를 포도당의 화학 에너지로 전환한다.

④ 액포(D)는 물, 색소, 노폐물 등을 저장하며, 성숙한 식물 세포에서 크게 발달한다.

⑤ 핵(E) 속에는 유전 물질인 DNA가 들어 있다.

바로알기 ③ 소포체(C)는 리보솜에서 합성된 단백질을 골지체나 세포의 다른 부위로 운반한다. 소포체(C)는 동물 세포와 식물 세포에 모두 있다.

3 ㄱ. A는 인지질이다. 인지질은 세포막의 2중층을 이룬다.

ㄴ. B는 막단백질이다. 단백질은 리보솜에서 합성된다.

바로알기 ㄷ. 세포막의 인지질 2중층은 유동성이 있어 인지질의 움직임에 따라 막단백질(B)의 위치가 바뀐다.

4 A와 B는 모두 물질이 농도가 높은 쪽에서 낮은 쪽으로 이동하므로 확산에 의한 이동이다.

ㄷ. 인지질 2중층을 직접 통과하는 물질의 확산 속도는 농도 차가 클수록 빨라진다. 따라서 세포 밖의 물질 농도가 증가하면 물질의 이동 속도가 빨라진다.

바로알기 ㄱ. 산소 기체는 인지질 2중층을 직접 통과하므로 B 방식으로 이동한다.

ㄴ. 물질의 농도가 세포 안이 세포 밖보다 높으면 물질이 세포 안에서 밖으로 확산한다.

5 적혈구를 적혈구 안보다 농도가 높은 용액에 넣으면 적혈구에서 빠져나가는 물의 양이 많아 적혈구의 부피가 감소한다. 적혈구를 적혈구 안보다 농도가 낮은 용액에 넣으면 적혈구 안으로 들어오는 물의 양이 많아 적혈구의 부피가 증가한다.

ㄱ. 적혈구를 용액 (가)에 넣었을 때 적혈구가 터졌으므로 용액 (가)는 농도가 가장 낮은 증류수 임을 알 수 있다.

ㄴ. 설탕 농도가 높을수록 적혈구에서 빠져나가는 물의 양이 많아 적혈구의 부피가 많이 줄어든다. 따라서 용액의 설탕 농도는 용액 (나)가 용액 (라)보다 높다.

바로알기 ㄷ. 용액 (다)에서는 적혈구에서 빠져나가는 물의 양이 많아 적혈구의 부피가 줄어들었으므로 용액 (다)는 적혈구 안보다 농도가 높다.

6 ㄱ. (나)는 세포 내부에서 세포벽으로 미는 힘이 가장 크기 때문에 세포가 팽팽해졌다.

ㄴ. (다)는 세포막이 세포벽과 분리되었으므로 세포보다 농도가 높은 용액에 넣어 둔 경우이다.

바로알기 ㄷ. (다)는 세포막이 세포벽과 분리되었으므로 세포보다 농도가 높은 용액에 세포를 넣었을 때의 모습이다. 따라서 (다)를 (가)와 같이 되게 하려면 세포보다 농도가 낮은 용액에 넣어야 한다.

시험대비교재 ⇨ 50쪽

02 생명 시스템에서의 화학 반응

1 ① **2** ④ **3** ③

1 ㄱ. 작은 분자인 아미노산이 결합하여 큰 분자인 단백질이 합성되므로 동화 작용에 해당한다.

바로알기 ㄴ. 아미노산이 결합하여 단백질이 합성되는 과정은 리보솜에서 일어난다.

ㄷ. 동화 작용이 일어날 때에는 에너지가 흡수된다.

2 ㄱ. 반응 전후에 변하지 않는 A가 효소이다. B가 분해되며 에너지가 방출되므로 A는 이화 작용에 관여하는 효소이다.

ㄴ. B가 효소와 결합하여 분해되므로 (가) 반응이 일어날수록 반응물인 B의 농도는 감소한다.

바로알기 ㄷ. C는 효소와 반응물이 결합한 상태이며, 이때 활성화 에너지가 감소한다. (나)의 ㉠은 반응열이며, ㉠의 크기는 효소의 유무에 관계없이 일정하다.

3 ㄱ. 생간 조각을 넣었을 때에는 기포가 발생하지만, 삶은 간 조각을 넣었을 때에는 변화가 없다. 이를 통해 간세포 속 카탈레이스를 가열하면 단백질이 변성되어 제 기능을 할 수 없음을 알 수 있다.

ㄷ. 과산화 수소는 자연적으로 분해되지만 반응 속도가 매우 느려서 기포 발생은 관찰되지 않는다.

바로알기 ㄴ. 카탈레이스는 과산화 수소 분해 반응의 활성화 에너지를 낮추어 반응이 쉽게 일어날 수 있도록 돕는다.

시험대비교재 ⇨ 51쪽

03 생명 시스템에서 정보의 흐름

1 ③ **2** ③ **3** ①

1 ㄱ. (가)는 DNA가 있는 핵이고, (나)는 세포질이다.

ㄷ. 물질 X는 DNA로부터 전사된 RNA이다.

바로알기 ㄴ. ㉠은 DNA의 유전 정보가 RNA로 전달되는 전사이고, ㉡은 RNA의 유전 정보에 따라 단백질이 합성되는 번역이다.

2 ㄱ. 유전자에 저장된 유전 정보에 따라 멜라닌 합성 효소(단백질)가 합성되고, 이 효소의 작용으로 멜라닌이 합성되면 사슴의 털색이 갈색으로 나타난다.

ㄴ. 유전 정보에 따라 단백질(멜라닌 합성 효소)이 합성되고, 이 단백질이 특정 기능을 수행하여 형질이 나타난다.

바로알기 ㄷ. 멜라닌 합성 효소에 이상이 생겨 멜라닌이 만들어지지 않으면 사슴의 털색은 갈색을 띠지 않는다.

3 ㄱ. DNA 가닥과 이로부터 전사된 RNA는 상보적인 염기의 비율이 같다(A=U, C=G, T=A). RNA의 사이토신(C) 비율과 가닥 Ⅱ의 구아닌(G) 비율이 20으로 같으므로 RNA는 DNA 가닥 Ⅱ로부터 전사된 것이다. 따라서 상보적인 염기인 DNA의 아데닌(㉠)과 RNA의 유라실(㉣)의 비율은 같다.

바로알기 ㄴ. DNA 가닥 Ⅱ의 아데닌(A) 비율 ㉠은 가닥 Ⅰ의 타이민(T) 비율 15와 같다. DNA 가닥 Ⅱ의 사이토신(C) 비율 ㉡은 가닥 Ⅰ의 구아닌(G) 비율 35와 같다. RNA의 아데닌(A) 비율 ㉢은 DNA 가닥 Ⅱ의 타이민(T) 비율과 같으므로 30이고, ㉣은 ㉠과 같으므로 15이다. 따라서 ㉠+㉡+㉢=15+35+30=80이다.

ㄷ. RNA는 DNA 가닥 Ⅱ로부터 전사된 것이다.

III - ❶ 화학 변화

시험대비교재 ⇨ 52쪽

01 산화 환원 반응

1 ④　**2** ㄴ, ㄷ　**3** ③　**4** ⑤

1 일산화 탄소(CO)는 산소를 얻어 이산화 탄소(CO_2)로 산화되고, 산화 구리(Ⅱ)(CuO)는 산소를 잃고 구리(Cu)로 환원된다.

2 ㄴ, ㄷ. 메테인(CH_4)은 이산화 탄소(CO_2)로 산화되고, 철(Fe)은 산소를 얻어 산화 철(Ⅲ)(Fe_2O_3)로 산화된다.

바로알기 ㄱ. 일산화 질소(NO)는 산소를 잃고 질소(N_2)로 환원된다.

3 질산 은 수용액에 구리줄을 넣으면 다음과 같은 반응이 일어난다.

$$\overset{\text{산화}}{\underset{\text{환원}}{Cu + 2Ag^+ \longrightarrow Cu^{2+} + 2Ag}}$$

ㄱ. 은 이온(Ag^+)은 전자를 얻어 은(Ag)으로 환원된다.
ㄴ. 구리(Cu)가 구리 이온(Cu^{2+})으로 산화되어 수용액에 녹아 들어가므로 수용액이 점점 푸른색으로 변한다.
바로알기 ㄷ. 은 이온(Ag^+) 2개가 감소할 때 구리 이온(Cu^{2+}) 1개가 생성되고, 질산 이온(NO_3^-)은 반응에 참여하지 않으므로 수용액의 전체 이온 수는 감소한다.

4 (가)는 철의 제련 과정에서 일어나는 반응의 일부이고, (나)는 철이 산화될 때 일어나는 반응이다.
ㄱ, ㄴ. (가)에서 산화 철(Ⅲ)(Fe_2O_3)은 산소를 잃고 철(Fe)로 환원되고, 일산화 탄소(CO)는 산소를 얻어 이산화 탄소(CO_2)로 산화된다. 따라서 A는 이산화 탄소(CO_2)이다.
ㄷ. (나)에서 철(Fe)과 산소(O_2)가 결합하여 산화 철(Ⅲ)(Fe_2O_3)이 생성될 때 철(Fe)은 전자를 잃고 철 이온(Fe^{3+})으로 산화된다.

시험대비교재 ⇨ 53쪽~54쪽

02 산과 염기

1 ㄷ　**2** ④　**3** ①　**4** ①　**5** ⑤

1 기준 (가)의 '예'에 해당하는 물질은 산성 물질이고, '아니요'에 해당하는 물질은 염기성 물질이다.
ㄷ. 달걀 껍데기와 반응하여 기체를 발생시키는 것은 산에만 해당되는 성질이다.
바로알기 ㄱ. 수용액에서 전류가 흐르는 것은 산과 염기의 공통된 성질이다.
ㄴ. 붉은색 리트머스 종이를 푸르게 변화시키는 것은 염기에만 해당되는 성질이다.

2 BTB 용액을 떨어뜨렸을 때 파란색을 띠는 (가)는 염기성 용액이고, BTB 용액을 떨어뜨렸을 때 노란색을 띠는 (나)는 산성 용액이다. 따라서 (가)의 ■은 OH^-이고, (나)의 □은 H^+이다.
ㄴ. (나)는 산성 용액이므로 pH가 7보다 작다.
ㄷ. (가)와 (나)에 이온이 존재하므로 (가)와 (나)는 모두 전류가 흐른다.
바로알기 ㄱ. (가)에서 ■은 OH^-이다.

3 ㄱ. 붉은색 리트머스 종이 위에 X 수용액에 적신 실을 올려 놓았을 때 붉은색 리트머스 종이가 푸르게 변한 것으로 보아 X 수용액에는 OH^-이 들어 있다.
바로알기 ㄴ. (+)극 쪽으로는 OH^-과 NO_3^-이 이동하고, (−)극 쪽으로는 물질 X의 양이온과 K^+이 이동한다.
ㄷ. 아세트산 수용액은 산 수용액이므로 붉은색 리트머스 종이의 색을 변화시키지 않는다. 따라서 X 수용액 대신 아세트산 수용액으로 실험하면 색 변화가 일어나지 않는다.

4 석회수는 수산화 칼슘($Ca(OH)_2$) 수용액이므로 수산화 나트륨(NaOH) 수용액과 석회수에는 공통적으로 OH^-이 들어 있고, 지시약의 색 변화가 같다. 따라서 ㉠은 '붉은색', ㉡은 '파란색', ㉢은 '노란색'이 적절하다.

5 BTB 용액을 파란색으로 변화시키는 것은 염기이고, 노란색으로 변화시키는 것은 산이다. 따라서 수용액 A는 염기성 용액이고, 수용액 B는 산성 용액이다.
ㄱ. 수용액의 pH는 염기성 용액인 A가 산성 용액인 B보다 크다.
ㄴ. 수용액 A는 염기성 용액으로 단백질을 녹이는 성질이 있어 손으로 만지면 미끈거린다.
ㄷ. BTB 용액을 노란색으로 변화시키는 물질은 B의 양이온인 H^+이다.

시험대비교재 ⇨ 54쪽~55쪽

03 중화 반응

1 ㄷ　**2** ③　**3** ⑤　**4** ③　**5** ⑤　**6** ㄴ, ㄷ

1 (가)는 H^+이 들어 있으므로 산성 용액이고, (나)는 OH^-이 들어 있으므로 염기성 용액이다.
ㄷ. (가)와 (나)를 혼합하면 중화 반응이 일어나 중화열이 발생하므로 용액의 온도가 높아진다.
바로알기 ㄱ. (가)는 산성 용액이므로 페놀프탈레인 용액을 떨어뜨려도 색이 변하지 않는다.
ㄴ. (나)는 염기성 용액이므로 마그네슘 조각을 넣어도 반응이 일어나지 않는다.

2 ㄱ. 수산화 나트륨 수용액을 넣기 전 묽은 염산에 존재하는 양이온 ●은 H^+이고, 묽은 염산에 수산화 나트륨 수용액을 넣은 뒤 (가)에 존재하는 □은 중화 반응에 참여하지 않는 Na^+이다.

또, (가)에 수산화 칼륨 수용액을 넣은 뒤 (나)에 존재하는 △은 중화 반응에 참여하지 않는 K^+이다.

ㄴ. (가)는 중화 반응이 절반만 일어난 상태이고, (나)는 중화 반응이 완전히 일어난 상태이므로 (나)에서 중화열이 더 많이 발생한다. 따라서 용액의 최고 온도는 (나)가 (가)보다 높다.

바로알기 ㄷ. 수산화 나트륨 수용액과 수산화 칼륨 수용액을 넣기 전 묽은 염산에는 H^+ 4개, Cl^- 4개가 존재하고, 수산화 나트륨 수용액에는 Na^+ 2개, OH^- 2개가 존재한다. 또, 수산화 칼륨 수용액에는 K^+ 2개, OH^- 2개가 존재한다. 따라서 (가)에는 H^+ 2개, Cl^- 4개, Na^+ 2개가 존재하고, (나)에는 Cl^- 4개, Na^+ 2개, K^+ 2개가 존재한다. 즉, 용액에 들어 있는 음이온(Cl^-) 수는 4로 (가)와 (나)가 같다.

3 ⊙은 처음에는 없다가 중화 반응이 어느 정도 진행된 이후부터 증가하므로 중화 반응에 참여하는 이온인 OH^-이다.
중화 반응에서 OH^- 수는 중화점 이후부터 증가하기 시작하므로 수산화 나트륨 수용액 10 mL를 넣어 준 지점이 중화점이다. 따라서 중화 반응으로 생성된 물 분자 수는 수산화 나트륨 수용액을 10 mL 넣어 준 지점(중화점)까지 증가하다가 이후 일정하게 유지된다. 따라서 x는 10이다.

4 (나)(묽은 염산 20 mL＋수산화 나트륨 수용액 20 mL)에서 혼합 용액의 최고 온도가 가장 높으므로 완전히 중화되었고, 묽은 염산과 수산화 나트륨 수용액은 1：1의 부피비로 반응함을 알 수 있다.
ㄱ. (가)(묽은 염산 10 mL＋수산화 나트륨 수용액 30 mL)에서는 묽은 염산 10 mL와 수산화 나트륨 수용액 10 mL가 반응하고, 반응하지 않은 OH^-이 남아 있다. 따라서 (가)의 액성은 염기성이고, BTB 용액을 떨어뜨리면 파란색을 띤다.
ㄴ. (나)는 완전히 중화된 상태이므로 Cl^-과 Na^+이 같은 수로 들어 있다.
바로알기 ㄷ. (가)와 (다)(묽은 염산 30 mL＋수산화 나트륨 수용액 10 mL)에서 모두 묽은 염산 10 mL와 수산화 나트륨 수용액 10 mL가 반응하여 물을 생성하므로 생성된 물의 양은 (가)와 (다)가 같다.

5 ㄱ. A(묽은 염산 4 mL＋수산화 나트륨 수용액 20 mL)에서는 묽은 염산 4 mL와 수산화 나트륨 수용액 4 mL가 반응하고, 반응하지 않은 OH^-이 남아 있다. 따라서 A의 액성은 염기성이고, pH는 7보다 크다.
ㄴ. B에서 혼합 용액의 최고 온도가 가장 높으므로 완전히 중화되었고, 생성된 물의 양이 가장 많다.
ㄷ. C(묽은 염산 20 mL＋수산화 나트륨 수용액 4 mL)에는 넣어 준 묽은 염산의 양이 수산화 나트륨 수용액의 양보다 많고, Cl^-은 중화 반응에 참여하지 않으므로 C에 가장 많이 존재하는 이온은 Cl^-이다.

6 ㄴ, ㄷ. 산성비의 원인이 되는 이산화 황을 염기성 물질인 산화 칼슘으로 제거하거나, 김치의 신맛을 줄이기 위해 염기성 물질인 소다를 넣는 것은 중화 반응을 이용하는 예이다.
바로알기 ㄱ. 표백제로 옷을 하얗게 만드는 것은 산화 환원 반응을 이용하는 예이다.

Ⅲ-❷ 생물 다양성과 유지

시험대비교재 ⇨ 56쪽～57쪽

01 지질 시대의 환경과 생물

1 ④　**2** ④　**3** ②　**4** ④　**5** ③

1 ① 지질 시대는 생물계의 큰 변화(화석의 변화) 등을 기준으로 구분한다.
② 지질 시대의 길이를 비교하면, 선캄브리아 시대(88.2 %)≫고생대(6.3 %)＞중생대(4.1 %)＞신생대(1.4 %)이다.
③ 고생대에는 대기 중 산소량 증가로 오존층이 두꺼워져 자외선을 차단하였고, 그 결과 육상 생물이 출현하였다.
⑤ 신생대에는 넓은 초원이 형성되어 초식 동물이 진화할 수 있었다.
바로알기 ④ 중생대는 전반적으로 온난한 기후로, 빙하기가 없었다. 공룡은 운석 충돌 등의 원인으로 멸종하였다.

2 (가)에서 A는 시상 화석, B는 표준 화석이다.
ㄴ. (나) 삼엽충은 고생대의 바다에서 번성했던 생물이다.
ㄷ. (다) 산호 화석은 시상 화석이다. 산호는 현재에도 따뜻하고 수심이 얕은 바다에서 서식하고 있다.
바로알기 ㄱ. (나) 삼엽충은 고생대에만 살았던 생물이기 때문에 (가)에서 표준 화석인 B에 해당한다.

3 ㄴ. 고생대 말에는 평균 기온이 큰 폭으로 하강하는 대규모의 빙하기가 있었다.
바로알기 ㄱ. 화폐석은 신생대의 바다에서 번성했던 생물이다.
ㄷ. 고생대 말에는 판게아가 형성되어 많은 해양 생물의 서식지인 대륙붕의 면적이 감소하여 해양 생물의 개체 수가 크게 감소하였다.

4 ④ 중생대에 공룡과 같은 파충류와 암모나이트가 번성하였고 시조새가 출현하였다.
바로알기 ① 속씨식물과 포유류는 신생대에 번성하였다.
② 고생대에는 오존층이 두꺼워져 자외선을 차단하면서 최초의 육상 생물이 출현하였다.
③ 중생대에 번성하였던 암모나이트는 단단한 껍데기를 가지고 있었다.
⑤ 선캄브리아 시대에는 오랜 시간 지각 변동을 받아서 남아 있는 화석이 드물다.

5 ㄱ, ㄴ. 지질 시대 동안 대멸종은 5회가 일어났으며, 그중 고생대 말에 판게아 형성, 빙하기 등 복합적인 환경 변화가 일어나 지질 시대 동안 가장 큰 규모의 대멸종이 일어났다.
바로알기 ㄷ. 대멸종 이후 새로운 환경에 적응한 생물은 다양한 종으로 진화하여 생물 다양성이 증가하는 계기가 된다.

시험대비교재 ⇨ 57쪽～59쪽

02 자연 선택과 생물의 진화

1 ③　**2** ④　**3** ③　**4** ④　**5** ⑤　**6** ③　**7** ③

1 ㄱ, ㄷ. 이 현상은 개체가 가진 유전자의 차이로 나타나는 유전적 변이의 예이다. 유전적 변이는 형질이 자손에게 유전되어 진화의 원동력이 된다.

바로알기 ㄴ. 유전적 변이는 개체가 가진 유전자의 차이로 나타난다. 환경의 영향으로 나타나는 변이는 비유전적 변이이다.

2 ㄴ. 환경에 적응하기 유리한 변이를 가진 개체는 그렇지 않은 개체에 비해 생존 경쟁에서 살아남을 가능성이 높다.

ㄷ. 생물은 먹이나 생활 공간 등 주어진 환경에서 살아남을 수 있는 것보다 많은 수의 자손을 낳는다.

바로알기 ㄱ. 변이는 환경 변화로 나타나는 것이 아니라 돌연변이 등에 의한 유전자 차이로 나타난다.

3 ③ 생물은 주어진 환경에서 살아남을 수 있는 것보다 많은 수의 자손을 낳는다. 형질의 차이를 나타내는 개체들 사이에서 생존 경쟁이 일어나고, 환경에 적합한 개체가 더 많이 살아남아 자손을 남긴다. 이와 같은 자연 선택 과정이 오랫동안 누적되어 생물의 진화가 일어난다.

4 ① 자연 선택설은 다윈이 제안하였다.

② 다윈은 변이와 자연 선택을 기초로 진화를 설명하였다.

③ 자연 선택설은 유전자의 역할이 밝혀지기 전에 제안되었기 때문에 변이의 원인을 설명하지 못하였고, 부모의 형질이 자손에게 유전되는 원리를 명확하게 설명하지 못하였다.

⑤ 자연 선택설은 제국주의의 출현과 식민 지배를 정당화하는 데에도 영향을 주었다.

바로알기 ④ 자연 선택설에 의하면 같은 종의 개체들 사이에는 다양한 변이가 존재한다. 따라서 목을 계속 늘여서 기린의 목 길이가 변화한 것이 아니라 처음부터 목 길이가 다양한 기린이 있었다.

5 ㄱ. 핀치 부리는 진화가 일어나기 전부터 다양한 변이가 있었다.

ㄴ. 처음에는 부리의 모양이 다양한 남아메리카의 핀치로 모두 같은 종이었지만, 갈라파고스 군도의 각 섬에 적응하는 과정에서 환경에 적합한 변이를 가진 핀치가 자연 선택되어 다른 종의 핀치로 진화하였다.

ㄷ. 핀치의 부리 모양은 각 섬의 먹이의 종류에 따라 자연 선택된 것으로 먹이가 직접적인 원인으로 작용하였다.

6 ① 집단 (가)의 바퀴벌레는 대부분 살충제 내성이 없는 바퀴벌레로 살충제를 살포하면 대부분 죽는다.

② 지속적으로 살충제를 살포하면 살충제 내성 바퀴벌레가 살아남아 증식하므로 집단 (나)에는 살충제 내성 바퀴벌레가 대부분을 차지한다.

④ 살충제를 살포하면 살충제 내성이 있는 바퀴벌레가 자연 선택된다.

⑤ 살충제 살포를 중지해도 집단 (나)의 바퀴벌레가 번식하기 때문에 살충제 내성 바퀴벌레는 사라지지 않는다.

바로알기 ③ 살아남은 바퀴벌레는 살충제에 내성이 있는 개체들이며, 살충제 내성 바퀴벌레는 이미 기존 집단에 존재하고 있었다.

7 ㄱ. 변이는 (가)에서 이미 존재하였다.

ㄷ. 항생제 내성 세균 집단이 형성되는 것도 자연 선택으로 설명할 수 있다.

바로알기 ㄴ. 환경 변화가 일어난 후 자연 선택이 일어나 일부 개체만 살아남았다.

시험대비교재 ⇨ 60쪽~61쪽

03 생물 다양성과 보전

1 ⑤ **2** ③ **3** ① **4** ③ **5** ⑤ **6** ⑤

1 ㄱ. (가)는 종 다양성, (나)는 유전적 다양성, (다)는 생태계 다양성에 대한 설명이다.

ㄴ. 딱정벌레의 생김새가 개체마다 다른 것은 같은 생물종이라도 개체마다 가진 유전자에 차이가 있어 형질이 다양하게 나타나기 때문이다.

ㄷ. 생태계 다양성은 강수량, 위도, 기온, 계절의 영향 등 환경의 차이로 인해 나타난다.

2 ㄱ. (가)를 통해 유전적으로 동일한 단일 품종은 환경 변화에 취약함을 알 수 있다. 즉, 유전적 다양성이 낮은 생물종은 환경이 급격하게 변하였을 때 살아남는 개체가 있을 가능성이 낮다.

ㄴ. (나)를 통해 단일 품종 농작물의 대량 재배는 다른 생물종의 멸종을 초래해 종 다양성을 감소시킬 수 있다는 것을 알 수 있다.

바로알기 ㄷ. 통일벼는 다른 품종과의 교배를 통해 얻은 신품종으로 유전자 변형 생물체(GMO)가 아니다.

3 ② (가)와 (나)는 모두 4종으로 서식하는 생물종 수가 같다.

③, ④ 종 다양성은 일정한 지역에 얼마나 많은 생물종이 고르게 분포하며 살고 있는지를 나타낸 것이다. (나)는 (가)에 비해 생물종이 고르게 분포하고 있으므로 종 다양성이 높다.

⑤ 안정된 생태계는 생태계 평형이 쉽게 깨지지 않는다. 따라서 (나)는 (가)에 비해 급격한 환경 변화가 일어나도 생태계 평형이 쉽게 깨지지 않는다.

바로알기 ① 종 다양성이 높을수록 생태계가 안정적으로 유지되기 때문에 (나)는 (가)에 비해 안정된 생태계이다.

4 ㄱ. 곤충의 생물종 수가 가장 많으므로 곤충의 종 다양성이 가장 높다.

ㄷ. 균계는 100000종의 생물종이 있고, 곤충은 1000000종의 생물종이 있으므로 균계보다 곤충의 생물종 수가 10배 더 많다.

바로알기 ㄴ. 유전적 다양성은 같은 생물종에서 나타나는 유전자 차이로 인한 것이므로, 이 자료만 가지고는 알 수 없다.

5 ㄱ. 생물 자원은 식량뿐만 아니라 의복의 재료와 주택 재료로도 이용된다.

ㄴ. 병충해 저항성 유전자를 이용하여 새로운 농작물을 개발한다.

ㄷ. 생물 자원은 휴식 장소, 여가 활동 장소, 생태 관광 장소 등을 제공한다.

6 ㄴ. 철도나 도로 등의 건설로 서식지가 분할되면 서식지 면적이 줄어들고, 생물종의 이동을 제한하여 고립시키므로 생물종 수가 감소한다.

ㄷ. 서식지 가장자리에 사는 생물종 A, B보다 서식지 내부에 사는 생물종 C, D, E가 영향을 더 크게 받은 것으로 보아 서식지 내부에 사는 생물종일수록 서식지 분할에 영향을 더 크게 받는다.

바로알기 ㄱ. 서식지가 분할되기 전에는 생물종 수가 5종이었지만, 서식지가 분할된 이후에는 서식지 면적이 줄어들어 생물종 수가 4종으로 감소하였다.

IV – ❶ 생태계와 환경

시험대비교재 ➡ 62쪽~64쪽

01 생태계 구성 요소와 환경

1 ④ **2** ⑤ **3** ④ **4** ⑤ **5** ③ **6** ⑤ **7** ⑤ **8** ②

1 ① 생산자와 소비자, 생산자와 분해자, 소비자와 분해자는 서로 영향을 주고받는다.
② 생태계는 생태계에 존재하는 모든 생물 포함하는 생물적 요인과 생물을 둘러싸고 있는 환경 요인인 비생물적 요인으로 구성된다.
③, ⑤ 생물적 요인은 생태계에서의 역할에 따라 생산자, 소비자, 분해자로 구분하며, 비생물적 요인에는 빛, 온도, 물, 토양, 공기 등이 있다.
바로알기 ④ 버섯은 광합성을 하지 못하며, 죽은 생물이나 배설물을 분해하여 양분을 얻는 분해자이다. 토끼는 초식 동물로 식물을 섭취하여 양분을 얻는 소비자이다.

2 ① 생산자는 빛, 이산화 탄소, 물을 이용해 광합성을 하여 생명 활동에 필요한 양분을 스스로 합성한다.
② 모든 생물은 서로 영향을 주고받는다. 그러므로 생산자와 분해자도 서로 영향을 주고받는다.
③ 분해자는 세균, 버섯, 곰팡이 등으로 죽은 생물이나 다른 생물의 배설물을 분해하여 양분을 얻는다.
④ ㉠은 비생물적 요인이 생물의 형태와 생활 방식에 영향을 주는 것이고, ㉡은 생물이 비생물적 요인에 영향을 주는 것이다. 일조량(비생물적 요인)이 식물(생물)의 광합성에 영향을 주는 것은 ㉠에 해당한다.
바로알기 ⑤ 철새가 계절에 따라 이동하는 것은 온도(비생물적 요인)가 철새(생물)의 행동에 영향을 주는 것이므로 ㉠에 해당한다.

3 ㄱ, ㄴ. 한 식물에서도 강한 빛을 받는 잎은 울타리 조직이 발달되어 있어 약한 빛을 받는 잎보다 두껍고 좁다. 따라서 (가)는 강한 빛을 받는 잎, (나)는 약한 빛을 받는 잎이다.

바로알기 ㄷ. 약한 빛을 받는 잎은 빛을 효율적으로 흡수하기 위해 강한 빛을 받는 잎보다 얇고 넓게 발달되어 있다.

4 ① A는 녹조류, B는 갈조류, C는 홍조류이다.
② 바다의 깊이에 따라 도달하는 빛의 파장과 양이 다르기 때문에 바다에 깊이에 따라 서식하는 해조류가 다르다.
③ 얕은 바다에는 파장이 긴 적색광을 주로 이용하는 녹조류가 분포하고, 깊은 바다에는 파장이 짧은 청색광을 주로 이용하는 홍조류가 많이 분포한다.
④ 생물(해조류)이 환경(빛)에 영향을 받아 나타난 것이다.
바로알기 ⑤ 개체군은 같은 종의 개체들의 무리이다. B(갈조류)와 C(홍조류)는 서로 다른 종이므로 서로 다른 개체군을 형성한다.

5 ③ 일조 시간은 식물의 개화나 동물의 생식에 영향을 준다. 종달새와 꾀꼬리는 일조 시간이 길어지는 봄에 번식하지만, 송어와 사슴은 일조 시간이 짧아지는 가을에 번식한다.

6 ① 선인장 잎이 가시로 변한 것은 잎을 통한 수분 손실을 최소화하기 위한 것으로 건조한 환경에 적응한 현상이다.
② 건조한 지역에 사는 식물에 물을 저장하는 저수 조직이 발달한 것은 수분 손실을 방지하기 위한 적응 현상이다.
③ 곤충의 몸 표면이 키틴질로 되어 있고, 조류의 알이 단단한 껍데기로 싸여 있는 것은 수분 증발을 방지하기 위한 적응 현상이다.
④ 사막에 사는 포유류가 진한 오줌을 배설하는 것은 수분 손실을 방지하기 위한 적응 현상이다.
바로알기 ⑤ 대부분의 육상 식물은 뿌리, 줄기, 잎이 발달하였지만, 수련, 생이가래 등과 같이 물에 사는 식물은 관다발이나 뿌리가 잘 발달하지 않았다.

7 ⑤ 고산 지대에 사는 사람들이 고산병에 걸리지 않는 것은 낮은 지대에 사는 사람보다 적혈구 수가 많아 산소가 부족한 환경에 잘 적응하기 때문이다.

8 (가) 파충류의 몸 표면이 비늘로 덮여 있는 것은 몸 속 수분을 보존하기 위한 것이다.
(나) 일조 시간은 식물의 개화나 동물의 생식에 영향을 준다.
(다) 바다의 깊이에 따라 도달하는 빛의 파장과 양이 다르기 때문에 서식하는 해조류의 종류가 다르다.
(라) 추운 지방에 사는 동물일수록 깃털이나 털이 발달되어 있고, 피하 지방층이 두꺼워 몸에서 열이 빠져나가는 것을 막는다. 이는 온도에 영향을 받아 나타난 것이다.

시험대비교재 ➡ 64쪽~65쪽

02 생태계 평형

1 ③ **2** ③ **3** ⑤

1 ㄱ. 생산자는 빛, 이산화 탄소, 물을 이용해 광합성을 하여 에너지를 얻는다.

ㄷ. 상위 영양 단계로 갈수록 전달되는 에너지양은 감소한다.

(바로알기) ㄴ. 유기물에 저장된 에너지는 생명 활동에 사용되어 열에너지로 방출되고, 나머지 중 일부가 상위 영양 단계로 전달된다.

2 ㄱ. B가 사라지면 B만을 먹이로 하는 E가 사라지고, E만을 먹이로 하는 H도 사라진다.

ㄴ. 에너지는 하위 영양 단계에서 상위 영양 단계로 이동한다. 따라서 D는 A와 B로부터 에너지를 얻는다.

(바로알기) ㄷ. F가 사라지면, 일시적으로 C의 개체 수가 증가하게 되고, C가 먹이로 하는 A의 개체 수는 감소하게 된다.

3 ㄱ, ㄴ. 인공 하천을 자연형 하천으로 복원하면 생물들의 서식 환경이 회복되어 다양한 생물이 서식할 수 있게 된다.

ㄷ. 자연형 하천은 콘크리트 제방 대신 나무, 돌, 흙과 같은 자연 재료를 이용하여 하천 주변에 습지와 식물 군집을 조성한 것이다.

시험대비교재 ⇨ 65쪽~66쪽

03 지구 환경 변화와 인간 생활

1 ㄱ, ㄷ **2** ④ **3** ⑤ **4** ①

1 ㄱ, ㄷ. A가 증가하면 온실 효과 증가로 인해 지구 온난화가 일어난다. 그 결과 대륙 빙하의 면적(D)은 감소하고, 해수면의 높이(B)는 높아져 육지의 면적(C)은 감소하게 된다.

(바로알기) ㄴ. 대륙 빙하의 면적(D)이 감소한다는 것은 빙하가 녹는다는 것을 의미하므로 해수면의 높이는 상승한다. 따라서 대륙 빙하의 면적(D)과 해수면의 높이(B)는 반비례 관계이다.

2 A는 극순환, B는 페렐 순환, C는 해들리 순환이다. 위도 60°N~극의 지상에서는 극동풍, 위도 30°N~60°N의 지상에서는 편서풍, 적도~30°N의 지상에서는 무역풍이 분다.

ㄴ. (다)에서는 상승 기류에 의한 저압대가 형성되어 강수량이 많고, (나)에서는 하강 기류에 의한 고압대가 형성되어 강수량이 적다.

ㄷ. 지구가 자전하지 않는다면 대기의 순환은 1개의 순환 세포로 단순하게 나타날 것이다. 지구가 자전하기 때문에 대기의 순환은 적도에서 극 사이에 3개의 순환 세포로 나타난다.

(바로알기) ㄱ. 위도 30°N~60°N에서는 B 순환(페렐 순환)의 영향으로 지상에서 바람이 저위도에서 고위도로 불며, 지구 자전의 영향으로 바람의 방향이 오른쪽으로 휘어져 편서풍이 분다.

3 ① 사막은 강수량보다 증발량이 많은 지역에 분포한다. 중위도 지역에서는 고압대가 발달하여 강수량이 적고 증발량이 많다.
② 대기 대순환의 변화로 증발량이 많아지고 강수량이 줄어드는 경우에 사막화가 발생한다.

③ 지구 온난화의 영향으로 강수량과 증발량이 변화하여 사막화가 가속되고 있다.
④ 중국 사막 지역의 모래 먼지가 서에서 동으로 부는 편서풍을 타고 우리나라로 날아오므로 중국의 사막 지역이 넓어지면 우리나라에는 황사로 인한 피해가 커질 것이다.

(바로알기) ⑤ 과도한 방목이나 삼림 벌채는 사막화의 인위적인 원인이 된다. 따라서 지나친 가축의 방목을 줄여야 한다.

4 ㄱ. (가)에서 무역풍이 약하게 불면 엘니뇨가 발생한다. (나)에서 무역풍이 강하게 불면 라니냐가 발생한다.

(바로알기) ㄴ. (나)에서 무역풍이 강하게 불면, 적도 부근의 따뜻한 해수가 서쪽으로 강하게 이동하여 페루 연안에서는 찬 해수가 올라오는 현상이 활발하게 일어나 표층 수온이 낮아진다.

ㄷ. 수온이 낮아지면 강수량이 감소한다. 페루 연안의 표층 수온은 (가)보다 (나)에서 더 낮으므로 강수량은 (나)에서 더 적다.

시험대비교재 ⇨ 67쪽

04. 에너지의 전환과 효율적 이용

1 ① **2** ① **3** ③ **4** ④

1 • 광합성 : 태양의 빛에너지 → (가)화학 에너지
• 반딧불이 : 몸속의 화학 에너지 → (나)빛에너지
• 휴대 전화 충전 : (다)전기 에너지 → 배터리의 화학 에너지
• 발전기 : 운동 에너지 → (라)전기 에너지

2 ㄱ. 열기관에 공급된 열에너지(Q_1)는 외부에 일(W)을 하고 남은 열에너지(Q_2)가 저열원으로 빠져나간다. 따라서 $Q_1 = W + Q_2$에서 $W = Q_1 - Q_2$이다.

(바로알기) ㄴ. 열효율은 공급한 열에너지 중 열기관이 한 일의 비율로, $\dfrac{W}{Q_1}$이다.

ㄷ. 공급한 열에너지 양이 같을 때 Q_2가 많을수록 버려지는 열에너지가 많아지므로 한 일의 양이 줄어든다. 따라서 열효율이 낮다.

3 열효율(%) $= \dfrac{\text{열기관이 한 일}}{\text{공급한 열에너지}} \times 100 = \dfrac{240}{Q_1} \times 100 = 40(\%)$ 이므로 $Q_1 = 600$ J이다. 따라서 저열원으로 빠져나가는 에너지는 $Q_2 = 600$ J $- 240$ J $= 360$ J이다.

4 ㄱ. 풍력 발전기는 바람의 운동 에너지를 전기 에너지로 전환한다.

ㄷ. 에너지 효율(%) $= \dfrac{\text{유용하게 사용된 에너지의 양}}{\text{공급한 에너지의 양}} \times 100$이므로, 공급한 에너지의 양이 같을 때 에너지 효율이 높을수록 유용하게 사용된 에너지의 양이 많다.

(바로알기) ㄴ. 하이브리드 자동차는 엔진, 배터리, 전기 모터를 함께 사용하는 자동차로, 운행 중 버려지는 에너지의 일부를 전기 에너지로 전환하여 다시 사용하므로 일반 자동차보다 에너지 효율이 높다.

IV - ❷ 발전과 신재생 에너지

시험대비교재 ➪ 68쪽~69쪽

01 전기 에너지의 생산과 수송

1 ④　**2** ⑤　**3** ⑤　**4** ⑤

1 ㄱ. 코일 위쪽에 N극이 유도되어 막대자석과 코일 사이에 밀어내는 힘이 작용한다.
ㄴ. 유도 전류의 세기는 자석의 빠르기에 비례하므로 자석을 빠르게 움직일수록 유도 전류가 더 많이 흐른다. 따라서 검류계의 바늘이 더 큰 폭으로 움직인다.
바로알기 ㄷ. 코일에 막대자석의 S극을 가까이 할 때 코일 위쪽에 S극이 유도되므로 코일에 막대자석의 N극을 가까이 할 때와 유도 전류의 방향이 반대가 된다.

2 ㄱ, ㄷ. 발전기의 코일을 회전시키면 코일을 통과하는 자기장이 변하므로 전자기 유도에 의해 유도 기전력이 발생한다.
ㄴ. 코일을 빠르게 회전시킬수록 자기장의 변화가 빨라지므로 유도 전류의 세기가 세진다.

3 ㄴ, ㄷ. B는 터빈과 발전기로, 터빈을 회전시키면 터빈에 연결된 발전기의 자석이 회전하면서 전자기 유도에 의해 전기 에너지를 생산한다.
바로알기 ㄱ. A는 핵발전으로, 우라늄과 같은 핵연료를 사용한다.

4 변압기에서 코일의 감은 수와 전압의 관계는 $\dfrac{V_1}{V_2}=\dfrac{N_1}{N_2}$에서 $\dfrac{120\text{ V}}{40\text{ V}}=\dfrac{N_1}{N_2}$이므로 $N_1 : N_2 = 3 : 1$이다.

시험대비교재 ➪ 69쪽

02 태양 에너지 생성과 전환

1 ⑤　**2** ③

1 태양 중심부에서는 수소 원자핵 4개가 모여 헬륨 원자핵 1개가 되는 과정에서 에너지를 방출하는 수소 핵융합 반응이 일어난다.

2 ㄱ. 가벼운 원소가 결합해 무거운 원소가 되는 반응을 핵융합 반응이라고 한다.
ㄷ. 핵반응 과정에서 핵반응 후의 질량의 합이 핵반응 전의 질량의 합보다 감소하는데, 이때 감소한 질량에 해당하는 에너지가 태양 에너지이다.
바로알기 ㄴ. 수소 핵융합 반응은 초고온 상태인 태양 중심부에서 일어난다.

시험대비교재 ➪ 70쪽~71쪽

03 미래를 위한 에너지

1 ④　**2** ①　**3** ②　**4** ④　**5** ⑤　**6** ⑤

1 ① 화석 연료는 매장량이 한정되어 있어 앞으로 고갈될 위험이 있다.

②, ③ 화석 연료인 석탄, 석유, 천연가스는 빛에너지, 열에너지, 운동 에너지(열기관), 전기 에너지(화력 발전소) 등으로 전환되어 이용되며, 현재 가장 많이 사용되고 있다.
⑤ 화석 연료를 태워서 나오는 열에너지로 물을 끓이고, 이때 나온 증기의 힘으로 터빈을 돌릴 수 있다. 화석 연료가 운동 에너지와 전기 에너지의 에너지원으로 쓰이게 되면서 현대 문명이 이루어졌다.
바로알기 ④ 에너지 전환이 일어날 때 전환되는 에너지의 일부가 항상 열에너지로 전환되며, 최종적으로는 모두 열에너지의 형태로 전환되므로 쉽게 재생하여 사용할 수 없다.

2 ㄴ. 감속재는 중성자의 속도를 느리게 하여 핵분열이 연쇄적으로 일어나게 하기 위해 사용되는 물질이다.
바로알기 ㄱ. 원자로 안에서 일어나는 우라늄의 핵분열 반응으로, 태양 중심부에서는 수소 핵융합 반응이 일어난다.
ㄷ. 제어봉은 중성자를 흡수하는 장치로, 중성자의 수를 줄여 연쇄 반응의 속도를 조절한다.

3 ㄴ. 핵발전은 우라늄과 같은 핵연료를 연소할 때 발생하는 에너지로 물을 끓이고, 이때 발생한 증기로 터빈을 회전시켜 전기 에너지를 생산한다.
바로알기 ㄱ. 감속재는 중성자의 속도를 느리게 하여 핵분열 반응이 잘 일어날 수 있도록 하는 물질이다.
ㄷ. 핵발전은 연료비가 저렴하고, 에너지 효율이 높아 대용량 발전이 가능하다.

4 ㄴ. 연료 전지는 수소(A)와 산소의 화학 반응에 의해 전기 에너지를 생산하는 장치이다.
ㄷ. 태양광 발전과 연료 전지는 신재생 에너지를 활용한 발전 방식으로, 연료의 연소 장치가 없어 환경 문제가 거의 없다.
바로알기 ㄱ. (가)의 에너지원은 태양 에너지로, 무한한 에너지원이다.

5 ⑤ 신재생 에너지를 실생활에서 이용하기 위해서는 꾸준한 기술 개발과 과학의 발전이 필요하다.
바로알기 ① 신재생 에너지는 지속적인 에너지 공급이 가능하다.
② 신재생 에너지는 기존 에너지원에 비해 대체적으로 개발비나 설치비가 많이 든다.
③ 수소 에너지는 아직 연구 및 실험이 더 필요한 단계이므로 실생활에서 직접적으로 사용되고 있지 않다.
④ 신재생 에너지는 기존의 화석 연료와 핵에너지를 대체할 수 있는 에너지이다.

6 ① 태양광 발전은 태양 전지를 여러 장 붙여서 사용하면 넓은 공간에 설치해야 하므로 초기 시설 비용이 많이 들고 발전 단가가 높다.
② 풍력 에너지는 바람이 지속적으로 부는 곳에서 이용할 수 있다.
③ 지열 에너지는 판의 경계나 화산 지대에서 이용할 수 있다.
④ 바이오 에너지는 폐목재, 쓰레기 등을 화석 연료 대신 사용하여 전기 에너지를 생산하고, 이때 나온 폐열로 지역 난방을 할 수 있다.
바로알기 ⑤ 조력 발전은 발전을 위한 방조제를 쌓고 댐을 건설하는 데 비용이 많이 든다.

대단원 고난도 문제

I 물질과 규칙성

1 ① **2** ② **3** ② **4** ③ **5** ⑤ **6** ④ **7** ① **8** ③

1 ㄱ. 빅뱅 이후 시간이 지남에 따라 우주가 팽창하면서 우주의 온도는 낮아지고, 밀도는 작아졌다.

ㄷ. C 시기에 원자핵과 전자가 결합하면서 우주로 퍼져 나간 빛은 파장이 길어져 현재 우주 배경 복사로 관측된다.

[바로알기] ㄴ. 양성자와 중성자의 개수비는 A 직후에 약 1 : 1이었으나 B 직전에는 약 7 : 1이었다.

ㄹ. C 시기에는 수소 원자와 헬륨 원자가 만들어졌으며, 더 무거운 원소인 산소와 탄소는 수억 년 후 별의 내부에서 핵융합 반응으로 생성되었다.

2 (가)는 주계열성, (나)는 적색 거성으로 진화하는 단계이다.

ㄴ. (나)는 헬륨핵 바깥층에서 수소 핵융합 반응이 일어나 별이 팽창하면서 표면 온도가 낮아져 적색 거성으로 진화하는 단계이므로 반지름은 (나)가 (가)보다 더 크다.

[바로알기] ㄱ. (가)는 중심부에서 수소 핵융합 반응이 일어나는 주계열성이므로 중력과 내부 압력이 평형을 이루어 별의 크기가 일정하게 유지된다.

ㄷ. (나)에서는 별의 크기가 매우 커지면서 표면 온도가 낮아져 붉게 보인다. 따라서 표면 온도는 (나)가 (가)보다 더 낮다.

3 A는 수소(H), B는 산소(O), C는 나트륨(Na), D는 염소(Cl)이다.

ㄴ. 같은 족 원소는 원자가 전자 수가 같다. 따라서 1족 원소인 A(H)와 C(Na)는 원자가 전자 수가 1로 같다. 16족 원소인 B(O)는 원자가 전자 수가 6이고, 17족 원소인 D(Cl)는 원자가 전자 수가 7이다.

[바로알기] ㄱ. 비금속 원소는 A(H), B(O), D(Cl)로 세 가지이다.

ㄷ. 나트륨은 염소와 격렬하게 반응하여 염화 나트륨(NaCl)을 생성하므로 C(Na)와 D(Cl)가 반응하여 생성된 화합물의 화학식은 CD(NaCl)이다.

4 A는 탄소(C), B는 질소(N)이다. C^+은 전자를 1개 잃고 생성된 이온이므로 나트륨 이온(Na^+)이고, D^-은 전자를 1개 얻어 생성된 이온이므로 플루오린화 이온(F^-)이다.

ㄷ. CD(NaF)는 이온 결합 물질이므로 액체 상태에서 전기 전도성이 있다.

[바로알기] ㄱ. B(N)는 전자가 들어 있는 전자 껍질 수가 2이므로 2주기 원소이다. $C^+(Na^+)$은 C(Na)가 가장 바깥 전자 껍질의 전자 1개를 잃고 생성된 양이온이므로 전자 껍질 1개가 줄어 2개가 되었다. 즉, C(Na)는 전자가 들어 있는 전자 껍질 수가 3이므로 3주기 원소이다. 따라서 B(N)와 C(Na)는 같은 주기의 원소가 아니다.

ㄴ. A(C)는 옥텟 규칙을 만족하기 위해 D(F) 4개와 각각 전자쌍 1개씩을 공유하는 결합을 하여 $AD_4(CF_4)$를 생성한다.

5 휘석은 규산염 사면체가 단사슬 구조를 이루는 광물이고, 흑운모는 규산염 사면체가 판상 구조를 이루는 광물이다. A는 판상 구조, B는 단사슬 구조이다.

ㄱ. 휘석의 결합 구조는 단사슬 구조인 B이고, 흑운모의 결합 구조는 판상 구조인 A이다.

ㄴ. A는 B보다 규산염 사면체와 규산염 사면체 사이의 공유 결합이 복잡하므로 풍화 작용에 강하다.

ㄷ. 휘석과 흑운모는 모두 규산염 사면체 사이의 결합이 약한 방향을 따라 쪼개지는 성질이 있다.

6 ㄴ. B는 단위체가 뉴클레오타이드이므로 DNA이다. DNA는 이중 나선 구조로 되어 있다.

ㄷ. C는 질소를 포함하고 있지 않은 녹말이다. 녹말은 여러 분자의 포도당이 결합한 것이다.

[바로알기] ㄱ. A는 단위체가 아미노산인 단백질이다. 단백질은 아미노산 배열 순서에 의해 구조가 결정되고 특정한 기능을 수행하지만, 유전 정보를 저장하고 있는 것은 아니다. 유전 정보는 DNA의 염기 서열에 저장되어 있다.

7 ㄱ. 이 핵산은 이중 나선 구조를 이루고 있으므로 DNA이다. DNA를 구성하는 당(가)은 디옥시리보스이다.

[바로알기] ㄴ. (나)는 염기와 염기의 결합으로 수소 결합이다.

ㄷ. 아데닌(A)과 상보적으로 결합하는 ㈀은 타이민(T)이고, 구아닌(G)과 상보적으로 결합하는 ㈁은 사이토신(C)이다.

8 임계 온도(T_0) 이하의 온도에서 전기 저항이 0이 되는 물질 A는 초전도체이다. 전기 저항이 0이 될 때 A는 (가)와 같이 자석을 밀어내는 마이스너 효과가 나타난다.

ㄱ. 액체 질소에 담긴 A가 자석을 밀어내고 있으므로 $T \leq T_0$이다.

ㄷ. A는 임계 온도 이하에서 센 전류를 흘릴 수 있으므로 강한 자기장을 만들 수 있다. 따라서 자기 공명 영상(MRI) 장치에 이용된다.

[바로알기] ㄴ. 자석의 아랫면을 S극으로 바꾸고 같은 위치에 놓아도 A는 $T \leq T_0$인 온도 T에서 외부 자기장을 밀어내는 성질이 있으므로 자석은 A로 떨어지지 않고, 떠 있다.

II 시스템과 상호 작용

1 ⑤ **2** ③ **3** ② **4** ③ **5** ③ **6** ⑤ **7** ③ **8** ③

1 ㄱ. 물체 B는 5 m/s의 속도로 수평 방향으로 등속 직선 운동을 한다. B가 출발한지 5초 후에 두 물체가 충돌하므로 두 물체가 떨어진 거리 $x = 5$ m/s $\times 5$ s $= 25$ m이다.

ㄴ. 물체 A는 처음 속도가 0이고 1초에 10 m/s씩 속도가 빨라지는 운동을 한다. 자유 낙하를 시작한지 5초 후에 충돌하므로 5초 후 물체 A의 속도는 10 m/s$\times 5 = 50$ m/s이다.

ㄷ. 공기 저항을 무시할 때 물체 B는 낙하하는 동안 중력만 받으므로 물체 B에 작용하는 힘의 크기는 일정하다.

2 ㄱ. A가 받은 충격량(=운동량의 변화량)$=2p_0-4p_0=-2p_0$, B가 받은 충격량(=운동량의 변화량)$=5p_0-3p_0=2p_0$이므로 두 충격량의 크기는 $2p_0$으로 같다.

ㄷ. 운동량의 변화량=질량×속도 변화량이므로 충돌로 인한 A의 속도 변화량의 크기$=\dfrac{2p_0}{m}$이고, B의 속도 변화량의 크기$=\dfrac{2p_0}{2m}=\dfrac{p_0}{m}$이다. 따라서 A의 속도 변화량의 크기는 B의 2배이다.

(바로알기) ㄴ. A가 B로부터 받은 힘의 방향은 왼쪽(−) 방향이고, 충돌 후 A의 운동량의 방향은 오른쪽(+) 방향이므로 서로 반대이다.

3 ㄷ. (가) 시기에는 높이 올라갈수록 지구 복사 에너지의 영향이 감소하여 기온이 낮아지다가 태양 복사 에너지의 영향이 증가하여 기온이 상승했을 것이다. (나) 시기에는 오존층이 자외선을 흡수하여 높이 올라갈수록 기온이 상승하는 구간이 나타나므로 대류권, 성층권, 중간권, 열권의 구조를 보인다. 따라서 기권의 연직 구조는 (가) 시기보다 (나) 시기에 더 복잡해졌다.

(바로알기) ㄱ. 태양 복사의 자외선은 주로 오존층에서 차단된다. 따라서 오존층이 형성되기 전인 (가) 시기에는 태양 복사의 자외선이 차단되지 않아 자외선이 지표까지 도달하였다.

ㄴ. 오존층이 형성된 것은 해양 생물의 광합성에 의해 대기 중 산소 농도가 증가하였기 때문이다. 따라서 생물권은 (나) 시기 이전에 형성되었다.

4 ㄱ. 용존 물질 중 칼슘 이온(Ca^{2+})의 비율은 하천수에서 $\dfrac{15}{120}\times100=12.5\ \%$이고, 해수에서 $\dfrac{400}{35000}\times100≒1.1\ \%$이므로 하천수보다 해수에서 더 낮다.

ㄷ. 해저 화산이 폭발(지권)하면 화산 기체에 포함된 염소 기체(Cl_2)가 해수에 녹아 해수에 염화 이온(Cl^-)이 공급(수권)되므로 지권이 수권에 영향을 주는 D에 해당한다.

(바로알기) ㄴ. 탄산수소 이온(HCO_3^-)은 바다(수권)에서 칼슘 이온(Ca^{2+})과 반응하여 탄산염 형태로 침전(지권)되기 때문에 비율이 낮아진다. 따라서 해수에서 탄산수소 이온의 비율이 낮은 까닭은 주로 수권이 지권에 영향을 주는 C 때문이다.

5 ㄱ. A에는 해양 지각, B~D에는 대륙 지각이 있다. 해양 지각이 대륙 지각보다 얇으므로 지각의 두께가 가장 얇은 곳은 A이다.

ㄴ. B는 해구 부근에 위치하여 천발~심발 지진이 발생하고, C는 변환 단층대에 위치하여 천발 지진이 발생한다. 따라서 두 지역 모두 천발 지진이 발생한다.

(바로알기) ㄷ. D는 변환 단층을 기준으로 왼쪽에 있는 태평양판에 해당한다.

6 달걀 속껍질로 만든 주머니의 모양이 변한 것은 삼투에 의해 주머니 안팎으로 물이 이동하였기 때문이다.

ㄱ. 농도가 낮은 흙 속에서 농도가 높은 뿌리털로 들어오는 물의 양이 많아 식물이 물을 흡수하게 되는 것은 삼투에 의한 것이다.

ㄴ. 적혈구를 증류수에 넣으면 삼투에 의해 농도가 낮은 증류수에서 농도가 높은 적혈구 안으로 들어오는 물의 양이 많아 적혈구의 부피가 커지다가 터진다.

ㄷ. 배추에 소금을 뿌리면 삼투에 의해 농도가 낮은 배추 세포 속에서 농도가 높은 배추 세포 밖으로 빠져나가는 물의 양이 많아 배추의 숨이 죽는다.

7 ㄱ. (가)에서 효소는 반응 전후에 변하지 않아 반응 후 같은 종류의 새로운 반응물과 결합할 수 있다.

ㄴ. ㉠은 효소와 반응물이 결합한 상태이다. (나)에서 반응물의 농도가 S_2일 때 S_1일 때보다 초기 반응 속도가 빠르므로 ㉠의 생성 속도가 빠르다.

(바로알기) ㄷ. 효소 반응의 활성화 에너지는 반응물의 농도에 관계없이 일정하다.

8 ㄷ. RNA로 전사된 DNA 가닥과 전사된 RNA는 상보적인 염기의 비율이 서로 같다. 따라서 (나)와 상보적인 염기의 비율이 같은 (다)가 RNA로 전사된 DNA 가닥이다.

(바로알기) ㄱ. (가)와 (다)는 타이민(T)이 있으므로 DNA 이중 나선을 이루는 폴리뉴클레오타이드이다.

ㄴ. (가)와 (다)는 염기 조성 비율이 다르므로 염기 서열이 다르다.

III 변화와 다양성

시험대비교재 ⇨ 76쪽~77쪽

1 ⑤ **2** ③ **3** ① **4** ④ **5** ③ **6** ② **7** ① **8** ①

1 ㄱ, ㄴ. 어떤 물질이 전자를 잃고 산화되면 다른 물질은 전자를 얻어 환원되므로 A^{2+}이 전자를 얻어 금속 A로 환원되어 석출될 때 금속 B는 전자를 잃고 B 이온으로 산화된다.

ㄷ. A^{2+} 1개가 금속 A로 환원될 때 전자 2개를 얻는다. 이때 넣어 준 금속 B가 전자를 잃고 B 이온으로 산화되는데, 반응이 일어나더라도 용액의 양이온 수가 변하지 않으므로 A^{2+} 1개가 반응할 때 생성된 B 이온은 1개이다. 즉, A^{2+}이 전자 2개를 얻어 금속 A가 될 때, 금속 B는 전자 2개를 잃고 B^{2+}이 된다. 따라서 B 원자 1개가 반응할 때 이동하는 전자는 2개이다.

2 ㄱ. 용액은 전기적으로 중성이므로 (나)에서 X의 전하는 +2이다. 따라서 X의 전하는 H^+의 전하보다 크다.

ㄴ. (가)는 H^+이 존재하므로 산성 용액, (나)는 OH^-이 존재하므로 염기성 용액, (다)는 H^+과 OH^-이 모두 반응하였으므로 중성 용액이다. 따라서 용액의 pH는 (가)가 가장 작다.

(바로알기) ㄷ. (다)에서는 중화 반응이 일어나 중화열이 발생하므로 용액의 최고 온도는 (나)가 (다)보다 낮다.

3 ㄱ. 넣어 준 묽은 염산의 부피와 관계없이 그 수가 일정한 A는 중화 반응에 참여하지 않는 Na^+이고, 넣어 준 묽은 염산의 부피에 따라 그 수가 증가하는 B는 중화 반응에 참여하지 않는 Cl^-이다.

(바로알기) ㄴ. Na^+과 Cl^-의 수가 같아지는 ㉡이 중화점이므로 ㉡에서 용액의 액성은 중성이다.

ㄷ. ㉠은 중화 반응이 절반만 진행된 상태이고, ㉡은 중화점에 도달한 상태이므로 용액의 최고 온도는 ㉠이 ㉡보다 낮다.

4 A는 고생대, B는 중생대, C는 신생대이다.

ㄴ. 해양 무척추동물의 과의 수는 평균적으로 A 시대(고생대) 말기에는 500보다 적었고, B 시대(중생대) 말기에는 500보다 많았다. 지질 시대 동안 몇 번의 대멸종이 있었지만, 생물 과의 수는 대체로 증가해왔다. A 시대(고생대) 말기에 판게아 형성, 빙하기 등의 이유로 대멸종이 있었지만 그 이후 생물 과의 수는 꾸준히 증가하여 B 시대 말기에는 A 시대 말기보다 많아졌다.

ㄷ. 화폐석은 C 시대(신생대)에 바다에서 번성한 생물이다.

바로알기 ㄱ. 생물은 육지보다 바다에서 먼저 출현하였다. 오존층이 형성되기 전까지는 자외선이 지표에 도달하여 육상 생물이 출현하지 못하였다. 따라서 바다에서 해양 무척추동물이 먼저 출현하였고, 오존층이 형성된 이후 육지에 생물이 출현하였다.

5 ㄱ. 가뭄 전에도 핀치의 부리 크기가 다양한 것으로 보아 가뭄 전에 이미 부리 크기의 변이가 있었다.

ㄴ. 가뭄 전보다 가뭄 후에 핀치 부리의 평균 크기가 커졌다.

바로알기 ㄷ. 가뭄으로 씨앗의 수가 감소하였고 가뭄 후에 핀치의 개체 수가 크게 줄어든 것으로 보아, 가뭄이 일어났을 때 개체들 사이에서 생존 경쟁이 일어났다.

6 ㄴ. 유전자 변이의 수가 많다는 것은 다양한 유전자가 있다는 것이므로, 생물 다양성 중 유전적 다양성에 해당한다.

바로알기 ㄱ. 유전자 변이는 모든 생물종에서 나타난다.

ㄷ. 유전적 다양성이 높은 개체군일수록 환경 변화에 대한 적응력이 높다. 개체군의 크기가 10^3보다 10^5일 때 유전자 변이의 수가 많으므로 유전적 다양성이 높다. 따라서 개체군의 크기가 10^3보다 10^5일 때 환경 변화에 대한 적응력이 높다.

7 ㄱ. ㉡ 지역보다 ㉠ 지역에서 식물종 수가 많고 균등하게 분포하고 있으므로 종 다양성은 ㉠ 지역이 ㉡ 지역보다 높다.

바로알기 ㄴ. ㉠ 지역의 식물종 수는 6종이고, ㉡ 지역의 식물종 수는 4종이다.

ㄷ. 그림은 종 다양성을 나타낸 것으로, 한 생태계 내에 존재하는 생물종의 다양한 정도이다. 앵무의 깃털 색이 다양한 것은 유전적 다양성의 예이다.

8 ②, ⑤ 오리 농법을 적용하면 화학 비료를 사용할 때보다 생물 다양성이 높아져 논의 먹이 관계가 복잡해진다.

③ 오리를 이용하여 벼농사를 짓는 오리 농법은 오리가 논에서 해충과 잡초를 먹기 때문에 농약을 거의 사용하지 않아도 된다.

④ 오리 배설물에는 질소 성분이 들어 있어 벼가 잘 자랄 수 있게 한다.

바로알기 ① 오리는 논에서 해충과 잡초를 잡아먹는 역할을 하며, 벼의 서식지를 분리시키지 않는다.

1 ㄱ. 개체군은 일정한 지역에 사는 같은 종의 개체가 무리를 이루어 사는 것을 말한다.

ㄴ. 수온이 오징어가 사는 위치에 영향을 주는 것은 비생물적 요인(온도)이 생물(오징어)에게 영향을 준 것이므로 ㉠에 해당한다.

바로알기 ㄷ. 강수량 감소에 의해 벼의 생장이 저해되는 것은 비생물적 요인(물)이 생물(벼)에게 영향을 준 것이므로 ㉠에 해당한다.

2 ㄱ. A는 3차 소비자, B는 2차 소비자, C는 1차 소비자, D는 생산자이다.

바로알기 ㄴ. A의 에너지 효율은 $\frac{3}{15} \times 100 = 20\,\%$이고, C의 에너지 효율은 $\frac{100}{1000} \times 100 = 10\,\%$이므로 A의 에너지 효율은 C의 에너지 효율의 2배이다.

ㄷ. 생태계에서 에너지는 각 영양 단계 생물이 생명 활동을 하는 데 쓰여 열에너지로 방출되고 남은 것 중 일부가 다음 영양 단계로 전달되기 때문에 상위 영양 단계로 갈수록 에너지양은 감소한다.

3 ㄱ. 기온 편차 값이 (+)로 나타난 지역은 기온이 상승한 지역이고, (−)인 지역은 기온이 하강한 지역이다. 그림에서 북반구가 남반구에 비해 기온이 상승한 지역이 넓으므로 지구 온난화의 영향은 북반구가 남반구보다 컸다.

ㄷ. 최근 북태평양의 태풍 발생 해역의 온도가 대체로 기준값보다 높으므로 태풍의 평균 강도가 1950년대보다 강해졌을 것이다.

바로알기 ㄴ. 남극을 비롯한 일부 지역은 기온이 낮아지는 등 지구 온난화는 지역적인 편중이 심하다.

4 ㄱ. 에너지 효율은 공급한 에너지(E) 중에서 유용하게 사용된 에너지의 비율(%)로, 전동기의 효율이 20 %일 때 $20\,\% = \frac{40\,\text{J}}{E} \times 100$이다. 따라서 전동기에 공급된 에너지는 $E = 200\,\text{J}$이므로 태양 전지의 효율(%)은 $\frac{200\,\text{J}}{500\,\text{J}} \times 100 = 40\,\%$이다.

ㄴ. 태양 전지는 태양의 빛에너지를 직접 전기 에너지로 전환한다.

바로알기 ㄷ. 전동기는 전기 에너지를 역학적 에너지로 전환하는 장치이다.

5 ㄴ. 발전기에서는 코일의 운동 에너지가 전기 에너지로 전환된다.

ㄷ. 코일에 흐르는 유도 전류는 자석의 세기가 셀수록 많이 흐른다.

바로알기 ㄱ. (가)는 높은 곳에 있는 물이 낮은 곳으로 내려오면서 터빈을 회전시켜 전기 에너지를 생산하므로 열에너지가 운동 에너지로 전환되는 과정이 없다.

6 ㄱ. 풍력 발전은 바람의 운동 에너지를 이용하여 발전기와 연결된 날개를 돌려 전기 에너지를 생산한다. 이 과정에서 전자기 유도를 이용한다.

ㄴ. 송전선 A, B를 통해 송전 전력 P를 각각 V, $2V$로 송전하므로 $P = VI$에서 $I_A = 2I_B$이다. 이때 손실 전력 $P_\text{손실} = I^2R$이므로 A에서 손실 전력 $P_A = I_A^{\,2}(2r)$, B에서의 손실 전력 $P_B = I_B^{\,2}r$이다. 따라서 $P_A = 8P_B$이다.

바로알기 ㄷ. 송전하는 전력이 일정할 때, 송전 전압을 증가시키면 전류의 세기가 감소하므로 손실 전력은 감소한다.

7 ㄱ. 대기와 해수의 순환에 의해 저위도의 남는 에너지가 고위도로 이동하며 이 과정에서 에너지 불균형이 해소된다.

ㄴ. A 과정에서는 화석 연료의 사용으로 대기 중 이산화 탄소의 농도가 증가하므로 대기 중의 탄소가 증가한다.

ㄷ. 탄소는 이산화 탄소, 유기물, 석탄, 석유 등의 다양한 형태로 존재한다.

8 ㄱ. (가)는 재생 가능한 에너지원인 태양광을 이용한다.

ㄴ. (나)는 밀물과 썰물 때 해수면의 높이 차이를 이용하여 전기 에너지를 생산한다.

바로알기 ㄷ. (가)와 (나)는 재생 에너지를 활용한 발전 방식으로, 지구 온난화 등의 환경 문제가 거의 없다. (다)는 화석 연료를 연소하는 과정에서 환경 오염을 일으키는 이산화 탄소가 발생한다.

Ⅰ단원 실전 모의고사

시험대비교재 ⇨ 80쪽~83쪽

1 ④	2 ③	3 ③	4 ③	5 ②	6 ③	7 ③
8 ⑤	9 ②	10 ⑤	11 ②	12 ③	13 ④	
14 ①	15 ④	16 ④	17 ①	18 해설 참조		
19 해설 참조	20 해설 참조					

1 (가)는 헬륨 원자핵 생성 직전이고, (나)는 중성자 2개와 양성자 2개가 결합하여 헬륨 원자핵이 생성되는 시기이다.

④ 수소 원자핵과 헬륨 원자핵의 개수비가 약 12 : 1이고, 헬륨 원자핵 1개의 질량이 수소 원자핵 1개 질량의 약 4배이므로 수소 원자핵과 헬륨 원자핵의 질량비는 약 3 : 1이 된다.

바로알기 ① (가)에서 양성자와 중성자의 개수비는 약 7 : 1이다.

② (나)에서 양성자는 그 자체로 수소 원자핵이다. 양성자 2개는 중성자 2개와 결합하여 헬륨 원자핵을 생성하므로 수소 원자핵과 헬륨 원자핵의 개수비는 약 12 : 1이 된다.

③ 양성자와 중성자의 질량은 비슷하므로 헬륨 원자핵 1개의 질량은 수소 원자핵 1개 질량의 약 4배이다.

⑤ 헬륨 원자핵은 빅뱅 약 3분 후에 생성되었다.

2 ㄴ. 적색 거성에서 바깥 부분이 팽창하여 우주로 방출되어 행성상 성운을 이루고, 핵융합 반응이 끝난 중심부는 수축하여 밀도가 큰 백색 왜성(A)이 된다.

ㄷ. B(초신성) 폭발 과정에서는 짧은 시간에 엄청난 양의 에너지가 방출되어 철보다 무거운 원소가 생성된다.

바로알기 ㄱ. (가)는 태양과 질량이 비슷한 별의 진화 과정이고, (나)는 태양보다 질량이 매우 큰 별의 진화 과정이다. 따라서 주계열성의 질량은 (가)가 (나)보다 작다.

ㄹ. 초신성 폭발 후 남은 중심부는 중성자별을 형성하지만 남은 중심부의 질량이 매우 클 경우에는 중력에 의해 빛조차 빠져나오지 못하는 블랙홀이 된다. 따라서 주계열성의 질량이 (나)보다 큰 별일 때 최종 단계에서 블랙홀이 된다.

3 ③ 온도가 높을수록 무거운 원소가 생성된다.

바로알기 ① 그림은 초거성의 마지막 단계의 내부 구조이다. 주계열성의 내부에는 수소와 헬륨만 존재한다.

② 별의 중심으로 갈수록 온도가 높다.

④ 그림은 태양보다 질량이 매우 큰 별의 내부 구조이다. 질량이 태양과 비슷한 별의 내부에서는 철을 만들 수 있을 만큼 중심부 온도가 높지 않다.

⑤ 철은 안정하기 때문에 철보다 무거운 원소는 별 내부에서 만들어지지 않는다. 철보다 무거운 원소는 초신성 폭발 과정에서 만들어진다.

4 ㄱ. (가) → (나) 과정에서 무거운 물질은 지구 중심부로 가라앉아 핵을 형성하였고, 가벼운 물질은 위로 떠올라 맨틀을 형성하였으므로 지구 중심부의 밀도가 증가하였다.

ㄴ. (나) → (다) 과정에서 미행성체의 충돌이 줄어들면서 지표의 온도가 하강하여 원시 지각이 형성되었다.

바로알기 ㄷ. (라) 최초의 생명체는 오존층이 형성되기 전에 자외선을 차단해 주는 바다에서 출현하였다.

5 A는 플루오린(F), B는 나트륨(Na), C는 인(P), D는 황(S), E는 염소(Cl)이다.

ㄴ. A(F)와 B(Na)가 결합한 화합물(NaF)은 이온 결합 물질이므로 액체 상태에서 전기 전도성이 있다.

바로알기 ㄱ. 금속 원소는 B(Na) 한 가지이다.

ㄷ. B(Na)와 D(S)가 결합한 화합물의 화학식은 $B_2D(Na_2S)$이다.

6 A는 나트륨(Na)이고, B는 염소(Cl)이다.

ㄱ. A(Na)는 원자가 전자 수가 1이고, B(Cl)는 원자가 전자 수가 7이므로 원자가 전자 수는 B(Cl)가 A(Na)의 7배이다.

ㄷ. A(Na)와 B(Cl)가 결합한 화합물(NaCl)은 이온 결합 물질이므로 입자 사이의 정전기적 인력이 강해 녹는점이 비교적 높다.

바로알기 ㄴ. A(Na)는 양이온이 되고, B(Cl)는 음이온이 되면서 결합한다. 따라서 전자쌍을 공유하여 결합을 형성하지 않는다.

7 이온 결합 물질은 염화 칼슘($CaCl_2$), 산화 마그네슘(MgO)이고, 공유 결합 물질은 암모니아(NH_3), 이산화 탄소(CO_2), 산소(O_2)이다.

① 2중 결합이 있는 물질은 CO_2, O_2로 두 가지이다.

② 실온에서 고체 상태인 물질은 $CaCl_2$, MgO으로 두 가지이다.

④, ⑤ 이온 결합 물질과 공유 결합 물질은 고체 상태에서 모두 전기 전도성이 없고, 액체 상태에서 전기 전도성이 있는 물질은 이온 결합 물질인 $CaCl_2$, MgO으로 두 가지이다.

바로알기 ③ 공유 결합 물질은 NH_3, CO_2, O_2로 세 가지이다.

8 (가)와 (나)에서는 나트륨 이온과 염화 이온이 자유롭게 이동할 수 있으므로 모두 전기 전도성이 있다.

9 ㄷ. AB(NaF)와 $B_2(F_2)$를 구성하는 입자는 모두 비활성 기체인 네온(Ne)과 같은 전자 배치를 이룬다.

바로알기 ㄱ. A(Na)는 3주기, B(F)는 2주기 원소이다.

ㄴ. AB(NaF)는 이온 결합 물질이고, $B_2(F_2)$는 공유 결합 물질이다.

10 지각에 가장 많은 원소는 산소와 규소이므로 A는 산소, B는 규소이다.

ㄱ. 지각에 질량비가 1 % 이상인 원소는 8종으로, 이를 지각 구성의 8대 원소라고 한다.

ㄴ. A(산소)는 지각과 사람의 몸을 구성하는 원소 중 공통적으로 가장 많은 비율을 차지한다.

ㄷ. B(규소)는 주기율표의 14족에 속하는 원소로, 원자가 전자가 4개이므로 최대 4개의 원자와 결합을 할 수 있다.

11 ㄴ. 탄소는 원자가 전자가 4개이므로 최대 4개의 원자와 결합할 수 있으며, 수소나 산소를 비롯한 다양한 원소와 결합한다.

바로알기 ㄱ. 원자핵의 전하가 6＋이므로 원자 번호가 6인 탄소이다. 탄소는 산소 다음으로 생명체에 많은 원소이다.

ㄷ. 탄소의 결합은 단일 결합 외에도 2중 결합이나 3중 결합이 가능하다.

12 ㄱ. (가)는 포도당이 결합하여 형성된 녹말이다. 녹말은 탄소(C), 수소(H), 산소(O)로 구성된다.

ㄴ. 아미노산이 결합하여 형성된 (나)는 단백질이다. 아미노산에는 아미노기, 카복실기, 수소 원자, 곁사슬이 있다.

바로알기 ㄷ. 녹말(가)은 한 종류의 단위체(포도당)로 구성되고, 단백질(나)은 20종류의 단위체(아미노산)로 구성된다. 단백질은 20종류의 아미노산의 개수와 결합 순서에 따라 다양한 종류가 만들어져 다양한 기능을 한다.

13 ④ 펩타이드 결합이 있는 (가)는 단백질이고, 이중 나선 구조인 (나)는 DNA, (다)는 단일 가닥 구조인 RNA이다.

14 ㄱ. (가)는 DNA이다. DNA에서 염기는 상보적으로 결합하므로 아데닌(A)은 타이민(T)과, 구아닌(G)은 사이토신(C)과 개수가 각각 같다. 따라서 A＋G : T＋C＝1 : 1이다.

바로알기 ㄴ. RNA를 구성하는 뉴클레오타이드는 인산, 당, 염기가 1 : 1 : 1로 결합한 물질이므로 (나)에서도 인산, 당, 염기가 1 : 1 : 1의 비율로 나타난다.

ㄷ. 유전 정보는 염기 서열에 저장된다.

15 ㄴ. ⓒ은 구아닌(G)과 상보적으로 결합하는 사이토신(C)이다. 염기 사이의 결합은 수소 결합으로 연결된다.

ㄷ. ⓔ은 타이민(T)과 상보적으로 결합하는 아데닌(A)이다. 아데닌(A)은 RNA에서도 발견되는 염기이다.

바로알기 ㄱ. DNA를 구성하는 물질 중 ⊙은 인산이고, ⓛ은 디옥시리보스(당)이다.

16 (가) 초전도체는 특정 온도 이하에서 전기 저항이 0이 되는 초전도 현상을 나타내는 물질이다.

(나) 액정은 가늘고 긴 분자가 거의 일정한 방향으로 나란히 있는 고체와 액체의 성질을 함께 띠는 물질이다.

(다) 탄소 나노 튜브는 나노 단위 수준으로 원자의 결합 구조나 배열을 변화시킨 물질로, 열전도성과 전기 전도성이 뛰어나다.

17 ㄱ. 전기 저항이 0이 되기 시작하는 온도가 임계 온도이므로 이 물질의 임계 온도는 90 K이다.

바로알기 ㄴ. 실온(20 ℃)은 절대 온도로 293 K이므로 90 K보다 높다. 따라서 에너지의 손실 없이 송전이 불가능하다.

ㄷ. 임계 온도보다 낮은 온도에서만 외부 자기장을 밀어내는 마이스너 효과가 나타난다.

18 **모범 답안** (가) 빅뱅 약 38만 년 후 원자핵과 전자가 결합하여 원자가 생성되면서 빛이 직진할 수 있게 되었다. 이때 우주로 퍼져 나간 빛이 우주 배경 복사가 되었다.

(나) 빅뱅 우주론에서 예측한 우주 배경 복사가 현재 우주 전역에서 관측되므로 우주 배경 복사는 빅뱅 우주론의 증거가 된다.

채점 기준	배점
(가)를 원자의 생성으로 서술하고, (나)를 옳게 서술한 경우	100 %
(가)와 (나) 중 한 가지만 옳게 서술한 경우	50 %

19 **모범 답안** 리튬, 나트륨, 칼륨은 1족 원소로, 원자가 전자 수가 1로 같아 화학적 성질이 비슷하기 때문이다.

채점 기준	배점
알칼리 금속이 공통적인 성질을 나타내는 까닭을 원자의 전자 배치를 이용하여 옳게 서술한 경우	100 %
알칼리 금속이 공통적인 성질을 나타내는 까닭을 같은 족 원소이기 때문이라고만 서술한 경우	20 %

20 **모범 답안** 그래핀, 투명하면서 유연성이 있다. 열전도성과 전기 전도성이 뛰어나다, 강도가 강철보다 강하다.

채점 기준	배점
신소재를 쓰고, 특징을 두 가지 모두 서술한 경우	100 %
신소재를 쓰고, 특징을 한 가지만 옳게 서술한 경우	70 %
신소재만 옳게 쓴 경우	30 %

Ⅱ단원 실전 모의고사 시험대비교재 ⇨ 84쪽~87쪽

1 ⑤	2 ③	3 ④	4 ⑤	5 ②	6 ④	7 ③	8 ①
9 ①	10 ④	11 ②	12 ③	13 ⑤		14 해설 참조	
15 해설 참조		16 해설 참조		17 해설 참조		18 해설 참조	
19 해설 참조		20 해설 참조					

1 ㄱ. P는 0.9초 동안 수평 방향으로 4.5 m 이동하였으므로 처음 수평 방향의 속도는 $v=\dfrac{4.5\ m}{0.9\ s}=5\ m/s$이다.

ㄴ. P, Q의 높이가 같으므로 Q도 0.9초 후에 지면에 도달한다. 따라서 Q의 수평 도달 거리는 1 m/s×0.9 s＝0.9 m이다.

ㄷ. Q의 질량이 P의 질량의 2배이므로 Q에 작용하는 중력은 P에 작용하는 중력의 2배이다.

2 ㄱ. 충격량은 운동량의 변화량과 같으므로 6 N·s＝F×2 s에서 F＝3 N이다.

ㄷ. 힘의 방향은 충격량의 방향과 같다. 0~2초 동안 물체가 받은 충격량의 방향은 4초~8초 동안 물체가 받은 충격량의 방향과 반대이므로 힘의 방향도 반대이다.

바로알기 ㄴ. 0~2초 동안과 4초~8초 동안의 처음 운동량과 나중 운동량 차이의 크기가 같으므로 충격량의 크기도 같다.

3 ㄴ. 5초~10초 동안 물체가 받은 충격량의 크기는 힘−시간 그래프 아랫부분의 넓이이므로 $\frac{1}{2} \times 6\ N \times 5\ s = 15\ N \cdot s$이다.

ㄷ. 10초일 때 운동량은 힘−시간 그래프 아랫부분의 넓이인 $30+15=45(kg \cdot m/s)$이므로 $45\ kg \cdot m/s = 3\ kg \times v$에서 10초일 때 속도는 $v=15\ m/s$이다.

바로알기 ㄱ. 0~5초 동안 물체가 일정한 크기의 힘을 받고 있으므로 속도는 일정하게 증가한다. 따라서 운동량의 크기는 일정하게 증가한다.

4 ㄱ. 지구 온난화가 일어나는 것은 기권에 속하고, 이로 인해 수온이 상승하는 것은 수권에 영향을 준 사례(A)이다.

ㄴ. 해수에 녹은 물질은 수권에 속하고, 물질의 침전으로 퇴적암이 생성되는 것은 지권에 영향을 준 사례(B)이다.

ㄷ. 식물은 생물권에 속하고, 광합성에 의해 대기 중에 산소가 공급되는 것은 기권에 영향을 준 사례(C)이다.

5 ㄷ. C는 지권의 탄소가 기권으로 이동하는 과정이다. 화석 연료의 연소를 통해 지권의 탄소가 기권으로 이동한다.

바로알기 ㄱ. A는 이산화 탄소(기권)가 탄소 화합물(생물권)이 되는 과정이므로 기권과 생물권의 상호 작용으로 일어난다.

ㄴ. 지구 시스템 구성 요소의 상호 작용이 활발하더라도 지구 전체의 탄소량은 일정하다.

6 ㄱ. A에서 지진이 발생하는 깊이가 태평양판 쪽으로 갈수록 깊어지고 있으므로 인도−오스트레일리아판이 태평양판 아래로 섭입하고 있다. 따라서 태평양판 아래에서 마그마가 생성되어 화산 활동이 활발하다.

ㄷ. 인도−오스트레일리아판과 태평양판의 경계에서는 밀도가 큰 판이 밀도가 작은 판 아래로 섭입되면서 해구가 발달한다.

바로알기 ㄴ. A에서는 인도−오스트레일리아판이, B에서는 태평양판이 섭입하고 있다.

7 해령의 열곡을 통해 마그마가 자주 분출하면서 화산 활동이 일어나며 그 과정에서 지진이 자주 발생한다. 또한, 변환 단층에서도 판이 서로 반대 방향으로 어긋나면서 지진이 자주 발생한다.

8 ㄱ. 세포는 생명 시스템을 구성하는 구조적, 기능적 단위이다.

바로알기 ㄴ. 사람은 여러 개의 세포로 이루어진 다세포 생물이다.

ㄷ. 조직은 모양과 기능이 비슷한 세포의 모임이다.

9 ㄱ. A는 인지질 2중층을 관통하고 있는 막단백질이다.

바로알기 ㄴ. 산소와 같이 크기가 매우 작은 기체 분자는 막단백질을 통하지 않고 인지질 2중층을 직접 통과하여 확산한다.

ㄷ. B는 인지질의 꼬리 부분으로 소수성이다.

10 ㄴ. 이산화 탄소와 같이 크기가 작은 기체 분자는 세포막의 인지질 2중층을 직접 통과하여 확산한다.

ㄷ. 혈액은 A에서 B로 흐르는 동안 폐포에서 기체 교환을 하는데, 이때 이산화 탄소는 폐포로 내보내고 산소는 받아들인다.

바로알기 ㄱ. 산소 농도는 폐포가 모세 혈관보다 높다.

11 ㄴ. 이화 작용은 큰 분자를 작은 분자로 분해하는 반응이다. 따라서 세포 호흡은 이화 작용의 예이다.

바로알기 ㄱ. 세포 호흡 과정에서는 포도당이 산소와 반응하여 이산화 탄소와 물로 분해되면서 에너지가 방출되는데, 이때 에너지의 일부는 열로 방출되고, 나머지는 생명 활동을 하는 데 필요한 형태의 에너지로 전환된다. 따라서 ㉠은 산소, ㉡은 이산화 탄소이다.

ㄷ. 미토콘드리아는 세포 호흡이 일어나는 장소이다.

12 ① 뉴클레오타이드의 수는 염기의 수와 같은 18개이다.

② 염기가 18개이므로 3염기 조합의 수는 최대 6개이다.

④ DNA의 염기 서열이 TAC이면 전사된 RNA의 염기 서열은 AUG이다.

⑤ DNA 이중 나선의 두 가닥은 상보적인 염기 서열을 갖는다. 따라서 이 부분과 이중 나선을 이루는 DNA 가닥의 타이민(T) 개수는 이 가닥의 아데닌(A) 개수와 같은 5개이다.

바로알기 ③ 전사되어 만들어지는 RNA는 전사된 DNA 가닥에 대해 상보적인 염기 서열을 갖게 되므로 RNA의 유라실(U) 개수는 전사된 DNA 가닥의 아데닌(A) 개수와 같다. 따라서 RNA의 유라실(U) 개수는 5개이다.

13 ㄴ. ㉡은 단백질 합성이 일어나는 장소인 리보솜이다.

ㄷ. ㉢은 DNA로부터 전사되어 만들어진 RNA이다.

바로알기 ㄱ. ㉠은 아미노산이며 생명체에 20종류가 있다.

14 **모범 답안** A=B, 두 경우 달걀이 받는 충격량은 같지만, 푹신한 방석에 떨어질 때 충돌 시간이 더 길어 달걀이 받는 힘이 더 작기 때문이다.

채점 기준	배점
충격량을 옳게 비교하고, 까닭을 옳게 서술한 경우	100 %
까닭만 옳게 서술한 경우	70 %
충격량만 옳게 비교한 경우	30 %

15 A는 대류권, B는 성층권, C는 중간권, D는 열권이다.

모범 답안 성층권, B층(성층권)에 존재하는 오존층이 태양으로부터 오는 자외선을 흡수하기 때문에 높이 올라갈수록 기온이 높아진다.

채점 기준	배점
B층의 이름을 쓰고, B층에서 높이 올라갈수록 기온이 높아지는 까닭을 옳게 서술한 경우	100 %
B층에서 높이 올라갈수록 기온이 높아지는 까닭만 옳게 서술한 경우	70 %
B층의 이름만 옳게 쓴 경우	30 %

16 연약권(B)은 부분적으로 용융되어 있어 유동성이 있다. 따라서 상부와 하부의 온도 차이로 대류가 일어난다.

모범 답안 A : 암석권(판), B : 연약권, B는 유동성이 있어 대류가 일어나기 때문에 B 위에 떠 있는 A가 B에서 일어나는 대류를 따라 움직인다.

채점 기준	배점
A와 B의 이름을 쓰고, A가 움직이는 까닭을 B의 성질과 관련하여 옳게 서술한 경우	100 %
A와 B의 이름을 쓰고, A가 움직이는 까닭을 B가 대류하기 때문이라고만 서술한 경우	70 %
A와 B의 이름만 옳게 쓴 경우	40 %

17 세포막을 경계로 농도가 다른 용액이 있을 때 삼투에 의해 물이 농도가 낮은 용액에서 높은 용액 쪽으로 이동한다.

(모범 답안) A쪽 수면은 낮아지고, B쪽 수면은 높아진다. 설탕은 세포막을 통과하지 못하고 물은 세포막을 통과하므로, 삼투에 의해 설탕 농도가 낮은 A쪽에서 설탕 농도가 높은 B쪽으로 물이 이동하기 때문이다.

채점 기준	배점
수면 높이 변화를 옳게 쓰고, 그 까닭을 설탕과 물의 막 투과성을 포함하여 삼투에 의한 물의 이동으로 옳게 서술한 경우	100 %
수면 높이 변화를 옳게 썼으나, 그 까닭을 삼투를 언급하지 않고 물의 이동만으로 서술한 경우	70 %
수면 높이 변화를 옳게 썼으나, 그 까닭을 서술하지 못한 경우	40 %

18 (모범 답안) 생명체 안에서 일어나는 화학 반응에는 효소라고 하는 생체 촉매가 관여하기 때문에 생명체 밖에서 일어나는 화학 반응보다 낮은 온도에서 일어난다. 또한 반응이 한 번에 진행되는 것이 아니라 여러 단계에 걸쳐 진행되며, 에너지가 소량씩 흡수되거나 방출된다.

채점 기준	배점
효소(생체 촉매)가 관여하기 때문에 낮은 온도에서 여러 단계에 걸쳐 일어나며, 에너지가 소량씩 출입한다는 것을 모두 서술한 경우	100 %
효소(생체 촉매)에 대한 언급 없이 낮은 온도에서 여러 단계에 걸쳐 일어나며, 에너지가 소량씩 출입한다고 서술한 경우	70 %
효소(생체 촉매)의 관여, 낮은 온도에서 일어남, 에너지가 소량씩 출입한다는 내용 중 한가지만 서술한 경우	40 %

19 (모범 답안) DNA의 특정 부위의 염기 서열에 유전 정보가 저장되어 있는데, 연속된 3개의 염기가 한 조가 되어 하나의 아미노산을 지정한다.

채점 기준	배점
염기 서열에 유전 정보가 저장되며, 연속된 3개의 염기가 한 조가 되어 하나의 아미노산을 지정한다고 서술한 경우	100 %
염기 서열에 유전 정보가 저장되어 있다고만 서술한 경우	40 %

20 (모범 답안) 유전자를 이루는 DNA의 염기 서열이 바뀌면 이로부터 전사되는 RNA의 코돈이 바뀐다. 그에 따라 코돈이 지정하는 아미노산이 바뀌어 정상 단백질이 합성되지 않으면 그 단백질의 작용으로 나타나는 형질에 이상이 생겨 유전 질환이 나타날 수 있다.

채점 기준	배점
유전 질환이 나타나는 까닭을 DNA → RNA → 단백질 합성의 유전 정보 흐름과 관련지어 옳게 서술한 경우	100 %
유전 질환이 나타나는 까닭을 유전자 이상에 따른 단백질 이상으로만 서술한 경우	40 %

Ⅲ 단원 실전 모의고사

시험대비교재 ⇨ 88쪽~91쪽

1 ③	2 ②	3 ①	4 ③	5 ③	6 ③	7 ⑤
8 ③	9 ②	10 ④	11 ②	12 ⑤	13 ⑤	14 ①
15 ④	16 ③	17 ③	18 해설 참조		19 해설 참조	
20 해설 참조						

1 (가)와 (나)에서 일어나는 반응을 화학 반응식으로 나타내면 다음과 같다.

(가) $\overset{\text{산화}}{\underset{\text{환원}}{Mg + 2H^+ \longrightarrow Mg^{2+} + H_2}}$

(나) $\overset{\text{산화}}{\underset{\text{환원}}{Mg + 2Ag^+ \longrightarrow Mg^{2+} + 2Ag}}$

ㄱ. (가)와 (나)에서 모두 마그네슘(Mg)이 전자를 잃고 마그네슘 이온(Mg^{2+})으로 산화된다.

ㄴ. (가)에서 마그네슘 이온(Mg^{2+}) 1개가 생성될 때 수소 이온(H^+) 2개가 감소하고, (나)에서 마그네슘 이온(Mg^{2+}) 1개가 생성될 때 은 이온(Ag^+) 2개가 감소하므로 (가)와 (나)에서 모두 용액의 양이온 수는 감소한다.

(바로알기) ㄷ. (가)의 염화 이온(Cl^-)과 (나)의 질산 이온(NO_3^-)은 반응에 참여하지 않으므로 산화되거나 환원되지 않는다.

2 (가)는 광합성, (나)는 메테인의 연소, (다)는 철의 제련 과정에서 일어나는 반응을 화학 반응식으로 나타낸 것이다. 따라서 ㉠은 이산화 탄소(CO_2), ㉡은 산소(O_2), ㉢은 일산화 탄소(CO)이다.

ㄴ. 메테인(CH_4)이 연소할 때 빛과 열이 발생한다.

(바로알기) ㄱ. ㉠은 이산화 탄소(CO_2), ㉡은 산소(O_2)이므로 분자 1개에 들어 있는 산소 원자 수는 ㉠과 ㉡이 같다.

ㄷ. (다)에서 일산화 탄소(CO)는 산소를 얻어 이산화 탄소(CO_2)로 산화된다.

3 ㄱ. 푸른색 리트머스 종이를 붉은색으로 변화시키는 것으로 보아 A 수용액은 산성 용액이다. 따라서 A 수용액의 pH는 7보다 작다.

(바로알기) ㄴ. 산성 용액은 마그네슘 리본과 반응하여 수소 기체를 발생시키므로 (가)는 '기체 발생'이 적절하다.

ㄷ. 산성 용액에 메틸 오렌지 용액을 떨어뜨리면 붉은색을 띠므로 (나)는 '붉은색'이 적절하다.

4 ㄴ, ㄷ, ㅁ. 수산화 칼륨(KOH) 수용액, 수산화 마그네슘($Mg(OH)_2$) 수용액, 수산화 칼슘($Ca(OH)_2$) 수용액은 염기성 용액이므로 BTB 용액을 떨어뜨리면 파란색으로 변한다.

(바로알기) ㄱ, ㄹ, ㅂ. 염산(HCl), 황산(H_2SO_4), 아세트산(CH_3COOH) 수용액은 산성 용액이므로 BTB 용액을 떨어뜨리면 노란색으로 변한다.

5 (가)는 묽은 염산이므로 양이온인 ○은 H^+이고, ■은 Cl^-이다. (나)는 수산화 나트륨 수용액이므로 양이온인 □은 Na^+이고, ▲은 OH^-이다.

ㄱ. (가)에 마그네슘을 넣으면 마그네슘과 H^+이 반응하여 수소 기체가 발생하므로 ○(H^+)의 수가 감소한다.

ㄴ. (나)에서 페놀프탈레인 용액을 붉게 변화시키는 것은 ▲(OH^-)이다.

(바로알기) ㄷ. (가)와 (나)를 혼합하면 중화 반응이 일어나므로 ○(H^+)과 ▲(OH^-)의 수는 감소하고, ■(Cl^-)과 □(Na^+)은 중화 반응에 참여하지 않으므로 그 수가 변하지 않는다.

6 ㄱ. (가)와 (나)에는 OH⁻이 존재하므로 (가)와 (나)의 액성은 염기성이다. 따라서 페놀프탈레인 용액을 떨어뜨리면 모두 붉은색을 띤다.

ㄴ. (나)는 중화 반응이 절반만 일어난 상태이고, (다)는 중화 반응이 완전히 일어난 상태이므로 (다)에서 중화열이 더 많이 발생한다. 따라서 용액의 최고 온도는 (다)가 (나)보다 높다.

바로알기 ㄷ. (라)에는 H⁺이 존재하므로 (라)의 액성은 산성이고, pH는 7보다 작다.

7 ① 같은 농도의 산 수용액과 염기 수용액은 1 : 1의 부피비로 반응하고, (가)(묽은 염산 6 mL＋수산화 칼륨 수용액 14 mL)와 (나)(묽은 염산 8 mL＋수산화 칼륨 수용액 12 mL)는 넣어 준 수산화 칼륨 수용액의 양이 묽은 염산의 양보다 많으므로 반응하지 않은 OH⁻이 남아 있다. 따라서 (가)와 (나)의 액성은 염기성이고, pH는 모두 7보다 크다.

② (다)(묽은 염산 10 mL＋수산화 칼륨 수용액 10 mL)는 묽은 염산과 수산화 칼륨 수용액이 모두 반응하여 중화 반응이 완전히 일어난 상태이다. 따라서 용액의 최고 온도는 (다)가 가장 높다.

③ (가)에는 반응하지 않은 OH⁻이 남아 있고, (라)(묽은 염산 12 mL＋수산화 칼륨 수용액 8 mL)에서는 묽은 염산과 수산화 칼륨 수용액이 각각 8 mL씩 반응하고, 반응하지 않은 H⁺이 남아 있다. 따라서 (가)와 (라)를 혼합하면 중화 반응이 일어난다.

④ (나)와 (라)(묽은 염산 12 mL＋수산화 칼륨 수용액 8 mL)에서 모두 묽은 염산과 수산화 칼륨 수용액이 각각 8 mL씩 반응하여 물을 생성하므로 (나)와 (라)에서 생성된 물의 양은 같다.

바로알기 ⑤ (마)(묽은 염산 14 mL＋수산화 칼륨 수용액 6 mL)에서는 묽은 염산과 수산화 칼륨 수용액이 각각 6 mL씩 반응하고, 반응하지 않은 H⁺이 남아 있다. 따라서 (마)의 액성은 산성이고, BTB 용액을 떨어뜨리면 노란색을 띤다.

8 ① 생선 구이에 산성 물질인 레몬 즙을 뿌려 비린내의 원인이 되는 염기성 물질을 중화한다.

② 위산이 과다하게 분비되어 속이 쓰릴 때 염기성 물질이 들어 있는 제산제를 먹어 위산을 중화한다.

④ 산성화된 토양에 염기성 물질인 석회 가루를 뿌려 토양을 중화한다.

⑤ 충치의 원인이 되는 산성 물질을 치약에 들어 있는 염기성 물질로 중화하여 충치를 예방한다.

바로알기 ③ 깎아 놓은 사과가 갈색으로 변하는 것은 산화 환원 반응의 예이다.

9 A는 선캄브리아 시대, B는 고생대, C는 중생대, D는 신생대이다.

ㄴ. 생물의 종류는 현재에 가까워질수록 다양해지므로 A 시대(선캄브리아 시대)보다 D 시대(신생대)에 다양한 종류의 화석이 발견된다.

바로알기 ㄱ. D 시대(신생대)에는 히말라야산맥이 형성되었고, 대서양이 확장되어 현재와 비슷한 수륙 분포를 이루게 되었다.

ㄷ. C 시대(중생대)에는 전반적으로 온난한 기후가 나타났고, 말기에 운석 충돌 등의 원인으로 생물이 멸종하였다.

10 ㄴ. 태백 지역에서 바다 생물인 삼엽충의 화석이 발견되는 것으로 보아 이 지역은 과거에 바다였던 적이 있었다.

ㄷ. 삼엽충은 고생대, 공룡은 중생대에 살았던 생물이다.

바로알기 ㄱ. 화석은 퇴적층에서 만들어지므로 공룡 발자국 화석도 퇴적층에서 만들어져 퇴적암에서 발견되었을 것이다.

11 삼엽충과 양서류가 번성한 (가)는 고생대, 매머드가 번성한 (나)는 신생대, 공룡이 번성한 (다)는 중생대이다.

12 ①, ②, ③ 생물이 오랫동안 여러 세대를 거치면서 환경에 적응하여 변하는 현상을 진화라고 하며, 진화 과정에서 새로운 종이 나타나기도 한다.

④ 변이는 주로 개체가 가진 유전자의 차이로 나타나기 때문에 자손에게 유전되며, 진화의 원동력이 된다.

바로알기 ⑤ 개체 사이의 유전자 차이는 오랫동안 축적된 돌연변이와 유성 생식 과정에서 생식세포의 다양한 조합으로 발생한다.

13 ㄴ. 형질 B를 가진 개체 수가 감소하고, 형질 A를 가진 개체 수가 증가한 것으로 보아 형질 A를 가진 개체가 자연 선택되었다.

ㄷ. 과거에는 형질 B를 가진 개체가 많았던 것으로 보아 형질 B를 가진 개체가 살기 적합한 환경이었음을 알 수 있다. 이후 점점 형질 B를 가진 개체 수가 줄어들고, 형질 A를 가진 개체 수가 늘어난 것으로 보아 형질 A를 가진 개체가 살기 적합한 환경으로 변한 것을 알 수 있다.

바로알기 ㄱ. 1960년 이전에도 형질 A를 가진 개체가 있었던 것으로 보아 1960년 이전에 형질 A가 나타났다.

14 ② 생태계 다양성(나)은 사막, 초원과 같이 자연적으로 나타나는 생태계뿐만 아니라 농경지, 어항 등과 같이 인간이 인위적으로 만든 생태계도 포함한다.

③ 생태계 다양성(나)은 생물 서식지의 다양한 정도를 의미한다.

④ 같은 생물종이라도 서로 다른 유전자를 가지고 있어 다양한 형질이 나타난다.

⑤ 유전적 다양성(다)은 같은 생물종에서 유전자 차이로 인해 형질이 다양하게 나타나는 것이다.

바로알기 ① (가)는 종 다양성, (나)는 생태계 다양성, (다)는 유전적 다양성이다.

15 ㄱ. 경작지 A에 있는 감자는 다양한 품종이 있어 경작지 B에 있는 감자보다 유전적 다양성이 높다.

ㄴ. 유전적 다양성이 낮은 생물종은 급격한 환경 변화가 일어났을 때 적응하지 못하고 멸종될 가능성이 크다.

바로알기 ㄷ. 한 생물종의 생존 가능성을 높이는 데 중요한 역할을 하는 것은 유전적 다양성이다.

16 ㄱ. 하나의 서식지가 여러 개로 단편화되면 생물 서식지 면적이 줄어들고, 생물종의 이동을 제한하여 고립시키기 때문에 종 다양성이 감소된다.

ㄷ. 단편화된 서식지에 생태 통로가 있는 경우의 생존 비율은 86 %이고, 생태 통로를 제거한 경우의 생존 비율은 59 %이다. 따라서 생태 통로를 설치하면 생물종 감소를 방지하는 데 도움이 된다.

바로알기 ㄴ. 서식지 단편화로 인한 특정 생물종의 개체 수 변화는 알 수 없다.

17 ㄱ. (가)에서 서식지 파괴에 의해 영향을 받은 생물종 수가 가장 많으므로 종 다양성을 가장 크게 위협하는 요소는 서식지 파괴이다.

ㄴ. (나)에서 서식지 면적이 절반이 되면 그 지역에 살던 생물종 수가 10 % 감소한다.

바로알기 ㄷ. 대규모의 서식지를 여러 개의 작은 서식지로 나누면 서식지 면적이 감소하므로 그 서식지에서 살아가는 생물종 수도 감소한다.

18 드라이아이스는 이산화 탄소의 고체 상태 물질로 물에 녹으면 탄산을 생성하고, H^+을 내놓는다. 따라서 염기성 용액인 수산화 나트륨 수용액에 드라이아이스를 계속 넣으면 중화 반응이 일어나 중성 용액이 되고, 이후 산성 용액이 된다.

모범 답안 수산화 나트륨 수용액은 염기성 용액이므로 드라이아이스를 넣기 전에는 파란색을 띤다. 드라이아이스를 넣으면 중화 반응이 일어나 중성 용액이 되므로 용액의 색은 초록색으로 변하고, 이후 드라이아이스를 계속 넣으면 산성 용액이 되므로 용액의 색은 노란색으로 변한다.

채점 기준	배점
용액의 색 변화를 중화 반응에 따른 용액의 액성 변화와 관련하여 옳게 서술한 경우	100 %
용액의 색 변화만 옳게 쓴 경우	40 %

19 **모범 답안** 선캄브리아 시대 초기에는 대기 중에 산소가 없었고, 오존층이 없어 생물에 유해한 자외선이 지표에 도달하였기 때문에 육지에 생물이 살 수 없었다.

채점 기준	배점
산소와 자외선을 언급하여 옳게 서술한 경우	100 %
산소와 자외선 중 한 가지만 언급하여 옳게 서술한 경우	50 %

20 서식지가 파괴되면 생물 다양성이 감소된다.
모범 답안 숲이 훼손되면 생물들의 서식지가 파괴되고 서식지 면적이 줄어들어 생물종 수가 급격히 감소하여 생물 다양성을 감소시킨다.

채점 기준	배점
서식지가 파괴되어 생물 다양성을 감소시킨다고 서술한 경우	100 %
서식지를 파괴한다고만 서술한 경우	70 %

Ⅳ 단원 실전 모의고사
시험대비교재 ⇨ 92쪽~95쪽

1 ③	**2** ⑤	**3** ③	**4** ①	**5** ④	**6** ①	**7** ③
8 ⑤	**9** ③	**10** ⑤	**11** ③	**12** ⑤	**13** ②	**14** ④
15 ②	**16** 해설 참조		**17** 해설 참조		**18** 해설 참조	
19 해설 참조	**20** 해설 참조					

1 ㄷ. 생태계는 자연 환경과 생물이 밀접한 관계를 맺으며 서로 영향을 주고받는 체계이다.
바로알기 ㄱ. 여러 개체군이 모여 군집을 이룬다.
ㄴ. 개체군을 이루는 개체들은 서로 같은 종이다.

2 ㄴ. 갈조류(해조류 B)에는 미역, 다시마 등이 있다.
ㄷ. 파장이 짧은 청색광은 바다 깊은 곳까지 투과하므로, 바다 깊은 곳에는 광합성에 청색광을 주로 이용하는 홍조류(해조류 C)가 많이 분포한다.
바로알기 ㄱ. 해조류 A는 녹조류, 해조류 B는 갈조류, 해조류 C는 홍조류이다.

3 ㄱ. 고위도 지역으로 갈수록 온도가 낮기 때문에 고위도 지역에 사는 펭귄은 저위도 지역에 사는 펭귄에 비해 크기가 크다.
ㄷ. 개구리는 겨울에 체온이 낮아져 물질대사가 원활하게 이루어지지 않아 겨울잠을 잔다.
바로알기 ㄴ. 몸집이 커질수록 열 방출량이 적어 추운 곳에서 체온 유지에 효과적이다.

4 ㄱ. 사막여우와 북극여우의 생김새가 다른 것은 온도에 적응하였기 때문이다.
ㄹ. 공기가 적은 고산 지대에 사는 사람들의 혈액에는 평지에 사는 사람들에 비해 적혈구 수가 많다.
바로알기 ㄴ. 한 식물에서도 강한 빛을 받는 잎은 두껍고, 약한 빛을 받는 잎은 얇고 넓다.
ㄷ. 바다의 깊이에 따라 도달하는 빛의 파장과 양이 다르기 때문에 바다의 깊이에 따라 서식하는 해조류의 종류가 다르다.

5 ㄴ. 식물 플랑크톤의 에너지는 '크릴새우 → 명태(펭귄) → 바다표범'으로 이동한다.
ㄷ. 식물 플랑크톤의 에너지가 바다표범으로 이동하는 경로는 '식물 플랑크톤 → 크릴새우 → 명태 → 바다표범', '식물 플랑크톤 → 크릴새우 → 펭귄 → 바다표범'의 두 가지가 있다.
바로알기 ㄱ. 명태와 펭귄은 모두 크릴새우를 먹이로 하는 2차 소비자이다.
ㄹ. 바다표범의 개체 수가 감소하면 명태와 펭귄의 개체 수가 증가하므로 명태와 펭귄의 먹이인 크릴새우의 개체 수는 일시적으로 감소할 수 있다.

6 ㄴ. (가)는 4종, (나)는 10종의 생물종이 있다. 따라서 (나)는 (가)보다 생물종 수가 많다.
바로알기 ㄱ. 생태계 평형은 생태계를 구성하는 생물의 종류와 개체 수, 물질의 양, 에너지 흐름 등이 안정된 상태를 유지하는 것으로 먹이 그물이 복잡할수록 더 안정된 생태계이다. 따라서 (나)는 (가)보다 더 안정된 생태계이다.
ㄷ. (가)에서는 개구리가 사라지면 뱀이 사라지지만, (나)에서는 개구리가 사라져도 뱀이 쥐를 먹으므로 살아남을 수 있다.

7 ㄱ. 기온이 상승하면 수온도 높아져 해수가 팽창하므로 평균 해수면의 높이가 상승한다.
ㄴ. 대기 중 이산화 탄소의 농도가 증가하면 온실 효과에 의해 지구의 평균 기온이 상승한다.
바로알기 ㄷ. 극지방은 빙하에 의한 반사율이 높다. 기온이 상승하면 극지방의 얼음이 녹기 때문에 반사율이 감소할 것이다.

8 ⑤ 아열대 해역의 표층 해수는 북반구에서 시계 방향으로, 남반구에서 시계 반대 방향으로 순환한다.

바로알기 ① 난류는 저위도에서 고위도로 이동하면서 에너지를 운반한다.

② 북태평양 해류는 위도 30°N~60°N에서 부는 편서풍에 의해 동쪽으로 흐른다.

③ 사막은 증발량이 강수량보다 많은 지역에 주로 분포한다. 적도 부근은 상승 기류가 발달하여 저압대가 형성되므로 강수량이 증발량보다 많아 사막이 거의 분포하지 않는다.

④ 남극 순환 해류는 편서풍에 의해 동쪽으로 흐른다.

9 식물은 광합성을 통해 태양의 빛에너지를 흡수하여 이를 에너지원으로 화학 에너지인 포도당을 합성한다.

10 ㄱ. 알코올램프가 연소하는 과정에서 화학 에너지가 열에너지로 전환된다.

ㄷ. 바람개비는 화력 발전소에서 수증기가 지나가는 터빈과 같은 역할을 한다.

바로알기 ㄴ. 에너지 효율(%)$=\dfrac{\text{유용하게 사용된 에너지}}{\text{공급한 에너지}}\times 100$
$=\dfrac{30}{120}\times 100=25(\%)$이다.

11 ㄷ. 코일을 통과하는 자기장이 변할 때 코일에 전류가 흐르는 현상을 전자기 유도라 하고, 이때 흐르는 전류를 유도 전류라고 한다.

바로알기 ㄱ. S극을 코일에 가까이 하면 코일 위쪽에 S극이 유도되어 자석과 코일 사이에는 밀어내는 힘이 작용한다.

ㄴ. N극을 코일에서 멀리 하면 코일 위쪽에 S극이 유도되므로 검류계 바늘이 a 방향으로 움직인다.

12 ㄴ. 핵발전은 핵에너지를 이용해 물을 끓여 증기를 발생시켜 발전기에 연결된 터빈을 회전시킨다. 이때 발전기에서는 전자기 유도를 이용해 전기 에너지를 생산한다.

ㄷ. 초고압 변전소에서 전압을 높이면 송전선에 흐르는 전류의 세기가 감소하므로 송전 과정에서 손실되는 전력이 감소한다.

바로알기 ㄱ. 핵발전은 원자로에서 원자핵이 핵분열할 때 방출하는 에너지를 이용한다.

13 ㄴ. 원자로 안에서 우라늄 235 원자핵에 중성자를 충돌시키면 에너지와 함께 2개~3개의 중성자(A)가 방출된다.

바로알기 ㄱ. (가)는 수소 핵융합 반응, (나)는 핵분열 반응이다.

ㄷ. 핵반응 후 입자의 질량의 합은 반응 전 입자의 질량의 합보다 작다. 이때 줄어든 질량만큼 에너지가 방출된다.

14 ㄱ. 태양 전지는 태양의 빛에너지를 전기 에너지로 직접 전환하는 장치이다.

ㄴ. (나)에서 발전기에서는 전자기 유도에 의해 기전력이 발생하므로 날개의 운동 에너지가 전기 에너지로 전환된다.

바로알기 ㄷ. (가)는 태양 에너지를, (나)는 바람을 이용하여 전기 에너지를 생산하므로 환경 오염 물질이 배출되지 않는다.

15 ㄷ. (나)는 밀물과 썰물 때 해수면의 높이 차이를 이용하므로, 기상의 변화에 영향을 거의 받지 않는다.

바로알기 ㄱ. (가)는 풍력 발전으로, 자원이 무한한 에너지인 바람을 이용한다.

ㄴ. (나)는 조력 발전으로, 에너지 근원은 달과 지구 사이에 작용하는 중력이다.

16 곰, 박쥐와 같은 포유류는 추운 겨울이 오면 먹이가 부족해 에너지 소모를 줄이려고 겨울잠을 자며, 기러기와 같은 철새는 계절에 따라 적합한 온도의 지역으로 이동한다.

모범 답안 온도, 사막여우는 북극여우에 비해 몸집이 작고 몸 말단부의 크기가 크다, 툰드라에 사는 털송이풀은 잎이나 꽃에 털이 나 있다.

채점 기준	배점
어떤 환경 요인의 영향을 받은 것인지 쓰고, 또 다른 사례를 두 가지 이상 옳게 서술한 경우	100 %
어떤 환경 요인의 영향을 받은 것인지 쓰고, 또 다른 사례를 한 가지만 옳게 쓴 경우	70 %
어떤 환경 요인의 영향을 받은 것인지만 쓴 경우	30 %

17 모범 답안 무역풍이 평상시보다 약해지면 적도 부근의 따뜻한 해수가 동쪽으로 이동하여 동태평양 해역의 표층 수온이 상승하고, 그에 따라 증발량이 증가하여 강수량이 증가한다.

채점 기준	배점
적도 부근 따뜻한 해수의 흐름, 동태평양 해역의 표층 수온, 강수량 변화를 모두 옳게 서술한 경우	100 %
적도 부근 따뜻한 해수의 흐름과 동태평양의 표층 수온만 옳게 서술한 경우	70 %
동태평양의 표층 수온과 강수량만 옳게 서술한 경우	
동태평양의 표층 수온만 옳게 서술한 경우	30 %

18 모범 답안 에너지가 전환될 때마다 에너지의 일부가 다시 사용하기 어려운 형태의 열에너지로 전환되므로 사용 가능한 에너지의 양이 점점 줄어들기 때문이다.

채점 기준	배점
에너지를 사용할 때 일부가 열에너지로 전환되어 사용 가능한 에너지의 양이 줄어들기 때문이라고 서술한 경우	100 %
사용 가능한 에너지의 양이 줄어든다고만 서술한 경우	50 %

19 모범 답안 화력 발전 방식은 화석 연료(화학 에너지)를 연소시킬 때 발생한 열(열에너지)로 물을 끓이고, 이때 나온 수증기로 발전기가 연결된 터빈을 회전시켜(운동 에너지) 전기 에너지를 생산한다.

채점 기준	배점
화력 발전소의 연료, 터빈, 발전기를 언급하고, 각각의 에너지 전환 과정을 옳게 서술한 경우	100 %
화학 에너지, 열에너지, 운동 에너지, 전기 에너지만 서술한 경우	50 %

20 모범 답안 • 장점 : 에너지 효율이 높다, 연소 장치가 없으므로 이산화 탄소를 배출하지 않는다.

• 단점 : 저장과 운반이 어렵다, 연료로 사용되는 수소의 생산 비용이 많이 든다.

채점 기준	배점
장점과 단점을 모두 옳게 서술한 경우	100 %
장점과 단점 중 한 가지만 옳게 서술한 경우	50 %

o투 오·투·시·리·즈   생생한 시각자료와 탁월한 콘텐츠로 과학 공부의 즐거움을 선물합니다.

대표전화 1544-0554
주소 경기도 과천시 과천대로2길 54
협의 없는 무단 복제는 법으로 금지되어 있습니다.

생생한 과학의 즐거움!
과학은 역시!

비상교재 누리집에서 더 많은 정보를 확인해 보세요.
http://book.visang.com/

생생한 과학의 즐거움! 과학은 역시!

15개정 교육과정

오투

시험 대비 교재

잠깐 테스트

중단원 핵심 요약 & 문제

대단원 고난도 문제

대단원 실전 모의고사

통합
과학

 책 속의 가접 별책 (특허 제 0557442호)

'시험대비교재'는 본책에서 쉽게 분리할 수 있도록 제작되었으므로
유통 과정에서 분리될 수 있으나 파본이 아닌 정상제품입니다.

오투 친구들~ 시험대비교재는 이렇게 활용하세요!

1 잠깐 테스트

간단하게 직접 써 보면서 실력을 확인할 수 있는 테스트지입니다.
지난 시간에 배운 내용을 이해했는지 확인하거나 기본 개념을 다시 한번 다지고자 할 때 활용하세요.

2 중단원 핵심 요약 & 문제

중간·기말 고사 대비 시 간단하게 교과 개념을 정리하고, 문제로 확인할 때 활용하세요.

3 대단원 고난도 문제

대단원별로 난이도 上의 문제들로 구성하였습니다. 내신 1등급 대비 시 풀어보세요.

4 대단원 실전 모의고사

학교 시험 유형과 유사한 형태의 문제들로 구성하였습니다. 중간·기말 고사 대비 시 풀어보세요.

ABOVE IMAGINATION

우리는 남다른 상상과 혁신으로
교육 문화의 새로운 전형을 만들어
모든 이의 행복한 경험과 성장에 기여한다

오투

시험대비교재

통 합 과 학

잠깐 테스트

이름	날짜	점수

• 정답과 해설 80쪽

1 약 138억 년 전 초고온, 초고밀도의 한 점에서 팽창하여 현재 우주가 되었다는 이론을 무엇이라고 하는지 쓰시오.

2 빅뱅 이후 우주의 밀도와 온도는 ①(감소, 일정, 증가)하였고, 우주의 총 질량은 ②(감소, 일정, 증가)하였다.

3 그림은 물질을 구성하는 입자를 나타낸 것이다. ( ) 안에 알맞은 입자를 쓰시오.

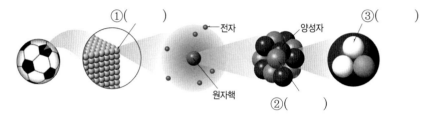

4 다음 [보기]의 물질들을 빅뱅 우주론에서 생성된 순서대로 나열하시오.

> • 보기 •
> ㄱ. 쿼크　　　　　ㄴ. 수소 원자　　　　　ㄷ. 헬륨 원자핵　　　　　ㄹ. 양성자와 중성자

5 헬륨 원자핵은 빅뱅 후 약 ①( ) 정도 지났을 때, 양성자 ②( )개와 중성자 ③( )개가 결합하여 만들어졌다.

6 빅뱅 후 약 ①( ) 년이 지났을 때 우주의 온도가 약 ②( ) K으로 낮아지면서 원자핵이 전자와 결합하면서 원자가 생성되었다.

7 우주의 모든 방향에서 온도가 약 ①( ) K인 물체가 방출하는 복사 에너지와 같은 파장으로 관측되고 있는 복사를 ②( )라고 한다.

8 빅뱅 우주론에서 예측한 양성자와 중성자의 개수비와 수소 원자핵과 헬륨 원자핵의 질량비를 ( ) 안에 쓰시오.

헬륨 원자핵이 생성되기 직전	양성자와 중성자의 개수비＝약 14 : 2＝약 ①( ) : ②( )
헬륨 원자핵이 생성된 후	수소 원자핵과 헬륨 원자핵의 질량비＝약 ③( ) : ④( )

9 다음과 같이 나타나는 스펙트럼의 종류를 쓰시오.

(1)　　　　　　　　　　(2)　　　　　　　　　　(3)

10 우주에 존재하는 원소의 분포는 별빛의 ①( )을 분석하여 알 수 있다. 분석 결과, 우주에 존재하는 수소와 헬륨의 질량비는 약 ②( ) : ③( )로, 이는 빅뱅 우주론의 증거가 된다.

잠깐 테스트

이름	날짜	점수

• 정답과 해설 80쪽

1 우주에 가장 많이 존재하는 원소는 ①(   )이고, 지구에 가장 많이 존재하는 원소는 ②(   )이며, 생명체에 가장 많은 원소는 ③(   )이다.

2 성운 내부 물질의 밀도가 큰 곳에서 원시별이 탄생한다. 원시별의 온도와 밀도가 점점 ①(   )하다가 중심부 온도가 약 1000만 K에 이르면 ②(   ) 반응이 일어나 스스로 빛을 내는 별이 된다.

3 주계열성은 중심부에서 수소 핵융합 반응을 하여 ①(   )을 생성하며, 별의 내부 압력과 ②(   )이 ③(   )을 이루어 별의 크기가 일정하게 유지된다.

4 태양은 중심부에서 ①(   ) 반응이 일어나며, 이 과정에서 감소한 ②(   )이 에너지로 전환된다.

5 별의 내부에서 일어나는 핵융합 반응과 반응 이후 생성되는 원자핵을 옳게 연결하시오.

(1) 수소 핵융합 반응 •   • ㉠ 헬륨 원자핵

(2) 헬륨 핵융합 반응 •   • ㉡ 산소, 마그네슘 등의 원자핵

(3) 탄소 핵융합 반응 •   • ㉢ 탄소 원자핵

6 그림 (가)와 (나)는 질량이 서로 다른 별의 내부 구조를 나타낸 것이다. (단, 별의 진화 단계는 해당 질량의 별이 생성할 수 있는 마지막 핵융합 반응이 끝날 때이다.)

(1) (가)와 (나) 중 질량이 더 큰 별을 고르시오.

(2) A와 B에서 생성된 원소를 각각 쓰시오.

(가) (나)

7 별의 진화와 원소의 생성에 대한 설명으로 옳은 것은 ○, 옳지 <u>않은</u> 것은 ×로 표시하시오.

(1) 적색 거성의 중심부에서는 헬륨을 생성하는 핵융합 반응이 일어난다. ·······························(   )

(2) 질량이 매우 큰 별이 초거성으로 진화한 후 폭발하는 과정에서 철보다 무거운 원소가 생성된다. ···········(   )

(3) 별의 내부에서 생성된 원소는 행성상 성운과 초신성 등을 통해 우주로 방출된다. ·······················(   )

8 태양계 성운은 우리은하의 ①(   )에 있는 거대한 성운에서 형성되었다. 태양계 성운이 회전하면서 수축하여 중심부에서는 ②(   )이 형성되었고, 납작해진 원반에서는 미행성들이 서로 충돌하여 원시 행성이 형성되었다.

9 원시 행성들이 형성될 때 태양에서 가까운 거리에는 암석 성분으로 이루어진 ①(   ) 행성이 형성되었고, 먼 거리에는 가벼운 기체 성분으로 이루어진 ②(   ) 행성이 형성되었다.

10 원시 지구는 미행성 충돌로 마그마 바다를 이루었다. 이때 상대적으로 무거운 철, 니켈 등의 성분은 ①(   )을 이루었고, 가벼운 규산염 물질은 ②(   )을 이루어 층상 구조를 이루었다.

절취선

잠깐 테스트

| 이름 | 날짜 | 점수 |

• 정답과 해설 80쪽

1 세상에 존재하는 모든 물질은 ( )로 이루어져 있다.

2 다음 현대의 주기율표에 대한 설명에 해당하는 용어를 옳게 연결하시오.

(1) 주기율표의 가로줄에 해당한다. •   • ㉠ 족

(2) 주기율표에서 원소들의 배열 기준이 된다. •   • ㉡ 주기

(3) 주기율표에서 원자가 전자 수가 같은 줄이다. •   • ㉢ 원자 번호

3 열과 전기가 잘 통하는 원소만을 [보기]에서 있는 대로 고르시오.

┌─ 보기 ─────────────────────────────────────┐
│ ㄱ. 질소   ㄴ. 구리   ㄷ. 염소   ㄹ. 철   ㅁ. 마그네슘   ㅂ. 산소 │
└───┘

4 리튬, 나트륨, 칼륨은 성질이 비슷한 원소들로, 같은 (주기, 족)에 속한다.

5 그림은 주기율표의 일부를 나타낸 것이다. 이에 대한 설명으로 옳은 것은 ○, 옳지 <u>않은</u> 것은 ×로 표시하시오.(단, A~E는 임의의 원소 기호이다.)

주기＼족	1	2	~	16	17	18
1	A					B
2				C	D	
3	E					

(1) A는 알칼리 금속이다. ─────────────( )

(2) B는 원자가 전자 수가 8이다. ───────( )

(3) C와 D는 화학적 성질이 비슷하다. ─────( )

(4) E는 전자가 들어 있는 전자 껍질 수가 3이다. ──────( )

6 할로젠은 주기율표의 ①( )족 원소로, 실온에서 분자로 존재하며 특유의 ②( )을 나타낸다.

7 다음 원소들의 공통점으로 옳은 것은 ○, 옳지 <u>않은</u> 것은 ×로 표시하시오.

┌───┐
│   플루오린   염소   브로민   아이오딘 │
└───┘

(1) 비금속 원소이다. ───────────────────────────( )

(2) 실온에서 고체 상태이다. ─────────────────────( )

(3) 원자가 전자 수는 17이다. ────────────────────( )

(4) 반응성이 커서 금속과 잘 반응한다. ──────────( )

8 원자핵 주위의 전자가 돌고 있는 특정한 에너지 준위의 궤도를 무엇이라고 하는지 쓰시오.

9 원소들의 주기성은 원자 번호가 증가함에 따라 ( ) 수가 주기적으로 변하기 때문에 나타난다.

10 그림은 수소(H), 탄소(C), 마그네슘(Mg)의 전자 배치를 모형으로 나타낸 것이다. 이에 대한 설명으로 옳은 것은 ○, 옳지 <u>않은</u> 것은 ×로 표시하시오.

(1) 수소에서 전자가 들어 있는 전자 껍질 수는 1이다. ─────( )

(2) 탄소의 원자가 전자 수는 4이다. ─────────( )

(3) 마그네슘은 12족 원소이다. ───────────( )

(4) 탄소와 마그네슘은 같은 주기 원소이다. ─────( )

H   C   Mg

잠깐 테스트

이름	날짜	점수

• 정답과 해설 80쪽

절취선

1 헬륨, 네온, 아르곤은 주기율표의 ①(   )족 원소로, 반응성이 매우 작아 ②(   )라고 한다.

2 원소들은 화학 결합을 형성할 때 (   )와 같은 전자 배치를 이루려는 경향이 있다.

3 다음 설명에 해당하는 용어를 옳게 연결하시오.

(1) 양이온과 음이온 사이의 정전기적 인력에 의한 결합　•　　　　　•　㉠ 공유 결합

(2) 비금속 원소 사이에 전자쌍을 공유하여 형성되는 결합　•　　　　　•　㉡ 옥텟 규칙

(3) 원소가 비활성 기체와 같은 전자 배치를 하려는 경향　•　　　　　•　㉢ 이온 결합

4 공유 결합에 참여한 두 원자가 서로 공유하는 전자쌍을 무엇이라고 하는지 쓰시오.

5 그림은 원자 A와 B의 전자 배치를 나타낸 것이다. 이에 대한 설명으로 옳은 것은 ○, 옳지 <u>않은</u> 것은 ×로 표시하시오.(단, A와 B는 임의의 원소 기호이다.)

(1) A와 B는 전자쌍을 공유하여 결합한다. ─────── (   )

(2) A는 양이온이 되기 쉽고, B는 음이온이 되기 쉽다. ─── (   )

(3) A와 B가 가장 안정한 이온이 되었을 때 전자가 들어 있는 전자 껍질 수는 서로 같다. ───────────────── (   )

6 이온 결합 물질에 해당하는 설명에는 '이온', 공유 결합 물질에 해당하는 설명에는 '공유'를 쓰시오.

(1) 원자들이 전자쌍을 서로 공유하여 생성된다. ────────────────── (   )

(2) 정전기적 인력으로 결합한 물질로, 힘을 가하면 부스러지기 쉽다. ─────── (   )

(3) 수용액 상태에서 전기적으로 중성인 분자로 녹아 있어 전기 전도성이 없다. ── (   )

(4) 고체 상태에서는 전기 전도성이 없지만, 액체 상태에서는 전기 전도성이 있다. ── (   )

[7~8] 그림은 금속 원소의 원자 A와 비금속 원소의 원자 B로 이루어진 화합물 AB의 화학 결합 모형을 나타낸 것이다.(단, A와 B는 임의의 원소 기호이다.)

7 화합물 AB가 생성될 때 ①(   ) 원자에서 ②(   ) 원자로 전자가 이동한다.

8 화합물 AB는 ①(이온, 공유) 결합 물질이므로 ②(결정, 분자)(으)로 존재한다.

9 그림은 물 분자의 화학 결합 모형을 나타낸 것이다. 이에 대한 설명으로 옳은 것은 ○, 옳지 <u>않은</u> 것은 ×로 표시하시오.

(1) 공유 전자쌍은 2개이다. ─────────────── (   )

(2) 수소와 산소는 네온과 같은 전자 배치를 이룬다. ───── (   )

(3) 수소 원자와 산소 원자 사이에는 2중 결합이 존재한다. ── (   )

H_2O

10 생명체가 산소를 호흡할 수 있는 것은 산소가 ①(   ) 결합 물질이므로 녹는점과 끓는점이 비교적 낮아 실온에서 ②(   ) 상태로 존재하기 때문이다.

잠깐 테스트

| 이름 | 날짜 | 점수 |

• 정답과 해설 80쪽

1 표는 지각, 생명체, 대기, 해양을 구성하는 원소의 성분비를 나열한 것이다. ( ) 안에 알맞은 원소를 쓰시오.

지각(질량비)	생명체(질량비)	대기(부피비)	해양(질량비)
산소＞①( )＞…	산소＞②( )＞…	③( )＞산소＞…	④( )＞수소＞…

2 지구와 생명체를 구성하는 원소와 그 원소의 기원을 옳게 연결하시오.

(1) 수소, 헬륨 •   • ㉠ 초신성 폭발

(2) 산소, 규소, 질소, 탄소 •   • ㉡ 빅뱅 우주 탄생 초기

(3) 금 등 철보다 무거운 원소 •   • ㉢ 별 내부의 핵융합 반응

3 지각은 암석으로 이루어져 있고, 암석은 대부분 장석, 석영 등의 ( )로 이루어져 있다.

4 대부분의 생명체는 탄소를 중심으로 수소, 산소 등이 결합하여 만들어진 ( )로 이루어져 있다.

5 그림은 규산염 사면체의 구조를 나타낸 것이다. ( ) 안에 알맞은 원소의 이름을 쓰시오. ①( ) ②( )

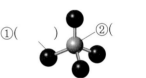

6 그림은 규산염 광물의 결합 구조를 나타낸 것이다. ( ) 안에 해당하는 구조를 쓰시오.

①( ) 구조	단사슬 구조	②( ) 구조	③( ) 구조	망상 구조

7 규소와 탄소는 원자가 전자가 ( )개이므로 여러 종류의 원소와 결합하여 다양한 화합물을 만들 수 있다.

8 탄소 화합물에 대한 설명으로 옳은 것은 ○, 옳지 않은 것은 ×로 표시하시오.

(1) 탄소(C) 원자는 연속적으로 결합할 수 있어서 다양한 탄소 화합물을 만들 수 있다. ⋯⋯⋯⋯⋯ ( )

(2) 탄소(C) 원자는 수소, 산소, 질소 원소와는 결합하지 않는다. ⋯⋯⋯⋯⋯⋯⋯⋯⋯⋯⋯⋯ ( )

(3) 탄소(C) 원자 사이에 단일 결합뿐만 아니라 2중 결합, 3중 결합이 가능하다. ⋯⋯⋯⋯⋯ ( )

9 그림은 탄소 원자의 결합 방식을 나타낸 것이다. ( ) 안에 해당하는 모양을 쓰시오.

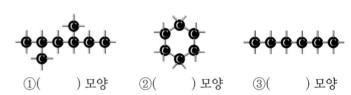

①( ) 모양   ②( ) 모양   ③( ) 모양

10 탄소 화합물이 아닌 것은?

① 물   ② 지질   ③ 핵산   ④ 단백질   ⑤ 탄수화물

절취선

잠깐 테스트

이름	날짜	점수

• 정답과 해설 80쪽

[1~3] 생명체를 구성하는 물질 중 각 설명에 해당하는 물질을 [보기]에서 있는 대로 고르시오.

┌─ 보기 ───┐
  ㄱ. 핵산   ㄴ. 녹말   ㄷ. 단백질
└───┘

1 탄소를 포함한다. ……………………………………………………………………… (   )

2 단위체가 반복적으로 결합하여 형성된 고분자 물질이다. …………………… (   )

3 몸을 구성하며, 효소나 호르몬의 성분으로 생리 작용을 조절한다. ………… (   )

4 그림은 생명체를 구성하는 단백질의 구조를 나타낸 것이다. 이에 대한 설명으로 옳은 것은 ○, 옳지 <u>않은</u> 것은 ×로 표시하시오.
(1) (가)는 아미노산이다. …………………………………………… (   )
(2) (가)는 생명체 내에 모두 4종류가 있다. ……………………… (   )
(3) (가)의 배열 순서에 의해 단백질의 입체 구조가 결정된다. ……… (   )
(4) (나)는 펩타이드 결합이다. …………………………………… (   )

5 아미노산은 ①(   )를 중심으로 ②(   ), 카복실기, 수소 원자, 곁사슬이 결합되어 있는 구조이다.

6 그림은 핵산의 단위체를 나타낸 것이다. 이 단위체의 이름과 단위체를 구성하는 물질 A~C의 이름을 쓰시오.

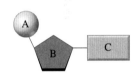

7 표는 DNA와 RNA를 비교한 것이다. (   ) 안에 알맞은 말을 쓰시오.

핵산	당	염기	분자 구조	기능
DNA	①( )	아데닌(A), 구아닌(G), 사이토신(C), ②( )	③( ) 구조	유전 정보 ④( )
RNA	리보스	아데닌(A), 구아닌(G), 사이토신(C), ⑤( )	단일 가닥 구조	유전 정보 전달, ⑥( ) 합성에 관여

8 DNA 구조에서 두 가닥의 폴리뉴클레오타이드는 안쪽으로 향한 (   )의 상보결합으로 붙어 있다.

9 DNA의 한쪽 가닥의 염기 서열이 '…A T G G C T A A C G T…'일 때 다른 쪽 가닥의 염기 서열을 쓰시오.

10 DNA에서 아데닌(A)의 비율이 전체 염기의 30 %였다면, 타이민(T)의 비율은 얼마인지 쓰시오.

잠깐 테스트

| 이름 | 날짜 | 점수 |

• 정답과 해설 80쪽

1 (   )는 순수한 규소나 저마늄에 소량의 원소를 첨가하여 전기 전도성을 증가시킨 물질로, 다이오드나 트랜지스터에 이용된다.

2 초전도체는 특정 온도 이하에서 ①(   )이 0이 되는 물질로, 이때의 온도를 ②(   )라고 한다.

3 초전도체는 특정 온도 이하에서 외부 자기장을 (   ) 성질이 있어 자석 위에 올려놓으면 떠 있을 수 있다.

4 (   ) 안에 공통으로 들어갈 말을 쓰시오.

> (   ) 디스플레이(LCD)는 (   )을 이용해 얇게 만든 영상 표시 장치로, 전압을 걸어 (   ) 분자의 배열을 조절하여 빛을 투과시키거나 투과시키지 않도록 할 수 있다.

5 그래핀은 (   ) 원자가 육각형 벌집 모양의 구조를 이루고 있고, 투명하면서 유연성이 있다.

6 여러 가지 신소재에 대한 설명으로 옳은 것은 ○, 옳지 않은 것은 ×로 표시하시오.

(1) 네오디뮴 자석은 철 원자 사이에 네오디뮴과 붕소를 첨가하여 만든다. ································ (   )

(2) 유기 발광 다이오드(OLED)를 이용한 디스플레이는 휘어질 수 없다. ······························ (   )

(3) 탄소 나노 튜브는 탄소 원자와 산소 원자가 육각형 벌집 모양의 구조를 이룬다. ·············· (   )

7 신소재와 신소재를 활용한 예를 옳게 연결하시오.

(1) 초전도체　　　•　　　　　　　　　•㉠ 나노 핀셋

(2) 네오디뮴 자석　•　　　　　　　　•㉡ 고출력 소형 스피커

(3) 탄소 나노 튜브　•　　　　　　　•㉢ 전력 손실이 없는 송전선

[8~10] (   ) 안에 해당하는 자연 대상을 [보기]에서 고르시오.

> • 보기 •
> ㄱ. 홍합　　　　ㄴ. 연잎　　　　ㄷ. 거미줄　　　　ㄹ. 모르포 나비　　　　ㅁ. 도꼬마리 열매

8 방탄복은 (   )의 강한 강도와 신축성을 모방하여 만든 것이다.

9 (   )의 접착 단백질을 모방하여 수중 접착제나 의료용 생체 접착제에 이용된다.

10 (   )의 표면에는 나노미터 크기의 돌기가 있어 세차가 필요 없는 자동차, 방수가 되는 옷 등에 이용된다.

잠깐 테스트

이름	날짜	점수

• 정답과 해설 80쪽

1 중력은 질량이 있는 두 물체 사이에 상호 작용 하는 힘으로, 크기는 물체의 질량이 ①(클수록, 작을수록), 두 물체 사이의 거리가 ②(멀수록, 가까울수록) 크다.

2 중력에 대한 설명으로 옳은 것은 ○, 옳지 않은 것은 ×로 표시하시오.
(1) 두 물체가 떨어져 있어도 작용한다. ·· (   )
(2) 물체에 작용하는 중력의 크기를 질량이라고 한다. ··· (   )
(3) 두 물체 사이에 작용하는 중력의 크기와 방향은 같다. ·· (   )

3 (   )는 단위 시간 동안의 속도 변화량이다.

4 직선 도로에서 20 m/s의 속도로 달리던 자동차가 가속 페달을 밟아서 10초 후에 속도가 50 m/s가 되었다. 이 자동차의 가속도의 크기는 몇 m/s²인지 쓰시오.

5 자유 낙하 운동은 물체가 (   )만을 받아 아래로 떨어지는 운동으로, 물체의 가속도가 중력 가속도로 일정한 등가속도 운동이다.

6 표는 수평 방향으로 던진 물체의 운동을 나타낸 것이다. (   ) 안에 알맞은 말을 쓰시오.

구분	수평 방향	연직 방향
힘	①( )	중력
속도	일정	②( )
운동	등속 직선 운동	등가속도 운동

7 지표면 근처에서 물체를 수평 방향으로 던질 때 속도가 (클수록, 작을수록) 먼 곳에 떨어진다.

8 뉴턴의 사고 실험에 따르면 물체를 점점 빠른 속도로 던지다가 어떤 특정한 속도로 던지면 물체는 지구 주위를 (   )할 수 있다.

9 (   )은 낙하하는 물체에 작용하여 운동에 영향을 주며, 지구 시스템과 생명 시스템에서 일어나는 여러 가지 자연 현상에도 중요하게 작용하는 힘이다.

10 자연에 존재하는 여러 가지 힘이 물체들 사이에 서로 상호 작용 하면서 일정한 운동 체계를 유지하고 있는 시스템을 (   ) 시스템이라고 한다.

잠깐 테스트

| 이름 | 날짜 | 점수 |

• 정답과 해설 80쪽

1 물체에 작용하는 모든 힘의 합력이 0일 때 정지한 물체는 계속 ①(   )해 있고, 운동하던 물체는 ②(   ) 운동을 한다.

2 관성의 크기가 가장 큰 것과 가장 작은 것을 골라 순서대로 쓰시오.

> • A : 질량이 50 kg인 정지한 물체
> • B : 3 km/h의 속도로 등속 직선 운동을 하는 질량이 20 kg인 물체
> • C : 100 km/h의 속도로 등속 직선 운동을 하는 질량이 10 kg인 물체

3 질량이 2 kg인 물체가 5 m/s의 속도로 운동을 하고 있다. 이 물체의 운동량의 크기는 몇 kg·m/s인지 쓰시오.

[4~6] 그림은 정지해 있는 질량이 5 kg인 물체에 작용하는 힘의 크기를 시간에 따라 나타낸 것이다.

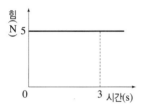

4 0~3초 동안 물체가 받은 충격량의 크기는 몇 N·s인지 쓰시오.

5 3초일 때 이 물체의 운동량의 크기는 몇 kg·m/s인지 쓰시오.

6 3초일 때 이 물체의 속도의 크기는 몇 m/s인지 쓰시오.

7 5 m/s의 속도로 운동하는 질량이 30 kg인 물체에 일정한 크기의 힘을 10초 동안 작용하였더니 물체의 속도가 처음과 같은 방향으로 10 m/s가 되었다. 이 물체에 작용한 힘의 크기는 몇 N인지 쓰시오.

8 물체에 작용하는 힘이 일정할 때 힘이 작용하는 시간이 (길수록, 짧을수록) 충격량은 작아진다.

9 충격량이 일정할 때 힘이 작용하는 시간이 (길수록, 짧을수록) 평균 힘은 작아진다.

10 충돌에 의한 피해를 줄이기 위한 안전장치는 대부분 충돌이 일어났을 때 힘이 작용하는 시간을 ①(길게, 짧게) 하여 사람이 받는 힘의 크기가 ②(커, 작아)지도록 설계되어 있다.

잠깐 테스트

이름 　　　　날짜 　　　　점수

• 정답과 해설 80쪽

절취선

1 다음은 지권의 층상 구조에 대한 설명이다. ( ) 안에 알맞은 말을 쓰시오.

> • 가장 많은 부피를 차지하는 층은 ①( )이다.
> • 핵은 액체 상태인 ②( )과 고체 상태인 ③( )으로 구분한다.

[2~4] 그림은 기권의 층상 구조를 나타낸 것이다.

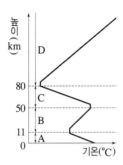

2 A~D층의 이름을 각각 쓰시오.

3 A~D 중 오존층이 존재하는 층의 기호를 쓰시오.

4 A~D 중 대류가 활발하게 일어나는 층의 기호를 모두 쓰시오.

[5~6] 그림은 해수의 층상 구조를 나타낸 것이다.

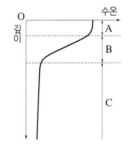

5 A~C층의 이름을 각각 쓰시오.

6 A~C 중 바람의 세기에 따라 두께가 달라지는 층은 ①( )이고, 가장 안정한 층은 ②( )이다.

7 다음은 지구 시스템 구성 요소의 상호 작용의 예이다. ( ) 안에 알맞은 구성 요소를 쓰시오.

(1) 산지에서 흐르는 물이 암석을 깎아 V자곡이 형성된다. ➡ 수권과 ( )의 상호 작용

(2) 대기 대순환의 바람에 의해 표층 해수가 이동하여 해류가 발생한다. ➡ ( )과 수권의 상호 작용

(3) 생물은 대기 중 이산화 탄소를 흡수하여 광합성을 한다. ➡ ( )과 기권의 상호 작용

8 다음 설명에 해당하는 지구 시스템의 에너지원을 옳게 연결하시오.

(1) 밀물과 썰물을 일으킨다.   •   • ㉠ 조력 에너지

(2) 판의 운동과 지각 변동을 일으킨다.   •   • ㉡ 태양 에너지

(3) 기상 현상, 풍화와 침식 작용을 일으킨다. •   • ㉢ 지구 내부 에너지

9 물의 순환을 일으키는 주된 에너지원을 쓰시오.

10 그림은 탄소의 순환 과정 중 일부를 나타낸 것이다. 해수에 녹아 있던 탄산 이온이 칼슘 이온과 결합하여 탄산 칼슘으로 되어 가라앉아 석회암이 되는 과정은 A~F 중 어떤 상호 작용에 해당하는지 고르시오.

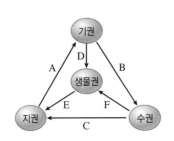

잠깐 테스트

이름   날짜   점수

• 정답과 해설 80쪽

1 지구 시스템에서 화산 활동과 지진 등의 지각 변동을 일으키는 에너지원을 쓰시오.

2 화산 활동이 활발한 지점을 연결한 띠 모양의 지역을 ①(　　　)라 하고, 지진이 자주 발생하는 지점을 연결한 띠 모양의 지역을 ②(　　　)라 하며, 이와 같은 지각 변동이 자주 일어나는 곳을 ③(　　　)라고 한다.

3 화산대와 지진대가 대체로 일치하는 까닭은 화산 활동과 지진이 대부분 (　　　)에서 발생하기 때문이다.

4 지각과 상부 맨틀의 일부를 포함한 단단한 부분을 ①(　　　)이라 하고, 그 아래에 맨틀이 부분적으로 용융되어 대류가 일어나는 곳을 ②(　　　)이라고 한다.

5 지구 표면은 10여 개의 크고 작은 ①(　　　)으로 이루어져 있으며, ①(　　　)의 운동에 따라 지각 변동이 일어난다는 이론을 ②(　　　)이라고 한다.

6 판 경계에서 형성되는 지형의 이름을 각각 쓰시오.
(1) 수렴형 경계에서 생성된 대규모 산맥···(　　　)
(2) 수렴형 경계를 따라 마그마가 분출하여 만들어진 섬으로, 활처럼 굽은 모양으로 배열되어 있다. ·······(　　　)
(3) 발산형 경계에서 맨틀이 상승하여 형성된 해저 산맥·····························(　　　)
(4) 상대적으로 밀도가 큰 판이 밀도가 작은 판 아래로 섭입하면서 만들어진 깊은 해저 골짜기·················(　　　)

[7~9] 그림 (가)~(다)는 판 경계의 모식도를 나타낸 것이다.

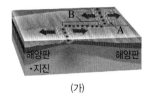 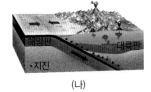 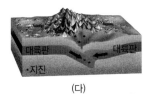

(가)   (나)   (다)

7 그림 (가)에서 A는 ①(발산형, 보존형, 수렴형) 경계이고, 맨틀 물질이 ②(상승, 하강)하여 판이 ③(생성, 소멸)된다. B에서는 ④(천발, 천발~심발) 지진이 발생하고, 화산 활동이 ⑤(일어난다, 일어나지 않는다).

8 그림 (나)와 같은 경계에서 생성되는 지형을 있는 대로 고르면? (3개)
① 해구   ② 해령   ③ 변환 단층   ④ 습곡 산맥   ⑤ 호상 열도

9 그림 (다)와 같은 원리로 생성된 지형은?
① 일본 열도   ② 안데스산맥   ③ 히말라야산맥   ④ 동아프리카 열곡대   ⑤ 산안드레아스 단층

10 화산이 폭발할 때 분출되는 물질 중 (　　　)의 영향으로 토양이 비옥해진다.

잠깐 테스트

이름   날짜   점수

1 생명 시스템의 구성 단계는 ①(　　　　) → 조직 → ②(　　　　) → 개체이다.

2 생명 시스템에서 동물체에만 있는 구성 단계는 ①(　　　　)이고, 식물체에만 있는 구성 단계는 ②(　　　　)이다.

[3~5] 그림은 식물 세포의 구조를 나타낸 것이다.

3 A~H의 이름을 쓰시오.

4 다음 기능을 수행하는 세포 소기관의 기호를 쓰시오.

(1) 단백질이 합성되는 장소이다. ·····························(　　)

(2) 세포 안팎으로의 물질 출입을 조절한다. ·····························(　　)

(3) 합성된 단백질을 막으로 싸서 세포 밖으로 분비한다. ·····························(　　)

(4) 세포가 생명 활동을 하는 데 필요한 형태의 에너지를 생성한다. ·····························(　　)

5 동물 세포에는 없고 식물 세포에만 있는 세포 소기관을 있는 대로 골라 기호로 쓰시오.

6 다음은 세포막에 대한 설명이다. (　　　　) 안에 알맞은 말을 쓰시오.

> • 주성분은 ①(　　　　)과 단백질이다.
> • 물질의 종류에 따라 투과도가 다른 ②(　　　　)을 나타낸다.

[7~9] 그림은 세포막을 통한 물질 A, B의 이동 방식을, [보기]는 세포막을 통해 이동하는 물질의 종류를 나타낸 것이다.

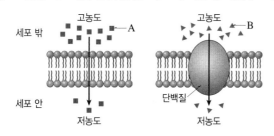

> ┌ 보기 ┐
> • Cl^- • 산소
> • 포도당   • 아미노산
> • 이산화 탄소

7 A와 B의 이동 원리는 (　　　　)이다.

8 A와 같은 방식으로 이동하는 물질은 [보기]에서 (　　　　)와 이산화 탄소이다.

9 B와 같은 방식으로 이동하는 물질은 [보기]에서 (　　　　), 포도당, 아미노산이다.

10 다음은 세포막을 통한 물의 이동에 대한 설명이다. (　　　　) 안에 알맞은 말을 쓰시오.

> • 물은 ①(　　　　)에 의해 용액의 농도가 ②(　　　　) 쪽에서 ③(　　　　) 쪽으로 이동한다.
> • 동물 세포를 세포보다 농도가 ④(　　　　) 용액에 넣으면 세포가 커지고, 식물 세포를 세포보다 농도가 ⑤(　　　　) 용액에 넣으면 세포질의 부피가 줄어들다가 세포막이 세포벽과 분리된다.

잠깐 테스트

이름　　　　　날짜　　　　　점수

• 정답과 해설 80쪽

절취선

1 물질대사에 대한 설명으로 옳은 것은 ○, 옳지 않은 것은 ×로 표시하시오.

(1) 체온 범위에서 일어난다. ··· (　　)

(2) 생명체 밖에서 일어나는 화학 반응이다. ··· (　　)

(3) 물질대사가 일어날 때에는 항상 에너지가 방출된다. ··· (　　)

[2~3] 다음은 물질대사와 관련된 내용을 나타낸 것이다. 각 항목에서 관련된 요소들의 기호를 연결하시오.

> (가) 동화 작용　　　　A. 분해　　　　㉠ 흡열 반응　　　　ⓐ 광합성
>
> (나) 이화 작용　　　　B. 합성　　　　㉡ 발열 반응　　　　ⓑ 세포 호흡

2 (가) 동화 작용 – (　　　) – (　　　) – (　　　)　**3** (나) 이화 작용 – (　　　) – (　　　) – (　　　)

4 물질대사에 대한 설명은 '물', 생명체 밖에서 일어나는 화학 반응에 대한 설명은 '화'를 쓰시오.

(1) 효소가 반드시 필요하다. ··· (　　)

(2) 반응이 여러 단계에 걸쳐 진행된다. ·· (　　)

(3) 다량의 에너지를 한꺼번에 방출한다. ·· (　　)

(4) 상대적으로 낮은 온도에서 반응이 일어난다. ·· (　　)

5 (　　　)는 생명체 내에서 합성되어 물질대사를 촉진하는 물질이다.

6 화학 반응이 일어나는 데 필요한 최소한의 에너지를 (　　　)라고 한다.

7 그림은 효소가 있을 때와 없을 때의 화학 반응 경로에 따른 에너지의 변화를 나타낸 것이다. (　　　) 안에 알맞은 기호를 쓰시오.

(1) 반응물의 에너지는 ①(　　　)이고, 생성물의 에너지는 ②(　　　)이다.

(2) 효소가 있을 때의 활성화 에너지는 (　　　)이다.

(3) 반응열은 (　　　)이다.

에너지 / 반응의 진행

8 효소에 대한 설명으로 옳은 것은 ○, 옳지 않은 것은 ×로 표시하시오.

(1) 주성분은 단백질이다. ··· (　　)

(2) 효소는 반응 전후에 구조와 성질이 변하지 않는다. ·· (　　)

(3) 한 종류의 효소는 다양한 종류의 반응물과 결합한다. ·· (　　)

(4) 반응이 끝난 효소는 새로운 반응물에 작용할 수 있다. ·· (　　)

9 효소는 입체 구조가 맞는 반응물과 결합하여 활성화 에너지를 (낮추고, 높이고) 반응 후 생성물과 분리된다.

10 효소의 이용에 대한 설명으로 옳은 것은 ○, 옳지 않은 것은 ×로 표시하시오.

(1) 발효 식품은 미생물의 효소를 이용한 것이다. ··· (　　)

(2) 고기를 연하게 할 때 과일 속 탄수화물 분해 효소를 이용한다. ··· (　　)

(3) 생활 하수와 공장 폐수를 정화할 때 미생물의 효소를 이용한다. ······································· (　　)

잠깐 테스트

이름   날짜   점수

• 정답과 해설 81쪽

1 다음 설명에 해당하는 용어를 쓰시오.

(1) DNA의 유전 정보를 전달하는 역할을 하는 핵산이다. ··· (   )

(2) 핵 속에 들어 있는 유전 물질로, 단백질과 결합되어 있다. ··· (   )

(3) DNA에서 생물의 형질을 결정하는 유전 정보가 저장되어 있는 특정 부위이다. ··········· (   )

2 ①(   )에 이상이 생기면 효소가 결핍되거나 세포를 구성하는 ②(   )이 정상적으로 만들어지지 않아 유전 질환이 나타날 수 있다.

[3~4] 그림은 세포 내에서 일어나는 유전 정보의 흐름을 나타낸 것이다.

3 (가)는 ①(   ), (나)는 ②(   )이다.

4 동물 세포에서 (가)와 (나)가 일어나는 세포 소기관을 각각 쓰시오.

5 DNA로부터 RNA가 전사되는 과정에서 염기의 상보적 관계는 다음과 같다. (   ) 안에 알맞은 말을 쓰시오.

DNA 염기	A	G	C	T
RNA 염기	①( )	②( )	③( )	④( )

[6~9] 그림은 어떤 DNA 이중 나선 중 한 가닥을 나타낸 것이다. (단, 왼쪽 첫 번째 염기부터 전사 및 번역된다.)

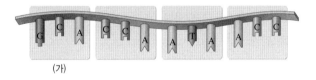

(가)

6 (가)와 같이 연속된 3개의 염기로 이루어진 유전부호를 (   )이라고 한다.

7 (가)로부터 전사된 RNA에서 3개의 염기로 이루어진 유전부호를 (   )이라고 한다.

8 이 DNA 가닥으로부터 전사된 RNA의 염기 서열은 (   )이다.

9 이 DNA 가닥으로부터 전사된 RNA가 지정하는 아미노산은 최대 (   )개이다.

10 다음은 유전부호 체계와 관련된 설명이다. (   ) 안에 알맞은 말을 쓰시오.

사람의 인슐린 유전자를 세균에 넣으면 사람의 인슐린 단백질이 만들어진다. 이것은 사람과 세균의 유전부호 체계가 같기 때문인데, 이를 유전부호 체계의 (   )이라고 한다.

절취선

잠깐 테스트

이름	날짜	점수

• 정답과 해설 81쪽

1 물질이 산소를 얻는 반응은 ①(산화, 환원)이고, 산소를 잃는 반응은 ②(산화, 환원)이다.

2 물질이 전자를 얻는 반응은 ①(산화, 환원)이고, 전자를 잃는 반응은 ②(산화, 환원)이다.

3 ( ) 안에 '산화' 또는 '환원'을 알맞게 쓰시오.

(1)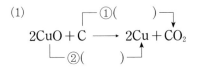

(2)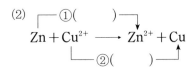

4 그림과 같이 검은색 산화 구리(Ⅱ)와 탄소 가루를 혼합하여 시험관에 넣고 가열하였다. ( ) 안에 알맞은 말을 쓰거나 고르시오.

(1) 검은색 산화 구리(Ⅱ)는 붉은색 구리로 (산화, 환원)된다.
(2) 탄소가 산화되어 생성된 ( ) 때문에 석회수가 뿌옇게 흐려진다.

5 그림은 질산 은 수용액에 구리줄을 넣었을 때 일어나는 반응을 모형으로 나타낸 것이다.

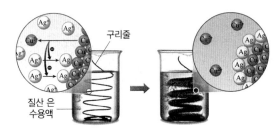

이에 대한 설명으로 옳은 것은 ○, 옳지 않은 것은 ×로 표시하시오.
(1) 은 이온은 전자를 얻어 은으로 산화된다. ⋯⋯⋯⋯⋯⋯⋯⋯⋯⋯⋯⋯⋯⋯⋯⋯⋯⋯⋯⋯⋯⋯ ( )
(2) 구리는 전자를 잃고 구리 이온으로 환원된다. ⋯⋯⋯⋯⋯⋯⋯⋯⋯⋯⋯⋯⋯⋯⋯⋯⋯⋯⋯⋯⋯ ( )
(3) 전자가 이동하는 산화 환원 반응이다. ⋯⋯⋯⋯⋯⋯⋯⋯⋯⋯⋯⋯⋯⋯⋯⋯⋯⋯⋯⋯⋯⋯⋯⋯⋯ ( )

6 식물의 엽록체에서 광합성이 일어날 때 이산화 탄소는 포도당으로 (산화, 환원)된다.

7 철광석의 주성분인 산화 철(Ⅲ)이 일산화 탄소와 반응할 때 산화 철(Ⅲ)은 철로 (산화, 환원)된다.

8 석탄이 산소와 반응하여 연소할 때 석탄은 이산화 탄소로 (산화, 환원)된다.

9 화석 연료의 연소와 광합성에 공통으로 관여하는 물질 A를 쓰시오.

• 메테인 + ☐ A ☐ ⟶ 이산화 탄소 + 물
• 이산화 탄소 + 물 ⟶ 포도당 + ☐ A ☐

10 산화 환원 반응의 예만을 [보기]에서 있는 대로 고르시오.

┌─ 보기 ─
ㄱ. 자전거가 붉게 녹슨다.   ㄴ. 반딧불이가 불빛을 낸다.
ㄷ. 표백제로 옷을 하얗게 만든다.   ㄹ. 산성화된 토양에 석회 가루를 뿌린다.

절취선

잠깐 테스트

| 이름 | 날짜 | 점수 |

• 정답과 해설 81쪽

1 산의 공통적인 성질을 ①(　　　　)이라 하는데, 이는 산 수용액에 공통으로 들어 있는 ②(　　　　) 때문에 나타난다.

2 산 수용액은 ①(푸른색, 붉은색) 리트머스 종이를 ②(푸른색, 붉은색)으로 변화시키고, 탄산 칼슘과 반응하여 ③(　　　　) 기체를 발생시킨다.

3 염기의 공통적인 성질을 ①(　　　　)이라 하는데, 이는 염기 수용액에 공통으로 들어 있는 ②(　　　　) 때문에 나타난다.

4 염기 수용액은 ①(푸른색, 붉은색) 리트머스 종이를 ②(푸른색, 붉은색)으로 변화시키고, 페놀프탈레인 용액을 떨어뜨리면 ③(　　　)색으로 변한다.

5 그림과 같이 질산 칼륨 수용액에 적신 푸른색 리트머스 종이 위에 묽은 염산에 적신 실을 올려놓고 전류를 흘려 주면 푸른색 리트머스 종이가 실에서부터 ①(　　　) 극 쪽으로 ②(　　　)색으로 변해 간다.

질산 칼륨 수용액에 적신 푸른색 리트머스 종이
(−)극　　(+)극
묽은 염산에 적신 실

6 BTB 용액을 떨어뜨렸을 때 노란색을 띠는 물질만을 [보기]에서 있는 대로 고르시오.

> • 보기 •
> ㄱ. 묽은 염산　　　　ㄴ. 암모니아수　　　　ㄷ. 증류수　　　　ㄹ. 아세트산 수용액

7 표는 물질 A~D를 이용하여 실험한 결과를 나타낸 것이다. (　　　) 안에 알맞은 말을 쓰시오. (단, A~D는 각각 비눗물, 레몬 즙, 묽은 염산, 수산화 나트륨 수용액 중 하나이다.)

물질	A	B	C	D
메틸 오렌지 용액을 떨어뜨렸을 때	붉은색	①(　　)	붉은색	노란색
마그네슘 조각을 넣었을 때	②(　　)	변화 없음	기체 발생	③(　　)
전기 전도성	있음	있음	④(　　)	있음

8 pH가 7보다 작으면 수용액의 액성은 ①(　　　), 7이면 ②(　　　), 7보다 크면 ③(　　　)이다.

9 pH가 ①(작, 클)(을)수록 산성이 강하고, pH가 ②(작, 클)(을)수록 염기성이 강하다.

10 생명체의 호흡이나 화석 연료의 연소 과정에서 발생한 이산화 탄소는 바닷물에 녹아 바닷물의 ①(　　　) 농도를 증가시키고, 산호나 조개류의 개체 수 ②(증가, 감소)를 일으킨다.

잠깐 테스트

| 이름 | 날짜 | 점수 |

• 정답과 해설 81쪽

1 중화 반응에서 산의 H^+과 염기의 OH^-은 ①(　　　)의 개수비로 반응하여 ②(　　　)을 생성한다.

2 중화 반응에서 산의 ①(양, 음)이온과 염기의 ②(양, 음)이온이 만나 염을 생성한다.

3 중화 반응에서 산의 H^+과 염기의 OH^-이 모두 반응하여 중화 반응이 완결된 지점을 무엇이라고 하는지 쓰시오.

4 중화 반응이 일어날 때 발생하는 열을 무엇이라고 하는지 쓰시오.

5 그림은 (가)와 (나) 수용액에 들어 있는 이온을 모형으로 나타낸 것이다. 이에 대한 설명으로 옳은 것은 ○, 옳지 않은 것은 ×로 표시하시오.

(1) (가)와 (나)를 혼합하면 물이 생성된다. ·· (　　)
(2) (가)와 (나)를 혼합한 용액에 페놀프탈레인 용액을 떨어뜨리면 붉은색으로 변한다.
··· (　　)
(3) (가)와 (나)를 혼합한 용액에 존재하는 이온은 두 종류이다. ················ (　　)

6 H^+ 수가 100개인 산성 용액과 OH^- 수가 200개인 염기성 용액을 혼합하였다. 혼합 용액의 액성을 쓰시오.

7 그림은 일정량의 묽은 염산에 수산화 나트륨 수용액을 조금씩 넣을 때 용액에 들어 있는 입자를 모형으로 나타낸 것이다. (단 혼합 전 두 수용액의 온도는 같다.)

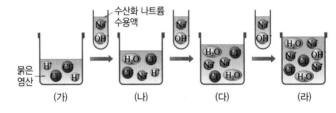

(1) (가)~(라)에 BTB 용액을 떨어뜨렸을 때 나타나는 색을 각각 쓰시오.
(2) (가)~(라) 중 용액의 최고 온도가 가장 높은 것을 쓰시오.

8 그림은 같은 농도의 묽은 염산(HCl)과 수산화 칼륨(KOH) 수용액의 부피를 달리하여 혼합한 후 각 용액의 최고 온도를 측정하여 나타낸 것이다. A~E 중 생성된 물의 양이 가장 많은 것을 쓰시오.(단, 혼합 전 두 수용액의 온도는 같다.)

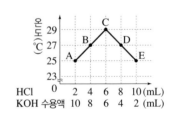

9 위산이 과다하게 분비되어 속이 쓰릴 때 (산성, 염기성) 물질인 제산제를 복용한다.

10 공장 배기 가스에 포함된 이산화 황은 ①(산성, 염기성) 물질이므로, 공장에서 배출하기 전에 ②(산성, 염기성) 물질인 산화 칼슘으로 중화하여 제거한다.

잠깐 테스트

| 이름 | 날짜 | 점수 |

• 정답과 해설 81쪽

1 화석을 이용하여 ①(   )를 구분하고, 지층이 생성된 시대와 환경, 수륙 분포 변화, 지층의 융기, 생물의 진화 과정 등 지질 시대의 ②(   )과 생물을 해석할 수 있다.

2 지질 시대는 지층에서 발견되는 (   )의 변화를 기준으로 구분할 수 있다.

3 선캄브리아 시대, 고생대, 중생대, 신생대를 길이가 짧은 시대부터 순서대로 나열하시오.

4 표준 화석으로 알 수 있는 지질 시대와 생물의 서식 환경을 (   ) 안에 쓰시오.

표준 화석	삼엽충	암모나이트	공룡	매머드	화폐석
지질 시대	①( )	중생대	②( )	신생대	③( )
서식 환경(바다, 육지)	바다	④( )	육지	⑤( )	바다

5 고사리 화석이 발견된 지역은 과거에 ①(온난한, 한랭한) 기후였고, ②(바다, 육지) 환경이었음을 알 수 있다.

6 그림은 화석을 분포 면적과 생존 기간에 따라 분류한 것이다. A~E 중 (가)표준 화석과 (나)시상 화석으로 가장 적합한 것을 각각 고르시오.

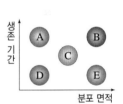

7 다음은 지질 시대의 수륙 분포와 기후를 나타낸 것이다. 각 지질 시대의 이름을 쓰시오.

지질 시대	①( )	②( )	③( )
수륙 분포	대서양 / 인도 / 인도양	판게아 / 테티스 해	유라시아 / 대서양 / 인도 / 인도양
기후	전 기간에 걸쳐 대체로 온난	말기에 기온이 급격하게 하강	후기에 빙하기와 간빙기 반복

8 지질 시대의 환경과 생물에 대한 설명으로 옳은 것은 ○, 옳지 않은 것은 ×로 표시하시오.
(1) 선캄브리아 시대의 화석은 거의 발견되지 않는다. ·· (   )
(2) 고생대 후기에는 겉씨식물이 쇠퇴하고, 양치식물이 출현하였다. ······································· (   )
(3) 중생대의 육지에서는 파충류가 번성하였고, 바다에서는 화폐석이 크게 번성하였다. ········· (   )

9 다음은 지질 시대에 나타난 생물의 변화를 설명한 것이다. 각 설명에 해당하는 지질 시대의 이름을 쓰시오.
(1) 남세균과 최초의 다세포 생물이 출현하였다. ·· (   )
(2) 파충류의 시대라고도 하며, 시조새가 출현하였다. ·· (   )
(3) 포유류의 시대라고도 하며, 최초의 인류가 출현하였다. ·· (   )
(4) 최초의 육상 생물이 출현하였고, 판게아 형성으로 말기에 생물의 대멸종이 있었다. ······· (   )

10 판게아 형성, 운석 충돌, 화산 폭발 등의 원인으로 지구상에서 많은 생물이 한꺼번에 멸종하는 것을 (   )이라고 한다.

• 정답과 해설 81쪽

절
취
선

1 (   )는 생물이 오랫동안 여러 세대를 거치면서 환경에 적응하여 변화하는 현상이다.

2 같은 종의 개체 사이에 나타나는 형태, 습성, 기능 등의 형질 차이를 (   )라고 한다.

3 유전적 변이는 오랫동안 축적된 ①(   )와 유성 생식 과정에서 ②(   )의 다양한 조합으로 발생한다.

4 다음은 다윈의 자연 선택설에 의한 진화 과정을 순서 없이 나타낸 것이다. 진화 과정의 순서대로 기호를 옳게 나열하시오.

> (가) 생존 경쟁   (나) 자연 선택   (다) 과잉 생산과 변이   (라) 진화

5 자연 선택설에 대한 설명으로 옳은 것은 ○, 옳지 않은 것은 ×로 표시하시오.
(1) 생명 과학의 이론적 기반을 제시하였다. ···(   )
(2) 제국주의의 출현과 식민 지배를 정당화하는 데 영향을 주었다. ·····················(   )
(3) 자연 선택설은 부모의 형질이 자손에게 전달되는 원리를 명확하게 설명하였다. ·····(   )

6 자연 선택설은 과학뿐만 아니라 사회학, 경제학, 철학 등 거의 모든 분야에 영향을 주었으며, 특히 경쟁이 기반인 (   ) 사회의 발달에 영향을 주었다.

7 변이와 자연 선택에 대한 설명으로 옳은 것은 ○, 옳지 않은 것은 ×로 표시하시오.
(1) 자연 선택된 변이는 자손에게 전달될 수 있다. ··(   )
(2) 같은 변이를 가진 경우에는 환경이 달라도 자연 선택의 결과는 같다. ···············(   )
(3) 항생제를 지속적으로 사용하면 항생제 내성 세균이 자연 선택되어 항생제 내성 세균 집단이 형성될 수 있다.
···(   )

8 갈라파고스 군도에 사는 핀치의 부리 모양이 다른 것은 각 섬의 먹이 환경에 적합한 핀치가 (   )되었기 때문이다.

9 다음은 낫 모양 적혈구에 대한 설명이다. (   ) 안에 알맞은 말을 쓰시오.

> 낫 모양 적혈구는 ①(   ) 유전자의 돌연변이로 나타나는데, 이러한 적혈구를 가진 사람은 일반적으로 생존에 불리하지만, 특정 환경에서는 생존에 유리하게 작용한다. 예를 들면 말라리아가 자주 발생하는 아프리카 일부 지역에서는 낫 모양 적혈구 유전자를 가진 사람이 말라리아에 저항성이 있어 생존에 유리하기 때문에 ②(   ) 되어 다른 지역에 비해 그 비율이 높다.

10 다음은 지구의 생명체 출현을 설명하는 한 가설이다. 이 가설이 무엇인지 쓰시오.

> 오파린이 제안한 가설로, 원시 지구의 풍부한 에너지에 의해 원시 대기를 이루는 무기물에 화학 반응이 일어나 유기물이 합성되었고, 이 유기물로부터 원시 생명체가 탄생하였을 것이라는 가설이다.

잠깐 테스트

• 정답과 해설 81쪽

절취선

1 (   )은 일정한 생태계 내에 존재하는 생물의 다양한 정도를 의미한다.

2 (   )은 같은 생물종이라도 하나의 형질을 결정하는 유전자에 차이가 있어 형질이 다양하게 나타나는 것을 의미한다.

3 종 다양성은 생물종이 ①(많을수록, 적을수록), 각 생물종의 분포 비율이 ②(균등할수록, 불균등할수록) 높다.

4 그림은 면적이 동일한 서로 다른 지역 (가), (나)에 서식하는 식물종을 나타낸 것이다. 이에 대한 설명으로 옳은 것은 ○, 옳지 <u>않은</u> 것은 ×로 표시하시오.

(1) (가)는 (나)보다 서식하는 식물종의 수가 많다.·············· (   )
(2) (가)는 (나)보다 식물종이 고르게 분포하고 있다.············· (   )
(3) (가)는 (나)보다 종 다양성이 낮다.·············· (   )

(가)   (나)

5 생물들은 서로 밀접한 관계를 맺고 살아가므로, 생물 다양성이 (높을수록, 낮을수록) 생태계를 안정적으로 유지할 수 있다.

6 인간의 생활과 생산 활동에 이용되는 모든 생물을 ①(   )이라고 하며, ①(   )은 생물 다양성이 ②(   )수록 풍부해진다.

7 각 사례가 생물 다양성 감소 원인 중 무엇에 해당하는지 [보기]에서 고르시오.

┌─ 보기 ───┐
ㄱ. 서식지 파괴와 단편화   ㄴ. 불법 포획과 남획   ㄷ. 외래종 도입   ㄹ. 환경 오염
└───┘

(1) 하천에 공장 폐수를 흘려보냈다. ··· (   )
(2) 산을 허물어 아파트를 건설하였다. ··· (   )
(3) 외국에서 도입한 배스를 하천으로 방생하였다. ··· (   )
(4) 코끼리 상아를 얻기 위해 아프리카코끼리를 집중적으로 사냥하였다. ····························· (   )

8 산을 허물어 도로를 건설할 때에는 (   )를 설치함으로써 야생 동물의 서식지가 분리되는 것을 막을 수 있다.

9 일부 외래종은 ①(천적이 없어, 천적이 있어) 대량으로 번식하여 토종 생물의 서식지를 차지하고, 먹이 사슬에 변화를 일으켜 생물 다양성을 ②(증가, 감소)시킨다.

10 생물 다양성을 보전하기 위해 국제 협약을 맺는 것은 (개인적, 사회적, 국제적) 노력에 해당한다.

잠깐 테스트

이름　　　　날짜　　　　점수

• 정답과 해설 81쪽

1 일정한 공간에서 자연 환경과 생물이 밀접한 관계를 맺으며 서로 영향을 주고받는 체계를 ( )라고 한다.

2 개체, 개체군, 군집 중 다음 설명에 해당하는 것을 쓰시오.
   (1) 하나의 생명체 ··· ( )
   (2) 일정한 지역에 같은 종의 개체가 무리를 이루는 것 ··· ( )
   (3) 일정한 지역에서 서로 관계를 맺고 살아가는 여러 종류의 생물 집단 ······································· ( )

3 생태계는 생물적 요인과 비생물적 요인의 상호 관계로 유지된다. ①( )은 생태계에 존재하는 모든 생물을, ②( )은 생물을 둘러싸고 있는 빛, 온도, 물, 토양, 공기 등의 환경 요인을 말한다.

4 생태계의 구성 요소와 그 예를 옳게 연결하시오.
   (1) 생산자　　　•　　　　　　　•　㉠ 곰팡이
   (2) 소비자　　　•　　　　　　　•　㉡ 토양
   (3) 분해자　　　•　　　　　　　•　㉢ 메뚜기
   (4) 비생물적 요인　•　　　　　　•　㉣ 식물 플랑크톤

5 빛의 세기가 강한 곳에 위치한 잎은 ( )이 발달되어 있기 때문에 두꺼운 반면, 빛의 세기가 약한 곳에 위치한 잎은 일반적으로 얇고 넓다.

6 바다의 깊이에 따라 해조류의 분포가 다른 것은 바다의 깊이에 따라 도달하는 빛의 ( )과 양이 다르기 때문이다.

7 사막여우는 북극여우에 비해 몸집이 작고 몸의 말단부가 크다. 서식지에 따른 여우의 몸집과 말단부의 크기에 영향을 준 비생물적 요인을 쓰시오.

8 토양의 표면은 공기를 많이 포함하고 있어서 ①(호기성, 혐기성) 세균이 살기에 적합하고, 토양의 깊은 곳은 공기가 적어 ②(호기성, 혐기성) 세균이 살기에 적합하다.

9 고산 지대에 사는 사람들의 혈액에는 평지에 사는 사람들에 비해 적혈구 수가 많아 산소를 효율적으로 운반할 수 있다. 이와 관련이 깊은 비생물적 요인을 쓰시오.

10 각 현상이 어떤 비생물적 요인에 의해 나타난 것인지 [보기]에서 고르시오.

   ┌─ 보기 ───┐
   │ ㄱ. 일조 시간　　　　　ㄴ. 온도　　　　　ㄷ. 물 │
   └───┘

   (1) 가을이 되면 단풍이 들고 낙엽이 떨어진다. ·· ( )
   (2) 사막에 사는 도마뱀은 몸 표면이 비늘로 덮여 있다. ·· ( )
   (3) 민들레는 봄에 꽃이 피고, 국화는 가을에 꽃이 핀다. ··· ( )

잠깐 테스트

이름	날짜	점수

• 정답과 해설 81쪽

[1~4] 그림은 두 생태계 (가)와 (나)의 먹이 관계를 나타낸 것이다.

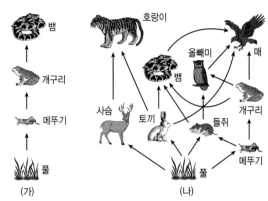

(가)   (나)

1 두 생태계 (가)와 (나)의 생산자는 모두 (　　　)이다.

2 (나)에서 1차 소비자에 해당하는 생물을 있는 대로 쓰시오.

3 (나)에서 최종 소비자에 해당하는 생물을 있는 대로 쓰시오.

4 (가)와 (나) 중 급격한 환경 변화가 일어났을 때 생태계 평형이 더 잘 유지되는 생태계를 쓰시오.

5 유기물에 저장된 에너지는 각 영양 단계에서 생물의 생명 활동을 통해 ①(　　　)로 방출되고 남은 것 중 일부가 다음 영양 단계로 전달되기 때문에, 상위 영양 단계로 갈수록 전달되는 에너지양이 ②(감소한다, 증가한다).

6 생태계에서 각 영양 단계의 개체 수, 생물량, 에너지양을 하위 영양 단계부터 상위 영양 단계까지 차례로 쌓아올린 것을 (　　　)라고 한다.

7 다음은 생태계 평형에 대한 설명이다. (　　　) 안에 알맞은 말을 쓰거나 고르시오.

> • 생태계를 구성하는 생물 군집의 구성, 개체 수, 물질의 양, 에너지 흐름 등이 안정된 상태를 유지하는 것을 ①(　　　)이라고 한다.
> • 먹이 그물이 ②(복잡할수록, 단순할수록) 생태계 평형이 잘 유지된다.

8 그림은 어떤 안정된 생태계 (가)가 어떤 원인에 의해 일시적으로 평형이 깨진 상태 (나)를 나타낸 것이다. (나) 이후에 생태계 평형이 회복되는 과정을 [보기]에서 골라 순서대로 나열하시오.

> ┌ 보기 ┐
> ㄱ. A의 수가 감소하고, C의 수가 증가한다.
> ㄴ. A의 수가 증가하고, C의 수가 감소한다.
> ㄷ. B의 수가 감소한다.

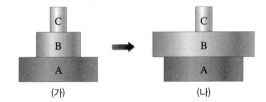

(가)   (나)

9 도시 (　　　) 현상을 완화하기 위해 건물에 옥상 정원을 가꾸고, 도시 중심부에 숲을 조성한다.

10 생태계에서 모든 생물은 유기적인 관계를 맺고 살아가므로, 생태계 평형을 유지하기 위해서는 (　　　)을 보전해야 한다.

잠깐 테스트

이름   날짜   점수

1 지구 대기 중 온실 기체의 양이 증가하여 지구의 평균 기온이 상승하는 현상을 (   )라고 한다.

2 지구 온난화의 주요 원인은 화석 연료의 사용량 증가로 인한 대기 중 (메테인, 이산화 탄소)의 농도 증가이다.

3 다음은 지구 온난화로 일어나는 현상을 나타낸 것이다. (   ) 안에 알맞은 말을 쓰시오.

> 평균 기온 상승 → 빙하의 ①(   )와 해수의 열팽창 → 해수면의 높이 ②(   ) → 육지 면적 ③(   )

4 지구는 저위도에서 에너지 ①(과잉, 부족), 고위도에서 에너지 ②(과잉, 부족) 상태이다. 따라서 에너지는 대기와 해수의 순환을 통해 ③(고, 저)위도에서 ④(고, 저)위도로 이동하여 지구의 에너지 균형을 이룬다.

5 대기 대순환에서 위도별로 부는 바람을 옳게 연결하시오.

위도		바람
(1) 0°∼30° •		• ㉠ 극동풍
(2) 30°∼60° •		• ㉡ 무역풍
(3) 60°∼90° •		• ㉢ 편서풍

6 위도 30° 지역은 ①(상승 기류, 하강 기류)가 발달하여 ②(고압대, 저압대)가 형성되고, 기후가 ③(건조, 다습)하여 사막이 많이 분포한다.

7 해수의 표층 순환은 ①(   )의 영향을 받아 발생하며, 아열대 순환은 북반구에서 ②(   ) 방향, 남반구에서 ③(   ) 방향으로 나타난다.

8 북적도 해류와 남적도 해류는 ①(무역풍, 편서풍, 극동풍)에 의해 발생하고, 북태평양 해류와 남극 순환 해류는 ②(무역풍, 편서풍, 극동풍)에 의해 발생한다.

9 사막화가 발생하는 원인을 쓰시오.

(1) 자연적 원인 : _____   (2) 인위적 원인 : _____

10 다음은 엘니뇨가 발생할 때 나타나는 현상이다. (   ) 안에서 알맞은 말을 고르시오.

> 무역풍이 ①(강, 약)해진다. → 적도 부근의 동에서 서로 이동하는 따뜻한 해수의 흐름이 ②(강, 약)해지고, 동태평양에서는 심층의 찬 해수가 올라오는 현상이 ③(강, 약)해진다. → 표층 수온이 ④(상승, 하강)한다.

잠깐 테스트

• 정답과 해설 81쪽

절
취
선

1 전하의 이동에 의해 발생하는 에너지를 ①(   ) 에너지라 하고, 화학 결합에 의해 물질 속에 저장되어 있는 에너지를 ②(   ) 에너지라고 한다.

2 그림은 에너지 전환 과정을 나타낸 것이다. (   ) 안에 알맞은 말을 쓰시오.

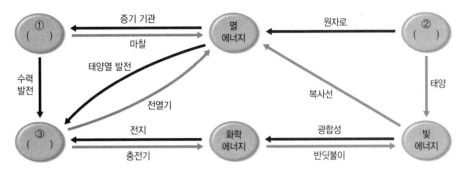

3 다음에 주어진 기구와 에너지 전환을 서로 관계있는 것끼리 옳게 연결하시오.

(1) 선풍기 •   • ㉠ 화학 에너지 → 전기 에너지
(2) 건전지 •   • ㉡ 전기 에너지 → 운동 에너지
(3) 발전기 •   • ㉢ 운동 에너지 → 전기 에너지

4 에너지는 (   ) 법칙에 따라 한 종류의 에너지가 다른 종류의 에너지로 전환되더라도 그 총량이 항상 일정하게 보존된다.

5 에너지가 전환되는 과정에서 사용 가능한 에너지의 양이 줄어드는데, 이는 에너지가 최종적으로 (   )에너지의 형태로 전환되어 공기 중으로 흩어지기 때문이다.

6 공급한 에너지 중에서 유용하게 사용된 에너지의 비율을 (   )이라고 한다.

7 열기관은 ①(   )에너지를 ②(   )로 전환하는 장치로, 열기관의 에너지 효율을 열효율이라고 한다.

8 어떤 열기관이 500 J의 열에너지를 공급받아 300 J의 일을 하였을 때, 이 열기관의 열효율은 몇 %인지 쓰시오.

9 에너지 효율에 대한 설명으로 옳은 것은 ○, 옳지 않은 것은 ×로 표시하시오.

(1) 에너지 효율이 높을수록 쓸모없이 버려지는 열에너지의 양이 적다. ·······································(   )
(2) 열기관의 효율은 공급한 열에너지에 대해 일로 전환되는 양의 곱으로 나타낸다. ····················(   )
(3) 에너지 소비 효율 등급 표시에서 5등급에 가까울수록 에너지 효율이 높다. ·························(   )

10 그림은 전기 기구 A, B의 에너지 소비 효율 등급을 나타낸 것이다. (   ) 안에서 알맞은 말을 고르시오.

A, B에 같은 양의 에너지를 공급할 때 사용하지 못하고 버려지는 에너지의 양은 A가 B보다 (많다, 적다).

잠깐 테스트

| 이름 | 날짜 | 점수 |

• 정답과 해설 81쪽

절
취
선

1 코일 주위에서 자석을 움직이면 코일을 통과하는 ①(　　　)이 변하여 코일에 전류가 유도되어 흐르는 현상을 ②(　　　)라 하며, 이때 코일에 흐르는 전류를 ③(　　　)라고 한다.

2 코일 근처에서 자석을 움직일 때에 대한 설명으로 옳은 것은 ○, 옳지 않은 것은 ×로 표시하시오.
(1) 코일을 통과하는 자기장의 변화를 방해하는 방향으로 유도 전류가 흐른다. ⋯⋯⋯⋯⋯⋯⋯⋯(　)
(2) 유도 전류의 방향은 자석의 운동 방향과는 관계가 없다. ⋯⋯⋯⋯⋯⋯⋯⋯⋯⋯⋯⋯⋯⋯(　)

3 유도 전류의 세기는 자석이 ①(빠르게, 느리게) 움직일수록, 자석의 세기가 ②(셀, 약할)수록, 코일의 감은 수가 ③(많을, 적을)수록 세다.

4 발전기에 대한 설명으로 옳은 것은 ○, 옳지 않은 것은 ×로 표시하시오.
(1) 자기장 속에서 코일이 회전할 때 유도 기전력이 발생한다. ⋯⋯⋯⋯⋯⋯⋯⋯⋯⋯⋯⋯(　)
(2) 발전기의 코일이 회전할 때 코일을 통과하는 자기장이 변하여 세기와 방향이 일정한 전류가 발생한다.(　)
(3) 발전기에서는 전기 에너지가 역학적 에너지로 전환된다. ⋯⋯⋯⋯⋯⋯⋯⋯⋯⋯⋯⋯⋯⋯(　)

5 각 발전과 관계있는 것끼리 옳게 연결하시오.
(1) 핵발전　•
(2) 화력 발전•
(3) 수력 발전•
　•㉠ 높은 곳에 있는 물이 낮은 곳으로 내려오면서 터빈을 회전시킨다.
　•㉡ 화석 연료가 연소할 때 발생하는 열로 물을 끓일 때 나온 증기로 터빈을 회전시킨다.
　•㉢ 우라늄의 핵반응을 통해 발생하는 열로 물을 끓일 때 나온 증기로 터빈을 회전시킨다.

6 송전 과정에서 송전선의 저항에 의해 전기 에너지의 일부가 ①(　　)에너지로 전환되어 전력이 손실되는데, 이때 손실되는 전력을 ②(　　)이라고 한다.

7 손실되는 전력을 줄이기 위해서는 송전 전류의 세기를 ①(작게, 크게) 하거나 송전선의 저항을 ②(작게, 크게) 해야 한다.

8 같은 양의 전력을 송전할 때 전압을 2배 높여 송전하면 송전선에서 손실되는 전력은 몇 배가 되는지 쓰시오.

9 발전소에서는 생산한 전력의 전압을 ①(높여, 낮춰) 송전한 후, 가정이나 공장과 같은 소비지 근처에 와서 전압을 ②(높여, 낮춰) 공급한다.

10 송전 과정에서 전압을 변화시키는 장치로, 1차 코일과 2차 코일의 감은 수를 조절하여 전압을 변화시키는 장치를 (　　)라고 한다.

잠깐 테스트

이름   날짜   점수

• 정답과 해설 81쪽

절취선

1 태양 중심부와 같이 초고온 상태에서 원자가 원자핵과 전자로 분리되어 활발하게 움직이는 상태를 (　　　) 상태라고 한다.

2 가벼운 두 개 이상의 원자핵이 융합하여 무거운 원자핵이 되는 반응을 (　　　) 반응이라고 한다.

3 태양 에너지는 ①(　　　)개의 수소 원자핵이 모여 1개의 헬륨 원자핵으로 변하는 ②(　　　) 반응에 의해 생성된다.

4 핵반응 후 질량의 합이 핵반응 전 질량의 합보다 줄어들게 되는데, 이때의 질량 차이를 (　　　)이라고 한다.

5 지구에서 생명체의 생명 활동이나 대부분의 자연 현상을 일으키는 근원이 되는 에너지는 (　　　) 에너지이다.

6 식물은 광합성을 통해 태양의 ①(　　　)에너지를 ②(　　　) 에너지 형태로 유기 양분에 저장하고, 이렇게 합성된 유기 양분을 동물이 섭취하여 에너지를 얻는다.

7 지구에 도달하는 ①(　　　) 복사 에너지의 양은 위도에 따라 다르기 때문에 저위도와 고위도의 에너지가 불균등하다. 이러한 에너지 불균형은 지구에서 대기와 ②(　　　)의 순환에 의해 해소된다.

8 대기 중의 ①(　　　)는 태양의 빛에너지와 함께 화학 에너지 형태로 포도당에 저장된다. 또한 생명체의 유해는 땅속에 묻혀 오랫동안 열과 압력을 받아 석탄, 석유, 천연가스와 같은 ②(　　　)가 된다. 이 과정에서 태양 에너지는 ③(　　　)를 매개로 하는 순환 과정을 거친다.

9 지구에 도달한 태양 에너지가 전환되면서 생기는 현상으로 옳은 것만을 [보기]에서 있는 대로 고르시오.

> • 보기 •
> ㄱ. 지진   ㄴ. 기상 현상
> ㄷ. 해수의 순환   ㄹ. 식물의 광합성

10 태양 에너지는 지구에서 다양한 형태의 에너지로 전환되는데, (　　　)를 통해 태양의 빛에너지가 직접 전기 에너지로 전환된다.

이름   날짜   점수

• 정답과 해설 81쪽

1 생명체의 유해가 땅속에 묻힌 후 오랫동안 열과 압력을 받아 만들어지며, 매장량이 한정되어 있어 언젠가는 고갈될 에너지 자원을 (   )라고 한다.

2 하나의 원자핵이 쪼개지면서 두 개 이상의 새로운 원자핵이 생겨나는 반응을 (   ) 반응이라고 한다.

3 핵발전과 관련된 내용에서 서로 관계있는 것끼리 옳게 연결하시오.
(1) 제어봉   •   • ㉠ 고속 중성자의 속도를 느리게 하는 물질
(2) 감속재   •   • ㉡ 중성자를 흡수하여 중성자의 수를 줄이는 장치
(3) 연쇄 반응   •   • ㉢ 우라늄이 핵분열을 할 때 방출하는 중성자가 다른 우라늄에 충돌하여 핵분열이 일어나는 반응

4 신재생 에너지에 대한 설명으로 옳은 것은 ○, 옳지 않은 것은 ×로 표시하시오.
(1) 자원 고갈의 염려가 없다. ··· (   )
(2) 초기 투자 비용이 적게 든다. ··· (   )
(3) 온실 기체 배출로 인한 기후 변화와 환경 오염 문제가 거의 없다. ·· (   )

[5~8] 그림 (가)~(라)는 다양한 발전 방식을 나타낸 것이다. 다음에서 설명하는 발전 방식을 (가)~(라)에서 고르시오.

(가) 태양광 발전   (나) 조력 발전   (다) 풍력 발전   (라) 파력 발전

5 빛에너지를 직접 전기 에너지로 전환하며, 에너지 자원이 무한하고 환경 오염이 거의 없다.

6 바람의 운동 에너지를 이용하며, 설비가 비교적 간단하고 비용이 저렴하며 환경 오염 물질을 배출하지 않는다.

7 밀물과 썰물 때 해수면의 높이 차이를 이용하며, 대규모 발전이 가능하므로 발전 효율이 높고 날씨 변화의 영향을 크게 받지 않는다.

8 파도가 칠 때 해수면의 높이 변화를 이용하며, 소규모 개발이 가능하고 방파제로 활용할 수 있어 실용성이 크다.

9 수소 연료 전지에서 ①(   ) 이온은 전해질을 통해 (+)극으로, ②(   )는 외부 회로를 통해 (+)극으로 이동하여 전류가 흐른다.

10 화석 연료를 사용하지 않고, 그 기술이 사용되는 사회의 환경을 고려하여 해당 지역에서 지속적인 생산과 소비를 할 수 있는 기술을 (   )이라고 한다.

중단원 핵심 요약 & 문제

01 우주의 시작과 원소의 생성

1. 우주의 시작
(1) 빅뱅 우주론 : 초고온, 초고밀도의 한 점에서 폭발하여 우주가 시작된 후 계속 팽창하고 있다는 이론
(2) 빅뱅 우주론과 정상 우주론

구분	빅뱅 우주론	정상 우주론
우주의 크기	증가	증가
총 질량	일정	증가
밀도	감소	일정
온도	감소	일정

2. 빅뱅 우주에서 원자의 생성 과정 : 우주의 온도가 낮아지면서 점차 무거운 입자가 생성되었다. ➡ 기본 입자 → 양성자(수소 원자핵)와 중성자 → 원자핵 → 원자

기본 입자 생성	쿼크, 전자와 같은 기본 입자 생성
양성자와 중성자 생성	• 쿼크가 결합하여 양성자와 중성자 생성 • 생성 초기 양성자와 중성자의 개수비는 비슷(약 1 : 1)
원자핵 생성 (빅뱅 약 3분 후)	• 양성자수가 중성자수보다 많아짐(약 7 : 1) • 양성자는 그 자체로 수소 원자핵이고, 양성자 2개와 중성자 2개가 결합하여 헬륨 원자핵 생성
원자 생성 (빅뱅 약 38만 년 후)	• 원자핵과 전자가 결합하여 수소 원자와 헬륨 원자 생성 • 우주 배경 복사 생성

3. 스펙트럼

종류	• 연속 스펙트럼 : 연속적인 색의 띠로, 고온의 광원이 연속적인 파장의 빛을 방출한다. • 방출 스펙트럼 : 방출선이 나타나며, 가열된 기체가 특정 파장의 빛을 방출한다. • 흡수 스펙트럼 : 흡수선이 나타나며, 별빛이 저온의 기체를 통과할 때 특정 파장의 빛을 흡수한다.
스펙트럼 분석	원소의 종류와 함량을 알 수 있다. • 원소마다 고유의 스펙트럼이 나타나므로 구성 원소의 종류를 알 수 있다. • 원소의 밀도에 따라 흡수선의 폭이 다르므로 구성 원소의 함량(질량비)을 알 수 있다.

4. 빅뱅 우주론의 증거 : 우주 배경 복사, 수소와 헬륨의 질량비 약 3 : 1(예측값=관측값)

우주 배경 복사	[예측] 우주의 온도가 3000 K일 때 우주로 퍼져 나간 빛이 현재 파장이 길어져서 관측되어야 함 [관측] 현재 약 3 K 복사의 파장으로 관측됨
수소와 헬륨의 질량비 약 3 : 1	[예측] 원자핵이 생성될 때 양성자와 중성자의 개수비 약 7 : 1 ➡ 수소 원자핵과 헬륨 원자핵의 개수비 약 12 : 1 ➡ 수소와 헬륨의 질량비 약 3 : 1 [관측] 우주 전역의 스펙트럼 분석으로 수소와 헬륨의 질량비가 약 3 : 1임을 알아냄

1 그림 (가)와 (나)는 서로 다른 두 우주론을 나타낸 것이다.

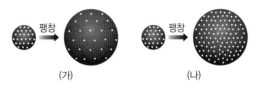

이에 대한 설명으로 옳은 것만을 [보기]에서 있는 대로 고른 것은?

• 보기 •
ㄱ. (가)는 빅뱅 우주론, (나)는 정상 우주론이다.
ㄴ. (가)에서는 우주가 팽창할 때 빈 공간에 새로운 물질이 생성된다.
ㄷ. (가)와 (나)의 우주는 모두 팽창한다.

① ㄱ   ② ㄴ   ③ ㄱ, ㄷ
④ ㄴ, ㄷ   ⑤ ㄱ, ㄴ, ㄷ

2 다음은 빅뱅 우주론에 따라 우주가 팽창하면서 일어난 일을 순서 없이 나열한 것이다.

(가) 헬륨 원자핵이 생성되었다.
(나) 쿼크와 전자가 생성되었다.
(다) 우주 배경 복사가 생성되었다.
(라) 양성자와 중성자가 생성되었다.

시간 순서대로 옳게 나열한 것은?

① (가) → (나) → (다) → (라)
② (나) → (다) → (라) → (가)
③ (나) → (라) → (가) → (다)
④ (다) → (가) → (라) → (나)
⑤ (다) → (나) → (라) → (가)

3 그림은 빅뱅으로부터 약 38만 년이 지난 후, 헬륨 원자가 생성되는 과정을 나타낸 것이다.

이에 대한 설명으로 옳은 것만을 [보기]에서 있는 대로 고른 것은?

• 보기 •

ㄱ. 우주의 온도가 약 10억 K일 때 생성되었다.

ㄴ. 생성된 헬륨 원자는 전기적으로 중성이다.

ㄷ. 원자가 생성되면서 빛이 퍼져 나가 우주가 투명해졌다.

① ㄱ   ② ㄴ   ③ ㄱ, ㄷ
④ ㄴ, ㄷ   ⑤ ㄱ, ㄴ, ㄷ

4 그림 (가)와 (나)는 원소의 스펙트럼을 나타낸 것이다.

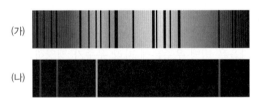

이에 대한 설명으로 옳은 것만을 [보기]에서 있는 대로 고른 것은?

• 보기 •

ㄱ. (가)는 흡수 스펙트럼, (나)는 방출 스펙트럼이다.

ㄴ. 저온의 기체를 통과한 별빛에서는 (나)와 같은 스펙트럼이 나타난다.

ㄷ. (가)와 (나)의 스펙트럼은 동일한 원소를 관측한 것이다.

① ㄱ   ② ㄴ   ③ ㄱ, ㄷ
④ ㄴ, ㄷ   ⑤ ㄱ, ㄴ, ㄷ

---

02 지구와 생명체를 이루는 원소의 생성

1. 지구와 생명체를 구성하는 원소

우주의 주요 구성 원소	수소, 헬륨 등
지구의 주요 구성 원소	철, 산소, 규소 등
생명체의 주요 구성 원소	산소, 탄소 등

2. 별의 진화와 원소의 생성

(1) 별의 진화

별(주계열성)의 탄생	성운의 중력 수축 → 온도 상승 → 원시별 형성 → 원시별의 중력 수축 → 중심 온도 1000만 K 이상 → 수소 핵융합 반응을 하는 별
주계열성의 특징	• 수소 핵융합 반응 ➡ 헬륨 생성 • 내부 압력과 중력이 평형 ➡ 별의 크기 일정
주계열성의 진화	• 질량이 태양과 비슷한 별 : 주계열성 → 적색 거성 → 행성상 성운, 백색 왜성 • 질량이 태양의 약 10배 이상인 별 : 주계열성 → 초거성 → 초신성 → 중성자별 또는 블랙홀

(2) 원소의 생성

철보다 가벼운 원소, 철	• 질량이 태양과 비슷한 별 : 주계열성~적색 거성의 중심부에서 헬륨, 탄소 생성 • 질량이 태양의 약 10배 이상인 별 : 주계열성~초거성의 중심부에서 헬륨~철 생성

▲ 질량이 태양과 비슷한 별   ▲ 질량이 태양의 약 10배 이상인 별

철보다 무거운 원소	초신성 폭발 때 엄청난 양의 에너지가 발생하여 생성

3. 태양계와 지구의 형성

(1) 태양계의 형성

원시 태양	태양계 성운이 중력 수축하여 중심부에는 원시 태양, 성운의 바깥쪽에는 원시 원반이 형성됨
미행성체의 형성	원시 원반에서는 여러 개의 고리가 형성되고, 각 고리에서는 수많은 미행성체가 형성됨
원시 행성·태양계 형성	원시 태양의 중심부에서 수소 핵융합 반응이 일어나 태양이 되고, 원시 행성이 형성됨
태양계 고체 물질 형성	태양과 가까운 곳에서 지구형 행성, 태양으로부터 먼 곳에서 목성형 행성 형성

(2) 지구의 형성

마그마 바다 형성	미행성체의 충돌열에 지구의 온도가 상승하였고, 지구 전체가 거의 녹아 마그마 바다 형성
핵과 맨틀의 분리	무거운 물질은 지구 중심부로 가라앉아 핵을 형성, 가벼운 물질은 위로 떠올라 맨틀 형성
원시 지각·원시 바다 형성	지구의 표면이 식어 원시 지각이 형성되었고, 원시 지각에 빗물이 모여 원시 바다를 형성함
생명체 출현	바다에서 최초의 생명체 탄생

1 그림은 별의 탄생 과정을 나타낸 것이다.

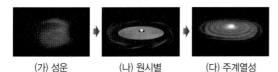

(가) 성운　　　(나) 원시별　　　(다) 주계열성

이에 대한 설명으로 옳은 것만을 [보기]에서 있는 대로 고른 것은?

・보기・
ㄱ. (가) → (나)는 성운의 팽창에 의해 일어난다.
ㄴ. (다)에서는 별의 내부 압력과 중력이 평형을 이룬다.
ㄷ. (가) → (나) → (다)로 가면서 내부 온도는 하강한다.

① ㄱ　　　② ㄴ　　　③ ㄱ, ㄷ
④ ㄴ, ㄷ　　　⑤ ㄱ, ㄴ, ㄷ

2 표는 별의 내부에서 일어나는 핵융합 반응을 나타낸 것이다.

구분	핵융합 반응
(가)	2C → Mg
(나)	3He → (A)
(다)	4H → (B)

이에 대한 설명으로 옳은 것만을 [보기]에서 있는 대로 고른 것은?

・보기・
ㄱ. A는 B보다 무거운 원소이다.
ㄴ. 별의 중심부에서 핵융합이 일어나는 순서는 (나) → (다) → (가)이다.
ㄷ. 질량이 태양과 비슷한 별이 적색 거성으로 진화하면 (가) 반응이 일어날 것이다.

① ㄱ　　　② ㄴ　　　③ ㄱ, ㄷ
④ ㄴ, ㄷ　　　⑤ ㄱ, ㄴ, ㄷ

3 별의 진화와 원소의 생성에 대한 설명으로 옳지 <u>않은</u> 것은?

① 별은 대부분의 기간을 주계열성으로 보낸다.
② 주계열성에서 수소 핵융합 반응으로 에너지를 생성한다.
③ 주계열성이 적색 거성이 되면 표면 온도가 낮아진다.
④ 별의 중심부에서 핵융합 반응으로 만들어질 수 있는 가장 무거운 원소는 철이다.
⑤ 금이나 우라늄은 행성상 성운에서 만들어진다.

4 그림은 태양계 성운이 수축하여 형성된 원시 원반에서 태양으로부터의 고체 물질의 분포를 나타낸 것이다.

이에 대한 설명으로 옳은 것만을 [보기]에서 있는 대로 고른 것은?

・보기・
ㄱ. 원시 태양에서 멀어질수록 녹는점이 높은 물질이 고체로 존재하였다.
ㄴ. 목성형 행성은 얼음 상태의 물질, 암석 티끌 등 다양한 물질이 미행성체를 이루었다.
ㄷ. 지구형 행성은 목성형 행성보다 평균 밀도가 클 것이다.

① ㄱ　　　② ㄴ　　　③ ㄱ, ㄷ
④ ㄴ, ㄷ　　　⑤ ㄱ, ㄴ, ㄷ

5 그림 (가)와 (나)는 지구 형성 과정의 서로 다른 시기를 나타낸 것이다.

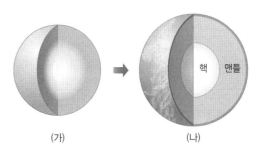

(가)　　　　　(나)

(가)와 (나) 사이에 지구에서 일어난 변화로 옳은 것만을 [보기]에서 있는 대로 고른 것은?

・보기・
ㄱ. 지구 중심부의 밀도가 커졌다.
ㄴ. 주로 산소, 규소 등의 물질이 핵을 형성하였다.
ㄷ. 상대적으로 무거운 물질은 지구 중심부로 가라앉았다.

① ㄱ　　　② ㄴ　　　③ ㄱ, ㄷ
④ ㄴ, ㄷ　　　⑤ ㄱ, ㄴ, ㄷ

중단원 핵심 요약&문제

03 원소들의 주기성

1. 원소와 주기율표

(1) 원소 : 물질을 이루는 기본 성분

(2) 주기율의 발견

과학자	내용
되베라이너	세 쌍 원소의 원자량 사이의 관계 발견
멘델레예프	원소들을 원자량 순으로 배열한 주기율표를 만듦
모즐리	원소들의 주기적 성질과 원자 번호 사이의 관계 발견

(3) 현대의 주기율표 : 원소들이 원자 번호 순으로 배열되어 있으며, 7개의 주기와 18개의 족으로 이루어져 있다.

주기\족	1	2	3~12	13	14	15	16	17	18
1	H								He
2	Li	Be		B	C	N	O	F	Ne
3	Na	Mg		Al	Si	P	S	Cl	Ar
4	K	Ca		Ga	Ge	As	Se	Br	Kr
5	Rb	Sr		In	Sn	Sb	Te	I	Xe
6	Cs	Ba		Tl	Pb	Bi	Po	At	Rn
7	Fr	Ra		Nh	Fl	Mc	Lv	Ts	Og

(금속 / 준금속 / 비금속)

(4) 금속 원소와 비금속 원소

원소	특징
금속 원소	• 주기율표의 왼쪽 부분과 가운데 부분에 위치 • 대부분 특유의 광택이 있고, 열과 전기가 잘 통함 • 양이온이 되기 쉬움
비금속 원소	• 주기율표의 오른쪽 부분에 위치(단, 수소는 예외) • 열과 전기가 잘 통하지 않음(단, 흑연은 예외) • 음이온이 되기 쉬움(단, 18족은 예외)

2. 알칼리 금속과 할로젠

원소	특징
알칼리 금속	• 주기율표의 1족에 속하는 금속 원소 • 실온에서 고체 상태이고, 은백색 광택을 띰 • 밀도가 작고 무름 • 반응성이 매우 커서 산소, 물과 잘 반응함
할로젠	• 주기율표의 17족에 속하는 비금속 원소 • 실온에서 이원자 분자로 존재하고, 특유의 색을 띰 • 반응성이 매우 커서 금속, 수소와 잘 반응함

3. 원자의 전자 배치

(1) 원자 번호 1~18까지 원자의 전자 배치

주기\족	1	2	13	14	15	16	17	18
1	H							He
2	Li	Be	B	C	N	O	F	Ne
3	Na	Mg	Al	Si	P	S	Cl	Ar

(2) 원소들의 주기성이 나타나는 까닭 : 원자 번호가 증가함에 따라 원자가 전자 수가 주기적으로 변하기 때문이다.

---

1 멘델레예프는 1869년 당시까지 발견되었던 63종의 원소로 주기율표를 만들었다.

이 주기율표에 대한 설명으로 옳은 것만을 [보기]에서 있는 대로 고른 것은?

보기
ㄱ. 원소들을 원자 번호 순으로 배열하였다.
ㄴ. 모든 원소들의 성질이 주기성과 일치하였다.
ㄷ. 성질이 비슷한 원소가 주기적으로 나타났다.

① ㄱ   ② ㄷ   ③ ㄱ, ㄴ
④ ㄴ, ㄷ   ⑤ ㄱ, ㄴ, ㄷ

[2~3] 그림은 주기율표의 일부를 나타낸 것이다.(단, A~D는 임의의 원소 기호이다.)

주기\족	1	2	13	14	15	16	17	18
1								
2	A	B					C	
3								D

2 원소 A~D를 금속 원소와 비금속 원소로 옳게 구분한 것은?

	금속 원소	비금속 원소
①	A	B, C, D
②	A, B	C, D
③	A, C	B, D
④	B	A, C, D
⑤	D	A, B, C

3 이에 대한 설명으로 옳은 것만을 [보기]에서 있는 대로 고른 것은?

보기
ㄱ. A와 B의 원자가 전자 수는 같다.
ㄴ. A는 D와 반응하여 화합물을 생성한다.
ㄷ. C와 D는 화학적 성질이 비슷하다.

① ㄱ   ② ㄴ   ③ ㄱ, ㄷ
④ ㄴ, ㄷ   ⑤ ㄱ, ㄴ, ㄷ

4 다음은 몇 가지 원소를 나열한 것이다.

H   Li   Na   K

이 원소들의 공통점으로 옳은 것은?

① 금속 원소이다.
② 같은 족 원소이다.
③ 같은 주기 원소이다.
④ 은백색 광택이 있다.
⑤ 열과 전기가 잘 통한다.

5 다음은 알칼리 금속 M의 성질을 알아보는 실험이다.

(가) M을 칼로 잘랐을 때 쉽게 잘라졌으며, 자른 단면
의 광택이 금방 사라졌다.
(나) 물이 담긴 시험관에 M을 넣었더니 물 표면에서 격
렬하게 반응하며 기체가 발생했다.
(다) (나)의 반응 후 시험관에 페놀프탈레인 용액을 떨
어뜨렸더니 수용액이 붉게 변했다.

이에 대한 설명으로 옳지 <u>않은</u> 것은?

① M은 무르고, 반응성이 크다.
② M을 보관할 때에는 물이 닿지 않도록 한다.
③ (가)에서 광택이 사라진 까닭은 M이 공기 중의 산소
와 반응했기 때문이다.
④ (나)에서 발생한 기체는 산소이다.
⑤ (나)에서 생성된 수용액은 염기성을 띤다.

6 원소들의 주기성이 나타나는 데 가장 큰 영향을 미치
는 요인은?

① 원자량   ② 원자 번호   ③ 전자 껍질 수
④ 에너지 준위   ⑤ 원자가 전자 수

7 그림은 어떤 원자의 전자 배치
를 모형으로 나타낸 것이다.
이 원자에 대한 설명으로 옳은 것
만을 [보기]에서 있는 대로 고른
것은?

보기
ㄱ. 원자 번호는 12이다.
ㄴ. 3주기, 2족 원소이다.
ㄷ. 비금속 원소이다.

① ㄱ   ② ㄷ   ③ ㄱ, ㄴ
④ ㄴ, ㄷ   ⑤ ㄱ, ㄴ, ㄷ

8 그림은 세 가지 원자 A~C의 전자 배치를 모형으로
나타낸 것이다.

A   B   C

이에 대한 설명으로 옳은 것만을 [보기]에서 있는 대로
고른 것은?(단, A~C는 임의의 원소 기호이다.)

보기
ㄱ. A와 B는 같은 주기 원소이다.
ㄴ. B와 C의 원자가 전자 수는 같다.
ㄷ. A와 C는 5족 원소이다.

① ㄱ   ② ㄴ   ③ ㄱ, ㄷ
④ ㄴ, ㄷ   ⑤ ㄱ, ㄴ, ㄷ

9 그림은 네 가지 원자 A~D의 전자 배치를 모형으로
나타낸 것이다.

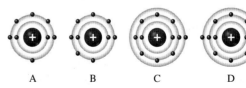

A   B   C   D

이에 대한 설명으로 옳지 <u>않은</u> 것은? (단, A~D는 임의
의 원소 기호이다.)

① A는 6족 원소이다.
② B는 수소와 잘 반응한다.
③ C는 염소와 잘 반응한다.
④ C와 D는 금속 원소이다.
⑤ A~D의 원자가 전자 수 합은 16이다.

04 원소들의 화학 결합과 물질의 생성

1. 화학 결합의 원리

(1) 비활성 기체 : 주기율표의 18족에 속하는 원소로, 가장 바깥 전자 껍질에 전자 8개가 채워진 안정한 전자 배치를 이룬다. (단, 헬륨은 2개)

(2) 화학 결합이 형성되는 까닭 : 원소들은 화학 결합을 통해 비활성 기체와 같은 전자 배치를 이루어 안정해진다.

(3) 옥텟 규칙 : 원소들이 전자를 잃거나 얻어서 비활성 기체와 같이 가장 바깥 전자 껍질에 전자 8개를 채워 안정해지려는 경향(단, 수소는 2개)

2. 이온 결합

(1) 이온의 생성

양이온	음이온
금속 원소는 전자를 잃고 양이온이 되기 쉬움	비금속 원소는 전자를 얻어 음이온이 되기 쉬움

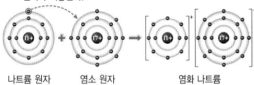

마그네슘 원자 　마그네슘 이온 　산소 원자 　산화 이온

(2) 이온 결합 : 양이온과 음이온 사이의 정전기적 인력으로 형성되는 화학 결합

나트륨 원자 　염소 원자 　염화 나트륨

(3) 이온 결합 물질의 성질

① 녹는점과 끓는점이 비교적 높아 실온에서 고체 상태이다.

② 대부분 물에 잘 녹고, 액체 및 수용액 상태에서 전기 전도성이 있다.

③ 외부에서 힘을 가하면 쉽게 쪼개지거나 부서진다.

3. 공유 결합

(1) 공유 결합 : 비금속 원소의 원자들이 전자쌍을 공유하여 형성되는 화학 결합

수소 원자 　산소 원자 　수소 원자 　물 분자 　공유 전자쌍

(2) 공유 결합 물질의 성질

① 녹는점과 끓는점이 비교적 낮아 실온에서 대부분 액체나 기체 상태이다.

② 대부분 전기 전도성이 없다.

4. 지구 시스템과 생명 시스템을 구성하는 물질 : 규산염 광물, 물, 산소, 이산화 탄소, 질소 등

---

1 그림은 두 가지 원자 X와 Y의 전자 배치를 모형으로 나타낸 것이다.

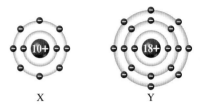

X 　　　Y

X와 Y의 공통점으로 옳은 것만을 [보기]에서 있는 대로 고른 것은?(단, X와 Y는 임의의 원소 기호이다.)

> **보기**
> ㄱ. 18족 원소이다.
> ㄴ. 반응성이 거의 없다.
> ㄷ. 이원자 분자로 존재한다.

① ㄱ 　　② ㄷ 　　③ ㄱ, ㄴ
④ ㄴ, ㄷ 　　⑤ ㄱ, ㄴ, ㄷ

2 비활성 기체와 같은 안정한 전자 배치를 이루는 이온이 아닌 것은?

① Li^+ 　　② F^- 　　③ Mg^{2+}
④ Be^+ 　　⑤ S^{2-}

3 그림은 3주기 원소 A와 B가 화합물을 생성할 때 두 원자 사이에 형성되는 결합을 모형으로 나타낸 것이다.

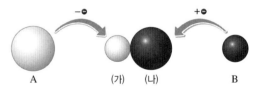

A 　(가) (나) 　B

이에 대한 설명으로 옳은 것만을 [보기]에서 있는 대로 고른 것은? (단, A와 B는 임의의 원소 기호이다.)

> **보기**
> ㄱ. A는 비금속 원소이고, B는 금속 원소이다.
> ㄴ. (가)와 (나)는 정전기적 인력으로 결합한다.
> ㄷ. (가)와 (나)는 아르곤과 같은 전자 배치를 이룬다.

① ㄱ 　　② ㄴ 　　③ ㄱ, ㄷ
④ ㄴ, ㄷ 　　⑤ ㄱ, ㄴ, ㄷ

4 그림은 원자 A와 B가 화학 결합하여 생성된 AB의 화학 결합 모형을 나타낸 것이다.

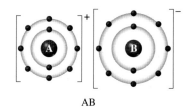

AB

이에 대한 설명으로 옳지 <u>않은</u> 것은? (단, A와 B는 임의의 원소 기호이다.)

① AB는 이온 결합 물질이다.
② A와 B는 같은 족 원소이다.
③ AB를 생성할 때 A는 전자를 잃는다.
④ AB를 생성할 때 B는 B^-이 된다.
⑤ AB에서 A의 이온과 B의 이온은 네온과 같은 전자 배치를 이룬다.

5 그림은 A 원자 2개가 화학 결합하여 생성된 A_2의 화학 결합 모형을 나타낸 것이다.

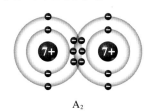

A_2

A_2에 대한 설명으로 옳은 것만을 [보기]에서 있는 대로 고른 것은? (단, A는 임의의 원소 기호이다.)

┌ 보기 ┌
ㄱ. 액체 상태에서 전기 전도성이 있다.
ㄴ. A_2의 공유 전자쌍은 3개이다.
ㄷ. A^+과 A^- 사이의 정전기적 인력으로 생성된 물질이다.
└─────

① ㄴ   ② ㄷ   ③ ㄱ, ㄴ
④ ㄱ, ㄷ   ⑤ ㄱ, ㄴ, ㄷ

6 그림은 염화 나트륨(NaCl)의 고체, 액체, 수용액 상태를 모형으로 각각 나타낸 것이다.

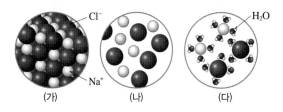

(가)   (나)   (다)

이에 대한 설명으로 옳지 <u>않은</u> 것은?

① (가)에서 나트륨 이온과 염화 이온은 정전기적 인력으로 결합하고 있다.
② (나)는 결정을 이루고 있다.
③ (다)에서 각 이온은 물 분자에 둘러싸인 상태로 존재한다.
④ 염화 나트륨은 실온에서 (가)의 상태로 존재한다.
⑤ 전기 전도성이 있는 상태는 (나)와 (다)이다.

7 그림은 설탕의 전기 전도성을 알아보기 위한 과정을 모형으로 나타낸 것이다.

(가)   (나)   (다)

이에 대한 설명으로 옳은 것은?

① 설탕 분자를 구성하는 입자들은 이온 결합을 하고 있다.
② 설탕은 금속 원소와 비금속 원소로 이루어진 물질이다.
③ (가)에 전극을 꽂고 전원을 연결하면 전류가 흐른다.
④ (나)에서 설탕 분자는 전기적으로 중성인 상태로 존재한다.
⑤ (다)에서 설탕 분자는 양쪽 극으로 이동한다.

01 지각과 생명체 구성 물질의 결합 규칙성

1. 지각과 생명체를 구성하는 물질
(1) 지각과 생명체를 구성하는 물질

지각의 구성 원소	• 산소＞규소＞알루미늄＞철 등 • 산소와 규소의 비율이 가장 높음 ➡ 지각을 이루는 광물은 대부분 규산염 광물임
생명체의 구성 원소	• 산소＞탄소＞수소＞질소＞칼슘 등 • 대부분의 생명체는 유기물로 구성됨 ➡ 유기물은 모두 탄소를 기본 골격으로 하는 탄소 화합물임

(2) 지각과 생명체를 구성하는 원소의 기원

원소	수소, 헬륨	헬륨~철	철보다 무거운 원소
기원	빅뱅 우주 탄생 초기	별 내부의 핵융합 반응	초신성 폭발 과정

2. 규산염 광물의 결합 규칙성
(1) 규산염 광물

규소의 전자 배치	주기율표의 14족 원소(원자 번호 14)로, 원자가 전자가 4개 ➡ 최대 4개의 원자와 결합 가능
규산염 사면체	규소 1개를 중심으로 산소 4개가 공유 결합을 한 정사면체 구조
규산염 광물	규산염 사면체가 서로 결합하여 만들어진 광물 ⑩ 감람석, 휘석, 각섬석, 흑운모, 석영, 장석 등

(2) 규산염 광물의 결합 규칙성 : 규산염 사면체가 양이온과 결합하거나 다른 규산염 사면체와 산소를 공유하면서 결합하여 다양한 결합 구조 형성

독립형 구조	단사슬 구조	복사슬 구조	판상 구조	망상 구조
감람석	휘석	각섬석	흑운모	석영, 장석

3. 탄소 화합물의 결합 규칙성
(1) 탄소 화합물

탄소의 전자 배치	주기율표의 14족 원소(원자 번호 6)로, 원자가 전자가 4개 ➡ 최대 4개의 원자와 결합 가능
탄소 화합물	탄소로 이루어진 기본 골격에 수소, 산소, 질소 등이 공유 결합하여 이루어진 물질 ➡ 생명체의 구성 및 에너지원으로도 사용됨

(2) 탄소 화합물의 결합 규칙성 : 여러 개의 탄소 원자가 결합하여 다양한 모양의 구조를 만들 수 있으며, 탄소와 탄소 사이에 2중 결합이나 3중 결합도 만들 수 있다.

사슬 모양	가지 모양	고리 모양	2중 결합	3중 결합

---

1 그림 (가)와 (나)는 지각과 생명체를 구성하는 주요 원소의 질량비를 나타낸 것이다.

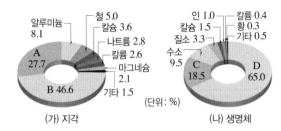

(가) 지각 (나) 생명체 (단위: %)

이에 대한 설명으로 옳은 것만을 [보기]에서 있는 대로 고른 것은?

⎯ 보기 ⎯
ㄱ. A와 B가 결합하여 규산염 사면체를 이룬다.
ㄴ. B와 D는 동일한 원소이다.
ㄷ. C는 탄소 화합물의 기본 골격이 된다.

① ㄱ   ② ㄷ   ③ ㄱ, ㄴ
④ ㄴ, ㄷ   ⑤ ㄱ, ㄴ, ㄷ

2 지각과 생명체를 구성하는 원소와 그 기원에 대한 설명으로 옳은 것만을 [보기]에서 있는 대로 고른 것은?

⎯ 보기 ⎯
ㄱ. 지각과 생명체에 공통적으로 가장 많은 원소는 탄소이다.
ㄴ. 지각과 생명체를 구성하는 산소는 우주의 나이가 약 38만 년이었을 때 생성된 것이다.
ㄷ. 지각 내의 철보다 무거운 원소는 초신성 폭발 과정에서 생성되었다.

① ㄱ   ② ㄷ   ③ ㄱ, ㄴ
④ ㄴ, ㄷ   ⑤ ㄱ, ㄴ, ㄷ

3 그림은 규산염 사면체의 구조를 나타낸 것이다.
이에 대한 설명으로 옳은 것만을 [보기]에서 있는 대로 고른 것은?

⎯ 보기 ⎯
ㄱ. A는 지각에 가장 풍부한 원소이다.
ㄴ. B는 A와 공유 결합하여 사면체를 이룬다.
ㄷ. 규산염 사면체는 전기적으로 중성이다.

① ㄱ   ② ㄷ   ③ ㄱ, ㄴ
④ ㄴ, ㄷ   ⑤ ㄱ, ㄴ, ㄷ

4 그림 (가)와 (나)는 산소와 규소로 이루어진 두 광물의 결합 구조를 나타낸 것이다.

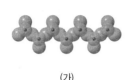
(가)

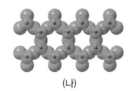
(나)

이에 대한 설명으로 옳은 것만을 [보기]에서 있는 대로 고른 것은?

• 보기 •
ㄱ. (가)는 복사슬 구조이다.
ㄴ. 휘석은 (나)의 결합 구조로 이루어져 있다.
ㄷ. 규산염 사면체 사이에 공유하는 산소의 수는 (나)가 (가)보다 많다.

① ㄱ ② ㄷ ③ ㄴ
④ ㄴ, ㄷ ⑤ ㄱ, ㄴ, ㄷ

5 그림 (가)~(다)는 단백질, 지질, 탄수화물의 일부를 모형으로 나타낸 것이다.

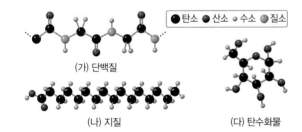
● 탄소 ● 산소 ● 수소 ● 질소
(가) 단백질
(나) 지질
(다) 탄수화물

이에 대한 설명으로 옳은 것만을 [보기]에서 있는 대로 고른 것은?

• 보기 •
ㄱ. (가)~(다)는 탄소를 기본 골격으로 하여 결합되었다.
ㄴ. 탄소, 산소, 질소 중 다른 원자와 결합을 할 수 있는 최대 개수는 산소가 가장 많다.
ㄷ. (가)~(다)에서 탄소 원자는 사슬 모양이나 고리 모양으로 결합하는 경우도 있다.

① ㄱ ② ㄴ ③ ㄱ, ㄷ
④ ㄴ, ㄷ ⑤ ㄱ, ㄴ, ㄷ

---

02 생명체 구성 물질의 형성

1. 생명체 구성 물질

물	생명체를 구성하는 물질 중 가장 많으며, 비열이 커서 체온 유지에 도움을 줌
무기염류	생리 작용을 조절하는 데 관여함
탄수화물	생명체의 주요 에너지원
단백질	에너지원이며, 효소, 항체, 호르몬의 주성분
지질	에너지원이며, 세포막의 주성분
핵산	유전 정보를 저장하거나 전달함

2. 단백질

아미노산	• 단백질을 구성하는 단위체 • 단백질을 구성하는 아미노산의 종류 : 20가지
단백질의 형성	• 수많은 아미노산이 펩타이드 결합으로 연결되어 폴리펩타이드 형성 → 폴리펩타이드가 접히고 구부러져 독특한 입체 구조를 가진 단백질 형성 • 아미노산의 종류, 개수, 배열 순서에 따라 단백질의 종류가 달라짐

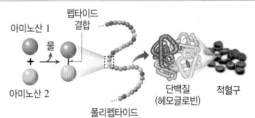
아미노산 1 펩타이드 결합 물 아미노산 2 폴리펩타이드 단백질(헤모글로빈) 적혈구

3. 핵산
(1) 뉴클레오타이드와 핵산

뉴클레오 타이드	• 핵산을 구성하는 단위체 • 인산, 당, 염기가 1 : 1 : 1 로 결합
핵산의 형성	한 뉴클레오타이드의 인산이 다른 뉴클레오타이드의 당과 결합하여 폴리뉴클레오타이드를 형성함

인산 / 당 / 염기

(2) 핵산의 종류

핵산	DNA	RNA
당	디옥시리보스	리보스
염기	아데닌(A), 구아닌(G), 사이토신(C), 타이민(T)	아데닌(A), 구아닌(G), 사이토신(C), 유라실(U)
분자 구조	이중 나선 구조	단일 가닥 구조
기능	유전 정보 저장	유전 정보 전달, 단백질 합성에 관여

(3) DNA의 구조

• 이중 나선 구조 : 두 가닥의 폴리뉴클레오타이드가 나선형으로 꼬인 구조
• 염기의 상보결합 : 두 가닥의 폴리뉴클레오타이드는 염기의 상보결합으로 연결 ➡ 아데닌(A)은 타이민(T)과, 구아닌(G)은 사이토신(C)과 결합함

1 표는 사람을 구성하는 물질 A~C의 특징을 나타낸 것이다.

구성 물질	특징
A	효소, 항체의 주성분이다.
B	생명체의 주요 에너지원이다.
C	생명체를 구성하는 물질 중 가장 많다.

물질 A~C를 옳게 짝 지은 것은?

	A	B	C
①	지질	단백질	탄수화물
②	지질	탄수화물	물
③	단백질	지질	탄수화물
④	단백질	탄수화물	물
⑤	탄수화물	단백질	물

2 그림 (가)와 (나)는 생명체를 구성하는 핵산과 단백질의 구조를 순서 없이 나타낸 것이다.

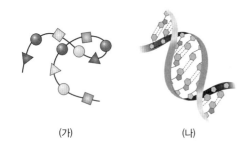

(가)   (나)

이에 대한 설명으로 옳지 <u>않은</u> 것은?

① (가)와 (나)는 탄소 화합물이다.
② (가)에서 단위체는 펩타이드 결합으로 연결되어 있다.
③ (나)의 구성 원소에는 인(P)이 있다.
④ (나)에서 단위체는 당 – 인산 결합으로 길게 연결되어 있다.
⑤ (나)의 단위체 배열 순서에 대한 정보는 (가)에 저장되어 있다.

3 그림은 단백질의 형성 과정을 나타낸 것이다.

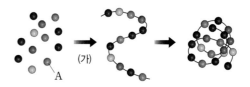

이에 대한 설명으로 옳은 것만을 [보기]에서 있는 대로 고른 것은?

> **보기**
> ㄱ. A는 아미노산이다.
> ㄴ. (가) 과정에서 펩타이드 결합이 형성된다.
> ㄷ. 생명체를 구성하는 단백질은 입체 구조가 서로 다른 20종류가 있다.

① ㄴ   ② ㄷ   ③ ㄱ, ㄴ
④ ㄱ, ㄷ   ⑤ ㄱ, ㄴ, ㄷ

4 그림은 두 종류의 핵산 (가), (나)의 구조를 나타낸 것이다.

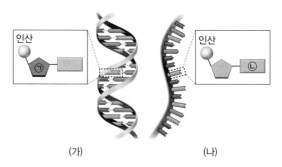

(가)   (나)

이에 대한 설명으로 옳은 것만을 [보기]에서 있는 대로 고른 것은?

> **보기**
> ㄱ. ㉠은 리보스이다.
> ㄴ. (나)를 구성하는 ㉡은 4종류가 있다.
> ㄷ. (나)를 구성하는 염기 구아닌(G)과 사이토신(C)의 개수는 항상 같다.

① ㄱ   ② ㄴ   ③ ㄱ, ㄷ
④ ㄴ, ㄷ   ⑤ ㄱ, ㄴ, ㄷ

03 신소재의 개발과 활용

1. **신소재** : 기존 소재를 구성하는 원소의 종류나 화학 결합의 구조를 변화시켜 결점을 보완하고, 기존의 재료에 없는 새로운 성질을 띠게 만든 물질

2. **신소재의 종류**

(1) **반도체** : 도체와 절연체의 중간 정도인 전기적인 성질을 띠는 물질

특징	온도나 압력 등 조건에 따라 전기 전도성이 변한다.
이용	다이오드, 트랜지스터, 발광 다이오드(LED), 유기 발광 다이오드(OLED), 태양 전지, 각종 감지기 등

(2) **초전도체** : 임계 온도 이하에서 초전도 현상을 나타내는 물질

특징	• 전기 저항이 0이 된다. • 외부 자기장을 밀어낸다.
이용	전력 손실이 없는 송전선, 인공 핵융합 장치, 자기 공명 영상(MRI) 장치, 입자 가속기, 자기 부상 열차 등

(3) **액정** : 가늘고 긴 분자가 거의 일정한 방향으로 나란히 있는 고체와 액체의 성질을 함께 띠는 물질

특징	전압을 걸어 액정의 배열을 조절하여 빛을 투과시키거나 투과시키지 않는다.
이용	전자계산기나 온도계의 표시창과 같은 정보 표시 장치, 휴대 전화, 텔레비전 등의 화면

(4) **네오디뮴 자석**

특징	철 원자 사이에 네오디뮴과 붕소를 첨가하여 만든 강한 자석으로 강한 자기장을 만든다.
이용	하드 디스크의 헤드를 움직이는 장치, 고출력 소형 스피커, 강력 모터 등

(5) **그래핀** : 탄소 원자가 육각형 벌집 모양의 구조를 이루고 있는 물질

특징	• 전기 전도성과 열전도성이 뛰어나다. • 투명하면서 유연성이 있다. • 강철보다 강도가 강하다.
이용	휘어지는 디스플레이, 의복형 컴퓨터, 차세대 반도체 소재, 야간 투시용 콘택트렌즈, 우주 왕복선 외장재 등

3. **자연을 모방한 신소재**

생명체의 구조, 행동, 특성	모방한 소재
게코도마뱀은 발바닥의 미세 섬모를 이용하여 나무나 벽에 쉽게 오르내릴 수 있다.	게코 테이프
홍합의 족사는 접착력이 강하여 파도가 쳐도 바위에 붙어 있을 수 있다.	수중 접착제
연잎의 표면에 있는 작은 돌기들은 물을 밀어내 잎이 물에 젖지 않게 할 수 있다.	유리 코팅제, 방수 제품
거미줄은 매우 가늘지만 강철보다 강도가 높고, 신축성이 뛰어나다.	방탄복, 낙하산
상어는 코 주변의 돌기를 이용하여 물과의 저항력을 줄인다.	전신 수영복

---

1 그림 (가)는 어떤 물체의 전기 저항을 온도에 따라 나타낸 것이고, (나)는 이 물체가 자석 위에 떠 있는 모습을 나타낸 것이다.

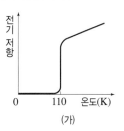
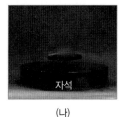

(가)　　　　　　　(나)

이에 대한 설명으로 옳은 것만을 [보기]에서 있는 대로 고른 것은?

> • 보기 •
> ㄱ. (가)와 같은 특성을 나타내는 물체를 초전도체라고 한다.
> ㄴ. (나)에서 물체의 전기 저항은 0이다.
> ㄷ. (나)에서 물체의 온도는 110 K보다 높다.

① ㄴ　　　　② ㄷ　　　　③ ㄱ, ㄴ
④ ㄱ, ㄷ　　　⑤ ㄱ, ㄴ, ㄷ

2 다음은 어떤 신소재의 구조에 대한 설명이다.

> 그림과 같이 탄소 원자가 육각형 구조로 결합하여 나선형으로 말려 있는 구조를 이루고 있다.

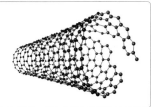

이 신소재에 대한 설명으로 옳은 것만을 [보기]에서 있는 대로 고른 것은?

> • 보기 •
> ㄱ. 열전도성이 높다.
> ㄴ. 구리에 비해 전기가 잘 통하지 않는다.
> ㄷ. 금속이나 세라믹과 섞어 강도를 높인 복합 재료에 활용된다.

① ㄱ　　　　② ㄴ　　　　③ ㄷ
④ ㄱ, ㄴ　　　⑤ ㄱ, ㄷ

중단원 핵심 요약&문제

❶ 역학적 시스템

• 정답과 해설 85쪽

01 중력과 역학적 시스템

1. 중력 : 질량이 있는 모든 물체 사이에 상호 작용 하는 힘

(1) **지구에서의 중력** : 지구가 물체를 당기는 힘으로, 지구 중심 방향이다.

(2) **지구에서 중력의 크기** : 지표면 근처에서 물체에 작용 하는 중력의 크기를 무게라고 하며, 질량과 중력 가속 도의 곱과 같다.

2. 중력을 받는 물체의 운동

(1) **자유 낙하 운동** : 공기 저항을 무시할 때 물체가 중력만 받아 낙하하는 운동

속도	물체는 1초마다 9.8 m/s씩 속도가 증가하는 등가속도 운동을 한다. ➡ 운동 방향으로 중력이 작용하기 때문	0초 ● 0 1초 ● 9.8 m/s 2초 ● 19.6 m/s 3초 ● 29.4 m/s 4초 ● 39.2 m/s
운동 방향	지구의 중력 방향과 같은 연직 방향 이다.	

(2) **수평 방향으로 던진 물체의 운동** : 수평 방향으로 던진 물체의 경우 수평 방향으로는 힘이 작용하지 않으므로 등속 직선 운동을 하고, 연직 방향으로는 지구에 의한 중력만 작용하므로 자유 낙하 하는 물체와 같이 등가 속도 운동을 한다.

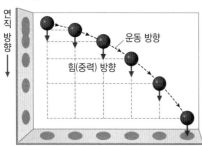

구분	수평 방향	연직 방향
힘	0	중력
속도	일정하다.	일정하게 증가한다.
가속도	0	중력 가속도로 일정하다.
운동	등속 직선 운동	등가속도 운동

3. 중력과 역학적 시스템에 의한 현상 : 중력은 지구 시스 템과 생명 시스템에서 일어나는 여러 가지 자연 현상에 매우 중요하게 작용한다.

중력과 지구 시스템	• 대류 현상이 일어난다. • 지표면 근처에 대기층이 형성된다. • 달과 지구 사이에 작용하는 중력은 밀물과 썰물 현상의 원인이 된다.
중력과 생명 시스템	• 식물의 뿌리가 중력을 받아 땅속으로 자란다. • 코끼리나 하마와 같은 무거운 동물은 강한 근육과 단단한 골격으로 몸무게를 지탱한다.

1 그림과 같이 질량이 각각 m, $2m$인 물체 A, B가 거리 r만큼 떨어져 있다. 이때 두 물체에 작용하는 중력은 각각 F_1, F_2이다.

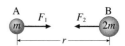

이에 대한 설명으로 옳은 것만을 [보기]에서 있는 대로 고른 것은?

┌ 보기 ┐
ㄱ. F_1과 F_2의 크기는 같다.
ㄴ. 물체 A, B 사이의 거리가 멀어지면 힘 F_2의 크기 만 작아진다.
ㄷ. 물체 A, B가 서로 접촉하게 되면 중력은 작용하지 않는다.

① ㄱ　　　② ㄴ　　　③ ㄱ, ㄷ
④ ㄴ, ㄷ　　⑤ ㄱ, ㄴ, ㄷ

2 그림은 같은 높이에서 공 A는 가만히 놓고, 동시에 공 B는 수평 방향으로 발사하였을 때 두 공의 운동을 일 정한 시간 간격으로 나타낸 것이다.

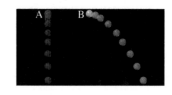

두 공의 운동에 대한 설명으로 옳은 것만을 [보기]에서 있는 대로 고른 것은?

┌ 보기 ┐
ㄱ. 공 A의 속도는 일정하게 증가한다.
ㄴ. 공 B는 연직 방향으로는 공 A와 같은 운동을 한다.
ㄷ. 공 A가 B보다 먼저 바닥에 도달한다.

① ㄱ　　　② ㄷ　　　③ ㄱ, ㄴ
④ ㄴ, ㄷ　　⑤ ㄱ, ㄴ, ㄷ

3 그림은 직선 운동을 하는 어떤 물체의 속도를 시간에 따라 나타낸 것이다.

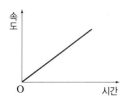

이에 대한 설명으로 옳은 것만을 [보기]에서 있는 대로 고른 것은?

• 보기 •
ㄱ. 물체는 등가속도 운동을 한다.
ㄴ. 공기 저항을 무시할 때 자유 낙하 하는 물체의 속도 – 시간 그래프도 이와 같은 유형이다.
ㄷ. 공기 저항을 무시할 때 수평 방향으로 던진 물체의 수평 방향 성분의 속도 – 시간 그래프도 이와 같은 유형이다.

① ㄱ   ② ㄴ   ③ ㄷ
④ ㄱ, ㄴ   ⑤ ㄱ, ㄴ, ㄷ

4 그림은 달과 지구 사이에 작용하는 힘에 의해 밀물과 썰물이 나타나는 현상을 나타낸 것이다.

밀물   썰물

이 힘이 작용하여 나타나는 현상이 <u>아닌</u> 것은?
① 비나 눈이 내린다.
② 물이 땅속으로 스며든다.
③ 식물이 땅속으로 뿌리를 내린다.
④ 높은 산에 올라가면 대기가 희박하여 산소 마스크가 필요하다.
⑤ 수소나 헬륨에 비해 상대적으로 가벼운 산소와 질소가 지구 대기를 구성한다.

---

02 역학적 시스템과 안전

1. 관성 : 물체가 원래의 운동 상태를 유지하려고 하는 성질

관성의 크기	물체의 질량이 클수록 관성이 크다.
관성 법칙	물체에 힘이 작용하지 않으면 정지해 있던 물체는 계속 정지해 있고, 운동하던 물체는 등속 직선 운동을 한다.

2. 운동량과 충격량

구분	운동량(p)	충격량(I)
정의	운동하는 물체의 운동 효과를 나타내는 물리량	물체가 받은 충격의 정도를 나타내는 물리량
식	질량과 속도의 곱과 같다. $p=mv$	힘과 시간의 곱과 같다. $I=F\Delta t$
단위	kg·m/s	N·s, kg·m/s
방향	물체의 운동 방향	물체에 작용한 힘의 방향

(1) **힘–시간 그래프와 충격량** : 물체에 작용한 힘의 변화를 시간에 따라 나타낸 그래프에서 그래프 아랫부분의 넓이는 충격량을 나타낸다.

(2) **운동량과 충격량의 관계** : 물체가 일정한 시간 동안 힘을 받으면 힘을 받는 동안 속도가 변하므로 운동량도 변한다. 이때 물체가 받은 충격량은 운동량의 변화량과 같다.

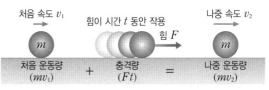

처음 속도 v_1 힘이 시간 t 동안 작용   나중 속도 v_2

힘 F

처음 운동량 (mv_1) + 충격량 (Ft) = 나중 운동량 (mv_2)

> 충격량=운동량의 변화량=나중 운동량－처음 운동량

3. 충돌과 안전장치
(1) **평균 힘** : 물체가 충돌할 때 받는 평균 힘
(2) **힘과 충격량의 관계**
① **같은 크기의 힘이 작용할 때** : 충격량은 힘이 작용하는 시간이 길수록 커진다.
② **충격량이 같을 때** : 충돌 시간이 길수록 물체가 받는 평균 힘이 작아진다.

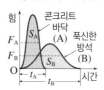

그래프 아랫부분의 넓이(충격량)	$S_A=S_B$
힘을 받는 시간	$t_A<t_B$
평균 힘	$F_A>F_B$

4. 안전사고 예방과 안전장치 : 일반적으로 충격량이 일정할 때 충돌 시간을 길게 하여 사람이 받는 힘의 크기를 줄이는 원리를 이용한다.

1 질량이 2000 kg인 자동차가 20 m/s의 속도로 달릴 때 이 자동차의 운동량의 크기는?

① 1000 kg·m/s   ② 10000 kg·m/s

③ 20000 kg·m/s   ④ 30000 kg·m/s

⑤ 40000 kg·m/s

2 그림과 같이 질량이 0.5 kg인 공이 4 m/s의 속도로 벽에 충돌한 후 반대 방향으로 2 m/s의 속도로 튀어 나왔다.

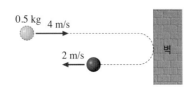

공이 벽과 충돌할 때 공이 받은 충격량의 크기는?

① 2 N·s   ② 3 N·s   ③ 4 N·s

④ 6 N·s   ⑤ 8 N·s

3 그림은 마찰이 없는 수평면 위에 정지해 있는 질량이 2 kg인 물체에 작용한 힘을 시간에 따라 나타낸 것이다.

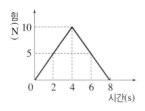

이에 대한 설명으로 옳은 것만을 [보기]에서 있는 대로 고른 것은?

> • 보기 •
> ㄱ. 0~8초 동안 물체에 가해진 충격량은 40 N·s이다.
> ㄴ. 8초일 때 물체의 운동량의 크기는 0이다.
> ㄷ. 4초일 때 물체의 속도의 크기는 20 m/s이다.

① ㄱ   ② ㄴ   ③ ㄱ, ㄷ

④ ㄴ, ㄷ   ⑤ ㄱ, ㄴ, ㄷ

4 질량이 1 kg인 물체 A를 h_1의 높이에서 가만히 놓았더니 1초 후에 지면에 도달하였고, 질량이 2 kg인 물체 B를 h_2의 높이에서 가만히 놓았더니 4초 후에 지면에 도달하였다.

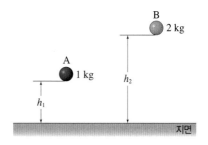

지면에 충돌할 때 물체 A, B가 지구에 의해 받은 충격량의 비 $I_A : I_B$는? (단, 중력 가속도는 10 m/s²이고, 공기 저항은 무시한다.)

① 1 : 2   ② 1 : 4   ③ 1 : 8

④ 2 : 3   ⑤ 3 : 2

5 오토바이를 운전할 때 내부 패딩 처리가 되어 있는 안전모를 쓰면 충돌 사고가 났을 때 안전모를 쓰지 않았을 때보다 피해의 정도가 작아진다. 그 까닭으로 가장 적절한 것은?

① 충격량이 커지기 때문이다.

② 운동량이 작아지기 때문이다.

③ 운동 에너지가 크게 감소하기 때문이다.

④ 충돌 시간이 길어지면서 운동량의 변화량이 커지기 때문이다.

⑤ 충격량은 같으나 충돌 시간이 길어져서 평균 힘이 줄어들기 때문이다.

중단원 핵심 요약 & 문제

② 지구 시스템

• 정답과 해설 85쪽

01 지구 시스템의 에너지와 물질 순환

1. 지구 시스템의 구성 요소

지권	지각	• 지구의 겉 부분, 가장 얇음 • 대륙 지각, 해양 지각	
	맨틀	• 지권 전체 부피의 약 80 % • 유동성이 있음	
	핵	• 철과 니켈로 이루어짐 • 외핵 액체 상태, 내핵 고체 상태	
기권	열권	공기가 희박하여 낮과 밤의 기온 차가 매우 큼	
	중간권	대류 ○, 기상 현상 ×	
	성층권	오존층이 자외선을 흡수하여 높이 올라갈수록 기온 상승	
	대류권	대류 ○, 기상 현상 ○	
수권	혼합층	수온이 높고 일정, 바람의 세기가 강할수록 두께가 두꺼움	
	수온약층	깊이가 깊어질수록 수온이 급격히 낮아지는 안정한 층	
	심해층	수온이 낮고, 깊이에 따른 수온 변화 거의 없음	
생물권		지구에 살고 있는 모든 생물	
외권		기권 바깥의 우주 공간 ⑩ 태양	

2. 지구 시스템의 상호 작용

• A : 화산 기체 방출, 황사 발생
• B : 태풍 발생
• C : 해식 동굴 형성, 지진 해일
• D : 화석 연료 생성
• E : 광합성, 호흡
• F : 수중 생물의 서식처 제공

3. 지구 시스템의 에너지원

태양 에너지	• 발생 원인 : 태양의 수소 핵융합 반응 • 역할 : 지구 시스템에 많은 영향을 줌
지구 내부 에너지	• 발생 원인 : 지구 내부의 방사성 원소의 붕괴열 • 역할 : 맨틀 대류를 일으켜 판을 움직임
조력 에너지	• 발생 원인 : 달과 태양의 인력 • 역할 : 밀물과 썰물을 일으킴

4. 지구 시스템의 물질 순환

물의 순환	• 주된 에너지원 : 태양 에너지 • 물의 평형 : 물은 각 권 사이를 순환하며, 각 권에서 물의 유입량과 유출량이 같아 물의 총량은 일정함
탄소의 순환	• 탄소의 분포 : 지권(석회암(탄산염), 화석 연료), 기권(이산화 탄소, 메테인), 수권(탄산 이온), 생물권(탄소 화합물(유기물)) • 탄소의 순환 : 탄소는 여러 가지 형태로 지권, 기권, 수권, 생물권을 이동하면서 순환한다.

1 그림은 지구 시스템의 구성 요소를 나타낸 것이다.

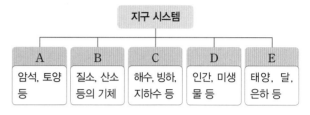

지구 시스템				
A	B	C	D	E
암석, 토양 등	질소, 산소 등의 기체	해수, 빙하, 지하수 등	인간, 미생물 등	태양, 달, 은하 등

A~E에 대한 설명으로 옳지 <u>않은</u> 것은?

① A는 지각, 맨틀, 외핵, 내핵으로 구분된다.
② C에서 빙하는 지하수보다 큰 부피비를 차지한다.
③ B와 C는 지구의 열을 고르게 분산시켜 준다.
④ D는 풍화 작용으로 지구 표면의 지형을 변화시킨다.
⑤ E는 지구와 에너지 교환은 거의 없지만 물질 교환은 활발하다.

2 그림은 지권의 구조를 나타낸 것이다.

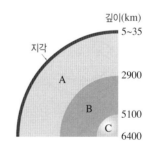

이에 대한 설명으로 옳은 것만을 [보기]에서 있는 대로 고른 것은?

┌ 보기 ┐
ㄱ. A층은 지권에서 부피가 가장 크다.
ㄴ. B층은 고체 상태, C층은 액체 상태이다.
ㄷ. B층의 구성 물질은 A층보다 C층과 비슷하다.
└─────

① ㄱ   ② ㄴ   ③ ㄱ, ㄷ
④ ㄴ, ㄷ   ⑤ ㄱ, ㄴ, ㄷ

3 그림은 기권과 수권의 층상 구조를 모식적으로 나타낸 것이다.

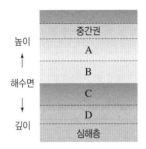

이에 대한 설명으로 옳은 것만을 [보기]에서 있는 대로 고른 것은?

보기
ㄱ. 태양으로부터 오는 자외선은 A층보다 B층에서 많이 흡수된다.
ㄴ. C층은 태양 복사 에너지의 영향을 많이 받아 수온이 높다.
ㄷ. A~D 중 안정한 층은 A와 D이다.

① ㄱ ② ㄴ ③ ㄱ, ㄷ
④ ㄴ, ㄷ ⑤ ㄱ, ㄴ, ㄷ

4 그림은 지구 시스템을 구성하는 요소들의 상호 작용을 나타낸 것이다.

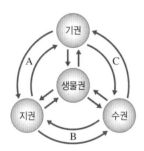

다음 (가)~(다)에 해당하는 상호 작용을 그림에서 찾아 옳게 짝 지은 것은?

(가) 열대 해상에서 태풍이 발생한다.
(나) 곡류에 의해 주변 지형이 변한다.
(다) 화산 활동으로 화산 기체가 대기로 방출된다.

	(가)	(나)	(다)		(가)	(나)	(다)
①	A	B	C	②	A	C	B
③	B	C	A	④	C	A	B
⑤	C	B	A				

5 다음은 지구 시스템에서 일어나는 자연 현상을 설명한 것이다.

태양에서 방출된 전기를 띤 입자가 지구 자기장에 이끌려 대기로 들어오면서 공기를 이루는 분자와 반응하여 빛을 낸다.

이 현상을 일으키는 지구 시스템 구성 요소 사이의 상호 작용을 옳게 나타낸 것은?

① 기권 ↔ 지권 ② 기권 ↔ 외권 ③ 수권 ↔ 기권
④ 외권 ↔ 지권 ⑤ 지권 ↔ 수권

6 그림 (가)와 (나)는 지구 시스템에서 일어나는 현상들을 나타낸 것이다.

 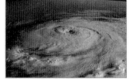

(가) 지진 해일   (나) 태풍

(가)와 (나)를 일으키는 근원 에너지를 옳게 짝 지은 것은?

	(가)	(나)
①	태양 에너지	지구 내부 에너지
②	태양 에너지	조력 에너지
③	지구 내부 에너지	태양 에너지
④	지구 내부 에너지	조력 에너지
⑤	조력 에너지	태양 에너지

7 지구의 에너지 순환에 대한 설명으로 옳은 것만을 [보기]에서 있는 대로 고른 것은?

보기
ㄱ. 지구는 전체적으로 에너지 불균형을 이룬다.
ㄴ. 대기와 해수의 순환 과정에서 지표는 풍화 작용을 받는다.
ㄷ. 대기와 해수가 순환하면서 저위도 지역의 에너지를 고위도 지역으로 운반한다.

① ㄱ ② ㄴ ③ ㄱ, ㄷ
④ ㄴ, ㄷ ⑤ ㄱ, ㄴ, ㄷ

8 그림은 지구 시스템에서 물의 순환을 나타낸 것이다.

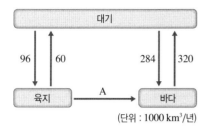

(단위 : 1000 km³/년)

이에 대한 설명으로 옳은 것만을 [보기]에서 있는 대로 고른 것은?

• 보기 •
ㄱ. A에 들어갈 양은 36이다.
ㄴ. 육지에서는 증발량보다 강수량이 더 많아 물의 양이 점차 증가한다.
ㄷ. 물의 순환을 일으키는 근원 에너지는 지구 내부 에너지이다.

① ㄱ   ② ㄷ   ③ ㄱ, ㄴ
④ ㄴ, ㄷ   ⑤ ㄱ, ㄴ, ㄷ

9 대기 중의 탄소가 증가하는 작용만을 [보기]에서 있는 대로 고른 것은?

• 보기 •
ㄱ. 화산 분출   ㄴ. 화석 연료의 연소
ㄷ. 해수에 용해   ㄹ. 식물의 광합성 증가

① ㄱ, ㄴ   ② ㄱ, ㄹ   ③ ㄴ, ㄷ
④ ㄱ, ㄷ, ㄹ   ⑤ ㄴ, ㄷ, ㄹ

10 그림은 지구 시스템에서 탄소가 순환하는 과정을 나타낸 것이다.

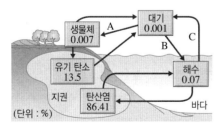

(단위 : %)

이에 대한 설명으로 옳은 것은?

① 석회암의 생성 과정은 A에 해당한다.
② 화석 연료의 생성 과정은 B에 해당한다.
③ A가 활발해질수록 지구 온난화가 심해진다.
④ 해수의 수온이 상승하면 C 과정이 약해질 것이다.
⑤ 지구 시스템 내에 포함된 탄소량의 99 % 이상이 지권에 존재한다.

---

1. 지권의 변화와 변동대

(1) 지각 변동을 일으키는 에너지원 : 지구 내부 에너지

(2) 변동대 : 화산대와 지진대는 대체로 일치한다.

(3) 변동대가 특정한 지역에 분포하는 까닭 : 화산 활동과 지진이 대부분 판 경계에서 발생하기 때문

▲ 화산대와 지진대의 분포

▲ 판 경계

2. 판 구조론 : 지구 표면은 여러 개의 판으로 이루어져 있고, 판의 운동으로 지각 변동이 일어난다는 이론

(1) 판의 구조

암석권 (판)	• 지각과 상부 맨틀의 일부를 포함하는 깊이 약 100 km 구간 • 해양판이 대륙판보다 밀도가 크고, 두께가 얇음
연약권	• 암석권 아래의 깊이 약 100 km ~ 400 km 구간 • 맨틀 대류가 일어남 ➡ 판 이동의 원동력

(2) 판 경계 : 판의 상대적인 이동 방향에 따라 발산형 경계, 수렴형 경계, 보존형 경계로 구분

3. 판 경계에서의 지각 변동

구분	발산형 경계	수렴형 경계		보존형 경계
		섭입형	충돌형	
맨틀 대류	상승부	하강부		—
판의 생성	생성	소멸		—
생성 지형	해령, 열곡대	해구, 호상 열도, 습곡 산맥	습곡 산맥	변환 단층
지각 변동	화산 활동, 천발 지진	화산 활동, 천발~심발 지진	천발~중발 지진	천발 지진
예	대서양 중앙 해령, 동아프리카 열곡대	마리아나 해구, 일본 열도, 안데스산맥	히말라야 산맥	산안드레아스 단층

4. 지권의 변화가 지구 시스템에 미치는 영향

지각 변동	화산 활동	지진
피해	• 화산재로 인한 기온 하강(기권에 영향), 항공기 운항 방해로 인한 경제적, 사회적 피해 발생 등 • 용암에 의한 지형 변화, 산사태(지권에 영향) • 화산 기체로 인한 산성비 및 토양의 산성화 등	지표면이 갈라지면서 도로 및 건물 붕괴, 산사태(지권에 영향), 지진 해일(수권에 영향), 가스관 파괴로 인한 가스 누출 등 환경적, 경제적, 사회적 피해 발생
이용	토양 비옥화, 관광 자원, 지열 발전 등	지구 내부 연구, 지하자원 탐색 등

1 그림은 전 세계의 주요 산맥과 해구의 일부를 나타낸 것이다.

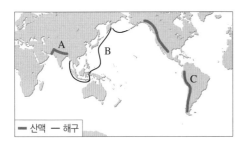

— 산맥 — 해구

이에 대한 설명으로 옳은 것만을 [보기]에서 있는 대로 고른 것은?

보기

ㄱ. A 지역에서 지진은 자주 발생하지만 화산 활동은 거의 일어나지 않는다.

ㄴ. B 지역은 화산 활동은 활발하게 일어나지만 지진은 거의 발생하지 않는다.

ㄷ. C 지역에서 천발 지진은 발생하지만 심발 지진은 발생하지 않는다.

① ㄱ   ② ㄷ   ③ ㄱ, ㄴ
④ ㄴ, ㄷ   ⑤ ㄱ, ㄴ, ㄷ

2 그림은 암석권과 연약권의 구조를 나타낸 것이다.

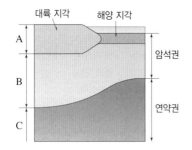

이에 대한 설명으로 옳은 것만을 [보기]에서 있는 대로 고른 것은?

보기

ㄱ. 판은 A와 B를 포함한다.

ㄴ. C에서는 맨틀 대류가 일어난다.

ㄷ. 암석권의 두께는 약 100 km이다.

① ㄱ   ② ㄷ   ③ ㄱ, ㄴ
④ ㄴ, ㄷ   ⑤ ㄱ, ㄴ, ㄷ

3 그림 (가)~(다)는 세 종류의 판 경계를 모식적으로 나타낸 것이다.

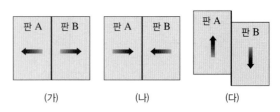

(가)   (나)   (다)

이에 대한 설명으로 옳은 것은?

① (가)는 수렴형 경계이다.

② (나)의 경계는 맨틀 대류의 상승부이다.

③ (다)에서 판 A는 판 B 아래로 섭입하여 소멸된다.

④ 심발 지진은 (가)보다 (나)에서 활발하게 발생한다.

⑤ 화산 활동은 (가)보다 (다)에서 활발하게 일어난다.

4 그림은 판 경계 지역을 나타낸 모식도이다.

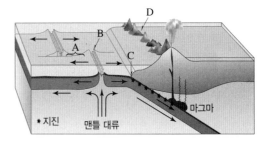

· 지진   맨틀 대류   마그마

A~D 지역에서 발달하는 지형을 각각 쓰시오.

5 그림은 대륙판과 해양판의 경계를 나타낸 것이다.
이에 대한 설명으로 옳은 것만을 [보기]에서 있는 대로 고른 것은?

연약권

보기

ㄱ. 판의 밀도는 A가 B보다 크다.

ㄴ. 판 경계에는 해구가 형성된다.

ㄷ. 화산 활동은 판 B 쪽에서 활발하게 일어난다.

ㄹ. 판 경계 부근에서는 지진이 자주 발생한다.

① ㄱ, ㄴ   ② ㄱ, ㄷ   ③ ㄴ, ㄹ
④ ㄱ, ㄷ, ㄹ   ⑤ ㄴ, ㄷ, ㄹ

6 그림은 해령 부근의 판의 이동을 모식적으로 나타낸 것이다.

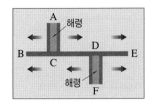

A~F 중 화산 활동은 일어나지 않고 천발 지진만 발생하는 판 경계는 어디인가?

① A - C   ② B - C   ③ C - D
④ D - E   ⑤ D - F

[7~8] 그림은 전 세계 판 경계를 나타낸 것이다.

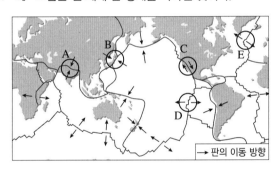

7 이에 대한 설명으로 옳지 <u>않은</u> 것은?

① A 지역에서는 습곡 산맥이 만들어진다.
② B 지역에서는 심발 지진이 자주 발생한다.
③ C 지역에서는 판이 생성되거나 소멸되지 않는다.
④ D 지역에서는 깊은 해저 골짜기인 해구가 발달한다.
⑤ E 지역에서는 화산 활동이 활발하게 일어난다.

8 A~E 지역 중 맨틀 대류가 상승하는 곳을 있는 대로 고른 것은?

① A, B   ② D, E   ③ A, B, C
④ A, C, D   ⑤ C, D, E

9 판과 판이 서로 모여드는 경계에서 형성된 지형이 <u>아닌</u> 곳은?

① 일본 열도   ② 통가 해구
③ 안데스산맥   ④ 히말라야산맥
⑤ 동태평양 해령

10 지권의 변화가 지구 환경과 인간 생활에 미치는 영향이 <u>아닌</u> 것은?

① 해일이 발생한다.
② 산사태가 일어난다.
③ 밀물과 썰물이 발생한다.
④ 항공기 운항에 방해가 되기도 한다.
⑤ 식물이 자라기 좋은 토양이 만들어진다.

11 화산 활동이나 지진에 대처하는 방법으로 옳은 것만을 [보기]에서 있는 대로 고른 것은?

┌─ 보기 ─────────────────────────
ㄱ. 활성 단층 지역에 건물을 짓는다.
ㄴ. 화산 분출구 주변에 댐을 건설한다.
ㄷ. 인공위성을 이용하여 지형 변화를 관측한다.
└───────────────────────────

① ㄱ   ② ㄴ   ③ ㄱ, ㄷ
④ ㄴ, ㄷ   ⑤ ㄱ, ㄴ, ㄷ

중단원 핵심 요약 & 문제

• 정답과 해설 87쪽

01 생명 시스템의 기본 단위(1)

1. **생명 시스템** : 세포, 조직, 기관 등의 구성 요소가 상호 작용을 통해 다양한 생명 활동을 수행하는 시스템
2. **생명 시스템의 구성 단계** : 세포 → 조직 → 기관 → 개체
3. **세포의 구조와 기능**

핵	DNA가 있으며, 세포의 생명 활동 조절
리보솜	단백질 합성 장소
소포체	단백질 운반 통로
골지체	단백질을 막으로 싸서 세포 밖으로 분비
미토콘드리아	세포 호흡이 일어나는 장소 ➡ 세포의 생명 활동에 필요한 형태의 에너지를 생성
엽록체	광합성이 일어나는 장소 ➡ 포도당 합성
액포	물, 색소 등을 저장, 성숙한 식물 세포에서 발달
세포막	세포 안팎으로의 물질 출입 조절
세포벽	식물 세포의 세포막 바깥을 싸고 있는 막 ➡ 세포 모양 유지

4. **세포막의 구조와 특성**

주 성분	• 인지질 : 머리 부분(친수성), 꼬리 부분(소수성) • 단백질 : 세포막을 관통하거나 파묻혀 있음	
구조	인지질 2중층에 막 단백질이 군데군데 박혀 있고 유동성이 있는 구조	(그림)
특성	물질의 종류에 따라 투과도가 다름 ➡ 선택적 투과성	

1 다음은 생명 시스템의 구성 단계를 나타낸 것이다.

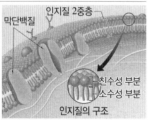

(가) → (나) → (다) → 개체

(가)~(다)에 들어갈 구성 단계를 옳게 짝 지은 것은?

	(가)	(나)	(다)
①	세포	조직	기관
②	세포	기관	조직
③	조직	세포	기관
④	조직	기관	세포
⑤	기관	조직	세포

2 표는 세포 소기관 A~E의 기능을 나타낸 것이다.

세포 소기관	기능
A	세포 호흡 장소
B	광합성 장소
C	세포 내 물질 이동 통로
D	물, 색소, 노폐물 등을 저장
E	세포의 생명 활동 조절

A~E에 대한 설명으로 옳지 <u>않은</u> 것은?

① A는 동물 세포와 식물 세포에 있다.
② B는 빛에너지를 다른 형태의 에너지로 전환한다.
③ C는 동물 세포에만 있다.
④ D는 성숙한 식물 세포에서 크게 발달한다.
⑤ E에는 유전 물질인 DNA가 있다.

3 그림은 세포막의 구조를 나타낸 것이다.

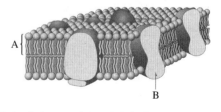

이에 대한 설명으로 옳은 것만을 [보기]에서 있는 대로 고른 것은?

> **보기**
> ㄱ. A는 2중층을 이룬다.
> ㄴ. B는 리보솜에서 합성된다.
> ㄷ. B의 위치는 바뀌지 않는다.

① ㄱ   ② ㄴ   ③ ㄷ
④ ㄱ, ㄴ   ⑤ ㄱ, ㄴ, ㄷ

5. 세포막을 통한 물질 이동

(1) 확산 : 세포막을 경계로 용질의 농도가 높은 쪽에서 낮은 쪽으로 이동한다.

구분	인지질 2중층을 통한 확산	막단백질을 통한 확산
이동 물질	크기가 매우 작은 기체 분자, 지용성 물질, 지질 입자 등 예 폐포와 모세 혈관 사이의 O_2와 CO_2 교환	이온과 같이 전하를 띤 물질, 아미노산과 같이 분자 크기가 큰 수용성 물질 예 혈액 속 포도당이 조직 세포로 확산
이동 방식	산소 (O_2) 세포 밖 세포 안	포도당 세포 밖 단백질 세포 안

(2) 삼투 : 세포막을 경계로 농도가 낮은 용액에서 농도가 높은 용액으로 물이 이동한다.

구분	세포 안보다 농도가 낮은 용액에 넣었을 때	세포 안과 농도가 같은 용액에 넣었을 때	세포 안보다 농도가 높은 용액에 넣었을 때
동물 세포	적혈구		
	세포 부피 증가 ➡ 터짐	세포 부피 변화 없음	세포 부피 감소
식물 세포			
	세포가 팽팽해짐	세포 부피 변화 없음	세포 부피 감소 ➡ 원형질 분리

4 그림은 세포막을 통해 물질이 이동하는 방식 A, B를 나타낸 것이다.
이에 대한 설명으로 옳은 것만을 [보기]에서 있는 대로 고른 것은?

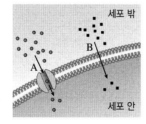

┌─ 보기 ─
ㄱ. 산소 기체는 A 방식으로 이동한다.
ㄴ. A에서 물질은 항상 세포 밖에서 안으로 이동한다.
ㄷ. B에서 세포 밖의 물질 농도가 증가하면 물질의 이동 속도가 빨라진다.
└─

① ㄱ   ② ㄴ   ③ ㄷ
④ ㄱ, ㄷ   ⑤ ㄴ, ㄷ

5 그림은 어떤 동물의 적혈구를 용액 (가)~(라)에 각각 같은 시간 동안 넣었을 때의 결과를 나타낸 것이다.

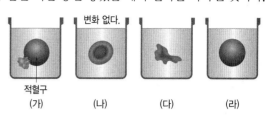

변화 없다.
적혈구
(가)   (나)   (다)   (라)

이에 대한 설명으로 옳은 것만을 [보기]에서 있는 대로 고른 것은? (단, 용액 (가)~(라) 중 하나는 증류수이고, 나머지는 농도가 다른 설탕 용액이다.)

┌─ 보기 ─
ㄱ. 용액 (가)는 증류수이다.
ㄴ. 설탕 농도는 용액 (나)>용액 (라)이다.
ㄷ. 용액 (다)는 적혈구 안보다 농도가 낮다.
└─

① ㄱ   ② ㄴ   ③ ㄷ
④ ㄱ, ㄴ   ⑤ ㄴ, ㄷ

6 그림은 식물 세포를 농도가 다른 용액에 넣은 후 일정한 시간이 지났을 때의 모습을 나타낸 것이다.

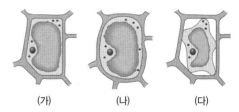

(가)   (나)   (다)

이에 대한 설명으로 옳은 것만을 [보기]에서 있는 대로 고른 것은?

┌─ 보기 ─
ㄱ. 세포 내부에서 세포벽으로 미는 힘은 (나)가 가장 크다.
ㄴ. 농도가 가장 높은 용액에 넣어 둔 세포는 (다)이다.
ㄷ. (다)를 처음보다 농도가 높은 용액에 넣으면 (가)와 같이 된다.
└─

① ㄱ   ② ㄴ   ③ ㄷ
④ ㄱ, ㄴ   ⑤ ㄱ, ㄴ, ㄷ

02 생명 시스템에서의 화학 반응

1. 물질대사와 생체 촉매

(1) **물질대사** : 생명체 내에서 일어나는 모든 화학 반응으로, 생체 촉매(효소)가 관여한다.

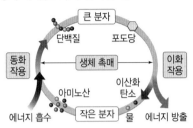

(2) 물질대사와 생명체 밖 화학 반응의 비교

물질대사(세포 호흡)	생명체 밖 화학 반응(연소)
• 체온 범위에서 일어남	• 고온에서 일어남
• 여러 단계에 걸쳐 반응이 일어나 에너지가 소량씩 방출	• 한 번에 반응이 일어나 다량의 에너지가 한꺼번에 방출

2. 효소(생체 촉매)의 특성과 활용

(1) **효소의 기능** : 활성화 에너지를 낮추어 화학 반응의 반응 속도를 증가시킨다.

(2) **효소의 특성**

① 기질 특이성 : 한 종류의 효소는 한 종류의 반응물(기질)에만 작용한다.

② 효소는 반응 전후에 변하지 않으므로 재사용된다.

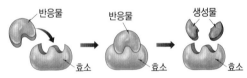

(3) **효소의 활용** : 효소는 생명체 밖에서도 작용할 수 있으므로 다양한 분야에서 활용된다.

　에 일상생활, 의학 분야, 산업 분야, 환경 분야

---

1 그림은 어떤 세포 소기관에서 일어나는 물질의 변화를 나타낸 것이다.

아미노산　　　　단백질

이에 대한 설명으로 옳은 것만을 [보기]에서 있는 대로 고른 것은?

보기
ㄱ. 동화 작용에 해당한다.
ㄴ. 골지체에서 활발하게 일어난다.
ㄷ. 반응이 일어나는 과정에서 에너지가 방출된다.

① ㄱ　　　　② ㄴ　　　　③ ㄱ, ㄷ
④ ㄴ, ㄷ　　　⑤ ㄱ, ㄴ, ㄷ

---

2 그림 (가)는 어떤 효소가 작용하여 일어나는 반응을, (나)는 이 반응이 진행되는 동안 일어나는 에너지의 변화를 나타낸 것이다.

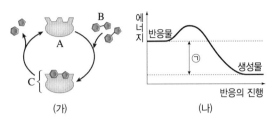

(가)　　　　　　　　　　(나)

이에 대한 설명으로 옳은 것만을 [보기]에서 있는 대로 고른 것은?

보기
ㄱ. A는 이화 작용에 관여하는 효소이다.
ㄴ. (가) 반응이 일어날수록 B의 농도가 감소한다.
ㄷ. C가 형성되면 (나)의 ㉠ 크기가 감소한다.

① ㄱ　　　　② ㄴ　　　　③ ㄷ
④ ㄱ, ㄴ　　　⑤ ㄱ, ㄴ, ㄷ

---

3 효소의 작용을 알아보기 위해 4개의 시험관에 표와 같이 물질을 넣고 기포 발생 여부를 조사하였다.

구분	A	B	C
3 % 과산화 수소수	○	○	○
생간	×	○	×
삶은 간	×	×	○
기포 관찰 유무	×	○	×

이에 대한 설명으로 옳은 것만을 [보기]에서 있는 대로 고른 것은?

보기
ㄱ. 간세포 속 카탈레이스는 가열하면 그 기능을 잃는다.
ㄴ. 카탈레이스는 과산화 수소 분해 반응의 활성화 에너지를 높이는 역할을 한다.
ㄷ. 시험관 A에서 기포가 관찰되지 않는 까닭은 과산화 수소 분해 반응 속도가 매우 느리기 때문이다.

① ㄱ　　　　② ㄴ　　　　③ ㄱ, ㄷ
④ ㄴ, ㄷ　　　⑤ ㄱ, ㄴ, ㄷ

03 생명 시스템에서 정보의 흐름

1. **유전자와 단백질** : 유전자에 저장된 유전 정보에 따라 다양한 단백질이 합성되고, 이 단백질에 의해 다양한 형질이 나타난다.

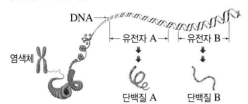

2. **유전 정보의 흐름**

(1) 생명 중심 원리

(2) 유전 정보 저장 : DNA의 염기 서열에 저장

> • 유전부호 : 연속된 3개의 염기가 한 조가 되어 하나의 아미노산을 지정한다. DNA ➡ 3염기 조합, RNA ➡ 코돈

(3) 유전부호의 공통성 : 거의 모든 생물은 동일한 유전부호 체계 사용 ➡ 공통 조상으로부터 진화하였음을 의미

3. **유전 정보 전달과 형질 발현**

(1) 전사 : DNA의 한쪽 가닥에 상보적인 염기 서열을 가진 RNA 합성

(2) 번역 : RNA의 유전 정보에 따라 단백질 합성

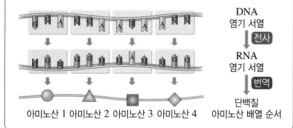

아미노산 1 아미노산 2 아미노산 3 아미노산 4
단백질
아미노산 배열 순서

---

1 그림은 세포 내 유전 정보의 흐름을 나타낸 것이다.
이에 대한 설명으로 옳은 것만을 [보기]에서 있는 대로 고른 것은?

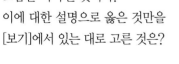

> • 보기 •
> ㄱ. (가)는 핵, (나)는 세포질이다.
> ㄴ. ㉠은 번역, ㉡은 전사이다.
> ㄷ. 물질 X는 RNA이다.

① ㄱ   ② ㄴ   ③ ㄱ, ㄷ
④ ㄴ, ㄷ   ⑤ ㄱ, ㄴ, ㄷ

---

2 그림은 유전자의 유전 정보에 따라 생물의 형질이 나타나는 과정을 나타낸 것이다.

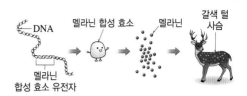

이에 대한 설명으로 옳은 것만을 [보기]에서 있는 대로 고른 것은?

> • 보기 •
> ㄱ. 멜라닌이 합성되면 사슴의 털색이 갈색으로 나타난다.
> ㄴ. 유전자의 유전 정보는 단백질 합성을 통해 형질로 나타난다.
> ㄷ. 멜라닌 합성 효소 유전자에 이상이 생겨도 사슴의 털색은 갈색을 띤다.

① ㄱ   ② ㄷ   ③ ㄱ, ㄴ
④ ㄴ, ㄷ   ⑤ ㄱ, ㄴ, ㄷ

---

3 표는 DNA의 이중 나선을 분리하여 얻은 가닥 Ⅰ, Ⅱ와 그중 한 가닥으로부터 전사된 RNA의 염기 조성 비율을 나타낸 것이다.

구분	염기 조성(%)					계
	아데닌 (A)	구아닌 (G)	사이토신 (C)	타이민 (T)	유라실 (U)	
가닥 Ⅰ	30	35	20	15	0	100
가닥 Ⅱ	㉠	20	㉡	30	0	100
RNA	㉢	35	20	0	㉣	100

이에 대한 설명으로 옳은 것만을 [보기]에서 있는 대로 고른 것은?

> • 보기 •
> ㄱ. ㉠과 ㉣의 비율은 같다.
> ㄴ. ㉠+㉡+㉢=60이다.
> ㄷ. RNA는 DNA 가닥 Ⅰ로부터 전사된 것이다.

① ㄱ   ② ㄴ   ③ ㄱ, ㄷ
④ ㄴ, ㄷ   ⑤ ㄱ, ㄴ, ㄷ

중단원 핵심 요약&문제

01 산화 환원 반응

1. 산화 환원 반응

구분	산화	환원
산소의 이동	산소를 얻음	산소를 잃음
	$C + O_2 \longrightarrow CO_2$	$2CuO \longrightarrow 2Cu + O_2$
	예 $\underset{\text{환원}}{\overset{\text{산화}}{2CuO + C \longrightarrow 2Cu + CO_2}}$	
전자의 이동	전자를 잃음	전자를 얻음
	$Mg \longrightarrow Mg^{2+} + 2\ominus$	$Cu^{2+} + 2\ominus \longrightarrow Cu$
	예 $\underset{\text{환원}}{\overset{\text{산화}}{Mg + Cu^{2+} \longrightarrow Mg^{2+} + Cu}}$	
동시성	어떤 물질이 산소를 얻거나 전자를 잃고 산화되면 다른 물질은 산소를 잃거나 전자를 얻어 환원된다. ➡ 산화와 환원은 항상 동시에 일어난다.	

2. 지구와 생명의 역사를 바꾼 화학 반응

(1) 지구와 생명의 역사를 바꾼 화학 반응

광합성	식물의 엽록체에서 빛에너지를 이용하여 이산화 탄소와 물로 포도당과 산소를 만드는 반응 $6CO_2 + 6H_2O \xrightarrow{\text{빛에너지}} C_6H_{12}O_6 + 6O_2$
호흡	미토콘드리아에서 포도당과 산소가 반응하여 이산화 탄소와 물이 생성되고, 에너지가 발생하는 반응 $C_6H_{12}O_6 + 6O_2 \longrightarrow 6CO_2 + 6H_2O + 에너지$
화석 연료의 연소	화석 연료가 공기 중의 산소와 반응하여 이산화 탄소와 물이 생성되고 많은 열이 방출되는 반응 예 메테인의 연소 : $CH_4 + 2O_2 \longrightarrow CO_2 + 2H_2O$
철의 제련	산화 철(Ⅲ)에서 산소를 제거하여 순수한 철을 얻는 과정 • $2C + O_2 \longrightarrow 2CO$ • $Fe_2O_3 + 3CO \longrightarrow 2Fe + 3CO_2$

(2) **공통점** : 광합성, 호흡, 화석 연료의 연소, 철의 제련은 모두 산소가 관여하는 산화 환원 반응이다.

3. 우리 주변의 산화 환원 반응 : 철의 부식, 사과의 갈변, 손난로, 머리카락 염색, 반딧불이의 불빛, 섬유 표백 등

1 다음은 산화 구리(Ⅱ)와 일산화 탄소의 반응을 화학 반응식으로 나타낸 것이다.

$$CuO + CO \longrightarrow Cu + CO_2$$

산화되는 물질과 환원되는 물질을 순서대로 옳게 짝 지은 것은?

① CuO, CO ② CuO, Cu ③ CuO, CO₂
④ CO, CuO ⑤ CO, Cu

2 다음 화학 반응식에서 밑줄 친 물질이 산화되는 것만을 [보기]에서 있는 대로 고르시오.

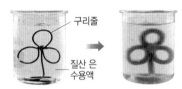

┌ 보기 ┐
ㄱ. $2\underline{NO} + 2H_2 \longrightarrow N_2 + 2H_2O$
ㄴ. $\underline{CH_4} + 2O_2 \longrightarrow CO_2 + 2H_2O$
ㄷ. $4\underline{Fe} + 3O_2 \longrightarrow 2Fe_2O_3$

3 그림은 구리줄을 질산 은 수용액에 넣었을 때 구리줄 표면에 은이 석출된 것을 나타낸 것이다.

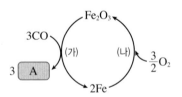

구리줄
질산 은 수용액

이에 대한 설명으로 옳은 것만을 [보기]에서 있는 대로 고른 것은?

┌ 보기 ┐
ㄱ. 은 이온은 전자를 얻는다.
ㄴ. 수용액은 점점 푸른색으로 변한다.
ㄷ. 수용액의 전체 이온 수는 증가한다.

① ㄱ   ② ㄷ   ③ ㄱ, ㄴ
④ ㄴ, ㄷ   ⑤ ㄱ, ㄴ, ㄷ

4 그림은 철의 제련 과정에서 일어나는 반응의 일부와 철이 산화될 때 일어나는 반응을 나타낸 것이다.

$$3CO \quad \overset{Fe_2O_3}{\underset{2Fe}{(가) \qquad (나)}} \quad \frac{3}{2}O_2$$
$$3 \boxed{A}$$

이에 대한 설명으로 옳은 것만을 [보기]에서 있는 대로 고른 것은?

┌ 보기 ┐
ㄱ. A는 이산화 탄소이다.
ㄴ. (가)에서 산화 철(Ⅲ)은 환원된다.
ㄷ. (나)에서 철은 전자를 잃는다.

① ㄱ   ② ㄴ   ③ ㄱ, ㄷ
④ ㄴ, ㄷ   ⑤ ㄱ, ㄴ, ㄷ

02 산과 염기

1. 산과 염기

구분	산	염기
정의	물에 녹아 수소 이온(H^+)을 내놓는 물질 ➡ 산의 공통적인 성질은 수소 이온(H^+) 때문	물에 녹아 수산화 이온(OH^-)을 내놓는 물질 ➡ 염기의 공통적인 성질은 수산화 이온(OH^-) 때문
성질	• 신맛이 남 • 수용액에서 전류가 흐름 • 금속과 반응하여 수소 기체를 발생시키고, 달걀 껍데기와 반응하여 이산화 탄소 기체를 발생시킴 • 푸른색 리트머스 종이를 붉게 변화시킴 • 페놀프탈레인 용액의 색을 변화시키지 않음	• 쓴맛이 남 • 수용액에서 전류가 흐름 • 금속이나 달걀 껍데기와 반응하지 않음 • 단백질을 녹이는 성질이 있어 손으로 만지면 미끈거림 • 붉은색 리트머스 종이를 푸르게 변화시킴 • 페놀프탈레인 용액을 붉게 변화시킴
물질	과일, 식초, 탄산음료, 김치, 유산균 음료 등	비누, 하수구 세정제, 제산제, 치약, 유리 세정제 등

2. 지시약과 pH

(1) 지시약 : 용액의 액성을 구별하기 위해 사용하는 물질

구분	산성	중성	염기성
리트머스 종이	푸른색 → 붉은색	—	붉은색 → 푸른색
페놀프탈레인 용액	무색	무색	붉은색
메틸 오렌지 용액	붉은색	노란색	노란색
BTB 용액	노란색	초록색	파란색

(2) pH : 수용액에 들어 있는 수소 이온(H^+)의 농도를 숫자로 나타낸 것

> pH<7 : 산성   pH=7 : 중성   pH>7 : 염기성

3. 이산화 탄소와 해양 산성화 : 이산화 탄소는 바닷물에 녹아 수소 이온(H^+) 농도를 증가시키고, 산호와 같은 해양 생물의 개체 수 감소를 일으킨다.

1 표는 몇 가지 물질을 기준 (가)에 따라 분류한 것이다.

기준	예	아니요
(가)	식초, 레몬 즙	치약, 유리 세정제

기준 (가)로 적절한 것만을 [보기]에서 있는 대로 고르시오.

• 보기 •
ㄱ. 수용액에서 전류가 흐르는가?
ㄴ. 붉은색 리트머스 종이를 푸르게 변화시키는가?
ㄷ. 달걀 껍데기와 반응하여 기체를 발생시키는가?

2 그림은 서로 다른 물질의 수용액 (가)와 (나)에 들어 있는 이온을 모형으로 나타낸 것이다. BTB 용액을 떨어뜨렸을 때 (가)는 파란색을, (나)는 노란색을 띠었다.

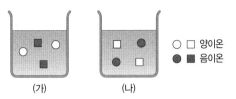

이에 대한 설명으로 옳은 것만을 [보기]에서 있는 대로 고른 것은?

• 보기 •
ㄱ. (가)에서 ■은 H^+이다.
ㄴ. (나)의 pH는 7보다 작다.
ㄷ. (가)와 (나)는 모두 전류가 흐른다.

① ㄱ   ② ㄷ   ③ ㄱ, ㄴ
④ ㄴ, ㄷ   ⑤ ㄱ, ㄴ, ㄷ

3 다음은 물질 X 수용액을 이용한 실험이다.

질산 칼륨 수용액에 적신 붉은색 리트머스 종이 위에 X 수용액에 적신 실을 올려놓고 전류를 흘려 주었더니 붉은색 리트머스 종이가 실에서부터 (+)극 쪽으로 푸르게 변해 갔다.

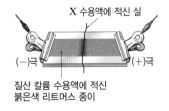

이에 대한 설명으로 옳은 것만을 [보기]에서 있는 대로 고른 것은?

• 보기 •
ㄱ. X 수용액에는 OH^-이 들어 있다.
ㄴ. (−)극 쪽으로 이동하는 이온은 없다.
ㄷ. X 수용액 대신 아세트산 수용액으로 실험하면 붉은색 리트머스 종이는 실에서부터 (−)극 쪽으로 푸르게 변한다.

① ㄱ   ② ㄴ   ③ ㄱ, ㄷ
④ ㄴ, ㄷ   ⑤ ㄱ, ㄴ, ㄷ

4 표는 수산화 나트륨 수용액과 석회수에 몇 가지 지시약을 떨어뜨렸을 때 나타나는 색을 관찰한 것이다.

구분	수산화 나트륨 수용액	석회수
페놀프탈레인 용액	붉은색	㉠
BTB 용액	㉡	파란색
메틸 오렌지 용액	노란색	㉢

㉠~㉢으로 적절한 것을 옳게 짝 지은 것은?

	㉠	㉡	㉢
①	붉은색	파란색	노란색
②	무색	파란색	붉은색
③	붉은색	노란색	노란색
④	무색	초록색	붉은색
⑤	붉은색	노란색	붉은색

5 다음은 수용액 A와 B를 이용한 실험 과정과 결과이다.

[과정]
(가) 두 장의 거름종이를 초록색의 BTB 용액에 적신
후 말린다.
(나) 무색의 수용액 A를 유리 막대에 묻혀 (가)의 거름
종이 중 하나에 '과'자를 쓴다.
(다) 무색의 수용액 B를 유리 막대에 묻혀 (가)의 거름
종이 중 다른 하나에 '학'자를 쓴다.

[결과]
'과'자는 파란색, '학'자는 노란색으로 변했다.

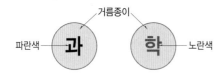

이에 대한 설명으로 옳은 것만을 [보기]에서 있는 대로
고른 것은?

┌ 보기 ┐
ㄱ. 수용액의 pH는 A가 B보다 크다.
ㄴ. 수용액 A를 손으로 만지면 미끈거린다.
ㄷ. BTB 용액을 노란색으로 변화시키는 물질은 B의
   양이온이다.

① ㄱ　　② ㄷ　　③ ㄱ, ㄴ
④ ㄴ, ㄷ　　⑤ ㄱ, ㄴ, ㄷ

---

1. 중화 반응 : 산과 염기가 반응하여 물이 생성되는 반응
(1) 산의 수소 이온(H^+)과 염기의 수산화 이온(OH^-)이
   1 : 1의 개수비로 반응하여 물을 생성한다.

$$H^+ + OH^- \longrightarrow H_2O$$

⬥ 묽은 염산과 수산화 나트륨 수용액의 중화 반응

묽은 염산　　수산화 나트륨 수용액　　혼합 용액

(2) 혼합 용액의 액성

$$H^+ > OH^- : 산성, \quad H^+ = OH^- : 중성, \quad H^+ < OH^- : 염기성$$

2. 중화 반응이 일어날 때의 변화
(1) 중화점 : 산의 수소 이온(H^+)과 염기의 수산화 이온
   (OH^-)이 모두 반응하여 중화 반응이 완결된 지점
(2) 이온 수 변화
⬥ 일정량의 묽은 염산에 수산화 나트륨 수용액을 넣을 때

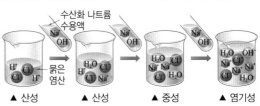

▲ 산성　　▲ 산성　　▲ 중성　　▲ 염기성

(3) 지시약의 색 변화와 용액의 온도 변화

지시약의 색 변화	중화점을 지나면 용액의 액성이 변하여 지시약의 색이 변한다.
온도 변화	• 중화열 : 중화 반응이 일어날 때 발생하는 열 • 중화점에서 용액의 온도가 가장 높다.

3. 생활 속의 중화 반응 : 생선회에 레몬 즙을 뿌려 생선
비린내 제거하기, 위산 과다 분비로 속이 쓰릴 때 제산
제 복용하기, 산성화된 토양에 석회 가루 뿌리기 등

1 그림은 두 가지 수용액
(가)와 (나)에 들어 있는 이온
을 모형으로 나타낸 것이다.
이에 대한 설명으로 옳은 것
만을 [보기]에서 있는 대로
고르시오. (단, 혼합 전 두 수용액의 온도는 같다.)

(가)　　(나)

┌ 보기 ┐
ㄱ. (가)에 페놀프탈레인 용액을 떨어뜨리면 붉은색으
   로 변한다.
ㄴ. (나)에 마그네슘 조각을 넣으면 기체가 발생한다.
ㄷ. (가)와 (나)를 혼합하면 용액의 온도가 높아진다.

2 그림은 일정량의 묽은 염산에 수산화 나트륨 수용액과 수산화 칼륨 수용액을 차례대로 넣을 때 용액에 들어 있는 양이온을 모형으로 나타낸 것이다.

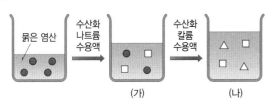

이에 대한 설명으로 옳은 것만을 [보기]에서 있는 대로 고른 것은? (단, 혼합 전 세 수용액의 온도는 같다.)

┌─ 보기 ─────────────────────────
ㄱ. □은 Na^+이다.
ㄴ. 용액의 최고 온도는 (나)가 (가)보다 높다.
ㄷ. 용액에 들어 있는 음이온 수는 (나)가 (가)보다 크다.
└──────────────────────────────

① ㄱ   ② ㄷ   ③ ㄱ, ㄴ
④ ㄴ, ㄷ   ⑤ ㄱ, ㄴ, ㄷ

3 그림은 묽은 염산(HCl) 10 mL에 수산화 나트륨(NaOH) 수용액을 조금씩 넣을 때 수용액 속 이온 ㉠의 수와 중화 반응으로 생성된 물 분자 수를 각각 나타낸 것이다.

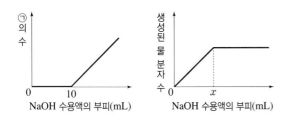

㉠과 x로 적절한 것을 옳게 짝 지은 것은?

	㉠	x
①	H^+	5
②	H^+	10
③	Cl^-	5
④	OH^-	5
⑤	OH^-	10

4 표는 같은 농도의 묽은 염산과 수산화 나트륨 수용액의 부피를 달리하여 혼합한 용액에 대한 자료이다.

혼합 용액		(가)	(나)	(다)
혼합 전 용액의 부피(mL)	묽은 염산	10	20	30
	수산화 나트륨 수용액	30	20	10
혼합 용액의 최고 온도(℃)		27	30	27

이에 대한 설명으로 옳은 것만을 [보기]에서 있는 대로 고른 것은? (단, 혼합 전 두 수용액의 온도는 같다.)

┌─ 보기 ─────────────────────────
ㄱ. (가)에 BTB 용액을 떨어뜨리면 파란색을 띤다.
ㄴ. (나)에 들어 있는 Cl^-과 Na^+의 수는 같다.
ㄷ. 생성된 물의 양은 (다)가 (가)보다 많다.
└──────────────────────────────

① ㄱ   ② ㄷ   ③ ㄱ, ㄴ
④ ㄴ, ㄷ   ⑤ ㄱ, ㄴ, ㄷ

5 그림은 같은 농도의 묽은 염산(HCl)과 수산화 나트륨(NaOH) 수용액의 부피를 달리하여 혼합한 후 각 용액의 최고 온도를 측정하여 나타낸 것이다.

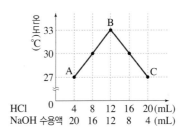

이에 대한 설명으로 옳은 것만을 [보기]에서 있는 대로 고른 것은? (단, 혼합 전 두 수용액의 온도는 같다.)

┌─ 보기 ─────────────────────────
ㄱ. A의 pH는 7보다 크다.
ㄴ. B에서 생성된 물의 양이 가장 많다.
ㄷ. C에 가장 많이 존재하는 이온은 Cl^-이다.
└──────────────────────────────

① ㄱ   ② ㄴ   ③ ㄱ, ㄷ
④ ㄴ, ㄷ   ⑤ ㄱ, ㄴ, ㄷ

6 생활 속에서 중화 반응을 이용하는 예만을 [보기]에서 있는 대로 고르시오.

┌─ 보기 ─────────────────────────
ㄱ. 표백제로 옷을 하얗게 만든다.
ㄴ. 이산화 황을 산화 칼슘으로 제거한다.
ㄷ. 김치의 신맛을 줄이기 위해 소다를 넣는다.
└──────────────────────────────

중단원 핵심 요약&문제

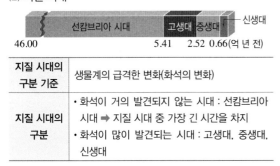

❷ 생물 다양성과 유지

• 정답과 해설 90쪽

01 지질 시대의 환경과 생물

1. 화석과 지질 시대

(1) **화석** : 지질 시대에 살았던 생물의 유해나 흔적이 지층 속에 남아 있는 것

  예 생물의 뼈, 알, 발자국, 배설물, 기어간 흔적 등

(2) **지질 시대**

선캄브리아 시대	고생대	중생대	─신생대
46.00	5.41	2.52	0.66(억 년 전)

지질 시대의 구분 기준	생물계의 급격한 변화(화석의 변화)
지질 시대의 구분	• 화석이 거의 발견되지 않는 시대 : 선캄브리아 시대 ➡ 지질 시대 중 가장 긴 시간을 차지 • 화석이 많이 발견되는 시대 : 고생대, 중생대, 신생대

(3) **지질 시대의 시대와 환경** : 표준 화석과 시상 화석 이용

구분	표준 화석	시상 화석
특징	• 지층의 생성 시대를 알려줌 • 넓은 지역에 짧은 기간 분포	• 지층의 생성 환경을 알려줌 • 특정 지역에 오랜 기간 분포
예	• 고생대 : 삼엽충, 갑주어, 방추충 • 중생대 : 암모나이트, 공룡 • 신생대 : 화폐석, 매머드	• 고사리 : 따뜻하고 습한 육지 • 산호 : 따뜻하고 얕은 바다 • 조개 : 얕은 바다나 갯벌

2. 지질 시대 환경과 생물

선캄브리아 시대	• 발견되는 화석이 적음 • 남세균의 광합성으로 대기 중 산소량 증가 • 단세포 생물, 원시 해조류, 다세포 생물 등 출현 • 스트로마톨라이트, 에디아카라 동물군 화석
고생대	• 대체로 온난, 말기에 빙하기 • 말기에 판게아 형성 • 초기에 다양한 생물 출현, 말기에 생물의 대멸종 • 오존층이 두꺼워져 최초의 육상 생물 출현 • 무척추동물(삼엽충, 방추충 등), 어류(갑주어 등), 곤충류, 양서류, 양치식물 번성
중생대	• 전반적으로 온난 • 판게아가 분리되며 대서양과 인도양 형성 • 말기에 생물의 대멸종 • 암모나이트, 파충류(공룡 등), 겉씨식물 번성, 시조새 출현
신생대	• 후기에 여러 번의 빙하기와 간빙기 반복 • 현재와 비슷한 수륙 분포 형성 ➡ 알프스산맥, 히말라야산맥 형성 • 화폐석, 포유류(매머드 등), 속씨식물 번성, 최초의 인류 출현

3. 대멸종과 생물 다양성 : 지질 시대에 여러 번의 대멸종이 있었고, 이를 계기로 생물 다양성이 증가하였다.

1 지질 시대에 대한 설명으로 옳지 <u>않은</u> 것은?

① 생물계의 큰 변화로 지질 시대를 구분할 수 있다.

② 선캄브리아 시대는 지질 시대 중 상대적 길이가 가장 길다.

③ 고생대에 육상 생물이 출현하였다.

④ 중생대에 여러 번의 빙하기로 공룡이 멸종하였다.

⑤ 신생대에는 초식 동물이 진화하였다.

2 그림 (가)는 화석을 생존 기간과 분포 면적에 따라 분류한 것이고, (나)와 (다)는 삼엽충 화석과 산호 화석을 나타낸 것이다.

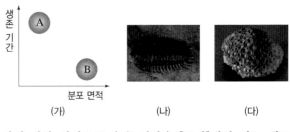

(가)	(나)	(다)

이에 대한 설명으로 옳은 것만을 [보기]에서 있는 대로 고른 것은?

┌─ **보기** ─────────────
ㄱ. (나)는 (가)에서 A에 해당한다.
ㄴ. (나)는 고생대의 바다에서 번성하였다.
ㄷ. (다)는 따뜻하고 얕은 바다에서 서식하였다.
└─────────────────

① ㄱ   ② ㄴ   ③ ㄱ, ㄷ

④ ㄴ, ㄷ   ⑤ ㄱ, ㄴ, ㄷ

3 그림 (가)는 고생대 말에 형성된 판게아의 모습이고, (나)는 고생대의 기온 변화를 나타낸 것이다.

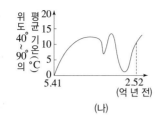

(가)   (나)

이에 대한 설명으로 옳은 것만을 [보기]에서 있는 대로 고른 것은?

┌─ 보기 ─────────────────────────────┐
│ ㄱ. (가)의 바다에서는 화폐석이 번성하였다. │
│ ㄴ. (나)에서 말기에 평균 기온이 크게 하강하였다. │
│ ㄷ. (가)가 형성되어 해양 생물의 개체 수가 증가하였다. │
└──────────────────────────────────┘

① ㄱ   ② ㄴ   ③ ㄷ
④ ㄱ, ㄷ   ⑤ ㄴ, ㄷ

4 중생대의 생물에 대한 설명으로 옳은 것은?

① 속씨식물과 포유류가 번성하였다.
② 최초로 육지에 생물이 출현하였다.
③ 단단한 껍데기를 가진 생물이 없었다.
④ 파충류가 번성하였고 시조새가 출현하였다.
⑤ 오랜 지각 변동으로 화석이 드물게 발견된다.

5 생물의 대멸종에 대한 설명으로 옳은 것만을 [보기]에서 있는 대로 고른 것은?

┌─ 보기 ─────────────────────────────┐
│ ㄱ. 지질 시대 동안 대멸종은 여러 번 일어났다. │
│ ㄴ. 지질 시대 동안 가장 큰 규모의 멸종은 고생대 말에 있었다. │
│ ㄷ. 대멸종 이후 생물 다양성은 감소한다. │
└──────────────────────────────────┘

① ㄱ   ② ㄷ   ③ ㄱ, ㄴ
④ ㄴ, ㄷ   ⑤ ㄱ, ㄴ, ㄷ

---

02 자연 선택과 생물의 진화(1)

1. 진화와 변이

(1) **진화** : 생물이 오랫동안 여러 세대를 거치면서 환경에 적응하여 변화하는 현상

(2) **유전적 변이** : 같은 종의 개체 사이에 나타나는 형질의 차이로 주로 개체가 가진 유전자의 차이로 나타남 ➡ 자손에게 유전되며 진화의 원동력이 됨

(3) **유전적 변이의 원인** : 돌연변이, 생식세포의 다양한 조합

2. 자연 선택설

(1) **자연 선택설에 의한 진화 과정**

┌──┐
│ 과잉 생산과 변이 → 생존 경쟁 → 자연 선택 → 진화 │
└──┘

과잉 생산과 변이	• 과잉 생산 : 생물은 주어진 환경에서 살아남을 수 있는 것보다 많은 수의 자손을 낳음 • 과잉 생산된 같은 종의 개체들 사이에는 형태, 습성, 기능 등 형질이 조금씩 다른 변이가 존재함
생존 경쟁	개체 사이에는 먹이, 서식지 등을 두고 생존 경쟁이 일어남
자연 선택	환경에 적응하기 유리한 변이를 가진 개체가 더 많이 살아남아 자손을 남김
진화	생존 경쟁에서 살아남은 개체는 자신의 유전자를 자손에게 물려주며, 이러한 자연 선택 과정이 오랫동안 누적되어 진화가 일어남

(2) **한계점** : 변이가 나타나는 원인과 부모의 형질이 자손에게 전달되는 원리를 명확하게 설명하지 못하였다.

(3) **자연 선택설이 과학과 사회에 준 영향**

과학	생명 과학의 이론적 기반을 제시함
사회	• 자본주의 사회 발달, 인문 사회학 분야에 영향을 줌 • 제국주의 출현과 식민 지배를 정당화하는 데 영향을 줌

1 다음은 여러 생물에서 관찰되는 현상이다.

┌──────────────────────────────────┐
│ • 사람의 피부색 차이 │
│ • 앵무의 깃털 색 차이 │
│ • 채프먼얼룩말의 털 줄무늬 차이 │
└──────────────────────────────────┘

이에 대한 설명으로 옳은 것만을 [보기]에서 있는 대로 고른 것은?

┌─ 보기 ─────────────────────────────┐
│ ㄱ. 유전자 차이로 나타난다. │
│ ㄴ. 환경의 영향으로 나타난다. │
│ ㄷ. 자손에게 전달되어 진화의 원동력이 된다. │
└──────────────────────────────────┘

① ㄱ   ② ㄴ   ③ ㄱ, ㄷ
④ ㄴ, ㄷ   ⑤ ㄱ, ㄴ, ㄷ

2 다윈의 자연 선택설에 대한 설명으로 옳은 것만을 [보기]에서 있는 대로 고른 것은?

> • 보기 •
> ㄱ. 환경 변화로 개체들 사이에서 변이가 나타난다.
> ㄴ. 환경에 적응하기 유리한 변이를 가진 개체가 생존에 유리하다.
> ㄷ. 생물은 주어진 환경에서 살아남을 수 있는 것보다 많은 수의 자손을 낳는다.

① ㄱ 　　② ㄷ 　　③ ㄱ, ㄴ
④ ㄴ, ㄷ 　　⑤ ㄱ, ㄴ, ㄷ

3 다음은 다윈의 자연 선택설에 의한 진화 과정을 순서 없이 설명한 것이다.

> (가) 개체 사이에는 먹이, 서식지 등을 두고 생존 경쟁이 일어난다.
> (나) 주어진 환경에서 살아남을 수 있는 것보다 많은 수의 자손을 낳는다.
> (다) 환경 적응에 유리한 변이를 가진 개체가 살아남아 자손을 남긴다.
> (라) 자연 선택이 여러 세대에 걸쳐 오랫동안 누적되어 생물의 진화가 일어난다.

순서대로 옳게 나열한 것은?
① (가) → (나) → (다) → (라)
② (가) → (다) → (라) → (나)
③ (나) → (가) → (다) → (라)
④ (나) → (다) → (가) → (라)
⑤ (나) → (라) → (가) → (다)

4 그림은 어떤 진화설 의해 진화가 일어나는 과정을 모식적으로 나타낸 것이다.

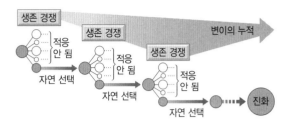

이에 대한 설명으로 옳지 <u>않은</u> 것은?
① 다윈이 제안한 진화설이다.
② 개체들 사이의 변이를 기초로 진화를 설명하였다.
③ 부모의 형질이 자손에게 전달되는 원리를 명확하게 설명하지 못하였다.
④ 짧은 목을 가졌던 기린이 계속 목을 늘이는 과정을 통해 긴 목을 가지게 되는 것도 이와 같은 원리이다.
⑤ 제국주의가 출현하는 데 영향을 주었다.

---

02 자연 선택과 생물의 진화(2)

3. 변이와 자연 선택에 의한 생물의 진화

(1) **변이와 자연 선택** : 주어진 환경에 잘 적응한 개체가 더 많이 살아남아 자손을 더 많이 남김 ➡ 생물이 진화함

핀치 부리 모양의 자연 선택	부리 모양이 다양한 핀치가 갈라파고스 군도의 각 섬에 적응하는 과정에서 환경에 적합한 변이를 가진 핀치가 자연 선택됨 ➡ 같은 종의 핀치가 오랫동안 다른 먹이에 적응하여 다른 종으로 진화함
낫 모양 적혈구 빈혈증의 자연 선택	말라리아가 유행하는 지역에서는 낫 모양 적혈구 유전자를 가진 사람이 생존에 유리하여 자연 선택되므로 낫 모양 적혈구 유전자를 가진 사람의 비율이 다른 지역보다 높음
항생제 내성 세균의 자연 선택	항생제를 지속적으로 사용하는 환경에서는 항생제 내성 세균이 자연 선택되어 항생제 내성 세균 집단이 형성됨

(2) **다양한 생물의 출현과 진화** : 환경 변화는 자연 선택의 방향에 영향을 주므로 생물은 각 환경에 적합한 방향으로 자연 선택됨 ➡ 이 과정이 반복되어 생물종이 다양해짐

4. 지구의 생명체 출현을 설명하는 가설

화학 진화설	화학 반응에 의해 무기물로부터 간단한 유기물이 합성되고, 간단한 유기물로부터 복잡한 유기물이 합성되어 생명체가 출현하였다는 가설
심해 열수구설	메테인 등의 분자가 풍부하고, 높은 온도가 유지되어 유기물 생성에 적합한 심해 열수구에서 생명체가 출현하였다는 가설
우주 기원설	우주에서 만들어진 유기물이 운석을 통해 지구로 운반되었고, 이것으로 인해 지구의 생명체가 출현하였다는 가설

5 그림은 원래 같은 종이었던 핀치가 갈라파고스 군도의 여러 섬에 흩어져 살게 되면서 핀치의 부리 모양이 다르게 진화한 것을 나타낸 것이다.

이에 대한 설명으로 옳은 것만을 [보기]에서 있는 대로 고른 것은?

┌─ 보기 ───────────────────────────────┐
ㄱ. 진화가 일어나기 전에도 부리 모양의 변이가 있었다.
ㄴ. 환경에 따라 같은 종의 생물에서도 기관의 형태가 달라질 수 있다.
ㄷ. 부리 모양에 대한 자연 선택이 일어나는 데 먹이가 직접적인 원인으로 작용하였다.
└────────────────────────────────────┘

① ㄱ   ② ㄴ   ③ ㄱ, ㄷ
④ ㄴ, ㄷ   ⑤ ㄱ, ㄴ, ㄷ

6 그림은 살충제 내성이 없는 바퀴벌레가 대부분인 집단 (가)에서 살충제의 지속적인 살포로 인하여 살충제 내성 집단 (나)가 형성되는 과정을 나타낸 것이다.

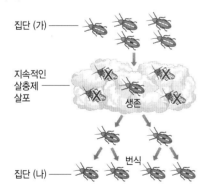

이에 대한 설명으로 옳지 <u>않은</u> 것은?

① 집단 (가)의 바퀴벌레는 살충제 살포로 대부분 죽는다.
② 집단 (나)에는 살충제 내성 바퀴벌레가 대부분이다.
③ 살충제 살포로 바퀴벌레에서 살충제 내성 돌연변이가 발생한다.
④ 살충제 살포로 바퀴벌레 집단에서 자연 선택이 일어난다.
⑤ 살충제 살포를 중지해도 살충제 내성 바퀴벌레는 계속 존재한다.

7 그림은 한 가지 생물종으로 구성된 집단에서 진화가 일어나는 과정을 모식적으로 나타낸 것이다.

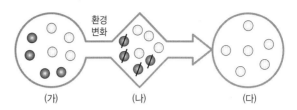

이에 대한 설명으로 옳은 것만을 [보기]에서 있는 대로 고른 것은?

┌─ 보기 ───────────────────────────────┐
ㄱ. (가)에서 변이가 존재하였다.
ㄴ. 환경 변화로 인해 (나)에서 돌연변이가 일어나 일부 개체가 사라졌다.
ㄷ. 항생제 내성 세균 집단이 형성되는 과정도 이러한 과정으로 설명할 수 있다.
└────────────────────────────────────┘

① ㄱ   ② ㄴ   ③ ㄱ, ㄷ
④ ㄴ, ㄷ   ⑤ ㄱ, ㄴ, ㄷ

---

03 생물 다양성과 보전(1)

1. **생물 다양성** : 일정한 생태계에 존재하는 생물의 다양한 정도를 의미하며, 유전적 다양성, 종 다양성, 생태계 다양성을 모두 포함한다.

유전적 다양성	종 다양성	생태계 다양성

유전적 다양성	같은 생물종이라도 하나의 형질을 결정하는 유전자에 차이가 있어 형질이 다양하게 나타난다. ➡ 유전적 다양성이 높은 생물종은 급격한 환경 변화에도 살아남는 개체가 존재할 가능성이 높다. 예 아시아무당벌레는 겉날개의 색과 반점 무늬가 개체마다 다르다.
종 다양성	일정한 지역에 얼마나 많은 생물종이 고르게 분포하며 살고 있는지를 의미한다. ➡ 생물종이 많을수록, 각 생물종의 분포 비율이 균등할수록 종 다양성이 높다.
생태계 다양성	열대 우림, 하천, 갯벌, 사막, 농경지 등 생물 서식지의 다양한 정도를 의미한다. ➡ 환경의 차이로 인해 다양한 생태계가 존재한다.

2. **생물 다양성의 유지** : 생물 다양성을 유지하려면 유전적 다양성, 종 다양성, 생태계 다양성을 모두 고려해야 한다.

1 다음은 생물 다양성의 의미와 관련된 설명이다.

> (가) 숲에는 다양한 생물들이 서식한다.
> (나) 같은 종에 속하는 토끼의 털색이 다양하다.
> (다) 생태계는 열대 우림, 갯벌, 농경지, 사막, 초원, 삼림, 강, 습지 등으로 다양하게 형성된다.

이에 대한 설명으로 옳은 것만을 [보기]에서 있는 대로 고른 것은?

> •보기•
> ㄱ. (가)는 종 다양성에 대한 설명이다.
> ㄴ. 딱정벌레의 생김새가 개체마다 다른 것은 (나)와 같은 예에 해당한다.
> ㄷ. (다)는 강수량, 기온, 토양 등과 같은 환경 요인의 차이로 나타난다.

① ㄱ ② ㄴ ③ ㄱ, ㄷ
④ ㄴ, ㄷ ⑤ ㄱ, ㄴ, ㄷ

2 다음은 생물 다양성과 관련된 사례들이다.

> (가) 1950년대 말 우리나라에는 광교라는 콩 품종이 모자이크 바이러스에 강하다는 까닭으로 정부의 추진 하에 전국으로 보급되었다. 그러나 3년 만에 이 콩 품종에 괴저병이 번지면서 콩의 수확량이 급감하였다.
> (나) 1970년 우리나라에서는 이집트에서 들여온 벼와 토종 벼의 교배를 통해 개발한 통일벼가 전국에 보급되면서 쌀 생산량이 비약적으로 증가하였다. 그러나 메밀, 조 등 다른 작물의 경작이 줄어들어 일부 토종 잡곡 종자들이 사라지게 되었다.

이에 대한 설명으로 옳은 것만을 [보기]에서 있는 대로 고른 것은?

> •보기•
> ㄱ. 유전적 다양성이 낮은 생물종은 환경 변화에 취약하다.
> ㄴ. 단일 품종 농작물의 대량 재배는 종 다양성을 감소시킬 수 있다.
> ㄷ. 통일벼는 유전자 변형 생물체(GMO)이다.

① ㄱ ② ㄷ ③ ㄱ, ㄴ
④ ㄴ, ㄷ ⑤ ㄱ, ㄴ, ㄷ

3 그림은 면적이 같은 서로 다른 지역 (가)와 (나)에 서식하고 있는 모든 생물종을 나타낸 것이다.

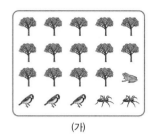 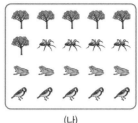

(가)   (나)

이에 대한 설명으로 옳지 <u>않은</u> 것은?

① (가)는 (나)에 비해 안정된 생태계이다.
② (가)와 (나)에 서식하는 생물종 수는 같다.
③ (나)는 (가)보다 종 다양성이 높다.
④ (나)는 (가)보다 종이 균등하게 분포한다.
⑤ (나)는 (가)에 비해 생태계 평형이 쉽게 깨지지 않는다.

4 그림은 지금까지 밝혀진 생물종 수를 나타낸 것이다.

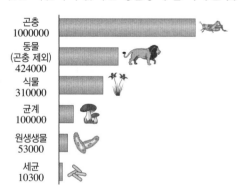

이에 대한 설명으로 옳은 것만을 [보기]에서 있는 대로 고른 것은? (단, 이 자료만으로 판단한다.)

> •보기•
> ㄱ. 종 다양성이 가장 높은 생물 무리는 곤충이다.
> ㄴ. 유전적 다양성은 동물에서 가장 높게 나타난다.
> ㄷ. 균계보다 곤충의 생물종 수가 10배 정도 많다.

① ㄱ ② ㄴ ③ ㄱ, ㄷ
④ ㄴ, ㄷ ⑤ ㄱ, ㄴ, ㄷ

3. 생물 다양성의 중요성

(1) 생물 다양성의 중요성

① 유전적 다양성의 중요성 : 유전적 다양성이 높으면 급격한 환경 변화가 일어났을 때 적응하여 살아남을 수 있는 형질을 가진 개체가 존재할 가능성이 높다.

② 종 다양성의 중요성 : 종 다양성이 높을수록 생태계가 안정적으로 유지된다.

③ 생태계 다양성의 중요성 : 생태계 다양성이 높은 지역은 서식지와 환경 요인이 다양해 종 다양성과 유전적 다양성이 높다.

(2) 생물 자원 : 인간의 생활과 생산 활동에 이용될 가치가 있는 모든 생물을 의미한다. ➡ 생물 다양성이 높을수록 생물 자원이 풍부해진다.

생물 자원 이용	예
의복	목화(면섬유), 누에(비단) 등은 의복의 원료로 이용된다.
식량	쌀, 밀, 옥수수, 콩, 감자 등은 식량으로 이용된다.
주택	나무, 풀 등은 주택의 재료로 이용된다.
의약품	• 푸른곰팡이에서 항생제인 페니실린의 원료를 얻는다. • 주목에서 항암제의 원료를 얻는다.
생물 유전자 자원	병충해 저항성 유전자 등을 이용하여 새로운 농작물을 개발한다.
사회적·심미적 가치	휴식 장소, 여가 활동 장소, 생태 관광 장소 등을 제공한다.

4. 생물 다양성 보전

(1) 생물 다양성의 감소 원인

서식지 파괴 및 단편화	• 서식지 파괴 : 삼림의 벌채, 습지의 매립 등으로 서식지가 파괴된다. • 서식지 단편화 : 도로나 댐 건설 등으로 하나의 서식지가 여러 개로 분리된다. ➡ 서식지의 면적이 줄어들고, 생물종의 이동을 제한하여 고립시키므로 생물 다양성이 감소한다.
남획과 불법 포획	야생 생물의 남획과 불법 포획은 먹이 관계에 영향을 주어 생물 다양성을 감소시킨다.
외래종 도입	일부 외래종은 천적이 없어 대량으로 번식할 수 있다. ➡ 토종 생물의 서식지를 차지하고 생존을 위협하여 생물 다양성을 감소시킨다.
환경 오염	대기 오염으로 산성비가 내리면 하천, 토양이 산성화되어 생태계 평형을 깨뜨린다.

(2) 생물 다양성 보전을 위한 노력

개인적 노력	쓰레기 분리 배출, 자원과 에너지 절약하기 등
국가적·사회적 노력	국립 공원 지정, 생태 통로 설치, 멸종 위기의 생물종 복원 사업 등
국제적 노력	국제 협약 체결 예 생물 다양성 협약, 람사르 협약 등

5 생물 자원이 지닌 가치에 대한 설명으로 옳은 것만을 [보기]에서 있는 대로 고른 것은?

보기
ㄱ. 인류에게 의, 식, 주의 재료를 제공한다.
ㄴ. 새로운 농작물 개발에 필요한 생물 유전자 자원을 공급한다.
ㄷ. 휴식 장소를 제공하고 생태 관광 자원으로 활용된다.

① ㄱ   ② ㄴ   ③ ㄱ, ㄷ
④ ㄴ, ㄷ   ⑤ ㄱ, ㄴ, ㄷ

6 그림은 서식지가 분할되었을 때 생물종 A~E 분포를, 표는 서식지가 분할되기 전과 후 생물종 A~E의 개체 수를 나타낸 것이다.

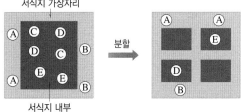

구분	A	B	C	D	E
전	100	100	20	40	20
후	100	90	0	20	10

서식지가 분할되었을 때 나타나는 현상으로 옳은 것만을 [보기]에서 있는 대로 고른 것은? (단, 제시된 생물종만 고려하며, A~E의 위치는 생물의 분포 지역을 나타낸 것이다.)

보기
ㄱ. 생물종 수가 증가하였다.
ㄴ. 생물의 이동이 제한되어 고립된다.
ㄷ. 서식지 중앙에 사는 생물종일수록 서식지 분할에 영향을 크게 받는다.

① ㄱ   ② ㄴ   ③ ㄷ
④ ㄱ, ㄷ   ⑤ ㄴ, ㄷ

중단원 핵심 요약&문제

❶ 생태계와 환경

• 정답과 해설 92쪽

01 생태계 구성 요소와 환경(1)

1. 생태계의 구성

(1) 개체군, 군집, 생태계의 관계

개체	하나의 생명체
개체군	같은 종의 개체가 일정한 지역에 모여 사는 무리
군집	일정한 지역에서 서로 관계를 맺고 살아가는 여러 개체군 집단
생태계	일정한 공간에서 자연 환경과 생물이 밀접한 관계를 맺으며 서로 영향을 주고받는 체계

(2) 생태계 구성 요소

	생산자	광합성을 통해 스스로 양분을 만드는 생물	예 식물 플랑크톤, 식물
생물적 요인	소비자	생산자나 다른 동물을 섭취하여 양분을 얻는 생물	예 동물 플랑크톤, 초식 동물, 육식 동물
	분해자	죽은 생물이나 배설물을 분해하여 양분을 얻는 생물	예 세균, 버섯, 곰팡이
비생물적 요인		생물을 둘러싸고 있는 환경 요인	예 빛, 온도, 물, 토양, 공기

(3) 생태계 구성 요소 간의 관계 : 생태계는 비생물적 요인과 생물적 요인의 상호 관계로 유지된다.

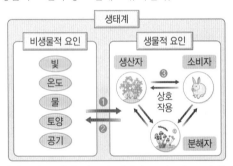

❶ 비생물적 요인이 생물에 영향을 준다. 예 토양에 양분이 풍부해지면 식물이 잘 자란다.

❷ 생물이 비생물적 요인에 영향을 준다. 예 낙엽이 쌓여 분해되면 토양이 비옥해진다.

❸ 생물들 간에 서로 영향을 주고받는다. 예 토끼의 개체 수가 증가하자 토끼풀의 개체 수가 감소하였다.

---

1 생태계에 대한 설명으로 옳지 않은 것은?

① 생물들 간에 서로 영향을 주고받는다.

② 생태계는 생물적 요인과 비생물적 요인으로 구성된다.

③ 생물적 요인은 생산자, 소비자, 분해자로 구분된다.

④ 버섯은 생산자이며, 토끼는 소비자이다.

⑤ 비생물적 요인에는 빛, 온도, 물, 토양, 공기 등이 있다.

2 그림은 생태계를 구성하는 요소 간의 관계를 나타낸 것이다.

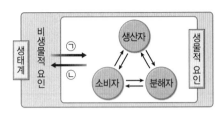

이에 대한 설명으로 옳지 않은 것은?

① 생산자는 광합성을 하여 스스로 양분을 만드는 생물이다.

② 생산자와 분해자 사이에도 상호 작용이 일어난다.

③ 분해자는 죽은 생물이나 배설물을 분해하여 양분을 얻는다.

④ 일조량이 식물의 광합성에 영향을 주는 것은 ㉠에 해당한다.

⑤ 철새가 계절에 따라 이동하는 것은 ㉡에 해당한다.

01 생태계 구성 요소와 환경(2)

2. 환경과 생물 – 빛, 온도

빛	빛의 세기	강한 빛을 받는 잎은 약한 빛을 받는 잎보다 두껍다. ➡ 울타리 조직이 발달되어 있기 때문 ▲ 강한 빛을 받는 잎　▲ 약한 빛을 받는 잎
	빛의 파장	바다의 깊이에 따라 서식하는 해조류가 다르다. ➡ 바다의 깊이에 따라 도달하는 빛의 파장과 양이 다르기 때문
	일조 시간	일조 시간은 식물의 개화나 동물의 생식에 영향을 준다. 예 붓꽃은 일조 시간이 길어지는 봄과 초여름에 꽃이 피지만, 코스모스는 일조 시간이 짧아지는 가을에 꽃이 핀다.
온도	동물	• 개구리, 곰, 박쥐 등은 추운 겨울이 오면 겨울잠을 잔다. • 포유류는 서식지에 따라 몸집의 크기와 몸 말단부의 크기가 다르다. 예 사막여우는 몸집이 작고 몸의 말단부가 커서 열을 잘 방출하지만, 북극여우는 몸집이 크고 몸의 말단부가 작아 열이 방출되는 것을 막는다.
	식물	낙엽수는 추위를 견디기 위해 단풍이 들고 잎을 떨어뜨리지만, 상록수는 잎의 큐티클층이 두꺼워 잎을 떨어뜨리지 않고 겨울을 난다.

3 그림 (가)와 (나)는 한 식물 내에서 강한 빛을 받는 잎과 약한 빛을 받는 잎을 순서 없이 나타낸 것이다.

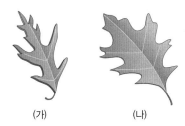

(가)　　　　(나)

이에 대한 설명으로 옳은 것만을 [보기]에서 있는 대로 고른 것은?

> **보기**
> ㄱ. (가)는 (나)보다 강한 빛을 받는 잎이다.
> ㄴ. (가)는 (나)보다 울타리 조직이 발달되어 있다.
> ㄷ. (가)는 (나)보다 빛을 효율적으로 흡수한다.

① ㄱ　　　　② ㄴ　　　　③ ㄷ
④ ㄱ, ㄴ　　　⑤ ㄱ, ㄴ, ㄷ

4 그림은 바다의 깊이에 따른 해조류의 분포를 나타낸 것이다.

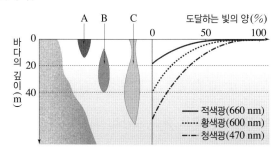

이에 대한 설명으로 옳지 않은 것은? (단, A~C는 각각 홍조류, 갈조류, 녹조류 중 하나이다.)

① A는 녹조류이다.
② 빛의 파장과 관련이 있다.
③ 청색광이 가장 깊은 곳까지 도달한다.
④ 생물이 환경에 영향을 받아 나타난 것이다.
⑤ B와 C는 모여서 하나의 개체군을 형성한다.

5 종달새와 꾀꼬리는 봄에 번식하지만, 송어와 사슴은 가을에 번식한다. 이와 같은 차이에 가장 큰 영향을 준 비생물적 요인은?

① 빛의 세기　　② 빛의 파장　　③ 일조 시간
④ 온도　　　　⑤ 공기

---

01 **생태계 구성 요소와 환경(3)**

3. 환경과 생물-물, 토양, 공기

물	동물	수분 증발 방지	• 파충류는 몸 표면이 비늘로 덮여 있다. • 곤충은 몸 표면이 키틴질로 되어 있고, 키틴질의 바깥쪽에는 큐티클층이 있다. • 조류와 파충류의 알은 단단한 껍데기로 싸여 있다.
		수분 손실 최소화	사막에 사는 포유류는 진한 오줌을 배설하여 오줌으로 나가는 수분양을 줄인다.
	식물		• 대부분의 육상 식물은 뿌리, 줄기, 잎이 발달하였다. 📙 은행나무, 민들레 • 물에 사는 식물은 관다발이나 뿌리가 잘 발달하지 않으며, 통기 조직이 발달하였다. 📙 수련, 연꽃 • 건조한 지역에 사는 식물은 저수 조직이 발달하고, 잎이 가시로 변해 수분 증발을 막는다. 📙 선인장
토양			• 물질과 에너지를 순환하게 한다. • 수많은 생물이 살아가는 터전을 제공한다. • 토양 속 미생물은 동물의 사체나 배설물을 무기물로 분해하여 비생물 환경으로 돌려보낸다. • 일부 생물은 토양을 돌아다니며 토양의 통기성을 높인다. 📙 두더지, 지렁이 • 토양의 깊이에 따라 공기의 함량이 달라 분포하는 세균의 종류가 다르다. 📙 토양의 표면에는 호기성 세균이 주로 살고, 토양의 깊은 곳에는 혐기성 세균이 주로 산다.
공기			• 공기는 생물의 호흡과 광합성에 이용되고, 생물의 호흡과 광합성으로 인해 공기의 성분이 변한다. • 공기가 희박한 고산 지대에 사는 사람은 평지에 사는 사람에 비해 적혈구 수가 많아 산소를 효율적으로 운반한다. • 나무의 살균 물질 분비로 인해 주변 공기의 성분이 변한다.

4. 인간과 생태계 : 인간을 포함한 모든 생물은 환경과 상호 작용을 하며 살아간다. ➡ 인간도 생태계를 구성하는 구성원이므로 생태계를 보전하는 것은 인간의 생존을 위해서도 중요하다.

6 물에 대한 생물의 적응 현상으로 옳지 <u>않은</u> 것은?

① 선인장은 잎이 가시로 변해 수분 증발을 방지한다.

② 건조한 지역에 사는 식물은 저수 조직이 발달하였다.

③ 곤충은 몸 표면이 키틴질로 되어 있어 수분 증발을 방지한다.

④ 사막에 사는 포유류는 농도가 진한 오줌을 배설하여 수분 손실을 방지한다.

⑤ 물에 사는 식물은 육상 식물에 비해 뿌리, 줄기, 잎이 발달되어 있다.

7 다음은 고산 지대에 사는 사람들이 고산병에 걸리지 않는 까닭을 설명한 것이다.

> 낮은 지대에 사는 사람이 높은 산을 올라가면 산소가 부족해서 고산병이 걸릴 수 있다. 하지만 고산 지대에 사는 사람은 낮은 지대에 사는 사람보다 적혈구 수가 많아 고산 지대에 잘 적응한다.

이와 같은 현상과 관련된 환경 요인은 무엇인가?

① 빛   ② 온도   ③ 물

④ 토양   ⑤ 공기

8 생물에 영향을 주는 환경 요인을 옳게 짝 지은 것은?

> (가) 파충류는 몸 표면이 비늘로 덮여 있다.
> (나) 붓꽃은 봄과 초여름에 꽃이 피고, 코스모스는 가을에 꽃이 핀다.
> (다) 녹조류는 얕은 바다에 주로 분포하고, 홍조류는 깊은 바다에 주로 분포한다.
> (라) 추운 지방에 사는 동물일수록 깃털이나 털이 발달되어 있다.

	(가)	(나)	(다)	(라)
①	물	온도	일조 시간	빛의 파장
②	물	일조 시간	빛의 파장	온도
③	물	일조 시간	온도	토양
④	토양	일조 시간	빛의 파장	온도
⑤	일조 시간	온도	빛의 파장	토양

02 생태계 평형

1. 먹이 관계와 생태 피라미드

(1) 먹이 관계

① 먹이 사슬 : 생산자로부터 최종 소비자까지 먹고 먹히는 관계를 사슬 모양으로 나타낸 것

② 먹이 그물 : 여러 개의 먹이 사슬이 복잡하게 얽혀 그물처럼 나타나는 것

(2) 생태 피라미드 : 안정된 생태계에서는 개체 수, 생물량, 에너지양이 상위 영양 단계로 갈수록 감소하는 피라미드 형태를 나타낸다.

2. 생태계 평형 : 생물 군집의 구성, 개체 수, 물질의 양, 에너지 흐름 등이 안정된 상태를 유지하는 것

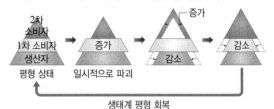

▲ 생태계 평형이 회복되는 과정 : 안정된 생태계는 환경이 변해 일시적으로 생태계 평형이 깨지더라도 시간이 지나면 다시 생태계 평형 상태가 된다.

3. 환경 변화와 생태계

(1) 생태계 평형의 파괴 요인

① 자연 재해 : 홍수, 산사태, 지진 등

② 인간의 활동 : 무분별한 벌목, 경작지 개발, 대기 오염, 도시화 등

(2) 생태계 보전을 위한 노력 : 멸종 위기종의 보호, 생태 통로 설치, 자연형 하천 복원, 국립 공원 지정 등

1 그림은 어떤 안정된 생태계의 에너지 피라미드를 나타낸 것이다.

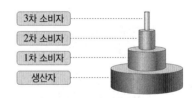

이에 대한 설명으로 옳은 것만을 [보기]에서 있는 대로 고른 것은?

> ·보기·
> ㄱ. 생산자는 광합성을 통해 에너지를 얻는다.
> ㄴ. 생산자의 에너지는 모두 1차 소비자에게 전달된다.
> ㄷ. 영양 단계가 높아질수록 전달되는 에너지양은 감소한다.

① ㄱ   ② ㄴ   ③ ㄱ, ㄷ

④ ㄴ, ㄷ   ⑤ ㄱ, ㄴ, ㄷ

2 그림은 생물종 A~H로 구성된 어떤 안정된 생태계에서의 먹이 그물을 나타낸 것이다.

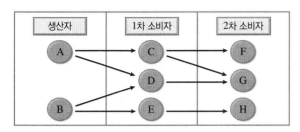

이에 대한 설명으로 옳은 것만을 [보기]에서 있는 대로 고른 것은?(단, A~H는 모두 다른 종이며, ──→로 제시된 먹이 관계만 일어난다.)

> • 보기 •
> ㄱ. B가 사라지면 두 생물종이 사라진다.
> ㄴ. D는 A와 B로부터 에너지를 얻는다.
> ㄷ. F가 사라지면 A의 수는 일시적으로 증가한다.

① ㄱ   ② ㄷ   ③ ㄱ, ㄴ
④ ㄴ, ㄷ   ⑤ ㄱ, ㄴ, ㄷ

3 그림은 자연형 하천으로 복원된 어떤 하천의 모습을 나타낸 것이다.

복원 후의 변화에 대한 설명으로 옳은 것만을 [보기]에서 있는 대로 고른 것은?

> • 보기 •
> ㄱ. 생물들의 서식지가 만들어진다.
> ㄴ. 하천에 서식하는 생물종의 수가 증가한다.
> ㄷ. 하천 주변에 습지와 식물 군집이 조성된다.

① ㄱ   ② ㄴ   ③ ㄱ, ㄷ
④ ㄴ, ㄷ   ⑤ ㄱ, ㄴ, ㄷ

---

03 지구 환경 변화와 인간 생활

1. 지구 온난화 : 대기 중 온실 기체의 양이 증가하여 지구의 평균 기온이 상승하는 현상
(1) **온실 기체** : 지표가 방출하는 지구 복사 에너지를 잘 흡수하는 기체 **예** 수증기, 이산화 탄소, 메테인 등
(2) **발생 원인** : 대기 중 온실 기체의 양 증가 ➡ 주요 원인 : 화석 연료의 사용량 증가로 인한 대기 중 이산화 탄소 농도 증가
(3) **영향** : 빙하의 융해와 해수의 열팽창, 해수면 높이 상승, 해안 저지대 침수, 육지 면적 감소, 생물 다양성 감소 등

2. 대기와 해수의 순환

구분	대기 대순환	해수의 표층 순환
원인	위도별 에너지 불균형	지속적으로 부는 바람
특징	지구의 자전으로 적도에서 극까지 3개의 순환 형성 • 적도~30° : 무역풍 • 위도 30°~60° : 편서풍 • 위도 60°~90° : 극동풍	• 바람과 해류의 방향 일치 • 북반구와 남반구의 아열대 순환이 대칭을 이룸 • 대양의 서쪽에 난류, 동쪽에 한류가 흐름
역할	저위도에서 고위도로 열에너지 수송	

3. 사막화 : 사막 주변 지역의 토지가 황폐해져 사막 지역이 점차 넓어지는 현상으로, 주로 위도 30° 부근에서 발생

4. 엘니뇨와 라니냐

구분	엘니뇨 발생 시	라니냐 발생 시
무역풍	약화	강화
해수의 흐름	따뜻한 표층 해수가 동쪽으로 이동	따뜻한 표층 해수가 서쪽으로 강하게 이동
적도 부근 동태평양	수온 상승, 어획량 감소, 강수량 증가, 홍수 발생	수온 하강, 강수량 감소, 가뭄 발생
적도 부근 서태평양	수온 하강, 강수량 감소, 가뭄 발생	수온 상승, 강수량 증가, 홍수 발생

1 그림은 지구 온난화의 원인과 이로 인한 지구 환경의 변화 과정 일부를 나타낸 것이다.

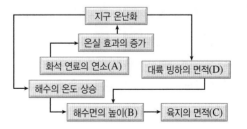

이에 대한 설명으로 옳은 것만을 [보기]에서 있는 대로 고르시오.

> • 보기 •
> ㄱ. A가 증가하면 D는 감소한다.
> ㄴ. B와 D는 비례 관계이다.
> ㄷ. 지구 온난화가 지속되면 C는 감소한다.

2 그림은 북반구의 대기 대순환을 나타낸 것이다.

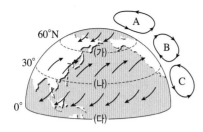

이에 대한 설명으로 옳은 것만을 [보기]에서 있는 대로 고른 것은?

• 보기 •
ㄱ. 위도 30°N~60°N의 지상에서는 무역풍이 분다.
ㄴ. 연평균 강수량은 (나)보다 (다)에서 더 많다.
ㄷ. A~C 순환은 지구의 자전과 관련이 있다.

① ㄱ   ② ㄴ   ③ ㄱ, ㄷ
④ ㄴ, ㄷ   ⑤ ㄱ, ㄴ, ㄷ

3 사막화에 대한 설명으로 옳지 않은 것은?

① 사막은 중위도 지역에 주로 분포한다.
② 대기 대순환의 변화로 사막화가 발생한다.
③ 지구 온난화의 영향으로 최근 사막화가 가속화되고 있다.
④ 중국의 사막 지역이 넓어지면 우리나라에서 황사로 인한 피해가 커질 것이다.
⑤ 초원에 가축을 많이 방목할수록 사막이 확대되는 것을 방지할 수 있다.

4 그림 (가)와 (나)는 무역풍이 약할 때와 강할 때, 적도 부근 해역의 동서 방향 연직 단면을 나타낸 것이다.

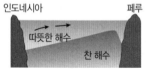

(가) 무역풍이 약할 때   (나) 무역풍이 강할 때

이에 대한 설명으로 옳은 것만을 [보기]에서 있는 대로 고른 것은?

• 보기 •
ㄱ. (가)는 엘니뇨, (나)는 라니냐가 나타난다.
ㄴ. 페루 연안의 표층 수온은 (가)보다 (나)에서 더 높다.
ㄷ. 페루 연안의 강수량은 (가)보다 (나)에서 더 많다.

① ㄱ   ② ㄴ   ③ ㄱ, ㄷ
④ ㄴ, ㄷ   ⑤ ㄱ, ㄴ, ㄷ

---

04 에너지의 전환과 효율적 이용

1. 에너지 : 일을 할 수 있는 능력

역학적 에너지	운동 에너지와 퍼텐셜 에너지의 합
열에너지	물체의 온도를 변화시키는 에너지
화학 에너지	화학 결합에 의해 물질 속에 저장되어 있는 에너지
전기 에너지	전하의 이동에 의해 발생하는 에너지
핵에너지	원자핵이 융합하거나 분열할 때 발생하는 에너지
파동 에너지	파동에 의해 전달되는 에너지
빛에너지	빛의 형태로 전달되는 에너지

2. 에너지 전환과 보존

(1) 에너지 전환 : 한 형태의 에너지가 다른 형태의 에너지로 바뀌는 것

광합성		태양빛 흡수(빛에너지) → 포도당 합성(화학 에너지)
반딧불이		반딧불이 몸속(화학 에너지) → 빛 발생(빛에너지)
휴대 전화	충전	전류(전기 에너지) → 배터리의 충전(화학 에너지)
	사용	배터리(화학 에너지) → 작동(전기 에너지) → 화면, 소리, 열 등으로 전환(빛에너지+소리 에너지+열에너지 등)
발전기		발전기의 코일이 회전(운동 에너지) → 유도 전류 발생(전기 에너지)

(2) 에너지 보존 법칙 : 에너지는 새롭게 생겨나거나 소멸되지 않으며 전체 양은 항상 일정하게 보존된다.

3. 열기관과 열효율

(1) 열기관 : 열에너지를 일로 전환하는 장치로, 공급된 열에너지(Q_1)의 일부는 일(W)을 하는 데 사용되고 나머지 열에너지(Q_2)는 외부로 방출된다.

(2) 열효율 : 열기관에 공급된 열에너지 중 열기관이 한 일의 비율

$$\text{열기관의 열효율(\%)} = \frac{\text{열기관이 한 일}(W)}{\text{공급한 열에너지}(Q_1)} \times 100$$

4. 에너지의 절약과 효율적인 이용

(1) 에너지를 절약해야 하는 까닭 : 에너지 보존 법칙에 따라 에너지의 총량은 일정하지만 에너지를 사용할수록 다시 사용하기 어려운 열에너지의 형태로 전환되는 양이 많아지기 때문이다.

(2) 에너지를 효율적으로 이용한 예 : 하이브리드 자동차, 에너지 제로 하우스, LED 전구 등

1 표는 여러 종류의 에너지 전환을 나타낸 것이다.

구분	처음 에너지	나중 에너지
광합성	태양 에너지	(가) 에너지
반딧불이	화학 에너지	(나) 에너지
휴대 전화 충전	(다) 에너지	화학 에너지
발전기	운동 에너지	(라) 에너지

(가)~(라)에 해당하는 에너지를 옳게 짝 지은 것은?

	(가)	(나)	(다)	(라)
①	화학	빛	전기	전기
②	화학	전기	전기	빛
③	전기	빛	전기	화학
④	전기	전기	전기	빛
⑤	전기	화학	빛	전기

2 그림은 열기관에 Q_1의 열에너지가 공급되었을 때 열기관이 W의 일을 하고, Q_2의 열에너지를 저열원으로 방출하는 모습을 나타낸 것이다.

이에 대한 설명으로 옳은 것만을 [보기]에서 있는 대로 고른 것은?

• 보기 •
ㄱ. $W = Q_1 - Q_2$이다.

ㄴ. 열효율은 $\dfrac{Q_1}{Q_2}$이다.

ㄷ. 공급한 열에너지의 양이 같을 때 Q_2가 많을수록 열효율이 높다.

① ㄱ　　　　② ㄴ　　　　③ ㄷ
④ ㄱ, ㄴ　　　⑤ ㄱ, ㄷ

3 그림과 같이 열효율이 40 %인 열기관에 Q_1의 열에너지를 공급해 주었더니 외부에 240 J의 일을 하였다.

열기관이 일을 하고 난 후, 저열원으로 빠져나가는 열에너지 Q_2의 양은?

① 100 J　　　② 240 J　　　③ 360 J
④ 600 J　　　⑤ 1000 J

4 다음 (가), (나)는 우리 주변에서 활용하고 있는 풍력 발전기와 하이브리드 자동차에 대한 설명이다.

> (가) ○○ 지역에서는 녹색 환경을 조성하는 데 앞장서겠다며, 섬 주변 바람의 세기가 강한 지역에 풍력 발전기를 설치하였다.
>
> (나) ○○사는 가솔린의 소비를 줄이고 환경 오염을 줄일 수 있는 하이브리드 자동차를 개발하였다. 하이브리드 자동차는 운행 중 버려지는 에너지의 일부를 ⊙ 로 전환하여 다시 사용하므로 일반 자동차보다 에너지 효율이 높다.

이에 대한 설명으로 옳은 것만을 [보기]에서 있는 대로 고른 것은?

• 보기 •
ㄱ. (가)에서 바람의 운동 에너지는 전기 에너지로 전환된다.

ㄴ. (나)에서 ⊙은 화학 에너지이다.

ㄷ. (나)에서 공급한 에너지의 양이 같을 때 에너지 효율이 높을수록 유용하게 사용된 에너지의 양이 많다.

① ㄱ　　　　② ㄴ　　　　③ ㄷ
④ ㄱ, ㄷ　　　⑤ ㄴ, ㄷ

중단원 핵심 요약 & 문제

01 전기 에너지의 생산과 수송(1)

1. 전자기 유도 : 코일을 통과하는 자기장이 변하여 코일에 유도 전류가 흐르는 현상

(1) 유도 전류의 발생

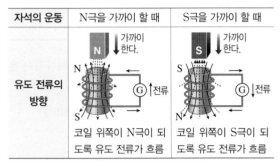

자석의 운동	N극을 가까이 할 때	S극을 가까이 할 때
유도 전류의 방향	코일 위쪽이 N극이 되도록 유도 전류가 흐름	코일 위쪽이 S극이 되도록 유도 전류가 흐름

(2) **유도 전류의 세기** : 자석의 세기가 셀수록, 코일의 감은 수가 많을수록, 자석이 빠르게 움직일수록 유도 전류가 많이 흐른다.

2. 발전기 : 전자기 유도를 이용하여 전기 에너지를 생산하는 장치

영구 자석 사이에서 코일이 회전
→ 코일을 통과하는 자기장 변화
→ 전자기 유도에 의해 코일에 유도 기전력 발생

3. 여러 가지 발전 방식 : 다양한 에너지 자원을 이용하여 터빈을 돌리면 발전기에서 전기 에너지가 발생한다.

화력 발전	핵발전	수력 발전
화학 에너지 → 열 에너지 → 운동 에너지 → 전기 에너지	핵에너지 → 열에너지 → 운동 에너지 → 전기 에너지	퍼텐셜 에너지 → 운동 에너지 → 전기 에너지

1 그림과 같이 코일에 검류계를 연결하고, 막대자석의 N극을 코일에 가까이 하면서 검류계를 관찰하였다.
이에 대한 설명으로 옳은 것만을 [보기]에서 있는 대로 고른 것은?

┌─ 보기 ─
ㄱ. 막대자석과 코일 사이에는 밀어내는 힘이 작용한다.
ㄴ. 자석을 더 빠르게 움직이면 검류계의 바늘이 더 큰 폭으로 움직인다.
ㄷ. 막대자석의 S극을 가까이 할 때와 유도 전류의 방향이 같다.
└──

① ㄱ   ② ㄴ   ③ ㄷ   ④ ㄱ, ㄴ   ⑤ ㄴ, ㄷ

2 그림은 발전기의 모습을 나타낸 것이다.

이에 대한 설명으로 옳은 것만을 [보기]에서 있는 대로 고른 것은?

┌─ 보기 ─
ㄱ. 코일을 회전시키면 코일을 통과하는 자기장이 변한다.
ㄴ. 코일을 빠르게 회전시킬수록 코일에 흐르는 유도 전류의 세기는 세진다.
ㄷ. 코일을 회전시키면 전자기 유도에 의해 유도 기전력이 발생한다.
└──

① ㄱ   ② ㄴ   ③ ㄱ, ㄷ
④ ㄴ, ㄷ   ⑤ ㄱ, ㄴ, ㄷ

3 그림은 여러 가지 발전 방식에 따라 전기 에너지를 생산하는 과정을 간략하게 나타낸 것이다.

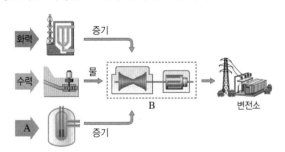

이에 대한 설명으로 옳은 것만을 [보기]에서 있는 대로 고른 것은?

┌─ 보기 ─
ㄱ. A의 에너지원은 석탄과 같은 화석 연료이다.
ㄴ. B에서는 운동 에너지가 전기 에너지로 전환된다.
ㄷ. B는 전자기 유도를 이용해서 전기 에너지를 생산한다.
└──

① ㄱ   ② ㄴ   ③ ㄷ
④ ㄱ, ㄷ   ⑤ ㄴ, ㄷ

4. 전력 수송 과정

(1) **전력** : 단위 시간 동안 생산 또는 사용한 전기 에너지로, 전압과 전류의 곱과 같다.

> 전력=전압×전류, $P=VI$[단위 : W(와트), J/s]

(2) **전력 수송 과정** : 발전소에서 높은 전압으로 송전한 후 소비지 근처에 와서 전압을 낮춘 후 공급한다.

발전소 → 초고압 변전소 → 1차 변전소 → 2차 변전소 → 주상 변압기

(3) **손실 전력** : 송전 과정에서 송전선의 저항에 의해 전기 에너지의 일부가 열에너지로 전환되어 손실되는 전력

> 손실 전력=(전류)²×저항, $P_{손실}=I^2R$

(4) **손실 전력을 줄이는 방법**

① 높은 전압으로 송전한다. ➡ 전압을 n배 높이면, 전류는 $\frac{1}{n}$배가 되어 손실 전력은 $\frac{1}{n^2}$배가 된다.

② 송전선의 저항을 작게 한다. ➡ 저항이 작은 송전선을 사용하거나, 굵기가 굵은 송전선을 사용한다.

5. 변압기 : 1차 코일과 2차 코일의 감은 수를 조절하여 전압을 변화시키는 장치

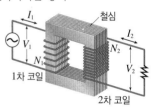

① 에너지 손실이 없을 때 1차 코일과 2차 코일의 전력은 같다.($P_1=P_2$ ➡ $V_1I_1=V_2I_2$)

② 전압은 코일의 감은 수에 비례하고 전류의 세기는 코일의 감은 수에 반비례한다.$\left(\frac{V_1}{V_2}=\frac{I_2}{I_1}=\frac{N_1}{N_2}\right)$

4 그림은 1차 코일에 걸린 전압이 120 V이고, 2차 코일에 걸린 전압은 40 V인 변압기를 나타낸 것이다.

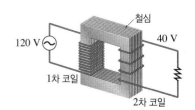

1차 코일과 2차 코일의 감은 수의 비는? (단, 변압기에서의 에너지 손실은 무시한다.)

① 1 : 3 ② 1 : 2 ③ 1 : 1

④ 2 : 1 ⑤ 3 : 1

1. 태양 에너지의 생성

(1) **수소 핵융합 반응** : 태양 중심부에서는 수소 원자핵 4개가 모여 헬륨 원자핵 1개가 되는 과정에서 에너지를 방출한다.

(2) **질량 결손** : 핵반응 후 질량의 합이 핵반응 전 질량의 합보다 줄어드는데, 이때의 질량 차이이다.

➡ 수소 핵융합 반응에서 질량 결손에 해당하는 에너지가 태양 에너지이다.

2. 태양 에너지의 전환과 순환 : 태양 에너지는 지구에서 다른 에너지로 전환되어 여러 가지 에너지 순환을 일으킨다.

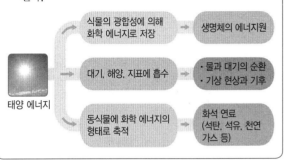

[1~2] 그림은 태양 에너지가 만들어지는 과정을 나타낸 것이다.

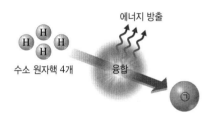

1 반응 과정에서 ㉠에 해당하는 것은?

① 수소 ② 전자 ③ 중성자

④ 중수소 ⑤ 헬륨 원자핵

2 이에 대한 설명으로 옳은 것만을 [보기]에서 있는 대로 고른 것은?

> **보기**
> ㄱ. 수소 핵융합 반응이다.
> ㄴ. 태양 표면에서 일어나는 반응이다.
> ㄷ. 에너지가 발생하는 까닭은 핵반응 과정에서 질량이 감소하기 때문이다.

① ㄱ ② ㄴ ③ ㄱ, ㄷ

④ ㄴ, ㄷ ⑤ ㄱ, ㄴ, ㄷ

03 미래를 위한 에너지(1)

1. 화석 연료
(1) **화석 연료** : 생명체의 유해가 땅속에 묻힌 후 오랫동안 열과 압력을 받아 만들어진 에너지 자원
(2) **화석 연료 사용의 문제점**
① 매장량이 한정되어 있어 언젠가는 고갈될 에너지 자원이다.
② 지구 온난화와 대기 오염 등 환경 문제를 일으킨다.
③ 매장 지역이 편중되어 있어 가격과 공급이 불안정하며 국가 간 갈등의 원인이 된다.

2. 핵발전
(1) **핵발전의 원리** : 우라늄이 핵분열할 때 발생하는 에너지로 물을 끓이고, 이때 발생한 증기로 터빈을 회전시킨다.

❶ 원자로 안에서 우라늄 235의 원자핵에 중성자를 충돌시킴 ➡ 에너지와 함께 2개~3개의 중성자가 방출됨	❷ 중성자가 다른 우라늄 235의 원자핵에 충돌하는 연쇄 반응이 일어남 ➡ 막대한 양의 에너지가 방출됨

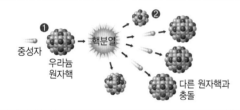

연쇄 반응	우라늄 235가 핵분열할 때 방출하는 2개~3개의 중성자가 다른 우라늄 235의 원자핵에 계속 충돌하여 핵분열이 연쇄적으로 일어나는 반응
감속재	연쇄 반응을 일으키기 위해 중성자의 속도를 느리게 하는 물질
제어봉	연쇄 반응의 속도를 조절하기 위해 중성자를 흡수하여 중성자의 수를 줄이는 장치

(2) **핵발전의 장점과 단점**

장점	• 이산화 탄소를 거의 배출하지 않으므로 화력 발전을 대체할 수 있다. • 연료비가 저렴하고 에너지 효율이 높아 대용량 발전이 가능하다.
단점	• 방사능이 유출될 경우 막대한 피해가 발생한다. • 핵발전 과정에서 발생하는 방사성 폐기물 처리가 어렵다.

1 화석 연료에 대한 설명으로 옳지 <u>않은</u> 것은?
① 앞으로 고갈될 위험이 있다.
② 현재 가장 많이 사용되고 있다.
③ 화석 연료에는 석탄, 석유, 천연가스가 있다.
④ 에너지는 보존되므로 쉽게 재생하여 사용할 수 있다.
⑤ 열기관의 연료로 쓰이며, 현대 문명의 중요한 에너지원이다.

2 그림은 우라늄 원자핵이 핵분열하는 과정을 나타낸 것이다.

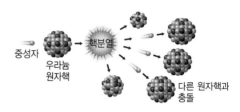

이에 대한 설명으로 옳은 것만을 [보기]에서 있는 대로 고른 것은?

보기
ㄱ. 태양 중심부에서 일어나는 핵반응이다.
ㄴ. 핵분열이 연쇄적으로 일어나게 하려면 감속재를 사용해야 한다.
ㄷ. 연쇄 반응의 속도를 조절하려면 중성자를 방출하는 제어봉을 사용해야 한다.

① ㄴ ② ㄷ ③ ㄱ, ㄴ
④ ㄱ, ㄷ ⑤ ㄴ, ㄷ

3 그림은 핵발전의 구조를 간략하게 나타낸 것이다.

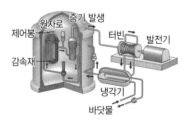

이에 대한 설명으로 옳은 것만을 [보기]에서 있는 대로 고른 것은?

보기
ㄱ. 감속재는 연쇄 반응의 속도를 느리게 하기 위해 사용한다.
ㄴ. 우라늄 연료에서 나오는 에너지를 이용해 물을 끓이고, 이때 발생한 수증기로 터빈을 회전시킨다.
ㄷ. 핵발전은 연료비가 많이 들고 에너지 효율이 낮지만 대용량 발전이 가능하다.

① ㄱ ② ㄴ ③ ㄱ, ㄷ
④ ㄴ, ㄷ ⑤ ㄱ, ㄴ, ㄷ

03 미래를 위한 에너지 (2)

3. 신재생 에너지 : 기존의 화석 연료를 변환시켜 이용하거나 재생 가능한 에너지를 변환시켜 이용하는 에너지

장점	• 화석 연료와 같은 자원 고갈의 염려가 없다. • 지속적인 에너지 공급이 가능하다. • 온실 기체 배출로 인한 환경 오염 문제가 거의 없다.
단점	기존의 에너지원에 비해 초기 투자 비용이 많이 든다.

(1) 태양광 발전 : 태양 전지를 이용하여 태양 에너지를 직접 전기 에너지로 전환한다.

장점	유지와 보수가 간편하다.
단점	• 계절과 기후의 영향을 많이 받는다. • 대규모 발전을 위해서는 설치 면적이 넓어야 한다.

(2) 풍력 발전 : 바람의 운동 에너지를 이용하여 전기 에너지를 생산한다.

장점	• 설비가 비교적 간단하다. • 국토를 효율적으로 이용할 수 있다.
단점	• 발전량을 정확히 예측하기 어렵다. • 새 등과의 충돌, 소음 발생 및 삼림이나 자연 경관을 훼손하기도 한다.

(3) 조력 발전 : 밀물과 썰물 때 해수면의 높이 차이를 이용하여 전기 에너지를 생산한다.

장점	• 대규모 발전이 가능하다. • 기상의 변화에 영향을 받지 않는다.
단점	• 설치 장소가 제한적이고, 건설비가 많이 든다. • 갯벌이 파괴되어 해양 생태계에 혼란을 줄 수 있다.

(4) 파력 발전 : 파도가 칠 때 해수면 변화를 이용하여 전기 에너지를 생산한다.

장점	• 소규모 개발이 가능하다. • 방파제로 활용하는 등 실용성이 크다.
단점	• 기후나 파도에 따라 발전량에 차이가 있다. • 파도에 노출되므로 내구성이 약하다.

(5) 수소 연료 전지 : 수소와 산소의 화학 반응에 의해 전기 에너지를 생산하는 장치

원리	(−)극에서 수소가 산화되어 전자를 내놓는다. ➡ 수소 이온은 전해질을 통해 (+)극으로, 전자는 외부 회로를 통해 (+)극으로 이동하여 전류가 흐른다. ➡ (+)극에서 전자, 산소, 수소 이온이 반응하여 물을 만든다.
장점	• 화학 반응을 통해 전기 에너지를 생산하므로 효율이 높다. • 연소 장치가 없으므로 이산화 탄소를 배출하지 않는다.
단점	• 수소의 저장과 운반이 어렵다. • 연료로 사용되는 수소의 생산 비용이 많이 든다.
이용	가전 기기용 전원, 휴대용 전원, 가정용 예비 전원, 수소 연료 전지 자동차 등

4 그림 (가)는 태양 전지의 원리를, (나)는 연료 전지의 원리를 나타낸 것이다.

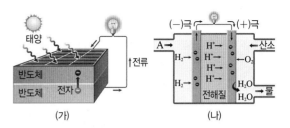

이에 대한 설명으로 옳은 것만을 [보기]에서 있는 대로 고른 것은?

┌─ 보기 ────────────────────────────┐
ㄱ. (가)는 에너지원이 한정되어 있다.
ㄴ. (나)에서 A는 수소 기체이다.
ㄷ. (가)와 (나)는 환경 오염 문제가 거의 없다.
└──────────────────────────────────┘

① ㄱ   ② ㄴ   ③ ㄱ, ㄷ
④ ㄴ, ㄷ   ⑤ ㄱ, ㄴ, ㄷ

5 신재생 에너지에 대한 설명으로 옳은 것은?

① 에너지원이 한정되어 있다.
② 적은 비용으로 사용할 수 있다.
③ 현재 모든 에너지가 실용화되어 있다.
④ 기존의 화석 연료와 핵에너지를 더욱 발전시킨 에너지이다.
⑤ 신재생 에너지의 안정된 공급을 위해서는 꾸준한 기술 개발이 필요하다.

6 재생 에너지를 이용한 발전의 특징에 대한 설명으로 옳지 <u>않은</u> 것은?

① 태양 에너지는 초기 시설 비용이 많이 들고, 발전 단가가 높다.
② 풍력 에너지는 발전 단가가 저렴한 편이지만, 지역적 조건의 영향을 받는다.
③ 지열 에너지는 날씨와 관계없이 이용할 수 있지만, 직접 이용할 수 있는 지역이 한정되어 있다.
④ 바이오 에너지는 폐목재, 쓰레기 등을 태워 사용하므로 화석 연료를 대체할 수 있다.
⑤ 해양 에너지 중에서 조력 발전은 건설비가 적게 들고 많은 양의 전기를 생산할 수 있지만, 갯벌을 파괴한다.

대단원 고난도 문제

• 정답과 해설 95쪽

1 그림은 빅뱅 이후 시간에 따라 입자가 생성되는 과정을 나타낸 것이다.

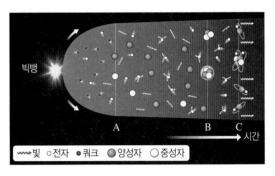

이에 대한 설명으로 옳은 것만을 [보기]에서 있는 대로 고른 것은?

┌ 보기 ┐
ㄱ. A → B → C로 갈수록 우주의 온도가 낮아진다.
ㄴ. 중성자에 대한 양성자의 개수는 A 직후가 B 직전보다 많다.
ㄷ. 현재 관측되는 우주 배경 복사는 C 시기 빛의 파장이 길어진 것이다.
ㄹ. 지구와 생명체의 주요 성분인 산소와 탄소는 C 시기에 대부분 만들어졌다.
└──────┘

① ㄱ, ㄷ   ② ㄴ, ㄹ   ③ ㄷ, ㄹ
④ ㄱ, ㄴ, ㄷ   ⑤ ㄱ, ㄴ, ㄹ

2 그림 (가)와 (나)는 동일한 별이 진화하는 서로 다른 단계에서 별 내부의 핵융합 반응을 나타낸 것이다.

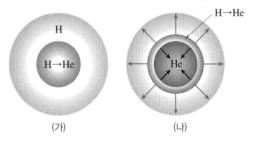

(가)   (나)

이에 대한 설명으로 옳은 것만을 [보기]에서 있는 대로 고른 것은? (단, (가)와 (나)는 별의 상대적인 크기를 고려하지 않은 것이다.)

┌ 보기 ┐
ㄱ. (가) 단계의 별은 팽창과 수축을 반복한다.
ㄴ. 별의 반지름은 (나)가 (가)보다 크다.
ㄷ. 별의 표면 온도는 (나)가 (가)보다 높다.
└──────┘

① ㄱ   ② ㄴ   ③ ㄱ, ㄷ
④ ㄴ, ㄷ   ⑤ ㄱ, ㄴ, ㄷ

3 그림은 주기율표의 일부를 나타낸 것이다.

주기＼족	1	2	15	16	17	18
1	A					
2				B		
3	C					D

이에 대한 설명으로 옳은 것만을 [보기]에서 있는 대로 고른 것은? (단, A~D는 임의의 원소 기호이다.)

┌ 보기 ┐
ㄱ. 비금속 원소는 두 가지이다.
ㄴ. 원자가 전자 수가 같은 원소는 A와 C이다.
ㄷ. C와 D는 격렬하게 반응하여 화학식이 C_2D인 화합물을 생성한다.
└──────┘

① ㄱ   ② ㄴ   ③ ㄱ, ㄷ
④ ㄴ, ㄷ   ⑤ ㄱ, ㄴ, ㄷ

4 그림은 원자 A, B와 이온 C^+, D^-의 전자 배치를 모형으로 나타낸 것이다.

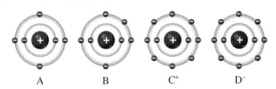

A   B C^+ D^-

이에 대한 설명으로 옳은 것만을 [보기]에서 있는 대로 고른 것은? (단, A~D는 임의의 원소 기호이다.)

┌ 보기 ┐
ㄱ. B와 C는 같은 주기 원소이다.
ㄴ. A와 D로 이루어진 화합물의 화학식은 AD이다.
ㄷ. 화합물 CD는 액체 상태에서 전기 전도성이 있다.
└──────┘

① ㄱ   ② ㄴ   ③ ㄷ
④ ㄱ, ㄴ   ⑤ ㄴ, ㄷ

5 그림은 휘석과 흑운모의 결정과 이 두 광물의 규산염 사면체 결합 구조를 순서 없이 나타낸 것이다.

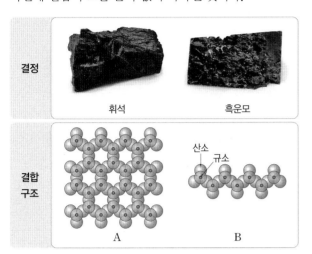

이에 대한 설명으로 옳은 것만을 [보기]에서 있는 대로 고른 것은?

보기
ㄱ. 휘석의 결합 구조는 B이다.
ㄴ. A가 B보다 풍화 작용에 강하다.
ㄷ. 휘석과 흑운모는 모두 잘 쪼개지는 성질이 있다.

① ㄱ   ② ㄴ   ③ ㄱ, ㄷ
④ ㄴ, ㄷ   ⑤ ㄱ, ㄴ, ㄷ

6 그림은 생명체를 구성하는 몇 가지 물질들을 구분하는 과정을 나타낸 것이다.

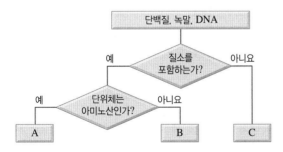

이에 대한 설명으로 옳은 것만을 [보기]에서 있는 대로 고른 것은?

보기
ㄱ. A는 단위체의 결합 순서에 유전 정보를 저장하고 있다.
ㄴ. B는 이중 나선 구조로 되어 있다.
ㄷ. C는 여러 분자의 포도당이 결합한 것이다.

① ㄱ   ② ㄷ   ③ ㄱ, ㄴ
④ ㄴ, ㄷ   ⑤ ㄱ, ㄴ, ㄷ

7 그림은 어떤 핵산의 구조 중 일부를 나타낸 것이다.

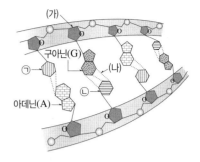

이에 대한 설명으로 옳은 것만을 [보기]에서 있는 대로 고른 것은?

보기
ㄱ. (가)는 디옥시리보스이다.
ㄴ. (나)는 펩타이드 결합이다.
ㄷ. ㉠은 유라실(U)이고, ㉡은 사이토신(C)이다.

① ㄱ   ② ㄴ   ③ ㄷ
④ ㄱ, ㄴ   ⑤ ㄴ, ㄷ

8 그림 (가)와 같이 신소재 A가 담긴 그릇에 액체 질소를 부어 온도가 T가 되었을 때, 자석의 아랫면이 N극이 되도록 A 위에 가만히 놓았더니 자석이 A 위에 떠 있었다. 그림 (나)는 A의 전기 저항을 온도에 따라 나타낸 것이다.

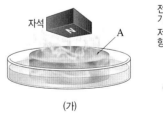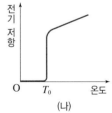

이에 대한 설명으로 옳은 것만을 [보기]에서 있는 대로 고른 것은?

보기
ㄱ. $T \leq T_0$이다.
ㄴ. (가)에서 자석의 아랫면을 S극이 되도록 A 위에 놓으면 자석은 A로 떨어진다.
ㄷ. A는 자기 공명 영상(MRI) 장치에 이용된다.

① ㄱ   ② ㄴ   ③ ㄱ, ㄷ
④ ㄴ, ㄷ   ⑤ ㄱ, ㄴ, ㄷ

1 그림과 같이 물체 A가 자유 낙하를 시작할 때 같은 높이에 있는 물체 B를 수평 방향으로 물체 A를 향해 5 m/s의 속도로 던졌더니 5초 후에 충돌하였다. 물체 A와 B의 질량은 1 kg으로 같고, 처음 A와 B는 x만큼 떨어져 있었다.

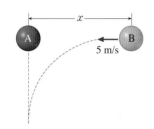

두 물체의 운동에 대한 설명으로 옳은 것만을 [보기]에서 있는 대로 고른 것은? (단, 중력 가속도는 10 m/s²이고, 공기 저항은 무시한다.)

┌─ 보기 ─────────────────────────────┐
ㄱ. 처음에 두 물체가 떨어진 거리 x는 25 m이다.
ㄴ. 두 물체가 충돌할 때 물체 A의 속도는 50 m/s이다.
ㄷ. 충돌할 때까지 물체 B에 작용하는 힘의 크기는 일정하다.
└────────────────────────────────────┘

① ㄱ   ② ㄴ   ③ ㄱ, ㄷ
④ ㄴ, ㄷ   ⑤ ㄱ, ㄴ, ㄷ

2 그림과 같이 직선상에서 질량이 각각 m, $2m$인 물체 A, B가 운동량이 각각 $4p_0$, $3p_0$으로 운동하고 있다. A, B는 충돌 후 운동량이 각각 $2p_0$, $5p_0$이 되었다.

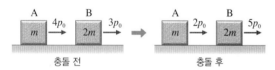

이에 대한 설명으로 옳은 것만을 [보기]에서 있는 대로 고른 것은?

┌─ 보기 ─────────────────────────────┐
ㄱ. A가 받은 충격량의 크기는 B가 받은 충격량의 크기와 같다.
ㄴ. A가 B로부터 받은 힘의 방향은 충돌 후 A의 운동량의 방향과 같다.
ㄷ. A의 속도 변화량의 크기는 B의 속도 변화량의 크기의 2배이다.
└────────────────────────────────────┘

① ㄱ   ② ㄴ   ③ ㄱ, ㄷ
④ ㄴ, ㄷ   ⑤ ㄱ, ㄴ, ㄷ

3 그림은 지구 시스템에서 자기장과 오존층이 형성된 과정을 나타낸 것이다.

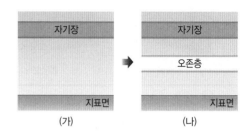

이에 대한 설명으로 옳은 것만을 [보기]에서 있는 대로 고른 것은?

┌─ 보기 ─────────────────────────────┐
ㄱ. (가) 시기에는 태양 복사의 자외선이 차단되었다.
ㄴ. 생물권은 (나) 시기 이후에 형성되었다.
ㄷ. 기권의 연직 구조는 (가) 시기보다 (나) 시기에 더 복잡해졌다.
└────────────────────────────────────┘

① ㄱ   ② ㄷ   ③ ㄱ, ㄴ
④ ㄴ, ㄷ   ⑤ ㄱ, ㄴ, ㄷ

4 그림은 지구 시스템 구성 요소의 상호 작용을, 표는 하천수와 해수의 용존 물질 농도를 나타낸 것이다.

(단위 : ppm)

용존 물질	하천수	해수
탄산수소 이온(HCO_3^-)	58.4	140
칼슘 이온(Ca^{2+})	15.0	400
염화 이온(Cl^-)	7.8	19200
기타	38.8	15260
합계	120.0	35000

이에 대한 설명으로 옳은 것만을 [보기]에서 있는 대로 고른 것은?

┌─ 보기 ─────────────────────────────┐
ㄱ. 용존 물질 중 칼슘 이온(Ca^{2+})의 비율은 하천수보다 해수에서 더 낮다.
ㄴ. 해수에서 탄산수소 이온(HCO_3^-)의 비율이 낮은 까닭은 주로 A 때문이다.
ㄷ. 해저 화산의 폭발로 해수에 염화 이온(Cl^-)이 공급되는 것은 D에 해당한다.
└────────────────────────────────────┘

① ㄱ   ② ㄴ   ③ ㄱ, ㄷ
④ ㄴ, ㄷ   ⑤ ㄱ, ㄴ, ㄷ

5 그림은 북아메리카 대륙의 서해안 지역에 발달한 해령, 해구, 변환 단층의 분포를 나타낸 것이다.

A~D 지역에 대한 설명으로 옳은 것만을 [보기]에서 있는 대로 고른 것은?

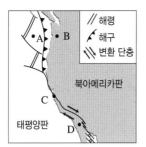

┌─ 보기 ─────────────────────────
ㄱ. 지각의 두께가 가장 얇은 곳은 A이다.
ㄴ. 천발 지진은 B와 C에서 모두 발생한다.
ㄷ. D는 북아메리카판에 해당한다.
└────────────────────────────────

① ㄱ   ② ㄷ   ③ ㄱ, ㄴ
④ ㄴ, ㄷ   ⑤ ㄱ, ㄴ, ㄷ

6 철수는 세포막을 통한 물질의 이동을 알아보기 위해 다음과 같이 실험하였다.

┌────────────────────────────────
(가) 달걀 속껍질로 만든 2개의 주머니에 각각 5 % 설탕물을 넣고 주머니를 묶는다.
(나) 주머니를 증류수가 들어 있는 비커와 20 % 설탕물이 들어 있는 비커에 각각 넣는다.
(다) 일정 시간이 지난 후 주머니의 모양을 관찰하였더니 그림과 같았다.

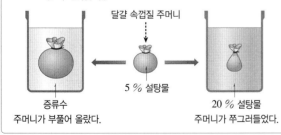
└────────────────────────────────

이 실험 결과와 같은 원리로 일어난 현상을 [보기]에서 있는 대로 고른 것은?

┌─ 보기 ─────────────────────────
ㄱ. 식물의 뿌리가 토양 속의 물을 흡수한다.
ㄴ. 적혈구를 증류수에 넣으면 적혈구가 터진다.
ㄷ. 배추에 소금을 뿌리면 배추가 숨이 죽으며 부드러워진다.
└────────────────────────────────

① ㄱ   ② ㄷ   ③ ㄱ, ㄴ
④ ㄴ, ㄷ   ⑤ ㄱ, ㄴ, ㄷ

7 그림 (가)는 어떤 효소의 작용 과정을, (나)는 효소의 양이 일정할 때 반응물의 농도에 따른 효소의 초기 반응 속도를 나타낸 것이다.

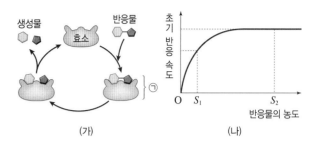

이에 대한 설명으로 옳은 것만을 [보기]에서 있는 대로 고른 것은?

┌─ 보기 ─────────────────────────
ㄱ. (가)에서 생성물과 분리된 효소는 같은 종류의 새로운 반응물과 결합할 수 있다.
ㄴ. (나)에서 반응물의 농도가 S_1일 때보다 S_2일 때 ㉠의 생성 속도가 빠르다.
ㄷ. (나)에서 반응물의 농도가 S_1일 때보다 S_2일 때 효소 반응의 활성화 에너지가 낮다.
└────────────────────────────────

① ㄱ   ② ㄷ   ③ ㄱ, ㄴ
④ ㄴ, ㄷ   ⑤ ㄱ, ㄴ, ㄷ

8 표는 어떤 DNA의 이중 나선을 분리하여 얻은 두 가닥과 그 DNA로부터 전사된 RNA의 염기 조성 비율(%)을 나타낸 것이다.

구분	아데닌 (A)	구아닌 (G)	사이토신(C)	타이민 (T)	유라실 (U)	계
(가)	20	35	20	25	0	100
(나)	20	35	20	0	25	100
(다)	25	20	35	20	0	100

이에 대한 설명으로 옳은 것만을 [보기]에서 있는 대로 고른 것은?

┌─ 보기 ─────────────────────────
ㄱ. (가)와 (나)는 DNA 이중 나선을 이룬다.
ㄴ. (가)와 (다)는 염기 서열이 같다.
ㄷ. (다)는 RNA로 전사된 DNA 가닥이다.
└────────────────────────────────

① ㄱ   ② ㄴ   ③ ㄷ
④ ㄱ, ㄴ   ⑤ ㄴ, ㄷ

• 정답과 해설 96쪽

1 그림 (가)는 충분한 양의 A^{2+}이 들어 있는 수용액에 금속 B를 넣었을 때 금속 A가 석출된 모습을, (나)는 (가) 반응이 일어날 때 시간에 따른 수용액 속 양이온 수를 나타낸 것이다.

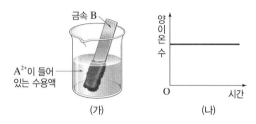

(가) (나)

이에 대한 설명으로 옳은 것만을 [보기]에서 있는 대로 고른 것은? (단, A와 B는 임의의 원소 기호이다.)

┌─ 보기 ─
ㄱ. A^{2+}은 전자를 얻는다.
ㄴ. B는 산화된다.
ㄷ. B 원자 1개가 반응할 때 이동하는 전자는 2개이다.
└─

① ㄱ　　　　② ㄴ　　　　③ ㄱ, ㄷ
④ ㄴ, ㄷ　　　⑤ ㄱ, ㄴ, ㄷ

2 그림은 같은 온도의 수용액 (가)와 (나)가 반응하여 수용액 (다)로 완전히 중화되는 모습을 이온 모형으로 나타낸 것이다.

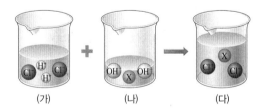

(가) (나) (다)

이에 대한 설명으로 옳은 것만을 [보기]에서 있는 대로 고른 것은? (단, X는 임의의 이온이고, X의 전하는 나타내지 않았다.)

┌─ 보기 ─
ㄱ. X의 전하는 H^+의 전하보다 크다.
ㄴ. 용액의 pH는 (가)가 가장 작다.
ㄷ. 용액의 최고 온도는 (나)가 (다)보다 높다.
└─

① ㄱ　　　　② ㄷ　　　　③ ㄱ, ㄴ
④ ㄴ, ㄷ　　　⑤ ㄱ, ㄴ, ㄷ

3 그림은 수산화 나트륨(NaOH) 수용액 20 mL에 묽은 염산(HCl)을 조금씩 넣을 때 용액에 존재하는 두 가지 이온 A와 B의 수를 나타낸 것이다.

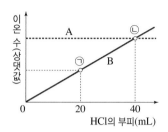

이에 대한 설명으로 옳은 것만을 [보기]에서 있는 대로 고른 것은? (단, 혼합 전 두 수용액의 온도는 같다.)

┌─ 보기 ─
ㄱ. A는 Na^+이고, B는 Cl^-이다.
ㄴ. ⓛ에서 용액의 액성은 산성이다.
ㄷ. 용액의 최고 온도는 ⓒ이 ⓛ보다 높다.
└─

① ㄱ　　　　② ㄴ　　　　③ ㄱ, ㄷ
④ ㄴ, ㄷ　　　⑤ ㄱ, ㄴ, ㄷ

4 그림은 선캄브리아 시대 이후 해양 무척추동물과 육상 식물의 과의 수 변화를 나타낸 것이다.

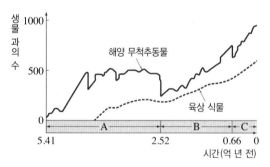

이에 대한 설명으로 옳은 것만을 [보기]에서 있는 대로 고른 것은?

┌─ 보기 ─
ㄱ. 육상 식물이 해양 무척추동물보다 먼저 출현하였다.
ㄴ. 해양 무척추동물의 과의 수는 A 시대 말기보다 B 시대 말기에 많았다.
ㄷ. C 시대에는 바다에서 화폐석이 번성하였다.
└─

① ㄱ　　　　② ㄷ　　　　③ ㄱ, ㄴ
④ ㄴ, ㄷ　　　⑤ ㄱ, ㄴ, ㄷ

5 다음은 어떤 핀치 집단의 부리 크기 변화에 대한 자료이다.

- 가뭄 전에는 핀치가 먹기 좋은 작고 연한 씨앗이 풍부하였다.
- 가뭄이 일어났을 때 씨앗의 수는 감소하였고, 작고 연한 씨앗보다 크고 딱딱한 씨앗이 많았다.
- 작은 부리를 가진 핀치는 크고 딱딱한 씨앗을 먹지 못해 가뭄에 살아남기 어려웠다.
- 그림은 가뭄 전과 가뭄 후 핀치의 부리 크기에 따른 개체 수를 나타낸 것이다.

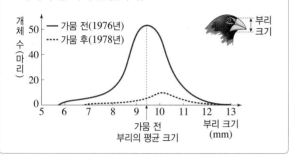

이 핀치 집단에 대한 설명으로 옳은 것만을 [보기]에서 있는 대로 고른 것은?

┌─ 보기 ─────────────────────────┐
ㄱ. 가뭄 전에 부리 크기의 변이가 있었다.
ㄴ. 가뭄 전보다 가뭄 후에 부리의 평균 크기가 커졌다.
ㄷ. 가뭄이 일어났을 때는 개체들 사이에서 생존 경쟁이 일어나지 않았다.
└────────────────────────────────┘

① ㄱ 　　　② ㄷ 　　　③ ㄱ, ㄴ
④ ㄴ, ㄷ 　　⑤ ㄱ, ㄴ, ㄷ

6 그림은 어떤 식물종의 개체군 크기에 따른 유전자 변이의 수를 나타낸 것이다. 이에 대한 설명으로 옳은 것만을 [보기]에서 있는 대로 고른 것은?

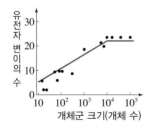

┌─ 보기 ─────────────────────────┐
ㄱ. 유전자 변이는 동물종에서만 나타난다.
ㄴ. 생물 다양성 중 유전적 다양성에 해당한다.
ㄷ. 개체군의 크기가 10^3보다 10^5일 때 환경 변화에 대한 적응력이 낮다.
└────────────────────────────────┘

① ㄱ 　　　② ㄴ 　　　③ ㄷ
④ ㄱ, ㄴ 　　⑤ ㄱ, ㄴ, ㄷ

7 그림은 생물 다양성의 세 가지 의미 중 하나를 나타낸 것이고, 표는 동일한 면적의 서로 다른 지역 ㉠과 ㉡에서 식물 종 A~F의 개체 수를 조사한 것이다.

(단위 : 개)

지역＼식물종	A	B	C	D	E	F
㉠	50	30	28	33	51	60
㉡	110	29	7	0	30	0

이에 대한 설명으로 옳은 것만을 [보기]에서 있는 대로 고른 것은?

┌─ 보기 ─────────────────────────┐
ㄱ. 식물의 종 다양성은 ㉠ 지역이 ㉡ 지역보다 높다.
ㄴ. ㉠ 지역과 ㉡ 지역에 서식하는 식물종 수는 같다.
ㄷ. 그림은 종 다양성을 나타낸 것으로, 그 예로는 앵무의 깃털 색이 다양한 것을 들 수 있다.
└────────────────────────────────┘

① ㄱ 　　　② ㄴ 　　　③ ㄷ
④ ㄱ, ㄴ 　　⑤ ㄱ, ㄴ, ㄷ

8 다음은 오리를 이용하여 벼농사를 짓는 오리 농법을 설명한 것이다.

(가) 모내기가 끝난 논에 오리를 풀어 놓는다.
(나) 오리는 논을 돌아다니며 해충과 잡초를 먹는다.
(다) 오리가 배설물을 논에 배출함으로써 화학 비료의 사용을 줄일 수 있다.

오리 농법과 생물 다양성 보전에 대한 설명으로 옳지 <u>않은</u> 것은?

① 오리로 인해 벼의 서식지가 분리된다.
② 오리 농법은 생물 다양성 보전에 도움을 준다.
③ 오리가 해충과 잡초를 먹기 때문에 농약은 거의 사용하지 않아도 된다.
④ 오리 배설물은 화학 비료를 사용하지 않아도 벼가 잘 자랄 수 있게 한다.
⑤ 오리 농법은 화학 비료를 사용하였을 때보다 논의 먹이 관계를 복잡하게 한다.

1 그림은 생태계를 구성하는 요소 사이의 관계를 나타낸 것이다.

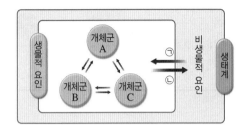

이에 대한 설명으로 옳은 것만을 [보기]에서 있는 대로 고른 것은?

─● 보기 ●─
ㄱ. 개체군 A는 같은 종의 개체로 구성된다.
ㄴ. 수온이 오징어가 사는 위치에 영향을 주는 것은 ㉠에 해당한다.
ㄷ. 강수량 감소에 의해 벼 생장이 저해되는 것은 ㉡에 해당한다.

① ㄱ ② ㄷ ③ ㄱ, ㄴ
④ ㄴ, ㄷ ⑤ ㄱ, ㄴ, ㄷ

2 그림은 어떤 생태계에서 A~D의 에너지양을 상댓값으로 나타낸 에너지 피라미드이다.

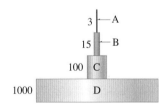

이에 대한 설명으로 옳은 것만을 [보기]에서 있는 대로 고른 것은?(단, A~D는 각각 생산자, 1차 소비자, 2차 소비자, 3차 소비자 중 하나이며, 2차 소비자의 에너지 효율은 15 %이다. 에너지 효율은 $\dfrac{\text{현 영양 단계의 에너지양}}{\text{전 영양 단계의 에너지양}}$ ×100으로 나타낸다.)

─● 보기 ●─
ㄱ. B는 2차 소비자이다.
ㄴ. 에너지 효율은 A가 C의 3배이다.
ㄷ. 상위 영양 단계로 갈수록 에너지양은 증가한다.

① ㄱ ② ㄷ ③ ㄱ, ㄴ
④ ㄱ, ㄷ ⑤ ㄴ, ㄷ

3 그림은 1951년~1980년의 기온 평균을 기준값으로 하여 2016년 2월의 기온 편차(관측값－기준값)를 나타낸 것이다.

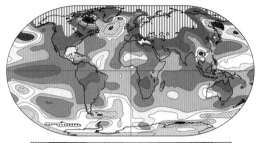

이에 대한 설명으로 옳은 것만을 [보기]에서 있는 대로 고른 것은?

─● 보기 ●─
ㄱ. 지구 온난화의 영향은 북반구가 남반구보다 컸다.
ㄴ. 지구 온난화로 인해 지구의 모든 지역에서 기온이 상승하였다.
ㄷ. 최근 북태평양에서 발생한 태풍의 평균 강도는 1950년대보다 강해졌을 것이다.

① ㄱ ② ㄴ ③ ㄱ, ㄷ
④ ㄴ, ㄷ ⑤ ㄱ, ㄴ, ㄷ

4 그림은 전동기가 연결된 태양 전지에 빛을 비추었을 때 전동기가 작동하는 모습을 나타낸 것이다. 태양 전지가 태양으로부터 500 J의 빛에너지를 받았을 때 전동기는 40 J의 운동 에너지를 방출하였다. 전동기의 에너지 효율은 20 %이다.

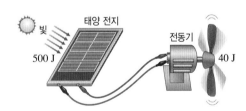

이에 대한 설명으로 옳은 것만을 [보기]에서 있는 대로 고른 것은? (단, 도선에서의 에너지 손실은 무시한다.)

─● 보기 ●─
ㄱ. 태양 전지의 효율은 40 %이다.
ㄴ. 태양 전지에서는 빛에너지가 전기 에너지로 전환된다.
ㄷ. 전동기에서는 운동 에너지가 전기 에너지로 전환된다.

① ㄱ ② ㄴ ③ ㄷ
④ ㄱ, ㄴ ⑤ ㄱ, ㄴ, ㄷ

5 그림 (가)는 수력 발전소의 구조를, (나)는 발전기의 구조를 간략하게 나타낸 것이다.

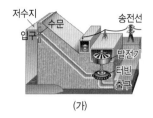

(가)   (나)

이에 대한 설명으로 옳은 것만을 [보기]에서 있는 대로 고른 것은?

> **보기**
> ㄱ. (가)에서 열에너지가 운동 에너지로 전환되는 과정이 있다.
> ㄴ. (나)에서 운동 에너지가 전기 에너지로 전환된다.
> ㄷ. (나)에서 자석의 세기가 센 자석일수록 유도 전류가 많이 흐른다.

① ㄱ   ② ㄴ   ③ ㄷ
④ ㄱ, ㄷ   ⑤ ㄴ, ㄷ

6 그림 (가)는 풍력 발전에 의해 생산된 전력을 변전소에서 송전선 A, B를 통해 송전하는 것을 나타낸 것이다. A, B의 저항값은 각각 $2r$, r이다. (나)는 송전 전력이 P일 때 A, B에 흐르는 전류의 세기 I_A, I_B와 송전 전압을 각각 나타낸 것이다.

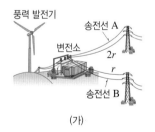
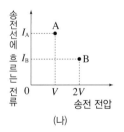

(가)   (나)

이에 대한 설명으로 옳은 것만을 [보기]에서 있는 대로 고른 것은?

> **보기**
> ㄱ. 풍력 발전기에서는 전자기 유도를 이용하여 전기 에너지를 생산한다.
> ㄴ. 송전선 A에서의 손실 전력은 B의 8배이다.
> ㄷ. A를 통해 송전하는 전력이 일정할 때, 송전 전압을 증가시키면 손실 전력은 증가한다.

① ㄱ   ② ㄴ   ③ ㄷ
④ ㄱ, ㄴ   ⑤ ㄱ, ㄴ, ㄷ

7 그림 (가)는 위도별 태양 복사 에너지 흡수량과 지구 복사 에너지 방출량을, (나)는 탄소 순환 과정의 일부를 나타낸 것이다.

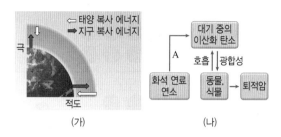

(가)   (나)

이에 대한 설명으로 옳은 것만을 [보기]에서 있는 대로 고른 것은?

> **보기**
> ㄱ. (가)에서 위도에 따른 에너지 불균형은 대기와 해수의 순환에 의해 해소된다.
> ㄴ. (나)에서 A 과정이 활발할수록 대기 중의 탄소가 증가한다.
> ㄷ. (나)에서 탄소는 순환 과정에서 여러 가지 형태로 존재한다.

① ㄱ   ② ㄴ   ③ ㄷ
④ ㄱ, ㄷ   ⑤ ㄱ, ㄴ, ㄷ

8 그림 (가)~(다)는 여러 가지 발전 방식을 나타낸 것이다.

(가) 태양광 발전   (나) 조력 발전   (다) 화력 발전

이에 대한 설명으로 옳은 것만을 [보기]에서 있는 대로 고른 것은?

> **보기**
> ㄱ. (가)에서는 재생 가능한 에너지를 이용한다.
> ㄴ. (나)는 밀물과 썰물 때 해수면의 높이 차이를 이용한다.
> ㄷ. (가), (나), (다)는 모두 발전 과정에서 환경 오염 물질이 거의 배출되지 않는다.

① ㄱ   ② ㄴ   ③ ㄷ
④ ㄱ, ㄴ   ⑤ ㄱ, ㄴ, ㄷ

1 그림은 초기 우주에서 헬륨 원자핵이 생성되는 과정을 나타낸 것이다.

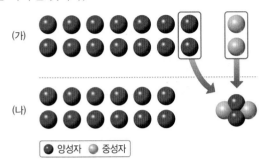

○ 양성자 ○ 중성자

이에 대한 설명으로 옳은 것은?

① (가)에서 양성자와 중성자의 개수비는 약 12 : 1이다.
② (나)에서 수소 원자핵과 헬륨 원자핵의 개수비는 약 7 : 1이다.
③ 헬륨 원자핵 1개의 질량은 수소 원자핵 1개의 약 2배이다.
④ (나)에서 수소와 헬륨의 질량비는 약 3 : 1이다.
⑤ (가) → (나)의 변화는 빅뱅 후 약 38만 년일 때 일어났다.

2 그림 (가)와 (나)는 질량이 다른 두 주계열성의 진화과정을 나타낸 것이다.

이에 대한 설명으로 옳은 것만을 [보기]에서 있는 대로 고른 것은?

┌─ 보기 ─────────────────────────
ㄱ. 주계열성의 질량은 (가)가 (나)보다 크다.
ㄴ. A는 중심부의 중력 수축에 의해 형성된 백색 왜성이다.
ㄷ. 단위 시간당 방출되는 복사 에너지의 양은 B가 주계열성보다 많다.
ㄹ. 주계열성의 질량이 (가)와 (나) 사이에 해당하는 별은 최종 단계에서 블랙홀이 된다.
└──────────────────────────────

① ㄱ, ㄴ   ② ㄱ, ㄷ   ③ ㄴ, ㄷ
④ ㄴ, ㄹ   ⑤ ㄷ, ㄹ

3 그림은 어떤 별의 내부 구조를 나타낸 것이다.

이에 대한 설명으로 옳은 것은?

① 주계열성의 내부 구조이다.
② 중심으로 갈수록 온도가 낮다.
③ 중심으로 갈수록 무거운 원소가 생성된다.
④ 질량이 태양과 비슷한 별의 진화 과정에서 나타난다.
⑤ 중심부 온도가 올라가면 철 핵융합 반응이 일어난다.

4 다음은 지구 형성 과정의 일부를 나타낸 것이다.

| (가) 마그마 바다 형성 | → | (나) 맨틀과 핵의 형성 | → | (다) 원시 지각 형성 | → | (라) 최초의 생명체 출현 |

이에 대한 설명으로 옳은 것만을 [보기]에서 있는 대로 고른 것은?

┌─ 보기 ─────────────────────────
ㄱ. (가) → (나) 과정에서 지구 중심부의 밀도가 증가하였다.
ㄴ. (나) → (다) 과정에서 지표의 온도가 하강하였다.
ㄷ. (라)는 육지에서 일어났다.
└──────────────────────────────

① ㄱ   ② ㄷ   ③ ㄱ, ㄴ
④ ㄴ, ㄷ   ⑤ ㄱ, ㄴ, ㄷ

5 그림은 주기율표의 일부를 나타낸 것이다.

주기\족	1	2	13	14	15	16	17	18
2							A	
3	B				C	D	E	

이에 대한 설명으로 옳은 것만을 [보기]에서 있는 대로 고른 것은? (단, A~E는 임의의 원소 기호이다.)

┌─ 보기 ─────────────────────────
ㄱ. 금속 원소는 네 가지이다.
ㄴ. A와 B가 결합한 화합물은 액체 상태에서 전기 전도성이 있다.
ㄷ. B와 D가 결합한 화합물의 화학식은 BD_2이다.
└──────────────────────────────

① ㄱ   ② ㄴ   ③ ㄱ, ㄷ
④ ㄴ, ㄷ   ⑤ ㄱ, ㄴ, ㄷ

6 그림은 원자 A와 B의 전 자 배치를 모형으로 나타낸 것이다.

이에 대한 설명으로 옳은 것 만을 [보기]에서 있는 대로 고른 것은?(단, A와 B는 임 의의 원소 기호이다.)

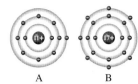

A   B

▶ 보기 ◀
ㄱ. 원자가 전자 수는 B가 A의 7배이다.
ㄴ. A와 B는 전자쌍 1개를 공유하여 결합을 형성한다.
ㄷ. A와 B가 결합한 화합물은 입자 사이의 강한 정전 기적 인력 때문에 녹는점이 비교적 높다.

① ㄱ   ② ㄴ   ③ ㄱ, ㄷ
④ ㄴ, ㄷ   ⑤ ㄱ, ㄴ, ㄷ

7 다음은 몇 가지 물질을 화학식으로 나타낸 것이다.

NH₃   CO₂   CaCl₂   O₂   MgO

이에 대한 설명으로 옳지 <u>않은</u> 것은?

① 2중 결합이 있는 물질은 두 가지이다.
② 실온에서 고체 상태인 물질은 두 가지이다.
③ 공유 결합으로 이루어진 물질은 네 가지이다.
④ 고체 상태에서는 모두 전기 전도성이 없다.
⑤ 액체 상태에서 전기가 통하는 물질은 두 가지이다.

8 그림은 고체 상태의 염화 나트륨(NaCl)을 액체 상태 (가)와 수용액 상태 (나)로 만드는 모습을 나타낸 것이다.

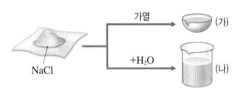

이에 대한 설명으로 옳은 것만을 [보기]에서 있는 대로 고른 것은?

▶ 보기 ◀
ㄱ. (가)에는 나트륨 이온이 존재한다.
ㄴ. (나)에서 나트륨 이온과 염화 이온은 각각 물 분자 에 둘러싸여 있다.
ㄷ. (가)와 (나)는 모두 전기 전도성이 있다.

① ㄱ   ② ㄴ   ③ ㄱ, ㄷ
④ ㄴ, ㄷ   ⑤ ㄱ, ㄴ, ㄷ

9 그림은 두 가지 물질 AB와 B₂의 화학 결합 모형을 나타낸 것이다.

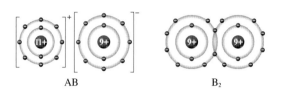

AB   B₂

이에 대한 설명으로 옳은 것만을 [보기]에서 있는 대로 고른 것은? (단, A와 B는 임의의 원소 기호이다.)

▶ 보기 ◀
ㄱ. A와 B는 같은 주기 원소이다.
ㄴ. AB는 공유 결합 물질이고, B₂는 이온 결합 물질이다.
ㄷ. AB와 B₂를 구성하는 입자는 모두 네온과 같은 전자 배치를 이룬다.

① ㄱ   ② ㄷ   ③ ㄱ, ㄴ
④ ㄴ, ㄷ   ⑤ ㄱ, ㄴ, ㄷ

10 표는 지각을 구성하는 주요 원소들의 질량비를 나 타낸 것이다.

원소	비율(%)	원소	비율(%)
A	46.6	나트륨	2.8
B	27.7	칼륨	2.6
알루미늄	8.1	마그네슘	2.1
철	5.0	수소	0.87
칼슘	3.6	타이타늄	0.58

이에 대한 설명으로 옳은 것만을 [보기]에서 있는 대로 고른 것은?

▶ 보기 ◀
ㄱ. 질량비가 1 % 이상인 원소는 8종이다.
ㄴ. A는 사람의 몸에도 가장 많은 원소이다.
ㄷ. B는 최대 4개의 원자와 결합을 할 수 있다.

① ㄱ   ② ㄴ   ③ ㄱ, ㄷ
④ ㄴ, ㄷ   ⑤ ㄱ, ㄴ, ㄷ

11 그림은 어느 원자의 전자 배치를 나타낸 것이다.
이에 대한 설명으로 옳은 것만을 [보기]에서 있는 대로 고른 것은?

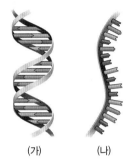

• 보기 •
ㄱ. 생명체에 가장 많은 원소이다.
ㄴ. 수소나 산소와 결합하는 경우가 있다.
ㄷ. 이 원자들 사이에서 2중 결합은 생기지 않는다.

① ㄱ   ② ㄴ   ③ ㄱ, ㄷ
④ ㄴ, ㄷ   ⑤ ㄱ, ㄴ, ㄷ

12 그림 (가)와 (나)는 생명체를 구성하는 녹말과 단백질의 구조를 순서 없이 나타낸 것이다.

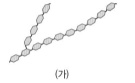

(가)   (나)

이에 대한 설명으로 옳은 것만을 [보기]에서 있는 대로 고른 것은?

• 보기 •
ㄱ. (가)의 구성 원소에는 탄소와 산소가 있다.
ㄴ. (나)의 단위체에는 아미노기와 카복실기가 있다.
ㄷ. (가)는 (나)보다 종류가 많아 생명체에서 다양한 기능을 한다.

① ㄱ   ② ㄷ   ③ ㄱ, ㄴ
④ ㄴ, ㄷ   ⑤ ㄱ, ㄴ, ㄷ

13 그림은 DNA, RNA, 단백질을 구분하는 과정이다.

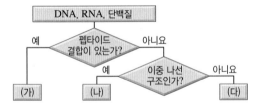

(가)~(다)에 해당하는 물질을 옳게 짝 지은 것은?

	(가)	(나)	(다)
①	DNA	RNA	단백질
②	DNA	단백질	RNA
③	단백질	RNA	DNA
④	단백질	DNA	RNA
⑤	RNA	DNA	단백질

14 그림은 두 종류의 핵산을 나타낸 것이다.

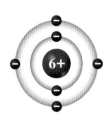

(가)   (나)

이에 대한 설명으로 옳은 것만을 [보기]에서 있는 대로 고른 것은?

• 보기 •
ㄱ. (가)에서 염기 비율은 A+G : T+C=1 : 1이다.
ㄴ. (나)에서 인산, 당, 염기의 비율은 1 : 1 : 4이다.
ㄷ. (나)에서 당 – 인산 결합에 유전 정보가 저장된다.

① ㄱ   ② ㄷ   ③ ㄱ, ㄴ
④ ㄱ, ㄷ   ⑤ ㄴ, ㄷ

15 그림은 생명체의 구성 물질 중 DNA의 일부 구조를 나타낸 것이다.

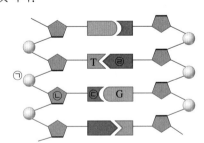

이에 대한 설명으로 옳은 것만을 [보기]에서 있는 대로 고른 것은?

• 보기 •
ㄱ. ㉠은 인산, ㉡은 리보스이다.
ㄴ. ㉢은 구아닌(G)과 수소 결합으로 연결된다.
ㄷ. ㉣은 RNA에서도 발견된다.

① ㄱ   ② ㄴ   ③ ㄱ, ㄷ
④ ㄴ, ㄷ   ⑤ ㄱ, ㄴ, ㄷ

16 다음 (가)~(다)는 신소재에 대한 설명이다.

> (가) 특정 온도 이하에서 전기 저항이 0이 되는 현상이 나타나는 물질로, 센 전류를 흐르게 하여 강한 자기장을 만들 수 있어 자기 공명 영상(MRI) 장치에 이용한다.
>
> (나) 고체와 액체의 성질을 함께 띠는 물질로, 전압에 따라 분자의 배열을 조절하여 화면 표시 장치에 이용한다.
>
> (다) 그래핀이 나선형으로 말려 있는 구조를 이루며, 열 전도성과 전기 전도성이 뛰어나다.

(가)~(다)의 신소재에 해당하는 것을 옳게 짝 지은 것은?

	(가)	(나)	(다)
①	액정	초전도체	탄소 나노 튜브
②	반도체	액정	풀러렌
③	반도체	액정	탄소 나노 튜브
④	초전도체	액정	탄소 나노 튜브
⑤	초전도체	반도체	풀러렌

17 그림은 어떤 물질의 전기 저항을 온도에 따라 나타낸 것이다.

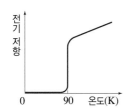

이 물질에 대한 설명으로 옳은 것만을 [보기]에서 있는 대로 고른 것은?

> ●보기●
> ㄱ. 임계 온도는 90 K이다.
> ㄴ. 실온(20 ℃)에서 에너지의 손실 없이 송전할 수 있다.
> ㄷ. 온도 100 K에서 마이스너 효과가 나타난다.

① ㄱ   ② ㄴ   ③ ㄱ, ㄷ
④ ㄴ, ㄷ   ⑤ ㄱ, ㄴ, ㄷ

18 빅뱅 약 38만 년 후, (가)우주 배경 복사가 퍼져 나갈 수 있게 된 원인과 (나)우주 배경 복사가 빅뱅 우주론의 증거가 되는 까닭을 다음 단어를 포함하여 서술하시오.

> 원자핵, 전자, 빛

19 다음은 알칼리 금속의 성질을 알아보는 실험이다.

> (가) 물이 담긴 시험관에 나트륨 조각을 넣었더니 격렬하게 반응하며 기체가 발생하였다.
>
> (나) 과정 (가)의 시험관에 페놀프탈레인 용액을 넣었더니 붉게 변하였다.
>
> (다) 리튬과 칼륨으로 실험해도 같은 결과가 나타났다.

이와 같이 리튬, 나트륨, 칼륨이 공통적인 성질을 나타내는 까닭을 원자의 전자 배치를 이용하여 서술하시오.

20 그림은 탄소 원자가 육각형 벌집 모양의 평면 구조를 이루고 있는 신소재를 나타낸 것이다.

이 신소재는 무엇인지 쓰고, 특징을 두 가지 서술하시오.

1 그림과 같이 지면으로부터 같은 높이 h에서 질량이 1 kg인 물체 P를 오른쪽으로 v의 속도로, 질량이 2 kg인 물체 Q를 왼쪽으로 1 m/s의 속도로 던졌더니, 물체 P는 0.9초 후에 지면에 도달하였다. 이때 P가 수평 방향으로 이동한 거리는 4.5 m이다.

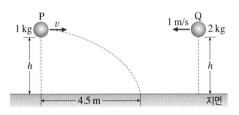

이에 대한 설명으로 옳은 것만을 [보기]에서 있는 대로 고른 것은? (단, 공기 저항은 무시한다.)

• 보기 •
ㄱ. P를 처음 던진 속도의 크기는 5 m/s이다.
ㄴ. Q가 운동하여 지면에 도달할 때까지 수평 도달 거리는 0.9 m이다.
ㄷ. 물체가 운동하는 동안 Q에 작용하는 중력의 크기는 P에 작용하는 중력의 크기의 2배이다.

① ㄴ   ② ㄷ   ③ ㄱ, ㄴ
④ ㄱ, ㄷ   ⑤ ㄱ, ㄴ, ㄷ

2 그림은 직선상에서 운동하는 물체의 운동량을 시간에 따라 나타낸 것이다.

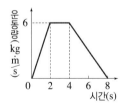

이에 대한 설명으로 옳은 것만을 [보기]에서 있는 대로 고른 것은? (단, 모든 마찰은 무시한다.)

• 보기 •
ㄱ. 0~2초 동안 물체가 받은 힘의 크기는 3 N이다.
ㄴ. 물체가 받은 충격량의 크기는 0~2초 동안이 4초~8초 동안보다 크다.
ㄷ. 0~2초 동안 물체가 받은 힘의 방향은 4초~8초 동안 물체가 받은 힘의 방향과 반대이다.

① ㄱ   ② ㄴ   ③ ㄱ, ㄷ
④ ㄴ, ㄷ   ⑤ ㄱ, ㄴ, ㄷ

3 그림 (가)는 마찰이 없는 수평면 위에 정지해 있던 질량이 3 kg인 물체가 수평 방향으로 힘을 받는 모습을, (나)는 물체가 받은 힘을 시간에 따라 나타낸 것이다.

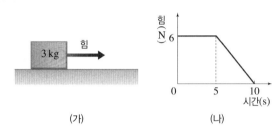

(가)   (나)

물체의 운동에 대한 설명으로 옳은 것만을 [보기]에서 있는 대로 고른 것은?

• 보기 •
ㄱ. 0~5초 동안 물체의 운동량 크기는 일정하다.
ㄴ. 5초~10초 동안 물체가 받은 충격량의 크기는 15 N·s이다.
ㄷ. 10초일 때 물체의 속도는 15 m/s이다.

① ㄱ   ② ㄷ   ③ ㄱ, ㄴ
④ ㄴ, ㄷ   ⑤ ㄱ, ㄴ, ㄷ

4 표는 지구 시스템을 구성하는 요소들의 상호 작용을 나타낸 것이다.

영향 \ 근원	지권	기권	수권	생물권
지권				
기권			A	
수권	B			
생물권		C		

A~C에 해당하는 예로 옳은 것만을 [보기]에서 있는 대로 고른 것은?

• 보기 •
ㄱ. A – 지구 온난화로 인해 수온이 상승한다.
ㄴ. B – 해수에 녹은 물질이 침전되어 퇴적암이 생성된다.
ㄷ. C – 식물의 광합성에 의해 대기 중에 산소가 공급된다.

① ㄱ   ② ㄷ   ③ ㄱ, ㄴ
④ ㄴ, ㄷ   ⑤ ㄱ, ㄴ, ㄷ

5 그림은 지구 시스템에서 일어나는 탄소의 순환 과정 중 각 권에서 탄소의 주된 존재 형태를 나타낸 것이다.

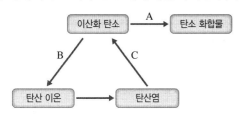

A~C 과정에 대한 설명으로 옳은 것만을 [보기]에서 있는 대로 고른 것은?

• 보기 •

ㄱ. A는 기권과 수권의 상호 작용으로 일어난다.

ㄴ. B가 활발할수록 지구 전체의 탄소량은 증가한다.

ㄷ. 화석 연료의 연소는 C와 같은 경로로 탄소가 이동한다.

① ㄱ   ② ㄷ   ③ ㄱ, ㄴ

④ ㄴ, ㄷ   ⑤ ㄱ, ㄴ, ㄷ

6 그림은 인도 – 오스트레일리아판과 태평양판의 경계에서 발생한 지진 분포를 나타낸 것이다.

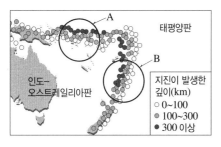

이에 대한 설명으로 옳은 것만을 [보기]에서 있는 대로 고른 것은?

• 보기 •

ㄱ. A에서 화산 활동은 인도–오스트레일리아판보다 태평양판에서 활발하다.

ㄴ. A에서는 태평양판이, B에서는 인도 – 오스트레일리아판이 섭입하고 있다.

ㄷ. 인도 – 오스트레일리아판과 태평양판의 경계에서는 해구가 발달한다.

① ㄱ   ② ㄷ   ③ ㄱ, ㄴ

④ ㄱ, ㄷ   ⑤ ㄴ, ㄷ

7 그림은 해령이 끊어져서 변환 단층이 발달한 모습을 모식적으로 나타낸 것이다.

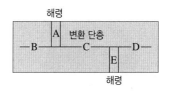

A~E 중 지진이 자주 발생하는 구간을 있는 대로 고른 것은?

① A, B   ② B, D   ③ A, C, E

④ B, C, D   ⑤ C, D, E

8 세포에 대한 설명으로 옳은 것만을 [보기]에서 있는 대로 고른 것은?

• 보기 •

ㄱ. 생명 시스템의 기본 단위이다.

ㄴ. 사람의 경우 단세포 생물에 해당한다.

ㄷ. 모양과 기능이 다른 세포가 모여 조직을 형성한다.

① ㄱ   ② ㄴ   ③ ㄷ

④ ㄱ, ㄴ   ⑤ ㄱ, ㄷ

9 그림은 세포막의 구조를 나타낸 것이다.

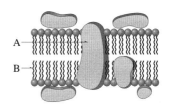

이에 대한 설명으로 옳은 것만을 [보기]에서 있는 대로 고른 것은?

• 보기 •

ㄱ. A는 막단백질이다.

ㄴ. A는 막을 통한 산소의 이동에 관여한다.

ㄷ. B는 인지질의 꼬리 부분으로 친수성이다.

① ㄱ   ② ㄴ   ③ ㄱ, ㄴ

④ ㄱ, ㄷ   ⑤ ㄴ, ㄷ

10 그림은 폐포와 모세 혈관 사이에서 일어나는 기체 교환을 나타낸 것이다.

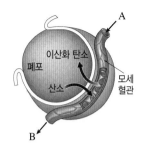

이에 대한 설명으로 옳은 것만을 [보기]에서 있는 대로 고른 것은?

> •보기•
> ㄱ. 산소 농도는 모세 혈관이 폐포보다 높다.
> ㄴ. 이산화 탄소는 모세 혈관과 폐포의 세포막에서 인지질 2중층을 직접 통과하여 확산한다.
> ㄷ. 혈액이 A에서 B로 흐르는 동안 혈액의 산소 농도는 높아지고, 이산화 탄소 농도는 낮아진다.

① ㄱ ② ㄴ ③ ㄱ, ㄷ
④ ㄴ, ㄷ ⑤ ㄱ, ㄴ, ㄷ

11 그림은 세포에서 포도당이 분해되어 에너지를 얻기까지의 과정을 나타낸 것이다.

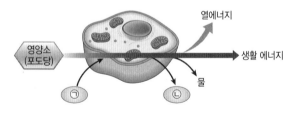

이에 대한 설명으로 옳은 것만을 [보기]에서 있는 대로 고른 것은?

> •보기•
> ㄱ. ㉠은 이산화 탄소, ㉡은 산소이다.
> ㄴ. 이화 작용의 예이다.
> ㄷ. 엽록체에서 일어난다.

① ㄱ ② ㄴ ③ ㄷ
④ ㄱ, ㄴ ⑤ ㄱ, ㄷ

12 그림은 어떤 DNA 이중 나선의 한쪽 가닥 중 일부의 염기 서열을 나타낸 것이다.

TACGCCAATGGCCAAGGC

이에 대한 설명으로 옳지 <u>않은</u> 것은?

① 이 부분에 포함된 뉴클레오타이드는 18개이다.
② 이 부분에 포함된 3염기 조합은 최대 6개이다.
③ 이 부분으로부터 전사되어 만들어지는 RNA에는 유라실(U)이 2개 포함된다.
④ 이 부분의 염기 서열 TAC로부터 전사된 RNA의 염기 서열은 AUG이다.
⑤ 이 부분과 이중 나선을 이루는 다른 쪽 DNA 가닥에는 타이민(T)이 5개 포함된다.

13 그림은 세포에서 단백질이 합성되는 과정을 간단히 나타낸 것이다.

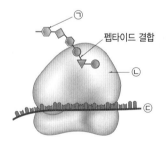

이에 대한 설명으로 옳은 것만을 [보기]에서 있는 대로 고른 것은? (단, ㉡은 세포 소기관이며, ㉢은 핵산의 일종이다.)

> •보기•
> ㄱ. ㉠은 4종류가 있다.
> ㄴ. ㉡은 리보솜이다.
> ㄷ. ㉢은 DNA로부터 전사되어 만들어진다.

① ㄱ ② ㄴ ③ ㄱ, ㄴ
④ ㄱ, ㄷ ⑤ ㄴ, ㄷ

14 그림 (가)와 같이 똑같은 달걀을 같은 높이에서 단단한 바닥과 푹신한 방석 위에 떨어뜨렸다. 그림 (나)는 이때 달걀이 받는 힘의 변화를 시간에 따라 나타낸 것이다.

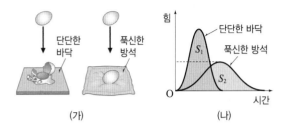

(가)   (나)

달걀을 단단한 바닥에 떨어뜨렸을 때의 충격량 A와 푹신한 방석 위에 떨어뜨렸을 때의 충격량 B의 크기를 비교하고, 푹신한 방석 위에 떨어뜨린 달걀이 깨지지 않은 까닭을 서술하시오. (단, 그래프 아랫부분의 넓이는 $S_1 = S_2$이다.)

15 그림은 기권을 높이에 따른 기온 변화에 따라 A~D층으로 구분한 것이다.
B층의 이름을 쓰고, B층에서 높이 올라갈수록 기온이 높아지는 까닭을 서술하시오.

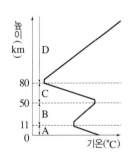

16 그림은 지각과 맨틀의 일부를 나타낸 것이다.

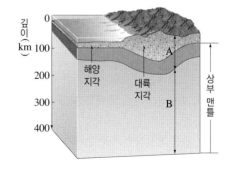

A와 B에 해당하는 이름을 쓰고, A가 움직이는 까닭을 B의 성질과 관련하여 서술하시오.

17 그림과 같이 U자관에 세포막을 설치하고 A쪽에는 5 % 설탕 용액을, B쪽에는 10 % 설탕 용액을 같은 양씩 넣었다.

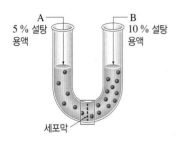

일정 시간이 지난 후 A와 B의 수면 높이는 어떻게 변할지 쓰고, 그렇게 변하는 까닭을 설탕과 물의 막 투과성을 포함하여 서술하시오.

18 다음은 단백질이 생명체 안과 밖에서 분해되는 반응을 설명한 것이다.

> 생명체 밖에서 단백질을 아미노산으로 분해하려면 진한 염산을 넣고 200 ℃에서 24시간 동안 가열해야 한다. 그런데 음식물로 섭취한 단백질은 1~2시간 후면 아미노산으로 분해된다.

생명체 안에서 일어나는 화학 반응이 생명체 밖에서 일어나는 화학 반응과 다른 점을 서술하시오.

19 DNA의 특정 부위에 단백질에 대한 유전 정보가 저장되어 있는 방식에 대해 서술하시오.

20 정상인과 유전 질환자의 특정 유전자의 염기 서열을 조사하면 그림과 같이 한 개의 염기가 차이 나는 경우가 있다.

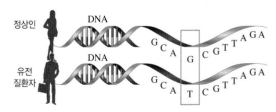

이처럼 DNA의 염기 하나의 차이가 유전 질환으로 나타날 수 있는 까닭을 생명 중심 원리에 따른 유전 정보의 흐름과 관련지어 서술하시오.

1 다음은 마그네슘을 이용한 실험 과정과 결과이다.

[과정]
묽은 염산과 질산 은 수용액이 들어 있는 비커에 같은
질량의 마그네슘판을 각각 넣는다.

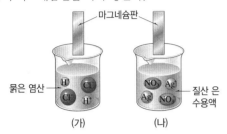

마그네슘판

묽은 염산 H⁺ Cl⁻ Cl⁻ H⁺

NO₃⁻ Ag⁺ Ag⁺ NO₃⁻ 질산 은 수용액

(가) (나)

[결과]
(가)에서는 기체가 발생하고, (나)에서는 은이 석출된다.

(가)와 (나)에서 일어나는 반응의 공통점으로 옳은 것만
을 [보기]에서 있는 대로 고른 것은?

┌─ 보기 ─────────────────────┐
│ ㄱ. 마그네슘은 산화된다.   │
│ ㄴ. 용액의 양이온 수는 감소한다. │
│ ㄷ. 음이온은 환원된다.   │
└──────────────────────────┘

① ㄱ   ② ㄷ   ③ ㄱ, ㄴ
④ ㄴ, ㄷ   ⑤ ㄱ, ㄴ, ㄷ

2 다음은 지구와 생명의 역사를 바꾼 세 가지 반응을
화학 반응식으로 나타낸 것이다.

┌──────────────────────────────────────┐
│ (가) 6 ⊙ + 6H₂O ⟶ C₆H₁₂O₆ + 6O₂   │
│ (나) CH₄ + 2 ⓛ ⟶ CO₂ + 2H₂O   │
│ (다) Fe₂O₃ + 3 ⓒ ⟶ 2Fe + 3CO₂   │
└──────────────────────────────────────┘

이에 대한 설명으로 옳은 것만을 [보기]에서 있는 대로
고른 것은?

┌─ 보기 ─────────────────────────┐
│ ㄱ. 분자 1개에 들어 있는 산소 원자 수는 ⓛ > ⊙이다. │
│ ㄴ. (나) 반응이 일어날 때 열이 발생한다.   │
│ ㄷ. (다)에서 ⓒ은 환원된다.   │
└──────────────────────────────┘

① ㄱ   ② ㄴ   ③ ㄱ, ㄷ
④ ㄴ, ㄷ   ⑤ ㄱ, ㄴ, ㄷ

3 표는 물질 A 수용액을 이용한 실험 결과이다.

실험	결과
푸른색 리트머스 종이를 대어 봄	붉은색으로 변함
마그네슘 리본을 넣음	(가)
메틸 오렌지 용액을 떨어뜨림	(나)

이에 대한 설명으로 옳은 것만을 [보기]에서 있는 대로
고른 것은?

┌─ 보기 ─────────────────────┐
│ ㄱ. A 수용액의 pH는 7보다 작다. │
│ ㄴ. (가)는 '변화 없음'이 적절하다. │
│ ㄷ. (나)는 '노란색'이 적절하다.   │
└──────────────────────────┘

① ㄱ   ② ㄷ   ③ ㄱ, ㄴ
④ ㄴ, ㄷ   ⑤ ㄱ, ㄴ, ㄷ

4 수용액에 BTB 용액을 떨어뜨렸을 때 파란색으로 변
하는 물질만을 [보기]에서 있는 대로 고른 것은?

┌─ 보기 ───────────────────────────┐
│ ㄱ. HCl   ㄴ. KOH   ㄷ. Mg(OH)₂ │
│ ㄹ. H₂SO₄   ㅁ. Ca(OH)₂   ㅂ. CH₃COOH │
└────────────────────────────────┘

① ㄱ, ㄴ, ㅂ   ② ㄱ, ㄹ, ㅁ   ③ ㄴ, ㄷ, ㅁ
④ ㄴ, ㄹ, ㅁ   ⑤ ㄷ, ㄹ, ㅂ

5 그림 (가)는 묽은 염산에
들어 있는 이온을, (나)는
수산화 나트륨 수용액에 들
어 있는 이온을 모형으로 나
타낸 것이다.

(가) (나)

이에 대한 설명으로 옳은 것만을 [보기]에서 있는 대로
고른 것은? (단, ○과 □은 모두 양이온이다.)

┌─ 보기 ───────────────────────────┐
│ ㄱ. (가)에 마그네슘을 넣으면 ○의 수가 감소한다.   │
│ ㄴ. (나)에서 페놀프탈레인 용액을 붉게 변화시키는 것 │
│   은 ▲이다.   │
│ ㄷ. (가)와 (나)를 혼합하면 □의 수가 감소한다.   │
└────────────────────────────────┘

① ㄱ   ② ㄷ   ③ ㄱ, ㄴ
④ ㄴ, ㄷ   ⑤ ㄱ, ㄴ, ㄷ

6 그림은 일정량의 수산화 나트륨 수용액에 묽은 염산을 조금씩 넣을 때 용액에 들어 있는 입자를 모형으로 나타낸 것이다.

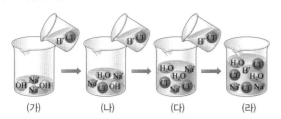

(가)   (나)   (다)   (라)

이에 대한 설명으로 옳은 것만을 [보기]에서 있는 대로 고른 것은? (단, 혼합 전 두 수용액의 온도는 같다.)

• 보기 •
ㄱ. (가)와 (나)에 페놀프탈레인 용액을 떨어뜨리면 모두 붉은색을 띤다.
ㄴ. 용액의 최고 온도는 (다)가 (나)보다 높다.
ㄷ. (라)의 pH는 7보다 크다.

① ㄱ   ② ㄷ   ③ ㄱ, ㄴ
④ ㄴ, ㄷ   ⑤ ㄱ, ㄴ, ㄷ

7 같은 농도의 묽은 염산과 수산화 칼륨 수용액을 표와 같이 부피를 다르게 하여 혼합하였다.

혼합 용액	(가)	(나)	(다)	(라)	(마)
묽은 염산의 부피(mL)	6	8	10	12	14
수산화 칼륨 수용액의 부피(mL)	14	12	10	8	6

이에 대한 설명으로 옳지 <u>않은</u> 것은?(단, 혼합 전 두 수용액의 온도는 같다.)

① (가)와 (나)의 pH는 모두 7보다 크다.
② 용액의 최고 온도는 (다)가 가장 높다.
③ (가)와 (라)를 혼합하면 중화 반응이 일어난다.
④ (나)에서 생성된 물의 양은 (라)와 같다.
⑤ (마)에 BTB 용액을 떨어뜨리면 파란색을 띤다.

8 중화 반응의 예가 <u>아닌</u> 것은?

① 생선 구이에 레몬 즙을 뿌린다.
② 속이 쓰릴 때 제산제를 먹는다.
③ 깎아 놓은 사과가 갈색으로 변한다.
④ 산성화된 토양에 석회 가루를 뿌린다.
⑤ 치약으로 양치질을 하여 충치를 예방한다.

9 그림은 지질 시대의 상대적 길이를 원 그래프로 나타낸 것이다. 이에 대한 설명으로 옳은 것만을 [보기]에서 있는 대로 고른 것은?

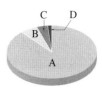

• 보기 •
ㄱ. B 시대에는 현재와 비슷한 수륙 분포를 이루었다.
ㄴ. A 시대보다 D 시대에 다양한 화석이 발견된다.
ㄷ. C 시대 말기에 빙하기가 도래하여 생물이 멸종하였다.

① ㄱ   ② ㄴ   ③ ㄱ, ㄷ
④ ㄴ, ㄷ   ⑤ ㄱ, ㄴ, ㄷ

10 그림은 우리나라에서 발견된 화석을 나타낸 것이다.

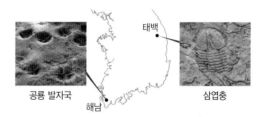

공룡 발자국   해남   삼엽충   태백

이에 대한 설명으로 옳은 것만을 [보기]에서 있는 대로 고른 것은?

• 보기 •
ㄱ. 공룡 발자국 화석은 화성암에서 발견되었을 것이다.
ㄴ. 태백 지역은 과거에 바다였던 적이 있었다.
ㄷ. 삼엽충 화석이 발견된 지층은 공룡 발자국 화석이 발견된 지층보다 먼저 생성되었다.

① ㄱ   ② ㄴ   ③ ㄱ, ㄷ
④ ㄴ, ㄷ   ⑤ ㄱ, ㄴ, ㄷ

11 그림 (가)~(다)는 서로 다른 지질 시대의 복원도를 나타낸 것이다.

(가)   (나)   (다)

오래된 지질 시대부터 순서대로 옳게 나열한 것은?

① (가) → (나) → (다)   ② (가) → (다) → (나)
③ (나) → (다) → (가)   ④ (다) → (가) → (나)
⑤ (다) → (나) → (가)

12 진화와 변이에 대한 설명으로 옳지 <u>않은</u> 것은?

① 진화 과정에서 새로운 종이 나타나기도 한다.
② 진화는 일반적으로 오랜 시간에 걸쳐 일어난다.
③ 진화는 생물이 환경에 적응하면서 점차 변하는 현상이다.
④ 변이는 진화의 원동력이 된다.
⑤ 오랫동안 축적된 돌연변이와 체세포의 다양한 조합으로 변이가 발생한다.

14 다음은 생물 다양성의 의미를 설명한 것이다.

> (가) 갯벌에는 다양한 생물들이 서식한다.
> (나) 대륙과 해양의 분포, 위도, 강수량, 기온, 토양 등 환경의 차이로 사막, 초원, 삼림, 강, 습지 등의 다양한 생태계가 나타난다.
> (다) 같은 생물종에 속하는 바지락의 무늬가 다양하다.

이에 대한 설명으로 옳지 <u>않은</u> 것은?

① (가)는 생태계 다양성에 대한 설명이다.
② 농경지도 (나)의 한 형태로 포함시킬 수 있다.
③ (나)는 생물 서식지의 다양한 정도를 의미한다.
④ (다)는 개체의 유전자 차이로 나타난다.
⑤ 같은 생물종의 무당벌레에서 겉날개의 무늬가 다른 것은 (다)와 같은 다양성이다.

13 그림은 같은 종이지만 형질이 A와 B로 다른 생물의 개체 수 비율의 변화를 나타낸 것이다.

이에 대한 설명으로 옳은 것만을 [보기]에서 있는 대로 고른 것은? (단, 형질 A와 B를 가진 생물은 같은 지역에 서식한다.)

> **보기**
> ㄱ. 1960년에 형질 A가 나타났다.
> ㄴ. 형질 A를 가진 개체가 자연 선택되었다.
> ㄷ. 과거에는 형질 B를 가진 개체가 살기 적합한 환경이었으나, 점점 형질 A를 가진 개체가 살기 적합한 환경으로 변하였다.

① ㄱ   ② ㄴ   ③ ㄱ, ㄴ
④ ㄱ, ㄷ   ⑤ ㄴ, ㄷ

15 그림은 감자를 재배하는 경작지 A와 B에서 감자 마름병이라는 전염병이 유행하였을 때의 결과를 나타낸 것이다.

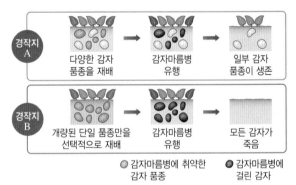

이에 대한 설명으로 옳은 것만을 [보기]에서 있는 대로 고른 것은?

> **보기**
> ㄱ. 경작지 A에 있는 감자가 경작지 B에 있는 감자보다 유전적 다양성이 높다.
> ㄴ. 유전적 다양성이 낮은 생물종은 급격한 환경 변화가 일어나면 멸종될 수 있다.
> ㄷ. 종 다양성은 급격한 환경 변화에서 한 생물종의 생존 가능성을 높이는 데 중요한 역할을 한다.

① ㄱ   ② ㄴ   ③ ㄷ
④ ㄱ, ㄴ   ⑤ ㄴ, ㄷ

16 그림은 바위에 덮인 이끼층을 다음과 같이 나눈 다음 6개월 후에 각각 이끼 밑에 서식하는 작은 동물종의 개체 수 변화를 조사한 결과이다.

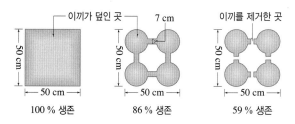

이 실험 결과를 통해 알 수 있는 사실로 옳은 것만을 [보기]에서 있는 대로 고른 것은?

┌─ 보기 ─────────────────────────────┐
ㄱ. 서식지 단편화는 종 다양성을 감소시키는 요인이다.
ㄴ. 서식지가 단편화되면 특정 생물종의 개체 수가 증가한다.
ㄷ. 생태 통로는 서식지 단편화로 인한 생물종 감소를 방지하는 데 도움이 된다.
└────────────────────────────────────┘

① ㄱ   ② ㄴ   ③ ㄱ, ㄷ
④ ㄴ, ㄷ   ⑤ ㄱ, ㄴ, ㄷ

17 그림 (가)는 생물 다양성을 위협하는 요소에 의해 영향을 받은 생물종의 비율을, (나)는 서식지의 면적 감소에 따라 줄어드는 생물종의 비율을 나타낸 것이다.

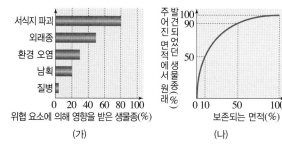

이에 대한 설명으로 옳은 것만을 [보기]에서 있는 대로 고른 것은?

┌─ 보기 ─────────────────────────────┐
ㄱ. (가)에서 종 다양성을 가장 크게 위협하는 요소는 서식지 파괴이다.
ㄴ. (나)에서 서식지 면적이 절반이 되면 그 지역에 살던 생물종 수의 10 %가 감소한다.
ㄷ. 대규모의 서식지를 여러 개의 작은 서식지로 나누는 것은 생물종 수를 유지하는 데 유리하다.
└────────────────────────────────────┘

① ㄴ   ② ㄷ   ③ ㄱ, ㄴ
④ ㄱ, ㄷ   ⑤ ㄱ, ㄴ, ㄷ

서 술 형

18 그림과 같이 BTB 용액을 1방울~2방울 떨어뜨린 수산화 나트륨 수용액에 드라이아이스를 계속 넣으면 용액의 색이 점점 변해 간다.

용액의 색이 어떻게 변해 가는지 중화 반응에 따른 용액의 액성 변화와 관련하여 서술하시오.

19 선캄브리아 시대 초기에 육지에서 생물이 살 수 없었던 까닭을 두 가지 서술하시오.

20 그림은 삼림의 벌채로 숲이 훼손된 모습을 나타낸 것이다.

숲을 훼손하면 생물 다양성이 크게 감소되는데, 그 까닭을 서술하시오.

1 개체군, 군집, 생태계에 대한 설명으로 옳은 것만을 [보기]에서 있는 대로 고른 것은?

─• 보기 •─
ㄱ. 여러 군집이 모여 개체군을 이룬다.
ㄴ. 개체군을 이루는 개체들은 서로 다른 종이다.
ㄷ. 생태계는 자연 환경과 생물이 서로 영향을 주고받으며 살아가는 체계이다.

① ㄱ   ② ㄴ   ③ ㄷ
④ ㄱ, ㄴ   ⑤ ㄱ, ㄷ

3 그림은 위도에 따라 다르게 분포하는 펭귄의 크기와 무게를 나타낸 것이다.

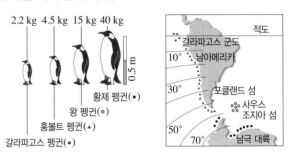

이에 대한 설명으로 옳은 것만을 [보기]에서 있는 대로 고른 것은?

─• 보기 •─
ㄱ. 펭귄의 크기 차이는 온도에 대한 적응 결과이다.
ㄴ. 몸집이 커질수록 열 방출량이 많다.
ㄷ. 개구리가 겨울잠을 자는 것도 이와 동일한 환경 요인에 적응한 결과이다.

① ㄱ   ② ㄴ   ③ ㄱ, ㄷ
④ ㄴ, ㄷ   ⑤ ㄱ, ㄴ, ㄷ

2 그림은 바다의 깊이에 따른 해조류 A~C의 분포와 도달하는 빛의 파장과 양을 나타낸 것이다.

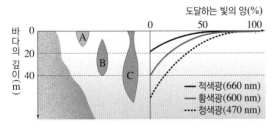

이에 대한 설명으로 옳은 것만을 [보기]에서 있는 대로 고른 것은?

─• 보기 •─
ㄱ. 해조류 A는 홍조류이다.
ㄴ. 해조류 B에는 미역, 다시마가 있다.
ㄷ. 바다 깊은 곳에는 광합성에 청색광을 주로 이용하는 해조류 C가 많이 분포한다.

① ㄱ   ② ㄷ   ③ ㄱ, ㄴ
④ ㄱ, ㄷ   ⑤ ㄴ, ㄷ

4 비생물적 요인으로 인해 생물에서 나타나는 현상을 옳게 짝 지은 것만을 [보기]에서 있는 대로 고른 것은?

─• 보기 •─
ㄱ. 온도 : 사막여우는 몸집이 작고, 몸의 말단부가 크다.
ㄴ. 일조 시간 : 한 식물에서도 잎의 두께가 다르다.
ㄷ. 빛의 세기 : 녹조류는 얕은 바다에 서식하고, 홍조류는 깊은 바다에 서식한다.
ㄹ. 공기 : 고산 지대에 사는 사람들의 적혈구 수는 평지에 사는 사람들의 적혈구 수보다 더 많다.

① ㄱ, ㄹ   ② ㄴ, ㄷ   ③ ㄴ, ㄹ
④ ㄱ, ㄴ, ㄹ   ⑤ ㄱ, ㄷ, ㄹ

5 그림은 어느 바다 생태계의 먹이 관계를 나타낸 것이다.

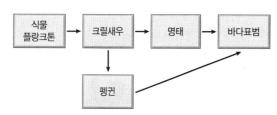

이에 대한 설명으로 옳은 것만을 [보기]에서 있는 대로 고른 것은?(단, →로 제시된 먹이 관계만 일어난다.)

> • 보기 •
> ㄱ. 명태는 펭귄보다 상위 영양 단계에 있다.
> ㄴ. 식물 플랑크톤의 에너지는 먹이 사슬을 통해 바다표범으로 이동한다.
> ㄷ. 식물 플랑크톤의 에너지가 바다표범으로 이동하는 경로에는 두 가지가 있다.
> ㄹ. 바다표범의 개체 수가 감소하면 크릴새우의 개체 수가 일시적으로 증가할 수 있다.

① ㄴ   ② ㄷ   ③ ㄱ, ㄹ
④ ㄴ, ㄷ   ⑤ ㄱ, ㄴ, ㄹ

6 그림은 두 생태계 (가)와 (나)의 먹이 관계를 나타낸 것이다.

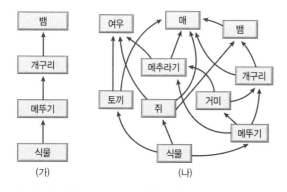

(가)   (나)

이에 대한 설명으로 옳은 것만을 [보기]에서 있는 대로 고른 것은?

> • 보기 •
> ㄱ. (가)는 (나)보다 더 안정된 생태계이다.
> ㄴ. (나)는 (가)보다 생물종 수가 많다.
> ㄷ. 환경 변화로 개구리가 사라지면 (가)와 (나)에서 모두 뱀이 사라진다.

① ㄴ   ② ㄷ   ③ ㄱ, ㄴ
④ ㄱ, ㄷ   ⑤ ㄱ, ㄴ, ㄷ

7 그림은 약 100년 동안의 지구 평균 기온과 평균 해수면 높이의 편차를 나타낸 것이다.

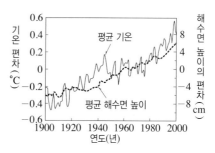

이 기간에 관측될 수 있는 현상만을 [보기]에서 있는 대로 고른 것은?

> • 보기 •
> ㄱ. 해수의 수온 상승
> ㄴ. 대기 중 이산화 탄소의 농도 증가
> ㄷ. 극지방의 빙하에 의한 반사율 증가

① ㄱ   ② ㄷ   ③ ㄱ, ㄴ
④ ㄴ, ㄷ   ⑤ ㄱ, ㄴ, ㄷ

8 그림은 표층 해수의 순환과 대기의 순환을 나타낸 것이다.

이에 대한 설명으로 옳은 것은?

① 난류는 고위도에서 저위도로 에너지를 운반한다.
② 북태평양 해류는 무역풍에 의해 동쪽으로 흐른다.
③ 적도 부근은 상승 기류가 발달하여 사막이 많이 분포한다.
④ 남극 순환 해류는 대기 대순환과 관련이 없다.
⑤ 아열대 해역의 표층 해수는 북반구와 남반구에서 반대 방향으로 순환한다.

9 다음은 자연에서 일어나는 에너지 전환에 대한 설명이다.

식물의 광합성은 빛을 이용하여 포도당을 합성하므로 빛에너지가 ㉠( ) 에너지로 전환된다.

㉠에 해당하는 에너지의 종류는?

① 열　　　　② 빛　　　　③ 화학
④ 전기　　　⑤ 소리

10 그림은 알코올램프와 바람개비를 사용해 화력 발전소에서 일어나는 에너지 전환 과정의 일부를 모식적으로 나타낸 실험이다. 표는 실험 과정에서 공급된 에너지와 바람개비의 운동 에너지, 효율을 나타낸 것이다.

알코올램프의 화학 에너지(J)	120
바람개비의 운동 에너지(J)	30
에너지 효율(%)	㉠

이에 대한 설명으로 옳은 것만을 [보기]에서 있는 대로 고른 것은?

보기
ㄱ. 알코올램프에서는 화학 에너지가 열에너지로 전환된다.
ㄴ. ㉠은 40이다.
ㄷ. 바람개비는 화력 발전소의 터빈과 같은 역할을 한다.

① ㄱ　② ㄴ　③ ㄷ　④ ㄱ, ㄴ　⑤ ㄱ, ㄷ

11 그림과 같이 코일에 자석의 S극을 가까이 했더니 검류계 바늘이 a 방향으로 움직였다.
이에 대한 설명으로 옳은 것만을 [보기]에서 있는 대로 고른 것은?

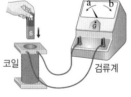

보기
ㄱ. 자석의 S극을 코일에 가까이 하면 자석과 코일 사이에는 끌어당기는 힘이 작용한다.
ㄴ. 자석의 N극을 코일에서 멀리 할 때 검류계 바늘은 b 방향으로 움직인다.
ㄷ. 전자기 유도에 의해 코일에 전류가 흐른다.

① ㄱ　② ㄴ　③ ㄷ　④ ㄱ, ㄴ　⑤ ㄴ, ㄷ

12 그림은 핵발전소에서 생산된 전기 에너지를 변전소를 거쳐 공장에 공급하는 모습을 나타낸 것이다. 초고압 변전소에서는 전압을 높여 송전한다.

이에 대한 설명으로 옳은 것만을 [보기]에서 있는 대로 고른 것은?

보기
ㄱ. 핵발전은 원자로에서 핵융합 반응이 일어날 때 발생하는 에너지를 이용한다.
ㄴ. 핵발전소의 발전기에서는 전자기 유도를 이용하여 전기 에너지를 생산한다.
ㄷ. 전력 손실을 줄이기 위해 발전소에서 생산한 전력의 전압을 높인다.

① ㄱ　　　② ㄴ　　　③ ㄷ
④ ㄱ, ㄷ　　⑤ ㄴ, ㄷ

13 그림 (가)는 태양에서 일어나는 반응을, (나)는 원자로 안에서 일어나는 반응을 각각 나타낸 것이다.

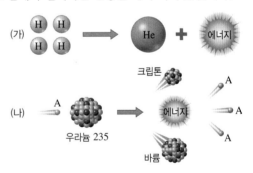

이에 대한 설명으로 옳은 것만을 [보기]에서 있는 대로 고른 것은?

보기
ㄱ. (가)는 핵분열 과정이다.
ㄴ. (나)에서 A는 중성자이다.
ㄷ. (나)에서 반응 전 입자의 질량의 합은 반응 후 입자의 질량의 합보다 작다.

① ㄱ　　　② ㄴ　　　③ ㄷ
④ ㄱ, ㄴ　　⑤ ㄴ, ㄷ

14 그림 (가)는 태양 전지를 사용해 전구에 불을 켜는 모습을, (나)는 발전기에 연결된 바람개비를 회전시켜 전구에 불을 켜는 모습을 각각 나타낸 것이다.

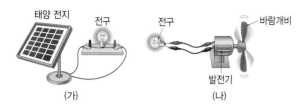

(가)   (나)

이에 대한 설명으로 옳은 것만을 [보기]에서 있는 대로 고른 것은?

─• 보기 •─
ㄱ. (가)의 태양 전지에서는 빛에너지가 전기 에너지로 전환된다.
ㄴ. (나)의 발전기에서는 날개의 운동 에너지가 전기 에너지로 전환된다.
ㄷ. (가)와 (나) 모두 전기 에너지를 생산하는 과정에서 환경 오염 물질이 배출된다.

① ㄱ   ② ㄴ   ③ ㄷ
④ ㄱ, ㄴ   ⑤ ㄱ, ㄴ, ㄷ

15 그림 (가)와 (나)는 신재생 에너지를 이용한 발전 방식을 나타낸 것이다.

 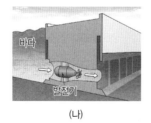

(가)   (나)

이에 대한 설명으로 옳은 것만을 [보기]에서 있는 대로 고른 것은?

─• 보기 •─
ㄱ. (가)는 자원이 유한한 에너지를 이용한다.
ㄴ. (나)의 에너지 근원은 지구 내부 에너지이다.
ㄷ. (나)는 발전 과정에서 기상의 변화에 큰 영향을 받지 않는다.

① ㄱ   ② ㄷ   ③ ㄱ, ㄴ
④ ㄴ, ㄷ   ⑤ ㄱ, ㄴ, ㄷ

16 다음은 생물이 환경의 영향을 받은 예를 나타낸 것이다.

┌─────────────────────────────────────┐
│ • 곰, 박쥐 등은 추운 겨울이 오면 겨울잠을 잔다. │
│ • 기러기는 계절이 바뀌면 다른 지역으로 이동한다. │
└─────────────────────────────────────┘

어떤 환경 요인의 영향을 받은 것인지 쓰고, 이 환경 요인과 관련된 예를 두 가지 서술하시오.

17 무역풍이 평상시보다 약해질 때, 적도 부근의 따뜻한 해수의 흐름 변화와 동태평양 해역의 표층 수온과 강수량 변화를 서술하시오.

18 한 에너지가 다른 형태의 에너지로 전환될 때 에너지의 총량이 항상 일정함에도 불구하고 에너지를 절약해야 하는 까닭을 서술하시오.

19 그림은 화력 발전의 구조를 나타낸 것이다.

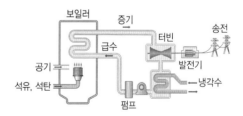

화력 발전에서의 에너지 전환 과정을 서술하시오.

20 그림은 수소 연료 전지의 구조를 나타낸 것이다.

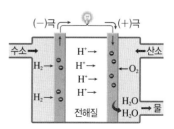

수소 연료 전지의 장점과 단점을 각각 서술하시오.

memo

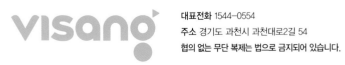

대표전화 1544-0554
주소 경기도 과천시 과천대로2길 54
협의 없는 무단 복제는 법으로 금지되어 있습니다.